HANDBUCH DER MEDIZINISCHEN RADIOLOGIE

ENCYCLOPEDIA OF MEDICAL RADIOLOGY

HERAUSGEGEBEN VON · EDITED BY

L. DIETHELM O. OLSSON F. STRNAD
MAINZ LUND FRANKFURT/M.

H. VIETEN A. ZUPPINGER
DÜSSELDORF BERN

BAND / VOLUME X

TEIL / PART 4

SPRINGER-VERLAG · BERLIN · HEIDELBERG · NEW YORK · 1967

RÖNTGENDIAGNOSTIK DES HERZENS UND DER GEFÄSSE

TEIL 4

ROENTGEN DIAGNOSIS OF THE HEART AND BLOOD VESSELS

PART 4

VON · BY

F. LOOGEN · R. RIPPERT
J. SCHOENMACKERS · H. VIETEN

REDIGIERT VON · EDITED BY

H. VIETEN
DÜSSELDORF

MIT 345 ABBILDUNGEN
WITH 345 FIGURES

SPRINGER-VERLAG · BERLIN · HEIDELBERG · NEW YORK · 1967

Softcover reprint of the hardcover 1st edition 1967
Library of Congress Catalog Card Number 62-22437
ISBN- 13: 978-3-642-94997-5 e-ISBN- 13: 978-3-642-94996-8
DOI: 10.1007/ 978-3-642-94996-8

Druck der Universitätsdruckerei H. Stürtz AG, Würzburg
Titel-Nr. 5848

Vorwort

Die beabsichtigte Dreiteilung des Bandes über die Röntgendiagnostik des Herzens und der Gefäße (vgl. Vorwort zu Band X/3) hat sich als undurchführbar erwiesen. Herausgeber und Verlag haben sich deshalb entschlossen, die angeborenen Fehler des Herzens und der großen herznahen Gefäße in einem besonderen Teilband (X/4) zu behandeln. Dies schien die sinnvollste Möglichkeit einer weiteren Unterteilung der gesamten Thematik.

Wenn gerade die angeborenen Herz- und Gefäßfehler in einem besonderen Teilband abgehandelt werden, so hat das mehrere Gründe:

1. Es besteht keine zwingende Notwendigkeit, angeborene Fehlbildungen als „Erkrankungen" im üblichen Sinne aufzufassen.
2. Die Mannigfaltigkeit der Fehlbildungen ist so groß, daß ihre Besprechung selbst in knappster Form leicht den Umfang eines Bandes erreicht.
3. Die chirurgische Therapie der angeborenen Herz- und Gefäßfehler wird immer einigen Spezialkliniken vorbehalten bleiben, und nur dort, wo gegebenenfalls auch operiert werden kann, sollte auch die notwendigerweise äußerst subtile und für Patienten mit gewissen Herzfehlern keineswegs ungefährliche Röntgendiagnostik erfolgen.

Nur engste Zusammenarbeit zwischen diagnostischer und chirurgischer Arbeitsgruppe schützt den Patienten vor unzweckmäßigen röntgendiagnostischen Maßnahmen und ermöglicht gute Behandlungsergebnisse.

Band X/4 liegt nunmehr vor. Seine Autoren widmen ihn Herrn

Professor Dr. Dr. h. c. E. Derra

zur Vollendung seines 65. Lebensjahres.

F. Loogen
R. Rippert
J. Schoenmackers
H. Vieten

Düsseldorf, 6. März 1966

Preface

As the proposed tri-partition of the volume on radiodiagnostics of the heart and of the blood vessels (cp. Preface of volume X/3) had proved impracticable, the editors and the publishing house, therefore, decided to discuss the innate deficiencies of the heart and of the large vessels situated close to the heart in a special part-volume (X/4). This seemed to be the most sensible solution for a further step towards subdividing the entire subject.

If just the innate cardiac and vascular deficiencies are separately dealt with in a special part-volume, there exist several reasons to justify this:

1. There is no compelling necessity of classifying innate malformations as "diseases" in the ordinary fashion.

2. The variety of such deformities is so large that their discussion, even if done as streamlined as possible, will easily make up a volume's size.

3. The surgical therapy of innate cardiac and vascular diseases will always be reserved to some special clinics. And only at hospitals where cases, should occasion require, can be operated upon radiodiagnostics should be applied, because this is a medical branch necessarily being extremely subtle and not being without dangers for patients suffering from certain cardiac diseases.

Only closest co-operation between the diagnostic and the surgical team will protect the patients from exposure to inexpedient radiodiagnostics and will make possible favourable results in treatment.

Volume X/4 is available just now. Its authors are dedicating it to

Professor Dr. Dr. h.c. E. Derra

on occasion of his 65th anniversary.

F. Loogen
R. Rippert
J. Schoenmackers
H. Vieten

Düsseldorf, March, 6, 1966

Inhaltsverzeichnis

Inhaltsübersicht zu den Bänden X/1—X/3

- **VII. Herzthromben.** Von Professor Dr. P. SCHÖLMERICH, Mainz
- **VIII. Herz- und Perikardtumoren.** Von Professor Dr. P. SCHÖLMERICH, Mainz
- **IX. Parasitäre Erkrankungen des Herzens.** Von Professor Dr. P. SCHÖLMERICH, Mainz
- **X. Zirkulationsstörungen.** Von Professor Dr. J. SCHOENMACKERS, Aachen, und Professor Dr. L. DI GUGLIELMO, Pavia (Italien)
- **XI. Stumpftraumatische Herzschädigung.** Von Professor Dr. K. KAISER, Düsseldorf, und Professor Dr. H. GREMMEL, Kiel
- **XII. Spitztraumatische Herzschädigung.** Von Professor Dr. K. KAISER, Düsseldorf, und Professor Dr. H. GREMMEL, Kiel
- **XIII. Veränderungen des Herzens bei Erkrankungen des Kreislaufs.** Von Professor Dr. W. HOEFFKEN und Dr. H. WOLFERS, Köln
- **XIV. Veränderungen bei sonstigen extrakardialen Erkrankungen.** Von Professor Dr. W. HOEFFKEN, Köln

B. Erkrankungen der thorakalen Aorta (außer Fehlbildungen). Von Professor Dr. H. GREMMEL, Kiel, und Dr. W. SCHULTE-BRINKMANN, Düsseldorf

C. Erkrankungen der Venen im Mediastinum. Von Professor Dr. H. ANACKER, München

D. Die Röntgenologie des Herzens im Säuglings- und Kleinkindesalter. Von Professor Dr. E. ROSSI, Bern (Schweiz), Dr. M. RENTSCH, Zollikofen (Schweiz), und Dr. O. STAMPBACH †, Bern (Schweiz)

Band X/3

Kleiner Kreislauf

- **A. Lungenarterien und Lungenvenen.** Von Privatdozent Dr. H. J. SIELAFF, Heidelberg
- **B. Postmortale Angiogramme des kleinen Kreislaufs.** Von Professor Dr. J. SCHOENMACKERS, Aachen, und Professor Dr. H. VIETEN, Düsseldorf

Abdominale Gefäße

- **A. Aorta abdominalis und ihre großen Äste.** Von Professor Dr. E. VOGLER, Graz (Österreich)
- **B. Das Pfortadergebiet.** Von Dozent Dr. I. BERGSTRAND, Lund (Schweden)
- **C. Postmortale Angiogramme des Pfortadergebiets.** Von Professor Dr. J. SCHOENMACKERS, Aachen, und Professor Dr. H. VIETEN, Düsseldorf
- **D. Vena cava inferior.** Von Dr. W. A. FUCHS, Bern (Schweiz)

Schultergürtel, Becken und Extremitäten

- **A. Arteries of the extremities.** By Docent Dr. S. I. SELDINGER, Stockholm (Schweden)
- **B. Periphere Venen.** Von Dr. Å. GULLMO, Hässleholm (Schweden)

Gehirn und Gesichtsschädel

- **A. Cerebral angiography.** By Professor Dr. E. LINDGREN, Stockholm (Schweden)
- **B. Angiographische Untersuchungen im Bereich des Versorgungsgebietes der A. carotis externa.** Von Professor Dr. Dr. H. SCHEUNEMANN, Düsseldorf, und Professor Dr. Dr. J. SCHRUDDE, Köln-Lindenthal

Mitarbeiter von Band X/4 — Contributors to volume X/4

Professor Dr. med. F. LOOGEN, Medizinische Klinik (Kardiologie) der Universität Düsseldorf, Düsseldorf

Dr. med. R. RIPPERT, Innere Abteilung des Städtischen Krankenhauses, Idar-Oberstein

Professor Dr. med. J. SCHOENMACKERS, Pathologisch-Bakteriologisches Institut, Städtische Krankenanstalten, Aachen

Professor Dr. med. H. VIETEN, Institut und Klinik für Medizinische Strahlenkunde der Universität Düsseldorf, Düsseldorf

Fehlbildungen des Herzens und der großen herznahen Gefäße

A. Pathologisch-anatomische Vorbemerkungen

I. Zur Morphologie der angeborenen Herzfehler (einschließlich Ektopie und Dystopie des Herzens)

Von

J. Schoenmackers

Mit 22 Abbildungen in 30 Einzeldarstellungen

Einleitung

Die Betrachtung angeborener Herz- und Herzklappenfehler sowie der Gefäßfehler kann unter verschiedenen Gesichtspunkten erfolgen. Wir glauben, uns im Rahmen dieses Handbuches auf die morphologischen Veränderungen beschränken zu dürfen, da ihre entwicklungsgeschichtliche Bedeutung und der Gang ihrer Entwicklungsphasen den speziellen Arbeiten (Doerr, Rokitansky, Schwalbe, dem Handbuch für spezielle pathologische Anatomie und Histologie, Bredt, Taussig, Abbott, Gould usw.) entnommen werden kann.

1. Funktioneller Umbau des Herzens und der herznahen Gefäße

Das Prinzip des funktionellen Umbaus wird in unserem Kapitel über die erworbenen Herzklappenfehler diskutiert, so daß wir uns hier auf die ergänzende Erörterung der speziellen Verhältnisse bei angeborenen Herz- und Gefäßfehlern beschränken können.

Der funktionelle Umbau des Herzens nach isolierten angeborenen Klappenfehlern richtet sich nach den gleichen Grundsätzen wie bei den erworbenen Klappenfehlern, soweit es die morphologischen Veränderungen stromaufwärts angeht. Stromabwärts bestehen jedoch entscheidende Unterschiede zwischen erworbenen und angeborenen Herz- und Herzklappenfehlern.

Jeder intrauterin entstandene Klappenfehler und jede intrakardiale oder intervasale offene Verbindung treffen mit ihrer funktionellen Rückwirkung auf ein wachsendes Herz. In diesem Zusammenhang ist es gleichgültig, ob es sich um einen Klappenfehler nach Entzündung oder um eine echte Fehlbildung handelt. Die Kenntnis des funktionellen Umbaus am wachsenden Herzen gibt uns das Verständnis für die Herzform. Wie bei erworbenen Klappenfehlern sind Blutdruck und Blutvolumen die formenden Faktoren für Herz und Gefäße.

Es ist also festzuhalten, daß die Herzform, die sich auf Grund angeborener Herz- und Herzklappenfehler entwickelt, eine Resultante des Wachstums *und* der funktionellen Rückwirkung des Fehlers ist.

Wenn sich ein Klappenfehler pränatal entwickelt, sind die fetalen Blutwege, wie Ductus arteriosus und Foramen ovale, noch offen und durchgängig. Diese offenen fetalen Verbindungen zwischen Hoch- und Niederdruckgebiet greifen zusätzlich in den Mechanismus des funktionellen Umbaus ein. Sie können beispielsweise Blut, das vor Stenosen gestaut wird, ableiten und auf Umwegen dem Erfolgsorgan zuführen. Während sich die fetalen Blutwege am normalen Kreislauf im Laufe der ersten Monate schließen, werden sie bei Herz- und Herzklappenfehlern oft hämodynamisch offengehalten, und der Fehler führt schon in den ersten Lebensmonaten zu schweren hämodynamischen Rückwirkungen.

Sicherlich garantieren diese offenen Verbindungen bei Atresien eines Klappenostiums noch einen Kreislauf, sie ziehen aber in den meisten Fällen beide Herzhälften oder Teile beider Herzhälften in den funktionellen Umbau ein.

Offene intrakardiale und intervasale Verbindungen können, obwohl ein Teil von ihnen zu den physiologischen fetalen Blutwegen gehört, später zu eigenen Krankheitsbildern werden, wie das Beispiel des Ductus arteriosus persistens und des offenen Foramen ovale zeigt.

Neben Ventrikelseptumdefekten, die echte Fehlbildung darstellen, gibt es andere Formen, die erst nach hämodynamisch bedingter Perforation des Septum membranaceum entstanden sind. Sie haben natürlich den gleichen hämodynamischen Effekt wie jeder andere Ventrikelseptumdefekt. Die Größe des funktionellen Umbaus nach Defekten der Scheidewand des Herzens oder zwischen den herznahen Gefäßen ist von der Druckdifferenz, die zwischen den kurzgeschlossenen Herzhöhlen und Gefäßen besteht, abhängig. Man kann also bei einem Ventrikelseptumdefekt die gleiche Dicke des Myokards an beiden Kammern antreffen. Da aber auch das Blut in größerer Menge in Richtung des Druckgefälles fließt, wird auch das Volumen auf der Seite des geringeren Druckes, praktisch fast immer auf der rechten Seite, größer. Die Herzhöhlen der rechten Seite sind deshalb meistens weiter als die der linken Herzhälfte.

Wenn, wie beim offenen Foramen ovale oder beim Vorhofseptumdefekt, das Blutvolumen den entscheidenden Faktor ihrer Pathohämodynamik bildet, kann die Erweiterung von Herzhöhlen gegenüber der Hypertrophie im Vordergrund stehen.

Die Hypertrophie, die sich am wachsenden Herzen entwickelt, hat gegenüber der Hypertrophie, die sich an erwachsenen Herzen einstellt, den Vorteil, daß sich das Coronarsystem wesentlich besser an die Herzhypertrophie adaptieren kann. Das ist auch der Grund, warum bei diesen Herzen fast nie eine Coronar- oder Herzinsuffizienz vorkommt. Sie sind fast ausnahmslos konzentrisch hypertrophiert und neigen kaum zur Dilatation. Außerdem wird das kritische Herzgewicht von 500 g (LINZBACH, SCHOENMACKERS) fast nie erreicht. Die Gefahr der Coronarinsuffizienz tritt auch deshalb nicht so leicht auf, weil die Herzarterien durch zahlreiche extrakardiale Anastomosen an die Schlagadern des Mediastinums angeschlossen sind.

Wenn aber ein Patient mit einem angeborenen Herz- oder Gefäßfehler ein höheres Alter erreicht, bekommt er natürlich auch seine Coronarsklerose und auf der Basis dieser Coronarsklerose u. U. eine Coronarinsuffizienz.

Wenn wir für die erworbenen Herzklappenfehler unterstellten, daß sich nach Stenosen fast nur hämodynamische Rückwirkungen und ihre morphologischen Folgen stromaufwärts finden, so ist das an wachsenden Herzen anders. Distal der Stenose entsteht eine Hypoplasie der anschließenden Herzhöhlen oder des anschließenden Gefäßes, wenn keine Kurzschlußverbindungen zu diesen Kreislaufabschnitten bestehen. Oft ist nicht nur die Wand hypoplastisch, sondern auch die Lichtung der Herzhöhle und des Gefäßes enger. Im chirurgischen Schrifttum wird immer wieder auf die poststenotische Erweiterung hingewiesen. Diese poststenotische Erweiterung hat mehrere Gründe. Die Stenose ist enger als das nachfolgende Gefäß, so daß sich die Blutbahn hinter der Stenose trichterförmig erweitert. Außerdem kann natürlich eine poststenotische Düsenwirkung vorliegen, bei der sich poststenotisch ein „Bulbus" entwickelt, in dem die stark beschleunigte Blutströmung, die in der Stenose herrscht, wieder normalisiert wird. Es können aber auch distal der Stenose Kollateralen einmünden, die zur Erweiterung der poststenotischen Gefäßabschnitte führen können.

Es ist auch zu berücksichtigen, daß der poststenotische Gefäßabschnitt eine Hypoplasie der Wand hat und deshalb erweiterungsfähiger ist als ein normales Gefäß.

Man muß deshalb in jedem Einzelfall analysieren, aus welchem Grunde eine poststenotische Erweiterung aufgetreten ist.

Die Tatsache einer morphologischen Kommunikation zwischen zwei Herzhöhlen besagt noch lange nicht, daß solche Verbindungen zwischen einzelnen Höhlen auch in jedem Falle durchströmt werden. Solche Verbindungen ohne jeden funktionellen Umbau werden nämlich immer wieder gefunden, obwohl Herzabschnitte verschiedener Drucksysteme miteinander in Verbindung stehen.

Man darf auch nicht einen proportionalen funktionellen Umbau erwarten, wenn man die Größe einer morphologischen Verbindung zwischen Kammern und Vorhöfen allein vor sich hat. Der funktionelle Umbau wird nicht durch die morphologische Größe einer Kurzschlußverbindung, sondern durch die hämodynamische Wertigkeit eines solchen Defektes bestimmt. Die hämodynamische Wertigkeit ihrerseits ist von der Lage, Richtung und Größe des Defektes — um nur einige Aspekte zu nennen — bestimmt.

Wenn außerdem noch Klappenstenosen vorhanden sind, entscheidet das Verhältnis zwischen der funktionellen Wertigkeit von Klappenstenose und Kurzschlußverbindung zueinander über Art und Ausmaß des funktionellen Umbaus, das heißt, man darf auch bei angeborenen Herz- und Herzklappenfehlern nur Richtformen des Herzens und der anschließenden Gefäße annehmen, von denen es im Einzelfall beträchtliche Abweichungen geben kann.

Die angeborenen Herzfehler können, wenn man sie allein unter dem Gesichtspunkt ihrer Hämodynamik und des funktionellen Umbaus betrachtet, in drei Gruppen eingeteilt werden:

1. Isolierte Klappenfehler,
2. Scheidewanddefekte des Herzens,
3. Kombinationen von Klappenfehlern mit offenen Verbindungen zwischen Herzhöhlen (und Gefäßen).

Zur Entstehung des Klappenfehlers ist noch kurz Stellung zu nehmen. Sicherlich gibt es Klappenfehler und Stenosen sowie Atresien als echte Fehlbildungen. Ein Teil der Klappenfehler beruht jedoch sicher auf einer fetalen Endokarditis, die wir praktisch nur in Form der Endocarditis serosa kennen.

Bei den angeborenen Klappenfehlern, wenn sie allein oder in Kombination mit Scheidewanddefekten auftreten, findet man immer eine seröse Endokarditis und deshalb auch fast ausschließlich Stenosen. Fast alle Stenosen finden sich in der rechten Herzhälfte, links sind sie selten. Man kann bei vielen Herzfehlern an allen Klappen eine seröse Endokarditis nachweisen, sie führt, wie wir es auch bei anderen Endokarditisformen sehen, meist nur an einer Klappe zu einem hämodynamisch wirksamen Fehler, oder aber der Fehler einer Klappe überwiegt in seiner hämodynamischen Rückwirkung.

Das morphologische und auch das röntgenologische Bild der Stenosen nach seröser Endokarditis zeichnet sich durch die glatte Oberfläche der Klappen aus, selbst wenn sie im ganzen etwas gebuckelt oder gehöckert ist. Das hat seine Ursache darin, daß die seröse Endokarditis eine Entzündung innerhalb der Klappe ist, die die Oberfläche nur in ihrer Form verändert.

Es gibt selbstverständlich auch bei angeborenen Klappenfehlern Komplikationen durch eine sekundäre fibrinöse, verruköse oder sogar ulceröse Endokarditis. Das ist jedoch im Vergleich zu der Zahl der Klappenstenosen, die nur auf einer serösen Endokarditis basieren, verhältnismäßig selten.

2. Spezielle Herz- und Herzklappenfehler

Wenn wir nun zu den speziellen Herz- und Herzklappenfehlern übergehen, möchten wir mit der *reinen Pulmonalstenose* beginnen (Abb. 1).

a) Reine Pulmonalstenose

Auf Grund der serösen Endokarditis sind die Klappen verdickt und engen die Lichtung (Abb. 2) ein. In anderen Fällen sind zwar die Klappen verhältnismäßig dünn, jedoch miteinander verwachsen und bilden eine häutige Membran mit einer kleinen zentralen Lichtung (Abb. 3). Diese häutige Membran wird durch den Blutstrom nach stromabwärts vorgewölbt und erreicht dadurch Kuppelform.

Die seröse Endokarditis beschränkt sich nicht immer auf die Klappe selbst, sie kann auch auf das Infundibulum übergreifen und auch die Klappenbasis in Mitleidenschaft ziehen. Die Narbe des Basisringes verhindert gemeinsam mit der narbig verdickten Klappe fast jedes Wachstum oder auch die hämodynamische Vergrößerung des Klappenostiums, so daß die Größe der Restlichtung gegenüber dem Herzwachstum zurückbleiben muß. Jede Klappenstenose an einem wachsenden Herzen wird also, obwohl sie sich nicht verändert, funktionell immer schwerwiegender, weil das Herz und der ganze Organismus größer werden. Mit dem Wachstum wird natürlich die Blutmenge, die das stenosierte Ostium passieren muß, um in der Zeiteinheit ein normales Stromvolumen zu erreichen, immer größer. Ist die Stenose zu eng, wird die Differenz zwischen durchströmender Blutmenge und erforderlichem Stromvolumen immer größer, wenn man einmal alle Kompensationseinrichtungen, welche die Blutmenge normalisieren können, außer acht läßt.

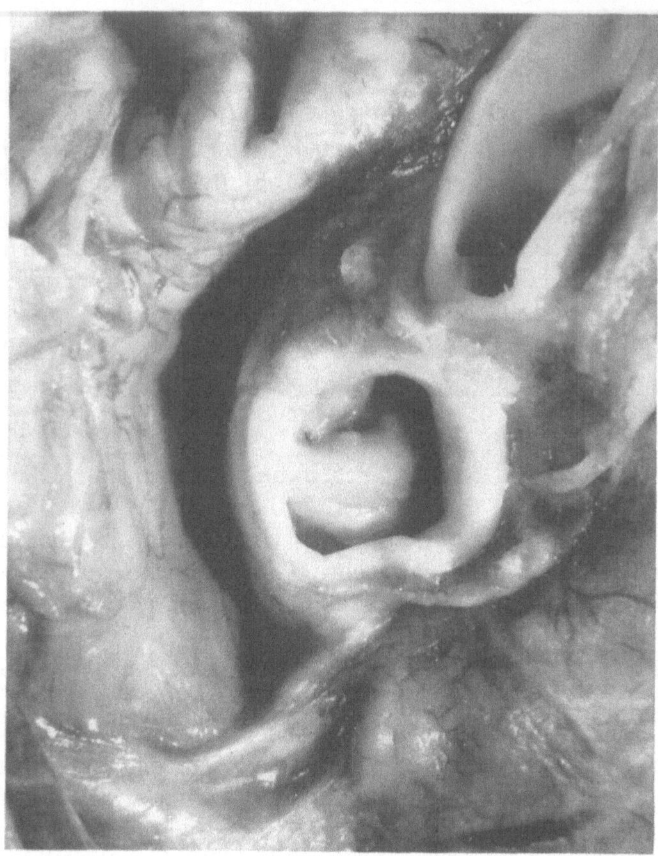

Abb. 1.
Schwere seröse Endokarditis mit lippenförmiger Pulmonalstenose

Vor der Stenose hypertrophieren rechter Ventrikel und rechter Vorhof. Die Herzform ist deshalb rechtsbetont. Die Hypertrophie kann so schwere Grade erreichen, daß der linke Ventrikel wie ein Anhängsel am rechten Ventrikel wirkt und die Coronarfurche nach links und lateral-kranial verschoben ist.

Die Aufstauung des Blutes vor der Pulmonalstenose wird im Laufe der Zeit sehr häufig von einer Erweiterung des Basisringes der Tricuspidalklappe gefolgt. Es entwickelt sich eine extravalvuläre Tricuspidalinsuffizienz. Mit dieser Tricuspidalinsuffizienz erweitert sich das Wirkungsfeld der Pulmonalstenose auf den venösen Schenkel des großen Kreislaufs, auf Leber, Milz und Niere sowie Gehirn. Dabei sind Veränderungen der Leber in Form einer Stauungssklerose oder Cirrhose am häufigsten.

Abb. 2. Membranöse Pulmonalstenose mit einer derben Leiste im Infundibulum

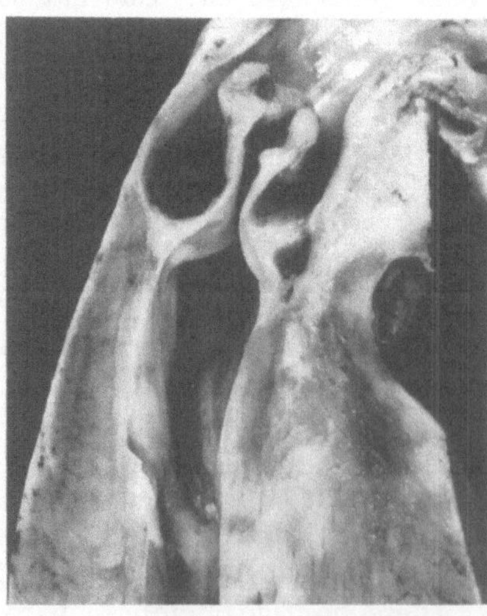

Abb. 3. Schnitt durch eine Pulmonalstenose mit fibrinöser Entzündung der oberen Klappenkante und Vernarbung der Klappenbasis

Die Herzform wird nicht allein durch die

Hypertrophie der Wand der rechten Herzhälfte, sondern auch durch die Größe der Lichtung von Kammer und Vorhof bestimmt.

Bei isolierten Stenosen der Pulmonalklappe kann das Herzgewicht über das kritische Kammergewicht hinausgehen. So kann auf Grund des Mißverhältnisses zwischen Coronarquerschnitt und zu versorgender Herzmuskelmasse eine Coronarinsuffizienz auftreten, die zu Nekrosen und Narben der Ventrikelwand führt.

Distal der Klappenstenose ist die Lungenschlagader hypoplastisch und eng. Sie hat also sowohl eine zu kleine Lichtung als auch eine zu dünne Wand. Es gibt Abweichungen der Wandstärke und Lichtungsgröße, wenn ein Ductus arteriosus offengeblieben ist. Dann kann die Lungenschlagader trotz enger Stenose der Pulmonalklappe weit, fast aneurysmatisch werden. In solchen Fällen erweitert sich die Lungenschlagader unmittelbar distal der Stenose zu einem breiten Trichter.

b) Pulmonalatresie

Patienten mit *Pulmonalatresie* sind nur dann lebensfähig, wenn eine offene intrakardiale Verbindung in Form eines Foramen interatriatum oder interventriculare vorhanden ist. — Aus funktionell-hämodynamischen Gründen werden wir Scheidewanddefekte, die eine wesentliche hämodynamische Funktion haben oder lebensnotwendig sind, als *Foramen interatriatum* oder *interventriculare* bezeichnen.

Es wurde schon erwähnt, daß sich die seröse Endokarditis nicht auf die Pulmonalklappen beschränken muß, sondern auch auf das Infundibulum übergreift und hier zu Stenosen führt, die Klappe und Infundibulum oder nur das Infundibulum betreffen. Bei den letzten Fällen — mit reiner Infundibulumstenose — können auch poststenotisch Klappen und Lungenschlagader hypoplastisch bleiben. Die Hypertrophie des rechten Ventrikels endet dann proximal der Stenose. Da sich Infundibulumstenosen bis an den Eingang der Ausflußbahn des rechten Ventrikels erstrecken können, ist die Ausdehnung des hypertrophierten Abschnittes der rechten Kammer ganz unterschiedlich.

Differentialdiagnostisch ist die Herzform nach Pulmonal- oder Infundibulumstenose gegenüber ähnlichen Herzformen nach Kompression der A. pulmonalis, Arteriitis pulmonalis, chronisch rezidivierender Lungenarterienembolie usw. abzugrenzen. Äußerlich können die Herzen ganz gleich aussehen, die angiographische Innenarchitektur zeigt jedoch den unveränderten Klappenbereich.

c) Fallotsche Trilogie

Bei der *Fallotschen Trilogie* können Pulmonal- (Abb. 1—3) und Infundibulumstenose (Abb. 4 und 5) genauso aussehen wie bei den reinen Stenosen. Die Hypertrophie des rechten Ventrikels erreicht jedoch selten jene Ausmaße, wie wir sie von den isolierten Pulmonal- und Infundibulumstenosen kennen. Die Hypertrophie des rechten Vorhofs ist zwar in allen Fällen recht ausgeprägt, aber nie so eindrucksvoll wie nach isolierten Pulmonal- und Infundibulumfehlern. Das liegt daran, daß eine bestimmte Blutmenge, die wegen der Pulmonal- oder Infundibulumstenose vom rechten Ventrikel nicht abgenommen wird, durch das offene Foramen ovale in den linken Vorhof ausweichen kann. Durch diese interatriale Verbindung tritt der linke Vorhof ebenfalls in das Wirkungsfeld der Pulmonalstenose. Er hypertrophiert und wird weiter, da er Blut aus zwei Richtungen aufnehmen und an den linken Ventrikel weiterleiten muß. Seine Erweiterung und Hypertrophie ist meist nicht so schwer, daß man sie an der äußeren Herzform erkennen könnte.

Die Herzform bei der Fallotschen Trilogie ist also im wesentlichen durch die Hypertrophie und Erweiterung der rechten Herzhälfte und des linken Vorhofs bestimmt. Die Hypoplasie der Lungenschlagader richtet sich nach der Restlichtung der Pulmonal- oder Infundibulumstenose. Die Lungenarterie ist natürlich erweitert und hypertrophiert, wenn gleichzeitig der Ductus arteriosus durchgängig bleibt. Im Bereich der Pulmonalstenose ist dann oft von außen nichts besonderes an der Pulmonalis zu sehen. Die Gegend der Pulmonalstenose weist jedoch, wenn man die Innenkonturen betrachtet, eine Taille auf.

Nach Pulmonalatresie sieht das Herz einer Fallotschen Trilogie anders aus. Die Hypertrophie und Erweiterung beider Vorhöfe ist im allgemeinen stärker. Der rechte Ventrikel kann fast hypoplastisch sein. Demgegenüber wird der linke Ventrikel weiter und muskelstärker, da nun praktisch alles Blut aus dem Herzen über den linken Ventrikel abfließen muß. Solche Fälle ohne Ductus arteriosus oder erweiterte Bronchialarterien sind nicht lebensfähig, weil über die Pulmonalatresie kein Blut zur Lunge gelangen kann. Mit dem Leben vereinbar wird der Fehler, wenn entweder der Ductus arteriosus durchgängig bleibt, oder aber das Blut über eine Lungenausgleichversorgung — in Form erweiterter Bronchialarterien — der Lunge zufließen kann. Beim Ductus arteriosus functionalis wird die Lungenarterie weit, obwohl eine Pulmonalstenose vorliegt. Bei der Lungenausgleichversorgung durch zahlreiche Bronchialarterien wird meist der Stamm der Lungenarterie auch etwas weiter, die stärkere Erweiterung findet man jedoch erst in den Lungenarterien 2.—3. Grades. Hämodynamisch können solche Fälle das Bild eines Truncus vortäuschen.

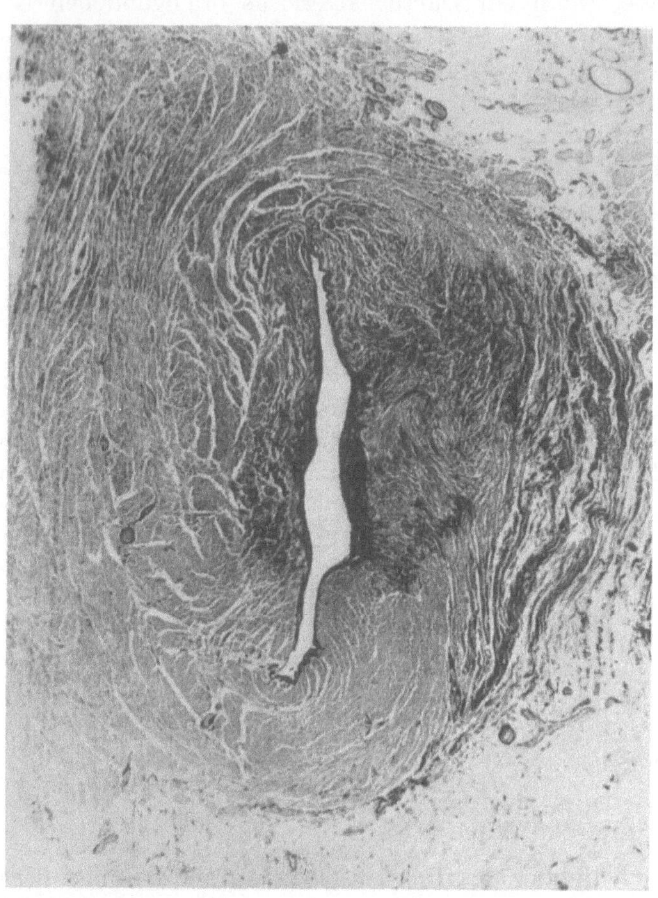

Abb. 4.
Intensive Vernarbung der Ausflußbahn bei Infundibulumstenose

d) Fallotsche Tetralogie

Bei der *Fallotschen Tetralogie* gleichen die Stenosen der Pulmonalklappe oder des Infundibulums bzw. ihre Kombination völlig denen einer Fallotschen Trilogie. Das Blut muß jedoch bei der Fallotschen Tetralogie vor der stenosierten Pulmonalklappe durch ein Foramen interventriculare in die linke Herzhälfte ausweichen. Pulmonal- und Infundibulumstenosen führen schon von sich aus zu einer Rechtshypertrophie und meist auch zu einer Hypertrophie und Erweiterung des rechten Vorhofs. Das Foramen interventriculare ist ein weiterer Faktor, der von sich aus die Muskelstärke besonders der rechten Kammer beeinflußt. Je nach Lage, Größe und Ausflußrichtung des Ventrikelseptumdefektes wird im rechten Ventrikel der höhere Blutdruck der linken Herzhälfte ganz oder teilweise wirksam sein. Wenn die Auswurfleistung der rechten Kammer kompensiert sein soll, muß sich die Muskelstärke der rechten und linken Kammer u. U. entsprechen. Die Rechtshypertrophie wird an der äußeren Herzform in vielen Fällen schwer erkennbar bzw. überdeckt, weil fast alle Fallotschen Tetralogien auch mit einer Linkshypertrophie einhergehen. Sie haben also nicht nur eine Rechtshypertrophie, sondern eine bilaterale Ventrikelhypertrophie. Am Herzen erscheint gelegentlich der linke Vorhof kleiner als normal, da das Durchströmungsvolumen der Lunge herabgesetzt sein kann.

Die Herzform kann trotz gleicher oder ähnlicher hämodynamischer Verhältnisse äußerlich ganz verschieden sein. Manche Herzen behalten ihre — normale — Kegelform, während andere kastenförmig werden können. Dazwischen gibt es viele Möglichkeiten von Übergangsformen.

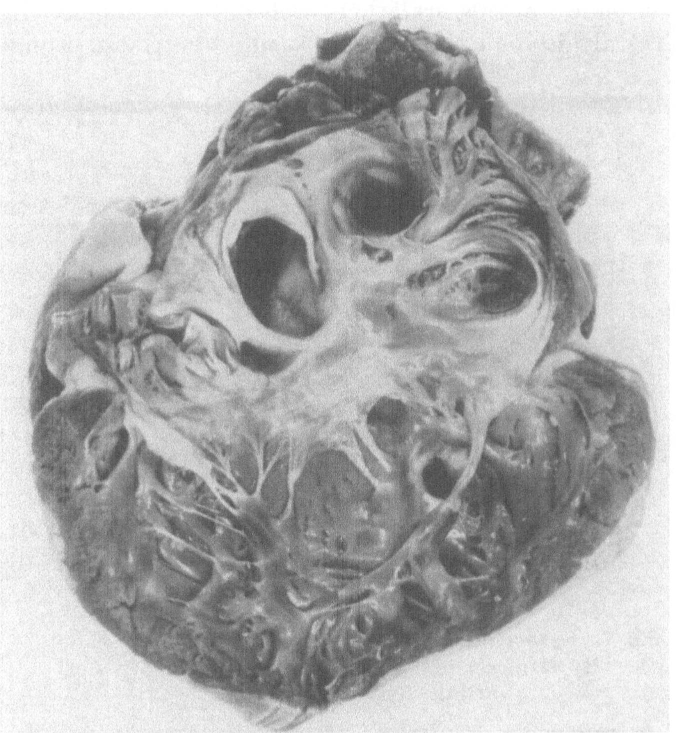

Abb. 5. Tiefe infundibuläre Stenose mit Abtrennung der Einflußbahn von der Ausflußbahn. Vernarbung der Tricuspidalis nach seröser Endokarditis

Die Arteria pulmonalis ist in fast allen Fällen eng und dünnwandig — hypoplastisch —, wenn kein Ductus arteriosus functionalis besteht. Die Aorta ist dagegen „reitend", d.h. sie steht so über dem Ventrikelseptumdefekt, daß die Strömungsrichtung aus beiden Ventrikeln in die Aorta zeigt. Da die Blutmenge, die noch durch die Pulmonalklappe fließen kann, vermindert ist, muß die Durchströmungsgröße der Aorta gesteigert sein (Abb. 6). Die Aorta ist deshalb weiter und meist auch hypertrophiert. Oft „reitet" sie auch nur deshalb, weil sie weiter geworden ist. Von der Aorta aus kann Blut über einen Ductus arteriosus functionalis oder über die Ausgleichversorgung zur Lunge gelangen. Die Lungenschlagadern werden unter dem Einfluß der zusätzlichen Blutmenge — aus Ductus arteriosus und Lungenausgleichversorgung — und des Blutdruckes weiter, und die trichterförmige Lichtung des Stammes der Pulmonalis nimmt an Umfang zu.

Wenn die Pulmonalklappe morphologisch oder auch nur funktionell atretisch ist, muß der Ductus arteriosus offenbleiben, wenn der Fehler mit dem Leben vereinbar sein soll. Nur in ganz seltenen Fällen sind die Bronchialarterien allein imstande, die Lungendurchblutung über ihre Anastomosen zu den Pulmonalarterien sicherzustellen. Abgesehen von der äußeren Herzform sind die Herzen auch innen verschieden konturiert. Das

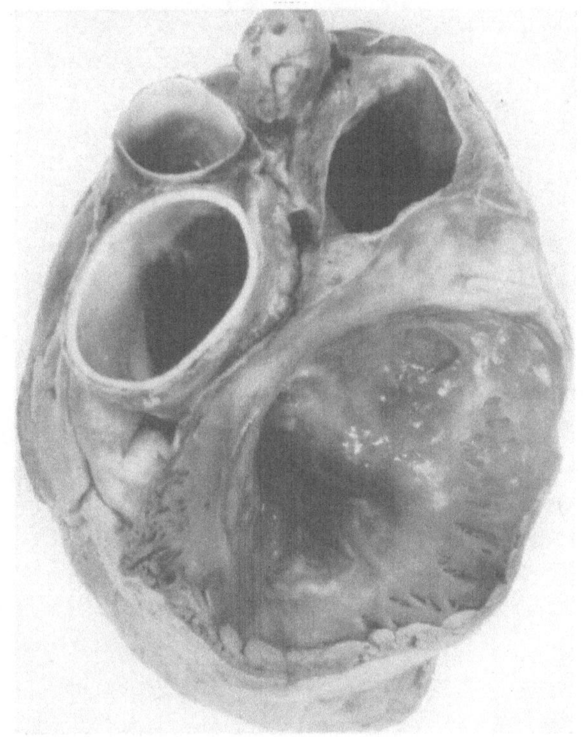

Abb. 6. Enge Pulmonalstenose bei Fallotscher Tetralogie. Erweiterung und Hypertrophie der Aorta. Schwere Rechtshypertrophie mit Erweiterung des rechten Vorhofs. (Blick auf das Herz von oben)

ist ohne weiteres erklärlich, weil der funktionelle Umbau im Rahmen einer Fallotschen Tetralogie von Pulmonalstenose und Ventrikelseptumdefekt getragen wird. Die Wirkungsgröße von Stenose und Foramen interventriculare sowie das Verhältnis der Wirkungsgrößen untereinander und zueinander müssen natürlich ganz verschiedene quantitative Resultate haben.

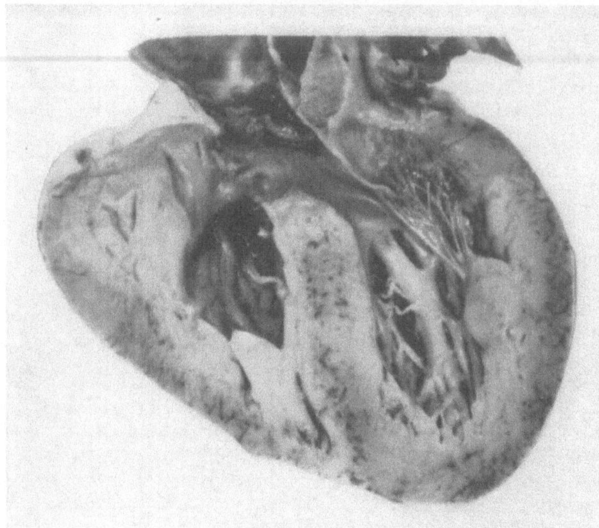

Abb. 7. Subaortaler Ventrikelseptumdefekt mit beträchtlicher Hypertrophie des rechten Ventrikels, des Septums und des linken Ventrikels

e) Fallotsche Pentalogie

Die *Fallotsche Pentalogie* unterscheidet sich von der Tetralogie nur durch ihr offenes Foramen ovale. Das Blut kann also schon vor dem rechten Ventrikel und vor dem Ventrikelseptumdefekt vom rechten in den linken Vorhof ausweichen. Unter diesen Bedingungen wird die Hypertrophie des rechten Vorhofes und auch der rechten Kammer nicht so schwer wie bei der Tetralogie. Es tritt jedoch die Hypertrophie des linken Vorhofs hinzu. Soweit zu übersehen, erreicht jedoch der linke Vorhof selten die Größe wie bei Fallotscher Trilogie.

Da hier alle Herzhöhlen in den funktionellen Umbau einbezogen sind, kann ein harmonisch hypertrophiertes Herz resultieren, oder es ähnelt einem einfachen Cor pulmonale.

An der Herzkrone sind die Lungenschlagadern hypoplastisch und die Aorta dilatiert und hypertrophiert. Auch in diesen Fällen muß der funktionelle Umbau der Lungenschlagader unter dem Einfluß eines Ductus arteriosus functionalis berücksichtigt werden. Wie bei allen Fallotschen Fehlern können Aorta und Lungenschlagadern fast normal weit und sogar wandhypertrophiert sein.

Die Fallotschen Fehler sind auch mit der Entwicklung umfangreicher

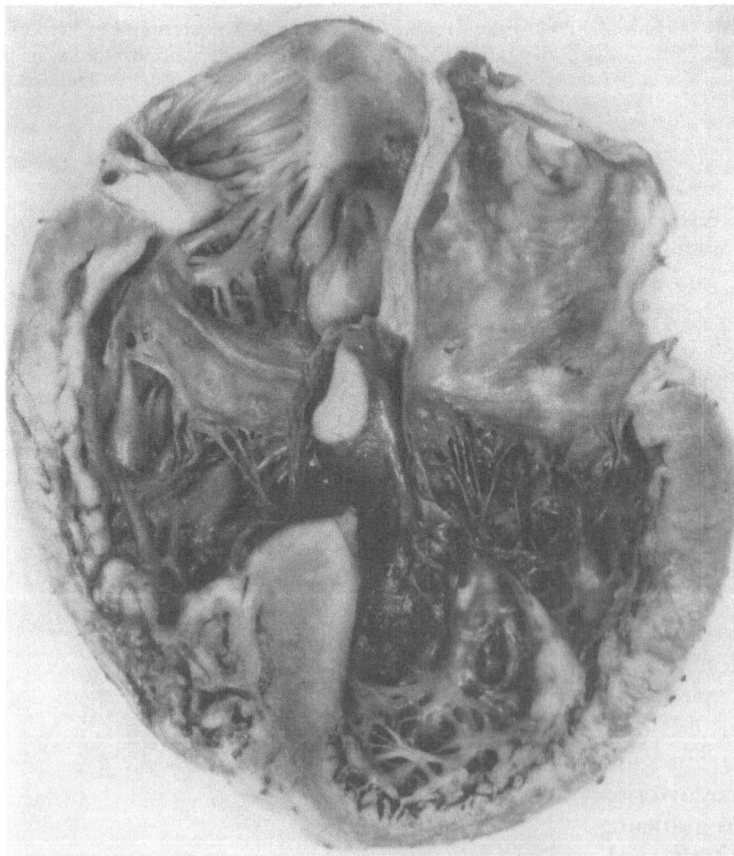

Abb. 8. Dilatation und Erweiterung beider Herzkammern bei doppeltem Ventrikelseptumdefekt. Leichte Erweiterung und Hypertrophie der Vorhöfe nach extravalvulärer Mitral- und Tricuspidalinsuffizienz

Kollateralsysteme vergesellschaftet. Die Coronararterien stehen in breiter Verbindung mit Arterien des Mediastinums. Die Lunge hat oft ein ausgedehntes Netz kleiner Bronchialarterien oder aber große Bronchialarterien, mit denen sie arterielle Netzverbindungen zu Mediastinal- und Coronararterien aufnimmt (SCHOENMACKERS). In dieses Kollateralsystem können auch die Arterien der Schulter und des Halses sowie die Bauchaorta einbezogen werden. Bestehen Lungenrippenfellverwachsungen, so können auch die Arterien der seitlichen Brustwand sowie die Intercostalarterien an der Lungenausgleichversorgung beteiligt sein.

Wenn man von jenen Übergangsformen absieht, bei denen ein Ventrikelseptumdefekt mit einer ganz geringen Pulmonalklappenstenose zusammentrifft und das Bild vom Ventrikelseptumdefekt beherrscht wird, so ist der Ventrikelseptumdefekt (Abb. 7—9a und b) ohne alle Klappenveränderungen ein eigenes Krankheitsbild. Dabei gibt es seröse Entzündungen der Klappen, die Klappenmembranen sind dann verdickt, sie verlieren aber kaum ihre Schlußfähigkeit (Abb. 7).

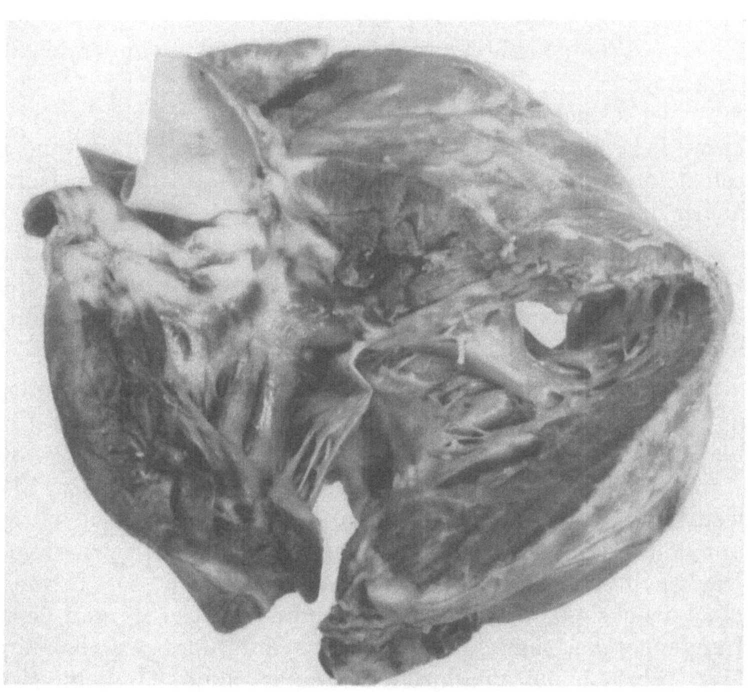

a

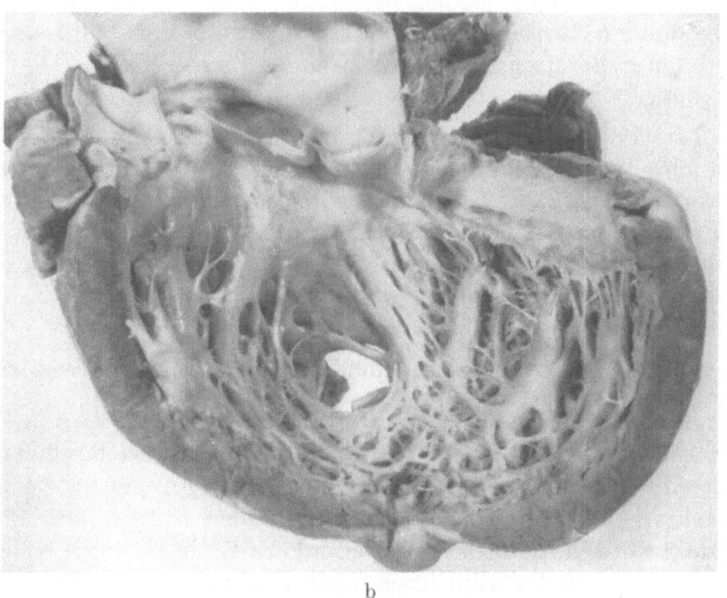

b

Abb. 9a u. b. Tiefer Ventrikelseptumdefekt. a Blick von rechts: schwere trabeculäre Hypertrophie des rechten Ventrikels und sekundäre seröse Endokarditis der Pulmonalklappe. b Blick von links

f) Ventrikelseptumdefekte

Die meisten *Ventrikelseptumdefekte* (Abb. 7—9a und b) befinden sich im Bereich des Septum membranaceum. Man sieht diesen Ventrikelseptumdefekt links unterhalb der Aortenklappe und rechts unter einem Segel der Tricuspidalis.

Jeder Ventrikelseptumdefekt genügender Größe, der sich nicht in der Systole durch Trabekel, die sich aneinanderlegen, funktionell schließen kann, führt auf die Dauer zu einem Druckangleich zwischen beiden Herzkammern. Deshalb wird das Myokard beider

Ventrikel fast oder ganz gleich stark sein. Der linke Ventrikel hypertrophiert dabei nur wenig, während der rechte, da er eine sehr geringe Ausgangsstärke hat, um das Mehrfache seiner normalen Wanddicke hypertrophiert. Man wird auch die Lichtung des rechten Ventrikels sehr häufig weiter finden als gewöhnlich. Trotz dieses inneren Umbaus kann die Kegelform des Herzens erhalten bleiben oder nur einem einfachen Cor pulmonale ähneln. Wenn beide Ventrikel weiter werden, und auch die Spitze in die Erweiterung einbezogen wird, nimmt das Herz Kasten- oder Kugelform an. In diesem Zusammenhang muß berücksichtigt werden, daß die Herzform sich auch aus anderen Gründen ändern kann, z.B. wenn bei einem so hoch belasteten Herzen eine Coronarsklerose auftritt. Aber selbst unter diesen Bedingungen ist der Dilatation des Herzens wegen der beträchtlichen Dicke der Herzwand eine Grenze gesetzt.

Die funktionellen Auswirkungen eines Septumdefektes hängen einerseits von der Größe und andererseits von der Funktionsrichtung ab. Die Herzform richtet sich nicht so sehr nach der Topographie des Defektes als nach seiner Größe. Das sieht man gelegentlich als Zufallsbefund bei alten Leuten.

Die funktionelle Rückwirkung eines Ventrikelseptumdefektes erschöpft sich nicht in der Rechtshypertrophie; die Druckerhöhung geht über die rechte Herzkammer hinaus bis in die Lungenschlagader. Die Arteria pulmonalis und ihre Äste können dann sehr stark hypertrophiert sein. Diese Hypertrophie schützt vor einer beträchtlichen Erweiterung. Die Arteria pulmonalis kann jedoch auch weiter werden als die Aorta, weil mit dem erhöhten Druck auch das Stromvolumen des kleinen Kreislaufs ansteigen kann. Das bleibt im Ablauf des Leidens nicht immer so. Unter dem Einfluß des pulmonalen Hochdrucks entwickelt sich eine Pulmonalsklerose und eine Arteriolosklerose der kleinen Lungengefäße, manchmal treten sogar Bilder wie bei einer Arteriitis (MEESSEN) auf. Das führt hämodynamisch zu einer Shunt-Umkehr (GROSSE-BROCKHOFF, LOOGEN). Mit dieser Shunt-Umkehr wird das pulmonale Stromvolumen zwar kleiner, der hohe Druck bleibt jedoch bestehen. Deshalb gewinnt die Shunt-Umkehr keinen entscheidenden Einfluß auf die Form des Herzens und der großen Gefäße, wenn man von einer Betonung der Linkshypertrophie absieht. Die Aorta kann allerdings weiter werden.

Eine Sonderform des Ventrikelseptumdefektes muß noch besonders besprochen werden. Manchmal liegt der Ventrikelseptumdefekt unmittelbar unter den Pulmonal- *und* Aortenklappen. Die Herzform kann sonst fast ganz mit der bei anderer Lokalisation des Ventrikelseptumdefektes übereinstimmen. Die Aorta „reitet“ jedoch über dem Defekt. Auf Grund der hohen Belastung kommt es oft an beiden Klappen zu Verdickungen auf der Basis einer serösen Entzündung.

g) Cor triloculare (bi-atriatum univentriculare)

Beim *Cor triloculare (bi-atriatum univentriculare)* handelt es sich praktisch um den größtmöglichen Ventrikelseptumdefekt. Es besteht nämlich morphologisch und funktionell nur eine gemeinsame Herzkammer, aus der Lungenarterie und Aorta regelrecht abgehen können. Selbst die Vorhof-Kammerklappen können normal sein, wenn sie nicht sekundär endokarditisch — meist serös-endokarditisch — verdickt sind. In dieser gemeinsamen Kammer wird der Blutdruck natürlich von der „linken Seite“ bestimmt. Die Wand dieses Ventrikels ist also überall gleich dick, entspricht jedoch in ihrer Stärke nicht dem Alter und der Körpergröße, sondern ist im ganzen hypertrophiert.

Herzen mit diesem Ventrikelkomplex scheinen in den meisten Fällen mehr kugelförmig zu sein. Sie bleiben gelegentlich noch spitz, wenn beide Ventrikel durch eine schmale Septumleiste im Bereich der Herzspitze wenigstens optisch voneinander getrennt sind. In Richtung auf die Kammerbasis wird dann der Kammerkomplex schnell breiter, so daß oft die Spitze etwas abgesetzt und leicht buckelförmig erscheint.

h) Cor biloculare

Beim *Cor biloculare (uniatriatum und univentriculare)* fehlen Vorhof- und Kammerscheidewand. Das Herz nähert sich der Kugelform, da sowohl die beiden Vorhöfe als auch beide Ventrikel unter dem gleichen Druck stehen.

Bei diesen beiden Fehlern findet man sehr häufig eine erweiterte Lungenschlagader, weil selbstverständlich ein pulmonaler Hochdruck besteht.

i) Foramen oder Ostium primum

Das *Foramen oder Ostium primum* (Abb. 10a und b, 11) ist hämodynamisch zwischen dem offenen Foramen ovale und dem Ventrikelseptumdefekt einzuordnen.

Größe und Form eines Foramen primum sind sehr unterschiedlich. Im allgemeinen liegt es an der Basis des Vorhofseptums und hat enge Beziehungen zur Mitral- und Tricuspidalklappe. Seine größte Ausdehnung kann es in cranio-caudaler Richtung,

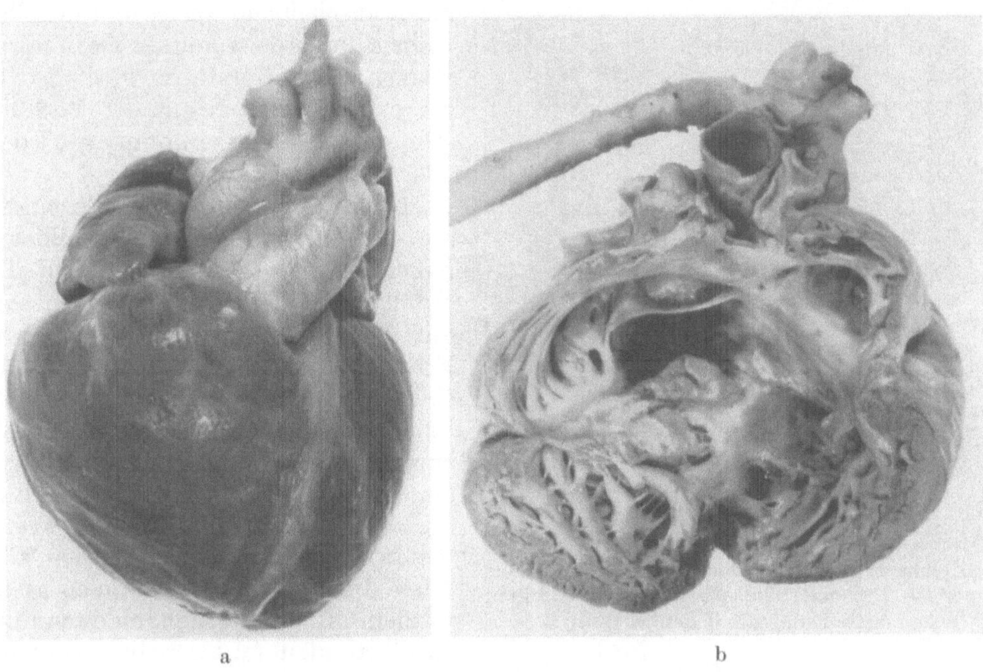

Abb. 10a u. b. Foramen primum mit Erweiterung und Hypertrophie der Lungenschlagader. a Blick auf das geschlossene Herz. b Blick von rechts

aber auch in der Klappenebene haben und von runder, ovaler, schlitzförmiger oder unregelmäßig begrenzter Form sein. Es kann sich auch aus mehreren, durch schmale Brücken voneinander getrennten Defekten zusammensetzen. Daneben können noch ein offenes Foramen ovale und kleinere Vorhofseptumdefekte vorkommen.

Bei der „einfachsten“ Form des Foramen primum bleibt die Klappenebene erhalten. Die Basis dieser Klappen kann fast unverändert bleiben. So behalten in einzelnen Fällen Mitral- und Tricuspidalklappe ihre Schlußfähigkeit. In solchen Fällen stehen Hämodynamik und funktioneller Umbau dem des offenen Foramen ovale oder des Vorhofseptumdefektes näher als dem des Ventrikelseptumdefektes. So sind die Vorhöfe stärker erweitert und hypertrophiert als die Kammern.

Die schwereren Veränderungen der inneren Herzform sind häufiger als die einfachen. Bei den ersteren fehlt auch der zum Kammerkomplex gerichtete Teil der Vorhofwand, außerdem nimmt der Defekt mehr oder weniger große Teile des oberen Anteiles des Ventrikelseptums ein. Bleiben unter diesen Bedingungen Mitral- und Tricuspidalklappe erhalten, dann besteht ein Vorhof- und ein Ventrikelseptumdefekt. Meist behalten jedoch Mitral- und Tricuspidalklappe nur ihren Zusammenhang mit dem Ventrikelseptum. Ihr medialer Ansatz tritt dann tiefer zwischen die beiden Kammern. Die Klappenebene senkt sich von lateral und außen nach medial und innen, so daß sie einen Winkel mit der Kammerbasis bildet. Obwohl die Klappen medial tiefer getreten sind, bleibt die Trennung der Ventrikel wenigstens morphologisch erhalten. Wenn die Klappen ihre Schlußfähigkeit behalten, ist das hämodynamische Verhalten dieses Fehlers mehr das eines Foramen ovale oder Vorhofseptumdefektes als das des Foramen primum. Der funktionelle Umbau besteht in der Erweiterung beider Vorhöfe und der Lungenschlagader, weil ein Links-Rechtsshunt besteht. Der Kammerkomplex ist hypertrophiert, weil beide Kammern anscheinend auf Grund des Shuntes mehr Blut fördern müssen als in normalen Herzen. Die Herzform wird also durch die starke Erweiterung der Vorhöfe bestimmt, der Kammerkomplex wird spitz- oder stumpfkegelig.

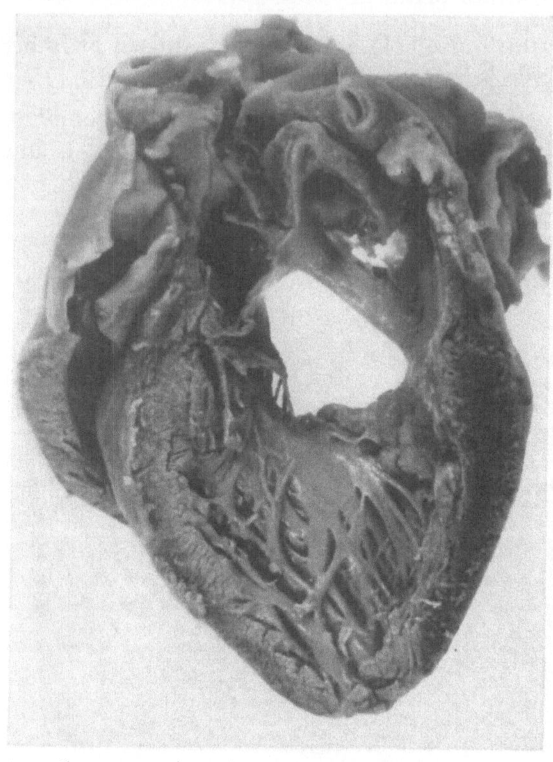

Abb. 11. Foramen primum (Blick von links). Rechtshypertrophie, schmaler hypertrophierter rechter Kammerstreifen an der linken Bildseite

In der Mehrzahl der Fälle sind auch die Kammerklappen fehlgebildet und haben Narben. An Mitral- und Tricuspidalklappe, die wie auf einer Wäscheleine auf dem Septum hängen, können ganze Klappenteile völlig fehlen. Manchmal sind sie zwar noch weitgehend „normal", sie haben jedoch keine regelrechten Commissuren, sondern sind durch Spalten voneinander getrennt. So entstehen Lücken, die eine Klappeninsuffizienz verschiedenen Grades nach sich ziehen können. Diese Insuffizienz der Klappen greift zusätzlich in die Pathohämodynamik und damit in den funktionellen Umbau ein. Die Erweiterung der Vorhöfe wird größer. Gleichzeitig werden aber auch die Kammern weiter und wandstärker, so daß der Kammerkomplex kegelförmig wird.

Die Herzform nach Foramen primum ist sehr unterschiedlich. Das liegt an den zahlreichen morphologischen Spielarten dieses Defektes, die ganz unterschiedliche Eingriffe in die Hämodynamik bedeuten, an der Zeitdauer und der Wirksamkeit dieses Fehlers. Im Laufe der Zeit können durch Umformung des Herzens auch die Klappen, welche zu Anfang noch schlußfähig waren, insuffizient werden. Die Herzform kann nun durch diese sekundäre Insuffizienz weiter beeinflußt werden. Dabei kann in dem einen Fall die Insuffizienz der Mitralklappe, im anderen Falle die Insuffizienz der Tricuspidalklappe schwerer ausgeprägt sein.

Da auch bei diesem Fehler die Lunge im Wirkungsfeld liegt, kann später auf Grund von Veränderungen der Lungengefäße, die bei den Fällen mit Insuffizienz der Mitral- und Tricuspidalklappe im Zusammenhang mit der Druckerhöhung in Vorhof und Lungengefäßen auftreten können, eine Shunt-Umkehr eintreten. Der pulmonale Druck sinkt dann jedoch nicht ab, sondern nimmt eher zu, was sich auf den Grad der Hypertrophie und Erweiterung von Vorhöfen und Kammern auswirken kann.

Gerade für das Foramen primum muß ausdrücklich unterstrichen werden, daß bei kaum einem Fehler so viele Varianten der inneren Herzform — also des Fehlers selbst — und auch der sekundären Herzform nach funktionellem Umbau vorkommen können.

j) Offenes Foramen ovale — Vorhofseptumdefekt

Man muß morphologisch zwischen einem *offenen Foramen ovale* (Abb. 12a und b, Abb. 13a und b) — der Persistenz oder Wiedereröffnung eines embryonalen Blutweges — und dem *Vorhofseptumdefekt* unterscheiden. Das offene Foramen findet sich an definierter

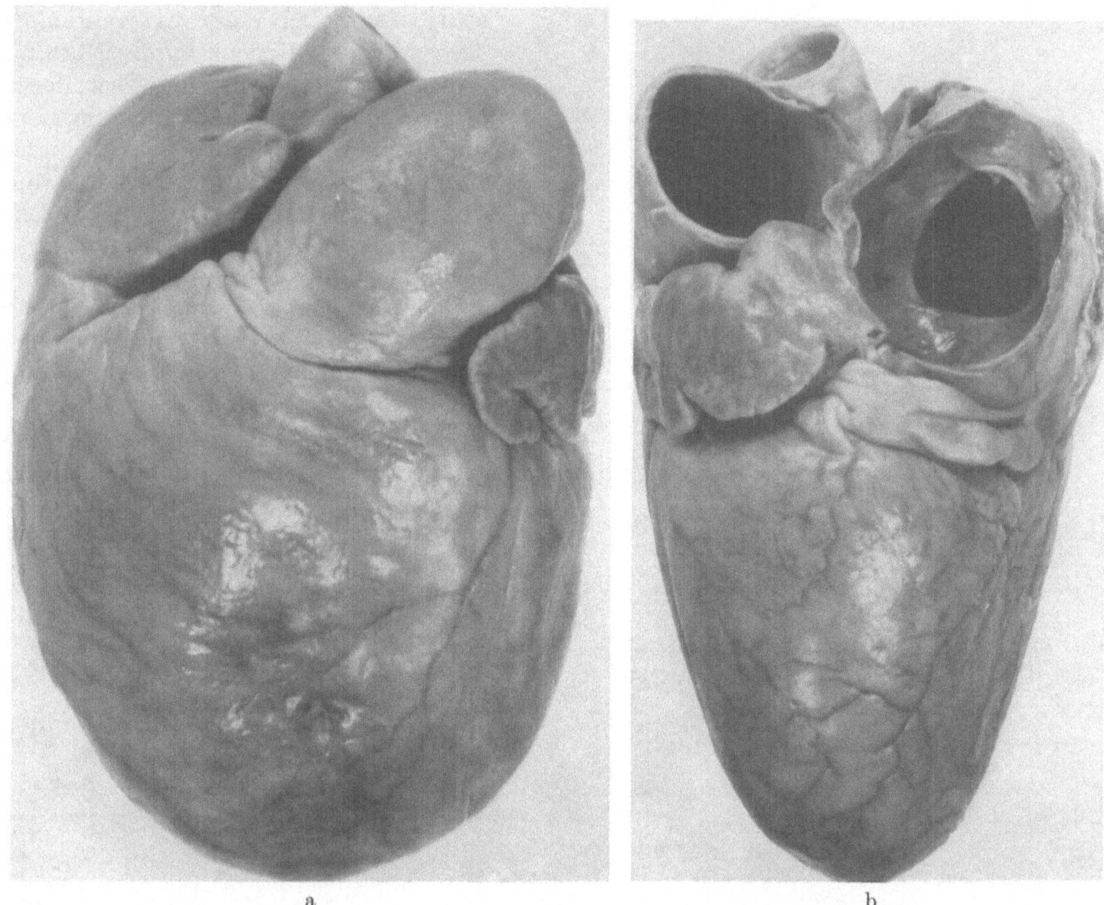

Abb. 12a u. b. Offenes Foramen ovale mit schwerer Rechtshypertrophie und Ektasie der Lungenschlagader. a Blick auf die Vorderseite. b Blick auf die linke Herzkante

Stelle, während Vorhofseptumdefekte überall zu finden sind, wo die beiden Vorhöfe eine gemeinsame Wand haben.

Diese Verbindungen zwischen den Vorhöfen können groß oder klein sein, in Ein- oder Mehrzahl auftreten, bzw. durch schmale Gewebsbrücken getrennt sein. Manchmal findet man kleinere Defekte, die weit voneinander entfernt liegen.

Durch die offenen Verbindungen zwischen den Vorhöfen fließt im allgemeinen das Blut von links nach rechts. Die rechte Herzkammer erhält mehr, oft sogar viel mehr Blut als die linke. Sie wird also durch ein größeres Volumen belastet, das eine Erweiterung und eine Hypertrophie der rechten Herzhälfte nach sich zieht. Die Anpassungserscheinungen in Form der Erweiterung und Hypertrophie können z.T. ganz beträchtlich werden. Auf die Dauer hypertrophiert aber auch der linke Ventrikel, weil die linke

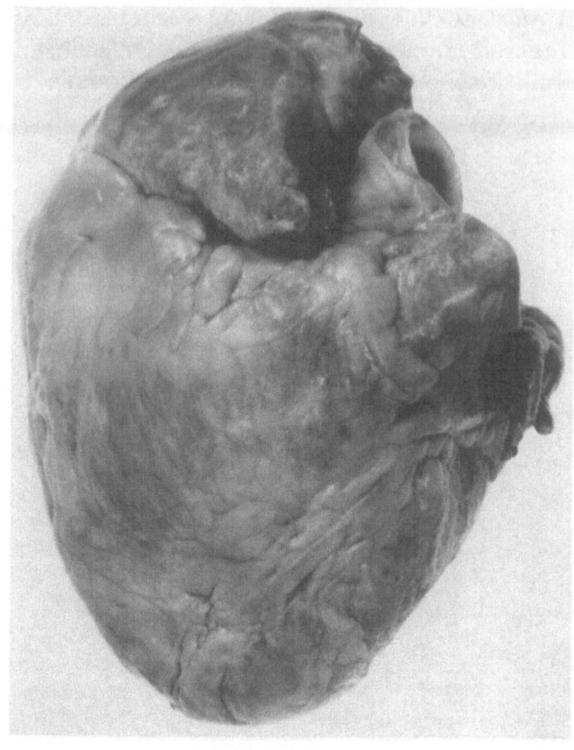

a

Herzhälfte einen Volumenverlust kompensieren muß. Manchmal bleibt nur der linke Vorhof etwas hinter der allgemeinen Vergrößerung und Hypertrophie des Herzens zurück. An der absoluten Vergrößerung ist natürlich der linke Ventrikel weniger als der rechte beteiligt, da er ein größeres Gesamtvolumen hat, wenn man das Myokard mitrechnet. Das Herz kann manchmal harmonisch vergrößert sein, bis es zu einer extravalvulären Tricuspidalinsuffizienz kommt, die eine schwere Hypertrophie und Erweiterung des rechten Vorhofes und manchmal auch der Kammer nach sich zieht. Es gibt eine Reihe Herzen mit Vorhofscheidewanddefekten, die man auf den ersten Blick kaum von einem Hochdruckherzen unterscheiden kann, wenn man nicht auf die Lungenschlagader achtet. Aber auch verhältnismäßig kurze, breite Ventrikelkomplexe schließen einen Vorhofseptumdefekt nicht unbedingt aus.

Im Rahmen des funktionellen Umbaus auf Grund von Vorhofscheidewand-

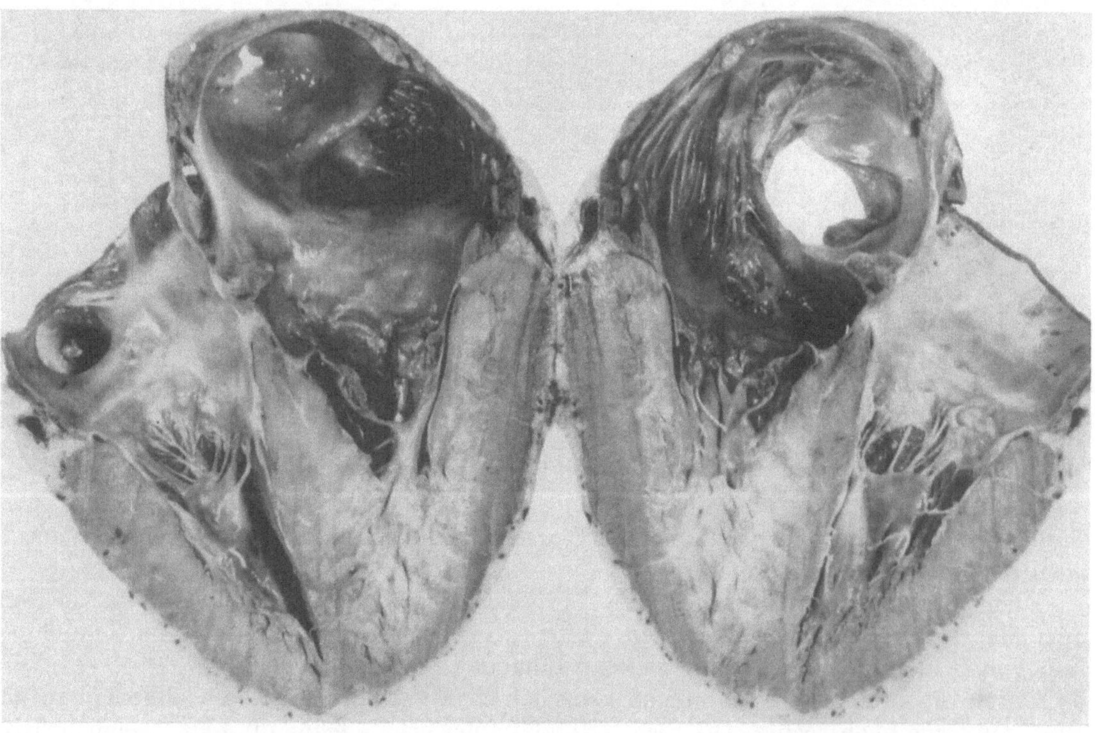

b

Abb. 13a u. b. Vorhofseptumdefekt mit starker Erweiterung des rechten Vorhofs, Hypertrophie und leichter Vernarbung der rechten Herzkammer. Hypertrophie und Erweiterung der Arteria pulmonalis. a Geschlossenes Herz. b Halbiertes Herz (rechter Ventrikel in der Mitte des Bildes)

defekten darf die Lungenarterie nicht vergessen werden. Sie ist bei dem oft beträchtlich erhöhten Stromvolumen erweitert und hypertrophiert. Neben einer normal weiten Aorta kann sie die Herzkrone beherrschen.

Je nach der Dauer und Schwere der hämodynamischen Veränderungen erstrecken sich Erweiterung und Hypertrophie weit über den Stamm der Lungenarterie hinaus bis in die intrapulmonalen Äste der Lungenschlagader, so daß eine vermehrte Zeichnung der Lunge, insbesondere des Lungenhilus, im Röntgenbild resultiert.

Bei Besprechung der Vorhofscheidewanddefekte muß auf die wichtige Komplikation in Form von Thromben der Vorhöfe und parietalen Thrombosen der Lungenarterien eingegangen werden, weil sie den Widerstand im kleinen Kreislauf erhöhen, das pulmonale Stromvolumen herabsetzen und zu einer Shunt-Umkehr führen können. Es kann effektiv so sein, daß auf Grund von stenosierenden Thrombosen der Lungenarterien ein Bild entsteht, das mit der Fallotschen Trilogie verwechselt werden kann. Vor dieser Fehldiagnose schützt im allgemeinen die Tatsache, daß der rechte Ventrikel zu groß ist. Arteriitische Prozesse der Lungengefäße, wie wir sie nach Septumdefekten kennen, sind, wenigstens nach unserer Erfahrung, bei Vorhofscheidewanddefekten selten. Da Herzen mit Vorhofseptumdefekten sehr groß werden und das kritische Herzgewicht von 500 g überschreiten — in vielen Fällen sogar weit überschreiten können — spielt mit zunehmendem Alter der Patienten die Coronarsklerose im Rahmen der kardio-coronaren Hypertrophie oft eine wesentliche Rolle. Schon bei nicht sehr schwerer Coronarsklerose ist die Blutversorgung des Herzens gefährdet, wenn nicht irreversibel beeinträchtigt. Man muß deshalb bei Dilatationen des Herzens nicht unbedingt an eine Verschlimmerung des Fehlers oder Rückwirkungen des Wirkungsfeldes denken, sondern auch daran, daß die Progredienz des Fehlers gemeinsam mit der Coronarsklerose die Dilatation hervorgerufen hat. Man sieht sogar Fälle, bei denen das zur Behandlung führende klinische Bild nur durch Coronarsklerose mit Nekrosen und Infarkten des Myokards beherrscht wird.

k) Cor triloculare (uniatriatum biventriculare)

Wenn das ganze Vorhofseptum fehlt *(Cor triloculare — uniatriatum biventriculare)*, haben beide Kammern nur einen Vorhof. Er kann mehr oder weniger vergrößert und hypertrophiert sein, behält aber manchmal, wenigstens in den ersten Kinderjahren, die Größe wie zwei normale Vorhöfe. Später erleiden die Herzen den gleichen funktionellen Umbau, wie er soeben beschrieben wurde. Auch die Lungenschlagader wird weiter, ihre Wand wird dicker.

Es ist noch auf die Kombination der Vorhofscheidewanddefekte mit einem Ductus arteriosus persistens zu verweisen. Oft erscheint die Rechtshypertrophie und Erweiterung der Lungenschlagader durch den Vorhofseptumdefekt genügend begründet. Auf jeden Fall muß auch bei Kleinkindern und Säuglingen daran gedacht werden, daß der Ductus arteriosus noch offen ist.

l) Lutembacher-Syndrom

Beim *Lutembacher-Syndrom* — Kombination von offenem Foramen ovale und Mitralstenose — kommt zu dem funktionellen Umbau durch das offene Foramen ovale die Rückwirkung der Mitralstenose hinzu.

Wenn eine Mitralstenose besteht, wird auch der linke Ventrikel umgebaut und bleibt in seiner Größe gegenüber den anderen Herzhöhlen zurück. Wegen der Einflußstörung in die linke Kammer muß der linke Vorhof weiter werden. Das trifft beim Lutembacher-Syndrom auf beide Vorhöfe zu. Außerdem wird die Blutmenge, die im Vorhof von links nach rechts fließt, größer. Die Hypertrophie des rechten Ventrikels ist — wenn man das einmal nur theoretisch analysiert — Folge der Rechtshypertrophie nach Mitralstenose *und* des offenen Foramen ovale und kann deshalb besonders schwer werden. Außerdem kann im Vergleich mit jenen Fällen, die ein nur kleines offenes Foramen ovale oder einen kleinen Ventrikelseptumdefekt haben, bei der Kombination mit Mitralstenose die A. pulmonalis stärker erweitert und hypertrophiert sein, als man es nach der Größe des Vorhofscheidewanddefektes allein vermuten sollte. Ein Herz mit einem Lutembacher-Syndrom kann sich also durch die Erweiterung beider Vorhöfe und des rechten Ventrikels auszeichnen, während der linke Ventrikel klein bleibt; es wirkt im ganzen asymmetrisch.

m) Tricuspidalatresie — Tricuspidalstenose

Bei *konnatalen Tricuspidalfehlern* — Stenose oder Atresie — wird der rechte Vorhof weit und buchtet sich tief in den linken Vorhof vor. Die Erweiterung greift auch auf die Venentrichter der Vena cava über. Der rechte Ventrikel distal der Stenose bleibt bei Stenosen wegen des verminderten Blutangebotes klein. Die linke Herzhälfte kann weitgehend unbeteiligt bleiben.

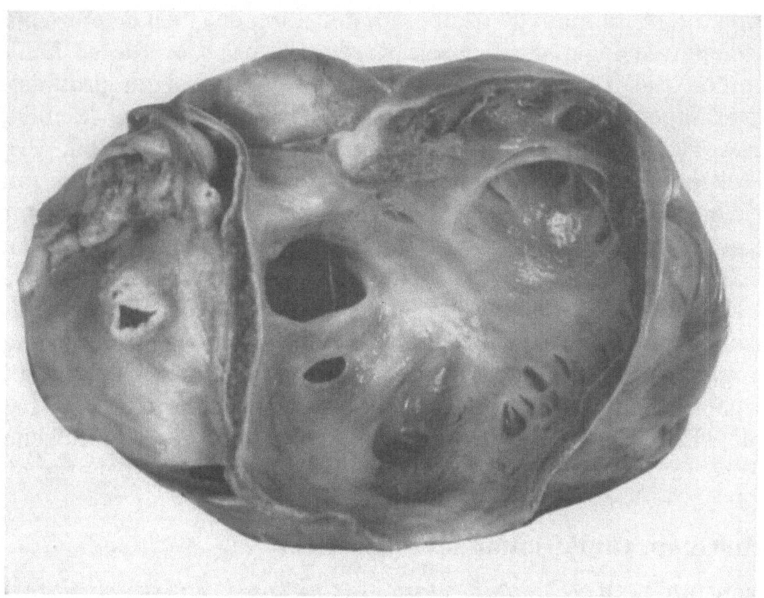

Abb. 14. Angeborene Tricuspidalatresie (Aplasie des Ostiums) mit Erweiterung des rechten Vorhofs und zwei offenen Verbindungen zum linken Vorhof (Blick von oben)

Eine *Tricuspidalatresie* (Abb. 14) ist nur dann mit dem Leben vereinbar, wenn ein offenes Foramen ovale besteht, durch das Blut vom rechten in den linken Vorhof ausweichen kann. Der rechte Vorhof wird weit und muskelstark. Der rechte Ventrikel bleibt dagegen rudimentär. Man sieht an der rechten Herzkante oft eine Einschnürung, die sehr nahe an der Vorhofkammerebene, aber auch gelegentlich näher an der Herzspitze liegen kann. Der Ventrikelkomplex, der fast nur von der linken, etwas hypertrophierten Kammer gebildet wird, erscheint asymmetrisch. Das offene Foramen ovale allein genügt nicht, um einen Blutstrom in beiden Kreislaufschenkeln zu gewährleisten. Das Blut kann von der Aorta aus über einen Ductus arteriosus die Lunge erreichen. In solchen Fällen kann die Lungenschlagader mit ihren Ästen, obwohl sie distal einer Stenose liegt, weit und wandstark sein.

Das Herz zeigt unter diesen Bedingungen eine Erweiterung und Hypertrophie beider Vorhöfe, rechts mehr als links, und gleichzeitig eine Erweiterung des linken Ventrikels und der Lungenschlagader, die beide hypertrophiert sind.

Das Blut kann auch über ein Foramen interventriculare zur Lunge gelangen. Die Verhältnisse an den Vorhöfen bleiben so, wie eben beschrieben. Auch der linke Ventrikel ist hypertrophiert. Nun wird jedoch die Ausflußbahn des rechten Ventrikels wieder ausgenutzt. Es wölbt sich u.U. das Infundibulum an der Vorderseite des Herzens stark vor, während sonst kaum ein rechter Ventrikel nachzuweisen ist. Der Kanal zwischen Foramen interventriculare und Lungenarterie faßt oft nur wenige Kubikzentimeter. Die Lungenarterie ist weit und hypertrophiert, so daß sie auffallend breit über dem schmalen Komplex des rechten Ventrikels steht.

Die Herzform kann also, abgesehen von dem sich mehr oder weniger aus der Herzebene vorwölbenden rechten Infundibulum, aussehen wie nach einer Tricuspidalatresie mit offenem Foramen ovale und Ductus arteriosus persistens. Wenn Tricuspidalstenosen mit den gleichen intrakardialen und intravasalen Verbindungen ausgestattet sind, so ändert sich praktisch nur die Form des rechten Ventrikels. Er ist auf jeden Fall größer als nach Atresie; die rechtsseitige Taille des Kammerkomplexes fällt fort. Die Größe des rechten Ventrikels wird nun vom Verhältnis zwischen dem Grad der Tricuspidalstenose und der funktionellen Wirksamkeit des Foramen interventriculare bestimmt.

n) Ebsteinsche Anomalie

Als *Ebsteinsche Anomalie* wird ein Tricuspidalfehler bezeichnet, bei dem eine oder mehrere Klappen „in den rechten Ventrikel gerutscht sind". Der Ansatz der Tricuspidalsegel findet sich nicht an der Vorhofkammergrenze sondern tiefer auf der Ventrikelwand. Dabei ist das mediale Segel bevorzugt. Die Vis-à-vis-Stellung der Klappen ist dadurch gestört. Die mediale Wand des rechten Vorhofs erscheint verlängert, während die Einflußbahn des rechten Ventrikels verkürzt ist. Ausflußbahn und Infundibulum der rechten Kammer können völlig unverändert bleiben.

Die Ebsteinsche Anomalie führt auf die Dauer immer zu einer Tricuspidalinsuffizienz, die eine Hypertrophie des rechten Vorhofs mit Dilatation zur Folge hat. Die Insuffizienz der Tricuspidalis scheint jedoch nicht immer so schwer zu sein, daß sie nicht bis ins Erwachsenenalter hinein ohne wesentliche klinische Symptome bleiben könnte. Das gilt nicht nur für die Ebsteinsche Anomalie, sondern auch für andere nicht zu schwere Tricuspidalfehler. Im wesentlichen wird das am Niederdruck in diesem Gebiet liegen.

o) Verdoppelung des Tricuspidalostiums mit Tricuspidalinsuffizienz

Als weitere angeborene Veränderung des Tricuspidalostiums ist die *Verdoppelung des Ostiums* (Abb. 15) mit extremer Hypertrophie und Erweiterung der rechten Herzhälfte zu nennen. In einem von uns beobachteten Fall setzten die einzelnen Segel der Tricuspidalklappe an einem extrem erweiterten Klappenring an. Die Öffnung der rechten Kammer zeigte medial ein großes und lateral ein kleineres Ostium. Dabei war jedes Ostium größer als normal. Die Verdoppelung des Ostiums war dadurch entstanden, daß zwischen Vor- und Hinterwand des Ostiums ein großes Segel ausgespannt war. Alle Sehnenfäden der sieben Segel setzten an kleinen Papillarmuskeln an. Die Segel waren im ganzen auffallend zart geblieben und hatten schmale Commissuren.

p) Aortenklappenstenose

Auch an der *Aortenklappe* (Abb. 16) gibt es, wie an der Pulmonalis, serös-endokarditisch bedingte Wülste der Klappen, welche die Lichtung in verschiedenem Grade verlegen können. Da es praktisch immer eine seröse Endokarditis ist, die fetal oder in den ersten Lebenswochen einen Aortenfehler hervorruft, sind fast nur *Stenosen* anzutreffen.

Der linke Ventrikel ist erweitert und hypertrophiert. Er beherrscht die ganze Herzform. Bei Säuglingen kann die Hypertrophie des linken Ventrikels gering sein oder in Ausnahmefällen fast fehlen, weil das Blut aus dem linken in den rechten Vorhof ausweichen kann. Es erreicht dann über rechten Ventrikel, Lungenschlagader und Ductus arteriosus die Aorta. Manchmal kann auf den ersten Blick die Hypertrophie und Volumenvergrößerung der rechten Herzhälfte eindrucksvoller sein als die der linken.

Da die Lunge intrauterin im Nebenschluß liegt, bekommt der linke Vorhof wenig Blut, so daß er klein bleiben kann. Der Aortenklappenfehler kann deshalb funktionell gelegentlich mehr Einfluß auf die rechte als auf die linke Herzhälfte haben. Das Foramen ovale bleibt u.U. bei diesen Fällen aus hämodynamischen Gründen offen und wird zu einem kompensierenden Foramen interatriale.

Erst wenn sich das Foramen ovale schließt und der Lungenkreislauf sein volles Stromvolumen erhält, tritt normalerweise besonders bei Aortenklappenfehlern, die Vergrößerung und Hypertrophie der linken Herzhälfte in Erscheinung; die typische Form eines

Herzens mit Aortenstenose entwickelt sich manchmal erst nach dem Schluß des Foramen ovale oder des Ductus arteriosus. Nach Schluß der offenen fetalen Blutwege nimmt der linke Ventrikel den größten Teil des Gesamtvolumens des Herzens ein.

Es gibt aber noch andere Möglichkeiten, wie die rechte Herzhälfte in das Wirkungsfeld des Aortenklappenfehlers einbezogen werden kann. Bei konnataler Aortenstenose

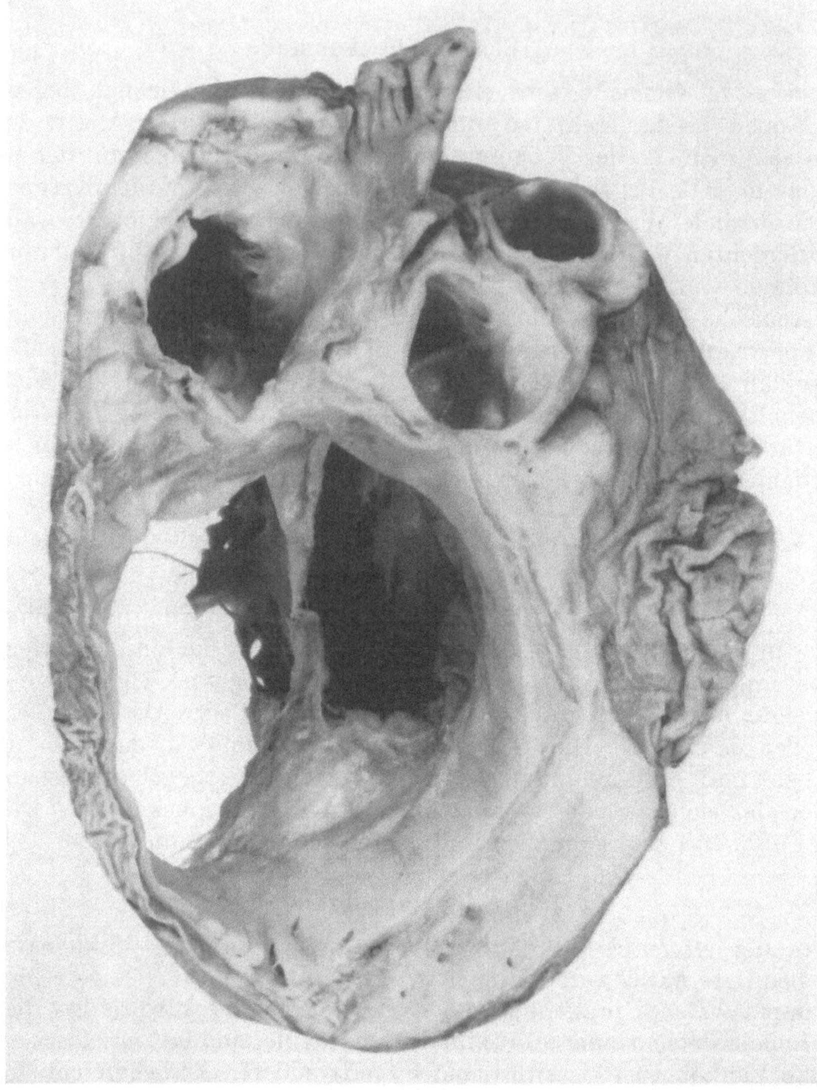

Abb. 15. Angeborene Tricuspidalinsuffizienz mit sieben Segeln und sog. doppeltem Ostium

mit Ventrikelseptumdefekt strömt ein Teil des Blutes durch den Ventrikelseptumdefekt in den rechten Ventrikel und führt zu seiner Erweiterung und Hypertrophie. Es resultiert äußerlich eine ähnliche Herzform wie nach Aortenstenose mit offenem Foramen ovale und Ductus arteriosus.

Konnatale Aortenklappenstenosen mit offenem Foramen ovale oder Ventrikelseptumdefekt sind in gewissem Sinne Spiegelbilder der entsprechenden Fallotschen Fehler.

q) Subaortale Stenose

Von der echten Klappenstenose ist die *subaortale*, die linksseitige infundibuläre *Stenose* (Abb. 17/18), zu unterscheiden. Wir sehen in solchen Fällen eine mehr oder weniger hohe

(2—7 mm) glatte oder etwas gehöckerte Leiste, die eine ringförmige Stenose der linken Ausflußbahn bildet. Diese Leiste verläuft über das Ventrikelseptum und das große Segel der Mitralis, das einen Teil der Ausflußbahn des linken Ventrikels bildet. Zwischen dieser Leiste und den Aortenklappen, die völlig unverändert oder nur leicht verdickt sein können, bleibt das Endokard oft dünn, durchsichtig und spiegelnd, kann aber auch leicht verdickt und unregelmäßig gehökkert sein.

Diese *Ringleistenstenose* (DOERR) (Abb. 17/18) führt zu einer Hypertrophie des linken Ventrikels genauso wie eine Aortenklappenstenose. Die Form des linken Ventrikels unterscheidet sich jedoch dadurch, daß die Hypertrophie des linken Ventrikels im Bereich der Ringleistenstenose aufhört. Die distale Ausflußbahn hat eine fast normale Wanddicke.

Ob sich die funktionelle Rückwirkung der Ringleistenstenose auf den linken Ventrikel beschränkt oder über eine extravalvuläre Mitralinsuffizienz auch auf Lungengefäße und rechte Herzhälfte erstreckt, ist von Fall zu Fall verschieden. Stromabwärts finden sich keine Unterschiede gegenüber einer sonstigen Aortenklappenstenose, die fetal entstanden ist. Die Prognose dieses Fehlers richtet sich wie bei der Aortenklappenstenose danach, wie lange das Gleichgewicht zwischen Stenose und Myokard (Coronarsklerose!) erhalten bleibt.

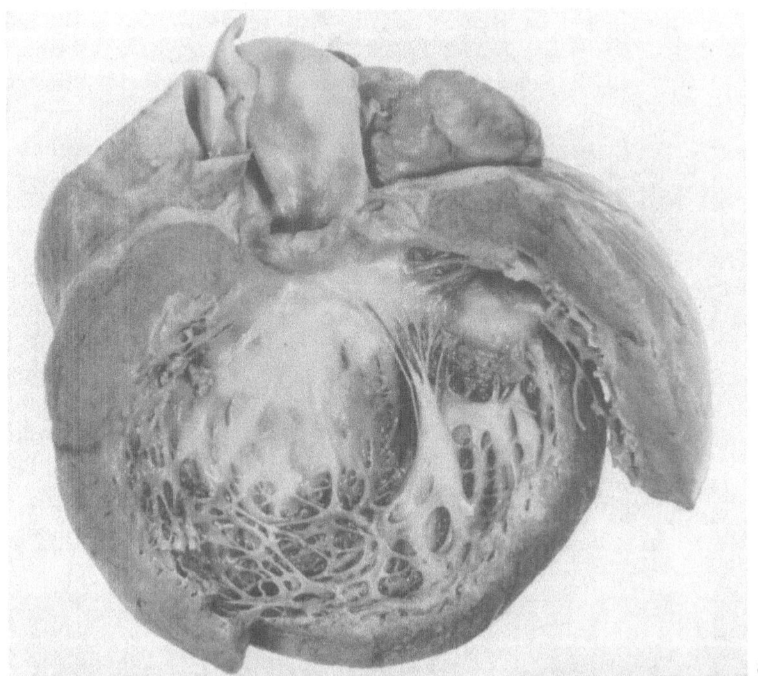

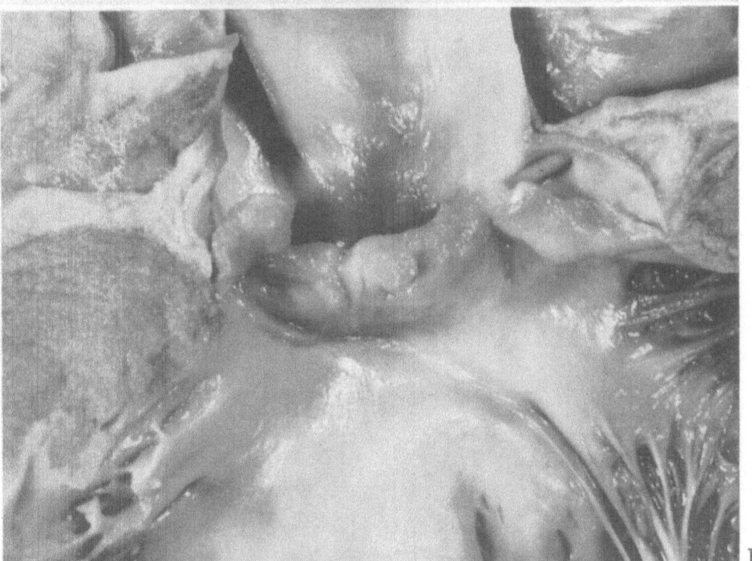

Abb. 16 a u. b. Angeborene Aortenstenose nach seröser Endokarditis mit Dilatation und Hypertrophie der linken Kammer

Wenn in solchen Fällen ein Ventrikelseptumdefekt vorhanden ist, liegt dieser oberhalb des „Hochdruckgebietes". Die Adaptation des linken Ventrikels wird also auch in dieser Kombination zunächst von der linksseitigen Stenose bestimmt. Nur wird das Schlagvolumen des linken Ventrikels größer werden müssen, weil ein Teil des Blutes durch den Ventrikelseptumdefekt an den rechten Ventrikel verlorengeht. Das ist jedoch nur so lange der Fall, wie noch keine schwereren Verände-

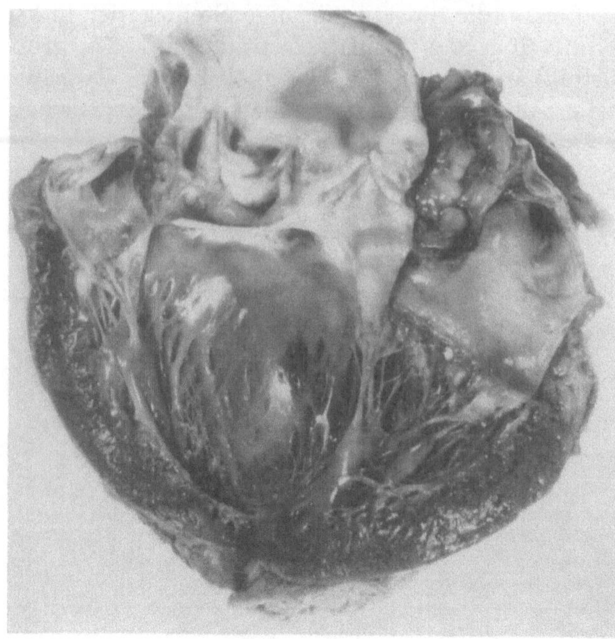

Abb. 17. Subaortale Ringstenose der Aorta. Stärkere Vernarbung der Aortenklappen und des parietalen Endokards

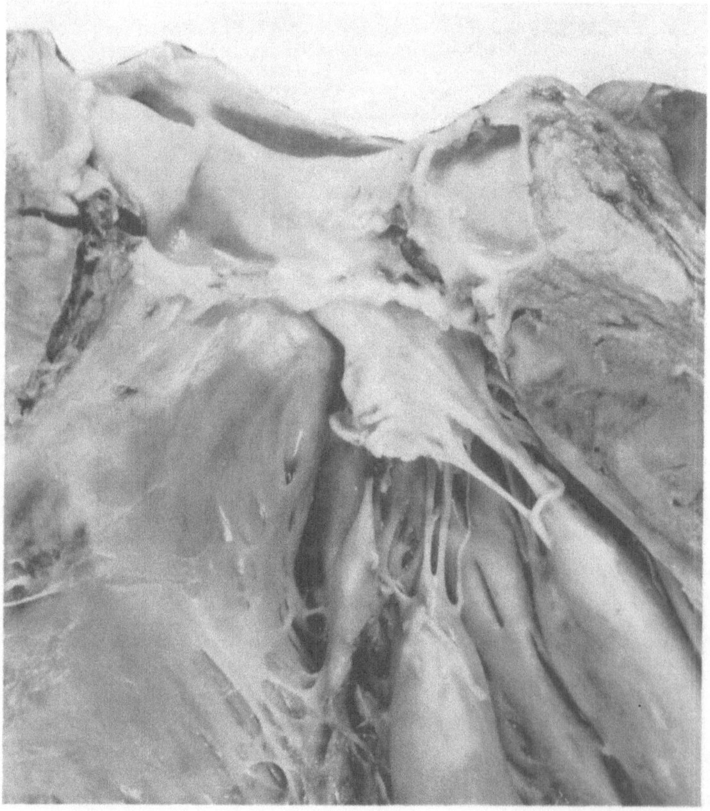

rungen der Lungengefäße vorhanden sind, die zu einer Stromumkehr mit Rechts-Links-Shunt führen.

Der Ventrikelseptumdefekt führt seinerseits zu einer Rechtshypertrophie. Der Kammerkomplex ist also im ganzen hypertrophiert und wird breit und kegelförmig. Differentialdiagnostisch ist in solchen Fällen zu prüfen, ob die Rechtshypertrophie nicht Folge einer extravalvulären Mitralinsuffizienz ist.

r) Mitralfehler

Konnatale *Mitralfehler* sind sehr selten. Die Klappe kann stenotisch oder atretisch sein. Vor der stenotischen oder atretischen Klappe ist der linke Vorhof erweitert und hypertrophiert, während der linke Ventrikel bei der Atresie hypoplastisch und ganz eng wird; u. U. fällt die Hypoplasie des linken Ventrikels an der äußeren Herzform kaum ins Gewicht. Solange das Foramen ovale offen ist, fließt das Blut zu einem Teil — oder bei der Atresie vollständig — über Foramen ovale, rechte Herzhälfte, Lungenschlagader und Ductus arteriosus zur Aorta. Deshalb hypertrophieren in dieser Fehlerkombination die rechte Herzhälfte und die Schlagadern der Lunge. Die Hypertrophie der rechten Herzhälfte ist jedoch nicht so sehr eine Folge der Behinderung des Lungenkreislaufs durch die Mitralstenose als des Umweges vom Blut über die rechte Herzhälfte in die Lungengefäße.

Wenn sich nun das Foramen ovale doch schließt, so wird die Erweiterung des linken Vorhofs stärker, und das Herz bekommt wie beim Erwachsenen eine Mitralkonfiguration; sie entsteht auch auf dem gleichen Wege wie bei Erwachsenen. Es versteht sich von selbst, daß eine

Abb. 18. Subvalvuläre Ringleistenstenose der Aorta mit Vernarbung der Aortenklappen. Breiter Narbenstreifen über dem großen Segel der Mitralis

Mitralatresie ohne offene Verbindungen zur rechten Herzhälfte mit dem Leben nicht vereinbar ist.

Wenn ein Mitralfehler mit einem Foramen ovale und einem Ventrikelseptumdefekt kombiniert ist, kann das Blut von der rechten Herzhälfte über den Septumdefekt wieder in die Ausflußbahn des linken Ventrikels gelangen und in die Aorta fließen; die Hypoplasie des linken Ventrikels wird dann zum Teil ausgeglichen.

Es gibt auch *angeborene Mitralfehler* mit einer *Klappeninsuffizienz*. Bei einem unserer Fälle bildete die Mitralis eine schlauchförmige Öffnung, an der man keine ausgebildeten Segel erkennen konnte. Lediglich einige lappige Fortsätze waren zu sehen, einzelne Sehnenfäden hatten Verbindung zu einem Papillarmuskel an der Seitenwand des linken Ventrikels. Eine kleine Membran an der Wand bildete ein rudimentäres Segel. Es hatte weder Sehnenfäden noch irgendeine Haftung der unteren Kante an der Herzwand. Unterhalb dieses „Segels“ sah man kleine Sehnenfäden, die von einem Papillarmuskel ausgingen und unterhalb dieses „Segels“ an der Ventrikelwand hafteten.

Die Rückwirkung dieser Mitralinsuffizienz war noch gering. Sie bestand nur in einer Erweiterung des linken Vorhofs, da das Kind in den ersten Lebenstagen gestorben war. Die theoretische Analyse der funktionellen Rückwirkung deckt sich mit der einer erworbenen Mitralinsuffizienz, man muß allerdings bei fetalen Herzen und bei Herzen von Säuglingen die Rückwirkung der fetalen Blutwege einrechnen.

s) Ectopia cordis congenita

Es sind nur jene Formen der *Ectopia cordis congenita* (Abb. 19a—c/20a und b) zu besprechen, bei denen spezielle diagnostische Maßnahmen erforderlich sein können, weil eine operative Korrektur möglich erscheint.

Dabei ist zwischen der z. Z. für die Operation unwesentlichen Ectopia cordis cervicalis, der Ectopia cordis pectoralis und ventralis zu unterscheiden.

Bei der Ectopia cordis cervicalis kann das Herz oberhalb des Manubriums liegen oder das Manubrium weist eine große Lücke auf, durch die das Herz vorfällt. Die Ectopia pectoralis kommt ebenfalls in zwei Formen vor, die Ektopie ohne Veränderung von Sternum und Rippen und der Vorfall des Herzens durch einen breiten Sternumspalt. Die Ectopia cordis ventralis ist dadurch charakterisiert, daß das Herz oberhalb des Nabels oder tief im Rippenwinkel pulsiert. Ein Defekt im Zwerchfell ist Voraussetzung für die abdominelle Verlagerung des Herzens. Gleichzeitig kann gelegentlich auch ein Defekt des Sternums bestehen.

Die Formen der Ektopie müssen noch unter einem anderen Gesichtswinkel unterschieden werden. Manchmal ist ein Herzbeutel oder sind Teile des Herzbeutels erhalten oder das Herz ist von einem Hautsack umgeben. In anderen Fällen besteht eine Hautspalte, so daß das Herz frei an der Körperoberfläche pulsiert. In diesen Fällen besteht natürlich die Gefahr einer frühen Infektion des Epikards.

Die Indikation zur Operation einer Ektopie kann durch andere Mißbildungen im Organismus eingeschränkt sein. Nach Angaben in der Literatur sollen Fälle mit Ektopie in 30 % andere körperliche Mißbildungen haben.

Viel wichtiger als die Fehlbildungen anderer Organe sind jedoch Mißbildungen des Herzens selbst. 25—30 % aller ektopischen Herzen haben Fehlbildungen der herznahen Gefäße oder des Herzens. Man darf nicht glauben, daß mit der Ektopie eine bestimmte Fehlbildung des Herzens oder der herznahen Gefäße verbunden sein muß. In den Fällen beispielsweise, die Lee Sao-Tsu aus der Medizinischen Akademie Düsseldorf beschrieben hat, hatte das eine Kind einen hohen Ventrikelseptumdefekt und eine Hypoplasie der A. pulmonalis, bot also funktionell ein ähnliches Bild wie bei der Fallotschen Tetralogie, während das andere Kind nur einen Vorhof und eine Kammer hatte. Selbst bei gelungener Operation der Ektopie würde das Problem des Herz- und Gefäßfehlers bestehen bleiben, wenn man nicht in der gleichen Sitzung auch den Herzfehler beheben könnte.

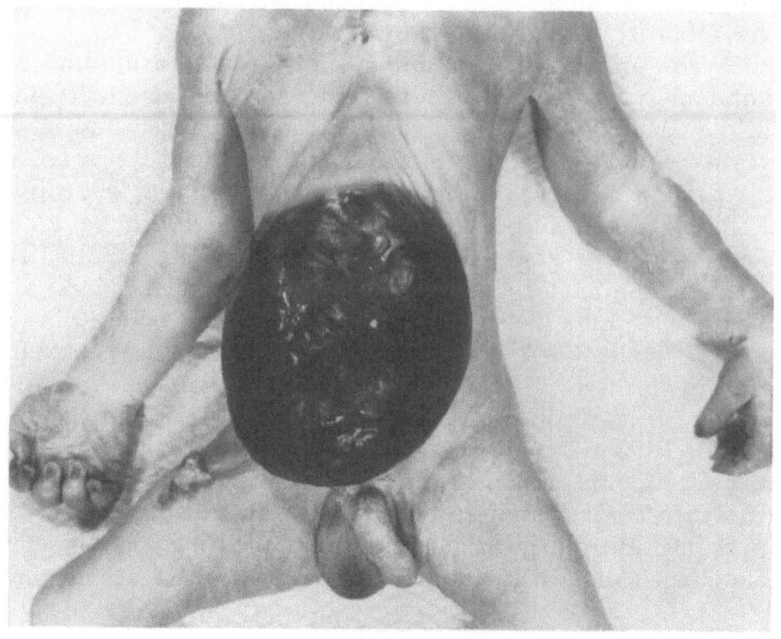

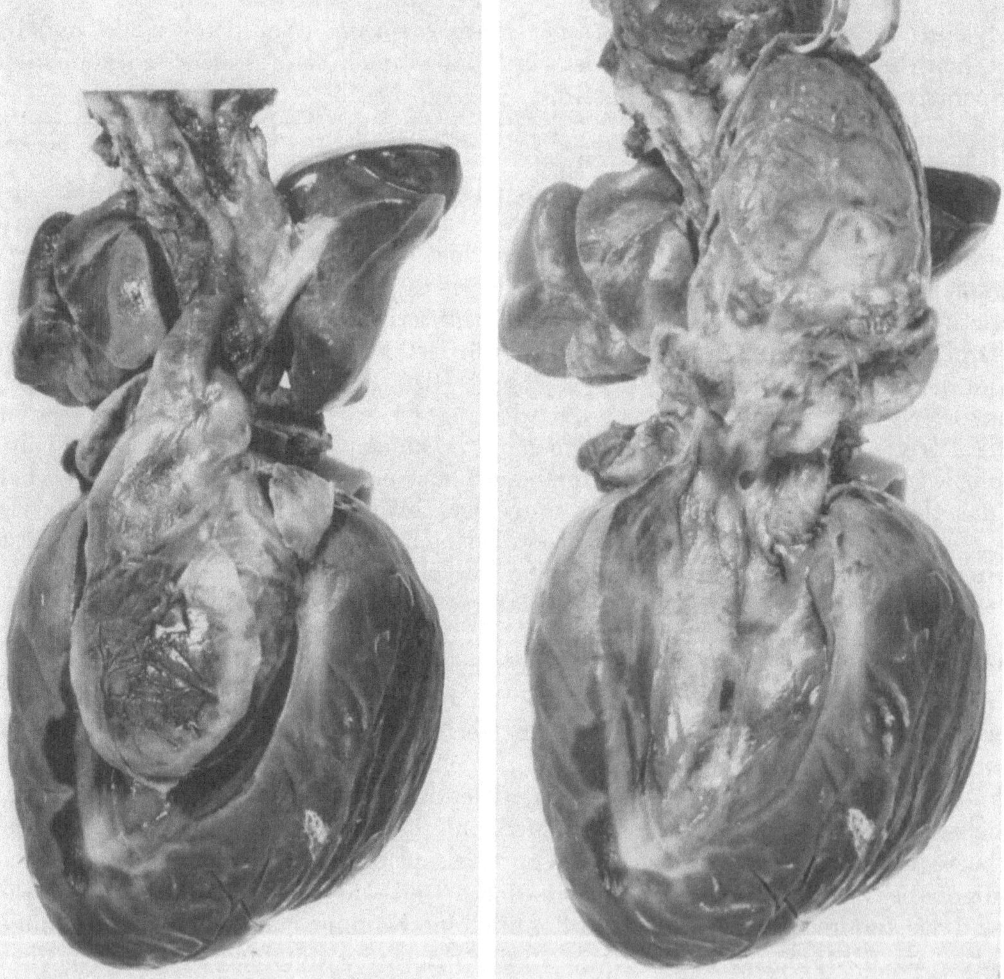

Abb. 19a—c. Epigastrische Ektopie des Herzens mit Nekrose der Oberhaut. a Teilansicht des Kindes. b Herz-Lungen-Präparat. Das Herz liegt in einer Mulde der Leber. c Heraufgeklapptes Herz zur Darstellung der Mulde in der verformten Leber

t) Situs inversus totalis

Die Diagnose des *Situs inversus totalis* macht im allgemeinen keine wesentlichen Schwierigkeiten. Es gibt jedoch darunter gelegentlich den einen oder anderen Fall, bei dem trotz einer vollständigen Inversion der Organe die Herzspitze wie an normalen und richtiggelagerten Herzen nach links (Abb. 21) zeigt.

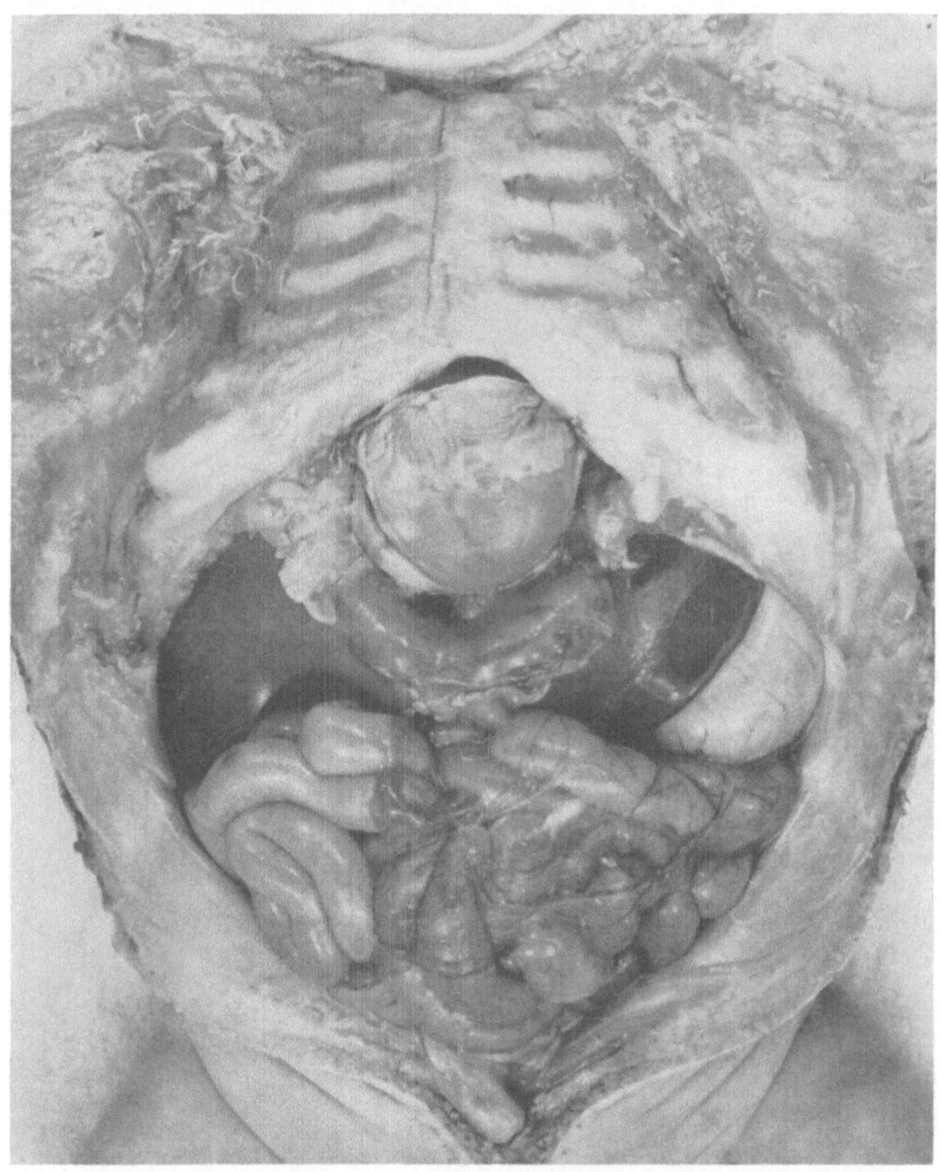

a

Abb. 20a u. b. a Epigastrische Ektopie des Herzens mit kugelförmiger Kammer und Ventrikelseptumdefekt. b Postmortales Angiogramm des gleichen Kindes mit verlängertem Aortenbogen und Füllung beider Vorhöfe über dem offenen Foramen ovale. Kein Kontrastmittel im Ventrikel

u) Thoracopagus

In diesem Zusammenhang ist kurz auf den *Thoracopagus* einzugehen, weil heute die operative Trennung diskutiert wird. Die Indikation zu einer operativen Trennung wird sich immer nach den Herz- und Gefäßverhältnissen richten müssen.

Der Begriff „Thoracopagus“ umfaßt verschiedene Grade der Verbindungen zwischen dem Thorax beider Kinder. Wir haben im wesentlichen zu unterscheiden zwischen folgenden Formen:

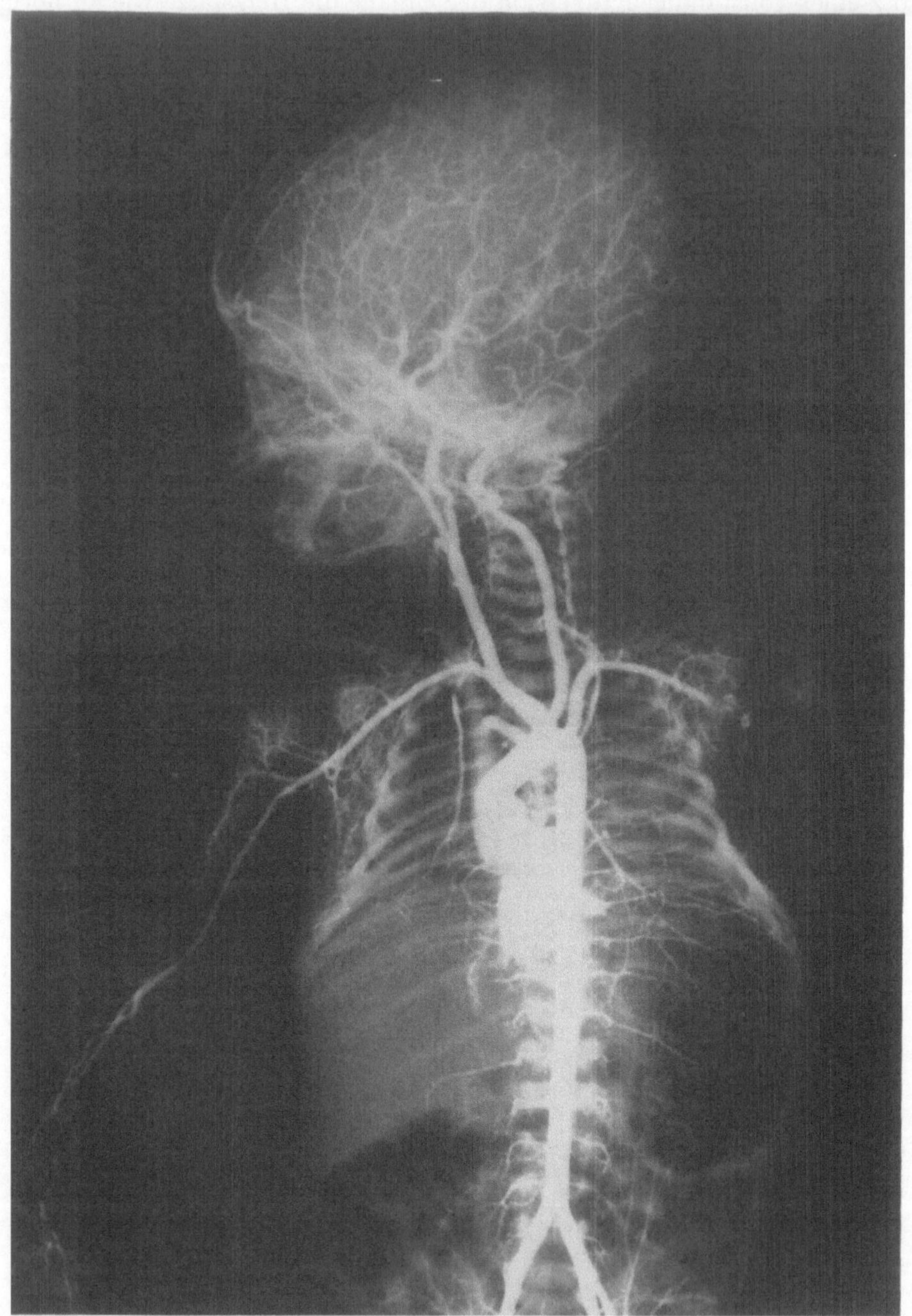

Abb. 20b

1. Es bestehen zwischen den beiden Kindern nur schmale Hautbrücken im Bereich des Thorax.
2. Beide Kinder haben eine gemeinsame Haut und Muskulatur, die beide Thoraces umschließt. Auch das Sternum kann fest miteinander verwachsen sein.

Die beiden Formen dürften im allgemeinen operabel sein.

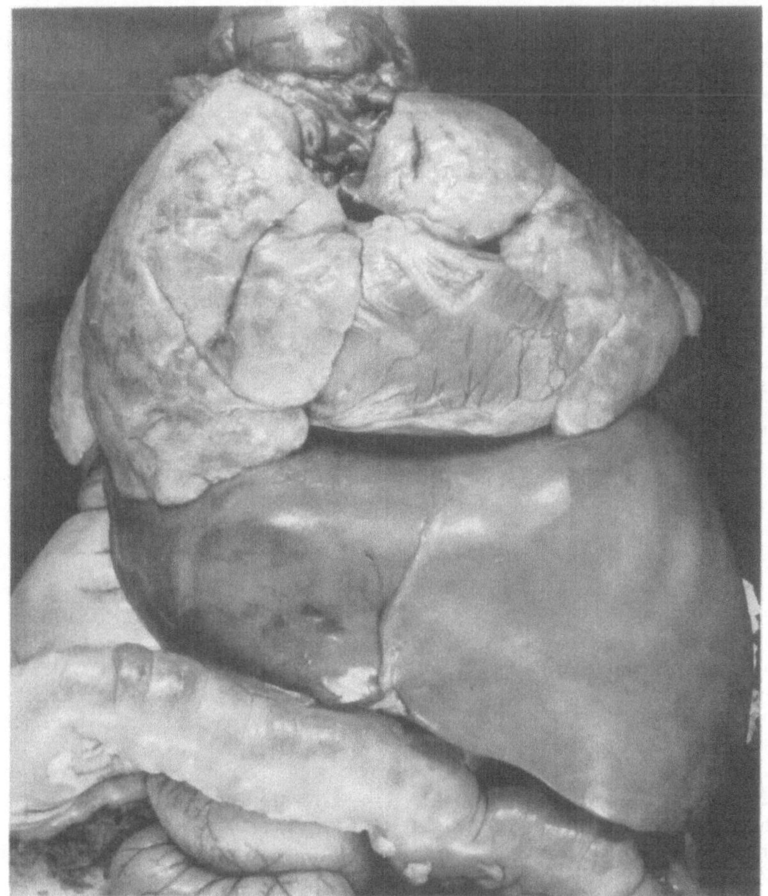

Abb. 21. Situs inversus totalis mit linksliegender Spitze des Herzens

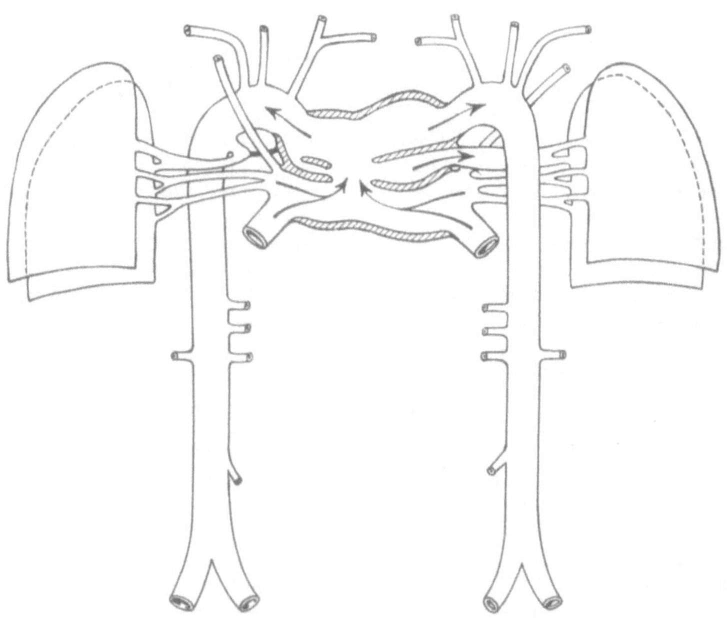

Abb. 22. Schematische Zeichnung eines Doppelherzens bei Thoracopagus (s. Text). (Aus SCHOENMACKERS u. VIETEN: Atlas postmortaler Angiogramme)

3. Beide Kinder sind nicht nur durch Haut-, Muskulatur- und Knochenbrücken miteinander verbunden, sondern haben auch gemeinsame Organe oder miteinander fest verwachsene Doppelorgane. Thorax und Herzbeutel können breit miteinander kommunizieren. Die Lungen bleiben zwar bei den einzelnen Kindern getrennt, aber im Herzbeutel können zwei getrennte Herzen liegen, von denen das eine normal, das andere fehlgebildet sein kann. Sehr häufig sind beide Herzen miteinander verschmolzen. Sie können einen gemeinsamen Vorhof und eine gemeinsame Kammer für beide Körper haben. In Abb. 22 ist ein von uns beobachteter Fall, bei dem ein gemeinsamer Vorhof und unvollständig getrennte Ventrikel bestehen, schematisch wiedergegeben.

Neben den Fehlbildungen des Herzens können beim Thoracopagus Mißbildungen der Gefäße vorkommen, wie auch unser Fall auf der einen Seite einen Truncus arteriosus zeigt.

Daß bei diesen Fällen auch Abschnitte des Magen-Darmkanals beiden Kindern angehören können, sei ergänzend erwähnt.

Literatur

ABBOTT, M. E.: Atlas of congenital cardiac diseases. American Heart Association, New York 1936.

AMSCHLER, H.: Zur Frage der fetalen Endokarditis. Frankfurt. Z. Path. **57**, 84 (1943).

Angeborene Herzfehler (Zusammenfassende Referate). Verh. dtsch. Ges. Kreisl.-Forsch. **23**, 177. Darmstadt: Steinkopff 1957.

BARTHEL, H.: Mißbildungen des menschlichen Herzens. Stuttgart: Thieme 1960.

BEISCH, K.: Über die Bedeutung der fibrinösen Gewebsentzündung für die Entstehung endocarditischer Exkreszenzen. Verh. dtsch. Ges. Path. **247**, 257 (1951).

BEUREN, A. J.: Der Ventrikelseptumdefekt; Diagnose, Klinik und Indikation zur Operation. Ergebn. inn. Med. Kinderheilk. **15**, 329 (1960).

— Funktionelle Subaortenstenose als Folge einer „Kardiomyopathie" unbekannter Ursache. Z. Kreisl.-Forsch. **50**, 1162 (1961).

BLEIFELD, W.: Über die Typeneinteilung der Fallotschen Tetralogie. Inaug.-Diss., 1. Med. Klinik der Med. Akademie Düsseldorf (1961).

BÖHMIG, R.: Seröse Endokarditis bei Kleinkindern und Jugendlichen. Virchows Arch. path. Anat. **318**, 646 (1950).

— Untersuchungen über seröse Endocarditis. Verh. dtsch. Ges. Path. **244**, 257 (1951).

—, u. P. KLEIN: Pathologie und Bakteriologie der Endokarditis. Berlin-Göttingen-Heidelberg: Springer 1953.

BOEMKE, F., u. H. J. SCHMIDT: Untersuchungen über Herzmuskelveränderungen bei kongenitalen Herzfehlern. Virchows Arch. path. Anat. **319**, 613 (1951).

BRAUNWALD, E.: Idiopathic hypertrophic subaortic stenosis. Amer. J. Med. **29**, 924 (1960).

BREDT, H.: Formdeutung und Entstehung des mißgebildeten menschlichen Herzens. Virchows Arch. path. Anat. **296**, 114 (1935).

BROCK, R.: The anatomy of congenital pulmonary stenosis. London 1957.

BUCHS, S.: Über die verschiedenen Arten der angeborenen Pulmonalstenose sowie über die Möglichkeiten, Indikationen und Kontra-Indikationen ihrer operativen Korrektur. Schweiz. med. Wschr. **87**, 1451 (1957).

BÜCHNER, F.: Allgemeine Pathologie. München u. Berlin: Urban & Schwarzenberg 1955.

COLLINS, N. P.: Tetralogy of Fallot with rheumatic stenosis of the aortic valve. Amer. Heart J. **60**, 624 (1960).

DAOUD, G., M. E. GALLAHER, and S. KAPLAN: Muscular subaortic stenosis. Amer. J. Cardiol. **7**, 860 (1961).

DERRA, E.: Behebung der angeborenen Pulmonalklappen- und Infundibulumstenose durch transventrikuläre Eingriffe. Dtsch. med. Wschr. **77**, 949 (1952).

— Die neueste Entwicklung der Herzchirurgie. Langenbecks Arch. klin. Chir. **279**, 513 (1954).

— Die offene Operation des Vorhofseptumdefektes und der valvulären Pulmonalstenose mittels Hypothermie. Langenbecks Arch. klin. Chir. **289**, 203 (1958).

DOERR, W.: Zur pathologischen Anatomie der chirurgisch behandelten Herzmißbildungen. Ärztl. Wschr. **4**, 293 (1949).

— Zur pathologischen Anatomie der häufigsten und praktisch bedeutsamen Mißbildungen des Herzens und der großen Gefäße. Dtsch. med. Rundsch. **3**, Nr 4 (1949).

— Pathologische Anatomie typischer Grundformen angeborener Herzfehler. Mschr. Kinderheilk. **100**, 107 (1952).

— Die Mißbildungen des Herzens und der großen Gefäße. In: KAUFMANN-STAEMMLER, Lehrbuch der speziellen pathologischen Anatomie, Bd. I. Berlin: de Gruyter 1955.

— Über die Ringleistenstenose des Aortenconus. Virchows Arch. path. Anat. **332**, 101 (1959).

— F. GROSSE-BROCKHOFF u. F. LOOGEN: Angeborene Herz- und Gefäßmißbildungen — Durchblutungsstörungen des Herzmuskels. In: Handbuch der Inneren Medizin, Bd. 9, Teil 3. Berlin-Göttingen-Heidelberg: Springer 1960.

DÜX, A.: Supravalvuläre Aortenstenose. Dtsch. med. Wschr. **86**, 649 (1961).

EDWARDS, J. E.: An atlas of congenital anomalies of the heart and great vessels. Springfield (Ill.): Thomas 1954.
EISENMENGER, V.: Die angeborenen Defekte der Kammerscheidewand des Herzens. Z. klin. Med. **32** (Suppl.), 1—28 (1897).
FISCHER, B.: Über fœtale Infektionskrankheiten und fœtale Endokardiitis nebst Bemerkungen über Herzmuskelverkalkungen. Frankfurt. Z. Path. **7**, 83 (1911).
FONO, R., u. J. LITTMANN: Die kongenitalen Fehler des Herzens und der großen Gefäße. Leipzig 1957.
GLOVER, R. P., CH. P. BAILEY, T. I. E. O'NEILL, D. F. DOWNING, and C. R. E. WELLS: The direct intracardiac relief of pulmonary stenosis in the tetralogy of Fallot. J. thorac. Surg. **23**, 14 (1952).
GOERTTLER, K. L.: Normale und pathologische Entwicklung des menschlichen Herzens. Stuttgart: Georg Thieme 1958.
GOMBERT, H.: Beiträge zur Pathologie der Vorhofscheidewand des Herzens. Beitr. path. Anat. **91**, 483 (1935).
GOULD, S. E.: Pathology of the heart. Springfield (Ill.): Ch. C. Thomas 1953.
GRAHAM, G. R.: Angeborene Herzfehler. Dtsch. med. Wschr. **84**, 320 (1959).
GROSSE-BROCKHOFF, F.: Der Phasenwechsel im Erscheinungsbild der angeborenen Herzfehler mit hohem pulmonalem Stromvolumen. Verh. dtsch. Ges. Kreisl.-Forsch. **23**, 201 (1957).
— Möglichkeiten und Grenzen der Diagnostik der wichtigsten operablen Herzfehler mit Hilfe klinischer Untersuchungsmethoden. Dtsch. med. Wschr. **85**, 1 (1960).
—, u. F. LOOGEN: Klinik und Hämodynamik der Pulmonalstenose ohne Ventrikelseptumdefekt. Dtsch. med. Wschr. **83**, 133 (1959).
— R. MÜRZ u. G. NEUHAUS: Die Polyglobulie als Kompensationsfaktor bei M. caeruleus. Z. Kreisl.-Forsch. **44**, 700 (1955).
HARTMANN, B.: Zur Lehre der Verdoppelung des linken Atrio-Ventricularostiums. Arch. Kreisl.-Forsch. **1**, 286 (1937).
HECK, W.: Die Klinik der congenitalen Angiocardiopathien im Säuglings- und Kleinkindesalter. Stuttgart: Georg Thieme 1955.
HUSFELDT, E., H. G. DAVIDSON u. A. PEDDERSEN: Angeborene Herzfehler mit Links-Rechts-Shunt. Verh. dtsch. Ges. Kreisl.-Forsch. **23**, 264 (1957).
JACOBI, J., M. LOEWENECK, K. MAIER u. H. SAMLERT: Operable Herzleiden. Einführung in Klinik, Diagnostik und Operationsmöglichkeiten. Stuttgart: Georg Thieme 1958.
KAMP, K.-H.: Zur Pathogenese der angeborenen valvulären Pulmonalstenose. Virchows Arch. path. Anat. **331**, 87 (1958).
KEATS, T. E., and J. M. MARTT: Acyanotic tetralogy of Fallot. Amer. J. Roentgenol. 82, 417 (1959).
KJELLBERG, S. R.: Diagnosis of congenital heart disease. Chicago 1955.
KÖHN, K.: Entwicklungsgeschichte und pathologische Anatomie der angeborenen Herzfehler. Medizinische **1956**, 1069.
KREMER, K.: Die chirurgische Behandlung der angeborenen Fehlbildungen. Stuttgart: Georg Thieme 1961.
LANGE, J., u. E. MUNDT: Die Endokarditis des kongenital mißgebildeten Herzens. Z. Kreisl.-Forsch. **44**, 441 (1954).
LEE, S. T.: Ectopia cordis congenita. Inaug.-Diss., Düsseldorf (1956).
LEV, M.: Autopsy diagnosis of congenitaly malformed hearts. Springfield (Ill.): Thomas 1953.
LINZBACH, A. J.: Mikrometrische und histologische Analyse hypertropher menschlicher Herzen. Virchows Arch. path. Anat. **314**, 534 (1947).
— Hypertrophie und kritisches Herzgewicht. Klin. Wschr. **1948**, 459.
LOCKHART, A.: Insuffisance isolée de la valve pulmonaire. Sem. Hôp. Paris **37**, 3655 (1961).
LOOGEN, F.: Der pulmonale Hochdruck bei angeborenen Herzfehlern mit hohem pulmonalem Stromvolumen. Arch. Kreisl.-Forsch. **28**, 1 (1958).
— Diagnostik der Pulmonalstenose. Thoraxchirurgie **7**, 212 (1959).
— Die Röntgendiagnostik der Aortenfehler. Radiologe **1**, 19 (1961).
— Fallotsche Tetralogie (Pathophysiologie, Diagnostik und Indikation). Thoraxchirurgie **9**, 249 (1961).
MACAFEE, A. J., and G. C. PATTERSON: Congenital tricuspid atresia with transposition of the great vessels. Brit. Heart J. **23**, 308 (1961).
MAC CLURE, E.: Fibroelastose do endocardio. Reimpressão dos Anais do Colegio Anatomico Brasileiro 1956, vol. II, 83.
MANNHEIMER, E.: Morbus caeruleus. Basel u. New York: Karger 1949.
MEESSEN, H.: Pathologische Anatomie des Morbus caeruleus. Langenbecks Arch. klin. Chir. **279**, 474 (1954).
— Zur Pathogenese, Progredienz und Adaptation der angeborenen Herz- und Gefäßfehler. Verh. dtsch. Ges. Kreisl.-Forsch. **23**, 188 (1957).
— Die Morphologie der Pulmonalstenose. Thoraxchirurgie **7**, 190 (1959).
—, u. J. SCHOENMACKERS: Beitrag zur pathologischen Anatomie der Fallotschen Tetralogie. Minerva cardioangiol. europ. **9**, 15 (1961).
MENGES, H.: The clinical, hemodynamic and pathologic diagnosis of muscular subvalvular aortic stenosis. Circulation **24**, 1126 (1961).
MEYER-ARENDT, J.: Über den Ablauf der serösen Entzündung. Virchows Arch. path. Anat. **323**, 351 (1953).
MÖNCKEBERG, J. G.: Die Mißbildungen des Herzens. In: Handbuch der speziellen pathologischen Anatomie, II/1. Berlin: Springer 1924.

Naeye, R. L.: Perinatal changes in the pulmonary vascular bed with stenosis and atresia of the pulmonic valve. Amer. Heart J. **61**, 586 (1961).
Nyssens, A., et A. van Bogaert: Observation anatomo-clinique et radiologique d'un cas de sténose pulmonaire orificielle isolée. Arch. Mal. Cœur **42**, 75 (1949).
Patten, B. M.: Developmental defects at the foramen ovale. Amer. J. Path. **14**, 135 (1938).
Peacock, T. B.: Malformations of the human heart. London 1866.
Redo, F., S. Farber, and E. Gross: Atresia of the mitral valve. Arch. Surg. **82**, 696 (1961).
Riedel, H.: Eine seltene kongenitale Mißbildung am menschlichen Herzen im Sinne eines Cor biatriatum triloculare. Dtsch. med. Wschr. **86**, 471 (1961).
Rössle, R.: Über die seröse Entzündung der Organe. Virchows Arch. path. Anat. **311**, 252 (1944).
— Seröse Entzündung. Verh. dtsch. Ges. Path. **1944**, Zbl. allg. Path. path. Anat. **83**, (1945).
Rokitansky, C.: Die Defekte der Scheidewände des Herzens. Wien 1875.
Roschlau, G.: Zur Ectopia cordis congenita. Zbl. allg. Path. path. Anat. **103**, 13 (1961).
Rosenberg, H. S.: The pulmonary vascular structure of children with interventricular septal defects. Arch. Path. **70**, 141 (1960).
Ross, D. N.: The surgical treatment of Fallot's tetralogy. Thoraxchirurgie **9**, 267 (1961).
Roth, F.: Morphologie und Pathogenese der Ectopia cordis congenita. Frankfurt. Z. Path. **53**, 60 (1939).
Rotthoff, F.: Die Blalock-Operation. Thoraxchirurgie **9**, 271 (1961).
Saphir, O.: Das Herz. Angeborene Herzleiden. Das Gefäßsystem. Das Atmungssystem. Das Mediastinum. Das Harnsystem. Das weibliche Geschlechtsorgan. Hermaphroditismus und Pseudohermaphroditismus. Das männliche Genitalsystem. Das blutbildende System. Stuttgart: Georg Thieme 1961.
Schaede, A., u. H. H. Hilger: Hämodynamik und körperliche Entwicklung bei angeborenen Herzfehlern mit Links-Rechts-Shunt. Arch. Kreisl.-Forsch. **33**, 201 (1960).
Scheidt, G. v.: Über die isolierte Pulmonalstenose mit und ohne Vorhofseptumdefekt. Inaug.-Diss., I. Med. Klinik Düsseldorf (1956).
Schlosser, V.: Beitrag zur Fallotschen Trilogie. Z. Kreisl.-Forsch. **46**, 622 (1957).
Schmengler, F. E.: Über Ectopia cordis. Beitr. path. Anat. **87**, 681 (1931).
Schoenmackers, J.: Zur quantitativen Morphologie der Herzkranzschlagadern. Z. Kreisl.-Forsch. **37**, 617 (1948).
— Die Herzkranzschlagadern bei der arteriokardialen Hypertrophie. Z. Kreisl.-Forsch. **38**, 321 (1949).
— Über Herzklappenfehler bei angeborenen Herz- und Gefäßfehlern. Z. Kreisl.-Forsch. **47**, 108 (1957).
Schoenmackers, J.: Zur allgemeinen Pathologie operabler Herz- und Gefäßfehler. Ther. Ber. **30**, 354 (1958).
— Vergleichende quantitative Untersuchungen über den Faserbestand des Herzens bei Herz- und Herzklappenfehlern sowie Hochdruck. Virchows Arch. path. Anat. **331**, 3 (1958).
— Über Herzklappenfehler bei angeborenen Herz- und Gefäßfehlern. Z. Kreisl.-Forsch. **47**, 107 (1958).
— Zur Anatomie und Pathologie der Coronargefäße. In: Probleme der Coronardurchblutung. Berlin-Göttingen-Heidelberg: Springer 1958.
— Zur Stenose und Hypoplasie des Pulmonalostiums. Minerva cardioangiol. europ. **7**, 80 (1959).
— Über Bronchialvenen und ihre Stellung zwischen großem und kleinem Kreislauf. Arch. Kreisl.-Forsch. **32** (1) (1960).
— Zur Fallotschen Tetralogie. Thoraxchirurgie **9**, 242 (1961).
—, u. G. Adebahr: Die Morphologie der Herzklappen bei angeborenen Herz- und Gefäßfehlern und die Bedeutung einer serösen Endokarditis für Form und Entstehung spezieller Herz- und Gefäßfehler. Arch. Kreisl.-Forsch. **23**, 193 (1955).
—, u. H. Vieten: Über die Bedeutung der postmortalen Arteriendarstellung für die röntgenologische und pathologisch-anatomische Analyse angeborener Herz- und Gefäßfehler. Fortschr. Röntgenstr. **75**, 21 (1951).
— — Atlas postmortaler Angiogramme. Stuttgart: Georg Thieme 1954.
Schraft jr., K. C., and J. R. Lisa: Duplication of the mitral valve. Amer. Heart J. **39**, 136 (1950).
Schwalbe, E.: Allgemeine Mißbildungslehre, Teil 1, 220. Jena: Gustav Fischer 1906.
Siegmund, H.: Untersuchungen zur Pathogenese der Endokarditis, insbesondere der Frühveränderungen. Virchows Arch. path. Anat. **290**, 3 (1933).
Taussig, H. B.: Congenital malformations of the heart. New York 1947.
Terencz, Ch.: The pulmonary vascular bed in tetralogy of Fallot. Bull. Johns Hopk. Hosp. **106**, 81 (1960).
Töndury, G.: Entwicklungsmechanik des Herzens. Verh. dtsch. Ges. Kreisl.-Forsch. **23**, 177 (1957).
Verley, J. M., R. Heim de Balsac et Ch. Dubost: Vascularisation bronchique au cours des cardiopathies congénitales. Arch. Anat. path. **8**, 311 (1960).
Wagenvoort, C. A., and J. E. Edwards: The pulmonary arterial tree in pulmonic atresis. Arch. Path. **71**, 646 (1961).
— H. Neufeld, J.W. Du Shane, J.E. Edwards, and N. Wagenvoort: The pulmonary arterial tree in ventricular septal defect. A quantitative study of anatomic features in fetus, infants and children. Circulation **23**, 740 (1961).

WELTI, J. J., LUMBROSO et LELIÈVRE: Communication interventriculaire haute avec dextroposition aortique légère et insuffisance aortique. Greffe endocarditique. Mort par insuffisance cardiaque. Arch. Mal. Cœur **45**, 759 (1952).

WERTHEMANN, A.: Allgemeine Teratologie mit besonderer Berücksichtigung der Verhältnisse beim Menschen. In: Handbuch der allgemeinen Pathologie, Bd. **6**/1, S. 58. Berlin-Göttingen-Heidelberg: Springer 1955.

WHITE, P. E.: Heart disease. New York: Macmillan & Co. 1944.

WIMSATH, W. A., and F. T. LEWIS: Duplikation of the mitral valve and a rare apical interventricular foramen in the heart of a yak kalf. Amer. J. Anat. **83**, 67 (1948).

WRETE, M.: Die kongenitalen Mißbildungen. Stockholm 1955.

ZAHN, FR. W.: Zwei Fälle von Aneurysma der pars membranacea septi ventriculorum cordis. Virchows Arch. path. Anat. **72**, 206 (1878).

ZSCHOCH, H.: Beitrag zum Problem der sog. Verdoppelung der Atrio-Ventricularklappe. Zbl. allg. Path. path. Anat. **98**, 522 (1958).

II. Angeborene Gefäßfehler und Persistenz embryonaler Gefäßverbindungen

Von

J. Schoenmackers

Mit 9 Abbildungen

1. Funktioneller Umbau

Für den funktionellen Umbau der Gefäße gelten die gleichen Gesetze, wie sie für die angeborenen Herzfehler ausführlich auseinandergesetzt wurden. Vor Stenosen gibt es eine Hypertrophie, distal von Stenosen eine Hypoplasie. Bei offenen Verbindungen zwischen Gefäßgebieten mit unterschiedlichem Druckniveau fließt das Blut in Richtung des Druckgefälles; im Niederdruckgebiet entsteht dann eine Hypertrophie. Poststenotisch können Gefäße bulbusartig erweitert sein. Dieser Erweiterung kann die Düsenwirkung enger Stenosen zugrunde liegen. Fällt das Herz in das Wirkungsfeld von Stenosen, so werden jene Herzabschnitte, die einer Gefäßstenose vorgeschaltet sind, hypertrophieren. Auch wenn der Druck in einem vom Herzen abgehenden Gefäß auf Grund einer offenen Verbindung zu Hochdruckgebieten ansteigt, wird die vorgeschaltete Herzkammer ebenfalls hypertrophieren.

Neben dieser physiologischen Adaptation von Herzhöhlen und Gefäßen an den erhöhten Druck oder an ein vergrößertes Volumen können zusätzlich pathologische Veränderungen an den Herzklappen auftreten, die stromaufwärts der Stenose liegen. Anscheinend entwickelt sich auf Grund der Druckerhöhung und der zusätzlichen Belastung beim Klappenschluß eine seröse Endokarditis, die unter Umständen an Aorten- und Pulmonalklappen zu Stenosen führen kann. Solche serös-endokarditischen Stenosen bleiben so lange unverkalkt, wie sie nicht sekundär von einer anderen Endokarditisform befallen sind.

2. Spezielle Gefäßfehler und Persistenz embryonaler Blutwege

a) Aortenisthmusstenose

Aortenisthmusstenosen (Abb. 1—4) sind konnatale Stenosen der Aorta. Ihre Weite bzw. Enge reicht von der funktionellen Isthmusstenose, die man morphologisch nur an der gedehnten Aorta nachweisen kann (Schoenmackers), bis zur kompletten Atresie.

Es sind verschiedene Formen und Lokalisationen zu unterscheiden. Die sog. juvenile Form findet sich meist zwischen dem Abgang der A. anonyma (dextra) und der linken A. carotis communis. Dieser Aortenabschnitt bildet dann ein enges Rohr, das ausnahmsweise auch zwischen linker A. carotis communis und linker A. subclavia liegen kann.

Bei dieser rohrförmigen Stenose im Aortenbogen kann ein Gefäßdreieck entstehen, an dessen rechter Spitze der weite und hypertrophierte Bulbus aortae und die A. anonyma liegen; an der linken Spitze geht die etwas weitere Aorta descendens ab. Oft mündet an dieser Stelle ein offener Ductus arteriosus, oder man findet das etwas verdickte Ligamentum arteriosum (Abb. 1). Die schmale obere Seite des Dreiecks wird von dem stenotischen Aortenabschnitt gebildet. An diesem Dreieck kann auch die A. pulmonalis beteiligt sein, die an der Basis des Dreiecks die Aorta kreuzt.

Die praktisch wichtigste Aortenisthmusstenose trifft man im Bereich der Einmündungsstelle oder der Narbe des Ductus arteriosus (Abb. 2). Histologisch sieht man an der Innenschicht der Stenose fast immer Ödeme, Blutungen oder arteriosklerotische Veränderungen. Diese Herde können die Lichtung der Stenose im Laufe der Zeit immer weiter einengen. Daraus hat MEESSEN auf eine konstante Progredienz der Isthmusstenose geschlossen. Zählt man die einzelnen Lagen, die zur Verdickung der „Intima" geführt haben, so kann man bis zu zehn Schichten feststellen. Wenn sie auch nicht immer zu stärkeren Stenosen führen, so heben sie auf jeden Fall die Restfunktion des stenotischen Gefäßabschnittes auf.

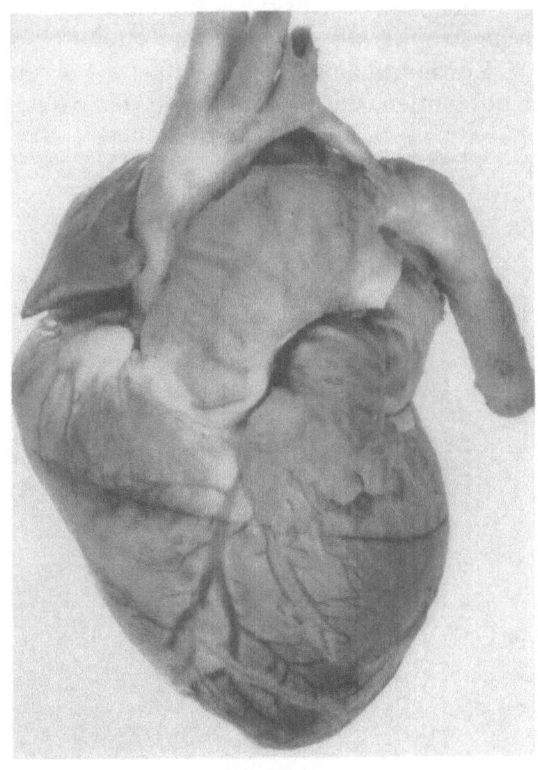

Abb. 1

Proximal der Stenose sind Aortenbulbus und Aortenbogen erweitert und hypertrophiert. Das gleiche gilt auch für die vor der Stenose abgehenden Gefäße. Da die linke Kammer im Wirkungsfeld der Isthmusstenose liegt, weist auch sie im allgemeinen eine Hypertrophie auf. Das Herz ähnelt, solange keine Herz- oder Coronarinsuffizienz vorhanden ist, sehr häufig einem harmonisch hypertrophierten Hochdruckherzen (Abb. 3). Später, wenn eine Coronarsklerose aufgetreten ist, die im örtlichen Hochdruckgebiet früher als sonst zu erwarten ist, entsteht eine exzentrische Hypertrophie, bei der differentialdiagnostisch zu klären ist, ob sie Folge eben dieser Coronarsklerose oder aber durch die Progredienz der Isthmusstenose hervorgerufen ist.

Auf eine Komplikation der Aortenisthmusstenose muß besonders verwiesen werden. In vielen Fällen entsteht unter dem Einfluß der erhöhten hämodynamischen Belastung der Aortenklappen eine seröse Entzündung, die so schwer werden kann, daß eine hämodynamisch wirksame Aortenklappenstenose entsteht. Wenn sich auf diese seröse Endokarditis eine fibrinöse oder sogar eine ulcerös-polypöse Endokarditis aufpfropft, kann die Aortenstenose verkalken.

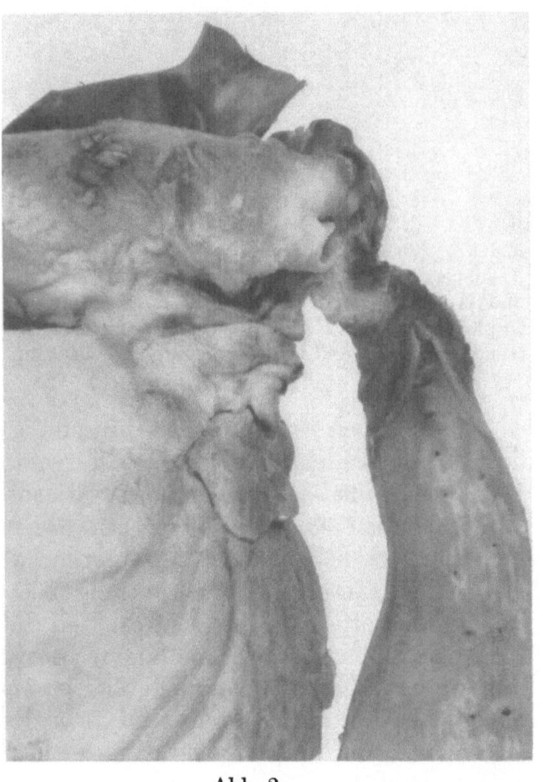

Abb. 2

Abb. 1. Aortenisthmusstenose zwischen linker A. subclavia und Aorta descendens mit weitem Ductus arteriosus. Fortsetzung der erweiterten Lungenschlagader in harmonischem Bogen in die Aorta descendens. Rechts- und Linkshypertrophie des Herzens mit spitzkegeliger Form

Abb. 2. Isthmusstenose an typischer Stelle mit fleckiger Arteriosklerose des prä- und poststenotischen Aortenabschnittes

Man muß deshalb bei jeder Aortenisthmusstenose differentialdiagnostisch zu klären versuchen, ob die Linkshypertrophie nur Folge der Isthmusstenose ist oder ob zusätzlich die funktionelle Rückwirkung einer Aortenklappenstenose dazukommt, so daß die Linkshypertrophie als Folge zweier Stenosen zu erklären ist.

Zur morphologischen Kompensation einer Isthmusstenose gehören zahlreiche arterielle Kollateralen, die proximal von der Stenose abgehen und über Intercostal-, Mediastinal- und Thoraxwandarterien die Aorta distal der Stenose erreichen.

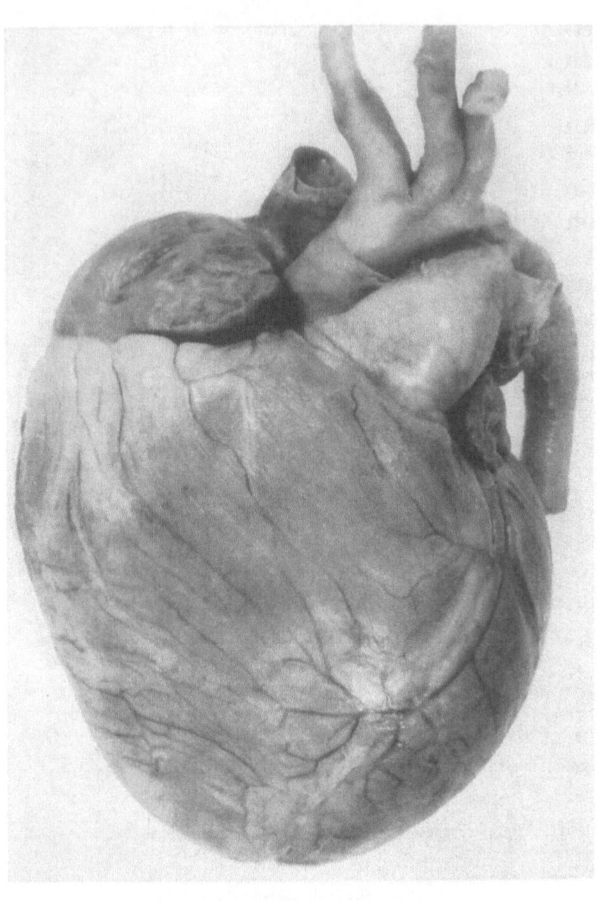

Abb. 3. Aortenisthmusstenose kurz unterhalb der linken A. subclavia. Weiter offener Ductus arteriosus. Erweiterung und Hypertrophie der A. pulmonalis. Sehr schwere Hypertrophie der rechten Herzhälfte auf der Basis des Ductus arteriosus persistens und Linkshypertrophie bei Isthmusstenose

Wenn einmal eine Linksinsuffizienz aufgetreten ist, kommt es sehr häufig zur extravalvulären Mitralinsuffizienz mit den ihr typischen Folgen (s. Mitralinsuffizienz).

Neben diesen Veränderungen auf der Basis der Adaptation kommen weitere Spielarten von Aortenisthmusstenosen und Kombinationen mit anderen Herz- und Gefäßfehlbildungen vor.

Es gibt Fälle mit juveniler Aortenisthmusstenose, also einer Stenose zwischen A. anonyma und A. carotis communis sinistra, die andere Fehler vortäuschen können. Wenn der Ductus arteriosus offenbleibt, wird die Lungenschlagader weiter und hypertrophiert. Es kommt zu Bildern, auf denen man erkennen zu können glaubt, daß sich die Lungenschlagader bogenförmig in die Aorta descendens distal der Isthmusstenose (Abb. 1) fortsetzt. Man sieht dann zwischen Bulbus aortae und der Stelle, wo die Lungenschlagader in die Aorta übergeht, ein schmales Gefäß, das man leicht für den Ductus arteriosus halten kann. In Wirklichkeit handelt es sich jedoch um den stenotischen Abschnitt der Aorta. So kann gelegentlich der stenotische Abschnitt der Aorta einen Ductus arteriosus vortäuschen.

Wenn neben der Aortenisthmusstenose der Ductus arteriosus bestehen bleibt, dann hypertrophiert sehr häufig auch die rechte Herzhälfte, besonders wenn, wie wir es einige Male gesehen haben, der Ductus arteriosus prästenotisch in die Aorta einmündet (Abb. 4).

Wir haben 33 Aortenisthmusstenosen aller Altersklassen analysiert und besonders bei Kindern neben der Isthmusstenose auch einen Ventrikelseptumdefekt gefunden (16 Fälle). Dieser Ventrikelseptumdefekt zieht ebenfalls eine Rechtshypertrophie nach sich. Sie ist oft besonders schwer, weil die Abflußstörung im Bereich der Isthmusstenose zu einem hohen Druck im linken Ventrikel führt und nun das Druckgefälle zwischen linkem und rechtem Ventrikel höher ist als sonst und aus diesem Grunde die Shuntmenge des Blutes nach rechts zunimmt. Der Ventrikelseptumdefekt wirkt sich natürlich, wie auch sonst, auf die Lungenschlagader und die Form der Lungengefäße aus (s. Ventrikelseptumdefekt).

Wir konnten Fälle beobachten, die neben Isthmusstenose und Ventrikelseptumdefekt einen poststenotischen Ductus arteriosus persistens aufwiesen. Die Herzform unterscheidet sich mit der Links- und Rechtshypertrophie nicht wesentlich von der Herzform bei Isthmusstenose und dem Ventrikelseptumfedekt, nur kommt jetzt der funktionelle Umbau der Lungenschlagader hinzu.

Bei den wenigen Fällen einer Kombination von Isthmusstenose und offenem Foramen ovale, die wir gefunden haben, war es ebenfalls zur Rechtshypertrophie und Dilatation der rechten Herzhälfte gekommen. Die Herzform zeigt dann neben der Linkshypertrophie den für das offene Foramen ovale charakteristischen großen und hypertrophierten rechten Vorhof.

Stenosen der Aorta können ausnahmsweise auch am Übergang von Brust- zur Bauchaorta gefunden werden. Sie haben ebenfalls eine Hypertrophie des proximalen Gefäßabschnittes und der linken Herzhälfte zur Folge. Ihre Kollateralen verteilen sich mehr im Bereich der unteren Thoraxhälfte. Die Beteiligung der Intercostalarterien am Kollateralsystem unterscheidet sich sonst nicht wesentlich von der typischen Aortenisthmusstenose.

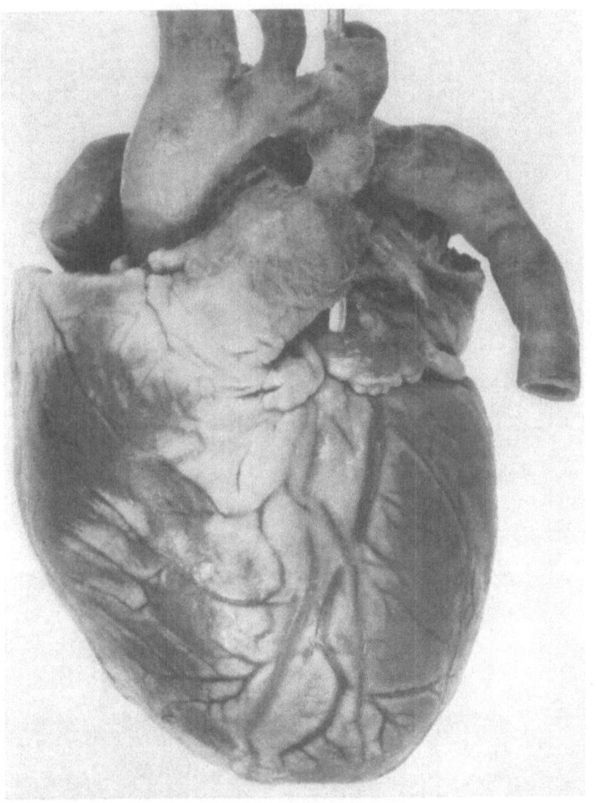

Abb. 4. Aortenisthmusstenose mit Ductus arteriosus persistens, der in den isthmischen Bereich einmündet. Erweiterung der Lungenschlagader. Rechtshypertrophie auf der Basis des offenen Ductus arteriosus. Linkshypertrophie auf Grund der Isthmusstenose

b) Dystopie des Aortenbogens

Als einfachste *Veränderung im Bereich des Aortenbogens* dürfen wir die Dystopie der Aorta ansehen. Die Aorta schwenkt nach normalem Abgang aus dem linken Ventrikel nicht nach links, sondern bleibt auf der rechten Seite. Ob dann auch die Aorta descendens auf der rechten Seite der Wirbelsäule bleibt, ist von Fall zu Fall verschieden. Sie kann in jeder Höhe vor der Wirbelsäule von der rechten auf die linke Seite wechseln. Die Durchtrittsstelle der Aorta durch das Zwerchfell bleibt im allgemeinen links. Durch die Rechtslagerung des Aortenbogens ändern sich die Abgangsstellen und die Abgangsrichtung der großen Schulter- und Halsgefäße. Die linke A. carotis communis und die linke A. subclavia kreuzen meistens den Oesophagus und die Luftröhre. Beide Gefäße können vor oder hinter dem Oesophagus verlaufen. Der Oesophagus kann auch zwischen diesen beiden Gefäßen liegen, indem das eine Gefäß vor, das andere hinter der Speiseröhre nach links zieht.

c) Doppelter Aortenbogen

Beim sog. *doppelten Aortenbogen* sind in den meisten Fällen die beiden Bogenabschnitte der Aorta nicht gleich weit und gleich wandstark. Der größere und weitere Bogen kann einen normalen Verlauf haben, während sich der kleine und engere Bogen hinter dem Oesophagus befindet. Umgekehrte Verhältnisse sind möglich. Beim doppelten Aortenbogen ist besonders die funktionelle Stenose der Speiseröhre wichtig. Sie weist im allgemeinen auch in der Anamnese auf einen doppelten Aortenbogen hin.

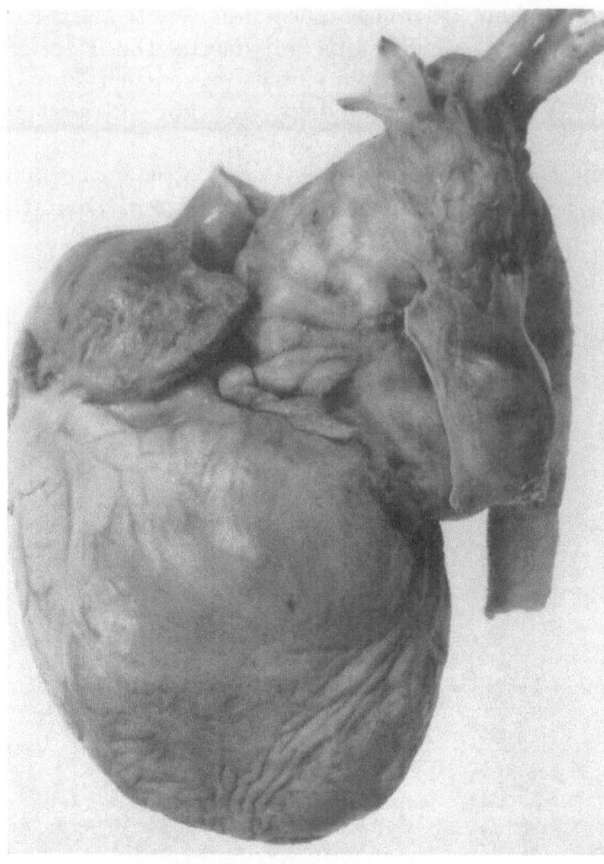

Abb. 5

d) Dysphagia lusoria

Unter *Dysphagia lusoria* versteht man klinisch ein ziemlich einheitliches Bild, das morphologisch zahlreiche Ursachen haben kann. Auf den doppelten Aortenbogen wurde eben eingegangen. Man sieht auch bei normalen Verhältnissen des Aortenbogens gelegentlich einen abnormen Verlauf der A. subclavia dextra, seltener der A. carotis communis. Sie ziehen dann nicht ventral vom Oesophagus, sondern zwischen Oesophagus und Wirbelsäule von links nach rechts oder gelegentlich auch von rechts nach links. Die Pulsation dieser Gefäße wird auf die Oesophaguswand übertragen. Diese Gefäße zwingen oft den Oesophagus zu einem

Abb. 5. Aorto-pulmonale Fistel mit schwerer Hypertrophie der rechten Herzhälfte, extravalvulärer Tricuspidalinsuffizienz und Hypertrophie des rechten Vorhofes

Abb. 6a u. b. Aorto-pulmonale Fistel unmittelbar oberhalb der Aortenklappen und Ventrikelseptumdefekt. Rechtshypertrophie und Linkshypertrophie des Herzens. Hypoplasie der Lungenschlagader

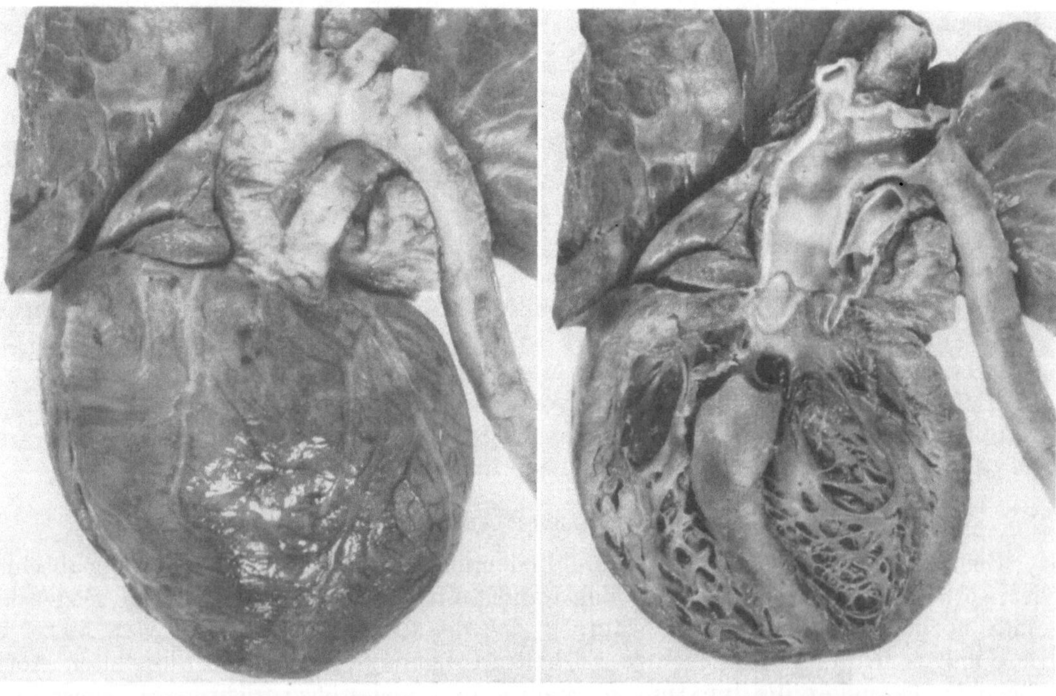

Abb. 6a Abb. 6b

ventralen Bogen um das atypisch verlaufende Gefäß.

e) Aortenpulmonale Fisteln

Bei *aorto-pulmonalen Fisteln* (Abb. 5—7) sind die Verhältnisse im Herzen und auch an den Aortenklappen zunächst normal. Gelegentlich sind die Klappen zwar etwas serös-endokarditisch verdickt, behalten jedoch ihre Schlußfähigkeit.

Unmittelbar oberhalb der Klappen oder manchmal in einem etwas größeren Abstand sind beide Gefäße durch eine verschieden große Öffnung miteinander verbunden. Oft sind beide Gefäße an der Stelle der Fistel etwas aneurysmatisch ausgebuchtet, die Lungenschlagader meist mehr als die Aorta. Es gibt Fälle, bei denen die Trennung zwischen Bulbus aortae und A. pulmonalis fehlt.

Durch diesen Defekt gleicht sich der Blutdruck zwischen Aorta und Lungenschlagader aus, es kommt zu einem pulmonalen Hochdruck. Während die Aorta kaum eine Hypertrophie zeigt, ist die Wand der Lungenschlagader und ihrer Äste beträchtlich verdickt und ihre Lichtung meist erweitert. Der linke Ventrikel ist hypertrophiert wegen des Volumverlustes an den kleinen Kreislauf, der rechte, weil sich der Druck in der Lungenstrombahn erhöht. So ist dieser Fehler durch eine Hypertrophie beider Ventrikel charakterisiert. Die absolute Wandstärke beider Kammern kann ungefähr gleich

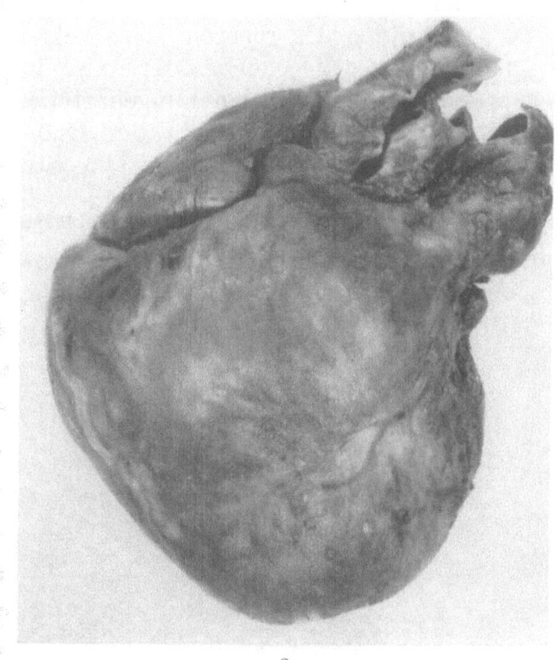

a

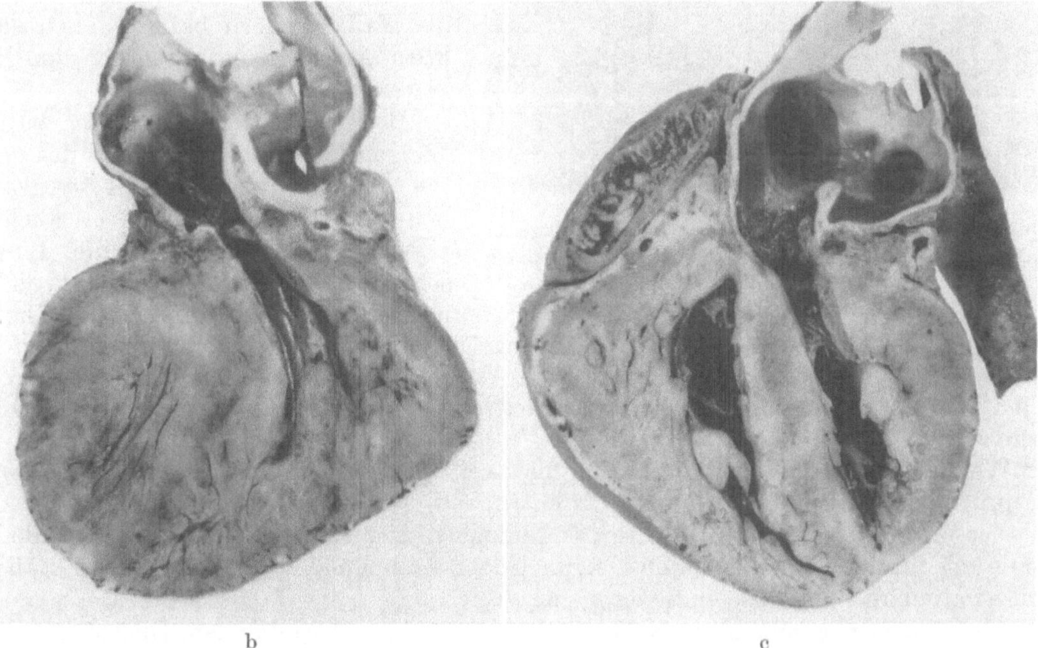

b c

Abb. 7a—c. Aorto-pulmonale Fistel, Querschnitt des Herzens, Hypertrophie beider Ventrikel. a Geschlossenes Herz, b ventrale Hälfte, c dorsale Hälfte (Transversalschnitt)

werden; wenn man die Ausgangswandstärke des rechten Ventrikels zugrunde legt, ist die Hypertrophie des rechten Ventrikels wesentlich stärker als des linken. Die Herzform kann spitzkegelig bleiben oder stumpfkegelig werden.

Solange sich an den Lungenarterien keine sekundäre — hämodynamische — „Arteriitis" entwickelt hat, geht der Blutstrom von links nach rechts. Wenn jedoch eine schwere Arteriitis auftritt, ist eine Stromumkehr mit Cyanose möglich.

f) Ductus arteriosus

Wir kennen den offenen *Ductus arteriosus* (Abb. 8) als physiologischen Blutweg vor der Geburt. Er schließt sich gewöhnlich in den ersten Wochen nach der Geburt, kann aber auch noch länger offenbleiben, ohne zu der Krankheit „Ductus arteriosus persistens" zu führen, obwohl eine relative Rechtshypertrophie vorhanden ist. Später führt er zu dem charakteristischen klinischen Bild mit typischen morphologischen Rückwirkungen an Herz- und Lungengefäßen.

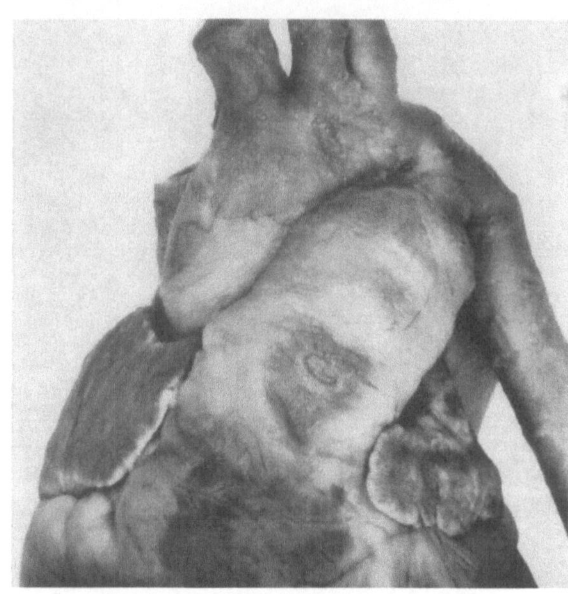

Abb. 8. Offener Ductus arteriosus mit starker Erweiterung der Lungenschlagader und schwerer Hypertrophie des rechten Ventrikels

Es muß besonders unterstrichen werden, daß der Ductus arteriosus auch als hämodynamisch wirksamer und notwendiger Blutweg erhalten bleiben kann. Das ist nicht nur bei der Pulmonalatresie der Fall, sondern bei fast allen subtotalen Atresien und Stenosen von Herzklappen.

Bei der echten Persistenz wird die Lungenschlagader auf Grund des erhöhten Stromvolumens weiter; wegen des höheren Druckes kommt es auch zur Hypertrophie. So kann die Lungenschlagader das Bild der Herzkrone beherrschen. Der Erhöhung des Druckes innerhalb der Lungenschlagader folgt zwangsläufig eine Hypertrophie des rechten Ventrikels und gelegentlich auch des rechten Vorhofes. Bei schwerer Vorhofhypertrophie mit Dilatation muß an das Vorliegen einer extravalvulären Tricuspidalinsuffizienz gedacht werden.

Wenn der rechte Ventrikel stärker belastet wird, steigt auch die mechanische Beanspruchung der Pulmonalklappen. Es entwickelt sich deshalb fast in jedem Falle eines Ductus arteriosus persistens eine seröse Endokarditis dieser Klappen. Meist ist die Veränderung funktionell unbedeutend, kann jedoch manchmal so schwer werden, daß eine echte valvuläre Pulmonalstenose entsteht.

Als eine fast regelmäßige Komplikation des lange bestehenden Ductus arteriosus persistens entwickelt sich eine Pulmonalsklerose und eine Arteriitis pulmonalis. Beide zusammen vermindern zwar den Blutdurchfluß durch die Lunge, erhöhen aber den pulmonalen Druck, so daß die Hypertrophie des rechten Ventrikels — meist einschließlich des Vorhofes — immer schwerer wird. Bei jedem Ductus arteriosus, der lange Zeit besteht, muß also differentialdiagnostisch auch nach einer sekundären Pulmonalklappenstenose und nach Gefäßveränderungen geforscht werden.

g) Truncus arteriosus

Beim echten *Truncus arteriosus* (Abb. 9) verläßt nur ein Gefäß die Mitte der Kammerbasis. Das Herz muß also, damit dieses Gefäß Blut aus beiden Ventrikeln erhält, einen

Ventrikelseptumdefekt haben. Von diesem Gefäß der Herzkrone gehen dann zuerst die Lungenschlagadern ab, anschließend folgen die Gefäße, wie man sie an einem normalen Aortenbogen kennt. Das Herz ist auf Grund des Ventrikelseptumdefektes beiderseits hypertrophiert, rechts mehr als links, und auch meist etwas erweitert und deshalb kugelförmig.

Durch einen *Pseudotruncus aortalis* oder *pulmonalis* kann ein ähnliches Bild vorgetäuscht werden. Wenn die Pulmonalklappe atretisch ist und das Blut aus beiden Ventrikeln — von rechts über einen Ventrikelseptumdefekt — die Aorta erreicht, verläßt auch nur „ein Gefäß" die Herzkrone. Es ist auch die Verbindung zu den Lungenschlagadern vorhanden; sie wird jedoch über einen weiten Ductus arteriosus hergestellt. Im Bereich dieser Gefäßschaltung zwischen Aorta, Ductus arteriosus und Lungenschlagader kommt es zu einem funktionellen Umbau, so daß man den Eindruck hat oder haben kann, daß die Lungenschlagadern unmittelbar aus der Aorta entspringen. Man findet bei der Präparation ein dünnes Band als morphologischen Rest der Anlage einer Lungenschlagader.

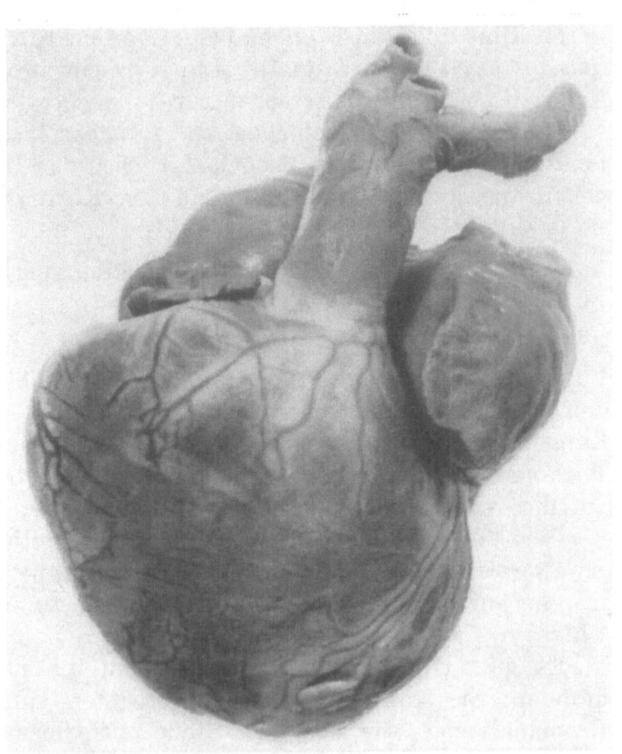

Abb. 9. Truncus arteriosus mit Hypertrophie beider Vorhöfe und beider Ventrikel

Wenn die Aortenklappe atretisch ist, fließt alles Blut — von links über den Ventrikelseptumdefekt — in die Lungenschlagader. Die Lungenschlagader setzt sich über einen weiten Ductus arteriosus harmonisch in die Aorta fort, so daß man manchmal den Eindruck eines Aortenbogens gewinnt. Die Lungenschlagader entläßt zwar ihre beiden großen Äste, aber sie wirken wie Äste einer Aorta, weil die Lungenschlagader sich auf Grund des höheren Innendruckes erweitert hat und ihre Wand die Stärke einer Aorta erreichen kann. Die rückläufige Versorgung von A. anonyma und den beiden Arterien der linken Seite kann manchmal den Eindruck einer Anomalie des Aortenbogens hervorrufen. Auch in dieser Schaltung sind die Ventrikel hypertrophiert, und das Herz wird kugelförmig.

Fehlt solchen Fällen ein Ventrikelseptumdefekt und besteht ein offenes Foramen ovale, dann bleiben die Gefäßverhältnisse, wie wir sie beschrieben haben, nur ist die Hypertrophie der Lungenschlagader meist etwas geringer. Die Vorhöfe sind extrem weit und hypertrophiert und der Ventrikel auf der Seite der Atresie klein und hypoplastisch. Im Bereich des Ventrikelkomplexes sieht man dann eine Einschnürung jeweilig der rechten oder der linken Seite.

h) Echte Transposition

Bei der *echten Transposition* entspringt die Aorta aus dem rechten, die Lungenschlagader aus dem linken Ventrikel, während der venöse Zufluß zu den Vorhöfen normal ist. Wenn keine Verbindungen zwischen großem und kleinem Kreislauf bestehen, würde das Blut aus dem linken Ventrikel über die Lunge wieder in den linken Vorhof und Ventrikel zurückführen. Genauso würde das Blut, das den rechten Ventrikel über die Aorta verlassen hat, nachdem es den Körperkreislauf passiert hat, wieder in die rechte Herzhälfte fließen. Ein solcher „Kreislauf" ist natürlich nicht mit dem Leben vereinbar. Solange die fetalen Blutwege offen sind, kann durch Foramen ovale und Ductus arteriosus ein Blutaustausch stattfinden, er kann auch über einen Ventrikelseptumdefekt vonstatten gehen. Das ganze Herz ist im allgemeinen hypertrophiert, weil es zu einem beträchtlichen Blutaustausch kommen muß, um das Leben zu erhalten und auch deshalb, weil die Aorta an den rechten Ventrikel und die Lungenschlagader an den linken Ventrikel angeschlossen ist. Der rechte Ventrikel hypertrophiert, weil er den Körperkreislauf versorgen muß, der linke, weil er unter dem Einfluß des Ductus arteriosus steht.

Es muß unterstrichen werden, daß auch bei dieser Schaltung eine gewisse Blutmischung dadurch entsteht, daß venöses Blut über die Bronchialarterien zur Lunge und arterialisiertes Blut über die Bronchialvenen in den Körperkreislauf gelangen kann. Dieser Blutfluß in den Vasa privata der Lunge reicht im allgemeinen nicht zu einer genügenden Arterialisation des Blutes bzw. zur ausreichenden Ausscheidung von Kohlendioxyd aus.

LIEBOW hat vorgeschlagen, die Lungenschlagadern und die Lungenvenen zu unterbinden, so daß dann die Bronchialarterien das Blut zur Lunge liefern und die Bronchialvenen aus arterialisiertem Blut an den Körperkreislauf abgeben.

i) Transposition von Lungenvenen

Das Problem der *Transposition von Pulmonalvenen* hängt eng mit der verschiedenartigen Lokalisation von Vorhofseptumdefekten zusammen. Das klinische Bild einer Pulmonalvenentransposition treffen wir nämlich auch dann, wenn die Wand zwischen dem rechten Lungenvenentrichter und dem rechten Vorhof fehlt. Dann münden die Lungenvenen gemeinsam mit den Vv. cavae in einen bulbusähnlichen Raum, der beiden Vorhöfen angehört. Außerdem kann die eine oder andere Vene der Lunge, besonders auf der rechten Seite, unmittelbar in die V. cava superior münden.

Der Vorhof ist bei Lungenvenentranspositionen im allgemeinen an diesen Stellen erweitert und hypertrophiert. Das Herz kann, besonders auf der rechten Seite, eine Hypertrophie aufweisen, es kann aber auch jede Änderung der Form des Kammerkomplexes fehlen.

Es gibt transponierte Lungenvenen, die unmittelbar in die V. cava inferior einmünden. Sie stammen meist vom rechten Unterlappen. Sie folgen dem Verlauf von Bronchialvenen, die an dieser Stelle normalerweise in den oberen Trichter der V. cava inferior oder etwas tiefer einmünden (SCHOENMACKERS). Sie gleichen in ihrem Verlauf Bronchialarterien, wie wir sie gemeinsam mit VIETEN aus der Bauchaorta zur Lunge haben ziehen sehen.

Auf die Möglichkeit, daß alle Lungenvenen in den rechten Vorhof münden, sei kurz verwiesen. Diese Anomalie ist mit dem Leben nur dann vereinbar, wenn ein offenes Foramen ovale oder ein Ventrikelseptumdefekt bestehen.

j) Verschluß von Lungenvenen

In der Literatur sind einzelne Fälle von membranösem oder entzündlich bindegewebigem *Verschluß der Lungenvenen* beschrieben. Das arterialisierte Blut muß dann über Bronchial- und Pleuravenen die Lunge verlassen. Diese Venen münden proximal der Stenose wieder in den linken Vorhof, geben jedoch einen Teil ihres Blutes an den venösen Schenkel des großen Kreislaufs ab, so daß der Sauerstoffgehalt des Venenblutes steigt und sinkt.

k) Anomalien der Cava superior

Für jene Fälle, bei denen eine *linke V. cava superior* erhalten und durchgängig geblieben ist, genügt ein kurzer Hinweis. Die Einmündung der linken V. cava superior kann ventral oder dorsal in den rechten, seltener in den linken Vorhof erfolgen. Diese

Venenanomalie hat insofern eine Bedeutung, weil man sie, wenn man solche Venen zufällig bei einer Operation findet, nicht unbesehen unterbinden darf, da oft zwischen den Venen, die doppelt angelegt sind, keine genügend weite Verbindung besteht, die das Blut der unterbundenen V. cava superior sinistra zur V. cava superior dextra hinüberleitet.

Literatur

BENDER, F., u. F. F. DOERR: Zur Diagnostik atypischer aorto-pulmonaler Kommunikationen. Z. Kreisl.-Forsch. **49**, 695 (1960).

BRONK, TH.: An aortic-right-ventricular fistula of more than eighteen months duration. Circulation **20**, 1128 (1959).

FONÓ, R., u. I. LITTMANN: Die kongenitalen Fehler des Herzens und der großen Gefäße. Leipzig: Johann Ambrosius Barth 1957.

FRIK, W., u. H. BÖSCHE: Atresie eines Arcus aortae dexter mit ungewöhnlichem Kollateralkreislauf. Dtsch. med. Wschr. **86**, 660 (1961).

FROMENT, R., A. PERRIN et F. BRUN: Transposition complête des gros vaisseaux de la base chez un adulte avec dolichomégacoronaires. Arch. Mal. Cœur **53**, 449 (1960).

HIENZ, H. A.: Zum Problem des sog. Truncus arteriosus persistens. Frankfurt. Z. Path. **68**, 322 (1957).

HURWITZ, A., M. CALABRESI, R. W. COOKE, and A. A. LIEBOW: An experimental study of venous collateral circulation of the lung. II. Functional observations. J. thorac. Surg. **28**, 241 (1954).

INGOMAR, C. J., and E. TERSLEV: Hypertension after resection of coarctation of the aorta. Brit. Heart J. **23**, 370 (1961).

LIEBOW, A. A.: The bronchopulmonary venous collateral circulation with special reference to emphysema. Amer. J. Path. **29**, 251 (1953).

LOOGEN, F., u. R. RIPPERT: Anomalien der großen Körper- und Lungenvenen. Z. Kreisl.-Forsch. **47**, 677 (1958).

—, u. H. VIETEN: Die Diagnose der supravalvulären Aortenstenose. Z. Kreisl.-Forsch. **49**, 439 (1960).

MORROW, A. G.: Supravalvular aortic stenosis. Clinical, hemodynamic and pathologic observations. Circulation **20**, 1003 (1959).

NEUFELD, H. N., J. W. DU SHANE, E. H. WOOD, J. W. KIRKLIN, and J. E. EDWARDS: Origin of both great vessels from the right ventricle. I. Without pulmonary stenosis. Circulation **23**, 399 (1961).

PAUL, A. T. S.: Two cases of aortico-ventricular-fistulae. Brit. Heart J. **23**, 203 (1961).

PECKHOLZ, J., M. GEIPEL u. M. KUPFER: Pathologisch-anatomische Probleme der Aortenisthmusstenose. Z. Kreisl.-Forsch. **47**, 2 (1958).

PEROU, M. L.: Congenital supravalvular aortic stenosis. A morphological study with attempt at classification. Arch. Path. **71**, 453 (1961).

PLATZER, W.: Zwei Fälle von Transpositionen mit funktioneller Korrektur. Virchows Arch. path. Anat. **327**, 400 (1955).

RATSCHOW, M.: Angiologie, Pathologie, Klinik und Therapie der peripheren Durchblutungsstörungen. Stuttgart: Georg Thieme 1959.

SCHAEDE, A., u. J. SCHOENMACKERS: Zur Differentialdiagnose des offenen Ductus arteriosus Botalli. Cardiologia (Basel) **17**, 234 (1950).

SCHOENMACKERS, J.: Die funktionelle Aortenisthmusstenose. Mschr. Kinderheilk. **97**, 79 (1949).

SCHOOP, W., u. H. WEISSLEDER: Die Bedeutung der Gefäßlumenabnahme proximal und distal einer arteriellen Obliteration. Z. Kreisl.-Forsch. **60**, 1221 (1961).

SCHWALBE, E.: Morphologie der Mißbildung, III, 1. Leipzig 1909 u. 1913.

STERZ, H.: Zur „korrigierten“ Transposition der großen Gefäße. Wien. Z. inn. Med. **41**, 355 (1960).

WEBER, J. W., u. R. GÜRTLER: Über die inkomplette Form des Truncus arteriosus communis (tiefe aorto-pulmonale Fistel). Helv. paediat. Acta **14**, 234 (1954).

WENGER, R., E. KRIEHUBER, E. KOTSCHER u. A. GISEL: Ungewöhnliche Sackbildung im Bereiche der Aorta thoracica bei einem Fall von Isthmusstenose. Z. Kreisl.-Forsch. **50**, 877 (1961).

WILLER, H., u. L. BECK: Über angeborene Stenosen der Aorta ascendens mit Atresie des Aortenostiums. Zugleich ein Beitrag zur Frage der fetalen Endokarditis. Z. Kreisl.-Forsch. **24**, 633 (1932).

WILLIAMS, J. C. P.: Supravalvular aortic stenosis. Circulation **24**, 1311 (1961).

B. Angeborene Herz- und Gefäßfehler

Von

F. Loogen, R. Rippert und H. Vieten

Mit 314 Abbildungen in 611 Einzeldarstellungen

Für die angeborenen Angiokardiopathien werden verschiedene Einteilungsschemata angegeben, je nach dem, ob die entwicklungsgeschichtlichen, die anatomischen oder die funktionell-klinischen Faktoren in den Vordergrund der Betrachtung gestellt werden.

Ein wichtiges Leitsymptom der angeborenen Herzanomalien ist der Nachweis oder das Fehlen einer Cyanose. Sie ist Ausgangspunkt der von M. Abbott (1936) vorgenommenen Einteilung in drei Hauptgruppen:

1. Anomalien ohne Cyanose und ohne anomale Strombahnverbindung.
2. Anomalien mit einem arterio-venösen Kurzschluß.
3. Anomalien mit einer Mischungscyanose.

Während Taussig (1947) der Einteilung die Versorgung des Organismus mit sauerstoffhaltigem Blute zugrunde legte, haben sich Bing u. Mitarb. (1952, 1954) im wesentlichen an physiologische Gesichtspunkte gehalten.

Die Autoren unterscheiden drei Hauptgruppen:

1. Das pulmonale Stromvolumen ist geringer als das des großen Kreislaufs; der Pulmonalarteriendruck ist meist vermindert.
2. Das pulmonale Stromvolumen ist größer als das des großen Kreislaufs; der Pulmonalarteriendruck ist normal oder erhöht.
3. Das pulmonale Stromvolumen entspricht dem des großen Kreislaufs sowohl in Ruhe als auch nach Belastung.

Alle Einteilungen haben den Nachteil der Schematisierung, wobei es nicht zu umgehen ist, daß ein und dieselbe Herzanomalie je nach der Phase des Krankheitsverlaufes bald in die eine und bald in die andere Gruppe eingereiht werden muß. Bei einer konsequenten Durchführung der genannten Einteilungen lassen sich Überschneidungen nicht vermeiden. So gehört z.B. ein Ventrikelseptumdefekt nach der Bingschen Einteilung in die Gruppe 2, solange ein Links-Rechts-Kurzschluß besteht, in die Gruppe 3, sobald eine Shunt-Umkehr eingetreten ist. Aus diesen Gründen haben wir uns nicht streng an eines der bekannten Einteilungsschemata gehalten.

Primär sind wir davon ausgegangen, ob die Angiokardiopathie ohne oder mit einem Kurzschluß einhergeht. Bei Vorliegen eines Kurzschlusses haben wir die Ausgangssituation des Krankheitsbildes als entscheidend für die Eingliederung in die Gruppe mit Links-Rechts- bzw. Rechts-Links-Shunt betrachtet.

Eine solche Betrachtungsweise hat den Vorteil, daß der jeweilige Krankheitsverlauf in seiner Kontinuität erfaßt wird und eine Trennung eines im Prinzip einheitlichen Krankheitsbildes durch den im Wesen der Krankheit gelegenen Phasenwandel vermieden wird.

1. Anomalien des Aortenbogens und der dort abgehenden großen Gefäße

Entwicklungsgeschichte. Gleichzeitig mit der Bildung des Herzens entstehen die großen Gefäße, die bei Feten zum Zeitpunkt der frühembryonalen Entwicklung aus dem Herzen entspringen bzw. in dieses einmünden. Aus bilateral symmetrischen mesodermalen Zellreifungen bilden sich schon früh röhrenförmige Gebilde; zwei dieser primitiven Gefäße wachsen cranialwärts, biegen nach dorsal um und verlaufen dann zu beiden Seiten der Spina dorsalis als die beiden dorsalen Aorten caudalwärts, um sich hier zur Aorta dorsalis communis (= descendens) zu vereinigen. Die dorsalen Aorten entsenden somatische Arterien, die durch eine Längsanastomose (später Aa. vertebrales und mammaria interna) verbunden sind.

Die beiden ventral liegenden Gefäße, die ventralen Aorten, haben Verbindung zum Truncus arteriosus. Die bogenförmige Verbindung zwischen den dorsalen und ventralen Aorten wird als erste Kiemenbogenarterie oder als primärer Aortenbogen bezeichnet. Während der ersten 6 Fetalwochen bilden sich dann caudalwärts von der ersten fünf weitere Kiemenbogenarterien, die den Schlund bogenförmig umschlingen und die primitive Aorta ascendens mit der Aorta descendens verbinden (Abb. 1). Diese Kiemenbogenarterien sind jedoch niemals alle gleichzeitig vorhanden: die einen bilden sich zurück, wenn die anderen sich zu entwickeln beginnen; am Ende dieser Vorgänge bleiben nur die 3., 4. und 6. Kiemenbogenarterie erhalten. Im Hinblick auf ihr späteres Schicksal werden sie auch Carotisbogen (3), Aortenbogen (4) und Pulmonalisbogen (6) genannt (Ewald 1926).

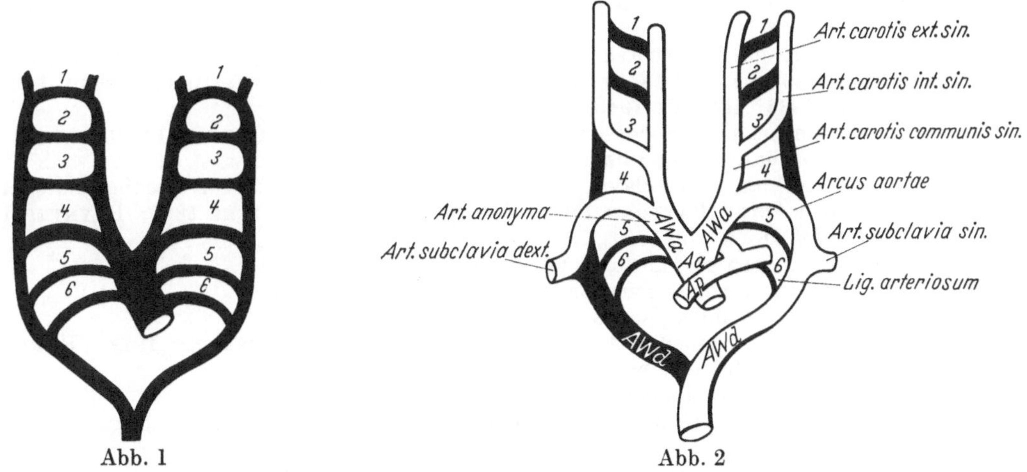

Abb. 1 Abb. 2

Abb. 1. Entwicklung der großen Arterien: Truncus arteriosus — beide ventralen Aorten — 6 Kiemenbogenarterien (1—6) — beide dorsalen Aorten — Aorta dorsalis communis (= descendens)

Abb. 2. Normale Entwicklung des Aortenbogens und seiner Äste (nach Krause). *Aa* Aorta ascendens; *Ap* A. pulmonalis; *AWa* rechte und linke aufsteigende Aortenwurzel; *1—6* rechte und linke Kiemenbogenarterien; *AWd* rechte und linke absteigende Aortenwurzel

Aus der 3. Kiemenbogenarterie und den lateralen oder dorsalen Längsanastomosen zwischen 2. und 1. Arterienbogen entwickelt sich der endgültige Aortenbogen. Aus ihm entspringen die A. carotis communis, die aus den medialen Verbindungsstücken zwischen 4. und 3. Arterienbogen entsteht, sowie die A. carotis externa, die auf die medialen Längsanastomosen zwischen 3. und 2. sowie 2. und 1. Arterienbogen zurückzuführen sind. Ferner entspringt aus dem Aortenbogen die linke A. subclavia. Der proximale Abschnitt des rechten 4. Bogens wird zur A. anonyma, der distale zum Stamm der A. subclavia dextra. Das laterale Verbindungsstück zwischen 4. und 6. Arterienbogen wird links zu einem Teil der Aorta, rechts zu einem Teil der A. subclavia dextra. Schließlich entwickelt sich aus dem ventralen Teil des 6. Arterienbogens die Pulmonalarterie. Links entsteht aus seinem peripheren Teil der Ductus Botalli (Abb. 2). Die nach links gewendete Aorta setzt sich somit zusammen aus:

1. einem Teil des Truncus arteriosus,
2. der linken Aorta ascendens,
3. der linken 4. Kiemenbogenarterie,
4. dem lateralen Verbindungsstück zwischen 4. und 6. Arterienbogen,
5. der links absteigenden Aortenwurzel (linke unverschmolzene A. descendens primitiva),
6. der verschmolzenen Aorta descendens primitiva.

Eine systematische Erfassung der Aortenbogenanomalien wurde von verschiedenen Autoren unternommen. Aus dem deutschsprachigen Schrifttum sind besonders die Untersuchungen von Krause (1868), Ewald (1926), sowie Doerr (1950) zu nennen. Aus der angelsächsischen Literatur führen wir von Edwards (1948) ein Schema an, das von der hypothetischen Form eines doppelten Aortenbogens mit einem rechten und linken Ductus arteriosus ausgeht. Durch Rückbildung des Ductus arteriosus auf einer Seite und Absteigen der Aorta nach rechts oder links ist eine Einteilung in vier Gruppen möglich. Der Grundform mit beidseitigem funktionell wirksamem doppelten Aortenbogen und

Ausbildung eines Ductus arteriosus rechts und links, die bisher nicht beobachtet wurde, kommen Fälle von GHON (1908), HILDEBRAND und HOLST (bei POYNTER, 1916) am nächsten.

Nach EDWARDS (1948) ergibt sich folgende Einteilung:

A. Ductus arteriosus und descendierende Aorta auf der linken Seite.
  1. Funktionell wirksamer doppelter Aortenbogen. Entsprechende Beobachtungen stammen von CURNOW (1875), BLINCOE u. Mitarb. (1936), WOLMAN (1939), SCHALL u. JOHNSON (1940), HERBUTH (1943), NEUHAUSER (1946), SWEET u. Mitarb. (1947), GORDON (1947), CRYSTAL u. Mitarb. (1947), GRISWOLD u. YOUNG (1949).
  2. Partielle Atresie eines Aortenbogens. Hier liegen Beobachtungen vor von WATSON (1877), BRIGHAM (1922), EWALD (1926), ARKIN (1936), GRISWOLD u. YOUNG (1949).
  3. Rechts gelegener Aortenbogen mit retrooesophagealem Segment und links descendierender Aorta.
     a) Ursprung der linken A. subclavia aus dem Aortendivertikel (QUAIN 1844; TURNER 1862; HERRINGHAM 1891; F. C. ABBOTT 1892; REID 1914; EWALD 1926; PENSE 1930; BEDFORD u. PARKINSON 1936; HERBUT 1943).
     b) Ursprung der linken A. subclavia aus der linken A. innominata (GRUBER 1912).
  4. Links gelegener Aortenbogen und links descendierende Aorta.
     a) Ursprung der rechten A. subclavia aus dem distalen Abschnitt des Aortenbogens oder der descendierenden Aorta (BAYFORD 1794; THOMSON 1893; HOLZAPFEL 1899; POYNTER 1916; GOLDBLOM 1922; DOLGOPOL 1934).
     b) Normaler Aortenbogen und normale Verzweigungen.
     c) Unterbrechung des Aortenbogens (SEWART 1948; HERZOG 1948).

B. Der Ductus arteriosus liegt links, die descendierende Aorta rechts.
  1. Funktionell wirksamer doppelter Aortenbogen (SHAW 1897; HERRMANN 1928; HERBUT u. SMITH 1943; KAISER 1948; GRISWOLD u. YOUNG 1949).
  2. Partielle Atresie eines Aortenbogens (ISSAJEW 1931).
  3. Rechts gelegener Aortenbogen, rechts descendierende Aorta und links gelegener Ductus arteriosus.
     a) Einmündung des Ductus arteriosus in die Aorta (EWALD 1926; HALPERT u. Mitarb. 1949).
     b) Einmündung des Ductus arteriosus in die linke, aus der A. innominata entspringende A. subclavia (BAHNSON u. BLALOCK 1950).
     c) Einmündung des Ductus arteriosus in die linke A. subclavia, die als viertes Gefäß aus der Aorta entspringt (GRUBER 1912; BIEDERMANN 1931; HUMPHREYS 1948; SIEKERT 1949).
  4. Links gelegener Aortenbogen und Ductus arteriosus, rechts descendierende Aorta (hypothetische, bisher nicht beobachtete Form).

C. Ductus arteriosus und descendierende Aorta liegen auf der rechten Seite.
  1. Funktionell wirksamer doppelter Aortenbogen (SWEET u. Mitarb. 1947)-
  2. Partielle Atresie des Aortenbogens.
  3. Links gelegener Aortenbogen mit retrooesophagealem Segment und rechts descendierender Aorta.
     a) Ursprung der rechten A. subclavia aus dem Aortendivertikel (EDWARDS 1948).
     b) Ursprung der rechten A. subclavia aus einer rechts gelegenen A. innominata (PAUL 1948).
  4. Rechts gelegener Aortenbogen und rechts descendierende Aorta.
     a) Ursprung der linken A. subclavia als viertes Gefäß vom Aortenbogen (LOCKWOOD 1884; KOPSCH 1914; DITTRICH zit. nach RENANDER 1926).
     b) Ursprung der linken A. subclavia aus einer linken A. innominata (EPSTEIN 1886; REID 1914; ASSMANN 1924; EWALD 1926; SPRONG u. CUTLER 1930).

D. Rechts gelegener Ductus arteriosus und links descendierende Aorta.
  Dabei handelt es sich um ein Spiegelbild der Untergruppe B, zu der Beobachtungen nicht bekannt geworden sind.

a) Anomalien der A. carotis

Von den normalen Abgängen der A. carotis (Abb. 3) gibt es Abweichungen. So bedeutungsvoll diese für thoraxchirurgische Eingriffe sein können, ist es auf der anderen Seite doch kaum möglich, sie in ihrer Vielfalt alle zu erfassen. Ihre Zahl kann vermindert oder vermehrt sein, ihre Abgangsstellen können variieren. So können die Aa. carotes communes beiderseits fehlen und die Aa. carotes dextra und sinistra direkt aus dem Aortenbogen abgehen (Abb. 4). In der Abb. 5 entspringt eine A. carotis sinistra aus dem Truncus brachiocephalicus. Eine weitere Form bildet der Truncus bicaroticus, bei dem die A. carotis communis rechts und links einem gemeinsamen Stamm entspringt (Abb. 6).

Bei Rechtslage des Aortenbogens kann die A. carotis communis von einem hypoplastischen linken Aortenbogen abgehen (Abb. 7). Bei einer Beobachtung von HEIM DE BALSAC (1954) entsprangen bei gedoppeltem Aortenbogen die A. subclavia und die A. carotis communis dextra aus einem gemeinsamen, vom rechten Bogen abgehenden Truncus brachiocephalicus (Abb. 8).

Knickungen im Verlauf der A. carotis interna (Abb. 9) sind seit langer Zeit bekannt (COULSON 1852; HULKE 1893; POWELL 1909) und sind auch in neuerer Zeit Gegenstand klinischer Erörterungen (PARKINSON u. Mitarb. 1939; HSU u. KISTIN 1956; QUATTELBAUM 1959; METZ u. Mitarb. 1961). Eine pulsierende Vorwölbung, fast stets an der rechten Halsseite, wurde dabei beobachtet. Cerebrale Krisen als Folge des Gefäßverlaufs, dessen Ätiologie nicht eindeutig geklärt ist, wurden diskutiert (METZ u. Mitarb. 1961). PARKINSON u. Mitarb. (1939) fanden unter ihren 40 Fällen 2 Geschwisterpaare, weshalb auf einen anlagebedingten Faktor bei der Entstehung der Anomalie geschlossen wird. Andererseits fanden sich bei den meist in fortgeschrittenem Alter befindlichen, überwiegend weiblichen Patienten häufig Hypertonien und Gefäßsklerosen. Dadurch werden erworbene Faktoren zur Erklärung der Gefäßanomalie mehr in den Vordergrund gestellt. Der sichere Nachweis dieser Verlaufsform der A. carotis ist mit Hilfe der Angiokardiographie möglich.

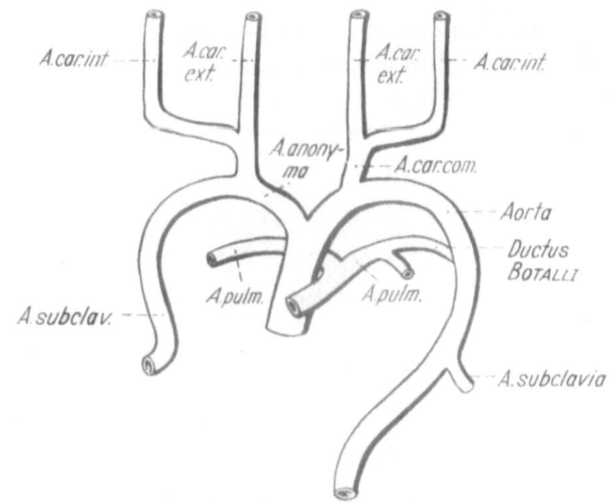

Abb. 3a

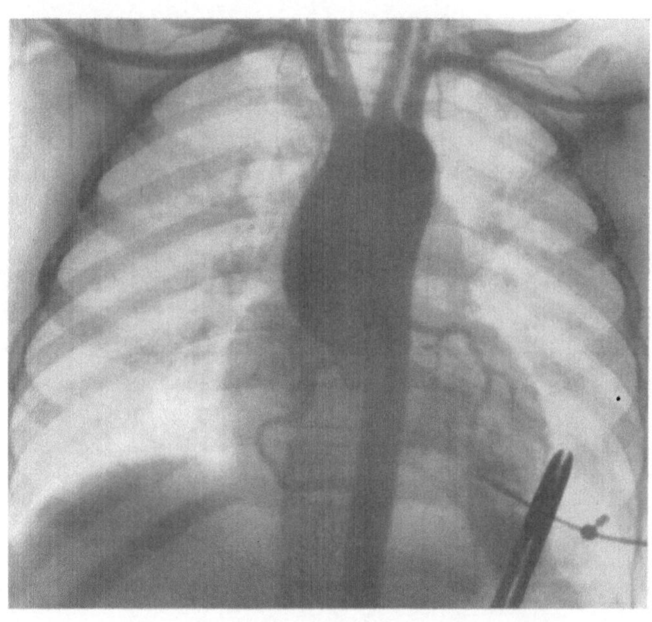

Abb. 3a u. b. Normale Verhältnisse im Bereich des linksgewendeten Aortenbogens. a Schematische Darstellung (nach DOERR 1950). b Kontrastmitteldarstellung nach Ventrikelpunktion bei einem 11jährigen Patienten (R.R.) mit Aortenstenose. Außer der A. carotis communis und der A. subclavia, die beide rechts von einem Truncus brachiocephalicus und links direkt vom Aortenbogen abgehen, erkennt man die von der A. subclavia nach cranial verlaufende A. vertebralis und die nach caudal ziehende A. mammaria interna rechts und links. In Deckung mit dem Herzschatten Darstellung der Coronargefäße

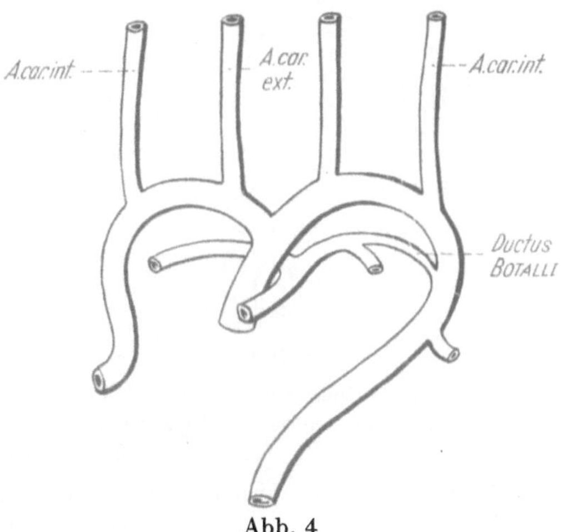

Abb. 4

Abb. 4. Selbständiger Abgang der vier Aa. carotes sowie beider Aa. subclaviae vom Aortenbogen

Kompressionen der Trachea mit entsprechenden Atembeschwerden können durch den Truncus brachiocephalicus oder die A. carotis hervorgerufen werden (Gross 1953). Diese Gefäße entspringen dann weit links am Aortenbogen und kreuzen auf dem Wege zu

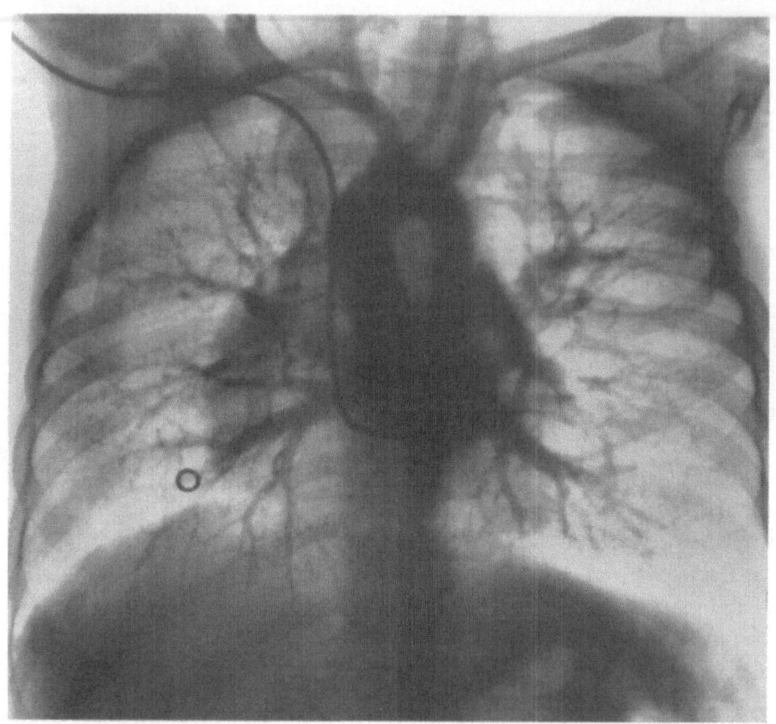

Abb. 5. Ursprung der linken A. carotis externa aus dem Truncus brachiocephalicus (Lävogramm nach Injektion des Kontrastmittels in den rechten Ventrikel)

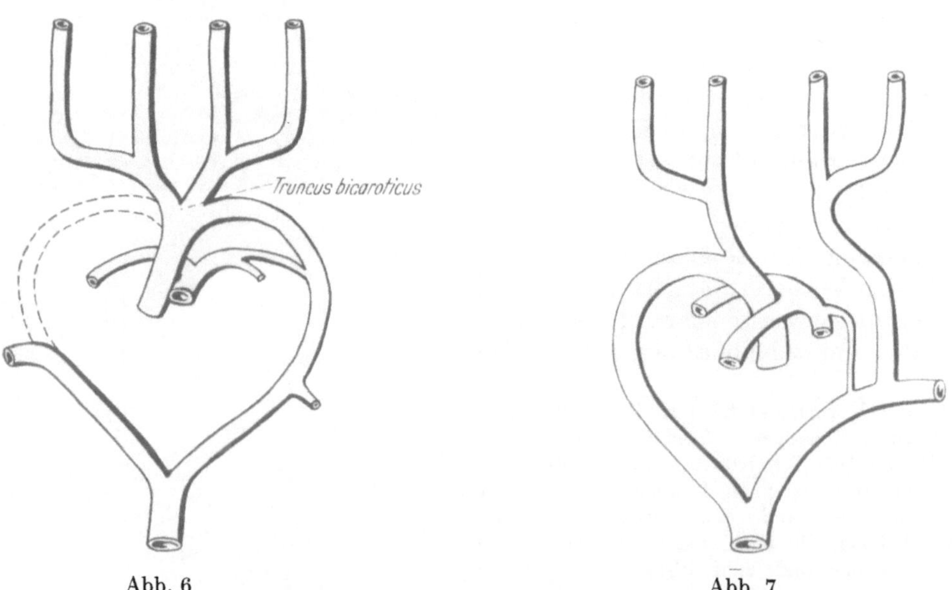

Abb. 6. Truncus bicaroticus mit A. lusoria bei retrooesophagealem Verlauf der A. subclavia sinistra und linksgelegenem Aortenbogen. Ursprung der Aa. carotes beiderseits mit einem gemeinsamen Stamm aus dem Aortenbogen (nach Doerr 1950)

Abb. 7. Abgang der A. carotis communis sinistra von einem hypoplastischen Aortenbogen bei rechts ascendierender Aorta (nach Grob 1949)

ihrem Versorgungsgebiet die Trachea, die dabei von vorne eingedellt wird. Die Erkennung dieser Impression bei seitlichem Strahlengang kann sehr schwierig sein und eine Angiokardiographie (Abb. 10) bzw. Kontrastmittelfüllung der Trachea notwendig machen.

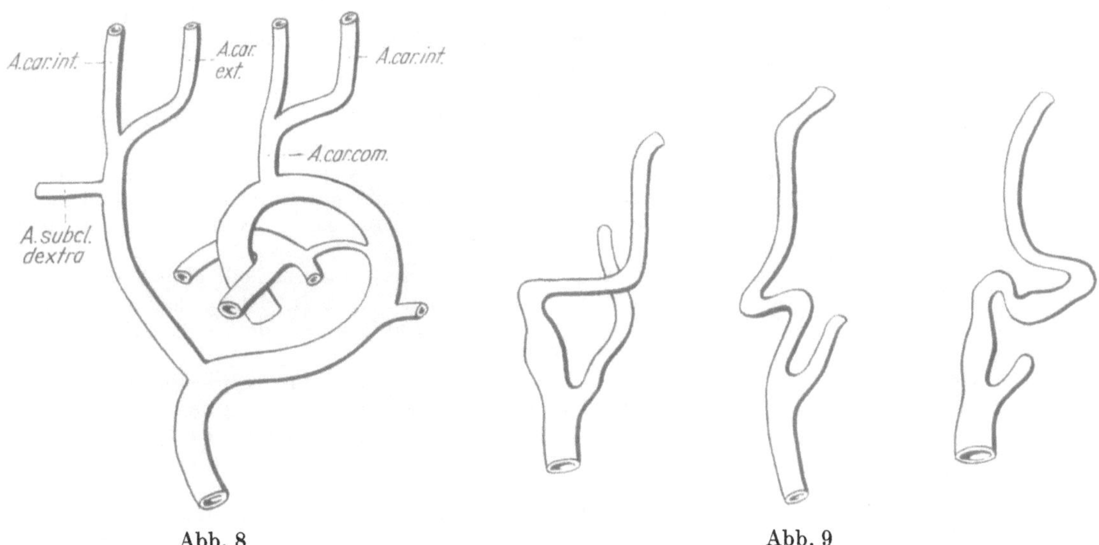

Abb. 8 Abb. 9

Abb. 8. Ursprung des Truncus brachiocephalicus rechts aus einem rudimentären rechten Aortenbogen (nach GROB 1949).

Abb. 9. Knickung im Verlauf der A. carotis interna (nach METZ u. Mitarb. 1961)

b) Linkslage des Aortenbogens

α) Vorderer Typ

Abb. 11 bringt die anatomischen Verhältnisse des normalen links gelegenen Aortenbogens von vorne. Abb. 12a—d zeigen die dabei entstehenden Incisuren am breigefüllten Oesophagus schematisch.

In der Abb. 13 sind schematisch normale und pathologische Gefäßverläufe bei Linkslage des Aortenbogens dargestellt.

β) Anomalien der A. subclavia dextra

Die bekannteste Anomalie dieser Art ist der Abgang der A. subclavia dextra aus dem absteigenden Teil des Aortenbogens, selten aus der Aorta descendens selbst, meist distal der A. subclavia sinistra (Abb. 14). Sie ist die Ursache der eigentlichen Dysphagia lusoria (BAYFORD 1794). SCHMIDT (1953) schlug für die Gefäßanomalie den Namen *A. lusoria* vor, da Dysphagien durch nahezu

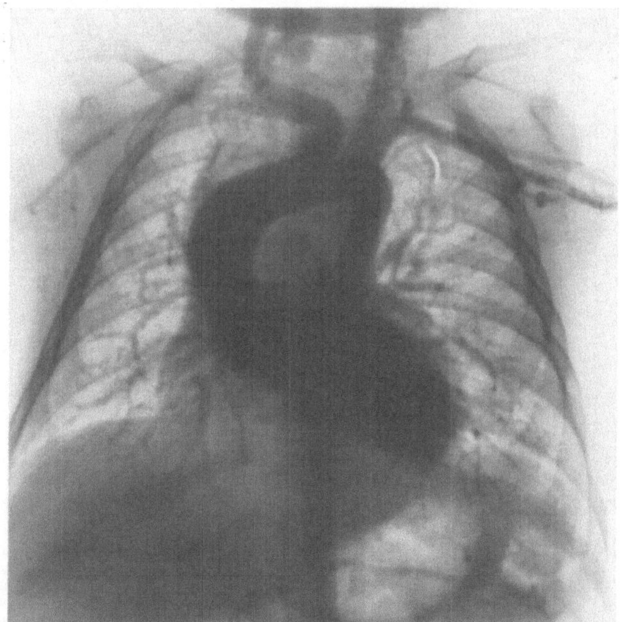

Abb. 10. Anomaler Verlauf des Truncus brachiocephalicus. Kontrastmitteldarstellung: Ursprung des Truncus brachiocephalicus abnorm weit links aus dem Aortenbogen; Verlauf in einem Knick nach rechts. (7 Monate alter Junge mit Atemstörungen durch Kompression der Trachea.) (Abbildung von Doz. Dr. HEINTZEN, Kiel; aus GROSSE-BROCKHOFF, LOOGEN u. SCHAEDE: Handbuch der inneren Medizin IX/3)

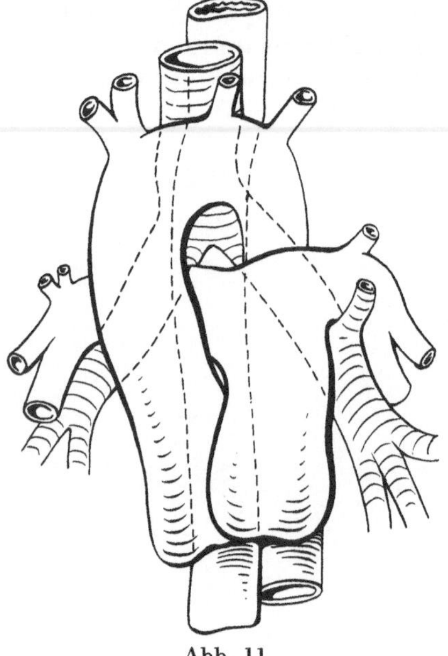

Abb. 11

alle Spielarten der hier erörterten Aortenbogenanomalien entstehen können.

Die *erste Beschreibung* der A. lusoria erfolgte durch HUNAULD (1735), die erste röntgenologische Diagnose der Anomalie gelang KOMMERELL (1936). HOLZAPFEL (1899) stellte 200 Fälle aus der Literatur zusammen. Eine umfassende Darstellung der Anomalie bei besonderer Berücksichtigung klinischer Gesichtspunkte gab SCHMIDT (1953).

Die *entwicklungsgeschichtlichen* Veränderungen, die die A. subclavia dextra zu einer A. lusoria machen, bestehen in einer Rückbildung der rechten 4. Kiemenbogenarterie. Die rechte, dorsal absteigende Aorta ist dagegen erhalten. Aus ihr entsteht der proximale Abschnitt der A. lusoria, während sich der distale Subclavia-Abschnitt aus der 4. rechten Segmentalarterie herleitet.

Bei dem Vorliegen einer A. lusoria fehlt eine A. anonyma in der Regel und der rechte N. recurrens schlägt sich nicht um die A. subclavia, sondern verläuft hinter der A. carotis communis dextra zum Kehlkopf.

Die *Häufigkeit* der Gefäßanomalie wird von pathologisch-anatomischer Seite unterschiedlich angegeben. QUAIN (1844) und TURNER (1897) beobachteten sie in 0,4%, HYRTL (1889) in 2,33%, STIEDA (1894), GÖTZ (1896) und HARVEY (1917) in 0,8%, HOLZAPFEL (1899) in 0,6%, THOMSON (1893) in 1%; GOLDBLOOM (1922) gibt die Häufigkeit der Anomalie mit 1,2% an, CAIRNEY (1925) mit 0,9%, DOLGOPOL (1934) mit 0,7% und SCHMIDT (1953) mit 0,8%.

Nach PONTES (1938) kommen der retrooesophageale Verlauf der A. subclavia, wie Gefäßanomalien der Aortenäste überhaupt, bei Angehörigen der schwarzen Rasse besonders häufig vor.

Für die röntgenologische Diagnose wichtig sind Kenntnisse über Variationen in Ursprung, Kaliber und Verlauf des Gefäßes, auf die im folgenden daher eingegangen werden soll; dies besonders, weil die sich häufig auf

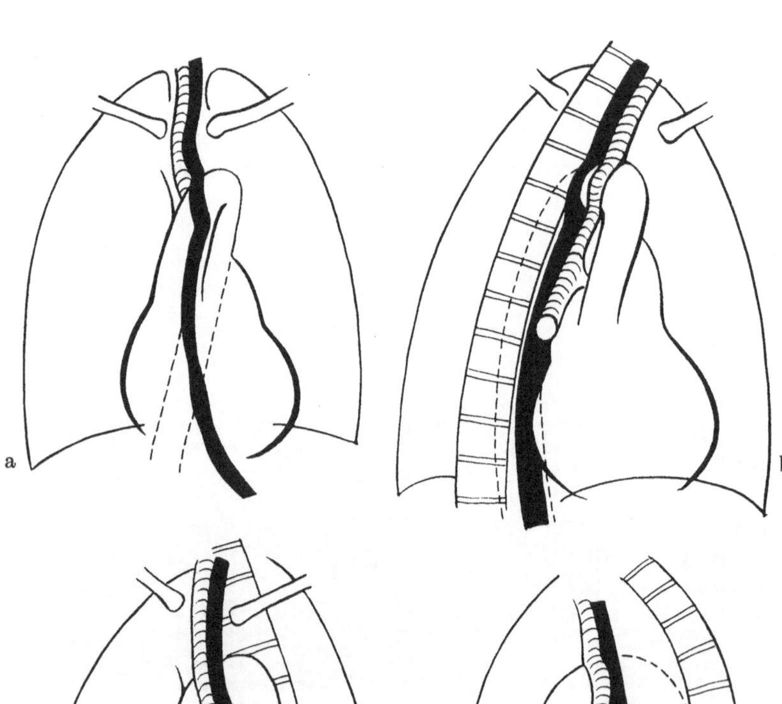

Abb. 12a—d

Abb. 11. Anatomische Skizze zum normalen links gelegenen Aortenbogen (nach HEIM DE BALSAC 1954)

Abb. 12a—d. Schematische Darstellung der Oesophagusimpressionen durch den linksgewendeten Aortenbogen (nach HEIM DE BALSAC 1954). a Sagittale Projektion. b Erster schräger Durchmesser. c Zweiter schräger Durchmesser d Seitliche Projektion

anatomische Beobachtung stützenden Gefäßvarianten heute mit Hilfe der Angiokardiographie einer klinischen Diagnose zugänglich geworden sind.

Die erwähnte Abgangsstelle der A. lusoria am absteigenden Teil des Aortenbogens bzw. aus der Aorta descendens distal der A. subclavia sinistra stellt den häufigsten Ursprungsort des Gefäßes dar (HOLZAPFEL 1899). Distal vom Ductus arteriosus ist ihr Abgang selten (WOOD 1859). Die A. lusoria kann auf gleicher Höhe mit der A. subclavia sinistra dorsal von dieser entspringen (SANDIFORT 1793; STACHELROTH 1850). Bezüglich des Abganges von der Aortenwand gilt nach SCHMIDT (1953), daß die A. lusoria um so weiter medial zu finden ist, je tiefer sie aus der Aorta entspringt; bei hohem Ursprung findet man sie an der hinteren Aortenwand, mehr oder weniger cranial am Aortenbogen.

Ein gemeinsamer Abgang der A. lusoria mit der A. subclavia sinistra wurde beobachtet (PATRUBAN 1844). Dabei bestand auch ein gemeinsamer Stamm für die Aa. carotes communes dextra und sinistra (Truncus bicaroticus). Ferner finden sich Angaben über folgende Variationen im Gefäßverlauf: Ursprung der A. lusoria als vorletzter Ast vom Aortenbogen vor der A. subclavia sinistra (KRAUSE 1865) mit gemeinsamem Truncus der Carotiden (LAUTH 1839) sowie Ursprung als zweiter Ast des Aortenbogens zwischen Aa. carotes communes dextra und sinistra (HUBER 1777), wobei sie dorsal der Carotiden zieht. Variationen der Aortenbogengefäße finden sich bei gleichzeitig bestehender A. lusoria in etwa 50%. In 30% der Fälle kommt die A. lusoria gemeinsam mit einem Truncus bicaroticus vor; in 5% liegt zwischen

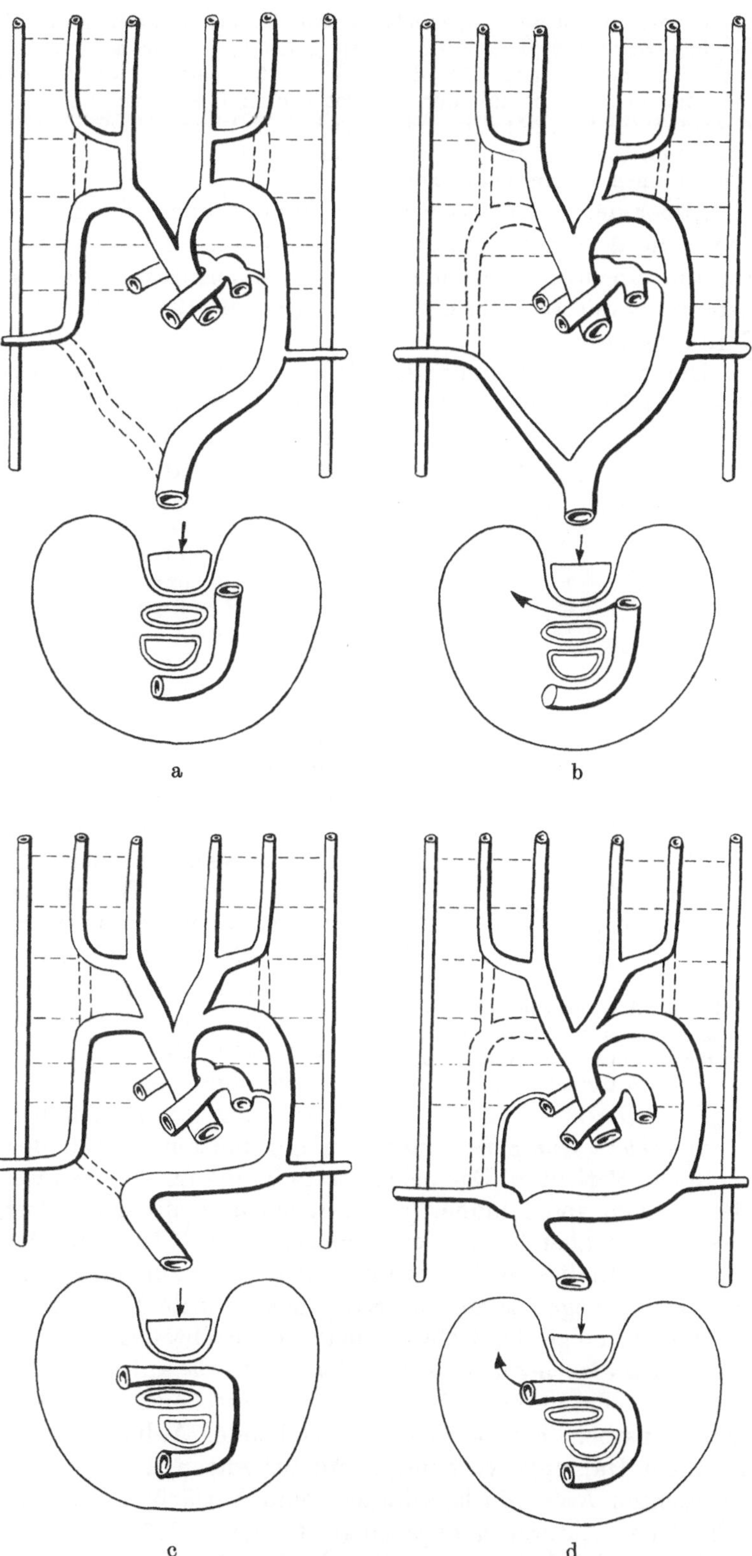

Abb. 13a—d. Normale und pathologische Gefäßverläufe bei linksgewendetem Aortenbogen (nach HEIM DE BALSAC 1954). a Normale Verhältnisse. b Retrooesophageal verlaufende A. subclavia dextra. c Hinterer Verlauf des Aortenbogens. d Retrooesophagealer Verlauf des linksgewendeten Aortenbogens und der A. subclavia dextra

den Carotiden und den Aa. subclaviae die A. vertebralis sinistra. Ein Truncus bicaroticus ist dabei möglich (Stebbins 1949). Der Ursprung der A. vertebralis sinistra vor der A. lusoria aus dem Aortenbogen findet sich in 1,5% der Fälle; in 10% einer A. lusoria kann die A. vertebralis dextra einen gemeinsamen Stamm mit der A. carotis communis dextra haben (Murray 1771). Dabei wurde ein Ursprung der A. vertebralis sinistra zwischen A. carotis communis sinistra und A. subclavia sinistra (Brenner 1883) beobachtet, wobei Truncus brachiocephalicus und A. carotis communis sinistra einen gemeinsamen Stamm bilden können.

Außer der A. subclavia dextra können auch die A. vertebralis dextra (Hyrtl 1889) sowie die A. carotis communis dextra einmal retrooesophageal verlaufen. Das gilt auch für die einem gemeinsamen Stamm entspringenden A. subclavia dextra und A. carotis communis dextra (Rössle 1913; Blalock 1948; Grosse-Brockhoff u. Mitarb. 1954; Thurn 1958).

Die A. lusoria kommt gehäuft mit anderen Mißbildungen vor, wie Ductus arteriosus apertus (Neuhauser 1946) oder den verschiedenen Formen einer Pulmonalstenose, mit der zusammen die Gefäßanomalie in 4% beobachtet wurde (Schmidt 1953).

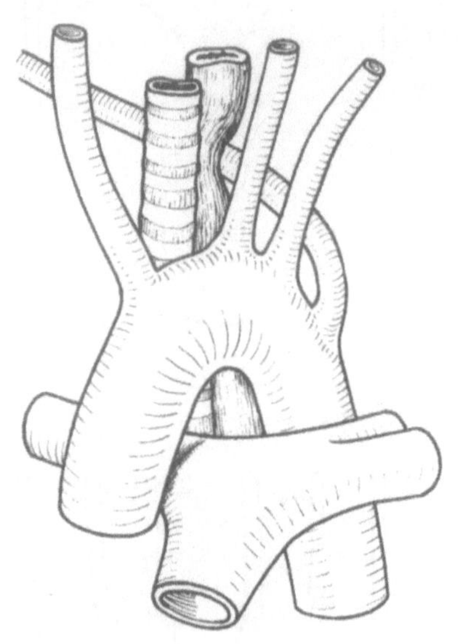

Abb. 14. Anatomische Skizze: Ursprung der A. subclavia dextra als letzter Ast aus dem linksgewendeten Aortenbogen

Die Weite der A. lusoria ist unterschiedlich. In 40% der Fälle entspricht sie der Weite der A. subclavia sinistra, in 60% ist sie in ihrem Anfangsteil stärker. Die Erweiterung im Beginn des Gefäßes ist entwicklungsgeschichtlich zurückzuführen auf eine mangelhafte Rückbildung der rechts descendierenden Aorta (Restdivertikel oder Lusoriawurzel nach Schmidt 1953), wobei bezüglich Kaliber und Länge dieser Umfangsvermehrung Unterschiede bestehen können.

Auch Beobachtungen über eine besonders enge A. lusoria (Murray 1771; de Garis 1932; Felson u. Mitarb. 1950) mit Funktionsstörung des rechten Armes und Ausbildung eines Kollateralkreislaufes liegen vor.

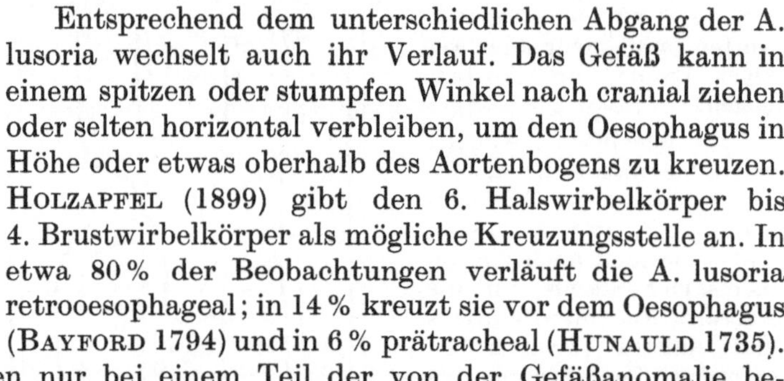

Entsprechend dem unterschiedlichen Abgang der A. lusoria wechselt auch ihr Verlauf. Das Gefäß kann in einem spitzen oder stumpfen Winkel nach cranial ziehen oder selten horizontal verbleiben, um den Oesophagus in Höhe oder etwas oberhalb des Aortenbogens zu kreuzen. Holzapfel (1899) gibt den 6. Halswirbelkörper bis 4. Brustwirbelkörper als mögliche Kreuzungsstelle an. In etwa 80% der Beobachtungen verläuft die A. lusoria retrooesophageal; in 14% kreuzt sie vor dem Oesophagus (Bayford 1794) und in 6% prätracheal (Hunauld 1735).

Klinische Symptome entstehen nur bei einem Teil der von der Gefäßanomalie betroffenen Patienten. Das bekannteste Krankheitszeichen ist die *Dysphagie*. Die Beschwerden können von Kindheit an bestehen und mit dem Alter zunehmen (Bayford 1794). Sie können aber auch wieder zurückgehen (Gross u. Ware 1946) oder erst im Alter auftreten. In diesem Falle wurde der im Alter zunehmenden Gefäßrigidität eine besondere Bedeutung zugemessen. Bei Säuglingen wurde Erbrechen oder schlechte Nahrungsaufnahme als Folge der Gefäßanomalie beobachtet (Brean u. Neuhauser 1947). Dyspnoe trat bei prätrachealem Verlauf der A. lusoria auf (Girard 1913). Schmidt (1953) beobachtete 2 Patienten mit Herzklopfen, stechenden Schmerzen und Druckgefühl hinter dem Brustbein bei gleichzeitig bestehender A. lusoria. Ein Beschwerdekomplex, wie er bei einer Halsrippe vorkommt, mit Schwitzen, Paraesthesien und stechenden Schmerzen im rechten Arm, Muskelschwäche und Verfärbung der Haut ebendort wurde von verschiedenen Autoren angegeben (Copleman 1945; Stauffer u. Pote 1946). Schließlich muß noch das Fehlen oder die Abschwächung des Radialispulses auf der rechten Seite erwähnt werden. Felson u. Mitarb. (1950), die dieses Symptom beobachteten, vermuteten eine Stenose am Übergang des Lusoriadivertikels in die A. subclavia.

In Einzelfällen traten tödliche Arrosionsblutungen im Gefolge der Gefäßanomalie auf. Dies wurde z.B. beobachtet bei einem Zustand nach Laryngektomie (Doerr 1950)

sowie als Folge einer Magenverweilsonde. Klinische Bedeutung erlangt die Anomalie auch, wenn sie mit einer Aortenisthmusstenose zusammen vorkommt und die A. subclavia jenseits der Isthmusstenose entspringt (s. dort); im Falle KIRBY (1818) führte

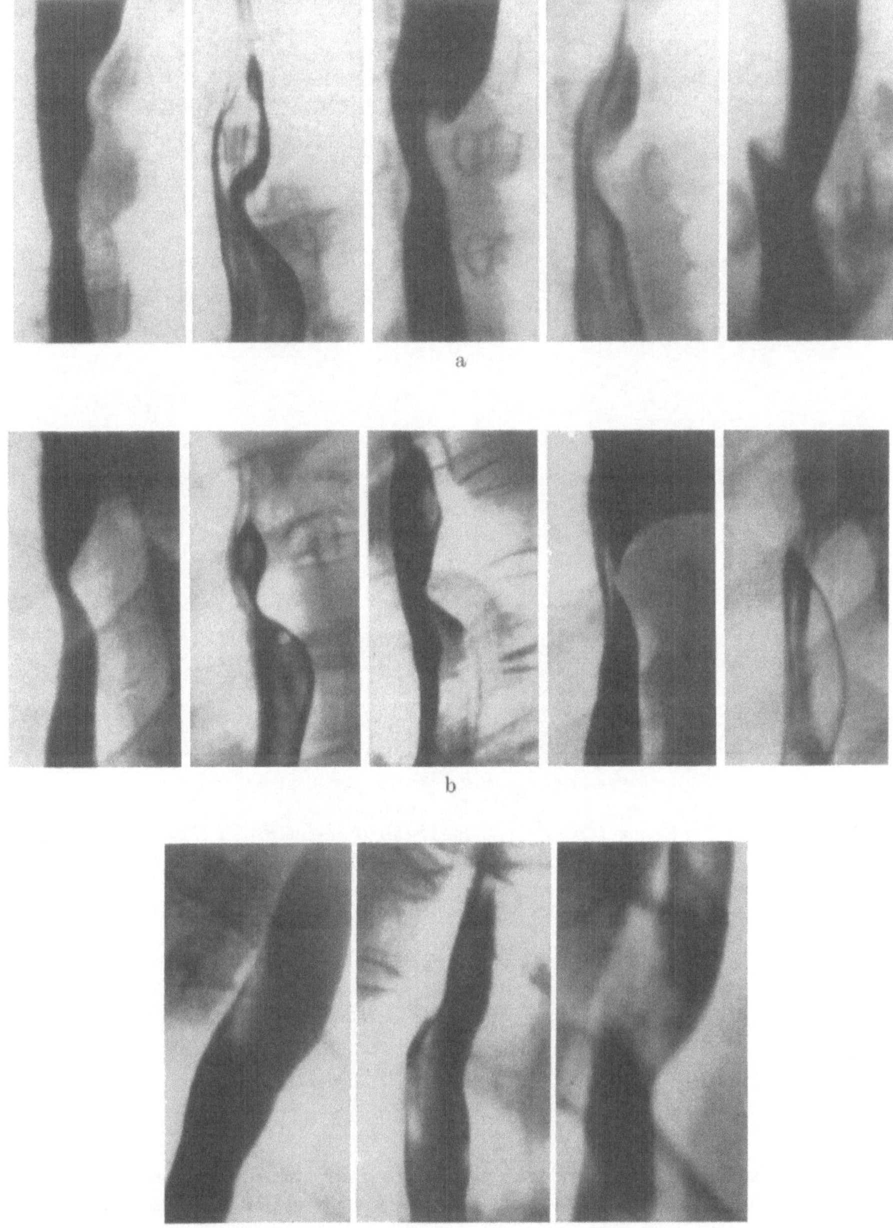

Abb. 15a—c. Impressionen am kontrastmittelgefüllten Oesophagus durch eine retrooesophageal verlaufende A. subclavia dextra (aus SCHMIDT 1953). a Sagittale Projektion. b Zweiter oder linker schräger Durchmesser. c Erster oder rechter schräger Durchmesser

das Verschlucken spitzer Gegenstände zu einer Läsion des Gefäßes. Besonders wichtig ist die Kenntnis der Anomalie für den Chirurgen, wobei insbesondere an das Anlegen einer Blalockschen Anastomose oder einer By-Pass-Operation gedacht wird.

Röntgenbefund. Entscheidend für die Diagnose der A. lusoria ist die Röntgenuntersuchung bei kontrastmittelgefülltem Oesophagus, wobei der richtigen Konsistenz und Menge des Kontrastmittels besondere Bedeutung für die Ergiebigkeit der Untersuchung zukommt. Bei dorsoventralem Strahlengang sieht man in einem Teil der Fälle einen Kontrastmittelstop oberhalb des Aortenbogens. Dieser kann so ausgeprägt sein, daß das Kontrastmittel in den Sinus piriformis und die Valleculae zurückgestaut wird. ARENDT u. WOLF (1947) sprechen von dem „vallecular sign" und beobachteten es neben anderen,

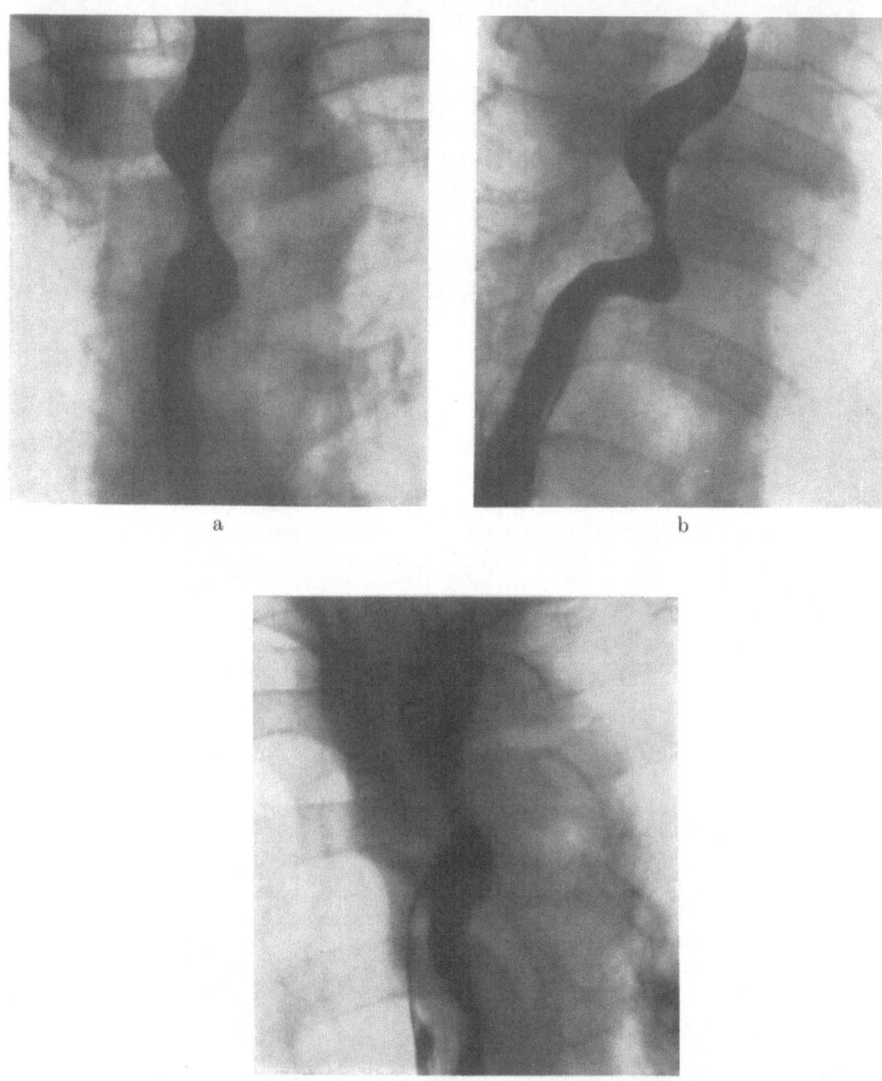

Abb. 16a—c. Abgang der links entspringenden A. subclavia dextra abnorm weit caudal (aus ZDANSKY 1962). a Sagittalbild. b Projektion im I. schrägen Durchmesser. c Projektion im II. schrägen Durchmesser

den Oesophagus stenosierenden Prozessen, auch bei A. lusoria. Eine Verzögerung der Breipassage in Höhe des Aortenbogens ist dagegen uncharakteristisch und wird durch den normal verlaufenden Arcus aortae hervorgerufen.

Am linken Oesophagusrand oberhalb des Aortenbogens oder auch in dessen Höhe kann die A. lusoria eine stumpfwinklige, halbkreisförmige oder auch als schnabelförmig bezeichnete Aussparung verursachen (Abb. 15). Weiter cranial kann eine solche Aussparung am rechten Oesophagusrand sichtbar werden, besonders wenn sich die A. subclavia dextra wie ein umgekehrtes S der Oesophagushinterwand anlegt und diese auch auf der rechten Seite umgreift (Abb. 16) (DAHM 1946; STUTZ 1947; FELSON u. Mitarb. 1950; SCHMIDT 1953).

Schließlich läßt der mit Kontrastmittel gefüllte Oesophagus ein meist schräg nach oben verlaufendes Aufhellungsband erkennen als Folge der durch die A. subclavia dextra hervorgerufenen dorsalen Impression. Dabei kann der Eindruck entstehen, als ob der Oesophagus durch das Gefäß wie die Enden einer Knochenfraktur getrennt und gegeneinander verschoben wäre, das obere Ende nach links, das untere nach rechts (RAVELLI; TESCHENDORF). In differentialdiagnostischer Hinsicht ist wichtig, daß ein entsprechendes Bild auch einmal durch den linken Hauptbronchus entstehen kann, dessen Aufhellungsband sich in den breigefüllten Oesophagus hinein projiziert und, im Gegensatz zur A. lusoria, bis in die Trachea hinein verfolgen läßt.

Von dorsal verursacht die retrooesophageal verlaufende A. subclavia eine Impression und halbkreisförmige Vorwölbung der Speiseröhre, die sich am besten im linken schrägen Durchmesser zwischen 60 und 90° bei kontrastmittelgefülltem Oesophagus erkennen läßt. Verläuft die A. lusoria horizontal hinter dem Oesophagus, so verursacht sie einen runden Füllungsdefekt (ZDANSKY 1952) und läßt sich dort gelegentlich bei der Durchleuchtung als pulsierende Verschattung abgrenzen. Die Größe der Oesophagusaussparung läßt darauf schließen, ob eine im allgemeinen etwa bleistiftdicke Subclavia oder ein Restdivertikel, aus dem die A. subclavia hervorgeht, die Eindellung verursacht. Meist sind die Veränderungen am breigefüllten Oesophagus im ersten schrägen Durchmesser weniger deutlich ausgeprägt. Jedoch kann auch hier ein Aufhellungsband oder eine Eindellung sichtbar werden, besonders wenn die A. subclavia dextra in Form eines umgekehrten, liegenden S hinter dem Oesophagus verläuft und diesen von rechts umgreift. Die Durchleuchtung bei etwas vornübergeneigten Patienten soll das Lusoriabett besonders gut sichtbar machen (SCHMIDT 1953).

Verläuft die A. lusoria vor dem Oesophagus, so erkennt man die zugehörige Impression in seitlicher Projektion von vorne, während die Veränderungen in dorsoventraler Projektion die gleichen wie bei retrooesophagealem Verlauf der A. subclavia sind (NEUHAUSER 1946; SEGERS 1950). Entsprechende Bilder beobachtete MCGORKLE (1959) bei einer 32jährigen Patientin mit Schluckbeschwerden im Sinne einer Dysphagie. Bei der Operation fanden sich den Bronchialarterien zugehörige atypische Gefäße, die vor dem Oesophagus herzogen.

Der Verlauf der A. lusoria vor der Trachea ist schwer zu erkennen, besonders wenn die Aufmerksamkeit auf die Anomalie nicht durch entsprechende klinische Symptome gelenkt wird. Die Trachea kann dabei von vorne eingedrückt werden. Die erste Beobachtung dieser Art stammt von MOUTON (1919).

Einige nicht obligate Hinweise auf eine A. lusoria kann das sagittale Nativbild geben. Dazu gehören pulsierende rundliche Verschattungen, die im Aufhellungsband der Trachea zu erkennen sind (RAVELLI 1950), den Winkel zwischen Aortenbogen und Mittelschatten ausfüllen oder dem Aortenbogen buckelig bzw. kappenförmig aufsitzen (STAUFFER u. POTE 1946). Der Bewegungsablauf dieser Verschattungen ist kymographisch zu erfassen (DAHM 1940). Auf das gleichzeitige Vorkommen einer A. lusoria und eines weit nach links und oben ausgelagerten Aortenbogens weist RAVELLI hin als ein Zeichen, das besonders bei Jugendlichen die Diagnose der Gefäßanomalie erleichtern kann.

Oesophagusimpressionen durch Drüsen oder Tumoren können differentialdiagnostisch eine Rolle spielen und müssen abgegrenzt werden. Herzsynchrone Pulsationen im Bereich der Oesophagusimpression sprechen für ein Gefäß oder Divertikel als Ursache der Eindellung und bei entsprechender Lage für eine A. lusoria.

Einer retrooesophageal verlaufenden A. lusoria ähnliche Bilder können dadurch hervorgerufen werden, daß der Truncus brachiocephalicus hinter dem Oesophagus herzieht. Eine Klärung dieser Differentialdiagnose ist nur mit Hilfe der Angiographie möglich (GROSSE-BROCKHOFF u. Mitarb. 1954; THURN 1958). Abb. 17 zeigt Breischluckaufnahmen bei anteoesophageal kreuzendem Truncus brachiocephalicus, der aus der Aorta descendens entspringt.

γ) *Arcus aortae sinister circumflexus*

Eine sehr seltene Anomalie ist der Arcus aortae sinister circumflexus oder der hintere Typ des Arcus aortae sinister. Dabei liegt der Aortenbogen zwar links, die Aorta biegt jedoch nach Überschreiten des linken Hauptbronchus hinter dem Oesophagus nach rechts, um rechtsseitig abzusteigen. Derartige Fälle wurden von Paul (1948) (Abb. 18), Edwards (1948) sowie Ward u. Tamayo (1956) beobachtet. In dem von Edwards beschriebenen Fall war die Situation dadurch kompliziert, daß die A. subclavia dextra aus einer divertikelartigen Ausstülpung der Aorta descendens hinter dem Oesophagus entsprang und von derselben Stelle ein Ductus Botalli zum rechten Pulmonalarterienast führte (Abb. 19).

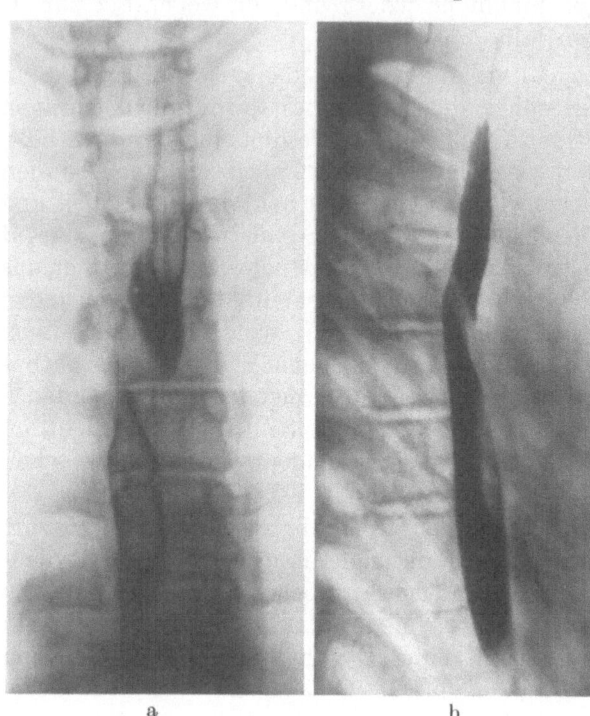

Abb. 17a u. b. Anteoesophageal kreuzender Truncus brachiocephalicus dexter mit typischen Oesophagusimpressionen (aus Thurn 1958). a Sagittalbild: Impression von links unten nach rechts oben. b Seitenbild: Impression von vorne

Das Oesophagogramm dieser Anomalie zeigt bei dorsoventralem Strahlengang eine Eindellung des Oesophagus links in Höhe des Aortenbogens sowie etwas tiefer auf der rechten Seite. Die caudalen Partien des Oesophagus sind nach links verschoben. Auf dem Seitenbild findet sich eine Eindellung der hinteren Oesophaguswand durch die Aorta (Abb. 20b). Im zweiten schrägen Durchmesser ist die Eindellung tiefer als im ersten infolge der diagonal nach rechts ziehenden Aorta.

Neben dem Oesophagogramm kann nach Thurnher (1950) die Übersichtsaufnahme bei dorsoventralem Strahlengang Hinweise auf die Anomalie geben, und zwar durch eine Elongation der Aorta bzw. einen abnormen Hochstand des Arcusscheitels, durch Fehlen des Ascendensschattens am rechten Herzrand und durch einen zumindest nicht spitzen Herzzwerchfellwinkel rechts. Das kontralaterale Erscheinen des Aortenbogens und der Aorta descendens halten wir darüber hinaus für bedeutungsvoll (Abb. 20a).

δ) *Links ascendierende Aorta*

Diese Anomalie kommt meist zusammen mit komplexen Mißbildungen vor, vor allem im Bulbus-Truncusbereich und namentlich bei Transposition der großen Gefäße. Der Bandschatten der Aorta rechts der Wirbelsäule fehlt. Dafür ist das Gefäßband nach links verbreitert (Abb. 21).

c) Rechtslage des Aortenbogens

Die erste Beschreibung des Röntgenbildes einer Rechtslage der Aorta erfolgte durch Assmann (Publikation von Mohr 1913 auf Grund der Röntgenuntersuchung von Albracht u. Assmann). Diesem Bericht lagen drei autoptisch gesicherte Fälle zugrunde. Assmann prägte den Begriff der „hohen Rechtslage der Aorta“, da der Aortenbogen infolge des auf der rechten Seite höher gelegenen Hauptbronchus am Gefäßband weiter cranial sichtbar wurde als der Linksaortenbogen auf der gegenüberliegenden Seite. Oft erscheint er dicht unterhalb der Clavicula. Einzelberichte gaben in den folgenden Jahren zahlreiche Autoren; Herrnheiser 1922; Saupe 1925; Renander, Arkin, Mardersteig, Hammer 1926; Loeweneck 1927, Herzog u. Firnbacher 1927, Erdelyi 1933; Grossmann u. Meller 1928; Lohmann, Körner 1935; Bedford u. Parkinson 1936;

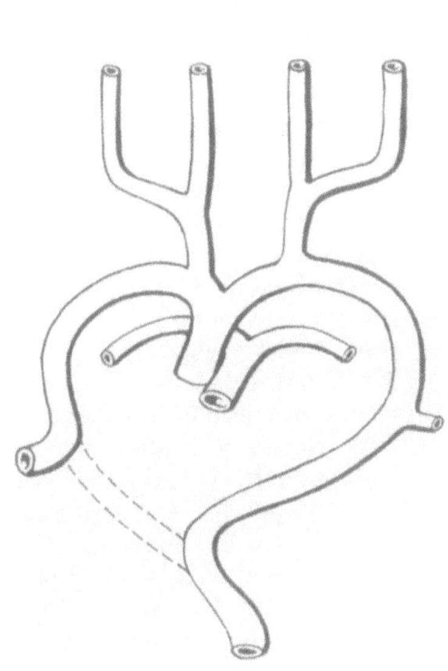

Abb. 18. Hinterer Verlauf des links gelegenen und rechts descendierenden Aortenbogens (Skizze zum Fall von Paul 1948)

Abb. 19. Schematische Darstellung einer Linkslage des Aortenbogens mit rechts descendierender Aorta und rechts gelegenem Ductus arteriosus (nach J. E. Edwards 1948)

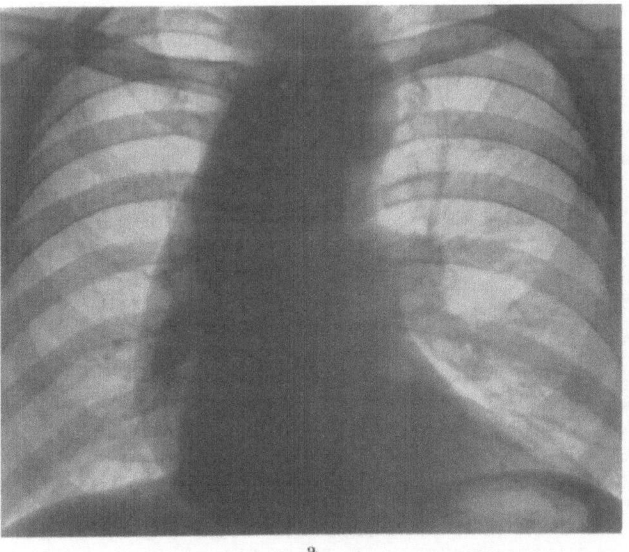

a

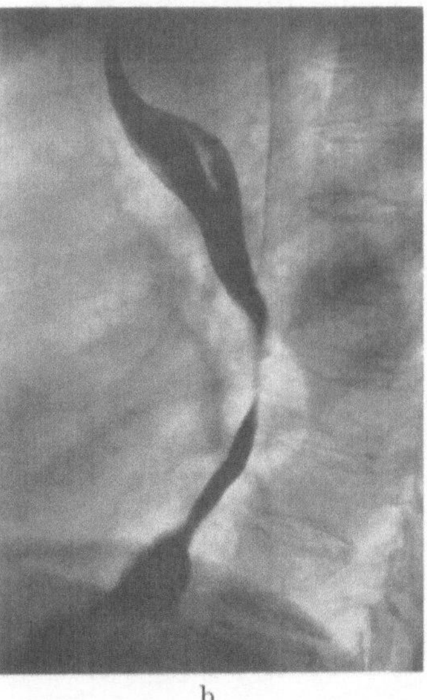

b

Abb. 20a u. b. Arcus aortae circumflexus sinister bei einem 69jährigen Patienten (aus Sterz 1961). a Sagittalbild: spiegelbildliches Verhalten des links gelegenen Aortenbogens und der rechts descendierenden Aorta. b Seitliches Oesophagogramm: dorsale Eindellung der Speiseröhre, deren Durchmesser dem der Aorta entspricht

Metzker u. Ostrum 1939). Zusammenfassende Darstellungen der anatomischen und röntgenologischen Befunde bei Rechtslage des Aortenbogens erfolgten durch Arkin (1926), Biedermann (1931) sowie Kommerell (1936) und Zdansky (1949).

Die *Häufigkeit* der Anomalie wird unterschiedlich angegeben. Ohne zusätzliche Mißbildungen fand Schmidt (1957) einen rechts liegenden Aortenbogen unter 75000 Röntgenschirmbildaufnahmen

45mal = 0,06%. Von diesen Patienten waren 28 Männer und 17 Frauen. Da die Geschlechtsverteilung unter dem Gesamt-Untersuchungsgut in einem entsprechenden Verhältnis stand, schloß der Autor, daß die Gefäßanomalie bei Männern und Frauen gleich häufig vorkommt. BIEDERMANN (1931) beobachtete eine Rechtslage des Aortenbogens unter 5000 Thoraxdurchleuchtungen 7mal, ABBOTT (1936) unter 1000 angeborenen Herz- und Gefäßfehlern 14mal. BIEDERMANN (1931) fand unter 20000 Sektionen 12mal eine Rechtslage der Aorta und 6mal zusätzliche Anomalien. Männer und Frauen waren gleichermaßen beteiligt. ASSMANN (1924) nahm an, daß eine Rechtslage des Aortenbogens stets auf weitere Mißbildungen schließen lasse. Wenngleich sich dies nicht bestätigte, so kommt die Rechtslage des Aortenbogens doch mit anderen Anomalien zusammen vor. Eine enge Bindung besteht besonders zu der Fallotschen Tetralogie, bei der eine Rechtslage des Aortenbogens in 20 bis 25% der Fälle beobachtet wurde (ABBOTT 1936; TAUSSIG 1947; GROSSE-BROCKHOFF, LOOGEN u. SCHAEDE 1960).

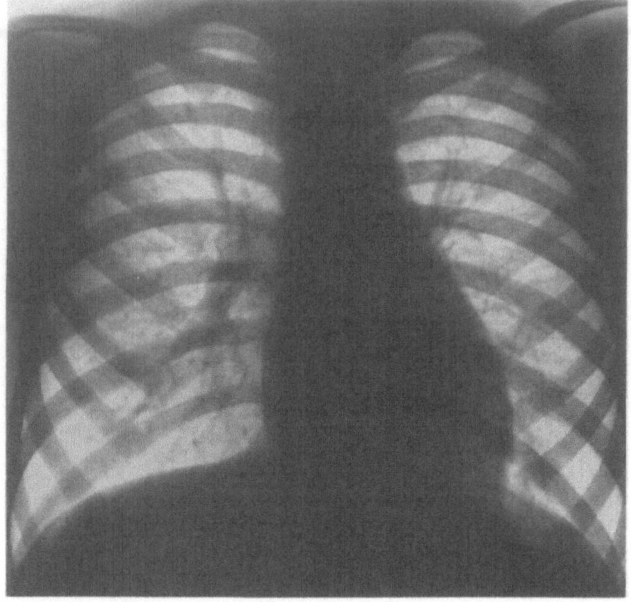

a

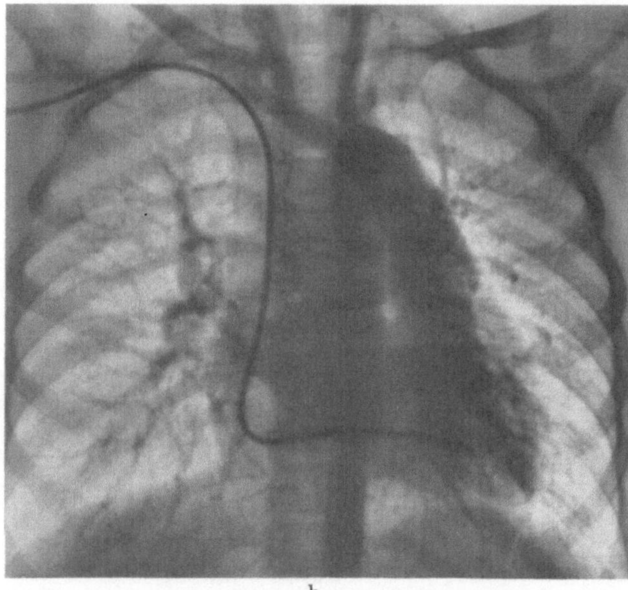

b

Abb. 21a u. b. Transposition der großen Gefäße und Ventrikelseptumdefekt bei einem 7jährigen Jungen (F. Ko.). a Dorsoventrale Übersichtsaufnahme: links-betontes Herz mit verstrichener Herztaille. b Venöses Angiokardiogramm: links der Wirbelsäule ascendierende und descendierende Aorta

Die *entwicklungsgeschichtlichen* Voraussetzungen der Rechtslage des Aortenbogens sind die Persistenz der rechten 4. Kiemenbogenarterie und der rechten absteigenden Aortenwurzel. Meist bildet sich auch die linke absteigende Aortenwurzel nicht vollkommen zurück. Sie bleibt dann in Form einer divertikelartigen Ausstülpung am rechts verlaufenden Aortenbogen bzw. an dessen Übergang zur Aorta descendens erhalten. Darüber hinaus sind zwei Varianten möglich, die sich auf Abgang und Verlauf der A. subclavia sinistra auswirken. Obliteriert die linke absteigende Aortenwurzel auch in ihrem distalen Anteil, so geht als erster Ast vom Aortenbogen eine A. anonyma mit der A. subclavia sinistra und A. carotis communis sinistra ab. Es folgen die A. carotis communis dextra sowie die A. subclavia dextra. Obliteriert die linke 4. Kiemenbogenarterie, so ist der erste Ast des Aortenbogens die A. carotis communis sinistra; es folgen die A. carotis communis dextra, die A. subclavia dextra und als letzter Ast die A. subclavia sinistra, die aus dem divertikelartigen Rest der linken absteigenden Aortenwurzel abgeht. Der Abgang der A. subclavia sinistra als erster Ast vom Aortenbogen ist häufiger. Entspringt die A. subclavia sinistra als letzter Ast vom rechts gewendeten Aortenbogen, so erfolgt ihr Ursprung meist nicht direkt, sondern aus einem Aortendivertikel; der direkte Abgang aus der Aorta wird seltener beobachtet. HOLZAPFEL (1899) sah diese Form unter 21 Fällen nur zweimal. Gelegentlich kann die A. subclavia sinistra verengt sein (ZDANSKI 1949) oder aus mehreren kleineren Gefäßen bestehen (EWALD 1926). Der Ductus arteriosus mündet bei Rechtslage des Aortenbogens durchweg in das als Rest der links absteigenden Aortenwurzel übrig gebliebene Aortendivertikel. Eine sehr seltene Verlaufsform ist der Abgang der A. subclavia sinistra aus einem

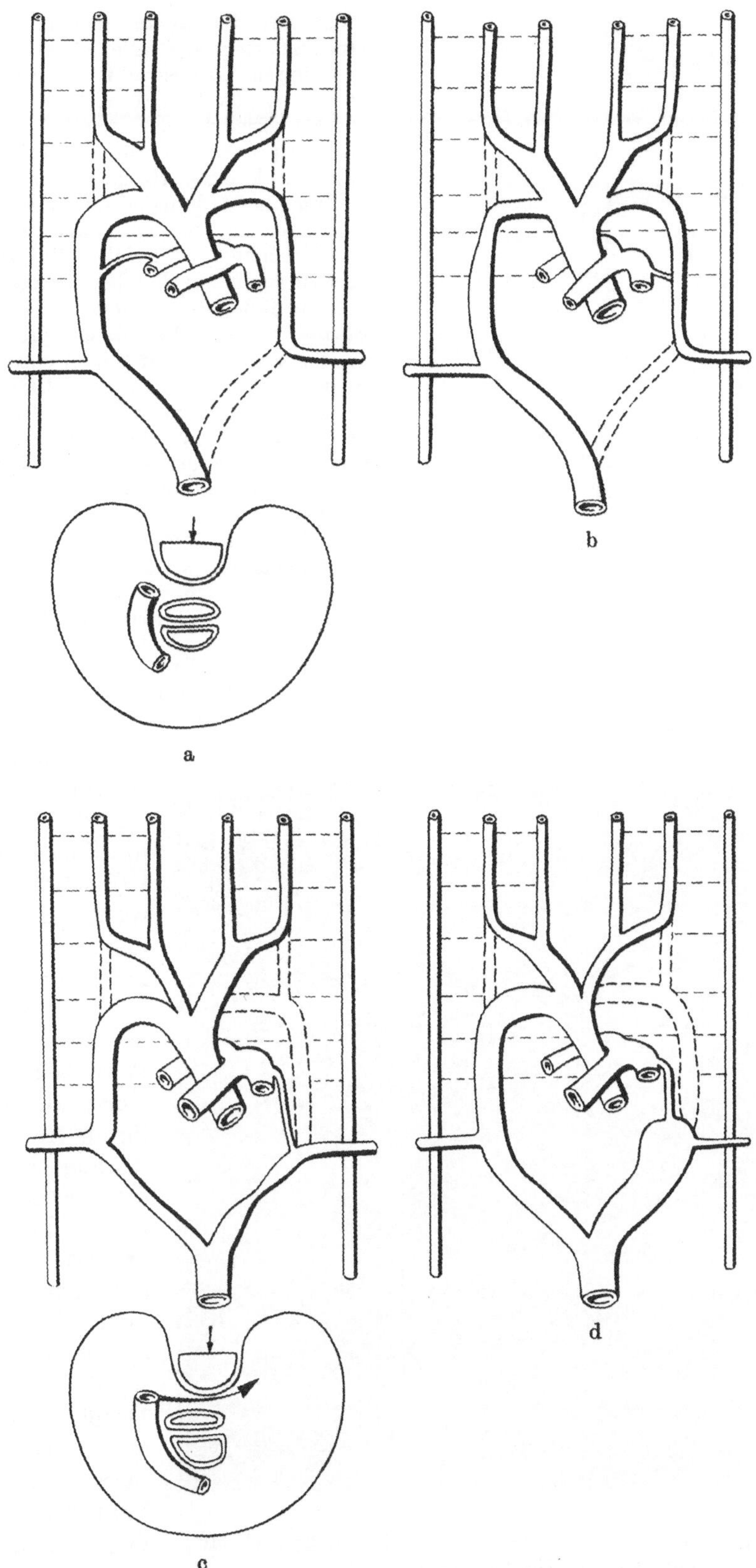

Abb. 22a—d. Normale und pathologische Gefäßverläufe bei Rechtslage des Aortenbogens (nach HEIM DE BALSAC 1954). a Spiegelbild des normalen links gelegenen Aortenbogens. b Wie a mit links gelegenem Ductus arteriosus (in der Regel vorkommende Verlaufsform). c Retrooesophagealer Verlauf der A. subclavia. d Retrooesophagealer Verlauf der A. subclavia und divertikelartiger Rest des linken Aortenbogens

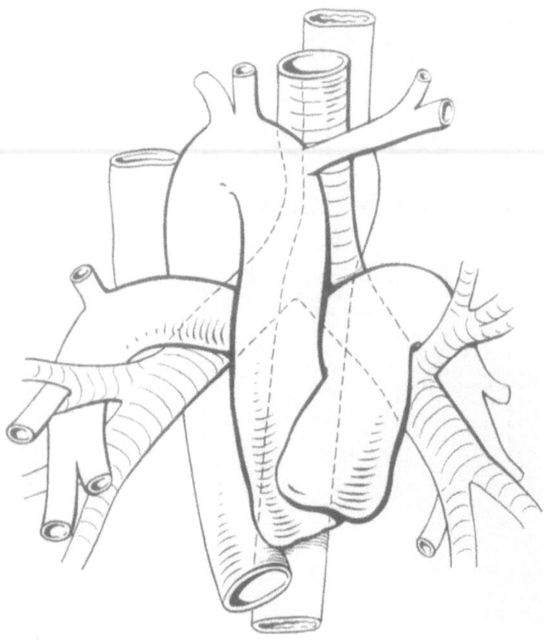

Abb. 23. Skizze der anatomischen Verhältnisse bei Rechtslage des Aortenbogens (nach HEIM DE BALSAC 1954)

nicht mit der Aorta in Verbindung stehenden Ductus arteriosus. Die zu erwartende Cyanose des linken Armes fehlt hierbei, weil ein ausgedehnter Kollateralkreislauf über eine Intercostalarterie, die der A. subclavia sinistra rückläufig Blut zuführt, oder auch über die A. carotis zustande kommt (HOLST zit. nach KRAUSE 1868). Entsprechend dem bei der A. lusoria erwähnten Verhalten finden sich auch bei Rechtslage des Aortenbogens zahlreiche Varianten der vom Aortenbogen abgehenden Gefäße. So können alle vier Gefäße aus einem gemeinsamen kurzen Stamm vor der Trachea entspringen (DUBRUEIL, zit. nach KRAUSE 1868) oder einzeln vom Aortenbogen abgehen (KOMMERELL 1936).

Auf eine besondere Verlaufsform des Ductus arteriosus zwischen Pulmonalarterie und Anfangsteil der Aorta descendens wird bei Erörterung der Röntgenbefunde eingegangen.

Die Abb. 22 zeigt schematisch normale und pathologische Gefäßverläufe bei Rechtslage des Aortenbogens.

α) Vorderer Typ

Der Aortenbogen verläuft nach rechts und kreuzt den rechten Hauptbronchus (Abb. 23). Auf der dorsoventralen Sagittalaufnahme sieht man den Aortenbogen oft etwas unterhalb der Clavicula in Form einer flachen halbrunden Vorwölbung rechts randständig werden, während er am linken Herzrand nicht erscheint (Abb. 24). Auch die in der Regel rechts der Wirbelsäule verlaufende Aorta descendens ist in ihrem Anfangsteil zu erkennen. Einen wichtigen diagnostischen Hinweis gibt das Oesophagogramm. Man erkennt auf dem Sagittalbild die dem Aortenbogen entsprechende Incisur rechts sowie im zweiten schrägen Durchmesser vorne. Im ersten schrägen Durchmesser lassen sich markante Veränderungen des Oesophagus nicht abgrenzen. In seitlicher Projektion kann eine sehr flache Eindellung von hinten sichtbar werden. In den Abb. 25 u. 26 sind die charakteristischen Veränderungen am kontrastmittelgefülltem Oesophagus bei Rechtslage des

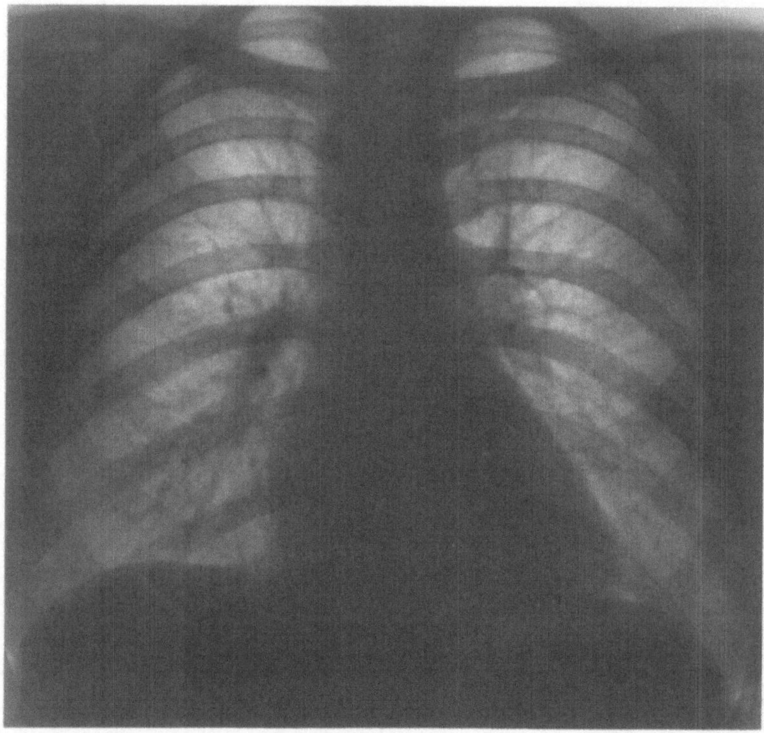

Abb. 24. Rechtslage des Aortenbogens bei einer 27jährigen Frau (M.Mo.) ohne sonstige Herzanomalie

Aortenbogens einmal schematisch, zum anderen an Hand von Breischluckaufnahmen dargestellt.

Weitere indirekte Hinweise auf den rechts gewendeten Aortenbogen können sich aus dem Sagittalbild ergeben (SCHMIDT 1957). Dazu gehört eine vermehrte Linkslage der Trachea. Das normalerweise rechts der Mittellinie liegende Aufhellungsband der Luftröhre setzt sich schräg in den linken Hauptbronchus fort, während es mit dem rechten

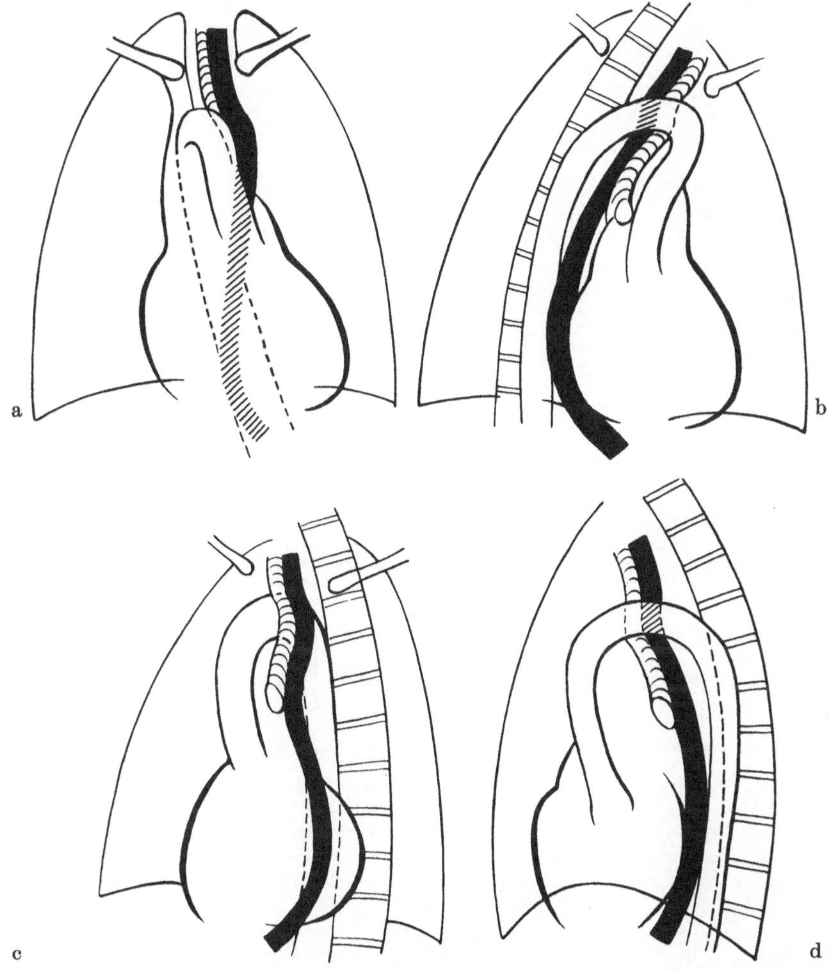

Abb. 25a—d. Oesophagusimpressionen bei Rechtslage des Aortenbogens (schematisch nach HEIM DE BALSAC 1954). a Sagittale Projektion. b Erster schräger Durchmesser. c Zweiter schräger Durchmesser. d Seitliche Projektion

Hauptbronchus einen Winkel bildet. Diese Veränderungen sind bei Frauen und Jugendlichen infolge der normalerweise mehr in der Mittellinie verlaufenden Trachea weniger gut zu erkennen und nehmen mit dem Alter zu. Das Herz kann bei rechtsliegendem Aortenbogen vermehrt nach links gelagert sein. Schließlich fand sich in Verbindung mit der Gefäßanomalie oft eine verstrichene Herztaille, die auf ein vergrößertes Pulmonalissegment zurückzuführen war. Ein großer Pulmonalbogen bei Rechtslage der Aorta war bereits von HAMMER (1926) beobachtet worden und hatte fälschlicherweise Veranlassung zur Annahme zusätzlicher Anomalien gegeben (HERZOG u. FIRNBACHER 1927; GROSSMANN u. MELLER 1928). Handelt es sich um das Spiegelbild der normalen Verhältnisse bei links gelegenem Aortenbogen, so findet sich der Ductus arteriosus rechts zwischen Aorta und Pulmonalarterie. Diese Form ist extrem selten. Häufiger sieht man den Ductus arteriosus zwischen Pulmonalarterie und A. subclavia oder Aortendivertikel. NEUHAUSER (1949)

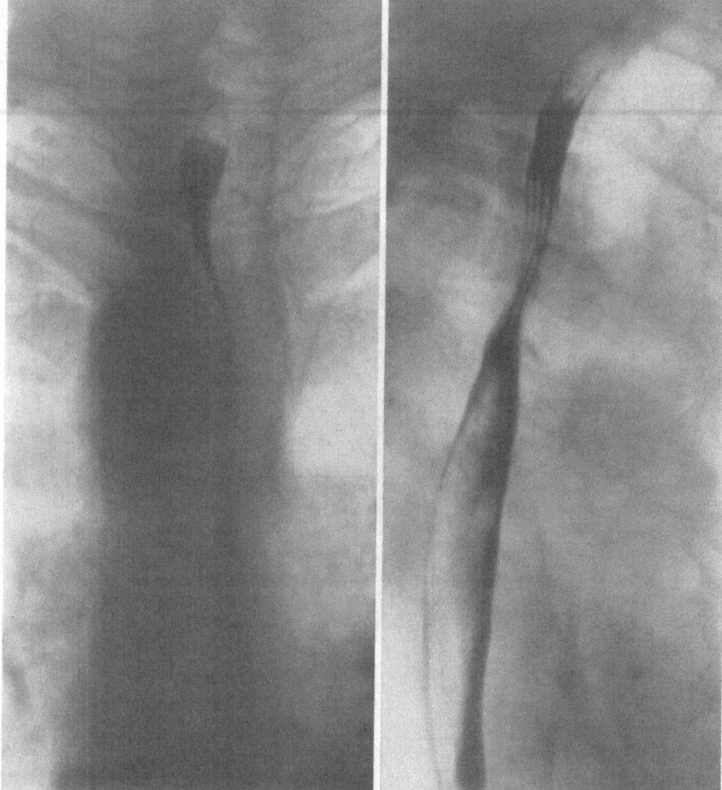

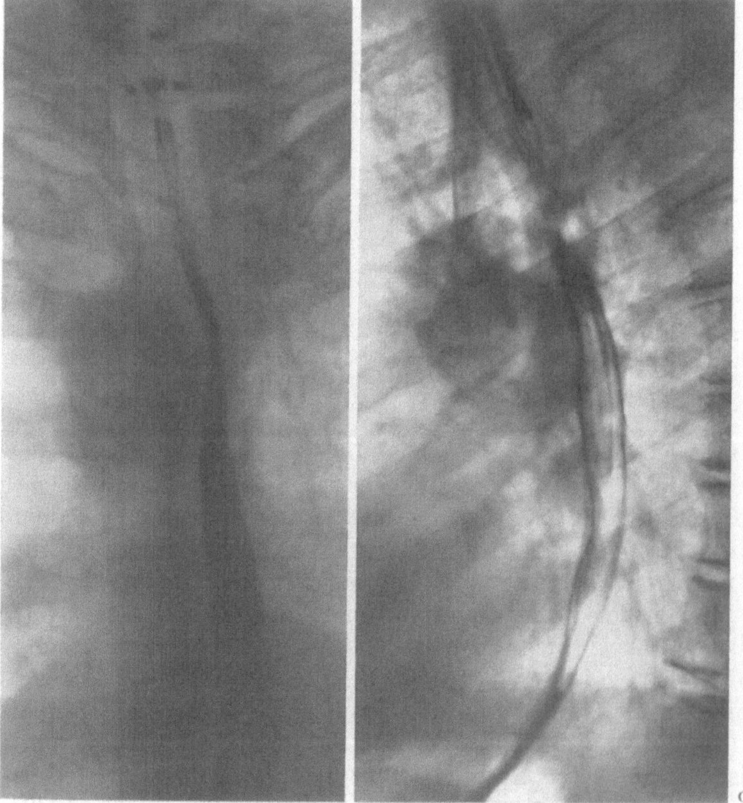

Abb. 26a—d. Oesophagogramme entsprechend den Abb. 25a—d bei einem 64jährigen Patienten (E.Kr.) mit Rechtslage des Aortenbogens ohne sonstige angeborene Anomalien und Myodegeneratio cordis

sowie MATHEY u. Mitarb. (1952) beobachteten Patienten mit rechts liegendem Aortenbogen, bei denen der Ductus arteriosus von der linken Pulmonalarterie zum Anfangsteil der Aorta descendens nach rechts verlief. Dabei kam es zu einer Einschnürung von Trachea und Oesophagus. Auf der Breischluckaufnahme war im dorsoventralen Strahlengang eine breite Impression durch den Aortenbogen von rechts und im Seitenbild eine schmale durch den Ductus arteriosus von hinten zu erkennen. Beschwerden in Form von Husten, Stridor, Dysphagie und rezidivierenden Infektionen der Atmungsorgane waren bei den Patienten vorhanden, so daß ein chirurgischer Eingriff notwendig wurde. Er erfolgte in einem Fall unter der irrtümlichen Annahme eines doppelten Aortenbogens. In einer Beobachtung von KRAUSS (1953) entstand die Ringbildung durch einen Ductus arteriosus, der sich zwischen Pulmonalarterie und Aortendivertikel erstreckte und ebenfalls zu einer Einschnürung von Trachea und Oesophagus führte.

β) Rechtslage des Aortenbogens mit retrooesophagealem Verlauf der A. subclavia sinistra

Die A. subclavia sinistra entspringt als letztes Gefäß

auf der rechten Seite des Aortenbogens, um dann retrooesophageal nach links zu ziehen. Dabei macht die A. subclavia sinistra eine Impression an der dorsalen Oesophaguswand von links nach rechts, die besonders auf der seitlichen Aufnahme deutlich wird (Abb. 27). Statt der A. subclavia kann ein Truncus brachiocephalicus hinter dem Oesophagus nach links ziehen. Eine Differenzierung beider Varianten ist nur angiographisch möglich. Differentialdiagnostisch müssen Eindellungen des Oesophagus von hinten durch erweiterte Bronchialarterien, wie sie bei Fallotscher Tetralogie oder Isthmusstenose der Aorta vorkommen können, in Erwägung gezogen werden.

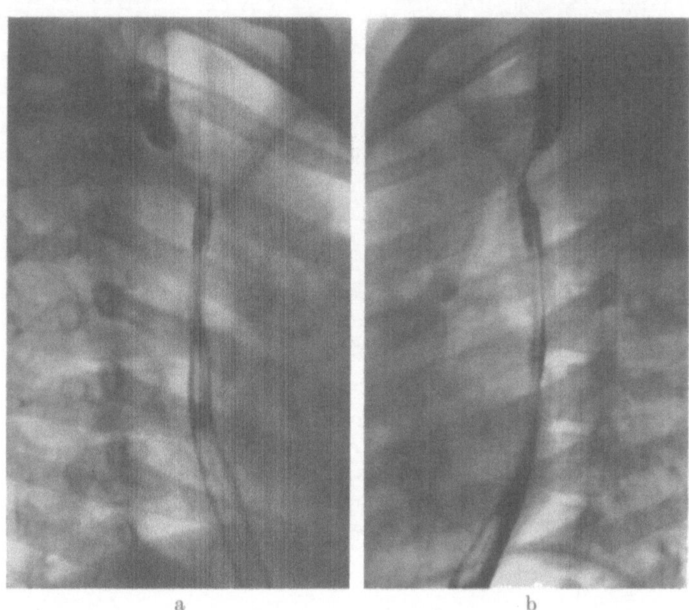

Abb. 27a u. b. Oesophagusdarstellung bei einem 7jährigen Patienten (J. Zi.) mit retrooesophagealem Verlauf der A. subclavia sinistra und Ventrikelseptumdefekt. a Erster schräger Durchmesser: Stop der Breipassage in Höhe des den Oesophagus kreuzenden Gefäßes. b Zweiter schräger Durchmesser: flache Eindellung des Oesophagus von hinten

γ) Rechtslage der Aorta mit retrooesophagealem Divertikel

Häufiger als durch den retrooesophagealen Verlauf einer A. subclavia werden dorsale Oesophagusimpressionen durch Aortendivertikel hervorgerufen, die als Rest der hinteren linken Aortenwurzel persistieren (Abb. 28). Rückschlüsse, ob eine A. subclavia sinistra oder ein Aortendivertikel vorliegt, sind — wenn überhaupt — nur aus der Größe der Oesophagusimpression bzw. der Vorwölbung des Oesophagus bei seitlichem Strahlengang möglich. Auf dem seitlichen Bild läßt sich das Divertikel innerhalb der halbkreisförmigen Vorwölbung der Speiseröhre unter Umständen abgrenzen. Fernerhin kann es herzsynchrone Pulsationen bei der Durchleuchtung zeigen. Das Restdivertikel kann darüber hinaus so groß sein, daß es links von der Trachea auf der Übersichtsaufnahme bei dorsoventralem Strahlengang in Form eines knopfförmigen Gefäßschattens sichtbar wird (Fall 1 von Biedermann 1931). Wird die dorsale Impression des Oesophagus von einem Aortendivertikel verursacht, so ist mit Hilfe der bisher besprochenen Aufnahmetechnik — sagittale und seitliche Aufnahme des mit Kontrastmittel gefülltem Oesophagus — kein Aufschluß darüber zu gewinnen, ob die A. subclavia sinistra aus dem Aortendivertikel entspringt oder als erster Ast vom Aortenbogen abgeht. Hierzu wäre eine Angiographie notwendig, die jedoch in der Regel nicht indiziert sein dürfte (Abb. 29).

Aortendivertikel bei Linkslage des Aortenbogens als Rest der rechten dorsalen Aortenwurzel wurden anatomisch beschrieben. Klinisch spielt diese Variante eine viel geringere Rolle als die erörterte Divertikelbildung bei rechts gewendetem Aortenbogen.

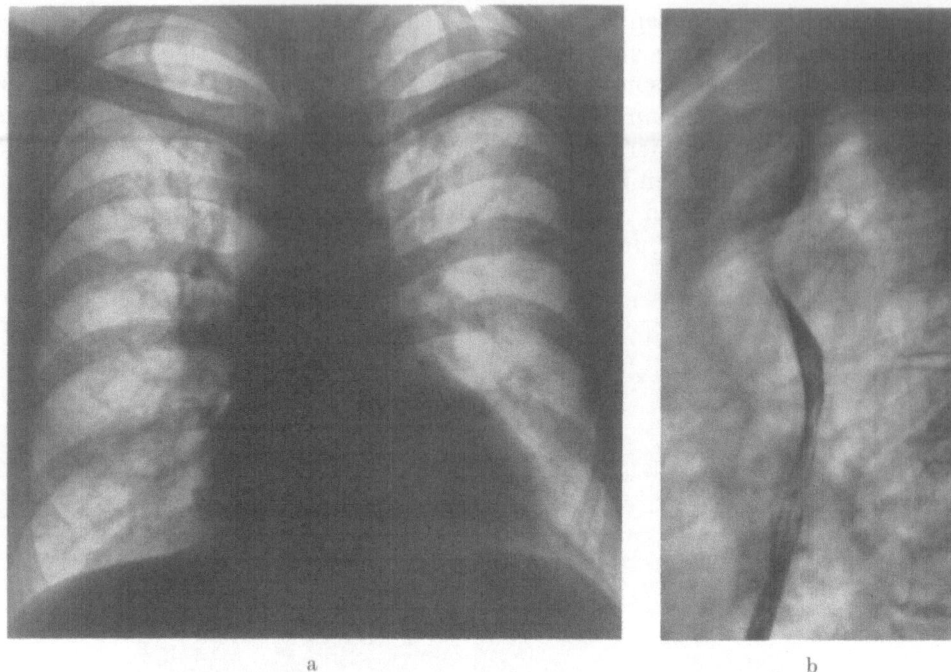

a b

Abb. 28a u. b. Rechtslage des Aortenbogens und retrooesophageal gelegenes Aortendivertikel bei einem 36jährigen Patienten (A. Be.). a Sagittale Übersichtsaufnahme: Aortenbogen unterhalb der rechten Clavicula erkennbar. b Seitliches Oesophagogramm: ausgedehnte Vorwölbung des Oesophagus durch das retrooesophageal gelegene Divertikel

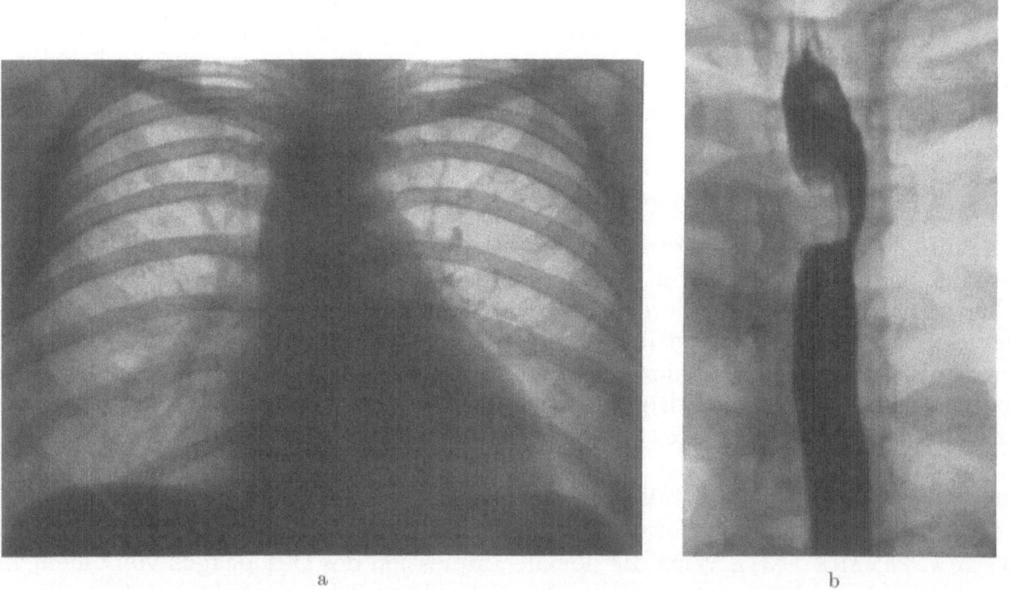

a b

Abb. 29a—d. Rechtslage des Aortenbogens und retrooesophageal verlaufende A. subclavia sinistra. Zusätzliche Anomalien durch Herzkatheteruntersuchung ausgeschlossen. 29jährige Patientin (H.Sp.). a Sagittales Nativbild: breit aufsitzendes linksbetontes Herz. Der rechts gelegene Aortenbogen erscheint unterhalb der rechten Clavicula. Die Aorta descendens ist rechts abzugrenzen. b Sagittales Oesophagogramm: Einkerbung am rechten Oesophagusrand in Höhe des Aortenbogens. c Seitenbild zu b: Oesophagus nach vorne vorgewölbt und nach hinten eingedellt. d Sagittales Angiokardiogramm: Kontrastmitteldepot etwas caudal und links des Aortenbogens. Es entspricht einem als Rest der linken hinteren Aortenwurzel aufzufassenden Aortendivertikel, aus dem wahrscheinlich die linke A. subclavia bzw. ein linksgelegener Truncus brachiocephalicus entspringt

δ) Arcus aortae dexter circumflexus (KOMMERELL 1936)

Diese auch als „hinterer Typ“ bezeichnete Variation des rechts gelegenen Aortenbogens ist durch folgenden Verlauf charakterisiert: der Aortenbogen zieht rechts der

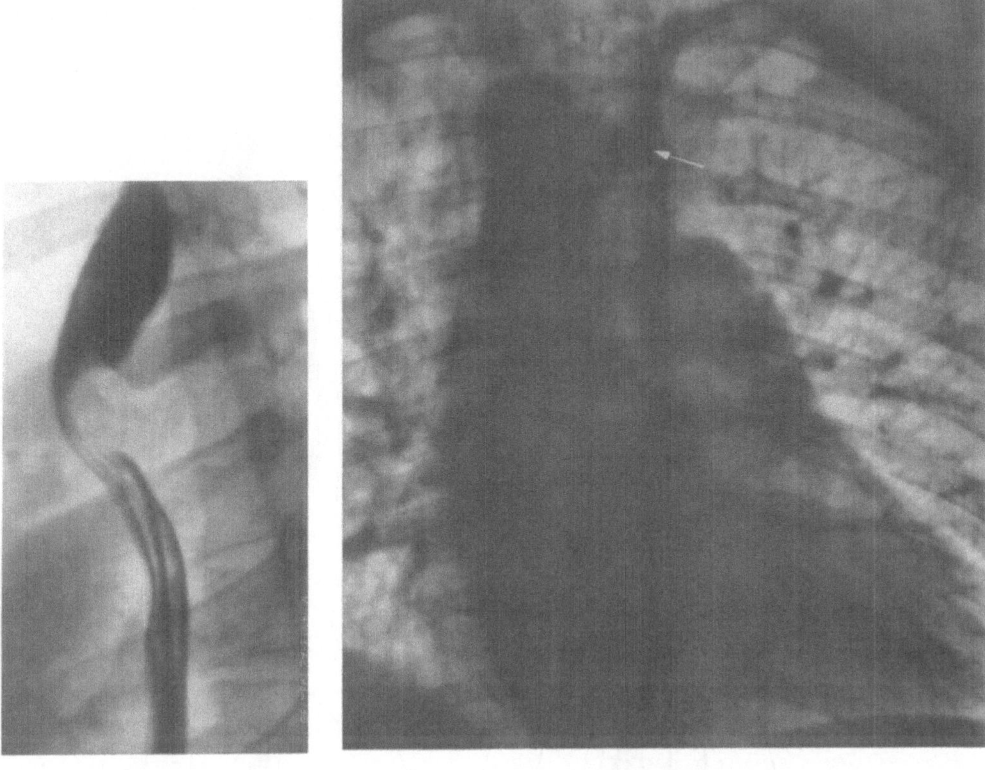

Abb. 29c Abb. 29d

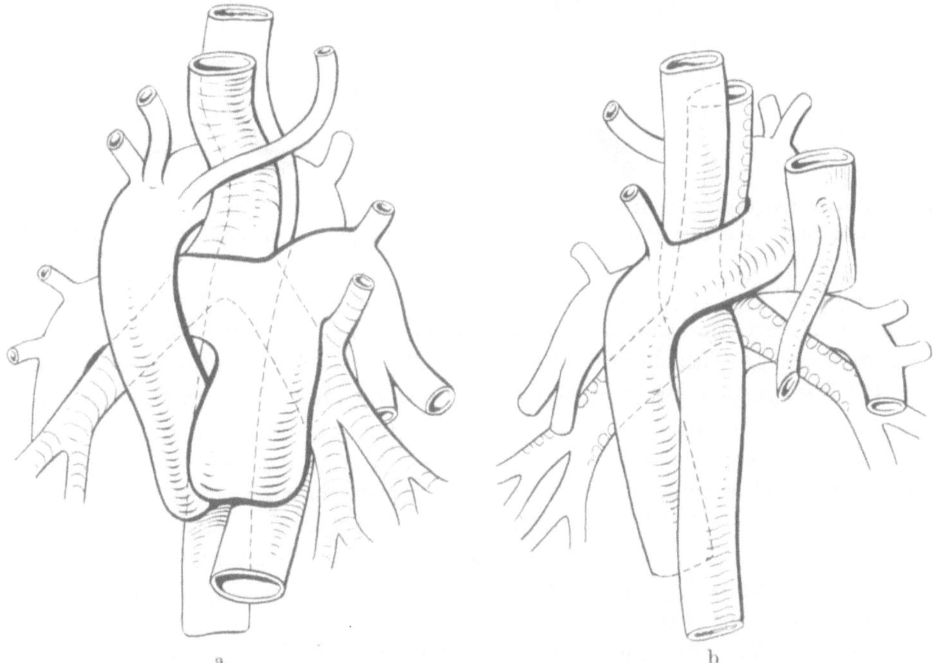

Abb. 30a u. b. Anatomische Skizze bei Arcus aortae dexter circumflexus von vorne (a) und von hinten (b (nach HEIM DE BALSAC 1954)

Wirbelsäule nach cranial, kreuzt den rechten Hauptbronchus und biegt dann in einem spitzen Winkel hinter Trachea und Oesophagus auf die linke Seite, um links der Wirbelsäule zu descendieren (Abb. 30). SCHMIDT (1957) gibt die Häufigkeit dieser Verlaufsform mit 13% unter Herzgesunden bei Rechtslage des Aortenbogens an. Klinische Symptome in Form von Schluck- und Atembeschwerden sind nicht die Regel, wurden jedoch beobachtet, wie in einem Fall von KEITH u. Mitarb. (1958).

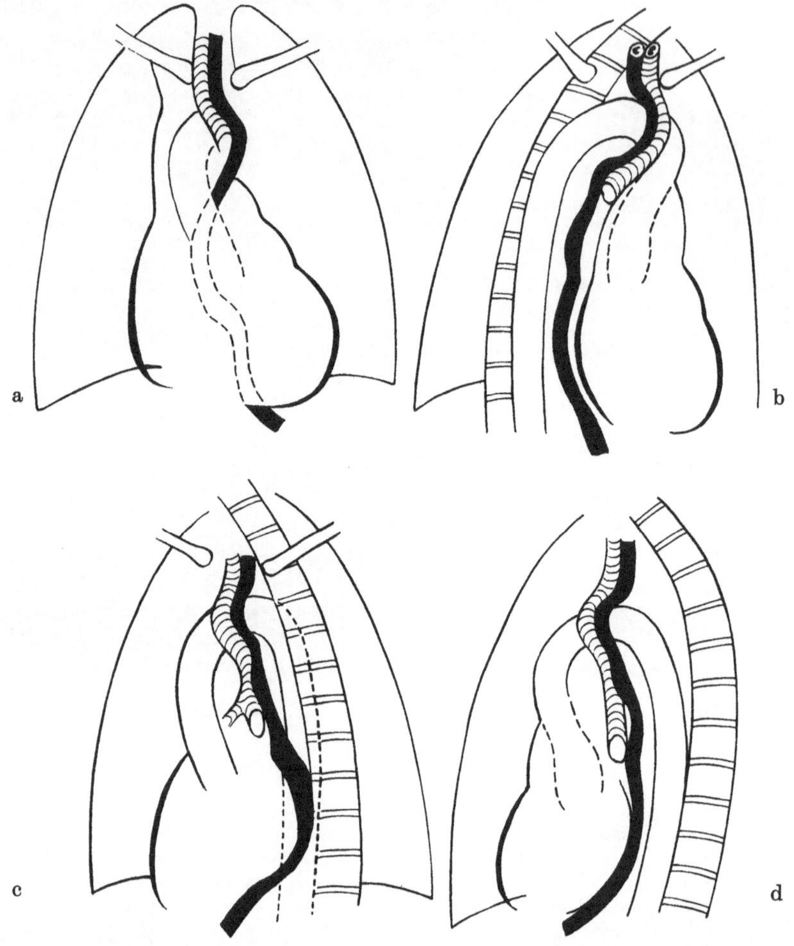

Abb. 31a—d. Oesophagogramm bei Arcus aortae circumflexus dexter (nach HEIM DE BALSAC 1954). a Sagittale Projektion. b Erster schräger Durchmesser. c Zweiter schräger Durchmesser. d Seitliche Projektion

Wesentlich für die Diagnose ist wiederum das seitenverschiedene Verhalten von Aortenbogen einerseits und Aorta descendens andererseits. Darüber hinaus gibt das Oesophagogramm wichtige Aufschlüsse über das Vorliegen der hier erörterten Anomalie. Als Folge der Rechtslage des Aortenbogens erkennt man eine flache Eindellung der rechten Oesophagusflanke in Höhe des Aortenbogens. Die nach links hinüberkreuzende Aorta führt zu einer Impression des Oesophagus von hinten, wobei Oesophagus und Trachea nach vorne verlagert werden können und die Aussparung am Oesophagus dem Durchmesser der Aorta entspricht (Abb. 31 u. 32). Eine dritte Impression an der linken Oesophagusflanke durch die Aorta descendens etwas weiter unterhalb ist nicht obligat.

Auch beim hinteren Typ des rechts verlaufenden Aortenbogens können die A. subclavia sinistra oder der Truncus brachiocephalicus rechts entspringen und bei ihrem retrooesophagealen Verlauf eine zweite Impression des Oesophagus von hinten verursachen. Die Abb. 32b u. c zeigen das Oesophagogramm eines solchen Falles. Abb. 33 erläutert schematisch Gefäßverläufe bei dem hinteren Typ des rechts gelegenen Aortenbogens mit und ohne retrooesophagealen Verlauf der A. subclavia sinistra. Entsprechende Fälle mit zusätzlichen Anomalien der Aortenäste wurden von TAUSSIG (1947) sowie GROB (1949) beobachtet.

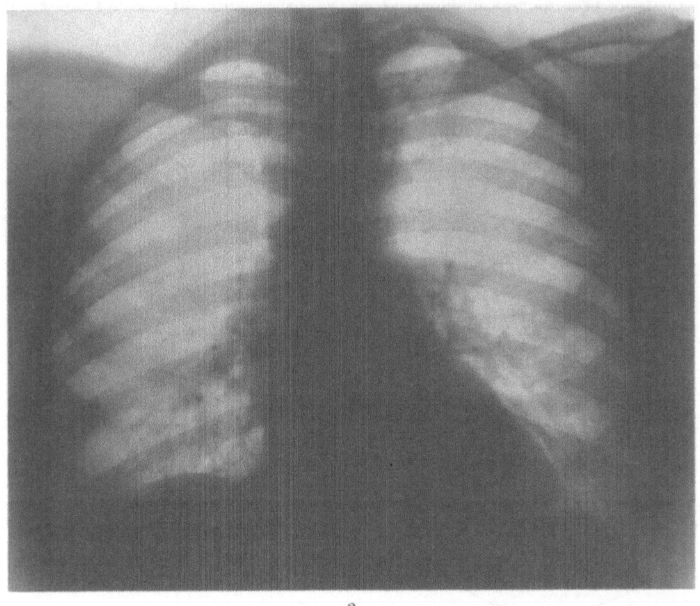

a

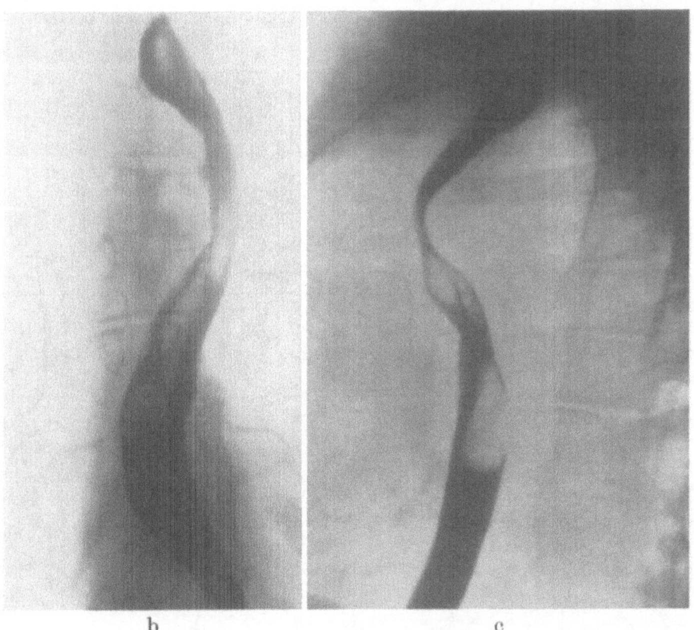

b c

Abb. 32a—c. Arcus aortae dexter circumflexus bei einem 55jährigen Patienten (O. Hu.). a Sagittale Übersichtsaufnahme. b Sagittales Oesophagogramm: Verlagerung der Speiseröhre nach links. c Seitliches Oesophagogramm: Verlagerung der Speiseröhre nach vorne (aus THURN 1958)

d) Doppelter Aortenbogen

Die Persistenz der 4. Kiemenbogenarterie beiderseits bildet die entwicklungsgeschichtliche Grundlage des doppelten Aortenbogens.

Die *erste anatomische Beschreibung* der Anomalie erfolgte durch HOMMEL (1737), die erste röntgenologische Diagnose eines doppelten Aortenbogens mit partieller Atresie des vorderen Bogens

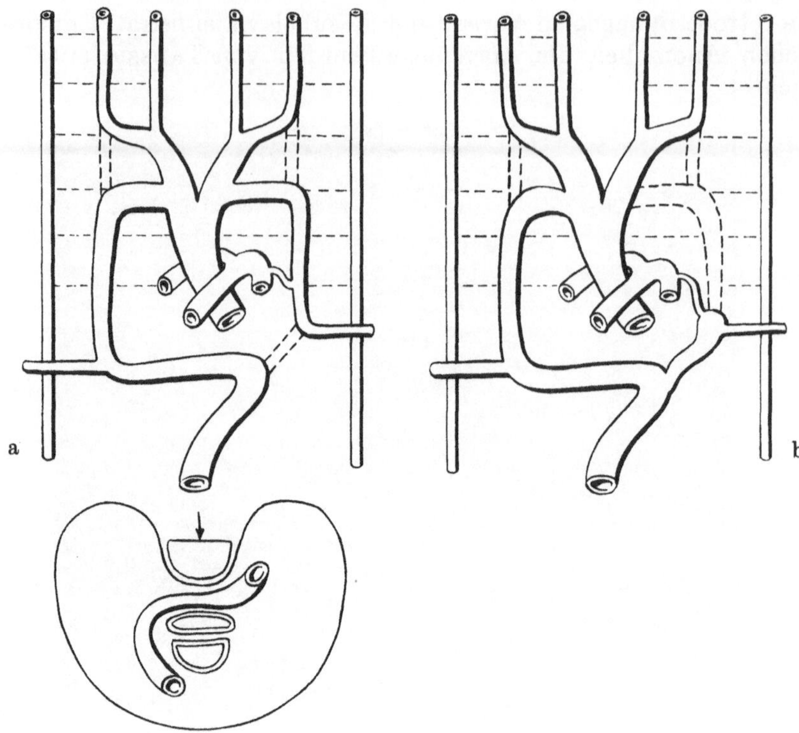

Abb. 33a u. b. Gefäßverläufe bei dem hinteren Typ des rechts gelegenen Aortenbogens mit und ohne retro-oesophagealem Verlauf der A. subclavia sinistra (schematisch nach HEIM DE BALSAC 1954)

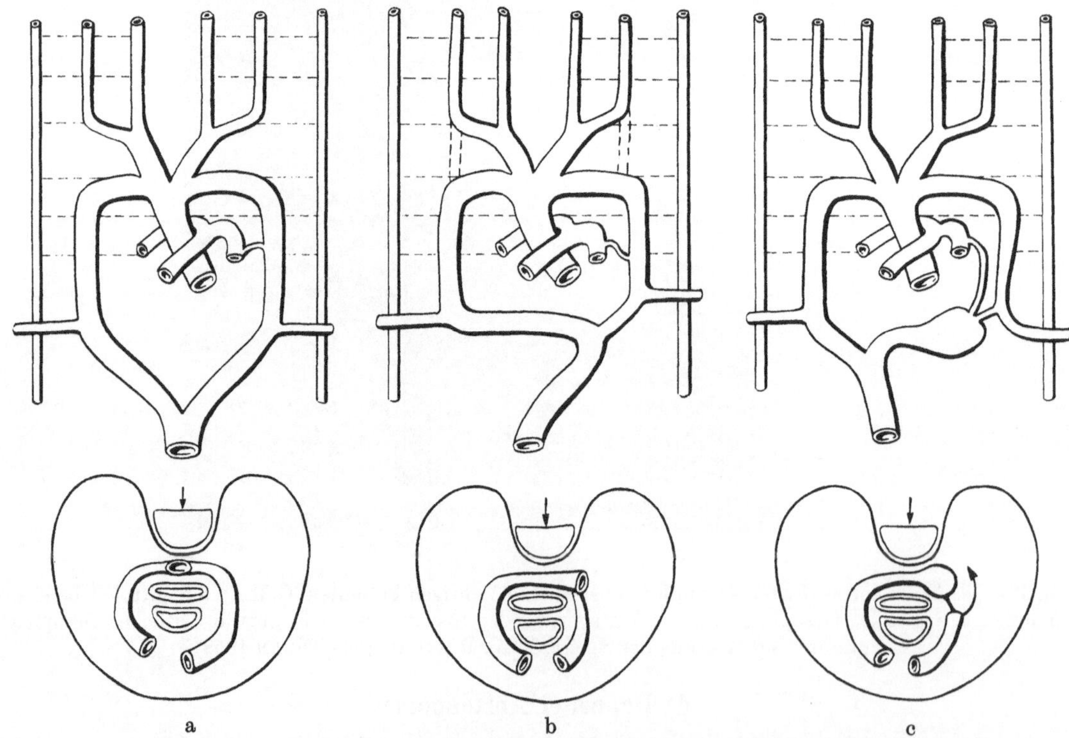

Abb. 34a—c. Gefäßverläufe bei doppeltem Aortenbogen (nach HEIM DE BALSAC 1954). a Symmetrische Ausbildung beider Aortenbögen. b Hypoplastischer linker Aortenbogen. c Der linke Aortenbogen endet in einem Divertikel und ist durch einen bindegewebigen Strang mit der A. subclavia sinistra verbunden. Einmündung des links gelegenen Ductus arteriosus in den Aortenbogen

gelang ARKIN (1923). Zusammenfassende Darstellungen des seltenen Krankheitsbildes gaben GRISWOLD u. YOUNG (1949), EKSTRÖM u. SANDBLOM (1951), ABALLI u. PEREIRAS (1953) sowie KIKUTH (1958). Abb. 34 zeigt schematisch Gefäßverläufe bei doppeltem Aortenbogen.

Die symmetrische Ausbildung zweier funktionstüchtiger Aortenbögen ist selten. Unter den 85 von EKSTROEM u. SANDBLOM (1951) zusammengestellten Fällen fand sich diese Form 11mal. 14mal war der vordere (linke) Bogen stärker, 53mal der rechte oder hintere (Abb. 35). Bei diesen 53 Fällen war der vordere Bogen 11mal partiell obliteriert. Die descendierende Aorta liegt gewöhnlich links. In 15 der von ABALLI (1953) bearbeiteten 76 Fälle fand sich eine rechts descendierende Aorta. Die vier großen Gefäße entspringen gewöhnlich symmetrisch von beiden Aortenbögen: die A. carotis communis sinistra und A. subclavia sinistra vom linken Bogen und die entsprechenden Gefäße rechts entweder einzeln oder mit einem Truncus brachiocephalicus vom rechten Aortenbogen. Gelegentlich gehen auf jeder Seite drei Gefäße ab [EKSTROEM u. SANDBLOM 1951)] oder es findet sich ein linksseitiger Truncus brachiocephalicus (SWEET 1947). Bezüglich der Lage des Ductus arteriosus ist die Kombination einer links descendierenden Aorta mit linksseitigem Ductus arteriosus am häufigsten; es folgt die rechts descendierende Aorta mit rechtsseitigem Ductus arteriosus (GRISWOLD u. YOUNG 1949; ARKIN 1936; SWEET u. Mitarb. 1947; GROB 1949; LUBERT u. Mitarb. 1952). Eine rechts descendierende Aorta mit rechtsseitigem Ductus arteriosus wurde von EDWARDS (1953) einmal beobachtet.

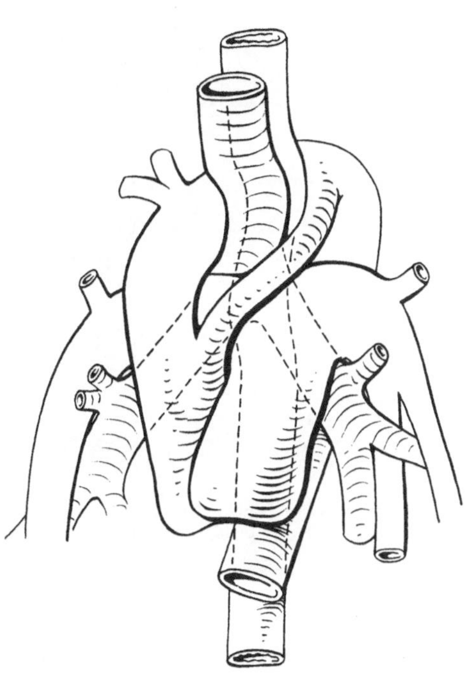

Abb. 35. Anatomische Skizze bei doppeltem Arcus aortae mit hypoplastischem linken, vorderen Bogen (nach HEIM DE BALSAC 1954)

Sehr selten ist der Verlauf des hinteren Bogens zwischen Oesophagus und Trachea (HOMMEL 1773; MALACARNE 1784; ZAGORSKY 1809; WELCH 1891).

Über eine fehlende Vereinigung beider Aorten zur Aorta descendens und ihre Einmündung in die Aa. iliacae wurde von BAUMANN (1930) berichtet.

Meist kommt der doppelte Aortenbogen isoliert vor. Unter den 76 Fällen von ABALLI (1953) war ein offener Ductus arteriosus 5mal vorhanden. BLALOCK (1948) fand einen Fall mit doppeltem Aortenbogen unter 610 angeborenen, Cyanose verursachenden Vitien. EKSTRÖM u. SANDBLOM (1953) sahen in zehn Fällen gleichzeitig einen offenen Ductus arteriosus und einmal einen Vorhofseptumdefekt.

Klinische Symptome kommen durch die Einengung von Oesophagus und Trachea bei der Aortenringbildung zustande. Sie bestehen in einem vorwiegend inspiratorischen, aber auch exspiratorischen Stridor, der sich zu einer anfallsweise auftretenden Atemnot bis zur Cyanose und Bewußtlosigkeit steigern kann. Die Beschwerden treten oft bald nach der Geburt auf. Sie sind bei der Aortenringbildung im übrigen nicht obligat, können andererseits jedoch früh zum Tode führen, falls eine operative Behandlung nicht erfolgt. Die Atemnot ist bei nach hinten gestrecktem Kopf weniger stark als beim Vornüberneigen. Vorwärtsbeugen des Kopfes kann geradezu eine Dyspnoe auslösen. Rezidivierende Infekte der Atemwege, wie Laryngitis, Tracheitis, Bronchitis oder Pneumonie kommen gehäuft vor. Schließlich müssen noch Beschwerden im Sinne einer Dysphagie durch Kompression des Oesophagus erwähnt werden. Kinder bis zu 2 Jahren, bei denen die Beschwerden in Form von Atemnot im Vordergrund stehen, sind besonders gefährdet. Mit zunehmendem Alter und wachsender Widerstandskraft lassen die Kompressionserscheinungen oft nach oder schwinden ganz (TAUSSIG 1947). So beobachteten GRISWOLD u .YOUNG (1949) bei Patienten mit doppeltem Aortenbogen von unter 2 Jahren Beschwerden in 85 % der Fälle; bei Patienten von über 3 Jahren traten diese nur in 13 % auf.

Röntgenbefunde. Auf der Übersichtsaufnahme kann der Aortenbogen im allgemeinen rechts oder beidseitig sichtbar werden. Die Aortenbögen können dabei die Trachea rechts und links eindellen.

Wichtig für die Diagnose ist das Oesophagogramm (Abb. 36). Es zeigt eine Impression an den Oesophagusflanken rechts und links, deren Stärke abhängig von der Ausbildung des jeweiligen Aortenbogens ist. Die Eindellung liegt auf der einen Seite oft etwas höher als auf der anderen, wobei der höher gelegene Aortenbogen meist auch der weitere ist. Bei seitlichem Strahlengang wird eine Eindellung des Oesophagus von dorsal sichtbar, die mit einer Verlagerung der Speiseröhre nach vorne einhergehen kann. Verläuft ein Aortenbogen vor dem Oesophagus auf die andere Seite, dann sieht man auch eine Oesophagusimpression von vorne, so daß bei entsprechender anatomischer Situation eine circumscripte Einschnürung des Oesophagus auf der Breischluckaufnahme resultieren kann. Die Gefäße können zu einer prästenotischen Dilatation des Oesophagus mit Passagebehinderung in diesem Bereich führen. Pulsationen, die an den Oesophaguseindellungen sichtbar werden, lassen darauf schließen, daß sie durch Gefäße entstanden sind.

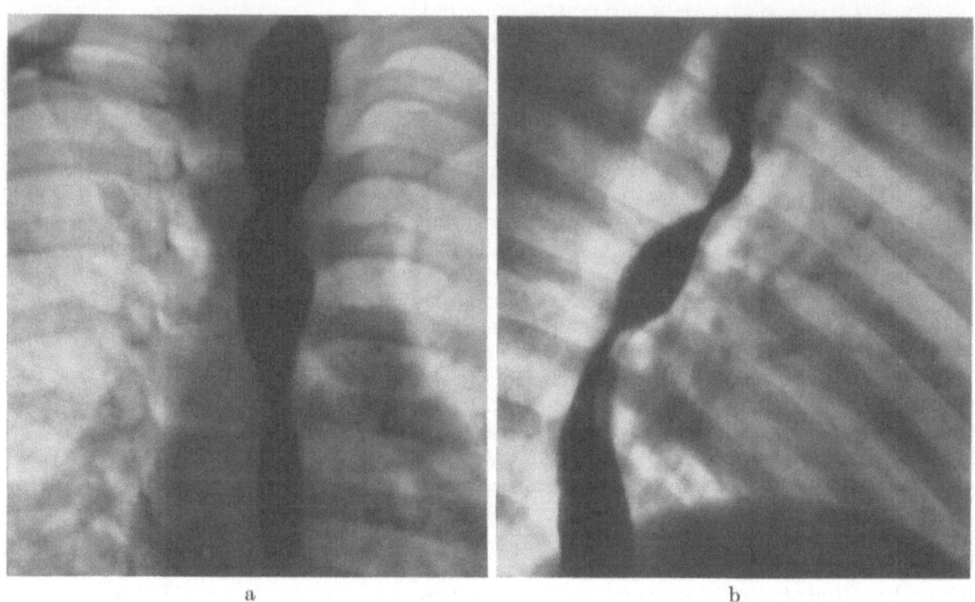

Abb. 36a u. b. Doppelter Aortenbogen bei einem 2jährigen Jungen (W.Ka.). Oesophagusdarstellung. a Sagittale Projektion: Impressionen des Oesophagus beiderseits, rechts weiter cranial als links. b Projektion im I. schrägen Durchmesser: Impression der Oesophagus-Hinterwand und Abdrängung der Speiseröhre nach vorne durch den von links nach rechts kreuzenden Aortenbogen

Der sicherste Nachweis der Gefäßanomalie und eine eindeutige Klärung der jeweiligen anatomischen Verhältnisse ist durch das Angiokardiogramm möglich (Abb. 37 u. 38).

Einer besonderen Erörterung bedürfen noch jene Formen mit partieller Atresie des linken vorderen Aortenbogens. Hierher gehört die von Arkin (1925, 1944) als „doppelter Aortenbogen mit Persistieren des rechten und Isthmusstenose des linken Bogens“ beschriebene Anomalie. Dabei liegt der rechts gewendete Aortenbogen retrooesophageal. Am Übergang des Aortenbogens zur Aorta descendens findet sich ein Aortendivertikel, das durch einen bindegewebigen Strang mit der als erstes Gefäß aus dem Aortenbogen entspringenden A. subclavia sinistra verbunden ist. Außerdem mündet in das Aortendivertikel der Ductus arteriosus (vgl. Abb. 34c).

Arkin (1944) gab eine detaillierte Beschreibung der röntgenologischen Erscheinungsform dieser Aortenringanomalie: bei sagittalem Strahlengang sind ascendierende Aorta und Aortenbogen rechts des Mittelschattens zu erkennen. Es finden sich eine geringe Verschiebung der Trachea und eine deutliche Verlagerung des Oesophagus nach links. Der Aortenknopf fehlt auf der linken Seite; die Aorta descendens kann als flachbogige Verschattung links sichtbar werden. Im rechten (I.) schrägen Durchmesser liegt der Aortenknopf hinter Trachea und Oesophagus; sie sind nach vorne und links verdrängt. Im Oesophagogramm läßt sich eine entsprechende zirkuläre Eindellung der Speiseröhre in

Höhe des Aortenbogens von hinten und rechts erkennen. Die auf das Aortendivertikel zurückzuführende Verschattung ist manchmal retrooesophageal oder in Deckung mit der descendierenden Aorta zu sehen. Im zweiten schrägen Durchmesser sieht man den breiten

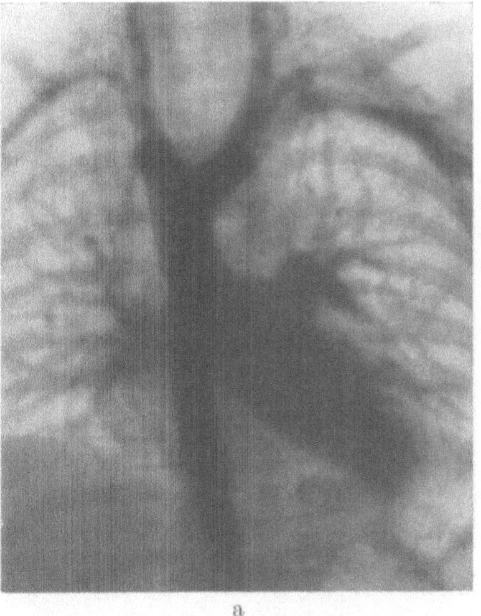

a

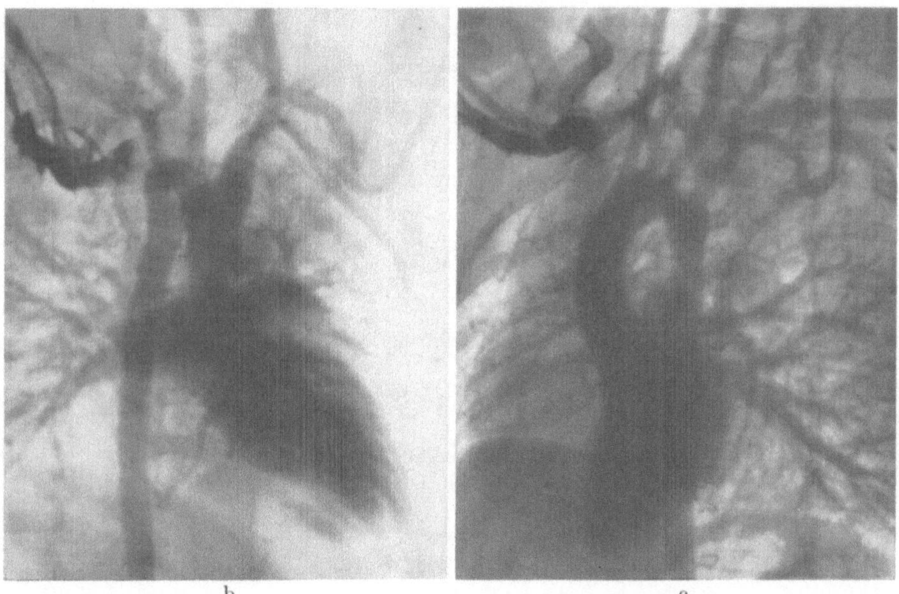

b c

Abb. 37a—c. Doppelter Aortenbogen (gleicher Patient wie Abb. 36). Angiokardiographie. a Sagittalbild: Ursprung und Verlauf des Anfangteils der aufsteigenden Aorta regelrecht. Teilung in zwei Aortenbögen von praktisch gleicher Weite. Verlauf des linken Bogens retrooesophageal (vgl. Abb. 36b) über die Mittellinie zu der rechts vom Wirbelsäulenschatten gelegenen Aorta descendens. Ursprung der Halsgefäße beiderseits getrennt aus dem zugehörigen Aortenbogen. b Projektion im I. schrägen Durchmesser (rechte Schrägstellung): Wiedervereinigung beider Aortenbögen zur gemeinsamen Aorta descendens. c Projektion im II. schrägen Durchmesser

Schatten der ascendierenden Aorta rechts der Trachea und den retrooesophagealen Verlauf des Aortenbogens.

Nach MATHEY u. Mitarb. (1952) gehört diese Form zu den inkompletten Ringbildungen des Aortenbogens. Die Autoren zählen dazu außerdem jene Aortenringanomalien, die durch Rechtslage des Aortenbogens und linksseitigen „hinteren Verlauf" des Ductus arteriosus zwischen Pulmonalarterie und Aortendivertikel (KRAUSS 1953; GROSS 1953; NEUHAUSER 1949; ROTTHOFF u. FERBERS 1960) oder zwischen Pulmonalarterie und Aorta descendens (MATHEY u. Mitarb. 1952) zustandekommen (Abb. 39). Ihre Abgrenzung

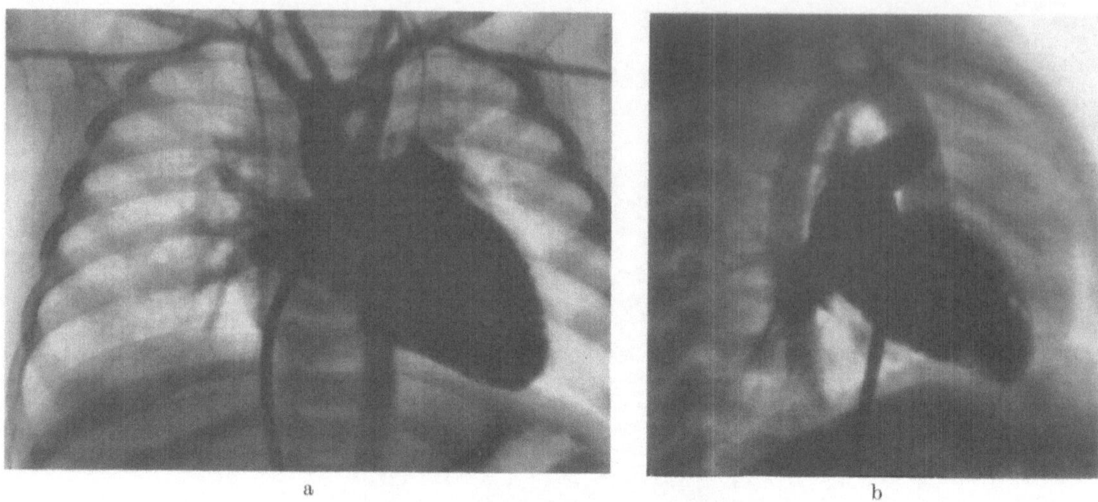

Abb. 38a u. b. Doppelter Arcus aortae mit schwächer ausgebildetem vorderen linken Aortenbogen bei einem 9jährigen Jungen (R.Sch.). a Sagittales Angiogramm. b Seitliches Angiogramm (Katheter im linken Vorhof)

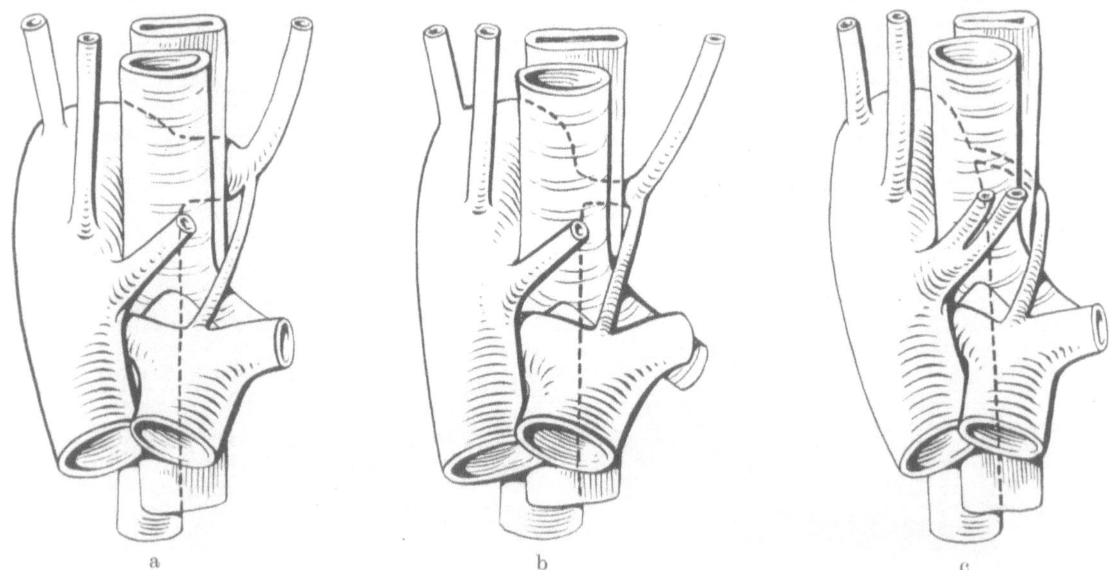

Abb. 39a—c. Verschiedene Formen von Aortenringbildungen um Trachea und Oesophagus durch caudalen oder seitlichen Verlauf des Ductus arteriosus (nach MATHEY u. Mitarb. 1952). Rechtsgewendeter Aortenbogen. a Einmündung des Ductus arteriosus in ein Aortendivertikel. b Einmündung des Ductus arteriosus in eine retrooesophageal verlaufende A. subclavia sinistra. c Einmündung des Ductus arteriosus direkt in die Aorta descendens

vom eigentlichen doppelten Aortenbogen kann erhebliche Schwierigkeiten bereiten. In typischen Fällen erkennt man bei sagittalem Strahlengang am Oesophagogramm die durch den rechts gewendeten Aortenbogen hervorgerufene breitere Impression am rechten Rand der Speiseröhre sowie am linken Rand und im Seitenbild von hinten eine schmale auf den hinteren Verlauf des Ductus arteriosus zurückzuführende Furche.

e) Knickung des Aortenbogens

Bei dieser Anomalie handelt es sich um einen doppelbogigen Verlauf des Arcus aortae mit zwei Gipfeln. Das Zwischenstück ist nach caudal konvex durchgebogen und liegt zwischen einem höheren vorderen und einem tieferen hinteren Gipfel (Abb. 40). An seinem tiefsten Punkt ist es durch ein kurzes Ligamentum arteriosum fixiert. Eine Dilatation des Gefäßes im vorderen oder hinteren Bogen sowie caudal der Krümmung wurde beobachtet. Sie gab Veranlassung zur Verwechslung mit Tumoren (SOUDERS u. Mitarb. 1951; DI GUGLIELMO u. GUTTADAURO 1955; PATTINSON u. GRAINGER 1959). Lateralabweichungen im Bogenbereich kommen vor.

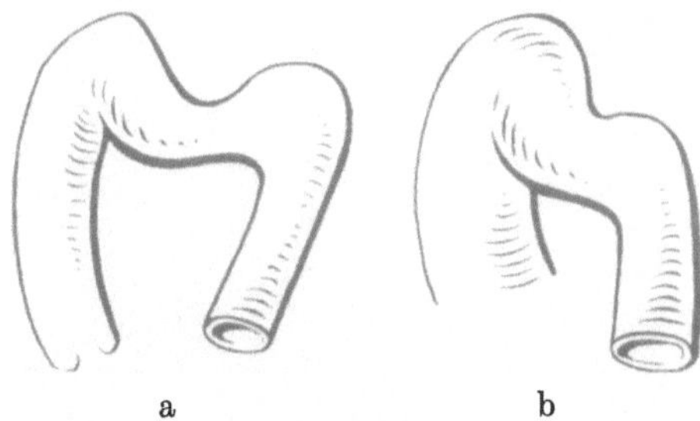

Abb. 40a u. b. Anatomische Skizzen zu zwei Fällen mit Knickung des Aortenbogens (nach STECKEN u. Mitarb. 1961)

Diese Verlaufsform des Aortenbogens wurde von REICH (1949) und SOUDERS u. Mitarb. (1951) an Hand angiokardiographischer Befunde beschrieben. STECKEN (1961) berichtete über 40 Fälle. Die Anomalie wird auch als „kinking“ oder „buckling of the aortic arch“, „subclinical“ oder „atypical coarctation“, „Pseudokoarktation“, „Arcus aortae bicurvatus“ bezeichnet.

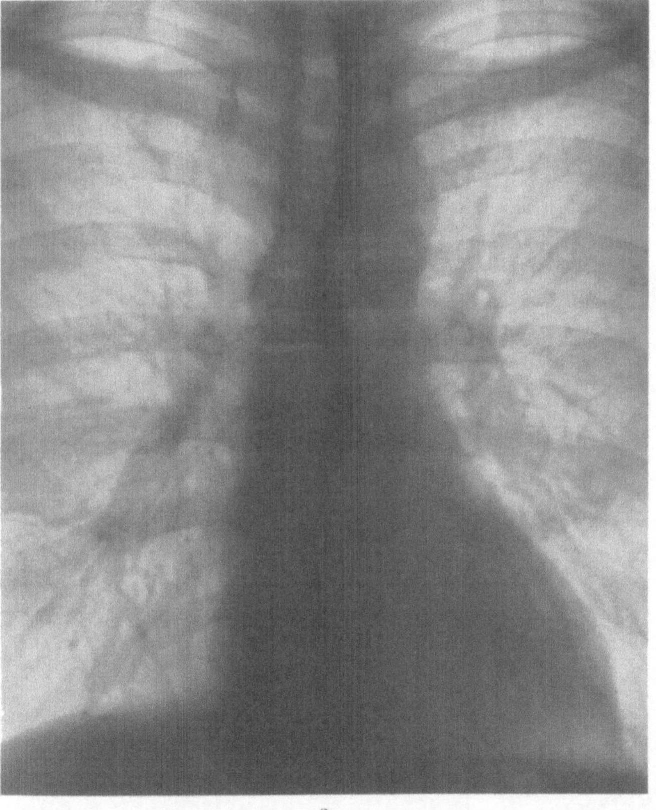

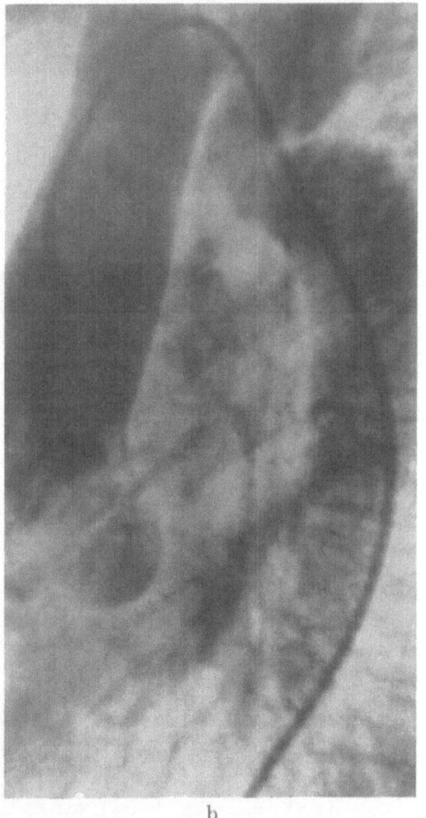

Abb. 41a u. b. Knickung des Aortenbogens bei einem 41jährigen Patienten (aus STECKEN u. Mitarb. 1961). a Ausbuchtung (Verdrängung) des mit Kontrastmittel gefüllten Oesophagus unterhalb des Aortenbogens nach rechts. b Retrograde Aortographie: Knickung der Aorta. Außerdem mäßige Einengung im Isthmusbereich

Klinisch wurde als Folge der Anomalie ein nicht obligates systolisches Geräusch gehört, das BRUWER (1957) auf Wirbelbildungen im Aortenbogen zurückführte. Hochdruck und Schluckstörungen wurden beobachtet. GRISHMAN u. Mitarb. (1944) beschrieben

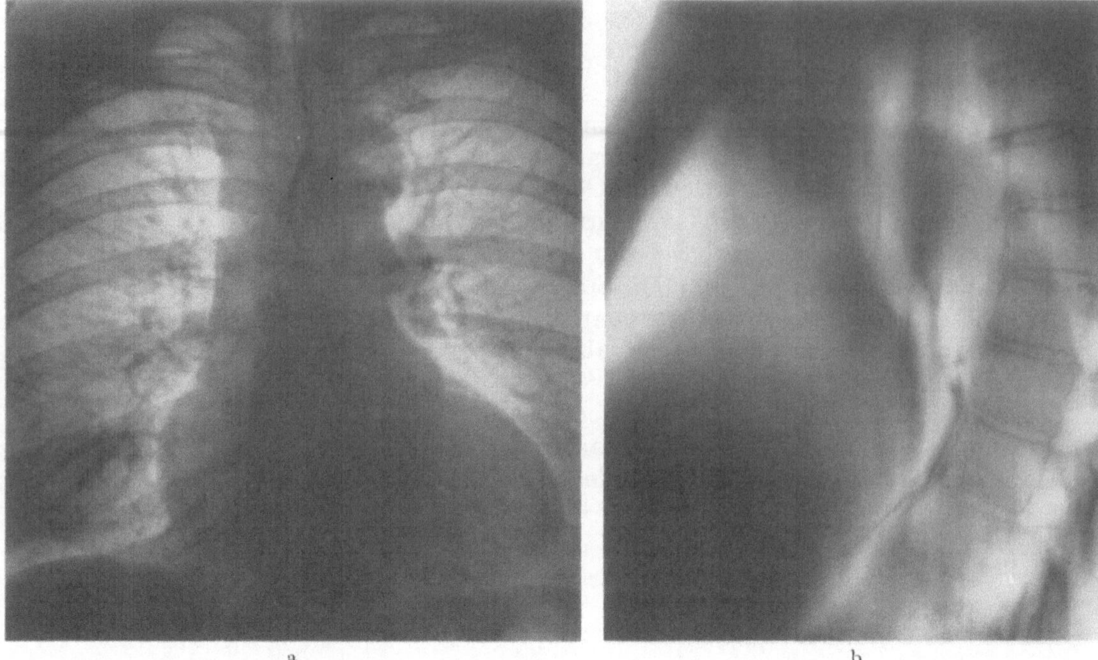

Abb. 42a u. b. Knickung des Aortenbogens bei einer 67jährigen Patientin (aus STECKEN u. Mitarb. 1961). a Deutliches Überlappungsphänomen am linken oberen Gefäßrand. Oesophagus nach rechts verdrängt. b Seitliches Schichtbild

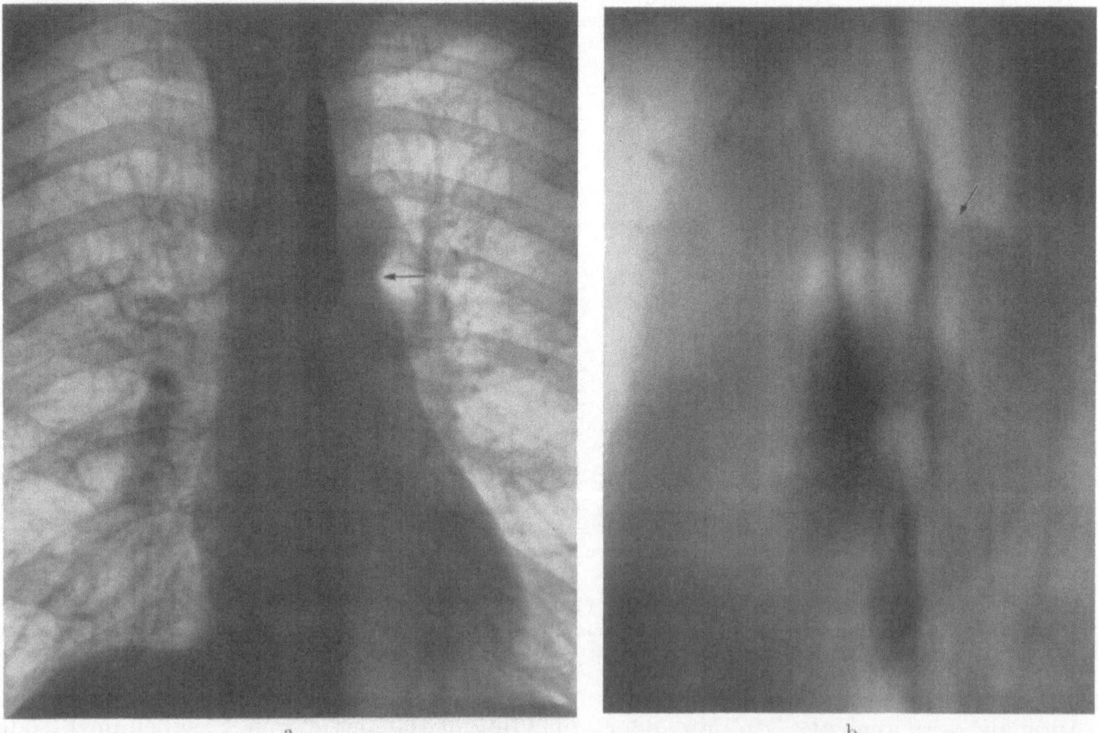

Abb. 43a u. b. Knickung des Aortenbogens bei einem 51jährigen Patienten (aus STECKEN u. Mitarb. 1961). a Sagittalbild: scharf konturierte halbkreisförmige Vorwölbung des Gefäßbandes links durch den vor der Knickung gelegenen Aortenanteil. b Seitliches Schichtbild: deutliche Abknickung des Aortenbogens in Form einer Einkerbung an der cranialen Aortenkontur

eine gleichzeitige teilweise oder vollständige Obliteration der linken A. subclavia mit Pulsasymmetrie. *Differentialdiagnostische Abgrenzung* der Knickung des Aortenbogens gegenüber der Isthmusstenose der Aorta oder Aortenaneurysmen können notwendig sein. Auf die Verwechslungsmöglichkeit mit Mediastinaltumoren wurde bereits hingewiesen.

Ätiologisch wurde eine atherosklerotische Streckung der Aorta diskutiert. Die Tatsache, daß die Anomalie zusammen mit anderen kongenitalen Herzfehlern vorkommt (DI GUGLIELMO u. GUTTADAURO 1955; GORDON u. Mitarb. 1956; STECKEN u. Mitarb. 1961) und auch bei jungen Patienten beobachtet wird, macht eine Entwicklungsstörung als Ursache wahrscheinlich.

Röntgenbefund. Bei sagittalem Strahlengang kann sich der doppelgipflige Arcus aortae in Form zweier Bögen an den linken Gefäßrand projizieren (Abb. 41). Beide Bögen können sich zum Teil überlappen und eine unterschiedliche Strahlendichte aufweisen (Abb. 42). Der obere Bogen erscheint weniger dicht als der untere und entspricht dem proximal des Knicks gelegenen Aortenanteil. Auf anderen Aufnahmen kann ein normal gelegener Aortenbogen zur Darstellung kommen, der sich am unteren Pol scharf vom übrigen Gefäßband absetzt, und an den sich nach caudal eine zweite flach konvexe Vorwölbung anschließt (Abb. 43). Im Gegensatz zur Aortenisthmusstenose, bei der entsprechende Bilder beobachtet werden, fehlt jedoch eine Amplitudendifferenz an der linken Gefäßkontur im Kymogramm. Bei der Durchleuchtung und auf der Aufnahme im seitlichen Strahlengang oder linken (II.) schrägen Durchmesser kann der Doppelbogen des Arcus aortae bereits sichtbar werden; besser gelingt seine Darstellung in diesen Projektionen auf Schichtaufnahmen. Ist die Aorta ascendens unterhalb des Knicks erweitert, so findet man bei sagittalem Strahlengang eine Verlagerung bzw. Eindellung des kontrastmittelgefüllten Oesophagus nach rechts und bei seitlicher Projektion nach hinten.

2. Marfan-Syndrom

Beim Marfan-Syndrom handelt es sich um eine angeborene Systemerkrankung des mesodermalen Gewebes mit besonderer Beteiligung elastischer Fasern (WEVE 1931; McKUSICK 1955). Die Anomalie ist dominant erblich, wobei jedoch nur einzelne Familienmitglieder betroffen sein können (unvollkommen dominant erblich nach WEVE 1931). Veränderungen des Skeletes, der Augen sowie des Herz- und Gefäßsystems beherrschen das Krankheitsbild.

Die Anomalie wurde 1896 von MARFAN bei einem $5^1/_2$jährigen Mädchen beobachtet. Neben einem abnormen Längenwachstum fanden sich übermäßige Flexibilität von Händen und Füßen sowie Kontrakturen der Fingergelenke. MARFAN nannte das Krankheitsbild Dolichosténomelie. Im Hinblick auf die Erstbeschreibung erwähnt McKUSICK (1955) eine Beobachtung von WILLIAMS (1876), die sich auf ein Geschwisterpaar mit Ektopia lentis und abnormem Längenwachstum bezieht. Eine Reihe von Synonyma sind in der Literatur für dieses Syndrom gebräuchlich. Statt Dolichosténomelie liest man auch abgekürzt Dolichostenie oder Dolichomelie. ACHARD (1902) nannte die Erkrankung Arachnodactylie, wobei das Symptom der „Spinnenfingrigkeit“, durch das abnorme Längenwachstum bedingt, in den Krankheitsnamen aufgenommen wurde. Ferner finden sich folgende Bezeichnungen: Achromakrie (PFAUNDLER 1914), partieller Gigantismus bzw. Riesenwuchs (PERITZ 1911), Hyperchondroplasie (MÉRY und BABONNEIX 1902), Dystrophia mesodermalis congenita, Typus Marfan (WEVE 1931), Dysmesdaktylie oder Dysmesektopia (LAVAL 1939) und Dysmorpho-Dystrophia mesodermalis congenita (Dolichomorphie Typ Marfan) (SCHMID 1946). Marfan-Syndrom und Arachnodactylie sind die in der Literatur gebräuchlichsten Namen.

Die Augensymptome des Marfan-Syndromes wurden von SALLE (1912), BÖRGER (1915), CUSTODIS (1932) und PFAUNDLER (1944) beschrieben. ORMOND und WILLIAMS (1924) wiesen besonders auf die Zugehörigkeit der Augenveränderungen zum Syndrom hin. Zahlreiche Publikationen von ophthalmologischer Seite liegen darüber hinaus vor.

Die hier besonders interessierenden *kardiovasculären Veränderungen* beschrieben bereits SALLE (1912), PIPER und IRVINE-JONES (1926) sowie BAER, TAUSSIG und OPPENHEIMER (1943), wobei die letztgenannten Autoren auf die Medianekrose der Aorta mit konsekutivem Aneurysma als für das Marfan-Syndrom besonders typische Gefäßveränderung hinwiesen.

Die Anzahl der bisher beobachteten Fälle wird von VERSÉ (1959) mit 400 angegeben. Der Autor gibt eine ausführliche Darstellung des Krankheitsbildes und führt, soweit beurteilbar, lückenlos Literatur bis zum Jahre 1959 an. YOUNG (1922) übersah 221, WEVE (1934) 84, MARFAN (1938) 150, RADOS (1942) 211 und ANDERSON u. PRATT-THOMAS (1953) 349 Patienten mit Marfan-Syndrom.

Die *Häufigkeit* kardiovasculärer Mißbildungen bei dem Krankheitsbild wird unterschiedlich angegeben. Bei Untersuchungen, die sich vorwiegend auf klinische Beobachtungen stützen, liegen die Zahlen zwischen 30 und 50% (NORCROSS 1938 45%, RADOS 1942 30%, FISCHL u. RUTHBERG 1954 50%, MCKUSICK 1955 40%), wobei die erhebliche Schwankungsbreite einmal durch die unterschiedliche Fallzahl, zum anderen durch die Fachrichtung der Autoren und die unterschiedlichen Untersuchungsmethoden bedingt sind. An Hand pathologisch-anatomischer Untersuchungen, die uns besonders stichhaltig erscheinen, wird eine Beteiligung des Herzens und der Gefäße in über 80% angegeben. UYEYAMA u. Mitarb. (1947) sahen unter 15 Autopsien 12mal eine Mitbeteiligung der kardiovasculären Organe. STEINBERG u. GELLER (1955) fanden bei 41 Autopsien 34 und FABRE u. Mitarb. (1957) bei 60 Autopsien 56mal Veränderungen des Herzens und der Gefäße.

Tabelle 1. *Häufigkeit und Art der kardiovasculären Anomalien bei 60 Autopsien von Marfan-Syndrom-Trägern.* (Aus FABRE u. Mitarb. 1957.)

Gesamtzahl	60
Kardiovasculäre Anomalien	56
a) Aneurysma der Aorta ascendens (mit Medianekrose)	38
b) Aneurysma der abdominalen Aorta	6
c) Aneurysma der Pulmonalarterie (mit Medianekrose)	3
d) Aortenisthmusstenose	6
e) Aortenhypoplasie	1
f) Ductus art. apertus	1
g) Vorhofseptumdefekt	15
h) Klappenanomalien	22
i) Myokardfibrose	5

Über die *Erblichkeit* des Syndroms besteht heute kein Zweifel mehr, nachdem zahlreiche Beobachtungen über sein Auftreten in der Generationenfolge gemacht wurden.

WEVE (1931), der dieser Fragestellung besonders nachgegangen ist, fand in sechs Familien 23 bis dahin nicht beobachtete Fälle. WILSON (1957) berichtet über das Auftreten des Krankheitsbildes in drei aufeinanderfolgenden Generationen innerhalb einer Familie. ROSS (1949) konnte bei 117 Fällen in 56% und LAST (1955) bei 206 Fällen in 81% ein familiäres Vorkommen nachweisen. Der Erbgang ist dominant; nach MCKUSICK (1955) kommt es in 15% zu Spontanmutationen, die wiederum dominant vererbt werden. Eine konnatale Lues (WEILL 1932; DELORD u. VIALLEFONT 1936; TUPINAMBA u. DE SOUZA DIAS 1938) oder Alkoholismus der Eltern (THOMAS 1914; DOLLFUS u. TETREAU 1938) wurden als Ursache der Anomalie diskutiert.

Pathogenetische Erwägungen erstrecken sich auf die Annahme eines „Basisdefektes des Bindegewebes" (MCKUSICK 1955), endokriner Störungen (PFAUNDLER 1914; SALLE 1912) und einer Fehlleistung übergeordneter vegetativer Zentren (WEYERS 1949). WEVE (1931) sprach von einer mesodermalen Systemstörung. Beziehungen zum Status dysraphicus werden erörtert (PASSOW 1935).

Pathologisch-anatomische Veränderungen sollen, nur soweit sie Herz und Gefäße betreffen, hier erörtert werden. Die Tabelle 1 gibt eine Übersicht über pathologisch-anatomische Befunde nach Beobachtungen von GOYETTE und PALMER (1953) sowie BLACK und LANDAY (1954) an Hand von 60 Autopsien. Auf pathologisch-anatomische Befunde bei Marfan-Syndrom gehen außerdem SIEGENTHALER (1956) sowie DÜX, HILGER, SCHAEDE und THURN (1960) besonders ein. Im Mittelpunkt stehen Mediaveränderungen der Aorta, die der von ERDHEIM (1930) beschriebenen „Medionecrosis aortae idiopathica cystica" entsprechen. Auf ihr klappennahes Vorkommen im Bereich des Sinus Valsalvae mit möglicher aneurysmatischer Erweiterung des Klappenringes wiesen TUNG und LIEBOW (1952) hin. Als Folge der Aortenwandnekrose kann es zum Aneurysma dissecans oder zu einem fusiformen Aneurysma mit Ruptur der Gefäßwand kommen (ETTER u. GLOVER 1943; MCKUSICK 1955; PAPPAS, MASON u. DENTON 1957; DIMOND, LARSEN, JOHNSON u. KITTLE 1957; GRIFFIN u. KOMAN 1958; HUSEBYE, WOLFF u. FREIDMANN 1958; SINHA u. GOLDBERG 1958). Die degenerativen Mediaveränderungen können auch die vom Aortenbogen abgehenden großen Gefäße betreffen und zu ihrer Erweiterung führen

(BRETON, FRANCOIS, M. LEKIEFRE, DUPUIS, J. LEKIEFRE 1961) oder sich auf den Anfangsteil einer Coronararterie erstrecken (DÜX u. Mitarb. 1960). Als Folge einer Aortendilatation kommt es zu einer Erweiterung des Klappenringes mit Schlußunfähigkeit der Aortenklappen. Die aneurysmatische Erweiterung kann auch die Bauchaorta betreffen (TRAISMAN u. JOHNSON 1954; BRETON u. Mitarb. 1961). Eine Medianekrose mit aneurysmatischen Erweiterungen wurde auch an der A. pulmonalis beobachtet (BAER, TAUSSIG u. OPPENHEIMER 1943; TUNG u. LIEBOW 1952; SLOPER u. STOREY 1953; GOYETTE u. PALMER 1953; MCKUSICK 1955; ANDERSON u. PRATT-THOMAS 1953; VAN BUCHEM 1959). Die Herzklappen betreffende Endokardverdickungen sahen BLACK u. LANDAY (1955) unter 34 Autopsien 21 mal. Die Mitralklappe war 15mal und 10mal die Aortenklappe verändert.

Tabelle 2. *Kardiovasculäre Veränderungen bei Marfan-Syndrom nach* MCKUSICK (1955) *ausgehend von der Annahme eines „Grunddefektes in einem Bindegewebselement"*

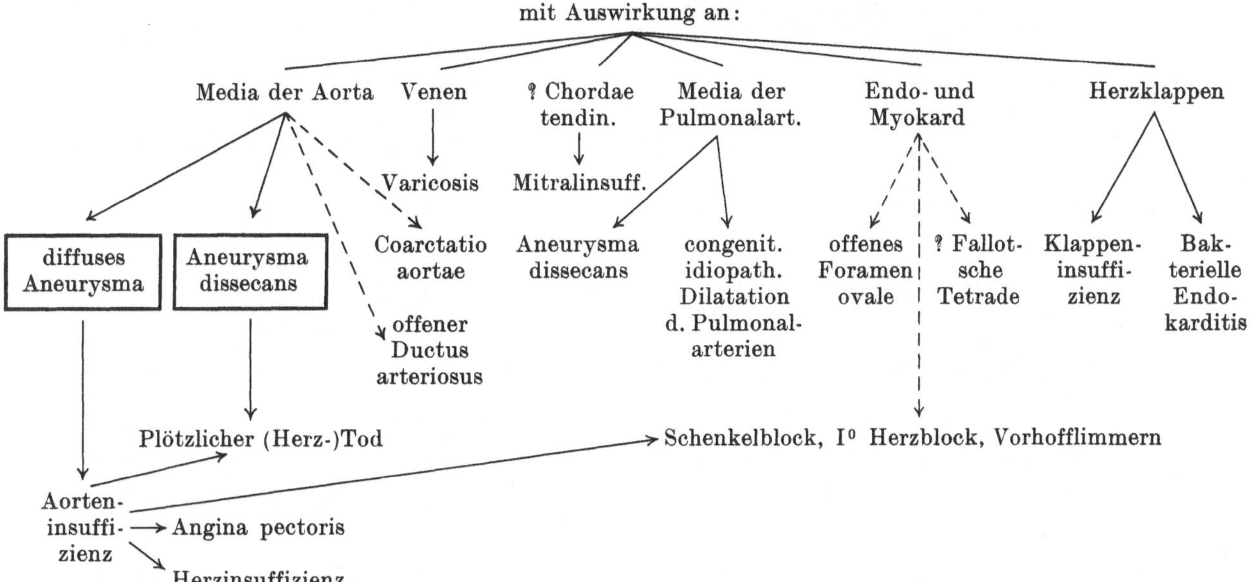

Einzelne Autoren hoben das Fehlen einer rheumatischen Anamnese bei vorhandenen Klappenalterationen hervor (TUNG u. LIEBOW 1952; SLOPER u. STOREY 1953; MCKUSICK 1955; MACLEOD u. WILLIAMS 1956). Herzhypertrophie wurde meist zusammen mit Aortenklappenanomalien beobachtet. Auf das Vorkommen einer bezüglich ihrer Entstehung unklaren, meist den linken Ventrikel betreffenden Myokardfibrose wiesen FISCHL und RUTHBERG (1951), HEDINGER (1953), TASCHEN (1954) sowie SIEGENTHALER (1956) an Hand von Obduktionsbefunden hin.

Die Kombination angeborener Herzfehler mit Marfan-Syndrom wurde in einer Reihe von Fällen festgestellt. Nach DÜX u. Mitarb. (1961) kommt die Aortenisthmusstenose in 10% der Fälle zusammen mit dem Marfan-Syndrom vor. Über das gleichzeitige Vorhandensein eines Ductus arteriosus berichteten WEYERS (1949), TASCHEN (1954), MCKUSICK (1955) und BINGLE (1957). Eine Fibroelastosis endocardica bei Marfan-Syndrom sahen BAYER, BRIX u. MEYER (1958); eine Pulmonalstenose zusammen mit dem Syndrom wurde von VAN BUCHEM (1959) beobachtet. Relativ häufig scheint die Kombination mit einem Vorhofseptumdefekt zu sein (PIPER und IRVINE-JONES 1926; WOOD u. Mitarb. 1932; BAER, TAUSSIG u. OPPENHEIMER 1943; MOSES 1951; MCKUSICK 1955). Während ein isolierter Ventrikelseptumdefekt als zusätzliche Mißbildung bisher nicht beobachtet wurde (VERSÉ 1959), wies MCKUSICK (1955) auf das gleichzeitige Auftreten einer Fallotschen Tetralogie hin.

Das *klinische Bild* wird von der Trias bestehend aus Skelet-, Augen- sowie Herz- und Gefäßveränderungen geprägt.

Patienten mit Marfan-Syndrom sind meist übergroß. Das Äußere wird durch die Überlänge, eine mangelhafte Ausbildung des subcutanen Fettgewebes und der dadurch bedingten Untergewichtigkeit, sowie durch eine außergewöhnliche Länge von Händen und Füßen mit spitz auslaufenden Fingern und Zehen bestimmt. Die Muskulatur ist hypoton und hypoplastisch. Die Gelenke sind überstreckbar, zum Teil bestehen Kontrakturen. Das Gesicht ist lang und schmal; durch Hängebacken erscheinen die Züge traurig. Skoliose, Kyphose, Sternumeinziehungen und geringe Thoraxtiefe vervollständigen das äußere Bild.

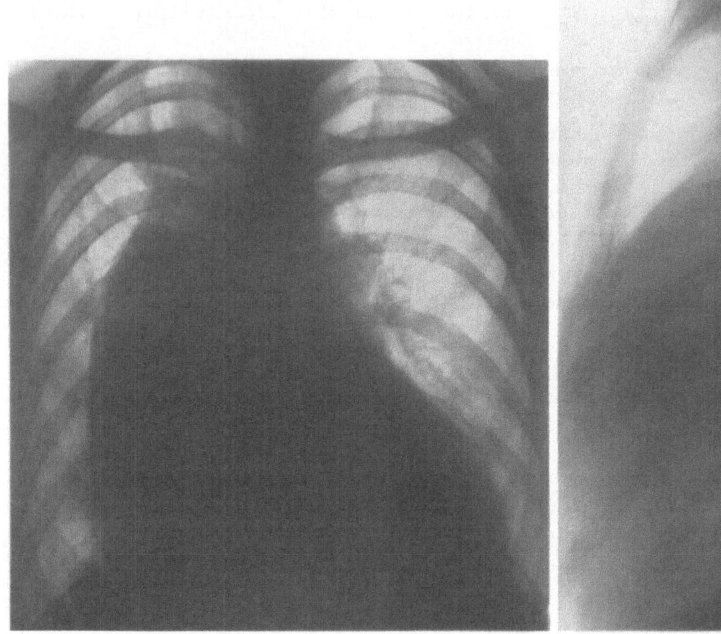

a

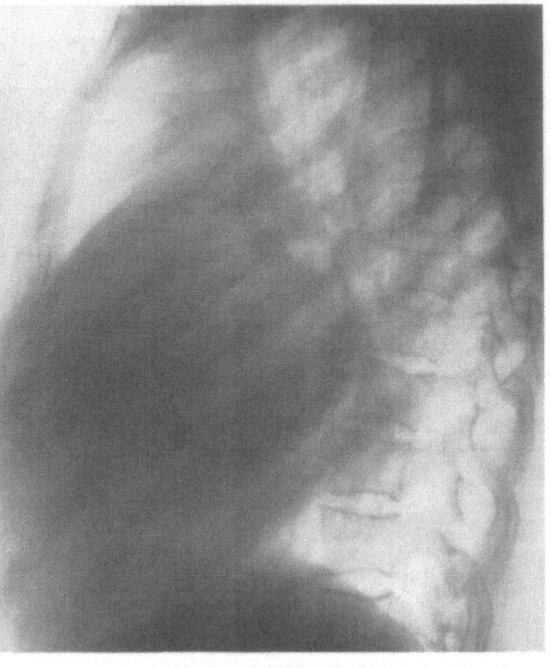

b

Abb. 44a—f. Marfan-Syndrom bei einer 39jährigen Patientin (P. Ro.). a Sagittale Thoraxübersichtsaufnahme: großes Aneurysma der Aorta ascendens. b Seitenbild zu Abb. 44a: ringförmiger Kalkschatten innerhalb des Aneurysmas. c Selektive thorakale Aortographie: Kontrastmittelfüllung eines Blindsackes im Bereich der rechtsseitigen Gefäßschattenverbreiterung. d Seitenbild in einer etwas späteren Phase als Abb. 44c: breiter Kontrastmittelübertritt aus dem Blindsack in einen caudal gelegenen, über apfelgroßen Hohlraum. e Sagittalbild einer späteren Phase der Kontrastmittelfüllung: zunehmende Dichte des zweiten sackförmigen Kontrastes in Richtung auf die Wirbelsäule. Mäßiger Kontrastmittelreflux in den linken Ventrikel. Verbreiterung der vom Aortenbogen abgehenden Arterien. f Seitenbild zu Abb. 44e

Wegen der nach RADOS in 80% der Fälle vorhandenen Augenanomalien tragen die Marfan-Patienten oft eine Brille. Luxation der Linsen, gelegentlich auch einseitig vorkommend, mit Veränderungen der Zonula Zinnii sind besonders typisch. Darüber hinaus wurden vielfältige Abnormitäten des Sehorganes beobachtet, von denen noch Brechungsanomalien, Strabismus, Megacornea, Kolobome von Iris oder Linse, Irisheterochromie oder Aniridie erwähnt werden sollen.

Die bei Marfan-Syndrom beobachteten Veränderungen von seiten des Herzens und der großen Gefäße wurden von McKUSICK in einem Schema zusammengefaßt, das von dem „Grunddefekt eines Bindegewebselementes mit möglicher Abnormität der elastischen Fasern" ausgeht (Tabelle 2). Die klinischen Symptome werden zum Teil bestimmt durch die sonst auch als selbständige Krankheitsbilder vorkommenden kardiovasculären Anomalien, wie Aorten- und Pulmonalisaneurysma, Aneurysma des Sinus Valsalvae, Aorteninsuffizienz. Aortenaneurysmen bei Patienten unter 40 Jahren sind suspekt auf Marfan-Syndrom. Frühzeitig auftretende Aortenruptur mit Herzbeuteltamponade oder Hämatothorax stellt eine häufig beobachtete Todesursache der Marfan-Patienten dar (ETTER

u. GLOVER 1943; TOBIN u. Mitarb. 1947; UYEYAMA, KENDO u. KAMINS 1947; LILLIAN 1949; MACLEOD u. WILLIAMS 1956; SIEGENTHALER 1956 u.a.). Die Verlegung der Coronarostien durch disseziierende Aneurysmen sahen REEH u. LEHMAN (1954). Darüber hinaus wurden mehr unspezifische Syndrome, wie pectanginöse Beschwerden, Belastungsdyspnoe und

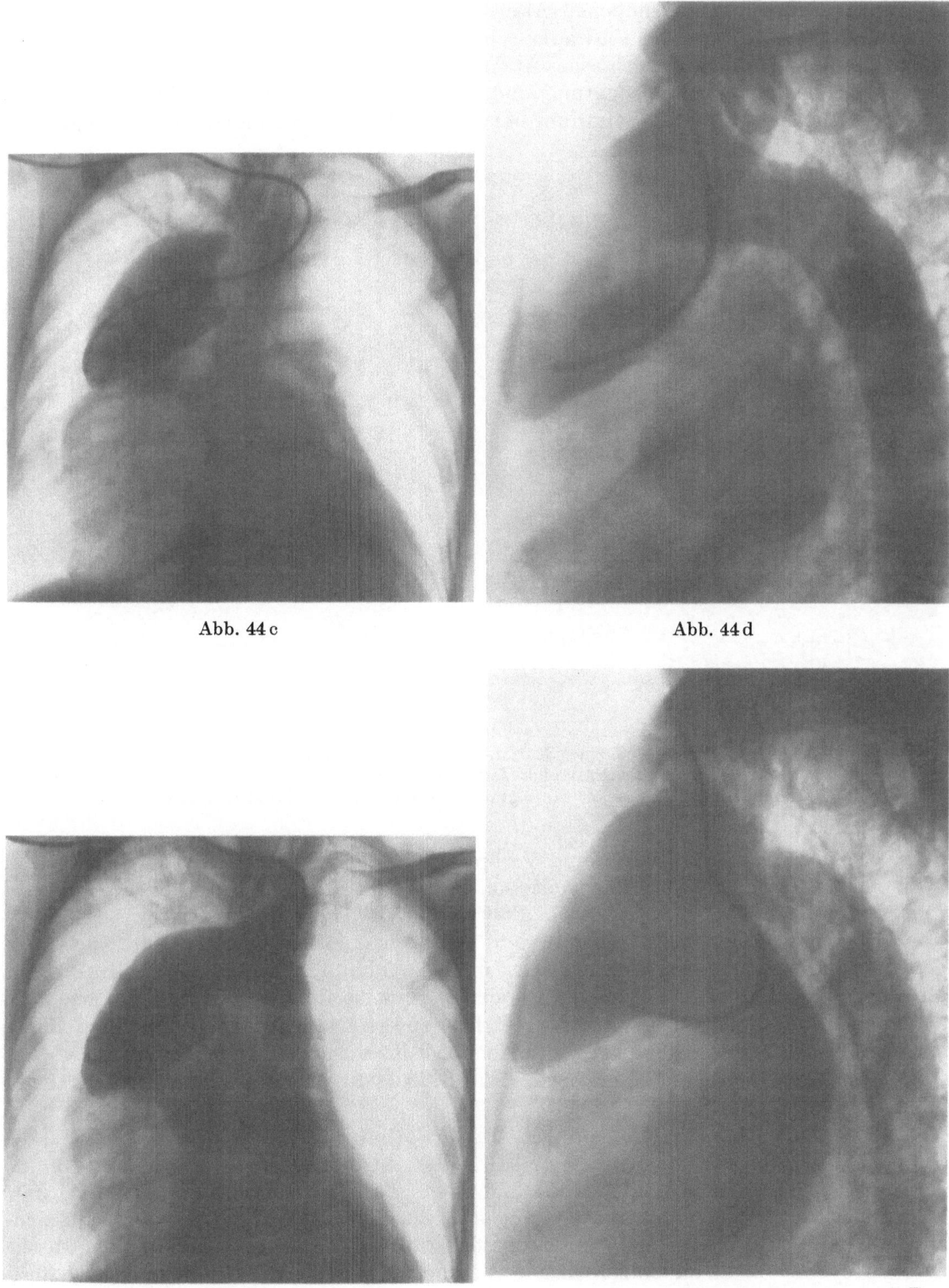

Abb. 44c Abb. 44d

Abb. 44e Abb. 44f

Herzinsuffizienz beschrieben (GOYETTE u. PALMER 1953). Eine Aortenruptur bei Marfan-Patienten während einer Gravidität wurde von LINDEBOOM u. BOUWER (1949) sowie von HUSEBYE, WOLFF u. FREIDMANN (1958) beobachtet.

Einer besonderen Erwähnung bedürfen die sog. formes frustes oder Abortivformen des Marfan-Syndroms. Hierunter sind isoliert auftretende Einzelsymptome, wie Aortenaneurysmen im jugendlichen Alter, zu verstehen. Ihre Zuordnung zum Marfan-Syndrom, die im Einzelfall schwierig sein kann, wird durch das Auffinden anderer, dem Symptomenkomplex zugehöriger Anomalien bei Familienuntersuchungen erleichtert.

Röntgenbefunde. Durchleuchtung und Nativbild können bei den kardiovasculären Komplikationen des Marfan-Syndroms neben unauffälligen Befunden Abweichungen von

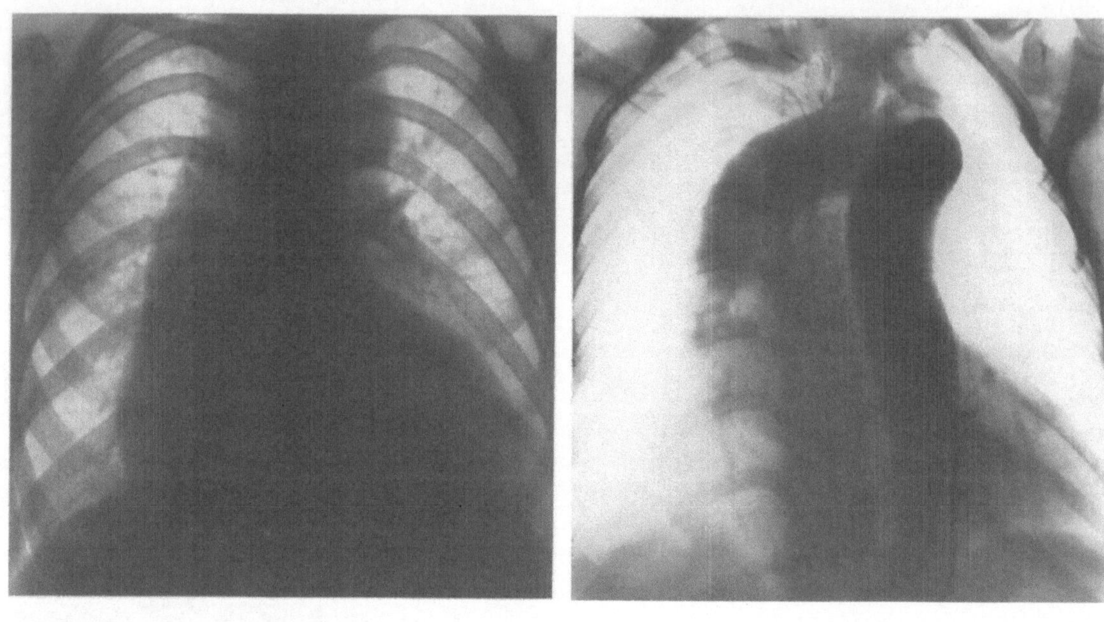

a b

Abb. 45a u. b. Patientin (D.R.), 31 Jahre alt, mit den klinischen Zeichen einer Aorteninsuffizienz. Bei vier weiteren Familienmitgliedern Zeichen eines Marfan-Syndroms (Fall von BRETON, FRANCOIS, LEKIEFRE, DUPUIS u. LEKIEFRE 1961). a Sagittales Nativbild: Verbreiterung des Herzens nach beiden Seiten; verbreitertes Gefäßband. b Retrograde Aortographie. Dilatation der thorakalen Aorta

der Norm aufweisen. So wurde eine Verbreiterung des Herzschattens nach links oder nach beiden Seiten auf der dorsoventralen Übersichtsaufnahme beschrieben (Abb. 44a) (SIEGENTHALER 1955; DÜX u. Mitarb. 1960 u.a.). Die Thoraxtiefe ist infolge des Hochwuchses meist gering (Abb. 44b). Besteht eine Aorteninsuffizienz, so kann eine sog. aortale Konfiguration des Herzschattens im Röntgenbild sichtbar werden (BRETON u. Mitarb. 1961). Bei der Durchleuchtung oder im Kymogramm sind dann vermehrte pulsatorische Bewegungen an der Aorta ascendens zu erwarten. Andere Aufnahmen zeigen einen weit nach rechts bogenförmig ausladenden Mittelschatten als Ausdruck eines Aneurysmas im Ascendensbereich der Aorta (BAER, TAUSSIG, OPPENHEIMER 1943; PAPPAS, MASON u. DENTON 1957).

Aneurysmatische Erweiterungen der Pulmonalarterie können zu einer Prominenz des Pulmonalbogens an der linken Herz- und Gefäßkontur führen (BAER, TAUSSIG u. OPPENHEIMER 1943; TUNG u. LIEBOW 1952). Bei einem Fall von PRATT-THOMAS (1953) kam es zu einer Ruptur der Pulmonalarterie in das Perikard. Eine Pulmonalklappeninsuffizienz sah MCKUSICK (1955) bei einem 6 Monate alten Säugling. Autoptisch konnten der Medionecrosis cystica Erdheim entsprechende Veränderungen an der Pulmonalarterie festgestellt werden.

Eine Einzelbeobachtung betrifft eine Verkalkung des linken Vorhofs beim Marfan-Syndrom (MANECKE 1960).

Eine zuverlässige und detaillierte Diagnose der Gefäßveränderungen besonders in frühen Stadien der Erkrankung ist nur mit Hilfe einer Kontrastmitteldarstellung durch Angiokardiographie oder Aortographie möglich. Mit diesen Untersuchungsmethoden wurden aneurysmatische Erweiterungen der Aorta thoracalis dargestellt (Abb. 44 und 45). Seltenere Fälle betreffen Aneurysmen im Bereiche der Aorta abdominalis (Abb. 46) (MOUREN u. Mitarb. 1953; LANGERON, DIARD, LIEFOOGHE und MASSON 1954; BRETON, FRANCOIS, M. LEKIEFRE, DUPUIS und J. LEKIEFRE 1961) oder die Erweiterung der großen vom Aortenbogen abgehenden Gefäße (BRETON u. Mitarb. 1961) (Abb. 44e und f). Besonders auf die angiokardiographische Diagnose angewiesen ist man bei Aneurysmen des Sinus Valsalvae, wie STEINBERG und GELLER (1955), STEINBERG, MANGIARDI und NOBLE (1957) sowie DÜX, HILGER, SCHAEDE und THURN (1960) zeigen konnten.

Im Hinblick darauf, daß es monosymptomatische Formen des Marfan-Syndroms gibt, bei denen die Aorta oder die Pulmonalarterie dilatiert ist, wird die differentialdiagnostische Abgrenzung von einer sog. idiopathischen Ektasie dieser Gefäße sehr schwierig. Man ist berechtigt, eine idiopathische Erweiterung der Aorta oder Pul-

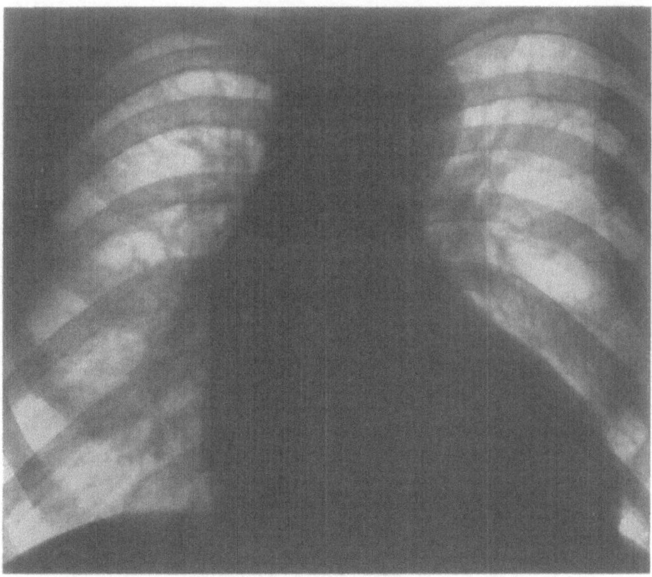

a

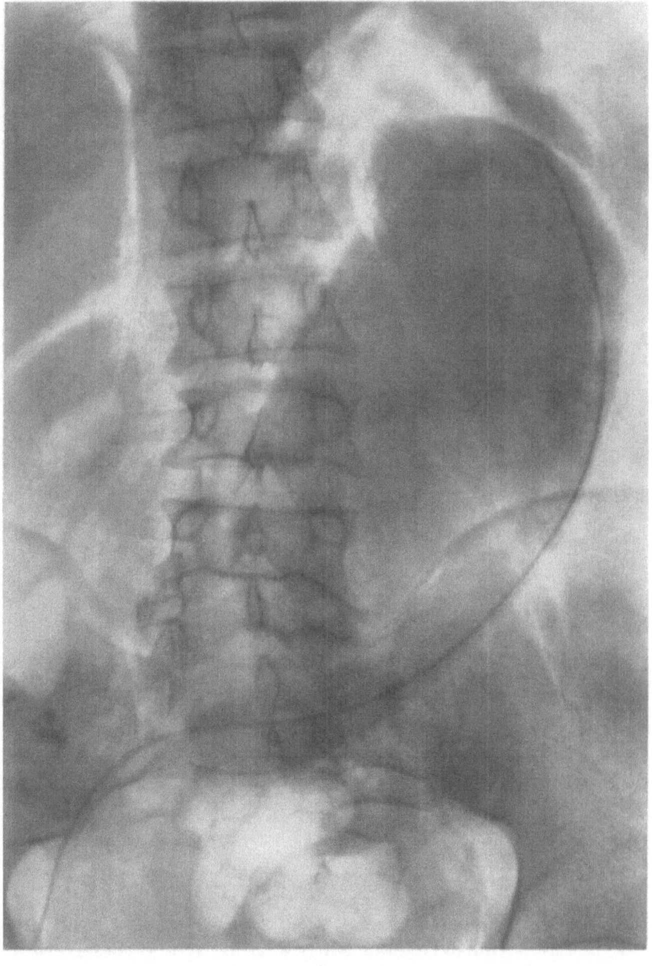

b

Abb. 46a u. b. Klinische Zeichen einer Aorteninsuffizienz bei einem 33jährigen Mann. Eine Tochter: typische Krankheitszeichen des Marfan-Syndroms (Fall von BRETON, FRANCOIS, LEKIEFRE, DUPUIS u. LEKIEFRE 1961). a Dorsoventrales Nativbild: beiderseits, besonders nach links verbreitertes Herz. Nach rechts ausladende Aorta ascendens. b Retrograde Aortographie: aneurysmatisch erweiterte Aorta abdominalis

monalarterie anzunehmen, wenn weder die Familienanamnese noch sonstige Befunde auf ein Marfan-Syndrom schließen lassen. Bei dem in Abb. 47 gezeigten Fall handelt es sich z.B. um einen 11 Jahre alten Jungen mit einer starken Ektasie der aufsteigenden Aorta, ohne jeglichen Hinweis auf eine Systemerkrankung im Sinne eines Marfan-Syndroms oder einen anderen Fehler, der als Ursache der Erweiterung in Frage käme.

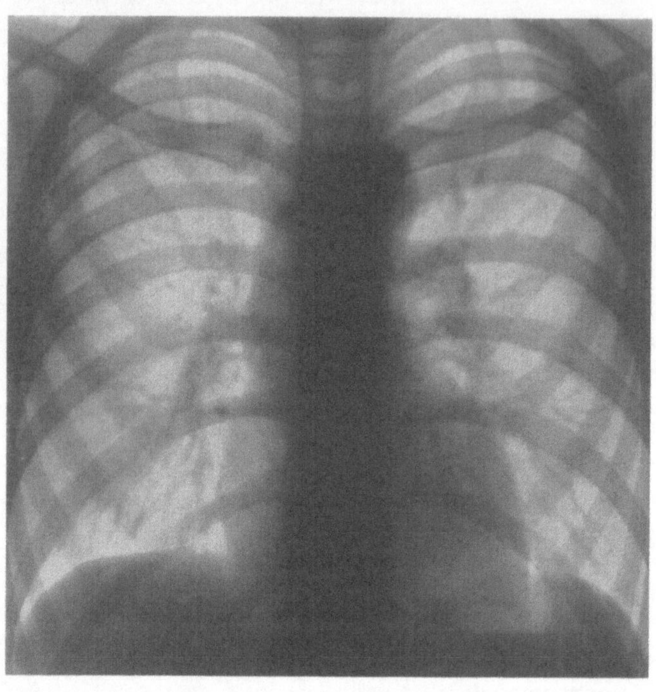

a

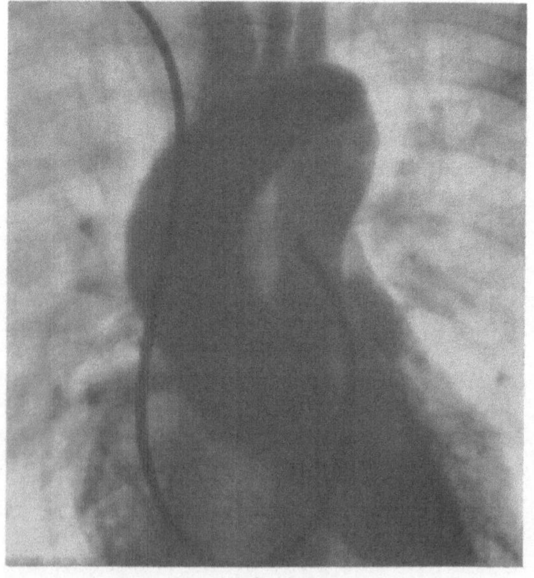

b

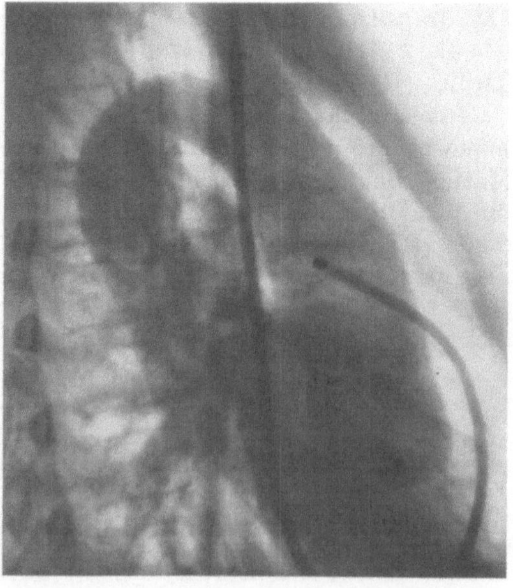

c

Abb. 47a—c. Idiopathische Aortenektasie bei einem 11jährigen Jungen (H.P.No.) ohne Anhalt für zusätzliche Anomalien. a Dorsoventrales Nativbild: normal großes Herz. Breite, in ihrem ascendierenden Teil ektatische Aorta. b Angiokardiogramm (sagittal) nach Kontrastmittelinjektion in die Pulmonalarterie: Aorta bis zum Isthmusbereich ektatisch erweitert. c Angiokardiogramm (seitlich): auffallend weite Aorta ascendens

3. Aortenstenose

Einteilung. Bei der angeborenen Aortenstenose werden drei Formen unterschieden: die valvuläre, die subvalvuläre und die supravalvuläre.

Embryologie. Während die Entstehung der subvalvulären und supravalvulären Stenose praktisch immer Folge einer Entwicklungsstörung ist, wird für die Klappenstenose auch eine fetale Entzündung als Ursache diskutiert.

Anatomie. Bei der *valvulären* Stenose sind die Klappenränder verdickt und mehr oder weniger stark miteinander verklebt. Im Kindesalter sind Kalkeinlagerungen selten. Nicht selten sind nur zwei Klappensegel (Valvula bicuspidalis) ausgebildet; vereinzelt findet sich eine Schrumpfung oder Hypoplasie des Klappenbasisringes (RICHTER 1953; BIRCKS, DERRA, KREMER, LÖHR u. LOOGEN 1961).

Die *subvalvuläre* Stenose, von DOERR (1959) auch Conusringstenose genannt, wird von einer elastisches und kollagenes Bindegewebe enthaltenden Endokardleiste gebildet. Sie liegt im allgemeinen nur einige Millimeter unterhalb der Klappen, die meist normal entwickelt sind. Nur vereinzelt werden Klappenveränderungen [Valvula bicuspidalis (DILG 1883), myxomähnliche Veränderungen (DORMANNS 1939)] beobachtet. Häufiger ist dagegen eine gleichzeitig bestehende Klappeninsuffizienz.

Die *supravalvuläre* Aortenstenose ist am oberen Rand des Sinus Valsalvae kurz oberhalb des Abganges der Coronararterien lokalisiert. Sie wird im allgemeinen von kollagenem Bindegewebe mit Einlagerungen von elastischen Fasern gebildet.

Die Aortenstenose ist nicht selten mit anderen Anomalien kombiniert. Von diesen sind vor allem der offene Ductus arteriosus, der Ventrikelseptumdefekt (ROSSI 1954) und die Aortenisthmusstenose (fünf eigene Beobachtungen) zu erwähnen.

Häufigkeit. Die angeborene valvuläre Aortenstenose macht 3—6% aller kongenitalen Herzfehler aus (CAMPBELL u. KAUNTZE 1953; REINHOLD u. Mitarb. 1955; KEITH u. Mitarb. 1958). Seltener ist die subvalvuläre Stenose. Sie wurde von ABBOTT (1936) in 12 von 1000 Obduktionsfällen gefunden und unter 3000 angeborenen Herzfehlern des eigenen Krankengutes 15mal diagnostiziert. Trotz mehrerer Veröffentlichungen in den letzten Jahren (DENIE u. VERHEUGHT 1958; KREEL u. Mitarb. 1959; MORROW u. Mitarb. 1959; HERBST u. Mitarb. 1960; LOOGEN u. VIETEN 1960) ist die supravalvuläre Aortenstenose eine sehr seltene Anomalie.

Pathophysiologie. Die Aortenstenose — unabhängig von ihrer Lokalisation — bedeutet für den linken Ventrikel eine vermehrte Druckarbeit. Infolgedessen kommt es zu einer Muskelhypertrophie, die den Ventrikel befähigt, auch bei starken Stenosen ein noch der Norm angenähertes Schlag- und Minutenvolumen aufrechtzuerhalten. In Analogie zu Untersuchungen bei vergleichbaren Fehlern des rechten Herzens (Pulmonalstenose ohne Ventrikelseptumdefekt) darf auch für die Aortenstenose angenommen werden, daß bei schweren Stenosen mit starker Hypertrophie des Ventrikels ensystolisches und enddiastolisches Kammervolumen verringert sind. Erst wenn eine Insuffizienz des linken Ventrikels eintritt, wird eine Vergrößerung des Restvolumens klinisch offenbar.

Klinik. Die klinischen Symptome sind im allgemeinen so charakteristisch, daß die Diagnose einer Aortenstenose ohne spezielle Herzuntersuchungen gestellt werden kann. Bei Erwachsenen haben vergleichende hämodynamische und klinische Befunde so eindeutige Korrelationen zwischen dem Auskultationsbefund bzw. dem Phonokardiogramm, der Carotispulskurve, dem Elektrokardiogramm einerseits und der Druckerhöhung im linken Ventrikel andererseits gezeigt, daß in der Mehrzahl der Fälle aus dem klinischen Bild auch eine Beurteilung des Stenosegrades abgeleitet werden kann (FLEMING u. GIBSON 1957; GILLMANN u. LOOGEN 1960). Bei Kindern ist diese Übereinstimmung aber nicht zuverlässig. Die klinischen Befunde geben nur selten Auskunft über die Lokalisation der Stenose. Hier ist es vor allem der Nachweis von Kalkablagerungen im Bereich des Aortenostiums, der auf eine valvuläre Stenose schließen läßt. Dabei darf jedoch nicht übersehen werden, daß Kalkablagerungen gelegentlich auch einmal bei einer subvalvulären Stenose gefunden werden.

Röntgenbefunde. Vergleicht man Sagittalbilder des Herzens einer größeren Zahl von Aortenstenosen, so finden sich alle Übergänge von einer normalen *Herzgröße und*

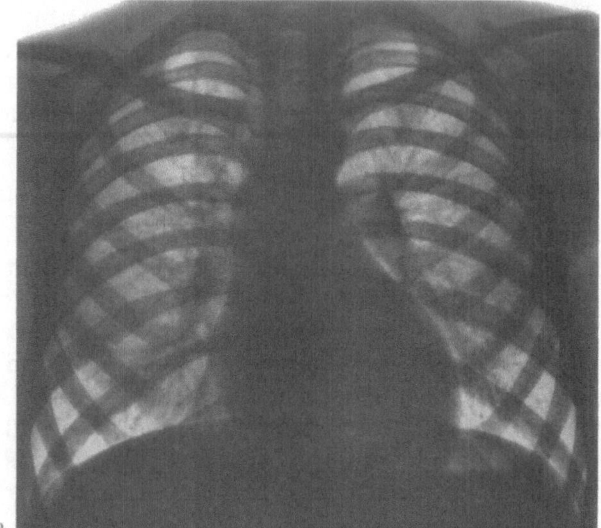
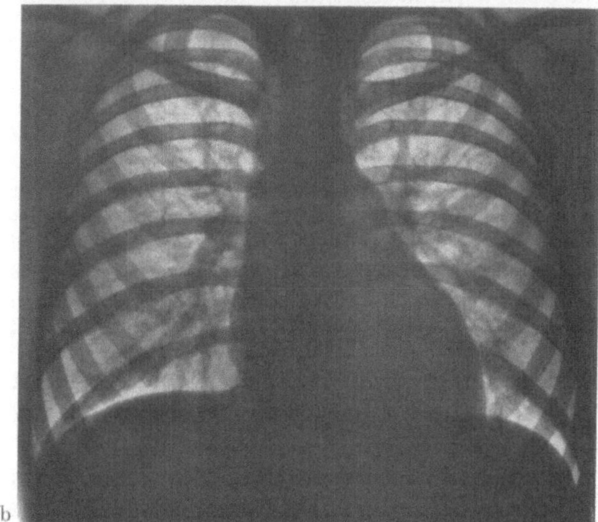
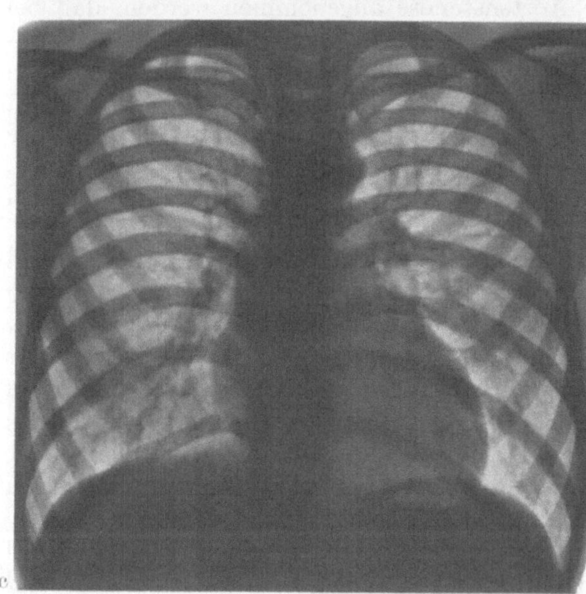

-*konfiguration* bis zu starken Linksverbreiterungen mit „Aortenkonfiguration". Die „normale" Herzgröße ist jedoch — von den leichten Stenoseformen ohne nennenswerte Druckdifferenz zwischen Aorta und Ventrikel abgesehen — meist nur eine scheinbare. Durch Herzkatheteruntersuchung und Angiokardiographie konnte nachgewiesen werden, daß die Massenverteilung zugunsten des linken Ventrikels verschoben ist, ein Befund, der auch durch anatomische Untersuchungen bei Aortenstenosen belegt ist. Da jede Vergrößerung des linken Ventrikels, gleichgültig ob sie Folge einer Dilatation oder Hypertrophie ist, zunächst und vornehmlich nach hinten erfolgt, kann das Sagittalbild ein normales Herz vortäuschen. Meist, d. h. bei den funktionell ins Gewicht fallenden Stenosen, ist jedoch eine verstärkte Rundung der Herzspitze festzustellen, und die erwähnte Massenverteilung zugunsten des linken Ventrikels läßt sich im allgemeinen bei der Untersuchung in der linken Schrägstellung auch ohne Zuhilfenahme spezieller Untersuchungsmethoden nachweisen. Bei voll kompensierter Aortenstenose ergeben sich aus der Größe des Herzens keine Rückschlüsse auf den Schweregrad des Herzfehlers (Abb. 48a—c). Dieser wichtige Befund wird durch die Abb. 49 belegt, in der die Röntgenbilder (p.a.-Herzaufnahmen) von 26 über 17 Jahre alten Patienten innerhalb der drei Stenosegrade (leicht, mittel, hochgradig) übereinander kopiert wurden (GILLMANN u. LOOGEN 1960). Die Mittelwerte der drei Patientengruppen zeigen

Abb. 48a—c. Sagittalbilder von Herzen bei angeborenen Aortenstenosen unterschiedlicher Schweregrade. Gleichaltrige Patienten (10jährige Jungen). Keine verwertbare Größenänderung des Herzens innerhalb der verschiedenen Schweregrade. a Valvuläre Aortenstenose, Schweregrad I. Systolische Druckdifferenz zwischen Aorta und linkem Ventrikel 10 mm Hg (Patient M. Kn.). b Subvalvuläre Aortenstenose, Schweregrad II. Systolische Druckdifferenz zwischen Aorta und linkem Ventrikel 70 mm Hg (Patient B. Eh.). c Valvuläre Aortenstenose, Schweregrad III. Systolische Druckdifferenz zwischen Aorta und linkem Ventrikel 100 mm Hg (Patient J. La.)

keine diagnostisch verwertbaren Unterschiede. Auch die Streuwerte lassen keine nennenswerten Unterschiede erkennen.

Stärkere Verbreiterungen des Herzens nach links im dorsoventralen Bild treten erst auf, wenn es bei einer Insuffizienz des linken Ventrikels zur Vergrößerung des Restvolumens und zur Dilatation gekommen ist (vgl. Abb. 52). Dann entsteht das Bild der „aortalen Konfiguration" des Herzens, das sich von entsprechenden Umformungen bei Aorteninsuffizienz oder arteriellem Hochdruck mit Arteriosklerose nicht unterscheidet.

Diagnostisch bedeutungsvoll ist die Beachtung der *Pulsationsabläufe*. Da bei der Aortenstenose das Schlagvolumen nicht vergrößert, sondern normal oder verkleinert ist,

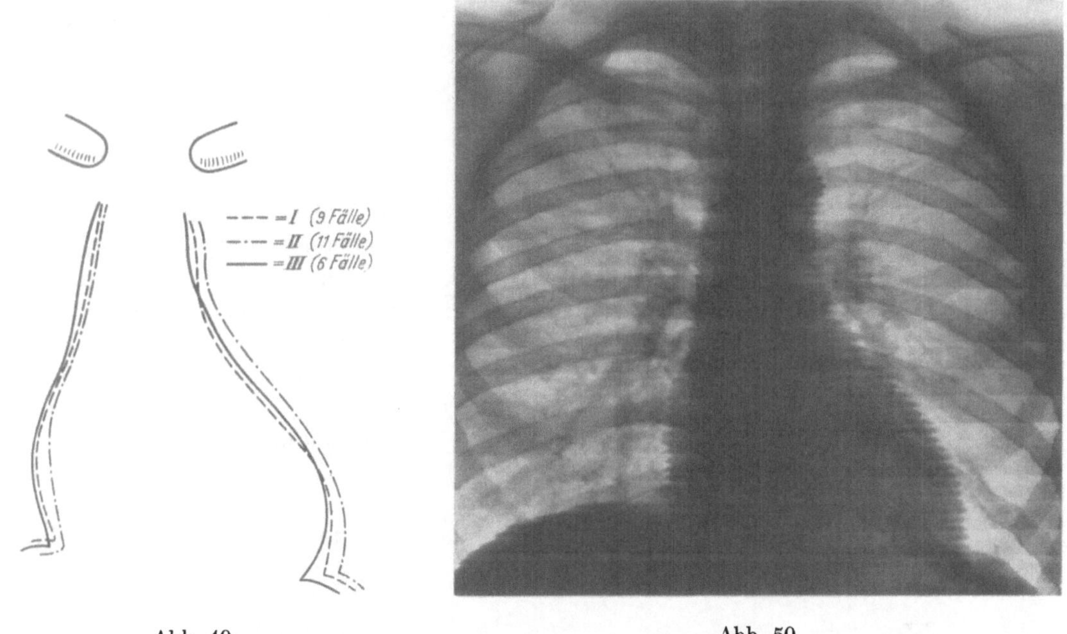

Abb. 49 Abb. 50

Abb. 49. Vergleich der Durchschnittsgrößen des Herzens bei Aortenstenosen der drei Schweregrade (voll kompensierte Aortenstenose, Patienten über 17 Jahre alt). Gruppe I: leichte Stenose, Gruppe II: mittelschwere Stenose, Gruppe III: schwere Stenose (nach Gillmann u. Loogen)

Abb. 50. Kymogramm des Herzens bei einem 15jährigen Patienten (B.Sa.) mit hochgradiger Aortenklappenstenose (Druckdifferenz 100 mm Hg). Die Randbewegungen des linken Kammerbogens und des Aortenbogens sind klein bzw. reduziert

sind auch die Pulsationen bei der reinen Aortenstenose normal oder kleiner, keinesfalls aber vergrößert. Die im Kymogramm faßbaren Randbewegungen des linken Kammerbogens sind daher nicht vertieft (Abb. 50). Nicht selten (vor allem bei hochgradigen Stenosen) ist eine Abschrägung der Medialbewegungen der Kammerzacken, wie sie von Stumpf (1951) beschrieben wurde und die auf eine Verlängerung der Systole zu beziehen ist, nachweisbar.

Der *linke Vorhof* ist bei der Aortenstenose nicht vergrößert. Eine Vergrößerung des linken Vorhofs ist suspekt auf einen zusätzlichen Mitralfehler (Abb. 51) oder auf eine relative Mitralinsuffizienz bei dekompensierter Aortenstenose.

Ein charakteristischer röntgenologischer Befund bei der Aortenstenose ist die *Dilatation der Aorta*, die im Gegensatz zur Aorteninsuffizienz oder Aortensklerose mit Hochdruck auf den Ascendensanteil begrenzt ist (vgl. Abb. 48a u. c). Gelegentlich ist die Dilatation besonders stark ausgeprägt im suprabulbären Aortenabschnitt. Besser als im Sagittalbild kann man die Aortendilatation in linker Schrägstellung des Patienten sichtbar machen. Bei Kontrastmittelfüllung läßt sich zeigen, daß die Konfigurationsänderung der Aorta nicht nur auf eine Dilatation, sondern auch auf einen abnormen Verlauf zurück-

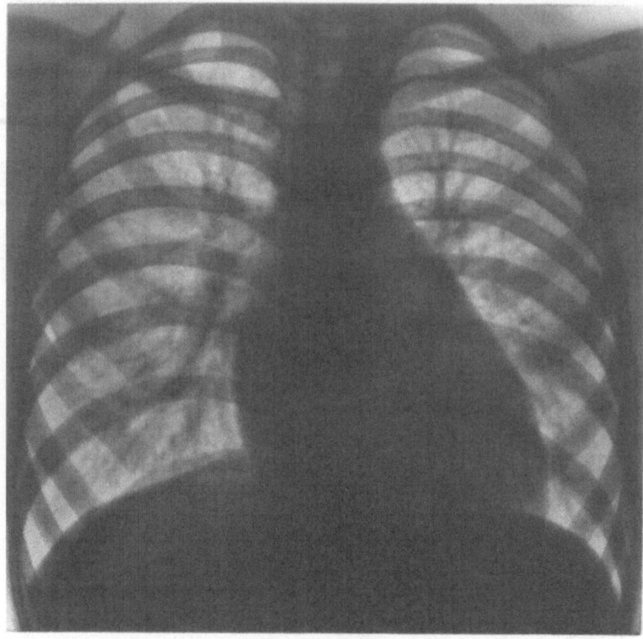

a

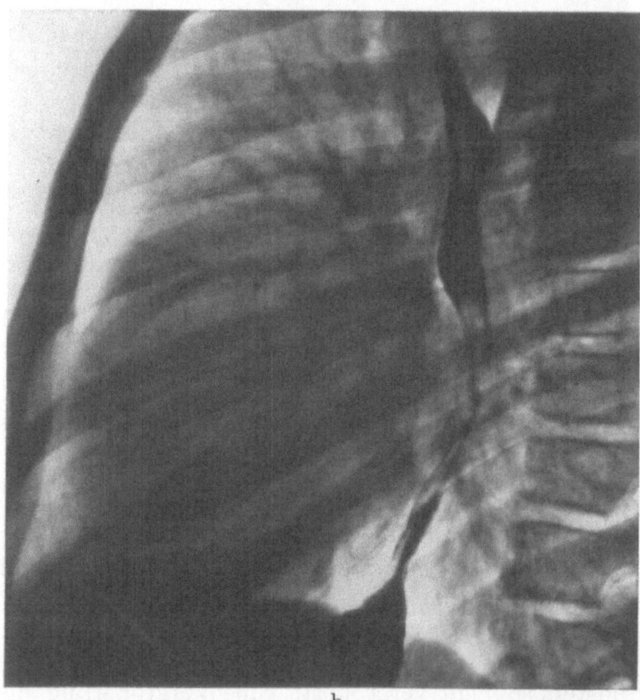

b

Abb. 51 a u. b. Subvalvuläre Aortenstenose mit Mitralinsuffizienz (relativ ?) bei einem 13jährigen Jungen (E.Pr.). a Sagittalbild: Herz nach links verbreitert, verstrichene Herztaille. Normale Lungengefäßzeichnung. b Seitenbild: Einengung des Retrokardialraumes vor allem im Bereich des vergrößerten linken Vorhofs

zuführen ist. Die Aorta verläuft bogenförmig nach vorne und rechts (KJELLBERG u. Mitarb. 1959).

Die *Pulsationen des aufsteigenden Aortenabschnittes* sind — ähnlich wie der Pulmonalbogen bei der valvulären Pulmonalstenose — im allgemeinen kräftiger als normal. Das gilt auch für den Fall, daß die ascendierende Aorta nicht erweitert ist. Die verstärkten Pulsationen zeigen sich kymographisch als vergrößerte Randbewegungen, besonders deutlich bei Aufnahme in linker Schrägstellung. Sie sind auf die ascendierende Aorta begrenzt, während der Aortenbogen und die absteigende Aorta normale oder verkleinerte Bewegungsamplituden aufweisen. Aus der Konfigurationsänderung der Aorta können keine Rückschlüsse auf den Stenosegrad gezogen werden. Auch für die Stenoselokalisation gibt das Verhalten der ascendierenden Aorta keine zuverlässigen Hinweise, wenn auch feststeht, daß die angeborene Klappenstenose in der Mehrzahl der Fälle mit einer Dilatation der ascendierenden Aorta kombiniert ist, während ein derartiger Befund bei der subvalvulären Stenose nur selten beobachtet wird. Von 31 Patienten mit valvulärer Aortenstenose des eigenen Krankengutes hatten 29, von 11 Patienten mit subvalvulärer Stenose nur 2 eine Dilatation der aufsteigenden Aorta (Abb. 52) (GROSSE-BROCKHOFF u. LOOGEN 1961). Bei supravalvulärer Aortenstenose ist im allgemeinen weder prä- noch poststenotisch eine Erweiterung der Aorta vorhanden; in drei eigenen Beobachtungen war der Aortenschatten sogar auffallend schmal (Abb. 53). Dagegen haben CHEU u. Mitarb. (1957) über eine poststenotisch aneurysmatisch erweiterte Aorta bei supravalvulärer Stenose berichtet.

Kalkablagerungen im Stenosebereich kommen bei jugendlichen Patienten nur selten vor. Der jüngste von CAMPBELL u. KAUNTZE (1953) beobachtete Patient mit angeborener Aortenstenose und röntgenologisch sichtbarer Kalkablagerung war 18 Jahre alt. Zum

Nachweis von Kalkablagerungen ist die Untersuchung mit härterer Strahlung bei stark eingeblendetem Feld und Drehung des Patienten in einen schrägen Durchmesser zu empfehlen.

Die Aortenstenose bedingt charakteristische Veränderungen des *elektrokymographischen Kurvenverlaufes*. Die Abweichungen von der normalen Kurve sind im wesentlichen Ausdruck der ver-

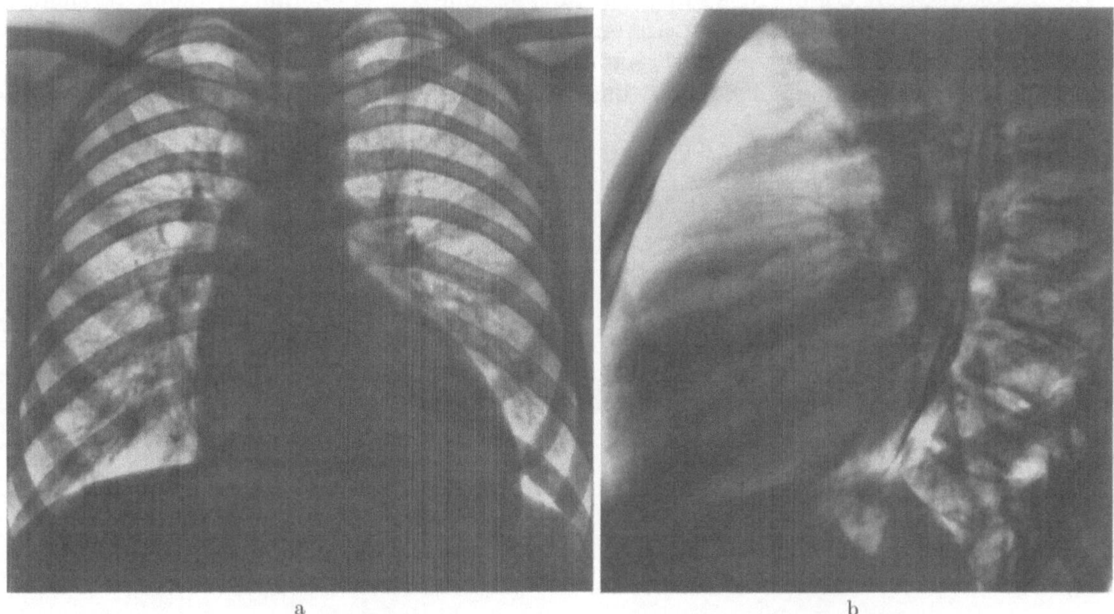

a b

Abb. 52a u. b. Subvalvuläre Aortenstenose (operativ gesichert) und Linksinsuffizienz bei einem 19jährigen Patienten (W.Mü.). a Sagittalbild: stark nach links verbreitertes Herz. Deutliche Dilatation der aufsteigenden Aorta. b Seitenbild: Einengung des Retrokardialraumes im Vorhof- und Kammerbereich

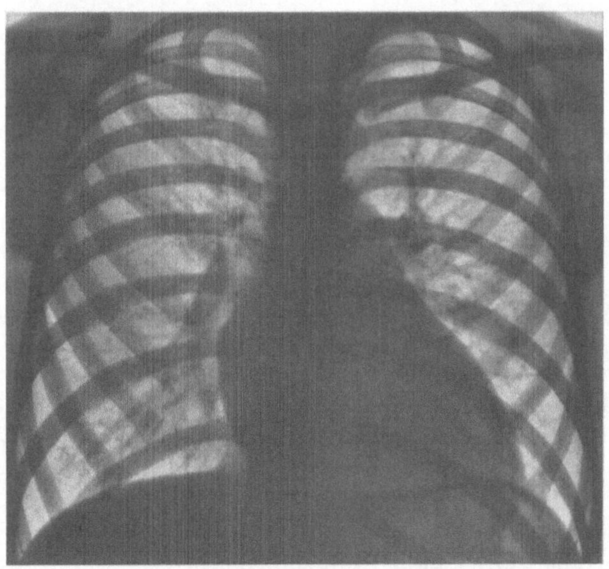

Abb. 53. Supravalvuläre Aortenstenose bei einem 12jährigen Jungen (R.-M.Cr.). Verbreiterung des Herzens nach links bzw. links unten. Flache Vorwölbung des Pulmonalbogens. Schmaler Aortenschatten. Normale Lungengefäßzeichnung

längerten Entleerungszeit des linken Ventrikels und der anomalen Funktion der Aortenklappen. Die Größe der Abweichung gibt Hinweise auf den Stenosegrad, nicht aber auf die Lokalisation. Bei leichten Stenosen sind die Abweichungen von der Norm nur gering. Der aufsteigende Schenkel hat eine normale Steilheit, im Gegensatz zur normalen Kurve ist aber die Spitze stärker abgerundet.

Bei hochgradigen Stenosen erfolgt zwar der systolische Kurvenanstieg zum normalen Zeitpunkt (ca. 0,13 sec nach der Q-Zacke), der Kurvenanstieg ist jedoch stark verlangsamt. Incisur und dikrotische Welle sind nur angedeutet zu erkennen.

Kontrastmitteldarstellung. Da die klinischen Befunde keine zuverlässige Bestimmung der Stenoselokalisation erlauben, kann man auf spezielle Untersuchungen nicht verzichten. Neben der Druckregistrierung im linken Ventrikel und in der Aorta bzw. während die Katheterspitze die Stenose passiert, hat die Kontrastmitteldarstellung der Ausflußbahn des linken Ventrikels entscheidende diagnostische Bedeutung. Hierbei können mehrere

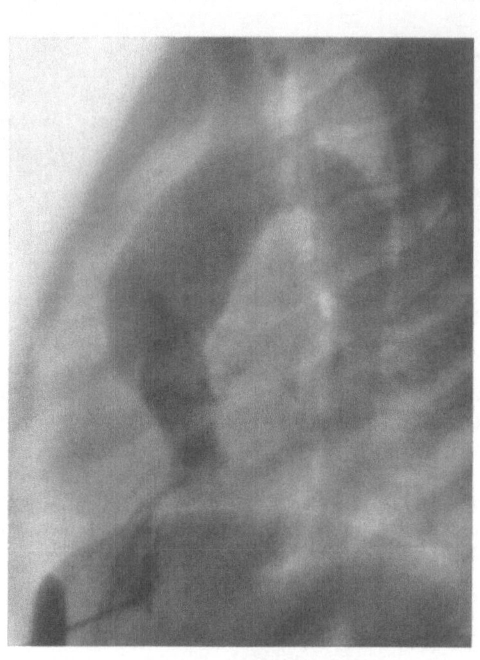

Abb. 54

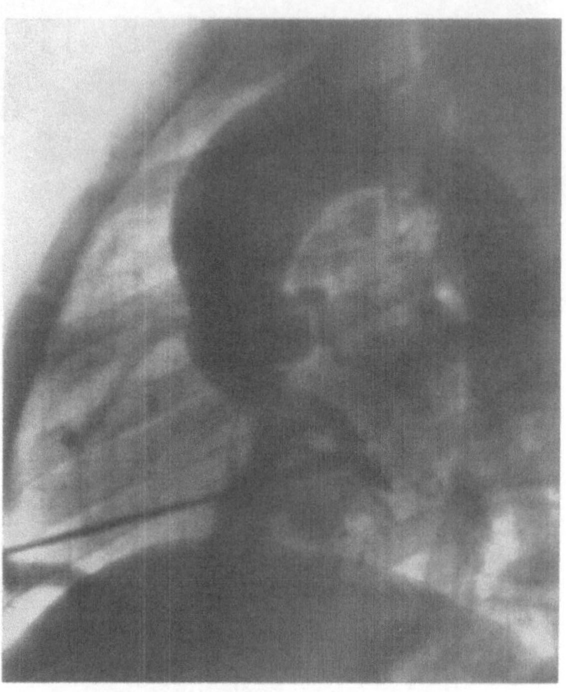

Abb. 55

Abb. 54. Angeborene valvuläre Aortenstenose. Kontrastmitteldarstellung der Ausflußbahn des linken Ventrikels und der Aorta nach Ventrikelpunktion: kuppelförmige Vorwölbung der Aortenklappen in eine poststenotisch erweiterte Aorta; gut erkennbarer Kontrastmittelstrahl durch das eingeengte Ostium

Abb. 55. Subvalvuläre Aortenstenose. Einschnürung der Kontrastmittelbahn wenige Millimeter unterhalb des Aortenostiums, sowohl während der systolischen als auch der diastolischen Phase

Wege beschritten werden. Zunächst ist die Injektion des Kontrastmittels in die Pulmonalarterie durch einen möglichst weitlumigen Katheter zu erwähnen. Die mit dieser Methode erreichbare Darstellung der anatomischen Verhältnisse im Bereich der Ausflußbahn reicht jedoch bei Erwachsenen nur selten für eine sichere Beurteilung aus. Sie wird daher heute kaum noch angewandt. Die Methode der Wahl ist die *Injektion des Kontrastmittels in den linken Ventrikel*, entweder durch einen retrograd von einer peripheren Arterie (ÖDMAN u. PHILIPSON 1958; PORSTMANN u. Mitarb. 1959; THURN u. Mitarb. 1960) oder transseptal (STEINHART u. ENDRYS 1960) in den linken Ventrikel eingeführten Katheter oder durch eine Punktionsnadel (BROCK u. Mitarb. 1956; GROSSE-BROCKHOFF u. Mitarb. 1959; LOOGEN 1959).

Bei der valvulären Aortenstenose findet sich eine Einschnürung der Kontrastmittelsäule im Bereich des Ostiums. Bei technisch guter Darstellung ist der durch das verengte Ostium fließende Kontrastmittelstrahl zu erkennen. Zur Beurteilung der Beweglichkeit der Aortenklappen während der systolischen und diastolischen Phase ist eine schnelle Bildfolge mit Simultanaufnahmen in zwei Ebenen erforderlich. Die Erfassung sowohl der systolischen als auch der diastolischen Phase ist zur Vermeidung diagnostischer Fehlschlüsse unumgänglich. Nur auf diese Weise kann eine durch Kontraktion bedingte Einengung im Bereich der Ausflußbahn von einer echten subvalvulären Stenose unterschieden werden. Bei zentral gelegener Öffnung werden die Klappen systolisch kuppelförmig in die Aorta vorgestülpt (Abb. 54). Ist die Aorta poststenotisch erweitert, so ist besser als bei der üblichen Röntgenuntersuchung zu erkennen, daß sich die Erweiterung nur auf den Ascendensanteil erstreckt. Gelegentlich ist suprabulbär eine eng umschriebene Ausbuchtung als Folge des an dieser Stelle auf die Aortenwand „aufprallenden" Blutstrahls zu erkennen. Auch der bereits erwähnte oft ungewöhnliche Verlauf der Aorta, der weite Bogen nach rechts und vorne, ist unschwer festzustellen.

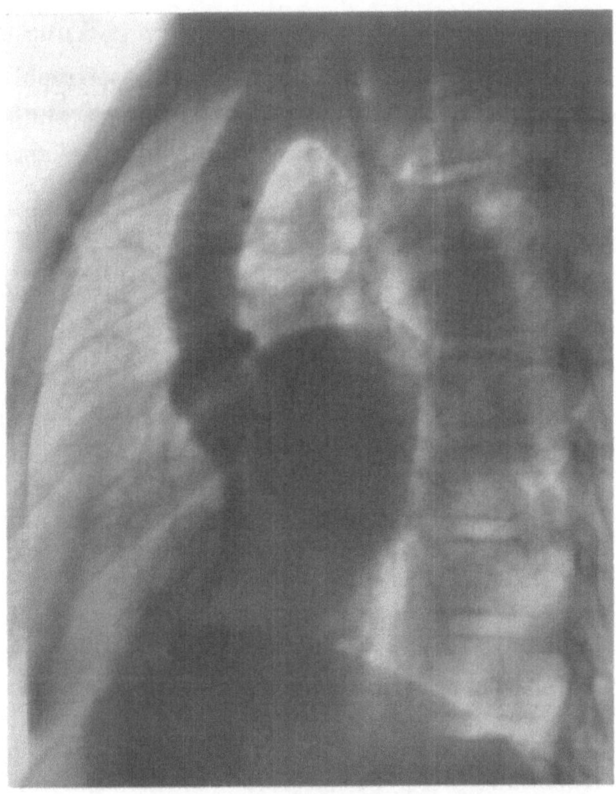

Abb. 56. Subvalvuläre Aortenstenose und Aortenisthmusstenose. Kontrastmittelübertritt in den linken Vorhof als Ausdruck einer gleichzeitig bestehenden Mitralinsuffizienz

Die subvalvuläre Aortenstenose ist durch eine Einengung der Ausflußbahn des linken Ventrikels gekennzeichnet. Sie liegt im allgemeinen wenige Millimeter bis zu 1 cm (selten mehr) unterhalb der Aortenklappen. Entscheidend ist die Feststellung, daß die Einschnürung zu allen Phasen der Herzaktion besteht (Abb. 55).

Die Kontrastmittelfüllung ermöglicht nicht nur die Bestimmung der Aortenstenoselokalisation, sondern auch die Erkennung zusätzlicher Anomalien, z.B. einer Aortenisthmusstenose (Abb. 56), eines Ventrikelseptumdefektes oder eines Ductus arteriosus apertus.

Bei der supravalvulären Aortenstenose sind die Ausflußbahn der linken Kammer und das Aortenostium unverändert. Dagegen ist eine Einengung des Aortenlumens zu erkennen, die meist unmittelbar distal vom Abgang der Coronararterien liegt (Abb. 57). Die poststenotische Aorta ist bei dieser Anomalieform nicht selten gegenüber der Norm auffallend schmal, während die Coronararterien meist stark erweitert sind.

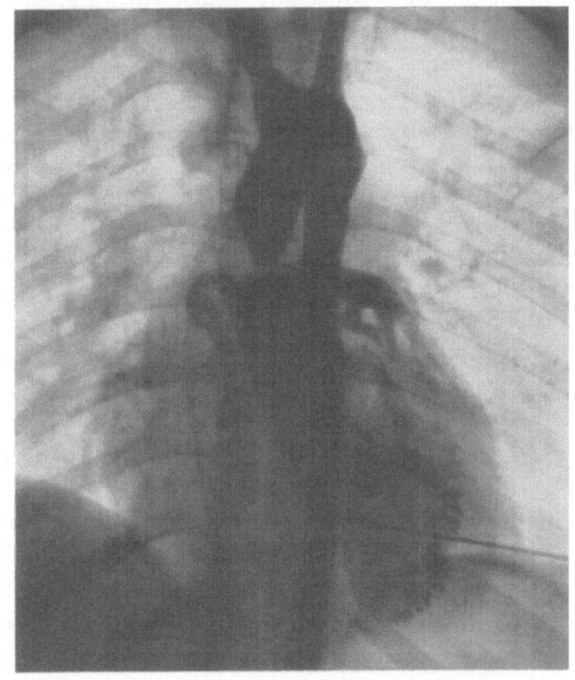

Abb. 57. Supravalvuläre Aortenstenose. Plötzliche Verschmälerung der Kontrastmittelbahn in der Aorta, unmittelbar oberhalb des Abganges der stark erweiterten Coronararterien. Weitere Verengung im Truncus brachiocephalicus

Anhang

a) Idiopathische hypertrophische subaortale Stenose

Neben den in den vorstehenden Kapiteln angeführten Aortenstenosen ist in den letzten Jahren eine weitere Stenoseform bekannt geworden (B. A. Bercu u. Mitarb. 1957; R. C. Brock 1959; Morrow u. Braunwald u. Mitarb. 1960; Goodwin u. Mitarb. 1960). Sie ist gekennzeichnet durch eine Einengung der Ausflußbahn des linken Ventrikels durch einen hypertrophischen Muskelring.

Die *Ätiologie* dieser Anomalie ist heute noch nicht geklärt. Möglicherweise ist sie nicht auf nur einen ursächlichen Faktor zurückzuführen. In einigen Fällen ist eine familiäre Disposition offensichtlich. Das gilt aber nicht für die Mehrzahl der Patienten. In den meisten Fällen entwickelt sich die idiopathische hypertrophische subaortale Stenose während der Adoleszenz oder im Erwachsenenalter und ist progressiver Natur.

Braunwald u. Mitarb. (1960) unterscheiden drei Untergruppen:

1. Familiäre, nichtkongenitale Form aller Altersstufen.
2. Nichtkongenitale Form Erwachsener ohne Hinweis auf eine familiäre Belastung.
3. Nichtfamiliäre kongenitale Form.

In *pathophysiologischer* Hinsicht bestehen weitgehende Parallelen zu den Aortenklappen- oder subvalvulären Stenosen. Im Gegensatz zu diesen Formen ist jedoch die Strombahneinengung bei der idiopathischen hypertrophischen Form nicht „starr“; ihre Größe wird durch die Kontraktion der Muskulatur bestimmt und ist daher in Abhängigkeit von der unterschiedlichen Muskelkontraktion veränderlich. Hierauf beruht ein von Brockenbrough u. Mitarb. (1961) beobachtetes hämodynamisches Kriterium, das eine Trennung dieser Stenoseform von den anderen Formen erlaubt. Bei Extrasystolen zeigt der erste Normalschlag nach einer postextrasystolischen Pause normalerweise einen höheren systolischen Druck im linken Ventrikel und in der Aorta. Auch bei der hypertrophischen subaortalen Stenose ist der systolische Druck im prästenotischen linken Ventrikel nach der postextrasystolischen Pause erhöht, infolge der stärkeren Kontraktion auch des „Stenoserings“ ist aber der entsprechende systolische Druck in der Aorta niedriger als bei den übrigen Systolen.

Das *klinische Bild* der idiopathischen hypertrophischen subaortalen Stenose ist abhängig vom Stenosegrad und zeigt dementsprechend alle Übergänge von völlig beschwerdefreien Patienten bis zu solchen, deren körperliches Leistungsvermögen erheblich eingeschränkt ist. Ein Leitsymptom ist das systolische Geräusch, dessen Maximum zwischen der Herzspitze und dem Sternum liegt. Oft ist hier auch Schwirren zu tasten. Das Geräusch wird nur gering in die Aorta bzw. die Carotiden fortgeleitet. Der Aortenklappenschlußton ist bei den schweren Formen verspätet und kann sogar hinter dem Pulmonalklappenschlußton liegen („paradoxe Spaltung“). Der Herzspitzenstoß ist im allgeneinem gut zu tasten; nicht selten ist er verbreitert und hebend. Charakteristisch ist die Carotispulskurve. Einem initialen Steilanstieg folgt nach einem mesosystolischen Kurvenabfall ein zweiter, niedrigerer Kurvengipfel.

Röntgenbefunde. Bei den funktionell leichten Stenoseformen können Größe und Form des Herzens normal erscheinen (Abb. 58a). Bei den schweren Formen findet man meist eine Verbreiterung des Herzens nach links mit verstärkter Rundung der linken unteren Herzkontur. Eine Einengung des Retrokardialraumes wird bei den kompensierten Fällen nicht beobachtet (Abb. 58b).

Bei gleichzeitig bestehender Mitralinsuffizienz, die oft in Kombination mit der hypertrophischen subaortalen Aortenstenose vorkommt, ist der linke Vorhof dem Insuffizienzgrad entsprechend vergrößert. Das rechte Herz ist unauffällig. Diagnostisch wichtig ist auch die Feststellung, daß die ascendierende Aorta nicht dilatiert ist.

Herzkatheteruntersuchung. Bei klinischer Verdachtsdiagnose, die in den meisten Fällen möglich ist, dient die Herzkatheteruntersuchung in erster Linie der Bestimmung des Stenosegrades. Sowohl die retrograde als auch die transseptale Methode, gegebenenfalls auch die direkte Punktion, sind hierzu geeignet.

Kontrastmitteldarstellung. Mit der venösen Angiokardiographie ist eine zuverlässige Darstellung der Stenose im allgemeinen nicht zu erreichen. Die Injektion in den linken

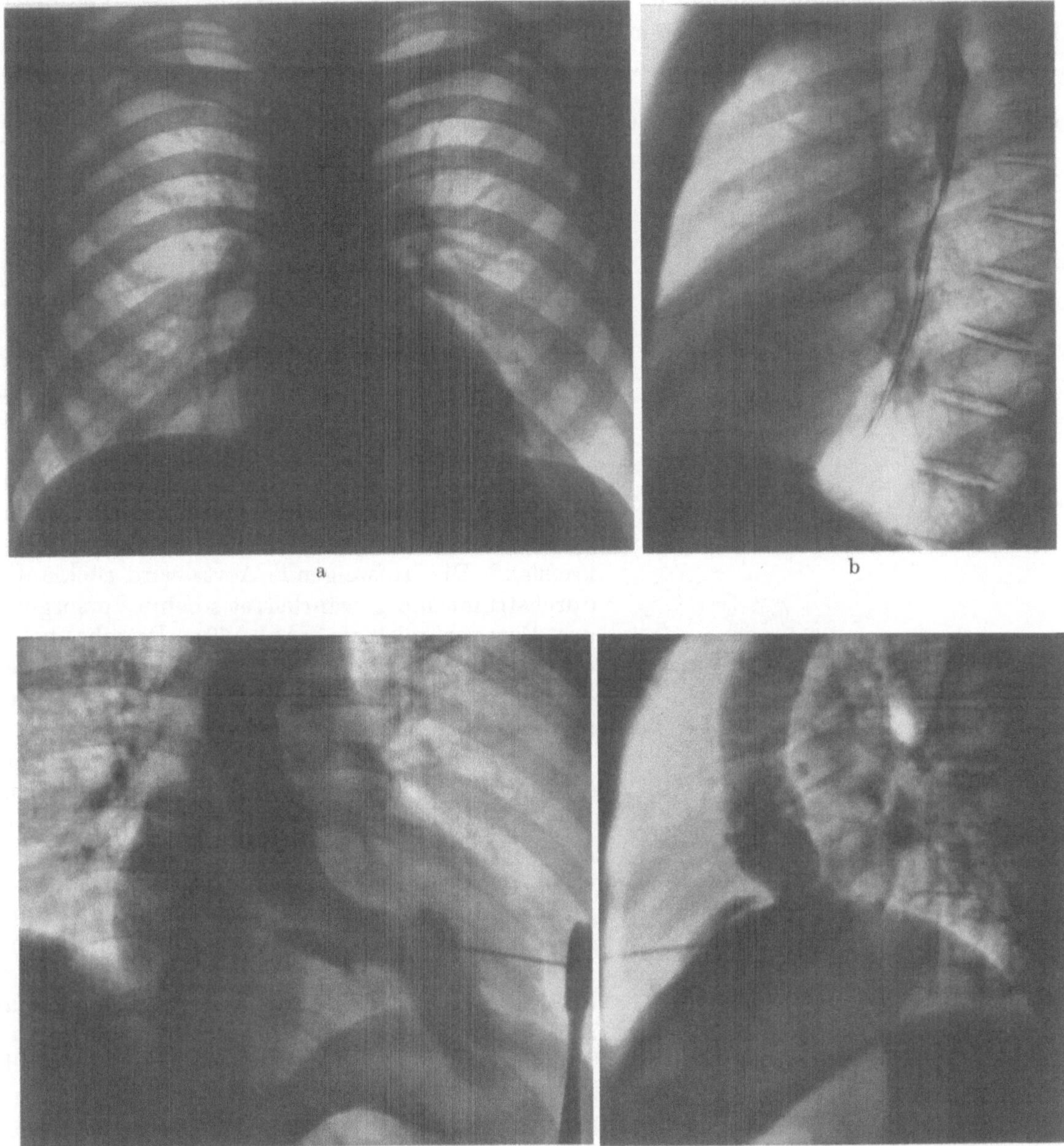

Abb. 58a—d. Idiopathische hypertrophische subaortale Stenose bei einem 37jährigen Mann (H.Hö.). a Sagittales Nativbild: keine besondere Formveränderung des Herzens und des Gefäßbandes. b Seitenbild: keine Einengung des Retrokardialraumes. c Sagittales Lävogramm: während der Systole Ausflußbahn des linken Ventrikels auffallend lang und von links oben eingeengt. d Seitenbild zu c: mehrere Zentimeter unterhalb der Aortenklappe Einengung der Kontrastmittelbahn

Ventrikel ist nach Möglichkeit anzustreben. Bei diesem Vorgehen findet man mehrere Zentimeter unterhalb der Aortenklappen eine systolische Einengung der Kontrastmittelbahn durch unterschiedlich breite Muskelwülste (Abb. 58c und d). Daneben erkennt man die stark hypertrophierte Muskelwand des linken Ventrikels. Gelegentlich ist der rechte

Ventrikel durch den muskelstarken und vergrößerten linken Ventrikel nach rechts verdrängt. SeineAusflußbahn kann dabei eingeengt werden (BRAUNWALD u. Mitarb. 1960).

b) Aortenatresie

Bei dieser Anomalie handelt es sich um eine Atresie des Aortenostiums. Vereinzelt kann eine kleine Öffnung erhalten sein. Das Ventrikelseptum ist normal ausgebildet. Aorta und Pulmonalarterie entspringen aus den zugehörigen Kammern.

Die Aortenatresie ist selten. MARTENS (1890) berichtete über 29 Fälle, MONIE und DE PAPE stellten 1950 aus der Literatur weitere 26 Fälle zusammen, EDWARDS (1953) fand die Anomalie 7mal unter 212 Fällen mit schweren angeborenen Angiokardiopathien. Das männliche Geschlecht scheint bevorzugt betroffen zu sein.

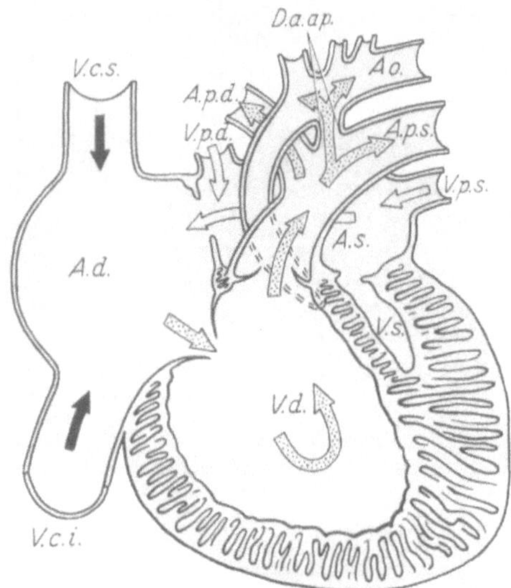

Abb. 59. Schematische Darstellung der Kreislaufverhältnisse bei Aortenatresie. *V.c.s.* obere Hohlvene; *V.c.i.* untere Hohlvene; *A.d.* rechter Vorhof; *A.s.* linker Vorhof; *V.s.* linker Ventrikel; *V.d.* rechter Ventrikel; *Ao.* Aorta; *A.p.s.* linke Pulmonalarterie; *A.p.d.* rechte Pulmonalarterie; *V.p.s.* linke Lungenvene; *V.p.d.* rechte Lungenvene; *D.a.ap.* offener Ductus arteriosus. Die Pfeile zeigen die Richtung des Blutstromes und die arteriovenöse Durchmischung an (aus GROSSE-BROCKHOFF, LOOGEN, SCHAEDE; Hdb.inn.Med. 1960)

Pathophysiologie. Das Lungenvenenblut fließt, da ihm der Weg aus dem linken Ventrikel in die Aorta versperrt ist, durch einen Vorhofseptumdefekt (überwiegende Form) oder über eine anomale Vene (BELLET und GOULEY 1932) in den rechten Vorhof und mischt sich mit dem aus den Hohlvenen kommenden venösen Blut. Vom rechten Ventrikel fließt das Mischblut in die Pulmonalarterie und von dort in Abhängigkeit von den Strömungswiderständen in den Lungen- und (durch einen offenen Ductus arteriosus) in den Körperkreislauf. Die aufsteigende Aorta wird rückläufig durchströmt und gewährleistet so eine Versorgung des Coronarkreislaufs (Abb. 59). Besteht keine offene Vorhofverbindung oder schließt sich der Ductus arteriosus, so sind die Träger der Anomalie naturgemäß nicht lebensfähig.

Die *klinische Diagnose* oder auch nur die Verdachtsdiagnose sind im allgemeinen nicht möglich. Die wegen des kaum beeinträchtigten fetalen Kreislaufs ausgereift zur Welt kommenden Kinder zeigen schon in den ersten Lebenstagen eine ständig zunehmende Verschlechterung ihres Allgemeinzustandes. Sie verweigern die Nahrungsaufnahme und nehmen rapid an Gewicht ab. Neben deutlicher Dyspnoe treten eine Cyanose und bald Zeichen einer Herzinsuffizienz auf. Gewisse diagnostische Hinweise gibt das Elektrokardiogramm. Neben einem Rechtstyp findet man in zwei Drittel der Fälle ein negatives T über den Ableitungsstellen des linken Ventrikels (KEITH u. Mitarb. 1958).

Röntgenbefunde. Das Herz ist bei Auftreten der ersten klinischen Symptome fast immer nach beiden Seiten verbreitert. Nur vereinzelt sind Größe und Form des Herzens im Normbereich. Bei vergrößertem Herzen kann die Herzspitze angehoben sein, die rechte Herzkontur ist dann durch den vergrößerten rechten Vorhof meist verstärkt gerundet. Das Gefäßband ist eher verbreitert als schmal. Die Hili sind im allgemeinen dicht, die Lungengefäßzeichnung ist verstärkt. KEITH u. Mitarb. (1958) fanden bei ihren Patienten eine geringe Herzvergrößerung in einem Viertel, eine mittelstarke Vergrößerung in der Hälfte und eine massive Vergrößerung in einem weiteren Viertel der Fälle.

Kontrastmitteldarstellung. Spezielle Herzuntersuchungen sind wegen des schlechten Allgemeinzustandes, in dem sich die Kinder befinden, wenn sie in klinische Beobachtung kommen, nur selten durchführbar. KEITH u. Mitarb. konnten durch eine venöse Angiokardiographie bei einem 2 Monate alten Kind zeigen, daß das Kontrastmittel von einer enorm erweiterten Pulmonalarterie in die normal weite Aorta (Aortenbogen und Aorta descendens) gelangte. Rechter Vorhof und rechter Ventrikel waren ebenfalls deutlich vergrößert. Die Diagnose einer Aortenatresie wurde erst durch die retrograde Aortographie gesichert. Dabei zeigte sich neben dem weit offenen Ductus arteriosus, daß die Coronararterien über eine stark hypoplastische Aorta ascendens retrograd durchblutet wurden.

Die *Prognose* dieser Herzanomalie ist schlecht. Meist sterben die Kinder bereits in der ersten Lebenswoche. Nur einzelne erreichten ein Alter von 4—7 Monaten (Du Shane 1948; Keith u. Mitarb.).

4. Aortenisthmusstenose

Definition. Im strengen Sinne dürften nur solche Verengungen des Aortenlumens als Isthmusstenose bezeichnet werden, die den Aortenabschnitt zwischen dem Ursprung der linken A. subclavia und der Mündungsstelle des Ductus arteriosus betreffen. In der Praxis wird der Begriff der Isthmusstenose weiter gefaßt; man zählt nicht nur Verengungen am eigentlichen Isthmus aortae, sondern auch solche im Verlauf der Aorta proximal oder distal vom Isthmus, schließlich auch die völlige Unterbrechung der Aorta (Atresie), hinzu.

Embryologie. Lange Zeit wurde die Entstehung der Isthmusstenose auf eine bei der Obliteration des Ductus arteriosus (Botalli) eintretende Schrumpfung der von diesem fetalen Gefäß auf die Aorta übergreifenden Fasern zurückgeführt (Skoda 1855). Nach dieser Auffassung müßte die Isthmusstenose erst nach der Geburt entstehen. Demgegenüber wird heute im allgemeinen die Ansicht vertreten, daß sich die Gefäßstenose bereits intrauterin infolge einer fetalen Entwicklungsstörung (Taussig 1947) oder überschießender Rückbildungsvorgänge der Kiemenbogenarterien (Doerr 1950; Grob 1949) ausbildet. Nach der Geburt kann die Stenose relativ (beim körperlichen Wachstum bleibt der stenotische Gefäßbezirk hinter den gesunden Gefäßen zurück) oder absolut (thrombotische Auflagerungen und deren Organisation: Derra, Bayer u. Loogen 1956; Meessen 1957) zunehmen.

Anatomie. Einteilung. Das anatomische Bild der Aortenisthmusstenose ist nicht einheitlich. Ausmaß und Lokalisation der Stenose, Ausbildung oder Fehlen eines Kollateralkreislaufs, Persistenz eines Ductus arteriosus und gleichzeitig vorliegende andersartige angeborene Herzanomalien und deren Rückwirkungen auf das Herz bedingen zahlreiche Variationen.

In der Mehrzahl der Fälle ist die Stenose eng umschrieben und liegt etwa in Höhe der 5. bis 6. hinteren Rippe. Das Gefäßlumen ist oft nur stricknadeldick, gelegentlich völlig unterbrochen. Der prä- und poststenotische Aortenabschnitt ist meist dilatiert. Vereinzelt ist eine aneurysmatische Erweiterung der Aorta und/oder anderer Gefäße (A. subclavia sinistra, Intercostalarterie) vorhanden. Die in den Kollateralkreislauf einbezogenen Gefäße zeigen eine Zunahme ihres Lumens und ihrer Wandstärke, bei älteren Patienten praktisch immer auch degenerative Wandveränderungen. Entsprechend der durch die Stenose bedingten Druckbelastung des linken Ventrikels ist dessen Muskulatur mehr oder weniger stark hypertrophiert.

Ist die Aortenisthmusstenose mit einem weit offenen Ductus kombiniert, so findet man nicht nur eine Dilatation des linken Ventrikels und gelegentlich auch des linken Vorhofs, sondern auch häufiger als beim isolierten Ductus gleicher Weite anatomische Veränderungen der Lungengefäße mit Einengung ihrer Lumina durch Mediahypertrophie und Intimaproliferation.

So wie das anatomische zeigt auch das klinische Bild Abweichungen von der typischen Symptomatologie. Die Verschiedenheiten des anatomischen und klinischen Bildes haben zu mehreren Einteilungsversuchen geführt, wobei der Akzent einmal mehr auf anatomischen, ein andermal mehr auf klinischen, schließlich vorwiegend auf pathophysiologischen Gesichtspunkten liegt. Am bekanntesten und ältesten ist die Einteilung in Stenosen vom „erwachsenen“ und „infantilen“ Typ (Bonnet 1903). Die infantile Form ist danach charakterisiert durch eine meist lange Stenose und einen offenen poststenotisch mündenden Ductus arteriosus, während bei der Erwachsenen-Form die Stenose eng umschrieben ist und distal von der linken A. subclavia bei obliteriertem Ductus liegt.

Vorwiegend anatomische bzw. chirurgische Gesichtspunkte liegen den Einteilungen von GROB (1949) und NIEDNER (1957) zugrunde. Auch die von EDWARDS (1953) vorgeschlagene Einteilung geht von anatomischen Feststellungen aus. Sie hat aber den Vorteil, daß sich auch die klinische Symptomatologie ohne Schwierigkeiten einordnen läßt:

1. Aortenisthmusstenose mit geschlossenem Ductus arteriosus.
   a) Stenose in der Nähe des Ligamentum arteriosum,
   b) Stenose mit ungewöhnlicher Lokalisation,
   c) Stenose mit Einbeziehung der rechten oder linken A. subclavia.
2. Aortenisthmusstenose mit offenem Ductus arteriosus.
   a) Stenose distal von der aortalen Einmündungsstelle des Ductus,
   b) Stenose proximal von der aortalen Einmündungsstelle des Ductus,
      α) ohne Kollateralkreislauf,
      β) mit Kollateralkreislauf.

Aortenisthmusstenosen sind häufig mit zusätzlichen Anomalien kombiniert. Von diesen ist zunächst der offene Ductus arteriosus zu erwähnen, der nicht nur in Verbindung mit der sog. infantilen Isthmusstenose vorkommt, sondern auch bei den übrigen Formen in etwa 25% aller Fälle angetroffen wird. Ein gleichzeitiger Ventrikelseptumdefekt wurde von KEITH u. Mitarb. (1958) in 14% der Fälle angegeben, während eine zweisegelige Aortenklappe in 25% (ABBOTT 1936), eine Aortenstenose in 2—6% (ABBOTT; SMITH u. MATTHEWS 1955) und eine Endokardfibrose in 4% beobachtet wurden.

Häufigkeit. Die Angaben über die Häufigkeit der Aortenisthmusstenose differieren stark. Dies dürfte in erster Linie auf das unterschiedliche Untersuchungsgut der einzelnen Arbeitsgruppen zurückzuführen sein. ABBOTT (1936) fand die Gefäßanomalie unter 1000 Obduktionsfällen angeborener Herzfehler 142mal, PERLMAN (1944) einmal unter 10000 Rekruten. An einem allgemeinen Obduktionsgut stellte EVANS (1926) eine Isthmusstenose einmal unter 1540, BLACKFORD (1928) einmal unter 1500 Fällen fest. In unserem Krankengut von 3000 angeborenen Herzfehlern wurde die Anomalie 206mal diagnostiziert.

Das männliche Geschlecht ist häufiger als das weibliche betroffen. Die ermittelten Zahlen liegen zwischen 4 und 8:1 (ABBOTT; LEWIS; GROSSE-BROCKHOFF, LOOGEN u. SCHAEDE 1960).

Pathophysiologie. Die Verengung der Körperschlagader bedingt zur Aufrechterhaltung einer ausreichenden Blutversorgung der unterhalb der Stenose gelegenen Organe eine Druckerhöhung im prästenotischen Aortenabschnitt. Das in die poststenotische Aorta gelangende arterialisierte Blut fließt zum Teil durch die Stenose, zum Teil über die Kollateralen.

Neben mechanischen werden auch renale und nervale Faktoren für die Entstehung der Blutdruckerhöhung diskutiert. Durch die Kombination einer Aortenisthmusstenose mit einem Ductus arteriosus apertus wird die hämodynamische Situation erheblich kompliziert, wenn man von den ganz engen Gefäßverbindungen absieht. Ein weitlumiger, prästenotisch mündender Ductus bedingt infolge der erhöhten aorto-pulmonalen Druckdifferenz eine entsprechend starke Volumenmehrbelastung der Lungenstrombahn und des linken Herzens. Die Patienten sind in zweifacher Hinsicht gefährdet, einmal durch eine Dekompensation des linken Ventrikels (Druck- und Volumenmehrarbeit), zum anderen durch anatomische Veränderungen der kleinen Lungenarterien (Mediahypertrophie, Intimaproliferation). Die durch die Gefäßveränderungen bedingte Erhöhung des Strömungswiderstandes im Lungenkreislauf kann in einzelnen Fällen soweit gehen, daß trotz der Einmündung des Ductus in den prästenotischen Aortenabschnitt ein Rechts-Links-Shunt besteht.

Auch bei Einmündung des Ductus distal von der Isthmusstenose kann ein Links-Rechts-Kurzschluß bestehen, wenn die Blutversorgung der unteren Körperhälfte durch einen ausreichenden Kollateralkreislauf gewährleistet ist. Meist wird aber bei dieser Kombinationsform ein besonderer Kollateralkreislauf vermißt, und die distal von der

Stenose liegenden Organe werden über den Ductus mit venösem Blut (Rechts-Links-Shunt) versorgt.

Klinik. Klinisches Leitsymptom der Aortenisthmusstenose ist die Puls- und Blutdruckdifferenz zwischen den oberen und unteren Extremitäten. Während die Blutdruckerhöhung an den Armen beim Erwachsenen mit funktionell stärkerer Isthmusstenose nicht zu übersehen ist, findet man sie bei Kleinkindern häufig nicht besonders ausgeprägt. Systolische Blutdruckwerte von 115—130 mm Hg sind keine Seltenheit.

Ein charakteristischer Befund der Aortenisthmusstenose ist der Nachweis arterieller Pulsationen an ungewöhnlicher Stelle, z.B. an den oberen und seitlichen Thoraxabschnitten. Hier sind sie gelegentlich schon bei der Inspektion wahrnehmbar.

Bei der Auskultation findet sich ein leises bis mittellautes systolisches Geräusch, das meist vom ersten Herzton abgesetzt ist, sein Maximum meso- bis spätsystolisch erreicht und häufig über den zweiten Herzton hinausreicht. Bei stärkerer Blutdruckerhöhung ist der Aortenklappenschlußton in der Regel verstärkt.

Die subjektiven Beschwerden sind nur in einem Teil der Fälle wegweisend, so z.B. wenn über Blutandrang zum Kopf mit Schwindelerscheinungen und Kopfschmerzen geklagt wird, oder wenn infolge einer verminderten Durchblutung Kälte- und Schwächegefühl in den Beinen, vereinzelt auch krampfartige Schmerzen in den Waden beim Radfahren oder schnellen Gehen angegeben werden. Das *Elektrokardiogramm* gibt nur selten entscheidende diagnostische Hinweise, vor allem nicht im Kindesalter. Auffallend häufig wird ein unvollständiger Rechtsschenkelblock (20—30% der Fälle) gefunden. Eine befriedigende Erklärung dieses Befundes gibt es bis heute nicht.

Röntgenbefunde. In der Mehrzahl der Fälle können bei der Röntgenuntersuchung für die Diagnose der Aortenisthmusstenose entscheidende Befunde erhoben werden. Darüber hinaus kann in einem Teil der Fälle allein durch die übliche Röntgendiagnostik auch die Lokalisation der Stenose mit ausreichender Sicherheit nachgewiesen werden.

Die röntgenologisch faßbaren Veränderungen erstrecken sich auf

1. den linken Ventrikel,
2. das Gefäßband,
3. den Kollateralkreislauf.

Infolge der vermehrten Druckbelastung und der dadurch bedingten Muskelhypertrophie findet man praktisch immer eine *Vergrößerung des linken Ventrikels.* Dabei kann das Herz im p.a.-Röntgenbild unauffällig erscheinen. Bei Untersuchung in Schrägstellung des Patienten zeigt sich jedoch eine stärkere Ausladung des Ventrikels nach hinten (Abb. 60a und b). Diese Situation wird häufig beim Kleinkind angetroffen, bei älteren Kindern und beim Erwachsenen kommt die Vergrößerung des linken Ventrikels meist bereits im Sagittalbild in einer vermehrten Rundung der Herzspitze oder Linksverbreiterung zum Ausdruck (Abb. 61a und b). Die Linksverbreiterung ist bei älteren Patienten gelegentlich so stark, daß das Herz eine angedeutete Aortenkonfiguration erhält, obwohl noch keine klinisch manifesten Zeichen einer Dekompensation nachweisbar sind. Wenn es zur Dekompensation des stark linksverbreiterten Herzens kommt, findet man stets eine Vergrößerung des linken Vorhofs, die gelegentlich so ausgesprochen ist, daß sie die Herzbucht ausfüllt und das Bild der Aortenkonfiguration verwischt. Wenn es auch im allgemeinen berechtigt erscheint, aus einem stark linksverbreiterten Herzen auf eine hochgradige Aortenisthmusstenose zu schließen, so bedeutet das andererseits jedoch nicht, daß ein normal großes oder ein nur gering linksverbreitertes Herz eine hochgradige Stenose ausschließt.

Wichtiger als das Verhalten des linken Ventrikels sind für die Erkennung der Isthmusstenose die *Veränderungen im Bereich des Gefäßbandes.*

Der *Aortenknopf* fehlt in zahlreichen Fällen (Abb. 60 und 61), teils infolge einer Verschmälerung des Aortenbogens, teils infolge eines anomalen Aortenverlaufs. FIGLEY (1954) fand unter 75 Patienten den Aortenknopf in 57% normal, klein in 25% und prominent in 18%. Das Fehlen des Aortenknopfes als alleiniger röntgenologischer Befund besagt wenig, in Kombination mit einer erweiterten ascendierenden Aorta kommt ihm jedoch größere diagnostische Bedeutung zu. Nicht selten ist ein konvexbogiger Gefäßvorsprung zu erkennen, der oberhalb des normalerweise zu erwartenden Aortenknopfes liegt. Die Entscheidung, ob es sich dabei um den nach oben verlagerten Aortenknopf oder um die erweiterte linke A. subclavia handelt, ist ohne zusätzliche Untersuchungen oft nicht möglich. Leichter ist die Klärung in den Fällen mit einer Doppelkontur im Vorwölbungsbereich. Sie ist bedingt durch den Aortenknopf und eine diesem „aufsitzende" weite A. subclavia sinistra (Abb. 62).

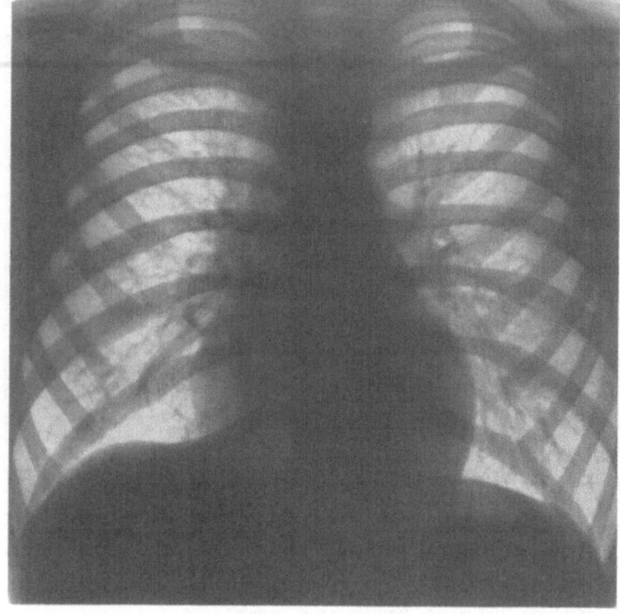

a

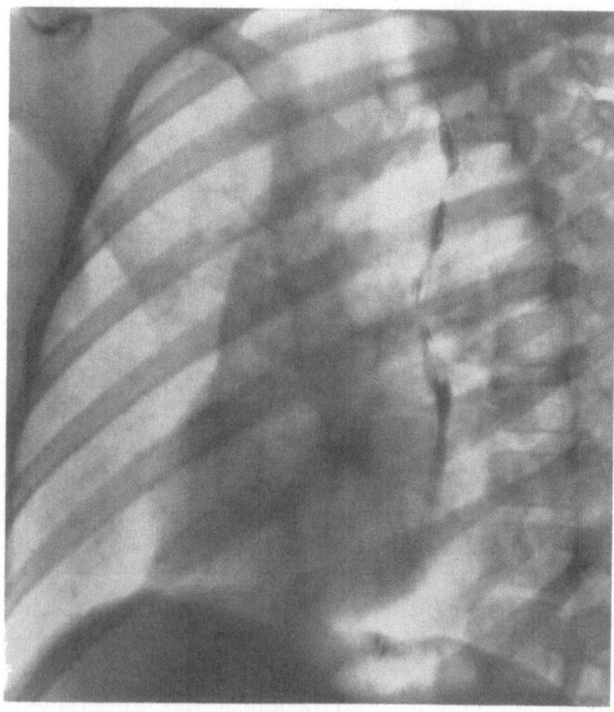

b

Abb. 60a u. b. Aortenisthmusstenose bei einem 7jährigen Patienten (G.Schw.). RR an den Armen 160/100 mm Hg, an den Beinen nicht meßbar. a Sagittalbild: Herz von normaler Größe. Fehlender Aortenknopf. Keine sicheren Rippenusuren. b Projektion in linker Schrägstellung (II. schräger Durchmesser): verstärkte Ausdehnung des linken Ventrikels nach hinten. Flache Vorwölbung der aufsteigenden Aorta

Unterhalb des Aortenknopfes bzw. der linken A. subclavia ist oft eine weitere Vorwölbung des Mediastinalschattens festzustellen (Abb. 63). Sie ist auf eine *Dilatation des poststenotischen Aortenabschnittes* zurückzuführen und nimmt gelegentlich aneurysmatische Ausmaße an. Meist läßt sich die Gefäßvorwölbung nach oben abgrenzen, was durch Drehung des Patienten in einen schrägen Durchmesser erleichtert wird (WOLKE 1937; ZDANSKY 1949). Die Feststellung, daß der kontinuierliche Übergang des Aortenbogens in die descendierende Aorta unterbrochen ist, kann als diagnostisch beweisend angesehen werden und ermöglicht gleichzeitig die Bestimmung der Stenoselokalisation. Die Diskontinuität des Aortenverlaufs ist in 30—40% der Patienten mit Aortenisthmusstenose zu erkennen, bei Erwachsenen häufiger als bei Kindern (BRUWER u. PUGH 1952; FIGLEY 1954). In unserem Untersuchungsgut war die Incisur am linken Rand des Gefäßbandes in 68% der Fälle nachweisbar (LOOGEN, KARYTSIOTIS und GREMMEL 1962).

Die *ascendierende Aorta* zeigt ein unterschiedliches Verhalten. Sie ist in der Mehrzahl der Fälle unauffällig, in etwa einem Drittel der Fälle ist sie erweitert (Abb. 64). Die Erweiterung ist auf den postvalvulären Abschnitt begrenzt, in anderen Fällen betrifft sie vorwiegend den Aortenbogen, der vereinzelt ein aneurysmatisches Aussehen hat. Fast ausnahmslos findet sich eine Erweiterung der aufsteigenden Aorta, wenn gleichzeitig eine Insuffizienz der Aortenklappen vorliegt.

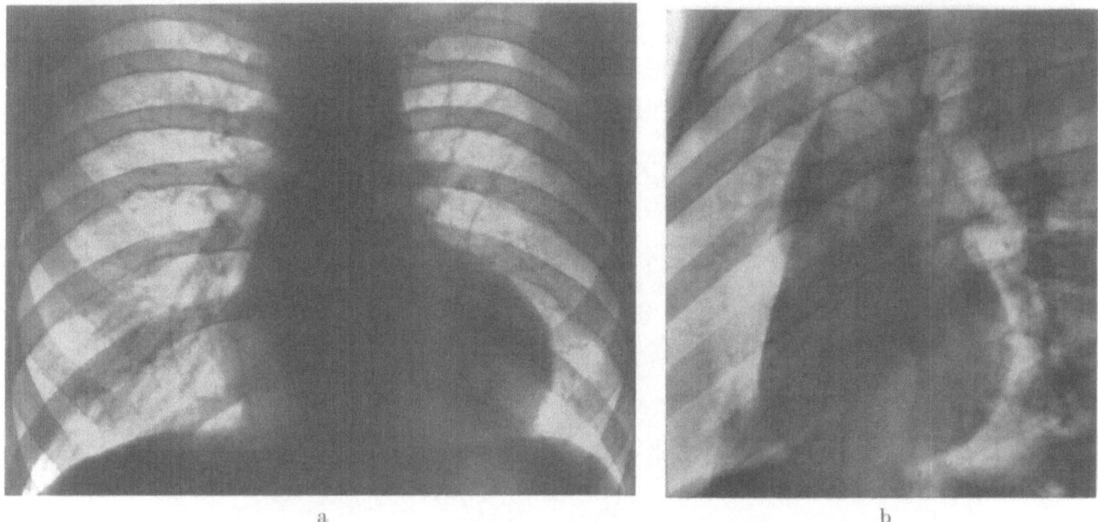

Abb. 61a u. b. Aortenisthmusstenose bei einem 25jährigen Patienten (W.Mü.). a Sagittalbild: Vergrößerung des Herzens nach links mit verstärkter Rundung der Herzspitze. Fehlender Aortenknopf. Ausgeprägte Rippenusuren beiderseits. b Projektion im II. schrägen Durchmesser: verstärkte Ausladung des Herzens nach hinten durch einen vergrößerten linken Ventrikel

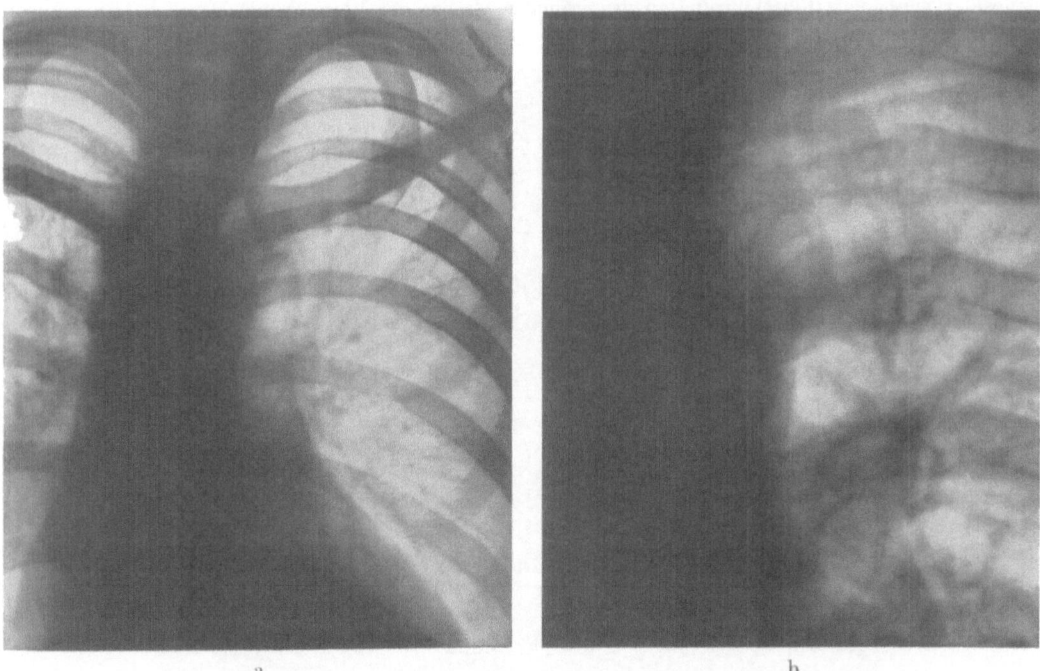

Abb. 62a u. b. Aortenisthmusstenose und Aorteninsuffizienz bei einer 27jährigen Patientin (I.Fu.). a Sagittalbild: Doppelkontur im oberen linken Mediastinum durch Aortenknopf und eine diesem „aufsitzende" erweiterte linke A. subclavia. b Gezielte Aufnahme zur Darstellung der Doppelkontur im Bereich des linken oberen Mediastinums: dem dichteren Aortenschatten sitzt als Doppelkontur der weichere Schatten der A. subclavia auf

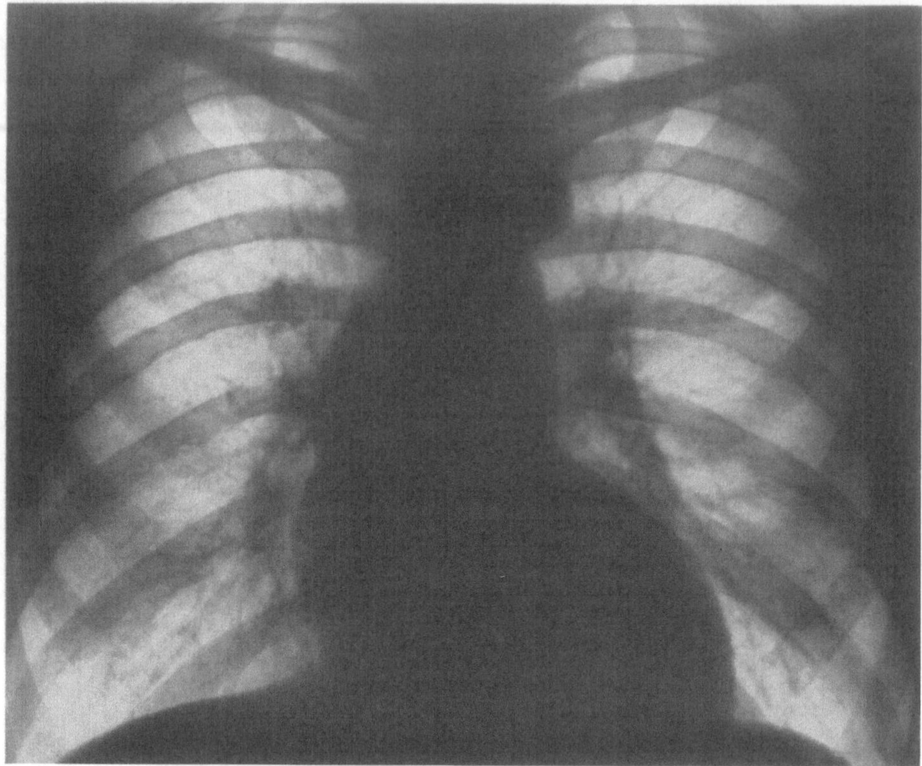

Abb. 63. Aortenisthmusstenose bei einem 29jährigen Patienten (H.J.So.). Vorwölbung des Mediastinums nach rechts durch Dilatation der aufsteigenden und nach links durch die poststenotisch erweiterte Aorta. Isthmusstenose erkennbar als Einschnürung an der cranialen Grenze der Vorwölbung. Deutliche Rippenusuren

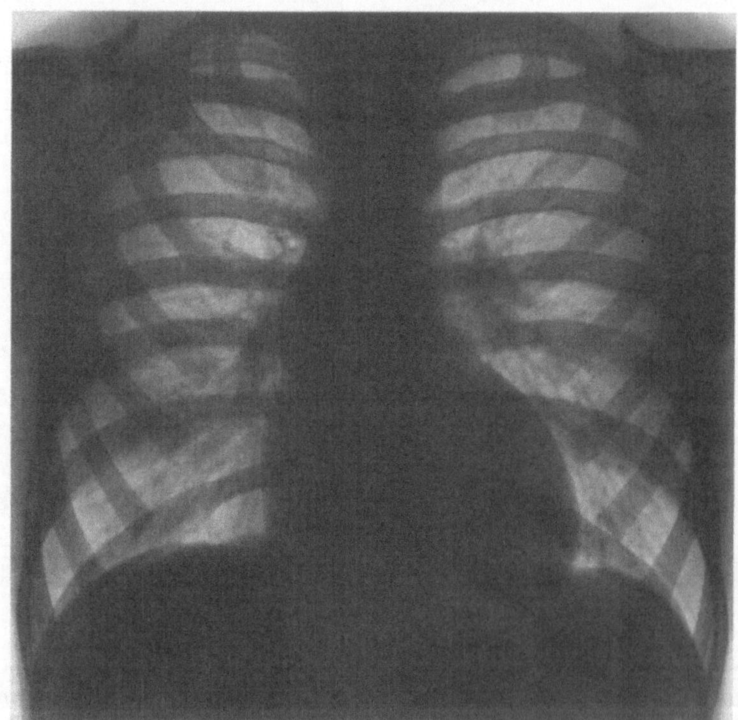

Abb. 64. Aortenisthmusstenose bei einem 10jährigen Patienten (R.Üb.). Linksbetontes Herz, starke Dilatation der aufsteigenden Aorta. Flache Rippenusuren beiderseits

Ein für die Aortenisthmusstenose kennzeichnender Befund ist die Diskrepanz zwischen den kräftigen Pulsationen der aufsteigenden Aorta und des Aortenbogens einerseits und den auffallend geringen Pulsationen der descendierenden Aorta andererseits. Dieser Befund ist bei der Durchleuchtung am besten in linker Schrägstellung des Patienten zu erheben.

Wichtige diagnostische Hinweise kann man auch aus der *Kontrastmitteldarstellung des Oesophagus* erhalten (Wolke 1937; Gladnikoff 1946; Fleischner 1949; Segers

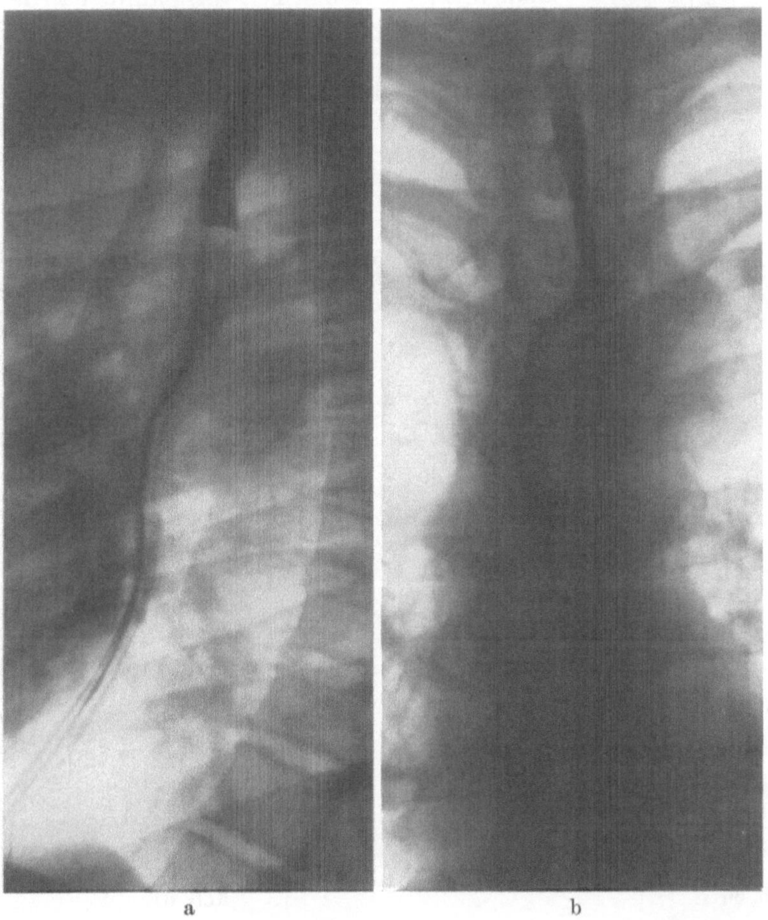

Abb. 65a u. b. Aortenisthmusstenose bei einer 31jährigen Patientin (R.He.). Aneurysmatische Erweiterung der poststenotischen Aorta (operativ bestätigt). Oesophagusdarstellung. a Seitenbild: Verdrängung der Speiseröhre nach vorne. b Sagittalbild: deutliche Einengung und Verdrängung der Speiseröhre nach rechts

u. Brombart 1952 u.a.). Wenn auch ein normales Verhalten des Oesophagusverlaufs hier keine Ausnahme bildet, so ist doch eine Abweichung nach rechts und vorne der häufigere Befund. Die Eindellung der linken Oesophagusflanke liegt unterhalb des Aortenbogens, ist oft nur wenig ausgeprägt und kaum größer als die normale durch den linken Bronchus bedingte Impression; in anderen Fällen erscheint sie auffallend ausgedehnt (Abb. 65). Während die Eindellung der linken Oesophagusbegrenzung im Sagittalbild in rund 50% nachweisbar ist, wird die Verdrängung nach vorne bei Untersuchung in linker Schrägstellung des Patienten in 80% aller Fälle faßbar. Diese Veränderungen der Oesophaguskonturen sind auf die Lagebeziehungen zwischen Oesophagus und Aorta zurückzuführen. An der Impressionsstelle tritt die Aorta hinter den Oesophagus, und infolge ihrer Erweiterung im Descendensanteil wird die Speiseröhre nach vorne und rechts verdrängt. Meist ist im Sagittalbild oberhalb der durch den Descendensanteil hervorgerufenen Impression eine zweite, auf den Aortenbogen zu beziehende Eindellung zu erkennen (Abb. 66). Neben den Verdrängungserscheinungen durch die poststenotisch erweiterte Aorta kommen nicht selten Oesophagusimpressionen durch andere erweiterte Gefäße vor, die im allgemeinen jedoch weniger ausgeprägt und außerdem multipel sind.

Besondere diagnostische Bedeutung haben die *Usuren an den Unterrändern der Rippen* (ROESLER 1928; RAILSBACK u. DOCK 1929; LAUBRY u. HEIM DE BALSAC 1937; HAGEN 1941; BAYER u. LOOGEN 1951; McCORD u. BAVENDAM 1952 u. a.). Sie finden sich vornehmlich an den hinteren bzw. posterolateralen Anteilen der 3.—8. Rippe (vgl. Abb. 61a) und werden bei älteren Patienten nur selten vermißt. Im Kleinkindesalter werden sie dagegen nur vereinzelt beobachtet. Ihre Entstehung verdanken sie den Pulsationen der stark erweiterten Intercostalarterien. Rippenusuren sind nicht pathognomonisch für die Aorten-

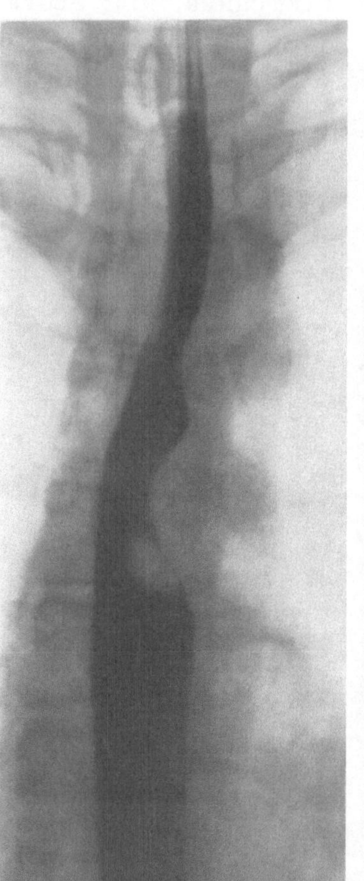

Abb. 66

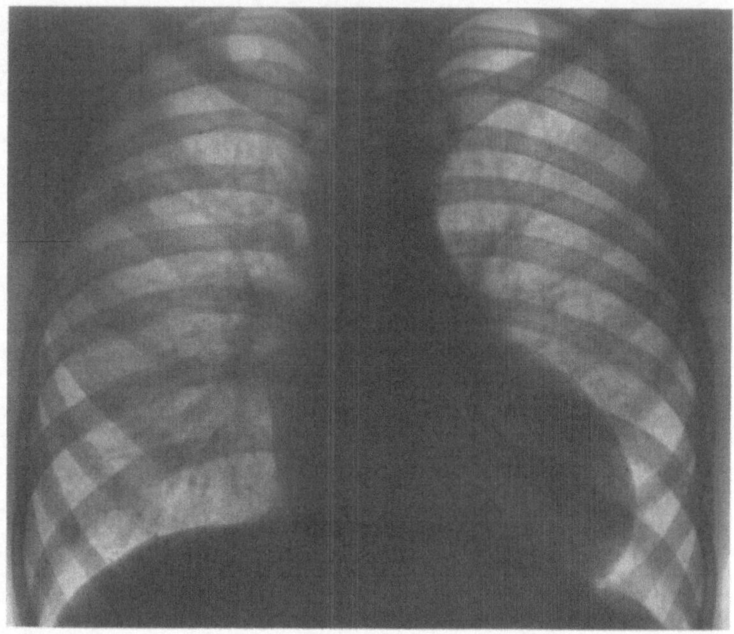

Abb. 67

Abb. 66. Aortenisthmusstenose bei einer 25jährigen Patientin (L.Di.). Oesophagogramm: Doppelimpression der linken Flanke des Oesophagus durch den Aortenbogen und die poststenotisch erweiterte Aorta

Abb. 67. Aortenisthmusstenose, Aortenstenose (subvalvulär) und poststenotisch entspringende A. subclavia sinistra (14jähriger Patient, K.H.Schl.). Rippenusuren nur auf der rechten Seite

isthmusstenose; sie werden auch bei der Fallotschen Tetralogie (STURM u. LOOGEN 1962) (vor allem nach Obliteration einer Blalock-Anastomose), der Neurofibromatose Recklinghausen (HOLT u. WRIGHT 1948), bei Anomalien der Intercostalarterien (BATCHELDER u. WILLIAMS 1948) und bei anderen Erkrankungen angetroffen. Sind die Rippenusuren nur auf die rechte Thoraxhälfte begrenzt, liegt die Annahme nahe, daß die linke A. subclavia in den Isthmusstenosebereich einbezogen oder die Stenose der Aorta oberhalb des Abganges dieser Arterie lokalisiert ist (Abb. 67). Der Nachweis von Rippenusuren nur in der linken Thoraxhälfte kann durch eine gleichzeitig bestehende Stenose (LOVE jr. u. HOLMES 1939) oder durch einen anomalen Ursprung der rechten A. subclavia aus der poststenotischen Aorta (Abb. 68) verursacht sein. Sind die Usuren nur an den unteren Rippen ausgebildet, ist dieser Befund suspekt auf einen Sitz der Stenose an abnormer Stelle, d.h. im Bereich der thorakalen oder abdominalen Aorta (Abb. 69) (SCHLECKAT 1933;

BAHNSON u. Mitarb. 1949; GROSSE-BROCKHOFF u. LOOGEN 1956; TRENCH u. Mitarb. 1957; D'ABREU, ROB u. VOLLMAR 1959).

Vergleichende Untersuchungen haben keine Beziehung zwischen dem Ausmaß der Rippenusuren und dem Grad der Isthmusstenose bzw. der Ausbildung des Kollateralkreislaufs ergeben. Gelegentlich fehlt die Rippendeformierung völlig. Es wurde bereits gesagt, daß dies bei Kleinkindern die Regel ist, weil die Ausbildung des Kollateralkreislaufs längere Zeit in Anspruch nimmt. Zwar sind die Rippenusuren vereinzelt bereits bei Kindern unter dem 10. Lebensjahr vorhanden, im allgemeinen werden sie aber erst um das 12.—14. Lebensjahr faßbar. Auch bei Erwachsenen bedeutet das Fehlen von Rippenusuren nicht, daß die Stenose leicht und nur ein geringer Kollateralkreislauf ausgebildet ist. Wir haben einige

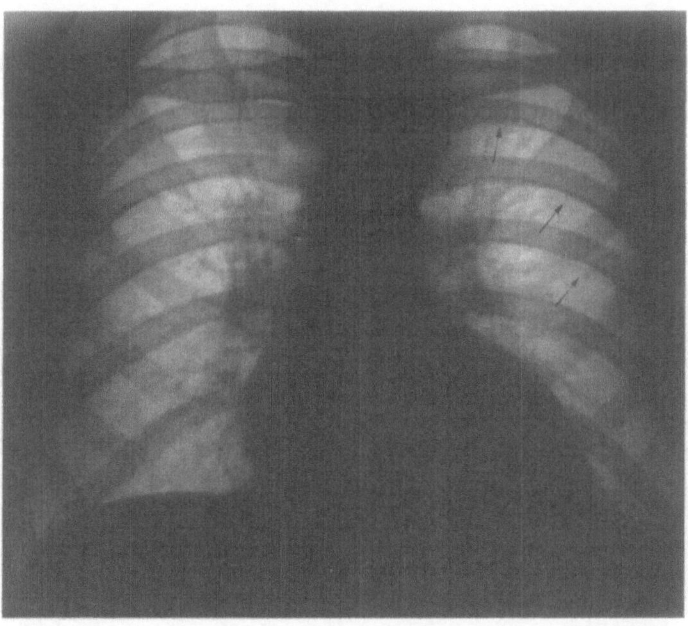

Abb. 68. Aortenisthmusstenose und poststenotisch entspringende A. subclavia dextra bei einem 24jährigen Patienten (H.H.Dr.). Rippenusuren nur auf der linken Seite

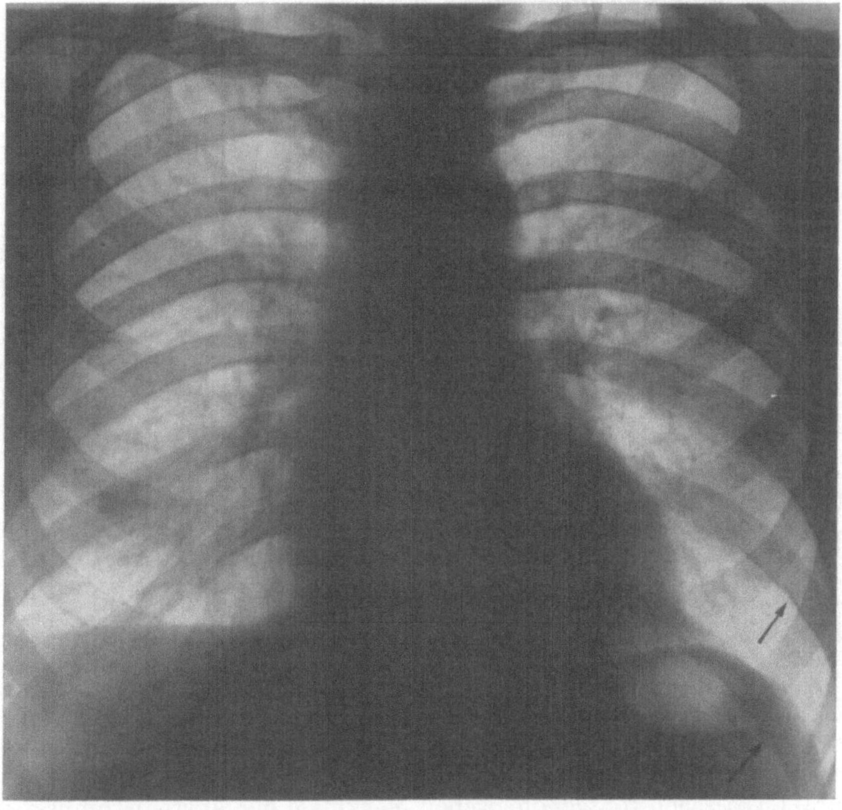

Abb. 69. Usuren ausschließlich an den unteren Rippen (9. Rippe beiderseits, 10. Rippe links) bei einer Stenose im Bereich der Aorta abdominalis (30jähriger Patient, O.Wö.)

Patienten gesehen, bei denen trotz Fehlens von Rippenusuren das klinische Bild für eine hochgradige Stenose sprach und durch die Operation die klinische Annahme bestätigt wurde und deutliche Kollateralen bestanden. Im ganzen gesehen ist das völlige Fehlen von Rippenusuren bei hochgradigen Isthmusstenosen Erwachsener und bei gut ausgebildetem Kollateralkreislauf selten; das grundsätzlich mögliche Zusammentreffen bedeutet jedoch, daß das Fehlen von Rippenusuren allein nicht dazu berechtigt, eine nur leichte Isthmusstenose anzunehmen und eine operative Korrektur der Anomalie in diesen Fällen abzulehnen.

Ein weiterer, durch Kollateralgefäße hervorgerufener und röntgenologisch faßbarer Befund wurde von ÖDMAN (1953) beschrieben. Bei seitlicher oder besser noch bei schräger Projektion zeigt sich eine unregelmäßige Kontur der dem Sternum innen anliegenden Weichteile, die etwa in einem Drittel aller Fälle nachweisbar ist. Die kleinen, oft bogenförmigen Weichteilschatten entsprechen den erweiterten Aa. mammariae internae.

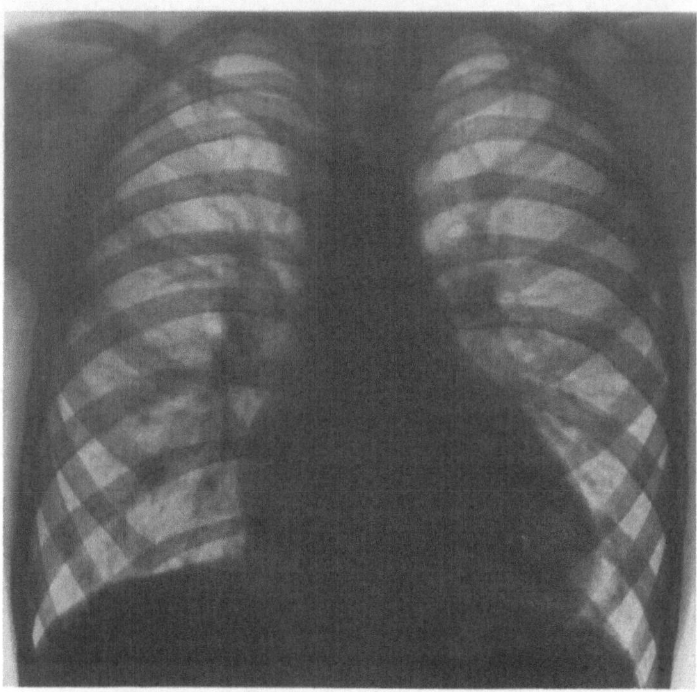

Abb. 70. Aortenisthmusstenose und prästenotischer Ductus arteriosus apertus bei einem 6jährigen Mädchen (Ch.Si.). Herz nach links verbreitert; flache Vorwölbung im Bereich des Pulmonalbogens; fehlender Aortenknopf. Lungengefäßzeichnung verstärkt. Keine sicheren Rippenusuren

In vielen Fällen ist es zweckmäßig, den Durchleuchtungsbefund im *kymographischen* Bild festzuhalten. Hierbei interessieren weniger die Bewegungszacken des linken Ventrikels als die der Aorta. Die Randbewegungen an der aufsteigenden Aorta und am Aortenbogen sind meist verstärkt. Auch die Halsgefäße sind oft einbezogen. Unterhalb des Aortenbogens im poststenotischen Bereich der Körperschlagader sind die Bewegungsausschläge abgeschwächt. Der Übergang von großen zu kleinen Bewegungsamplituden ist am besten in linker Schrägstellung des Patienten faßbar. In günstigen Fällen — besonders wenn die poststenotisch erweiterte Aorta nach oben gut abgrenzbar ist — gelingt auf diese Weise die Stenoselokalisation.

Die unterschiedlichen Pulsationsbewegungen am prä- und poststenotischen Aortenabschnitt lassen sich in einem Teil der Fälle auch *elektrokymographisch* erfassen. In typischen Fällen fanden KJELLBERG u. Mitarb. (1950, 1955) bei Registrierung der Pulsationsabläufe an der poststenotischen Aorta einen sinusförmigen Kurvenverlauf und eine Verzögerung des Kurvenanstiegs. Incisur und dikrote Welle fehlten bei einem Teil der Fälle ganz, bei einem anderen lag die Incisur tiefer als normal, während die dikrote Welle abgeflacht war. Diese Befunde waren nicht die Regel. So konnten bei Fällen mit weiter Kommunikation, aber auch bei einigen Patienten mit Atresie oder subtotaler Stenose, am prä- und poststenotischen Abschnitt praktisch die gleichen Kurven registriert werden.

Über die Möglichkeiten der Schichtdarstellung bei Aortenisthmusstenose hat an anderer Stelle (vgl. Band X/1) OLIVA berichtet.

Die charakteristischen röntgenologischen Merkmale der Aortenisthmusstenose können bei einem *gleichzeitig bestehenden Ductus arteriosus apertus* mit Links-Rechts-Kurzschluß zum Teil überlagert bzw. verwischt werden. Suspekt auf einen offenen Ductus ist eine verstärkte Lungengefäßzeichnung, wenn andere Ursachen, z. B. eine Linksdekompensation des Herzens mit Lungenstauung, ausgeschlossen werden können. Bei größerem Shuntvolumen ist meist eine Vorwölbung des Pulmonalbogens vorhanden, wodurch die diagnostisch wichtige Erweiterung der poststenotischen Aorta überdeckt werden kann. Wenn außerdem Rippenusuren nicht ausgebildet sind, wird die Isthmusstenose bei der üblichen Röntgenuntersuchung leicht übersehen (Abb. 70). Infolge der vermehrten Volumenbelastung zeigt der linke Ventrikel eine über das sonstige Ausmaß hinausgehende Vergrößerung; häufig ist gleichzeitig auch eine Dilatation des linken Vorhofs vorhanden. Der Nachweis eines vergrößerten Lungenzirkulationsvolumens bei Kombination einer

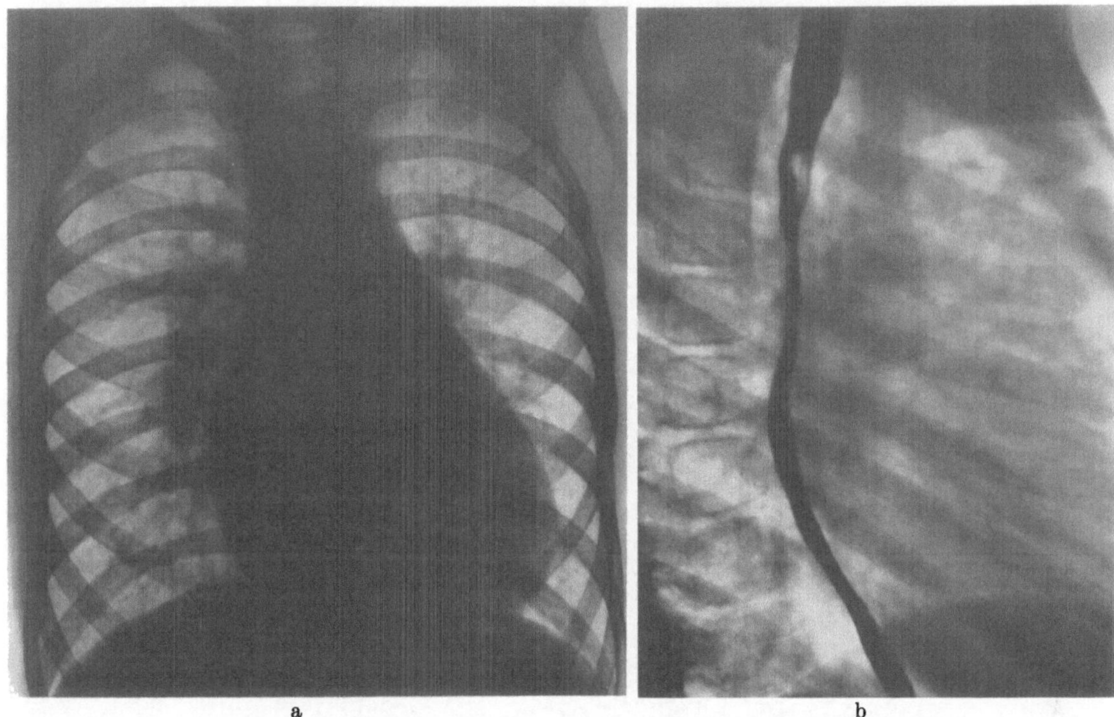

a b

Abb. 71a u. b. Aortenisthmusstenose und poststenotischer Ductus arteriosus apertus mit Links-Rechts-Kurzschluß bei einem 7jährigen Mädchen (B. Fü.). a Sagittalbild: Herz beiderseits, besonders nach links verbreitert; verstrichene Herztaille. Verstärkte Lungengefäßzeichnung. Keine Rippenusuren. b Seitenbild: Retrokardialraum im ganzen, besonders aber durch den vergrößerten linken Vorhof eingeengt

Isthmusstenose mit offenem Ductus arteriosus trifft zwar im allgemeinen auf den prästenotischen Ductus zu, vereinzelt ist dieser Befund aber auch bei einem poststenotischen Ductus zu erheben (Abb. 71a und b). Es ist daher nicht möglich, aus dem Verhalten der Lungengefäßzeichnung die Lokalisation der aortalen Einmündung eines gleichzeitig bestehenden Ductus zu bestimmen.

Nicht selten durchlaufen Kinder mit einer Aortenisthmusstenose in den ersten Lebensmonaten eine Phase, die durch Symptome einer kardialen Insuffizienz charakterisiert ist (Buchs 1950). Die Röntgenuntersuchungen zeigen in diesen Fällen eine starke Vergrößerung des Herzens, die vor allem dem linken Ventrikel und Vorhof zuzuschreiben ist, aber auch das rechte Herz betreffen kann. Meist sind auch Zeichen einer Lungenstauung vorhanden, während die oben beschriebenen Veränderungen des Mediastinalschattens noch nicht ausgeprägt sind. Überleben die Kinder diese gefährliche Phase, so bilden sich allmählich Linksdekompensation und Herzvergrößerung zurück. Gleichzeitig tritt die ascendierende Aorta stärker in das Gesichtsfeld, während die Erweiterung der Pulmonalarterie und die Lungenstauung regressiv sind (Kjellberg u. Mitarb. 1955).

Bei poststenotisch in die Aorta einmündendem Ductus arteriosus mit Rechts-Links-Kurzschluß (sog. infantile Isthmusstenose-Form) gibt die einfache Röntgenuntersuchung im allgemeinen keine diagnostischen Hinweise. Das Herz ist meist allseitig stark ver-

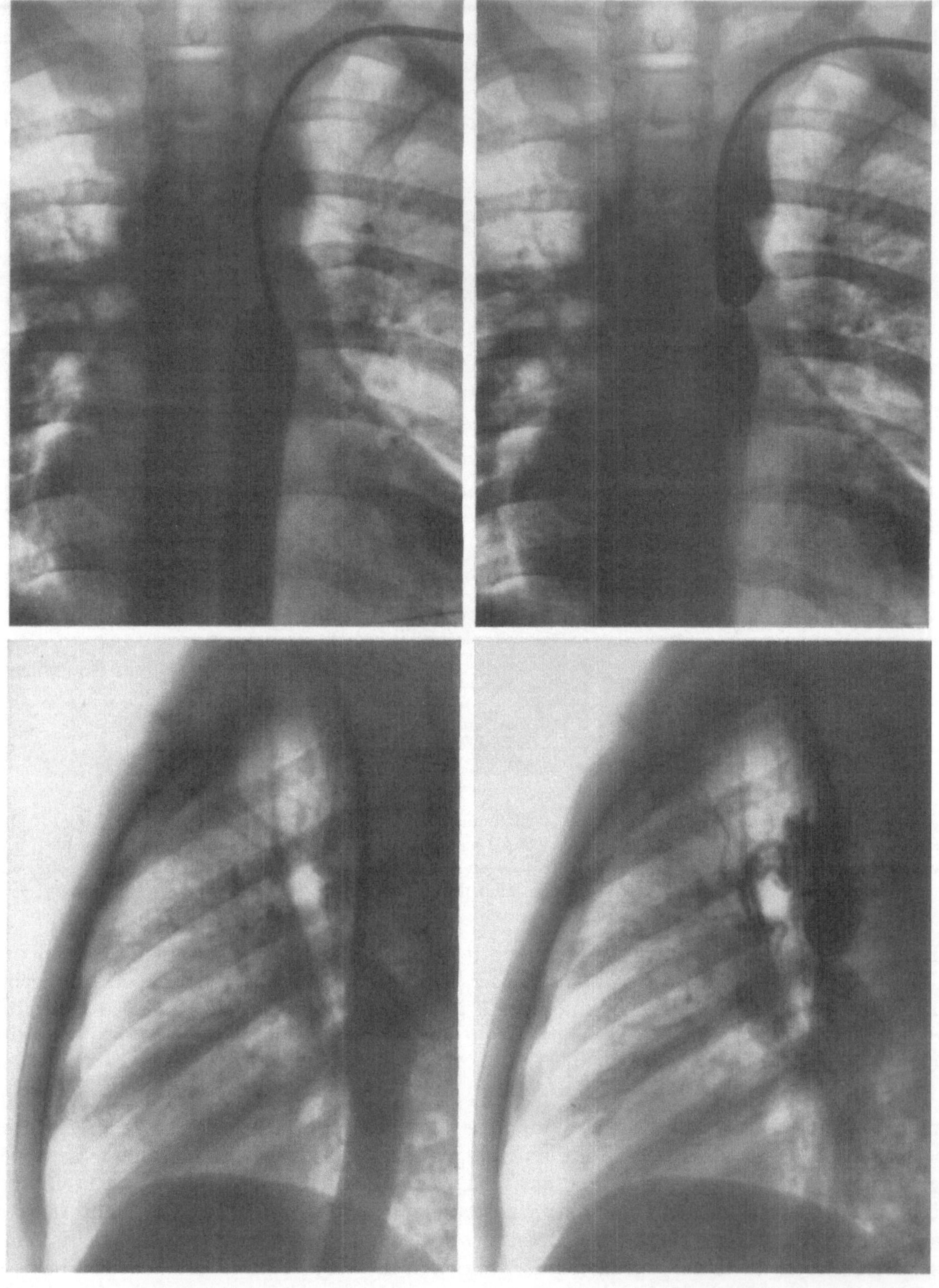

Abb. 72a—d. Kontrastmittelfüllung der Aorta (retrograde Aortographie) bei Aortenisthmusstenose. Eng umschriebene Stenose an typischer Stelle

größert, der Pulmonalbogen vorgewölbt, die Lungengefäßzeichnung verstärkt. Durch die bei der Mehrzahl dieser Fälle gleichzeitig vorhandenen andersartigen Anomalien kann die röntgenologische Symptomatologie weitere, von Fall zu Fall differierende Abweichungen aufweisen.

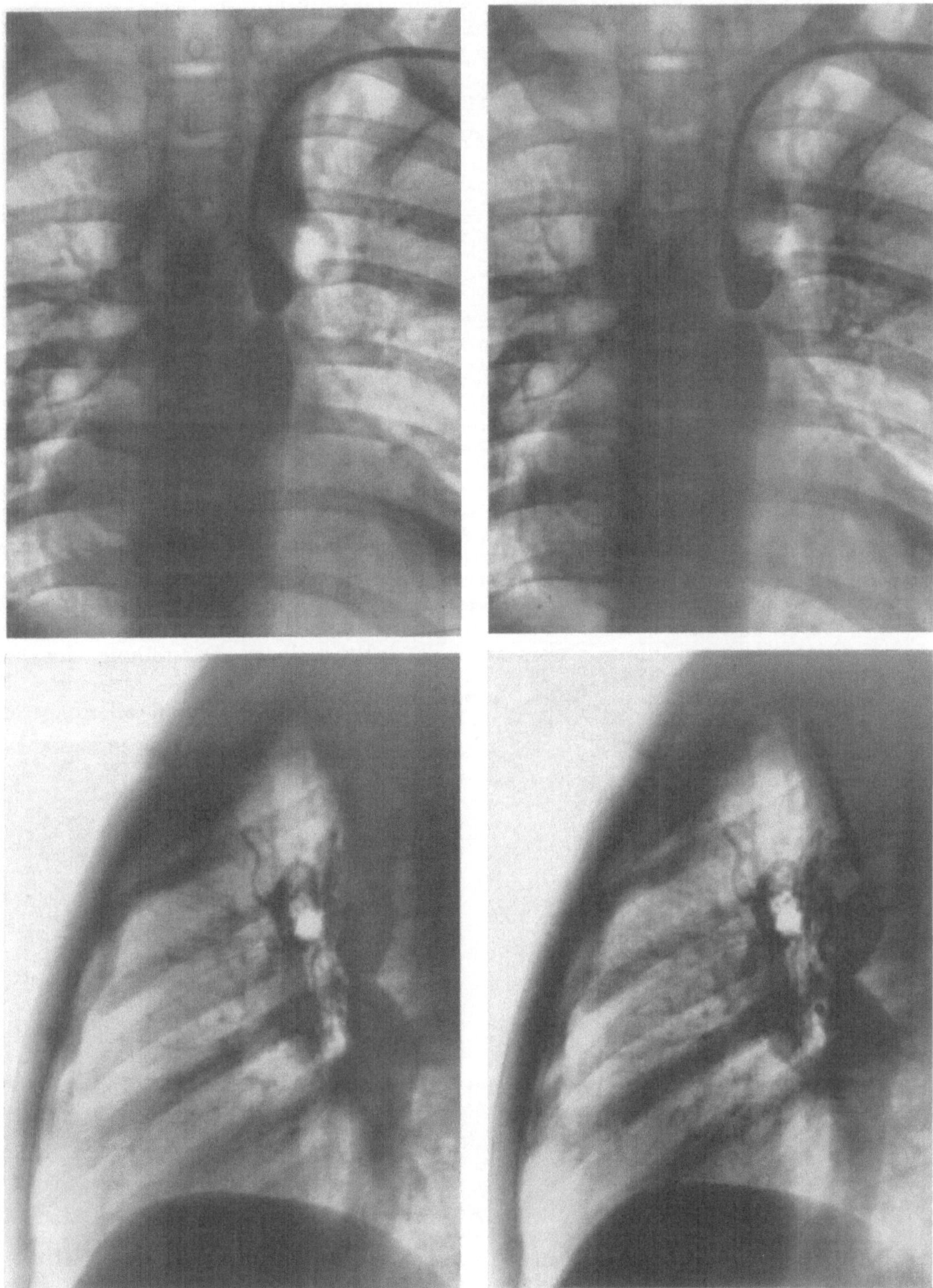

Abb. 72c

Abb. 72d

Kontrastmitteldarstellung. Die Kontrastmittelinjektion bei der Aortenisthmusstenose vom Erwachsenen-Typ ist — von Verdachtsfällen im Kleinkindesalter mit Herzinsuffizienzsymptomen abgesehen — aus diagnostischen Gründen nur selten erforderlich. Sie dient in erster Linie zur Beurteilung der Anatomie im Stenosebereich und komplizierender Faktoren (Aneurysma im Kollateralgebiet, anomal verlaufende Gefäße u.a.). Unseres Erachtens ist eine routinemäßige Anwendung bei allen Isthmusstenosepatienten nicht mehr berechtigt. Bei unkomplizierten Fällen kann dann auf eine Kontrastmitteluntersuchung verzichtet werden, wenn die Stenose bei der üblichen Röntgenuntersuchung an typischer Stelle zu erkennen ist und der Operateur für den Fall einer längeren Stenose ein Transplantat zur Verfügung hält. Zur Darstellung der Isthmusstenose hat sich die retrograde Aortographie als Methode der Wahl erwiesen (CASTELLANOS u. PEREIRAS 1950; JÖNSSON, BRODÉN u. KARNELL 1951; JANKER 1953 u.a.). Bei der venösen Angiokardiographie Erwachsener ist die Kontrastmitteldichte oft so gering, daß sie für eine einwandfrei beurteilbare Darstellung des Stenosebereichs nicht ausreicht. Bei Kindern kann man allerdings mit

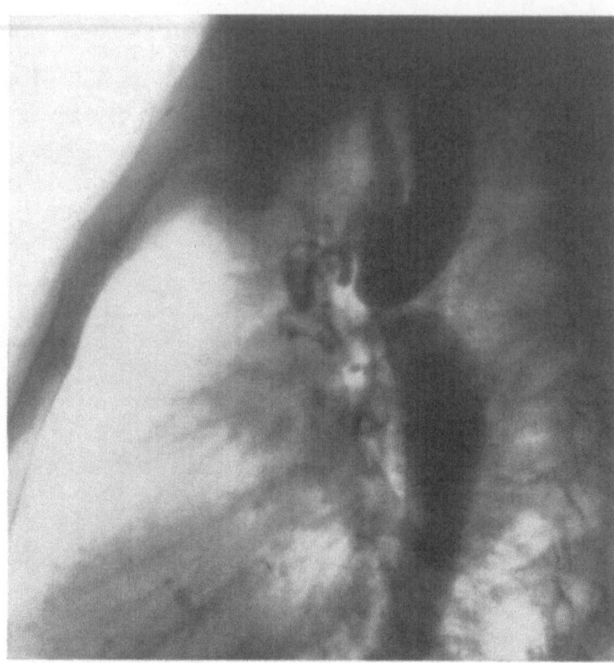

Abb. 73. Aortographie bei einer 39jährigen Patientin (H.Ke.) mit Aortenisthmusstenose an typischer Stelle. Prä- und poststenotische Aorta im Stenosebereich nach vorne abgebogen. Erweiterung der poststenotischen Aorta

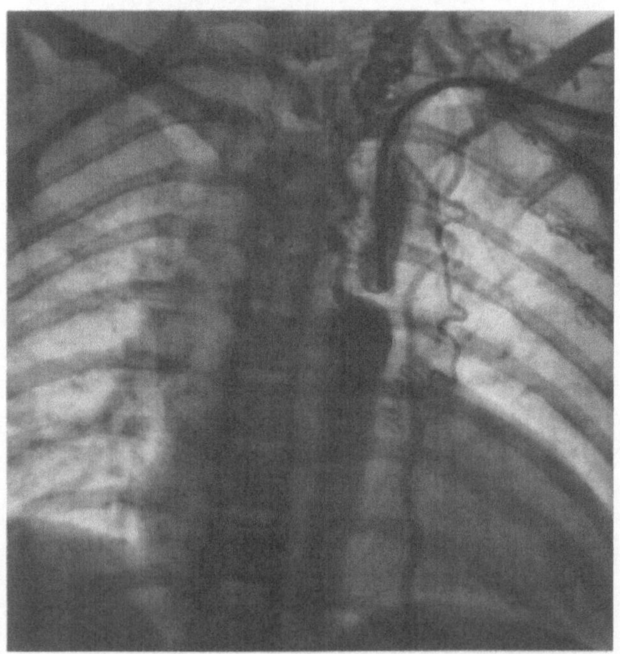

Abb. 74. Aortographie bei einer 34jährigen Patientin (H.Schi.) mit Atresie der Aorta an typischer „Isthmusstenosenstelle". Geringe Erweiterung des Anfangsteiles der postatretischen Aorta. Starke Kollateralen

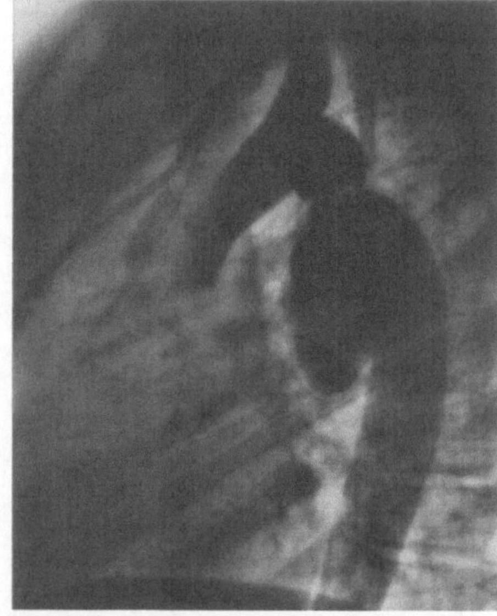

Abb. 75. Aortographie bei einer 31jährigen Patientin (R.He.) mit Isthmusstenose und aneurysmatischer Erweiterung des Anfangsteils der poststenotischen Aorta

der venösen Angiokardiographie oder bei Injektion des Kontrastmittels durch einen in die Pulmonalarterie vorgeschobenen Katheter ein gutes Bild erhalten (vgl. Abb. 74). Wir ziehen die intravenöse oder gezielte Kontrastmittelinjektion bei Kindern der retrograden Aortographie wegen des geringeren Risikos vor.

In typischen Fällen — sie stellen weitaus die Mehrzahl dar — findet sich eine hochgradige, eng umschriebene Stenose, etwa in Höhe der 6.—7. hinteren Rippe (Abb. 72). Der Kontrastmittelübertritt in die poststenotische Aorta ist bei sehr engen Verbindungen nur selten eindeutig zu erkennen. Das prästenotische Aortensegment, d.h. der Abschnitt zwischen der A. subclavia sinistra und der Stenose, ist häufig schmäler als normalerweise und entspricht etwa der Weite der dilatierten linken A. subclavia. Es ist meist nach vorn und rechts abgebogen. Poststenotisch ist die Aorta nicht selten erweitert, häufiger bei Erwachsenen als bei Kindern (Abb. 73). Die Erweiterung ist oft in der Richtung des durch die Stenose fließenden Blutstrahls besonders ausgeprägt. Die poststenotische Erweiterung fehlt bei den Fällen mit Unterbrechung der Aortenlichtung, d.h. bei Aortenisthmusatresien. Hier erfolgt die Kontrastmittelfüllung der poststenotischen Aorta allein über die Kollateralgefäße und ist daher gegenüber der Darstellung des prästenotischen Aortenabschnittes verspätet (Abb. 74).

Von der typischen Form gibt es zahlreiche Abweichungen. So kann das prästenotische Aortensegment in Richtung der Stenose spitzkonisch zulaufen. In anderen Fällen erstreckt sich die Stenose auf einen Abschnitt von mehreren Zentimetern. Das prä- oder poststenotische Aortensegment kann

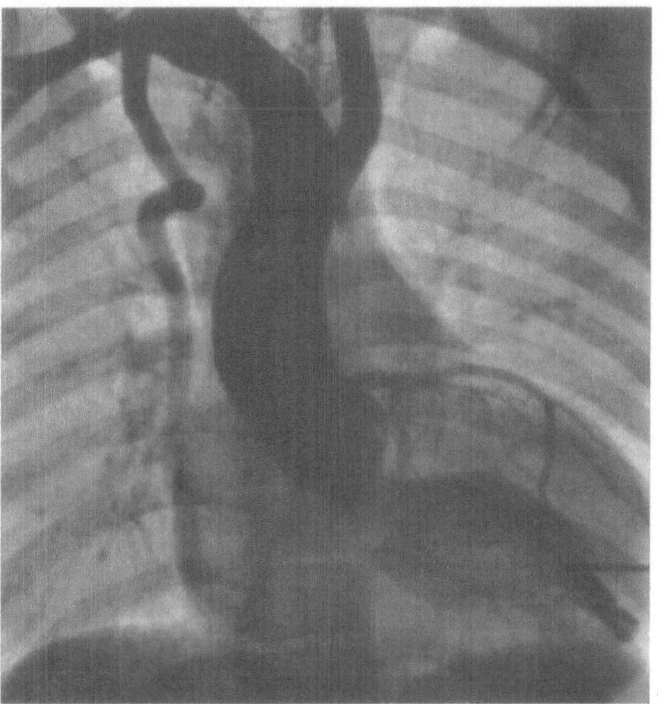

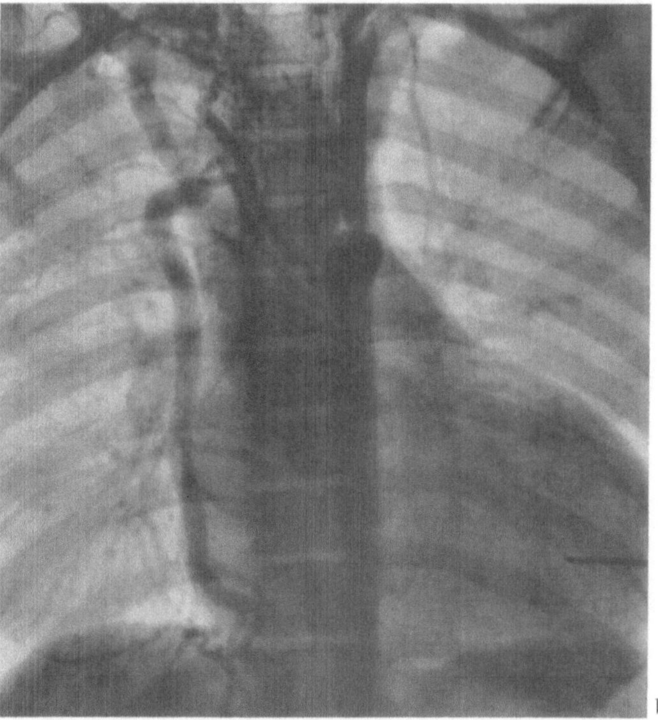

Abb. 76a u. b. Kontrastmittelinjektion nach Punktion des linken Ventrikels bei einem 14jährigen Patienten (K.H.Schl.). a Subvalvuläre Aortenstenose, fragliche valvuläre Aortenstenose, Aortenbogenatresie. Kollateralbildung nur rechts. Linke A. subclavia nicht dargestellt. b Spätere Phase: Darstellung der postatretischen Aorta, zu der von rechts mehrere fast bleistiftdicke Kollateralgefäße ziehen und von der die linke A. subclavia entspringt

aneurysmatisch erweitert sein (Abb. 75). Für den Operateur sind vor allen Dingen jene Fälle von Bedeutung, bei denen das Aortensegment fehlt und die Stenose unmittelbar unterhalb des Abganges der linken A. subclavia liegt, die A. subclavia in die Stenose einbezogen wird oder die Stenose proximal der A. subclavia lokalisiert ist. Bei den zuletzt genannten Möglichkeiten sind deutliche Kollateralgefäße nur auf der rechten Seite ausgebildet (Abb. 76a u. b) (ELLIS u. CLAGETT 1957).

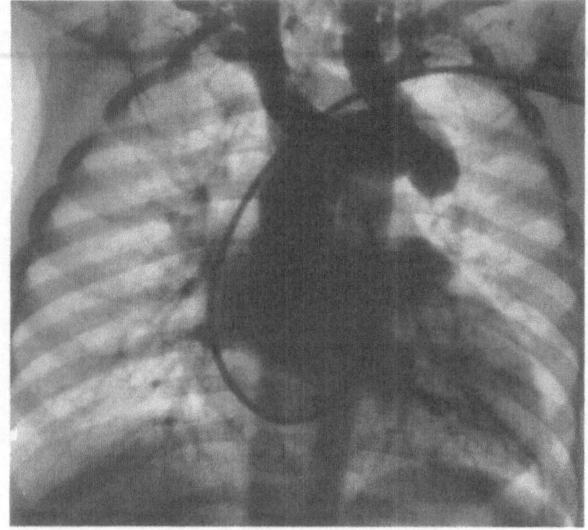

a

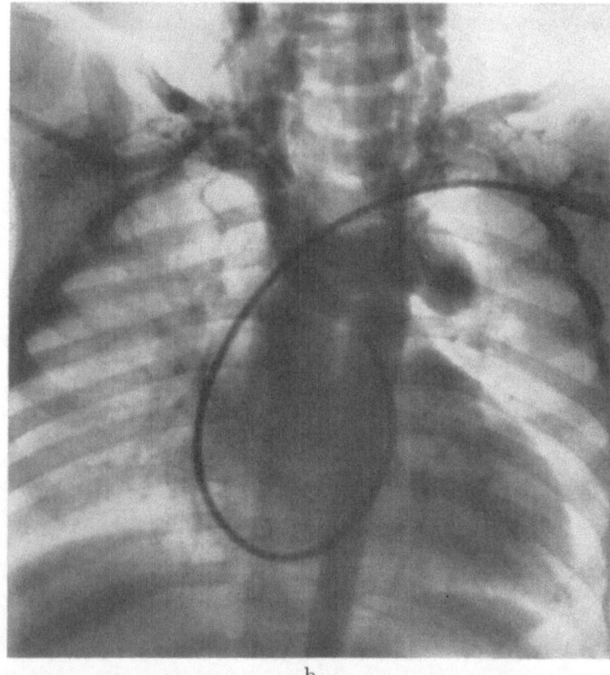

b

Abb. 77a u. b. Selektives Angiokardiogramm bei einem 4jährigen Jungen (J. Schn.) mit subvalvulärer Aortenstenose, Aortenbogenatresie und von der postatretischen Aorta entspringenden Aa. subclaviae dextra und sinistra. a Frühe Phase des Lävogramms. Aortenbogenatresie in Höhe des Isthmus. Präatretischer Ursprung beider Carotiden. Beginnende Kontrastmittelfüllung der descendierenden Aorta (Lage der Katheterspitze im Pulmonalarterienstamm). b Spätere Phase des Lävogramms: Darstellung der Aorta descendens bei geringerer Kontrastmittelfüllung der präatretischen Gefäßabschnitte. Beide Aa. subclaviae entspringen aus der Aorta descendens jenseits der Atresie

Schließlich können auch einmal beide Aa. subclaviae jenseits einer Stenose oder Atresie entspringen (Abb. 77a u. b) (LOOGEN u. VIETEN 1960). Gelegentlich ist eine Doppelstenose in mehr oder weniger großer Entfernung voneinander vorhanden. Bei anomaler Tiefenlage der Stenose (Abb. 78) sind größere Kollateralgefäße nur im unteren Thoraxbereich nachweisbar. Bei dem in Abb. 79 dargestellten Fall handelte es sich um eine mehrere Zentimeter lange Unterbrechung der Aortenlichtung oberhalb des Abganges der Nierenarterien.

Bei einem gleichzeitig vorliegenden offenen Ductus arteriosus mit Links-Rechts-Kurzschluß erfolgt gleichzeitig mit der Aortenfüllung ein Kontrastmittelübertritt in die Pulmonalarterie. Da der Ductus in der Mehrzahl der Fälle eng ist und zudem oft durch Kollateralen überlagert wird, gelingt die Darstellung des Ductus nur selten. Die Kontrastmittelfüllung der Pulmonalgefäße kann in diesen Fällen aber als ein ausreichender Beweis für eine Persistenz des Ductus angesehen werden. Der fehlende Nachweis eines Kontrastmittelübertrittes in die Pulmonalarterie berechtigt andererseits jedoch nicht zum Ausschluß eines offenen Ductus arteriosus. Nach KJELLBERG u. Mitarb. (1955) kann der Kontrastmittelübertritt bei engem Ductus so gering sein, daß eine eindeutige Kontrastmitteldarstellung der Lungengefäße nicht zustandekommt.

Bei Verdacht auf eine Ductuspersistenz mit Shuntumkehr bzw.

bei der sog. infantilen Isthmusstenose ist die venöse Angiokardiographie oder die gezielte Injektion des Kontrastmittels in die Pulmonalarterie der retrograden Aortographie vorzuziehen. Hierbei kommt es zu einem Kontrastmittelübertritt von der Pulmonalarterie durch den weit offenen Ductus in die Aorta descendens und bei Einmündung des Ductus proximal der Stenose auch zur Darstellung der Aortenisthmusstenose.

Bei Verdacht auf eine Kombination von Aortenisthmusstenose und Aortenklappenstenose — wir beobachteten diese Kombinationsform in 6 von 206 Fällen — ist die direkte Injektion von Kontrastmittel in den linken Ventrikel der retrograden Aortographie vorzuziehen. Wir bedienten uns früher — wie das Beispiel der Abb. 76 zeigt — der Ventrikelpunktion, heute führen wir in solchen Fällen praktisch ausschließlich eine transseptale Lävographie durch.

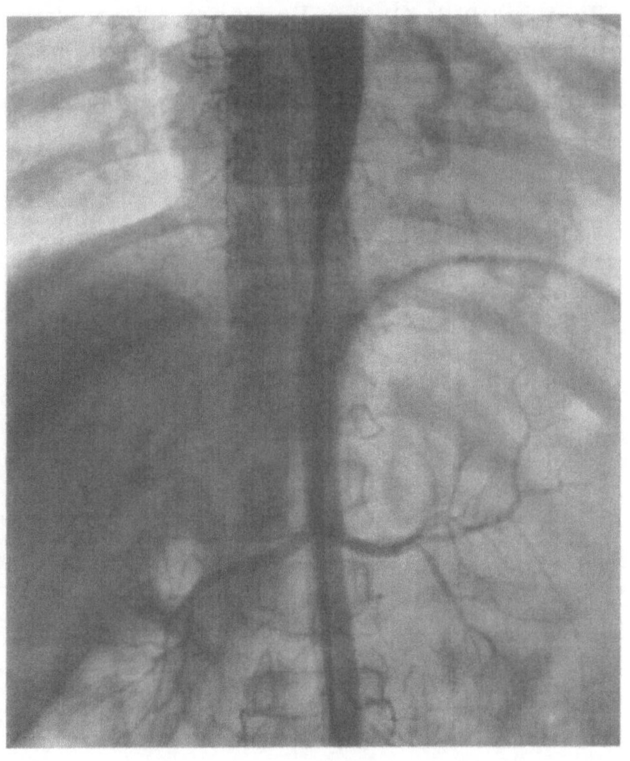

Abb. 78

Eine besondere Aufgabe fällt der Röntgenologie mit der *Überwachung der operierten Patienten* zu. Besonders eindrucksvoll ist postoperativ vor allem die Normalisierung des Gefäßbandes (Longin 1961) (Abb. 80a u. b). In einzelnen Fällen kann es zur Ausbildung eines Aneurysmas an der Nahtstelle kommen (Abb. 81) (Karnell, Crafoord u.

Abb. 78. Aortographie bei einem 11jährigen Patienten (J.We.) mit einer etwa 2 cm langen Stenose der Aorta gerade oberhalb des Zwerchfells. Spärliche Kollateralbildung

Abb. 79. Aortographie bei einem 30jährigen Patienten (O.Wö.) mit einer Atresie der Aorta abdominalis. Aortenverschluß unmittelbar oberhalb des Abganges der Nierenarterien. Zahlreiche Kollateralen

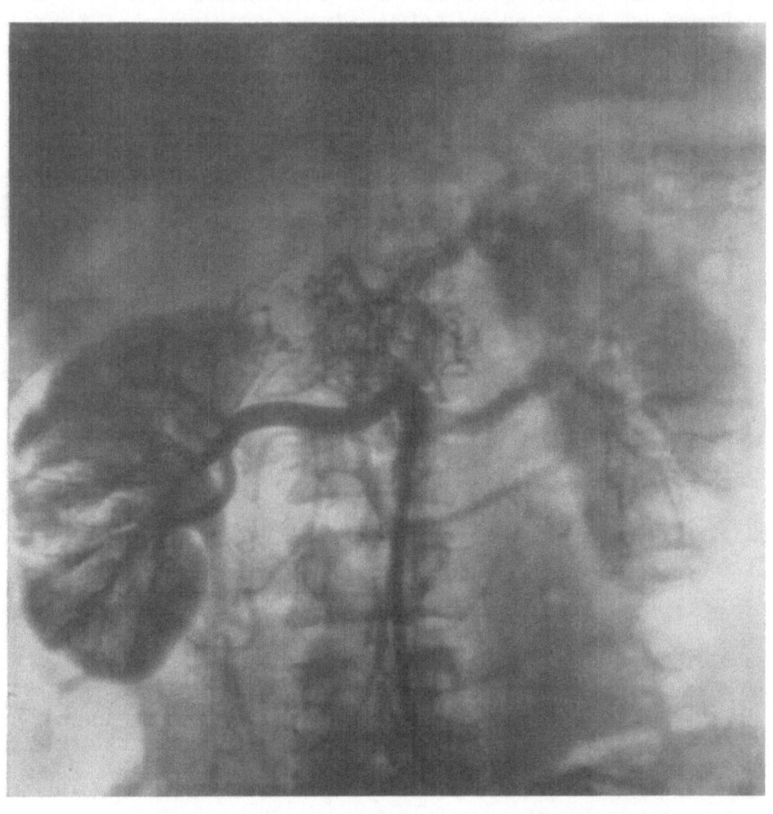

Abb. 79

BRODÉN 1958; GROSSE-BROCKHOFF, LOOGEN u. SCHAEDE 1960). Röntgenkontrolluntersuchungen sollten während des ersten postoperativen Jahres in regelmäßigen Abständen durchgeführt werden, zumal die Entstehung des Aneurysmas meist ohne subjektive Beschwerden verläuft. Die rechtzeitige Erkennung ist um so wichtiger, als durch einen

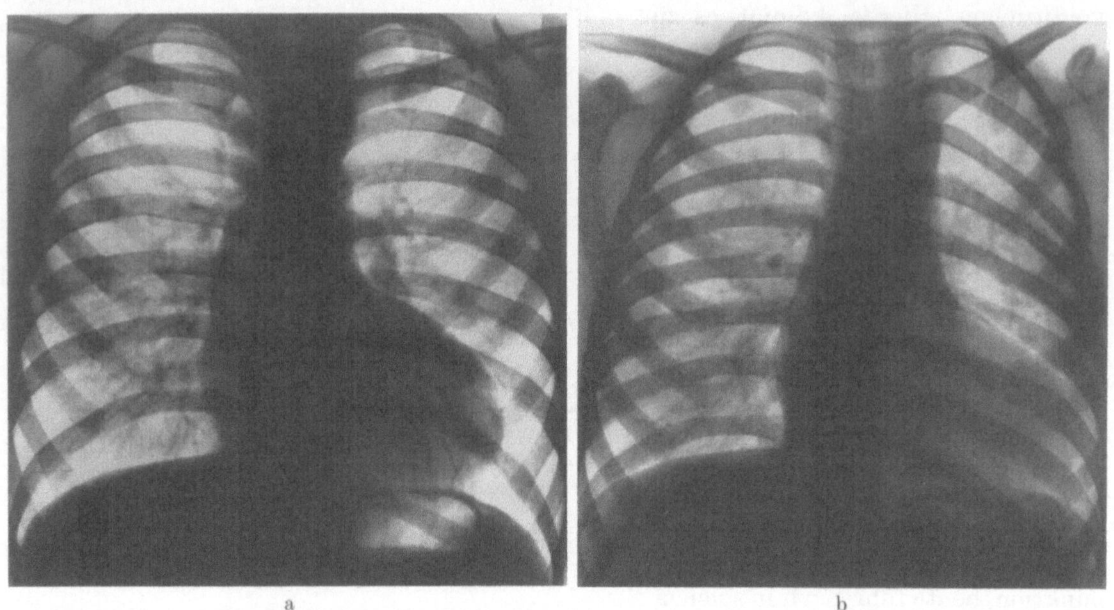

Abb. 80a u. b. Aortenisthmusstenose bei einem 12jährigen Patienten (D.Di.). a Präoperativ: für eine Isthmusstenose charakteristische Unterbrechung des Gefäßschattens an typischer Stelle. Flache Vorwölbung der aufsteigenden Aorta und des Anfangsteils der poststenotischen Aorta. b Postoperativ (2 Monate nach der Operation): Unterbrechung des kontinuierlichen Gefäßverlaufs ebenso wie die Vorwölbung der aufsteigenden Aorta nicht mehr erkennbar

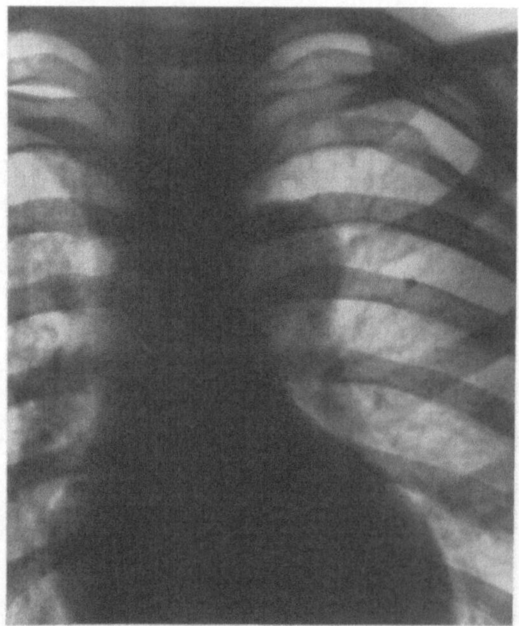

Abb. 81. Herzfernaufnahme eines 12jährigen Patienten (H.v.d.Re.) 1 Jahr nach Operation einer Aortenisthmusstenose. Runde, scharf begrenzte Vorwölbung im linken oberen Mediastinum, bedingt durch ein im Nahtbereich entstandenes Aneurysma (operativ bestätigt)

erneuten operativen Eingriff der Schaden behoben und auf diese Weise der Gefahr einer Aortenruptur vorgebeugt werden kann.

5. Ductus arteriosus apertus (Ductus Botalli)

Bei dieser Anomalie handelt es sich um eine offene Gefäßverbindung zwischen Aorta und Pulmonalarterie. Sie dient im Embryonalleben der Umgehung des Lungenkreislaufs und schließt sich normalerweise nach der Geburt.

Nach Gilchrist (1954) geht die *erste Beschreibung* des Ductus Botalli auf Galen zurück. Botallo soll sich nach diesem Autor nicht mit der nach ihm genannten Gefäßanomalie befaßt haben. Weitere Publikationen erfolgten durch Aranzio (1564), Laurens (1599) und Harvey (1628). Die beiden letztgenannten Autoren beschäftigten sich mit der Funktion des Ductus, Meckel (1812) und Peacock (1866) mit seiner Pathogenese. Untersuchungen über die Ductus-Obliteration erfolgten durch Langer (1857), Barnard (1939), Barclay u. Mitarb. (1939) sowie Kennedy (1942). Auf Gibson (1900) geht die Beschreibung des typischen Geräusches zurück. Abbott (1936) gab Zahlen über die Häufigkeit der Anomalie an und fand sie bevorzugt beim weiblichen Geschlecht. Die operative Behandlung wurde bereits 1907 durch Munroe angeregt und von Doyen (1913) versucht. Sie gelang erstmalig durch Gross und Hubbard 1939 bei einem $7^1/_2$jährigen Mädchen.

Embryologische und ätiologische Gesichtspunkte. Ductusverschluß. Der Ductus Botalli entsteht aus dem peripheren Teil des 6. linken Aortenbogens.

Sein Verschluß kommt in drei Phasen zustande:

1. Durch neuromuskuläre Kontraktion des Ganges gleich nach der Geburt und mit Beginn der Atmung (Boyd 1937; v. Hayek 1939; Barclay u. Mitarb. 1942; Kennedy 1942; Barcroft 1949),
2. funktioneller Verschluß des Ductus bei annähernd gleichen Widerständen im großen und kleinen Kreislauf (Blumenthal 1947),
3. anatomischer Verschluß durch Obliteration des Ganges und bindegewebige Umwandlung in einen narbigen Strang.

Für die erste Phase ist der reflektorische Verschluß mit Hilfe neuromuskulärer Elemente in der Ductuswand entscheidend (Boyd 1937; v. Hayek 1939). Er wird ausgelöst durch den Beginn der Sauerstoffatmung (Kennedy und Clark 1941/42; Kennedy 1942). Bei der zweiten Phase stehen hämodynamische Gesichtspunkte im Vordergrund. Während zur Zeit des Embryonallebens der Lungenwiderstand infolge des Lungenkollapses und anatomischer Veränderungen der Lungengefäße mit vermehrter Wanddicke und geringer Weite des Lumens überwiegt, kommt es nach der Geburt zu einem Angleich der Widerstände im großen und kleinen Kreislauf und schließlich zu einem Überwiegen des Großkreislaufwiderstandes. Entsprechend verhält sich der Blutstrom durch den Ductus arteriosus. Vor der Geburt verläuft die Stromrichtung von der Lungenarterie in die Aorta unter Umgehung der Lunge. Nach der Geburt kommt es normalerweise bei nunmehr nahezu gleichen Widerständen zu einer Verminderung des Shunts. In dieser Phase legen sich die Wände des Ductus aneinander. Die Dauer dieser Phase ist nach Doerr (1954) entscheidend für die nun einsetzende Intimaproliferation mit dem Ziele einer Obliteration des Ductus Botalli. Auch eine unvollständige Obliteration mit inkomplettem membranartigem Verschluß am pulmonalen Ende des Ductus ist möglich (Taussig 1947). Er erklärt das plötzliche Auftreten des Ductus Botalli-Geräusches bei Jugendlichen dadurch, daß die Membran bei Drucksteigerung im großen Kreislauf durchstoßen wird.

Während die zum Verschluß des Ductus Botalli führenden Vorgänge untersucht und weitgehend geklärt werden konnten, ist die Ursache der Ductus-Persistenz unklar. In einigen Fällen ließ sich eine familiäre Häufung nachweisen (Kjaergaard 1946; Soulié u. Mitarb. 1948; Heim de Balsac 1954). Zahlenangaben über Erkrankungen der Mütter an Röteln (Lian und Welti 1950; Montouchet 1952; Heim de Balsac 1954) sprechen gegen eine Beteiligung dieser Erkrankung an der Ductus-Persistenz. Demgegenüber stellten Rutstein u. Mitarb. (1952) fest, daß bei einer großen Zahl untersuchter Kinder (17 von 25) mit offenem Ductus Botalli die ersten 3 Fetalmonate mit dem saisonmäßigen Auftreten von Rötelninfektionen zusammenfielen. Kennedy und Clark (1941/42) nehmen an, daß Prozesse, die mit einer Erschwerung der Blutarterialisierung einhergehen, die Ductus-Persistenz fördern. Doch steht hier der Beweis noch aus, nachdem Hellstroem und Jonsson (1953) bei Kindern, die nach der Geburt eine Asphyxie hatten, das gehäufte Auftreten eines Ductus Botalli nicht feststellen konnten.

Anatomie. Der Ductus Botalli nimmt seinen Ursprung von der Pulmonalarterie, meist in der Gegend der Bifurkation am Abgang des linken Pulmonalarterienastes; seltener entspringt er von der A. pulmonalis dextra. Er zieht schräg von vorne nach hinten und von links nach rechts zur Aorta, wo er an der Innenseite im Isthmusbereich inseriert. Länge und Weite des Ductus können erheblich variieren. Drei Typen wurden besonders herausgestellt:

1. Zylinderform, wobei eine Einengung im mittleren Abschnitt (Sanduhrform) möglich ist und die Länge meist 2 cm nicht überschreitet,

2. Trichterform mit einer Erweiterung des Ductus an der aortalen Seite,

3. Fenstertyp, bei dem ein eigentlicher Gang nicht mehr feststellbar ist und eine fensterartige Verbindung zwischen Aorta und Pulmonalarterie besteht. An der Stelle der Einmündung in die Pulmonalarterie zeigt diese eine Wandverdickung, die auf den Aufprall des Blutstromes durch den Ductus bezogen wird. Die Wand des Ganges kann besonders an den Enden atheromatöse Veränderungen aufweisen. Auch Kalkeinlagerungen kommen vor (JAGER und WOLLEMAN 1942). Darüber hinaus wurden echte, disseziierende Aneurysmen und auch Pseudoaneurysmen beobachtet (HEBB 1893; STORCH 1899; ROEDER 1901; HAMMERSCHLAG 1925; GROSS 1948 und PINNINGER 1949). Sie können ebenfalls Kalk einlagern (KNEIDEL 1949); ihre Ruptur kann Ursache eines plötzlichen Todes der betroffenen Patienten sein (GUGGENHEIM 1930; ERNST 1933; SCHEEF 1939; LINDERT und CORRELL 1950; FOSSEL 1959 sowie MOLZ 1961).

Weitere Varianten im Verlauf des Ductus Botalli kommen bei Anomalien der Aorta und der großen Gefäße vor (s. dort).

An der Aorta findet man gelegentlich gegenüber der Einmündungsstelle des Ductus eine sackförmige Ausweitung, auf die schon v. ROKITANSKI (1852) und THOMA (1890) hinwiesen. Ein Aortenaneurysma bei offenem Ductus Botalli wurde von ALTSCHULE (1937) beobachtet.

Stamm und Äste der Pulmonalarterie sind in der Regel erweitert. Die Pulmonalarterienerweiterung kann aneurysmatische Formen annehmen. BOYD und MCGAVACK (1939) fanden unter 111 Fällen mit Pulmonalarterien-Aneurysmen in 23% und DETERLING und CLAGETT (1947) unter 146 Fällen in 21% einen offenen Ductus Botalli. Weitere Beobachtungen dieser Art stammen von FOULIS (1884) sowie HOLMAN, GERBODE und PURDY (1953). Über die Ruptur von Lungenarterien-Aneurysmen bei offenem Ductus arteriosus berichteten DETERLING und CLAGETT (1947) sowie LINDERT und CORRELL (1950). Lungengefäßveränderungen mit Mediahypertrophie, Hyalinisierung, Thrombenbildung und arteriitischen Prozessen können besonders bei gleichzeitiger pulmonaler Hypertonie vorkommen.

Abhängig von der jeweiligen Phase des Krankheitsablaufes werden Hypertrophie und Dilatation aller vier Herzhöhlen beobachtet. Besteht ein Links-Rechts-Shunt, so sind linker Vorhof und linke Kammer betroffen. Der Vergrößerung des linken Vorhofs kann dabei besondere diagnostische Bedeutung zukommen.

Häufigkeit. Die Anomalie ist beim weiblichen Geschlecht doppelt so häufig wie beim männlichen (DONZELOT 1954). Der Ductus Botalli tritt zusammen mit anderen Mißbildungen öfter auf als isoliert. DONZELOT (1950) gibt die Häufigkeit mit 25% an; ABBOTT (1936) beobachtete die Anomalie 92mal isoliert und 152mal kombiniert unter 1000 angeborenen Herzfehlern. Im eigenen Untersuchungsgut von 5000 angeborenen Herzanomalien wurde ein offener Ductus Botalli in 10% der Fälle registriert. Infolge der reduzierten Lebenserwartung trifft man die Mißbildung im Kindesalter häufiger als bei Erwachsenen.

Pathophysiologie. Folge der Ductus-Persistenz ist der Übertritt arterialisierten Blutes aus der Aorta in die Pulmonalarterie, der sowohl in der systolischen als auch in der diastolischen Phase der Herzaktion stattfindet. Die Größe des Kurzschlusses ist abhängig von der Weite des Ductus und der Differenz der Drucke bzw. der Strömungswiderstände zwischen großem und kleinem Kreislauf.

Nach pathophysiologischen Gesichtspunkten können drei Hauptgruppen unterschieden werden. Zur ersten Gruppe gehören die Fälle mit einem englumigen Ductus, einem relativ kleinen Kurzschluß und einem praktisch normalen Blutdruck im kleinen Kreislauf. Bei der zweiten Gruppe ist der Ductus weiter, der Kurzschluß im allgemeinen größer, der systolische Druck in der Lungenarterie erhöht, ohne allerdings den entsprechenden Druck in der Aorta zu erreichen. Bei der dritten Gruppe ist der Ductus so weit, daß von vornherein Angleichung der systolischen Blutdruckwerte im großen und kleinen Kreislauf besteht.

Die Volumenbelastung des Lungenkreislaufs und des linken Herzens ist bei den Patienten der ersten Gruppe gering. Ernstere Komplikationen werden im allgemeinen nicht beobachtet.

Dagegen kommt es bei einem Teil der Patienten der Gruppe II infolge der stärkeren Volumenbelastung vorzeitig zu morphologischen Veränderungen der Lungenarterien mit Erhöhung des Strömungswiderstandes.

Bei den Patienten der dritten Gruppe ist die Volumenbelastung des linken Herzens und der Lungenstrombahn so erheblich, daß sie häufig in den ersten Lebenswochen zu einer Herzinsuffizienz mit tödlichem Ausgang führt. Nur dann, wenn der Strömungswiderstand im Lungenkreislauf erhöht und dadurch die Volumenbelastung des linken Ventrikels verringert wird, haben die Kinder Aussicht zu überleben.

Als Ursache der Erhöhung des Strömungswiderstandes im Lungenkreislauf werden mehrere Faktoren diskutiert: morphologische Veränderungen oder Embolien (Yu u. Mitarb. 1954), vasoconstrictorische Mechanismen (Gilchrist 1945; Burchell 1953; Kjellberg u. Mitarb. 1955) oder ein Persistieren fetaler Lungengefäßveränderungen (Civin und Edwards 1950/51; Dammann jr. und Ferencz 1956; Könn 1960). Die Erhöhung des Strömungswiderstandes kann schließlich so stark sein, daß der Widerstand im großen Kreislauf überschritten wird: aus dem ursprünglichen Links-Rechts-Kurzschluß entsteht so ein Rechts-Links-Shunt (Shuntumkehr), der klinisch zu einer Cyanose führt. Der zeitliche Ablauf des Krankheitsbildes vom ausschließlichen Links-Rechts-Kurzschluß zum Rechts-Links-Shunt ist unterschiedlich. Vereinzelt ist die Endphase bereits in der zweiten Hälfte des ersten Lebensjahres erreicht. Bei histologischen Untersuchungen findet man an den kleinen und kleinsten Lungenarterien in dieser Krankheitsphase des weiten Ductus arteriosus schwere sklerotische, zum Teil obliterierende Veränderungen. In geringerem Maße sind diese morphologischen Veränderungen auch schon in früheren Krankheitsphasen nachweisbar.

Klinik. Leitsymptom des typischen Ductus Botalli ist das systolisch-diastolische „Maschinengeräusch" über der Herzbasis, das auf den Blutstrom durch den offenen Ductus zu beziehen ist (Gibson 1900). Im Bereich der Auskultationsstelle ist oft Schwirren zu palpieren. Das Geräusch ist in der überwiegenden Mehrzahl der Fälle hörbar. In atypischen Fällen kommen systolische oder diastolische bzw. voneinander abgeteilte systolische und diastolische Geräusche vor. Schließlich gibt es auch intermittierend auftretende Geräusche. Bei vorwiegendem systolischen Geräusch ist ein kurzes protodiastolisches Geräusch wichtig, besonders im Hinblick auf die Abgrenzung gegenüber einem Ventrikelseptumdefekt. Eine Erhöhung des Lungenstrombahnwiderstandes stellt eine häufige Ursache atypischer Geräusche beim Ductus arteriosus apertus dar. Bei niedrigem Shuntvolumen und normalen Druckverhältnissen im kleinen Kreislauf sind Entwicklung und Leistungsfähigkeit der Patienten normal. Mit zunehmendem Links-Rechts-Shunt und beginnender Drucksteigerung kommt es zu Beschwerden, vorwiegend in Form von Atemnot. Bei erheblichem Links-Rechts-Shunt ist die Blutdruckamplitude erhöht.

Das *Elektrokardiogramm* ist in vielen Fällen normal und hinsichtlich Typ und Kammerendteilen uncharakteristisch. Bei zunehmendem Links-Rechts-Shunt finden sich die Zeichen der Linkshypertrophie. Kommt es zu Drucksteigerungen im Lungenkreislauf, dann gesellen sich die Zeichen der Rechtshypertrophie im Elektrokardiogramm hinzu. Diese überwiegen, wenn bei erhöhtem Strömungswiderstand im Lungenkreislauf das Lungendurchflußvolumen abnimmt und der Shunt sich schließlich umkehrt.

Die Patienten mit kompliziertem Ductus Botalli bieten das Bild des Morbus caeruleus mit Cyanose, Trommelschlegelfingern und -zehen sowie reduzierter Leistungsfähigkeit. Charakteristisch für die hier erörterte Anomalie können Unterschiede im Grade der Cyanose zwischen rechtem und linkem Arm sowie oberen und unteren Extremitäten sein (Pritchard u. Mitarb. 1950). Das Symptom ist nicht konstant, gibt bei Vorhandensein jedoch einen wichtigen diagnostischen Hinweis.

Röntgenbefunde. Die Umformungen des Herzens beim offenen Ductus Botalli sind abhängig von den pathophysiologischen Verhältnissen. Die entscheidenden Kriterien sind dabei Weite des Ductus, Größe der Shuntvolumina sowie Druck- und Widerstandsverhältnisse. Schließlich muß die Dauer, in der die pathologischen Kreislaufverhältnisse wirksam sind, also das Alter der Patienten, als weiterer Faktor genannt werden.

Herz- und Gefäßkonturen können im Röntgenbild bei sagittalem und seitlichem Strahlengang vollkommen unauffällig sein (Abb. 82). Dies gilt besonders für jene Fälle mit funktionell unbedeutendem Ductus Botalli, bei denen die Drucke normal und das Shuntvolumen unter 1 Liter/min liegt. KJELLBERG u. Mitarb. (1955) berichten über neun derartige Fälle (ca. 11%).

Mit zunehmender Volumenbelastung tritt eine Verbreiterung des Herzens nach links ein, während die rechte Herzkontur zunächst unauffällig bleibt (Abb. 83). Bei

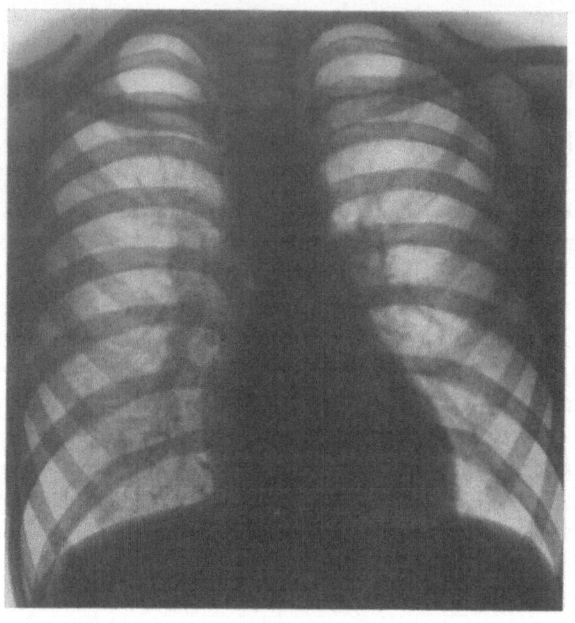

a

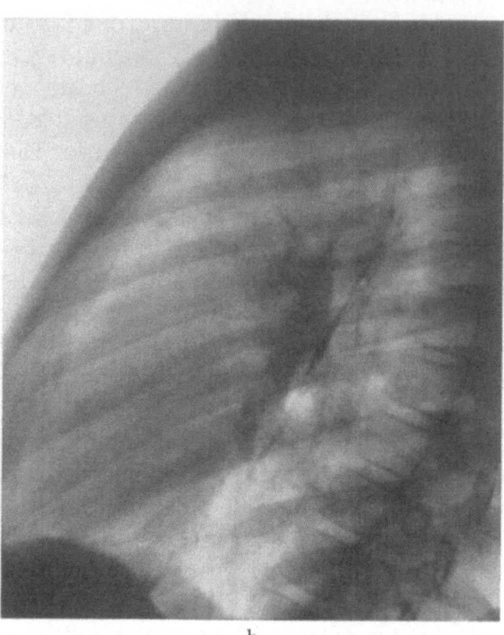

b

Abb. 82a u. b. Offener Ductus arteriosus bei einem 9jährigen Patienten (F.Pi.). Diagnose mittels Herzkatheter gesichert. Typisches systolisch-diastolisches Maschinengeräusch. Links-Rechts-Shunt unter 1 Liter. a Sagittale Übersichtsaufnahme: unauffällige Herz- und Gefäßkonfiguration. b Seitenbild: keine Veränderung der normalen Herzform

stärkerer Volumenbelastung und insbesondere dann, wenn ein Druckanstieg im Lungenkreislauf und in der rechten Kammer hinzukommt, mehren sich die Fälle, bei denen auch eine Rechtsverbreiterung sichtbar wird (Abb. 84). Die Abgrenzung der beiden Kammern in Bezug auf die Herzkonfiguration ist mit der Austastung der Herzhöhlen durch den Herzkatheter möglich (THURN 1956). Bei stärkerem Links-Rechts-Shunt nimmt die linke Kammer einen wesentlichen Anteil des Herzschattens links der Wirbelsäule ein (Abb. 85). Die linke Herzkontur wird dann nicht nur im Bereich der Herzspitze durch den linken Ventrikel gebildet, der auf der seitlichen Aufnahme die hintere untere Begrenzung des Herzschattens einschließlich der hinteren unteren Herzkontur ausmacht und bei der Durchleuchtung lebhafte Pulsationen zeigen kann.

Bei erheblicher pulmonaler Hypertonie sieht man bei sagittalem Strahlengang sowohl Bilder mit deutlicher, beidseitiger Herzverbreiterung (vgl. Abb. 84) (MANNHEIMER 1950; DENOLIN, LEQUIME und SEGERS 1952; DORBECKER und ARANDA 1955; WHITAKER, HEATH, BROWN 1955) als auch solche, bei denen eine nennenswerte Verbreiterung des Herzens fehlt (Abb. 86; vgl. auch Abb. 87b) (SMITH 1954; LUKAS, ARANJO und STEINBERG 1954). Röntgenologisch kontrollierte Verläufe (GILCHRIST 1945 u.a.) lassen erkennen, daß mit zunehmendem Strömungswiderstand im Lungenkreislauf und Verminderung des Links-

Rechts-Shunts eine Verkleinerung des Herzens durch abnehmende Volumenbelastung der linken Kammer zustande kommen kann (Abb. 87). Nach BURCHELL (1948) bleibt diese theoretisch zu fordernde Rückbildung in einem Teil der Fälle als Folge myo-

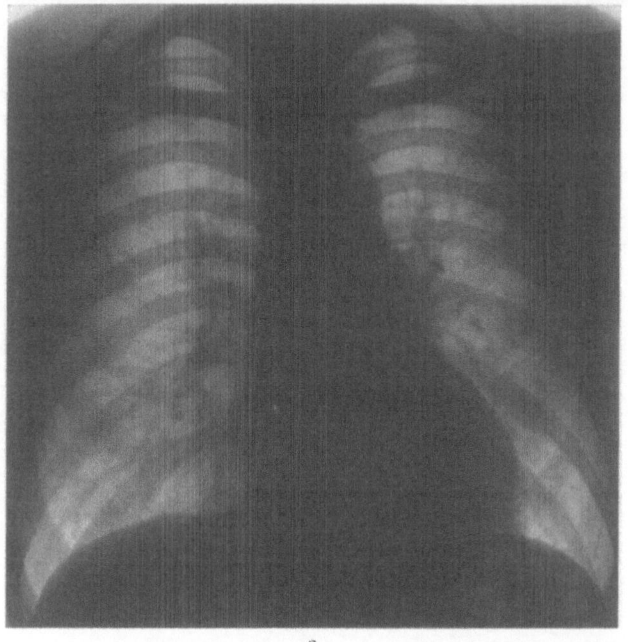

a

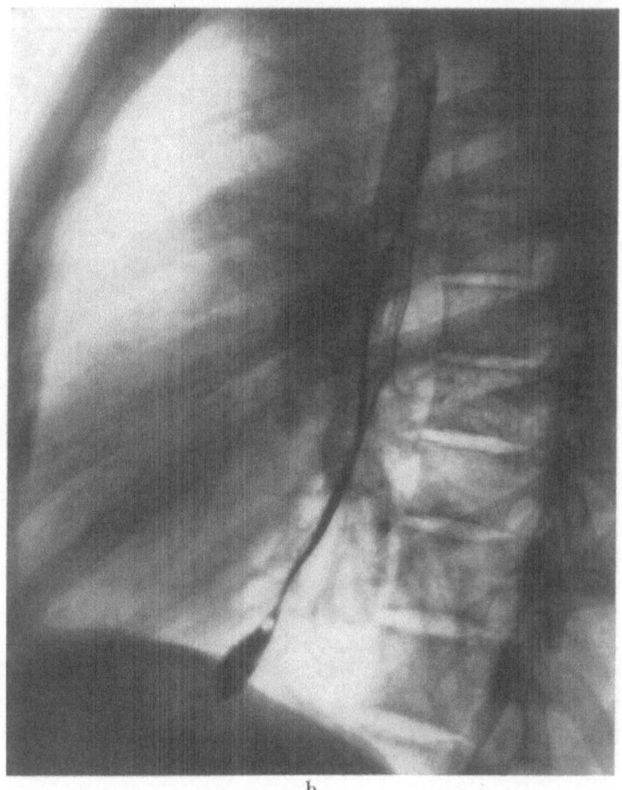

b

Abb. 83a u. b. Ductus arteriosus apertus bei einem 23jährigen Mann (H.He.). Keine Druckerhöhung im kleinen Kreislauf. Kleines Shuntvolumen. a Sagittalbild: geringe Verbreiterung des Herzens nach links. Prominenz des Pulmonalisbogens. Lungengefäßzeichnung vermehrt. b Seitenbild: Retrokardialraum frei

kardialer Veränderungen im Sinne einer Fibroelastosis aus. Bei bestehender Druck- und Widerstandserhöhung im kleinen Kreislauf dehnt sich im Seitenbild der vergrößerte

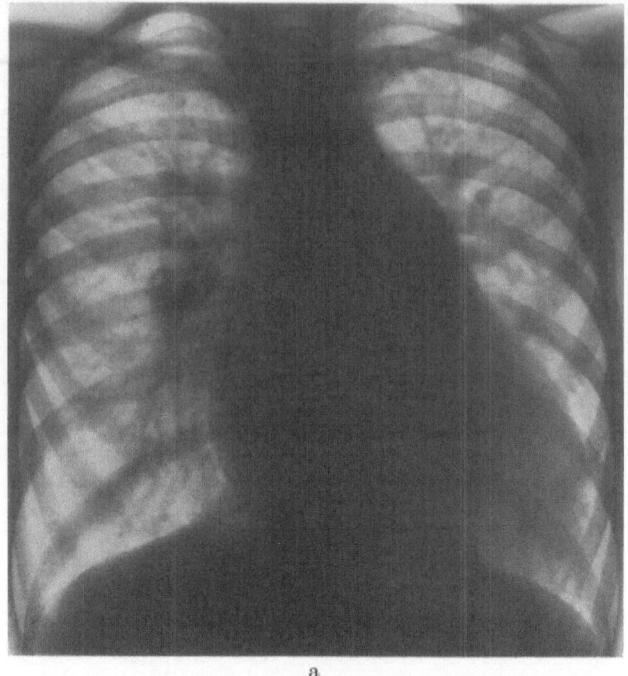

a

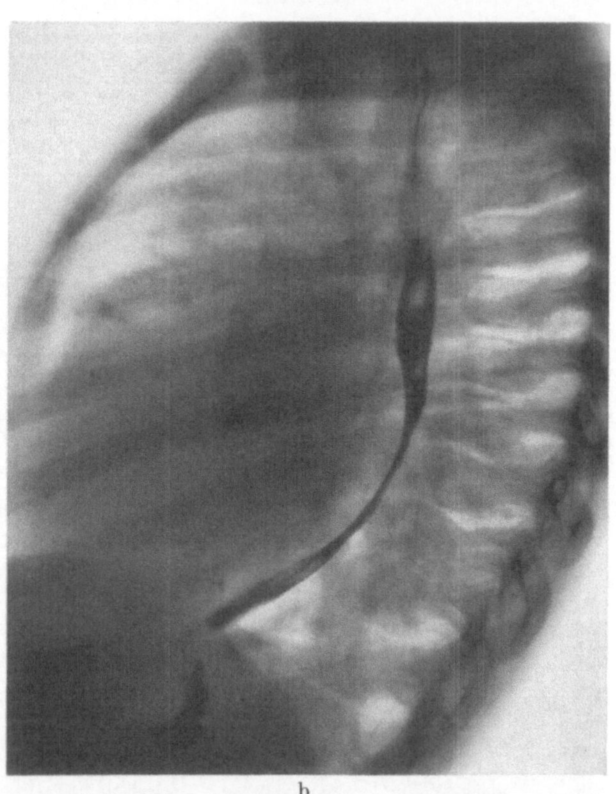

b

Abb. 84a u. b. Ductus arteriosus apertus (7jährige Patientin G.Mü.). Druck in der Pulmonalarterie 40/35 mm Hg. Links-Rechts-Shunt 6,6 l/min. a Sagittalbild: Verbreiterung des Herzens besonders nach links, aber auch nach rechts. Vermehrte Hilus- und Lungenzeichnung. Vorspringender Pulmonalbogen. b Seitenbild: Oesophagus stark nach hinten verdrängt

rechte Ventrikel nach vorne aus und lehnt sich in typischen Fällen breitflächig an die vordere Thoraxwand an.

Zahlenmäßige Angaben über das Vorkommen von Herzvergrößerungen machten EPPINGER und BURWELL (1940), DONOVAN u. Mitarb. (1943), SHAPIRO (1944), GILCHRIST (1945) und ZIEGLER (1952).

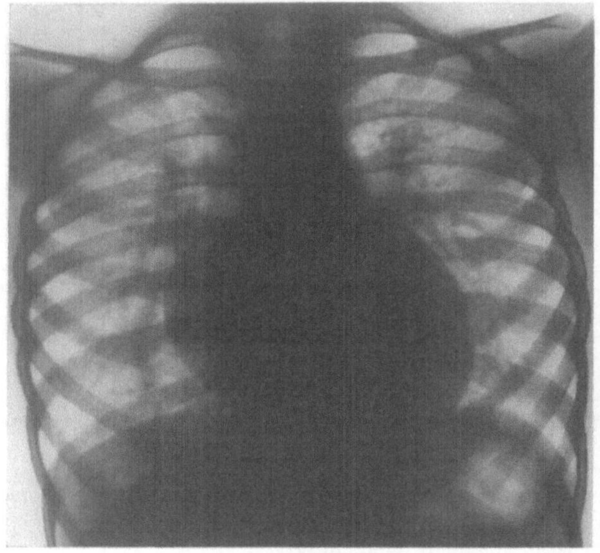

a

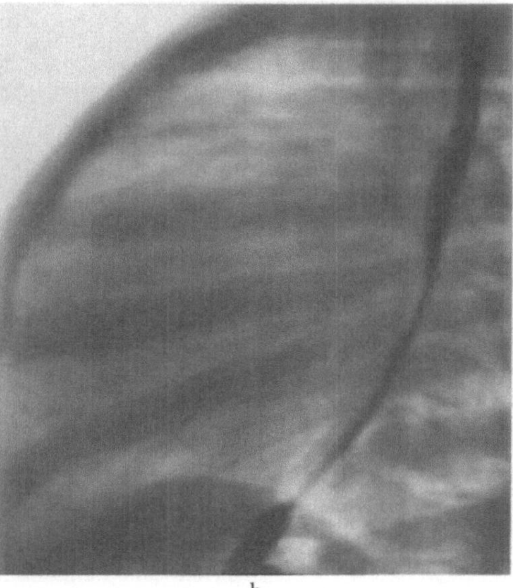

b

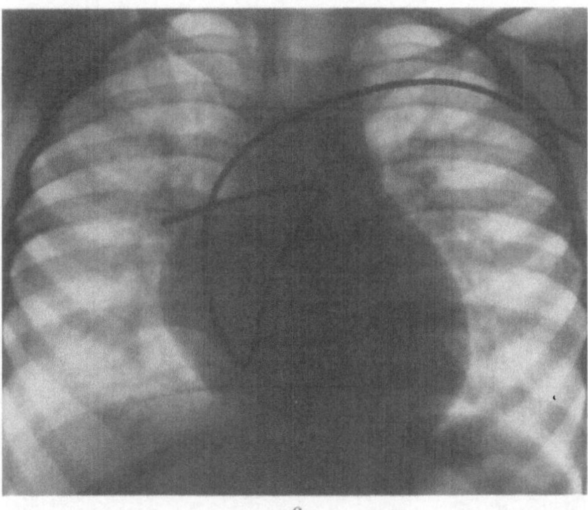

c

Abb. 85a—c. Operativ gesicherter Ductus arteriosus apertus bei einer 3jährigen Patientin (M.Re.). a Übersichtsaufnahme: beiderseits verbreitertes kugelförmiges Herz. Vermehrte Hilus- und Lungenzeichnung. b Seitenbild: Retrokardialraum durch das vergrößerte Herz vollkommen ausgefüllt. c Herzkatheteraufnahme: Herzverbreiterung im wesentlichen auf eine Vergrößerung des linken Ventrikels zurückzuführen. Der Herzkatheter verläuft in Deckung mit der Wirbelsäule entlang des Septums, um dann nach rechts in die Pulmonalarterie abzubiegen

In den Abb. 88—91 wurden unter Verzicht auf die Herausstellung typischer Röntgenbilder die Herzsilhouetten von je 5 Patienten mit Ductus Botalli dargestellt. Die einzelnen Abbildungsserien entsprechen verschiedenen hämodynamischen Phasen des Krankheitsbildes (vgl. Legenden). Die Diagnose wurde jeweils durch Herzkatheteruntersuchung gesichert.

Bei stärkerem Links-Rechts-Shunt ist der linke Vorhof vergrößert. Der Nachweis dieser Vorhofsvergrößerung ist in üblicher Form bei Durchleuchtung und Aufnahmen in

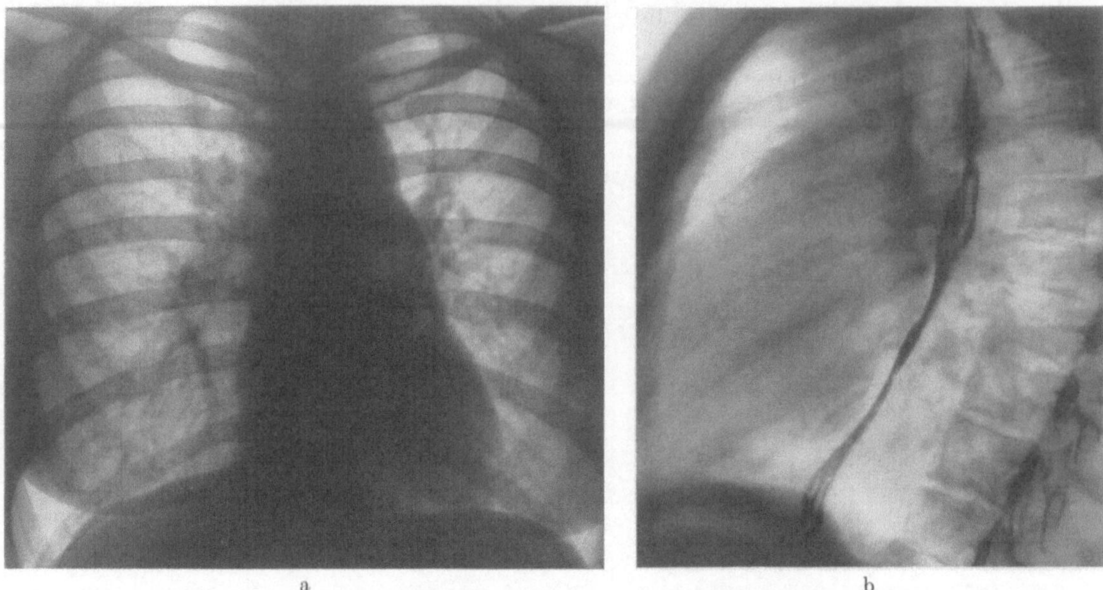

Abb. 86a u. b. Ductus arteriosus apertus bei einer 27jährigen Patientin (M.Di.) mit pulmonaler Hypertonie. Druck in der Pulmonalarterie 150/100 mm Hg. a Sagittalbild: etwas linksbetontes Herz sowie Vorwölbung des Aorten- und Pulmonalbogens. b Seitenbild: Herzhinterraum frei

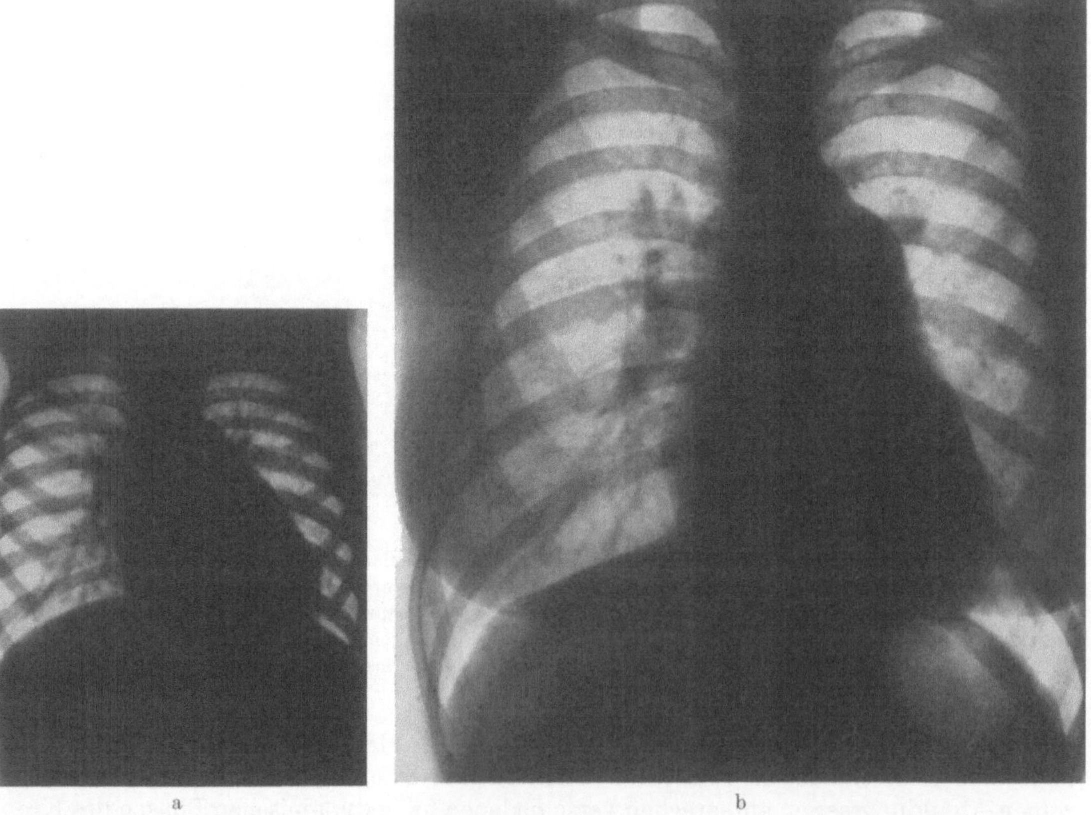

Abb. 87a u. b. Patientin (G.Me.) mit offenem Ductus arteriosus im Alter von $2^1/_2$ Jahren (a) und im Alter von 22 Jahren (b). Bis zum Zeitpunkt der Aufnahme hatte sich eine pulmonale Hypertonie mit Shuntumkehr entwickelt. Die Herzverbreiterung nach links ist zurückgegangen, die linke Herzgrenze ist steiler geworden. Der Pulmonalbogen springt vor. In der Peripherie ist die Lungenzeichnung geringer geworden

seitlichem Strahlengang mit kontrastmittelgefülltem Oesophagus möglich. DONZELOT und HEIM DE BALSAC (1954) wiesen eine Vergrößerung des linken Vorhofs in 10% der Fälle mit offenem Ductus Botalli nach. Von anderen Autoren wird der zahlenmäßige Anteil der nachgewiesenen Vorhofsvergrößerungen unter den Ductus Botalli-Fällen höher angegeben. So beträgt er bei DONAVAN u. Mitarb. (1943) 71%. STAUFFER (1949) sah unter 90 Fällen 25mal, KJELLBERG u. Mitarb. (1955) fanden unter 76 Fällen 62mal einen vergrößerten

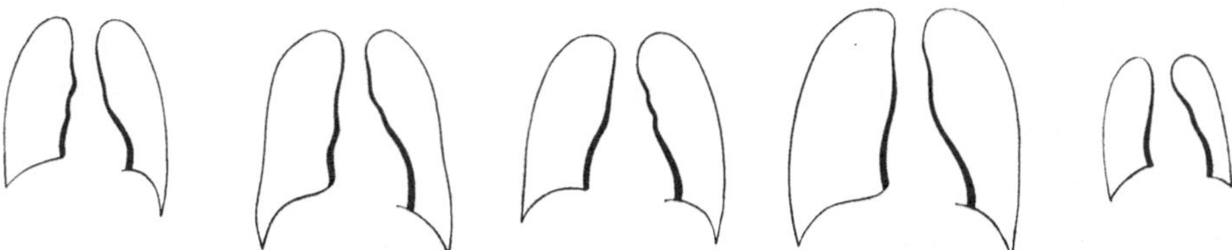

Abb. 88. Herzsilhouetten von fünf Patienten mit offenem Ductus Botalli. Diagnosen durch Herzkatheteruntersuchung gesichert. Druckwerte in der Lungenstrombahn normal. Errechneter Links-Rechts-Shunt unter 1 Liter/min

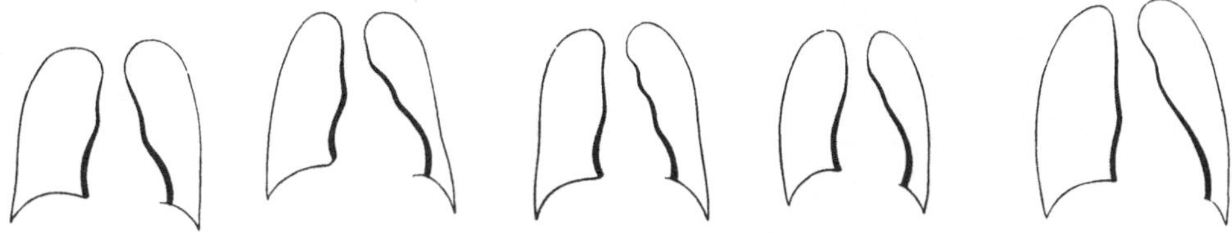

Abb. 89. Herzsilhouetten von fünf Patienten mit offenem Ductus Botalli. Druckwerte in der Lungenstrombahn normal. Errechneter Links-Rechts-Shunt über 1 Liter/min

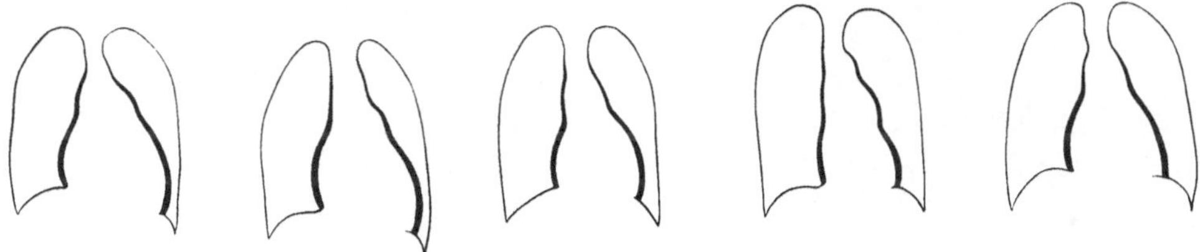

Abb. 90. Herzsilhouetten von fünf Patienten mit offenem Ductus Botalli. Druckwerte in der Lungenstrombahn erhöht. Es besteht jedoch noch ein Links-Rechts-Shunt

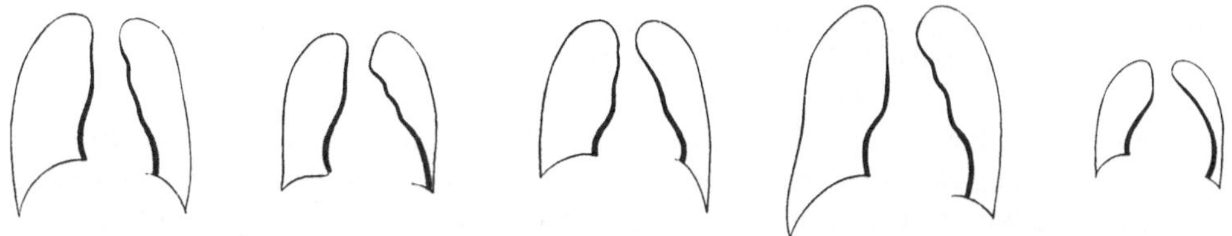

Abb. 91. Herzsilhouetten von fünf Patienten mit offenem Ductus Botalli. Pulmonale Hypertonie und Shuntumkehr

linken Vorhof. Bei großen Shuntvolumina können in Einzelfällen starke Vergrößerungen des linken Vorhofs sichtbar werden und zu Bildern führen, die sonst in der Regel nur bei Mitralfehlern gesehen werden. PERLOFF u. Mitarb. (1960) sprechen von einer Pseudo-Mitralkonfiguration. Wir sahen einen solchen Patienten, bei dem die Operation einen offenen Ductus Botalli von etwa Daumendicke ergab; der linke Vorhof wurde bei sagittalem Strahlengang auch rechts randständig (Abb. 92).

In Höhe der Pulmonalarterie sieht man an der linken Herzkontur eine Vorwölbung, die entweder von dem Hauptast oder dem linken Pulmonalarterienast gebildet wird. Die Vorwölbung des Pulmonalbogens fehlt beim offenen Ductus Botalli nur selten. Es handelt sich dann vorwiegend um jene Fälle, die bei funktionell bedeutungslosem Shunt bereits als unauffällig bezüglich ihrer Herz- und Gefäßkonfiguration bezeichnet wurden.

Der erweiterte Pulmonalbogen kann als geradlinige Fortsetzung der linken Herzkontur, als flache Vorwölbung oder als halbkreisförmige, sich scharf von der linken Herz- und Gefäßkontur abhebende Verschattung sichtbar werden. Diese Form des vorspringenden Pulmonalsegmentes ist bei Fällen mit Drucksteigerung häufig. Die stärkste Erweiterung des Pulmonalissegmentes wird bei jenen Patienten beobachtet, bei denen ein Druck- und Widerstandsangleich im großen und kleinen Kreislauf zustande gekommen ist bzw. die Widerstandserhöhung zu einer Shuntumkehr geführt hat. In einem solchen Falle sahen wir eine aneurysmatische Erweiterung der Pulmonalarterie bzw. ihrer Äste (Abb. 93).

Auf die Möglichkeit von Aneurysmenbildungen der Pulmonalarterie (Abb. 94) (HUBENY 1920; Übersichten bei LINDERT u. CORREL 1950 sowie bei DETERLING und

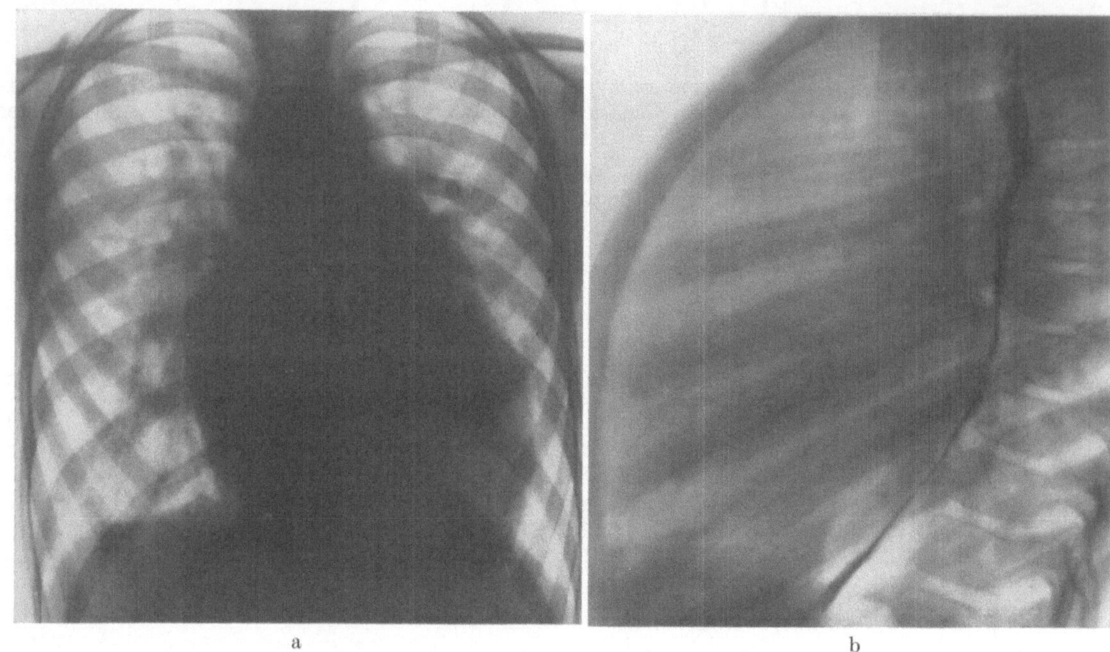

Abb. 92a u. b. Operativ gesicherter Ductus arteriosus apertus bei einer 7jährigen Patientin (P.Ba.). a Sagittalbild: beiderseits verbreitertes Herz mit vorspringendem Pulmonalbogen. Linker Vorhof an der rechten oberen Herzkontur randständig. Große dichte Hili und vermehrte Lungenzeichnung. b Seitenbild: der vergrößerte linke Vorhof reicht bis an den Wirbelsäulenschatten

CLAGETT 1947) oder der Aorta bei gleichzeitig vorhandenem offenen Ductus Botalli wurde bereits bei Erörterung der anatomischen Verhältnisse hingewiesen; auch Aneurysmen des Ductus selbst fanden Erwähnung. GRAHAM (1940) untersuchte röntgenologisch 2 Fälle mit Aneurysmen des Ductus arteriosus. In einem Falle, einem 31jährigen Mann, sah man eine pulsierende Verschattung im mittleren oberen Mediastinum, die auf der sagittalen Aufnahme in das linke Oberfeld hineinreichte, Kalkeinlagerungen erkennen ließ und die Trachea nach rechts verdrängte. Im zweiten Fall imponierte das Aneurysma bei sagittalem Strahlengang als leichte Vorwölbung im Hilusbereich, die sich auf der seitlichen Aufnahme nach vorne projizierte. Eine weitere Beobachtung stammt von MACKLER (1943). Die Abb. 95a und b zeigen die prä- und postoperative Aufnahme einer 20jährigen Patientin mit Ductus arteriosus apertus und kirschgroßem Divertikel am aortalen Ende des Ductus Botalli.

Die Hilus- und Lungenzeichnung ist außer bei kleinen Shuntvolumina vermehrt. Bei suffizientem linken Ventrikel finden sich zentral erweiterte Lungengefäße, die sich abhängig von der Shuntgröße im Einzelfalle auch bis zur Thoraxmitte erstrecken können. Bei Versagen der linken Kammer kann die Lungenstauung in Form einer vermehrten reticulären Zeichnung bis zur Peripherie sichtbar werden. Bei pulmonaler Hypertonie

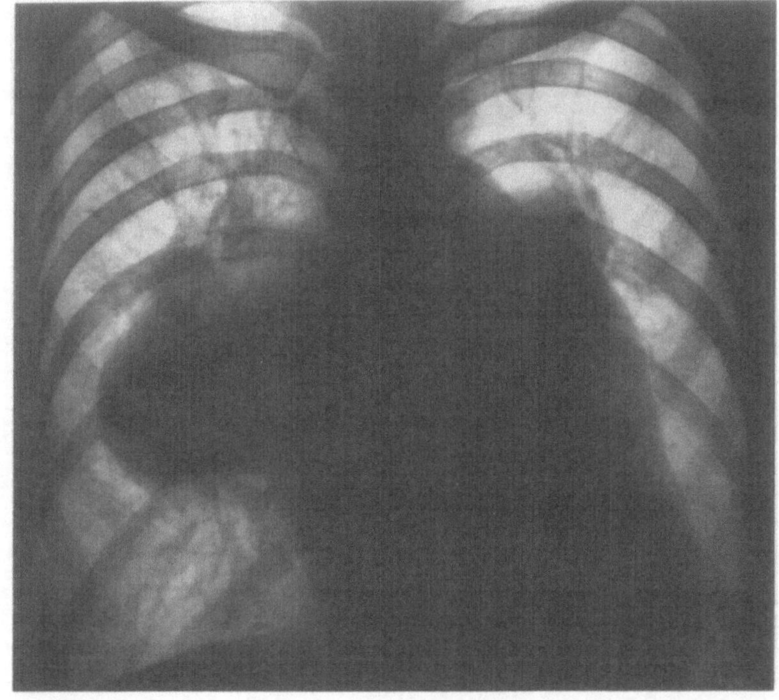

a

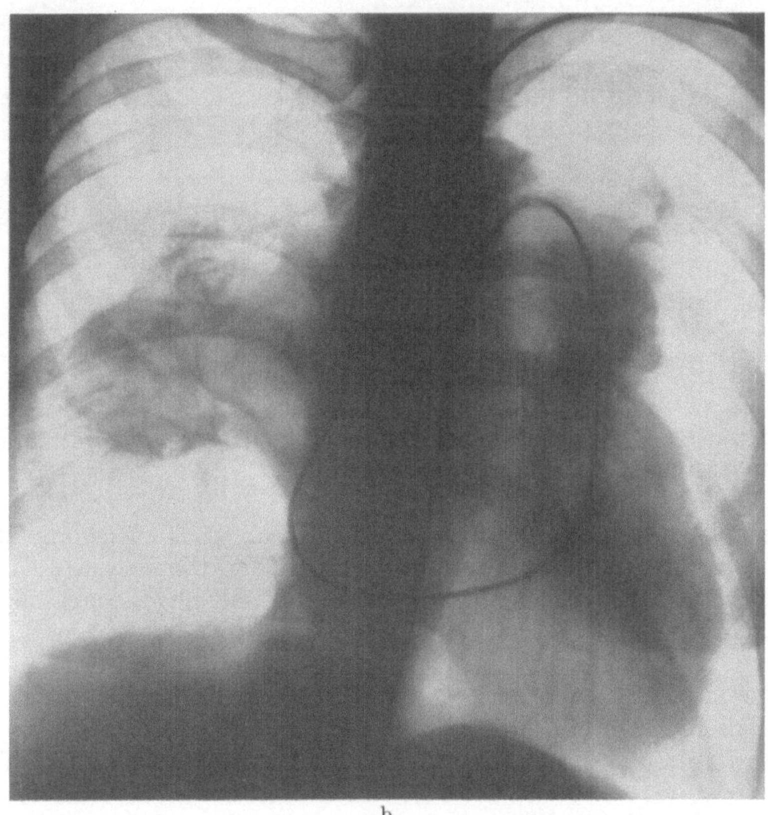

b

Abb. 93a u. b. Ductus arteriosus apertus mit Shuntumkehr (37jährige Frau G.Se.). Großes Aneurysma der Pulmonalarterie. a Sagittale Übersichtsaufnahme. b Herzkatheterbild: Katheter in der Aorta descendens nach Passage des Ductus

und Sklerose der kleinen Lungenarterien erscheint das Bild des „peripheren Füllungsabbruches“ (Abb. 96). Die in der Peripherie hellen Lungenfelder kontrastieren dann mit den zentral erweiterten Lungengefäßen.

Vorspringender Pulmonalbogen sowie hilusnahe Lungengefäße lassen in einem Teil der Fälle vermehrte Pulsationen bei der Durchleuchtung erkennen. Auch „Eigenpulsationen“ — Dichte- und Volumenschwankungen der hilusnahen Lungengefäße — werden beim offenen Ductus Botalli beobachtet. Sie kommen etwa gleich häufig wie beim Kammerscheidewanddefekt, jedoch seltener als beim Vorhofseptumdefekt hier vor. Wir sahen

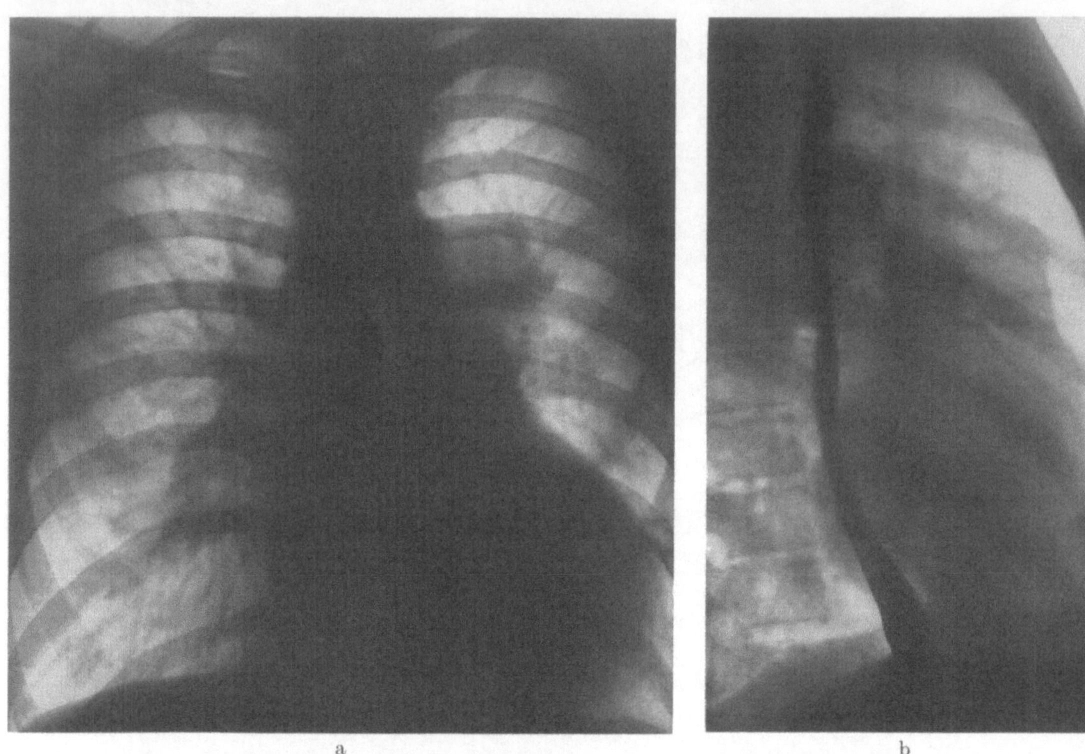

Abb. 94a u. b. Sog. falsches Aneurysma der Pulmonalarterie nach operativem Verschluß eines Ductus arteriosus apertus bei einem 24jährigen Mann (G.Kü.) (operativ gesichert). a Sagittalbild: Aneurysma als rundliche Verschattung neben der linken Gefäßkontur in Höhe der Pulmonalarterie. b Seitenbild: Aneurysma im oberen mittleren Thoraxbereich

diese Hiluspulsationen beim Ductus arteriosus apertus unter 60 Fällen aller hämodynamischen Entwicklungsstufen 16mal (26%), während sie beim Vorhofseptumdefekt in drei Viertel aller Fälle vorkamen. Es handelte sich dabei 3mal um Patienten mit Druck- und Widerstandsangleich sowie Rechts-Links-Shunt, so daß ein Rückschluß auf einen überwiegenden Links-Rechts-Shunt aus der Beobachtung derartiger systolisch expansiver Bewegungen der hilusnahen Lungengefäße unseren Erfahrungen nach nicht möglich ist. DONAVAN u. Mitarb. (1943) beobachteten solche sog. Eigenpulsationen in 35% der Fälle.

Vermehrte Pulsationen vorwiegend im Bereich der linken Pulmonalarterie fanden sich nach EPPINGER, BURWELL und GROSS (1941) bei Einmündung des offenen Ductus in die linke Pulmonalarterie.

Die Aorta ist im Gegensatz zum Vorhof- und Kammerscheidewanddefekt entweder normal weit oder verbreitert (Abb. 97); ihre Abgrenzung kann bei Kindern schwierig werden. Bei großen Shuntvolumina sind ihre Pulsationen ebenso wie die des linken Ventrikels verstärkt sichtbar.

Kalkeinlagerungen in den Ductus arteriosus sind nicht häufig. KEYS und SHAPIRO (1943) fanden sie unter 65 autoptisch kontrollierten Fällen 6mal. Unter einem klinisch diagnostizierten Beobachtungsgut werden diese Kalkeinlagerungen seltener ermittelt. Wir sahen unter 500 Fällen mit offenem Ductus arteriosus drei Patienten im 4. und 5. Lebensjahrzehnt mit Kalkeinlagerungen bei gleichzeitig bestehender pulmonaler Hypertonie. CHILDE und MACKENZIE (1945) beobachteten dieselbe Veränderung bei einem 9 Monate alten, autoptisch kontrollierten Patienten; so kann jede Altersstufe betroffen sein. Rückschlüsse auf die Persistenz des Ductus sind an Hand der Kalkeinlagerungen nicht möglich, da sie sowohl bei obliteriertem (ELLIOT und CHILDE 1948) als auch bei persistierendem Ductus arteriosus (RUSKIN u. SAMUEL 1950) gesehen wurden (Abb. 98). Auf der dorsoventralen Übersichtsaufnahme erkennt man bereits eine lineare, caudal-konvex verlaufende Kalksichel etwas unterhalb des Aortenbogens am linken Gefäßrand, deren Lage für Kalkeinlagerungen in die Aorta selber atypisch ist. Diese liegen meist höher und weiter lateral (HUSEBYE 1949).

SUSMAN und BRAHMS (1943) gelang die Darstellung am besten auf eingeblendeten Aufnahmen. CHILDE und MACKENZIE (1945) empfehlen Hartstrahltechnik, während WEINBREN (1946) Schichtaufnahmen in linker Seitenstellung zur Darstellung der Ductusverkalkung vorschlägt. Weitere Beobachtungen stammen von WEISS (1931), ROESLER (1937), NICHOL und BRANNAN (1947) sowie RUSKIN und SAMUEL (1950).

Bei einigen Autoren findet man Angaben über *postoperative Veränderungen des Röntgenbildes* nach Verschluß des Ductus arteriosus. DONAVAN u. Mitarb. (1943) sahen unter 27 Fällen postoperativ 13mal ein verkleinertes, 10mal ein unverändertes und 4mal ein vergrößertes Herz. BOURNE (1945) fand postoperativ nur geringe Veränderungen. GILCHRIST (1948)

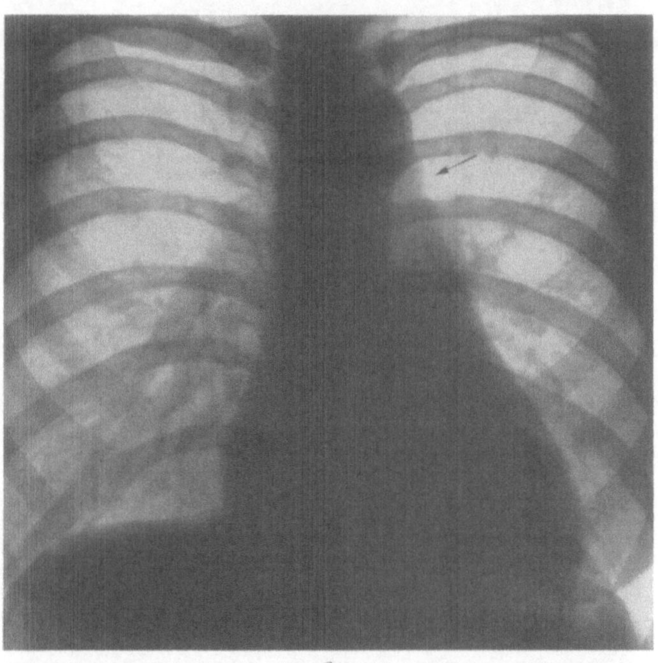

a

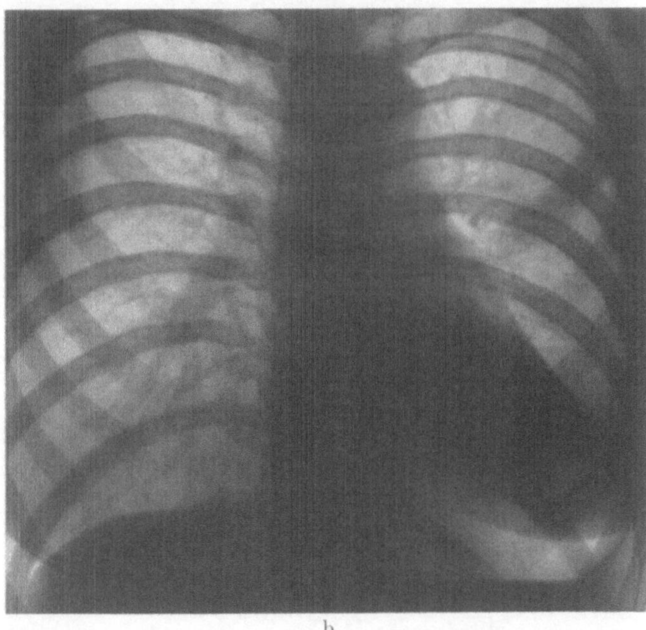

b

Abb. 95a u. b. Offener Ductus arteriosus und operativ gesichertes, kirschgroßes Divertikel an der aortalen Seite des Ductus Botalli (20jährige Patientin, Ch.Schw.). a Präoperatives Sagittalbild: Unterhalb des Aortenbogens etwa kirschgroße Vorwölbung, die dem Aneurysma am aortalen Ende des Ductus Botalli entspricht (Operationsbefund). b Postoperatives Sagittalbild: Die dem Divertikel entsprechende Vorwölbung unterhalb des Aortenbogens ist nicht mehr zu erkennen. Verkleinerung des Herzens. (Operateur Doz. Dr. ROTTHOFF, Chirurgische Klinik der Med. Akademie Düsseldorf)

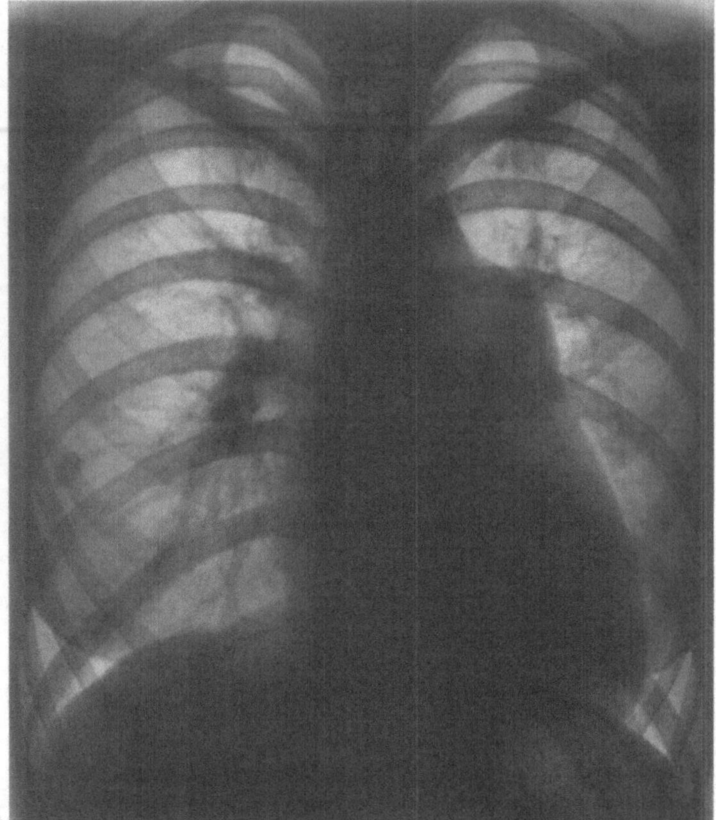

beobachtete die Verkleinerung des Herzens nach der Operation regelmäßig. Auch FAIRLEY u. GOODWIN (1959) stellten postoperativ eine Herzverkleinerung fest.

NYLIN u. BIÖRK (1947) machten Herzvolumenbestimmungen mit radioaktivem Phosphor. Zirkulierende Blutmenge und Herzvolumen, das auch röntgenologisch nach KAHLSTORF bestimmt wurde, nahmen postoperativ ab. KRAUSS u. Mitarb. (1958, 1961) beschäftigten sich mit Größen- und Formänderungen des Herzens beim Ductus arteriosus nach seinem operativen Verschluß, wobei Volumenbestimmungen in der von MUSSHOFF u. REINDELL (1956/57) angegebenen Weise neben Herzkatheteruntersuchungen Schichtaufnahmen zur Beurteilung der Lungengefäße und kymographische Untersuchungen durchgeführt werden. Die Autoren fanden in der Regel postoperativ eine Volumenverminderung mit Rückgang der Lungengefäßzeichnung. Ein bei längerer Beobachtungszeit festzustellender Wiederanstieg des Herzvolumens wurde bei einer Gruppe (präoperativ keine Druckerhöhung im Lungenkreislauf) als Ausdruck einer Anpassung an vermehrte körperliche Belastung und bei einer anderen Gruppe (präoperativ Druckerhöhung in der Lungenstrombahn) als Ausdruck einer myogenen Alteration aufgefaßt.

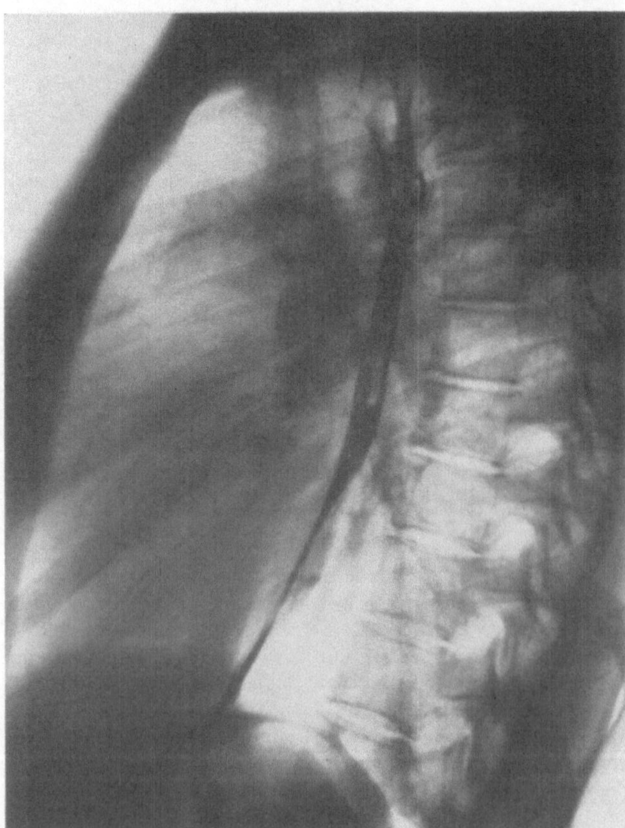

Abb. 96a u. b. Ductus arteriosus apertus mit Shuntumkehr bei einer 19jährigen Frau (Ch.Br.). a Sagittalbild: Herz nach links verbreitert. Starke Vorwölbung des Pulmonalbogens. Weite zentrale Lungengefäße bei auffallend heller Lungenperipherie. b Seitenbild: breitflächige Anlegung des Herzens an die vordere Brustwand infolge Vergrößerung des rechten Ventrikels. Keine umschriebene Vorwölbung in den Retrokardialraum

Kymographisch erkennt man verstärkte Randbewegungen im Bereich der linken Kammer und der Aorta. Letztere stellen insbesondere dann, wenn sie auch im Bereich der ascendierenden Aorta sichtbar werden, ein differentialdiagnostisches Kriterium gegenüber dem Vorhof- und Ventrikelseptumdefekt dar, bei dem die Amplituden der Aortenbewegungen verringert sind. Auch die Pulmonalarterie zeigt vergrößerte Amplituden. Diastolische Zwischenzacken am vorspringenden Pulmonalbogen (HECKMANN 1937) werden auf den verspäteten Blutzufluß durch den offenen Ductus Botalli in die Pulmonalarterie zurückgeführt (Abb. 99). Sind „Eigenbewegungen" der hilusnahen Lungengefäße vorhanden, so lassen sie sich kymographisch darstellen. Darüber hinaus sahen SMITH und WOOD (1949) „para-aortale Pulsationen", die parallel und lateral der Aorta lagen, sowie „Vibrationswellen" direkt unterhalb der Aorta, bei denen sie eine Verbindung zum Maschinengeräusch des offenen Ductus arteriosus zu erkennen glaubten.

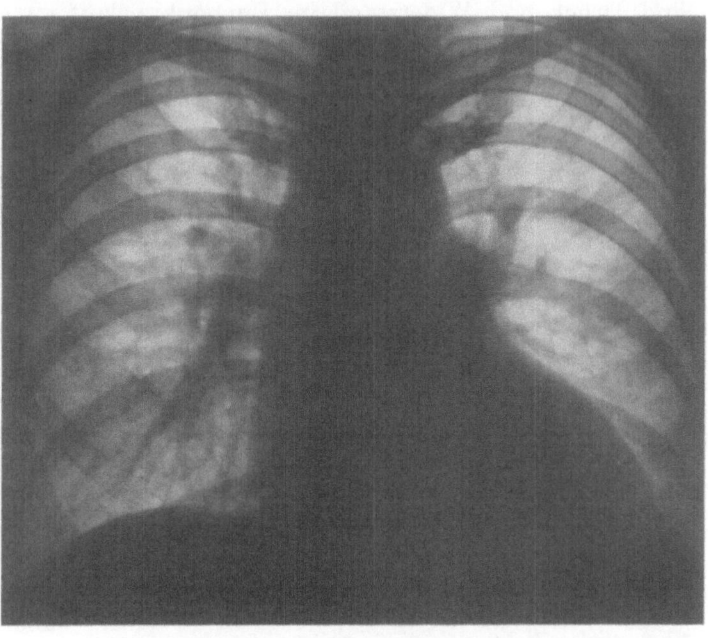

Abb. 97. Ductus arteriosus apertus bei einer 33jährigen Patientin (A.Is.). Linksverbreitertes Herz. Gering vorspringender Pulmonalbogen. Breite Aorta. Verstärkte Lungengefäßzeichnung

Eine Darstellung des Ductus arteriosus anhand von Schichtaufnahmen gelang GOVEA und AGUIRRE (1949) sowie GREMMEL (1961). Dabei war es gleichzeitig möglich, Aufschluß über die Massenverteilung des Herzens zu gewinnen.

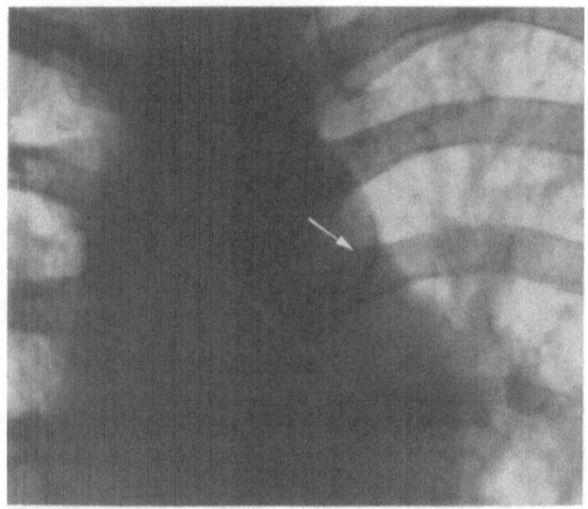

Abb. 98. Ductus arteriosus apertus bei einer 30jährigen Patientin (M.Ma.). Diagnose wurde durch Herzkatheter gesichert. An der linken Gefäßkontur erkennt man am unteren Ende des Aortenbogens eine Kalksichel mit caudal konvexem Verlauf, die einer Kalkeinlagerung in den hier offenen Ductus arteriosus entsprechen dürfte

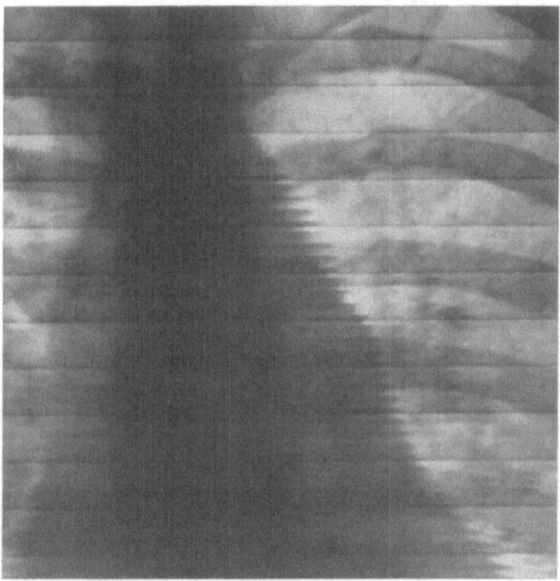

Abb. 99. Sagittales Kymogramm einer 12jährigen Patientin (R.Eb.) mit offenem Ductus arteriosus. Herz beiderseits verbreitert. Vorspringen des Pulmonalbogens. An der linken Gefäßkontur lassen sich Gefäßbewegungen großer Amplitude in Höhe der breiten Aorta abgrenzen. In Höhe der Pulmonalarterie diastolische Zwischenzacken

Herzkatheteruntersuchung. Herzkatheteruntersuchungen erübrigen sich in der Mehrzahl der Fälle mit unkompliziertem Ductus Botalli, da die klinische Symptomatik, hauptsächlich gestützt durch das systolisch-diastolische Maschinengeräusch, meist eindeutig ist. Besteht der Verdacht auf eine Widerstands- und Druckerhöhung im kleinen Kreislauf, so ist zur Erfassung der quantitativen Veränderungen die Katheterisierung notwendig. Sind Druck und Widerstand im Lungenkreislauf an die Großkreislaufverhältnisse angeglichen, oder überwiegen sie bei gleichzeitigem Rechts-Links-Shunt, so ist ein erfolgreicher operativer Verschluß nicht mehr möglich, da nicht rückbildungsfähige Lungengefäßveränderungen ein Absinken des Druckes in der Lungenstrombahn unmöglich machen. Der Verschluß des Ductus kann in solchen Fällen sogar eine bedrohliche Kreislaufsituation herbeiführen, da er eine Ventilfunktion für die Lungenstrombahn ausübt. Die Operationsindikation ist somit gebunden an das Vorhandensein eines Links-Rechts-Shunts. Bei dem komplizierten Ductus ist die klinische Symptomatik oft nicht eindeutig genug, um eine Diagnose zu ermöglichen; hier ist eine Herzkatheteruntersuchung angezeigt.

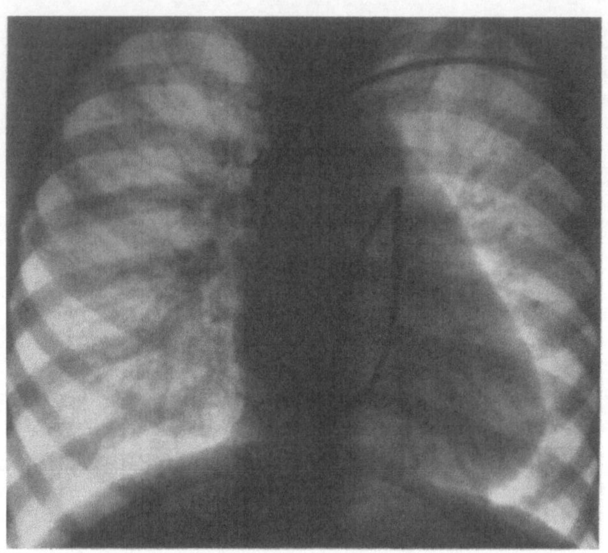

Abb. 100. Herzkatheterbild bei Ductus arteriosus apertus (6 Jahre altes Mädchen, I.Bu.). Typischer Verlauf des Katheters bei Lage seiner Spitze in der Aorta descendens nach Passage des Ductus; sog. „Y-Form"

Durch die Sondierung des offenen Ductus Botalli, die von RUBIO bereits 1949 durchgeführt wurde, ist der direkte Nachweis der anomalen Gefäßverbindung möglich. Dies gelingt in über 90% der Fälle. Der Katheterverlauf von der rechten Kammer über die Pulmonalarterie in den offenen Ductus Botalli und in die descendierende Aorta ergibt ein typisches Bild (Abb. 100). Gleitet der Katheter in die ascendierende Aorta, so kann die Abgrenzung gegenüber einem hochsitzenden Ventrikelseptumdefekt oder einem aortopulmonalen Defekt Schwierigkeiten machen (s. dort). Doch verläuft bei den letztgenannten Anomalien der Katheter im ascendierenden Teil der Aorta und folgt dem Aortenbogen. Auch bei Transposition der großen Gefäße mit links auf- und absteigender Aorta sahen wir ähnliche Bilder wie beim Ductus Botalli. Gelingt die Ductuspassage mehrfach leicht, so ist der Rückschluß auf einen weiten Ductus erlaubt. Ist sie erst nach mehrfachen Versuchen möglich, können ein enger Ductus oder Mündungsanomalien angenommen werden.

Druckregistrierung, blutgasanalytische Untersuchung der in den einzelnen Herzabschnitten entnommenen Blutproben, die intrakardiale Ätherprobe sowie die intrakardiale Phonokardiographie geben weitere differentialdiagnostische Hinweise, z.B. wenn ein Ventrikelseptumdefekt mit Aorteninsuffizienz gegenüber einem offenen Ductus arteriosus abgegrenzt werden soll.

Auf die Bedeutung der Herzkatheterisierung zur Abgrenzung der rechten und linken Kammer an der Herzsilhouette wurde hingewiesen. Dabei ergeben sich Anhaltspunkte zur Unterscheidung eines volumenbelasteten rechten Herzens, wie beim Vorhofseptumdefekt, von Anomalien mit einer Volumenbelastung des linken Herzens — Beispiel Ductus Botalli. Beim offenen Ductus mit großem Links-Rechts-Shunt wird der rechte Ventrikel durch die vergrößerte linke Kammer nach rechts verlagert. Gleichzeitig wird das Ventrikelseptum so nach rechts verlagert, daß die Ausflußbahn der rechten Kammer von rechts unten nach links oben verläuft (vgl. Abb. 85c), während sie normalerweise fast senkrecht auf der Zwerchfellebene steht. Bei Volumenmehrbelastung des rechten Herzens, wie beim Vorhofseptumdefekt, wird seine Ausflußbahn durch Verlagerung des Septums nach links ebenfalls nach links verschoben.

Bei starker Erhöhung des Strömungswiderstandes mit Verminderung des Links-Rechts-Shunts und Überwiegen des Rechts-Links-Shunts kommt es zu einer Streckung der Ausflußbahn, die in Richtung des linken Herzrandes verlagert wird, wie sich an Hand des Sondenverlaufes zeigen läßt. Trotz steigender Druckbelastung des rechten Ventrikels bleibt jedoch die linke Kammer zunächst links randständig, solange ein Links-Rechts-Shunt besteht.

Kontrastmitteldarstellung. Die Indikation für eine angiokardiographische Untersuchung ist beim Ductus apertus noch seltener gegeben als für die Herzkatheteruntersuchung. Sie ist in der Regel nur erforderlich, falls der Auskultationsbefund diagnostische Zweifel läßt bzw. zusätzliche Anomalien vorhanden sind; bei einem Ductus mit Rechts-Links-Shunt kann sie gelegentlich zur Abgrenzung von anderen Anomalien angezeigt sein.

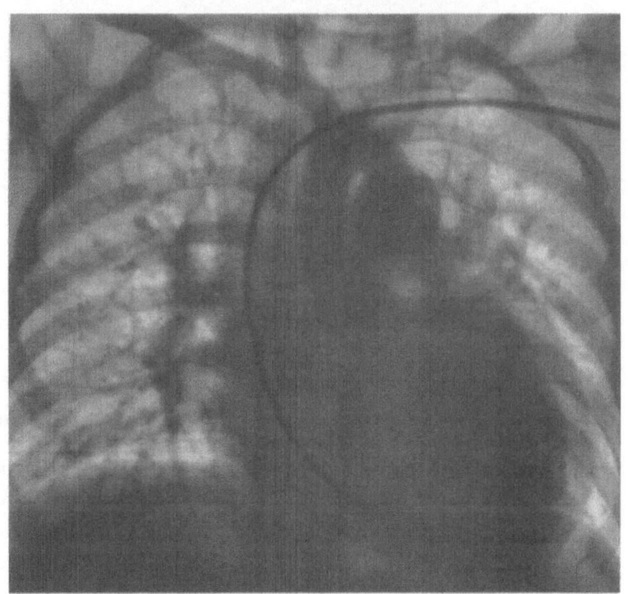

Abb. 101. Angiokardiogramm einer 5jährigen Patientin (M.Te.) mit Ductus arteriosus apertus. Bei sagittaler Projektion kommt es während des Lävogramms über einen offenen Ductus arteriosus zu einer Darstellung der Pulmonalarterie. Der Pulmonalconus bleibt frei. Kontrastmittelinjektion in den rechten Ventrikel

Das Angiokardiogramm macht die bereits beschriebene Massenverteilung des Herzens beim offenen Ductus mit der Größenänderung der Herzhöhlen sichtbar. Man erkennt in typischen Fällen mit Links-Rechts-Shunt die Vergrößerung der linken Kammer nach hinten und links. Man sieht ferner, daß das Septum interventriculare nach rechts vorgewölbt ist und daß die rechte Kammer nach oben und vorne verdrängt wird. Eine Erweiterung der Pulmonalarterie mit hoher Lage des linken Pulmonalarterienastes sowie zentral weite Lungengefäße mit vermehrter Lungendurchblutung kommen zur Darstellung.

Bezüglich der speziellen diagnostischen Kriterien unterscheidet man direkte und indirekte Zeichen für den angiokardiographischen Nachweis des offenen Ductus. Wird das Kontrastmittel durch einen in der A. pulmonalis liegenden Katheter injiziert, so ist bei Lage der Katheterspitze in der Gegend des Ductus durch einen artefiziellen Rechts-Links-Shunt die direkte Darstellung der Gefäßverbindung in der Frühphase möglich (Steinberg, Grishman und Susman 1943). Im Sagittalbild werden Aorta und Pulmonalis gleichzeitig sichtbar. Aorta ascendens und Aortenbogen füllen sich nicht. Das ermöglicht den Ausschluß eines aortopulmonalen Septumdefektes. Nach Passage des Kontrastmittels durch den Lungenkreislauf kann die Gefäßverbindung zwischen Aorta und Pulmonalis bei seitlichem Strahlengang erneut zur Darstellung kommen

Als indirektes Zeichen ist die Wiederauffüllung der Pulmonalarterie durch den Ductus während des Laevogramms zu werten, wobei der Conus pulmonalis im Gegensatz zum Ventrikelseptumdefekt und zur aortopulmonalen Fistel freibleibt (Abb. 101). Bei dieser Injektion des Kontrastmittels in die Pulmonalarterie ergibt sich außerdem aus dem Laevogramm die Möglichkeit, einen Vorhof- und Ventrikelseptumdefekt auszuschließen, da rechter Vorhof und rechte Kammer kein Kontrastmittel enthalten. Infolge des Zu-

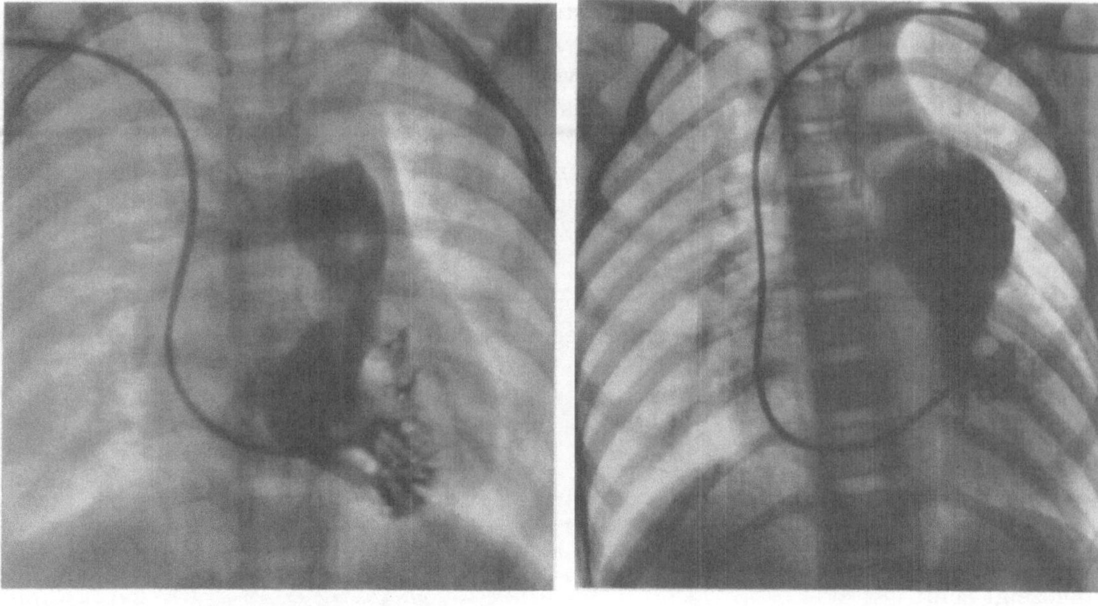

Abb. 102 Abb. 103

Abb. 102. Angiokardiogramm eines 7jährigen Patienten (P.Schi.) mit Ductus arteriosus apertus. Kontrastmittelinjektion in die rechte Kammer. Infolge des Zustromes von Aortenblut durch den offenen Ductus arteriosus kommt es zu einem Verdünnungseffekt, der sich in einer Aussparung am cranialen Ende des Pulmonalarterienstammes äußert

Abb. 103. Angiokardiogramm einer 7jährigen Patientin (N.Kü.). Kontrastmittelinjektion in die rechte Kammer. Wie in Abb. 102 erkennt man auch hier am cranialen Ende des Pulmonalarterienstammes eine mehr diffuse Kontrastmittelaussparung, die durch den Zufluß aortalen Blutes durch den offenen Ductus arteriosus hervorgerufen wird

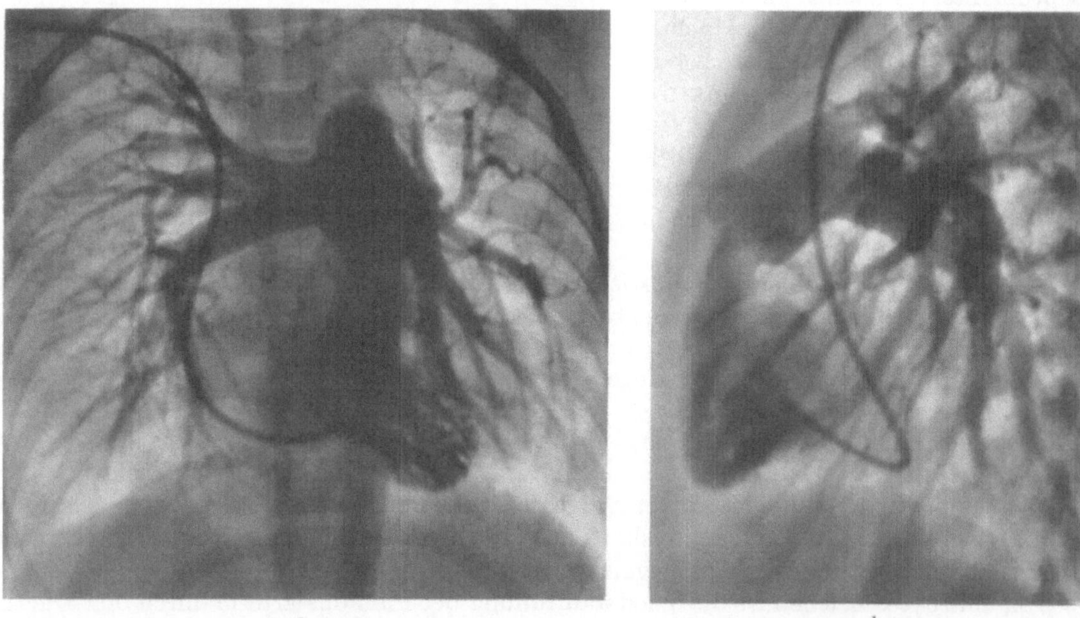

a b

Abb. 104a u. b. Offener Ductus arteriosus und Shuntumkehr bei pulmonaler Hypertonie (7 Jahre alter Patient, M.Schm.). Angiokardiogramm in sagittaler (a) und seitlicher (b) Projektion bei Kontrastmittelinjektion in die rechte Kammer. Frühzeitige Kontrastmittelfüllung der Aorta descendens über den persistierenden Ductus arteriosus

stromes von Aortenblut durch den Ductus kommt es gelegentlich zu einem Verdünnungseffekt am aortalen Ductusende, der sich hier in Form einer Kontrastmittelaussparung darstellt (GOETZ 1951; WEGELIUS und LIND 1952) (Abb. 102 und 103).

Die Aorta kann an der Stelle des Ductusabganges eine Ausbuchtung zeigen, die durch die Kontrastmittelfüllung sichtbar gemacht wird (STEINBERG, GRISHMAN und SUSMAN 1943; DOTTER und STEINBERG 1949; KEELE 1950). SUSMAN und BRAHMS (1951) weisen darauf hin, daß kleine Ausziehungen an der Aorta in Höhe des Ductusabganges auch durch das Ligamentum arteriosum entstehen können. JANKER (1951) beschrieb auf Grund kinematographischer Aufnahmen eine Seitenverschiebung im Anfangsteil der Pulmonalarterie und bezeichnete dieses Phänomen als „Wedeln der Pulmonalarterie“.

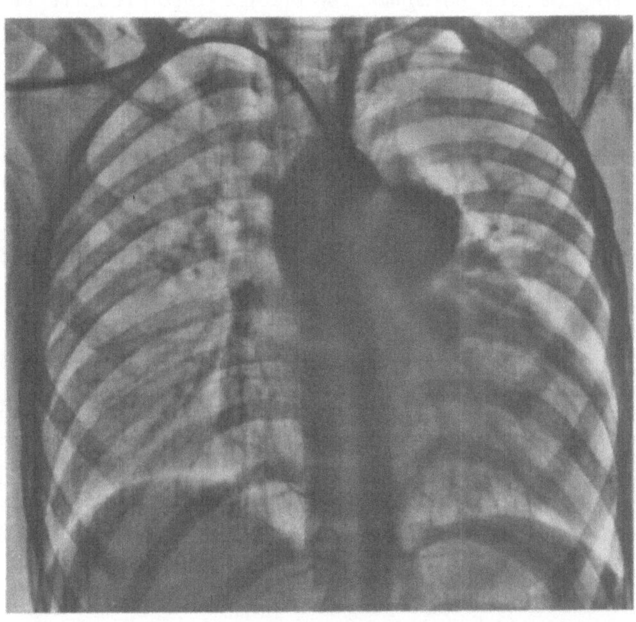

Abb. 105. Offener Ductus arteriosus bei einem 9jährigen Jungen (D.Wi.). Retrograde Aortographie: kontrastmittelgefüllter Ductus arteriosus zwischen Aorta und Pulmonalarterie erkennbar

Bei kompliziertem Ductus arteriosus apertus (mit Rechts-Links-Shunt) empfiehlt sich die Kontrastmittelinjektion in die rechte Kammer. Während des Dextrogramms kommt es dann zu einer Kontrast-

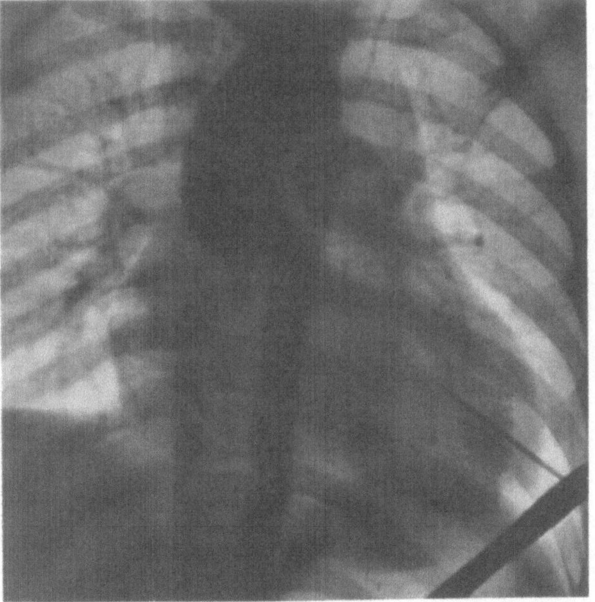

a

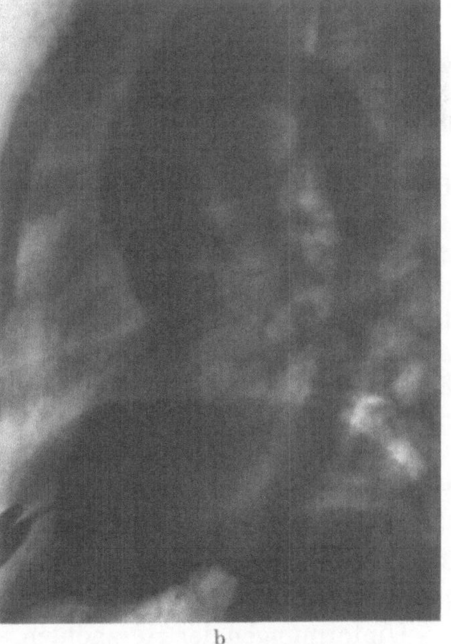

b

Abb. 106a u. b. Offener Ductus arteriosus bei einer 21jährigen Patientin (E.Be.). Angiokardiographie nach Kontrastmittelinjektion durch Punktion in den linken Ventrikel. a Sagittalbild: Gleichzeitige Darstellung der Aorta und der Pulmonalarterie. Conus pulmonalis kontrastmittelfrei. b Seitenbild: Ductus arteriosus zwischen Aorta und Pulmonalarterie dargestellt. Am aortalen Ende des Ductus das sog. Infundibulum, eine Ausbuchtung der Aortenwand

mitteldarstellung der descendierenden Aorta (Abb. 104). Auch der Ductus selbst kann gelegentlich bei seitlicher Projektion erkennbar werden.

Die ultima ratio der Methoden zur Abklärung diagnostisch unklarer Fälle ist die *retrograde Aortographie*. Sie erfolgt durch Kontrastmittelinjektion mittels eines in den Arcus aortae vorgeschobenen Katheters (CASTELLANOS, PEREIRAS und GARCIA 1937; JÖNSSON u. Mitarb. 1948, 1951). Die retrograde Aortographie ermöglicht die zuverlässigste Darstellung der anatomischen Verhältnisse im Bereich des offenen Ductus arteriosus (Abb. 105). BRODÉN, JÖNSSON und KARNELL (1950) gelang eine Differenzierung der Gefäßverbindung zwischen Aorta und Pulmonalarterie im Hinblick auf Länge, Weite sowie den vorliegenden anatomischen Typ. JÖNSSON und SALTZMAN (1952) beschäftigten sich besonders mit dem Infundibulum des Ductus arteriosus, das als tunnelartige Ausziehung an der Aorta sichtbar wird und schon von ROKITANSKY (1852) und THOMA (1890) anatomischerseits beschrieben wurde (Abb. 106).

6. Aorto-pulmonaler Septumdefekt

Beim aorto-pulmonalen Defekt (aorto-pulmonale Fistel, aorto-pulmonales Fenster) handelt es sich um eine innerhalb des Perikards gelegene Strombahnverbindung zwischen Aorta und Pulmonalarterie. Mit dem Krankheitsbild des offenen Ductus arteriosus besteht sowohl hinsichtlich der Hämodynamik als auch der klinischen Symptomatologie weitgehende Übereinstimmung.

Der aorto-pulmonale Septumdefekt gehört zu den seltenen Anomalien. Im eigenen Krankengut wurde er unter 5000 angeborenen Herzfehlern 5mal beobachtet. Bis zum Jahre 1958 fand SKALL-JENSSEN in der Literatur 90 Fälle.

Die *erste Beschreibung* geht auf ELLIOTSON (1830) zurück. Die Beobachtungen der folgenden Jahre stützten sich auf pathologisch-anatomische Befunde (WILKES 1860; FRAENTZEL 1868; GERHARDT 1895; RAUCHFUSS 1878; BAGINSKY 1879; CAESAR 1880; RICHARDS 1881; GIRARD 1895). Erst mit zunehmender Verbreitung von Herzkatheterisierung und Thoraxchirurgie wurde die Diagnose zu Lebzeiten der Patienten möglich. Ein von CAZIN (1897) diagnostizierter Fall blieb ohne autoptische Bestätigung.

In der 5.—8. Woche der *embryonalen Entwicklung* bildet sich im Truncus arteriosus eine Scheidewand, die diesen in Pulmonalarterie und Aorta aufteilt. Entwicklungsstörungen während der Entstehung dieser Scheidewand oder mangelhafte bzw. fehlende Verschmelzung des Septum aorticopulmonale mit dem Bulbusseptum sind für die hier erörterte Anomalie verantwortlich.

Morphologisch können Form und Ausdehnung des Defektes unterschiedlich sein. Direkte Verbindungen sind ebenso wie einige Millimeter lange Kommunikationen beobachtet worden (ZITTEL, STEIM und OVERBECK 1960). Die Form wird als rund, oval, dreieckig oder schlitzförmig angegeben; die Größenangaben des Defektes zeigen erhebliche Schwankungen. GROSSE-BROCKHOFF, LOOGEN, SCHAEDE (1960) beobachteten zwei Patienten, deren Defekte 35 und 50 mm betrugen. Nach SCOTT und SABISTON (1953) mißt die Mehrzahl der Defekte zwischen 10 und 12 mm; Defekte über 15 mm sind häufiger als solche von 5—10 mm. Defekte von 25 und 35 mm wurden von COUVES u. Mitarb. (1956) gesehen.

Das untere Ende des Defektes liegt meist einige Millimeter oberhalb der Pulmonalklappen. Da die Aortenklappen tiefer liegen, bleibt zwischen Defektrand und Abgang der Coronararterien ein Ring von einigen Millimetern — eine für den Chirurgen wichtige Tatsache (SCOTT und SABISTON 1952). Die Pulmonalarterie ist stets erweitert. Ein Pulmonalaneurysma beobachteten DADDS und HOYLE (1949).

Umformungen der Herzhöhlen sowie Veränderungen der Lungengefäße sind abhängig von der jeweiligen hämodynamischen Krankheitsphase. Hier kann auf das beim Ductus Botalli Gesagte verwiesen werden. Bei Berücksichtigung der Tatsache, daß die größeren aorto-pulmonalen Defekte überwiegen, sind Parallelen in der Regel zu jenen Formen des offenen Ductus arteriosus gegeben, bei denen Druckanstieg oder Druckangleich im Lungenkreislauf vorhanden sind.

Auch bei Erörterung der *klinischen Symptomatik* kann, um Wiederholungen zu vermeiden, auf den Ductus arteriosus apertus verwiesen werden. Es sind mehrere Beobachtungen bekannt, bei denen Thorakotomien unter der Diagnose eines Ductus Botalli vorgenommen wurden und sich während der Operation ein aorto-pulmonales Fenster herausstellte (GIBSON, POTTS und LANGEWICH 1950; DAMMANN und SELL 1952). Einen gewissen differentialdiagnostischen Anhaltspunkt gibt das systolisch-diastolische Maschinengeräusch, dessen Punctum maximum beim aorto-pulmonalen Fenster weiter medial und tiefer liegt, als es beim Ductus arteriosus in der Regel der Fall ist. Eine zuverlässige Abgrenzung beider Anomalien an Hand des Auskultationsbefundes ist jedoch nicht möglich.

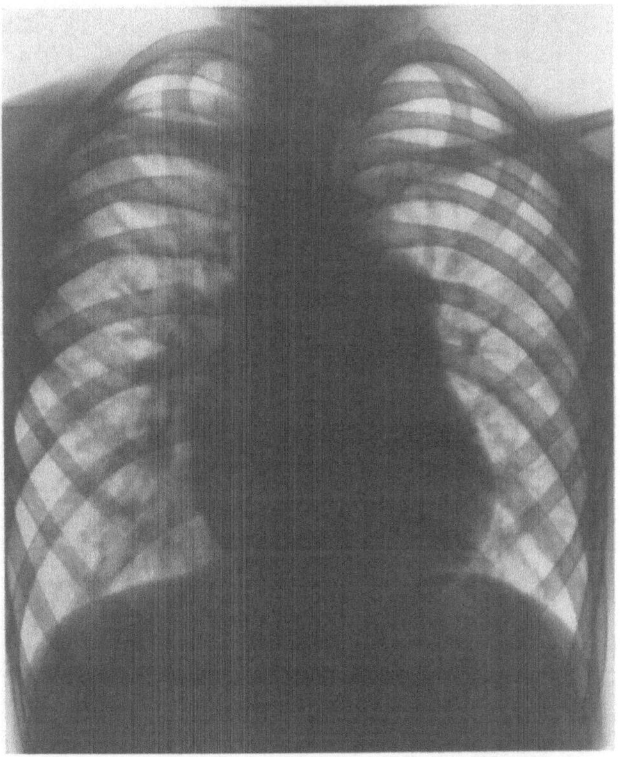

Abb. 107. Großer aorto-pulmonaler Septumdefekt (50 mm Länge, durch Obduktion gesichert). Gekreuzter Shunt bei Überwiegen des Rechts-Links-Shunts. Beiderseits vergrößertes Herz. Starke Vorwölbung des Pulmonalbogens. Vermehrte Hilus- und Lungengefäßzeichnung (10jähriges Mädchen, G.Zi.)

Röntgenbefunde. Differentialdiagnostische Hinweise, die eine Abtrennung vom offenen Ductus Botalli ermöglichen, sind auch vom Röntgenbild beim aorto-pulmonalen Septumdefekt nicht zu erwarten. Das Herz ist auf der dorsoventralen Übersichtsaufnahme in der Mehrzahl der Fälle verbreitert, wobei abhängig von der jeweiligen Krankheitsphase rechter und linker Ventrikel an der Herzverbreiterung beteiligt sein können (Abb. 107 und 108). Der Pulmonalbogen springt fast stets vor und kann gelegentlich aneurysmatisch erweitert sein. Auf der seitlichen Aufnahme findet sich bei überwiegendem Links-Rechts-Shunt eine Vergrößerung des linken Vorhofs und des linken Ventrikels. Bei Widerstandserhöhung im Lungenkreislauf liegt der vergrößerte rechte Ventrikel der vorderen Thoraxwand breitflächig an. Ein normal großes Herz im Röntgenbild ist beim aorto-pulmonalen Septumdefekt selten. Die Hilus- und Lungenzeichnung ist in der Regel vermehrt. Besteht ein Widerstandshochdruck im kleinen Kreislauf, so kann das Bild des ,,peripheren Füllungsabbruches" mit zentral dichten Hili und hellen Lungenfeldern in der Peripherie zustande kommen. ,,Eigenpulsationen" sind bei der Durchleuchtung und im Kymogramm ebenso wie beim Ductus arteriosus möglich.

Herzkatheteruntersuchung. Mit Hilfe der Herzkatheteruntersuchung ist eine Abgrenzung des aorto-pulmonalen Septumdefektes vom Ductus arteriosus apertus in der Regel möglich. Im Gegensatz zum offenen Ductus Botalli, bei dem der Herzkatheterverlauf der Form des griechischen Buchstabens φ entspricht (vgl. Abb. 100), gleitet der Katheter bei der aorto-pulmonalen Fistel nach Passage des Defektes zunächst in die ascendierende Aorta und dann entlang dem Aortenbogen in die Aorta descendens. Der

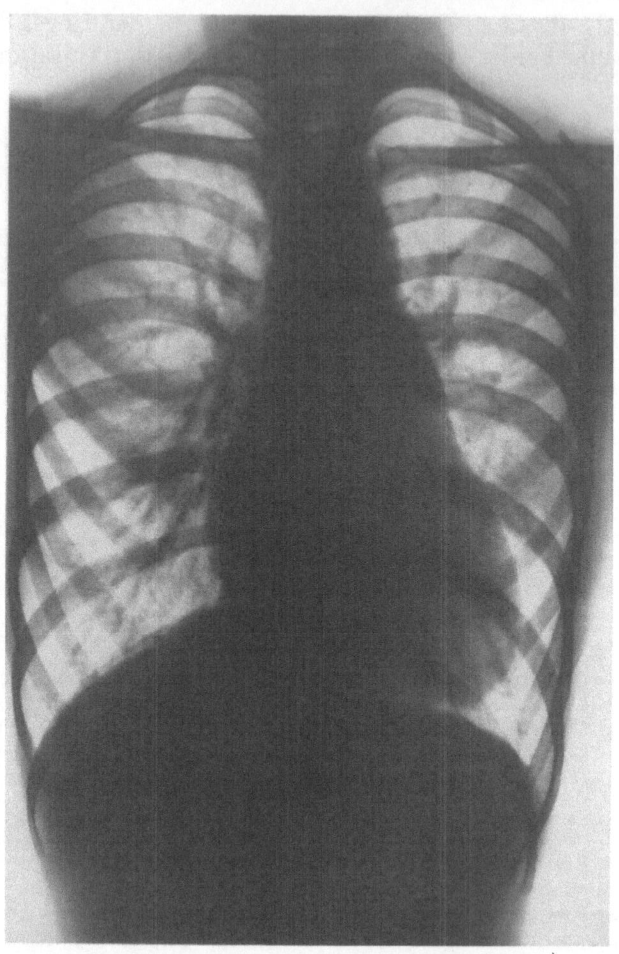

Abb. 108. Aorto-pulmonaler Septumdefekt bei einem 12jährigen Mädchen (R.Ba.) (operativ gesichert). Ausgleich der Druckverhältnisse im großen und kleinen Kreislauf. Praktisch reiner Rechts-Links-Shunt. Herz nach links verbreitert. Vorwölbung des Pulmonalisbogens. Relativ weite zentrale Lungengefäße bei heller Lungenperipherie

Katheterverlauf ist dabei S-förmig (Abb. 109). Von der ascendierenden Aorta aus können die vom Aortenbogen abgehenden Gefäße erreicht werden. Differentialdiagnostische Schwierigkeiten gegenüber dem Ventrikelseptumdefekt und der Transposition der großen Gefäße können entstehen. Im Falle eines großen aorto-pulmonalen Defektes, der bis zum Ductus arteriosus hinaufreicht, kann ein Katheterverlauf wie beim Ductus Botalli vorkommen (Abb. 110).

Kontrastmitteldarstellung. Bei Links-Rechts-Shunt zeigt die venöse Angiokardiographie während des Lävogramms eine Persistenz der Pulmonalisfüllung. Eine Lokalisation des Links-Rechts-Shunts ist in der Regel nicht möglich. Bei Rechts-Links-Shunt als Folge pulmonaler Hypertonie ist eine Kontrastmittelinjektion in die Ausflußbahn der rechten Kammer zu empfehlen. Die Verbindung zwischen Aorta und Pulmonalarterie kann dann zur Darstellung kommen.

Gelegentlich kann bei Vorgehen von der unteren Hohlvene aus, nach Passage eines Vorhofseptumdefektes, eine Kontrastmittelinjektion in den linken Vorhof den Defektnachweis ermöglichen (SKALL-JENSEN 1958), sofern ein Links-Rechts-Shunt besteht.

Auf die Bedeutung der *retrograden Aortographie* für die Diagnose der Anomalie wiesen GASUL u. Mitarb. (1951), SCOTT u. SABISTON (1953) sowie FLEMING (1956) hin. Hierbei

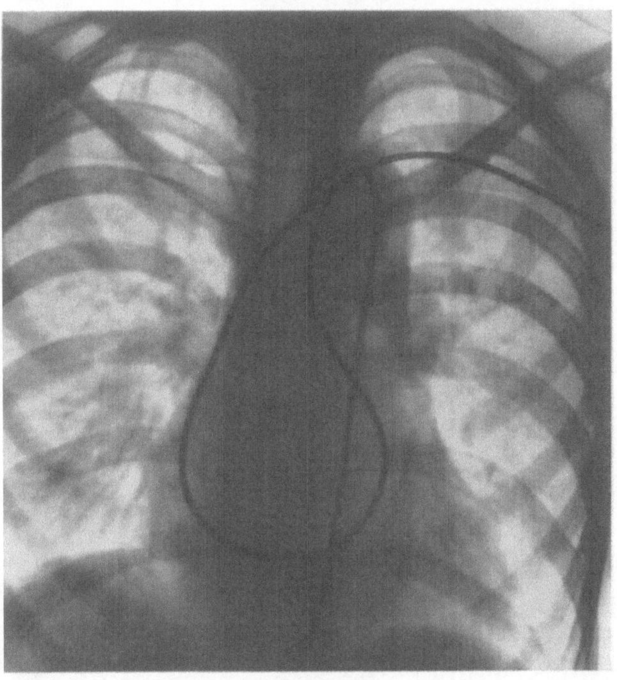

Abb. 109. Gleiche Patientin wie in Abb. 108. „S“-förmiger Verlauf des Herzkatheters bei Passage des aorto-pulmonalen Defektes

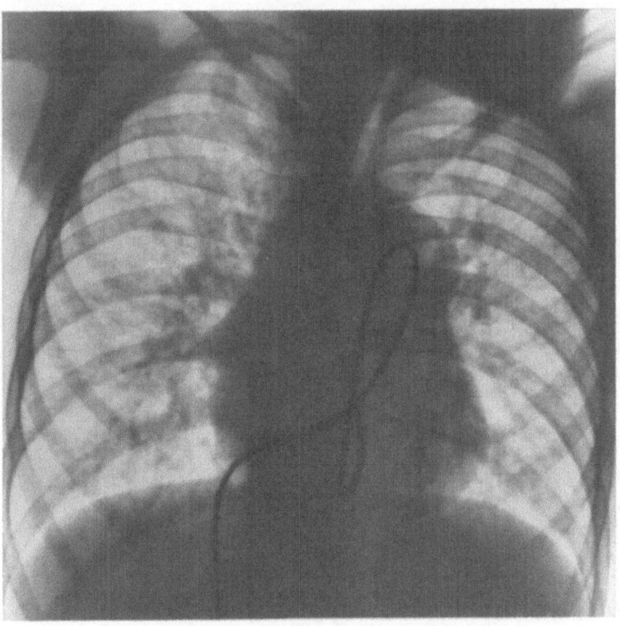

Abb. 110. Gleiche Patientin wie in Abb. 107. Katheterverlauf in diesem Falle eines außerordentlich großen, bis zum Ductus reichenden aorto-pulmonalen Septumdefektes praktisch gleich dem gewöhnlichen Verlauf im Falle eines Ductus arteriosus apertus

erfolgt die Kontrastmitteldarstellung der Pulmonalis im Gegensatz zum offenen Ductus arteriosus von der Aorta ascendens aus (Abb. 111). Ferner ist eine Kontrastmitteldarstellung der aorto-pulmonalen Fistel selbst möglich.

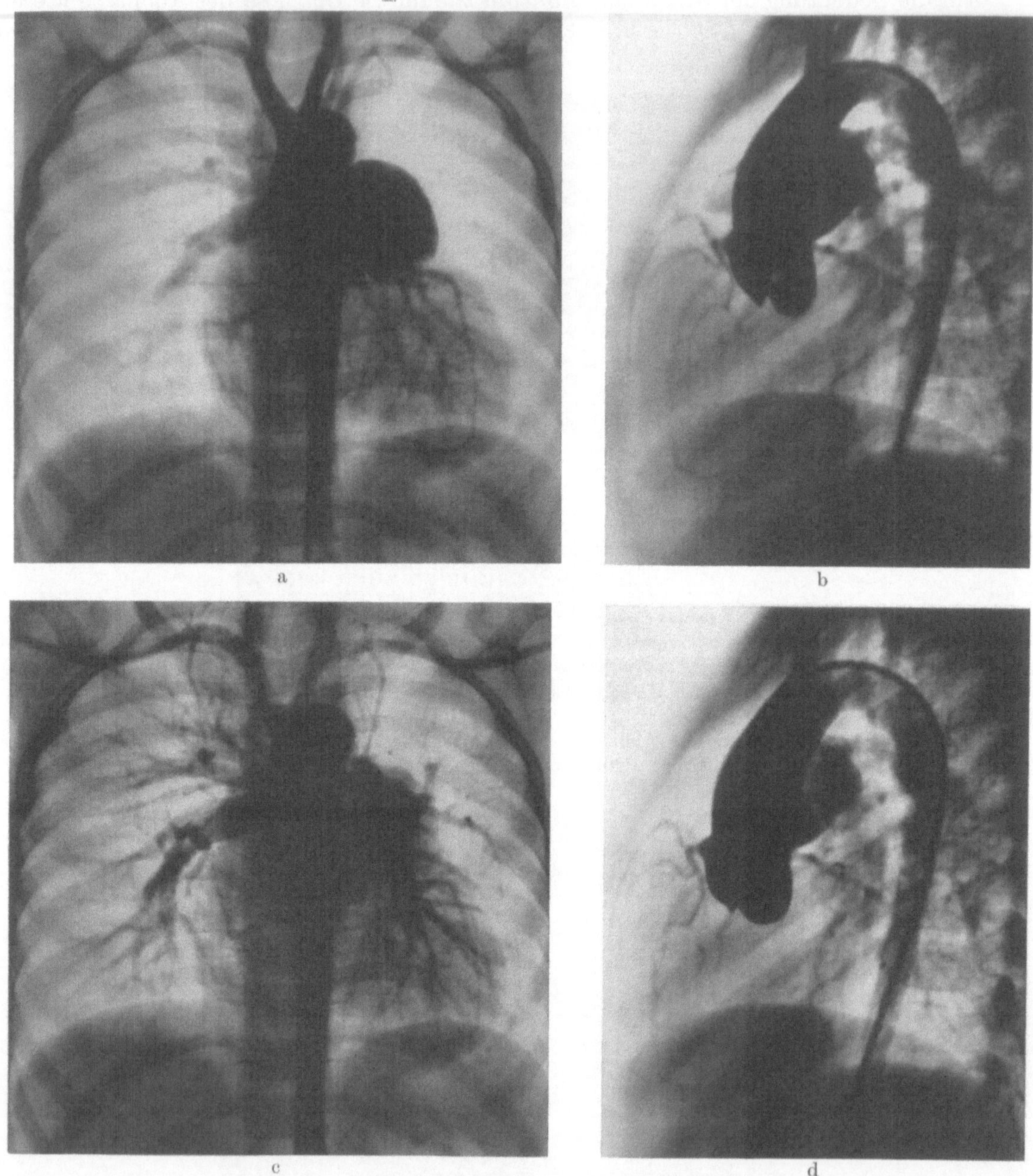

Abb. 111 a—d. Großer aorto-pulmonaler Septumdefekt bei einem 3jährigen Patienten (U.Vo.). Kontrastmitteldarstellung. a und b Katheter bis in die Aorta ascendens vorgeschoben. Während der Systole Kontrastmittelübertritt aus der Aorta in die Pulmonalarterie durch einen relativ großen aorto-pulmonalen Septumdefekt. Füllung der Pulmonalarterie bis zu den Klappen. c und d Stärkere Verteilung des Kontrastmittels im Lungenkreislauf

7. Aneurysma des Semilunarklappensinus (Sinus Valsalvae) der Aorta mit und ohne Perforation in die angrenzenden Herz- oder Gefäßabschnitte

Die Aneurysmabildung ist vorwiegend im rechten Sinus lokalisiert. JONES und LANGLEY (1949) fanden das Aneurysma bei 25 Fällen 20mal im rechten, 5mal im Sinus ohne

Coronargefäß. Nur ausnahmsweise entsteht ein Aneurysma im linken Coronarsinus (HIGGINS 1934).

Die Ruptur eines Sinusaneurysmas erfolgt bei den kongenitalen Formen praktisch immer intrakardial, meist in den rechten Ventrikel (in 13 von 17 Fällen nach JONES und LANGLEY 1949), seltener in den rechten Vorhof (GOEHRING 1920; HIGGINS 1934; WRIGHT 1937; v. HAUSER 1940), in die Pulmonalarterie (SCOTT 1924; SPRENKEL und STEWART 1935; PORTER 1942) oder in den linken Ventrikel (WARTHEN 1949).

Die Größe des Aneurysmas ist unterschiedlich; sein Durchmesser beträgt im allgemeinen 3—4 cm.

Die kongenitalen Aneurysmen des Sinus Valsalvae sind oft mit anderen angeborenen Anomalien kombiniert (in 23 von 25 Fällen nach JONES und LANGLEY). Am häufigsten werden Anomalien der Aortenklappen (15mal) angetroffen; es folgen Ventrikelseptumdefekte (19mal), subaortale Stenosen (2mal), Aortenisthmusstenosen (2mal), Pulmonalstenose (1mal), nur eine Coronararterie (1mal).

Die Ruptur eines Aneurysmas des Sinus Valsalvae kann in jungen Jahren eintreten, häufiger erfolgt sie im 4. oder 5. Lebensjahrzehnt.

Das männliche Geschlecht überwiegt zahlenmäßig beträchtlich. In der Untersuchungsreihe von ORAM und EAST (1955) wurden 19 von 23 rupturierten Sinusaneurysmen bei Männern beobachtet.

Nennenswerte *funktionelle Störungen* werden durch das Sinusaneurysma, solange keine Ruptur eingetreten ist, nicht hervorgerufen. Allenfalls kann es bei großer Ausdehnung des Aneurysmas durch Zug- oder Druckwirkungen zur Insuffizienz der Aorten-, Pulmonal- oder Tricuspidalklappen kommen.

Die Ruptur des Aneurysmas in den linken Ventrikel führt zu einer Änderung der Hämodynamik, die der einer Aorteninsuffizienz entspricht, wobei allerdings zu berücksichtigen ist, daß die durch die Perforation bedingte Volumenmehrbelastung akut eintritt und einen nicht angepaßten linken Ventrikel vorfindet. Daher ist die Gefahr einer Herzinsuffizienz besonders groß. Eine Volumenmehrbelastung des linken Herzens ist auch die Folge eines Aneurysmadurchbruchs in die Pulmonalarterie. Die hierbei auftretende hämodynamische Situation ist etwa der eines aorto-pulmonalen Septumdefektes gleichzusetzen. Zu einer Volumenmehrbelastung des rechten Herzens führt die Perforation eines Aneurysmas in den rechten Vorhof oder rechten Ventrikel. Die Shuntvolumina können mehrere Liter in der Minute betragen (FELDMAN u. Mitarb. 1956; BROFMAN u. ELDER 1957). Nur selten sind sie so gering, daß sie keine wesentlichen Störungen der Herzfunktion verursachen (KJELLBERG u. Mitarb. 1955).

Das nicht perforierte Aneurysma bleibt *klinisch* im allgemeinen stumm. Die Ruptur eines Aneurysmas ruft meist ein akutes, schweres Krankheitsbild hervor mit heftigen retrosternalen oder abdominellen Schmerzen, Dyspnoe, Tachykardie und Kollaps. Nur bei kleiner Perforationslichtung mit geringem Shuntvolumen kann das Ereignis vom Patienten unbemerkt eintreten.

Bei der Untersuchung des Herzens hört man ein kontinuierliches, systolisch-diastolisches oder ein diskontinuierliches, systolisches und diastolisches Geräusch, dessen Maximum im 2.—4. Intercostalraum links vom Sternum liegt. Der Auskultationsbefund ist dann von besonderer diagnostischer Bedeutung, wenn ein zeitlicher Zusammenhang zwischen dem Schmerzanfall und dem Auftreten des Geräusches festzustellen ist. In den ersten Tagen nach Eintritt des akuten Ereignisses bilden sich oft Zeichen einer Herzinsuffizienz mit Stauung im großen Kreislauf aus. Nicht selten gehen diese Symptome bei entsprechender Behandlung wieder zurück; gelegentlich wird der Patient — meist nur vorübergehend — wieder arbeitsfähig.

Der *elektrokardiographische Befund* ist nicht einheitlich. Relativ häufig sind Rhythmusstörungen (Vorhofflimmern) oder Störungen der Erregungsleitung (kompletter a.v. Block, a.v. Rhythmus, a.v. Block, Schenkelblock) vorhanden. Besondere Bedeutung wird der

Kombination eines rechtstypischen EKG mit einem auf eine Aorteninsuffizienz hinweisenden Auskultationsbefund zuerkannt (SNYDER und HUNTER 1934).

Röntgenbefunde. Ein regelmäßiger röntgenologischer Befund ist, gleichgültig ob die Perforation eines Sinusaneurysmas als isolierter Fehler vorliegt oder mit anderen Herzanomalien kombiniert auftritt, eine allmählich zunehmende Vergrößerung des Herzens — abgesehen von den wenigen Fällen mit kleinem Shuntvolumen. Die Vergrößerung erstreckt sich zunächst auf den unmittelbar betroffenen Herzabschnitt; sie kann schließlich durch nachfolgende Komplikationen auch andere Herzabschnitte mit einbeziehen. So kann bei Ruptur eines Aneurysmas in den rechten Ventrikel neben einer Vergrößerung dieses Herzabschnittes infolge einer relativen Tricuspidalinsuffizienz auch eine Dilatation des rechten Vorhofs beobachtet werden. Analoges gilt für das linke Herz bei Aneurysmadurchbruch in den linken Ventrikel.

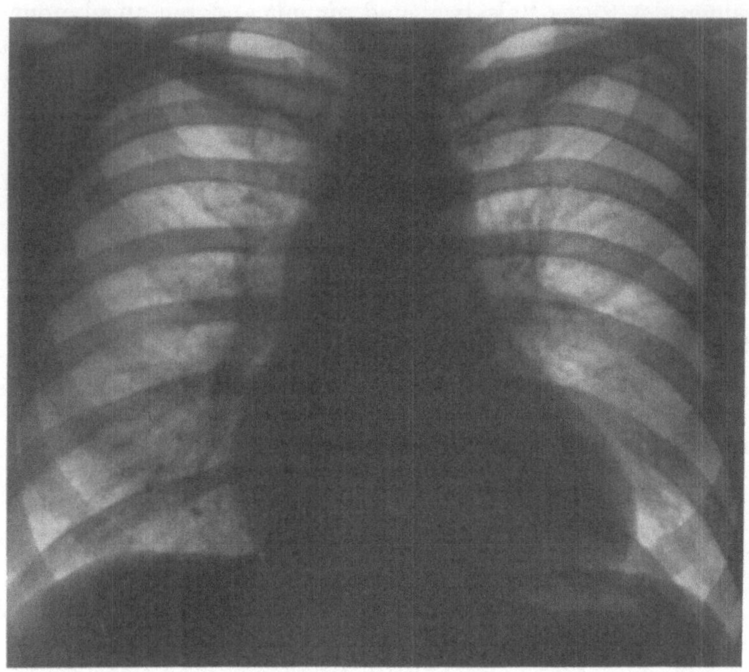

a

Abb. 112a—c. Angeborenes Aneurysma des Sinus Valsalvae mit Perforation in den rechten Ventrikel und kleinem Ventrikelseptumdefekt bei einem 22jährigen Mann (K.Ja.). a Sagittalbild: geringe Linksverbreiterung des Herzens. Dichte Hili mit verstärkter Lungengefäßzeichnung. b Seitenbild: Retrokardialraum frei. c Herzsonde von der rechten Art. brachialis über Aorta ascendens durch die Perforation in den rechten Ventrikel vorgeführt mit Kontrastmittelinjektion

Bei großem Shuntvolumen und Perforation des Aneurysmas in das rechte Herz ist die Ausflußbahn der rechten Kammer erweitert. Der Pulmonalbogen ist vorgewölbt und zeigt verstärkte Pulsationen. Die Hilus- und Lungengefäßzeichnung ist verstärkt (Abb. 112). Nicht selten lassen sich an den erweiterten zentralen Lungengefäßen Eigenpulsationen beobachten (JONES u. LANGLEY 1949; VENNING 1951; PELTZER u. PIROTH 1959; eigene Beobachtung). Die Aorta ist bei diesen Patienten normal weit oder erscheint gelegentlich sogar auffallend schmal (KJELLBERG u. Mitarb. 1955), während sie bei Fällen mit Aneurysmadurchbruch in den linken Ventrikel wie bei der Aortenklappeninsuffizienz erweitert ist und verstärkte Pulsationen aufweist. Bei der zuletzt genannten Situation sind Zeichen einer Lungenüberflutung naturgemäß nicht zu erwarten. Allenfalls beobachtet man hier — bei Insuffizienz des linken Ventrikels — eine Lungenstauung, die sich aber im allgemeinen röntgenologisch unschwer von einer Lungenüberflutung unterscheiden läßt.

Ein Sinusaneurysma ohne Perforation ist im Röntgennativbild im allgemeinen nicht festzustellen.

Herzkatheteruntersuchung. Bei klinischem Verdacht auf ein in das rechte Herz perforiertes Aneurysma können durch die Herzkatheteruntersuchung die Lokalisation der Perforation, die Größe des Shuntvolumens und die hämodynamischen Rückwirkungen auf das Herz bestimmt werden. Soweit Katheterbefunde in der Literatur mitgeteilt wurden, zeigen sie in der Mehrzahl der Fälle mit Aneurysmadurchbruch in das rechte Herz im rechten Ventrikel systolische Druckerhöhungen zwischen 55 und 120 mm Hg.

Bei Kombination eines perforierten Sinusaneurysmas mit einem Ventrikelseptumdefekt ist im Einzelfall kaum zu entscheiden, inwieweit die Druckerhöhung auf den Defekt oder auf das rupturierte Aneurysma zu beziehen ist.

Bei einem von KJELLBERG u. Mitarb. beobachteten Fall waren die Druckwerte normal, das Shuntvolumen war gering.

Der direkte Nachweis eines perforierten Sinusaneurysmas ist bei der venösen Herzkatheteruntersuchung im allgemeinen nicht zu führen. Dagegen gelingt mitunter die Passage der Perforationsstelle bei retrogradem Vorführen des Katheters (KJELLBERG u. Mitarb., JACOBI u. LOEWENECK 1958, eigene Beobachtung) (Abb. 112c).

Kontrastmitteldarstellung. Die venöse Angiokardiographie liefert im allgemeinen keine sicheren diagnostischen Befunde. Allenfalls kann es bei ungestörter Lungenpassage während des Lävogramms zur Darstellung eines sackförmig deformierten Sinus aortae kommen. Ein sichtbarer Kontrastmitteldurchtritt durch die Rupturstelle ist aber wegen der starken Verdünnung nicht zu erwarten.

Die Methode der Wahl ist daher die *retrograde Aortographie*. Bei diesem Vorgehen gelingt nicht nur der Nachweis eines Sinusaneurysmas (THURN

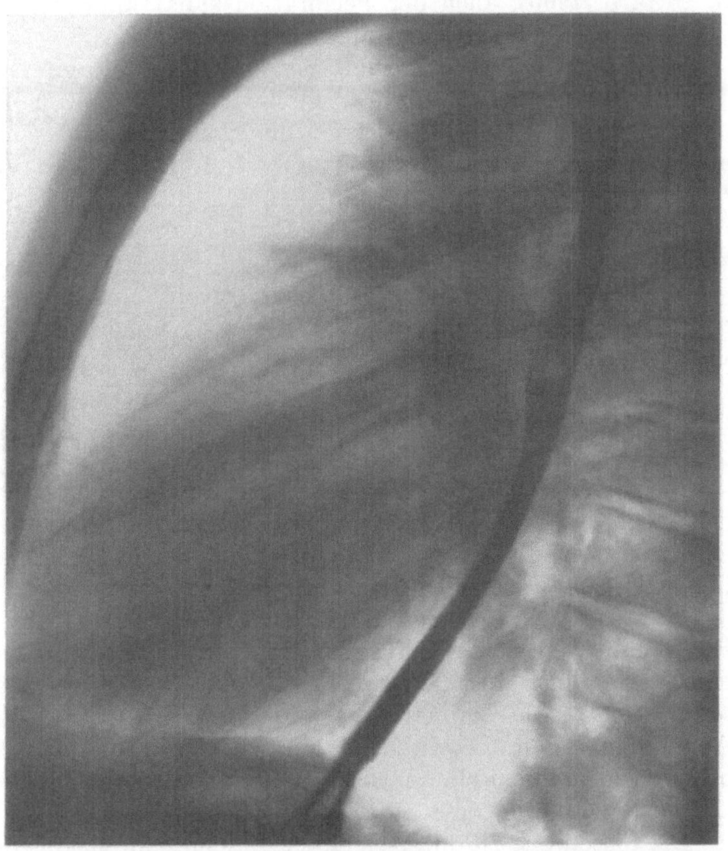

Abb. 112b

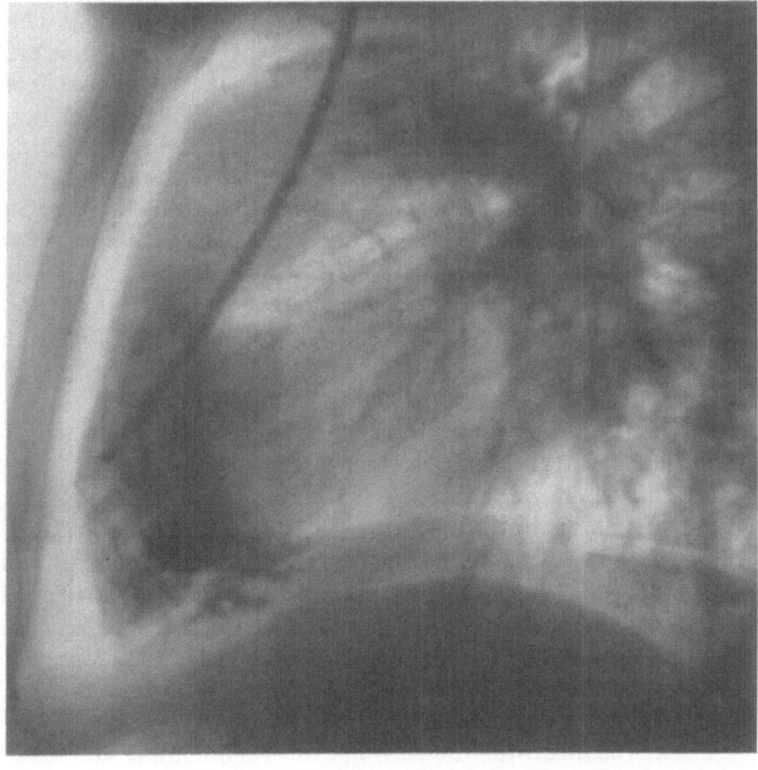

Abb. 112c

u. Mitarb. 1960), auch der Perforationskanal kann so dargestellt werden (FALHOLT u. THOMSEN 1953; KJELLBERG u. Mitarb. 1954).

Differentialdiagnostisch muß neben einem offenen Ductus arteriosus vor allem ein Ventrikelseptumdefekt mit Aortenklappeninsuffizienz in Erwägung gezogen werden.

Die *Prognose* des perforierten Sinusaneurysmas ist im allgemeinen schlecht, wenn auch einige Patienten trotz des schweren Herzfehlers viele Jahre überlebten (längste Überlebensdauer 17 Jahre nach JONES u. LANGLEY 1949). Nur selten sterben die Patienten im unmittelbaren Anschluß an die Ruptur. Meist entwickelt sich erst in den nachfolgenden Wochen eine (dann oft therapieresistente) Herzinsuffizienz.

Die schlechte Prognose bei konservativer Behandlung rechtfertigt den Versuch einer operativen Korrektur trotz des heute noch hohen Operationsrisikos. Über erfolgreiche Operationen wurde erstmals von LILLEHEI u. Mitarb. im Jahre 1957 berichtet.

8. Arteriovenöse Fistel des Coronarkreislaufs

Bei dieser Gefäßanomalie werden zwei Formen unterschieden:

1. Die direkte Verbindung zwischen einer Coronararterie und einer Coronarvene,
2. die Verbindung zwischen einer oder beiden Coronararterien und dem rechten oder linken Herzen bzw. der Pulmonalarterie.

Meist ist nur eine Coronararterie beteiligt, die rechte häufiger als die linke. Eine Fistelbeteiligung beider Coronararterien wird besonders dann angetroffen, wenn die Fistel eine Verbindung mit dem rechten Ventrikel oder der Pulmonalarterie herstellt. Nicht selten kommt die Coronarfistel kombiniert mit anderen kongenitalen kardiovasculären Anomalien vor (in 22 von 65 Fällen nach UPSHAW 1962). Besonders häufig ist die Kombination mit einer Pulmonalarterienatresie (10 Fälle), seltener mit einem offenen Ductus arteriosus (7 Fälle) oder einem Ventrikelseptumdefekt (3 Fälle).

Die Fistelweite ist unterschiedlich. Neben sehr engen Verbindungen (1—2 mm) wurden Durchmesser bis zu 20 mm gemessen.

Die zur Fistel führende Coronararterie ist in etwa einem Drittel der Fälle — wohl als Folge des erhöhten Stromvolumens — aneurysmatisch erweitert.

In *patho-physiologischer* Hinsicht ist die arteriovenöse Fistel des Coronarkreislaufs einer arteriovenösen Fistel im großen Kreislauf gleichzusetzen. Mit Ausnahme der Fälle, bei denen die Fistel in die Pulmonalarterie einmündet, besteht eine Volumenmehrbelastung des linken und des rechten Herzens. Sie ist abhängig von der Größe des Kurzschlusses, der letztlich durch die Druckdifferenz zwischen den zu- und abführenden Gefäßen und den im Fistelbereich bestehenden Strömungswiderstand bestimmt wird. Durch Herzkatheteruntersuchungen wurden Shuntgrößen von 1,7—2,5 Liter in der Minute nachgewiesen (DAVISON u. Mitarb. 1955; DAVIS u. Mitarb. 1956; WALTHER u. Mitarb. 1957). Infolge der Volumenmehrbelastung kann es zur Dilatation und Hypertrophie des Herzens, zu einem pulmonalen Hochdruck (DAVISON u. Mitarb.) und vereinzelt zur Herzinsuffizienz kommen (VALDIVIA u. Mitarb. 1947).

Klinisches Leitsymptom der arteriovenösen Fistel im Coronarkreislauf ist ein kontinuierliches, systolisch-diastolisches Geräusch, das vor allem dann diagnostisch wegweisend ist, wenn es an einer für einen offenen Ductus arteriosus atypischen Stelle im Bereiche des Herzens zu hören ist, also im 3.—5. Intercostalraum links oder rechts parasternal oder im Spitzenbereich. Das Geräusch kann vereinzelt auch rein systolisch (HALPERT 1930) oder diskontinuierlich systolisch und diastolisch sein (COLBECK u. SHAW 1954). Gelegentlich ist das Geräusch von tastbarem Schwirren begleitet (BROWN u. BURNETT 1949; PORSTMANN u. GEISSLER 1960 u.a.). Liegt das Maximum des Geräusches im 2. Intercostalraum links parasternal, führt es verständlicherweise leicht zur Annahme eines offenen Ductus arteriosus.

Das *Elektrokardiogramm* zeigt im allgemeinen keine für die Diagnose der coronaren arteriovenösen Fistel charakteristische Veränderung.

Bei der Beurteilung der subjektiven Beschwerden müssen oft gleichzeitig vorliegende andere Anomalien oder eine Coronarsklerose mitberücksichtigt werden. Sicher bleiben zahlreiche Patienten weitgehend symptomlos und erreichen ein normales Alter. In anderen Fällen führt die Fistel zu einer nicht unerheblichen Einschränkung des körperlichen Leistungsvermögens und zu vorzeitiger Herzinsuffizienz.

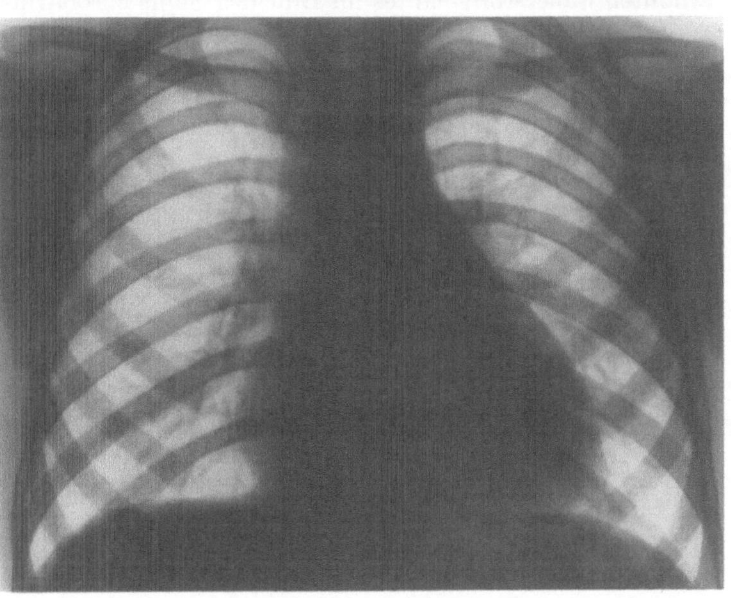

a

Röntgenbefunde. Die röntgenologischen Veränderungen hängen ganz von der Größe des Shuntvolumens und von der Einmündung der Fistel ab. Enge Fistelverbindungen mit einem nur kleinen Shuntvolumen bleiben ohne faßbare Rückwirkungen auf Größe und Konfiguration des Herzens sowie auf die Lungengefäßzeichnung. Größere Shuntvolumina bedingen eine Vergrößerung des linken und gegebenenfalls auch des rechten Herzens (Abb. 113a und b), eine Vorwölbung des Pulmonalbogens und verstärkte Lungengefäßzeichnung. Auch Eigenpulsationen der Lungengefäße können dann nachweisbar werden (Björck u. Crafoord 1947). Vereinzelt können im Fistelbereich auch Kalkeinlagerungen bestehen (Colbeck u. Shaw 1954).

Zur Sicherung der Diagnose einer coronaren arteriovenösen Fistel sind im allgemeinen spezielle Herzuntersuchungen erforderlich.

Herzkatheteruntersuchung. Bei dem klinischen Verdacht einer coronaren arteriovenösen Fistel dient die Herzkatheteruntersuchung in erster Linie dem Nachweis eines Kurzschlusses und seiner Lokalisation, der Bestimmung der Shuntgröße und dem Ausschluß anderer differentialdiagnostisch in Frage kommender Anomalien. Die größte Problematik liegt beim offenen Ductus arteriosus. In beiden Fällen ist nämlich der Sauerstoffgehalt des Pulmonalarterienblutes erhöht. Gelingt die Passage des Ductus arteriosus mit dem Katheter

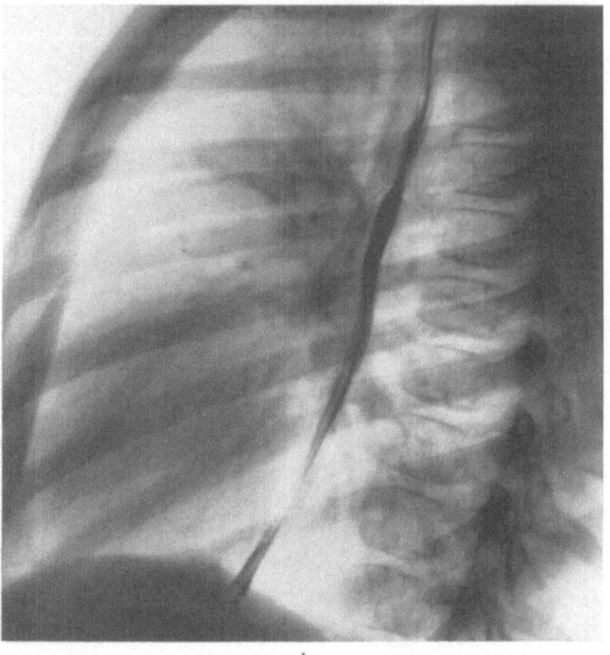

b

Abb. 113a—c. Arteriovenöse Fistel des Coronarkreislaufs bei einem 8jährigen Jungen (D.Cz.). a Sagittalbild: geringe Verbreiterung des Herzens nach links. Verstärkte Rundung der rechten unteren Herzkontur. Verstrichene Herztaille. Lungengefäßzeichnung nicht verstärkt. b Seitenbild: Retrokardialraum frei. c Kontrastmitteldarstellung: während der Phase des Lävogramms Füllung eines Gefäßkonvoluts im Bereich der Herzspitze

nicht, so kann zur Klärung der vorliegenden Anomalie die *retrograde Aortographie* erforderlich werden. Da die coronare Fistel nicht selten in den Venensinus einmündet, ist die Sondierung des Coronarsinus zur Blutentnahme anzustreben. Mit dem Nachweis eines erhöhten Sauerstoffgehaltes im Blut des Sinus coronarius sollte man sich zufrieden geben und auf die Passage der Fistelverbindung wegen der Perforationsgefahr verzichten. — In Fällen mit sehr engen Fistelverbindungen kann die venöse Herzkatheteruntersuchung ohne sicheren Hinweis auf eine Shuntverbindung bleiben. Aber auch dann, wenn die Sauerstoffbestimmung im Pulmonalarterienblut keine eindeutige Erhöhung zeigt, kann ein Links-Rechts-Shunt durch die Indikatormethode sicher nachgewiesen werden.

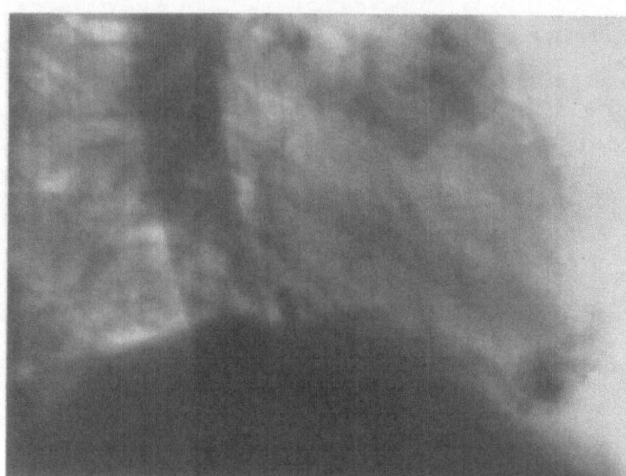

Abb. 113c

Kontrastmitteldarstellung. Das sicherste Verfahren zur Diagnose einer coronaren arteriovenösen Fistel ist ihre Kontrastmitteldarstellung. Ob man der intravenösen bzw. gezielten

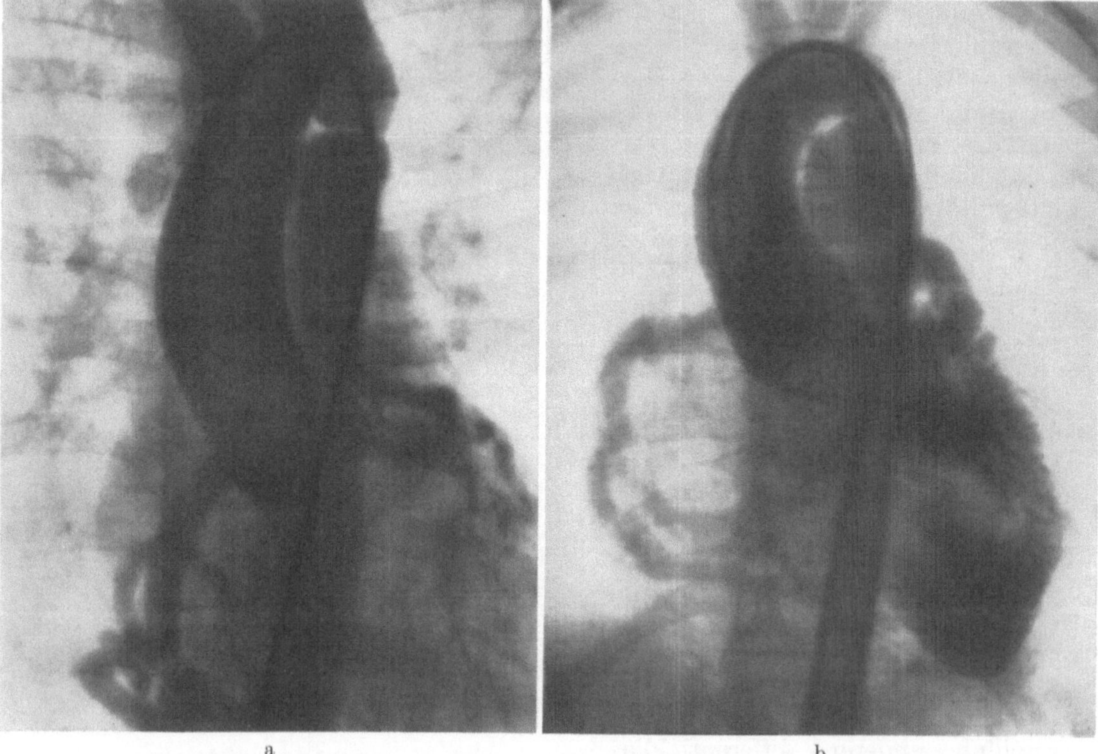

a b

Abb. 114a u. b. a Selektive Aortographie bei einer arteriovenösen Coronarfistel (41jähriger Mann). Hochgradige Erweiterung der zur Fistel führenden rechten Coronararterie. Nebenbefunde: „Kinking Aorta“ und mäßige Isthmusstenose (aus Porstmann u. Geissler a.a.O., S. 147). b Retrograde Aortographie (partielle Kontrastmittelinjektion in den linken Ventrikel) bei Fehlabgang der linken Coronararterie aus der A. pulmonalis. 9jähriges Mädchen (U.Le.). Breite Anastomosen von der rechten zur linken Coronararterie mit Strömungsrichtung des arteriellen Blutes in die Pulmonalarterie (Links-Rechts-Shunt). Daher deutliche Kontrastmittelfüllung der Pulmonalarterie

Injektion des Kontrastmittels in die Pulmonalarterie oder den rechten Ventrikel oder der Injektion in den Anfangsteil der Aorta den Vorzug geben soll, hängt von der jeweiligen Situation ab. Daß der intravenöse Weg trotz der erfahrungsgemäß schlechten Sichtbarmachung der Coronararterien zu einer diagnostisch ausreichenden Darstellung der Fistel führen kann, zeigen die Beobachtungen von COOLEY u. SLOAN (1956) sowie von STEINBERG u. Mitarb. (1958). Auch bei einem von uns beobachteten Patienten kam es nach Injektion des Kontrastmittels in die Pulmonalarterie während der Phase des Lävogramms zur Sichtbarmachung eines deutlich erweiterten Coronararteriengeflechtes im Bereich der Herzspitze (Abb. 113c). Die Kontrastmittelinjektion in den venösen Kreislaufschenkel ist aber nicht geeignet, die Einmündung der Fistel in das Herz zu lokalisieren. Darum wird man heute im allgemeinen zur Darstellung der Fistel und ihrer Einmündung ins Herz die selektive Injektion in die Aorta bevorzugen. Bei diesem Vorgehen kommen die erweiterten, zur Fistel führenden Arterien (Abb. 114a), eventuell vorliegende aneurysmatische Aussackungen am afferenten oder efferenten Gefäß der Fistel sowie die Ausdehnung der Fistel selbst und die Einmündung ins Herz oder in die Pulmonalarterie (Abb. 114b) am besten zur Darstellung (BOSHER u. Mitarb. 1959; PORSTMANN u. GEISSLER 1960).

Eine Sonderform, die eigentlich nicht mehr zu den arteriovenösen Fisteln gezählt werden kann, ist die direkte Einmündung einer Coronararterie in den linken Ventrikel. Auch

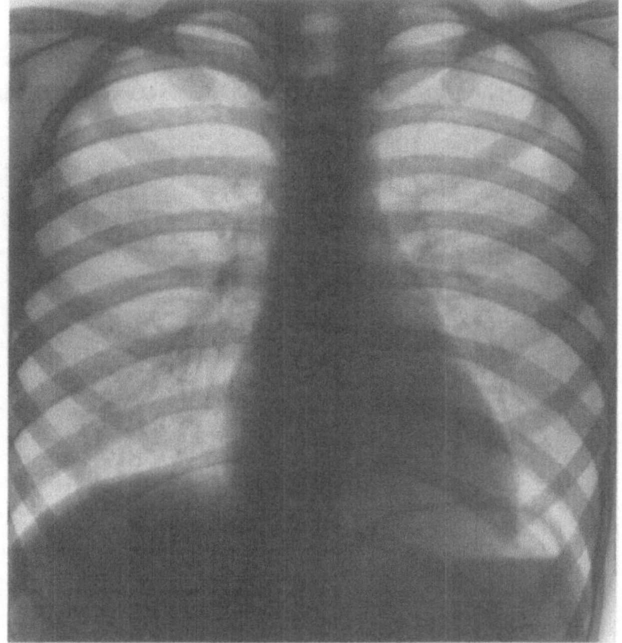

a

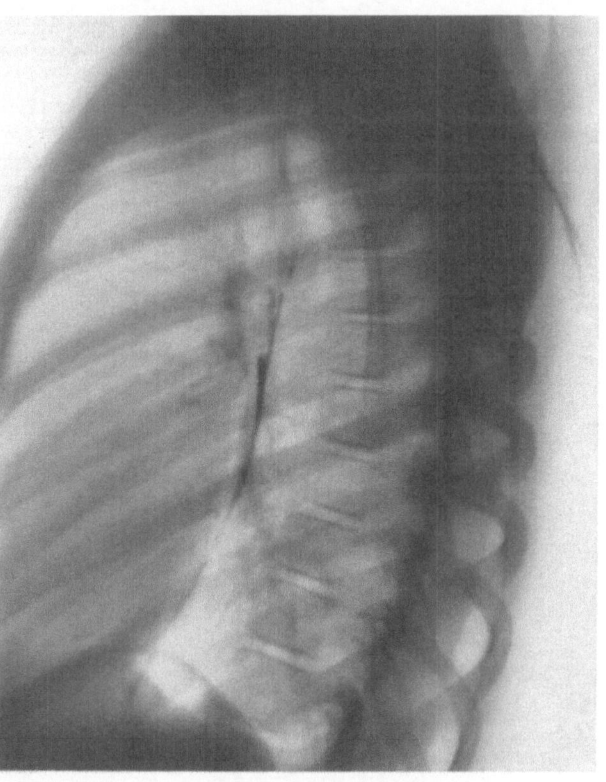

b

Abb. 115a—f. Aneurysmatische Erweiterung eines Seitenastes der rechten Coronararterie und Einmündung dieser Arterie in den linken Ventrikel. 10jähriges Mädchen (R.Ro.). a Herzfernaufnahme: kein Anhalt für ein Aneurysma. b Seitenbild. c—f Retrograde Aortographie: Aneurysmatische Erweiterung eines Seitenastes der rechten Coronararterie mit geringem Kontrastmittelübertritt in den linken Ventrikel durch die Gefäßfistel (operativ gesichert).

Die aneurysmatische Erweiterung hat uns in Zusammenhang mit dem rein diastolischen Decrescendo-Geräusch veranlaßt, zunächst ein Aneurysma des Sinus Valsalvae mit Aortenklappeninsuffizienz anzunehmen (GREMMEL, LÖHR, LOOGEN, VIETEN 1963).

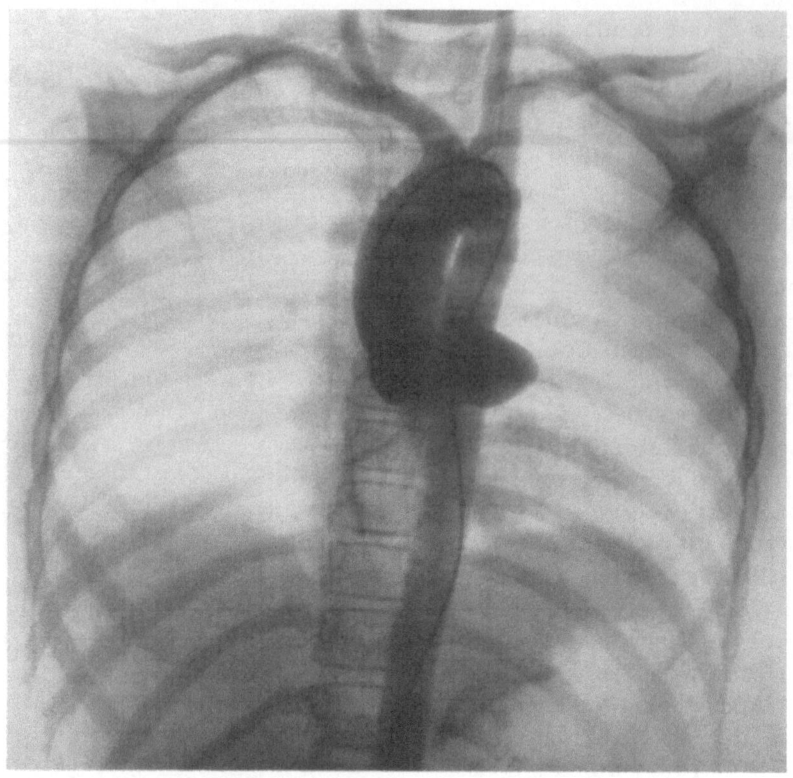

Abb. 115c

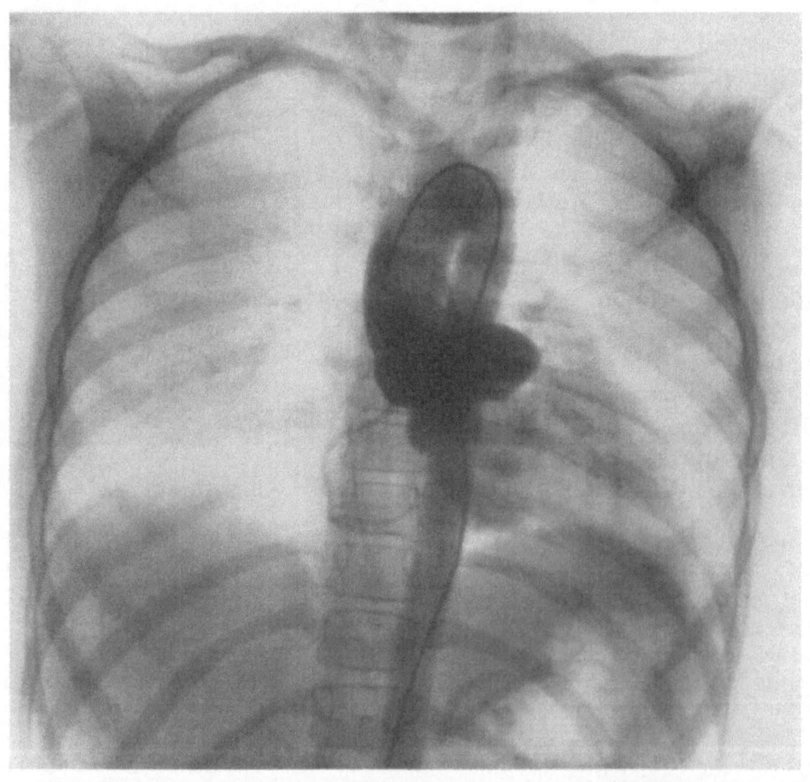

Abb. 115d

diese Anomalie, die klinisch mit einer Aortenklappeninsuffizienz verwechselt werden kann, läßt sich nur durch die Kontrastmitteldarstellung der aufsteigenden Aorta nachweisen (Abb. 115).

Die *Prognose* der coronaren arteriovenösen Fistel hängt naturgemäß weitgehend vom Shuntvolumen ab, wenn man von den oft begleitenden Anomalien absieht. Nach einer Analyse der klinischen und autoptischen Befunde von 13 Fällen der Literatur kommen

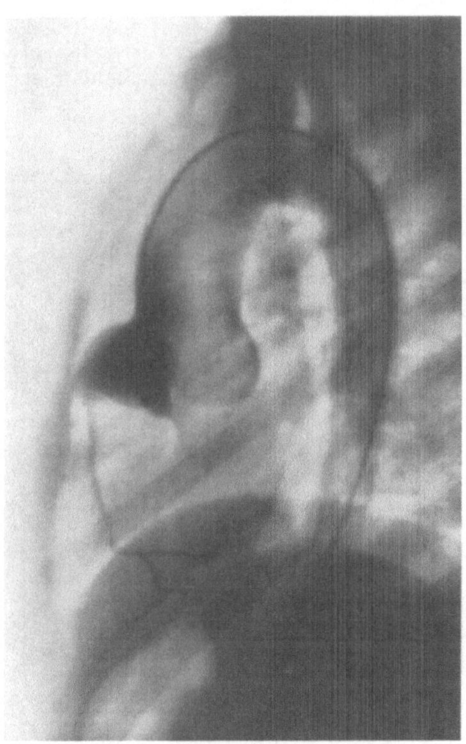

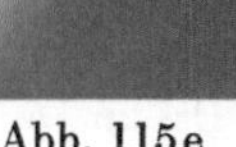

Abb. 115e

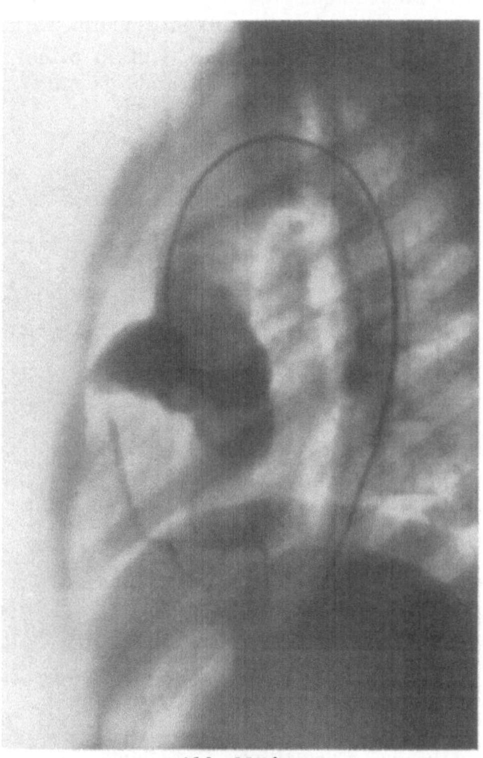

Abb. 115f

Steinberg u. Mitarb. zur Feststellung, daß die Gefäßanomalie in einem hohen Prozentsatz als ernste Erkrankung zu werten sei. Eine operative Behandlung wird daher heute in den meisten Fällen empfohlen.

Der einfachste kurative Weg ist die Ligatur der zur Fistel führenden Arterie. In günstig gelagerten Fällen ist die Excision eines Coronararterienaneurysmas möglich (Fell u. Mitarb. 1958). Nach Upshaw wurden bisher 23 Fälle operiert (ein Todesfall).

9. Vorhofseptumdefekt

Der Vorhofseptumdefekt stellt eine offene Verbindung zwischen rechtem und linkem Vorhof dar. Er kommt isoliert oder gemeinsam mit anderen Mißbildungen vor.

Entwicklungsgeschichte sowie Lage und Größe des Defektes erlauben folgende Einteilung, der im Hinblick auf die operative Behandlung des Vorhofseptumdefektes praktische Bedeutung zukommt.

a) Totaler Vorhofscheidewanddefekt,
b) Ostium primum-Defekt,
c) Ostium secundum-Defekt,
d) sog. Sinus venosus- oder hoher Vorhofseptumdefekt,
e) offenes Foramen ovale.

Entwicklungsgeschichte. Die Entwicklung des Vorhofseptumdefektes vollzieht sich in mehreren Abschnitten. In der vierten Fetalwoche entsteht das Septum primum als erste Scheidewand im zunächst gemeinsamen Vorhof. Es wächst von der dorso-caudalen Wand in Richtung des Ostium atrioventriculare und gewinnt Anschluß an die Endokardkissen, die Anlage der Atrioventrikularklappen an der Vorhofkammergrenze. Im hinteren unteren Anteil des Septums bleibt eine Lücke. Eine weitere Öffnung in dieser ersten Scheidewand entsteht im oberen hinteren Abschnitt. Sie stellt das Ostium secundum dar. Etwa zu gleicher Zeit bildet sich rechts vom Septum primum das aus zwei Teilen bestehende Septum secundum und legt sich ohne Zwischenraum dem Septum primum an. Das Foramen ovale bleibt zwischen dorsalem und ventralem Septumanteil als Öffnung zwischen dem rechten und linken Vorhof erhalten.

Ein nicht angelegtes Septum primum führt zum totalen Scheidewanddefekt, wie beim Cor biloculare und Cor triloculare-biventriculare.

Kommt ein Anschluß des Septum primum an die Endokardkissen nicht zustande, so entsteht das tiefgelegene, meist große und oft mit Anomalien der Mitral- und Tricuspidalklappen einhergehende Ostium primum (Abb. 116a).

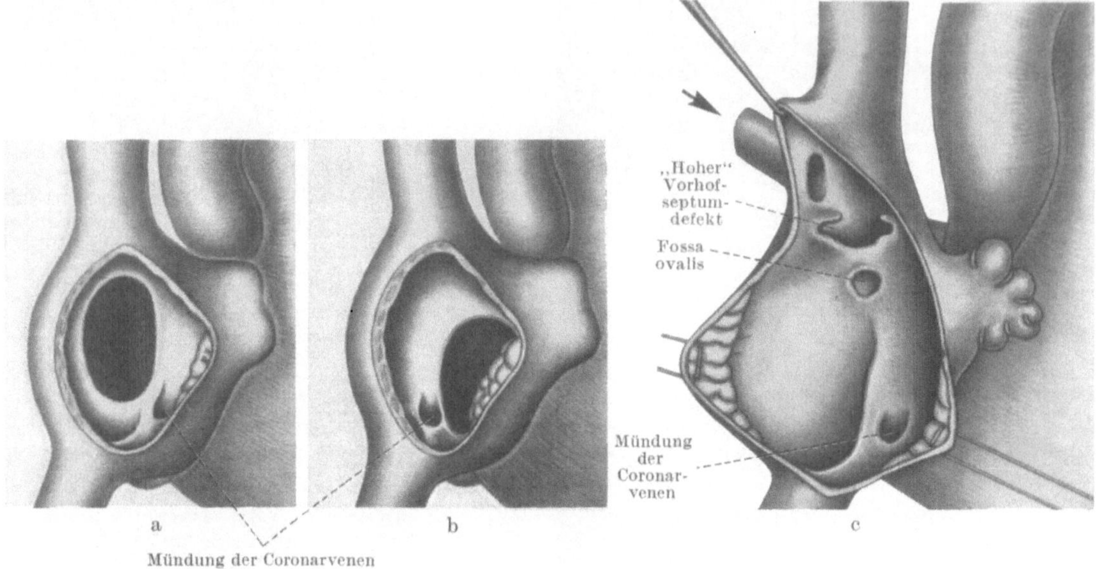

Abb. 116a—c. Schematische Darstellung des Vorhofseptumdefektes. a Ostium primum-Defekt. b Ostium secundum-Defekt. c Sog. „hoher“ Vorhofseptumdefekt mit transponierter Lungenvene, die in die obere Hohlvene einmündet

Das persistierende Ostium secundum entsteht als Folge einer Hemmungsmißbildung des Septum secundum (Abb. 116b).

Der „hohe Vorhofseptumdefekt“ oder „Sinus venosus-Defekt“ (SWAN u. Mitarb. 1957; SHANER 1958) (Abb. 116c) ist durch seine Lage oberhalb des Foramen ovale charakterisiert. Die obere Hohlvene kann über dem Defekt „reiten“ und so den Übertritt von venösem Blut in den linken Vorhof erleichtern. Als Ursache der Defektbildung wird von den genannten Autoren die Persistenz einer fetalen Verbindung zwischen Plexus splanchnicus und den Cardinalvenen angenommen. Praktisch immer ist mit diesem Defekt die Transposition einer oder mehrerer aus der rechten Lunge stammenden Venen mit Einmündung in die obere Hohlvene und (oder) in den rechten Vorhof verbunden.

Das offene Foramen ovale bedingt im allgemeinen keine funktionellen Störungen. Man findet es in rund 25% aller Obduktionen (DOERR 1960). Bei rund 50% der Säuglinge bleibt es bis zum Ende des ersten Lebensjahres, bei Erwachsenen in 30% offen (KLINKE 1950). Nach den Untersuchungen von EVERETT u. JOHNSON (1950) fließen während der Fetalzeit drei Viertel des Umbilicalvenenblutes durch das offene Foramen ovale in das linke Herz; ein Viertel gelangt in die rechte Herzkammer. In einem Teil der Fälle schließt sich das Foramen ovale nach der Geburt, wenn sich das vorher von rechts nach links gerichtete Druckgefälle umkehrt und die Valvula foraminis ovalis sich an die Vorhofscheidewand anlegt, um diese ventilartig abzudecken.

Ein Blutstrom durch das Foramen ovale nach der Geburt ist in Abhängigkeit vom Druckgefälle unter folgenden Bedingungen möglich:

1. bei Fehlen der Valvula foraminis ovalis,

2. wenn diese zu klein oder perforiert ist, sei es als Folge angeborener oder traumatischer Veränderungen oder aber als Folge einer Vorhofdilatation,

3. wenn die Valvula des Foramen ovale dieses zwar bedeckt, jedoch nicht mit der Vorhofscheidewand verwächst. Kommt es zu einer Drucksteigerung im rechten Vorhof, so ist abhängig vom Druckgefälle ein Rechts-Links-Shunt möglich.

Die *Häufigkeit* des Vorhofseptumdefektes wird zwischen 7 und 40% der angeborenen Herzfehler angegeben (BEDFORD 1941; BROWN 1950; LIND u. WEGELIUS 1953; ROSSI 1954; KEITH, ROWE u. VLAD 1958). Im eigenen Untersuchungsgut von 4050 angeborenen Herzfehlern wurde ein isolierter Vorhofseptumdefekt in 686 Fällen (= 17%) durch Herzkatheteruntersuchung diagnostiziert. In 601 Fällen (= 87%) handelte es sich um einen Ostium secundum- oder Sinus venosus-Defekt, 72mal (= 11%) um einen Ostium primum-Defekt, 13mal (= 2%) um einen Canalis atrioventricularis communis (DERRA, GROSSE-BROCKHOFF u. LOOGEN 1965).

Das weibliche Geschlecht ist vom Vorhofseptumdefekt häufiger betroffen als das männliche. Im eigenen Untersuchungsgut hatten von den 686 Patienten 429 Frauen (= 62%) und 257 Männer (= 38%) einen Defekt der Vorhofscheidewand; das entspricht einem Verhältnis von fast 2:1.

Der Umbau des Herzens beim Vorhofseptumdefekt erklärt sich aus der *Pathophysiologie*, auf die daher kurz eingegangen werden muß. Grundlage der Hämodynamik bei der hier erörterten Anomalie bildet der Links-Rechts-Shunt im Niederdrucksystem mit Vermehrung des Herzminutenvolumens im kleinen Kreislauf. Der Links-Rechts-Shunt ist abhängig von der Defektgröße und dem Druckgefälle. Während vor der Geburt der Kurzschluß von rechts nach links gerichtet ist, kehrt er sich in der ersten postnatalen Phase um. Im eigenen Untersuchungsgut wurde bei Auswertung von 200 Fällen (ohne Druckerhöhung im Lungenkreislauf) eine mittlere Shuntgröße von 4,3 Liter/min oder rund 50% des Lungenzirkulationsvolumens errechnet. Ähnliche Ergebnisse liegen von anderen Autoren vor (DEXTER u. Mitarb. 1947; TAYLOR u. Mitarb. 1948; SOULIE u. Mitarb. 1950; LEQUIME u. Mitarb. 1951).

Nach SWAN u. Mitarb. (1953) können bei großen Defekten 75—90% des Blutes aus dem linken Vorhof durch den Defekt in den rechten Vorhof übertreten. Eine Verminderung des Minutenvolumens im großen Kreislauf kann die Folge sein. Der Versuch, diese Verminderung durch Erhöhung der Volumenleistung zu kompensieren, bedingt gleichzeitig eine Vermehrung des Minutenvolumens im kleinen Kreislauf. Der Lungenkreislauf trägt die Volumenmehrbelastung in der Regel zunächst ohne Druckerhöhung bei niedrigem Strömungswiderstand. Ist das Fassungsvermögen der Lungengefäße erreicht, steigt der Druck an. Neben Volumenvergrößerungen können auch morphologische Gefäßveränderungen Ursache einer Druckerhöhung im kleinen Kreislauf sein. Nach HEATH u. WHITAKER (1957) und LOOGEN (1958) besteht dabei eine Parallele zwischen Widerstandserhöhung einerseits und dem Grad der Gefäßveränderung andererseits.

Anatomisch finden sich Hypertrophie und Dilatation des rechten Vorhofs und der rechten Kammer. Die linke Kammer ist unauffällig. Auch der linke Vorhof ist ohne Besonderheiten oder nur geringgradig vergrößert. Die Lungengefäße sind weit. Die Gefäßveränderungen bestehen in einer Mediahypertrophie und Intimaproliferation der Arterien sowie in einer Hyalinisierung der Venen. Außerdem wird auch eine Lungengerüstsklerose beobachtet.

Klinisch besteht keine Cyanose, solange ein Links-Rechts-Shunt vorhanden ist und sekundäre Lungengefäßveränderungen fehlen. Entwicklung und Leistungsvermögen können reduziert sein. Im 2.—3. Intercostalraum links hört man ein systolisches Geräusch. Ein diastolisches Geräusch wechselnden Charakters ist bei großen Defekten fast immer vorhanden. Der zweite Herzton ist gedoppelt. Im *Elektrokardiogramm* ist der charakteristischste Befund der unvollständige Rechtsschenkelblock (Wilsonblock) (ca. 80% der Fälle). In 10—15% der Fälle wird ein vollständiger Rechtsschenkelblock beobachtet.

Für die Erkennung der vorliegenden Defektformen gibt der elektrokardiographische Typ wichtige Hinweise. Beim Secundum- oder Sinus venosus-Defekt besteht in der Mehrzahl der Fälle ein Rechtstyp; außerdem kommen auch Norm-, Steil- oder Linkstypen zur Beobachtung. Typisch, jedoch nicht pathognomonisch für den Ostium primum-Defekt ist dagegen ein überdrehter Linkstyp.

Röntgenbefunde. Umformung und Größenänderung des Herzens werden durch die Größe des Kurzschlusses, d.h. durch die dem rechten Herzen vermehrt angebotene Blutmenge und durch die Widerstandserhöhung in der Lungenstrombahn bestimmt, die

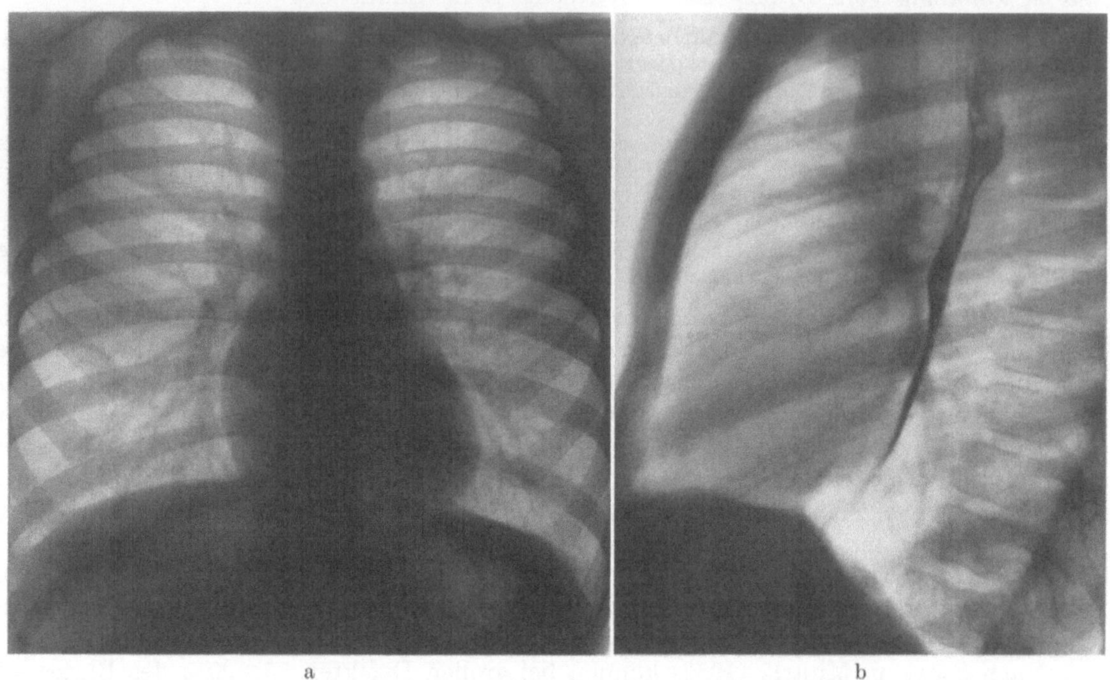

a b

Abb. 117 a u. b. Funktionell unbedeutender Vorhofseptumdefekt bei einem 7jährigen Jungen (M.Ku.). Unauffällig konfiguriertes Herz und Gefäßband. Die Lungenzeichnung ist nicht vermehrt

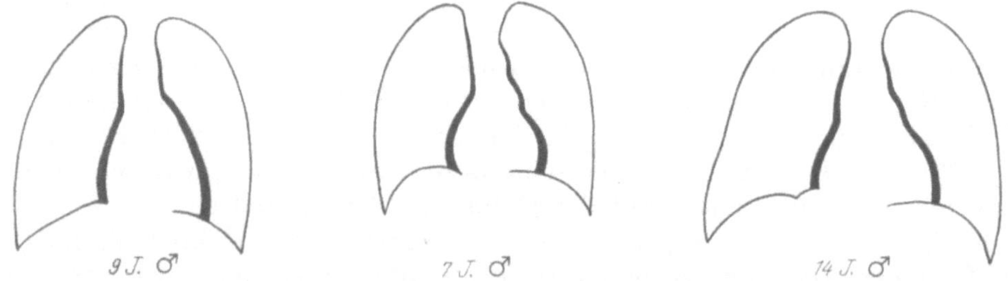

Abb. 118. Herzsilhouetten von Patienten mit funktionell unbedeutendem Vorhofseptumdefekt

mitunter der dominierende Faktor für die Konfigurationsänderungen sein kann. Außerdem kann die Herzform durch eine Myokarditis oder Perikarditis wesentlich beeinflußt werden.

Bei *kleinem* Vorhofseptumdefekt mit geringem Kurzschluß können Herzgröße und -form weitgehend unauffällig sein (Abb. 117). Springt in solchen Fällen der Pulmonalisbogen nur leicht vor, so besagt das nicht viel, weil dieser Befund bei Kindern auch unter normalen Bedingungen oft erhoben wird. Trotzdem kann auch bei diesen Patienten schon eine Vergrößerung des rechten Ventrikels bestehen, was durch die röntgenologische Lagekontrolle des Herzkatheters und durch angiokardiographische Kontrastmitteldarstellung nachzuweisen ist. Die Abb. 118 zeigt schematisch die häufigsten Varianten der Herzform bei kleinen Vorhofseptumdefekten, wie wir sie an einem größeren Krankengut beobachten konnten.

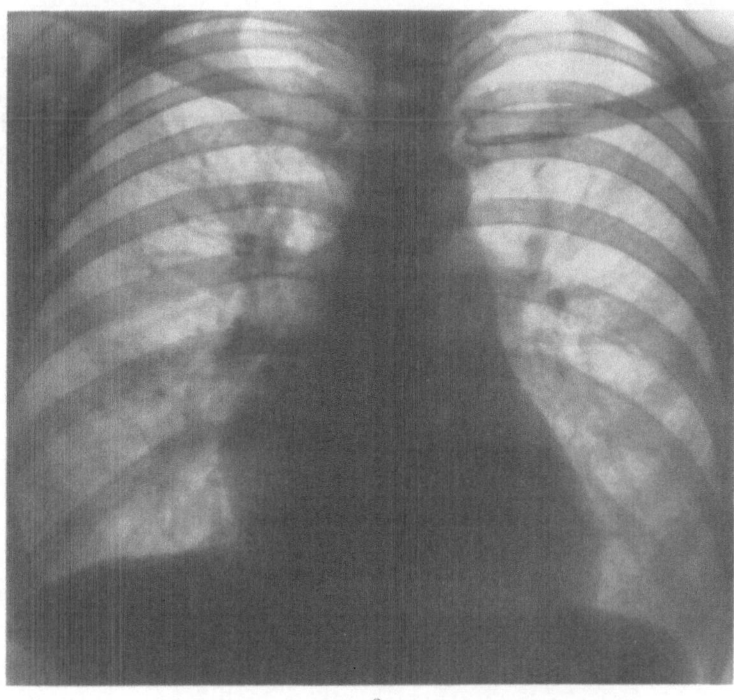

a

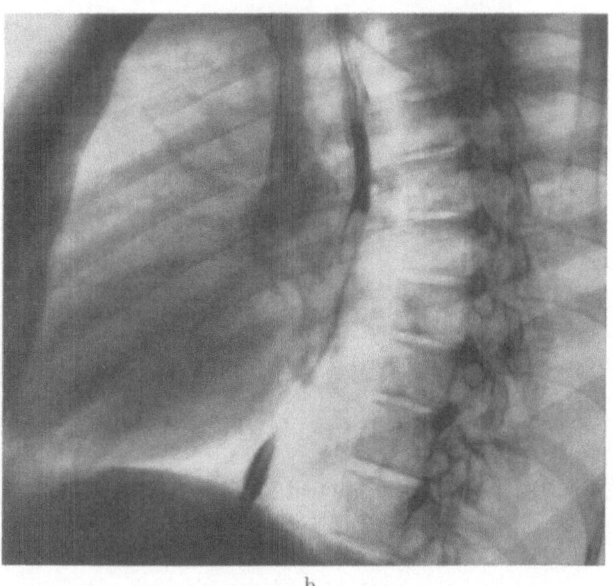

b

Abb. 119a u. b. Vorhofseptumdefekt bei einer 39jährigen Patientin (D.Ei.). Bei sagittalem Strahlengang (a) deutliche Rechtsverbreiterung. Die Ausdehnung des Herzens nach vorne wird auf der schrägen Aufnahme (b) besonders deutlich

Bei *großem* Vorhofseptumdefekt mit erheblichem Links-Rechts-Kurzschluß sind die Veränderungen im Röntgenbild meist so charakteristisch, daß sie bei Berücksichtigung der übrigen klinischen Befunde die Diagnose der vorliegenden Anomalie erlauben. Allerdings ist darauf hinzuweisen, daß die Abgrenzung eines Vorhofseptumdefektes von einer Reihe anderer Anomalien, die mit einer Volumenmehrbelastung des rechten Herzens einhergehen (z.B. Lungenvenentransposition), mit den üblichen klinischen Untersuchungsmethoden nicht sicher möglich ist.

Herzvolumenmessungen haben in der Mehrzahl der Vorhofseptumdefekte eine Vergrößerung über die Norm ergeben (DAVIDSEN 1958; KJELLBERG u. Mitarb. 1955). REINDELL u. Mitarb. (1962) bestimmten das relative Herzvolumen (Herzvolumen: Körperoberfläche) und fanden es nur in einem Fall kleiner als den zugehörigen Mittelwert; 7mal lag der Quotient innerhalb, 55mal außerhalb des 2-Sigma-Streubereichs.

Die durch den Links-Rechts-Kurzschluß bedingte Vergrößerung des rechten Vorhofs (Abb. 119a u. b) und der rechten Kammer führt zu typischen Formveränderungen des Herzens, wobei jedoch von Fall zu Fall und in Abhängigkeit von anderen Faktoren, z.B. der Weite des Thorax, beträchtliche Schwankungen zu beobachten sind. In Analogie zu Abb. 118 sind in Abb. 120 die bei uns am häufigsten beobachteten Varianten der Herzform bei funktionell wesentlichen Vorhofseptumdefekten schematisch dargestellt.

Die Vergrößerung des rechten Vorhofs kann röntgenologisch schwierig nachzuweisen sein. KJELLBERG u. Mitarb. (1955) berichten, daß in ihrer Untersuchungsreihe, bei der es sich vorwiegend um Patienten im Kindesalter handelte, die Vorhofvergrößerung selten ein „dominierendes "Merkmal war, während REINDELL u. Mitarb. (1962) bei 82% ihrer Patienten eine Verlängerung des rechten Herzrandes und von diesen bei 46% auch eine stärkere konvexe Vorwölbung der rechten Herzkontur fanden.

Das Fehlen einer röntgenologisch faßbaren Vergrößerung des rechten Vorhofs im Sagittalbild wird von BEDFORD u. Mitarb. (1941) mit einer Verlagerung des Tricuspidalisostiums und des Herzens nach links erklärt. In diesen Fällen kann die Vorhofvergrößerung nur im zweiten schrägen Durchmesser nachgewiesen werden. Während in dieser Projektion der große rechte Vorhof vorne randständig wird und als Vorwölbung der vorderen Herzkontur erscheint, kommen dorsal vom Herzen die Bifurkation der Pulmonalarterie und ihrer Äste als breite Bandschatten zur Darstellung (vgl. Abb. 122c).

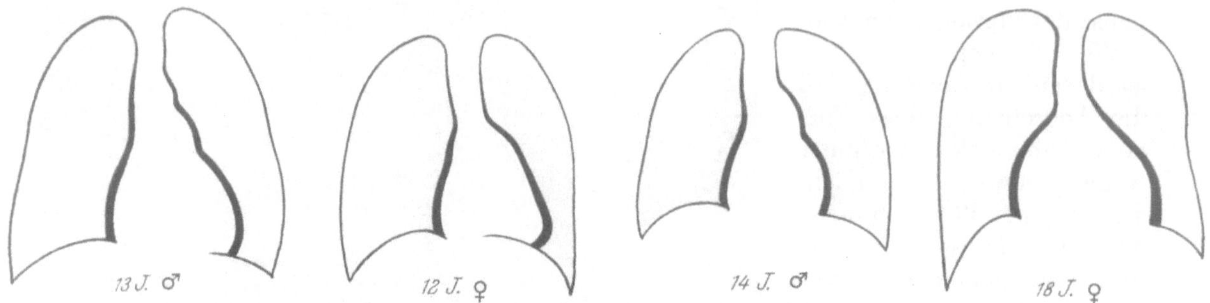

Abb. 120. Herzsilhouetten von Patienten mit funktionell wesentlichem Vorhofseptumdefekt

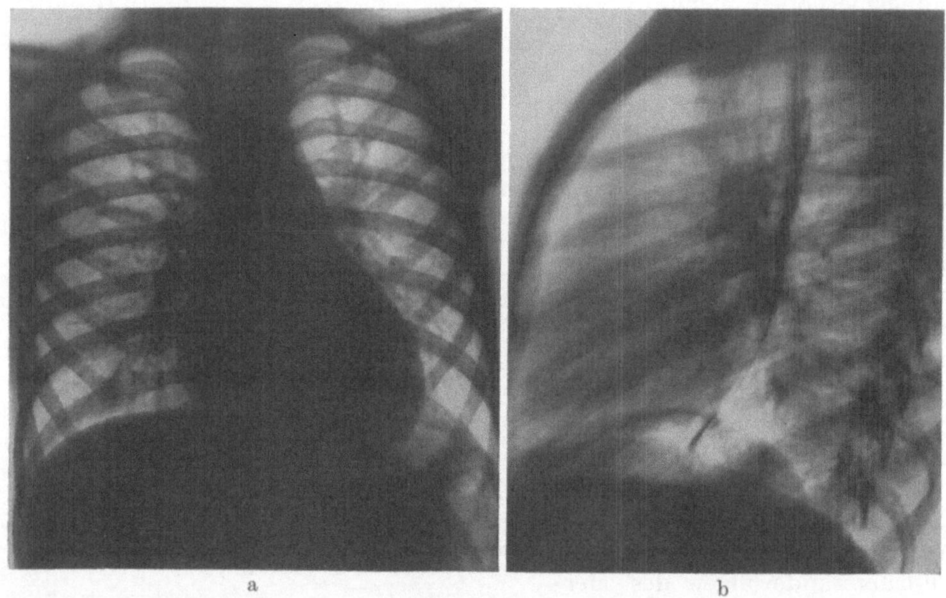

Abb. 121a u. b. Vorhofseptumdefekt (Ostium secundum-Typ) bei einem 8jährigen Patienten (P.Vo.). a Sagittalbild: geringe Verbreiterung des Herzens nach links und rechts. Flache Vorwölbung des Pulmonalbogens. Dichte Hili. b Seitenbild: Retrokardialraum frei

Die Größenzunahme des rechten Ventrikels ist bei den meisten Patienten mit funktionell großem Vorhofseptumdefekt augenfällig. Die Vergrößerung betrifft sowohl die Einflußbahn als auch die Ausflußbahn der Kammer. Die Verlängerung der Einflußbahn ist oft so stark, daß der rechte Ventrikel bis zur Herzspitze reicht und den linken Ventrikel nach hinten verdrängt (SCHAEDE u. THURN 1953). Dadurch erfährt die Herzspitze eine stärkere Rundung (Abb. 121a u. b). In anderen Fällen hat die Herzspitze eine mehr konische Form oder eine nach caudal steil abfallende Begrenzung. Gelegentlich ist die Grenze zwischen dem rechten und linken Ventrikel durch eine kleine Kerbe gekennzeichnet; dieser Befund ist nach KJELLBERG u. Mitarb. (1955) beim Vorhofseptumdefekt jedoch seltener als beim Ventrikelseptumdefekt. In Einzelfällen kann die Vergrößerung des Herzens so erheblich sein, daß der linke Herzrand die linke Thoraxwand erreicht.

Bei diesen Fällen, die keine Zeichen einer Ruheinsuffizienz aufzuweisen brauchen, besteht der Verdacht, daß die enorme Vergrößerung des Herzens nicht allein Folge der Volumenbelastung, sondern auf eine zusätzliche Schädigung der Muskulatur zurückzuführen ist.

Der obere und mittlere Bereich der linken Herzkontur wird ebenfalls vom rechten Ventrikel gebildet. Infolge Verlängerung seiner Ausflußbahn ist die Herztaille mehr oder weniger verstrichen.

Der linke Ventrikel ist von normaler Größe oder verkleinert. Auch der linke Vorhof ist trotz des beim Vorhofseptumdefekt vergrößerten Lungenzirkulationsvolumens nicht vergrößert. Gerade die fehlende Vergrößerung des linken Vorhofs ist differentialdiagnostisch von Bedeutung zur röntgenologischen Abgrenzung des Vorhofseptumdefektes von anderen kongenitalen Anomalien, die mit einem vermehrten Lungenzirkulationsvolumen einhergehen, wie z.B. Ductus Botalli oder Ventrikelseptumdefekt.

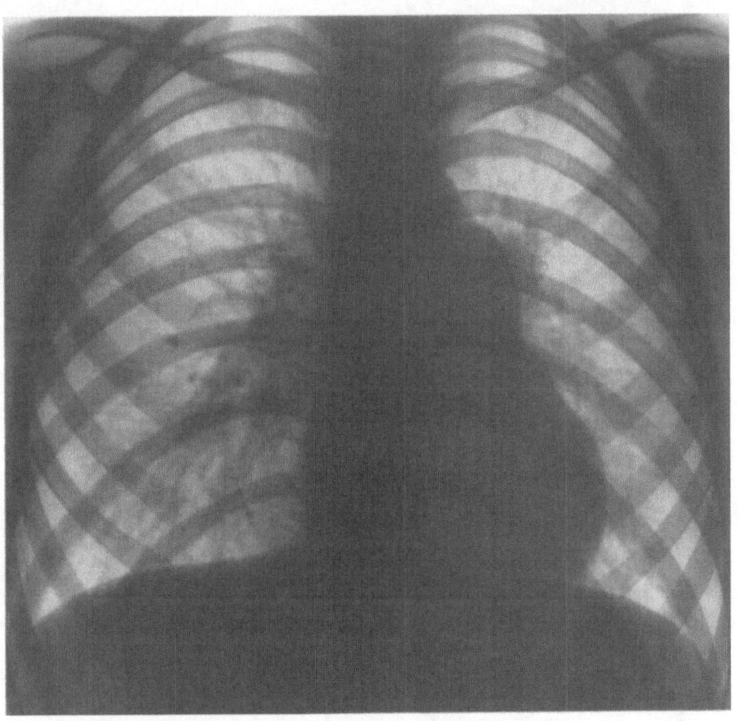

a

Abb. 122a—d. Vorhofseptumdefekt bei einem 9jährigen Mädchen (P.Bo.). a Linksverbreitertes, rundlich konfiguriertes Herz. Deutlich vorspringender Pulmonalbogen. Ein kleinerer Aortenbogen wird am Gefäßband links sichtbar. b Erster schräger Durchmesser: nach vorne gewölbter Pulmonalbogen. c Zweiter schräger Durchmesser: breiter Bandschatten der linken Pulmonalarterie hinter dem Herzen z.T. in Deckung mit der Wirbelsäule erkennbar. Eine flache Vorwölbung des Herzschattens nach vorne entspricht dem vergrößerten rechten Ventrikel. d Seitenbild: breitflächige Anlehnung des Herzens an die vordere Thoraxwand. Herzhinterraum frei

Die Größenzunahme der rechten Kammer führt zu einer breitflächigen Anlehnung des Herzens an die vordere Brustwand bzw. an das Sternum. Dies ist auf Seitenbildern oder bei seitlicher Durchleuchtung gut zu erkennen. Maßgebend hierfür ist die Erweiterung des Conus pulmonalis, der durch die Verlängerung der Ausflußbahn der rechten Kammer nach oben verlagert ist. In linker Schrägstellung lädt das Herz im diaphragmalen Abschnitt manchmal deutlich in den Wirbelsäulenschatten aus. Dieser Befund, der sonst allgemein als Größenzunahme der linken Kammer gewertet wird, ist beim Vorhofseptumdefekt jedoch durch die Tiefenausdehnung des rechten Ventrikels verursacht. Der linke Ventrikel ist zwar in dieser Position auch beim Vorhofseptumdefekt dorsal randbildend, projiziert sich aber nur deshalb in die Wirbelsäule, weil er durch den vergrößerten rechten Ventrikel nach hinten verlagert wird.

Ein typisches, aber nicht pathognomonisches Zeichen des Vorhofseptumdefektes ist die Vorwölbung des Pulmonalbogens (Abb. 122); sie wird nur selten vermißt. Andererseits kann sie hochgradig bis aneurysmatisch sein.

Kalkeinlagerungen in der Pulmonalarterie kommen gelegentlich, insbesondere bei Erhöhung des Strömungswiderstandes im Lungenkreislauf und sekundärer Pulmonalsklerose vor (Downing und Goldberg 1956) (Abb. 123a u. b).

Infolge der Verlängerung der Ausflußbahn der rechten Kammer wird die dilatierte Pulmonalarterie häufig nach oben verlagert und kann die schmale Aorta vollständig oder weitgehend überlagern, ein Zeichen, auf das bereits Assmann (1944) hingewiesen

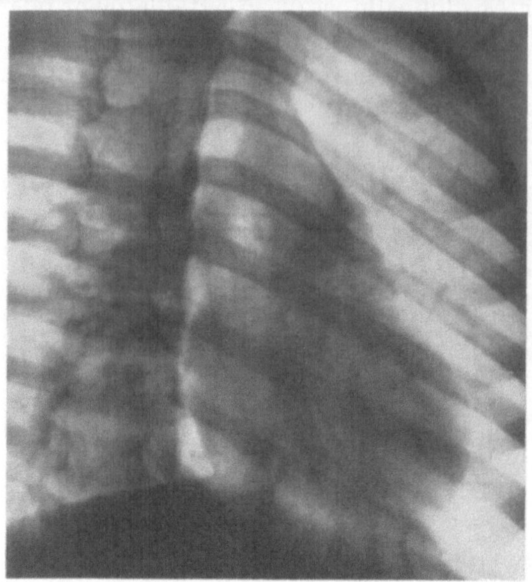

Abb. 122b

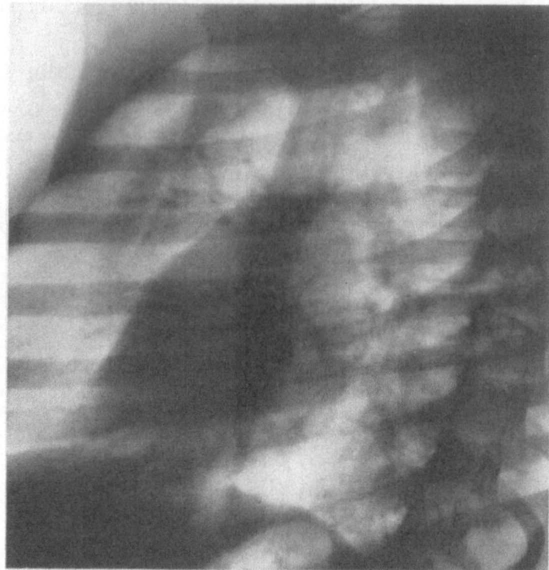

Abb. 122c

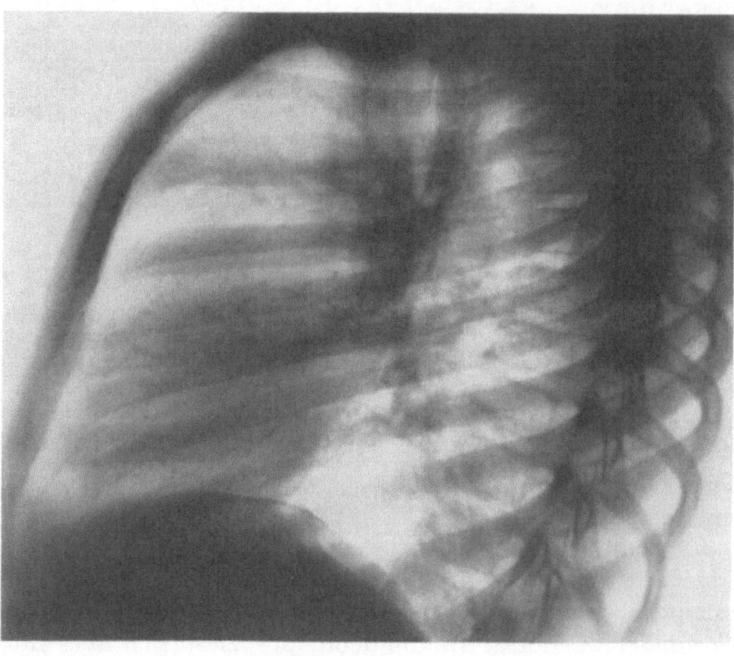

Abb. 122d

hat. An der vorspringenden Pulmonalarterie und meist auch an den erweiterten Verzweigungen sind verstärkte Pulsationen zu erkennen.

Die Vorwölbung des Pulmonalbogens, deren oberer Anteil dem Pulmonalarterienstamm zuzuordnen ist, kommt besonders gut im ersten schrägen Durchmesser zur Darstellung. Nach dorsal dehnt sich der vergrößerte rechte Vorhof aus. Die Aufzweigung der weitlumigen Pulmonalarterie wird dort sichtbar.

Nicht nur die Aorta, sondern auch die obere Hohlvene sind oft schmal. Außerdem kann die Aorta wegen der Linksverlagerung des Herzens im Sagittalbild in die Wirbelsäule projiziert werden. Dadurch ergibt sich eine Diskrepanz zwischen dem weiten Pulmonalbogen und dem sonst schmalen Gefäßband.

Wenn auch keine strenge Korrelation besteht, so kann doch im allgemeinen festgestellt werden, daß zumindest bei Erwachsenen die Erweiterung der zentralen Lungengefäße um so deutlicher in Erscheinung tritt, je größer der Links-Rechts-Kurzschluß ist. Häufig, vor allem bei Erwachsenen, kann man als Folge des erhöhten Lungenstromvolumens pulsatorische Weitenänderungen der zentralen Gefäße, d.h. Eigenpulsationen, bei der Durchleuchtung erkennen. Aus topographischen Gründen sind diese Weitenänderungen besonders deutlich an der rechten Unterlappenarterie.

Orthograd getroffene Gefäße sind rundlich oder bei Überschneidung polycyclisch glatt begrenzt und kommen manchmal als Rundschatten zur Darstellung. Die zur Verminderung des Strömungswiderstandes weitgestellten Gefäße bilden Bandschatten, die oberhalb des Hilus besonders gut zu erkennen sind und in einem Teil der Fälle bis zur Mitte des Lungenfeldes oder sogar bis zur seitlichen Thoraxwand sichtbar werden.

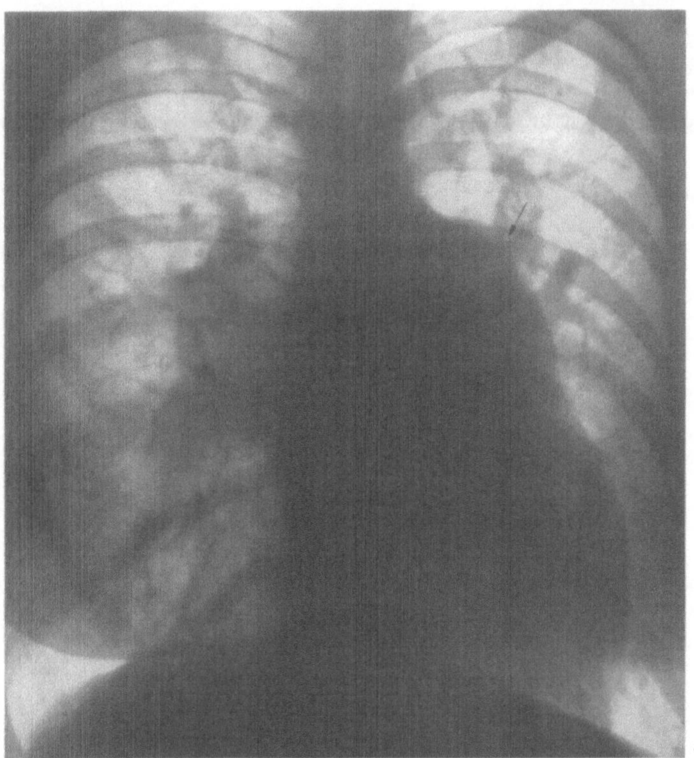
a

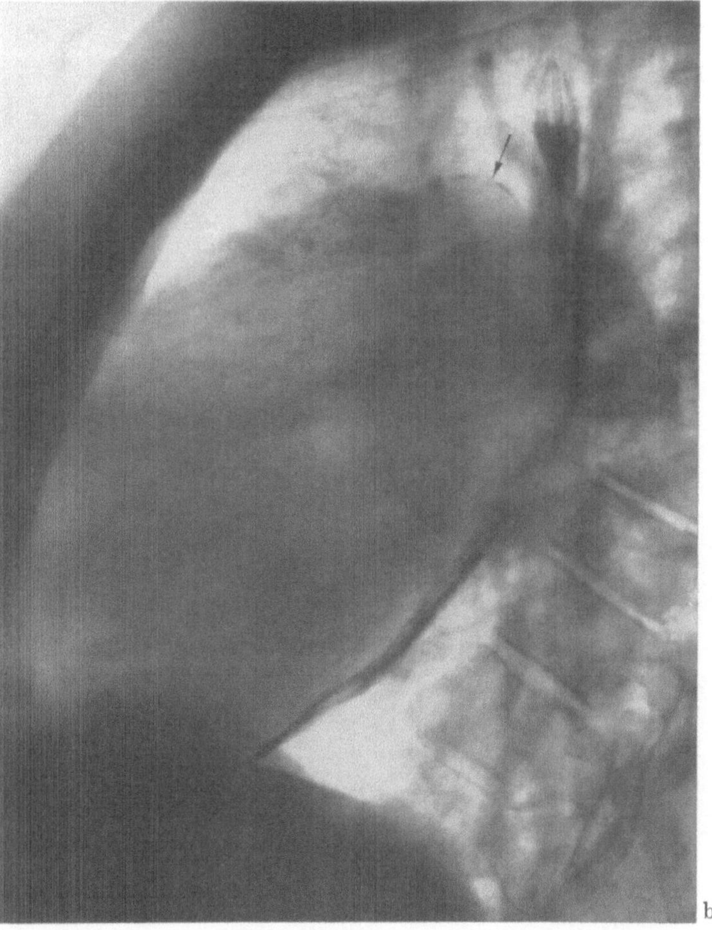
b

Abb. 123a u. b. Vorhofseptumdefekt und pulmonaler Hochdruck bei einer 38jährigen Patientin (G.Al.). Man sieht auf den Aufnahmen bei sagittalem (a) und seitlichem (b) Strahlengang Kalkeinlagerungen in der Pulmonalarterie

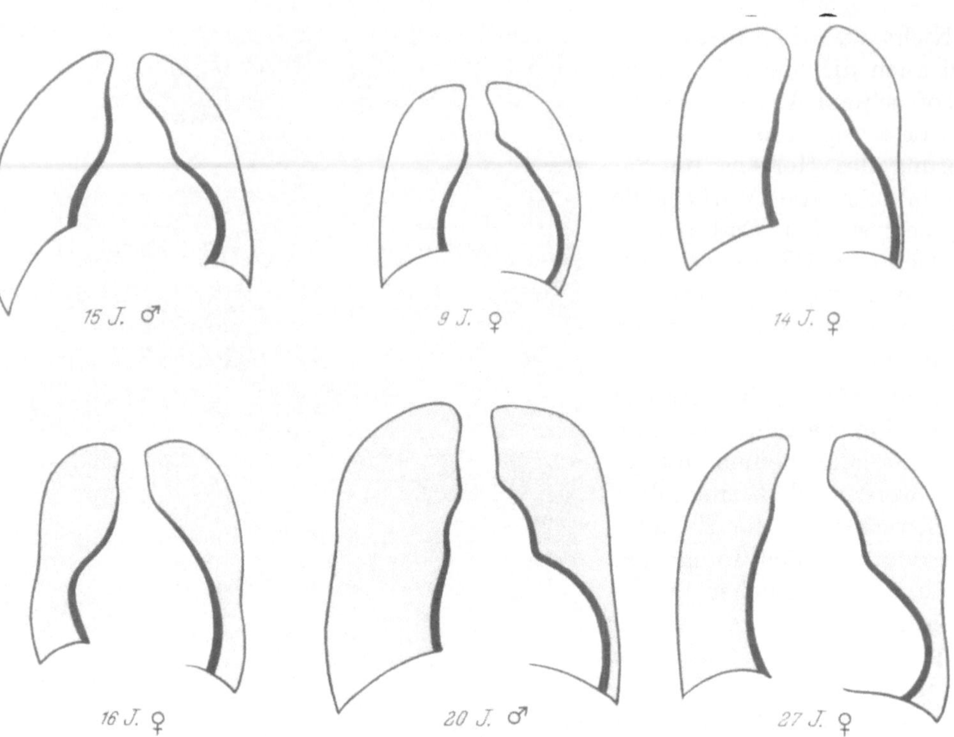

Abb. 124. Herzsilhouetten von Patienten mit offenem Foramen primum

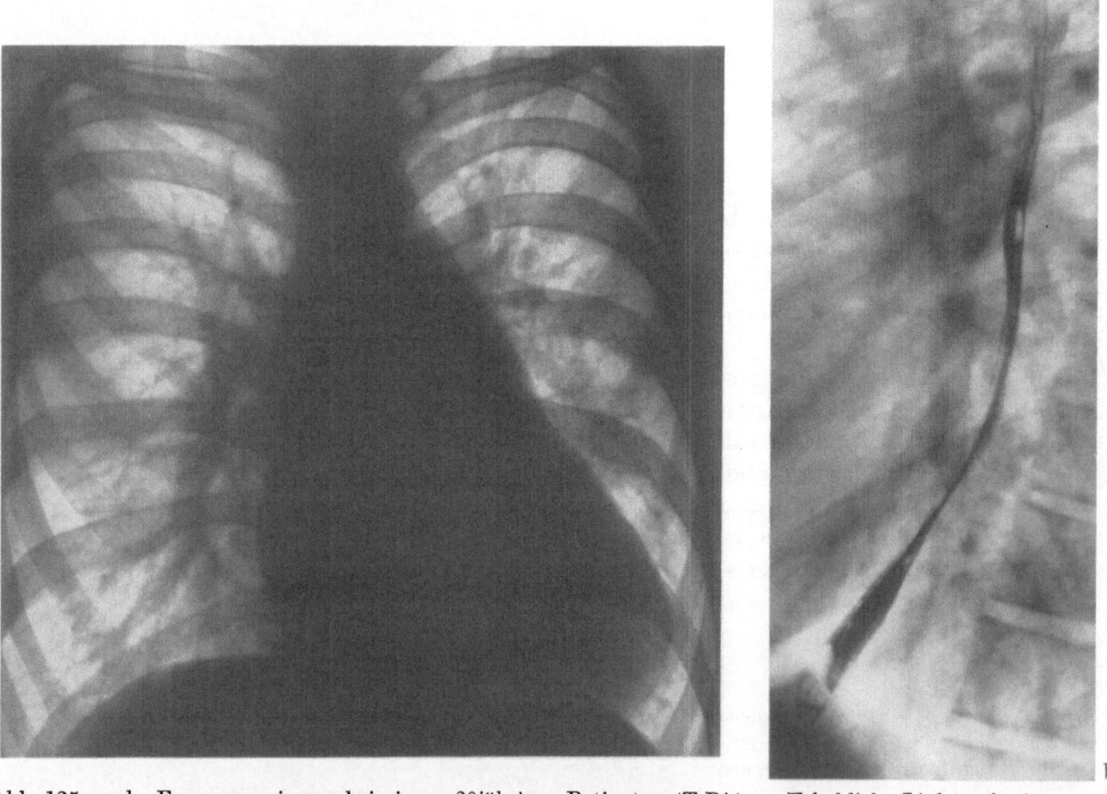

Abb. 125a u. b. Foramen primum bei einem 20jährigen Patienten (T.Ri.). a Erhebliche Linksverbreiterung des Herzens, flach vorspringender Pulmonalbogen. Vermehrte Hilus- und Lungenzeichnung. b Auf der seitlichen Aufnahme erkennt man eine flache Vorwölbung der hinteren Herzkontur in Höhe des linken Vorhofs

Der Nachweis *transponierter Lungenvenen* ist röntgenologisch im allgemeinen nicht möglich. Eine Ausnahme bildet lediglich die Lungenvenentransposition in die untere Hohlvene. Sie ist meist durch einen bandförmigen, oft dem rechten Herzrand parallel verlaufenden Gefäßschatten im Röntgennativbild zu erkennen (vgl. Abb. 149a). Durch Schichtdarstellung kann man außerdem gelegentlich Lungenvenentranspositionen in die obere Hohlvene mit großer Wahrscheinlichkeit erfassen.

Differentialdiagnostisch sicher verwertbare Röntgenbefunde zwischen dem Vorhofseptumdefekt vom Ostium secundum- und Ostium primum-Typ gibt es nicht (Abb. 124 und 125).

Ist der Vorhofseptumdefekt mit einer starken Erhöhung des Strömungswiderstandes im Lungenkreislauf kombiniert, so kann die röntgenologische Symptomatik der eines Ventrikelseptumdefektes mit gekreuztem Shunt bzw. Shuntumkehr ähnlich sein (Abb. 126).

Kommt es infolge der chronischen Volumenmehrbelastung oder aus anderen Gründen (z. B. Myokarditis, pulmonale Druckerhöhung) zu einer Insuffizienz des rechten Ventrikels, so kann das Herz unter Aufgabe der für einen Vorhofseptumdefekt typischen Form nach Art eines Cor bovinum bis an die laterale Thoraxwand reichen und sich auch entsprechend weit in den Herzhinterraum vorwölben (Abb. 127 und 128).

Die *Kontrastmitteldarstellung des Oesophagus* ergibt im allgemeinen keine Besonderheiten. Durch den erweiterten Pulmonalbogen oder durch einen vergrößerten rechten Vorhof ist eine Dorsalverlagerung des linken Vorhofs im oberen Anteil der hinteren Herzkontur möglich. Darüber hinaus kann es durch die erweiterten Pulmonalarterien unterhalb des Aortenbogens zu einer Impression des Oesophagus kommen (PARKINSON u. BEDFORD 1931; SCHWEDEL u. EPSTEIN 1936) (Abb. 129a u. b).

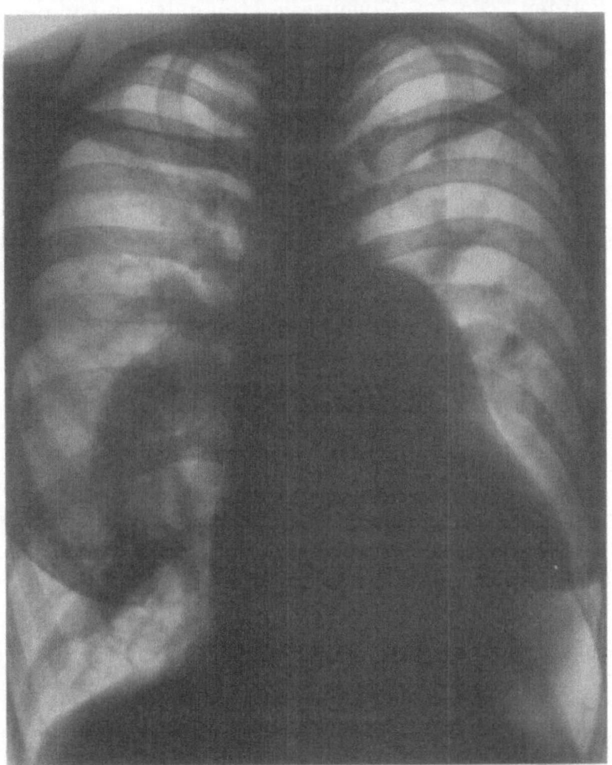

a

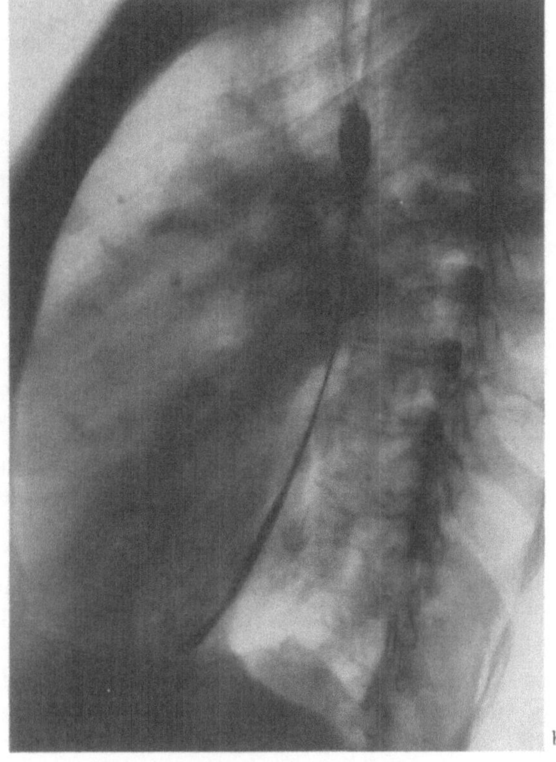

b

Abb. 126a u. b. Funktionell großer Vorhofseptumdefekt mit extremem pulmonalen Hochdruck und Shuntumkehr im Vorhofbereich bei einer 26jährigen Patientin (G.Fr.). a Sagittalbild: Verbreiterung des Herzens nach links. Aneurysmatisch erweiterte Pulmonalarterie; weite zentrale Lungenarterien; im Gegensatz dazu relativ helle Lungenperipherie. b Seitenbild: Retrokardialraum frei. Vorwölbung der Ausflußbahn des rechten Ventrikels

Kymogramme beim Vorhofseptumdefekt (BATTRO u. DE LA SERENA 1937; LEVESQUE u. Mitarb. 1937; LAUBRY u. LENEGRE 1939; THURN 1951; SCHAEDE u. THURN 1952) lassen Gefäßbewegungen und große Amplituden am vorspringenden Pulmonalbogen erkennen, die im Gegensatz stehen zu normalen oder kleinen Bewegungen am Aortenbogen (Abb. 130).

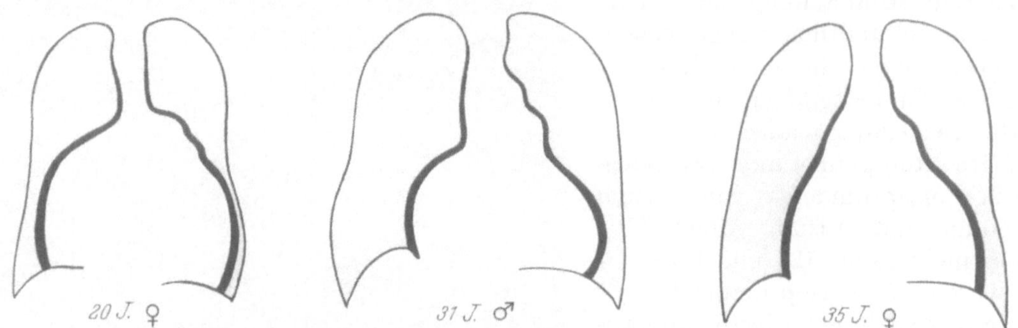

Abb. 127. Herzsilhouetten von Patienten mit funktionell wesentlichem Vorhofseptumdefekt. Stark verbreiterte Herzen. Klinisch bestanden die Zeichen der Herzinsuffizienz

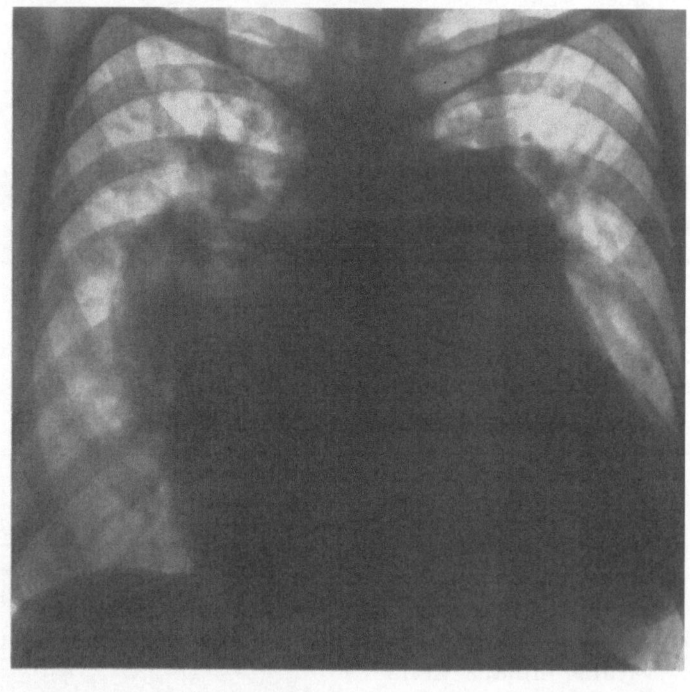

a

Abb. 128a—c. Vorhofseptumdefekt bei einer 35jährigen Patientin (E.Po.). a Stark verbreitertes Herz. Vorspringender Pulmonalbogen, aneurysmatische Erweiterung der hilusnahen Lungengefäße. b Kymogramm: man erkennt eine vergrößerte Amplitude im Bereich des Pulmonalbogens. Eigenbewegungen der hilusnahen Lungengefäße. c Schichtaufnahmen des rechten Hilus lassen den Gefäßcharakter der Hilusvergrößerung erkennen

Am rechten Herzrand sind oft normale Pulsationen nachweisbar, d.h. man beobachtet in den oberen zwei Drittel Vorhof-, im unteren Drittel Ventrikelpulsationen. ÖDMAN (1955) fand beim Vorhofseptumdefekt in vielen Fällen auch im unteren Drittel der rechten Herzkontur Vorhofpulsationen, die er als Ausdruck einer Vergrößerung des rechten Herzohres oder des gesamten rechten Vorhofs wertete. Mischkurven von Vorhof- und Ventrikelpulsationen wurden von SCHAEDE u. THURN (1952), ausschließliche Ventrikelpulsationen in 27% ihrer Patienten von REINDELL u. Mitarb. (1962) beschrieben.

Im Bereich des linken Herzrandes werden in der Mehrzahl der Fälle mit großem Shunt verstärkte Pulsationen aufgezeichnet, bedingt durch den links randständigen volumenbelasteten rechten Ventrikel.

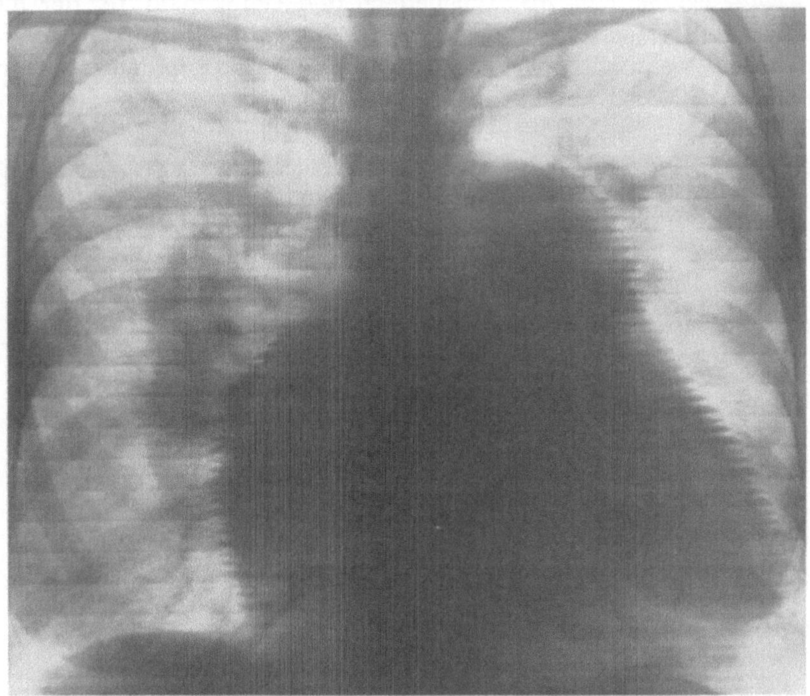

Abb. 128b

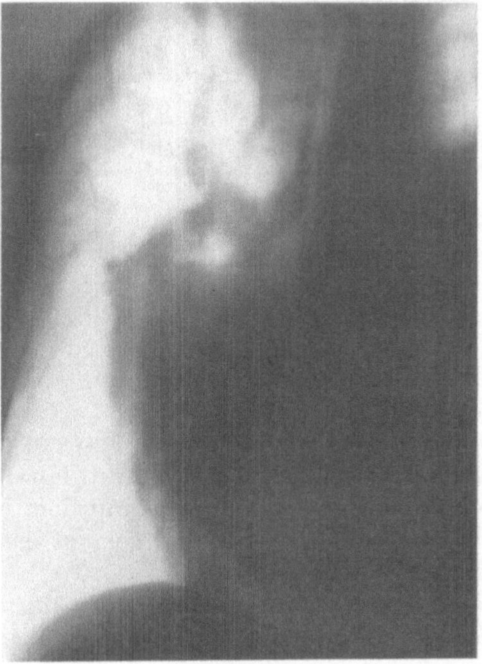

Abb. 128c

Die hilusnahen Lungengefäße lassen die durch Eigenpulsationen charakteristischen Veränderungen erkennen (Abb. 131a). Die Bewegungen der Gefäßwand sind schematisch in Abb. 131b dargestellt. Typisch ist die „Tannenbaumform", die durch gleichzeitige

Lateralbewegung der lateralen und durch Medialbewegung der medialen Gefäßwand in der Kammersystole entsteht, wobei ihr Nachweis in mehreren Ebenen oder unmittelbar an einem Gefäßquerschnitt besondere Beweiskraft erhält (THURN 1956).

Die *Schichtdarstellung* läßt im Hilusbereich den Gefäßcharakter der hier manchmal aneurysmatisch erweiterten Arterien erkennen (Abb. 128c). Sie kann differentialdiagnostisch wichtig sein, wenn die gelegentlich beim Vorhofseptumdefekt besonders dichten und breiten Hili den Verdacht auf einen Tumor erwecken. Außerdem kann durch die

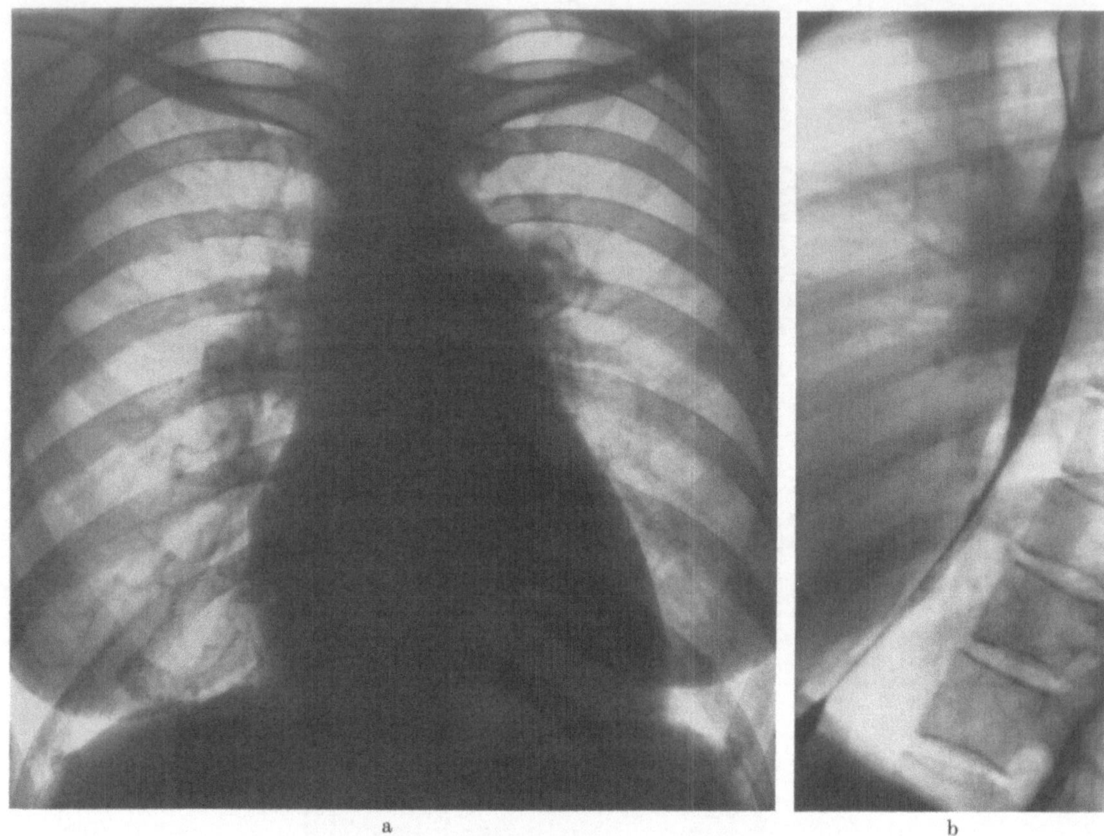

Abb. 129a u. b. Vorhofseptumdefekt bei einer 29jährigen Patientin (H.Ba). Deutlich vorspringender Pulmonalbogen auf der sagittalen Übersichtsaufnahme (a), der bei seitlichem Strahlengang (b) eine flache Impression im breigefüllten Oesophagus verursacht

Schichtdarstellung in Einzelfällen auch die Einmündung von Lungenvenen in die obere Hohlvene wahrscheinlich gemacht werden.

Herzkatheteruntersuchungen (DEXTER u. Mitarb., MASSEE 1947; BAUGHART u. LEWIS 1948; COSBY 1953; SCHAEDE u. THURN 1953; BAYER u. Mitarb. 1954) ermöglichen den direkten Nachweis des Defektes durch seine Passage mit dem Katheter. Dies ist möglich durch Vorgehen vom Arm aus (Abb. 132). Sicherer gelangt man durch den Defekt beim Vorgehen von der V. saphena aus (Abb. 133 u. 134).

Die mittels Herzkatheter erhobenen Befunde erlauben bis zu einem gewissen Grade Rückschlüsse auf die Größe eines Vorhofseptumdefektes. Neben den blutgasanalytischen Bestimmungen ist die Formanalyse der rechts- und linksseitigen Vorhofdruckkurve von Bedeutung (GROSSE-BROCKHOFF, LOOGEN u. WOLTER 1957).

BJÖRCK u. Mitarb. (1954) brachten an der Spitze des Herzkatheters einen Ballon an. Nach Passage des Vorhofseptumdefektes wurde dieser mit einem Kontrastmittel gefüllt, so daß er beim Zurückziehen des Katheters den Defekt verschloß. Bei den häufig

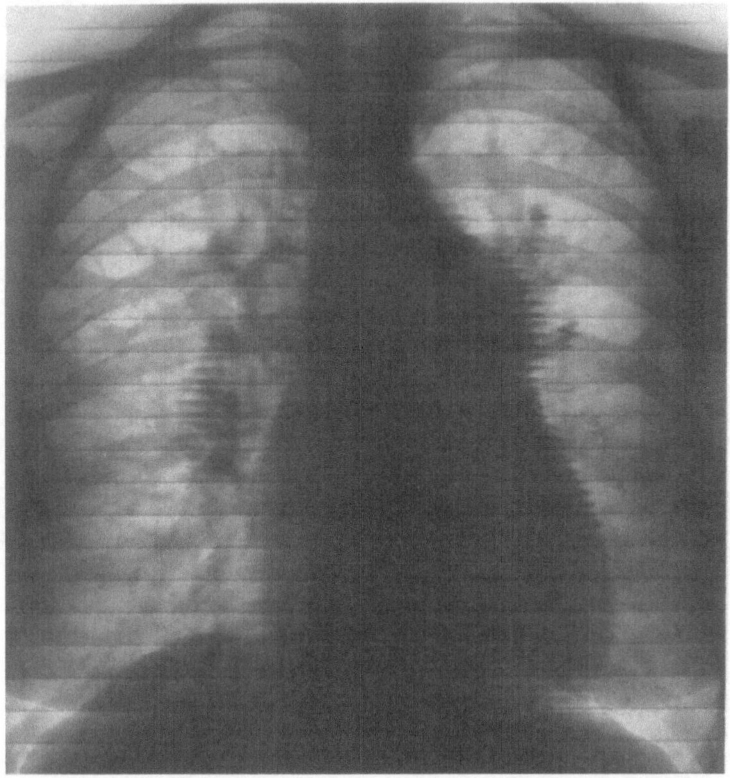

Abb. 130. Kymogramm einer 26jährigen Patientin (M.Sche.) mit Vorhofseptumdefekt. Bewegungen großer Amplitude im Bereich des Pulmonalbogens, Bewegungen kleiner Amplitude am Aortenbogen. Eigenpulsationen der Hilusgefäße, rechts deutlich erkennbar

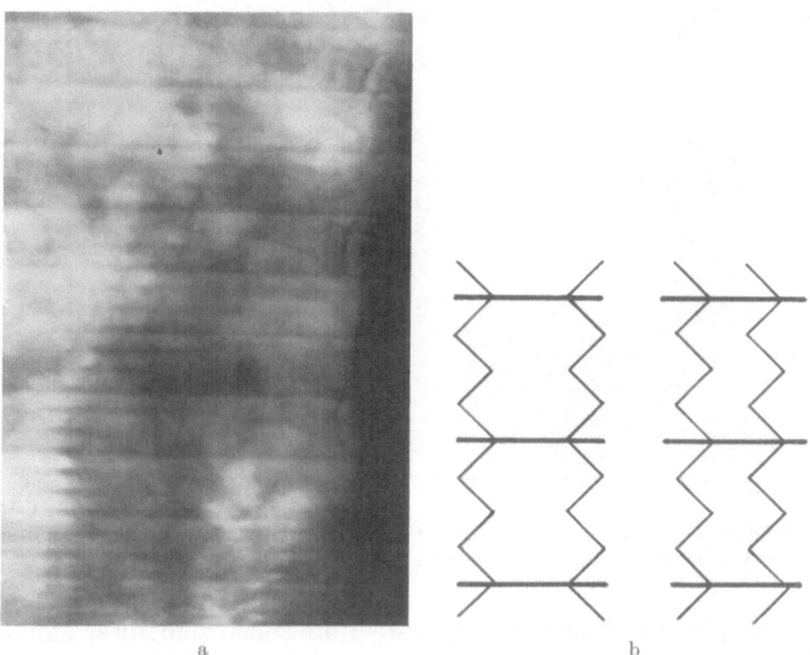

Abb. 131. a Spezialaufnahme rechter Hilus. Eigenpulsationen bei einer 46jährigen Patientin (A.Ka.) mit Vorhofseptumdefekt. b Schema zu Eigenpulsationen (rechts) und mitgeteilten Gefäßbewegungen (links) nach THURN (1956)

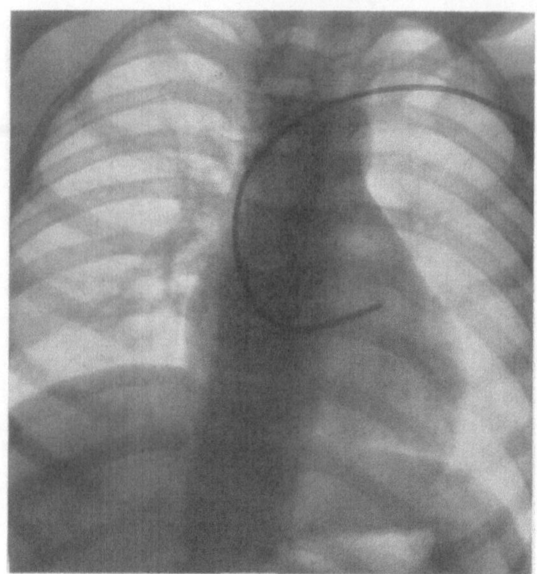

Abb. 132

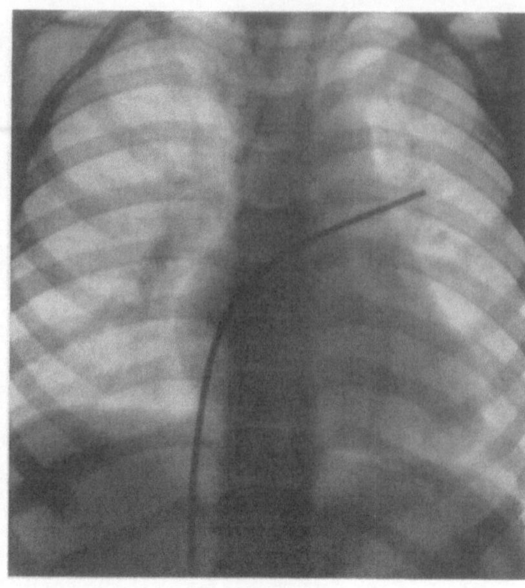

Abb. 133

Abb. 132. Vorhofseptumdefekt bei einem 9jährigen Patienten (H.-P.Hu.). Katheterverlauf: obere Hohlvene → rechter Vorhof → Vorhofseptumdefekt → linker Vorhof

Abb. 133. Vorhofseptumdefekt bei einem 5jährigen Patienten (E.Br.). Katheterverlauf: untere Hohlvene → rechter Vorhof → Vorhofseptumdefekt → linker Vorhof → Lungenvene

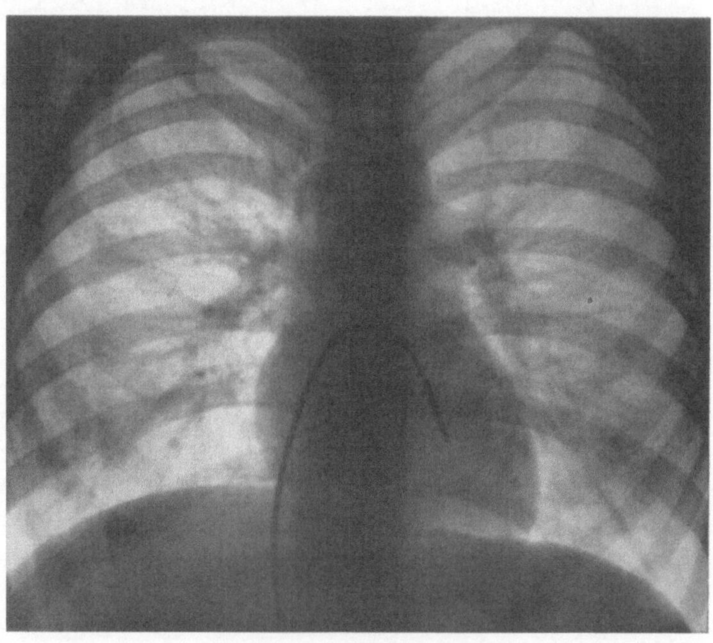

Abb. 134. Vorhofseptumdefekt bei einer 11jährigen Patientin (M.Ri.). Katheterverlauf: untere Hohlvene → rechter Vorhof → Vorhofseptumdefekt → linker Vorhof → linker Ventrikel

vorhandenen multiplen Defekten oder Septumperforationen kann diese Methode zu Fehlschlüssen führen.

Die Klärung der Lungenvenenverhältnisse ist besonders für die Operationsplanung beim Vorhofseptumdefekt wichtig. Nähere Besprechung erfolgt im Absatz über die Anomalien der Lungenvenen (s. später).

Die mit der Durchführung der Herzkatheteruntersuchung verbundene Austastung der Herzabschnitte zeigt, in welchem Maße eine Volumenmehrbelastung zu einer Veränderung der Herzräume in ihrer absoluten und relativen Größe befähigt ist. Bei Defekten mit großem Links-Rechts-Kurzschluß nimmt das rechte Herz meist die ganze Vorderfläche der Herzsilhouette ein. Der Herzkatheter kann bis an den linken Herzrand vorgeführt werden und zeigt damit, daß die vordere Kammerseptumkante an den linken Herzrand verlagert ist und der rechte Ventrikel den linken Herzrand bildet (Abb. 135). Die Austastung mit dem Herzkatheter zeigt außerdem die Verlagerung der Einflußbahn der Kammer, sowie die Verlagerung der Ausflußbahn der rechten Kammer und des

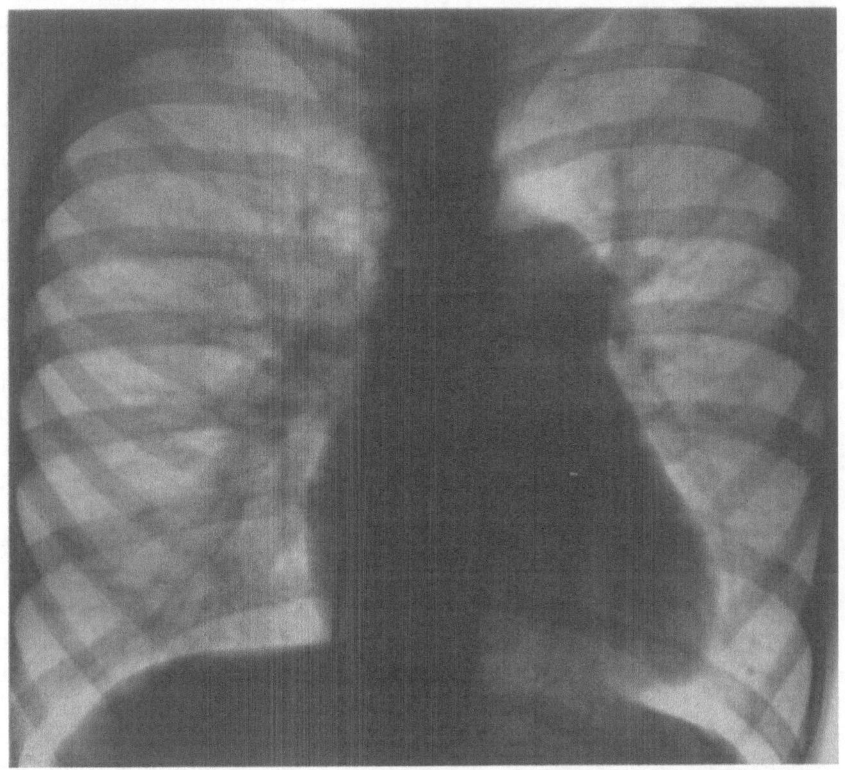

Abb. 135. Katheterspitze im rechten Ventrikel bis zum linken Herzrand vorgeschoben. Der rechte Ventrikel ist demnach vergrößert und links randbildend

Pulmonalarterienstammes an den linken Herzrand. Im Seitenbild verläuft der Herzkatheter im Herzen weit dorsal und läßt nur einen kleinen diaphragmalen Abschnitt frei. Daraus schließen SCHAEDE u. THURN (1953), daß der rechte Ventrikel sich auch in seiner Tiefe vergrößert hat und daß nur ein kleiner oder normal großer linker Ventrikel verlagert ist.

Kontrastmitteldarstellung. Die Bedeutung angiokardiographischer Untersuchungen für die Diagnose des Vorhofseptumdefektes ist begrenzt. Nach METIANU u. DURAND (1954) unterscheidet man den direkten und indirekten Defektnachweis. Indirekte Zeichen sind:

1. Kontrastmittelaussparung im rechten Vorhof,
2. Frühlävogramm,
3. Spätdextrogramm,
4. Darstellung des Herzumbaus.

Direktes Zeichen ist die unmittelbare Darstellung des Defektes.

Beim unkomplizierten Vorhofseptumdefekt besteht entsprechend dem Druckgefälle ein Links-Rechts-Shunt. Bei der Injektion in eine Vene wird das Kontrastmittel daher nicht in den linken Vorhof übertreten. Nach CASTELLANOS u.a. (1938) soll eine partielle

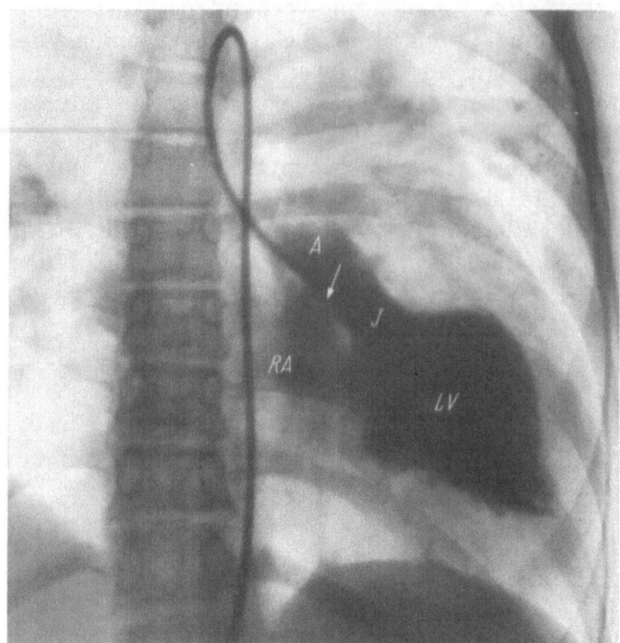

a

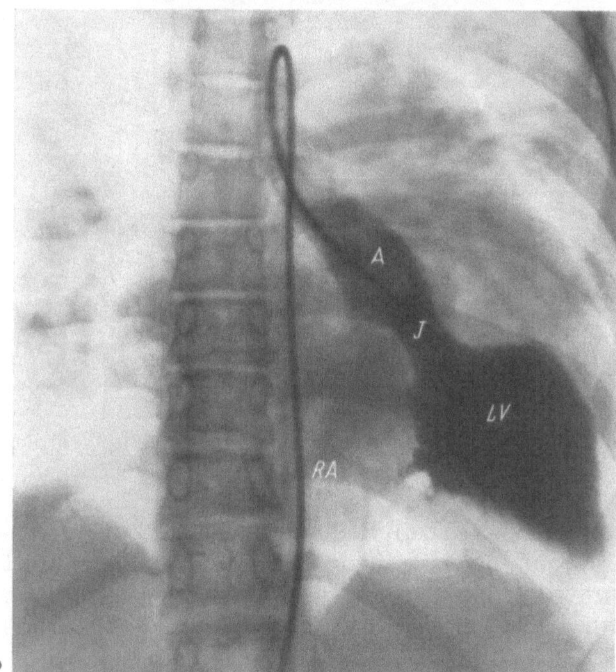

b

Abb. 136a—d. Canalis atrio-ventricularis partialis (mit geschlossenem Ventrikelseptum) (aus Thurn u. Mitarb. 1961). *LV* linker Ventrikel; *I* Infundibulum des linken Ventrikels; *A* Aorta; *RV* rechter Ventrikel; *RA* rechter Vorhof. a Aufnahme 0,6 sec nach Injektionsbeginn in den linken Ventrikel: Kontrastmittelübertritt aus dem linken Ventrikel in den rechten Vorhof. b 0,3 sec später: Diffuse Anfärbung des dilatierten rechten Vorhofs. Aorta ascendens gefüllt. c 0,6 sec später: Rechter Vorhof noch stärker gefüllt. Allgemeine Kontrastierung der Pulmonalarterie. Aorta kontrastreich. d 2,5 sec später: Kontrastmittelfüllung des linken Ventrikels. Schwache Kontrastierung der Einflußbahn des rechten Ventrikels. Kontrastierung der erweiterten Lungenarterien

Shuntumkehr durch die Kontrastmittelinjektion erreicht werden können; auch Steinberg u. Mitarb. (1943) sowie Lind u. Wegelius (1953) halten bei Kindern einen Kontrastmittelübertritt von rechts nach links im Vorhofbereich für möglich. Im allgemeinen dürfte es auch durch schnelle Injektion einer genügenden Kontrastmittelmenge unmöglich sein, eine für den Rechts-Links-Shunt ausreichende Drucksteigerung zu erzielen (Kjellberg u. Mitarb. 1955).

Das in den rechten Vorhof einströmende Kontrastmittel kann durch den Shunt eine Aussparung erfahren (Lind u. Wegelius 1953). Ist der Katheter in den rechten Vorhof vorgeschoben, so kann eine Ablenkung des einströmenden Kontrastmittels im Shuntbereich erfolgen. Sicherer ist die Defektdarstellung möglich durch Kontrastmittelinjektion in den linken Vorhof. Kjellberg u. Mitarb. (1954) benutzen hierzu eine vorne verschlossene Sonde, deren Öffnungen so angelegt sind, daß der Kontrastmittelstrom nach rückwärts in Defektrichtung erfolgt. Bei rascher Injektion (innerhalb 1 sec) und schneller Bildfolge (12/sec) kann dann eine zur Beurteilung der Defektgröße ausreichende Darstellung der Kommunikation erreicht werden, die besonders im zweiten schrägen Durchmesser deutlich wird.

Schließlich kann das Dextrogramm den durch die Volumenmehrbelastung beim Vorhofseptumdefekt entstehenden Umbau des Herzens und der großen Gefäße sichtbar machen. Der vergrößerte rechte Vorhof und rechte Ventrikel können die ganze Vorderfront des Herzens einnehmen. Die Pulmonalarterie und ihre Äste erscheinen weit, während die Aorta schmal und in typischen Fällen weniger kontrastdicht als die Pulmonalarterie zur Darstellung kommt.

Nach Passage des Lungenkreislaufs gelangt das Kontrastmittel in den linken Vorhof und kann jetzt von hier aus in den rechten Vorhof übertreten. Es kommt zum Spätdextrogramm infolge Persistenz der Kontrastmittelfüllung im rechten Vorhof — ein Befund, der allerdings auch bei transponierten Lungenvenen auftreten kann.

Kommt es bei erhöhtem Strömungswiderstand im Lungenkreislauf zu einer Drucksteigerung im rechten Vorhof, so kann bei dem dann umgekehrten Druckgefälle eine vorzeitige Darstellung des linken Vorhofs entstehen und bei ausreichendem Rechts-Links-Shunt eine Defektdarstellung erfolgen.

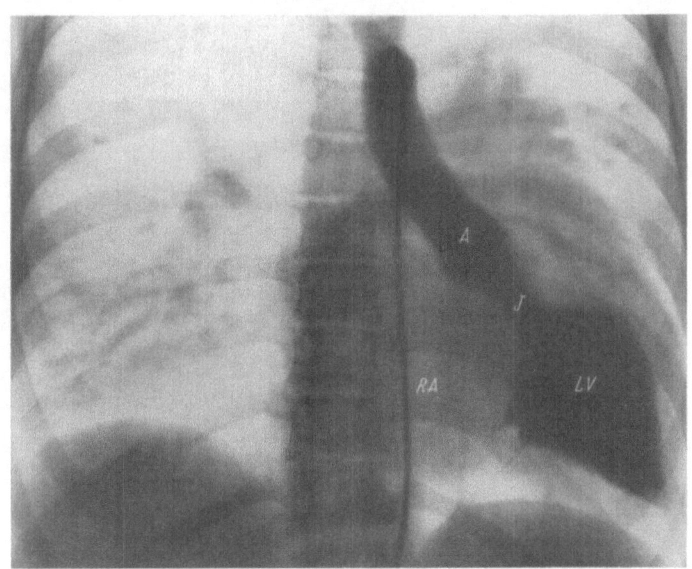

Abb. 136c

Handelt es sich um einen Foramen primum-Defekt mit Anomalien der Atrioventricularklappen (Canalis communis partialis), so empfiehlt sich eine Kontrastmittelinjektion in den linken Ventrikel (selektives Lävokardiogramm, THURN u. Mitarb. 1961). Der Katheter wird in diesen Fällen nach SELDINGER von der A. femoralis aus vorgeschoben. Ein Kontrastmittelübertritt vom linken Ventrikel in den rechten Vorhof kann dabei beobachtet werden (Abb. 136).

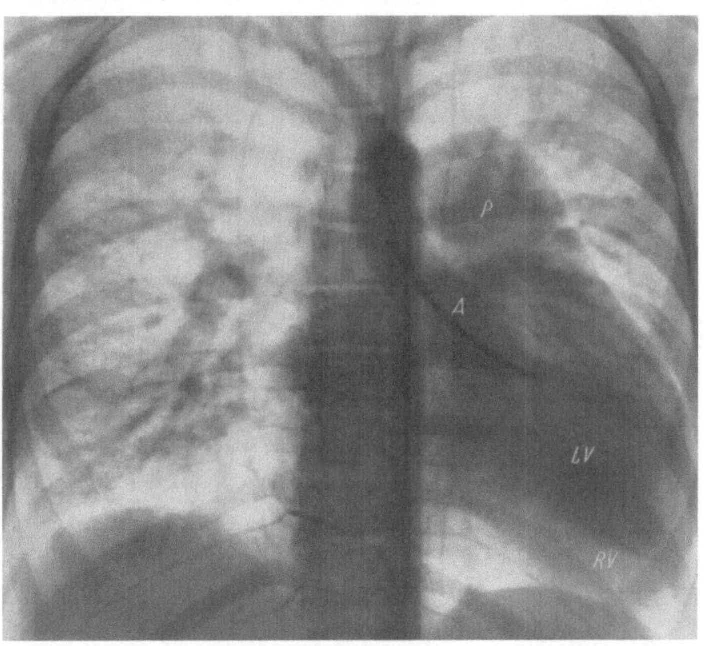

Abb. 136d

Mit Hilfe der Kontrastmitteluntersuchung gelingt in einem Teil der Fälle auch der Nachweis von Lungenvenenanomalien. Dies gilt beispielsweise für jene seltenen Fälle, bei denen eine oder mehrere Venen der linken Lunge — bei normalem Verlauf der rechtsseitigen Lungenvenen — in eine linkspersistierende obere Hohlvene einmünden und ihr Blut über die V. anonyma in die rechte obere Hohlvene leiten (vgl. Abb. 152).

In einigen Fällen beobachteten wir auch entsprechende Veränderungen mit Einmündung rechtsseitiger Lungenvenen in die V. azygos.

Von den *postoperativen röntgenologischen Befundänderungen* sind die Abnahme der Lungengefäßzeichnung und das Verschwinden sog. Eigenpulsationen die eindeutigsten. Eigenpulsationen wurden von uns nie beobachtet, wenn durch die Operation der Links-Rechts-Shunt beseitigt worden war. Eine Rückbildung der Lungengefäßzeichnung ist nur dann unbefriedigend oder kann sogar ganz ausbleiben, wenn bereits vor der Operation

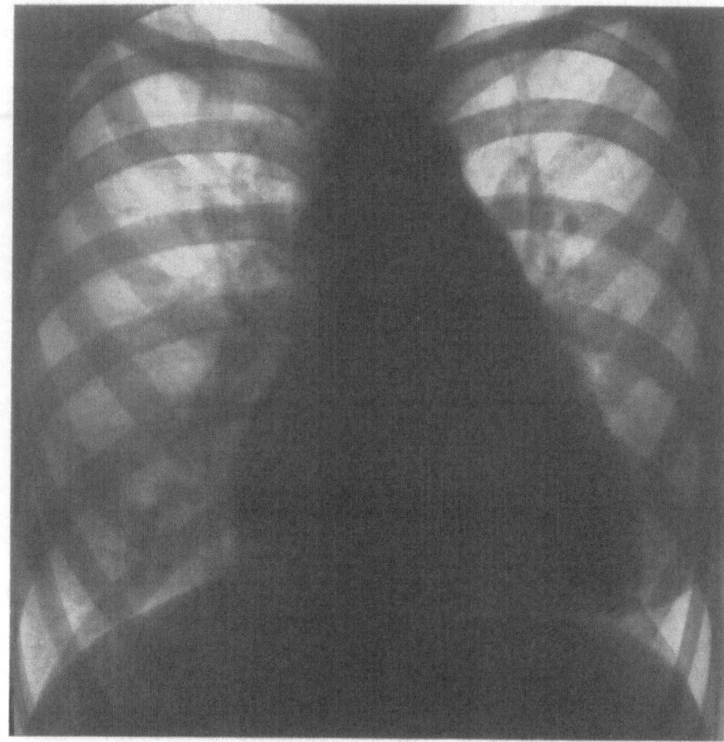

a

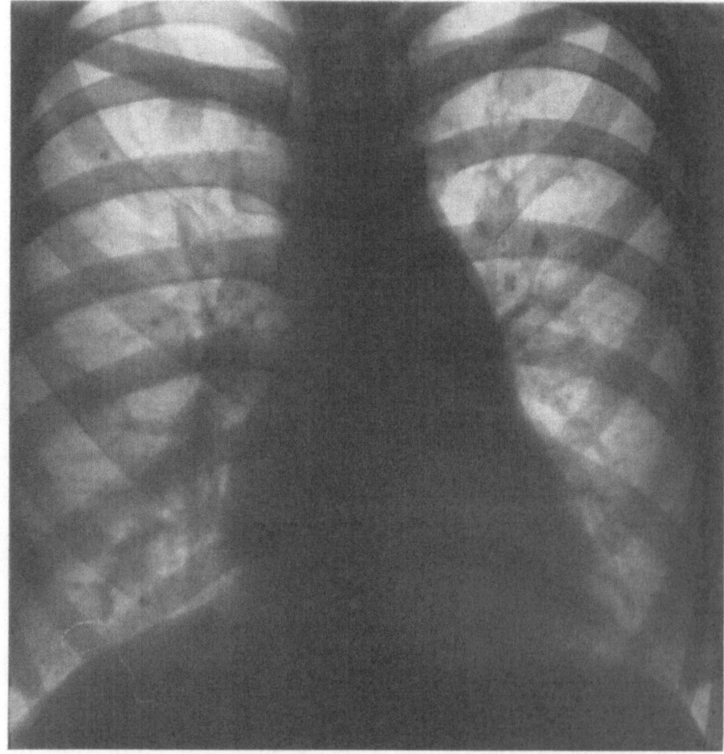

b

Abb. 137a u. b. Vorhofseptumdefekt bei einer 18jährigen Patientin (G.Kä.). a Vor der Operation. b Postoperativ deutliche Verkleinerung des Herzens und Rückbildung der vor der Operation vermehrten Hilus- und Lungenzeichnung

stärkere strukturelle Gefäßveränderungen bestanden haben. Das gilt auch für die Größenänderungen des Pulmonalbogens. Bei 21 von 74 Patienten (davon mehr als die Hälfte jünger als 20 Jahre) fanden wir spätpostoperativ keine Rückbildung der Vorwölbung. Von diesen 21 Patienten waren 3 jünger als 20, nur 1 jünger als 10 Jahre. Bei der Beurteilung des Pulmonalbogens muß berücksichtigt werden, daß nach der Operation durch Verziehung des Herzens nach links und infolge der Ausbildung der Herztaille (Rückbildung der Hypertrophie und Dilatation der Ausflußbahn des rechten Ventrikels) der Pulmonalbogen stärker hervortreten und gelegentlich eine scheinbare Größenzunahme erfahren kann.

Das Herz läßt in der frühen postoperativen Phase allgemein eine, wenn auch unterschiedliche, Verkleinerung erkennen (REINDELL u. Mitarb. 1962). Sie ist Folge der Shuntbeseitigung und der Bettruhe. Nach den genannten Autoren weist das Ausbleiben einer Verkleinerung auf einen ungenügenden Verschluß oder eine vorübergehende oder bleibende Schädigung des rechten Herzens hin. Mit Einsetzen einer vermehrten körperlichen Belastung soll es langsam zu einer erneuten Größenzunahme des Herzens durch Vergrößerung des linken Ventrikels und Vorhofs kommen.

Mit der Herzverkleinerung ist im allgemeinen auch eine Änderung der Herzform zu beobachten (Abb. 137a u. b). Wohl in erster Linie auf die Verkleinerung des rechten Vorhofs ist die Rückbildung der Rechtsverbreiterung zurückzuführen, während durch die bereits erwähnte Verkleinerung der Ausflußbahn des rechten Ventrikels die Herztaille besser ausgeprägt wird. Die Verkleinerung des rechten Ventrikels zeigt sich am besten im Seitenbild in einer Rückbildung der Ausflußbahnverlängerung und des Tiefendurchmessers des Herzens.

Röntgenologische Spätuntersuchungen (1—6 Jahre nach der Operation) haben in rund 30% unserer Fälle eine eindeutige Verkleinerung des Herzens nicht gezeigt. Für diese Beobachtung scheint das Alter des Patienten eine bedeutsame Rolle zu spielen. Während bei den Patienten unter 10 Jahren in 14% der Fälle die Herzgröße unverändert blieb, lag die Quote bei der Altersgruppe zwischen 10 und 20 Jahren bei 36% und bei der Altersgruppe von mehr als 20 Jahren bei 59% (LOOGEN u. Mitarb. 1962).

Als Erklärung für die ausbleibende oder geringfügige Größenabnahme des Herzens nach der Operation liegt die Annahme nahe, daß es infolge der chronischen Volumnenmehrbelastung zu einem strukturellen Umbau des Herzmuskels im Sinne einer Gefügedilatation gekommen ist. In diesen Fällen ist auch nach Beseitigung des Kurzschlusses die Dilatation nicht mehr rückbildungsfähig, und es verbleibt ein entsprechend großes Restvolumen im Ventrikel.

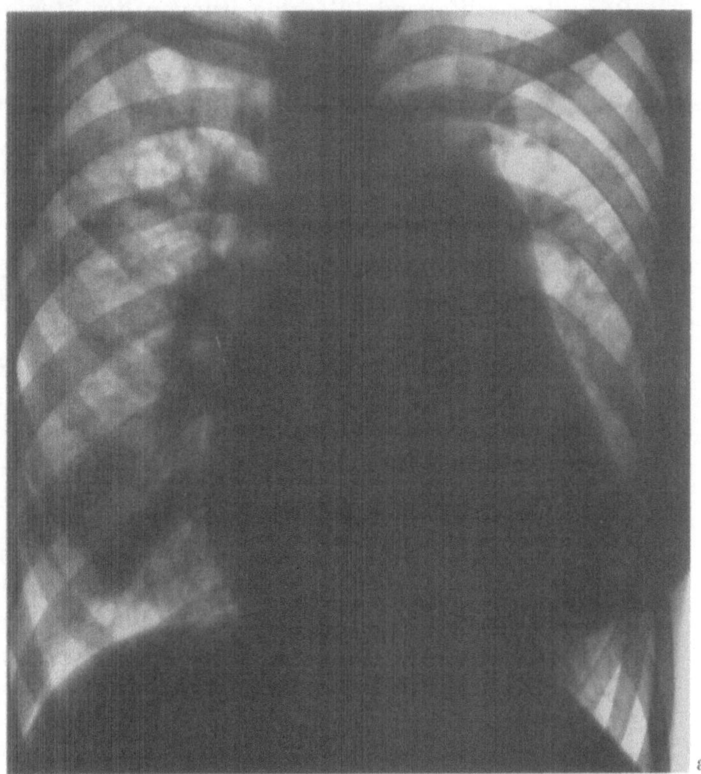

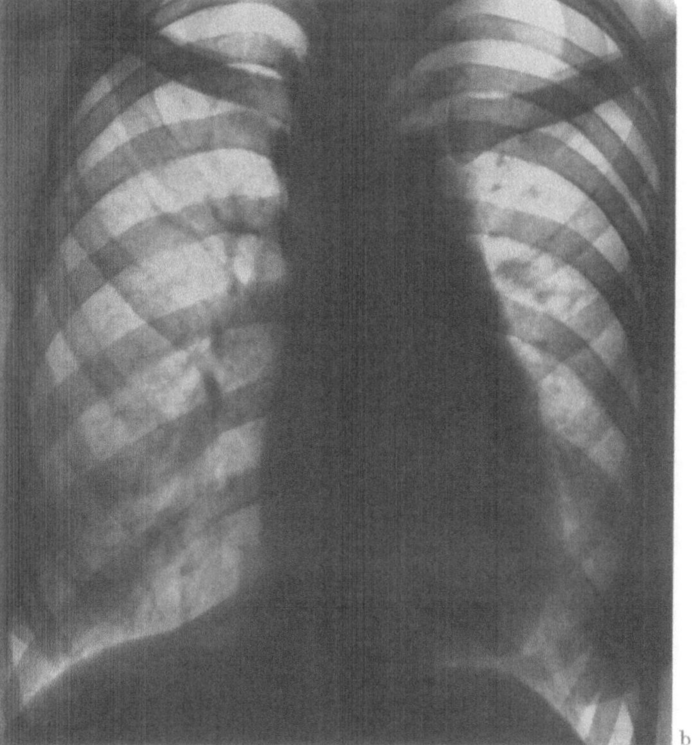

Abb. 138a u. b. Vorhofseptumdefekt bei einer 21jährigen Patientin (G.Oh.). a Vor der Operation. b Nach Verschluß des Vorhofseptumdefektes wurde in einem zweiten Eingriff die Fehlmündung einer in den linken Vorhof einbezogenen unteren Hohlvene korrigiert. Man erkennt postoperativ eine starke Verkleinerung des Herzens sowie eine weitgehende Normalisierung der Hilus- und Lungenzeichnung

Besonders auffallende Verkleinerungen des Herzens nach der Operation sind dann suspekt auf eine durch die Operation bedingte Fehlmündung einer Hohlvene in den linken Vorhof, wenn im Gegensatz zum scheinbar guten Röntgenbefund mit erheblicher Verkleinerung des Herzens stärkere subjektive Beschwerden bestehen bleiben und eine Cyanose entstanden ist (Abb. 138a u. b).

10. Lutembacher-Syndrom

Die Kombination eines Vorhofseptumdefektes mit einer Mitralstenose wird als Lutembacher-Syndrom bezeichnet. Das Krankheitsbild wurde erstmalig von CORVISART (1818) und dann von MARTINEAU (1865) beschrieben. Weitere Berichte erfolgten durch PEACOCK (1866), CHENIEUX (1870), CHOUPPE (1872) und ROKITANSKY (1875). LUTEMBACHER brachte 1916 unter Hinzufügung eines eigenen Falles eine zusammenfassende Darstellung des Krankheitsbildes, das seit dieser Zeit seinen Namen trägt. Spätere Darstellungen gehen auf JEROFFEJEFF (1934), MITCHELL u. BAUER (1934), ROESLER (1934), TINNEY (1940), BEDFORD (1941), KIRSCHBAUM u. PERLMAN (1949), PIERRON (1950) u.a. zurück. UHLEY übersah 1933 24 Fälle. ASKEY u. KAHLER schätzten 1950 die Zahl der bis dahin beobachteten Patienten mit Lutembacher-Syndrom auf 50—60, BAYER, RIPPERT, LOOGEN u. WOLTER fanden 1953 68 Patienten mit der Anomalie in der ihnen zugänglichen Literatur. NADAS u. ALIMURUNG (1952) stellten die Anomalie nach Durchsicht von 25000 Sektionsprotokollen bei 6% der Patienten mit Vorhofseptumdefekt fest.

Die Anomalie betrifft überwiegend das weibliche Geschlecht (TAUSSIG 1947; PIERRON 1950; BAYER u. Mitarb. 1953).

Über die Entstehung der beiden Herzfehler, Vorhofseptumdefekt und Mitralstenose, sind die Ansichten nicht einheitlich. FIRKET (1880) spricht von einem zufälligen „glücklichen“ Zusammentreffen beider Anomalien. LUTEMBACHER (1916) nimmt als primäre Veränderung die Mitralstenose an, wobei eine Drucksteigerung im linken Vorhof das Offenbleiben des Foramen ovale nach sich ziehen soll. DRESSLER u. ROESLER (1930) sowie MCGINN u. WHITE (1933) entgegnen dem, daß eine Drucksteigerung im linken Vorhof eher einen Verschluß des Foramen ovale fördern müßte. MCGINN u. WHITE (1933) vermuten, daß ein kleiner Defekt im Vorhofseptum im Laufe der Zeit bei der bestehenden Drucksteigerung und durch den Shunt erweitert würden. Eine angeborene Mitralstenose diskutieren DRESSLER u. ROESLER (1930), während PIERRON (1950) auf Grund eigener Beobachtung eine rheumatische Ätiologie annimmt. Bei Berücksichtigung der vorliegenden Berichte ist eine einheitliche Ätiologie des Syndroms unwahrscheinlich. Bei dem Vorhofseptumdefekt wurden sowohl Fälle mit Foramen primum (SÖLDNER 1904 sowie KIRSCHBAUM u. PERLMAN 1939) als auch mit Foramen secundum (DRESSLER u. ROESLER 1930) beobachtet.

Anatomisch sind rechter Vorhof und rechter Ventrikel stark erweitert und hypertrophiert. Dasselbe gilt für die Pulmonalarterie und ihre Aufzweigungen, die extrem starke, aneurysmatische Erweiterungen zeigen können. Im Gegensatz hierzu stehen der kleine linke Ventrikel und die oft hypoplastische Aorta. Das Verhalten des linken Vorhofs ist unterschiedlich. Eine meist nicht erhebliche Vergrößerung ist möglich.

Pathophysiologisch wird im Vergleich zum isolierten Vorhofseptumdefekt durch das Abstromhindernis zwischen linkem Vorhof und linker Kammer der Links-Rechts-Shunt und damit das Minutenvolumen im kleinen Kreislauf vergrößert. Die in einem Teil der Fälle beschriebene gute Leistungsfähigkeit und hohe Lebenserwartung der Träger dieser Anomalie (CORVISART 1818; FIRKET 1880; BONNABEL 1904; SAILER 1936; ASKEY u. KAHLER 1950) findet durch die Ventilfunktion des Vorhofseptumdefektes, die das Auftreten von Lungenödem und Hämoptysen verhindern kann, ihre Erklärung. Auf der anderen Seite liegen auch Berichte über im Kindesalter verstorbene Patienten vor (ROSSI 1954). Nach DOERR (1960) ist die Lebenserwartung bei kongenitaler Mitralstenose schlecht, bei rheumatisch entstandener Verengung der Mitralklappe gut.

Das *klinische Bild* wird sowohl von der Mitralstenose als auch durch den Vorhofseptumdefekt bestimmt, wobei der Vorhofseptumdefekt meist im Vordergrund steht. Die auf den Septumdefekt zurückzuführende Vermehrung des Minutenvolumens im kleinen Kreislauf spiegelt sich im Röntgenbild, während Rückschlüsse auf die Mitralstenose am ehesten mit Hilfe des Auskultationsbefundes möglich sind. Das Vorhandensein einer absoluten Arrhythmie (BEDFORD u. Mitarb. 1941) sowie eine röntgenologisch feststellbare Vergrößerung des linken Vorhofs können darüber hinaus einen Hinweis geben.

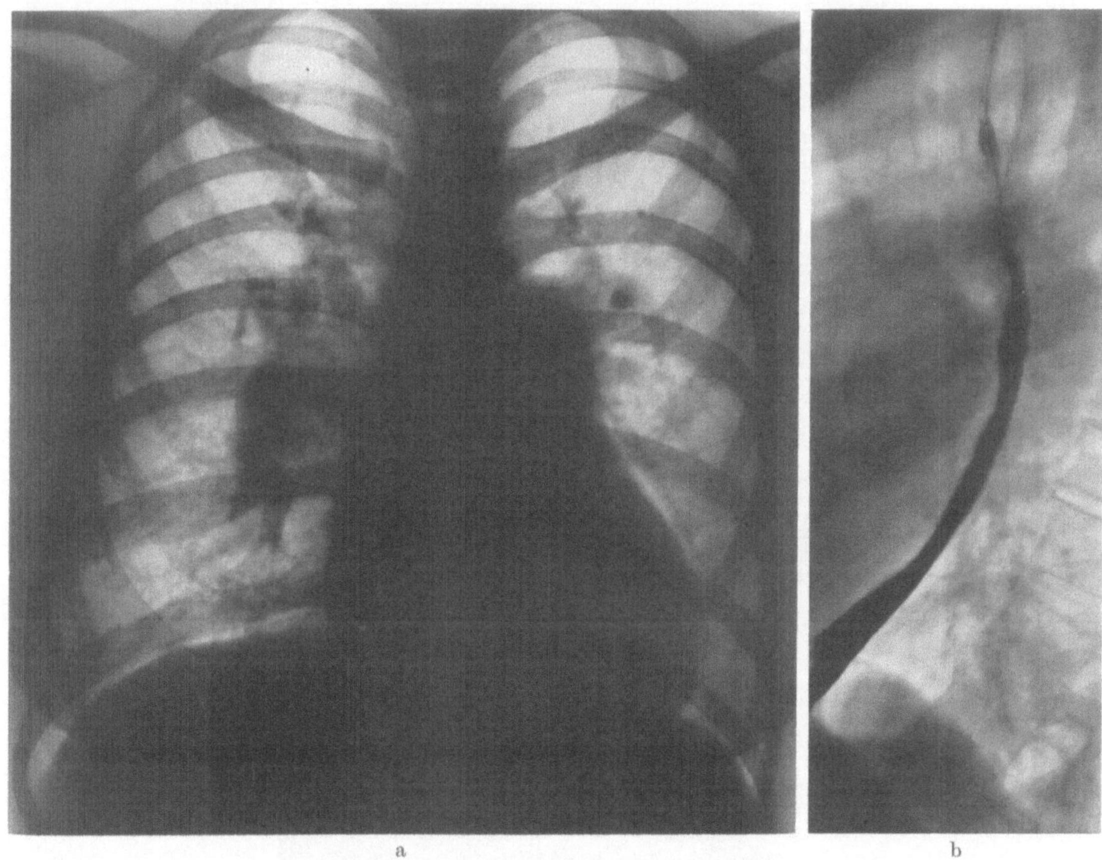

Abb. 139a u. b. Lutembacher-Syndrom bei einer 37jährigen Patientin (M.Ru.). a Linksverbreitertes Herz mit vorspringendem Pulmonalbogen und erheblicher Erweiterung der hilusnahen Lungengefäße, rechts besonders gut sichtbar. b Seitenbild mit breigefülltem Oesophagus: starke Erweiterung der Pulmonalarterie. Isolierte Vorwölbung der hinteren Herzkontur in Höhe des linken Vorhofs

Röntgenbefunde. Das Röntgenbild (Abb. 139 u. 140) wird in typischen Fällen beherrscht von einer starken Erweiterung des Pulmonalarterienstammes sowie der hilusnahen Lungengefäße. Diese zeigen bei der Durchleuchtung lebhafte Pulsationen. Die ektatische Erweiterung der Lungengefäße kann Veranlassung zur Verwechslung mit Lungentumoren geben. So wurde einer unserer Patienten mit Lutembacher-Syndrom als Morbus Hodgkin eingewiesen. Das Herz ist oft nach beiden Seiten stärker verbreitert, als man es beim Vorhofseptumdefekt in der Regel zu sehen gewohnt ist. Auch bei seitlicher Aufnahme ragt das Herz insgesamt in den Herzhinterraum hinein. Eine isolierte Vorwölbung der hinteren Herzkontur in Höhe des linken Vorhofs kann auf der seitlichen Aufnahme abgrenzbar sein. Das Ausmaß der röntgenologischen Veränderungen ist im übrigen abhängig von der Hochgradigkeit der Stenose und der Größe des Vorhofseptumdefektes sowie deren Verhältnis zueinander. Röntgenbilder, die dem isolierten Vorhofseptumdefekt entsprechen, können gelegentlich beobachtet werden.

Die Sicherung der Diagnose ist mit Hilfe der **Herzkatheteruntersuchung** durch den Nachweis der beiden Komponenten dieser Anomalie möglich. Die Diagnose des Vorhofseptumdefektes ergibt sich entweder durch direkte Katheterisierung des linken Vorhofs oder

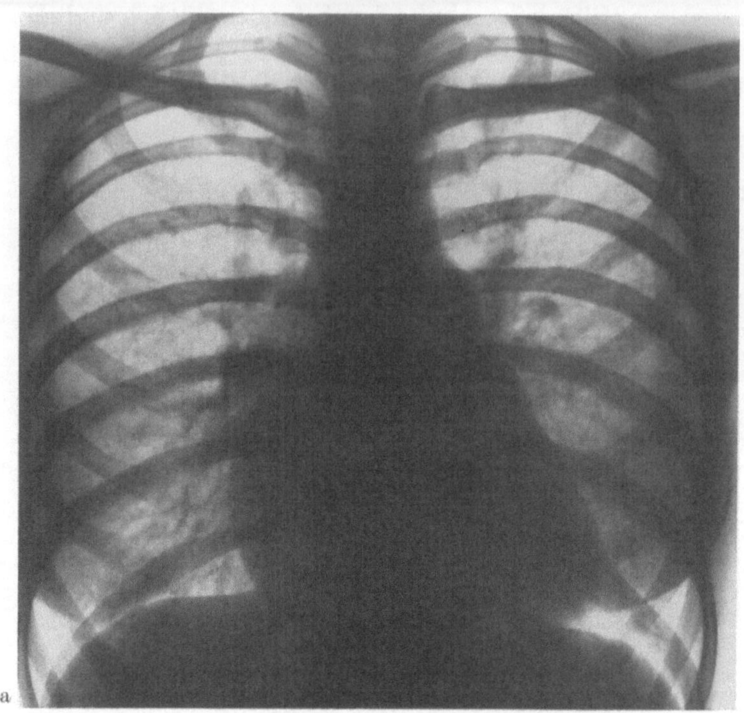

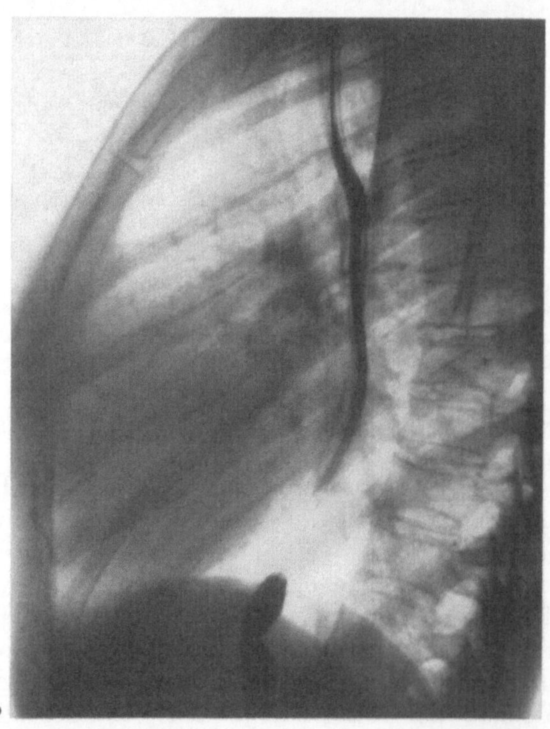

Abb. 140a u. b. Lutembacher-Syndrom (operativ gesichert) bei einer 24jährigen Patientin (M.We.). a Beiderseits verbreitertes Herz mit flach vorspringendem Pulmonalbogen und vermehrter Hilus- und Lungenzeichnung. b Flache Vorwölbung der hinteren Herzkontur in Höhe des linken Vorhofs

durch die Blutgasanalyse, mit der eine Zumischung arterialisierten Blutes in den rechten Vorhof festgestellt werden kann. Die errechneten Shuntwerte sind dabei im Durchschnitt größer als beim isolierten Vorhofseptumdefekt gleicher Größe. Für die Mitralstenose entscheidend ist die Druckerhöhung im linken Vorhof bzw. der Nachweis eines diastolischen Druckgradienten zwischen linkem Ventrikel und linkem Vorhof.

Mit der **Kontrastmitteldarstellung** lassen sich die beschriebenen anatomischen Veränderungen bei Lutembacher-Syndrom, insbesondere die starke Erweiterung der Pulmonalgefäße, sichtbar machen. Besondere diagnostische Bedeutung kommt der Methode dabei nicht zu.

11. Canalis atrioventricularis communis

Dieser Anomalie liegt eine Entwicklungsstörung im Bereich der Atrioventricularklappen zugrunde. Sie geht einher mit einem Vorhof- und Ventrikelseptumdefekt sowie mit Veränderungen der Mitral- und Tricuspidalklappe. Letztere bestehen häufig in der Ausbildung einer gemeinsamen Klappe mit einem vorderen und einem hinteren Segel. Eine Funktionsstörung im Sinne einer Schlußunfähigkeit wird beobachtet. Insgesamt handelt es sich um die Persistenz einer frühembryonalen Entwicklungsphase, in der ein Atrioventricularkanal eine Verbindung zwischen Vorhof- und Kammerbereich herstellt.

Die *Häufigkeit* der Anomalie wird unterschiedlich angegeben. Nach EDWARDS (1953) kommt der Canalis atrioventricularis communis unter den angeborenen Herzfehlern in 1,5—4 % der Fälle vor, nach LAMBERT u. Mitarb. (1956) findet sich die Mißbildung in 6 % und nach KEITH (1909) in 2 % der angeborenen Herzfehler.

Bezüglich der Abgrenzung des Canalis totalis vom Canalis partialis und Ostium primum sowie der in der Literatur verwandten Bezeichnung verweisen wir auf die Tabelle 3.

Tabelle 3. *Während der Operation erhobene anatomische Befunde bei 5 Patienten mit Canalis atrioventricularis communis* (DERRA u. LOOGEN 1960)

Totaler Kanal	Mitralsegelspalt, postero-medialer Tricuspidalkommissurdefekt	1	Mongoloide Idiotie
	Mitralsegelspalt, postero-medialer Tricuspidalkommissurdefekt, Foramen secundum	1	Foramen secundum und primum hintereinander gelegen
	Mitralsegelspalt, postero-medialer Tricuspidalkommissurdefekt, Foramen secundum, Trichterbrust	1	
	Mitralsegelspalt, postero-medialer Tricuspidalkommissurdefekt, Doppelung des Mitralostiums	1	
	Mitralsegelspalt, postero-medialer Tricuspidalkommissurdefekt, subvalvuläre Aortenstenose, persistierende Vena cava superior sinistra	1	

Embryologie. Die Entwicklungshemmung betrifft die 5. und 6. Embryonalwoche. Die Verschmelzung der Endokardkissen, die die Anlage der Mitral- und Tricuspidalklappe darstellen, bleibt aus. Dadurch kommt die normale Ausbildung der Atrioventricularklappen nicht zustande. Das von dorsal nach ventral sowie von cranial nach caudal wachsende Septum primum findet keinen Anschluß an die Klappenanlage; dasselbe gilt für den dorsalen und cranialen Anteil des Ventrikelseptums.

Die fehlende Verschmelzung zwischen Vorhof- und Ventrikelseptum einerseits sowie der Mitral- und Tricuspidalklappenanlage andererseits führt zu einem Vorhofseptumdefekt vom Foramen primum-Typ sowie zu einem hochsitzenden Ventrikelseptumdefekt.

Die typischen *pathologisch-anatomischen* Veränderungen im Defektbereich (Abb. 141) schildert STERNBERG (1913) an Hand eines Obduktionspräparates wie folgt: „Die obere Umrandung desselben (Defekt) wird von dem Septum atriorum gebildet, welches mit einer dicken fleischigen Leiste endet, die scheinbar nach oben umgekrempelt ist, derart, daß beiderseits an ihrem Ende je eine an der Wand des Vorhofes sich anhaftende Falte sichtbar ist. Die untere Umrandung des Defektes wird vom niederen Septum ventriculorum gebildet, das wie ausgehöhlt erscheint. Unmittelbar am unteren Rande des Defektes entspringt die Mitralklappe, welche durch den Defekt ohne Grenze in die Tricuspidalklappe übergeht. Das vordere Segel der Mitralklappe erscheint in seiner Mitte derart gespalten, daß seine vordere Hälfte direkt in das vordere Segel der Tricuspidalklappe, die hintere Hälfte in das mediale Segel der Tricuspidalklappe übergeht."

Darüber hinaus findet sich eine erhebliche Hypertrophie und Dilatation der rechten Kammer und des rechten Vorhofs. Eine starke Erweiterung der Pulmonalarterie und ihrer Aufzweigungen steht im Gegensatz zu einer engen Aorta. An dem erwähnten Obduktionspräparat STERNBERGs betrug die Weite der Pulmonalarterie $8^1/_2$ cm, während die Aorta eben für einen Finger durchgängig war.

In einem großen Prozentsatz der Fälle besteht gleichzeitig ein Mongolismus (nach ROGERS u. EDWARDS (1958) in 17%; nach KEITH u. Mitarb. (1958) in 37%).

Zusätzliche Anomalien, wie Situs inversus, Pulmonalatresie und komplette Transposition (BEATTIE 1922), Eisenmenger-Syndrom (GOETSCH 1938), Fallotsche Tetralogie

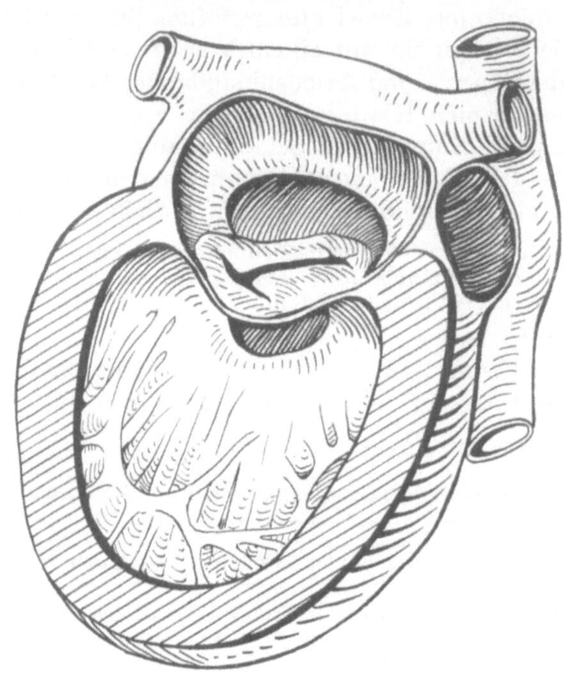

Abb. 141. Canalis atrioventricularis communis (nach ROGERS u. EDWARDS 1948)

(PLAUCHU u. GARDÈRE 1909), bicuspidale Pulmonalklappe (PREISZ 1890; ABBOTT 1936) offener Ductus arteriosus (RUDOLPH, zit. von SÖLDNER 1904), wurden zusammen mit dem Canalis atrioventricularis communis gefunden.

Pathophysiologisch entscheidend sind in erster Linie der Vorhof- und Ventrikelseptumdefekt und in zweiter Linie der Rückfluß durch die schlußunfähige Atrioventricularklappe. Übt der Ventrikelseptumdefekt eine druckreduzierende Wirkung aus, so steht die Volumenbelastung als Folge des Links-Rechts-Shunts durch den Vorhofseptumdefekt im Vordergrund. Das pathophysiologische Bild entspricht dem eines Vorhofseptumdefektes vom Foramen primum-Typ. Spätfolgen in Form einer Druck- und Widerstandserhöhung im kleinen Kreislauf mit Shuntumkehr wegen sekundärer Lungenstrombahnveränderungen sind möglich. Findet durch den Ventrikelseptumdefekt eine Druckübertragung oder ein Druckangleich statt, so gelten die für den mittelgroßen bzw. großen Ventrikelseptumdefekt beschriebenen hämodynamischen Konsequenzen. Das pathophysiologische Bild entspricht dann in erster Linie dem eines Ventrikelseptumdefektes.

Klinik. Entwicklung und Lebenserwartung der Patienten sind reduziert. Im Vordergrund der Beschwerden steht eine Belastungsdyspnoe. Eine Cyanose kann abhängig von der hämodynamischen Situation (Shuntumkehr) vorhanden sein, und eine Herzinsuffizienz kann frühzeitig auftreten. Bei der Auskultation hört man ein systolisches

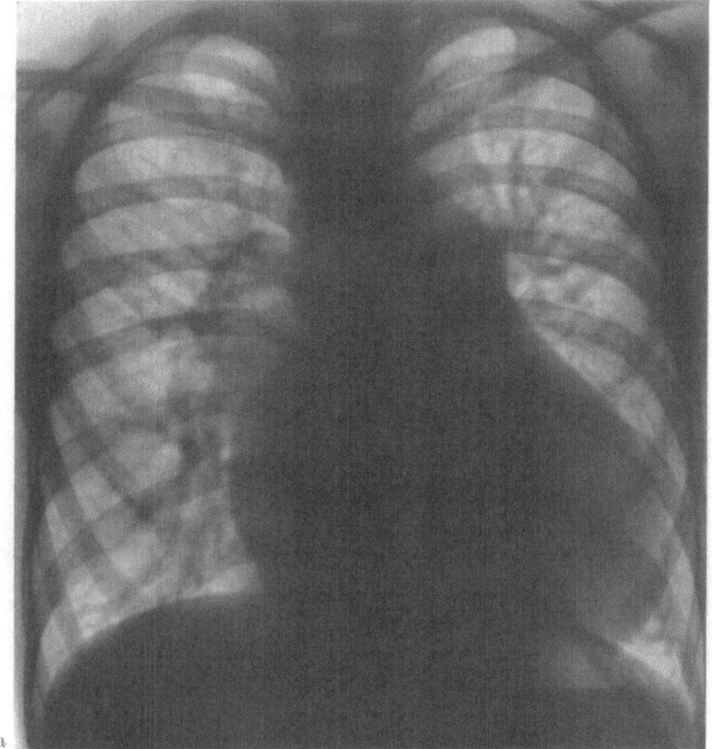

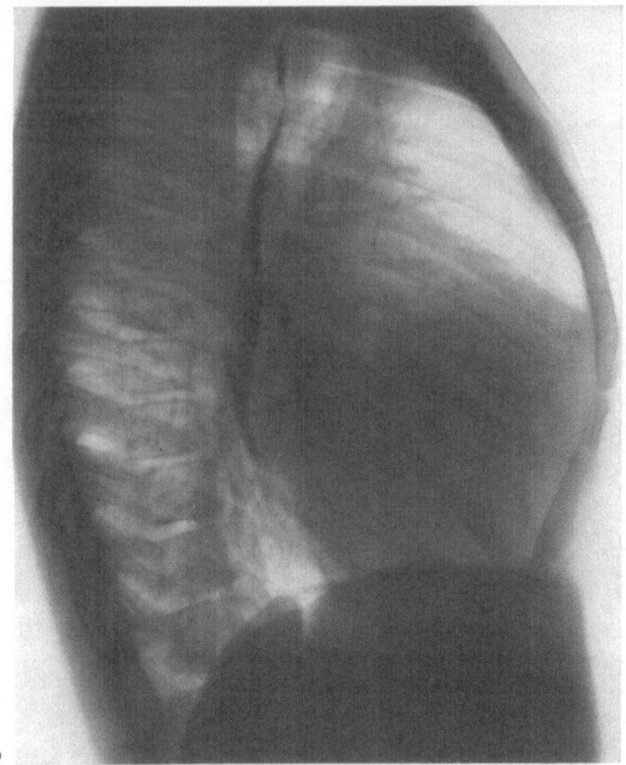

Abb. 142a u. b. Canalis atrioventricularis communis (autoptisch gesichert) bei einem 9jährigen Patienten (W.He.). a Verbreiterung des Herzens vor allem nach links mit verstärkter Rundung der Herzspitze. Vorwölbung des Pulmonalbogens. Verstärkte zentrale Lungengefäßzeichnung. b Im Seitenbild erkennt man neben einer geringen Einengung des Retrokardialraumes eine breitflächige Anlehnung des Herzens an die vordere Thoraxwand, die verstärkt nach vorne gewölbt erscheint

Geräusch im 3.—4. Intercostalraum links parasternal sowie häufig auch über der Herzspitze relativ weit nach lateral. Ein diastolisches Geräusch kann vorhanden sein. Schwirren besteht nach KEITH u. Mitarb. (1958) in 40% der Fälle. Eine wesentliche diagnostische Hilfe liefert das *Elektrokardiogramm*, das in der überwiegenden Mehrzahl der Fälle einen überdrehten Linkstyp in den Extremitäten-Ableitungen mit den Zeichen der Rechtsverspätung in den Brustwand-Ableitungen erkennen läßt. Therapeutisch ist die frühzeitige operative Behandlung, die mit Hilfe der Herz-Lungen-Maschine durchgeführt wird, anzustreben (LILLEHEI u. Mitarb. 1955; COOLEY u. Mitarb. 1957; DERRA u. LOOGEN 1960).

Tabelle 4. *Zur Nomenklatur von Anomalien im Bereich des Canalis atrioventricularis*

WAKAI u. EDWARDS (1956)	CAMPBELL u. MISSEN (1957)	DERRA u. LOOGEN (1960)
Persistent common av-canal partial form (= Ostium primum mit gespaltenem vorderen Mitralsegel)	Endocardial cushion defect (Grade I) Persistent ostium primum (gespaltenes vorderes Mitralsegel)	Echtes Foramen primum (intakte AV-Klappen)
Persistent common av-canal transitorial varieties (Foramen primum, Spaltung des vorderen Mitral- und septalen Tricuspidalsegels)	Endocardial cushion defect (Grade II) Anomalien der Mitral- und Tricuspidalklappe Foramen primum-Defekt Kein Ventrikelseptumdefekt	Canalis atrioventricularis partialis (Foramen primum mit Anomalien der AV-Klappen)
Persistent common av-canal (Komplette Form)	Endocardial cushion defect (Grade III) Foramen primum, Ventrikelseptumdefekt, Anomalien der AV-Klappen	Canalis atrioventricularis communis (Foramen primum, Ventrikelseptumdefekt, Anomalien der AV-Klappen)

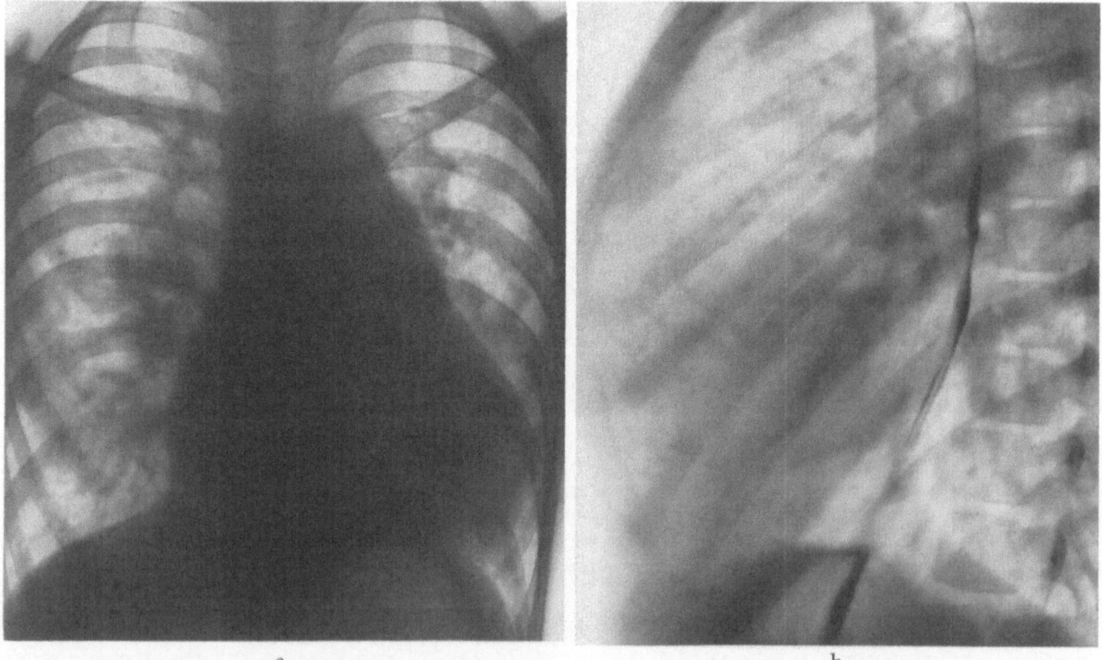

Abb. 143a u. b. Canalis atrioventricularis communis bei einem 7jährigen Patienten (P.El.). a Beiderseits, vorwiegend nach links verbreitertes Herz. Flach vorspringender Pulmonalbogen. Stark vermehrte Hilus- und Lungenzeichnung. b Seitenbild: das Herz füllt den Herzhinterraum aus. Ausdehnung auch nach vorne mit Vorwölbung der vorderen Thoraxwand. Die vermehrte Lungenzeichnung ist auch auf der seitlichen Aufnahme deutlich zu sehen

Röntgenbefunde. Ein charakteristisches Röntgenbild für den Canalis atrioventricularis communis gibt es nicht. Die Herzkonfiguration entspricht in der Mehrzahl der Fälle dem Typ Vorhofseptumdefekt und ist vom Vorhof- bzw. Ventrikelseptumdefekt nicht abzugrenzen (BRANDENBURG u. DUSHANE 1956). Infolge der Hypertrophie und Dilatation des rechten Ventrikels und rechten Vorhofs ist das Herz auf der Übersichtsaufnahme beiderseits, besonders jedoch nach links, deutlich verbreitert. Die Herzkonfiguration ist meist rundlich (Abb. 142a u. b). Ein deutlich vorspringender Pulmonalbogen ist an der linken Herz- bzw. Gefäßkontur abzugrenzen. Auf der seitlichen Aufnahme sieht man als Folge der Vergrößerung des rechten Ventrikels eine breitflächige Anlehnung des Herzens an die vordere Thoraxwand, die im Sinne einer „voussure" vorgewölbt sein kann. Der Herzhinterraum wird von dem großen Herzen ausgefüllt. Dichte Hili, die bei der Durchleuchtung Eigenpulsationen erkennen lassen, sowie eine vermehrte Lungenzeichnung vervollständigen das Bild (Abb. 143). Von dem Gesagten sind jedoch im Einzelfalle erhebliche Abweichungen möglich (Abb. 144).

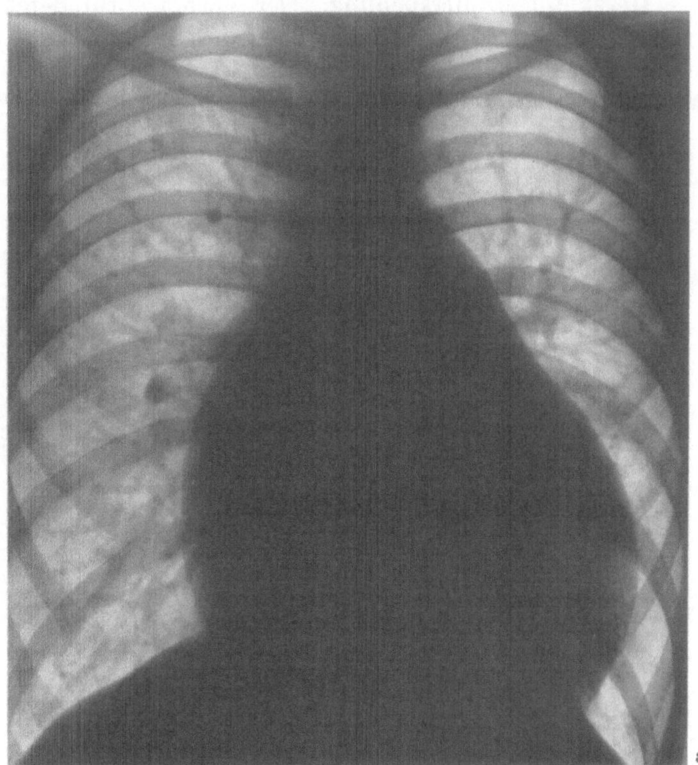
a

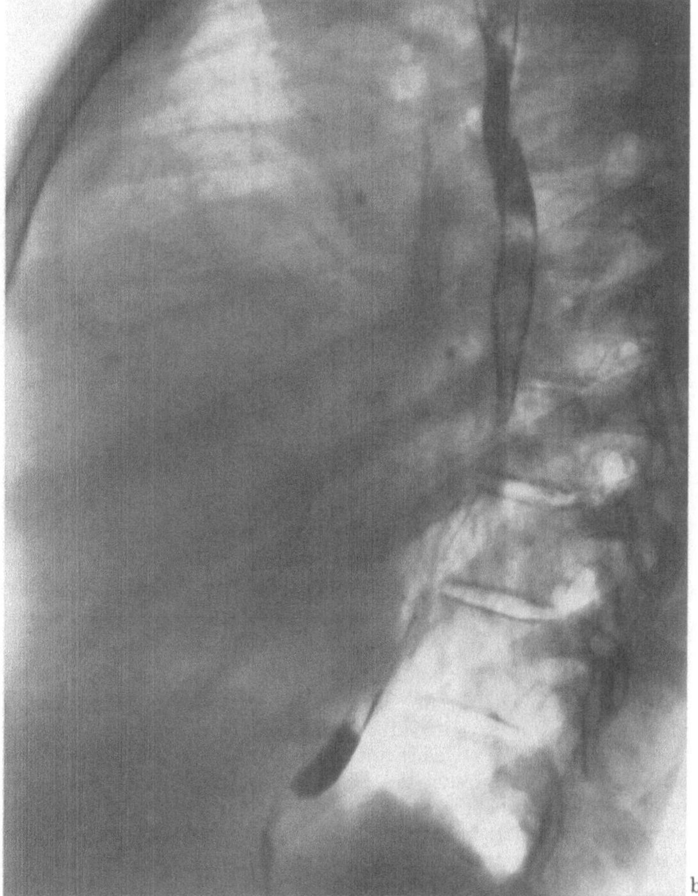
b

Abb. 144a u. b. Canalis atrioventricularis communis bei einem 18jährigen Patienten (Kh.Ho.). a Beiderseits stark verbreitertes Herz. Flach vorspringender Pulmonalbogen. b Seitenbild: das große Herz ragt bis in den Wirbelsäulenschatten hinein. Der breigefüllte Oesophagus läßt im hinteren oberen Anteil durch den großen rechten Vorhof bzw. die Pulmonalarterie eine flache Vorwölbung nach hinten erkennen. Ausdehnung des Herzens auch nach vorne mit Vorwölbung des knöchernen Thorax

Herzkatheteruntersuchung. Der Vorhofseptumdefekt ist durch direkte Katheterisierung des linken Vorhofs nachweisbar. Darüber hinaus ist bei Links-Rechts-Shunt die Zumischung arteriellen Blutes zum rechten Vorhof blutgasanalytisch erfaßbar. Die registrier-

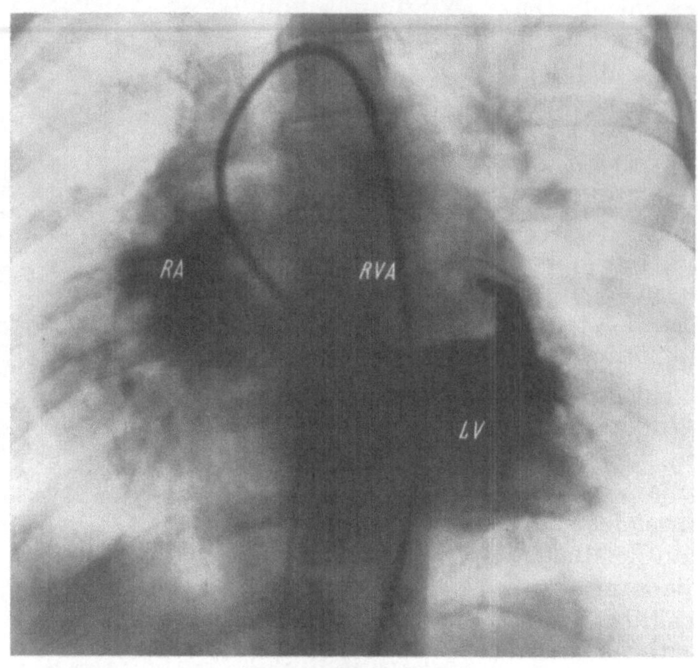

a

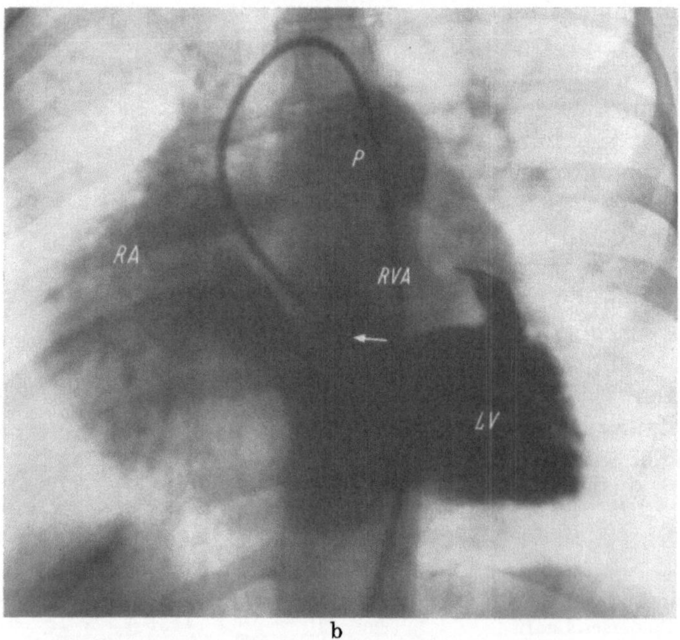

b

Abb. 145a—d. Canalis atrioventricularis totalis (mit Ventrikelseptumdefekt) (aus THURN u. Mitarb. a.a.O., S. 320—321). *LV* linker Ventrikel; *RVA* Ausflußbahn des rechten Ventrikels; *RV* rechter Ventrikel; *RA* rechter Vorhof; *P* Pulmonalarterie; *A* Aorta. a Aufnahme 0,75 sec nach Injektionsbeginn in den linken Ventrikel: Beginnende Kontrastmittelfüllung des oberen Abschnittes des rechten Vorhofs und der Ausflußbahn des rechten Ventrikels. (Kleines intramurales Kontrastmitteldepot in der Muskulatur des linken Ventrikels.) b 0,3 sec später: Füllung des Pulmonalisstammes über den subvalvulären Septumdefekt. Rechter Vorhof etwas stärker diffus angefärbt. c 1 sec später: Diffuse Füllung des erweiterten rechten Vorhofs. Füllung der schmalen Aorta und der erweiterten Pulmonalarterie. d 1 sec später: Kontrastmittelfüllung des linken Ventrikels. Abnahme des Kontrastes im erweiterten rechten Vorhof. Starke Kontrastierung der erweiterten Lungenarterien

ten Druckkurven geben Anhaltspunkte für Defektgröße und Schlußunfähigkeit der Atrioventricularklappen. Ein kleiner Ventrikelseptumdefekt entgeht meist dem Nachweis, da der durch ihn bedingte Shunt zu einem erneuten faßbaren Anstieg des Sauerstoffgehaltes in der rechten Kammer nicht ausreichend ist. Erst bei großem Ventrikelseptum-

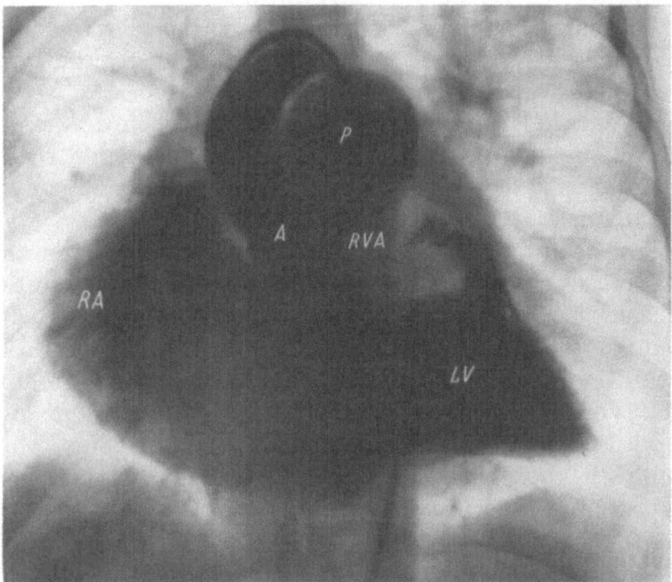

Abb. 145 c

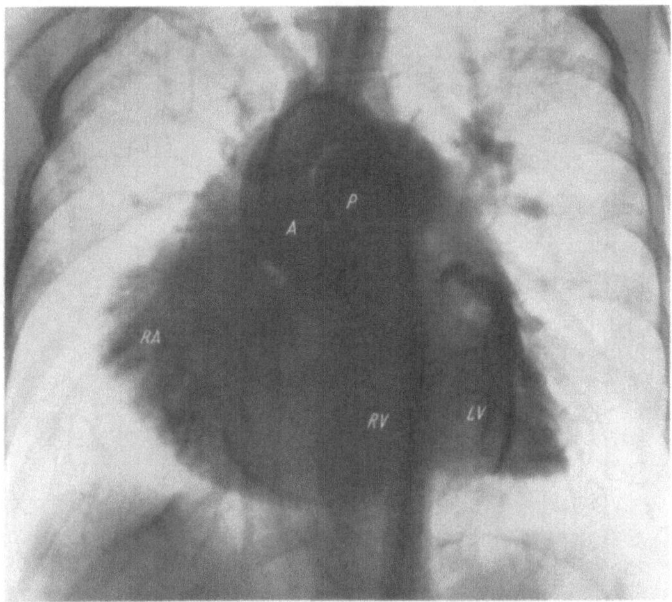

Abb. 145 d

defekt kann ein Sauerstoffanstieg in der rechten Kammer und der Pulmonalarterie gegenüber dem rechten Vorhof bei Links-Rechts-Shunt nachweisbar sein. Gleichzeitig findet sich in diesen Fällen ein Druckanstieg bzw. Druckangleich im Bereiche der rechten Kammer. Besteht eine Shuntumkehr, so ist es möglich, mit Hilfe der Ätherprobe Aufschluß über die Shuntlokalisation zu gewinnen, wobei eine eventuell vorhandene Regurgitation durch die Tricuspidalklappe berücksichtigt werden muß.

Kontrastmitteldarstellung. Bei bestehendem Links-Rechts-Shunt ist die Methode der Wahl die selektive Lävokardiographie (BRAUNWALD, MORROW, COOPER 1959; THURN, SCHAEDE, HILGER u. DÜX 1961) (Abb. 145). Vorschieben des Katheters von der A. femoralis aus (SELDINGER 1953). Ausgehend von den anatomischen Gegebenheiten sind folgende Shuntmöglichkeiten vorhanden (THURN u. Mitarb. 1961):

1. durch den Vorhofseptumdefekt vom linken zum rechten Vorhof,
2. durch den Ventrikelseptumdefekt vom linken in den rechten Ventrikel (und in die Pulmonalarterie),
3. während der Ventrikelsystole vom linken Ventrikel in den rechten Vorhof,
4. während der Ventrikeldiastole vom linken Vorhof in den rechten Ventrikel und
5. bei Schlußunfähigkeit der Mitralklappe ist ein Rückfluß vom linken Ventrikel in den linken Vorhof möglich.

Voraussetzung für die unter 1.—3. angeführten Shuntmöglichkeiten ist, daß der Widerstand im großen Kreislauf den des kleinen überschreitet. Die für den Nachweis eines Canalis atrioventricularis communis entscheidenden Kriterien bei der Kontrastmittelinjektion in den linken Ventrikel sind die frühzeitige Darstellung des rechten Vorhofs, der rechten Kammer und der Pulmonalarterie durch Kontrastmittelübertritt vom linken Ventrikel und linken Vorhof aus. Die deutliche frühzeitige Darstellung der rechten Kammer und insbesondere der Pulmonalarterie kommt nicht zustande beim Fehlen eines Ventrikelseptumdefektes und ist differentialdiagnostisch zur Abgrenzung gegen einen Canalis atrioventricularis partialis zu verwenden.

12. Anomalien der Lungenvenen

Definition und Häufigkeit. Bei den Anomalien der Lungenvenen handelt es sich meist um eine Fehlmündung. Betrifft diese einzelne Lungenvenen, so spricht man von einer

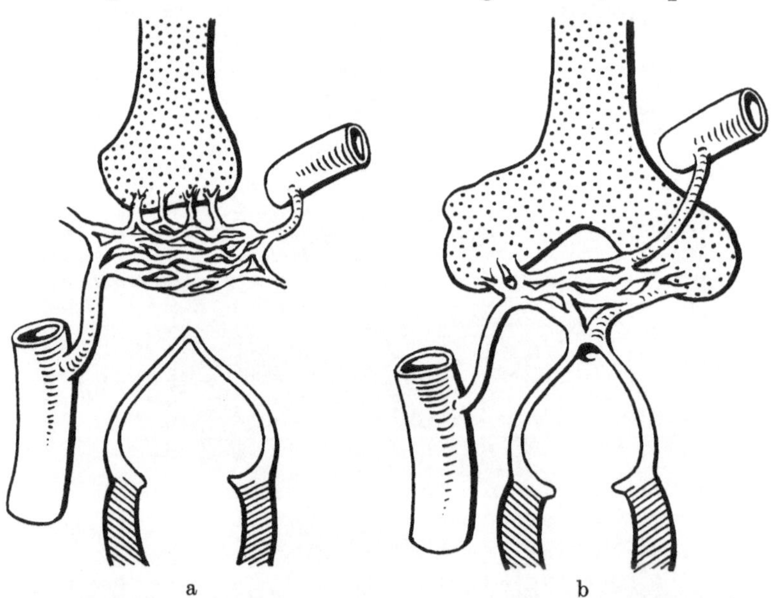

Abb. 146a—d. Zur Entwicklungsgeschichte der Lungenvenentransposition. Normale Entwicklung. a Die ersten Lungenvenen stellen eine Verbindung zwischen dem Plexus intestinus primus und den Vv. cardinales bzw. der Vena vitello-umbilicalis dar. b Es kommt eine Verbindung zwischen dem Plexus intestinus primus und der Herzanlage zustande. c Obliteration der ersten Lungenvenen. d Normale Einmündung der Lungenvenen in den linken Vorhof

partiellen Lungenvenentransposition; bei Fehlmündung aller Lungenvenen handelt es sich um eine totale Lungenvenentransposition. Die erste Beschreibung erfolgte durch WINSLOW (1739).

BRODY (1942) stellte 106, MUIR (bis 1953) 135 und BENDER (bis 1959) 619 Fälle aus der Literatur zusammen. Isoliert kommt die partielle Lungenvenentransposition viel seltener vor als zusammen mit anderen Anomalien. Am häufigsten ist die Kombination mit einem Vorhofseptumdefekt, für die eine gemeinsame entwicklungsgeschichtliche Entstehung diskutiert werden muß.

Entwicklungsgeschichte. Die primären Lungenvenen gehen aus dem Plexus intestinus primus hervor und stehen in Verbindung mit den Vv. cardinales und Vv. vitello-umbilicales. Zu einer direkten Verbindung mit dem Herzen kommt es erst später, wenn sich ein Endothelsproß aus der Sinuatrialregion der Herzanlage mit den oben erwähnten primären Lungenvenen zu einem Gefäßstamm vereinigt, der als V. pulmonalis communis bezeichnet wird (28.—30. Tag der Embryonalentwicklung). Dieser teilt sich zu einem späteren Zeitpunkt in mehrere Äste auf, die in den linken Vorhof einbezogen werden, wobei sich die Verbindungen mit den Vv. cardinales und den Vv. vitello-umbilicales zurückbilden. Sie bleiben dagegen bestehen bei fehlender Vereinigung der Pulmonalvene mit dem Sinus venosus oder einer Atresie der V. pulmonalis communis. Der Blutabfluß erfolgt dann in die Vv. cardinales, in die V. anonyma, V. cava, V. portae oder in den Ductus venosus Arantii. Bei totaler Transposition der Lungenvenen bleibt die Verbindung zwischen Herz und Lungenvenenanlage aus, oder sie obliteriert sekundär. Dann fließt das Blut zunächst durch die Vv. vitello-umbilicales und die Vv. cardinales ab. Die ersten obliterieren in der Regel ebenfalls, und es bleibt der Blutabfluß über die Vv. cardinales bzw. die V. cava superior sinistra in den rechten Vorhof (Abb. 146—148).

Tabelle 5. *Einmündungsort partiell transponierter Lungenvenen* (nach BENDER 1960)

Art der Fehlmündung	Fallzahl[1] bei isolierter partieller Transposition	Fallzahl bei isolierter partieller Transposition und anderen Mißbildungen
Vena cava cran.	33	55
Linke V. innominata	20	8
Rechter Vorhof	20	122
Vena cava inf.	13	25
Verschiedene Mündungsorte	5	15
Persitente linke obere Kardinalvene	4	17
Vena azygos	2	2
Linke Vena subclavia	1	—
Ductus lymphaticus	1	—
Sinus coronarius	1	3

[1] Ein Vorhofseptumdefekt ist nicht sicher ausgeschlossen.

Tabelle 6. *Ursprungsort transponierter Lungenvenen bei 36 Patienten mit partieller Lungenvenentransposition und Vorhofseptumdefekt* (DERRA u. Mitarb. 1954)

Lungenvenentransposition aus	
rechtem Oberlappen	8mal
rechtem Ober- und Mittellappen	11mal
rechtem Ober- und Unterlappen	5mal
allen rechten Lungenlappen	9mal
rechtem Unterlappen	1mal
linkem Oberlappen	2mal

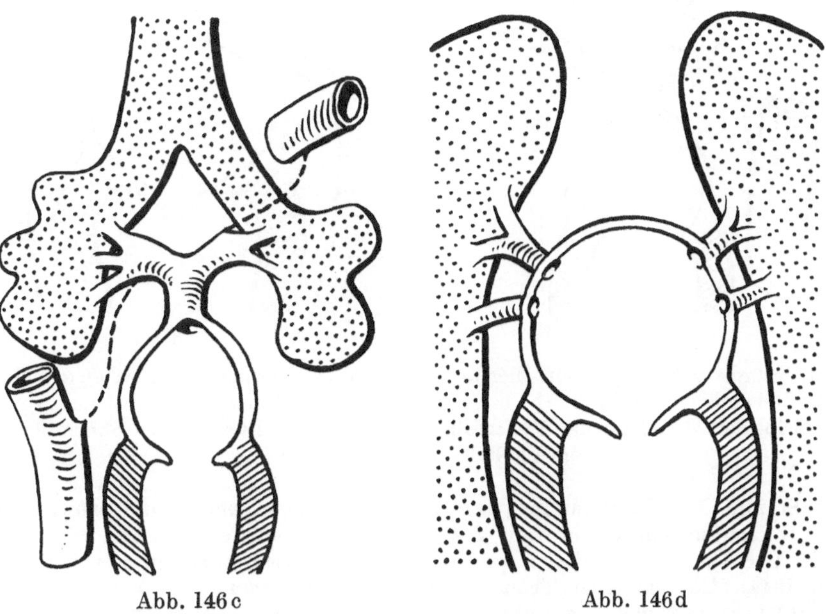

Abb. 146c Abb. 146d

Eine weitere Entstehungsmöglichkeit von Lungenvenentranspositionen ist gegeben durch eine Stellungsanomalie des Vorhofseptums. Normalerweise bildet sich das Septum primum des Vorhofs rechts von der V. pulmonalis communis, so daß diese bzw. ihre Äste in den linken Vorhof führen. Neben der Stellungsanomalie des Vorhofseptums mit Verlagerung des Septum primum nach links muß auch eine Bildungsanomalie der Pulmonalvenen diskutiert werden.

Die beobachteten Einmündungsstellen transponierter Lungenvenen zeigen demgemäß eine relativ große Spielbreite. Die Venen können getrennt einmünden oder aber auch nach Vereinigung mit einem

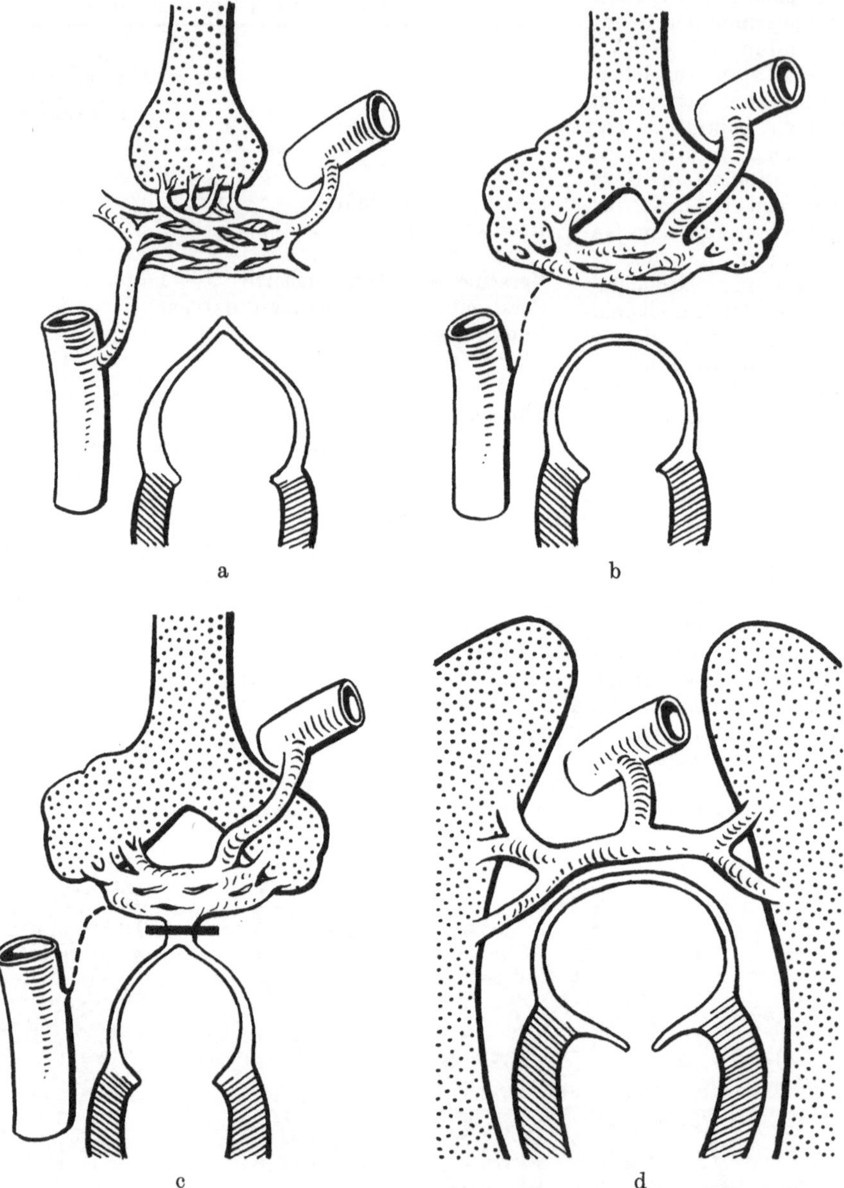

Abb. 147. a—d. Komplette Transposition aller Lungenvenen. Die Verbindung zwischen dem Plexus intestinus primus und der Herzanlage unterbleibt (b) bzw. obliteriert (c). Während die Verbindung zum Herzen unterbrochen wird, bleibt der Abfluß zu den Vv. cardinales erhalten (d). In selteneren Fällen bleibt der Weg über die V. vitello-umbilicalis offen

gemeinsamen Stamm. Die Einmündung transponierter Lungenvenen kann erfolgen in die V. cava superior, in den rechten Vorhof, in eine V. cava sinistra persistens, in den Sinus coronarius, die V. azygos, die V. cava inferior, die V. portae, die V. gastrica oder in den Ductus lymphaticus (Sömmerling 1944). Bei partieller Transposition sind vorwiegend die Venen der rechten Lunge betroffen. Venentransposition der linken Lunge sind seltener. Nach Bender (1960) beträgt das Verhältnis 6:1 zugunsten der rechten Lunge, Transpositionen aus beiden Lungen gleichzeitig wurden vereinzelt beobachtet (Stoeber 1908; Adachi 1933; Ellis u. Mitarb. 1958; Gardner u. Oram 1953; Myhre 1957; Derra 1957).

Aus Tabelle 5 gehen die Orte der Fehlmündung bei isolierter und totaler Transposition hervor. Man erkennt, daß die Verteilung für totale und partielle Transpositionen unterschiedlich ist — dies auch wenn die totale oder partielle Lungenvenentransposition allein

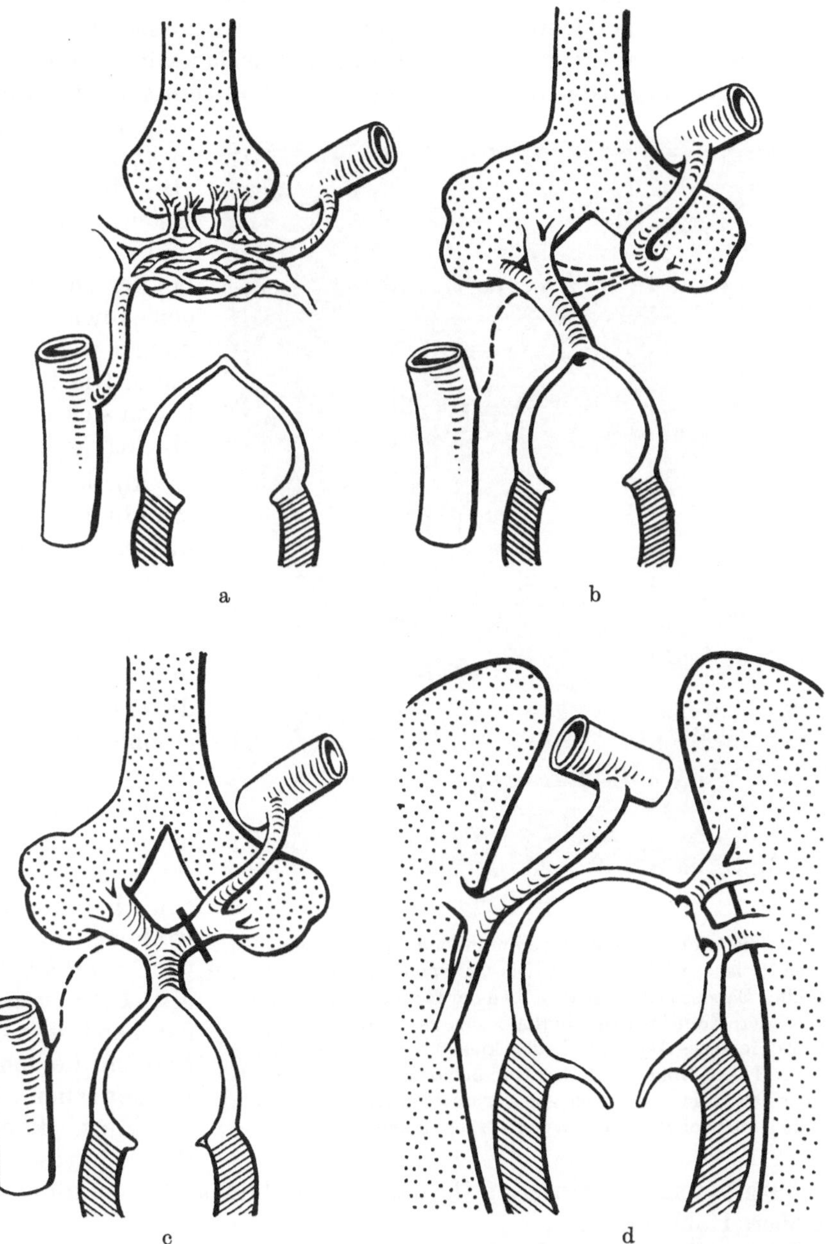

Abb. 148. a—d. Partielle Transposition der Lungenvenen. Die Verbindung zwischen dem Plexus intestinus primus und der Herzanlage ist nur partiell nicht angelegt (b) bzw. partiell sekundär obliteriert (c). Während ein Teil der Lungenvenen den normalen Weg zum linken Vorhof nimmt, münden andere in die Vv. cardinales (d)

oder zusammen mit anderen Mißbildungen vorkommen. Die Tabelle 6 gibt Auskunft über die Quellgebiete der transponierten Lungenvenen. Es läßt sich zwischen Quellgebiet und Mündungsort insofern eine Regelmäßigkeit ableiten, als — von wenigen Ausnahmen abgesehen — Venen der rechten Lunge in das rechte Herz bzw. in die diesem zufließenden Venen einmünden, während die Venen der linken Lunge meist der links persistierenden oberen Hohlvene zufließen (BENDER 1960).

a) Partielle Transposition von Lungenvenen ohne sonstige Anomalie

Das Röntgenbild bei isolierter partieller Transposition von Lungenvenen (Niveen u. Mitarb. 1952; Grosse-Brockhoff u. Mitarb. 1954; Loogen u. Mitarb. 1954 sowie Stecken 1959) entspricht weitgehend dem des unkomplizierten Vorhofseptumdefektes. Dies hat seine Ursache in den gleichsinnigen hämodynamischen Verhältnissen, die in einer Volumenmehrbelastung des rechten Herzens und des Lungenkreislaufs bestehen. Dadurch kann das Herz nach links oder nach beiden Seiten verbreitert sein und der Pulmonalbogen vorspringen. Man erkennt in typischen Fällen dichte Hili, die als Ausdruck von Eigenpulsationen Dichte- und Volumenschwankungen bei der Durchleuchtung zeigen, sowie eine zentral vermehrte weiche Lungenzeichnung. Die Eigenpulsationen lassen sich im Kymogramm objektivieren.

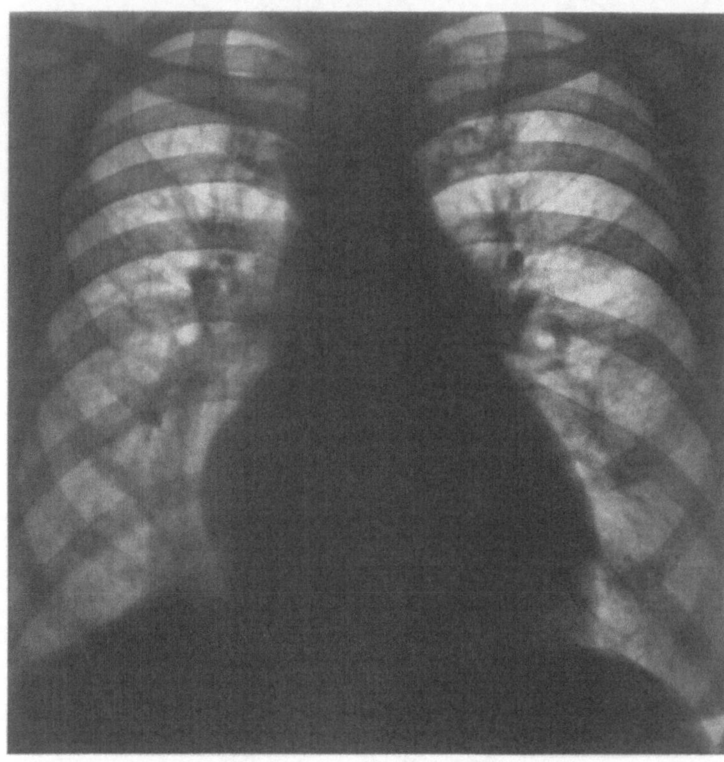

a

Abb. 149a—c. In die untere Hohlvene einmündende Lungenvene bei einem 55jährigen Patienten (M.Schm.). a Die transponierte Lungenvene zeigt sich als breiter Bandschatten rechts neben der Herzkontur. Varicöse Erweiterung vor der Einmündung oberhalb des Zwerchfells. Rechtsverbreiterung des Herzens. Asymmetrie des knöchernen Thorax. b Die Schichtaufnahme (11 cm Höhe) läßt den Gefäßcharakter der Verschattung erkennen. c Der Herzkatheter ist von der unteren Hohlvene aus in die transponierte Lungenvene vorgeschoben

An den erwähnten Einmündungsstellen transponierter Lungenvenen sind die obere Hohlvene, der rechte Vorhof sowie die untere Hohlvene besonders beteiligt und sollen im Hinblick auf die *röntgenologische Diagnose* gesondert besprochen werden.

Einmündungen transponierter Lungenvenen *in die rechte obere Hohlvene* können eine halbkreisförmige Vorwölbung der oberen Hohlvene nach lateral bedingen. Mit Hilfe von Schichtaufnahmen lassen sich in diesem Bereich die fehlmündenden Lungenvenen gelegentlich in Form konvergierender Bandschatten darstellen. Stecken (1959) gibt folgende Kriterien für das Röntgenbild bei Einmündung von Lungenvenen in die obere Hohlvene an:

1. lateralbogige Prominenz der V. cava cranialis im Übersichtsbild und frontalen Schichtbild,
2. fehlendes Konvergieren der Venen zum vorderen unteren Areal des Hilusovals im seitlichen Schichtbild,
3. statt dessen Konvergieren der Venen je nach der Höhe der Einmündung,
4. bei Seitenvergleich im frontalen Schichtbild unterschiedliches Verhalten zwischen dem normalen Verlauf links und rechts.

Münden transponierte Lungenvenen direkt *in den rechten Vorhof*, so läßt sich das Röntgenbild von dem des Vorhofseptumdefektes nicht trennen. Hier bleibt die Klärung den speziellen Herzuntersuchungen vorbehalten.

Die Einmündung transponierter Lungenvenen *in die untere Hohlvene oder in den rechten Vorhof* nahe der Einmündungsstelle der V. cava inferior läßt sich oft an Hand des einfachen Übersichtsbildes diagnostizieren. Handelt es sich um eine Unterlappenvene, so erscheint rechts neben der Herzkontur ein breiter Bandschatten, der sich oberhalb des Zwerchfells varicös erweitern und auf Schichtaufnahmen seinen Gefäßcharakter erkennen lassen kann (Abb. 149a—c).

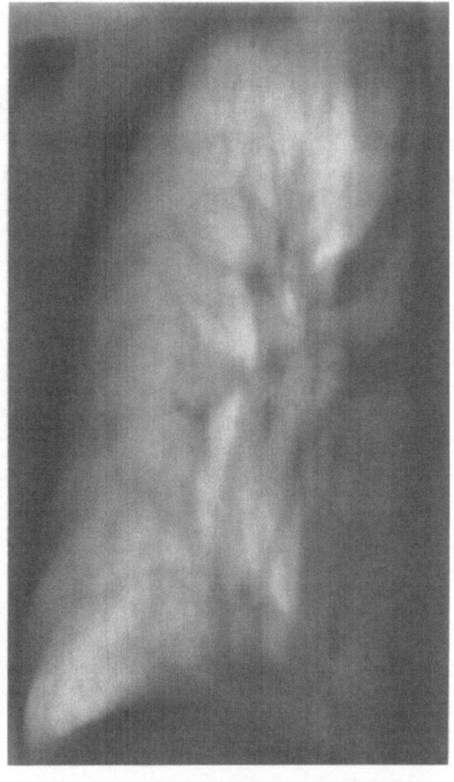

Abb. 149b

Handelt es sich um eine Oberlappenvene, so sieht man den Bandschatten etwas weiter lateral vom Oberfeld her nach caudal durch die Lunge ziehen (Abb. 150a und 151a). Gleichzeitig können Anomalien des Bronchialbaumes und der arteriellen Gefäße im Bereich der betroffenen Lungenhälfte bestehen. Schließlich kann der knöcherne Thorax asymmetrisch sein, wobei die rechte Hälfte in der Regel kleiner ist als die linke. Das Herz zeigt in typischen Fällen eine Rechtsverbreiterung, die so ausgeprägt sein kann, daß ein „dextrokardieähnliches" Bild entsteht (Bruwer 1953).

Stecken (1959) faßt die röntgenologischen Kriterien bei Einmündung transponierter Lungenvenen in die untere Hohlvene wie folgt zusammen:

1. ein von apikal nach caudal ziehendes, mehr oder weniger rechtskonvex geschwungenes, betontes Gefäßband,

2. Einmündung des Schattens in den unteren rechten Herzrand oder in den Zwerchfellschatten im Sinus phrenico-cardialis. Dabei entweder hohe Einmündung in die V. cava inferior oder den rechten Vorhof in Cavanähe. In solchen Fällen findet sich häufig eine deutliche cystisch varicöse Ektasie an dieser Stelle.

Als nicht obligate Kriterien werden angegeben:

3. begleitende abnorme Bronchial- und Arterienaufzweigung und Lungenlappung,

4. dextrokardieähnliche Fehlkonfiguration des Herzens,

5. Hypoplasie der rechten knöchernen Thoraxhälfte.

Die Kombination einer Dextrokardie mit Lungenvenentransposition und

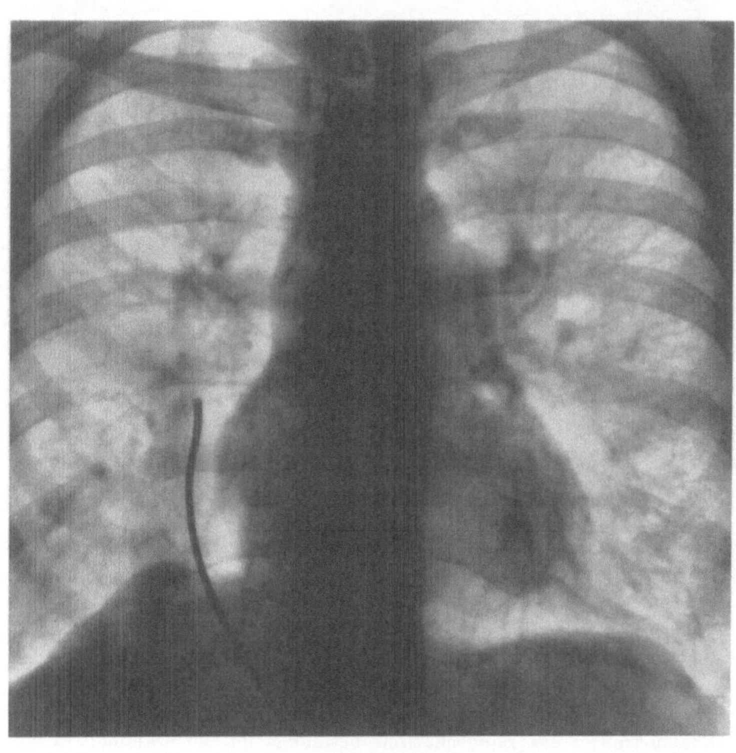

Abb. 149c

anderen Anomalien der befallenen, durchweg rechten Lungenhälfte wurde von COOPER (1836), PARK (1912), MANKIN u. BURCHELL (1953), ARVIDSSON (1954), STEINBERG (1957), LONGIN u. PEPPMAIER (1958), STECKEN (1957, 1958), HASCHE u. GRÜNES (1961) beschrieben. Die letztgenannten Autoren fanden bis 1961 49 Fälle in der Weltliteratur. Hierbei erfolgte die Einmündung der transponierten Lungenvenen in die untere Hohlvene.

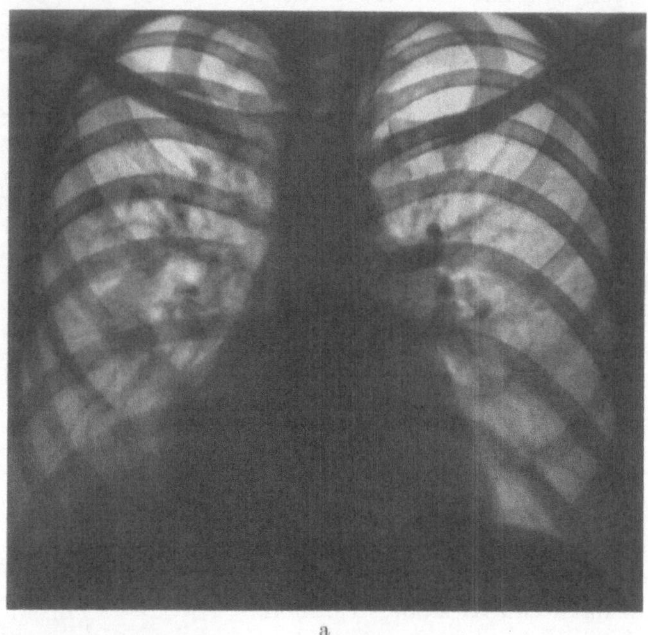

a

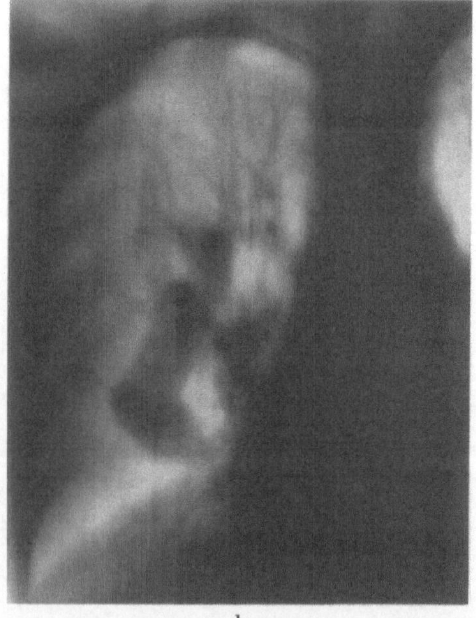

b

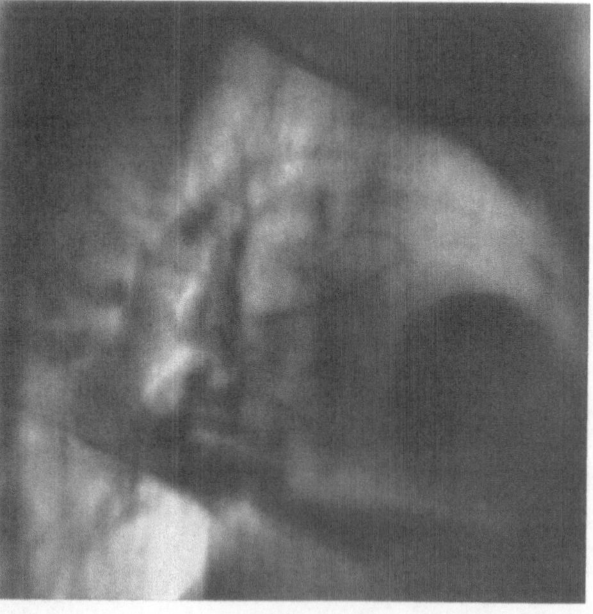

c

Abb. 150a—d. Transponierte Lungenvene, die dem Oberlappen entstammt und in die untere Hohlvene bzw. in den hohlvenennahen Vorhofbereich einmündet (31jähriger Patient, H.Be.). a Im Bereich der rechten Lunge winklig abgeknickter Bandschatten. Asymmetrie des knöchernen Thorax. Deutliche Rechtsverbreiterung des Herzens. b und c Auf den Schichtaufnahmen bei sagittalem und seitlichem Strahlengang (7 cm Höhe) ist der Gefäßcharakter des Bandschattens besonders gut zu erkennen. d Angiokardiogramm: Katheterlage in der Pulmonalarterie. Man erkennt die transponierte Lungenvene sowie die Rechtsverbreiterung des Herzens

FINDLAY u. MAIER (1951) beobachteten einen Fall mit Einmündung in die obere Hohlvene, BENDER (1957) mit Einmündung in die obere Hohlvene und den rechten Vorhof bei jeweils gleichzeitig vorhandener Dextrokardie.

Die erwähnten Befunde werden ergänzt durch *Schichtaufnahmen* (Abb. 149b u. 150b u. c). Eine fehlmündende Oberlappenvene kann sich im seitlichen Schichtbild in einem ventralkonvexen Bogen darstellen. Besonders bei Fehlmündungen aller Venen einer Lunge in die untere Hohlvene kann die normale Gefäßarchitektur aufgehoben sein. Man erkennt einen in die untere Hohlvene oder in den hohlvenennahen Vorhofbereich einmündenden Gefäßstamm, der den venösen Abfluß aus der betroffenen Lunge aufnimmt.

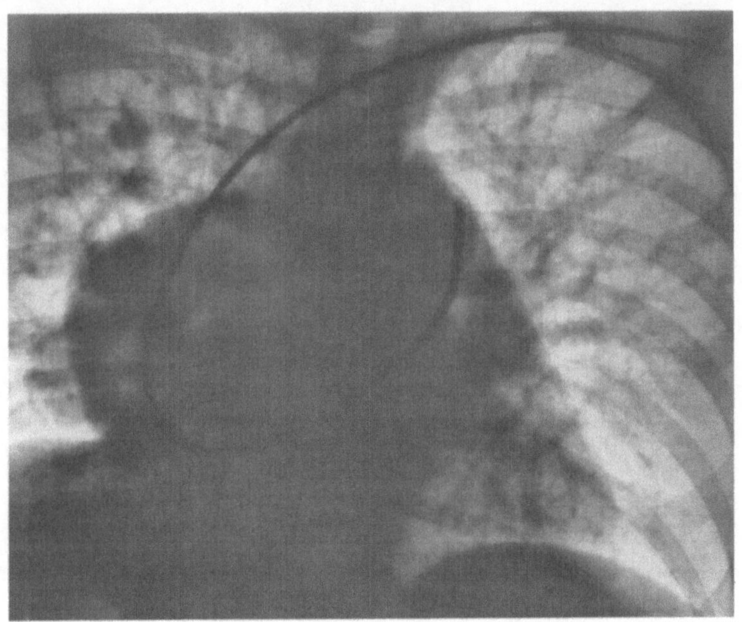

Abb. 150d

Mit Hilfe des *Herzkatheters* kann man von der V. saphena aus die fehlmündenden Lungenvenen erreichen (Abb. 149c u. 151b). Auch durch die venöse *Angiokardiographie* ist eine Darstellung der in die untere Hohlvene einmündenden transponierten Lungenvenen möglich (Abb. 150d) (STECKEN 1957; DALITH u. NEUFELD 1958).

b) Partielle Transposition von Lungenvenen mit anderen Mißbildungen

Partielle Lungenvenentranspositionen wurden zusammen mit zahlreichen anderen Mißbildungen, wie Ebstein-Syndrom, Ventrikelseptumdefekt mit und ohne Pulmonalstenose sowie Aortenisthmusstenose usw. beobachtet. Das Röntgenbild, ebenso wie die übrigen klinischen und therapeutischen Überlegungen werden weitgehend von der jeweils zugrunde liegenden Mißbildung bestimmt.

Die Diagnose der Lungenvenentransposition, der dabei die Rolle eines mehr oder weniger belanglosen Nebenbefundes zukommt, ist mit Hilfe des Herzkatheterismus, der Indicator-Verdünnungsmethoden und der Angiokardiographie möglich.

c) Partielle Transposition von Lungenvenen mit Vorhofseptumdefekt

Diese Kombination bedarf einer gesonderten Erörterung, da ihr im Hinblick auf die operative Behandlung Bedeutung zukommt und sie besonders häufig ist. DERRA, GROSSE-BROCKHOFF u. LOOGEN fanden die Kombination bei mehr als 700 Patienten in 20%.

In der Mehrzahl der Fälle ist die rechte Lunge betroffen mit Bevorzugung des rechten Ober- und Mittellappens. Im einzelnen verweisen wir bezüglich Ursprungs- und Einmündungsort partiell transponierter Lungenvenen bei Vorhofseptumdefekt auf die Tabellen 5 und 6.

Lungenvenentranspositionen kommen häufig bei Vorhofseptumdefekt vom Foramen secundum-Typ vor, zusammen mit einem Foramen primum nur vereinzelt.

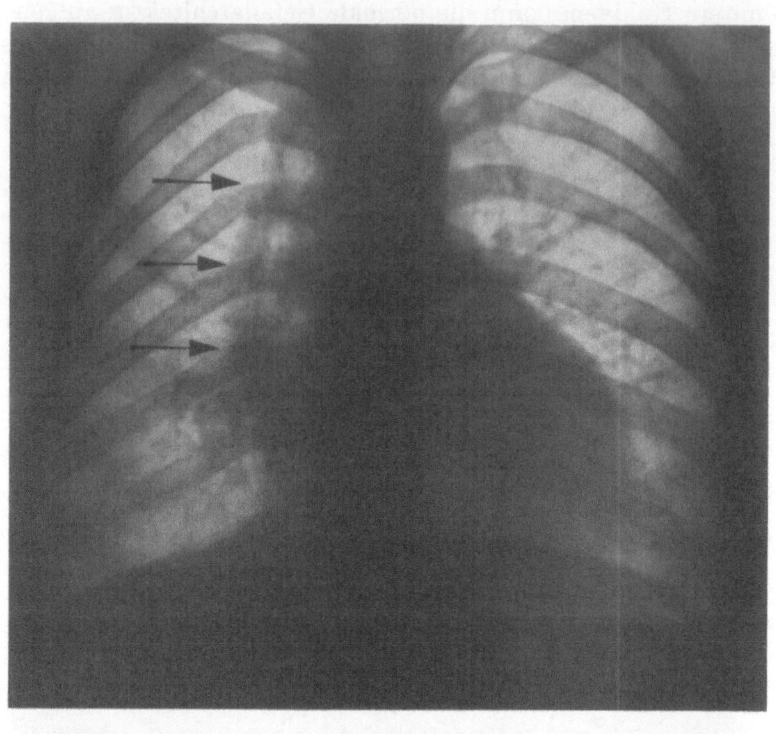

a

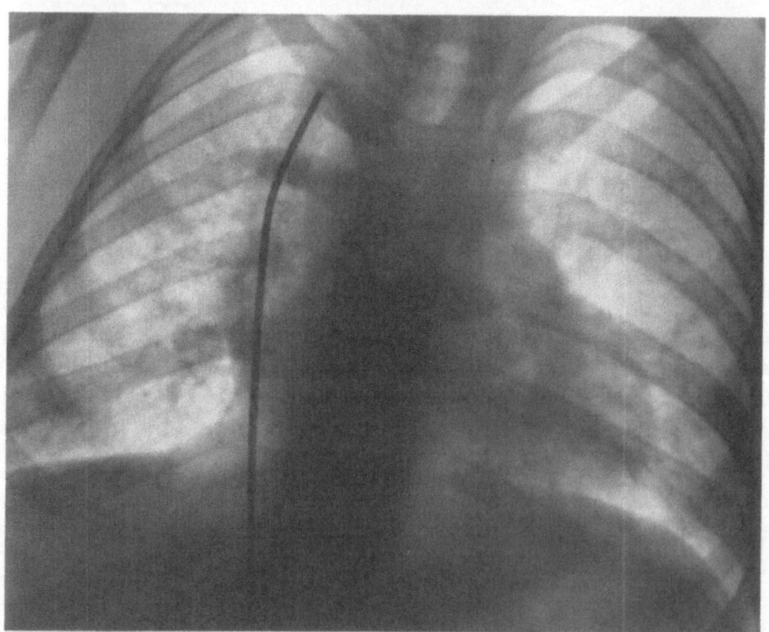

b

Abb. 151 a u. b. Einmündung einer dem Oberlappen entstammenden Lungenvene in die untere Hohlvene bei einem 12jährigen Patienten (M.Ps.). a Transponierte Lungenvene als Bandschatten neben der rechten Herz- und Gefäßkontur. Asymmetrie des knöchernen Thorax und mäßige Rechtsverbreiterung des Herzens. b Herzkatheterverlauf: untere Hohlvene → transponierte Lungenvene

Die **Röntgenbefunde** bei Vorhofseptumdefekt und partiellen Lungenvenentranspositionen unterscheiden sich in der Regel nicht von denjenigen bei isoliertem Vorhofseptumdefekt. Das hat sowohl Gültigkeit für das Herz- und Lungenbild (GARDNER u. ORAM 1953;

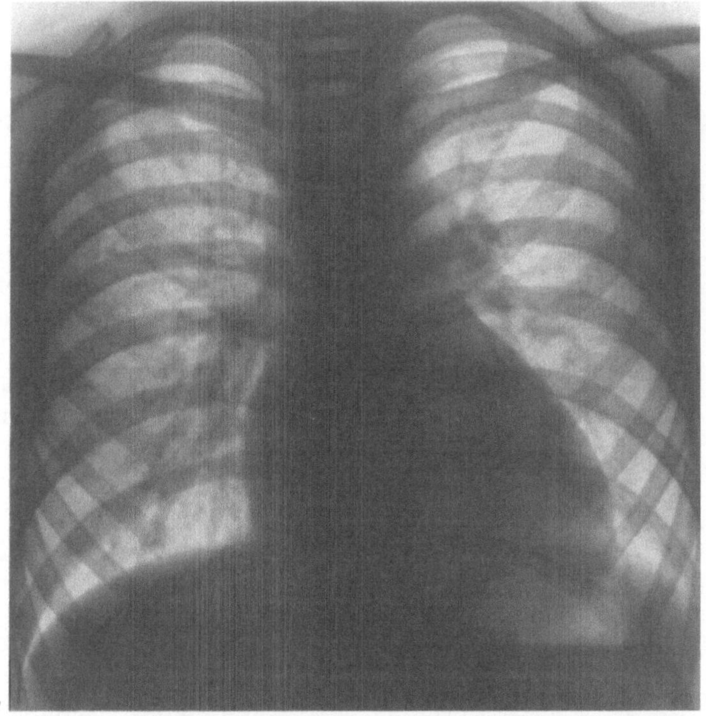

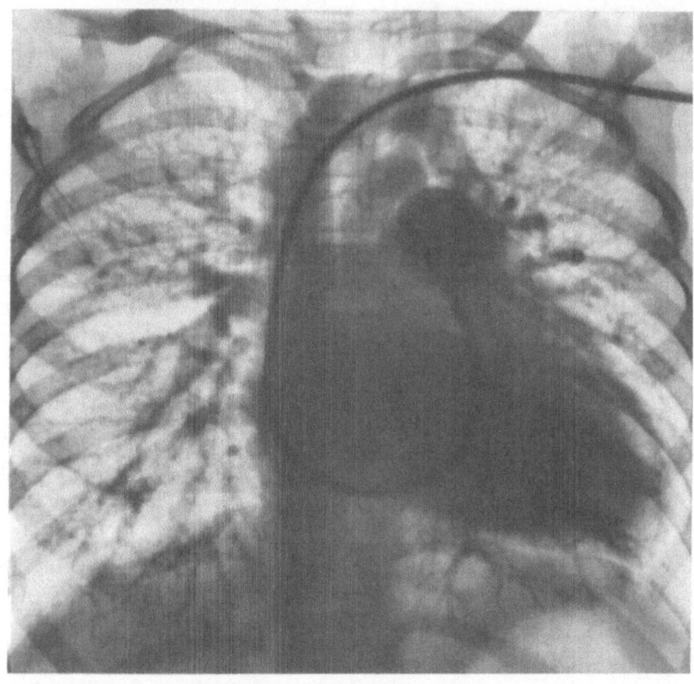

Abb. 152. a Thoraxübersichtsbild eines 7jährigen Mädchens (B.Me.) mit partieller Lungenvenentransposition beider Oberlappenvenen sowie der Lingulavenen mit Einmündung in eine links persistierende obere Hohlvene (durch Operationsbefund gesichert). b Angiokardiogramm: „8-Form" des Herz- und Gefäßschattens durch Einmündung der partiell transponierten Lungenvenen in die links persistierende obere Hohlvene

COOLEY u. MAHAFFEY 1955; JOHNSON 1955; NORTHOFF 1956) als auch für die pathologisch-anatomische Umwandlung des Herzens (RUNSTRÖM 1950; KNUTSON u. Mitarb. 1950; TORI 1952; DOTTER u. Mitarb. 1947; MCKUSICK u. COOLEY 1955).

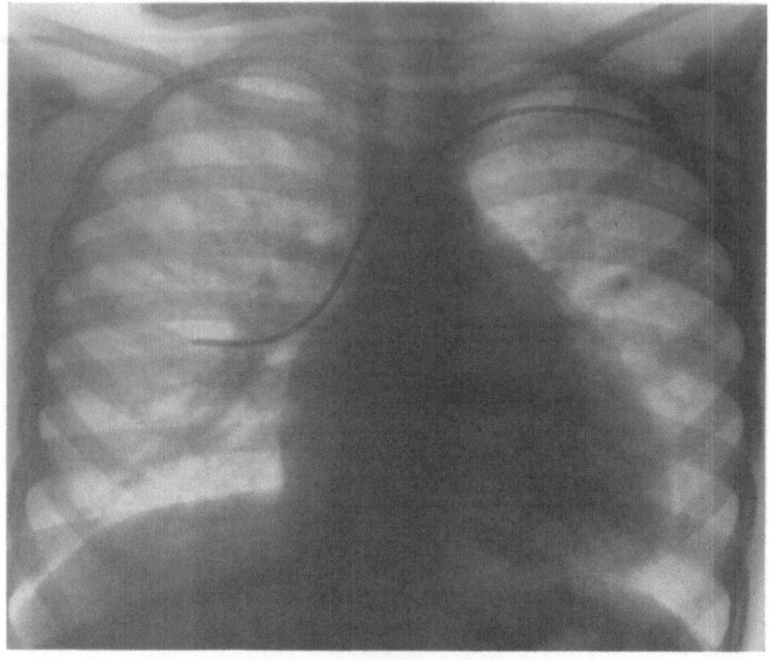

a

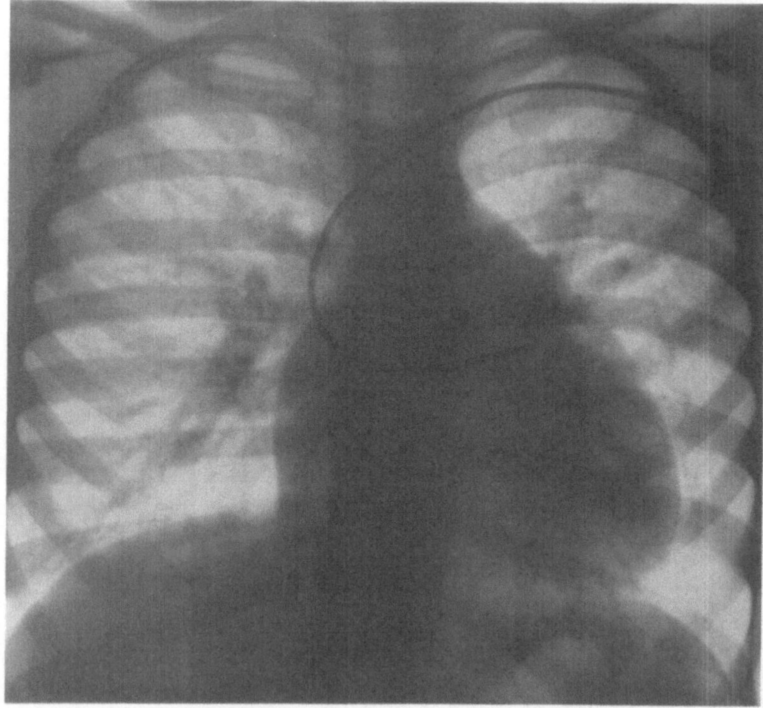

b

Abb. 153a u. b. Lungenvenentransposition und sog. hoher Vorhofseptumdefekt bei einem 8jährigen Mädchen (R.Ha.). a Herzkatheterspitze in einer Lungenvene (des rechten Mittellappens), die in die obere Hohlvene einmündet. b Herzkatheterspitze im linken Vorhof nach Passage des „hohen Vorhofseptumdefektes" (operativ gesichert)

Eine rechtskonvexe Vorwölbung der oberen Hohlvene, wie sie bei der isolierten partiellen Lungenvenentransposition und bei Einmündung der unteren in die obere Hohlvene angegeben ist, sowie Streifenschatten oberhalb des Hilus, besonders rechts, können Hinweise geben. In einer Beobachtung von COOLEY und MAHAFFEY (1955) fand sich eine „Acht"-form des Herzens, wie sie in der Regel als typisch für die totale Lungenvenentransposition mit Einmündung der transponierten Lungenvenen in eine links persistierende obere Hohlvene angesehen wird. Die linken Lungenvenen mündeten in diesem Fall in die V. innominata bei normalem Verhalten der rechten Lungenvenen. Einen ähnlichen Fall zeigt die Abb. 152a u. b.

Der sichere Nachweis der transponierten Lungenvenen ist der **Herzkatheteruntersuchung** durch direkte Sondierung vom rechten Vorhof oder von der V. cava superior aus vorbehalten. Seitliche Aufnahmen sind dabei wichtig, weil es im Einzelfall schwer sein kann zu unterscheiden, ob eine falsch mündende Lungenvene oder aber, nach Passieren eines Vorhofseptumdefektes, eine normal mündende Lungenvene sondiert worden ist.

Auf zusätzliche Methoden, wie kontinuierliche Druckregistrierung, blutgasanalytische Untersuchungen und Indicatorverdünnungskurven, wird man nicht verzichten, wenn geklärt werden muß, ob eine normal oder falsch mündende Lungenvene mit dem Katheter erreicht wurde.

SWAN, KIRKLIN, BECU und WOOD (1957) wiesen auf eine besondere Form der hier besprochenen Mißbildung, den sog. *Sinus venosus-Defekt*, hin (Abb. 153a u. b). Die transponierten Lungenvenen münden dabei in den vorhofnahen Anteil der V. cava superior. Der Vorhofseptumdefekt liegt hoch, d.h. oberhalb des meist geschlossenen Foramen ovale, so daß die obere Hohlvene praktisch über dem Vorhofseptum reitet. Ein Teil des aus der oberen Hohlvene einströmenden venösen Blutes gelangt dabei direkt in den linken Vorhof, während das Blut der unteren Hohlvene über den rechten Vorhof in den rechten Ventrikel abfließt. Die Häufigkeit dieser Anomalie beträgt in unserem Krankengut (operativ gesichert) 14% (112 von 780).

KJELLBERG u. Mitarb. (1959) beobachteten 2 Patienten mit Einmündung transponierter Lungenvenen der rechten Lunge in die V. azygos. Gleichzeitig bestanden Anomalien der Körpervenen. Die untere Hohlvene fehlte. Die V. innominata sinistra und die V. azygos mündeten in einen gemeinsamen Stamm.

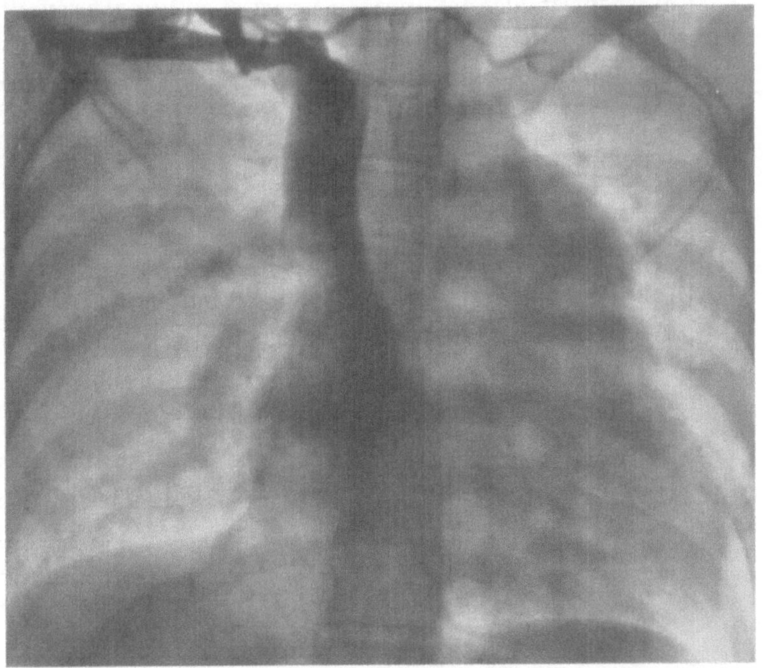

a

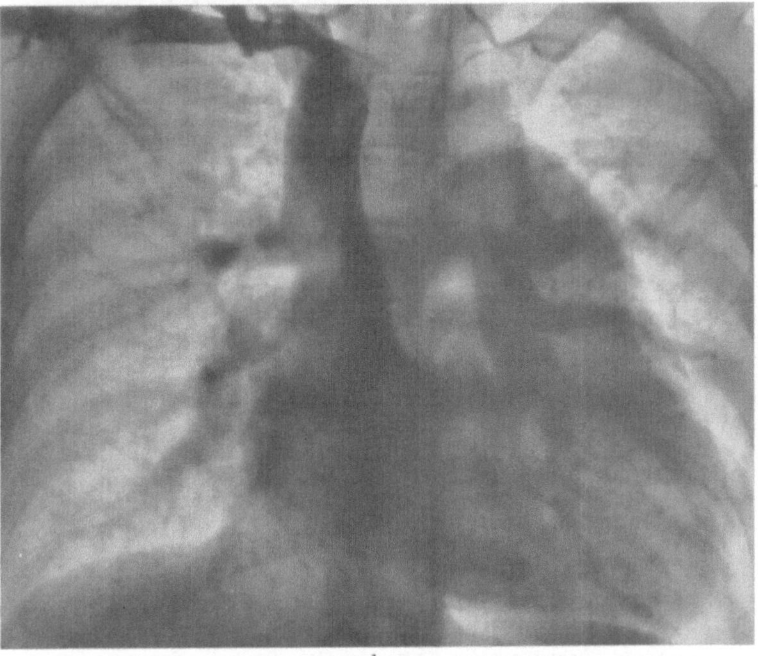

b

Abb. 154a u. b. Angiokardiogramm einer 19jährigen Patientin (R.Be.). Es besteht ein Vorhofseptumdefekt mit Transposition der Venen des rechten Unter- und Mittellappens, der Lingula und des linken Unterlappens. Links persistierende obere Hohlvene. Die transponierten Venen der rechten Lunge münden in die rechte obere Hohlvene. Man erkennt einen Füllungsdefekt an der Einmündungsstelle der transponierten Lungenvenen in die rechte obere Hohlvene. b Spätere Füllungsphase: die transponierten Lungenvenen rechts sind z.T. als Bandschatten sichtbar. An ihrer Einmündungsstelle entstehen Kontrastmittelaussparungen. Auch die transponierten, der links persistierenden oberen Hohlvene zufließenden Lungenvenen links lassen sich abgrenzen

Kontrastmitteldarstellungen bei partiellen Lungenvenentranspositionen sind besonders ergiebig, wenn sich transponierte Lungenvenen vor der Einmündung zu einem gemeinsamen Stamm vereinen, während einzelne Venen der angiokardiographischen Darstellung entgehen können. An der Einmündungsstelle der transponierten Lungenvenen kann es zu einem Verdünnungseffekt kommen (Abb. 154a u. b), wobei jedoch differentialdiagnostisch an die Einmündung von Körpervenen, besonders der V. azygos gedacht werden muß. Die Einmündung transponierter Lungenvenen in die V. azygos kann zu einem charakteristischen Bild führen (Abb. 155). Eine Achterform, meist als typisch für eine totale Lungenvenentransposition mit Einmündung in die links persistierende obere Hohlvene angesehen, kann gelegentlich auch einmal im Angiokardiogramm bei partieller Lungenvenentransposition und normalem Übersichtsbild zustande kommen (Abb. 152). Voraussetzung ist die Einmündung transponierter Lungenvenen in eine links persistierende obere Hohlvene (FITZGERALD u. Mitarb. 1956; PEEL u. Mitarb. 1956).

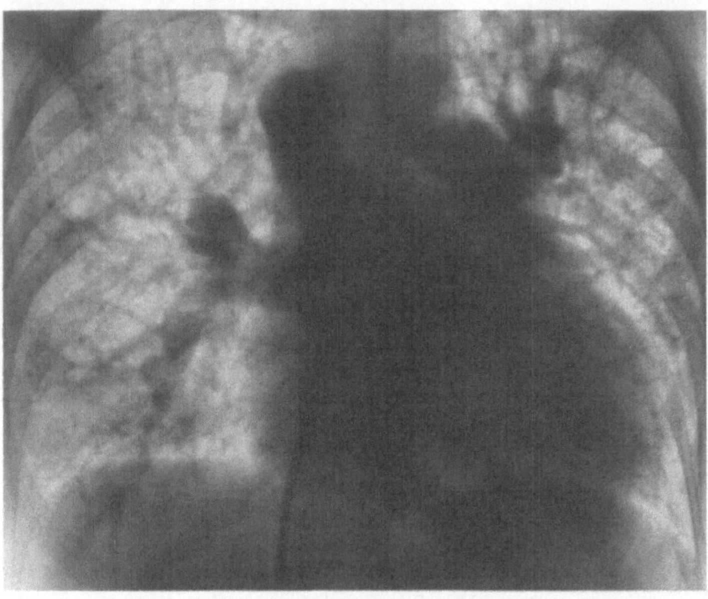

Abb. 155. Angiokardiogramm einer 37jährigen Patientin (M.Eb.) mit Transposition aller Venen der rechten Lunge in die V. azygos. Nach der Lungenpassage konzentriert sich das Kontrastmittel auf der rechten Seite in einem Gefäßstamm, der offenbar in die V. azygos einmündet

d) Totale Transposition der Lungenvenen

Bei der totalen Transposition münden alle Lungenvenen mittelbar oder unmittelbar in den rechten Vorhof. Die Entwicklungsgeschichte der Anomalie wurde im Kapitel über partielle Lungenvenentranspositionen besprochen.

Ihre *Häufigkeit* wird unterschiedlich beurteilt. ABBOTT (1936) fand unter 1000 angeborenen Herzfehlern einen Fall, DARLING u. Mitarb. sahen im Krankengut der Bostoner Kinderklinik im Verlauf von 25 Jahren 2% totaler Lungenvenentranspositionen. KEITH u. Mitarb. (1958) geben die Häufigkeit der Anomalie unter angeborenen Herzfehlern mit 2% an, HALLERBACH u. SCHAEDE (1958) mit 1%, RIPPERT u. Mitarb. (1959) mit 0,6%, jeweils bezogen auf das Beobachtungsgut aller angeborenen Herzfehler.

Damit das Blut bei der totalen Lungenvenentransposition in den großen Kreislauf gelangt, sind zusätzliche Anomalien notwendig. Diese bestehen in 75% aller Fälle in einem Vorhofseptumdefekt.

Leistungsfähigkeit und Lebenserwartung der Patienten sind weitgehend abhängig von der Verbindung zum großen Kreislauf und der diesem zufließenden Blutmenge. Darüber hinaus können noch andere Anomalien zusammen mit der totalen Lungenvenentransposition vorkommen. GOTT u. Mitarb. (1956) sahen unter 23 autoptisch untersuchten Fällen 13mal einen Vorhofseptumdefekt, 4mal zusätzlich einen offenen Ductus Botalli und in 6 Fällen komplizierte größere Defektbildungen der Vorhof- und Kammerscheidewand. Außerdem wurden andere Anomalien, wie Transposition der großen Gefäße, Truncus arteriosus communis, Ventrikelseptumdefekt oder/und Pulmonalstenose, beobachtet, wobei sich die zusätzlichen Anomalien teils erschwerend, teils günstig auf die Hämodynamik auswirken. Ein Beispiel für die letzte Möglichkeit wäre das gleichzeitige Vorhandensein einer Transposition der großen Gefäße. Auch eine Pulmonalstenose wirkt sich hämodynamisch günstig aus, da der hypertrophierte rechte Ventrikel und rechte Vorhof infolge Drucksteigerung in diesen Herzabschnitten den Blutübertritt durch den Vorhofseptumdefekt begünstigen (SNELLEN u. ALBERS 1952).

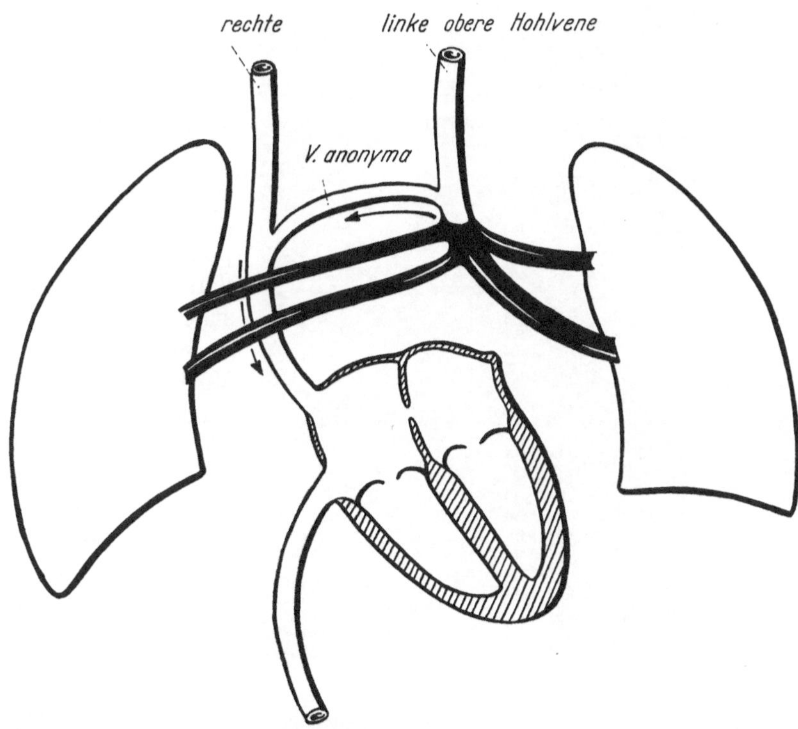

Abb. 156. Totale Lungenvenentransposition mit Einmündung aller Lungenvenen in eine links persistierende obere Hohlvene (schematisch)

Tabelle 7. *Einmündungsstellen der Lungenvenen bei kompletter Transposition ohne sonstige größere intrakardialer Defekte*
(103 autoptisch gesicherte Fälle nach KEITH u. Mitarb. 1958)

Gruppe	Einmündungsstelle	Gesamtzahl	gesamt %	Gruppe %
1	Suprakardial:			
	A. Links persistierende obere Hohlvene (46)	57	44	55
	B. Rechte obere Hohlvene (11)		11	
2	Kardial:			
	A. Sinus caronarius (16)	31	16	30
	B. Rechter Vorhof (15)		14	
3	Infrakardial:			
	A. Vena portae (9)		9	
	B. Ductus venosus (2)	12	2	12
	C. Untere Hohlvene (1)		1	
4	Kombiniert:			
	A. Obere Hohlvene + rechter Vorhof (1)		1	
	B. Sinus coronarius + linke V. innominata (1)	3	1	3
	C. Untere Hohlvene + linke V. innominata (1)		1	
		103	100	100

Wie bei den partiellen Lungenvenentranspositionen können auch bei totaler Transposition die Lungenvenen an verschiedenen Stellen einmünden, sei es vereinigt zu einem gemeinsamen Stamm oder getrennt. Zahlenmäßig im Vordergrund stehen die Fälle, bei denen die Lungenvenen über eine linkspersistierende obere Hohlvene, die V. anonyma, in die V. cava superior einmünden (Abb. 156). Tabelle 7 gibt die Einmündungsstellen der Lungenvenen bei totaler Transposition an, die von KEITH u. Mitarb. (1958) aus einem Krankengut 100 autoptisch gesicherter Fälle zusammengestellt wurden.

Die **Röntgenbefunde** werden weitgehend bestimmt durch die Einmündungsstelle der transponierten Lungenvenen. Münden diese über eine linkspersistierende obere Hohlvene, die V. anonyma, in den rechten Vorhof, so zeigt der Mittelschatten eine „Acht"-Form, auf die bereits von SNELLEN u. ALBERS hingewiesen wurde. Der obere rechte Bogen der „Acht" wird gebildet durch die erweiterte und vorgewölbte V. cava superior, der obere linke Bogen durch die linkspersistierende V. cava. Beide Venen führen ihr Blut dem rechten Vorhof zu, der ebenso wie die rechte Kammer vergrößert ist. Das röntgenologische Bild wird vervollständigt durch die Kriterien des vermehrten Lungendurchflußvolumens: dichte Hili mit Eigenpulsationen, zentral vermehrte weiche Lungenzeichnung, eine relativ schmale Aorta sowie Vorspringen des Pulmonalbogens (Abb. 157 u. 158).

Bei der **Herzkatheteruntersuchung** ist es möglich, sowohl durch einen Vorhofseptumdefekt in den linken Vorhof zu gelangen als auch den Katheter in einen oder mehrere transponierte Lungenvenen vorzuschieben.

a
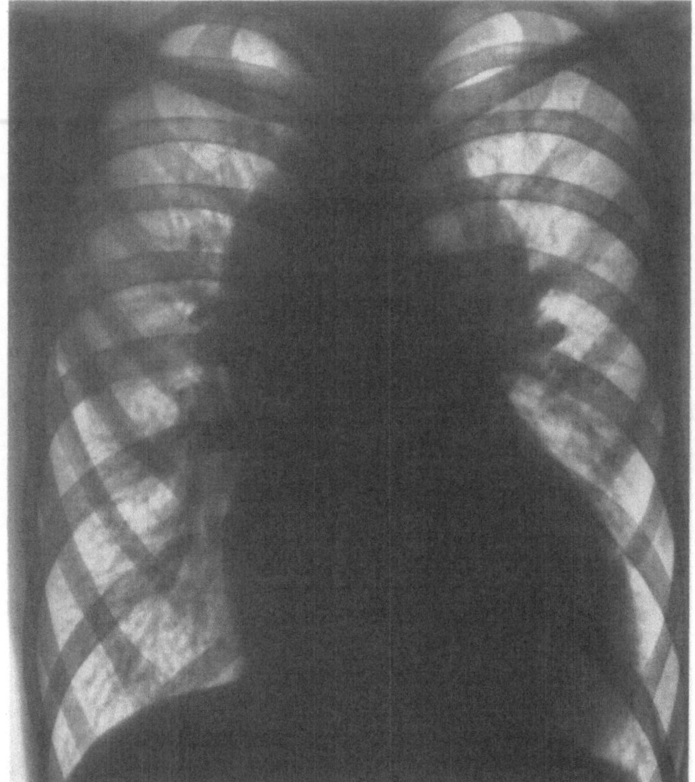

b
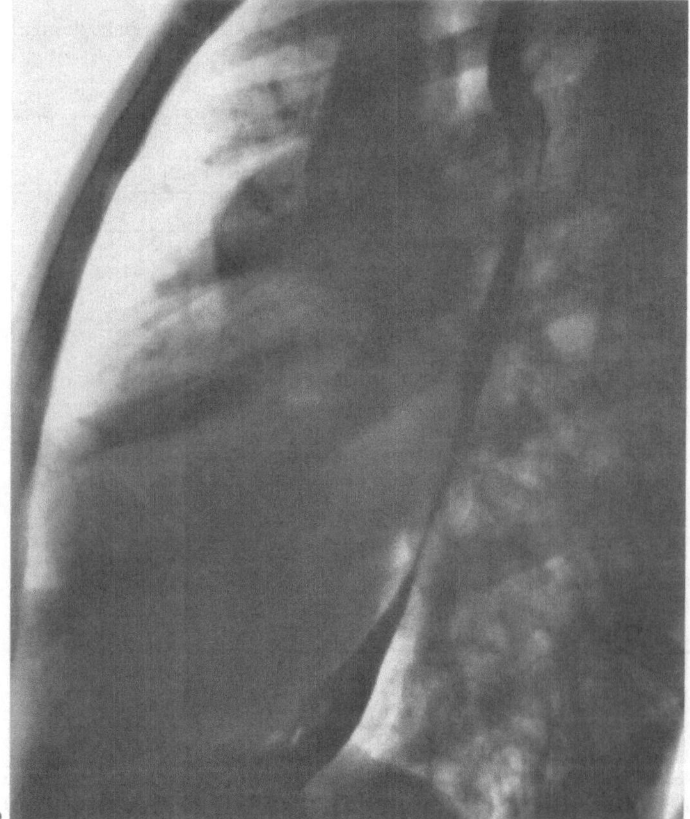

Abb. 157a u. b. Totale Lungenvenentransposition und Einmündung der transponierten Lungenvenen in eine linke obere Hohlvene bei einem 25jährigen Patienten (O.Ne.). a „8-Form". b Seitenbild

Die venöse **Kontrastmitteldarstellung** läßt in solchen Fällen nach Lungenpassage des Kontrastmittels eine Darstellung der linkspersistierenden V. cava und der V. anonyma mit Einmündung in die V. cava superior dextra erkennen. Auch hier kommt eine „Acht"-Form des Mittelschattens zustande (Abb. 159). Bei den übrigen Einmündungsstellen der Lungenvenen entspricht das Röntgenbild mehr oder weniger dem eines großen Vorhofseptumdefektes (Abb. 160a u. b). Münden die Lungenvenen in die rechte obere Hohlvene, so ist diese als breites Band neben dem eigentlichen Mittelschatten dargestellt. Bei direkter Einmündung aller Lungenvenen in den rechten Vorhof wurde von GOTT u. Mitarb. (1956) an 12 eigenen Beobachtungen eine angedeutet rechteckige Herzfigur (boxlike) mit horizontalem Verlauf der Herzgrenze unterhalb des Aortenbogens beschrieben, die auf eine sehr starke Vergrößerung des rechten Vorhofs und der rechten Kammer zurückgeführt wurde. HALLERBACH u. SCHAEDE (1958) weisen darauf hin, daß eine flache Vorwölbung der rechten Herzkontur zwischen Kammerbogen und Gefäßband, sowie durch das Lungenfeld ziehende Gefäßschatten diagnostische Hinweise geben können. Darüber hinaus ist man auf zusätzliche Methoden angewiesen. Hierzu gehören insbesondere blutgasanalytische Untersuchungen, die bei totaler Lungen-

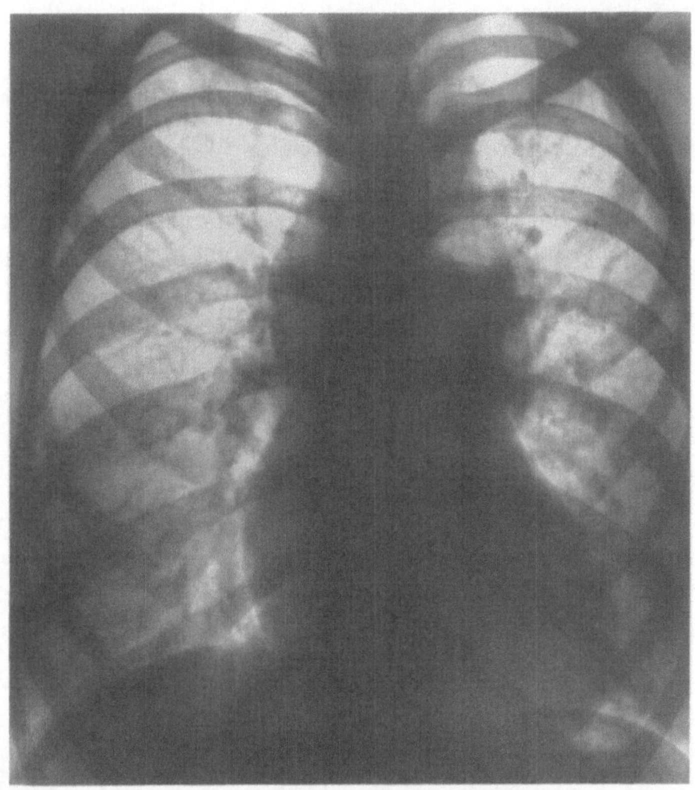

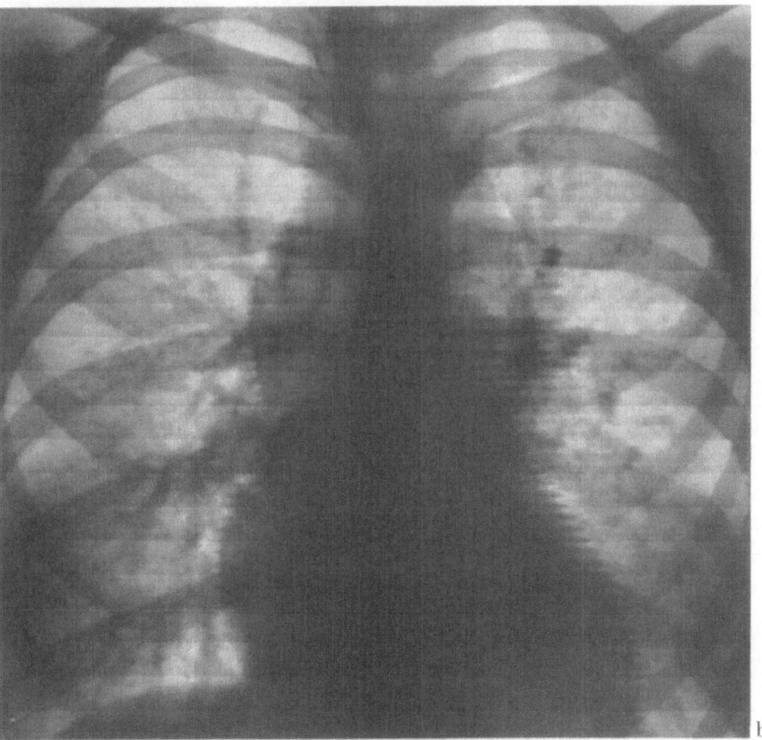

Abb. 158a u. b. Totale Lungenvenentransposition und Einmündung der transponierten Venen in eine linkspersistierende obere Hohlvene bei einem 29jährigen Patienten (H.Me.). a „8-Form". b Kymogramm: Gefäßcharakter der Mittelschattenverbreiterung oberhalb des Herzens

venentransposition im arteriellen Schenkel des großen und kleinen Kreislaufs annähernd gleiche Sauerstoffwerte zeigen.

Bei Einmündung der Lungenvenen in die obere Hohlvene kann an der Cava-Vorhofgrenze als Zeichen des Pulmonalvenenzuflusses bei venöser Angiokardiographie eine Kontrastmittelaussparung zur Darstellung kommen.

Bei Einmündung der Lungenvenen in den rechten Vorhof oder in den Sinus coronarius ist das Angiokardiogramm diagnostisch nicht entscheidend. Trotzdem kann bei klinischem Verdacht auf das Vorliegen einer kompletten Lungenvenentransposition der Nachweis

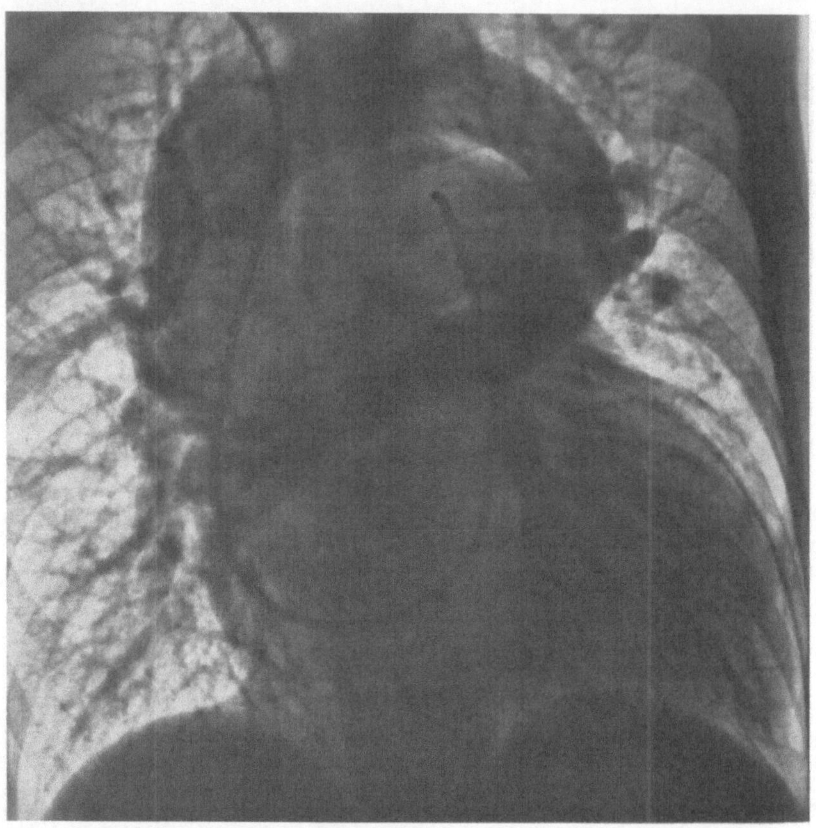

Abb. 159. Angiokardiogramm eines 26jährigen Patienten (O.Ne.) mit kompletter Lungenvenentransposition. Deutlich erkennbare 8-Form infolge des Lungenvenenzuflusses zur links persistierenden oberen Hohlvene, die konvex-bogig verläuft und in die stark erweiterte rechte obere Hohlvene einmündet

eines Frühlävogramms mit Ausbreitung des Kontrastmittels über den gesamten Herzschatten diagnostische Bedeutung erlangen. Das gleiche gilt vom Auftreten eines Spätdextrogramms bzw. eines Dextrogramms bei selektiver Injektion des Kontrastmittels in die Pulmonalis.

Ein *einseitiger membranöser Pulmonalvenenverschluß* als angeborene Anomalie wurde von Emslee-Shmith, Hill u. Lowe (1955) beobachtet. Die Fehlbildung ging mit einem Ductus Botalli und einem pulmonalen Hochdruck einher. Röntgenologisch war die im 4. Lebensjahr bei der Patientin nachgewiesene erheblich differierende Strahlendurchlässigkeit der beiden Lungenhälften aufgefallen. Bei der Autopsie wurde als Ursache ein angeborener membranöser Verschluß der rechtsseitigen Lungenvenen mit einer Hämosiderose der rechten Lunge gefunden. Die Pleuravenen waren stark erweitert und ermöglichten ein Abfließen des Blutes der rechten Lunge in die Venen des Großkreislaufs.

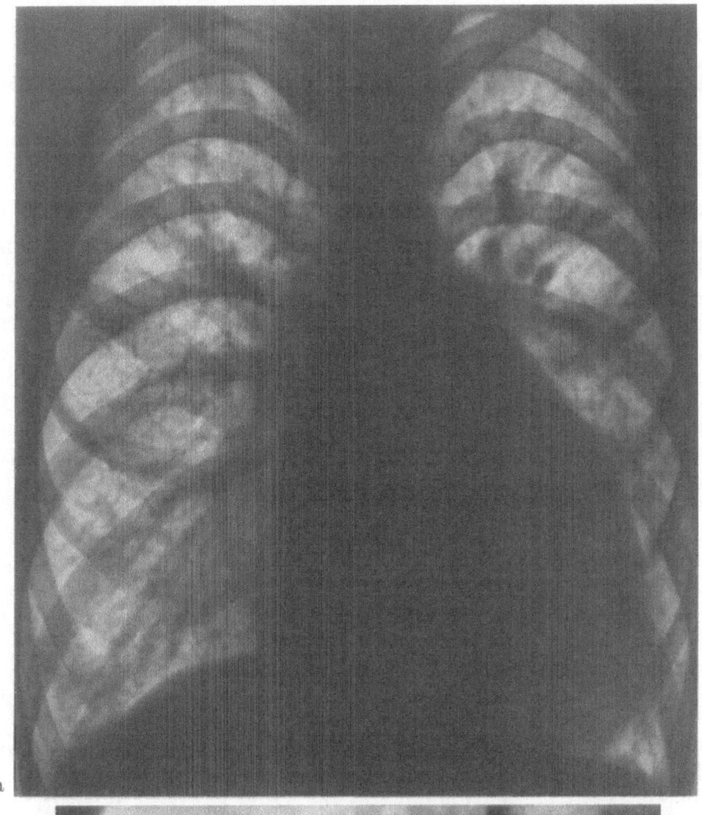
a

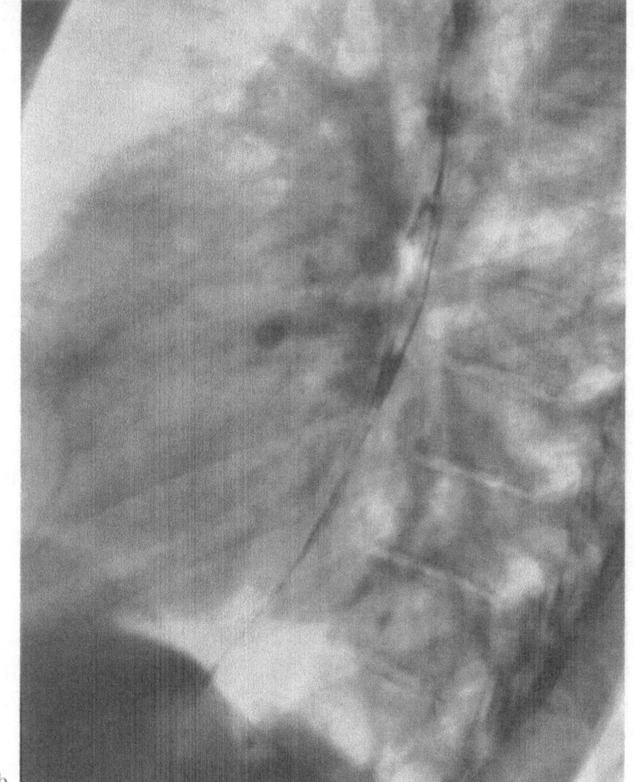
b

Abb. 160a u. b. Totale Lungenvenentransposition (Einmündung: Sinus coronarius) bei einem 24jährigen Patienten (K.Bi.)

13. Ventrikelseptumdefekt

Bei dieser Anomalie handelt es sich um einen Defekt wechselnder Größe und Lokalisation in der Kammerscheidewand. Die Defekte können multipel sein. Kombinationen mit anderen Mißbildungen sind häufig.

Die für den Ventrikelseptumdefekt gebräuchliche *Nomenklatur* ist, insbesondere im Hinblick auf die verwendeten Eigennamen, nicht einheitlich. Im Jahre 1879 stellte ROGER einen Patienten mit dem für einen Ventrikelseptumdefekt typischen Auskultationsbefund vor. Der Patient hatte keine Cyanose; Beschwerden bestanden nicht. Die Prognose des Leidens erwies sich als gut. DUPRE (1891) berichtete über eine entsprechende Beobachtung. Der Patient, ein 4jähriger Junge, verstarb an einer Diphtherie. Die Obduktion ergab einen Ventrikelseptumdefekt. Der Begriff Morbus Roger wird in der französischen Literatur für den isolierten Ventrikelseptumdefekt ohne Cyanose verwandt. Nach TAUSSIG (1947) und MARQUIS (1950) versteht man unter „Morbus Roger" einen Defekt im muskulären Anteil des Septums, im deutschsprachigen Schrifttum im allgemeinen den Ventrikelseptumdefekt mit guter Prognose, eine Definition, die dem ursprünglichen Fall Rogers am nächsten kommt.

Der hochsitzende Ventrikelseptumdefekt wurde erstmalig von DALRYMPLE (1847) bei einer cyanotischen Patientin beschrieben. EISENMENGER erörterte 1897/98 das Krankheitsbild eines ungarischen Kutschers, der an einer erheblichen Blausucht litt und an einer Hämoptoe ad exitum kam. Bei diesem Patienten war die Diagnose eines Ventrikelseptumdefektes zu Lebzeiten gestellt und auch durch die Sektion bestätigt worden.

Durch ABBOTT (1927) wurde der Begriff *Eisenmenger-Komplex* für den hochsitzenden Ventrikelseptumdefekt mit reitender Aorta und einem häufig cyanotischen Krankheitsbild eingeführt. Die Aorta erhält dabei Zufluß aus beiden Kammern.

In den letzten Jahren traten pathophysiologische Gesichtspunkte gegenüber den morphologischen Kriterien mehr und mehr in den Vordergrund. Der Ventrikelseptumdefekt wurde als die entscheidende Veränderung für das Zustandekommen des Krankheitsbildes beim *Eisenmenger-Syndrom* angesehen, während das Reiten der Aorta weniger bedeutungsvoll erschien. SELZER (1949) betrachtete das Vorhandensein einer peripheren Untersättigung beim Ventrikelseptumdefekt als entscheidend für die Diagnose *Eisenmenger*-Komplex. WOOD (1957) ging soweit, die Diagnose des *Eisenmenger*-Komplexes von dem Bestehen einer pulmonalen Hypertonie mit Rechts-Links-Shunt, unabhängig vom Vorhandensein eines Ventrikelseptumdefektes und damit von der Lokalisation des Shunts, abhängig zu machen. Dieser Definition kann nicht zugestimmt werden, da dem Ventrikelseptumdefekt eine zweitrangige Rolle zugeteilt wird und feststehende anatomische Begriffe, die in klinischen Symptomen ihren Niederschlag finden, verwässert werden. Nach BLOUNT u. Mitarb. (1955) sowie GROSSE-BROCKHOFF (1957) stellt der *Eisenmenger*-Komplex kein selbständiges Krankheitsbild dar. Nach diesen Autoren handelt es sich dabei vielmehr um eine Erscheinungsform (Phase) des Ventrikelseptumdefektes, bei der infolge eines erhöhten Strömungswiderstandes im kleinen Kreislauf ein Rechts-Links-Shunt entstanden ist.

Entwicklungsgeschichtlich ist die Entstehung von Defekten im muskulären Anteil des Ventrikelseptums zurückzuführen auf eine Entwicklungshemmung eines oder mehrerer Elemente, die an der Entstehung des Ventrikelseptums beteiligt sind (DE LA CRUZ u. Mitarb. 1959), oder aber auf das Persistieren intertrabekulärer Zwischenräume im muskulären Septumanteil (GOULD 1953). Die Pars membranacea des Ventrikelseptums entsteht aus dem muskulären Septum und dem Septum des Truncus bulbi, wobei außerdem auch die Endokardkissen beteiligt sind. Dementsprechend können verschiedenartige Entwicklungsstörungen zur Entstehung eines hochsitzenden Ventrikelseptumdefektes führen und seine Morphologie sowie Kombinationen mit anderen Anomalien bestimmen; insbesondere können Wachstumshemmungen eines der an der Entstehung der Pars membranacea beteiligten Gewebes Fusionsstörungen nach sich ziehen.

Die Kenntnis der *Anatomie* im Bereich des Ventrikelseptums und insbesondere der Pars membranacea ist für das Verständnis des Krankheitsbildes wesentlich. Die Pars membranacea liegt, vom linken Herzen her gesehen, in der Ausflußbahn der linken Kammer (Abb. 161). Sie endet unterhalb der Aortenklappe und ist von dieser überhaupt nicht oder durch eine schmale muskuläre Brücke getrennt. Der membranöse Anteil des Septums wölbt sich so in die linke Kammer hinein, daß sein Fehlen ein „Reiten" der Aorta nach sich zieht (Abb. 162). Der Grad des Überreitens ist darüber hinaus abhängig von der Drehung der Aorta und Pulmonalarterie. Vom rechten Ventrikel her gesehen liegt die Pars membranacea hinter dem septalen oder auch septalen und vorderen Segel der Tricuspidalklappe. Das septale Segel setzt dabei in der Mitte der Pars membranacea an, so daß ihr oberer Teil den rechten Vorhof begrenzt. So ist es verständlich, daß bei entsprechend gelagertem Septumdefekt eine Verbindung zwischen linker Kammer und rechtem Vorhof zustandekommt. Bei erhöhtem Druck oder vergrößertem Lungenzirkulationsvolumen kann eine Hypertrophie der Ausflußbahn der rechten Kammer entstehen, die eine Stenosewirkung hat.

Der Ventrikelseptumdefekt liegt am häufigsten im Septum membranaceum, und zwar nach SELZER (1954) in 90%. In der Mehrzahl der Fälle besteht dabei eine Verbindung zwischen linker Kammer und Tricuspidalgegend; seltener besteht Kommunikation zum infundibulären Anteil des rechten Ventrikels. Auf die Möglichkeit einer Verbindung zwischen rechtem Vorhof und linker Kammer wurde bereits hingewiesen. Neben der häufigsten Lokalisation in der Pars membranacea kann ein Defekt auch im cranialen Anteil des muskulären Septums, im membranösen und muskulären Anteil gleichzeitig und

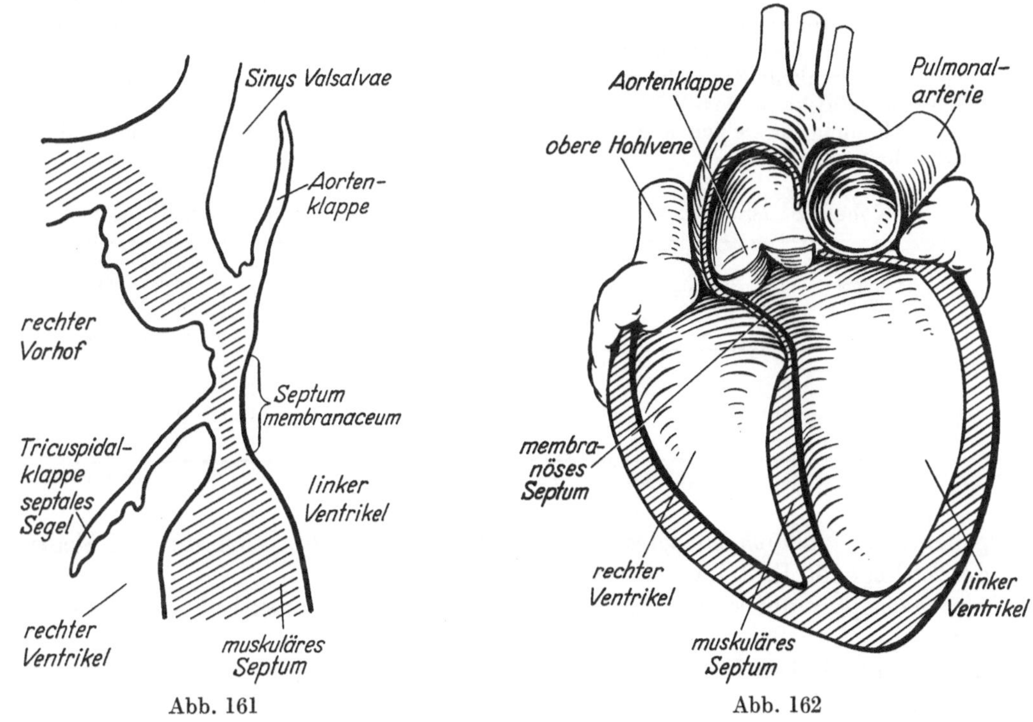

Abb. 161 Abb. 162

Abb. 161. Skizze der anatomischen Situation im Bereich der Pars membranacea des Ventrikelseptums (nach FERENCZ 1957)

Abb. 162. Halbschematische Darstellung eines Herzquerschnittes mit Ventrikelseptum (nach DAMMANN u. Mitarb. 1960)

schließlich im unteren Anteil des muskulären Septums liegen. Die Defekte können einzeln oder multipel vorkommen. Unter 33 von GILLMANN und LÖHR (1960) an Hand des Operationsbefundes untersuchten Fällen hatten 25 einen, 5 zwei und 3 drei Defekte.

Defekte im muskulären Anteil sind meist klein; seltener kommen auch hier große Defektbildungen vor (WEISS 1927; KONAR u. SEN GUPTA 1954; HEATH, BROWN u. WHITAKER 1956). Nach Beobachtungen von EDWARDS (1953) sind Defekte im muskulären Anteil in früher Kindheit oval und strecken sich mit zunehmendem Alter. Da derartige Defekte vom Muskelgewebe umgeben sind, ist ihre Verkleinerung während der Kontraktion des Herzens möglich. Auch ein spontaner Defektverschluß ist möglich.

Hypertrophie und Größe der Herzhöhlen sind abhängig von der jeweiligen hämodynamischen Phase des Ventrikelseptumdefektes (s. Pathophysiologie). Septumdefekte mit funktionell wesentlichem Links-Rechts-Shunt führen infolge Volumenmehrbelastung der Lungengefäße, des linken Vorhofs und der linken Kammer und auch der rechten Kammer zu morphologischen Veränderungen dieser Herz- und Gefäßteile. Beide Kammern und der linke Vorhof sind hypertrophiert und dilatiert. Die Pulmonalarterie ist erweitert. Die Aorta ist unauffällig oder klein. Mit zunehmendem Strömungswiderstand in den

Lungengefäßen und abnehmendem Links-Rechts-Shunt können sich Dilatation und Hypertrophie von linker Kammer und linkem Vorhof zurückbilden. Im weiteren Verlauf können der Widerstand in den Lungengefäßen sowie der Druck in der rechten Kammer und der Lungenstrombahn zunehmen. Der Links-Rechts-Shunt vermindert sich; schließlich kann es zu einer Shuntumkehr kommen. Hypertrophie und Dilatation des rechten Ventrikels sind dann die Folge. Die Pulmonalarterie ist erweitert. Diese Erweiterung erstreckt sich auf die großen Äste, während die peripheren Verzweigungen im Vergleich zur Krankheitsphase mit großem Links-Rechts-Shunt eng sind.

Besteht eine Widerstandserhöhung im kleinen Kreislauf, so finden sich Lungengefäßveränderungen mit Mediahypertrophie, Hyalinisierung, Thrombenbildung und Nekrosen.

Angaben über die *Häufigkeit* der Mißbildung schwanken. Es hängt dies einmal ab von der nicht einheitlichen Definition des Defektes, zum anderen von dem durchschnittlichen Lebensalter des zugrundeliegenden Krankengutes. Wir fanden unter 4500 angeborenen Herzfehlern 628 Patienten mit Ventrikelseptumdefekt (= 14%). Wie aus Tabelle 8 hervorgeht, hatten von diesen 628 Patienten 294 eine Druckerhöhung im kleinen Kreislauf, wobei in 10% ein gekreuzter Kurzschluß und in 12% eine Shuntumkehr bestanden.

Tabelle 8. *Druck in der Pulmonalarterie beim Ventrikelseptumdefekt*

Altersgruppe (in Jahren)	Normaler Druck	Druckerhöhung mit ausschließlichem Links-Rechts-Shunt	Druckerhöhung mit gekreuztem überwiegendem Links-Rechts-Shunt	Druckerhöhung mit gekreuztem überwiegendem Rechts-Links-Shunt bzw. Shuntumkehr
0—10	188	107	36	14
11—20	94	32	14	23
Älter als 20	52	19	13	36
	334 (53%)	158 (25%)	63 (10%)	73 (12%)

Ausgehend von *pathophysiologischen* Gesichtspunkten ergibt sich für den Ventrikelseptumdefekt folgende Einteilung (LOOGEN 1958):

1. Ventrikelseptumdefekt mit kleinem Querschnitt und praktisch drucktrennender Wirkung.

Die hämodynamischen Folgen sind bei dieser Form gering. Der Defekt ist so klein, daß eine Druckübertragung von der linken zur rechten Kammer nicht zustandekommt und der Shunt zu keiner nennenswerten Mehrbelastung des Herzens führt.

2. Ventrikelseptumdefekt mit mittelgroßem Querschnitt und mehr oder weniger drucktrennender Wirkung.

Diese Gruppe nimmt eine Mittelstellung ein zwischen den Fällen mit einem Shunt von funktionell geringer Bedeutung und denjenigen, bei denen die Defektgröße einen Druckangleich zwischen rechts und links bedingt. Sie weist eine große Variabilität im hämodynamischen Bild auf. Druckreduzierende Wirkung als auch Links-Rechts-Shunt können verschieden stark ausgeprägt sein. Als Folge eines Links-Rechts-Shunts mit Vermehrung des Lungenstrombahnvolumens können sekundäre Gefäßveränderungen in den Lungengefäßen auftreten, die ihrerseits Druck- und Widerstandserhöhungen nach sich ziehen.

3. Ventrikelseptumdefekt mit großem Querschnitt und druckangleichender Wirkung.

Hierbei handelt es sich um Defekte, deren Größe zu einem Druckangleich zwischen der rechten und linken Kammer führt, so daß ein systolisch funktionell gemeinsamer Ventrikel entsteht („common ejectile force“ nach DAMMANN und FERENCZ 1956). Hämodynamik und Klinik werden bei dieser Form des Ventrikelseptumdefektes bestimmt durch die Widerstandsverhältnisse im großen und kleinen Kreislauf. Solange der Strömungswiderstand im Lungenkreislauf normal oder wenig erhöht ist, besteht ein starker Links-Rechts-Shunt. Die Überflutung der Lunge und die Volumenmehrbelastung des Herzens haben eine hohe Mortalität schon in den ersten Lebensmonaten zur Folge (SCHOENMACKERS u. ADEBAHR 1955; EDWARDS 1956; ZACHARIOUDIAKIS u. Mitarb. 1956; GROSSE-

BROCKHOFF 1957). Eine Persistenz fetaler Gefäßverhältnisse mit Mediahypertrophie und Intimaverdickung kann nach CIVIN und EDWARDS (1950) den Links-Rechts-Shunt reduzieren und damit die Überlebenschancen verbessern. Bei stärkerem Anstieg des Lungenstrombahnwiderstandes infolge Intimaverdickung, Hyalinose, Sklerose und Thrombose in den Lungengefäßen kann ein Angleich der Druck- und Widerstandsverhältnisse in beiden Kreisläufen mit gekreuztem Kurzschluß erfolgen. Übersteigt schließlich der Widerstand im kleinen Kreislauf den des großen, so kommt es zu einer Shuntumkehr, die sich klinisch als Cyanose manifestiert. Es handelt sich dabei um jene Phase des Krankheitsbildes, die zum Teil in der Literatur unter dem Namen *Eisenmenger*-Syndrom als selbständiges Krankheitsbild beschrieben wird. Der Zeitpunkt der Manifestation dieser Phase ist unterschiedlich. Am häufigsten wird die Shuntumkehr zwischen dem 1. und 10. Lebensjahr, seltener in den ersten 6 Monaten oder jenseits des 20. Lebensjahres beobachtet (CIVIN u. EDWARDS 1950; DAMMANN u. FERENCZ 1950; ESKELUND u. THERKELSEN 1956; MEESSEN 1957).

Klinische Befunde beim Ventrikelseptumdefekt haben entsprechend ihren anatomischen und pathophysiologischen Voraussetzungen eine große Spielbreite.

Die allgemeine Entwicklung der Patienten mit kleinem Ventrikelseptumdefekt ist normal. Beschwerden bestehen in der Regel nicht. Die Prognose wird als gut bezeichnet. Als auffälliger Befund findet sich ein rauhes systolisches Geräusch im 2.—5. Intercostalraum links parasternal, das mit Schwirren verbunden sein kann.

Bei Patienten mit funktionell bedeutungsvollem Links-Rechts-Shunt ist die allgemeine Entwicklung oft verzögert. Schon im Frühkindesalter können Ernährungsstörungen, pulmonale Infekte und mehr oder weniger stark ausgeprägte Dyspnoe Folgen des Herzfehlers sein. Schwirren ist ein konstanter Befund. Neben dem systolischen Geräusch kommt relativ häufig — nach WOOD (1954) in 90% der Fälle mit großem Links-Rechts-Shunt — ein diastolisches Geräusch an der Herzspitze als Folge einer relativen Mitralstenose vor. Im Gegensatz zur organischen Mitralstenose fehlt der laute erste Ton und der Mitralöffnungston. Der zweite Herzton ist betont und gespalten. Ein diastolisches Geräusch an der Pulmonalklappe kann als Folge einer Pulmonalinsuffizienz gelegentlich auftreten. Mit ansteigendem Lungenstrombahnwiderstand findet sich oft eine Zeitspanne relativ guter körperlicher Leistungsfähigkeit.

Besteht infolge eines stark erhöhten Lungenstrombahnwiderstandes ein Rechts-Links-Shunt, so ist jene Phase des Ventrikelseptumdefektes erreicht, die auch als *Eisenmenger-Syndrom* bezeichnet wird. Die Patienten zeigen das Bild des Morbus coeruleus mit Trommelschlegelfingern und -zehen. Schwirren ist nicht zu palpieren. Man hört ein systolisches Geräusch am linken Sternalrand, das abhängig von den jeweiligen Shuntverhältnissen meist sehr leise ist; es kann auch ganz fehlen (SELZER 1954). Der Pulmonalklappenschlußton ist betont. Gelegentlich ist ein diastolisches Geräusch als Folge einer Pulmonalinsuffizienz zu hören. Die Cyanose tritt bei Patienten mit großem Ventrikelseptumdefekt nach eigenen Untersuchungen in der Mehrzahl der Fälle bis zum 10. Lebensjahr auf, vereinzelt erst nach dem 20. Lebensjahr. Dieser Knick im Krankheitsverlauf wird von den Patienten häufig zusammen mit einer körperlichen Belastung, einer Gravidität oder einem pulmonalen Infekt festgestellt. In einem Teil der Fälle besteht die Cyanose von Geburt an. Diese Patienten haben eine verkürzte Lebenserwartung. Der von EISENMENGER beobachtete Patient wurde 32 Jahre, der von VEASY (1960) beobachtete Patient mit großem Ventrikelseptumdefekt und Shuntumkehr sogar über 50 Jahre alt.

Das *Elektrokardiogramm* beim Ventrikelseptumdefekt (EFFERT, RIPPERT, SCHAUB 1958) ist im Falle des kleinen Defektes meist unauffällig. Mittelgroße Defekte mit druckreduzierender Wirkung haben selten normale Stromverläufe. Häufig finden sich die Zeichen der Rechtsverspätung in den Brustwand-Ableitungen sowie tiefe, breite S-Zacken und Hochspannung in den linksprächordialen Ableitungen. Wenig einheitlich erwies sich das elektrokardiographische Bild beim großen Ventrikelseptumdefekt.

Bei starker Volumenmehrbelastung des linken Herzens finden sich Zeichen der Linkshypertrophie und Linksverspätung, gelegentlich auch Hinweise auf eine Schädigung der Arbeitsmuskulatur. Bei Angleich der Druck- und Widerstandsverhältnisse können im EKG Zeichen der Links- und Rechts-Mehrbelastung vorliegen. Bei Patienten mit Shunt-Umkehr überwiegen durchweg pathologische Rechtstypen und Rechtsverspätungskurven. Vereinzelt kommen Schenkelblockbilder vor.

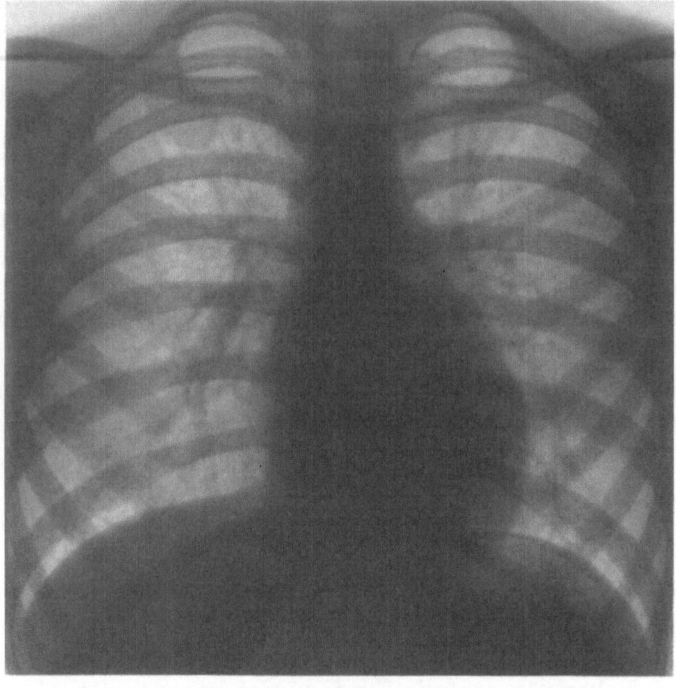

a

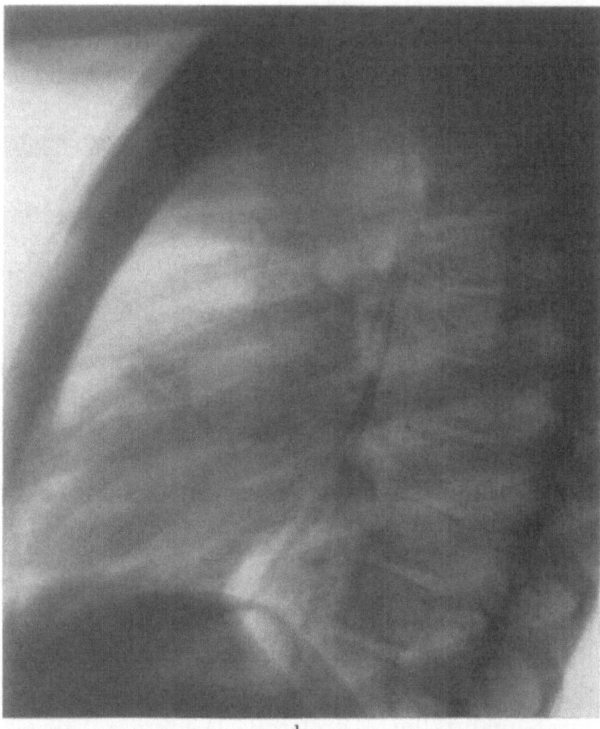

b

Abb. 163a u. b. Funktionell unbedeutender Ventrikelseptumdefekt bei einer 9jährigen Patientin (K.Li.). a Sagittalbild: Herztaille verstrichen. Herzkonfiguration und Lungenzeichnung sonst ohne Besonderheiten. b Seitenbild

Röntgenbefunde. Die Umformung des Herzens im Röntgenbild sowie die Veränderungen der Hilus- und Lungenzeichnung werden bestimmt durch die pathophysiologische Situation, insbesondere durch die Shuntvolumina und das Verhältnis von Groß- und Kleinkreislaufwiderständen zueinander. Darüber hinaus ist der Zeitraum, über den die pathologischen Kreislaufverhältnisse wirksam sind, ein das Röntgenbild mitbestimmender Faktor.

Bei Ventrikelseptumdefekten mit kleinem Querschnitt und praktisch drucktrennender Wirkung ist das Röntgenbild meist unauffällig (Abb. 163 u. 164). Das bezieht sich sowohl auf die Herzkonfiguration als auch im allgemeinen auf die Hilus- und Lungenzeichnung. Ein vorspringender Pulmonalbogen wird in einem Teil der Fälle beobachtet, ist aber differentialdiagnostisch, insbesondere bei Kindern, nicht sicher zu verwerten.

Bei Übergangsformen zu mittelgroßen Septumdefekten besteht gelegentlich bei noch normaler Herzkonfiguration eine vermehrte Hilus- und Lungenzeichnung (YOUNG u. Mitarb. 1960).

Ventrikelseptumdefekte mit mittelgroßem Querschnitt (Abb. 165—167) und mehr oder weniger drucktrennender Wirkung zeigen eine Verbreiterung des Herzens nach rechts und links, die oft bei gleichen Druck- und Shuntverhältnissen um so stärker ausgeprägt ist, je älter die Patienten sind. Diese Herzverbreiterung ist zurückzuführen auf das Shuntvolumen, das dem rechten Ventrikel durch den Septumdefekt zufließt und über den Lungenkreislauf den linken Vorhof und die linke Kammer erreicht. Die Volumenbelastung betrifft also beide Kammern, die beide an der Herzverbreiterung beteiligt sind. Bei großem Links-Rechts-Shunt ist auch der linke Vorhof erweitert. Er wölbt sich dann auf der seitlichen Aufnahme in den Herzhinterraum vor und verdrängt den Oesophagus nach hinten. Die Herzspitze ist fast stets abgerundet und leicht angehoben. Die Beteiligung des linken Vorhofs und der linken Kammer ist um so stärker ausgeprägt, je größer die Volumenbelastung ist. Die linke Kammer wird daher im Sagittalbild auch links randständig. Bei zunehmender Drucksteigerung im Lungenkreislauf und in der rechten Kammer tritt deren Vergrößerung stärker hervor. Der Pulmonalbogen erscheint im Sagittalbild vorgewölbt und läßt bei der Durchleuchtung lebhafte Pulsationen erkennen. Die Vorwölbung des Pulmonalbogens ist im allgemeinen um so ausgeprägter und seine Abgrenzung an der linken Herz- und Gefäßkontur um so schärfer, je mehr der Druck im Lungenkreislauf gesteigert ist. Im Gegensatz zu den lebhaften Pulsationen des Pulmonalbogens sind diejenigen der Aorta unauffällig, ein Befund, der differentialdiagnostisch gegenüber dem Ductus Botalli wichtig sein kann. Die Hili sind vergrößert und verdichtet. In einem Teil der Fälle lassen sie bei der Durchleuchtung sog. Eigenpulsationen erkennen, auf deren diagnostische Bedeutung zur Erfassung eines Links-Rechts-Shunts beim Vorhofseptumdefekt hingewiesen wurde. Vergleicht man jedoch die Häufigkeit, mit der Eigenpulsationen beim funktionell bedeutenden Vorhofseptumdefekt und bei Patienten mit Ventrikelseptumdefekt vergleichbaren Schweregrades sichtbar werden, so sind sie hier seltener. Unseren Erfahrungen nach kommen sie beim Vorhofseptumdefekt mit funktionell wesentlichem

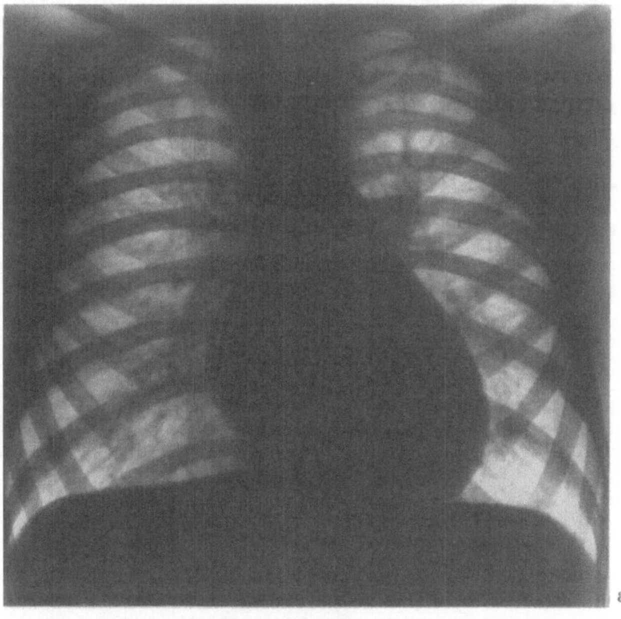

a

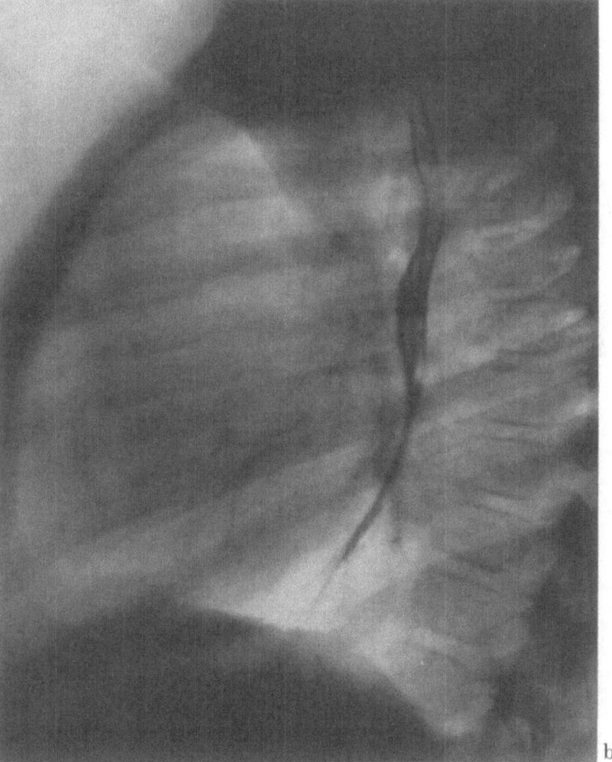

b

Abb. **164** a u. b. Kleiner Ventrikelseptumdefekt (operativ gesichert) bei einem 5jährigen Patienten (G.Ts.). Druck im rechten Ventrikel 35/0 mm Hg. Links-Rechts-Shunt 1 l/min. a Sagittalbild: geringe Verbreiterung des Herzens nach links; verstrichene Herztaille; vorspringender Pulmonalbogen. Gering verstärkte Lungenzeichnung. b Seitenbild: flache Einengung des Retrokardialraumes im Bereich des linken Vorhofs und der linken Kammer

Links-Rechts-Shunt in vier Fünftel der Fälle, beim vergleichbaren Ventrikelseptumdefekt nur in einem Fünftel der Fälle vor. Nach Keith u. Mitarb. (1958) gibt das Verhalten der Hiluspulsationen Aufschluß über Volumen- und Druckverhältnisse in der

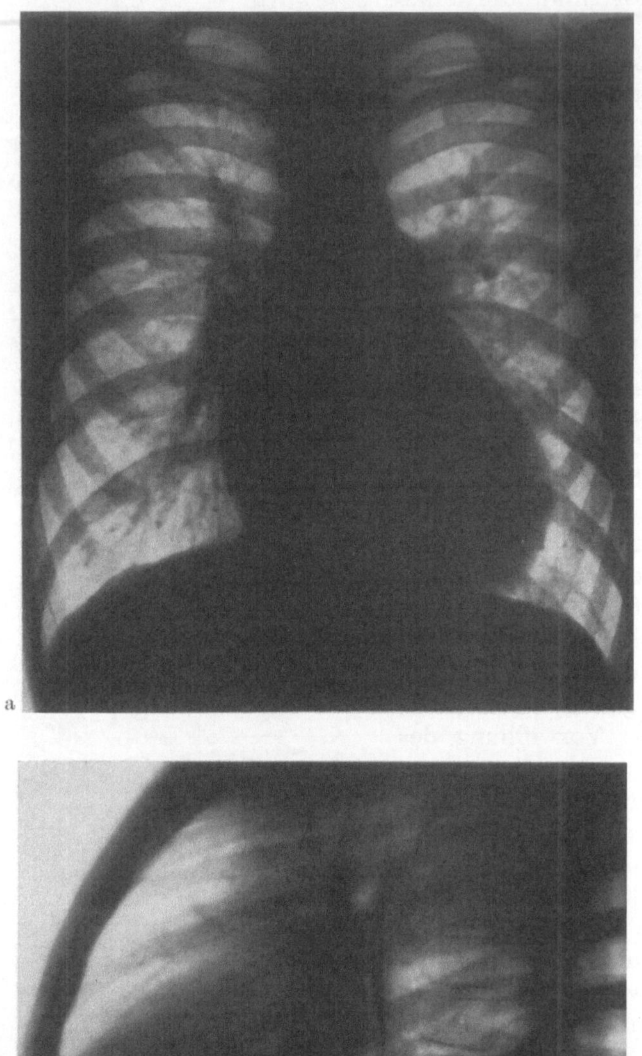

Abb. 165a u. b. Mittelgroßer Ventrikelseptumdefekt bei einem 13jährigen Patienten (E.Gl.). Druck in der rechten Kammer 50/0 mm Hg. Links-Rechts-Shunt 1,9 l/min. a Sagittalbild: beiderseits, besonders nach links verbreitertes Herz mit abgerundeter Herzspitze. Flach vorspringender Pulmonalbogen. Relativ schmale Aorta. Lungenzeichnung deutlich vermehrt. b Seitenbild: flache Vorwölbung der hinteren Herzkontur in Höhe des linken Vorhofs

Lungenarterie. Mit steigendem Lungenarteriendruck und steigendem Stromvolumen nehmen die Hiluspulsationen nach diesen Autoren zu, während sie bei steigendem Druck und abnehmendem Volumen geringer werden — dies besonders bei Jugendlichen. Die Lungenzeichnung ist vermehrt. Bei erheblichem Links-Rechts-Shunt sind verdichtete und verbreiterte Gefäßschatten bis zur lateralen Thoraxwand sichtbar. Die Aorta ist meist unauffällig oder verkleinert.

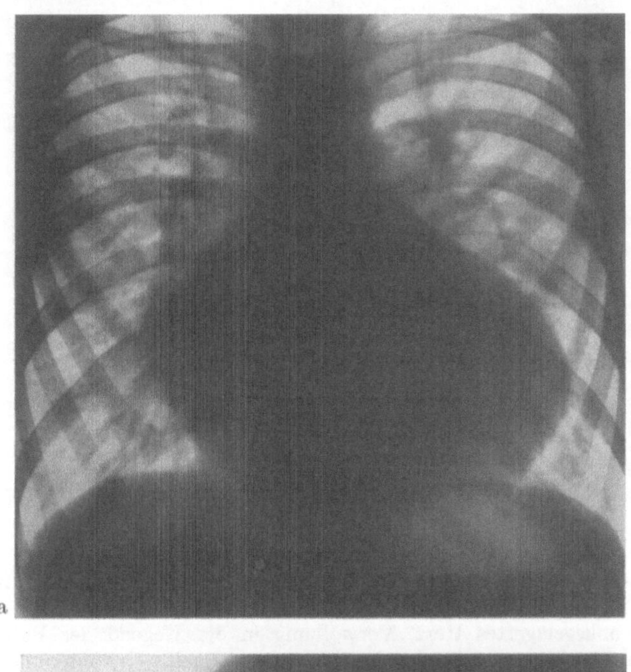

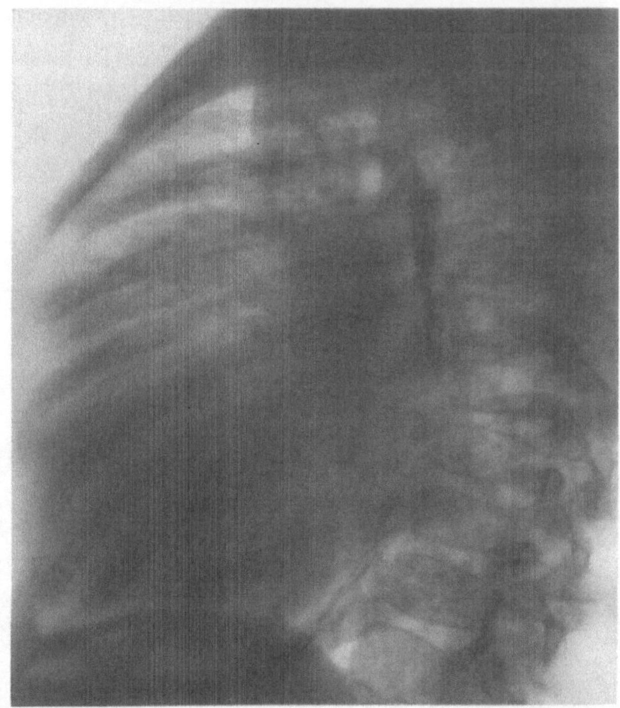

Abb. 166a u. b. Mittelgroßer Ventrikelseptumdefekt (operativ gesichert) bei einem 10jährigen Patienten (W.Bu.). Druck in der Pulmonalarterie 60/25 mm Hg, im rechten Ventrikel 80/0 mm Hg. Links-Rechts-Shunt 3,2 l/min. a Sagittalbild: beiderseits stark verbreitertes Herz. Stark vermehrte Lungengefäßzeichnung. b Seitenbild: Retrokardialraum durch den vergrößerten linken Vorhof und linken Ventrikel fast völlig ausgefüllt

Ventrikelseptumdefekte mit Druckangleich zeigen unterschiedliche Bilder, die im wesentlichen bestimmt werden durch die Größe der Widerstände im großen und kleinen Kreislauf.

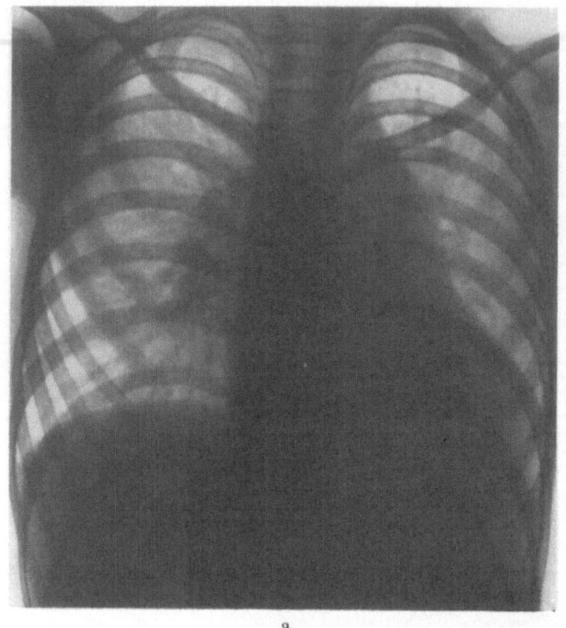

a

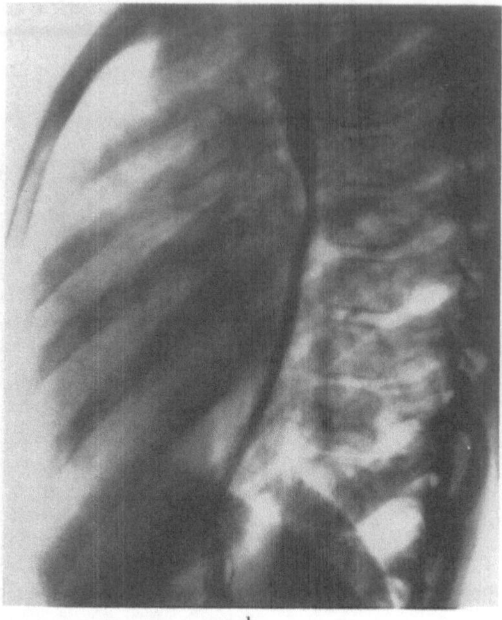

b

Abb. 167 a u. b. Mittelgroßer Ventrikelseptumdefekt bei einem 6jährigen Patienten (M.Lö.). Druck in der rechten Kammer 70/0 mm Hg, in der Pulmonalarterie 40/10 mm Hg. Links-Rechts-Shunt 2,9 l/min. a Sagittalbild: linksverbreitertes und linksgelagertes Herz. Vorwölbung in der Gegend der Pulmonalarterie. Hilus- und Lungenzeichnung insgesamt bis zur lateralen Thoraxwand vermehrt. b Seitenbild: insgesamt enger Herzhinterraum

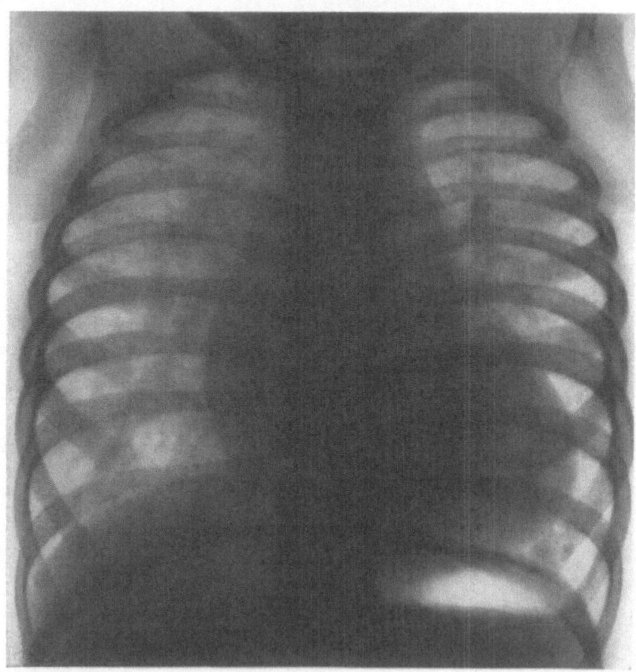

Abb. 168. Großer Ventrikelseptumdefekt (durch Obduktion gesichert) bei einer 1jährigen Patientin (E.Ri). Herz nach beiden Seiten, besonders nach links verbreitert. Streifig-wolkige Verschattung in den Lungenfeldern infolge des starken Links-Rechts-Shunts bei niedrigem Lungengefäßwiderstand

In der ersten Krankheitsphase wird bei einem Teil der Patienten das Röntgenbild von einem exzessiven Links-Rechts-Shunt bestimmt. Er besteht im frühen Kindesalter und führt zu einer erheblichen Verbreiterung des Herzens nach beiden Seiten. Das Lungenbild ist geprägt von den Zeichen der Überflutung. Die Lungen sind insgesamt vermindert strahlendurchlässig und lassen streifig fleckige Verschattungen bei prallgefüllten Lungengefäßen erkennen. Dazu kommen die Zeichen der Lungenstauung, wenn die extreme Volumenbelastung mit einer Herzinsuffizienz einhergeht (Abb. 168).

Überleben die Patienten diese erste Zeit, so kommt es bei verringertem, aber immer noch überwiegendem Links-Rechts-Shunt wechselnder Stärke zu jenen röntgenologischen Erscheinungsformen, die große Ähnlichkeit mit denen von Ventrikelseptumdefekten mittlerer Größe haben können.

Sind Kreislaufwiderstände und Shuntvolumina einander angeglichen, oder ist es bereits zu einem Überwiegen des Lungengefäßwiderstandes mit Rechts-Links-Shunt gekommen, so ändert sich auch das Röntgenbild. Die Mehrbelastung trifft jetzt nur noch den rechten Ventrikel und entsprechend auch den rechten Vorhof. Linke Kammer und linker Vorhof werden mit abnehmendem Links-Rechts-Shunt kleiner. Fibrotische Myokardprozesse können jedoch eine

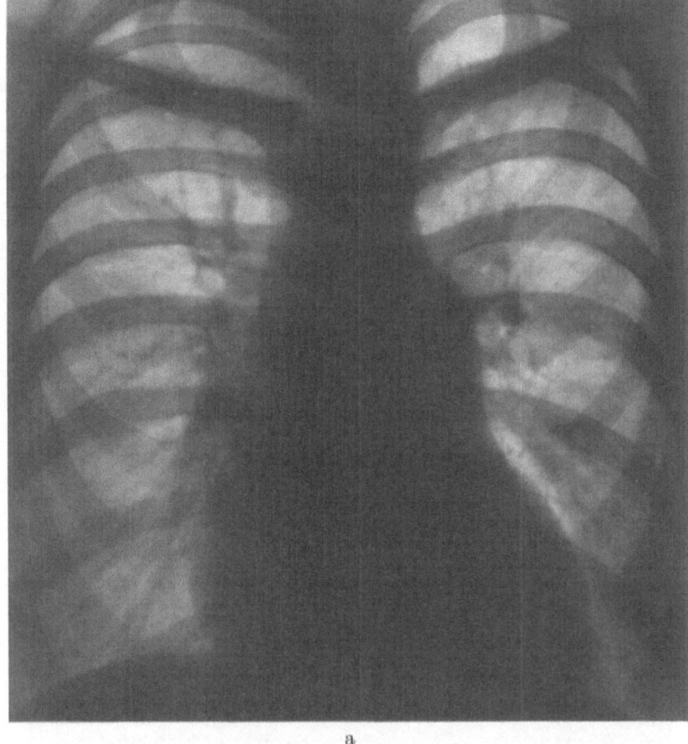

a

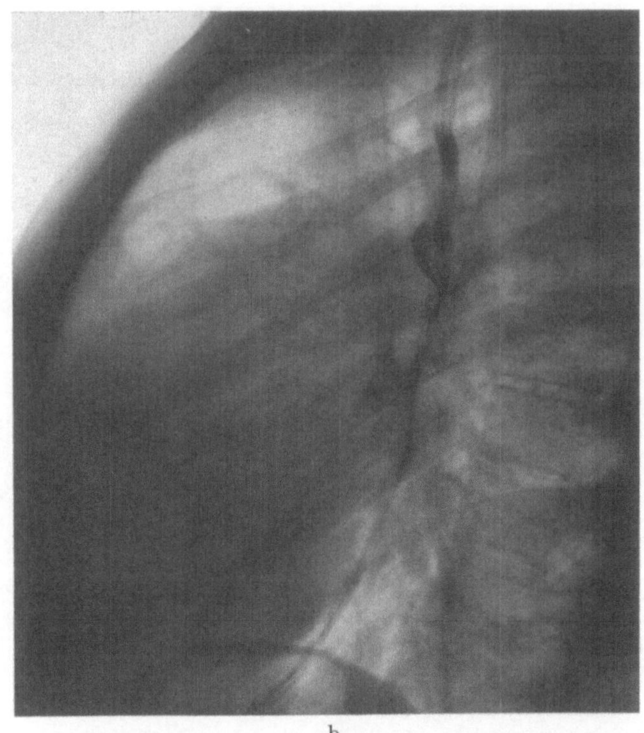

b

Abb. 169a u. b. Großer Ventrikelseptumdefekt mit ausschließlichem Rechts-Links-Shunt bei einer 21jährigen Patientin (M.Me.). Druck in der rechten Kammer 110/0 mm Hg, in der Pulmonalarterie 110/70 mm Hg. O_2-Defizit 20%. a Sagittalbild: beiderseits, besonders nach links verbreitertes Herz mit deutlicher Vorwölbung in der Gegend der Pulmonalarterie. b Seitenbild: infolge Hypertrophie und Dilatation der rechten Kammer lehnt sich das Herz breitflächig der vorderen Thoraxwand an

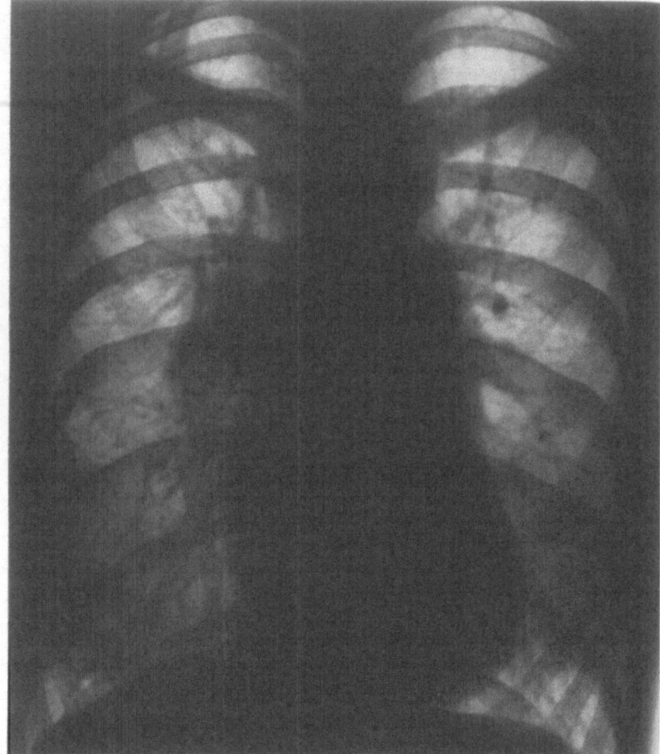

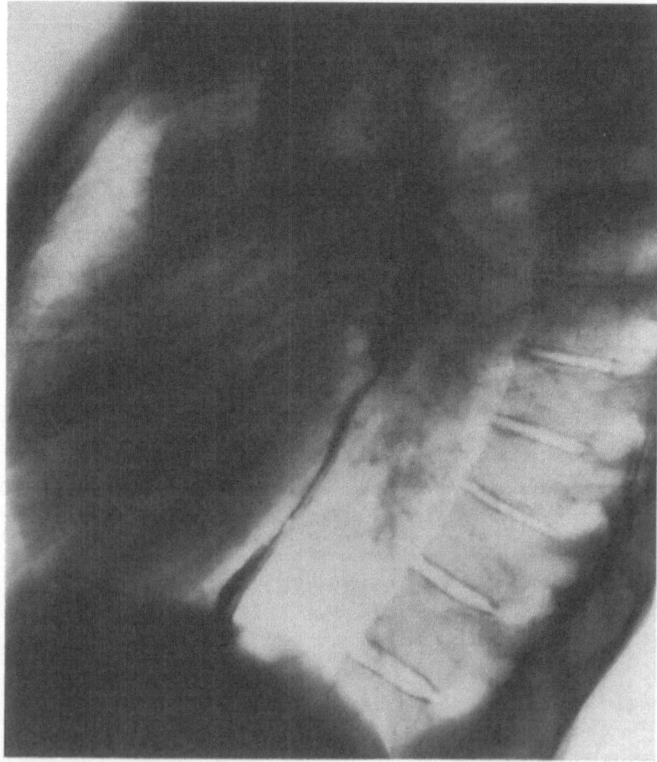

derartige Verkleinerung des linken Herzens, insbesondere der linken Kammer, bei einem Teil der Fälle verhindern.

Die Größe des Herzens ist unterschiedlich. Die Herzen sind rundlich konfiguriert. Der Pulmonalbogen springt in der Mehrzahl der Fälle vor und grenzt sich deutlich am linken Herz- und Gefäßband ab. Bei der Durchleuchtung zeigt er vermehrte Pulsationen. Die Lungengefäße lassen zentral im Hilusbereich oft aneurysmatische Erweiterungen erkennen, die im Leuchtschirmbild pulsieren. Mit den dichten Hili kontrastieren die hellen peripheren Lungenfelder als Folge sklerosierender Gefäßprozesse bei pulmonaler Hypertonie. Die Aorta ist in bezug auf Weite und Pulsationsablauf ohne Besonderheiten (Abb. 169 u. 170).

Auf dem Seitenbild sieht man oft eine Ausladung des Herzens nach vorne und cranial als Ausdruck eines vergrößerten rechten Ventrikels (Abb. 169b). Dieser kann darüber hinaus den linken Ventrikel so weit nach hinten verdrängen, daß der Retrokardialraum allein hierdurch eingeengt wird. Die Abgrenzung von rechter und linker Kammer bleibt bei Durchleuchtung und Aufnahme oft unsicher.

Die Variationsbreite bei den hämodynamisch verschiedenen Ventrikelseptumdefekten zeigen die Abb. 171—175.

Die Bedeutung der *Kymographie* für die Diagnose des Ventrikelseptumdefektes ist begrenzt. Eigenbewegungen der hilusnahen

Abb. 170a u. b. Großer Ventrikelseptumdefekt mit Shuntumkehr bei einer 30jährigen Patientin (G.Ra.). Druck in der rechten Kammer 130/0 mm Hg, in der Pulmonalarterie 130/60 mm Hg. O_2-Defizit 27%. a Sagittalbild: keine Herzverbreiterung; Herz rundlich konfiguriert. Flache Vorwölbung in der Gegend der Pulmonalarterie. Kleiner Aortenbogen am Gefäßband links abgrenzbar. Zentrale Hiluszeichnung vermehrt. Geringe Lungenzeichnung in der Peripherie. b Seitenbild: bei großer Thoraxtiefe Herzhinterraum frei

Lungengefäße lassen sich im Kymogramm objektivieren. Der vorspringende Pulmonalbogen zeigt meist vergrößerte Amplituden; der Bewegungsablauf an der Aorta ist unauffällig; insbesondere fehlen die für den Ductus Botalli typischen expansiven systolischen Gefäßbewegungen am Ascendensanteil.

Herzkatheteruntersuchung. Eine Herzkatheteruntersuchung ist beim Ventrikelseptumdefekt in der Regel unerläßlich, einmal zur Sicherung der Diagnose und zum anderen

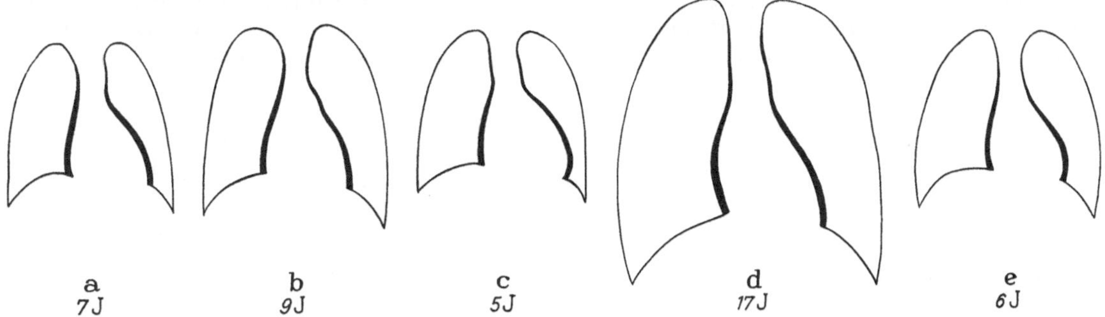

Abb. 171a—e. Herzsilhouetten von fünf Patienten mit kleinem Ventrikelseptumdefekt bei normalen Druckwerten in der rechten Kammer und der Pulmonalarterie. Links-Rechts-Shunt unter 1 l/min

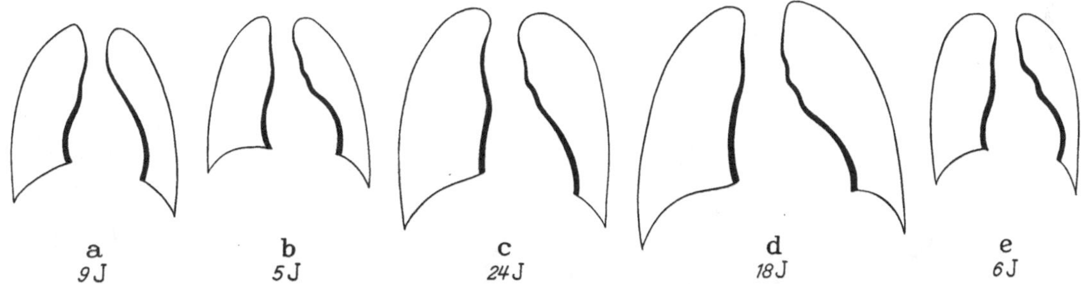

Abb. 172a—e. Herzsilhouetten von fünf Patienten mit kleinem Ventrikelseptumdefekt. Druckwerte in der rechten Kammer und in der Pulmonalarterie nicht erhöht. Links-Rechts-Shunt über 1 l/min

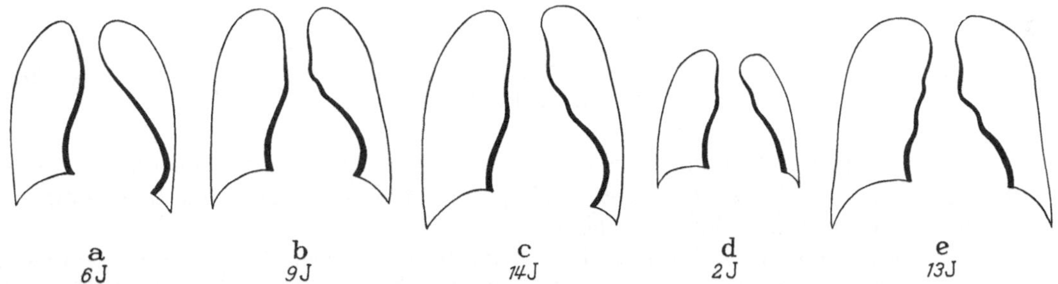

Abb. 173a—e. Herzsilhouetten von fünf Patienten mit mittelgroßem Ventrikelseptumdefekt. Druckwerte in der rechten Kammer und in der Pulmonalarterie erhöht, ohne daß ein Druckangleich erreicht wird. Ausschließlicher Links-Rechts-Shunt

zur Bestimmung der pathophysiologischen Situation im Hinblick auf die Operabilität. Die direkte Passage des Defektes mit dem Katheter von der rechten in die linke Kammer gelingt beim kleinen tiefsitzenden Defekt selten. Beim hochsitzenden Defekt ist es dagegen leichter möglich, die Sonde von der rechten Kammer aus in die Aorta vorzuschieben, wobei der Katheter eine S-förmige Schleife beschreibt. Auf die Möglichkeit, mit Hilfe des Herzkatheters den Anteil der rechten und linken Kammer am Herzschatten abzugrenzen, wurde bereits hingewiesen.

Kontrastmitteldarstellung. Eine Angiokardiographie ist bei kleinem und mittelgroßem Defekt im allgemeinen nicht erforderlich. Bei großem Defekt mit Druckangleich ist sie jedoch angezeigt zum Ausschluß einer Transposition oder eines Ductus Botalli mit pulmonaler Hypertonie als differentialdiagnostisch wichtigsten Herzfehlers. Dann sollte sie mit gezielter Injektion des Kontrastmittels in den rechten Ventrikel vorgenommen werden. Nach Passage des Lungenkreislaufs kommt es zu einem Spätdextrogramm, solange ein Links-Rechts-Shunt besteht.

Auf ein weiteres indirektes Zeichen für den Ventrikelseptumdefekt haben KÜNZLER und SCHAD (1960) hingewiesen. Durch den Einstrom nichtkontrastmittelhaltigen Blutes aus dem linken Ventrikel ergibt sich eine phasenweise Verdünnung des Kontrastmittelstromes in der Conusregion, die besonders nach erfolgter Pulmonalfüllung auf einen Ventrikelseptumdefekt hinweist.

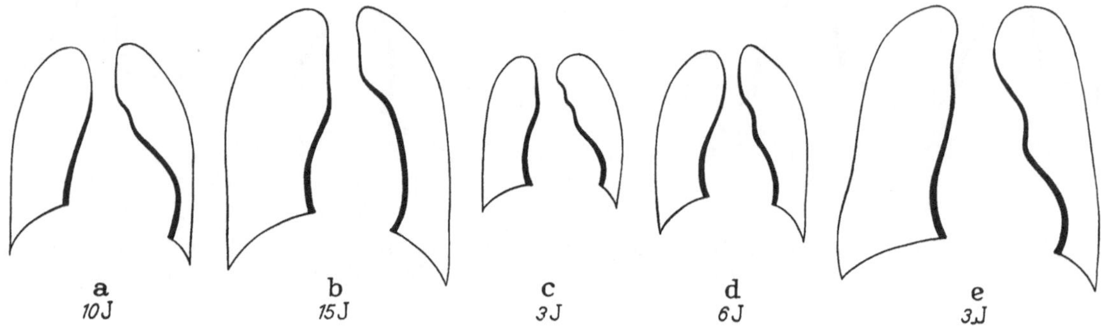

Abb. 174a—e. Herzsilhouetten von fünf Patienten mit großem Ventrikelseptumdefekt. Druckangleich zwischen rechter und linker Kammer sowie gekreuzter Shunt

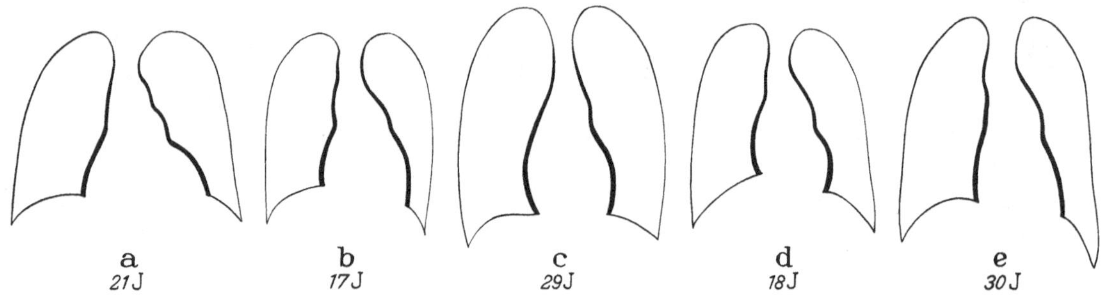

Abb. 175a—e. Herzsilhouetten von fünf Patienten mit großem Ventrikelseptumdefekt und Druckangleich zwischen rechter und linker Kammer. Infolge Überhöhung des Lungenstrombahnwiderstandes ausschließlicher Rechts-Links-Shunt

Bei tiefsitzendem Defekt kann eine Aussparung im Kontrastmittelschatten der rechten Kammer ebenfalls durch das Shuntblut erfolgen und damit Aufschluß über Lage und funktionelle Bedeutung des Defektes geben.

Auf die Möglichkeit einer direkten Defektdarstellung durch Kontrastmittelinjektion unter Überdruck in die rechte Kammer und folgendem Kontrastmittelübertritt durch den Defekt in den linken Ventrikel wurde von CASTELLANOS (1938) hingewiesen. Eine solche Kontrastmittelpassage dürfte aber nur bei schon vorhandener Druckerhöhung im rechten Ventrikel und Benutzung eines weitlumigen Katheters zustande kommen. Nach KJELLBERG u. Mitarb. (1954) muß der Druck im rechten Ventrikel auf 50 mm Hg erhöht sein, um einen diastolischen Kontrastmittelübertritt zu ermöglichen.

Eine Defektdarstellung ist ferner möglich bei Kontrastmittelinjektion in die A. pulmonalis. Hierbei kommt es nach der Lungenpassage zur Füllung des linken Vorhofs und des linken Ventrikels, von wo aus dann der Kontrastmittelübertritt möglich wird. Die Kontrastmittelstraße durch einen hohen Defekt ist durchweg nur auf der seitlichen Aufnahme sichtbar, da im Sagittalbild der Conus pulmonalis durch das Lävogramm verdeckt wird und das Kontrastmittel durch den Defekt in den Pulmonalconus abfließt. Bei tiefliegendem Defekt kann auch das Sagittalbild den Defekt zeigen.

KJELLBERG u. Mitarb. (1954) stellten einen Ventrikelseptumdefekt durch Kontrastmittelinjektion in den linken Ventrikel dar, nachdem der Katheter durch ein offenes Foramen ovale über den linken Vorhof bis in die linke Kammer vorgeschoben worden war. Das gleiche Verfahren ist anwendbar, wenn es gelingt, den Katheter von der rechten Kammer aus direkt in den linken Ventrikel vorzuschieben.

Einen anderen Weg wählten BEATO-NUNEZ und PONSDOMENECH (1951). Sie injizierten das Kontrastmittel nach Punktion der linken Kammer und konnten so eine Defektdarstellung erreichen.

Andere Autoren (THURN u. Mitarb. 1961) bevorzugen eine Kontrastmittelinjektion in den linken Ventrikel nach Einführung des Katheters von einer peripheren Arterie aus.

An Stelle der zuletzt genannten Methoden wird heute die transseptale Lävographie allgemein zur Darstellung von Ventrikelseptumdefekten mit Links-Rechts-Shunt bevorzugt.

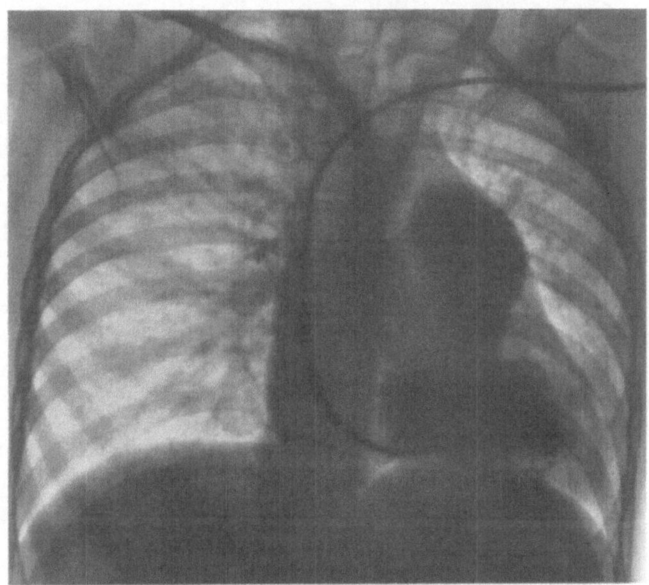

Abb. 176. Gezielte Angiokardiographie bei einer 9jährigen Patientin (R.Al.) mit großem Ventrikelseptumdefekt und Angleich der Druck- und Widerstandsverhältnisse in beiden Kreisläufen. Kontrastmittelinjektion in die rechte Kammer. Rechte Kammer, Pulmonalarterie und Aorta dargestellt. Zwischen Aorta und Pulmonalarterie erkennt man eine Kontrastmittelstraße, die dem Ventrikelseptumdefekt entspricht. Schmale Aorta, breite Pulmonalarterie

Während bei einem ausschließlichen Rechts-Links-Kurzschluß eine angiokardiographische Untersuchung nicht angezeigt erscheint, weil sie keine therapeutischen Konsequenzen hat, kann sie bei einem gekreuzten Kurzschluß nicht nur Auskunft über die Größe des Rechts-Links-Shunts, sondern auch über die Lokalisation des Defektes (Abb. 176) geben. Sie erlaubt auch eine Abgrenzung gegenüber anderen Anomalien mit ähnlicher klinischer und röntgenologischer Symptomatologie (Transposition der großen Gefäße mit Ventrikelseptumdefekt und besonders Ductus Botalli).

Die Angiokardiographie ermöglicht auch eine Aussage über die Größe der Kammern und den Zustand der Lungengefäße. Auf die Massenverteilung der Herzhöhlen in Abhängigkeit von der jeweiligen hämodynamischen Phase, wurde bereits eingegangen. Lungengefäßveränderungen im Sinne einer Pulmonalsklerose werden in dem plötzlichen Übergang erweiterter Gefäße in eine verminderte periphere Lungengefäßzeichnung sowie in Kaliberschwankungen und Sprüngen, in Verarmungen der Peripherie an Aufzweigungen mit Verengungen und Streckung der Endgefäße deutlich.

Anhang

Ventrikelseptumdefekt mit Aorteninsuffizienz

Von den Kombinationsformen des Ventrikelseptumdefektes mit anderen Anomalien verdient das gleichzeitige Vorhandensein einer Aorteninsuffizienz besondere Erwähnung. Die Kombination beider Herzfehler beansprucht deswegen klinisches Interesse, weil die Abgrenzung vom Ductus arteriosus schwierig ist.

Nach COLLINS u. Mitarb. (1958) beschrieb BRESCIA (1908) zum erstenmal diese Kombination. Meist ist ein anomales Aortenklappensegel die Ursache (SCOTT u. Mitarb. 1956). MORGAN und

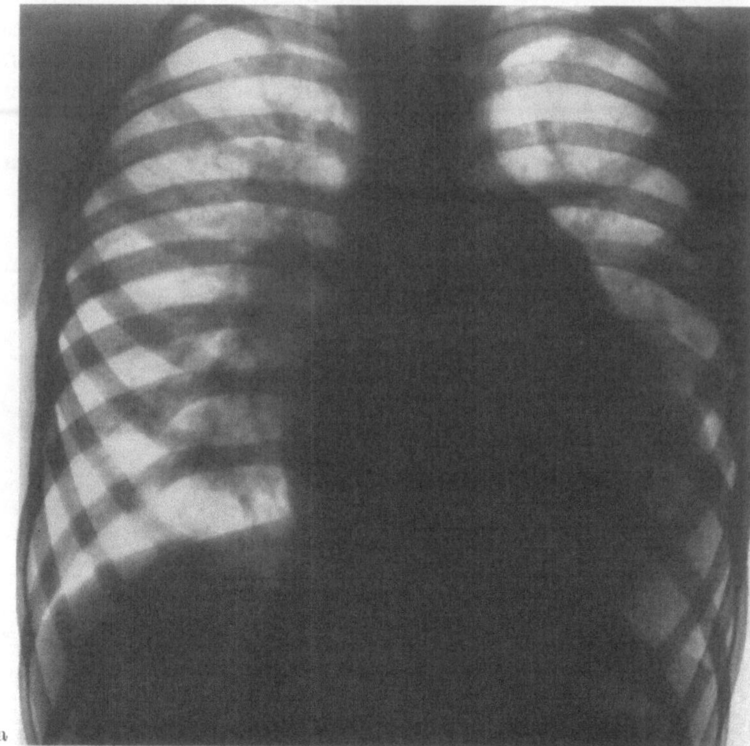

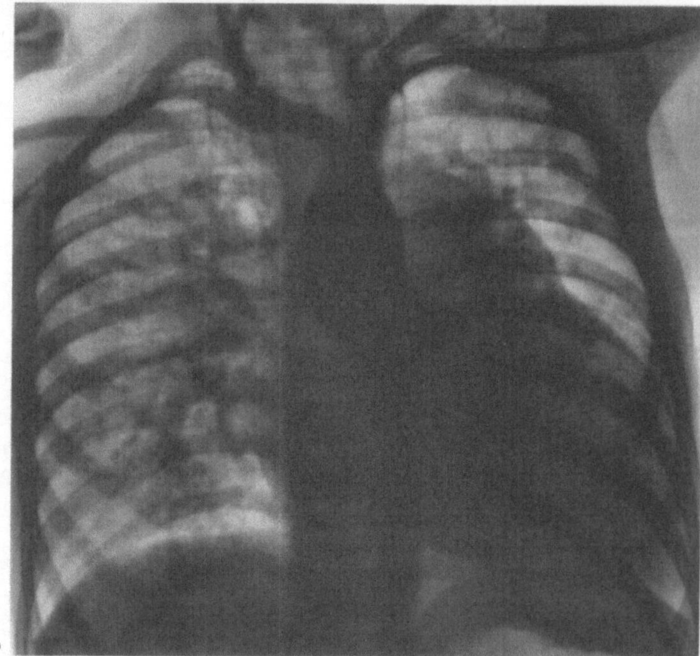

Abb. 177a u. b. Ventrikelseptumdefekt und Aorteninsuffizienz (autoptisch gesichert) bei einem 5jährigen Patienten (F.Pf.). a Sagittalbild: starke Verbreiterung des Herzens nach links. Flache Vorwölbung in der Gegend der Pulmonalarterie. Hilusnahe Lungenzeichnung vermehrt. b Aortographie: Kontrastmittelinjektion in die Aorta ascendens. Gute Kontrastmitteldarstellung der Aorta und der von ihr abgehenden großen Gefäße. Kontrastmittelübertritt aus der Aorta in die rechte Kammer durch eine zapfenförmige Vorwölbung am Aortenschatten. Kontrastmittelanfärbung der Pulmonalarterie und der rechten Kammer

Burchell (1950) diskutieren traumatische Veränderungen der Aortenklappe als Folge des Blutstromes durch den Ventrikelseptumdefekt. Sie fanden bei der Obduktion Kalk in der Aortenklappe. Außerdem wurde eine entzündliche Ätiologie nach Endokarditis für die Aortenklappenveränderungen festgestellt (Durand und Metianu 1954).

Die *Hämodynamik* bei Aorteninsuffizienz und Ventrikelseptumdefekt hängt weitgehend von dem funktionellen Schweregrad der einzelnen Komponenten ab. Ist die Aorteninsuffizienz sehr ausgeprägt, so kann das klinische Bild eines Ductus Botalli mit systolisch-diastolischem Geräusch bei Punctum maximum im 2.—4. Intercostalraum parasternal und vergrößerter Blutdruckamplitude vorgetäuscht werden. Auch der *elektrokardiographische Befund* ist von dem des Ductus Botalli nicht sicher zu trennen. Besteht gleichzeitig eine Pulmonalstenose, so ist auch noch das Punctum maximum des systolischen Geräusches im Bereich der Pulmonalarterie zu hören. Das gelegentlich nicht kontinuierliche Geräusch beim Ductus Botalli sowie das Erscheinen eines nahezu kontinuierlich systolisch-diastolischen Auskultationsbefundes beim Ventrikelseptumdefekt mit Aorteninsuffizienz vermehren die differentialdiagnostischen Schwierigkeiten. In 22 von 50 Fällen der Literatur erfolgte eine Thorakotomie aus falscher Indikation.

Röntgenbefunde. Entsprechend den pathophysiologischen Voraussetzungen zeigt das Röntgenbild eine erhebliche Spielbreite. Ein praktisch unauffälliges Herz- und Gefäßband im Röntgenbild ist möglich, falls die hier diskutierten Mißbildungen keine wesentlichen hämodynamischen Konsequenzen haben. Gewinnt die Aorteninsuffizienz an Bedeutung, so kommt es zu einer Volumenmehrbelastung mit Hypertrophie und Dilatation der linken Kammer. Die Auswirkungen des Ventrikelseptumdefektes auf die Herzkonfiguration wurden bereits erörtert; in einzelnen Fällen erscheint das Herz im Röntgenbild nach beiden Seiten verbreitert. Die Herztaille ist entweder verstrichen, oder es findet sich ein sog. aortenkonfiguriertes Herz. Vermehrte Pulsationen an der Aorta und der nicht selten vorgewölbten Pulmonalarterie ergänzen den Röntgenbefund.

Zur Klärung der Differentialdiagnose, die sich außer dem Ductus Botalli auch gegenüber einer aorto-pulmonalen Fistel oder der Perforation eines Sinus Valsalvae-Aneurysmas stellen kann, ist eine **Herzkatheteruntersuchung** notwendig. Doch bleiben auch hier Zweifel, wenn eine Zumischung arterialisierten Blutes nur in der Pulmonalarterie gefunden wird (Soulie u. Mitarb. 1949; Scott u. Mitarb. 1958; Grosse-Brockhoff u. Mitarb. 1960).

Die größte diagnostische Bedeutung kommt nach Philippson und Salzman (1955) der **retrograden Aortographie** zu. Hierbei stellen sich beide Kammern und die Pulmonalarterie bei Kontrastmittelinjektionen in die Aorta dar (Abb. 177).

Auch bei dieser Untersuchung können nicht immer alle differentialdiagnostischen Zweifel beseitigt werden, da der Weg, über den das Kontrastmittel in die Pulmonalarterie gelangt (aorto-pulmonale Fistel oder hochgelegener Ventrikelseptumdefekt) bei den üblichen Bildfrequenzen nicht in allen Fällen eindeutig sichtbar gemacht werden kann. Andere Untersuchungsmethoden, z.B. die intrakardiale Phonokardiographie oder die Indicator-Verdünnungsmethode, können dann diagnostisch weiterhelfen.

14. Pulmonalstenose ohne Ventrikelseptumdefekt

Bei der Pulmonalstenose ohne Ventrikelseptumdefekt werden je nach ihrer Lokalisation drei Formen unterschieden: die valvuläre, infundibuläre und periphere. Meist ist nur die eine oder andere Form vorhanden; selten findet sich eine Kombinationsform.

Die *valvuläre Pulmonalstenose* besteht in einer mehr oder weniger ausgedehnten Verschmelzung der Klappenränder unter Aussparung einer zentral oder exzentrisch gelegenen Öffnung. Diese kann rund oder oval, schlitz- oder sternförmig sein. Die Fusion kann so weit gehen, daß die Kommissuren nur noch an ihrer Basis zu erkennen sind. Vereinzelt kommt neben den Klappenveränderungen auch eine ringförmige Schrumpfung der Klappenbasis vor (Derra u. Loogen 1957).

Die durch die Fusion entstehende „Klappenmembran“ kann dünn sein. Dann wölbt sie sich systolisch bogenförmig in das Lumen der Pulmonalarterie vor, während sie diastolisch ventrikelwärts verlagert wird. In anderen Fällen ist sie verdickt und in ihrer Beweglichkeit eingeschränkt. Der durch das verengte Pulmonalostium gelangende Blutstrahl führt dort, wo er die Pulmonalarterienwand trifft, gelegentlich zu einer Ausbuchtung. Die Pulmonalarterie ist bei der valvulären Stenose — von Kleinstkindern abgesehen — praktisch immer poststenotisch erweitert. In diese Erweiterung ist oft auch die linke Pulmonalarterie einbezogen, während die rechte in der Regel nicht oder weniger stark verändert ist. Infolge der vermehrten Druckarbeit bildet sich eine konzentrische Hypertrophie der Muskulatur des rechten Ventrikels, während eine Dilatation nur bei komplizierenden Faktoren (Rechtsdekompensation, Myokarditis etc.) beobachtet wird. Vorwiegend bei älteren Patienten mit hochgradigen Stenosen kann es zu stärkeren Bindegewebseinlagerungen in das Myokard kommen, die trotz einer operativen Beseitigung der Stenose erhebliche Funktionsstörungen des Herzens zur Folge haben können (Loogen u. Mitarb. 1964).

Neben einer Hypertrophie des rechten Vorhofs findet sich oft auch eine offene Verbindung zum linken Vorhof, meist in Form eines offenen Foramen ovale, seltener als echter Vorhofscheidewanddefekt.

Die *isolierte Infundibulumstenose* stellt eine eng umschriebene Einengung dar, die in der Regel am Übergang vom Hauptteil des rechten Ventrikels zum Infundibulum liegt. Auf diese Weise wird der rechte Ventrikel unter Bildung einer sog. dritten Kammer zweigeteilt. Eine Einengung des gesamten Infundibulums kommt isoliert nicht vor. Sie findet sich praktisch immer in Verbindung mit einem Ventrikelseptumdefekt. Eine Erweiterung der Pulmonalarterie fehlt in der Mehrzahl der Fälle. Sie kann vorkommen, ist dann jedoch nur gering. Die übrigen anatomischen Befunde decken sich weitgehend mit denen der valvulären Stenoseform.

Die *peripheren Pulmonalstenosen* werden in drei Formen unterteilt (SMITH 1958):

1. Einzelne oder multiple Stenosen der Lungenarterienäste von Lappen-, Segment- oder Subsegmentgröße.
2. Stenose eines oder beider Lungenarterienhauptäste.
3. Supravalvuläre Stenose des Pulmonalstammes.

Die Besprechung dieser Pulmonalstenoseformen erfolgt im Rahmen des Kapitels „Lungengefäßveränderungen" (s. Beitrag SIELAFF, Band X/3).

Die *Häufigkeit* der Pulmonalstenose ohne Ventrikelseptumdefekt wird heute im allgemeinen mit 10—15% der kongenitalen Herzanomalien angegeben (LARSSON u. Mitarb. 1951; GØTZSCHE u. Mitarb. 1952; GROSSE-BROCKHOFF u. LOOGEN 1959). Seltener als die Klappenstenose ist die Infundibulumstenose. Sie macht 3—10% der isolierten Pulmonalstenosen aus (BLOUNT u. Mitarb. 1959; KJELLBERG u. Mitarb. 1959), im Untersuchungsgut unserer Klinik 5% (DERRA u. LOOGEN). Die Angaben über die Kombination einer isolierten Pulmonalstenose mit einem offenen Foramen ovale bzw. einem Vorhofseptumdefekt sind unterschiedlich. TAUSSIG (1947) fand die Kombination in zwei Drittel aller Pulmonalstenosefälle; nach EDWARDS (1953) besteht eine intraatriale Kommunikation in mehr als 50%. An der Düsseldorfer Chirurgischen Klinik wurde ein Vorhofseptumdefekt in einem Drittel der 350 operierten Pulmonalstenosen festgestellt.

Hämodynamisch bewirkt die Pulmonalstenose eine Strombahnbehinderung am Anfang des Lungenkreislaufs. Ihre Folge ist eine Druckerhöhung im rechten Ventrikel mit Hypertrophie seiner Muskulatur. Auf diese Weise ist der rechte Ventrikel in der Lage, bei leichten und mittelschweren Pulmonalstenosen ein normales Herzzeitvolumen aufrechtzuerhalten. Bei hochgradigen Pulmonalstenosen ist dagegen das Herzzeitvolumen, oft schon in der Ruhe, verringert. Hierdurch und durch eine dann eintretende Erhöhung der arteriovenösen Sauerstoffdifferenz kann es zu einer leichten peripheren Cyanose kommen.

Infolge des durch die Muskelhypertrophie bedingten höheren Füllungsdruckes ist auch der Druck im rechten Vorhof, vor allem während der Vorhofkontraktion erhöht, wobei die Höhe des systolischen Ventrikeldruckes eine gute Korrelation zur Höhe der Vorhofkontraktionsschwelle zeigt (GROSSE-BROCKHOFF u. WOLTER 1958).

Bei Kombination der Pulmonalstenose mit einem echten Vorhofseptumdefekt besteht im Vorhofbereich ein Links-Rechts-Kurzschluß, solange der diastolische Druck des rechten Ventrikels niedriger ist als der des linken Ventrikels. Bei schweren Stenosen mit systolischen Drucken von 100 mm Hg und mehr ist der Kurzschluß gekreuzt oder schließlich ganz vom rechten zum linken Vorhof gerichtet. Wenn die Pulmonalstenose mit einem offenen Foramen ovale (mit normaler Valvula) kombiniert ist, liegen die Verhältnisse insofern anders, als in diesen Fällen im allgemeinen ein Shunt nur in einer Richtung, d.h. vom rechten zum linken Vorhof, möglich ist. In Fällen mit einer shuntbedingten Cyanose (auf Vorhofebene) spricht man von einer *Fallotschen Trilogie*.

Die *klinische Symptomatologie* der Pulmonalstenose ohne Ventrikelseptumdefekt ist in der Mehrzahl der Fälle trotz einer großen Spielbreite so charakteristisch, daß die Diagnose und meist auch die Beurteilung des Stenosegrades allein auf Grund einer klinischen Routineuntersuchung möglich ist.

Die körperliche Entwicklung der Kinder ist, von den schwersten Formen abgesehen, normal. Das körperliche Leistungsvermögen ist selbst bei schweren Pulmonalstenosen Erwachsener oft erstaunlich gut. Meist findet man jedoch bei den schweren Stenoseformen Atemnot bei körperlicher Belastung, rasche Ermüdbarkeit und eine leichte Cyanose der Lippen und Acren. Diese periphere Cyanose (geringes Herzzeitvolumen, Vergrößerung der arteriovenösen Sauerstoffdifferenz) ist klinisch nicht immer von einer Mischungscyanose (Rechts-Links-Shunt bei Vorhofseptumdefekt) zu trennen. Letztere zeigt alle Übergänge von den leichtesten, kaum sichtbaren, bis zu den schwersten Cyanoseformen mit Trommelschlegelbildungen der Finger- und Zehenendglieder und trophischen Hautveränderungen.

Bei schweren Pulmonalstenosen sind oft eine Vorwölbung des Thorax im Herzbereich und präcordiale Pulsationen festzustellen.

Von größter klinischer Bedeutung ist der Auskultationsbefund. Der erste Herzton ist im allgemeinen ohne Besonderheiten. Bei den leichten und mittelschweren Pulmonalstenosen ist nicht selten ein frühsystolischer Ton (pulmonaler Dehnungston) zu hören; er wird bei hochgradigen valvulären und bei Infundibulumstenosen vermißt. Das systolische Geräusch, mit seinem Maximum im 2. Intercostalraum links parasternal gelegen, ist oft von einem fühlbaren Schwirren begleitet. Schon die Lautstärke des Geräusches gibt oft einen gewissen Hinweis auf die Schwere der vorliegenden Stenose. Zuverlässiger als die Lautstärke ist im allgemeinen jedoch die Lage des Geräuschmaximums in der Systole. Bei den leichten und mittelschweren Stenosen liegt das Maximum in der Mesosystole, bei den schweren Stenosen ist es in die späte Systole verlagert und reicht über den Aortenklappenschlußton hinaus (LEATHAM u. WEITZMAN 1957; GROSSE-BROCKHOFF u. LOOGEN 1959). Das Geräusch hat Spindel- oder Rautenform. Der zweite Herzton ist praktisch immer gespalten, wobei das Intervall zwischen dem aortalen und pulmonalen Segment eine gute Korrelation zur Schwere der Pulmonalstenose erkennen läßt. Ein kurzes Intervall spricht für eine leichte, ein weites Intervall für eine schwere Stenose.

Für die Differentialdiagnose zwischen valvulärer und infundibulärer Stenose geben die Form des Geräusches, die Lage des Geräuschmaximums in der systolischen Phase und das Verhalten des zweiten Herztones keinen sicheren Hinweis. Dagegen ist die Lokalisation des Geräusches im 3.—4. Intercostalraum links parasternal auf eine Infundibulumstenose suspekt.

Das *Elektrokardiogramm* zeigt entsprechend dem unterschiedlichen Stenosegrad eine erhebliche Streubreite. Von praktisch normalen Kurvenverläufen bei leichten Stenosen gibt es alle Übergänge bis zu jenen, die Ausdruck einer starken Rechtshypertrophie mit schwerer Myokardschädigung sind. Die Korrelation zwischen den EKG-Veränderungen und dem Druck im rechten Ventrikel erlaubt in der Mehrzahl der Fälle Rückschlüsse auf die Schwere der Stenose.

Für die Differentialdiagnose zwischen valvulärer und infundibulärer Stenose lassen sich aus dem Elektrokardiogramm Hinweise nicht entnehmen.

Röntgenbefunde. Die durch eine *valvuläre* Pulmonalstenose bedingten röntgenologischen Veränderungen sind in der Mehrzahl der Fälle so charakteristisch, daß sie in Zusammenhang mit den übrigen klinischen Befunden die Diagnose des Herzfehlers mit hohem Wahrscheinlichkeitsgrad erlauben.

Die röntgenologischen Veränderungen betreffen in erster Linie den Pulmonalarterienhauptstamm und seine Hauptverzweigungen, den rechten Ventrikel und rechten Vorhof.

Charakteristischer Befund der valvulären Pulmonalstenose ist vor allem der vorspringende Pulmonalbogen, der auf eine poststenotische Erweiterung der Pulmonalarterie zurückzuführen ist (Abb. 178). Während er bei Säuglingen und Kleinstkindern meist vermißt wird (Abb. 179), ist sein Fehlen jenseits des 4. Lebensjahres die Ausnahme (KJELLBERG u. Mitarb. 1959).

Trotz zahlreicher Bemühungen ist der Entstehungsmechanismus der poststenotischen Erweiterung der Pulmonalarterie noch ungeklärt. Turbulenz und strukturelle Veränderungen der Gefäßwand dürften eine entscheidende Bedeutung haben (BIZZA 1957; ROBICSEK 1955; TEMESVARI 1957).

Die Vorwölbung des Pulmonalbogens ist unterschiedlich stark; vereinzelt kann sie ein aneurysmatisches Ausmaß haben. Am besten ist die Vorwölbung in der rechten Schrägstellung zu erkennen. Auf diese Weise kann sie oft auch dann sichtbar gemacht werden, wenn sie durch eine mittelständige Lage der Hauptarterie oder infolge Überlagerung durch den vergrößerten rechten Ventrikel im Sagittalbild nicht zur Darstellung kommt. Eine Korrelation zwischen dem Ausmaß der Pulmonalisdilatation und der Schwere der Pulmonalstenose besteht nach allgemeiner Ansicht nicht (DOW u. Mitarb. 1950; v. BUCHEM 1953; THURN 1956; GROSSE-BROCKHOFF u. Mitarb. 1956; REINDELL u. Mitarb. 1962; SCHAD u. Mitarb. 1963 u.a.).

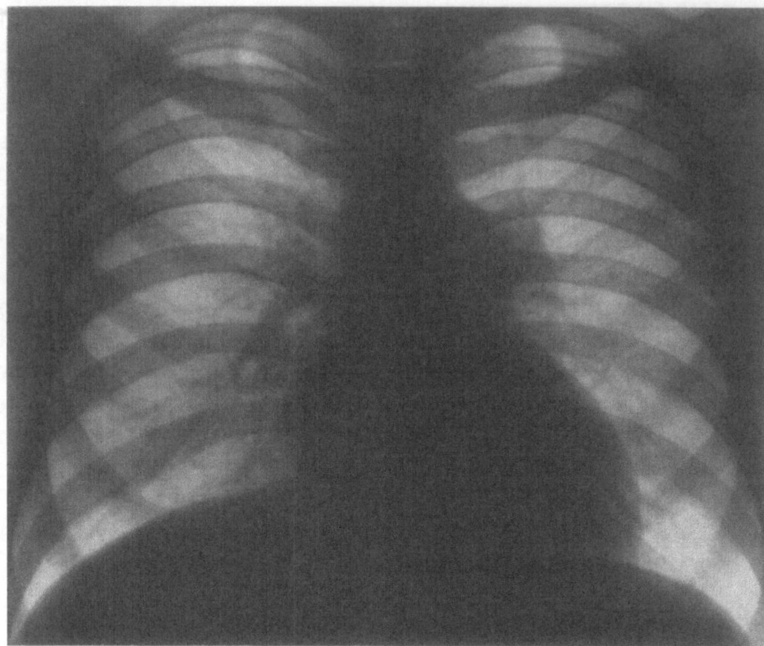

Abb. 178. Hochgradige valvuläre Pulmonalstenose bei einem 21jährigen Patienten (D.Dr.): Poststenotische Erweiterung des Pulmonalisstammes. Dadurch vorspringender Pulmonalisbogen. Rechter Pulmonalast auffallend schmal. Lungenperipherie gefäßarm. Druck im rechten Ventrikel 150/0 mm Hg

Nicht selten sind auch die rechte und linke Pulmonalarterie, öfter und in stärkerem Maße die linke, in die Erweiterung mit einbezogen (Abb. 180). Gelegentlich dominiert die Erweiterung der linken Pulmonalarterie. Im Gegensatz zur Vorwölbung des Pulmonalbogens und der Erweiterung der zentralen Lungengefäße ist die Lungenperipherie hell, d.h. die peripheren Gefäße sind normal oder gegenüber der Norm verschmälert.

Die Pulsationen der erweiterten Pulmonalarterie sind oft verstärkt. Nach KJELLBERG u. Mitarb. (1959) sind sie beträchtlich stärker als normal und besonders deutlich im vorderen und oberen Gefäßsegment zu erkennen. Anders als bei den angeborenen Herzfehlern mit Vergrößerung des Lungenstromvolumens übertragen sich die Pulsationen jedoch nicht auf die Lungengefäßverzweigungen.

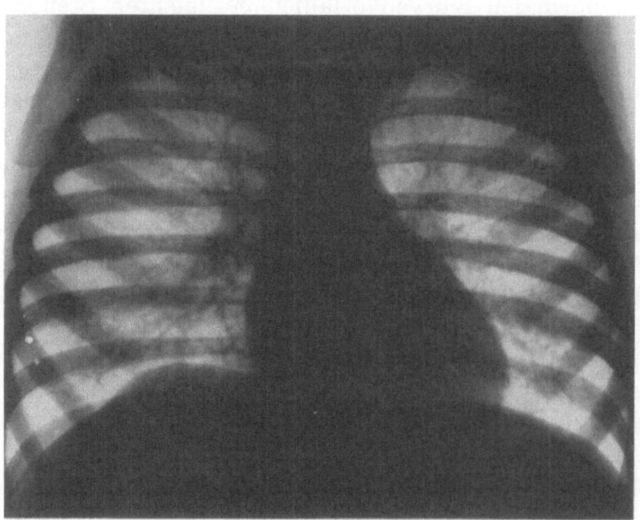

Abb. 179. Valvuläre Pulmonalstenose bei einem 2jährigen Mädchen (R.Re.): Trotz starker Stenose (Druck im rechten Ventrikel 80/0 mm Hg) keine nennenswerte Vorwölbung im Bereich des Pulmonalisbogens

Im Gegensatz zur valvulären Pulmonalstenose ist der Pulmonalbogen bei der *infundibulären Stenose* nicht (Abb. 181) oder nur flach vorgewölbt (Abb. 182). Eine flache Vorwölbung, die unabhängig vom Stenosegrad war, fanden wir bei 4 von 13 Patienten (LOOGEN u. VARVITSIOTIS 1963). Pulmonalarterienhauptstamm und Hauptverzweigungen sind bei der Infundibulumstenose nicht erweitert. Die Gefäßzeichnung der Lungenperipherie ist entweder normal oder bei hochgradigen Stenosen vermindert. Verstärkte Pulsationen im Bereich des Pulmonalbogens oder der Hauptverzweigungen werden nicht beobachtet.

Das Herz zeigt bei der Pulmonalstenose ohne Ventrikelseptumdefekt alle Übergänge von der Norm bis zu extremen Vergrößerungen. Die Veränderungen betreffen in erster Linie die rechte Kammer und den rechten Vorhof.

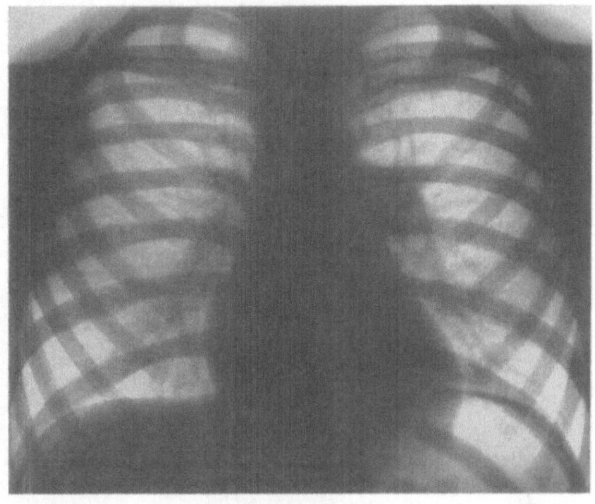

Abb. 180. Valvuläre Pulmonalstenose bei einem 7jährigen Jungen (M.Pe.): Mäßige Vorwölbung des Pulmonalisbogens. Deutliche Erweiterung der linken Pulmonalarterie

Bei *leichten Pulmonalstenosen* ist das Röntgenbild des Herzens — von den erwähnten Veränderungen des Pulmonalbogens abgesehen — meist unauffällig. Bei *mittelschweren Stenosen* ist die durch die Druckbelastung bedingte Hypertrophie der rechten Kammer oft bereits so ausgeprägt, daß sie sich röntgenologisch erfassen läßt. Zwar ist auch in diesen Fällen das Sagittalbild meist nicht oder nur unwesentlich verändert; im Seitenbild erkennt man aber oft die ventrale Vorwölbung der rechten Kammer an ihrer stärkeren Anlehnung an die vordere Thoraxwand. Dabei verläuft das Infundibulum, worauf SCHAD u. Mitarb. (1963) hingewiesen haben, noch annähernd normal von rechts unten nach links oben. Die Herztaille ist meist erhalten. Mit Zunahme der Stenose verschiebt sich die Spitze des rechten Ventrikels infolge Vergrößerung seiner Einflußbahn nach links. Der rechte Ventrikel nimmt einen größeren Teil der Vorderfläche des Herzens ein, wobei die Herzspitze stärker in den linken Zwerchfellschatten eintaucht. Da sich die rechte Kammer vor den linken Ventrikel schiebt, wird dieser nach hinten abgedrängt.

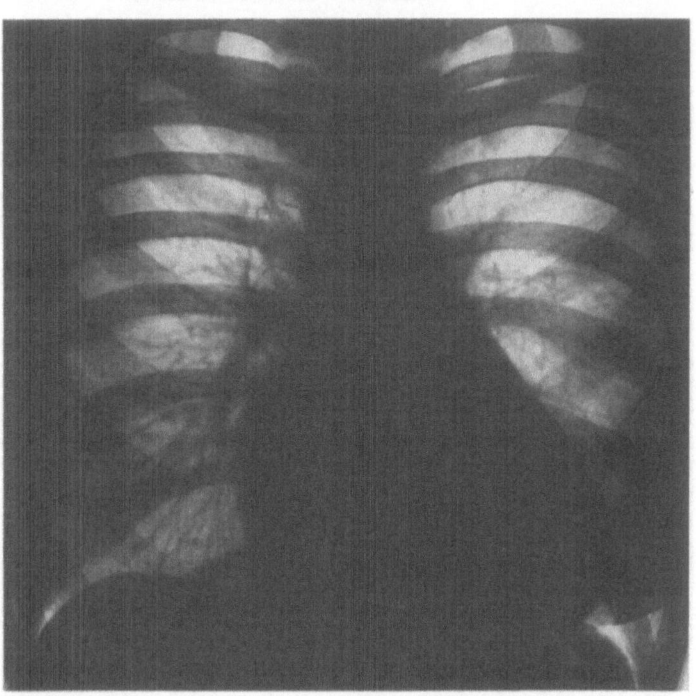

Abb. 181. Hochgradige infundibuläre Pulmonalstenose bei einer 28jährigen Frau (M.Schr.) (operativ gesichert). Druck im rechten Ventrikel 140/0 mm Hg. Keine Vorwölbung des Pulmonalisbogens. Helle Lungenfelder

Bei *hochgradigen Stenosen* sind diese Veränderungen besonders deutlich ausgeprägt. Die rechte Kammer bildet hier meist die linke Herzkontur. Das Kammerseptum ist steilgestellt und an den linken Herzrand verlagert. Die Herztaille ist gelegentlich durch die nach oben verlängerte Ausflußbahn der rechten Kammer und den vergrößerten Pulmonalbogen ausgefüllt. Dabei kann das Herz im Sagittalbild von weitgehend normaler Größe sein; im Seitenbild und in den schrägen Projektionen lassen sich jedoch die Konfigurationsänderungen gut erfassen. Im Seitenbild erkennt man die

Vorwölbung der rechten Kammer gegen die vordere Thoraxwand. Die Abgrenzung der rechten Kammer ist oft dadurch erschwert, daß sie im oberen Abschnitt vom vergrößerten rechten Herzohr überlagert wird. Hier kann das Kymogramm wertvolle Hilfe

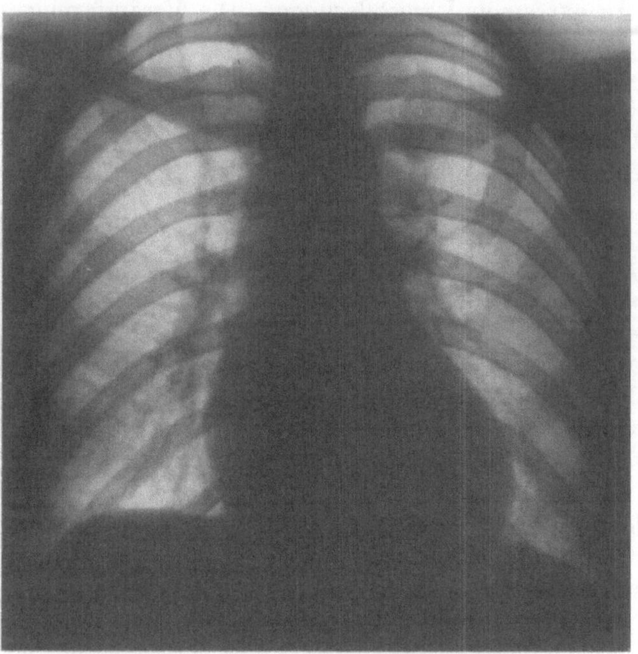

Abb. 182. Infundibuläre Pulmonalstenose bei einem 14jährigen Mädchen (L.K.La.) (operativ gesichert). Flache Vorwölbung des Pulmonalisbogens. Druck im rechten Ventrikel 100/3 mm Hg

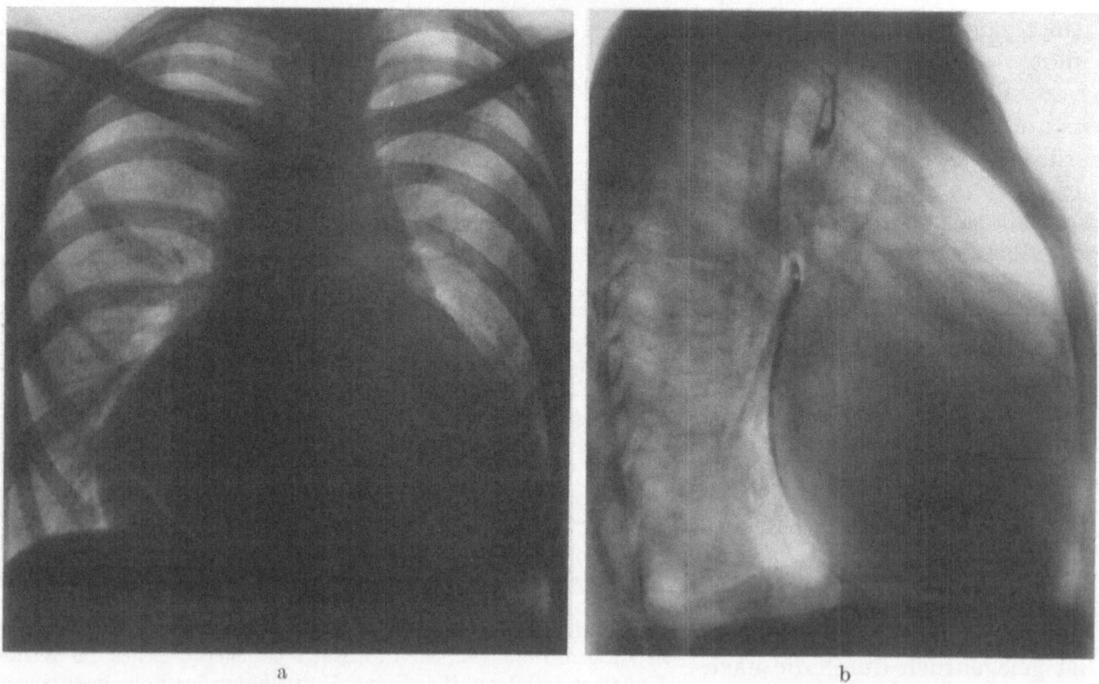

Abb. 183a u. b. Hochgradige valvuläre Pulmonalstenose mit Vorhofseptumdefekt (sog. Fallotsche Trilogie) bei einem 39jährigen Mann (P.Ha.). a Sagittalbild: Herz beiderseits stark verbreitert; verstrichene Herztaille; breites Gefäßband. Aortenknopf nicht vorspringend. Geringe Lungengefäßzeichnung. b Seitenbild: Einengung des Retrokardialraumes infolge Verdrängung des linken Ventrikels und linken Vorhofs nach hinten durch das stark vergrößerte rechte Herz

leisten. In linker vorderer Schrägstellung projiziert sich die linke Herzkontur oft in die Wirbelsäule oder ragt über diese hinaus. Dieser Befund darf nicht als eine Vergrößerung des linken Ventrikels gedeutet werden. Er ist Folge der Verdrängung des normal großen oder sogar verkleinerten linken Ventrikels durch die vergrößerte rechte Kammer. Das gilt auch für eine eventuelle Oesophagusverdrängung nach hinten durch den linken Vorhof.

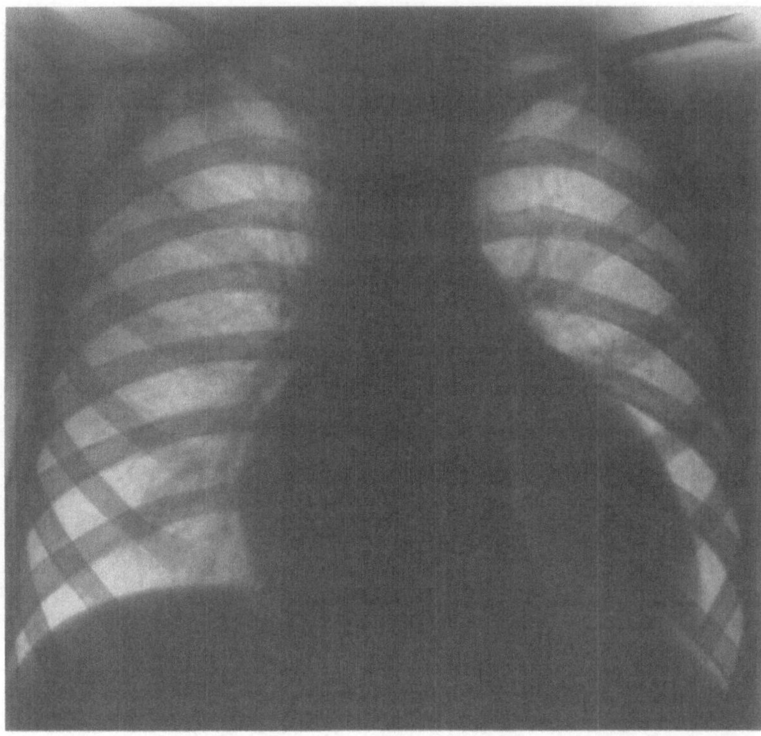

a

Der rechte Vorhof ist bei hochgradigen Stenosen in der Regel vergrößert. Das Ausmaß der Vergrößerung ist am besten in der linken Schrägstellung zu erkennen. Auf der Sagittalaufnahme bedingt der rechte Vorhof eine Vorwölbung und zeigt ein höheres Ansetzen an der rechten Herzkontur. Oft sind bei hochgradigen Stenosen verstärkte Pulsationen am rechten Herzrand zu beobachten. Sie sind, wie durch kymographische Untersuchungen gezeigt werden kann, dem rechten Vorhof zuzuschreiben und Ausdruck der erhöhten Vorhofdruckamplituden.

Nicht selten findet man bei hochgradigen Pulmonalstenosen in Abweichung von dem aufgezeigten Bild stärkere Herzvergrößerungen (Abb. 183 u. 184). Dies kommt zwar häufiger bei älteren Patienten (Abb. 183a u. b), aber keineswegs selten auch bei Kleinkindern vor (Abb. 184a u. b). Voraussetzung hierfür ist, daß neben der Kammerhypertrophie eine Dilatation mit Vergrößerung des endsystolischen Volumens besteht. Es ist erstaunlich, daß diese Patienten — wie wir vor der Operationsära wiederholt gesehen haben — viele Jahre ihren Beruf ausüben können, ohne klinisch manifeste Zeichen einer Herzinsuffizienz erkennen zu lassen.

Das Vorliegen einer offenen Vorhofverbindung mit Rechts-Links-Shunt bedingt keine nennenswerten röntgenologischen

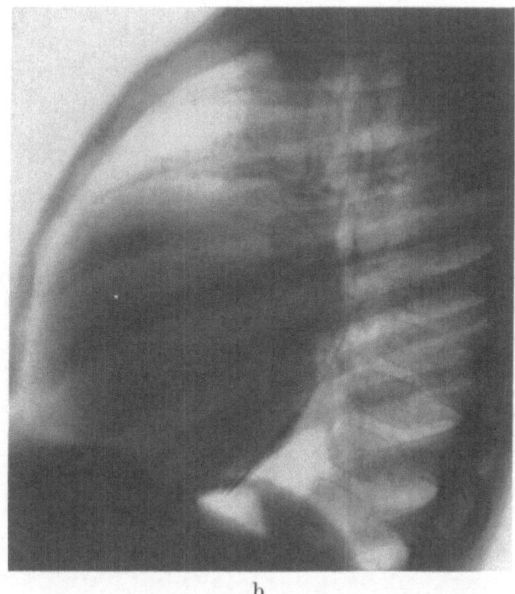

b

Abb. 184a u. b. Valvuläre Pulmonalstenose bei einem 5jährigen Jungen (J.Ku.) (operativ gesichert). Druck im rechten Ventrikel 200/5 mm Hg. a Sagittalbild: beiderseits, vor allem links verbreitertes Herz mit flacher Vorwölbung des Pulmonalisbogens. Geringe Lungengefäßzeichnung. b Seitenbild: Einengung des Retrokardialraumes durch Ausdehnung des Herzens infolge starker Vergrößerung des rechten Ventrikels mit Verlängerung der Ausflußbahn

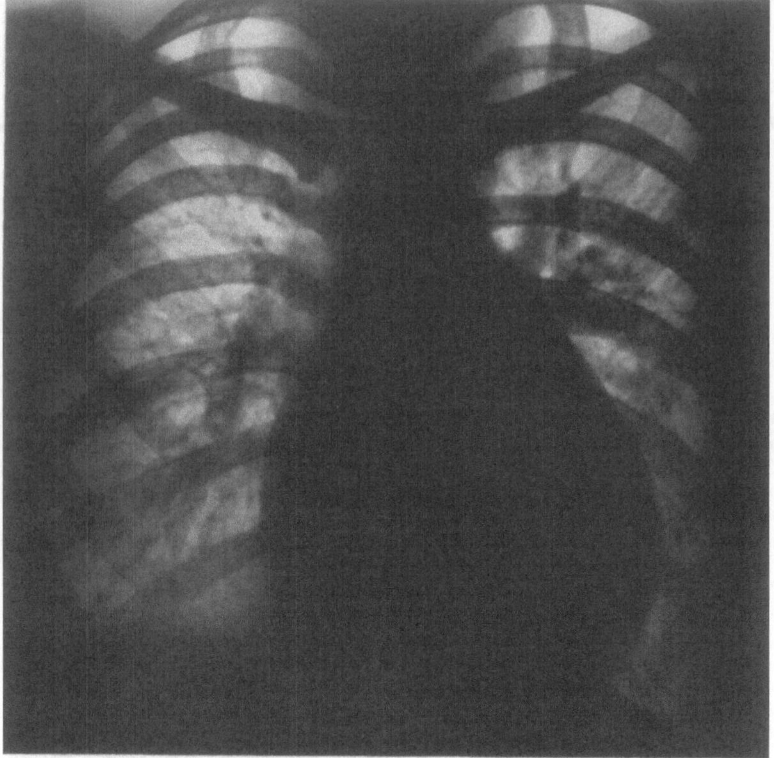

a

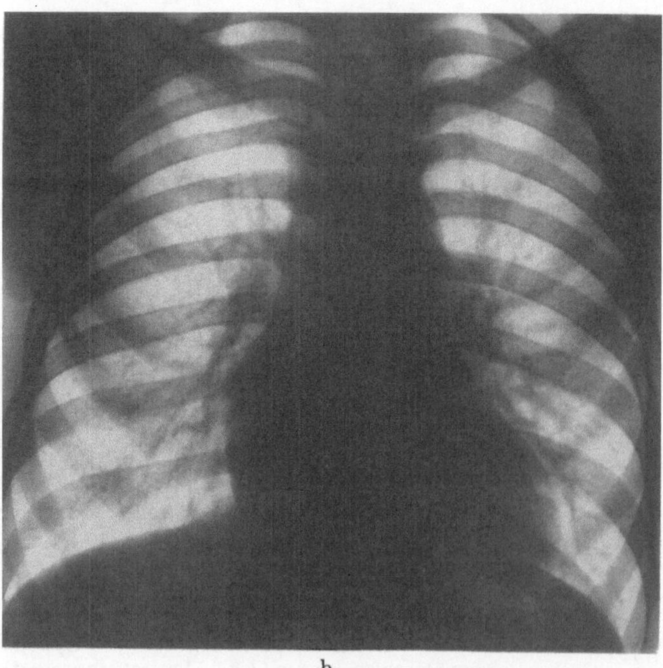

b

Abweichungen von dem beschriebenen Bild der hochgradigen Pulmonalstenose ohne Ventrikelseptumdefekt. Wie bei den Fällen ohne Vorhofverbindung, ist auch hier in der Regel keine Vergrößerung des linken Vorhofs und Ventrikels festzustellen. Ist eine leichte oder mittelschwere Pulmonalstenose mit einem Vorhofseptumdefekt und Links-Rechts-Kurzschluß kombiniert, so können die röntgenologischen Befunde sehr unterschiedlich sein, je nach dem dominierenden hämodynamischen Faktor. Einmal kann röntgenologisch mehr das Bild eines Vorhofseptumdefektes (Abb. 185a), ein anderes Mal mehr das einer Pulmonalstenose vorherrschen (Abb. 185b).

Hinsichtlich der Herzgröße und Herzkonfiguration bestehen im allgemeinen zwischen der valvulären und infundibulären Pulmonalstenose keine wesentlichen Unterschiede. Gelegentlich zeichnet sich jedoch bei der Infundibulumstenose die sog. dritte Herzkammer als flache Vorwölbung

Abb. 185a u. b. Pulmonalstenose mit Vorhofseptumdefekt und Links-Rechts-Kurzschluß (a) bzw. überwiegendem Links-Rechts-Shunt (b). a 23jährige Patientin (A.Schö.). Druckwerte: Pulmonalarterie 17/7 mm Hg, rechter Ventrikel 80/0 mm Hg. Links-Rechts-Kurzschluß 7,4 l/min bei Minutenvolumen des kleinen Kreislaufs von 12,3 Liter. Nach links verbreitertes Herz; verstrichene Herztaille. Deutlich verstärkte Lungengefäßzeichnung. Im Bild dominieren die Zeichen des volumenbelasteten rechten Herzens und Lungenkreislaufs. b 20jähriger Mann (D.Str.). Druckwerte: linker Ventrikel 120/0 mm Hg, linker Vorhof 11—14/0 mm Hg, rechter Ventrikel 140/0 mm Hg, rechter Vorhof 11—14/0 mm Hg. Links-Rechts-Shunt 1,7 l/min. Rechts-Links-Shunt 0,4 l/min. Gering linksverbreitertes Herz, verstärkte Vorwölbung der Herzkontur. Erhaltene Herztaille. Deutliche Vorwölbung des Pulmonalisbogens. Dichter Hilus beiderseits. Im klinischen Bild standen die Zeichen der Pulmonalstenose im Vordergrund

an der linken Herzkontur unterhalb des Pulmonalbogens ab (Abb. 186). Wir machten diese Beobachtung bei 3 von 13 Patienten mit operativ gesicherter Infundibulumstenose ohne Ventrikelseptumdefekt (LOOGEN u. VARVITSIOTIS 1963).

Obwohl die klinischen, elektro- und phonokardiographischen sowie röntgenologischen Befunde in der Mehrzahl der Fälle eine selbst für die Operationsindikation ausreichende Diagnose erlauben, verzichtet der Kliniker nur ungern auf die Bestätigung der Diagnose durch *Herzkatheteruntersuchung* und *Angiokardiographie*. Vereinzelt kommt es vor, daß sich die Durchführung spezieller Herzuntersuchungen verbietet. Es handelt sich um jene hochgradigen Pulmonalstenosen im Säuglings- oder Kleinkindesalter, bei denen die sofortige Operation die alleinige Chance darstellt und Herzkatheter oder Kontrastmitteluntersuchung nicht nur durch Verzögerung der Operation ein großes Risiko bedeuten. Andererseits ist die Durchführung spezieller Untersuchungen nicht zu umgehen, wenn die klinischen Befunde Abweichungen von dem üblichen Bild aufweisen; denn es darf nicht übersehen werden, daß eine Pulmonalstenose durch eine Reihe anderer Krankheitsprozesse, z.B. extra- und intrakardiale Tumoren, obstruktive Myokarderkrankungen usw. vorgetäuscht werden kann (LOOGEN 1962).

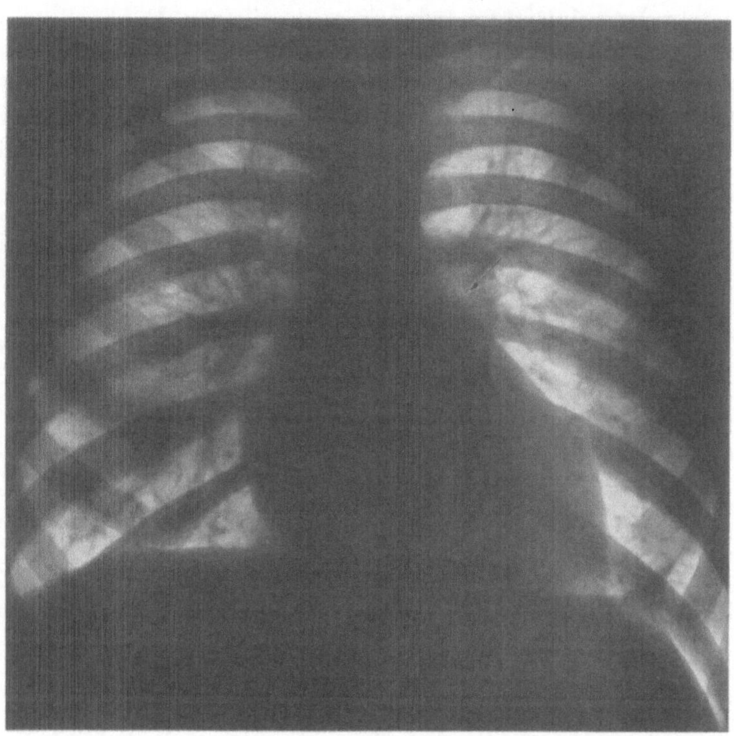

Abb. 186. Infundibuläre Pulmonalstenose bei einem 19jährigen Mann (W.Schö.). Kein vorspringender Pulmonalisbogen, jedoch flache Vorwölbung (→). Caudal der Stelle des eigentlichen Pulmonalisbogens sog. 3. Herzkammer

Herzkatheteruntersuchung. Der eine Pulmonalstenose beweisende Befund ist der Nachweis einer systolischen Druckdifferenz zwischen der Pulmonalarterie und dem rechten Ventrikel. Für die valvuläre Pulmonalstenose spricht ein abrupter einstufiger Übergang der Pulmonalarteriendruckkurve in die Ventrikeldruckkurve. Bei höhergradigen Stenosen zeigt sich außerdem oft beim Zurückziehen der Katheterspitze aus der peripheren Pulmonalarterie zum verengten Pulmonalostium hin ein systolischer Druckabfall, der um so deutlicher ist, je näher die Katheterspitze hinter dem verengten Ostium liegt (Strömungsbeschleunigungseffekt; v. BUCHEM 1953; BAYER u. Mitarb. 1954).

Bei der infundibulären Pulmonalstenose findet sich ein mehrstufiger Drucksprung. Der systolische Druck im Infundibulum entspricht dem systolischen Pulmonalarteriendruck, während der diastolische Infundibulumdruck meist auf den diastolischen Ventrikeldruck abfällt. Die systolische Druckdifferenz liegt hier am Conuseingang. Bei einer Kombination von valvulärer und infundibulärer Stenose ist ein zweimaliger systolischer Drucksprung zu registrieren.

Neben der Bestimmung der Stenoseform und ihrer Lokalisation ist ein wesentliches Ziel der Herzkatheteruntersuchung der Nachweis oder Ausschluß eines gleichzeitig vorliegenden Ventrikelseptumdefektes. Die Druckkurve des rechten Ventrikels zeigt bei

Pulmonalstenosen ohne Ventrikelseptumdefekt einen typischen Verlauf; der Druckanstieg ist verzögert, das Druckmaximum wird später erreicht. Die insgesamt symmetrische Kurve findet man auch schon bei relativ leichten Pulmonalstenosen (BOUCHARD u. CORNU 1954; LOOGEN 1959; ARCINIEGA u. Mitarb. 1961).

Einschränkend ist zu betonen, daß dieser Kurvenverlauf auch dann zu registrieren ist, wenn eine Pulmonalstenose mit einem funktionell kleinen Ventrikelseptumdefekt kombiniert ist, worauf nach eigenen Beobachtungen besonders beim Vorliegen einer infundibulären Pulmonalstenose geachtet werden muß (LOOGEN u. VARVITSIOTIS). Überschreitet der Druck im rechten Ventrikel den des linken, können Ätherprobe (Injektion in den rechten Ventrikel) und Indicatorverdünnungsmethode weitere diagnostische Hinweise für das Vorliegen eines Ventrikelseptumdefektes geben. Ist der Druck

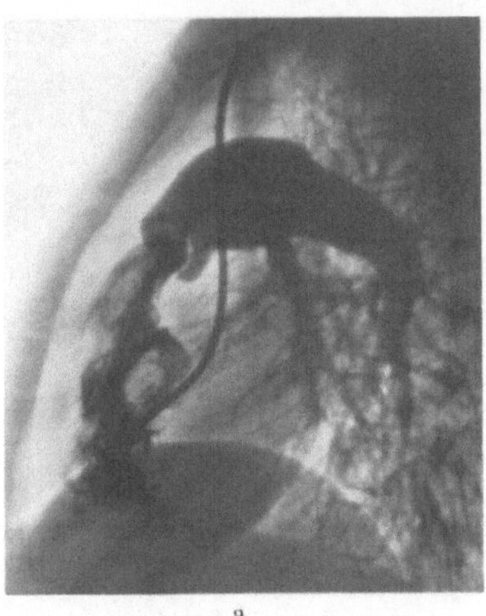

a

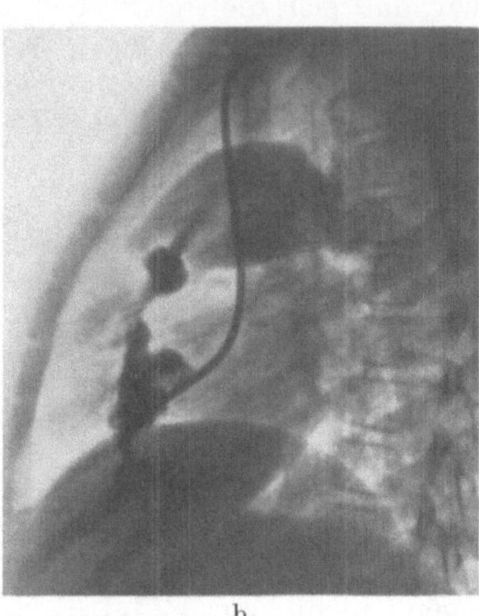

b

Abb. 187a u. b. Angiokardiogramm einer 6jährigen Patientin (B.Bu.) mit valvulärer Pulmonalstenose. a Systolische Phase: bogenförmige Vorwölbung der Klappenmembran in die poststenotisch erweiterte Pulmonalarterie. Starke Hypertrophie der Crista supraventricularis mit ihrem septalen und parietalen Band. b Wie Abb. 187a: Kontrastmittelstrahl durch das zentrale Ostium mit Richtung nach vorne und oben

rechts niedriger als links, kann ein kleiner Ventrikelseptumdefekt durch die Indicatorverdünnungsmethode auch dann nachgewiesen werden, wenn die Bestimmung der Blutgasanalysen im Stich läßt (KREUZER u. Mitarb. 1961).

Bei Kombination einer Pulmonalstenose mit einem Vorhofseptumdefekt können durch Passage des Defektes mit dem Herzkatheter aus der Kurvenanalyse der rechts- und linksseitigen Vorhofdruckkurven auf die Größe des Vorhofseptumdefektes geschlossen und das Ausmaß des Kurzschlusses bestimmt werden.

Kontrastmitteldarstellung. Zur Darstellung der anatomischen Bedingungen im Bereich der Ausflußbahn des rechten Ventrikels und des Pulmonalostiums ist die gezielte Kontrastmittelinjektion in den rechten Ventrikel der ungezielten venösen überlegen. Die selektive Methode hat nicht nur den Vorteil der kontrastmittelreicheren Ventrikelfüllung, sie vermeidet auch die für die Beurteilung der Ausflußbahn störende Überlagerung mit der kontrastmittelgefüllten Hohlvene und dem rechten Vorhof (JÖNSSON, BRODÉN u. KARNELL 1949, 1953). Voraussetzungen für eine einwandfreie Beurteilung sind Aufnahmen in zwei Ebenen und eine schnelle Bildfolge, die sowohl die systolische als auch die diastolische Phase der Herzaktion erfassen.

Die durch Verschmelzung der Pulmonalklappen gebildete Membran, ihre Beweglichkeit und das verbliebene Ostium sind in der Regel am besten im Seitenbild zu beurteilen. Trotz ihrer Verschmelzung können die einzelnen Klappen noch unterschieden werden, vor allem in der diastolischen Phase (KJELLBERG u. Mitarb. 1959). Bei starker Verdickung der Membran wird eine derartige Differenzierung unsicher; die Beweglichkeit der Membran ist dann oft deutlich eingeschränkt, wobei die Konturen nicht selten unregelmäßig sind. In der Mehrzahl der Fälle ist jedoch die Beweglichkeit der Membran erstaunlich. Systolisch wird sie bogenförmig in die Pulmonalarterie vorgewölbt (Abb. 187a u. b), diastolisch ragt sie in das Ventrikellumen vor und unterscheidet sich in dieser Phase nicht oder nur

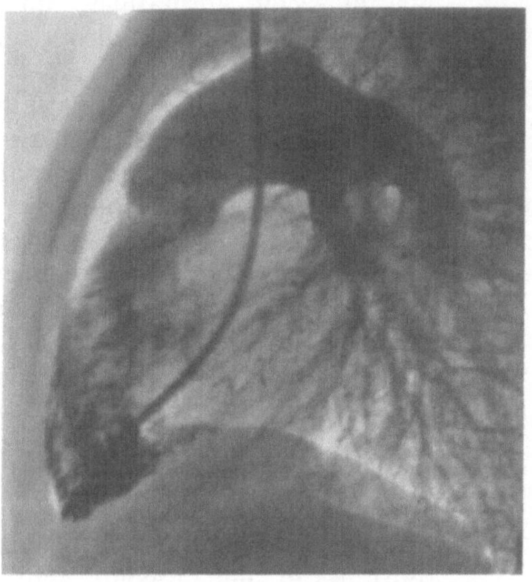
a

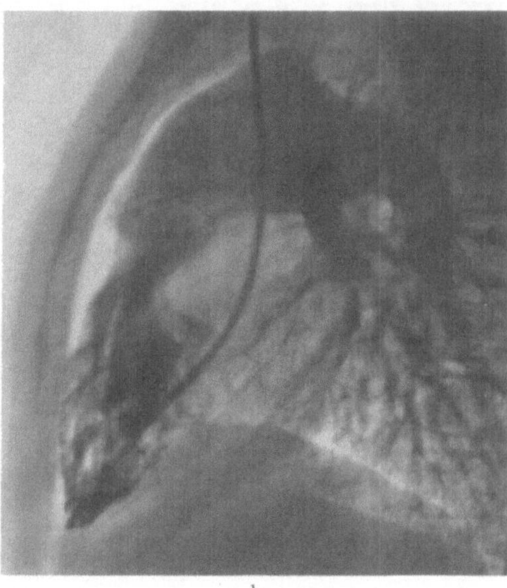
b

Abb. 188a u. b. Angiokardiogramm (seitlich) eines 12jährigen Jungen (W.Kl.) mit valvulärer Pulmonalstenose. a Systolische Phase: bogenförmige Vorwölbung der Pulmonalklappen in die poststenotisch stark erweiterte Pulmonalarterie. b Diastolische Phase: keine Vorwölbung der Pulmonalklappen, die sich vom normalen Verhalten in dieser Phase nicht unterscheiden lassen. Pulmonalarterie in der Diastole deutlich schmäler als während der Systole

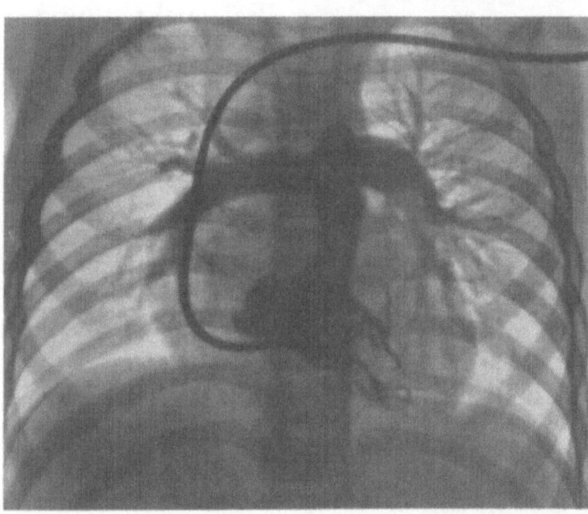
a

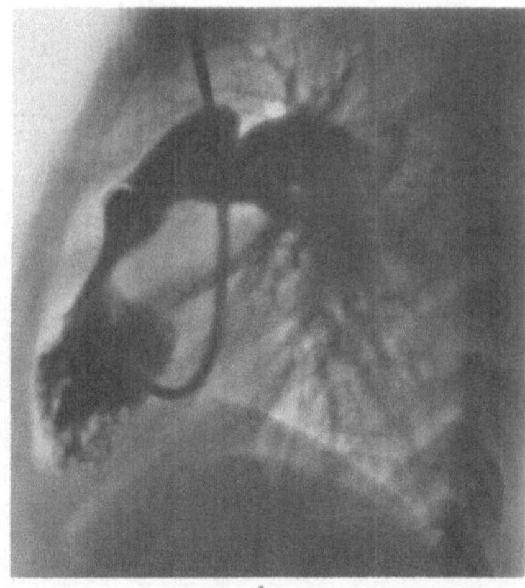
b

Abb. 189a u. b. Angiokardiogramm eines 5jährigen Jungen (T.Er.) mit mittelschwerer valvulärer Pulmonalstenose. a Sagittalbild: rechter Ventrikel links nicht randbildend. b Seitenbild: valvuläre Pulmonalstenose deutlich erkennbar

wenig vom Verhalten normaler Klappen (Abb. 188a u. b). Die Größe des Ostium, das meist zentral, seltener exzentrisch liegt, ist an dem in die Pulmonalarterie „einschießenden“ Kontrastmittelstrahl zu erkennen (Abb. 187b).

An der Hypertrophie der rechten Kammermuskulatur sind auch das Infundibulum, die Crista supraventricularis mit ihrem septalen und parietalen Band sowie die Papillarmuskeln beteiligt. Eine durch die Kontraktion des Ostium infundibuli vorgetäuschte infundibuläre Stenose läßt sich durch den Nachweis eines normal weiten Infundibulums in der diastolischen Phase zuverlässig ausschließen (Abb. 188a u. b).

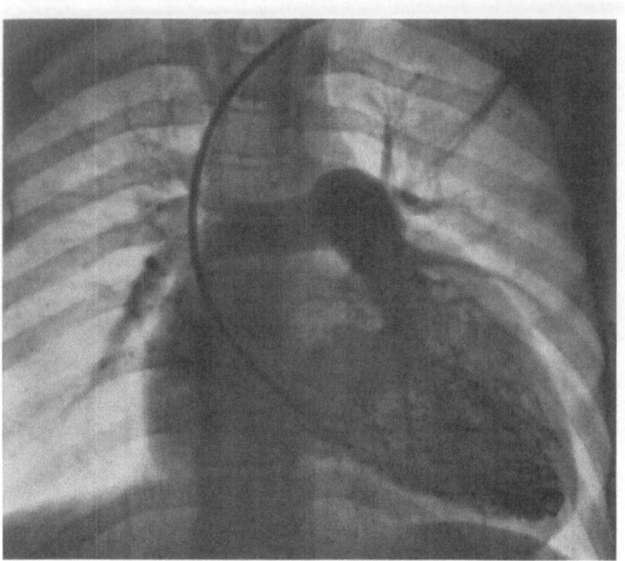

Abb. 190. Angiokardiogramm (sagittal) einer 18jährigen Patientin (F.Ha.) mit hochgradiger valvulärer Pulmonalstenose: In der diastolischen Phase füllt das Kontrastmittel einen großen rechten Ventrikel aus, der den linken Herzrand bildet

Abgesehen von der Klärung der anatomischen Verhältnisse im Bereich der Ausflußbahn des rechten Ventrikels gestattet die Kontrastmittelfüllung auch eine Beurteilung der Größe und Lageverhältnisse der Herzkammern. Bei hochgradigen Stenosen zeigt die Kontrastmittelfüllung in der Regel einen vergrößerten rechten Ventrikel, der sich unter Aussparung eines schmalen, durch die hypertrophierte Kammermuskulatur bedingten Randstreifens bis an den linken Herzrand erstrecken kann. Gleichfalls erkennt man in diesen Fällen eine Verlagerung des Ventrikelseptums nach links und gelegentlich eine Ausbuchtung des Kammerseptums in den linken Ventrikel (Thurn 1956). Der linke Ventrikel ist, wie besonders in der Phase des Lävogramms zu sehen ist, durch den vergrößerten rechten Ventrikel an die Hinterfläche des Herzens verdrängt. Bei leichten und mittelschweren Stenosen wird die linke Herzkontur meist vom linken Ventrikel gebildet (Abb. 189a u. b), bei hochgradigen Stenosen wird der rechte Ventrikel links randbildend (Abb. 190).

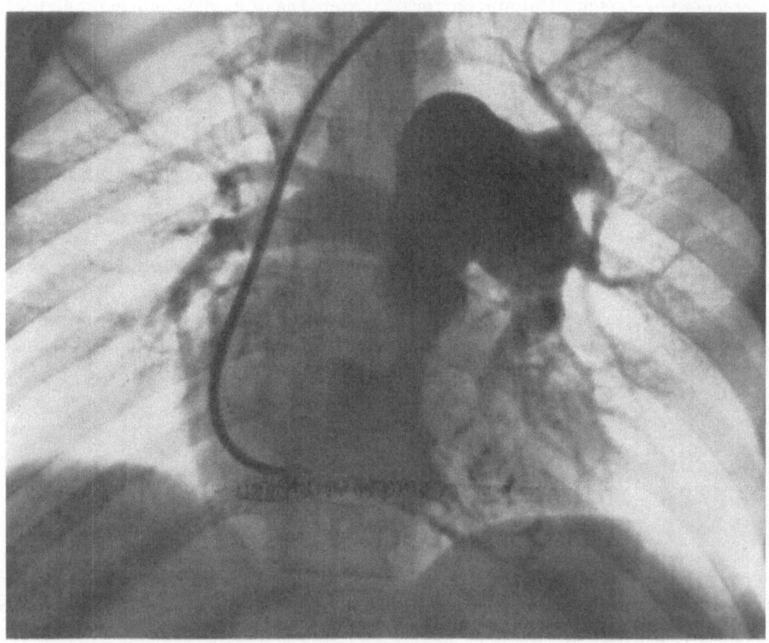

Abb. 191. Angiokardiogramm eines 35jährigen Mannes (E.Wo.) mit valvulärer Pulmonalstenose. Hochgradige Erweiterung des Hauptstammes und der linken Pulmonalarterie

Der Hauptstamm der Pulmonalarterie ist fast immer mehr oder weniger stark erweitert. Nur ausnahmsweise fehlt eine Dilatation. Bei Kindern unter 4 Jahren wird sie jedoch nach Kjellberg u. Mitarb. (1959) selten beobachtet. Die maximale Erweiterung findet sich meist im distalen Gefäßabschnitt der Pulmonalarterie, während der proximale Abschnitt oft normal oder nur mäßig erweitert ist. Nur selten ist auch der Anfangsteil unter Einbeziehung der Sinus Valsalvae dilatiert. Die Erweiterung der Pulmonalarterie erstreckt sich nicht selten auf die beiden Hauptverzweigungen, von denen die linke häufiger und in stärkerem Maße betroffen ist (Abb. 191). Die Lappengefäße erscheinen dagegen schmal und kontrastschwach. Das im Strahl durch das verengte Pulmonalostium in die Pulmonalarterie einströmende Blut ist im allgemeinen gegen die vordere Wand der Pulmonalarterie gerichtet, wo es eine flache Vorwölbung hervorrufen kann.

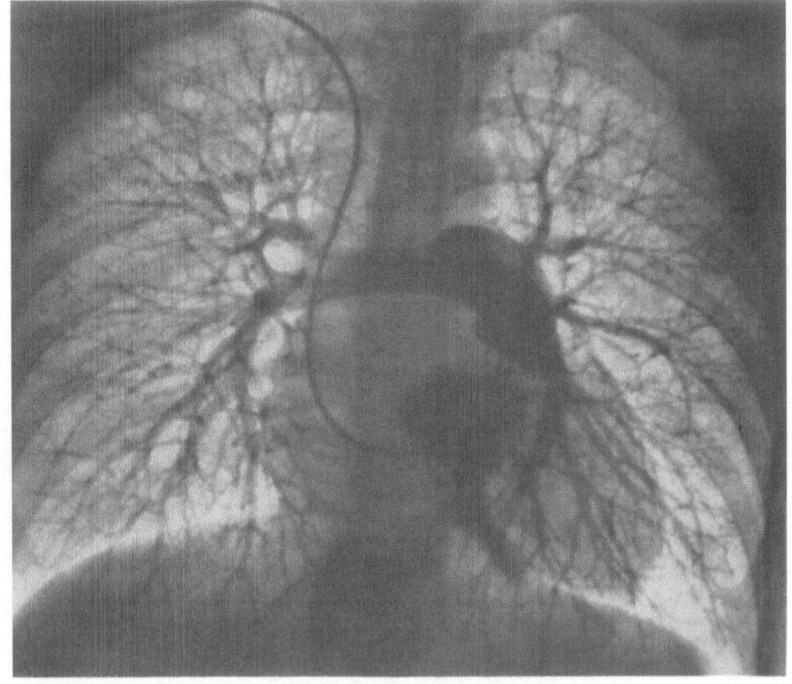

a

Bei der infundibulären Stenose zeigt die Kontrastmitteldarstellung eine Einschnürung der Ausflußbahn der rechten Kammer im Bereich des Ostium infundibuli (Abb. 192a u. b) mit Bildung einer sog. dritten Herzkammer. Nach dem unterschiedlichen Verhalten des parietalen und septalen Bandes unterteilen KJELLBERG u. Mitarb. (1959) die infundibuläre Stenose in zwei Hauptgruppen.

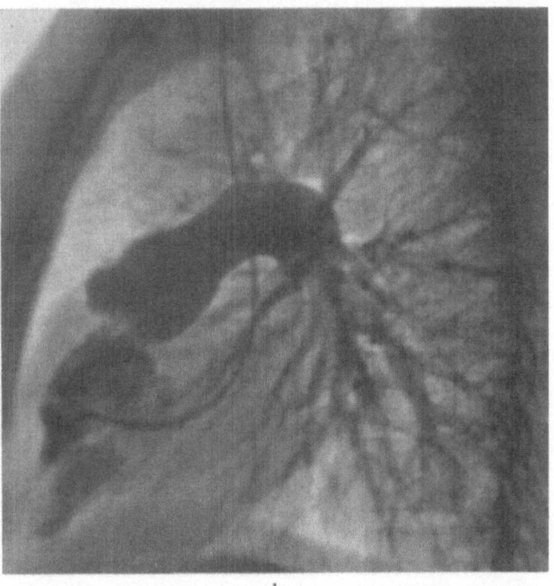

b

Abb. 192a u. b. Angiokardiogramm einer 21jährigen Frau (I.Kr.) mit infundibulärer Pulmonalstenose. a Sagittalbild: umschriebene Einengung im Bereich des Ostium infundibuli. Starke Hypertrophie des parietalen Bandes. Keine poststenotische Erweiterung. b Seitenbild: Einengung der Kontrastmittelbahn am Ostium infundibuli. Weite „3. Herzkammer“

Bei der häufigeren Form hat das parietale Band einen anomalen Verlauf. Der rechte Anteil der Crista mit dem parietalen Band verläuft nach ventral und links; sein Ansatz an der Vorderwand des Ventrikels liegt höher als normal. So entsteht eine umschriebene Einengung des Infundibulums von hinten, rechts und weniger auch von vorn.

Bei der zweiten Form verläuft das septale Band nach ventral und rechts und setzt an der Vorderwand des rechten Ventrikels an. Der linke Anteil der Crista ist ventralwärts verlagert. Dadurch erfolgt eine Einschnürung des Infundibulums von hinten, links und vorn. Schließlich gibt es auch eine Kombination beider Formen.

Entscheidend für die Diagnose der infundibulären Stenose ist das Verhalten der Ausflußbahn in der diastolischen Phase. Während normalerweise das Infundibulum in der Diastole die Weite der Pulmonalarterie erreicht, bleibt bei der Infundibulumstenose auch in dieser Phase der Herzaktion eine Verengung der Kontrastmittelbahn bestehen.

Die sog. dritte Herzkammer ist in der Mehrzahl der Fälle von normaler Weite; sie kann jedoch schmäler und in ganz seltenen Fällen auch einmal deutlich erweitert sein.

Die Pulmonalarterie ist bei der isolierten Infundibulumstenose in der Mehrzahl der Fälle nicht erweitert. Auch bei der Kombination einer infundibulären und valvulären Stenose ist die poststenotische Erweiterung der Pulmonalarterie nicht obligat. KJELLBERG u. Mitarb. (1959) beobachteten eine poststenotische Erweiterung bei 2 von 6 Patienten mit einer kombinierten Stenoseform, einmal bei einer isolierten infundibulären Stenose.

Von den beschriebenen Infundibulumstenosen sind die Verengungen der Ausflußbahn der rechten Kammer zu trennen, die Folge „obstruktiver Myokarderkrankungen" sind.

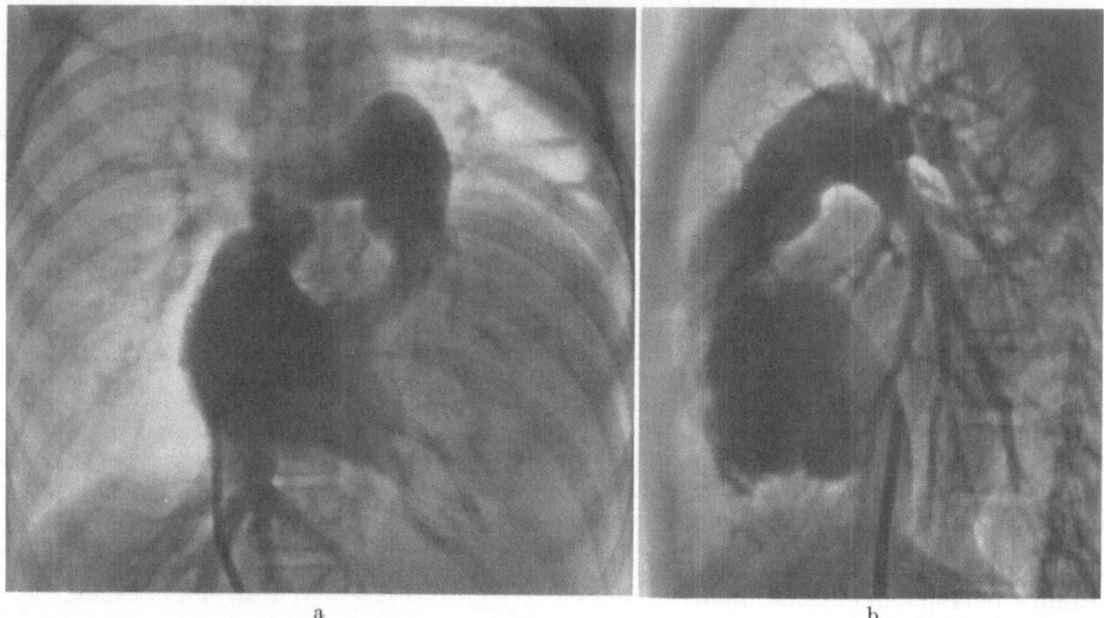

Abb. 193a u. b. Angiokardiogramm einer symptomatischen infundibulären Pulmonalstenose bei einem 12jährigen Jungen (P.Gr.). Myokardiopathie des linken Ventrikels mit starker Hypertrophie seiner Wand und des Kammerseptums. Die Druckwerte ergaben keine Ausflußbahnstenose des linken Ventrikels. Druckwerte: in der Pulmonalarterie 29/18 mm Hg, im rechten Ventrikel 70/0 mm Hg. a Sagittalbild nach Kontrastmittelinjektion in den rechten Vorhof: schmale Kontrastmittelstraße im Bereich der Ausflußbahn der rechten Kammer. Infolge der Hypertrophie und Dilatation des linken Ventrikels ist die rechte Kammer nach rechts verdrängt. Durch Vorwölbung des Kammerseptums in die Ausflußbahn der rechten Kammer entsteht ein Strombahnhindernis im Sinne einer infundibulären Stenose. b Seitenbild: Einengung der Ausflußbahn der rechten Kammer durch Vorwölbung des hypertrophierten Kammerseptums

Meist werden sie im Gefolge einer chronischen Myokardiopathie des linken Ventrikels beobachtet. Bei einer oft enormen Dickenzunahme der Wand des linken Ventrikels und des Kammerseptums kann letzteres während der Systole in die Ausflußbahn der rechten Kammer vorgewölbt werden und ein Strombahnhindernis bewirken, das eine Infundibulumstenose vortäuscht (Abb. 193a u. b) (GROSSE-BROCKHOFF u. LOOGEN 1962). Abgesehen von den unterschiedlichen klinischen Befunden läßt auch das Kontrastmittelbild des Herzens meist eine Abgrenzung dieser „Stenoseform" von den oben beschriebenen Infundibulumstenosen ohne größere Schwierigkeit zu, wenn man nur an diese Möglichkeit denkt.

Bei der selektiven Angiokardiographie kann ein gleichzeitiger Vorhofseptumdefekt mit Rechts-Links-Shunt nur dann erfaßt werden, wenn der Katheter während der Kontrastmittelinjektion in den rechten Vorhof zurückschnellt. Aus der zeitlichen Aufeinanderfolge der Kontrastmitteldarstellung der Pulmonalarterie und des linken Herzens mit Aorta kann man auch in diesen Fällen meist einen Ventrikelseptumdefekt zuverlässig ausschließen. Dies ist aber nicht möglich, wenn bei einer venösen Angiokardiographie ein sog. Frühlävogramm entsteht, d.h. eine Kontrastmittelfüllung des linken Herzens und der Aorta, bevor das Kontrastmittel den Lungenkreislauf passiert hat (GROB u. Mitarb. 1950). Da die angiokardiographische Erfassung eines Vorhofseptumdefektes bei der Pulmonalstenose ohne Ventrikelseptumdefekt nur ausnahmsweise von Bedeutung sein kann, ist auch die mit diesem Ziel durchgeführte venöse Angiokardiographie nur ausnahmsweise angezeigt.

Postoperative röntgenologische Befundänderungen. Die Angaben in der Literatur über postoperative Größenänderungen des Herzens sind nicht einheitlich. Neben Abnahme der Herzgröße (BLOUNT u. Mitarb. 1954; CAMPBELL u. BROCK 1955; HANSON u. Mitarb. 1958) werden ein Gleichbleiben oder eine Größenzunahme des Herzens beschrieben (HOSIER u. Mitarb. 1956).

REINDELL u. Mitarb. (1962) unterscheiden je nach dem postoperativen Verhalten drei Gruppen.

Bei der ersten Gruppe mit mäßiger Druckerhöhung bleibt die Herzgröße von einer vorübergehenden, auf die Bettruhe zu beziehenden Verkleinerung des Herzens im wesentlichen unverändert. Eine postoperative, allseitige Vergrößerung des Herzens im Normbereich wird beobachtet, wenn vor der Operation als Folge einer starken Druckbelastung (und Verminderung des Restblutes) eine Herzverkleinerung bestand (zweite Gruppe).

Hat vor der Operation eine Rechtsschädigung mit beginnender Insuffizienz vorgelegen, ohne daß das Herzvolumen vergrößert war, bildet sich postoperativ die Rechtsvergrößerung zurück (dritte Gruppe). Infolge entsprechender Größenzunahme des linken Herzens kann das Gesamtherzvolumen etwa gleich groß bleiben oder bei Belastung gering zunehmen. Bei präoperativer Rechtsschädigung mit Insuffizienz und Vergrößerung des Herzens beobachtet man postoperativ nur eine geringe Herzverkleinerung, ohne daß die Normalwerte gleichaltriger Personen erreicht werden. Das Herz bleibt trotz gelungener Ostiumerweiterung infolge einer Gefügedilatation vergrößert und kann im weiteren postoperativen Verlauf die Ausgangsgröße überschreiten.

Unter Zugrundelegung der Relation von Herzbreite zu Thoraxbreite fanden wir präoperativ bei Patienten mit leichten und mittelschweren Stenosen das Herz mit nur drei Ausnahmen (Vergrößerungen) von normaler Größe, während bei den Patienten mit schweren Pulmonalstenosen (Druck im rechten Ventrikel über 100 mm Hg) die Hälfte eine Vergrößerung des Quotienten über 50% (Mittelwert 55%) hatte. Bei den postoperativen Röntgenuntersuchungen — es handelt sich um 40 Spätbeobachtungen, die mehr als ein Jahr nach der Operation vorgenommen wurden — war bei den Patienten mit schweren Pulmonalstenosen (24 Fälle) keine wesentliche Änderung der Herzgröße festzustellen. Dagegen wurde jeweils bei 2 Patienten mit leichter (5 Fälle) oder mittelschwerer (11 Fälle) Pulmonalstenose eine Herzvergrößerung beobachtet (LOOGEN u. Mitarb. 1964).

Als Ursache der spätpostoperativen Größenzunahme des Herzens kommen nach unseren Beobachtungen eine Myokardschädigung (entzündliche oder degenerative Veränderungen, Gefügedilatation) oder eine stärkere Volumenbelastung des rechten Ventrikels in Frage. Der zuletzt genannte Faktor läßt sich heute noch nicht in seiner ganzen Bedeutung übersehen. Wir fanden bei Spätbeobachtungen operierter Pulmonalstenosen eine Insuffizienz der Pulmonalklappen in 70% der Fälle. Zwar ist die Klappeninsuffizienz meist nur von geringer funktioneller Bedeutung, vereinzelt kann sie aber erheblich sein und zu einer postoperativen Herzvergrößerung führen (Abb. 194a u. b).

Auch bei prä- und postoperativ röntgenologisch unveränderter Herzgröße ergeben sich aus den Formänderungen des Herzens Hinweise auf den Operationserfolg. Bei allen hochgradigen Pulmonalstenosen beobachteten wir eine Rückbildung und Verkürzung der Vorwölbung der rechten Herzkontur und eine Verlängerung des linken Herzrandbogens. Auch die präoperative Verlängerung der Ausflußbahn des rechten Ventrikels bildet sich bei Fällen mit gutem Operationsergebnis zurück.

Der Pulmonalbogen läßt postoperativ im allgemeinen nur geringe Größenänderungen erkennen. Sie erlauben keine Rückschlüsse auf das Ergebnis der Stenoseoperation. Eine

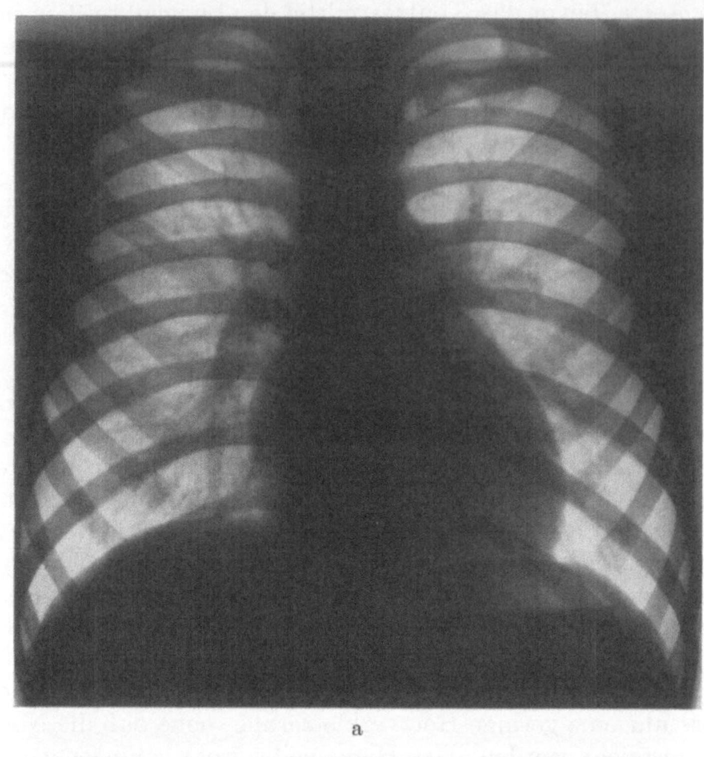

a

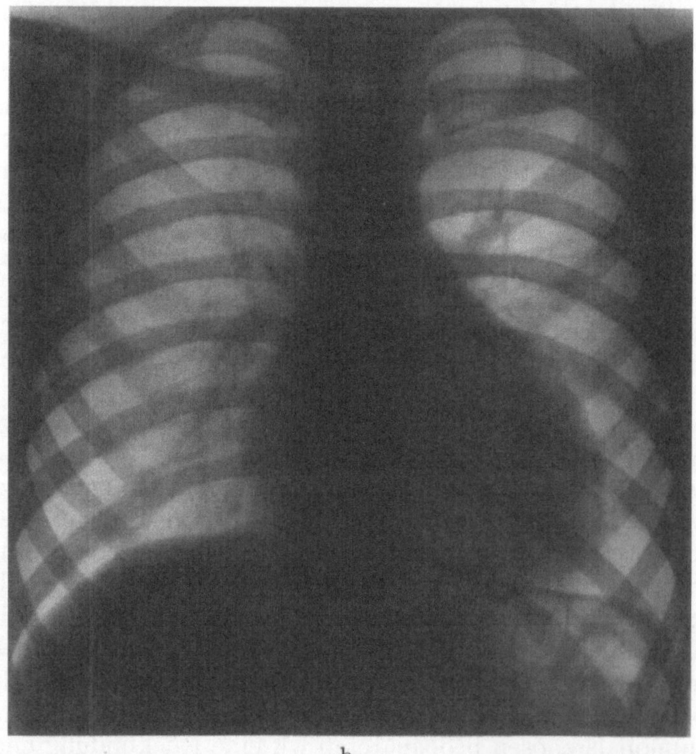

b

Abb. 194a u. b. Valvuläre Pulmonalstenose bei einem 11- bzw. 13jährigen Jungen (H.Ko.). a Präoperativ. b Postoperativ (2 Jahre später): deutliche Vergrößerung des Herzens beiderseits, vor allem links

Vergrößerung des Pulmonalbogens ist dann suspekt auf eine postoperative Klappeninsuffizienz, wenn sie mit starken systolischen Lateralbewegungen kombiniert ist.

Postoperative Veränderungen der Lungengefäßzeichnung sind bei den Patienten mit leichter bis mittelschwerer Stenose nicht oder nur in geringem Maße festzustellen, während bei den schweren Stenosen die zentralen Lungengefäße dichter und breiter erscheinen und sich weiter in die Lungenperipherie verfolgen lassen.

15. Pulmonalstenose mit Ventrikelseptumdefekt (Fallotsche Tetralogie)

Definition. Die Fallotsche Tetralogie (FALLOT 1888) ist eine mit einer Mischungscyanose verbundene Herzmißbildung, die gekennzeichnet ist durch eine Stenose der Ausflußbahn des rechten Ventrikels und/oder des Pulmonalostiums, einen meist hochgelegenen Ventrikelseptumdefekt, eine reitende Aorta und eine Hypertrophie der Muskulatur des rechten Ventrikels. Zahlreiche Beobachtungen im letzten Jahrzehnt haben gezeigt, daß einerseits trotz des Vorliegens der vier anatomischen Voraussetzungen eine Cyanose fehlen und andererseits bei einem normalen Aortenursprung und tiefer gelegenem Ventrikelseptumdefekt eine solche bestehen kann. Die trotz der prinzipiell weitgehend übereinstimmenden anatomischen Grundform vorhandenen Variationen des klinischen und pathophysiologischen Bildes lassen sich unter dem Begriff der „Pulmonalstenose mit Ventrikelseptumdefekt" zusammenfassen, wobei die beiden das Krankheitsbild entscheidend bestimmenden Faktoren berücksichtigt sind (LOOGEN 1959).

Anatomie. Trotz der im Prinzip weitgehend übereinstimmenden anatomischen Grundform weist das anatomische Bild eine erstaunliche Spielbreite auf. Sie bezieht sich sowohl auf die Lokalisation und graduelle Ausprägung der Stenose, auf die Lage und Größe des Ventrikelseptumdefektes, als auch auf das Verhalten der großen Gefäße.

Am häufigsten ist die Doppelstenose, d. h. eine Verengung sowohl des Conuseingangs (Infundibulum) als auch des Conusausgangs (Pulmonalostium); dann folgt die Verengung des gesamten Conus, d. h. die lange infundibuläre Stenose; seltener ist eine isolierte Conuseingangs- oder Conusausgangsstenose. Bei den Doppelstenosen oder der Conuseingangsstenose kommt es zur Bildung einer sog. dritten Herzkammer, die meist klein (Durchmesser 2—4 cm) ist, gelegentlich aber so groß sein kann, daß sie die ganze Vorderfläche des rechten Ventrikels einnimmt (MÉTIANU u. DURAND 1954).

Nicht nur Form und Lokalisation der Stenose, sondern auch der Stenosegrad sind von Fall zu Fall unterschiedlich. Neben geringen Verengungen bis zu den hochgradigen Stenosen oder dem völligen Verschluß der Ausflußbahn gibt es alle Übergänge.

Zwischen dem Stenosegrad und dem „Überreiten" der Aorta besteht eine oft enge Korrelation derart, daß im allgemeinen das Überreiten der Aorta um so stärker ist, je ausgeprägter die Stenose und umgekehrt.

Bis zu einem gewissen Grad besteht auch eine Beziehung zwischen dem Stenosegrad und der Weite der Pulmonalarterie. Je höhergradig die Stenose, um so geringer ist das Lumen der Lungengefäße. Ein Kollateralkreislauf führt jedoch gelegentlich dem Lungenkreislauf ein so großes Blutvolumen zu, daß die Lungengefäße in Relation zum Grad der Pulmonalstenose unverhältnismäßig weit sind. Nicht selten ist die Lungenarterie einer Seite — in der Mehrzahl der Fälle die linke Lungenarterie (PATTINSON u. EMANUEL 1957) — weiter als die der anderen; vereinzelt ist nur eine Lungenarterie ausgebildet, während die andere Lungenhälfte ausschließlich über den Kollateralkreislauf versorgt wird (MÉTIANU u. DURAND 1954; MCKIM u. WIGLESWORTH 1954). Der Kollateralkreislauf ist im allgemeinen um so stärker ausgeprägt, je höhergradig die Stenose ist. Er wird im wesentlichen gebildet von den erweiterten und oft auch vermehrten Bronchialarterien, von im Mediastinum verlaufenden Gefäßen, die teils aus der A. mammaria interna, teils aus der Aorta entspringen, außerdem von oesophagealen, perikardialen und pleuralen Gefäßen. Daß einem persistierenden Ductus arteriosus für den Kollateralkreislauf eine besondere Bedeutung zukommt, braucht kaum besonders erwähnt zu werden.

Der Ventrikelseptumdefekt liegt in der überwiegenden Mehrzahl der Fälle im Bereich der Pars membranacea und hat eine Größe von 1—2,5 cm im Durchmesser.

Die Aorta ist bei der Fallotschen Tetralogie oft gegenüber der Norm erweitert, wobei diese Erweiterung in der Regel umgekehrt proportional dem Grad der Pulmonalstenose ist. Je höhergradig die Stenose, um so größer sind das in die Aorta gelangende Blutvolumen und um so weiter deren Lumen.

Ein häufiger Befund ist die Rechtslage des Aortenbogens (20—25% der Fälle), im amerikanischen Schrifttum auch „Corvisart's disease" genannt. Im allgemeinen kreuzt dabei die descendierende Aorta im unteren Thoraxdrittel nach links und tritt an normaler Stelle durch das Zwerchfell. Seltener findet die Kreuzung im oberen Thorax statt, wobei die Aorta dann wie üblich links der Wirbelsäule descendiert. Neben dem anomalen Aortenverlauf werden häufiger als sonst auch Anomalien im Ursprung und Verlauf der vom Aortenbogen abgehenden großen Gefäße angetroffen, z.B. ein retrooesophagealer Verlauf einer A. subclavia bei 36 von 841 Fällen (= 4,3%) im Untersuchungsgut von BAHNSON u. BLALOCK (1950), in 14% (gegenüber normal in 0,7%) im Untersuchungsgut von PATTINSON u. EMANUEL (1957).

Die Hypertrophie des rechten Ventrikels ist ein konstanter Befund. Dabei kann das Lumen der rechten Kammer vergrößert sein. Oft übertrifft die rechte Herzhälfte die linke an Volumen und Muskelmasse (SCHOENMACKERS u. ADEBAHR 1955).

In Verbindung mit der Fallotschen Tetralogie kommen zahlreiche weitere Anomalien vor, so z.B. eine offene Vorhofkommunikation (25—40%), eine Persistenz der linken oberen Hohlvene mit Einmündung in den rechten Vorhof, Anomalien des Knochensystems, Mongolismus etc.

Häufigkeit. Von FALLOT (1888) wurde der Anteil der nach ihm benannten Herzanomalie auf 70% der angeborenen cyanotischen Herzfehler geschätzt. MANNHEIMER (1949) fand die Fallotsche Tetralogie in 53%, MÉTIANU u. DURAND (1954) in 67% der eine Cyanose bedingenden Herzanomalien. In unserem Krankengut von rund 5000 angeborenen Angiokardiopathien entfielen auf die Fallotsche Tetralogie 20%, während ihr Anteil an den cyanotischen Vitien 71% betrug.

Pathophysiologie. Die Pathophysiologie der Pulmonalstenose mit Ventrikelseptumdefekt wird entscheidend durch die Stenose in der Ausflußbahn des rechten Ventrikels oder des Pulmonalostiums und durch den Ventrikelseptumdefekt bestimmt. Der Ventrikelseptumdefekt ist meist so groß, daß ein systolischer Angleich der Druckwerte im rechten und linken Ventrikel besteht, wobei die Lokalisation des Defektes ohne wesentliche Bedeutung ist. Durch den großen Ventrikelseptumdefekt ist der rechte Ventrikel an den großen Kreislauf „angeschlossen", so daß man aus dem unblutig (RR) ermittelten Brachialarteriendruck auf die Höhe des systolischen Druckes im rechten Ventrikel schließen kann. Im Gegensatz zur Pulmonalstenose ohne Ventrikelseptumdefekt ist daher die systolische Druckerhöhung im rechten Ventrikel nicht vom Stenosegrad, sondern vom Strömungswiderstand im großen Kreislauf abhängig. Die Größe des aus dem rechten Ventrikel in den kleinen und großen Kreislauf gelangenden Blutvolumens ist von der Relation des Strömungswiderstandes in der verengten Ausflußbahn der rechten Kammer zu dem in der Peripherie des großen Kreislaufs abhängig. Je höhergradig die Stenose ist, um so geringer ist das vom rechten Ventrikel in den Lungenkreislauf gelangende Blutvolumen, um so größer das Kurzschlußvolumen, der Rechts-Links-Shunt. Bei hochgradigen Stenosen kann das Zirkulationsvolumen des großen Kreislaufs das Zwei- bis Dreifache des Lungenzirkulationsvolumens betragen. Bei leichten Stenoseformen sind das Lungenzirkulationsvolumen und damit auch der Pulmonalarteriendruck bei relativ geringem Shuntvolumen annähernd normal.

Ist die Stenose so gering, daß der durch sie bedingte Strömungswiderstand etwa gleich hoch wie der im großen Kreislauf ist oder diesen sogar unterschreitet, so besteht anstelle des Rechts-Links-Shunts der Fallotschen Tetralogie ein gekreuzter oder ausschließlich von links nach rechts gerichteter Kurzschluß. Hier liegen fließende Übergänge zum Ventrikelseptumdefekt mit Pulmonalstenose vor, wobei eine Zuordnung zu der einen oder anderen Krankheitsform bis zu einem gewissen Grade willkürlich ist. Die Unterscheidung sollte man vom Verhalten des Pulmonalarteriendrucks abhängig machen und die Fälle mit einem erniedrigten oder normalen Druck in der Lungenschlagader zum Krankheitsbild der Pulmonalstenose mit Ventrikelseptumdefekt, die Fälle mit erhöhtem Pulmonalarteriendruck zur Krankheitsgruppe des Ventrikelseptumdefektes mit Pulmonalstenose zählen (LOOGEN 1961).

In dem Bemühen, das Lungenzirkulationsvolumen auf einem für die Aufrechterhaltung des Lebens ausreichenden Niveau zu halten, bildet der Organismus einen Kollateralkreislauf aus. Die durch die Kollateralen in die Lungenstrombahn fließende Blutmenge kann 1—2 Liter/min betragen (BING u. Mitarb. 1947). Sie ist im allgemeinen um so größer, je höhergradig die Pulmonalstenose ist. Die große Bedeutung des Kollateralkreislaufs erhellt am eindrucksvollsten am Beispiel der Patienten mit Pulmonalatresie (Pseudotruncus), die nicht selten das Erwachsenenalter erreichen.

In einem hohen Prozentsatz der Fallot-Kranken (40% nach MÉTIANU u. DURAND 1954) besteht eine offene Vorhofverbindung, die einen zweiten Shuntweg ermöglicht. Da der rechte Vorhof bei den Patienten mit stärkeren Stenosen ein größeres Blutvolumen als der linke Vorhof erhält, tritt ein Teil des Blutes durch den Vorhofseptumdefekt in das linke Herz über, das auf diese Weise ein größeres Blutvolumen als die vergleichbaren Anomalieformen ohne Vorhofseptumdefekt erhält.

Klinik. Die unterschiedlichen pathophysiologischen Bedingungen bei der Pulmonalstenose mit Ventrikelseptumdefekt erklären auch die große Variationsbreite der klinischen Erscheinungsform. Von den leichten Fällen mit gutem körperlichen Leistungsvermögen und ohne erkennbare Cyanose bis zu den schweren Formen mit hochgradiger Cyanose und Leistungsminderung gibt es alle Übergänge. Eine Einteilung in vier Gruppen oder Schweregrade hat sich als zweckmäßig erwiesen (Tabelle 9).

Tabelle 9. *Klinische Befunde bei Pulmonalstenosen mit Ventrikelseptumdefekt*

Typ	Cyanose	Trommelschlegel	Körperliche Entwicklung	Hockerstellung	Körperliches Leistungsvermögen	Hb in g	O_2-Defizit in %
I	keine	keine	normal	keine	gut	15,8	—
II	bei Belastung	gering	normal	selten	gering eingeschränkt	16,7	5—15
III	deutlich	deutlich	reduziert	meist	deutlich eingeschränkt	17,6	15—30
IV	stark	stark	stark reduziert	praktisch immer	stark eingeschränkt	20,5	über 30

Zur *Gruppe I* werden die besonders günstigen Fälle ohne Cyanose und ohne Trommelschlegelbildungen gezählt. Die körperliche Entwicklung der Patienten ist normal, ihr körperliches Leistungsvermögen erstaunlich gut. Ein arterielles Sauerstoffdefizit liegt nicht vor.

Bei den Patienten der *Gruppe II* ist die Cyanose in der Ruhe nicht zu erkennen oder nur eben angedeutet; sie tritt jedoch bei körperlicher Belastung in Erscheinung. Trommelschlegelbildungen der Finger- und Zehenendglieder fehlen oder sind in nur leichtem Maße vorhanden. Auch bei diesen Patienten ist die körperliche Entwicklung normal, während das körperliche Leistungsvermögen merklich eingeschränkt ist. Das arterielle Sauerstoffdefizit beträgt 5—15%.

Die *Gruppe III* umfaßt Patienten mit dem „klassischen Bild" der Fallotschen Tetralogie: deutliche Cyanose bereits in der Ruhe, Trommelschlegelform der Finger- und Zehenendglieder, Hockerstellung bei Ermüdung, verzögerte körperliche Entwicklung, deutliche Einschränkung des körperlichen Leistungsvermögens. Das Sauerstoffdefizit liegt zwischen 15 und 30%.

Die Patienten der *Gruppe IV* bieten von vornherein ein ernstes Krankheitsbild mit starker Cyanose, Dyspnoe und körperlicher Unterentwicklung. Die Kinder können zum Teil nicht einmal gehen und liegen mit angezogenen Beinen im Bett. Sie unterscheiden sich von den Patienten der anderen drei Gruppen außerdem durch den Auskultationsbefund. Das charakteristische systolische Geräusch kann völlig fehlen, oder es ist auf den Anfangsteil der Systole begrenzt. Nicht selten ist bei diesen Patienten ein systolisch-diastolisches Geräusch festzustellen als Ausdruck einer Ausgleichversorgung des Lungenkreislaufs über Anastomosegefäße. Das O_2-Defizit liegt im allgemeinen über 30%.

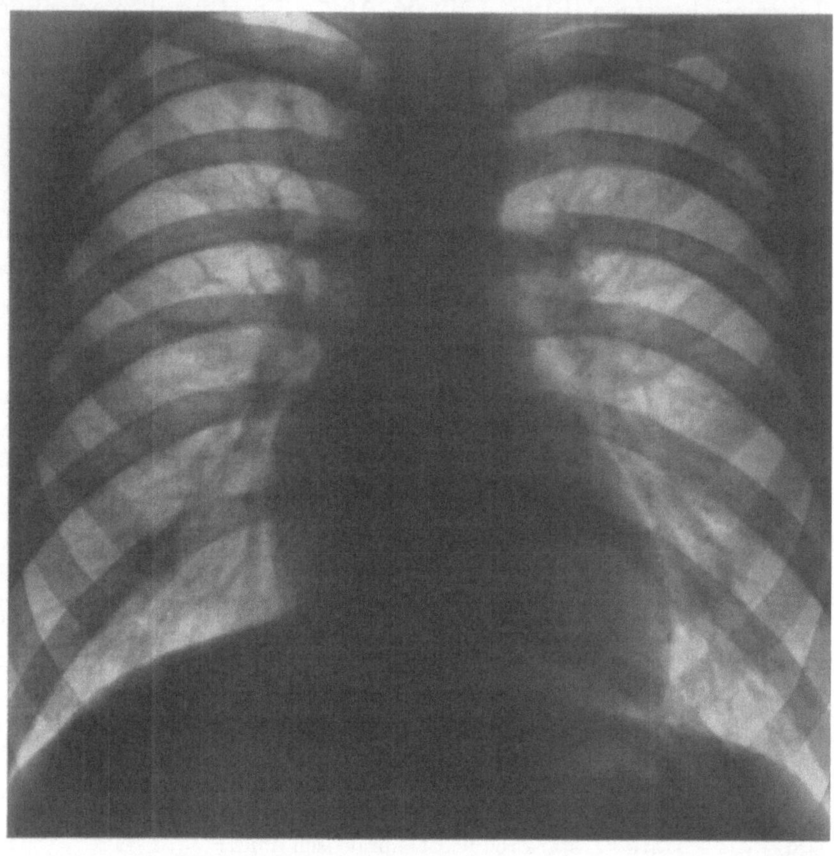

a

Abb. 195a u. b. Pulmonalstenose mit Ventrikelseptumdefekt des klinischen Schweregrades I bei einem 15jährigen Jungen (J.Sp.). a Sagittalbild: außer einer mäßigen Vorwölbung der oberen rechten Herzkontur keine krankhafte Formveränderung. Flache Vorwölbung des Pulmonalisbogens. Normale Lungengefäßzeichnung. b Seitenbild: keine Besonderheiten

Das *Elektrokardiogramm* bei der Pulmonalstenose mit Ventrikelseptumdefekt ist sehr einheitlich und zeigt keine sicher verwertbaren Unterschiede innerhalb der vier Gruppen: durchweg findet man einen Rechtstyp, der Vektordifferenzwinkel QRS/T ist in der Mehrzahl der Fälle größer als 60°. In den Brustwandableitungen ist die R-Zacke in den Ableitungen vom rechten Herzen im allgemeinen groß, S ist dagegen klein oder nicht vorhanden. Ein geläufiger Befund ist die Verspätung der endgültigen Negativitätsbewegung rechts präcordial. Die T-Zacken sind in den Ableitungen von der rechten Thoraxseite meist negativ.

Nur ausnahmsweise findet man einen von dem beschriebenen Bild stärker abweichenden Befund. Ein linkstypisches Elektrokardiogramm bei einer operativ gesicherten Pulmonalstenose mit Ventrikelseptumdefekt wurde von Grosse-Brockhoff, Loogen u. Schaede (1960) beschrieben.

Röntgenbefunde. Die von Gruppe zu Gruppe unterschiedlichen hämodynamischen Bedingungen bestimmen auch die röntgenologisch faßbaren Veränderungen der Herzkonfiguration und der Lungenzeichnung.

Die von Roesler (1928) als „pseudo-aortische Konfiguration", von Vaquez und Bordet (1928) als „cœur en sabot" bezeichnete Herzform, die als die klassische Konfiguration des Herzens bei der Fallotschen Tetralogie gilt, ist nur *eine* röntgenologische Erscheinungsform und gewiß kein konstanter Befund. Diese Umformung des Herzens, die darauf zurückzuführen ist, daß der rechte Ventrikel im Bereich der angehobenen

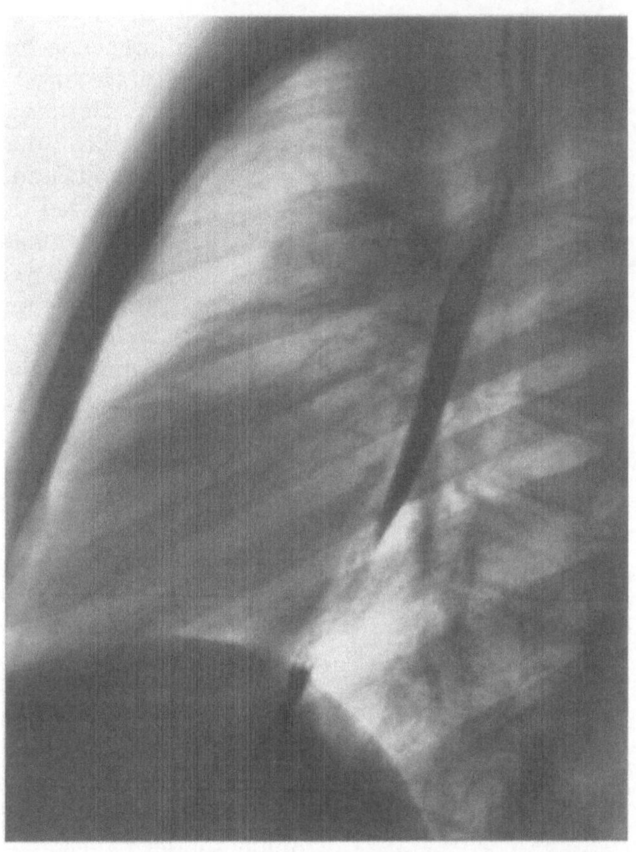

Abb. 195b

Herzspitze randbildend wird und der Pulmonalbogen zurücktritt, ist nur bei den hochgradigen Pulmonalstenosen mit Ventrikelseptumdefekt der klinischen Gruppen III und IV zu beobachten. Sie ist am stärksten ausgeprägt bei den Fällen mit Pulmonalatresie (Pseudotruncus), bei denen das gesamte Blutvolumen des rechten Ventrikels in die Aorta ausgeworfen wird und die Ausströmungsrichtung von links vorn unten nach rechts oben verläuft, während normalerweise die Achse der Ausflußbahn der rechten Kammer etwa senkrecht auf dem Zwerchfell steht (Zdansky 1949). Je geringer die Pulmonalstenose, um so größer ist die durch die pulmonale Ausflußbahn strömende Blutmenge. Die dadurch bedingte überwiegende Ausströmung des Blutes in normaler Richtung und die stärkere Ausdehnung der rechten Kammer nach oben nähert die Herzform im Sagittalbild mehr und mehr der Norm (Abb. 195—198).

Allen Formen der Pulmonalstenose mit Ventrikelseptumdefekt ist eine *Vergrößerung des rechten Ventrikels* gemeinsam. Abgesehen von einem kleinen Abschnitt am rechten Herzrand, in dem der rechte Vorhof randbildend wird, nimmt er — ausgenommen bei Patienten der Gruppe I — die ganze Vorderfläche des Herzens ein. Die Vergrößerung

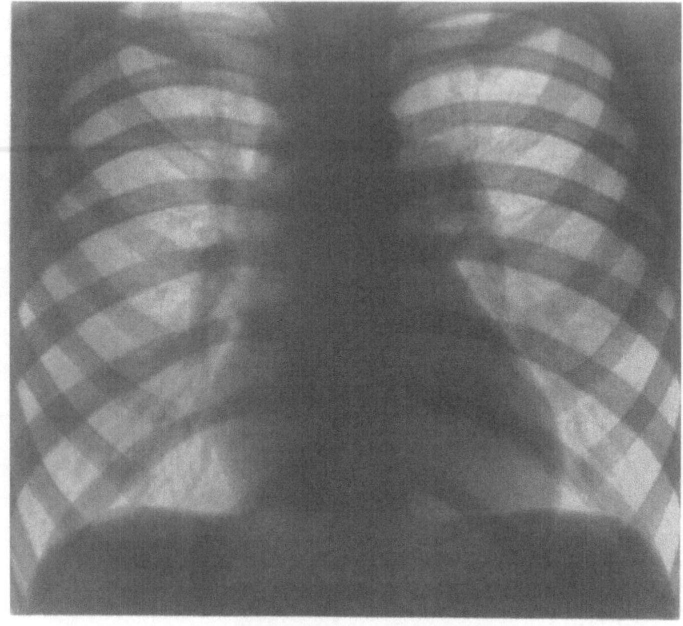

a

der rechten Kammer ist am besten im Seitenbild nachweisbar. In vielen Fällen erkennt man dann eine stärkere Vorwölbung der vorderen Herzkontur gegen die Thoraxwand. In linker Schrägstellung ist dagegen die Beurteilung der Größenverhältnisse der rechten Kammer durch die in der Mehrzahl der Fälle bestehende Verlagerung der Aorta nach vorne erschwert.

Bei den schweren Krankheitsformen der klinischen Gruppen III und IV, die zweifellos die Mehrzahl der Pulmonalstenosen mit Ventrikelseptumdefekt ausmachen, werden infolge Ausweitung der rechten Kammer nach links und einer gleichsinnigen Drehung des Herzens nach links der meist *kleine linke Ventrikel* nach dorsal abgedrängt, die Herzspitze angehoben (WEGELIUS u. LIND 1952). Das Septum interventriculare wird mehr oder weniger in die Frontalebene gerückt; gelegentlich zeichnet es sich durch eine flache Eindellung an der linken Herzkontur (Sulcus longitudinalis anterior) ab, wodurch eine Abgrenzung beider Kammern ermöglicht wird. In anderen Fällen sitzt der linke Ventrikel „mützenähnlich" der hinteren Herzgrenze auf (EEK 1949). Durch dieses Verhalten wird offensichtlich, daß der große Herzschatten durch die Vergrößerung des rechten Ventrikels bedingt ist, der nicht nur eine Hypertrophie, sondern auch eine Dilatation zugrunde liegen dürften (THURN 1956, 1958). Infolge der abnormen Drehungs- und Lageverhältnisse des Fallot-Herzens wird die Wirbelsäule in der linken vorderen Schrägstellung in der Regel ganz oder teilweise vom linken hinteren Herzschatten bedeckt (Abb. 199). Aus den genannten Gründen wäre es falsch, hieraus auf eine Vergrößerung des linken Ventrikels zu schließen.

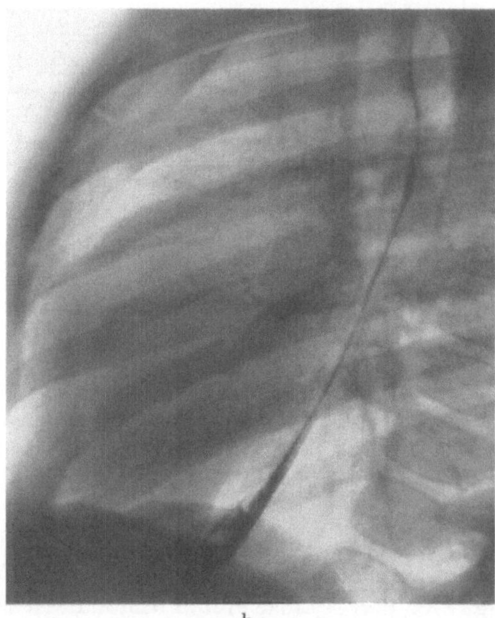

b

Abb. 196a u. b. Pulmonalstenose mit Ventrikelseptumdefekt des klinischen Schweregrades II bei einem 7jährigen Mädchen (A.Schö.). a Sagittalbild: links- und rechtsbetontes Herz mit verstrichener Herztaille und Erweiterung der linken Pulmonalarterie. b Seitenbild: keine verwertbaren Formänderungen

Der *rechte Herzrand* wird im Sagittalbild in der Regel wenigstens im oberen ersten bis zweiten Drittel vom rechten Vorhof gebildet. Eine Verbreiterung des Herzens nach rechts kann sowohl durch eine Vergrößerung des rechten Ventrikels, der den zugehörigen Vorhof nach lateral verschiebt, als auch durch eine Vergrößerung des Vorhofs selbst bedingt sein. Die Entscheidung, welcher von beiden Faktoren maßgebend ist, kann sehr schwierig werden. Bei einer Vergrößerung des rechten Vorhofs, im allgemeinen nur wenig ausgeprägt, ist in vorderer rechter Schrägstellung eine Einengung des retrokardialen Dreiecks im unteren Drittel zu erkennen. Die Vergrößerung wird vor allem bei Dekompensation der rechten Kammer deutlich.

Der *linke Vorhof* ist infolge der Linksdrehung des Herzens stärker nach hinten verlagert als gewöhnlich. Daher findet sich im Oesophagogramm nicht selten eine Verdrängung der Speiseröhre nach rechts, woraus nicht auf eine Vergrößerung des linken Vorhofs geschlossen werden darf. Dieser ist in den unkomplizierten Fällen von Fallotscher Tetralogie röntgenologisch nicht auffallend und nur selten abgrenzbar.

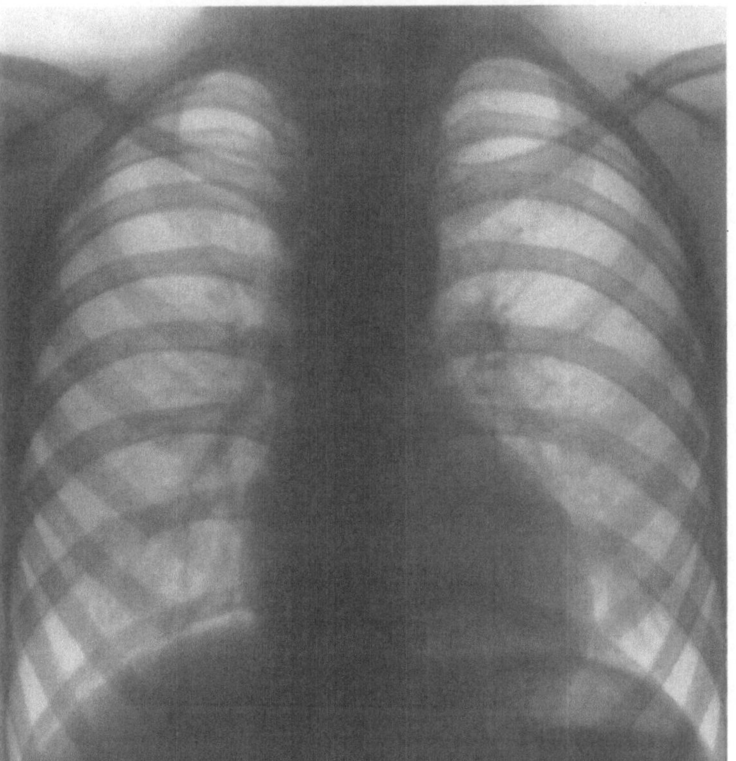

a

Ein charakteristischer röntgenologischer Befund bei den schweren Krankheitsformen der Pulmonalstenose mit Ventrikelseptumdefekt ist die *Konkavität der linken oberen Herzkontur* (Abb. 197 u. 198). Sie ist eine Folge der infundibulären Stenose, der Hypoplasie und zum Teil auch einer medialwärts erfolgten Verlagerung der Pulmonalarterie (Abb. 200). Aus diesen Gründen ist es oft nicht möglich, die Größe bzw. die Weite der Pulmonalarterie auf Grund der üblichen Röntgenuntersuchung zu beurteilen (KJELLBERG u. Mitarb. 1959). Selten sieht man im Bereich der linken oberen Herzkontur eine meist flache konvexbogige Vorwölbung als Folge einer sog. *dritten Herzkammer* (Abb. 201, vgl. auch Abb. 207). Eine derartige Veränderung der Herzkontur kann auch durch das linke Herzohr verursacht sein. Durch Drehung des Patienten in die rechte vordere Schrägstellung kann jedoch unschwer die Art der Vorwölbung differenziert werden.

Die *Aorta* ist bei den schweren Krankheitsformen meist verbreitert. Ihre Pulsationen sind verstärkt. KJELLBERG u. Mitarb. (1955) beobachteten eine Dilatation der Aorta in einem Drittel aller Fallot-Patienten (ohne Berücksichtigung des Schweregrades). In etwa 20—25% aller Fälle

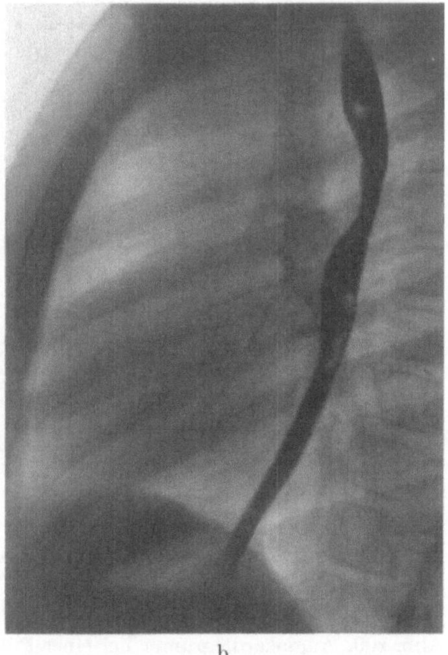

b

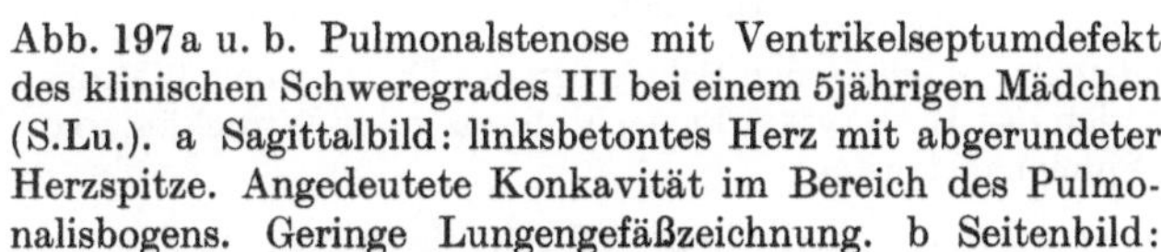

Abb. 197a u. b. Pulmonalstenose mit Ventrikelseptumdefekt des klinischen Schweregrades III bei einem 5jährigen Mädchen (S.Lu.). a Sagittalbild: linksbetontes Herz mit abgerundeter Herzspitze. Angedeutete Konkavität im Bereich des Pulmonalisbogens. Geringe Lungengefäßzeichnung. b Seitenbild: keine verwertbaren Formänderungen des Herzens

besteht eine Rechtslage des Aortenbogens (20% nach ABBOTT 1936 und TAUSSIG 1947, 19% nach EEK 1949, 22% nach GROSSE-BROCKHOFF, LOOGEN u. SCHAEDE 1960).

Der *anomale Aortenverlauf* ist meist schon bei der üblichen Röntgenuntersuchung festzustellen. In fraglichen Fällen wird er durch die Oesophagusdarstellung und den

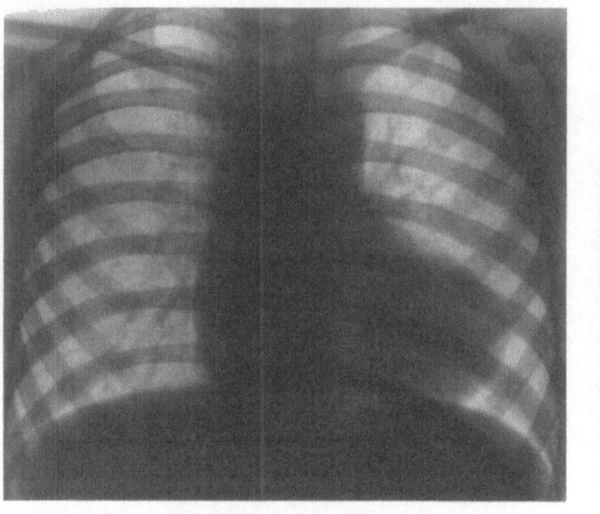

a

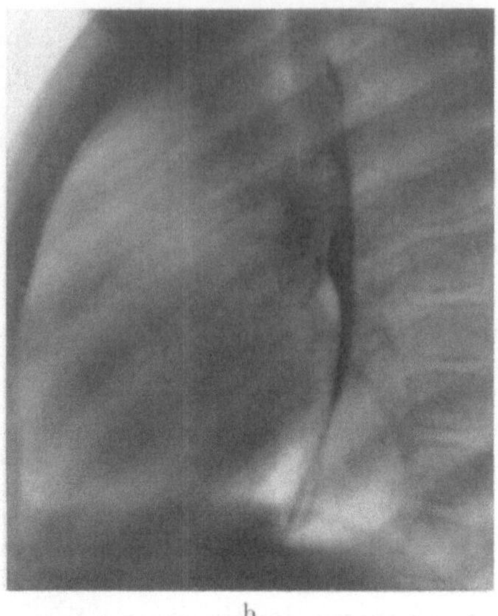

b

Abb. 198a u. b. Pulmonalstenose mit Ventrikelseptumdefekt des klinischen Schweregrades IV bei einem 5jährigen Mädchen (J.Kü.). a Sagittalbild: nach links verbreitertes Herz mit angehobener Herzspitze und fehlendem Pulmonalisbogen (sog. Cœur en sabot- oder Holzschuhform). Relativ breites Gefäßband. Verminderte Lungengefäßzeichnung. b Seitenbild: keine verwertbaren Formänderungen des Herzens

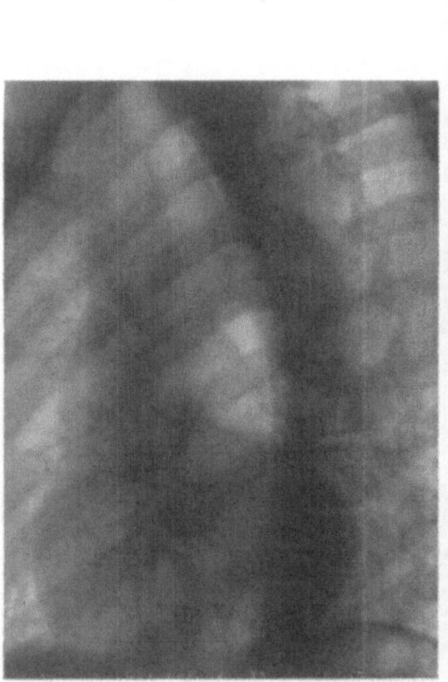

Abb. 199

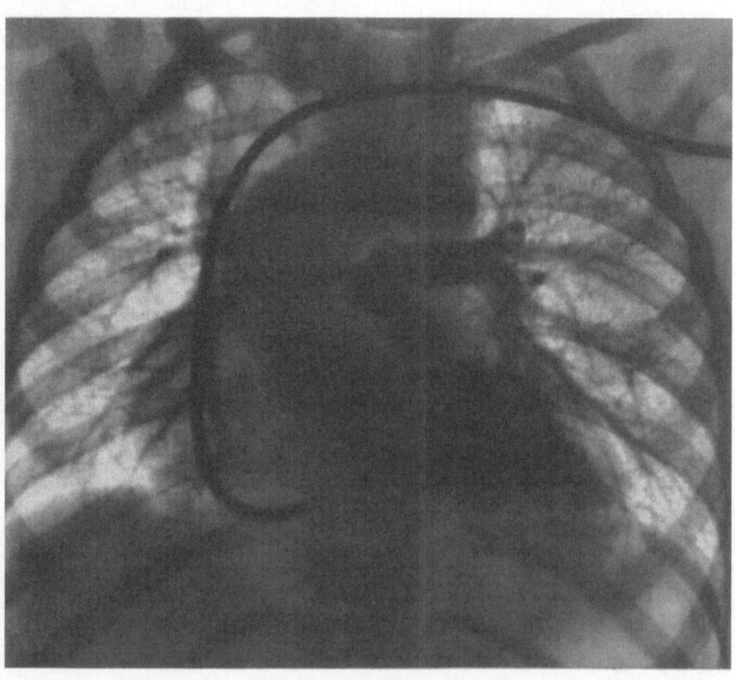

Abb. 200

Abb. 199. Pulmonalstenose mit Ventrikelseptumdefekt des klinischen Schweregrades IV bei einem 9jährigen Mädchens (E.Br.). In linker Schrägstellung wölbt sich das Herz verstärkt nach hinten in die Wirbelsäule vor. Helles Pulmonalisfenster

Abb. 200. Angiokardiogramm bei einer Pulmonalstenose mit Ventrikelseptumdefekt des klinischen Schweregrades IV (4jähriges Mädchen H.Br.). Deutliche Verlagerung der Pulmonalarterie nach medial

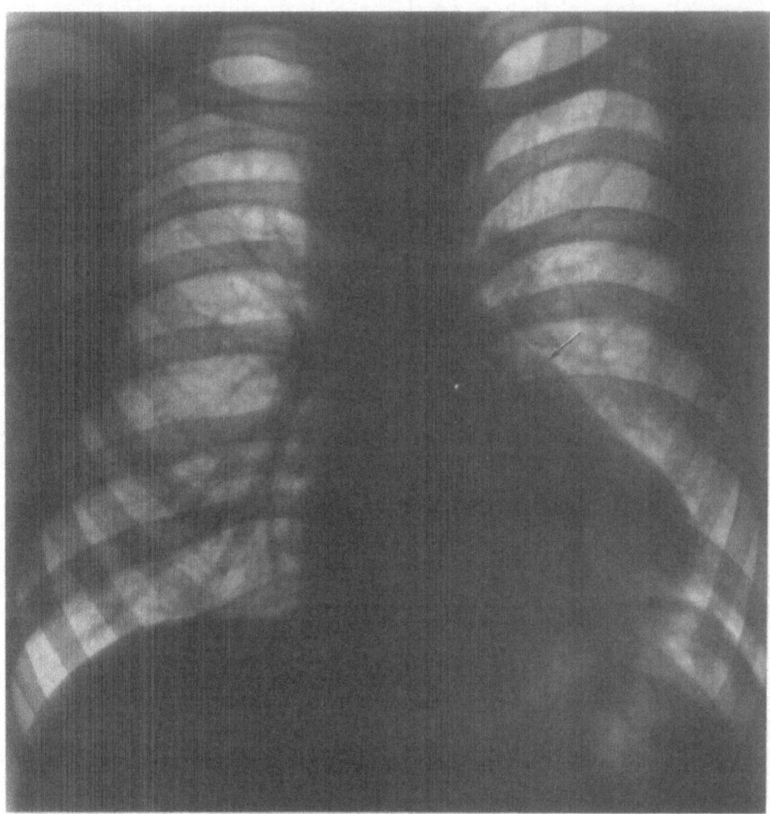

Abb. 201. Pulmonalstenose mit Ventrikelseptumdefekt des klinischen Schweregrades III bei einem 15jährigen Patienten (H.Schl.). Herz nach links verbreitert, Herzspitze angehoben. Gestreckter Verlauf der linken oberen Herzkontur, die in ihrem mittleren Drittel eine flache Vorwölbung zeigt, bei der es sich um die sog. „Dritte Herzkammer" handelt

Nachweis einer Impression der Speiseröhre an seiner rechten Flanke erkennbar. Die absteigende Aorta verläuft dabei im allgemeinen im oberen Drittel rechts der Wirbelsäule und kreuzt erst im weiteren Verlauf nach links, um an der üblichen Stelle das Zwerchfell zu passieren. Die Beurteilung des Aortenverlaufs ist bei der üblichen Aufnahmetechnik häufig nicht möglich; sie erfordert oft Hartstrahlaufnahmen. Nur selten ist der Rechtsaortenbogen mit einem Arcus circumflexus kombiniert, erkenntlich an einer Impression an der Hinterwand der Speiseröhre. Durch die Rechtslage des Aortenbogens tritt die Konkavität der linken oberen Herzkontur weniger deutlich hervor. Sie verläuft dadurch mehr gestreckt (Abb. 202). Da der Rechtsaortenbogen die obere Hohlvene nach rechts abdrängt, erscheint der Gefäßschatten oft auffallend breit. Dies ist besonders dann der Fall, wenn zusätzlich die linke obere Hohlvene persistiert, eine Gefäßanomalie, die nicht selten mit einer Fallotschen Tetralogie kombiniert ist (Loogen u. Mitarb. 1959).

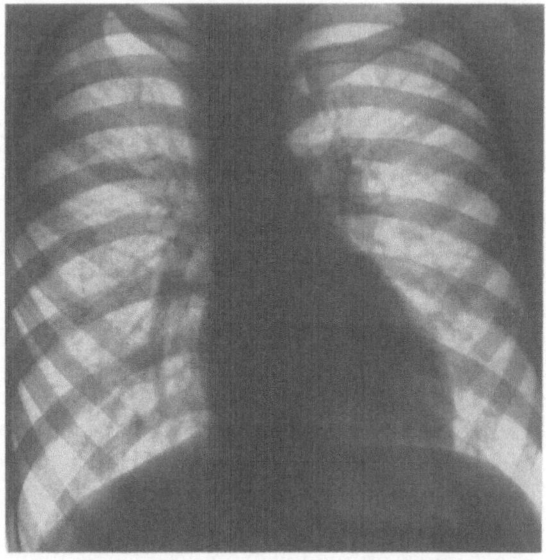

Abb. 202. Pulmonalstenose mit Ventrikelseptumdefekt des klinischen Schweregrades II—III bei einem 7jährigen Mädchen (K.Wi.). Linksbetontes Herz. Gestreckter Verlauf der linken oberen Herzkontur. Rechtslage des Aortenbogens

Bei den schweren Krankheitsformen ist als Folge des verringerten Lungenzirkulationsvolumens eine *verstärkte Transparenz der gefäßarmen Lungenfelder* festzustellen. Fehlende oder auffallend geringe Pulsationen im Hilusgebiet sind ein wichtiges diagnostisches Kriterium. Wie bereits betont wurde, ist die Beurteilung der Pulmonalarteriengröße jedoch oft durch die Verlagerung dieses Gefäßes nach medial erschwert und wird erst durch die Kontrastmittelfüllung ermöglicht. Von Taussig (1947) wurde dem „hellen Pulmonalisfenster", das in linker vorderer Schrägstellung sichtbar wird, eine besondere diagnostische Bedeutung beigemessen. Dieses Fenster wird nach vorne, oben und hinten von der Aorta begrenzt (vgl. Abb. 199). Normalerweise wird das Pulmonalisfenster durch die linke Pulmonalarterie, deren pulsatorische Bewegungen in diesem Bereich gut abgrenzbar sind, verdichtet. Je geringer die Lungendurchblutung ist, um so heller erscheint das Pulmonalisfenster. Sein diagnostischer Wert wird dadurch eingeschränkt, daß es auch bei anderen mit Verminderung der Lungendurchblutung kombinierten angeborenen Herzfehlern zu beobachten ist, durch einen breit absteigenden linken Bronchus vorgetäuscht werden oder infolge einer Verlaufsanomalie der Aorta trotz einer geringen Lungendurchblutung verdichtet erscheinen kann. Es ist daher wichtiger, die Größe der Gefäßpulsationen im Bereich des Pulmonalisfensters als den Dichtegrad der Beurteilung zu grunde zu legen (EEK 1949).

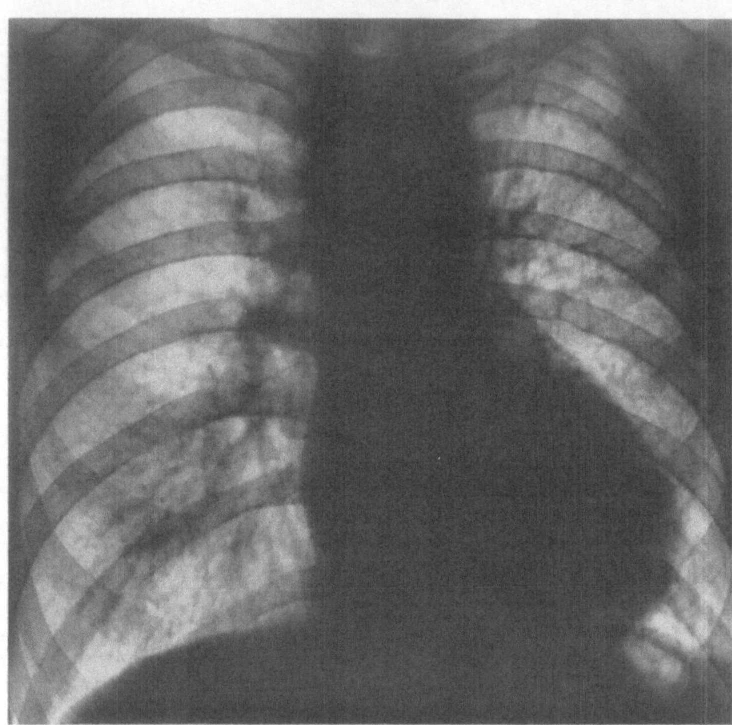

Abb. 203. Pulmonalstenose mit Ventrikelseptumdefekt des klinischen Schweregrades IV bei einem 27jährigen Patienten (J.Kr.). Kein systolisches Geräusch. Nach links verbreitertes Herz mit leicht angehobener Herzspitze. Konkavität der linken oberen Herzkontur. Verbreitertes Gefäßband. Deutlich vermehrte, retikuläre Lungenzeichnung. Usuren an den Unterrändern der linken 5.—8. Rippe

Trotz einer hochgradigen „Pulmonalstenose", selbst bei einer Pulmonalarterienatresie, kann die *Lungengefäßzeichnung* deutlich ausgeprägt sein oder sogar normal erscheinen. Dies ist der Fall, wenn über einen offenen Ductus arteriosus oder andere Gefäße ein funktionell starker Kollateralkreislauf ausgebildet ist. Häufiger ist jedoch in jenen Fällen eine mehr retikuläre Gefäßzeichnung festzustellen, die besonders im Hilusbereich und in den basalen Lungenabschnitten lokalisiert ist (Abb. 203). Gelegentlich ist die Gefäßzeichnung einer Lungenseite wesentlich stärker als die der anderen. Bei derartigen Beobachtungen besteht der Verdacht einer Pulmonalarterienhypo- oder -aplasie auf der hellen Lungenseite.

Vereinzelt beobachtet man bei der Pulmonalstenose mit Ventrikelseptumdefekt *Rippenusuren* (MUSSHOFF 1955). Sie sind als Folge stärkerer Kollateralgefäßbildungen aufzufassen. Meist sind sie auf die linke Seite begrenzt, seltener beidseitig vorhanden (Abb. 203 u. 204). In unserem Untersuchungsgut fanden wir präoperativ Rippenusuren in 8 von 250 Fällen (STURM u. LOOGEN 1962). Häufiger treten die Veränderungen an den Unterrändern der Rippen nach Anastomose-Operationen zwischen einer A. subclavia und einem Ast der Pulmonalarterie (BLALOCK, TAUSSIG) auf, und zwar vorwiegend dann, wenn sich die Anastomose infolge Thrombose verschließt. Sie sind dann im allgemeinen auf der Seite der Anastomose lokalisiert.

Kollateralgefäße verursachen gelegentlich auch am Oesophagus kleinere Impressionen.

Bei der Kombination einer Pulmonalstenose mit Ventrikelseptumdefekt mit einer Dextrokardie können verstärkte Transparenz und Gefäßarmut der Lungenfelder, sowie eine Konkavität der rechten oberen Herzkontur in so typischer Weise ausgeprägt sein, daß im Zusammenhang mit den klinischen Befunden die Diagnose auch dann nicht schwierig ist. Nicht selten liegen aber noch weitere Anomalien vor, durch die das Bild der Fallotschen Tetralogie so verwischt wird, daß erst durch die speziellen Herzuntersuchungen eine Klärung des Anomaliekomplexes gelingt.

Besser als bei der üblichen Röntgenuntersuchung kann durch das *Kymogramm* eine Abgrenzung der einzelnen Herz- und Gefäßabschnitte ermöglicht werden. Die verstärkten Amplituden an der Aorta kontrastieren mit den „stummen“ Hili und zeigen dadurch die unterschiedliche Volumenbelastung der beiden Gefäßabschnitte. Die Lokalisation des Aortenbogens, im gewöhnlichen Röntgenbild oft schwer erkennbar, läßt sich durch das Kymogramm zuverlässiger bestimmen. Die Herzrandbewegungen zeigen keine Besonderheiten. Eine Vorwölbung in der Herzbucht, wie sie bei Bildung einer sog. dritten Herzkammer beobachtet wird, kann durch den Nachweis von Ventrikelzacken als zur rechten Kammer gehörend erkannt werden.

Die *Elektrokymographie* ist bei der Fallotschen Tetralogie von nur geringem diagnostischen Wert. Zudem ist es wegen des anomalen Verlaufs der Pulmonalarterie schwer, oft sogar unmöglich, verwertbare Kurven der Lungenschlagader zu registrieren. Wenn dies gelingt, zeigen die Kurven nach einem steilen Anstieg einen horizontalen Verlauf und eine reduzierte Incisur sowie eine dikrote Welle (Kjellberg u. Mitarb. 1959).

Wie bereits gesagt, ist das besprochene röntgenologische Bild kein konstanter Befund bei der Pulmonalstenose mit Ventrikelseptumdefekt, wenn er auch mit graduellen Abstufungen in der Mehrzahl dieser Krankheitsgruppe angetroffen

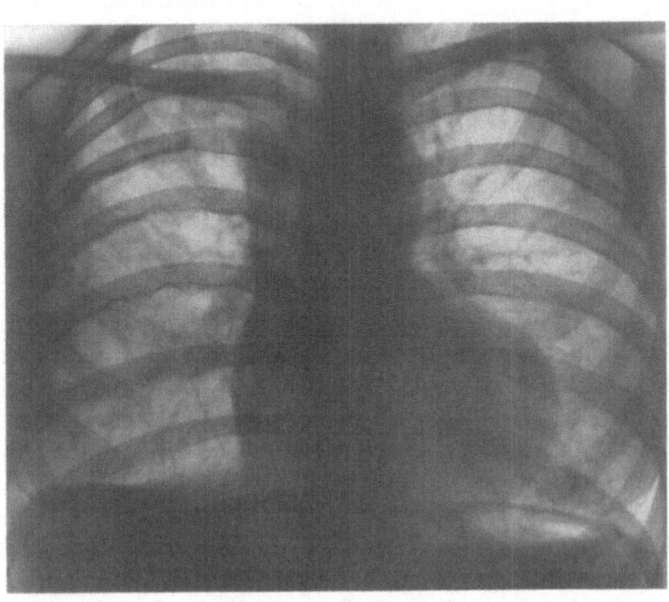

a

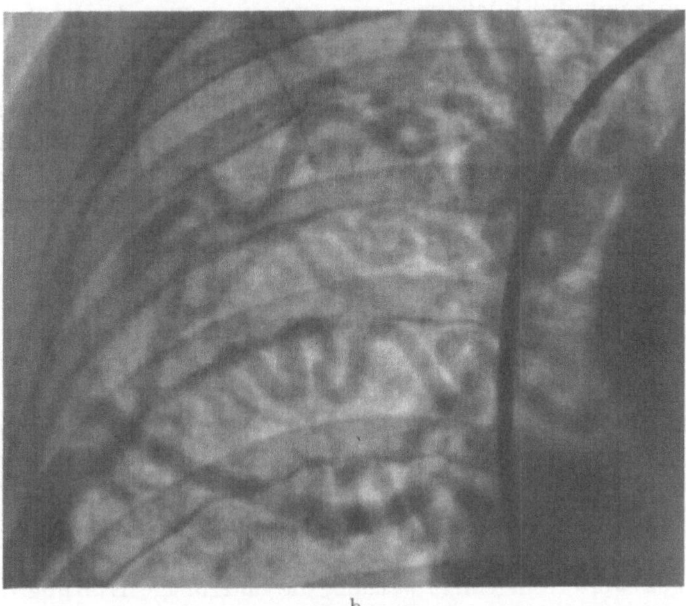

b

Abb. 204a u. b. Pulmonalstenose mit Ventrikelseptumdefekt des klinischen Schweregrades IV bei einer 18jährigen Patientin (R.He.). a Sagittalbild: Coeur en sabot-Form des Herzens. Leichte retikuläre Lungenzeichnung in beiden Lungenfeldern. Deutliche Rippenusuren rechts. Geringgradige Rippenusuren links. Zustand nach Resektion der 3. Rippe links (Blalocksche Operation). b Angiokardiogramm: Kontrastmittelfüllung der Intercostalarterien, die mit ihren Verlaufsschlingen die Rippenusuren ausfüllen

wird. Bei leichteren Stenosegraden sind die für die Diagnose der Anomalie „charakteristischen" Befunde stark abgewandelt oder völlig „verwischt". Infolge des größeren durch die pulmonale Ausflußbahn strömenden Blutvolumens erfährt die rechte Kammer eine stärkere Ausdehnung nach oben, die Pulmonalarterie ist von normaler Weite oder sogar erweitert. Hierdurch wird die Herztaille ausgefüllt. Die Lungengefäßzeichnung ist normal oder sogar gering verstärkt. Da in diesen Fällen auch der linke Vorhof und Ventrikel ein der Norm angenähertes Blutvolumen erhalten, ist die Linksdrehung des Herzens nur gering; die Herzspitze ist nicht, keinesfalls diagnostisch verwertbar, angehoben (vgl. Abb. 195 u. 196). Vereinzelt kann die Lungengefäßzeichnung so stark sein, daß Bilder entstehen, wie wir sie auch beim Ventrikelseptumdefekt sehen. Bei derartigen Grenzformen können häufig erst die speziellen Herzuntersuchungen eine diagnostische Klärung herbeiführen.

Herzkatheteruntersuchung. Ziel der Herzkatheteruntersuchung sind der direkte Nachweis der Pulmonalstenose und des Ventrikelseptumdefektes sowie die Bestimmung der Herzzeit- und Shuntvolumina.

Von den hochgradigen Stenosen abgesehen, ist die Sondierung der Pulmonalarterie im allgemeinen ohne größere Schwierigkeiten möglich. Der Druck in der Pulmonalarterie ist bei den geringgradigen Stenosen etwa normal, bei den schweren Stenosen durchweg erniedrigt. Bei den ganz hochgradigen Stenosen läßt sich oft eine eigentliche arterielle Druckkurve nicht registrieren. Statt dessen findet man unregelmäßige Oszillationen von wechselnder Amplitude.

Die Rückzugskurve aus der Pulmonalarterie in den rechten Ventrikel erlaubt oft die Feststellung der vorliegenden Stenoseform. Bei einer infundibulären Stenose wird ein Zwischenstück registriert, dessen diastolischer Druck auf den entsprechenden Ventrikeldruck absinkt, während der systolische Druck mit dem systolischen Pulmonalarteriendruck übereinstimmt. Besteht neben der infundibulären noch eine valvuläre Stenose, so zeigt die Rückzugskurve systolisch eine Dreistufung. Es findet sich ein systolischer Druckunterschied sowohl zwischen der Pulmonalarterie und dem Infundibulum, als auch zwischen diesem und dem rechten Ventrikel. Diastolisch ist eine Zweistufung nachweisbar, da das Infundibulum als Teil des rechten Ventrikels denselben diastolischen Druck wie dieser hat.

Der Druck im rechten Ventrikel beträgt systolisch meist 80—120 mm Hg und stimmt wegen des großen, nicht druckreduzierenden Ventrikelseptumdefektes mit dem systolischen Druck im linken Ventrikel und in der Aorta überein. Der große Ventrikelseptumdefekt hat außerdem zur Folge, daß neben dem systolischen Druckangleich auch eine weitgehende formale Übereinstimmung des Druckablaufes in der rechten und linken Kammer vorliegt, ein Befund, der oft schon auf den ersten Blick eine Abgrenzung von einer Pulmonalstenose ohne Ventrikelseptumdefekt erlaubt.

Die Passage des Ventrikelseptumdefektes und die Sondierung der Aorta gelingen dem Geübten in der Mehrzahl der Fälle. Wenn mit der Sondierung der Pulmonalarterie und Aorta auch die entscheidenden Kriterien der Herzanomalie nachgewiesen sind, so ist damit aber nicht die Diagnose gesichert, weil dadurch andere Anomalien, wie z.B. ein singulärer Ventrikel mit Pulmonalstenose oder eine Transposition der großen Gefäße mit Ventrikelseptumdefekt und Pulmonalstenose, nicht sicher ausgeschlossen werden können. Zwar kann die Differentialdiagnose durch die blutgasanalytischen Untersuchungen weiter eingeengt werden, die endgültige Klärung der Diagnose wird in Zweifelsfällen aber der gezielten Kontrastmitteluntersuchung vorbehalten bleiben.

Kontrastmitteldarstellung. Ziele der Kontrastmitteldarstellung sind:

1. Sicherung der Diagnose bei den Fällen, bei denen diese mit den üblichen klinischen Methoden und der Herzkatheteruntersuchung nicht zu erreichen ist.

2. Darstellung der anatomischen Verhältnisse in der Ausflußbahn des rechten Ventrikels, der Weite und des Verlaufs der Pulmonalarterie und ihrer Hauptverzweigungen sowie der großen vom Aortenbogen entspringenden Gefäße.

3. Beurteilung des „Überreitens" der Aorta.

Zwei Injektionsmöglichkeiten sind gegeben: die venöse über eine periphere Vene und die selektive über den in den rechten Ventrikel eingeführten Herzkatheter. Im allgemeinen wird heute die selektive Injektion der ungezielten venösen vorgezogen, weil sie eine entschieden bessere Kontrastmittelfüllung des Herzens und dadurch eine zuverlässigere Beurteilung der anatomischen Verhältnisse in der Ausflußbahn der rechten Kammer ermöglicht. Diese Vorteile wiegen bei weitem den Nachteil auf, daß zusätzliche Anomalien, wie z. B. ein Vorhofseptumdefekt mit Rechts-Links-Shunt oder eine persistierende linke obere Hohlvene der Beobachtung entgehen.

Voraussetzung für eine sichere diagnostische Beurteilung sind Simultanaufnahmen in zwei Projektionsrichtungen und eine schnelle Bildfolge. Die meisten Arbeitsgruppen bevorzugen heute Aufnahmen im dorsoventralen und seitlichen Strahlengang, weil bei dieser Anordnung die Ausflußbahn des rechten Ventrikels, die Lage des Ventrikelseptums mit Überreiten der Aorta und die großen Gefäßstämme am übersichtlichsten dargestellt werden können. Ein Nachteil ist dabei, daß im Seitenbild der obere Anteil des Infundibulums und der Anfangsteil der Pulmonalarterie die Aorta „überlagern“ (Kjellberg u. Mitarb. 1959).

Der verwandte Herzkatheter soll ein möglichst weites Lumen haben, das Kontrastmittel möglichst schnell injiziert werden. Wir bevorzugen Katheter mit geschlossener Spitze und seitlichen Öffnungen, weil auf diese Weise am besten Intimaläsionen durch den Kontrastmittelstrahl vermieden werden können. Um ein Zurückschlagen der Katheterspitze in den rechten Vorhof während der Injektion zu vermeiden, wird von Künzler u. Schad (1960) eine Schleifenbildung des Katheters im Vorhof empfohlen.

Der Ablauf der Kontrastmittelfüllung zeigt zahlreiche Variationen, die letzten Endes von der Höhe des Strömungswiderstandes in der Ausflußbahn des rechten Ventrikels abhängig sind. Hierdurch, d.h. durch den Stenosegrad, werden weitgehend Ausmaß des Kontrastmittelübertritts in den linken Ventrikel, Ausmaß und Ablauffolge der Kontrastmittelfüllung in der Pulmonalarterie und Aorta sowie Ausmaß und zeitliche Aufeinanderfolge des Dextro- und Lävogramms bestimmt.

Bei den leichten Stenoseformen der klinischen Gruppe I kann der Kontrastmittelübertritt in den linken Ventrikel und in die Aorta so gering sein, daß eine sichere Erkennung des Ventrikelseptumdefektes nicht möglich ist. In diesen Fällen gelangt eine kontrastmittelreiche Lungengefäßfüllung zur Darstellung. Das Lumen der Pulmonalarterienverzweigungen ist normal weit, der Pulmonalarterienstamm ist in den meisten Fällen sogar erweitert. In dem Beispiel der Abb. 205a—c liegt eine valvuläre Stenose vor. Die Passage der Lungenstrombahn ist nicht nennenswert verzögert, so daß sich nach normaler Zeit ein deutliches Lävogramm ausbildet. Besteht im Ventrikelbereich ein gekreuzter Shunt, so kann während der Phase des Lävogramms eine Kontrastmittelpersistenz in der Pulmonalarterie resultieren (Abb. 205c). Bemerkenswert ist, daß der rechte Ventrikel bei der leichten Stenoseform nicht unbedingt bis zur Herzspitze erweitert ist und diese dann vom linken Ventrikel gebildet wird. Die großen Gefäßstämme sind normal angeordnet.

Von dieser Form der Pulmonalstenose mit Ventrikelseptumdefekt gibt es fließende Übergänge sowohl zum Ventrikelseptumdefekt mit Pulmonalstenose als auch zu den stärkeren Stenoseformen.

Das Beispiel der Abb. 206 zeigt den Füllungsablauf bei einer Pulmonalstenose mit Ventrikelseptumdefekt des klinischen Schweregrades II. Der rechte Ventrikel bildet in diesem Fall den linken Herzrand auch im Bereich der Herzspitze. Neben der Kontrastmittelfüllung der Pulmonalarterie erfolgt auch ein deutlicher Kontrastmittelübertritt in die Aorta, wenn auch etwas später als in die Pulmonalarterie. Das Lumen der Pulmonalarterie ist im Vergleich zur Norm nicht nennenswert reduziert, die Aorta ist normal weit. Die Lungenpassage ist nicht wesentlich verlangsamt, so daß nach praktisch normaler Durchflußzeit ein deutliches Lävogramm zustande kommt. Im Seitenbild zeichnet sich der Ventrikelseptumdefekt durch Übertritt des Kontrastmittels in den linken Ventrikel klar ab. Man erkennt eine Einschnürung der Kontrastmittelstraße im Bereich des Conuseingangs und des Pulmonalostiums mit Bildung einer sog. dritten Kammer (Abb. 207). Die Aorta ist normal weit und überreitet das Ventrikelseptum nur wenig.

Bei den schweren Stenosen des klinischen Schweregrades III ist der rechte Ventrikel im allgemeinen groß und bildet die Herzspitze. In der diastolischen Phase zeichnen sich die verdickten Trabekel und die hypertrophierte Kammerwand ab. Meist tritt das Kontrastmittel zu gleicher Zeit in die Pulmonalarterie und in die Aorta über (Abb. 208);

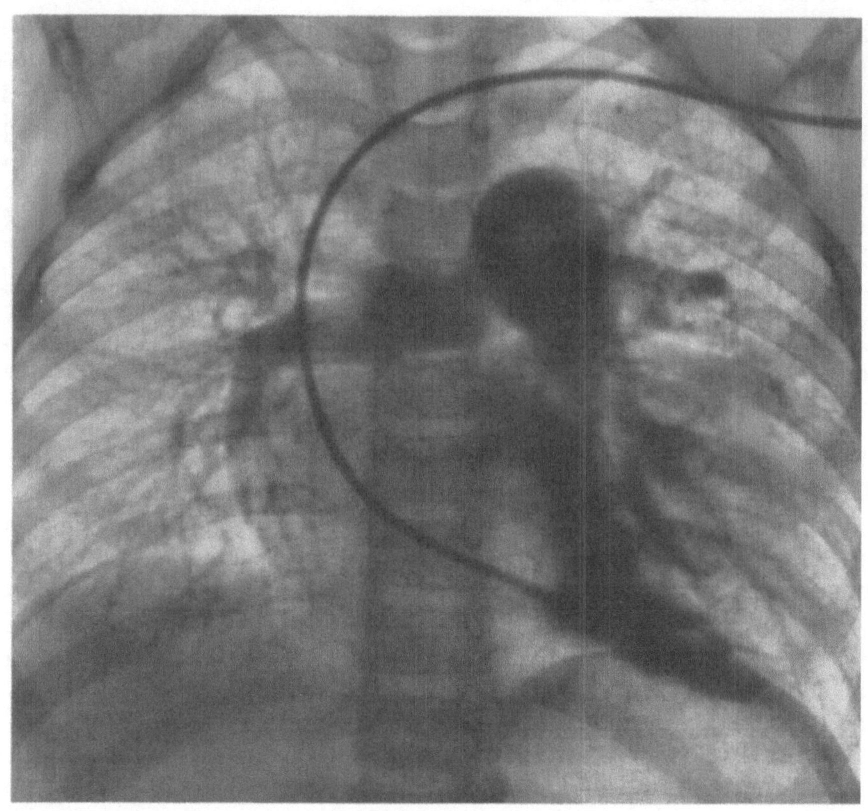

a

Abb. 205a—c. Angiokardiogramm eines 9jährigen Mädchens (A.v.Do.): Pulmonalstenose mit Ventrikelseptumdefekt des klinischen Schweregrades I. a Dextrogramm, Sagittalbild: poststenotisch weite Pulmonalarterie. Kein sicherer Kontrastmittelübertritt in die Aorta. b Seitenbild der entsprechenden Phase: vorwiegend valvuläre Pulmonalstenose. Kontrastmitteldurchtritt durch den Ventrikelseptumdefekt. c Während des Laevogramms Persistieren des Kontrastmittels in der Pulmonalarterie infolge des Links-Rechts-Kurzschlusses

ihre Füllung kann sogar der der Pulmonalarterie vorausgehen. Die Lungengefäße haben ein mehr oder weniger reduziertes Lumen und zeigen einen gestreckten Verlauf. Die Lungenpassage ist verzögert. Der Verzögerung und der geringen Lungendurchblutung entsprechend erscheint auch das Lävogramm verspätet und kontrastschwach. Der Anfangsteil der Pulmonalarterie ist gelegentlich erweitert (HILARIO u. Mitarb. 1954). Im allgemeinen handelt es sich dann um solche Patienten, bei denen eine valvuläre Stenose vorliegt oder die valvuläre Verengung den dominierenden Stenosefaktor darstellt. Da das Pulmonalostium nicht selten nach oben und dorsal verlagert ist, stellt sich der Pulmonalarterienstamm in diesen Fällen kürzer als normal dar und zeigt einen mehr horizontalen Verlauf (Abb. 208b). Gelegentlich sind die Hauptverzweigungen der Pulmonalarterie unterschiedlich weit; vereinzelt findet man eine Hauptverzweigung nur auf einer Lungenseite, während auf der anderen Seite zahlreiche kleine Kollateralgefäße dargestellt sind. Zusätzlich zu der Einengung im Bereich der Ausflußbahn des rechten Ventrikels

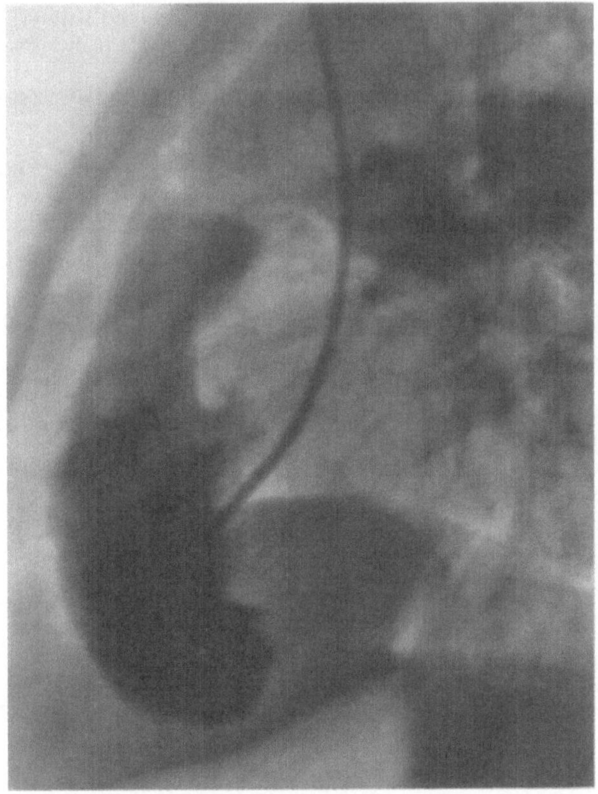

Abb. 205b

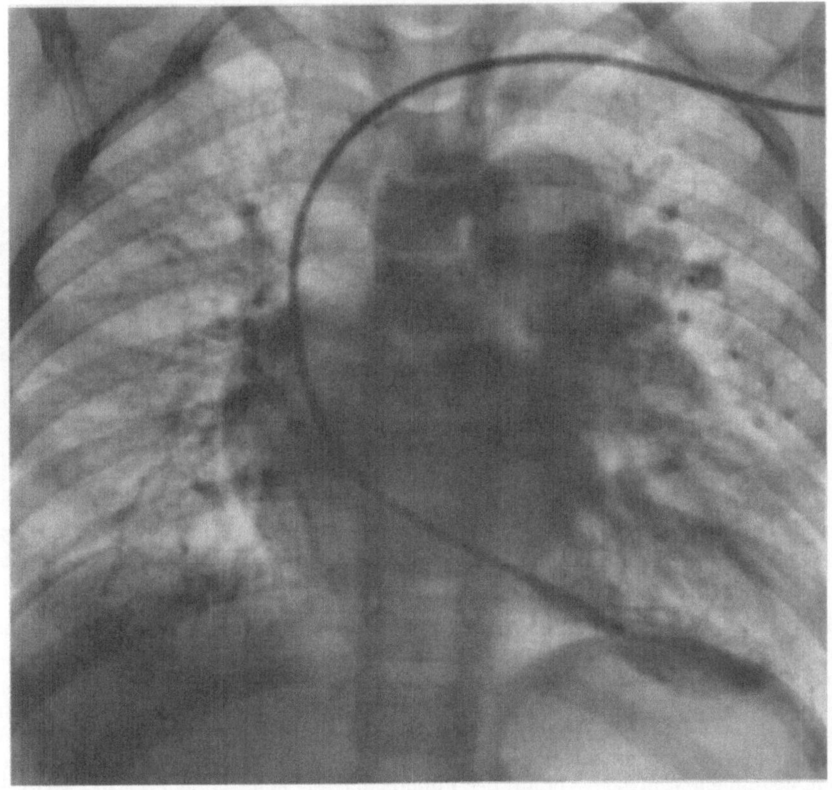

Abb. 205c

oder des Pulmonalostiums findet sich in wenigen Fällen eine periphere Pulmonalstenose, die im Pulmonalarterienstamm (Abb. 209) oder in den Hauptverzweigungen der Lungen-

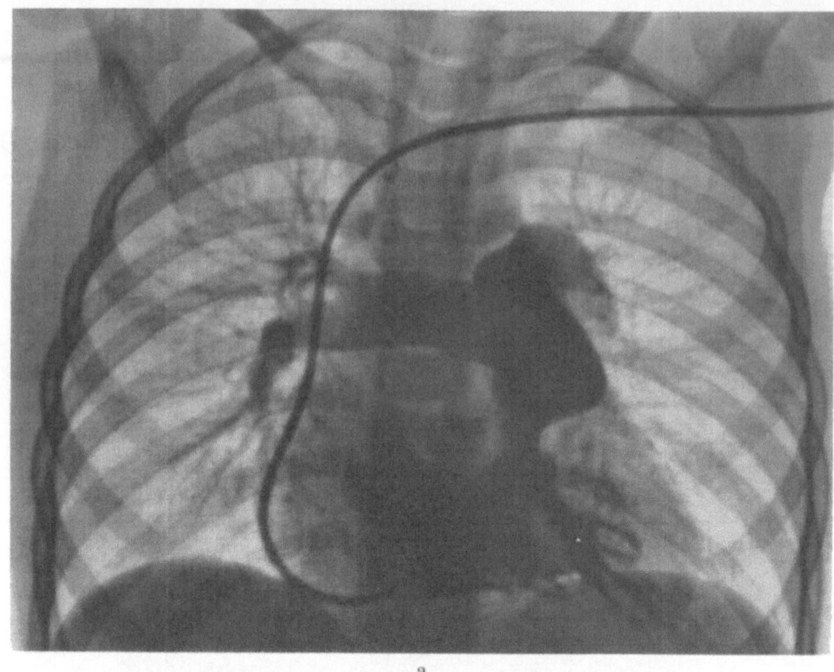

a

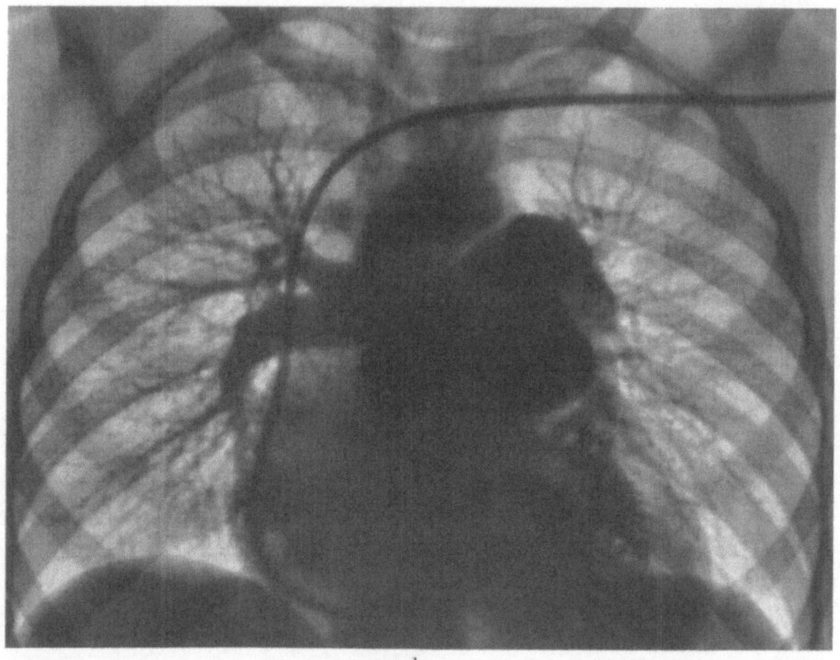

b

Abb. 206a—d. Angiokardiogramm bei Pulmonalstenose mit Ventrikelseptumdefekt des klinischen Schweregrades II. Es handelt sich um den gleichen Patienten wie bei Abb. 196. a Dextrogramm, Sagittalbild: zunächst Kontrastmittelübertritt in eine normal weite Pulmonalarterie. Beginnender Kontrastmittelübertritt in die Aorta. Kuppelförmige Vorwölbung der Pulmonalklappen, dritter Ventrikel. b Eine drittel Sekunde später ist auch die Aorta durch den Septumdefekt mit Kontrastmittel gefüllt. c Seitenbild zu Abb. 206a: valvuläre und infundibuläre Stenose mit gut erkennbarem Durchtritt des Kontrastmittels durch den Ventrikelseptumdefekt in den linken Ventrikel. Verlauf der Pulmonalarterie mehr horizontal. d Regelrechtes, kontrastreiches Laevogramm. Keine Persistenz der Kontrastmittelfüllung in der Pulmonalarterie

schlagader (Abb. 210) lokalisiert ist (KJELLBERG u. Mitarb. 1959; H. LÖHR u. Mitarb. 1961).

Der infundibuläre Anteil des rechten Ventrikels zeigt je nach Schwere und Art der vorliegenden Stenose zahlreiche Varianten. In der Mehrzahl der Fälle ist das Infundibulum

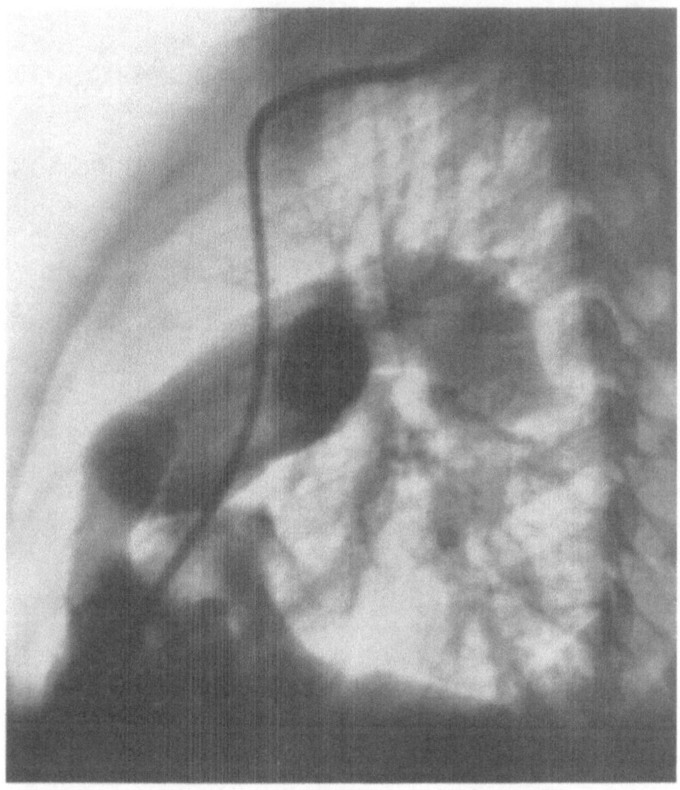

Abb. 206c

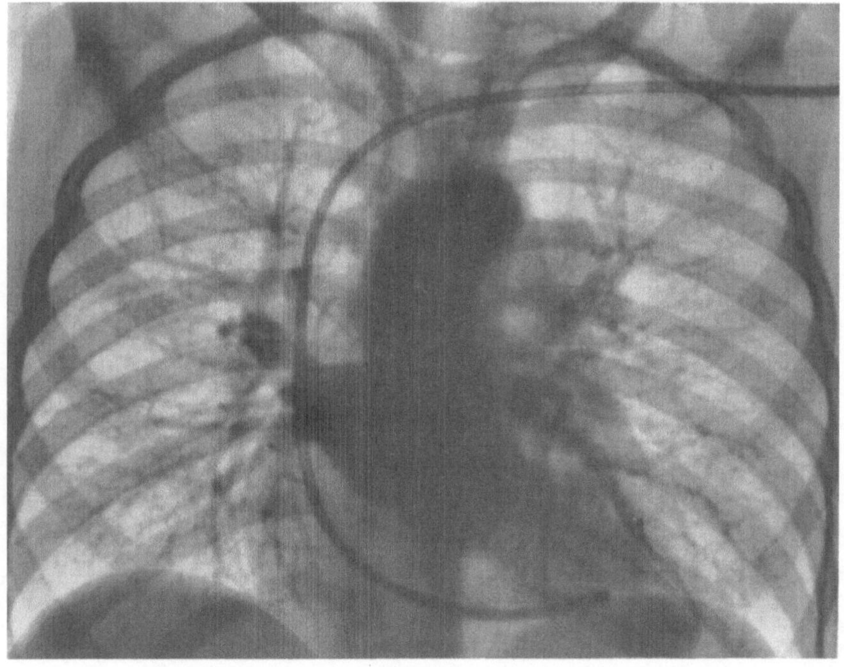

Abb. 206

kurz. Nicht selten bildet es eine sog. dritte Herzkammer von unterschiedlicher Weite. In Fällen mit einem weiten Infundibulum kann die Entleerung in die Pulmonalarterie verzögert sein. Bei hochgradigen Stenosen ist das gesamte Infundibulum unter Umständen

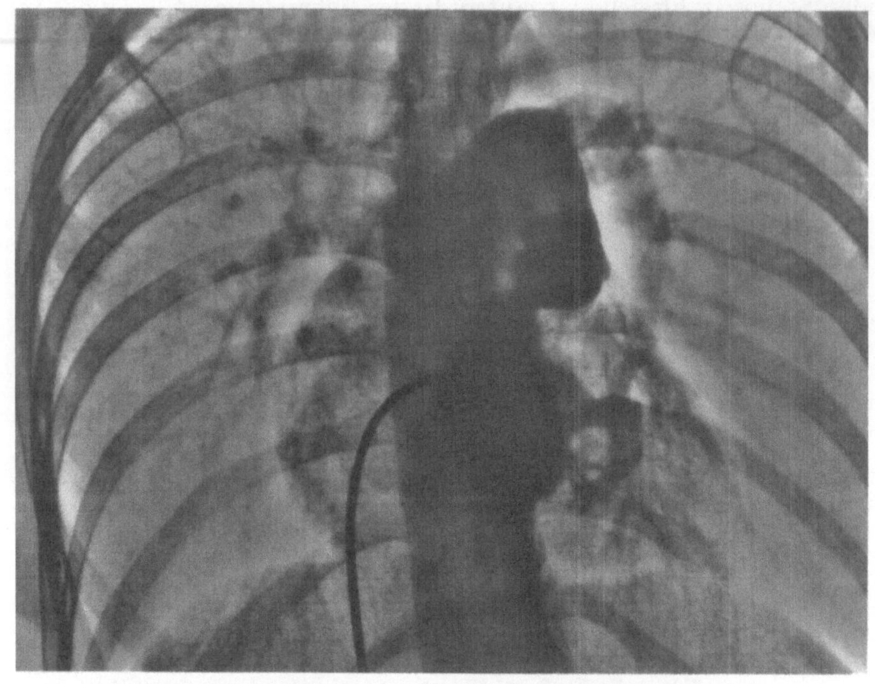

a

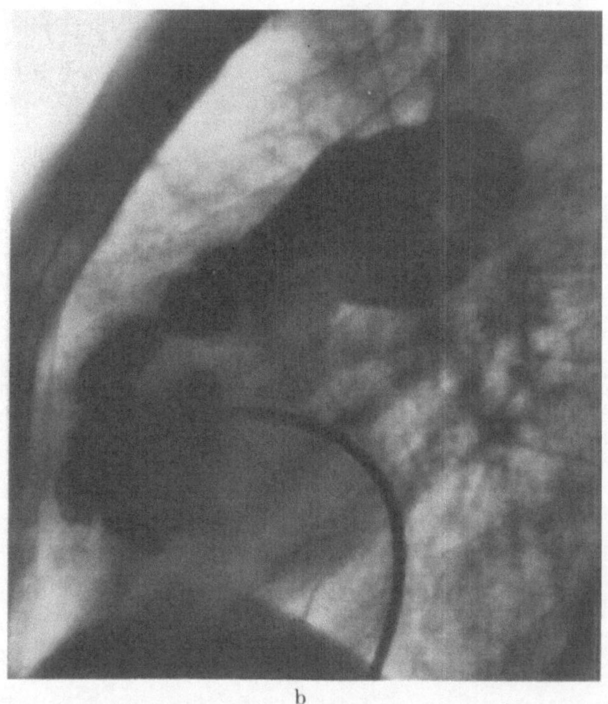

b

Abb. 207a u. b. Gezieltes Angiokardiogramm (40jährige Patientin, H.He.) bei valvulärer und infundibulärer Pulmonalstenose mit Ventrikelseptumdefekt (Grad I). a Sagittalbild: Einschnürung der Kontrastmittelbahn im Bereich des Pulmonalostiums und des Conuseingangs mit Bildung einer „dritten Kammer". Nur flaue Kontrastmittelfüllung der Aorta. b Seitenbild: „Dritte Kammer" in dieser Projektion noch deutlicher dargestellt. Postvalvuläre Erweiterung der Pulmonalarterie. Kein sicherer Kontrastmittelübertritt in die Aorta

„tubulär" verengt. Eine zusätzliche valvuläre Stenose ist angiokardiographisch nicht immer mit Sicherheit zu erkennen. Die Gründe hierfür sind verschieden. Einmal kann die Beurteilung dadurch erschwert sein, daß sich das Pulmonalostium im Seitenbild in

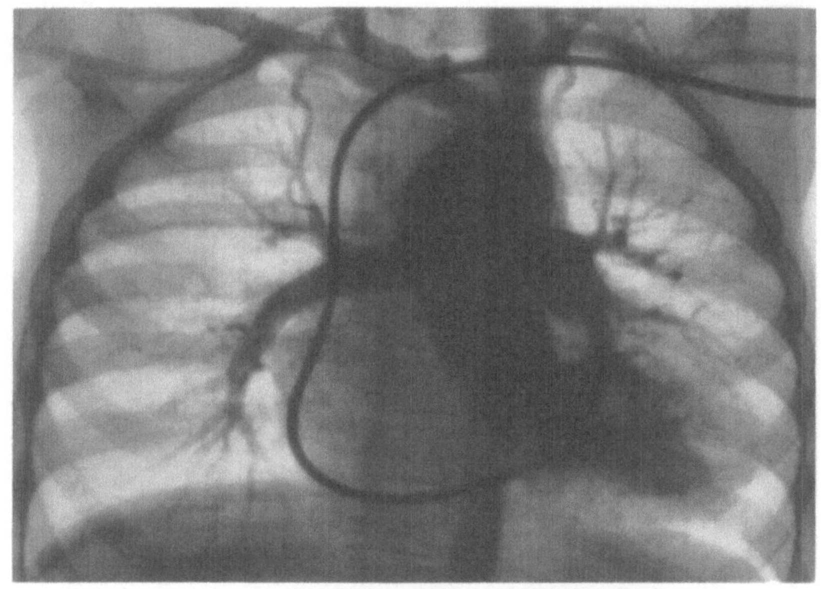

a

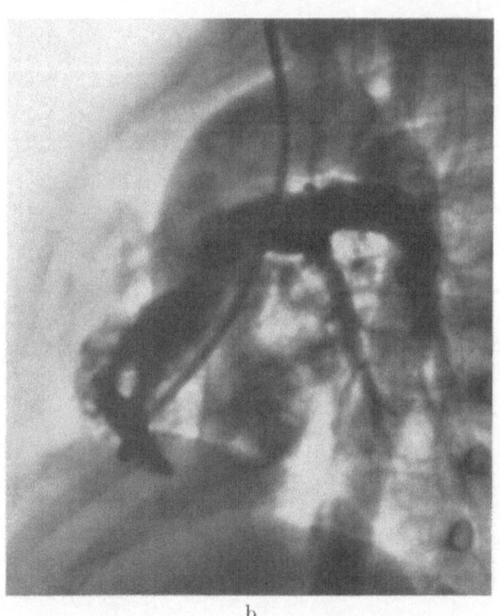

b

Abb. 208a u. b. Angiokardiogramm eines $5^1/_2$jährigen Mädchens (M.Sti.): Pulmonalstenose mit Ventrikelseptumdefekt des klinischen Schweregrades III. a Dextrogramm, Sagittalbild: Lumen der Pulmonalarterie kleiner, das der Aorta größer als normal. b Seitenbild: valvuläre und infundibuläre Stenose. Dritter Ventrikel. Kontrastmittelübertritt in den linken Ventrikel und Überreiten der Aorta von rund 50%. Ventrikelseptumdefekt. Horizontaler Verlauf der sehr kurzen Pulmonalarterie

die kontrastmittelgefüllte Aorta projiziert, zum anderen dadurch, daß infolge des geringen Blutdurchflusses die Klappen nicht kuppelförmig vorgewölbt werden. Kjellberg u. Mitarb. (1959) fordern als Kriterium für die Klappenstenose das „typische Bild der meist verdickten, pyramidenförmig in das Lumen der Pulmonalarterie vorgewölbten

Membran". Unter Zugrundelegung dieser Forderung fanden sie eine valvuläre und infundibuläre Stenose bei 24 von 67 Fällen.

Da bei den schweren Stenosen das Ventrikelseptum infolge der Linksdrehung des Herzens in die Frontalebene gerückt ist, wird es im Seitenbild orthograd getroffen und

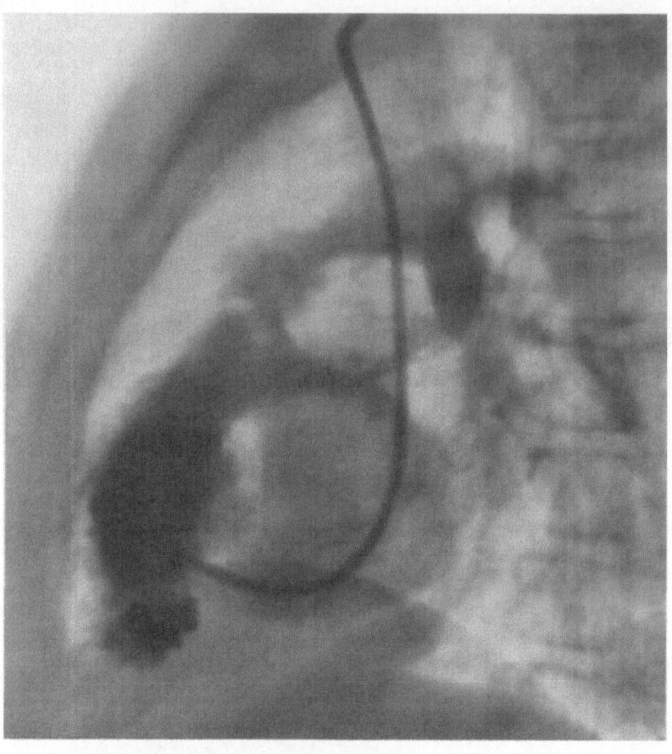

Abb. 209. Angiokardiogramm eines 12jährigen Mädchens (R.Ur.): Pulmonalstenose mit Ventrikelseptumdefekt des klinischen Schweregrades III. Valvuläre und infundibuläre Stenose. Dritter Ventrikel. Supravalvuläre Stenose

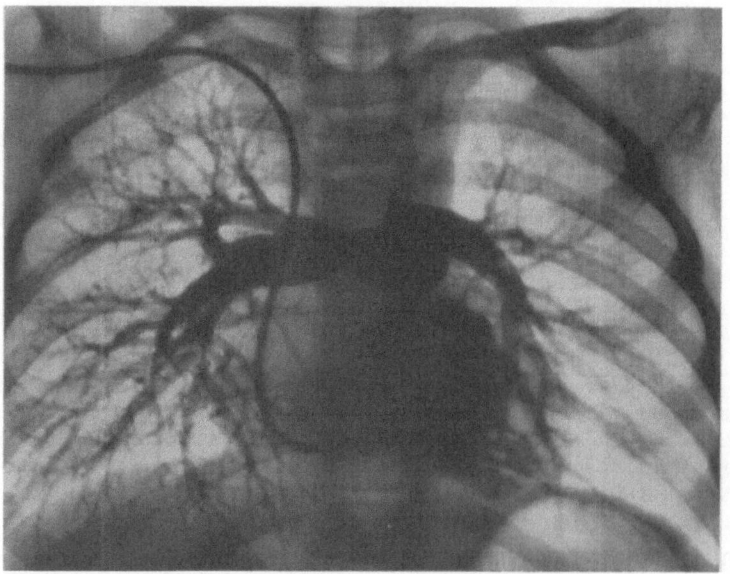

Abb. 210. Angiokardiogramm eines 5jährigen Mädchens (A.Bo.): Pulmonalstenose mit Ventrikelseptumdefekt des klinischen Schweregrades III. Valvuläre und infundibuläre Stenose sowie Stenose in der rechten Pulmonalarterie

erlaubt dadurch oft eine gute Beurteilung des „Überreitens" der Aorta. Sie ist nicht nur dextroponiert, sondern — wie im Seitenbild zu erkennen — mehr oder weniger auch nach vorne verlagert (Abb. 208b u. 209). Ihr Lumen ist bei den schweren Stenosen durchweg weiter als normal.

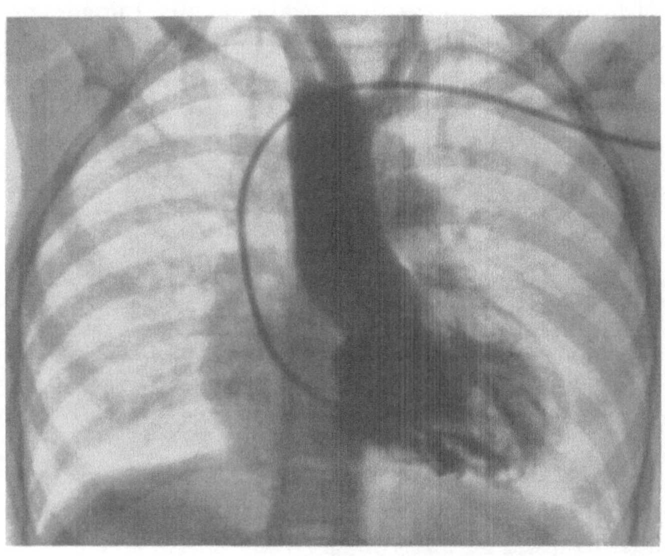

a

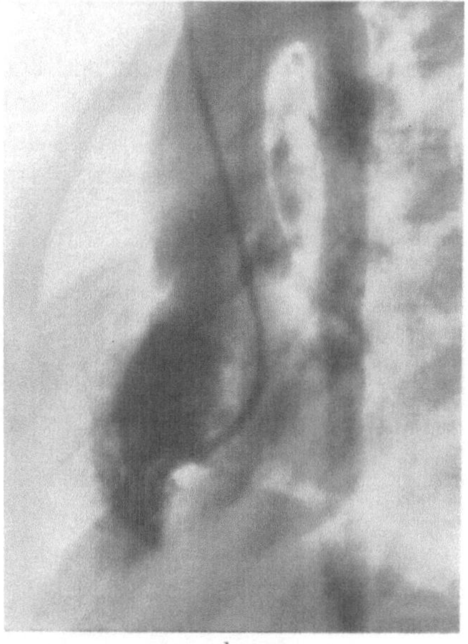

b

Abb. 211a u. b. Angiokardiogramm eines 8jährigen Mädchens (M.Te.): Pulmonalstenose mit Ventrikelseptumdefekt des klinischen Schweregrades IV (sog. Pseudotruncus). a Dextrogramm, Sagittalbild: Kontrastmittelfluß vom rechten Ventrikel praktisch ausschließlich in die Aorta. Rechtsaortenbogen. b Seitenbild: geringere Kontrastmittelfüllung des kleinen linken Ventrikels während des Dextrogramms. Starkes Überreiten der Aorta (mehr als 50%)

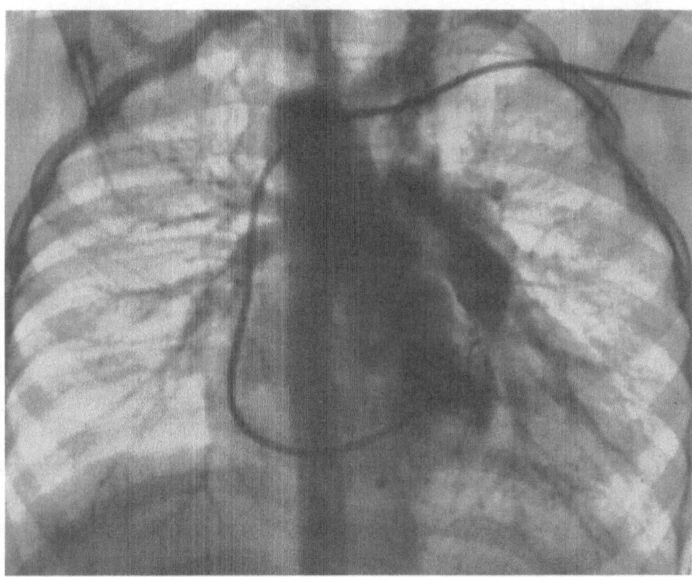

Abb. 212. Angiokardiogramm eines 8jährigen Jungen (W.Mi.): Pulmonalstenose mit Ventrikelseptumdefekt des klinischen Schweregrades III. Zustand nach Blalockscher Anastomose links. Anastomose mit Kontrastmittel gefüllt

Für eine Pulmonalarterienatresie *(Pseudotruncus)* ist charakteristisch, daß eine Kontrastmittelbahn vom rechten Ventrikel in die Lungenstrombahn nicht zu erkennen ist (Abb. 211). Trotzdem kann in einzelnen Fällen die Pulmonalarterie dargestellt sein. Die

Füllung erfolgt dann entweder über einen offenen Ductus arteriosus oder über andere besonders weite Kollateralgefäße. In der Mehrzahl der Fälle fehlt aber eine Kontrastmittelfüllung der Pulmonalarterie. Statt dessen sieht man zahlreiche kleine Gefäße, die von der descendierenden Aorta oder anderen Arterien ausgehend in die Lungenfelder einstrahlen. Sie sind vor allem im Hilusbereich zu erkennen, während die Lungenperipherie äußerst gefäßarm ist. Die beiden Ventrikel können gleich groß sein. In anderen Fällen ist die Kleinheit des linken Ventrikels augenfällig. Die Aorta ist in den Fällen

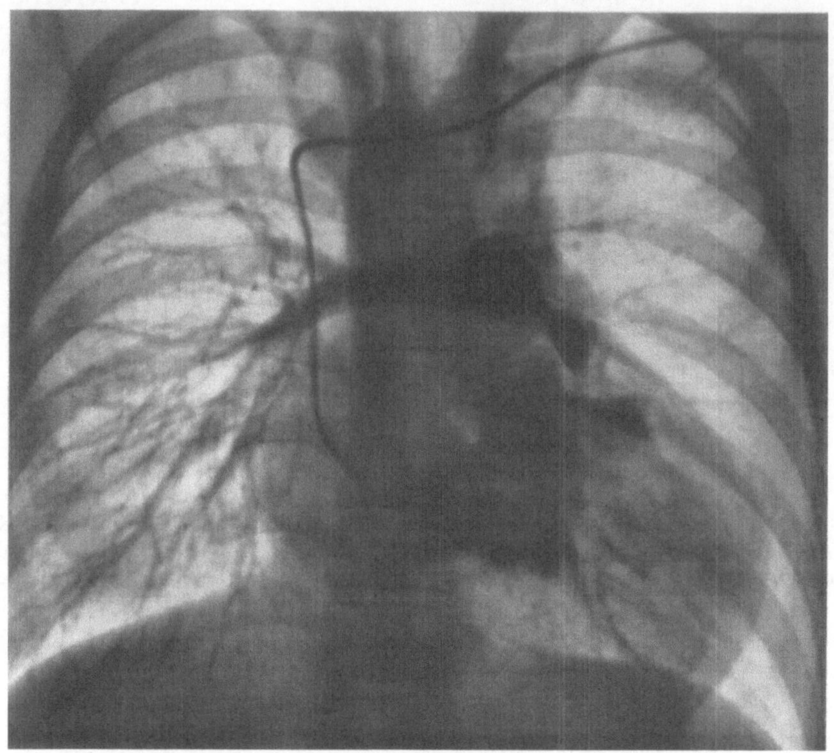

Abb. 213. Angiokardiogramm eines 12jährigen Mädchens (B.v.Ho.): Pulmonalstenose mit Ventrikelseptumdefekt des klinischen Schweregrades III. Als Folge eines thrombotischen Verschlusses der Blalockschen Anastomose links ist ein Teil der linksseitigen Lungenstrombahn ausgefallen

eines Pseudotruncus im allgemeinen weit und stark dextroponiert, wobei die beiden Ventrikel eine gemeinsame Ausflußbahn haben. Nur selten, so in einer Beobachtung von Kjellberg u. Mitarb. (1959), entspringt die Aorta ganz aus dem linken Ventrikel.

Ist die Fallotsche Tetralogie mit einem Vorhofseptumdefekt kombiniert (sog. *Fallotsche Pentalogie*), so kann die venöse Angiokardiographie beim Vorliegen eines Rechts-Links-Shunts im Vorhofbereich einen Kontrastmittelübertritt in den linken Vorhof zeigen. Auf diese Weise konnten Hilario u. Mitarb. (1954) in 8 von 23 Fällen einen gleichzeitigen Vorhofseptumdefekt nachweisen.

Neben der Erfassung der Aufzweigungen der Pulmonalarterie ist auch die Darstellung der vom Aortenbogen entspringenden großen Gefäße von Bedeutung. Weite und Verlauf dieser Gefäße können wichtige Hinweise für das chirurgische Vorgehen geben, insbesondere für das Anlegen einer Blalockschen Anastomose. Daher darf der dargestellte Bereich nicht zu klein gewählt sein.

Kontrastmitteluntersuchungen können auch indiziert sein, wenn eine Zweitoperation in Erwägung gezogen wird, sei es eine Anastomoseoperation (nach Blalock oder Pott), sei es eine kausale Behandlung mit Hilfe des extrakorporalen Kreislaufs. In der Abb. 212 sieht man eine gut funktionierende und weit offene Anastomose zwischen der linken

A. subclavia und einem Ast der linken Pulmonalarterie. In Abb. 213 ist die Anastomose obliteriert; das linke Lungenoberfeld ist auffallend gefäßarm. In Abb. 214 sind die Anastomosen auf beiden Seiten obliteriert. Man erkennt zahlreiche feinste Kollateralgefäße in beiden Oberfeldern der Lunge. Da dieses Gefäßnetz wegen der schwierigen Blutstillung eine erhebliche Erschwerung des operativen Vorgehens bedeuten kann, ist eine Kontrastmitteldarstellung zu fordern, damit die zu erwartenden Schwierigkeiten in weitestem Maße bei der Operationsplanung berücksichtigt werden können.

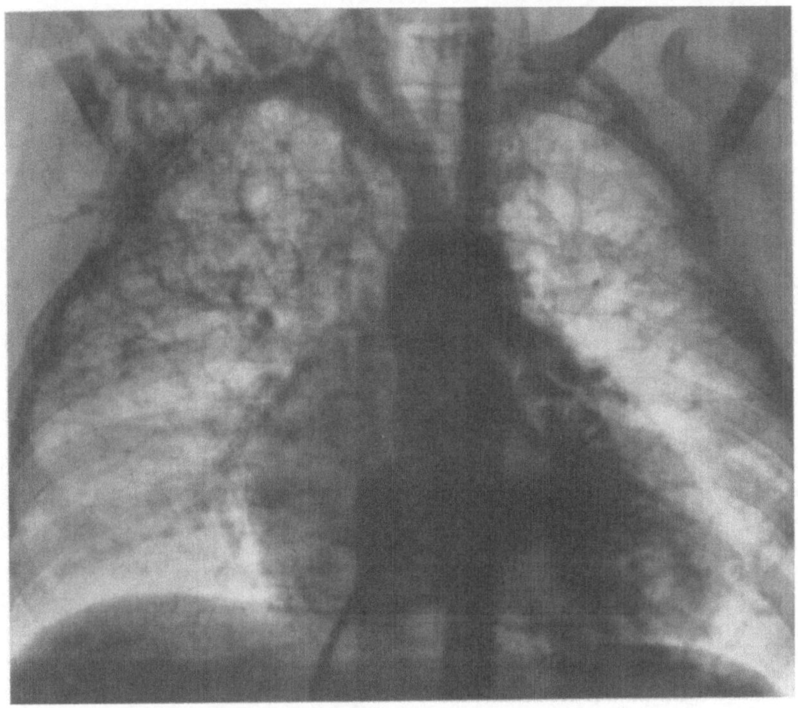

Abb. 214. Angiokardiogramm eines 11jährigen Mädchens (U.Ki.): Pulmonalstenose mit Ventrikelseptumdefekt des klinischen Schweregrades III. Zustand nach Blalockscher Anastomose links und Anastomose zwischen A. mammaria und einem Ast der Pulmonalarterie rechts. Beide Anastomosen offenbar nicht mehr durchgängig. Ausgedehntes Kollateralgefäßnetz im Operationsbereich, rechts stärker als links

16. Truncus arteriosus communis persistens

Ein Truncus arteriosus communis ist durch folgende anatomische Merkmale gekennzeichnet:

1. Von der Herzbasis darf nur *ein* Gefäßstamm entspringen. Ein rudimentäres zweites Gefäß darf nicht nachweisbar sein.

2. Vom gemeinsamen Gefäßstamm müssen Verzweigungen zur Versorgung des großen, des kleinen und des coronaren Kreislaufs ihren Ursprung nehmen.

Der *Entstehung* des Truncus arteriosus communis liegt eine Entwicklungsstörung des Septum trunci et bulbi zugrunde. Die Trennung des primitiven Truncusrohres in Aorta und Pulmonalarterie bleibt aus, so daß ein gemeinsamer Gefäßstamm von der Basis des Herzens entspringt. Da der obere Teil des Ventrikelseptums vom Bulbusseptum gebildet wird, ist ein Ventrikelseptumdefekt beim Truncus arteriosus communis ein obligatorischer Befund.

Eine detaillierte Beschreibung des Truncus arteriosus communis erfolgte 1890 durch PREISZ. Einzelberichte waren schon vorher von WILSON (1798) und BUCHANAN (1864) veröffentlicht worden.

Häufigkeit. Während MORAGUES (1950) die Zahl der veröffentlichten echten Truncusfälle mit 32 angab, hatten COLLETT und EDWARDS 1 Jahr früher 80 Literaturbeschreibungen gesammelt. Die Diskrepanz erklärt sich aus der unterschiedlichen Definition des Truncus. Ein Teil der Autoren fordert für die anatomische Diagnose den Nachweis von vier Semilunarklappen (DOERR 1943), andere sind der Ansicht, daß diese Forderung nicht für alle Fälle erhoben werden könne (BREDT 1935; KETTLER 1939; COLLETT u. EDWARDS 1949). Es verwundert daher auch nicht, daß von den einzelnen Arbeitsgruppen unterschiedliche Einteilungen der verschiedenen Truncusformen vorgenommen worden sind.

DOERR (1943) unterscheidet die echten Truncusformen von den Pseudotruncusformen und zählt zu den letzteren sowohl den aortalen Pseudotruncus (bei mangelhafter Ausbildung der Pulmonalarterie) als auch den pulmonalen Pseudotruncus (PIETZSCH 1910; SHANER 1954; Agenesie oder Atresie der Aorta).

COLLETT und EDWARDS (1949) haben die Truncusformen in fünf Typen unterteilt:

Der Typ I (Abb. 215a) ist gekennzeichnet durch einen einzigen arteriellen Gefäßstamm, der sich nach kurzem Verlauf in Aorta und Pulmonalarterie teilt. Die Autoren fanden diese Form unter 80 aus der Literatur zusammengestellten Fällen in 48%.

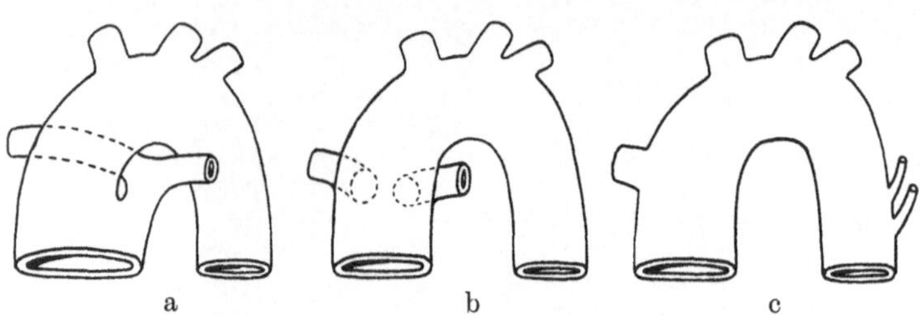

Abb. 215 a—c. Schematische Darstellung verschiedener Truncus arteriosus-Typen. a Typ I: Gemeinsamer Gefäßstamm, der sich nach kurzem Verlauf in Aorta und Pulmonalarterie teilt. b Typ II: Rechte und linke Pulmonalarterie entspringen dicht beieinander von der dorsalen Wand des Truncus. c Typ III: Nur eine Lungenarterie für die rechte Lunge, während die andere über Kollateralen versorgt wird

Beim Typ II (Abb. 215b) entspringen die rechte und die linke Pulmonalarterie dicht beieinander von der dorsalen Wand des Truncus. Diese Form wurde in 29% beobachtet.

Typ III (Abb. 215c) unterscheidet sich von den genannten Typen dadurch, daß die Pulmonalarterien weiter voneinander aus dem Truncus entspringen, bzw. nur ein Lungengefäß für die Versorgung der rechten oder linken Lunge vorhanden ist, während die andere Lunge über Kollateralen versorgt wird. Dieser Typ war in 11% der Fälle vorhanden.

Im Gegensatz zu den Typen I—III ist bei Typ IV eine Pulmonalarterie (und ebenfalls ein Ductus arteriosus) nicht angelegt. Der Lungenkreislauf wird in diesen Fällen ausschließlich von Kollateralen versorgt (12%).

Zum Typ V zählen die Autoren Fälle mit einer Defektbildung im aortopulmonalen Septum knapp oberhalb der Aortenklappe.

Weder Typ IV noch Typ V entsprechen den obengenannten anatomischen Forderungen für die Diagnose eines Truncus arteriosus communis.

Neben den anatomischen Formvarianten der Pulmonalarterien finden sich auch solche des stets vorhandenen Ventrikelseptumdefektes. Meist ist der Defekt auf den membranösen Anteil der Kammerscheidewand begrenzt. In etwa 25% der Fälle erstreckt er sich aber auch auf den muskulären Teil des Septums. Oft findet man dann nur rudimentäre Reste des Septums, oder es fehlt völlig, so daß ein singulärer Ventrikel vorliegt.

Die Muskulatur des rechten Ventrikels (und Vorhofs) ist stets hypertrophiert. An zusätzlichen Anomalien kommen vor: Vorhofseptumdefekt, aberrierende Coronararterien, Rechtslage des Aortenbogens, eine gemeinsame Atrioventrikularklappe u. a. Die Pulmonalgefäße unterliegen bei Fällen mit vergrößertem pulmonalem Stromvolumen und Druckerhöhungen den gleichen Bedingungen, wie sie bei der Besprechung der Krankheitsbilder, die mit einer Vergrößerung des Lungenzirkulationsvolumens einhergehen (z.B. Ventrikelseptumdefekt, Ductus arteriosus apertus u.a.), ausführlich erörtert wurden.

Für die *Pathophysiologie* ist entscheidend, daß beide Herzkammern eine gemeinsame Ausflußöffnung haben, mit der sie an den großen Kreislauf angeschlossen sind. Hieraus resultieren praktisch gleiche systolische Druckwerte in beiden Kammern und im Truncus. Bei erhaltenem muskulären Ventrikelseptum wird der Truncus zum Mischungsort für das arterielle Blut des linken und das venöse Blut des rechten Ventrikels. Die an den Truncus angeschlossenen Kreislaufabschnitte (Körper-Lungen-Coronar-Kreislauf) erhalten somit Blut desselben Mischungsverhältnisses. Bei sehr großen Ventrikelseptumdefekten erfolgt eine partielle oder vollkommene Durchmischung des Blutes bereits im Kammerbereich. Das Mischungsverhältnis ist abhängig von der Größe der Zirkulationsvolumina im Körper- und Lungenkreislauf. Bei vergrößertem Lungenzirkulationsvolumen ist das Verhältnis zur arteriellen, bei verringertem zur venösen Seite verschoben. Die Größen der Zirkulationsvolumina im Körper- und Lungenkreislauf werden bestimmt durch die Relation der Strömungswiderstände in den beiden Kreislaufabschnitten.

Klinik. Die klinischen Symptome werden wesentlich durch das Blutmischungsverhältnis, d.h. letztlich von der Größe der Lungendurchblutung beeinflußt. Die Cyanose ist zwar obligatorisch, sie kann aber bei vergrößertem Lungenzirkulationsvolumen so

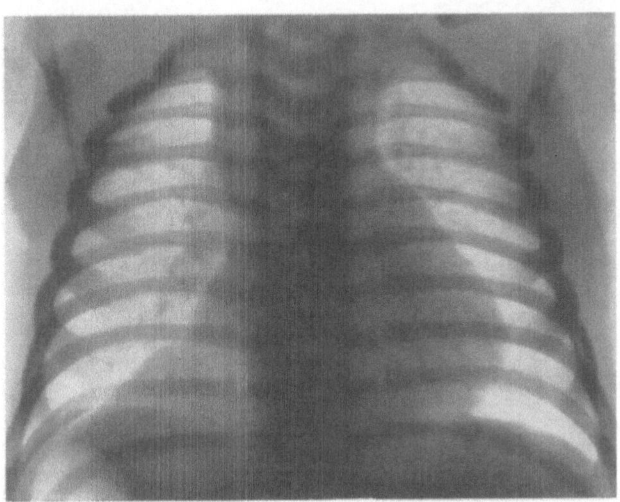

Abb. 216. Truncus arteriosus communis persistens bei einem 7 Tage alten Säugling (K.H.Cle.). Mäßige Verbreiterung des Herzens nach links. Vorwölbung des linken oberen Herzrandes. Breites Gefäßband. Helle Lungenfelder. Homogene Verschattung im rechten Lungenunterfeld. Diagnose durch Obduktion bestätigt (Prof. Dr. MEESSEN, Düsseldorf): Truncus arteriosus communis. Vom gemeinsamen Gefäßstamm gehen zwei zur Lunge ziehende Gefäße ab, von denen besonders das rechte hypoplastisch ist. Situs inversus der Bauchorgane

gering sein, daß sie kaum auffällt. Dyspnoe und Minderung des körperlichen Leistungsvermögens bestehen praktisch immer. Auskultatorisch findet sich in der Mehrzahl der Fälle mit dem Maximum im 3.—4. Intercostalraum links vom Sternum ein rauhes systolisches Geräusch. Selten ist Schwirren zu tasten. Der 2. Herzton ist oft betont. Wichtiger ist aber der Nachweis, daß der 2. Herzton nicht gespalten ist, sondern nur aus einem Tonsegment besteht. Gelegentlich kommt auch ein diastolisches Geräusch vor.

Das *Elektrokardiogramm* läßt keine charakteristischen Merkmale erkennen. Praktisch immer ist in der Frontalprojektion eine Abdrehung des Hauptvektors von QRS nach rechts festzustellen, während in den Brustwandableitungen die Zeichen einer Rechts- oder Linkshypertrophie oder einer kombinierten Hypertrophie dominieren.

Röntgenbefunde. Die röntgenologische Erscheinungsform des Herzens ist nicht einheitlich. Die Unterschiede betreffen nicht allein das Herz, sondern auch die Lungengefäße (Abb. 216 und 217). Zum Teil hat die Herzform Ähnlichkeit mit dem Fallot-Herzen. Daneben kommen Formen vor, die mehr der Transposition der großen Gefäße oder dem singulären Ventrikel entsprechen. Eine Verwechslung mit der Gefäßtransposition liegt besonders dann nahe, wenn bei einer verstärkten Lungengefäßzeichnung, d.h. bei den Zeichen eines vergrößerten Lungenzirkulationsvolumens, eine Cyanose besteht. Das Herz kann von normaler Größe oder vergrößert sein. Der linke obere Herzbogen zeigt in Abhängigkeit von Lage und Weite der Pulmonalarterie eine konkave oder konvexe Begrenzung. Wie groß die Spielbreite der Herzkonfiguration beim Truncus arteriosus communis sein kann, geht aus den Beobachtungen von KEITH u. Mitarb. (1958) bei sechs autoptisch gesicherten echten Truncusfällen hervor (Abb. 218). Die Beurteilung des Röntgenbildes wird weiterhin dadurch erschwert, daß die Konfiguration des Herzens im

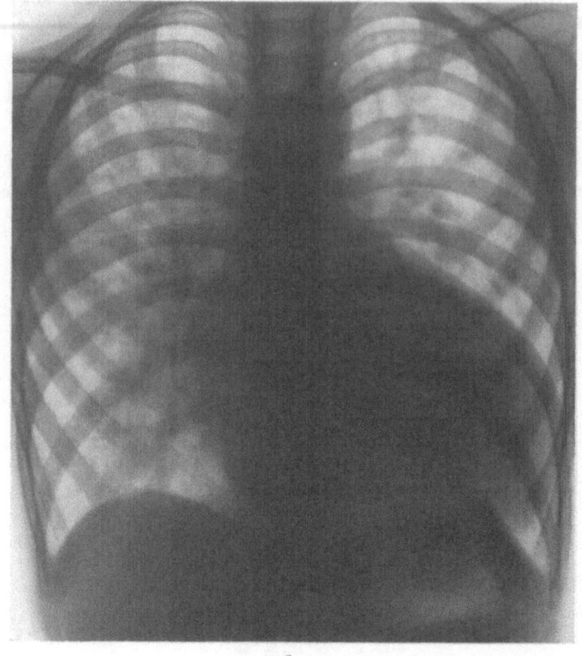

a

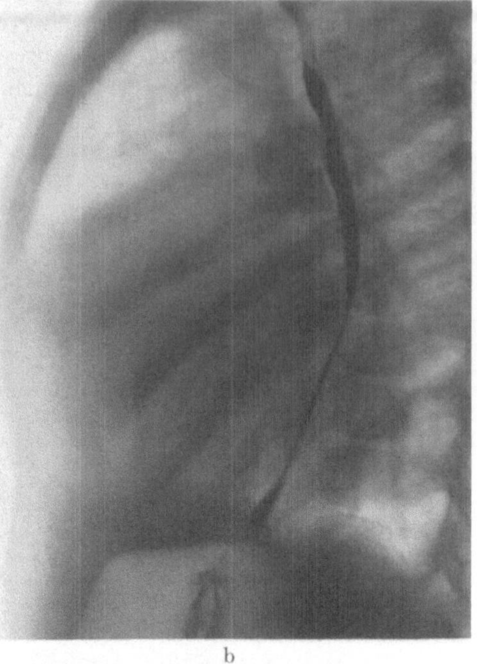

b

Abb. 217 a u. b. Truncus arteriosus communis persistens bei einem 3jährigen Jungen (M.Ei.). (Diagnose durch Obduktion gesichert: Von der Hinterseite des Truncus gehen zwei weite Gefäße zur rechten und linken Lunge ab. a Sagittalbild: Beiderseits, vor allem nach links verbreitertes Herz. Schmales Gefäßband. Fehlender Pulmonalbogen. Lungengefäßzeichnung sehr verstärkt. b Seitenbild: Retrokardialraum völlig ausgefüllt. Verdrängung des Oesophagus nach hinten in Höhe des linken Vorhofs

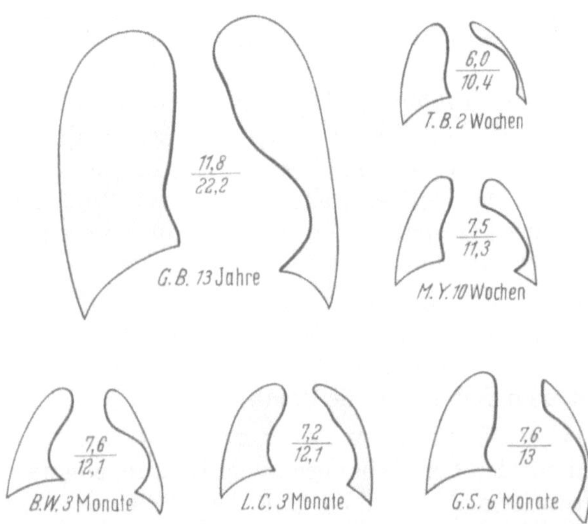

Abb. 218. Herzformen bei sechs durch Autopsie gesicherten Fällen von persistierendem Truncus arteriosus communis. Erhebliche Variationsbreite. (Aus KEITH, ROWE u. VLAD 1958)

Säuglingsalter und im höheren Alter bei demselben Patienten erheblich voneinander abweichen kann (TAUSSIG 1947).

In der Mehrzahl der Fälle ist die Hilus- und *Lungengefäßzeichnung* vermehrt (Abb. 217). Man findet das Bild der Lungenüberflutung. Bei der Durchleuchtung sind oft Eigenpulsationen der erweiterten zentralen Lungengefäße zu erkennen. Beim Säugling ist dies allerdings selten. Ein charakteristischer Befund ist die gelegentlich auffallend hohe Lage der linken Pulmonalarterie, die so hoch liegen kann, daß ihre obere Kontur den oberen Aortenbogenrand erreicht. Bei ungleicher Versorgung der beiden Lungen sind die Zeichen der Lungenhyperämie nur auf eine Lungenhälfte begrenzt, während die Gefäßzeichnung der anderen Lunge vermindert ist. Schließlich kann die Lungengefäßzeichnung insgesamt vermindert sein, wenn beide Lungen über Kollateralen versorgt werden. Derartige Fälle lassen sich klinisch und röntgenologisch nicht von einem Pseudotruncus trennen (s. Abschnitt Pulmonalstenose mit Ventrikelseptumdefekt). Im allgemeinen reichen die klinischen und röntgenologischen Befunde für eine Diagnosestellung nicht aus, so daß man auf spezielle Methoden nicht verzichten kann.

Herzkatheteruntersuchung. Der diagnostische Wert der Herzkatheteruntersuchung darf nicht überschätzt werden. Zwar gelingt die Katheterführung bis in die Aorta im allgemeinen ohne größere Schwierigkeiten. Dieser Befund allein besagt jedoch nicht allzuviel, da er ebenso bei der Transposition der großen Gefäße gelingt. Auch die Bestimmung des Blutmischungsortes durch gasanalytische Untersuchungen der entnommenen Blutproben hilft differentialdiagnostisch nicht weiter. Nur durch Sondierung der bzw.

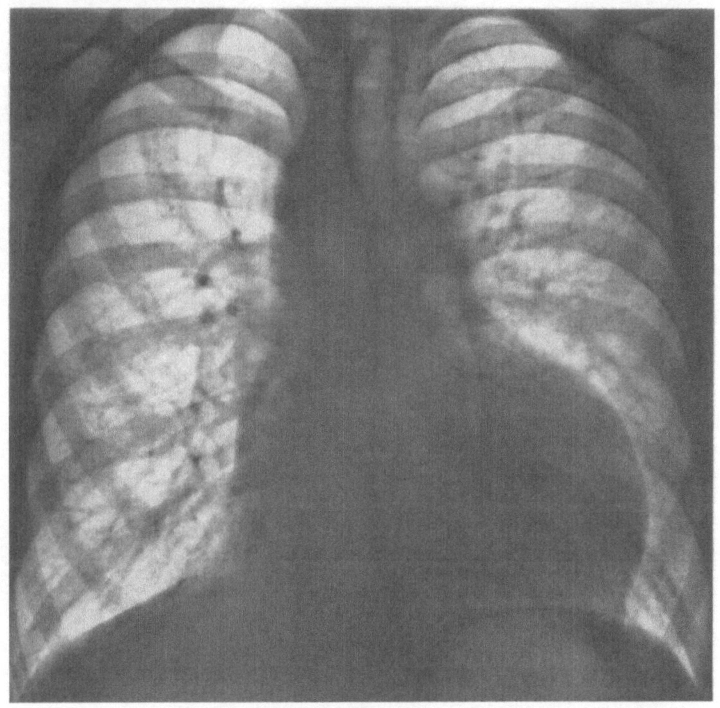

a

Abb. 219a—g. Truncus arteriosus communis persistens bei einem 14jährigen Jungen (K.Schu.-Ar.). a Sagittalbild: Linksverbreitertes Herz mit angehobener Herzspitze. Breites Gefäßband. Rechtslage des Aortenbogens. Fehlender Pulmonalbogen. Mäßig verstärkte Lungengefäßzeichnung. b Seitenbild: Keine Einengung des Retrokardialraumes. c Herzkatheterverlauf: re. Vorhof → re. Ventrikel → Truncus → re. Pulmonalarterie. Katheterspitze in einem Unterlappenast. d Herzkatheterverlauf: re. Vorhof → re. Ventrikel → Truncus → Aorta descendens. Für einen Truncus charakteristisch ist der Nachweis, daß beim Zurückziehen des Katheters aus der Pulmonalarterie und Vorschieben in die Aorta descendens nur arterielle, jedoch keine ventrikulären Druckwerte registriert werden. e Angiokardiogramm mit Kontrastmittelinjektion in den re. Ventrikel (bereits im Alter von 8 Jahren angefertigt): Das Kontrastmittel gelangt vom re. Ventrikel offenbar in einen gemeinsamen Gefäßstamm, von dessen Hinterwand die Pulmonalarterie entspringt. Eine offene Verbindung zwischen Ventrikel und Pulmonalarterie ist nicht dargestellt. Linkslage des Truncus brachiocephalicus. Rechtslage des Aortenbogens. f Seitenbild zu Abb. 219 e: Kontrastmittelübertritt vom re. zum li. Ventrikel durch einen hochgelegenen Defekt. Ursprung der Pulmonalarterien mit einem gemeinsamen Stamm aus dem Truncus kurz oberhalb der Klappen und Teilung nach kurzem Verlauf in eine re. und li. Pulmonalarterie. g Retrograde Aortographie mit Kontrastmittelinjektion in den Truncus: Unmittelbarer Kontrastmittelübertritt in die Pulmonalarterie. Den Truncus arteriosus communis beweist die Tatsache, daß keine Verbindung zwischen der Pulmonalarterie und einem Ventrikel besteht und daß sich außerdem kein Pulmonalarterienstamm mit Pulmonalklappen darstellt

einer Pulmonalarterie kann eine Klärung der Anomalie erreicht werden (Gøtzsche 1952). Erfahrungsgemäß ist es aber schwer, und es gelingt selbst bei gezieltem Vorgehen, d.h. wenn der klinische Verdacht dieser Anomalie besteht, nur selten, den Katheter von der Aorta in eine Pulmonalarterie zu dirigieren (Abb. 219a—d).

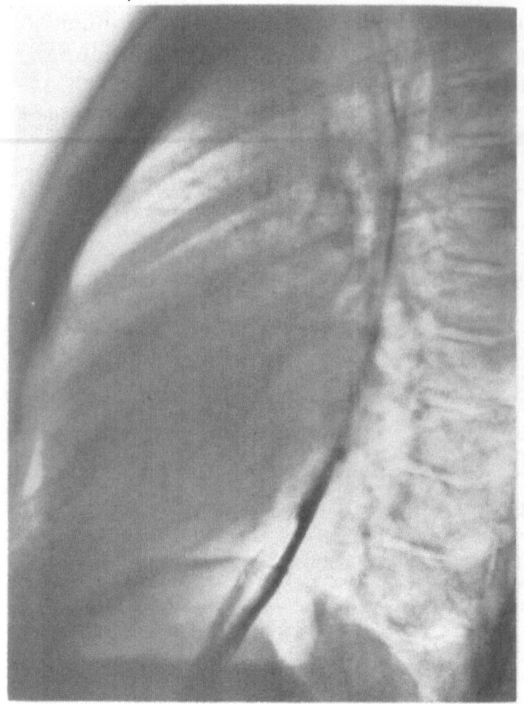

Abb. 219b

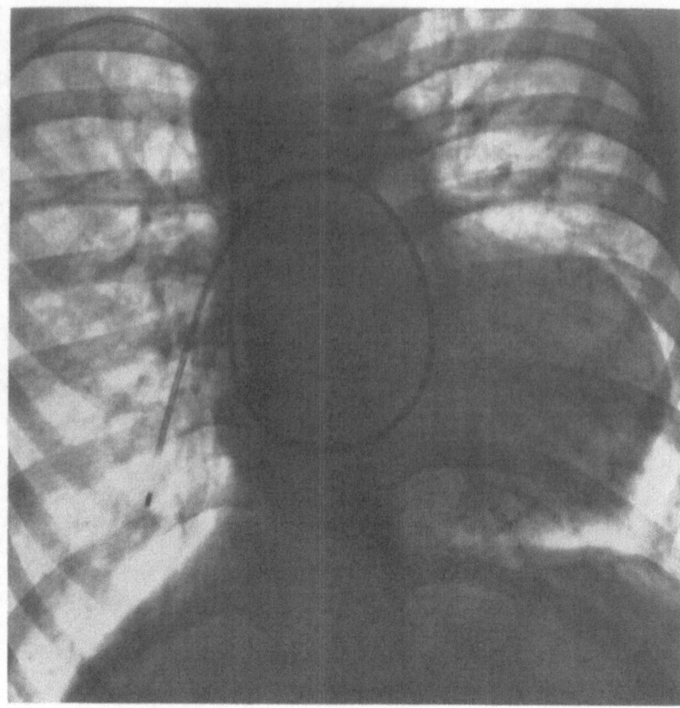

Abb. 219c

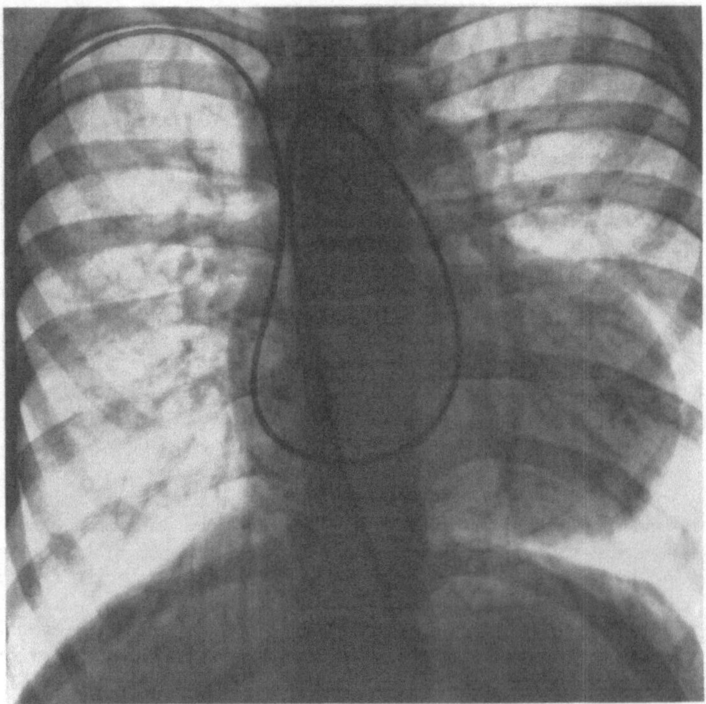

Abb. 219d

Kontrastmitteldarstellung. Die überlegene diagnostische Untersuchungsmethode ist daher die Kontrastmitteldarstellung des Herzens und der herznahen großen Gefäße (KÜNZLER u. SCHAD 1960; BEUREN 1964). Die gezielte Kontrastmittelinjektion in den rechten Ventrikel oder in den Anfangsteil der Aorta hat gegenüber der ungezielten

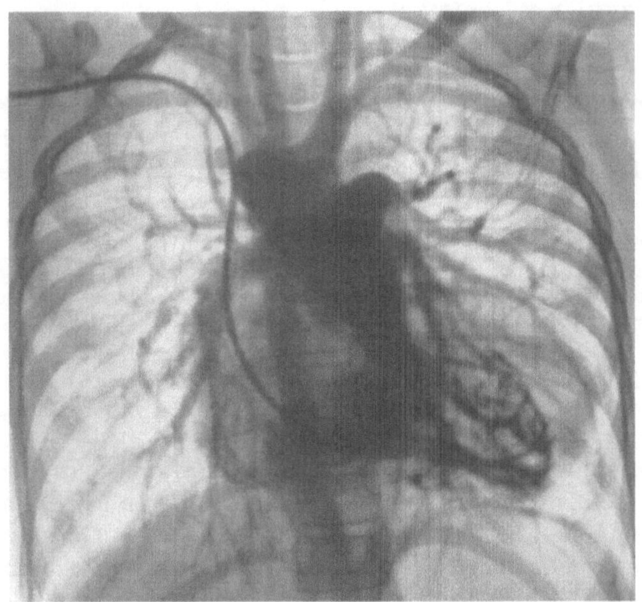

Abb. 219e

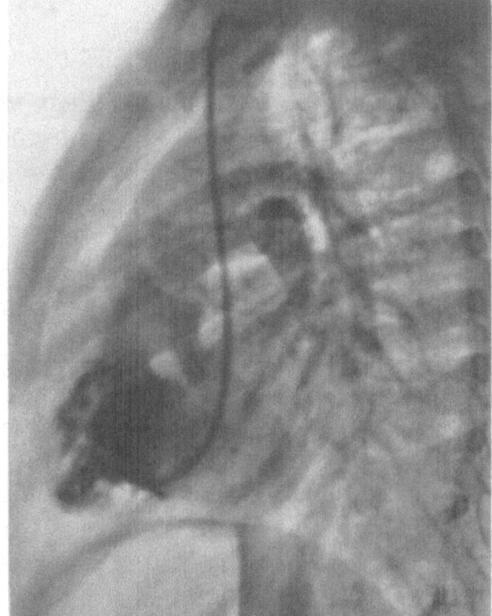

Abb. 219f

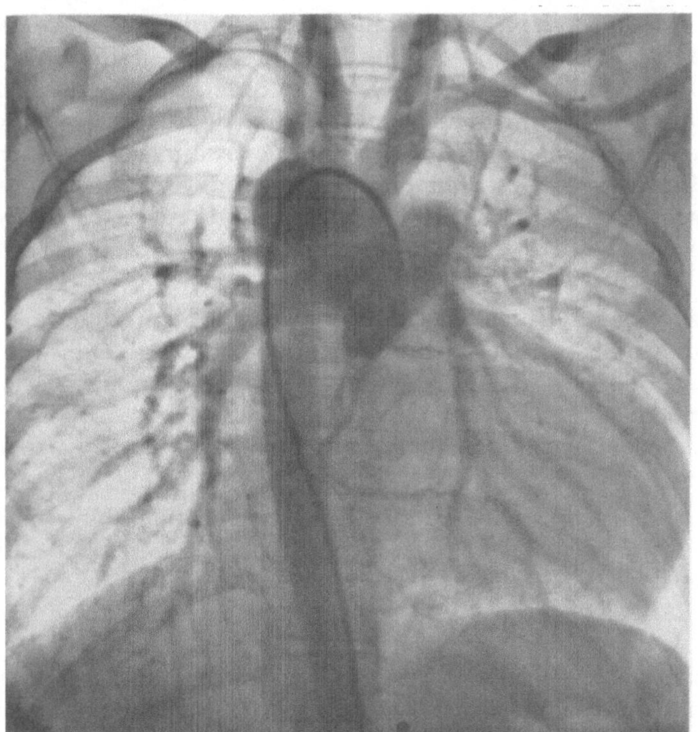

Abb. 219g

Injektion in eine periphere Vene aus den wiederholt genannten Gründen (besserer Kontrast, keine Überlagerung) den Vorzug. Bei guter Darstellung ist eine Beurteilung des Pulmonalarterienursprungs (Abb. 219e und f) von der Aorta, der Art der Lungenversorgung und eventuell bestehender zusätzlicher Anomalien der Lungenarterie möglich. Letzte Zweifel hinsichtlich des Ursprungs der Pulmonalarterie lassen sich gelegentlich durch die retrograde Aortographie beseitigen (Abb. 219g).

17. Singulärer Ventrikel

(Cor triloculare biatriatum)

Ein singulärer Ventrikel liegt vor, wenn beide Vorhöfe ihr Blut in eine gemeinsame Kammer entleeren. Streng genommen muß also das Ventrikelseptum völlig fehlen. Nach EDWARDS (1953) werden aber auch Fälle mit einem rudimentären Ventrikelseptum als singulärer Ventrikel angesprochen.

Eine der *ersten Beschreibungen* des singulären Ventrikels erfolgte 1798 durch WILSON. Spätere Berichte stammen von VERNON (1857), PEACOCK (1866), POTTS (1879), KRAUSE (1905) und WENNER (1906). Die erste zusammenfassende Darstellung des klinischen Bildes, der elektrokardiographischen und röntgenologischen Befunde gab TAUSSIG (1947).

Entwicklungsgeschichte. Der singuläre Ventrikel gehört in die Gruppe der Bulbus-Truncus-Mißbildungen. Es kommt nicht zur Ausbildung eines Ventrikelseptums. Der Bulbus cordis kann als rudimentäre Ausstromkammer persistieren und einer oder beiden großen Arterien als Ursprung dienen.

Das *anatomische Bild* des singulären Ventrikels ist nicht einheitlich. Mehrere Variationen ergeben sich aus dem Vorliegen oder Fehlen einer rudimentären Ausstromkammer, dem unterschiedlichen Ursprung der großen Gefäße mit oder ohne Transposition, aus zusätzlichen Ausstrombahnstenosen oder dem Fehlen einer Septierung des primitiven Gefäßstammes in Aorta und Pulmonalarterie. Nicht selten sind zusätzliche Anomalien, z.B. ein Vorhofseptumdefekt und Mißbildungen der AV-Klappen, vorhanden.

In etwa 75% der Fälle findet sich eine rudimentäre Kammer (KEITH u. Mitarb. 1958), die meist durch eine muskuläre Leiste vom Hauptventrikel abgesetzt ist und mit diesem in offener Verbindung steht. Sie liegt im allgemeinen am linken oberen Herzbogen, also im Bereich des Pulmonalkonus. Bei „normalem" Gefäßverlauf entspringt die Pulmonalarterie aus der rudimentären Kammer, die Aorta aus dem Hauptventrikel. Oft ist es aber umgekehrt. Schließlich können beide Gefäße aus der rudimentären Kammer entspringen. Das von der rudimentären Ausstromkammer abgehende Gefäß ist in der Regel englumig und hypoplastisch. Eine zusätzliche Pulmonalstenose, je zur Hälfte valvulärer oder infundibulärer Natur, wird in etwa 25% der Fälle angetroffen (CAMPBELL u. Mitarb. 1953; KEITH u. Mitarb. 1958).

In der Mehrzahl der Fälle ist der singuläre Ventrikel mit einem Vorhofseptumdefekt kombiniert. Nicht selten fehlt das Vorhofseptum völlig, so daß ein Cor biloculare vorliegt. Anomalien des Mitralostiums und ein Truncus arteriosus communis persistens kommen in Verbindung mit dem singulären Ventrikel häufiger vor als mit anderen Mißbildungen.

Von den zahlreichen Variationsmöglichkeiten des singulären Ventrikels sind folgende die wichtigsten:

1. Ursprung beider großen Gefäße aus der rudimentären Ausstromkammer,
2. Ursprung der Pulmonalarterie aus der rudimentären Kammer und der Aorta aus der Hauptkammer,
3. Ursprung der Aorta aus der rudimentären Kammer, der Pulmonalarterie aus der Hauptkammer,
4. Kombination der genannten Formen mit einer Pulmonal- oder Aortenstenose,
5. Kombination des singulären Ventrikels mit einem Truncus arteriosus communis persistens,
6. Kombination des singulären Ventrikels mit einem Vorhofseptumdefekt.

Die *Häufigkeit* des singulären Ventrikels wird von ABBOTT (1936) mit 2,6%, von RICHMAN (1950) mit 2,7% angegeben. KEITH u. Mitarb. (1958) fanden die Anomalie in 2% bei Kindern mit angeborenen Herzfehlern. Nach GOULD (1960) überwiegt das männliche Geschlecht mit 2:1.

Pathophysiologie. Von der Kombinationsform mit einem Vorhofseptumdefekt abgesehen, ist allen Formen die Durchmischung des arterialisierten mit dem venösen Blut im singulären Ventrikel gemeinsam. Die Durchmischung ist nicht in allen Fällen vollständig. Trotz des Fehlens einer Septierung kann das Blut an verschiedenen Stellen der gemeinsamen Kammer einen unterschiedlichen Sauerstoffgehalt aufweisen. Dem entsprechend braucht auch das Blut in den großen Gefäßen hinsichtlich des Sauerstoff- und Kohlendioxydgehaltes nicht völlig übereinzustimmen, wenn auch hier die Unterschiede im allgemeinen geringer sind als in der Kammer.

Die Kreislaufminutenvolumina sind abhängig von der Relation der Strömungswiderstände. Liegt keine Strombahnverengung der Pulmonalarterie vor, so ist das Lungenzirkulationsvolumen größer als das des großen Kreislaufs, solange der periphere Strömungswiderstand in den Lungenarterien niedriger als im Großkreislauf ist. Dann ist auch das Durchmischungsverhältnis des Blutes im singulären Ventrikel zur arteriellen Seite hin verschoben. Eine Cyanose kann in diesen Fällen fehlen oder nur sehr leicht sein. Umgekehrt kann bei höherem Widerstand zur Pulmonalarterie hin oder innerhalb des Lungenkreislaufs selbst das Durchmischungsverhältnis des Blutes zur venösen Seite hin verschoben sein. Dann ist die Cyanose meist sehr ausgeprägt.

Klinik. Die verschiedenen anatomischen und pathophysiologischen Bedingungen spiegeln sich auch in der unterschiedlichen Symptomatologie wieder. Der singuläre Ventrikel gehört in die Gruppe der cyanotischen Herzfehler. Ein Rechts-Links-Shunt liegt immer vor; er braucht aber nicht in allen Fällen zu einer sichtbaren Cyanose zu führen. Bei Berücksichtigung der oben erwähnten hämodynamischen Möglichkeiten findet sich eine von Geburt an bestehende Cyanose nur bei den Formen, die mit einer Verminderung des Lungenzirkulationsvolumens einhergehen. Sie ist am stärksten ausgeprägt bei gleichzeitiger Pulmonalstenose. Dyspnoe ist ein regelmäßiger Befund. Kinder mit vergrößertem Lungenzirkulationsvolumen neigen zu Infekten der oberen Luftwege, zu Bronchitiden und Pneumonien.

Die Auskultation gibt keine für die Anomalie charakteristischen Befunde. In der Mehrzahl der Fälle (66 %) findet sich ein systolisches Geräusch, meist über der Herzbasis, das nur beim Vorliegen einer Aorten- oder Pulmonalstenose Preßstrahlcharakter hat. Neben dem systolischen ist gelegentlich auch ein diastolisches Geräusch zu hören (FAVORITE 1934; CARNES u. Mitarb. 1941; BARRY u. ISAAC 1953). Sein Maximum an der Herzspitze ist suspekt auf eine relative Mitralstenose (als Folge des vergrößerten Lungenzirkulationsvolumens); sein Maximum über der Herzbasis weist auf eine Pulmonal- oder Aorteninsuffizienz hin (LENÈGRE u. Mitarb. 1944).

Das *Elektrokardiogramm* zeigt keine diagnostisch zuverlässigen Veränderungen, wenn auch einzelne Befunde so häufig beobachtet werden, daß sie in fraglichen Fällen an das Vorliegen eines singulären Ventrikels denken lassen sollten. Ohne Bedeutung sind die Richtung des Hauptvektors von QRS, der rechts-, norm- oder linkstypisch sein kann, ebenso der Nachweis von Zeichen einer Rechts- oder Linkshypertrophie. Einer konstanten R/S-Relation über dem ganzen Präcordium wird von einigen Autoren differentialdiagnostische Bedeutung beigemessen. Typisch ist das Fehlen einer Q-Zacke in den Ableitungen über dem linken Herzen (KEITH u. Mitarb.). Auf Grund vergleichender pathologisch-anatomischer oder operativer und elektrokardiographischer Befunde kommt STERZ (1960) zu dem Schluß, daß es keine typischen EKG-Veränderungen für den singulären Ventrikel gibt.

Röntgenbefunde. Konfiguration des Herzens sowie Verhalten des Gefäßbandes und der Lungengefäßzeichnung sind je nach der anatomischen Formvariante unterschiedlich. Die große Variationsbreite in Form und Größe des Herzens zeigt Abb. 220 (nach KEITH u. Mitarb. 1958).

Das Herz ist im Säuglings- und Kleinkindesalter im allgemeinen nur leicht bis mäßig vergrößert. Wenn die rudimentäre Ausstromkammer in der Gegend des Pulmonalkonus lokalisiert ist, sieht man im Sagittalbild meist eine Vorwölbung der linken oberen Herzkontur. Das ist praktisch immer der Fall, wenn gleichzeitig eine Transposition der großen Gefäße mit Ursprung der Aorta aus der rudimentären Ausstromkammer vorliegt (Abb. 221). In diesen Fällen hat das Herz große Ähnlichkeit mit dem einer Transposition

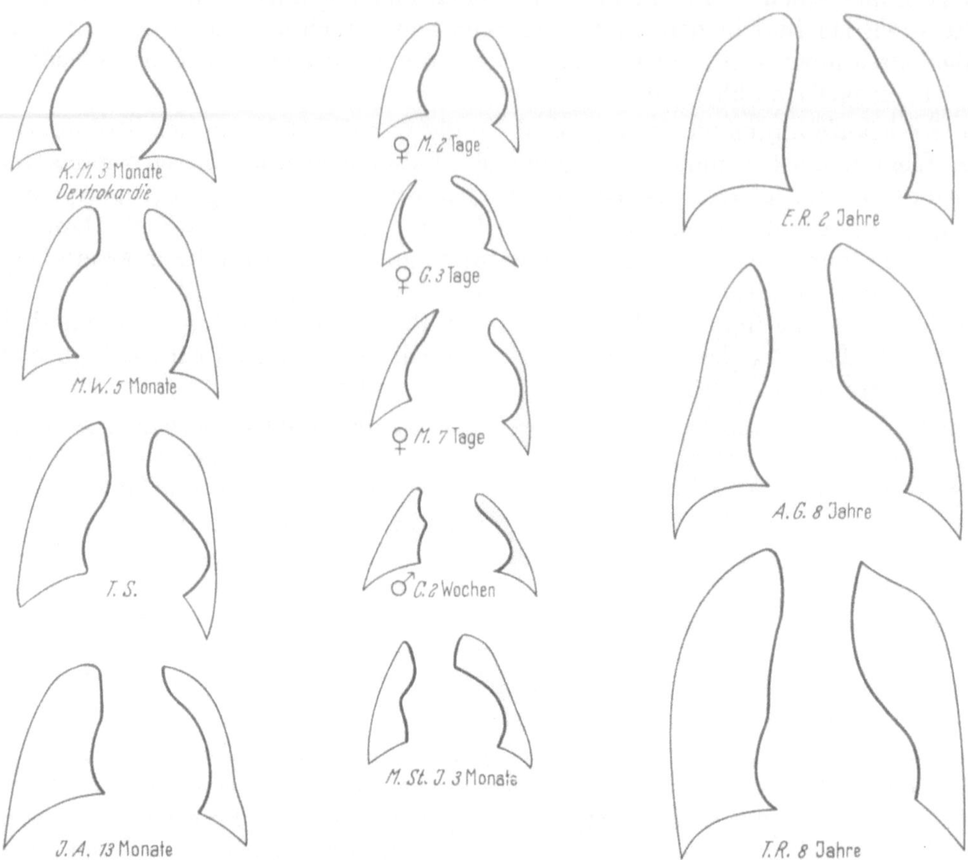

Abb. 220. Konfiguration des Herzens bei zwölf autoptisch gesicherten Fällen von singulärem Ventrikel. Für einen singulären Ventrikel mit Transposition der großen Gefäße ist der konvexe Verlauf des linken oberen Herzrandes typisch. (Nach KEITH u. Mitarb. 1958)

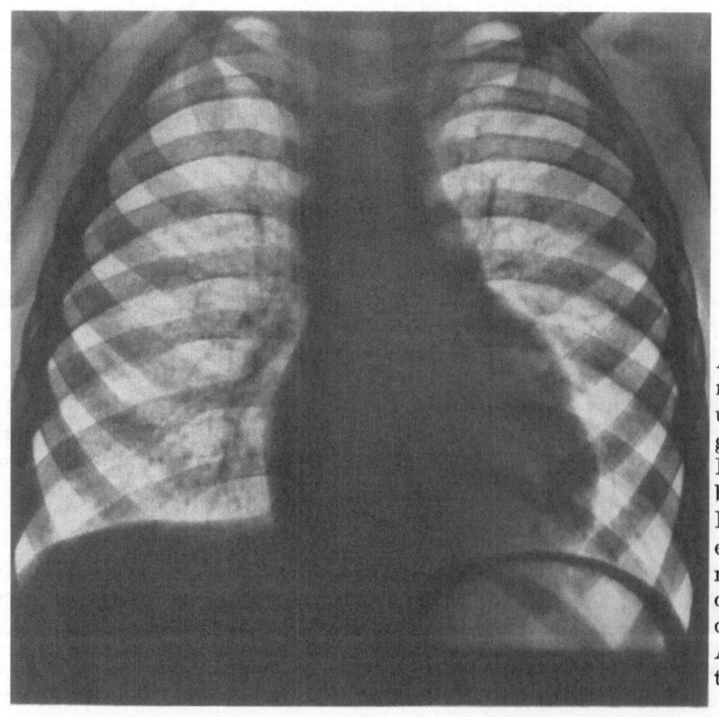

a

Abb. 221 a u. b. Singulärer Ventrikel mit Transposition der großen Gefäße und Pulmonalstenose bei einem 3jährigen Jungen (T.Br.). a Sagittalbild: Herz nach links verbreitert. Konvexbogiger Verlauf der linken oberen Herzkontur, der Aorta ascendens entsprechend. Die Vorwölbung am rechten oberen Gefäßband ist durch die nach rechts verlaufende und rechts descendierende Aorta bedingt (vgl. Abb. 223). Helle Lungenfelder. b Seitenbild: keine Einengung des Retrokardialraumes

der großen Gefäße und entsprechendem Aortenverlauf. Bei einer Kombination des singulären Ventrikels mit einer von der rudimentären Ausstromkammer entspringenden hypoplastischen Pulmonalarterie oder einer Pulmonalstenose kann das Röntgenbild dem einer Fallotschen Tetralogie ähnlich sein. Zum Unterschied von dieser ist aber in linker vorderer Schrägstellung (II. schräger Durchmesser) festzustellen, daß der Retrosternalraum nicht eingeengt, d.h. daß die rechte Herzkammer nicht vergrößert ist. Wenn keine Pulmonalstenose vorliegt und die Lungengefäßzeichnung verstärkt ist, kann das Bild mehr dem eines Ventrikelseptumdefektes oder einer entsprechenden Transpositionsform gleichen (Abb. 222). In diesen Fällen können auch verstärkte Pulsationen an den zentralen Lungengefäßen nachweisbar sein.

Im Einzelfall kann die Röntgenuntersuchung demnach zwar gewisse

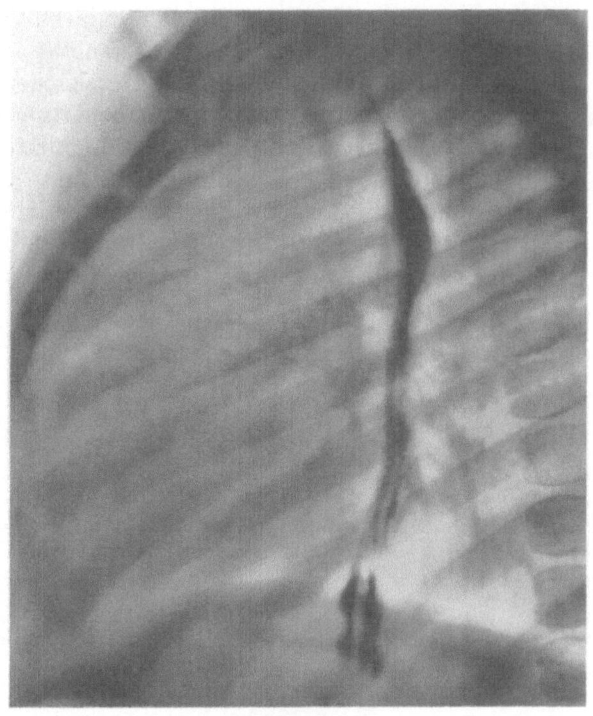

Abb. 221 b

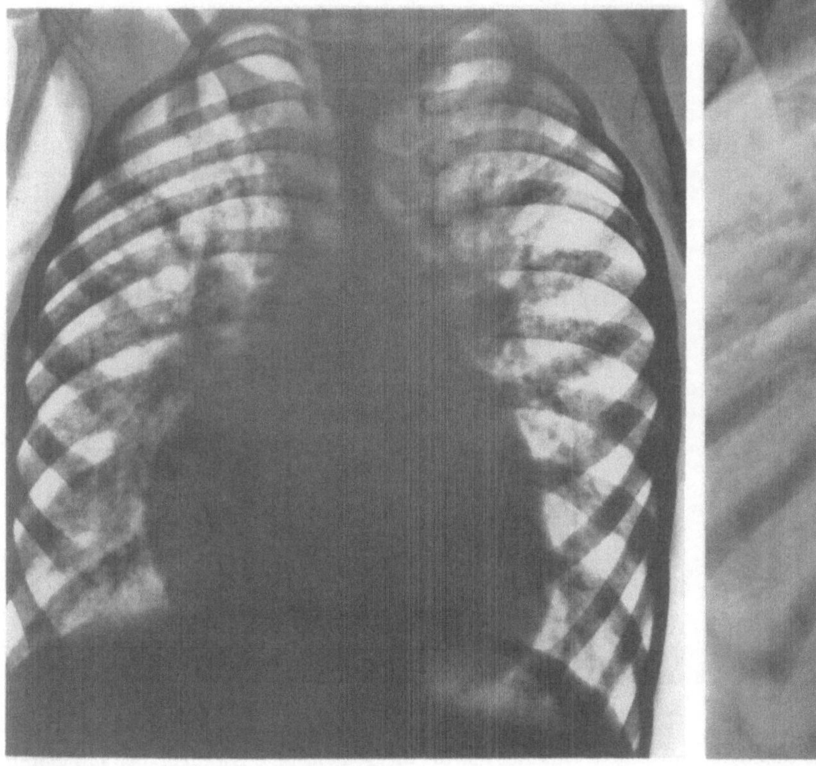

a

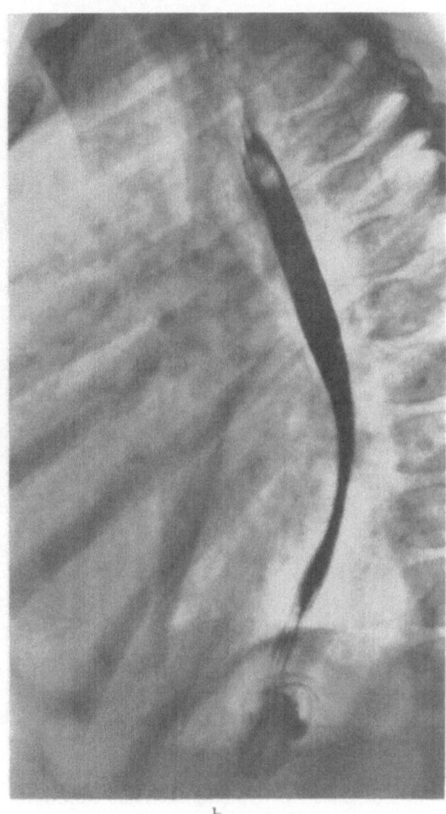

b

Abb. 222 a u. b. Singulärer Ventrikel ohne Pulmonalstenose (operativ bestätigt) bei einem 4jährigen Mädchen (S.Ri.). a Sagittalbild: Großes, besonders nach rechts verbreitertes Herz. Starke Verbreiterung, vor allem der zentralen Lungengefäße. b Seitenbild: Vorwölbung des linken Vorhofs in den Retrokardialraum

Hinweise auf das Vorliegen eines singulären Ventrikels geben; zur Sicherung der Diagnose ist das Nativbild im allgemeinen aber nicht ausreichend.

Herzkatheteruntersuchung. Die Herzkatheteruntersuchung kann wichtige diagnostische Hinweise, im Einzelfall sogar eine Sicherung der Diagnose geben.

Suspekt ist das Vorliegen eines singulären Ventrikels, wenn sich der Katheter im Ventrikelbereich ohne Schwierigkeiten und wiederholt bis an den linken Herzrand vorschieben läßt. Ein weiterer diagnostischer Hinweis ist der gegenüber dem Vorhof erhöhte

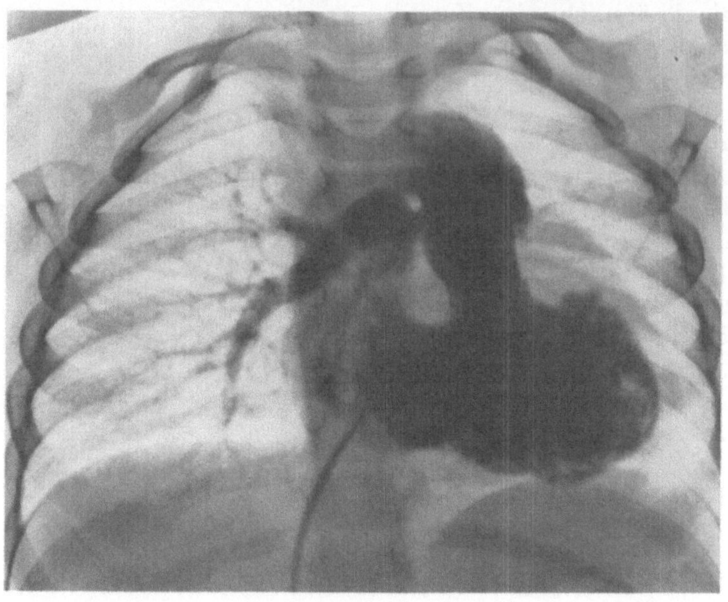

a

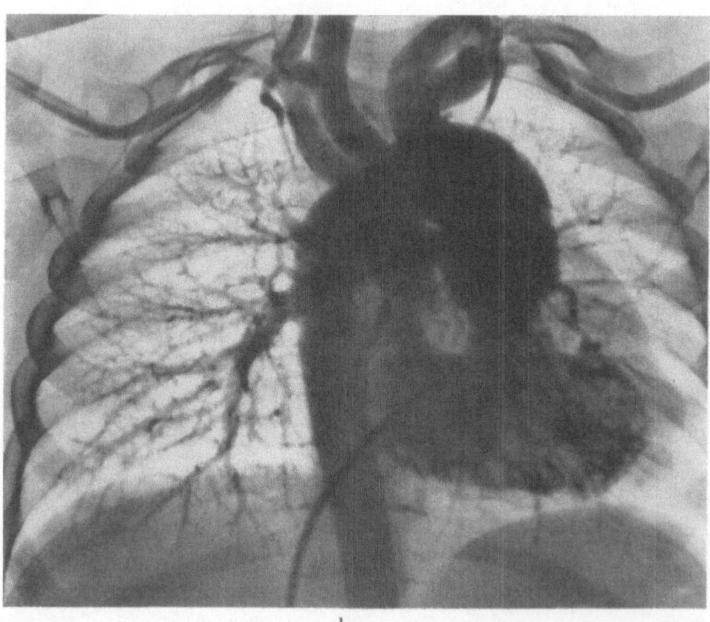

b

Abb. 223a—c. Kontrastmitteldarstellung mit selektiver Injektion in die gemeinsame Kammer bei singulärem Ventrikel mit Transposition der großen Gefäße und Pulmonalstenose (gleiche Pat. wie Abb. 221). a und b Sagittalbilder in verschiedenen Füllungsphasen: Links ascendierende und rechts descendierende Aorta. Ursprung des Aortenostiums nach links und oben, des Pulmonalostiums nach rechts verlagert. Lumen der Pulmonalarterie wesentlich enger als das der Aorta. c Seitenbild: Gleichmäßige Kontrastmittelverteilung im gesamten Ventrikelbereich. Kein Septum zu erkennen. Aorta nach vorne, Pulmonalarterie nach hinten verlagert

Sauerstoffgehalt im „rechten" Ventrikel. Obwohl der gemeinsame Ventrikel Durchmischungsort des venösen und arterialisierten Blutes ist, können bei Entnahme mehrerer Blutproben an verschiedenen Stellen der Kammer größere Sauerstoffdifferenzen festgestellt werden. Diese erklären auch, daß gelegentlich das Blut in Aorta und Pulmonalarterie einen verschiedenen Sauerstoffgehalt haben kann.

Der Druck im singulären Ventrikel ist stets erhöht. Sein Maximalwert entspricht dem systolischen Aortendruck, sofern keine Aortenstenose vorliegt. Die Druckwerte in der Pulmonalarterie zeigen die dem Ursprung dieses Gefäßes aus dem Herzen und dem Fehlen oder Vorliegen einer Stenose entsprechenden Veränderungen.

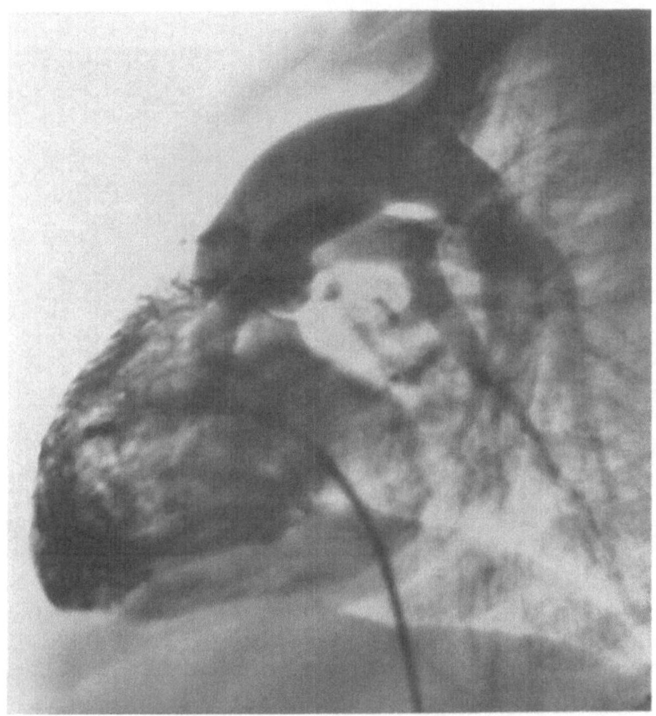

Abb. 223c.

Kontrastmitteldarstellung. Die gezielte Kontrastmittelinjektion in den Ventrikel erlaubt eine bessere Beurteilung als die intravenöse. Wichtig ist der Nachweis, daß sich das Kontrastmittel rasch im gesamten Ventrikelbereich ausbreitet und eine Septierung des Ventrikels nicht zu erkennen ist (Abb. 223). Zuverlässiger als die Kammerverhältnisse lassen sich durch die Kontrastmitteluntersuchung Ursprung, Lage und Weite der großen Gefäße erfassen. Aus der Kontrastdichte und der Weite der peripheren Gefäße sind Rückschlüsse auf die Zirkulationsvolumina im großen und kleinen Kreislauf möglich.

Trotz dieser Untersuchungen lassen sich aber in einzelnen Fällen nicht alle diagnostischen Schwierigkeiten beseitigen. Häufiger als bei anderen angeborenen Herzfehlern wird die Diagnose erst bei der aus falscher Indikation durchgeführten Operation gestellt.

Differentialdiagnostisch muß der singuläre Ventrikel im Falle einer von Geburt an bestehenden Cyanose besonders von einer Fallotschen Tetralogie, einer Tricuspidalatresie und einer Transposition der großen Gefäße, bei fehlender Cyanose in erster Linie von einem Ventrikelseptumdefekt abgegrenzt werden.

Die *Prognose* des singulären Ventrikels ist im allgemeinen schlecht. Nach statistischen Erhebungen von ABBOTT beträgt das erreichte Durchschnittsalter $7^3/_4$ Jahre. Viele Kinder sterben bereits im 1. Lebensjahr. Bei günstigen anatomischen und pathophysiologischen Bedingungen können die Patienten aber das Erwachsenenalter erreichen. Die von HEDINGER (1915) sowie MEHTA u. HEWLETT (1945) beobachteten Patienten wurden jeweils 56 Jahre alt.

Eine kausale *Therapie* ist heute noch nicht möglich. Bei Patienten mit vermindertem Lungenzirkulationsvolumen kommen eine Anastomose-Operation, bei vermehrter Lungenzirkulation eine künstliche Einengung der Pulmonalarterie in Betracht.

18. Cor biloculare

Bei einem Cor biloculare fehlen sowohl Vorhof- als auch Ventrikelseptum. Es besteht nur ein Ostium atrio-ventriculare. Zu dieser Krankheitsgruppe werden aber auch solche Fälle gezählt, bei denen zwar ein rudimentäres Ventrikel- oder Vorhofseptum ausgebildet ist, funktionell aber ein gemeinsamer Vorhof und ein gemeinsamer Ventrikel bestehen.

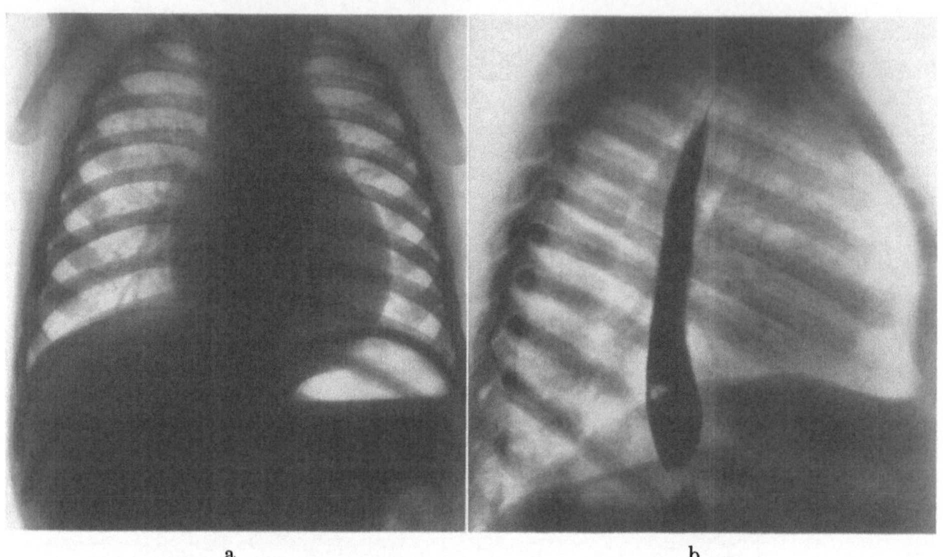

a b

Abb. 224a u. b. Cor biloculare, Transposition der großen Gefäße und Pulmonalatresie (autoptisch gesichert) bei einem einjährigen Kind (E.Wa.). a Sagittalbild: Vorwölbung des linken oberen Herzrandes durch die dort aufsteigende Aorta. b Seitenbild: Keine Einengung des Retrokardialraumes

Das Cor biloculare ist oft mit zusätzlichen Anomalien kombiniert. Davon sind besonders zu nennen: Transpositionen der großen Gefäße, Truncus arteriosus communis persistens, Lageanomalien des Herzens und Venenanomalien.

Das Cor biloculare ist selten. GROSSMAN (1942) sammelte aus der Literatur 37, CONN u. Mitarb. (1950) mit vier eigenen Beobachtungen 49 Fälle.

Pathophysiologie. Die Hämodynamik zeigt weitgehende Parallelen zum singulären Ventrikel. Im Gegensatz zu diesem kommt es beim Cor biloculare aber bereits im Vorhofbereich zu einer Durchmischung des arterialisierten und des venösen Blutes. Da das Blut durch ein gemeinsames AV-Ostium in den gemeinsamen Ventrikel fließt, ist beim Cor biloculare die Durchmischung im Ventrikel gleichmäßiger als beim singulären Ventrikel ohne Vorhofseptumdefekt. Für die Durchmischungsverhältnisse und die Größe der Zirkulationsvolumina im großen und kleinen Kreislauf gelten die gleichen Gesichtspunkte, wie sie im Abschnitt über den singulären Ventrikel ausführlich besprochen wurden.

Klinik. Entsprechend der weitgehend übereinstimmenden Pathophysiologie ist auch die klinische Symptomatologie des Cor biloculare von der des singulären Ventrikels nicht abzugrenzen. Cyanose und Dyspnoe sind konstante Befunde. Der Auskultationsbefund ist nicht charakteristisch. Auch das *Elektrokardiogramm* läßt keine Sicherung der Diagnose zu.

Röntgenbefunde. Die Ausführungen über die Röntgenuntersuchung des Herzens beim singulären Ventrikel haben auch für das Cor biloculare Gültigkeit. Durch den Vorhofseptumdefekt ergeben sich keine besonderen Abweichungen (Abb. 224).

Herzkatheteruntersuchung. Im Gegensatz zum singulären Ventrikel findet man beim Cor biloculare bereits im Bereich des „rechten“ Vorhofs eine Zumischung arterialisierten Blutes. Bei Blutentnahmen an verschiedenen Stellen des gemeinsamen Vorhofs können aber trotz der fehlenden Vorhofscheidewand größere Sauerstoffunterschiede gefunden werden. Das Blut des Ventrikels zeigt demgegenüber auch bei Entnahme an mehreren Stellen weitgehend gleiche gasanalytische Werte, die mit denen des Aorten- und Pulmonalarterienblutes übereinstimmen. Der systolische Druck im Ventrikel ist stets erhöht und entspricht dem Aorten- bzw. Pulmonalarteriendruck, sofern keine Stenose dieser Gefäße vorliegt.

Kontrastmitteldarstellung. Bei Injektion des Kontrastmittels in den Ventrikel finden sich die für den singulären Ventrikel charakteristischen Veränderungen. Der gemeinsame Vorhof läßt sich durch die Kontrastmitteldarstellung nur nachweisen, wenn das Kontrastmittel in den Vorhofbereich oder intravenös injiziert wird.

Die *Lebenserwartung* der Patienten mit einem Cor biloculare ist im allgemeinen schlecht. Meist sterben die Kinder in den ersten Lebenswochen oder -monaten. Nur wenige Fälle haben das Erwachsenenalter erreicht (Bauer und Astbury 1944: 16jähriger Patient; Benjamin u. Mitarb. 1940: 18jährige Patientin).

Eine kausale *Therapie* des Cor biloculare gibt es bis heute nicht.

19. Transposition der großen Gefäße

Eine Transposition der großen Gefäße ist dadurch charakterisiert, daß Aorta und Pulmonalarterie aus den nichtzugehörigen Ventrikeln entspringen. Nach dem Ausmaß der Drehungsanomalie der Gefäße gibt es die *komplette* Transposition, bei der die Aorta aus dem rechten und die Pulmonalarterie aus dem linken Ventrikel entspringen, sowie die *inkomplette* oder *partielle* Transposition, bei der nur ein Gefäß vollkommen verlagert ist, während das andere über einem Ventrikelseptumdefekt „reitend“ Anschluß an beide Kammern hat. Schließlich gibt es noch die seltene Transpositionsform, bei der beide Gefäße entweder aus dem rechten oder aus dem linken Ventrikel entspringen.

Ist die Transposition der großen Gefäße mit einer Inversion der Kammern kombiniert, so daß die anatomisch rechte Kammer das arterialisierte, die anatomisch linke das venöse Blut erhält, liegt eine *korrigierte Transposition* der großen Gefäße vor.

Wir können demnach drei Hauptgruppen unterscheiden:

a) die komplette,
b) die inkomplette oder partielle,
c) die korrigierte Transposition der großen Gefäße.

Durch Kombination mit zusätzlichen Anomalien des Herzens oder der Gefäße gibt es zahlreiche Varianten, die das pathophysiologische und klinische Bild sehr unterschiedlich gestalten können. Soweit die Gefäßtransposition nur als komplizierender Faktor eines umschriebenen Krankheitsbildes fungiert, wird sie im Rahmen der jeweiligen Anomalie, z.B. der Tricuspidalatresie, des singulären Ventrikels usw., besprochen.

Eine ausführliche Beschreibung der Gefäßtransposition erfolgte bereits 1797 durch Baillie. Weitere anatomische Berichte stammen von Meckel (1817), Kurschmer (1837), Meyer (1857) und Peacock (1866). Mit der Entstehung der Transposition von Aorta und Pulmonalarterie befaßten sich in ausführlichen Studien v. Rokitansky (1875), Herxheimer (1909), Spitzer (1919, 1921), Mönckeberg (1924), Pernkopf und Wirtinger (1933), Doerr (1938), Shaner (1951) u.a.

Die klinische Diagnostik der Gefäßtransposition erhielt entscheidende Impulse durch die Veröffentlichungen von Fanconi (1932), Taussig (1938), 1947) sowie Castellanos u. Mitarb. (1938).

Auf operativem Gebiet sind vor allem zu nennen: Blalock und Hanlon (1948, 1950) (Anlegen eines künstlichen Vorhofseptumdefektes zum besseren Blutaustausch zwischen

Körper- und Lungenkreislauf), MUSTARD u. Mitarb. (1954) sowie SENNING (1958) (Zuleitung des venösen und arterialisierten Blutes zu den entsprechenden Ventrikeln durch Umlagerung des Vorhofseptums).

Für die *Entstehung* der Transposition der großen Gefäße gibt es zahlreiche Deutungsversuche, von denen nur die wichtigsten erwähnt seien sollen.

v. ROKITANSKY (1875), HERXHEIMER (1909) und MÖNCKEBERG (1924) haben angenommen, daß das Septum trunci et bulbi weniger stark gedreht ist als normal oder sogar gerade gestreckt auf die Kammerbasis zuwächst und dort an das meist defekte Septum interventriculare Anschluß findet.

SPITZER (1919, 1921) vertrat die Ansicht, daß hier eine atavistische Erscheinung vorliege: Es handele sich nicht um einen wirklich seitenverkehrten Anschluß von Aorta und Pulmonalarterie an die Ventrikel, sondern um einen phylogenetischen Rückschritt mit autochthon rechtskammeriger Aorta, wie sie bei den gemeinsamen Ahnen von Reptilien und Säugern zu finden sei.

Nach PERNKOPF u. WIRTINGER (1933) besteht eine ontogenetische Fehlbildung mit Anlage gerader statt gedrehter Septumleisten und eines ebenen anstelle eines wendeltreppenförmig gedrehten Bulbusseptums.

DOERR (1938, 1943) sieht die formale Ursache der Transposition im Ausbleiben der Bulbus-Truncus-Torsion, wodurch das Septum von Bulbus und Truncus falsch angelegt und eine Parallelschaltung der Kreisläufe bedingt werden.

SHANER (1951) ist der Ansicht, daß durch eine Behinderung der Bulbuswanderung die Anlage des Aortenostiums dem rechten Ventrikel, die des Pulmonalostiums dem linken „zugeteilt" wird.

Die Angaben über die *Häufigkeit* der Gefäßtransposition unter den angeborenen Anomalien des Herzens differieren erheblich. Im allgemeinen wird die Anomalie in pathologisch-anatomischen Statistiken höher beziffert als in klinischen, was nicht zuletzt darauf zurückzuführen ist, daß viele Träger dieser Anomalie bereits in den ersten Lebenstagen und -wochen sterben und sich der klinisch-diagnostischen Erfassung entziehen. So betrug der Anteil der Gefäßtranspositionen im Obduktionsgut des „Hospital for sick children" in Toronto 20,8%, während er im klinischen Krankengut dieser Klinik mit 9,2% der cyanotischen Angiokardiopathien angegeben wird (KEITH u. Mitarb. 1958). Im Krankengut der I. Medizinischen Klinik in Düsseldorf wurden bei einer Gesamtzahl von 3016 in der Zeit von 1958—1963 untersuchten Patienten mit angeborenen Herzfehlern 43,3% cyanotische Vitien und davon wiederum 8,7% (= 117) Transpositionen diagnostiziert.

Das männliche Geschlecht ist häufiger als das weibliche betroffen. ABRAMS u. Mitarb. (1951) fanden ein Verhältnis von 2,3:1, nach KEITH u. Mitarb. (1958) beträgt es 2,4:1.

a) Komplette Transposition der großen Gefäße

Bei der kompletten Transposition der großen Gefäße entspringt die Aorta aus dem rechten, die Pulmonalarterie aus dem linken Ventrikel. Die Aorta ist nach vorne verlagert, die Pulmonalarterie nach hinten. Das Aortenostium liegt höher als normal, etwa in Höhe der normalen Pulmonalklappenbasis, während diese tiefer in Höhe der normalen Aortenklappenbasis liegt.

Diese Form der Gefäßtransposition ist die häufigste. Im Untersuchungsgut von KEITH u. Mitarb. (1958) betrug der Anteil 65% an insgesamt 108 Fällen. Das Ventrikelseptum war in 38,5% geschlossen. In diesen Fällen ist bemerkenswert, daß die Kammerscheidewand rein muskulär ist, der membranöse Anteil also fehlt (LEV u. SAPHIR 1945). Die Größe des Defektes war unterschiedlich, weniger als 5 mm im Durchmesser in 64%, 5—10 mm in 21% und mehr als 10 mm in 15% der Fälle.

Die Muskulatur des rechten Ventrikels ist stets hypertrophiert, ebenso die des rechten Vorhofs, der meist auch deutlich größer als der linke ist. Das Foramen ovale ist nach KEITH u. Mitarb. normal angelegt, aber in 92% offen. In 8% der Fälle fanden die genannten Autoren einen echten Vorhofseptumdefekt. Als weitere zusätzliche Anomalien kommen ein offener Ductus arteriosus, eine präductale Aortenisthmusstenose (KEITH u. Mitarb.), Einmündung einer Körpervene in den linken Vorhof (HARRIS u. Mitarb. 1927), Einmündung einzelner Lungenvenen in den rechten Vorhof (MESSELOFF u. WEAVER 1951) u.a. vor.

Da Körper- und Lungenkreislauf bei der kompletten Transposition infolge der ausgebliebenen Torsion von Aorta und Pulmonalarterie parallel verlaufen, sind Patienten ohne zusätzliche Anomalien, die einen Blutübertritt zwischen den beiden Kreisläufen erlauben, nicht lebensfähig. In Abhängigkeit von der Art der zusätzlichen Anomalie ergeben sich hinsichtlich der Hämodynamik und Klinik unterschiedliche Befunde und Bilder.

α) Komplette Transposition der großen Gefäße mit Vorhofseptumdefekt

Bei dieser Transpositionsform stellt die offene Vorhofverbindung die einzige „Überbrückung" der parallel geschalteten Kreisläufe dar.

Pathophysiologie. Aus der Parallelschaltung der beiden Kreisläufe ergibt sich, daß das aus dem Körperkreislauf in den rechten Ventrikel gelangende Blut durch die Aorta erneut dem Körperkreislauf zugeführt wird, während das arterialisierte Blut aus dem linken Ventrikel wieder in den Lungenkreislauf gelangt. Der systolische Druck im rechten

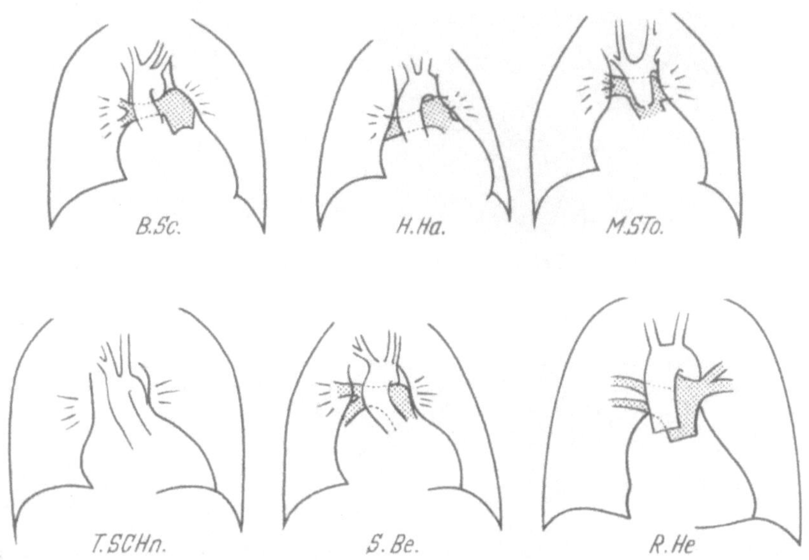

Abb. 225. Konturskizzen des Herzens von sechs Patienten mit kompletter Transposition der großen Gefäße und Vorhofseptumdefekt. Die Lage der großen Gefäße zueinander ist nach dem Ergebnis der angiokardiographischen Untersuchung wiedergegeben. (Bei Patient T.Schn. wurde auf eine Kontrastmitteldarstellung der Pulmonalarterie verzichtet)

Ventrikel ist auf den systolischen Systemdruck erhöht, während der linke Ventrikel beim Fehlen eines Ventrikelseptumdefektes nur den viel niedrigeren Pulmonalarteriendruck aufzubringen hat.

Die Kreislaufminutenvolumina sind meist gegenüber der Norm deutlich erhöht. Leichte bis mittlere Druckerhöhungen im Lungenkreislauf dürften in erster Linie durch die Vergrößerung des Lungenzirkulationsvolumens verursacht sein, zumal NOONAN u. Mitarb. (1960) in solchen Fällen bei histologischen Untersuchungen der Lungen keine organischen Veränderungen der Lungenstrombahn gefunden haben.

Der Blutübertritt durch den Vorhofseptumdefekt hängt weitgehend von dessen Größe ab. Meist handelt es sich bei den Defekten um ein offenes Foramen ovale, seltener liegt ein kleinerer, nur vereinzelt ein größerer Defekt vor (ELLIOTT u. Mitarb. 1963). Da der Füllungsdruck des linken Ventrikels gegenüber der Norm verringert ist, findet sich auch ein niedrigerer Mitteldruck im linken Vorhof. Der Mitteldruck im rechten Vorhof ist gegenüber der Norm etwas erhöht. Bemerkenswert ist, daß die typische Formcharakteristik der Druckkurve im linken Vorhof (hohe zweite Welle) erhalten bleibt, während in der Druckkurve des rechten Vorhofs vor allem die erhöhte Vorhof-Kontraktionswelle auffällt. Trotz der Annäherung der Mitteldrucke in beiden Vorhöfen findet man bei kleineren Defekten im linken Vorhof einen etwas höheren Druck als rechts. Folge ist der Übertritt von Blut aus dem linken in den rechten Vorhof. Auf demselben Wege ist aber auch ein Übertritt vom rechten in den linken Vorhof möglich. Bei angenähertem Mitteldruck in

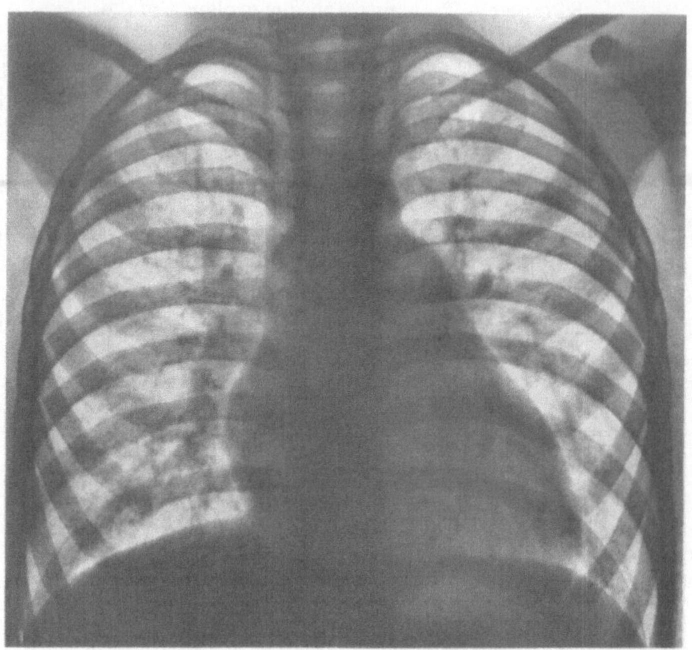

Abb. 226. Transposition der großen Gefäße mit Vorhofseptumdefekt bei einem 4jährigen Mädchen (S.Be): Beiderseits, vor allem nach links verbreitertes Herz. Vorwölbung der re. Herzkontur und besonders des Pulmonalbogens. Verstärkte Lungengefäßzeichnung

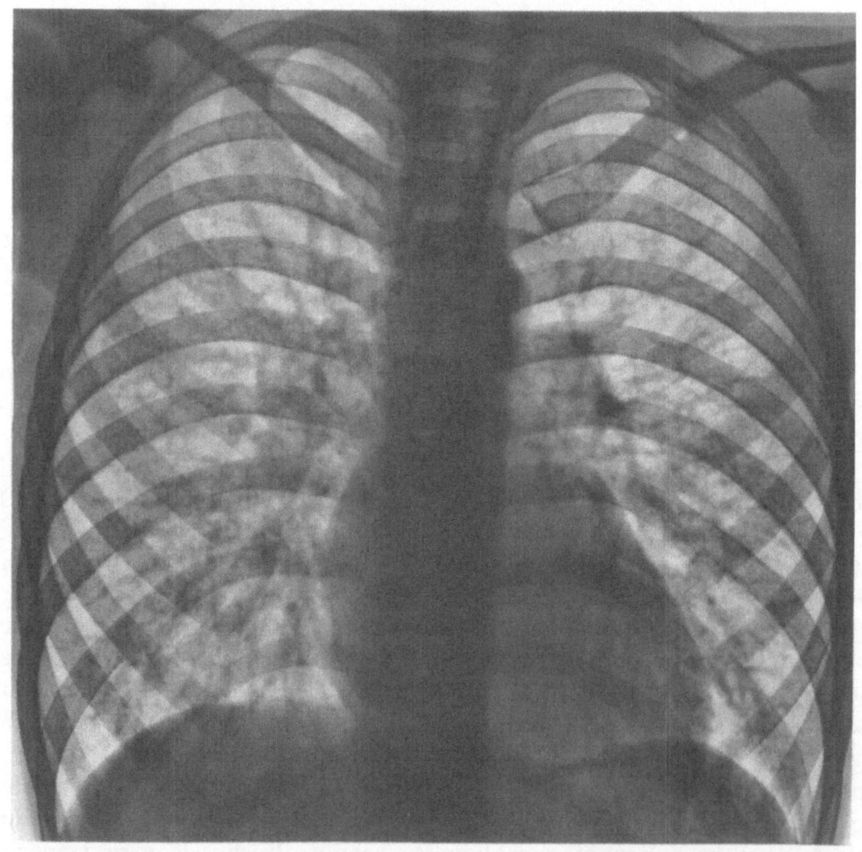

a

Abb. 227a u. b. Transposition der großen Gefäße mit Vorhofseptumdefekt bei einem 11jährigen Mädchen (R.He.). a Sagittalbild: Nicht nennenswert vergrößertes Herz; schmales Gefäßband. Verlängerte rechte Herzkontur. Keine Vorwölbung des Pulmonalbogens. Dichte und verbreiterte Hili. Vermehrte Lungengefäßzeichnung. b Seitenbild: Keine Einengung des Retrokardialraumes

beiden Vorhöfen kann der Druck im rechten Vorhof während der Vorhof-Kontraktionswelle den des linken Vorhofs übersteigen. Weiterhin kann die Druckrelation durch die Atmung zu Gunsten eines Rechts-Links-Übertritts verschoben werden. Ein anderer Weg, auf dem venöses Blut in den Lungenkreislauf gelangen kann, besteht in Anastomosen des Bronchialarteriensystems. Bei fünf eigenen Beobachtungen mit kleinem Vorhofseptumdefekt errechneten wir bei stark erhöhten Lungenzirkulationsvolumina von 7,6 bis 20,0 l/min/m² effektive Zirkulationsvolumina zwischen 1,1 und 2,5 l/min/m² (LOOGEN, GLEICHMANN u. GREMMEL 1964).

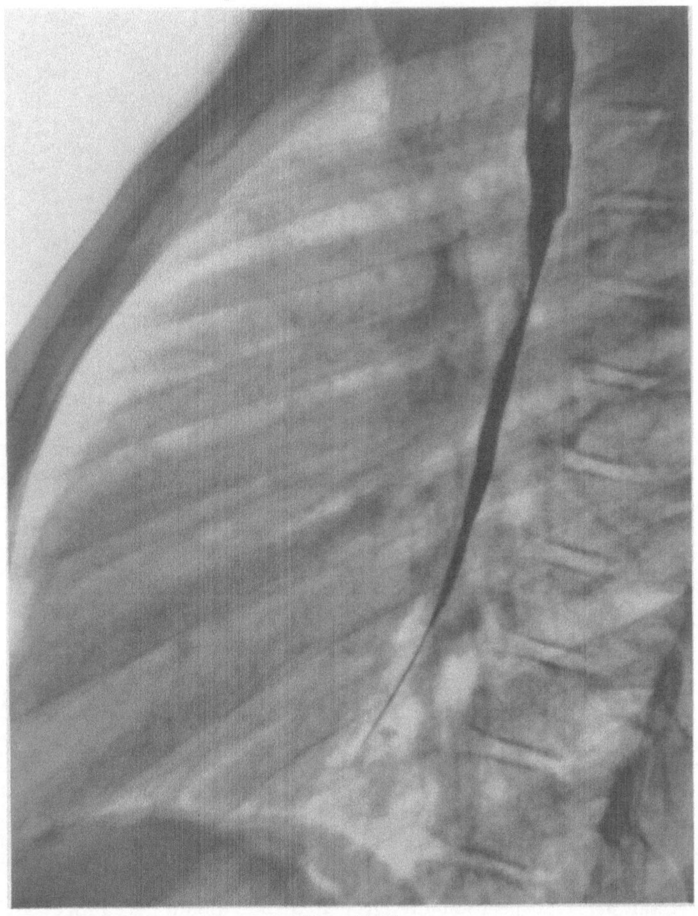

Abb. 227 b

Klinik. Von Geburt an besteht bei den Kindern eine Cyanose. Bei älteren Kindern sind Trommelschlegelbildungen der Finger- und Zehenendglieder ausgeprägt. Die körperliche Entwicklung ist fast immer deutlich verzögert. Zeichen einer Herzinsuffizienz treten oft schon in den ersten Lebenswochen auf und sind beim Vorliegen einer Cyanose suspekt auf eine Gefäßtransposition. Während der Herzspitzenstoß nicht auffällig ist, sind stets stärkere präcordiale Pulsationen zu tasten. Das Herz ist beiderseits, vor allem nach links verbreitert. Gelegentlich wird eine leichte Vorwölbung des Thorax über dem Herzen beobachtet. Der Auskultationsbefund ist einheitlich. Mit dem Maximum im 2.—3. ICR mesosternal oder links vom Sternum hört man ein leises bis mittellautes frühsystolisches Geräusch. Der II. Herzton ist normal oder leicht betont; eine Spaltung des II. Herztons wird meist vermißt.

Im *Elektrokardiogramm* besteht ein Rechts- bis überdrehter Rechtstyp mit einem P-dextrocardiale. In den Brustwandableitungen sind Zeichen der Rechtshypertrophie und oft auch der Rechtsschädigung nachweisbar.

Röntgenbefunde. Eine Übersicht über Form und Größe des Herzens geben die in Abb. 225 dargestellten Konturskizzen der Herzfernaufnahmen von sechs Patienten, bei denen die Diagnose durch die Operation bestätigt werden konnte. Aorta und Pulmonalarterie sind in die Skizzen so eingezeichnet, wie sie bei der Kontrastmitteluntersuchung zur Darstellung kamen. Das Herz ist in fünf Fällen vergrößert, vor allem nach links. Übereinstimmend findet man eine stärkere Vorwölbung und Verlängerung der rechten Herzkontur. In keinem Fall ist die Herzspitze angehoben. Unterschiedlich ist das Verhalten der linken oberen Herzkontur. In zwei Fällen ist eine Vorwölbung im Bereich des

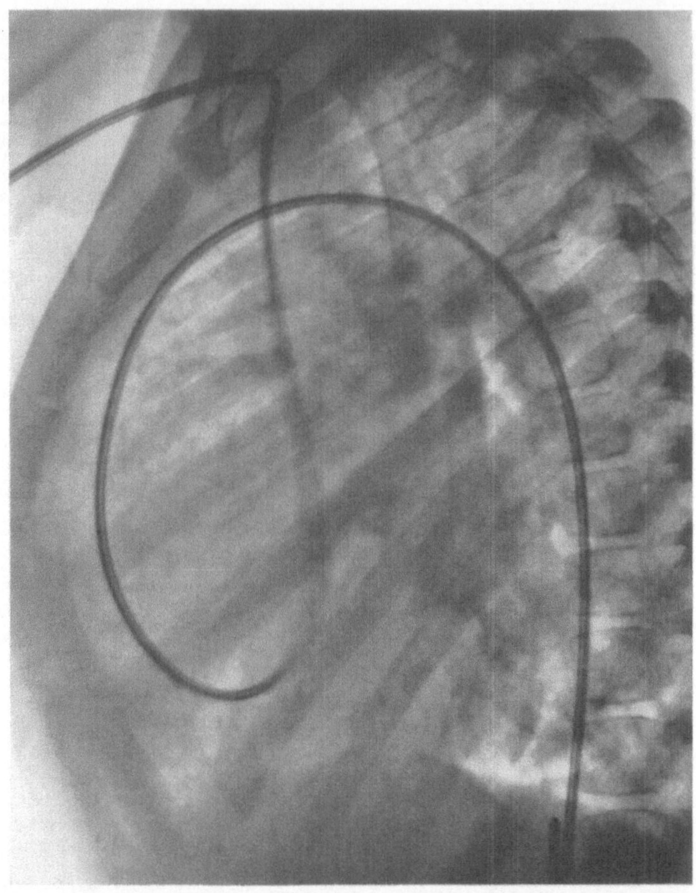

Abb. 228. Katheterverlauf bei Transposition der großen Gefäße (6jähriger Junge: W.D.Be.): obere Hohlvene → re. Vorhof → re. Ventrikel → Aorta. Aus dem Katheterverlauf ergibt sich, daß die Aorta nach vorne verlagert ist. Gegenüber einem ähnlichen Katheterverlauf beim Ductus arteriosus apertus entscheidet das Gesamtbild

Pulmonalbogens festzustellen (Abb. 226). Diese Vorwölbung ist — wie durch Kontrastmitteluntersuchung zu belegen ist — durch die dort verlaufende und erweiterte Pulmonalarterie bedingt. In den anderen Fällen ist der linke obere Herzbogen unauffällig oder konkav begrenzt. Das Gefäßband ist nur in einem der von uns beobachteten Fälle auffallend schmal (Abb. 227). Eine wesentliche Einengung des Herzhinterraums ist nicht vorhanden. Stets ist aber die Lungengefäßzeichnung mehr oder weniger deutlich verstärkt.

Die klinischen Befunde, die von Geburt an bestehende Cyanose, das leise bis mittellaute frühsystolische Geräusch und das Elektrokardiogramm lassen im Zusammenhang mit dem Röntgenbild des Herzens und der vermehrten Lungenzeichnung die dringende Verdachtsdiagnose dieser Transpositionsform stellen. Der Nachweis der verstärkten *Lungengefäßzeichnung* ist differentialdiagnostisch wichtig zur Abgrenzung von einer Fallotschen Tetralogie, besonders in den Fällen mit konkaver Begrenzung des linken oberen Herzbogens. Schwieriger ist allerdings die Abgrenzung von einem Truncus arteriosus communis persistens oder von einem singulären Ventrikel, zumal in letzterem Fall nicht selten zusätzlich eine Gefäßtransposition vorliegt. Spezielle Herzuntersuchungen

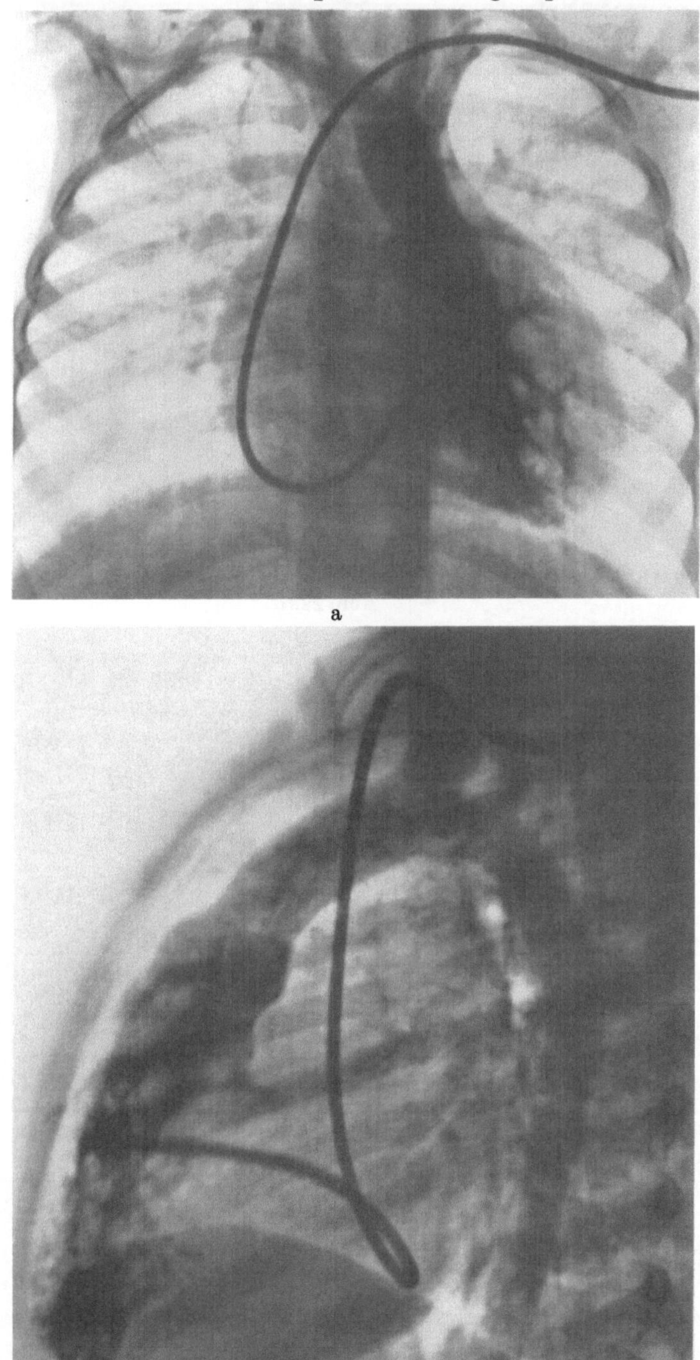

Abb. 229 a—d. Gezielte Kontrastmittelinjektionen in den re. und li. Ventrikel bei Transposition der großen Gefäße mit Vorhofseptumdefekt (4jähriger Junge: M.Sto.). a und b Injektion in den re. Ventrikel: Vom re. Ventrikel — erkennbar an der Trabekelstruktur — gelangt das Kontrastmittel ausschließlich in die Aorta. Das Aortenostium ist nach links und oben verlagert und liegt etwa an der Stelle des normalen Pulmonalostiums. Die aufsteigende Aorta verläuft medialwärts in Deckung mit der descendierenden thorakalen Aorta. Im Seitenbild (b) Transposition der Aorta nach vorne. c und d Injektion in den li. Ventrikel (partiell in den li. Vorhof): Ausschließlicher Übertritt des Kontrastmittels in die erweiterte Pulmonalarterie, die nach dorsal verlagert ist (d)

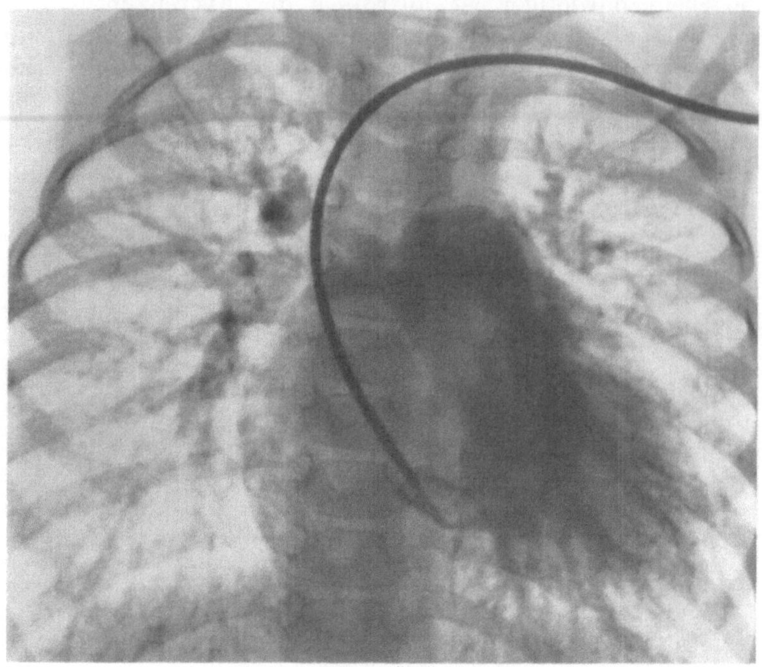

Abb. 229c

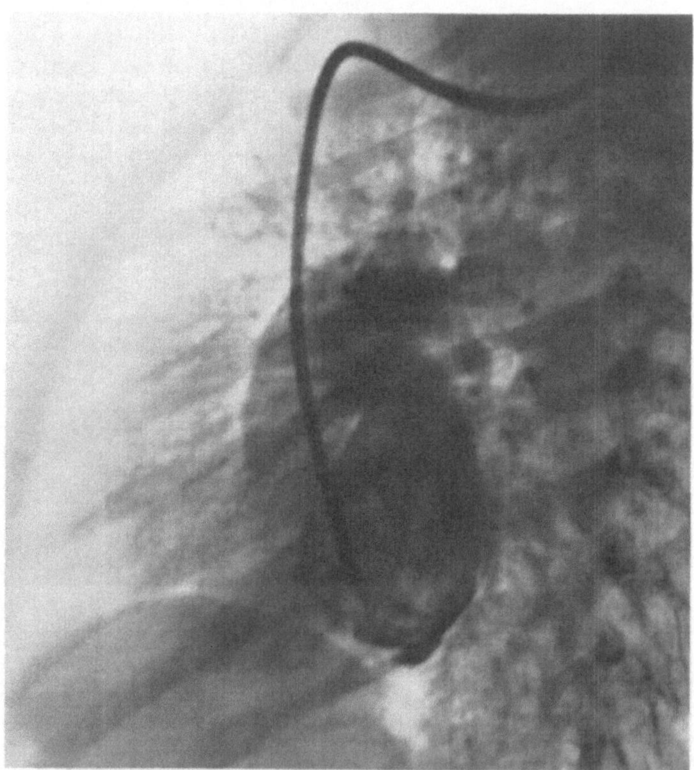

Abb. 229d

sind daher im allgemeinen nicht zu umgehen. Ihre Durchführung kann durch die klinische Vordiagnose wesentlich zielbewußter erfolgen.

Herzkatheteruntersuchung. Durch die Herzkatheteruntersuchung kann die Diagnose einer kompletten Transposition der großen Gefäße mit Vorhofseptumdefekt gesichert werden, wenn man auf Grund der klinischen Voruntersuchungen „gezielt" vorgeht. Der Nachweis eines auf den Systemwert erhöhten systolischen Drucks im rechten Ventrikel und die Sondierung der Aorta vom rechten Ventrikel aus sind noch nicht beweisend, wenn auch der übereinstimmende Sauerstoffgehalt der aus diesen Herz- und Kreislaufabschnitten entnommenen Blutproben und der Katheterverlauf (Abb. 228) schon erste wichtige Aufschlüsse vermitteln. Entscheidend für die Diagnose sind die Sondierung des linken Ventrikels über den Vorhofseptumdefekt und der Nachweis, daß der hier gemessene

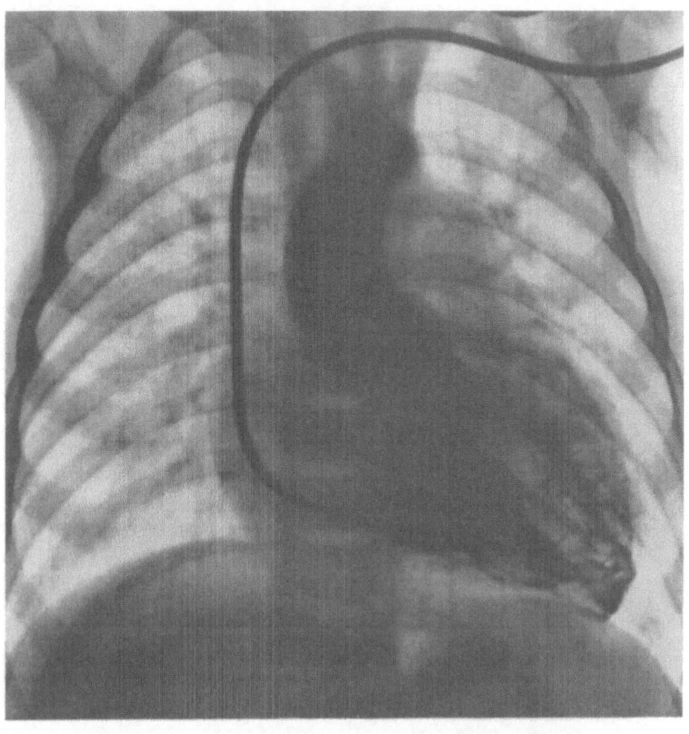

a

Abb. 230a—d. Gezielte Kontrastmittelinjektionen in den rechten und linken Ventrikel bei Transposition der großen Gefäße mit Vorhofseptumdefekt (gleiche Pat. wie Abb. 226). a und b Injektion in den re. Ventrikel: Das Kontrastmittel gelangt ausschließlich in die Aorta, deren Ostium nicht nach cranial verlagert ist. Im Seitenbild (b) Transposition der Aorta nach vorne. c und d Injektion in den li. Ventrikel nach Passage des Vorhofseptumdefektes und des Mitralostiums. Das Kontrastmittel gelangt ausschließlich in die Pulmonalarterie, die an der li. oberen Herzkontur liegt und eine Vorwölbung im Bereich des Pulmonalbogens bewirkt. Die Pulmonalarterie liegt hinter (b) und links neben (a) der Aorta

systolische Druck wesentlich niedriger als der Druck im rechten Ventrikel ist. Bei sechs von uns diagnostizierten Fällen dieser Transpositionsform lag der systolische Druck im linken Ventrikel dreimal bei 30, je einmal bei 30—40, bei 40 und bei 50 mm Hg. Eine Sondierung der Pulmonalarterie ist außerordentlich schwer. Bei niedrigem systolischen Druck im linken Ventrikel sollte man darauf verzichten, da sie in diesen Fällen keine weiteren diagnostischen oder hämodynamischen Aufschlüsse gibt. Aus dem Formverhalten der Druckkurven im linken und rechten Vorhof lassen sich gewisse Hinweise auf die Größe des Defektes ableiten. Die im linken und rechten Herzen sowie in den Hohlvenen entnommenen Blutproben erlauben eine Berechnung der Kreislaufminutenvolumina und des effektiven Lungenzirkulationsvolumens. Eine Berechnung der vom Körper- in den Lungenkreislauf und umgekehrt fließenden Blutmenge ist nicht zuverlässig möglich, weil die über Anastomosen der Bronchialarterien in den Lungenkreislauf gelangende Blutmenge nicht erfaßt werden kann und daher die nach den bekannten Formeln berechneten „gekreuzten" Volumina nicht korrekt sind.

Kontrastmitteldarstellung. Letzte diagnostische Sicherheit bringt die Kontrastmitteluntersuchung, wenn es gelingt, getrennt sowohl in den rechten Ventrikel als auch in den linken Ventrikel zu injizieren (Abb. 229). Bei Injektion in den rechten Ventrikel, der eine normale Position einnimmt, tritt das Kontrastmittel ausschließlich in die Aorta über. Meist liegt die Aortenwurzel höher als normal und weiter nach links (Abb. 229a). Im Sagittalbild verläuft die aufsteigende Aorta dann in der Mittellinie in Deckung mit der

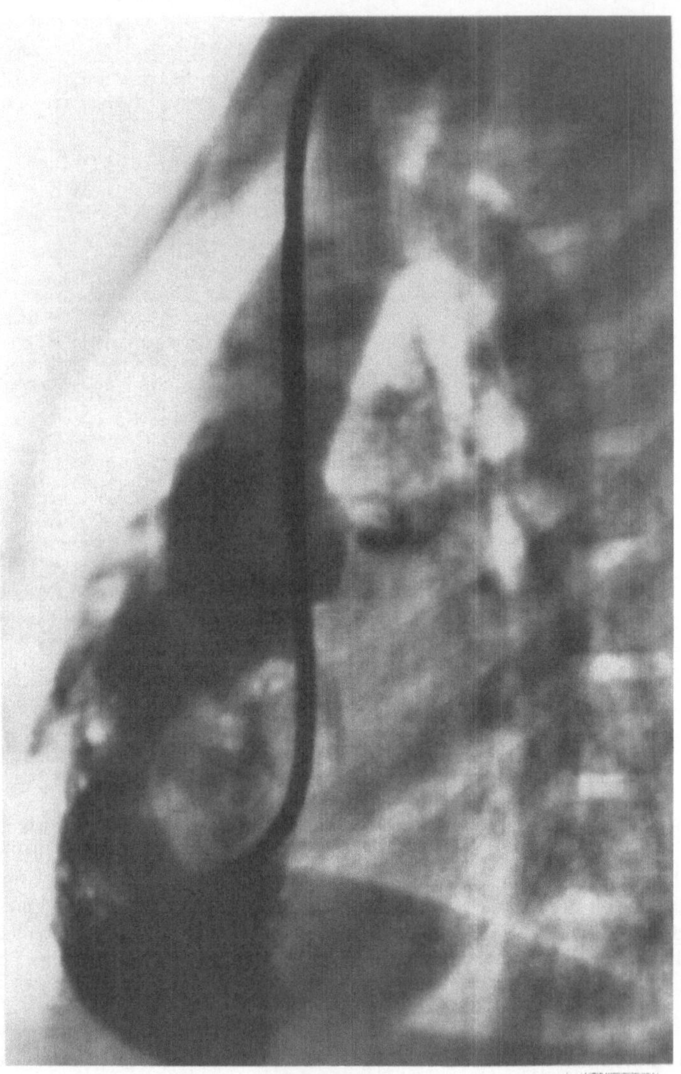

Abb. 230b

links absteigenden Aorta thoracalis. Im Seitenbild erkennt man die Transposition der Aorta nach vorne. Sie zieht — dem Sternum nahe anliegend und somit praktisch die Stelle der Pulmonalarterie einnehmend — in einem weiten Bogen cranialwärts. Bei Injektion des Kontrastmittels in den linken Ventrikel erfolgt ausschließlich Darstellung der Pulmonalarterie und ihrer Aufzweigungen. Das Pulmonalostium kann tiefer als das der Aorta liegen und ist gegenüber der Norm nach medial verlagert (Abb. 229c und d). Der Pulmonalarterienstamm bildet im Beispiel der Abb. 230 die linke obere Herzkontur; er ist etwas erweitert — ebenso wie seine Hauptverzweigungen. Dieses Beispiel zeigt, daß das Gefäßband bei der kompletten Transposition der großen Gefäße im Sagittalbild nicht immer schmal zu sein braucht, sondern daß ein normales Verhalten oder auch eine Vorwölbung des Pulmonalbogens vorkommen können.

Allein diese beiden Beispiele zeigen deutlich die großen Variationsmöglichkeiten von Ursprung und Verlauf der großen Gefäße — und das sogar an der profiliertesten Form der Gefäßtransposition, nämlich der ohne Ventrikelseptumdefekt.

Durch die Kontrastmitteluntersuchung werden nicht nur die topographischen Verhältnisse klargestellt; ebenso wichtig ist die Möglichkeit, zusätzliche Anomalien im Bereich des Herzens (Ventrikelseptumdefekt, Pulmonalstenose) und der großen Gefäße (Ductus arteriosus apertus) erfassen bzw. ausschließen zu können.

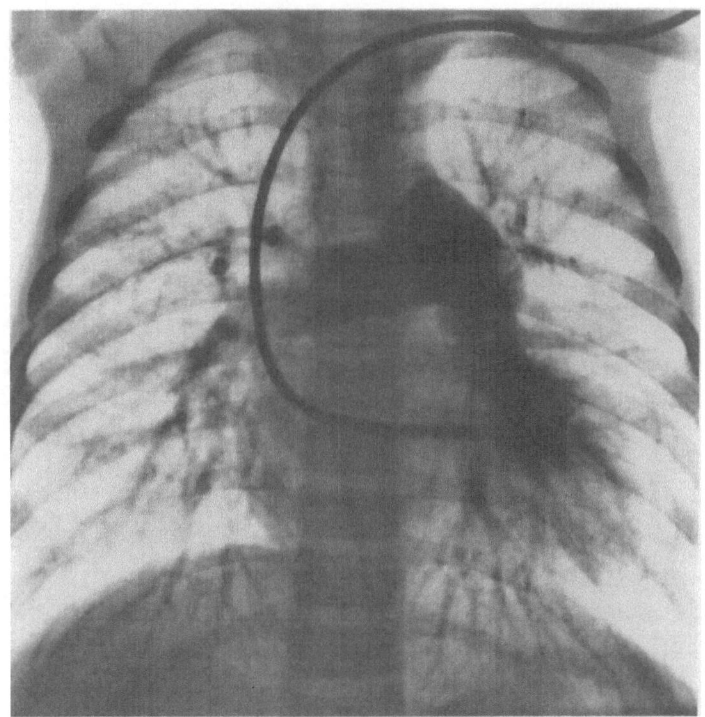

Abb. 230c

Prognose. Die Lebenserwartung der Patienten mit einer Transposition der großen Gefäße mit Vorhofseptumdefekt ist ungünstig. Im Untersuchungsgut von NOONAN u. Mitarb. wurden die Patienten mit einem Ventrikelseptumdefekt in 75% der Fälle älter als 18 Monate, während dieser Anteil bei Patienten mit Vorhofseptumdefekt nur 3% betrug. Die hohe Sterblichkeit der Patienten mit Gefäßtransposition (bei geschlossenem Ventrikelseptum) dürfte ein Grund für die relativ seltene Diagnose der Anomalie zu Lebzeiten sein. Bei größeren Vorhofseptumdefekten mit gutem Blutaustausch zwischen den Kreisläufen ist die Prognose allerdings wesentlich besser. Solche Patienten erreichen das Erwachsenenalter und sind gelegentlich erstaunlich leistungsfähig. Eine unserer Patientinnen übte mit 17 Jahren eine ganztägige Bürotätigkeit aus und betrieb eifrig Schwimmsport.

Postoperative röntgenologische Befundänderungen. Soweit die Operation in einer Umleitung des venösen und arterialisierten Blutes durch Versetzung des Vorhofseptums besteht, sind postoperativ keine wesentlichen Änderungen in Form und Größe des Herzens zu erwarten. Dagegen ist eine deutliche Abnahme der Lungengefäßzeichnung festzustellen (Abb. 231).

β) Komplette Transposition der großen Gefäße mit Ventrikelseptumdefekt

Bei dieser Transpositionsform sind die parallel geschalteten Kreisläufe durch einen Ventrikelseptumdefekt miteinander verbunden, so daß auf diesem Wege ein Blutaustausch möglich ist.

Ein kleiner, drucktrennender oder druckreduzierender Defekt würde zwar den Übertritt von venösem Blut des rechten Ventrikels (hoher systolischer Druck) in den linken (niedriger systolischer Druck) und von dort in den Lungenkreislauf gestatten, der umgekehrte Weg wäre aber hämodynamisch nicht möglich. Ohne zusätzliche Anomalien, z. B. ohne Vorhofseptumdefekt, die eine solche Möglichkeit eröffnen, wären diese Patienten daher nicht lebensfähig. Handelt es sich um einen großen Ventrikelseptumdefekt mit systolischem Druckangleich in beiden Ventrikeln, so kann ein zum Leben ausreichender

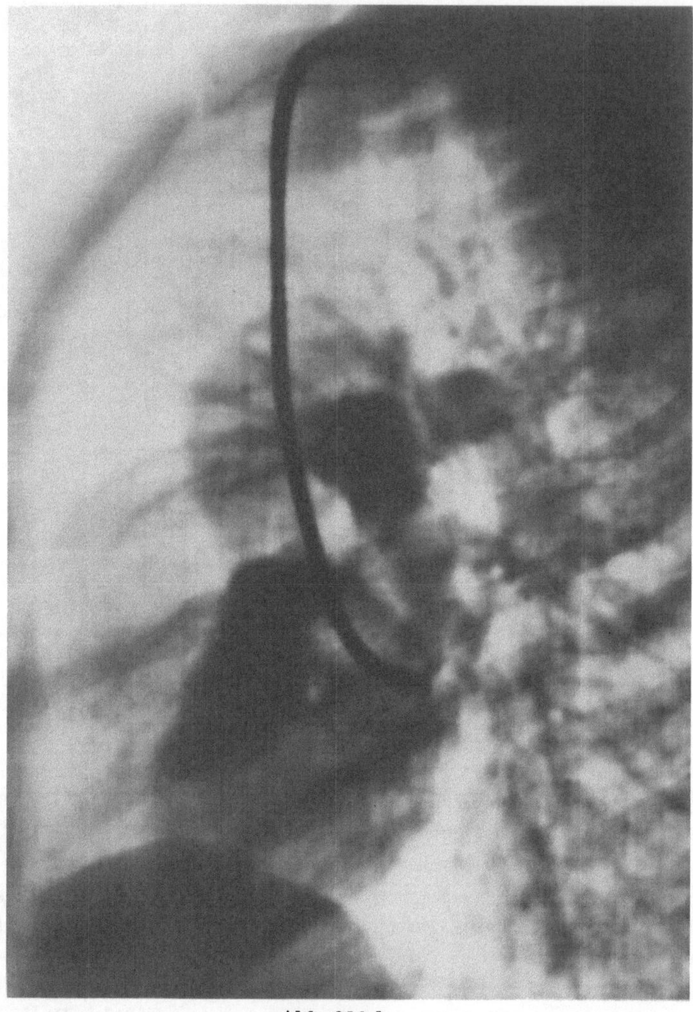

Abb. 230d

Blutaustausch zwischen Lungen- und Körperkreislauf durch den Defekt stattfinden. Die Größe der Zirkulations- und der Austauschvolumina ist in Fällen mit großem, druckangleichendem Ventrikelseptumdefekt unterschiedlich und wird wesentlich von den Widerstandsverhältnissen in beiden Kreisläufen bestimmt. Der primäre pulmonale Hochdruck führt bald zu Lungengefäßveränderungen mit Einengung der Gefäßlichtung, einer ähnlichen Situation wie beim großen isolierten Ventrikelseptumdefekt. Die Folge sind eine Reduzierung des Lungenzirkulationsvolumens und eine Abnahme des vom rechten Ventrikel durch den Ventrikelseptumdefekt zur Arterialisierung gelangenden Blutvolumens.

Klinik. Wie bei der Gefäßtransposition mit Vorhofseptumdefekt besteht auch bei dieser Transpositionsform von Geburt an eine Cyanose; sie ist aber in Fällen mit großem Lungenzirkulations- und Austauschvolumen weniger deutlich ausgeprägt. Auch hier ist meist die körperliche Entwicklung retardiert, und Zeichen einer Herzinsuffizienz treten oft schon in den ersten Lebenswochen auf. Präcordiale Pulsationen sind meist deutlich zu fühlen. Der Auskultationsbefund ist nicht einheitlich. Ein mit dem Maximum am linken unteren Sternalrand hörbares systolisches Geräusch ist suspekt auf einen Ventrikelseptumdefekt, während das auf eine Pulmonalstenose zu beziehende Geräusch mit dem Maximum im 2.—3. Intercostalraum links oder mesosternal zu hören ist.

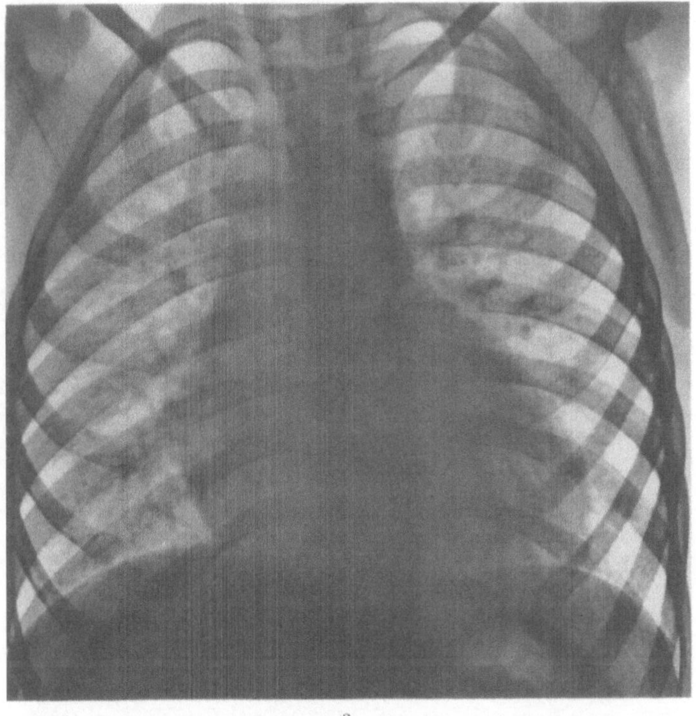

a

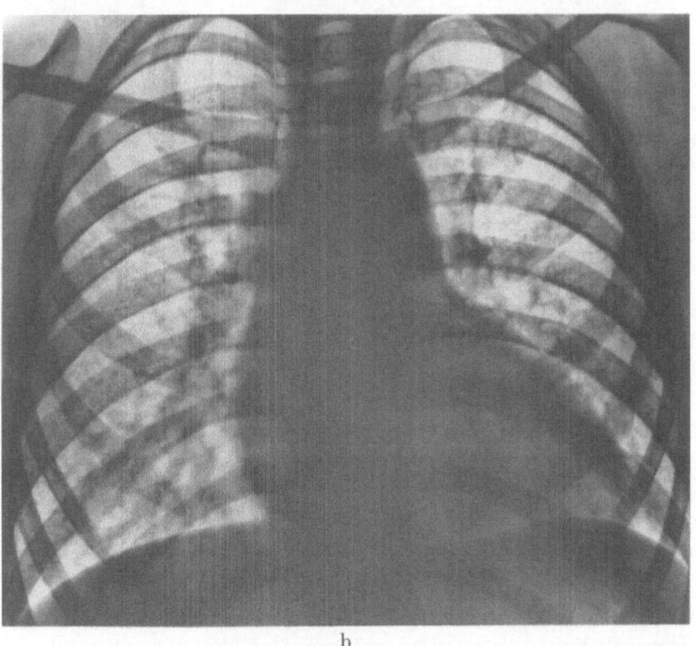

b

Abb. 231 a u. b. Transposition der großen Gefäße mit Vorhofseptumdefekt bei einem 5jährigen Mädchen (B.So.): Abnahme der präoperativ erheblich verstärkten Lungengefäßzeichnung

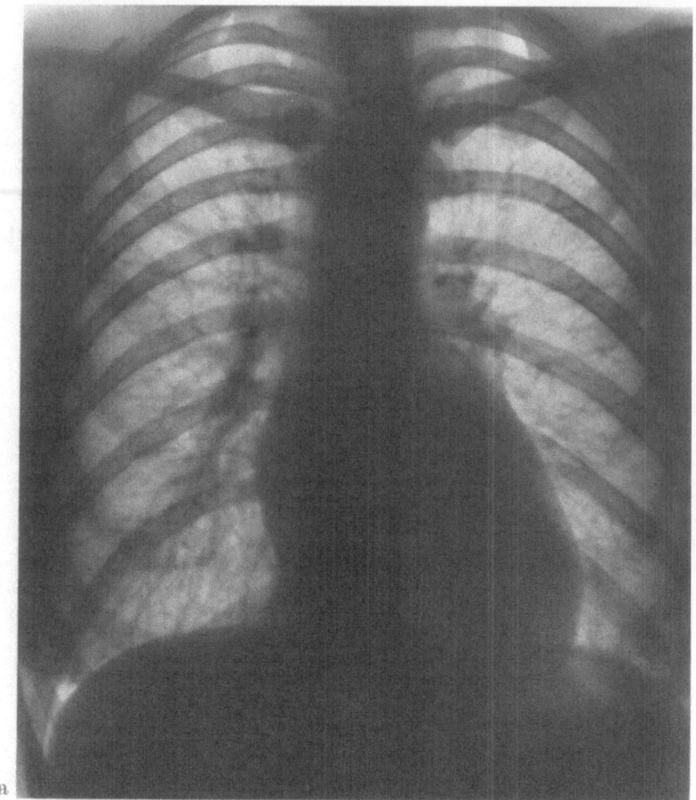

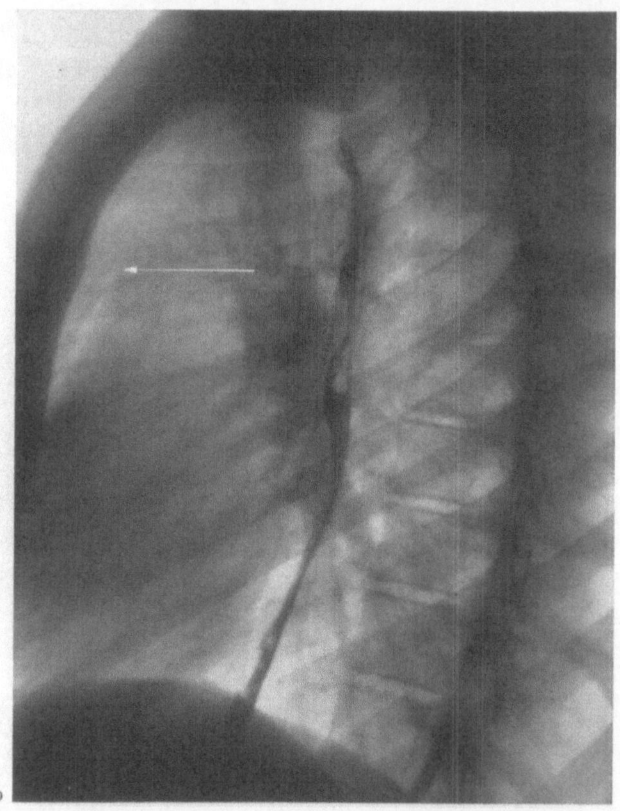

Abb. 232a u. b. Transposition der großen Gefäße mit großem Ventrikelseptumdefekt und Pulmonalstenose bei einer 20jährigen Patientin (D.Me.). a Sagittalbild: schmales Gefäßband. Konkavität im Bereich des Pulmonalbogens. Herzspitze nach links unten gerichtet. Lungengefäßzeichnung kaum verstärkt. b Seitenbild: Gefäßband breit (←). Keine Einengung des Retrokardialraumes

Der Pulmonalklappenschlußton ist oft stark betont; beim Vorliegen einer Pulmonalstenose ist er von normaler Stärke oder reduziert. Infolge der Transposition der Gefäße ist die Trennung des aortalen vom pulmonalen Segment des II. Herztons aber erschwert.

Das *Elektrokardiogramm* zeigt als konstanten Befund eine Abweichung des Hauptvektors von QRS nach rechts — unabhängig von der Art der vorliegenden Transpositions-

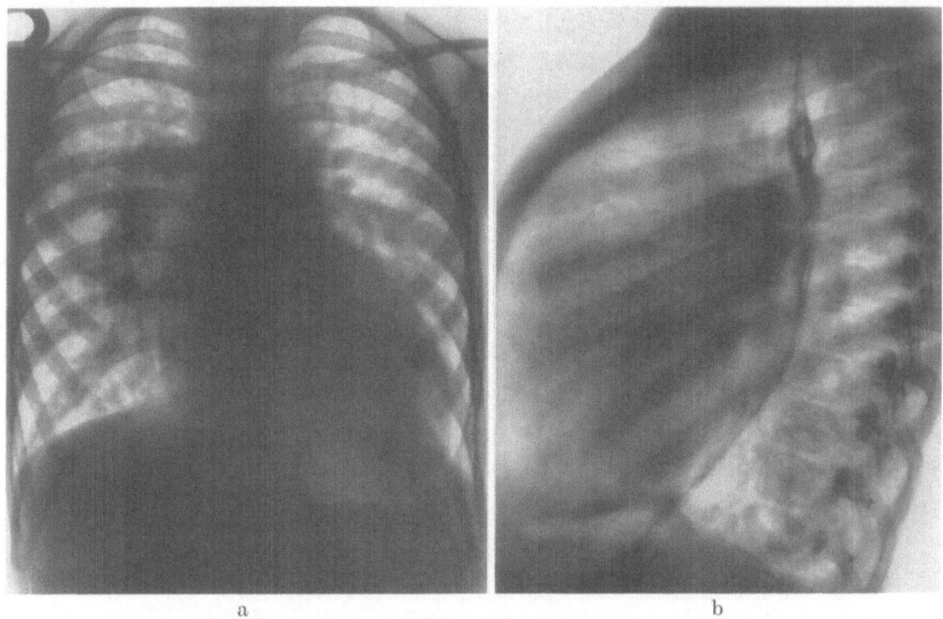

Abb. 233 a u. b. Transposition der großen Gefäße mit großem Ventrikelseptumdefekt bei einem 6jährigen Jungen (W.D.We.). a Sagittalbild: Deutliche Verbreiterung des Herzens nach rechts und links. Stark vermehrte Lungengefäßzeichnung, besonders im rechten Ober- und Mittelfeld. b Seitenbild: Einengung des Retrokardialraumes im ganzen Bereich sowie breitflächige Anlehnung des Herzens an die vordere Thoraxwand

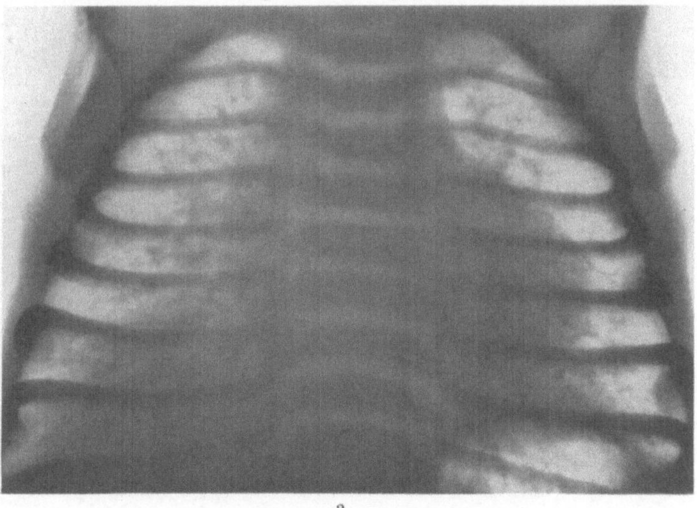

Abb. 234 a—c. Größenzunahme des Herzens innerhalb der ersten Lebenswochen bei einer kompletten Transposition der großen Gefäße mit Ventrikelseptumdefekt ohne Pulmonalstenose (Pat. F.Kn.). a 4 Tage nach Geburt, b 48 Tage nach Geburt, c 72 Tage nach Geburt (autoptisch gesichert)

form, ob mit oder ohne Pulmonalstenose. In den Brustwandableitungen brauchen während der ersten Lebenstage noch keine Abweichungen vom normalen elektrokardiographischen Verhalten zu bestehen. Sie bilden sich aber — wenn die Kinder nicht in den ersten Tagen sterben — im Laufe der ersten Lebenswochen praktisch immer aus. Neben Zeichen der

Rechtshypertrophie werden nicht selten auch Zeichen der Linkshypertrophie beobachtet (KEITH u. Mitarb. 1958). Andere Autoren (CAMPBELL u. SUZMAN 1951; ASTLEY u. PARSONS 1952) betonen, daß eine Rechtshypertrophie praktisch immer angetroffen werde und das Elektrokardiogramm von dem einer Fallotschen Tetralogie nicht zu unterscheiden sei.

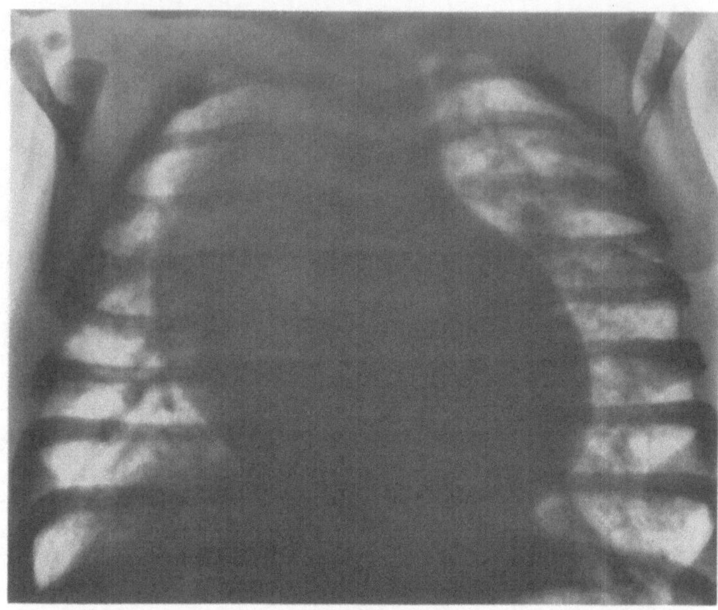

Abb. 234 b

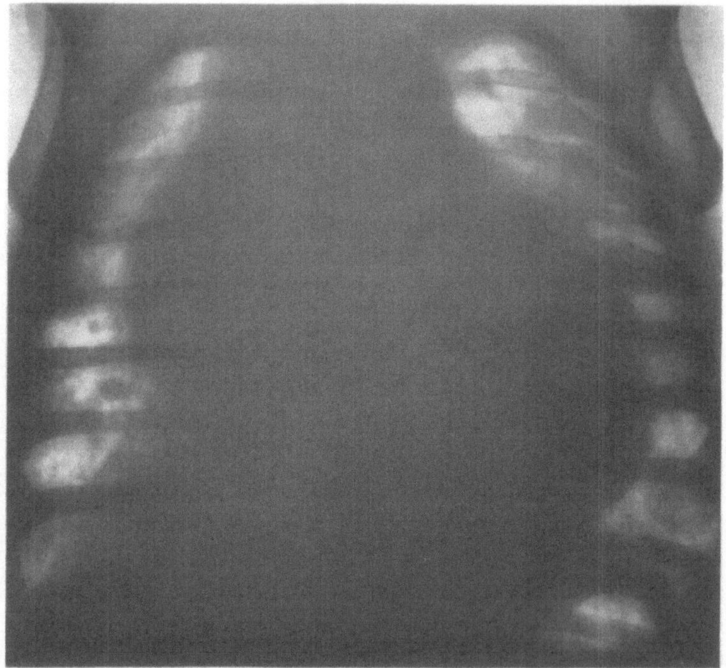

Abb. 234 c

Röntgenbefunde. Die für die Erkennung der Gefäßtransposition wichtigen röntgenologischen Befunde betreffen die Herzkonfiguration, das Gefäßband und die Lungenstrombahn. Als erster machte FANCONI (1932) auf das „charakteristische“ Röntgenbild der Transposition aufmerksam: schmales Gefäßband, „Ballonform“ des Herzens, zunehmende Vergrößerung des Herzens und Ausbildung dieser typischen Zeichen im Verlaufe der ersten Lebensmonate. Die Befunde von FANCONI wurden später von TAUSSIG (1938, 1947) bestätigt und ergänzt: Verbreiterung des Gefäßbandes in Schrägstellung, Nachweis einer Cyanose bei Zeichen einer verstärkten Lungendurchblutung. Wenn sich auch mittlerweile gezeigt hat, daß das Röntgenbild des Herzens und der Lungenstrombahn bei den Gefäßtranspositionen sehr unterschiedlich sein kann, so wird dadurch die diagnostische Bedeutung der von FANCONI und TAUSSIG beobachteten Kriterien nicht geschmälert.

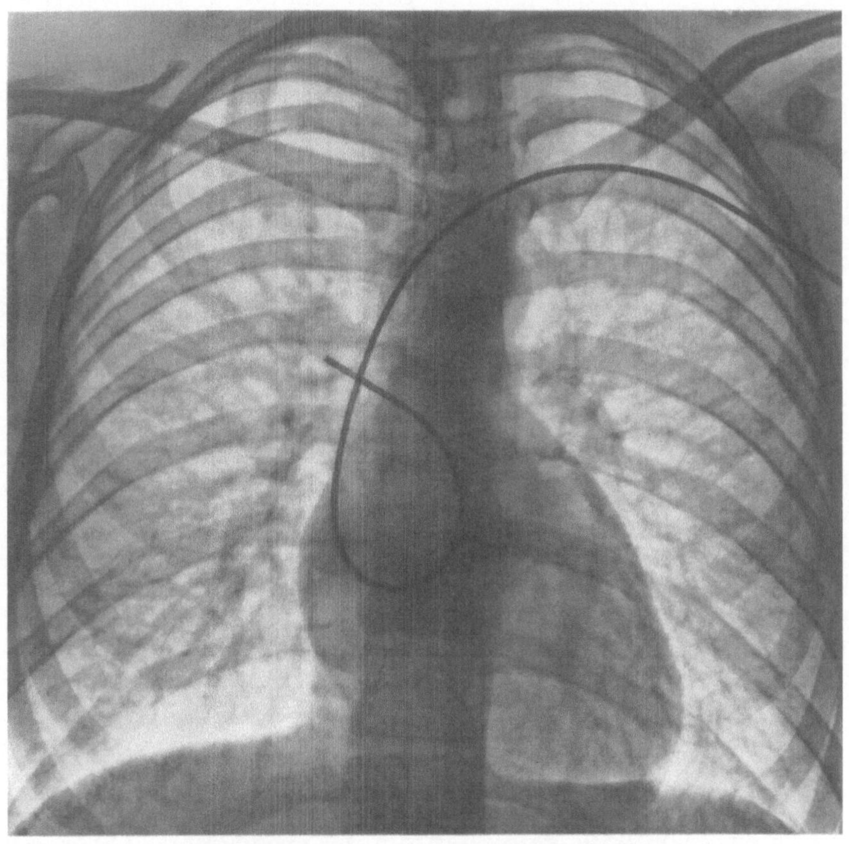

a

Abb. 235 a u. b. Herzkatheterverlauf bei einer Transposition der großen Gefäße mit Ventrikelseptumdefekt (und Pulmonalstenose) (gleiche Pat. wie Abb. 232). a Katheterverlauf: obere Hohlvene → re. Vorhof → re. Ventrikel → li. Ventrikel durch den Vorhofseptumdefekt → re. Pulmonalarterie. b Katheterverlauf: obere Hohlvene → re. Vorhof → re. Ventrikel → Aorta → Truncus brachiocephalicus

Das Herz zeigt in der Mehrzahl der Fälle von Transposition der großen Gefäße mit Ventrikelseptumdefekt im Sagittalbild eine kennzeichnende „Ei- oder Kugelform" (Abb. 232). Der rechte Ventrikel ist vergrößert und wird oft links randbildend. Der linke untere Herzbogen verläuft in leicht konvexer Wölbung zur Herzspitze, die oft nach unten gerichtet stärker in den Zwerchfellschatten eintaucht. Der rechte Herzrand ist durch Vergrößerung des rechten Vorhofs vorgewölbt. Das Gefäßband erscheint in dieser Projektion schmal, wenn die Aorta nahe der Mittellinie mehr oder weniger sagittal verläuft und die hinter ihr liegende Pulmonalarterie verdeckt. Infolge der Medianverlagerung der Pulmonalarterie ist die Herztaille deutlich (Abb. 232a). In schräger und seitlicher Projektion sieht man im Gegensatz zum Sagittalbild ein verbreitertes Gefäßband (Abb. 232b). Auch der Tiefendurchmesser des Herzens erscheint oft vergrößert.

Ist die typische Konfiguration des Herzens und des Gefäßbandes mit einer verstärkten Lungengefäßzeichnung kombiniert und besteht klinisch eine Cyanose, so kann die Diagnose einer Gefäßtransposition mit großer Wahrscheinlichkeit gestellt werden.

Die Zeichen einer verstärkten Lungendurchblutung sind nicht selten, vorwiegend auf das rechte Ober- und Mittelfeld begrenzt (in 22,4% nach KEITH u. Mitarb. 1958) (Abb. 233), ein Befund, auf den zuerst DEMY und GEWANTER (1954) aufmerksam gemacht haben.

Eine verstärkte Lungengefäßzeichnung fehlt verständlicherweise, wenn eine Transposition der großen Gefäße mit Ventrikelseptumdefekt außerdem mit einer Pulmonalstenose kombiniert ist (vgl. Abb. 232). Dann ergeben sich differentialdiagnostische Schwierigkeiten gegenüber einer Fallotschen Tetralogie, besonders wenn auch die Konfiguration des Herzens die typische „Ei- oder Kugelform" vermissen läßt.

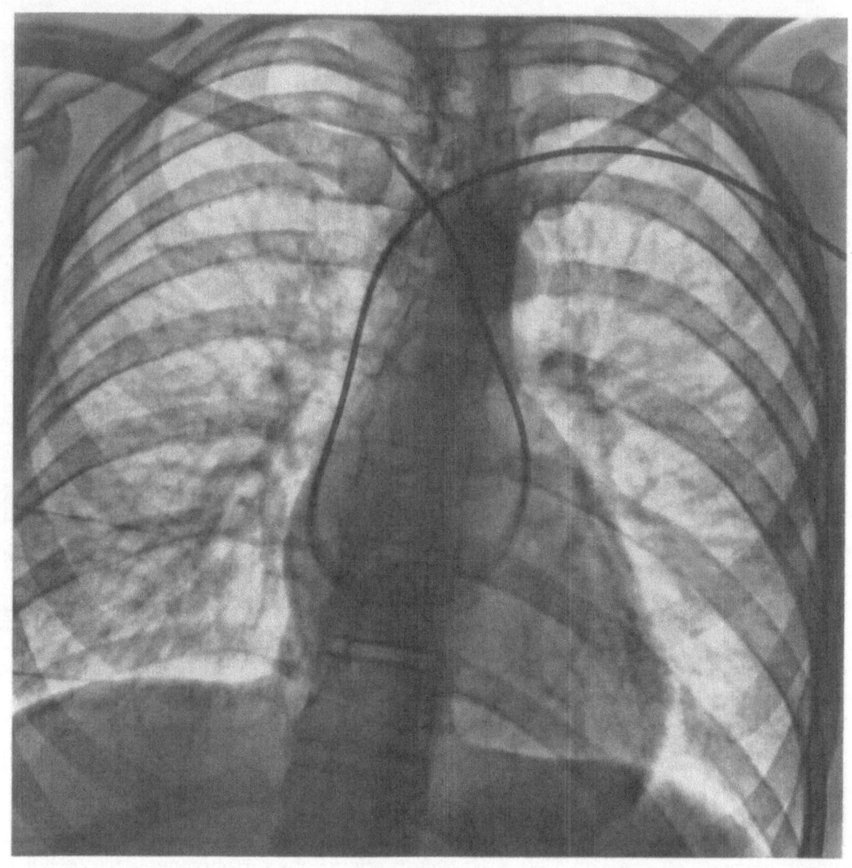

Abb. 235b

Abweichungen von der typischen Form des Herzens kommen vor durch Lageänderungen der Gefäße. Nicht selten bildet die aufsteigende Aorta einen konvexbogigen Verlauf der linken oberen Herzkontur und verursacht dann ein breites Gefäßband. Der konvexe Bogen erstreckt sich häufig nach oben bis in die Gegend des Sternoclaviculargelenkes. Hierdurch kann diese Form von einer durch die Pulmonalarterie bedingten Vorwölbung des zweiten linken Herzbogens unterschieden werden. In seltenen Fällen ist bei erhaltener Konkavität des zweiten linken Herzbogens eine umschriebene Vorwölbung durch die verlagerte Pulmonalarterie selbst oder durch eine ihrer Hauptverzweigungen am rechten Herzrand zu erkennen (GROSSE-BROCKHOFF u. Mitarb. 1954).

Besonders schwierig ist die röntgenologische Beurteilung bei Säuglingen in den ersten Lebenstagen. Die Herzform ist dann nämlich schon durch den physiologischen Zwerchfellhochstand verändert. TAUSSIG (1947) hat darauf hingewiesen, daß das Herz nach der Geburt sehr bald, d.h. innerhalb weniger Wochen, an Größe zunimmt (Abb. 234a—c). KEITH u. Mitarb. (1958) betonen, daß nicht selten schon in der ersten Lebenswoche eine

Herzvergrößerung festzustellen ist. Die Größenzunahme des Herzens muß als prognostisch ungünstig angesehen werden, weil das Herz von Kindern, die älter als 2 Jahre werden, nur wenig oder nicht vergrößert ist.

Klinische und röntgenologische Symptomatologie sind zwar oft so charakteristisch, daß die Diagnose einer Gefäßtransposition mit Ventrikelseptumdefekt mit einem hohen Wahrscheinlichkeitsgrad gestellt werden kann. Zur Sicherung der Diagnose und zur Erkennung der anatomischen Besonderheiten sowie zusätzlicher Anomalien kann aber auf spezielle Herzuntersuchungen nicht verzichtet werden.

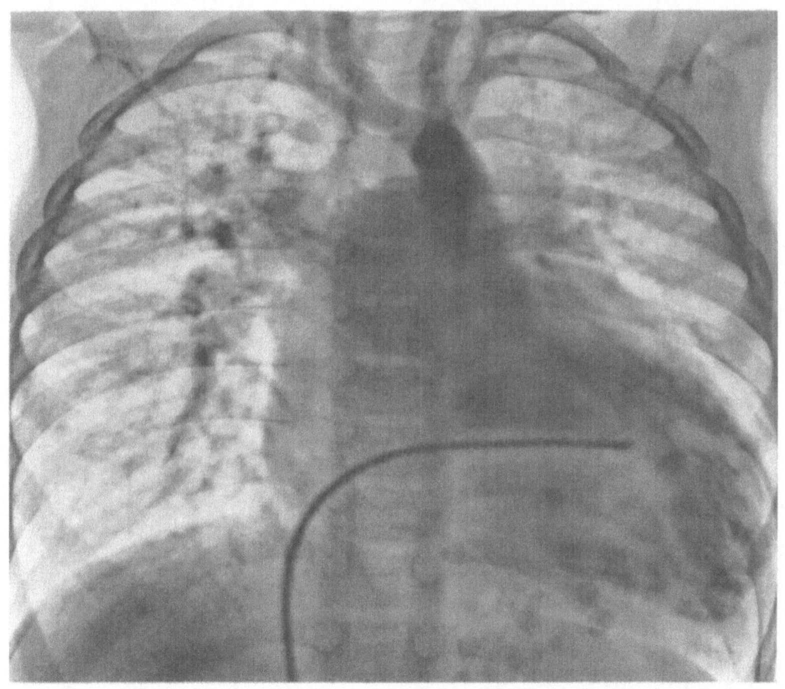

a

Abb. 236a—d. Transposition der großen Gefäße mit Ventrikelseptumdefekt bei einem $3^1/_2$jährigen Jungen (St.Gö.). a Kontrastmittelinjektion in den rechten Ventrikel. Sagittalbild: Gleichzeitige Füllung von Aorta und Pulmonalarterie. Aorta schmaler und kontrastreicher als die erweiterte Pulmonalarterie. b Seitenbild zu Abb. 236a: Ursprung der Aorta aus dem rechten Ventrikel. Die Aortenwurzel liegt höher als normal. Durchtritt des Kontrastmittels durch den Ventrikelseptumdefekt in den linken Ventrikel und in die hinter der Aorta liegende, deutlich erweiterte Pulmonalarterie. c Kontrastmittelinjektion in den linken Vorhof nach Passage eines offenen Foramen ovale (Sagittalbild): Kontrastmittelfüllung des linken Vorhofs, des linken Ventrikels und der stark erweiterten Pulmonalarterie. d Seitenbild zu Abb. 236c: Vom linken Ventrikel gelangt das Kontrastmittel fast ausschließlich in die Pulmonalarterie, deren Wurzel tiefer als normal und hinten liegt. Nur geringer Kontrastmittelübertritt durch den Ventrikelseptumdefekt in den rechten Ventrikel

Herzkatheteruntersuchung. Selbst wenn auf Grund der Routineuntersuchung die Verdachtsdiagnose einer Gefäßtransposition mit Ventrikelseptumdefekt besteht, läßt sich durch die Herzkatheteruntersuchung im allgemeinen eine Sicherung der Diagnose nicht erreichen. Man kann zwar aus dem Katheterverlauf (Abb. 235) und dem Ergebnis der Blutgasanalysen wichtige diagnostische Hinweise erhalten, letzte diagnostische Zweifel werden aber im allgemeinen erst durch die Kontrastmitteldarstellung der Herzhöhlen und der großen Gefäße beseitigt. Die besondere Bedeutung der Herzkatheteruntersuchung besteht darin, daß sich Lokalisation und Größe des Blutaustausches zwischen den beiden Kreisläufen bestimmen lassen und dadurch wichtige prognostische Aufschlüsse ergeben. Da die Sondierung der Pulmonalarterie oft unmöglich ist, die Bestimmung des Pulmonalarteriendruckes und Blutentnahmen zu gasanalytischen Untersuchungen aber für die

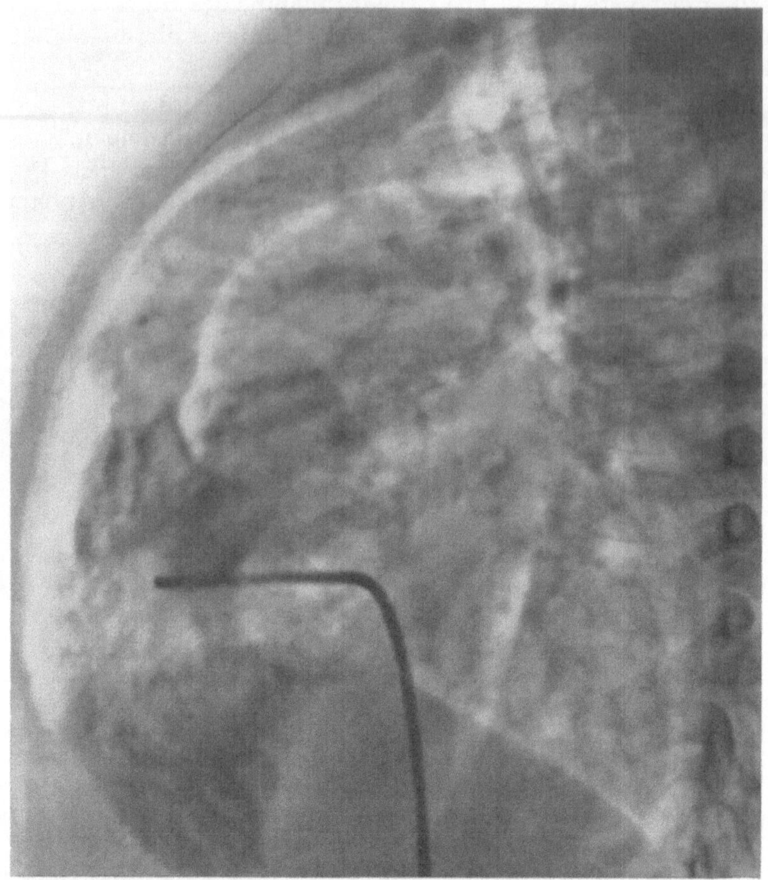

Abb. 236 b

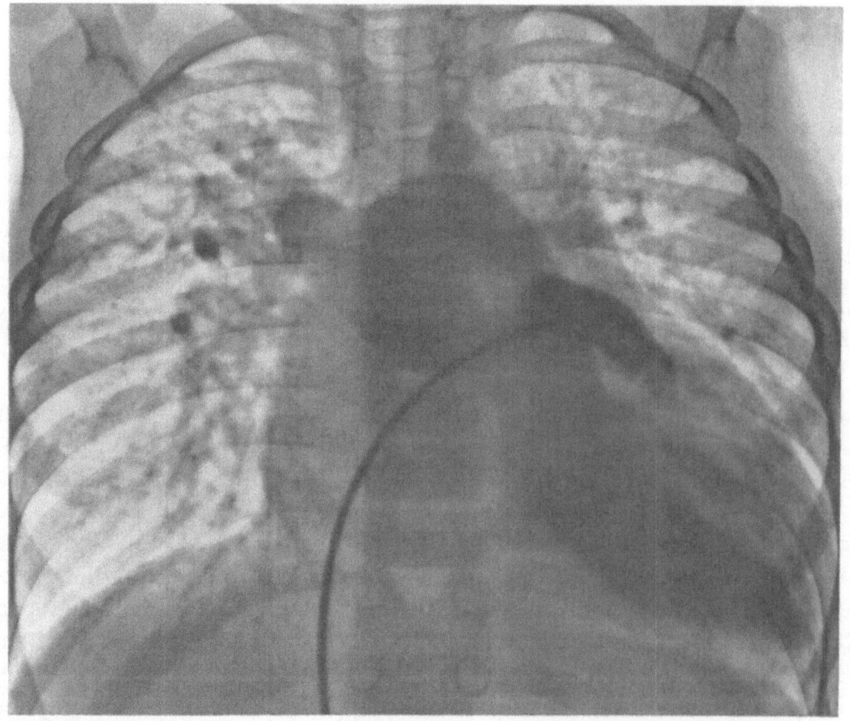

Abb. 236 c

Beurteilung der Operationsindikation oft entscheidend sind, müssen andere Untersuchungsmethoden ergänzend hinzugezogen werden, z.B. die percutane Punktion der Pulmonalarterie nach RADNER.

Kontrastmitteldarstellung. Die Kontrastmitteldarstellung ist für die Diagnose der Gefäßtransposition mit Ventrikelseptumdefekt entscheidend. Bei Injektion des Kontrastmittels in den rechten Ventrikel ist die Füllung der Aorta meist intensiver als die der Pulmonalarterie. Die Aortenwurzel liegt meist höher als normal; die aufsteigende Aorta verläuft im Sagittalbild meist in der Mittellinie, während aus dem Seitenbild ihre Transposition nach vorne hervorgeht. In dieser Projektion erkennt man auch den Kontrast-

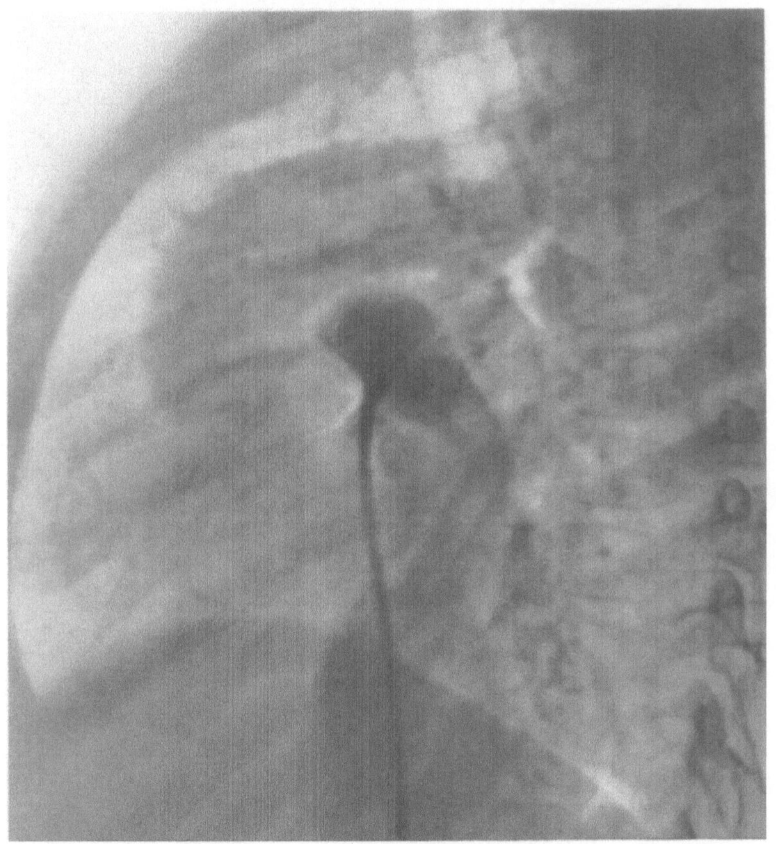

Abb. 236d

mitteldurchtritt durch den Ventrikelseptumdefekt in die hinter der Aorta liegende Pulmonalarterie, deren Wurzel oft tiefer als normal liegt. Das nach der Lungenpassage in das linke Herz gelangende Kontrastmittel fließt während des „Lävogramms“ vorwiegend wieder in die Pulmonalarterie zurück; nur ein kleiner Teil gelangt durch den Ventrikelseptumdefekt in die Aorta.

Den besten Einblick in Strömungsrichtung und -stärke erhält man durch getrennte Injektionen von Kontrastmittel in den rechten und linken Ventrikel, bzw. in den linken Vorhof, wobei das linke Herz durch ein offenes Foramen ovale oder transseptal erreicht werden kann (Abb. 236).

Neben der Größe der Herzkammern und der Lage der großen Gefäße zueinander können durch die Kontrastmitteluntersuchung zusätzliche Anomalien erfaßt werden. Dabei kommt dem Nachweis und der Art (valvulär oder infundibulär) einer gleichzeitig bestehenden Pulmonalstenose besondere Bedeutung für eventuelle operative Maßnahmen zu (Abb. 237).

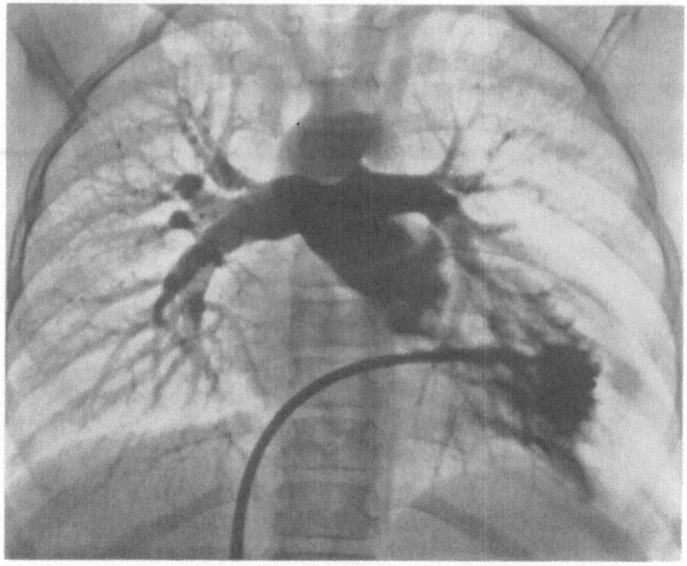

a

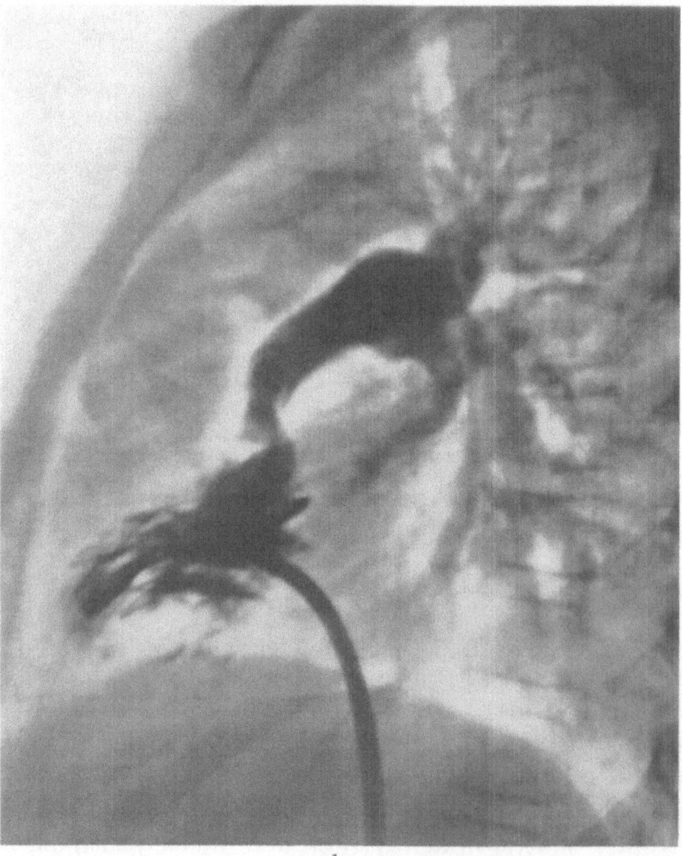

b

Abb. 237a—c. Gezielte Kontrastmittelinjektion vorwiegend in den linken Ventrikel bei einer Transposition der großen Gefäße mit Ventrikelseptumdefekt sowie valvulärer und infundibulärer Pulmonalstenose [7jähriges Mädchen (C.Vö.)]. a Sagittalbild: Gleichzeitige Kontrastmittelfüllung von Aorta und Pulmonalarterie. Infolge der vorwiegenden Injektion in den linken Ventrikel kontrastreiche Darstellung der Pulmonalarterie, die sich in diesem Strahlengang mit der Aorta übereinander projiziert. b und c Seitenbilder: Pulmonalarterie hinter der Aorta liegend. Valvuläre und infundibuläre Pulmonalstenose (b). In einer anderen Füllungsphase (c) kontrastreichere Darstellung der transponierten, aus dem rechten Ventrikel entspringenden Aorta

Die hämodynamisch nahe liegende und vielfach geäußerte Ansicht, daß die *Lebensaussichten* von Patienten mit einer Gefäßtransposition um so besser, je größer die Querverbindungen sind, fanden KEITH u. Mitarb. (1958) nicht bestätigt. Ein Vergleich der Größe des Ventrikelseptumdefektes mit dem Lebensalter ergab für eine Defektgröße unter 5 mm eine durchschnittliche Lebensdauer von 10 Wochen; bei einem Defekt von 5—10 mm im Durchmesser wurden die Kinder durchschnittlich 23 Wochen alt; wenn der Defekt größer als 10 mm war, betrug das durchschnittliche Lebensalter wieder nur

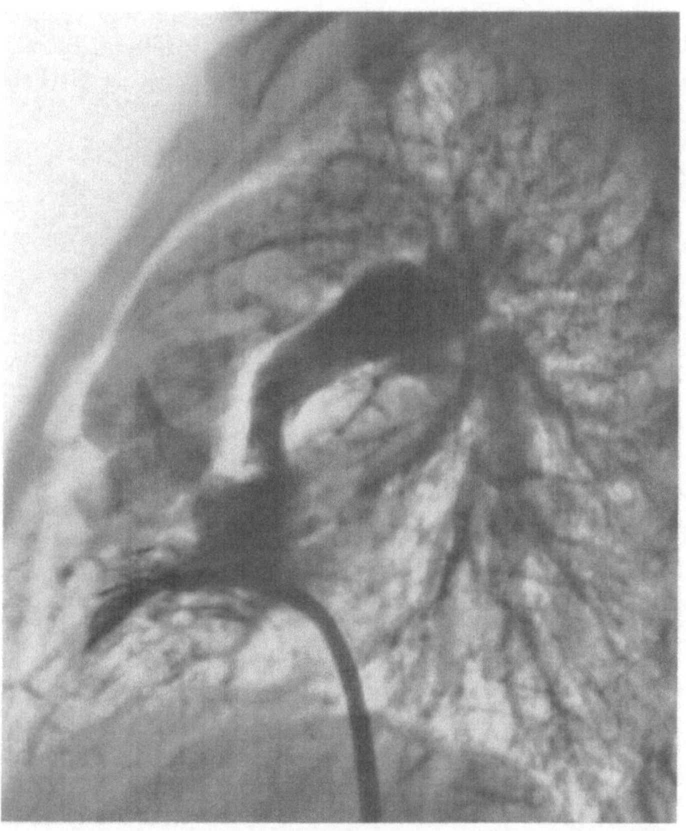

Abb. 237 c

10 Wochen. Günstiger erscheinen die Lebensaussichten der Patienten mit großem Ventrikelseptumdefekt und einem hohen pulmonalen Strömungswiderstand, wenn auch deren Schicksal früher oder später durch die pulmonalen Gefäßveränderungen und deren Rückwirkungen auf das Herz besiegelt wird. Die beste Prognose haben Transpositionen mit großem Ventrikelseptumdefekt und gleichzeitiger Pulmonalstenose. Diese Patienten erreichen oft das Erwachsenenalter.

b) Inkomplette bzw. partielle Transposition der großen Gefäße

Im Gegensatz zu den bisher besprochenen Formen der Gefäßtranspositionen entspringt bei der partiellen Transposition im allgemeinen nur ein Gefäß aus dem nicht zugehörigen Ventrikel, während das andere nicht oder nur partiell transponiert ist. Stets liegt dabei ein Ventrikelseptumdefekt vor.

Verschiedene Formen sind möglich: Der Ursprung beider Gefäße aus nur einem Ventrikel ist sehr selten (BARBER 1952; GROSSE-BROCKHOFF u. Mitarb. 1954). Eine über dem Ventrikelseptumdefekt „reitende“ Aorta bei Ursprung der Pulmonalarterie aus dem linken Ventrikel wird von KEITH u. Mitarb. (1958) mit weniger als 4% aller Transpositionen angegeben. Häufiger ist die über einem Ventrikelseptumdefekt „reitende" Pulmonalarterie bei Ursprung der Aorta aus dem rechten Ventrikel; sie liegt in etwa 6% der Transpositionen vor.

Eine besonders gut definierte Form der partiellen Transposition ist das Taussig-Bing-Syndrom. In ihrem ersten Bericht wurde diese Anomalie von TAUSSIG und BING (1949) als „komplette Transposition der Aorta und Lävoposition der Pulmonalarterie" beschrieben. Charakteristische Merkmale dieser Transpositionsform sind:

1. Die Aorta entspringt aus dem rechten Ventrikel, sie liegt rechts von der Pulmonalarterie und nicht vor dieser, wie bei der kompletten Gefäßtransposition.

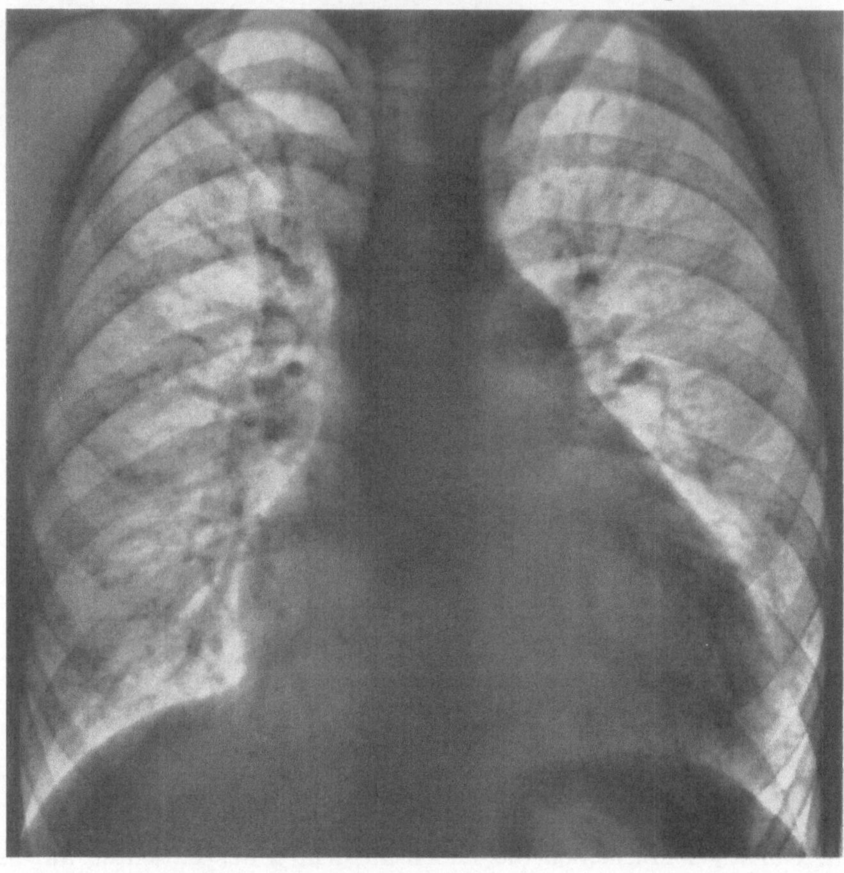

a

Abb. 238a u. b. Partielle Transposition der großen Gefäße (Taussig-Bing-Syndrom) bei einem 9jährigen Mädchen (K.Ma.). a Sagittalbild: Herz beiderseits, vor allem links verbreitert. Vorwölbung des Pulmonalbogens. Verstärkte Lungengefäßzeichnung. b Seitenbild: Deutliche Einengung des Retrokardialraumes. Verstärkte Anlehnung des Herzens an die etwas vorgewölbte Thoraxwand

2. Die Pulmonalarterie „reitet" über einem Ventrikelseptumdefekt und ist nur wenig aus ihrer normalen Position verlagert. Sie ist im allgemeinen wesentlich weiter als die Aorta.

Vom Taussig-Bing-Syndrom zu unterscheiden ist jene Form der Transposition, bei der die Aorta ganz aus dem rechten Ventrikel entspringt, die Pulmonalarterie aber nicht neben, sondern hinter der Aorta liegt und über einem Ventrikelseptumdefekt reitet. Da pathophysiologisch beide Formen weitgehend übereinstimmende Befunde aufweisen, ist diese zweite Form von zahlreichen Autoren dem Taussig-Bing-Syndrom zugeordnet worden (VAN BUCHEM u. Mitarb. 1950; MARTIN u. LEWIS 1952; MAXWELL u. CRUMPTON 1954; CHIECHI 1957). KEITH u. Mitarb. (1958) sind dagegen der Ansicht, daß beide

Formen voneinander getrennt werden müßten, zumal sich auch in prognostischer Hinsicht Unterschiede feststellen ließen. Auch BEUREN (1960) hält eine Differenzierung dieser Formen für zweckmäßig, weil „die Beziehungen der zwei Gefäße zueinander von größerer diagnostischer Bedeutung sei als der biventrikuläre Ursprung der Pulmonalarterie".

Hämodynamisch ergeben sich weitgehende Parallelen zur kompletten Transposition der großen Gefäße mit Ventrikelseptumdefekt. Der Blutaustausch zwischen den parallel

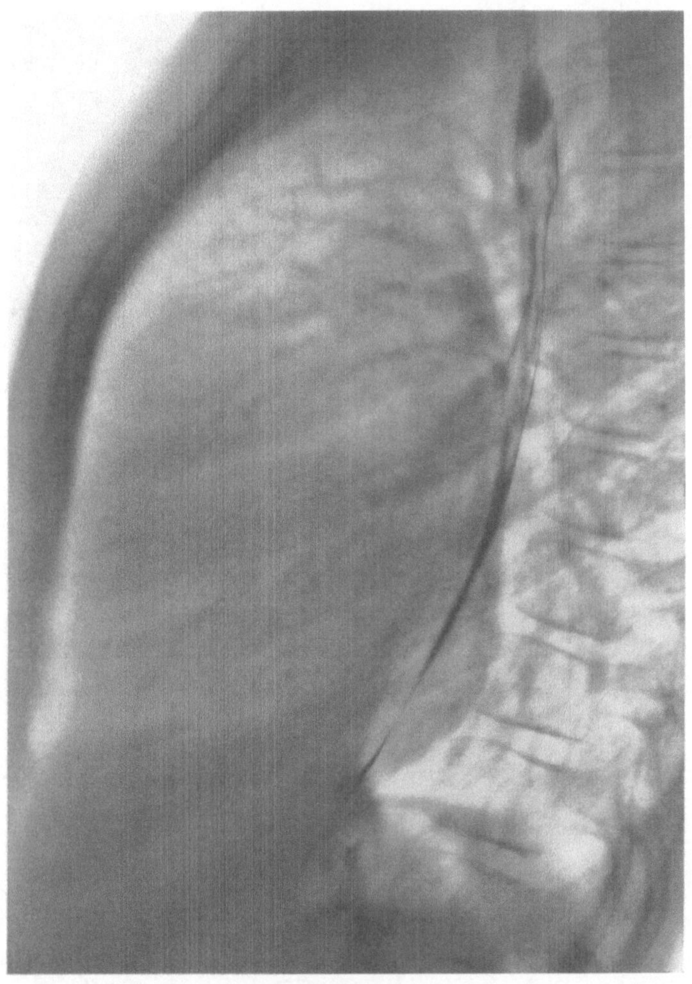

Abb. 238 b

geschalteten Kreisläufen ist durch den Ventrikelseptumdefekt möglich. Da die Pulmonalarterie über dem Ventrikelseptumdefekt „reitet", ist allerdings der Übertritt von venösem Blut des rechten Ventrikels in die Pulmonalarterie leichter als bei der kompletten Transposition mit gleichgroßem Ventrikelseptumdefekt. Der Ventrikelseptumdefekt ist im allgemeinen so groß, daß ein systolischer Druckangleich in beiden Ventrikeln besteht. Dementsprechend findet sich auch in der Pulmonalarterie ein auf Systemwerte erhöhter systolischer Druck. Die primäre Druckerhöhung im Lungenkreislauf und das vergrößerte Lungenzirkulationsvolumen führen früher oder später zu Änderungen der Lungengefäße mit Erhöhung des Strömungswiderstandes. Hämodynamisch bestehen keine wesentlichen Unterschiede zwischen dem Taussig-Bing-Syndrom und der Form der partiellen Transposition mit hinter der Aorta liegender Pulmonalarterie.

Das *klinische* Bild zeigt keine für die partielle Transposition der großen Gefäße charakteristischen Merkmale. Die Befunde entsprechen weitgehend denen der kompletten

Transposition mit Ventrikelseptumdefekt (s. S. 266ff.). Auch im *Elektrokardiogramm* der partiellen Transposition finden sich die gleichen Veränderungen wie in dem der kompletten.

Röntgenbefunde. Im Gegensatz zur kompletten Transposition der großen Gefäße mit Ventrikelseptumdefekt ist bei der partiellen Transposition vom Taussig-Bing-Typ das Gefäßband im Sagittalbild breit (Abb. 238). Die links von der Aorta liegende, meist deutlich

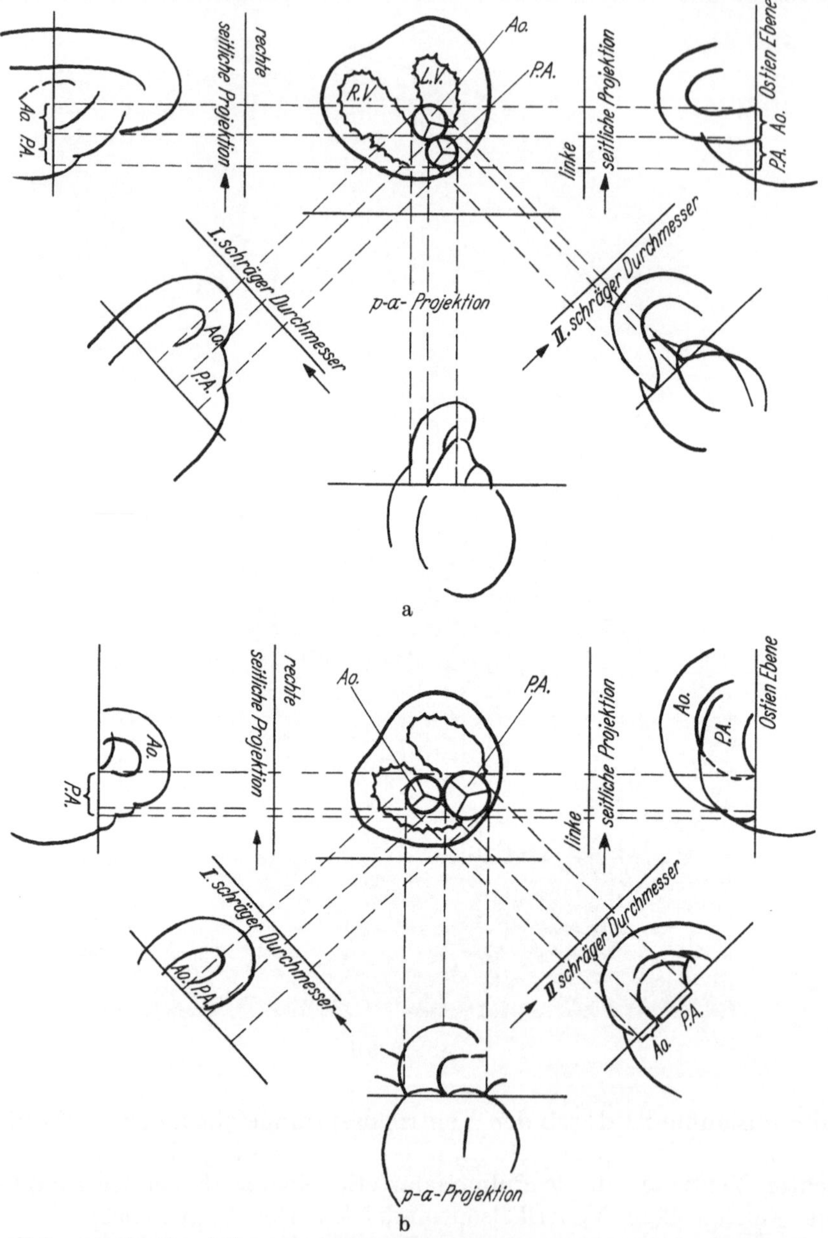

Abb. 239a u. b. Schematische Darstellung der Lage der Klappenbasis beider großen Gefäße in verschiedenen Projektionsrichtungen (nach Beuren 1960). a Normale Lage der großen Gefäße: Pulmonalarterie vorne, Aorta hinten. b Taussig-Bing-Transposition: Weite Pulmonalarterie links im Gefäßschatten, über einem großen Ventrikelseptumdefekt reitend. Aorta rechts, ganz aus dem rechten Ventrikel entspringend. In sagittaler Projektion vorne breites Gefäßband. Im II. schrägen Durchmesser Aorta vorne, im I. schrägen Durchmesser Pulmonalarterie vorne

erweiterte Pulmonalarterie bedingt eine Vorwölbung des zweiten linken Herzbogens. Aus der Lage der beiden Gefäße zueinander ergibt sich, daß in linker vorderer Schrägstellung (II. schräger Durchmesser) die Aorta vorne, in rechter vorderer Schrägstellung aber die Pulmonalarterie vor der Aorta liegt (Abb. 239a und b). Im Seitenbild überdecken sich beide Gefäße mehr oder weniger. Da aber die Pulmonalarterie meist wesentlich weiter als die Aorta ist, reicht in dieser Projektion ihre vordere Begrenzung im allgemeinen über die der Aorta hinaus.

Die partielle Transposition mit hinter der Aorta liegender und über einem Ventrikelseptumdefekt reitender Pulmonalarterie ist röntgenologisch dann schwer von der Taussig-Bing-Form zu unterscheiden, wenn der „Pulmonalbogen" vorgewölbt ist. Diese Vorwölbung kann durch die dort verlaufende Aorta oder durch eine starke Erweiterung der hinten liegenden Pulmonalarterie bedingt sein. Ist das Gefäßband im Sagittalbild schmal, so läßt sich diese Form der partiellen Gefäßtransposition von der kompletten Transposition mit Ventrikelseptumdefekt röntgenologisch nicht differenzieren.

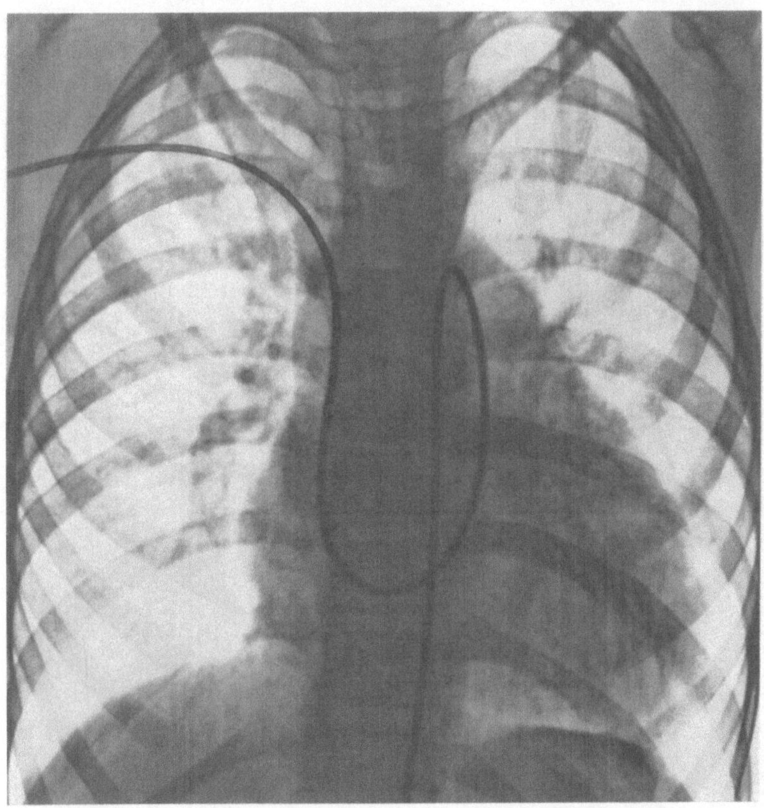

Abb. 240. Gleiche Patientin wie Abb. 238. Katheterverlauf: Obere Hohlvene → rechter Vorhof → rechter Ventrikel → Pulmonalarterie → Ductus arteriosus → Aorta descendens. Aus dem für einen Ductus arteriosus apertus typischen Katheterverlauf (Y-Form) ergibt sich, daß die Pulmonalarterie praktisch an normaler Stelle liegt

Das Herz ist bei diesen Formen der partiellen Transposition meist beiderseits, vor allem nach links mäßig verbreitert. An der Herzvergrößerung sind beide Herzkammern und beide Vorhöfe beteiligt.

Die Lungengefäßzeichnung ist wie bei der kompletten Gefäßtransposition mit Ventrikelseptumdefekt mehr oder weniger deutlich verstärkt. Bei größeren Kindern sind oft verstärkte Pulsationsbewegungen der weiten zentralen Lungengefäße festzustellen. Im Spätstadium des Krankheitsablaufes findet man im Gegensatz zu den dichten Lungenwurzeln eine relativ helle und gefäßarme Lungenperipherie.

Die Diagnose einer partiellen Transposition der großen Gefäße vom Taussig-Bing-Typ kann in charakteristischen Fällen durch die erwähnten röntgenologischen Befunde und bei Berücksichtigung der übrigen klinischen Symptome, insbesondere einer seit Geburt bestehenden Cyanose, vermutet werden. Zur Sicherung der Diagnose sind aber Herzkatheter- und Kontrastmitteluntersuchung erforderlich.

Herzkatheteruntersuchung. Wie bei der kompletten Gefäßtransposition mit Ventrikelseptumdefekt liegt die besondere Bedeutung der Herzkatheteruntersuchung in der Lokalisation und der Größenbestimmung des Blutaustausches zwischen den beiden Kreisläufen. Selbst wenn es gelingen sollte, beide großen Arterien zu sondieren, lassen sich dadurch die Zuordnung der Gefäße zu den Ventrikeln und die Gefäßverläufe nur selten zuverlässig beurteilen. Der Nachweis eines gegenüber der Aorta höheren Sauerstoffgehaltes im Pulmonalarterienblut gilt nämlich für alle bisher besprochenen Transpositionsformen; er hilft deswegen differentialdiagnostisch nicht weiter.

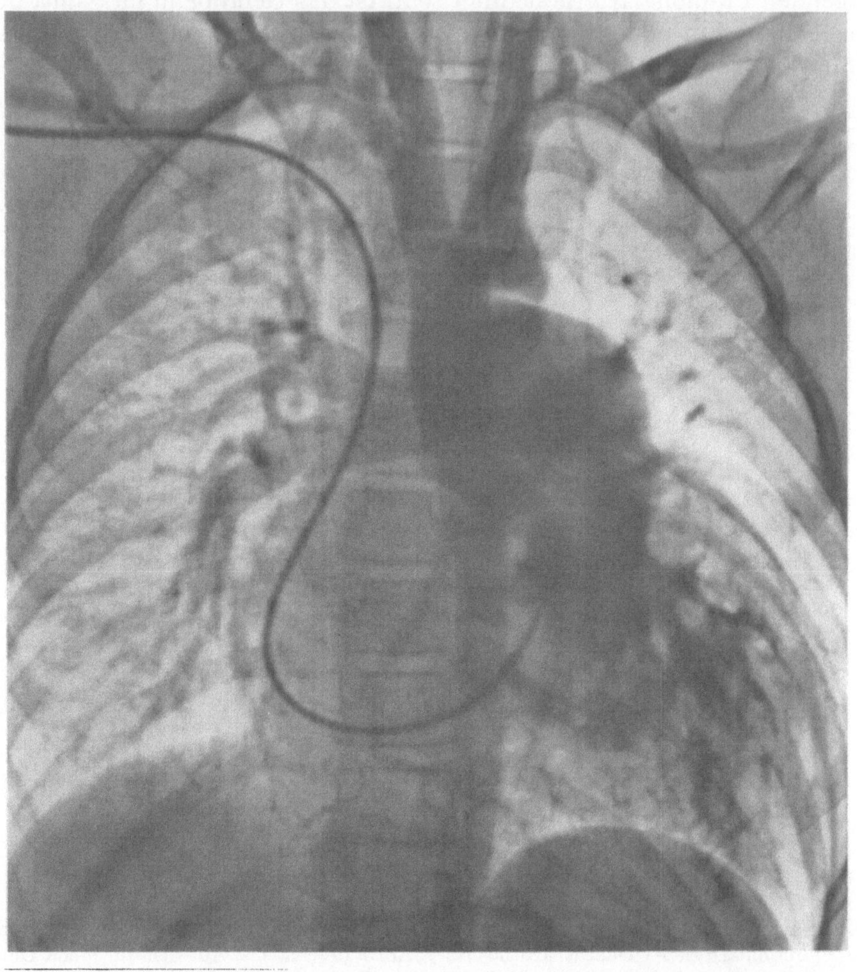

a

Abb. 241 a u. b. Kontrastmitteldarstellung mit Injektion in den rechten Ventrikel (gleiche Patientin wie Abb. 238). a Sagittalbild: Gleichzeitige Kontrastmittelfüllung von Aorta und Pulmonalarterie. Deutliche Erweiterung der Pulmonalarterie, die praktisch an normaler Stelle liegt. Ursprung der Aorta cranialwärts verlagert. Die ascendierende Aorta verläuft weiter links als normal. Konturunterbrechung der Aorta im Bereich des Isthmus. b Seitenbild: Aorta nach vorne transponiert, jedoch nicht so stark wie bei einer kompletten Transposition der großen Gefäße. Sie projiziert sich an ihrem Ursprung in den Bereich der Pulmonalarterie. Kontrastmittelfüllung der Aorta descendens über den Ductus arteriosus apertus (infantile Aortenisthmusstenose)

Die Herzkatheteruntersuchung ist allerdings für die Aufdeckung zusätzlicher Anomalien, z.B. eines Vorhofseptumdefektes oder eines Ductus arteriosus apertus (Abb. 240), die klinisch und auch bei der gezielten Kontrastmittelinjektion in den rechten Ventrikel übersehen werden können, nahezu unentbehrlich.

Kontrastmitteldarstellung. Die Kontrastmitteluntersuchung erlaubt in den meisten Fällen eine zuverlässige Beurteilung der Gefäßverläufe. Bei Injektion in den rechten Ventrikel füllt sich bei einer partiellen Transposition der Gefäße die Pulmonalarterie stärker mit Kontrastmittel als bei einer kompletten Transposition, unabhängig davon, ob die Pulmonalarterie an fast normaler Stelle liegt, wie beim Taussig-Bing-Syndrom (Abb. 241), oder hinter der Aorta über dem Ventrikelseptumdefekt „reitet". Die Aorta ist beim Taussig-Bing-Syndrom im allgemeinen nicht so weit nach vorne transponiert wie bei der kompletten Transposition; daher projiziert sie sich im Seitenbild oft in den

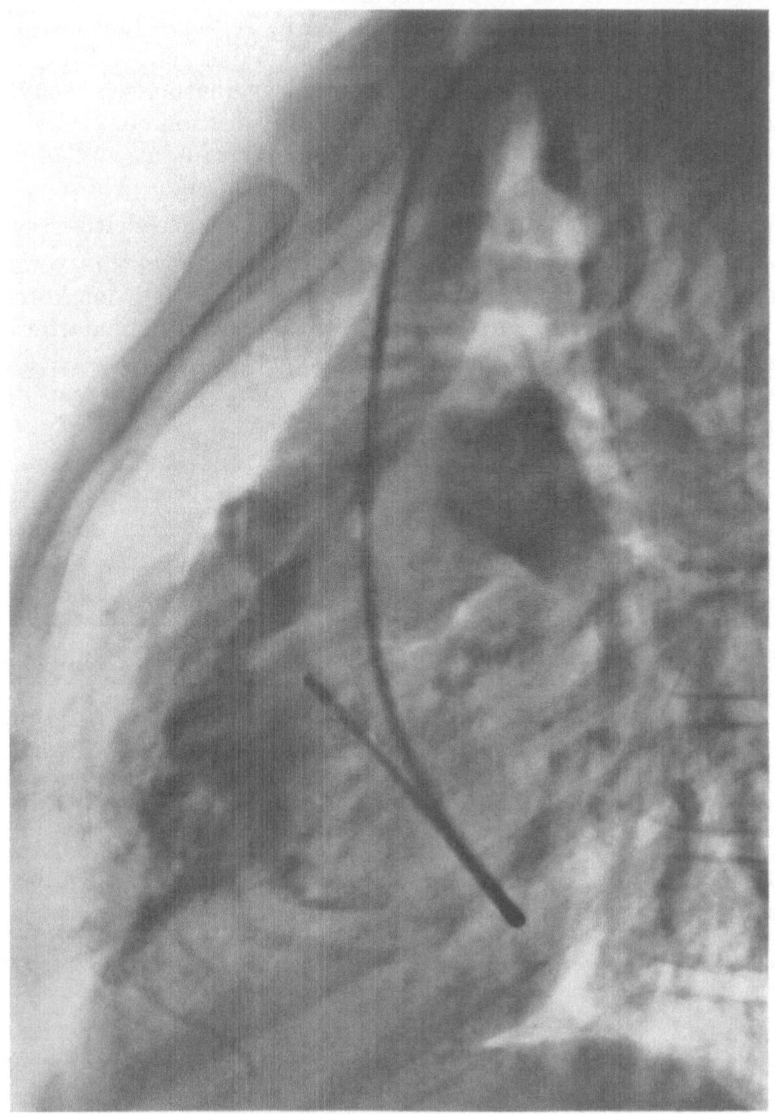

Abb. 241 b

vorderen Anteil der wesentlich weiteren Pulmonalarterie (Abb. 241 b). Schwierig kann die Abgrenzung der partiellen Transposition mit hinter der Aorta liegender Pulmonalarterie von einer kompletten Transposition mit Ventrikelseptumdefekt sein. Dann ist es besonders indiziert, zusätzlich zu der gezielten Injektion in den rechten Ventrikel eine weitere Kontrastmittelinjektion transseptal in den linken Ventrikel vorzunehmen.

Durch die Kontrastmitteluntersuchung können zusätzliche Anomalien nachgewiesen werden, die klinisch leicht übersehen werden oder kaum nachzuweisen sind. Als Beispiel zeigt Abb. 241 die Kombination eines Taussig-Bing-Syndroms mit einem Ductus arteriosus apertus und einer infantilen Aortenisthmusstenose, die in diesem Falle klinisch nicht vermutet worden waren.

c) Korrigierte Transposition der großen Gefäße

Bei dieser Anomalie handelt es sich sowohl um eine Transposition (Umkehr der dorsoventralen Beziehung) als auch um eine Inversion (seitenvertauschte Anordnung) der großen Gefäße, kombiniert mit einer Inversion der Herzkammern. Infolge der *Transposition* liegt die Aorta vor der Pulmonalarterie; das Aortenostium liegt höher als normal. Durch die *Inversion* ist die Aorta nach links, die Pulmonalarterie ist nach rechts verlagert. Die beiden Ventrikel sind ebenfalls invertiert, d.h. seitenvertauscht. Der anatomisch linke Ventrikel liegt rechts; er ist trabekelarm, erhält das venöse Blut des rechten Vorhofs und fördert es weiter in die Pulmonalarterie. Der anatomisch rechte trabekelreiche Ventrikel liegt links; er erhält das arterialisierte Blut des linken Vorhofs und fördert es in die Aorta weiter. Auch die AV-Klappen sind seitenvertauscht, so daß die Mitralklappe zum venösen, die Tricuspidalklappe zum arteriellen Ventrikel gehört.

Von der Inversion sind auch die Coronararterien und das Reizleitungssystem betroffen.

Durch die Inversion der Kammern ist auch das Kammerseptum verlagert. Während es normalerweise mehr in der Frontalebene liegt, steht es bei der korrigierten Gefäßtransposition sagittal. Dadurch wird die Zuordnung der Pulmonalarterie zum venösen und der Aorta zum arteriellen Ventrikel erreicht. Somit überkreuzen sich die ventrikulären und nicht — wie beim Normalherzen — die vasculären (Aorta und Pulmonalarterie) Strombahnen (PRETER 1965).

Die korrigierte Transposition der großen Gefäße ist meist mit anderen Mißbildungen kombiniert. Am häufigsten werden ein Ventrikelseptumdefekt und eine Insuffizienz der „Mitralklappe" (HELMHOLTZ u. Mitarb. 1956) beobachtet; nicht selten sind auch eine Pulmonalstenose und ein Vorhofseptumdefekt. Daneben werden aber auch kompliziertere zusätzliche Anomalien, z.B. ein Ebstein Syndrom und Lageanomalien des Herzens, z.B. eine Dextrokardie, beobachtet. Sehr häufig sind bei der korrigierten Transposition Rhythmusstörungen des Herzens, die vom einfachen AV-Block I. Grades bis zum totalen AV-Block reichen.

Für die *Entstehung* der korrigierten Transposition gibt es mehrere Erklärungsversuche. Sie sind mehr oder weniger hypothetisch. Zum eingehenden Studium sei auf die Arbeiten von SPITZER (1919/21), PERNKOPF u. WIRTINGER (1933), DE LA CRUZ u. Mitarb. (1959) sowie GRANT (1962/64) verwiesen. Vor allem GRANT betont, daß die komplette und die korrigierte Transposition der großen Gefäße sich hinsichtlich ihrer zeitlichen und formalen Entstehung grundsätzlich voneinander unterscheiden. Während die komplette Transposition eine Mißbildung im trunco-bulbären Bereich sei, spiele sich bei der korrigierten Transposition die primäre Störung im atrio-ventrikulären Bereich ab.

Die *Häufigkeit* korrigierter Transpositionen der großen Gefäße liegt zwischen 0,4% (BEUREN u. Mitarb. 1963) und 1,2% (PRETER 1965) der kongenitalen Angiokardiopathien. Wir diagnostizierten die Anomalie 42mal unter 6000 angeborenen Herzfehlern (0,7%). In der Literatur wird allgemein ein Überwiegen des männlichen Geschlechtes angegeben (HONEY 1963; PRETER 1965 u.a.).

Pathophysiologie. Da die Inversion der Herzkammern durch die Transposition der Gefäße korrigiert ist, sind die Kreisläufe nicht parallel, sondern in üblicher Weise hintereinander geschaltet. Sofern keine zusätzlichen Anomalien vorliegen, besteht daher ein normales Kreislaufverhalten. Durch zusätzliche Anomalien ergeben sich die für die jeweilige Anomalie charakteristischen Veränderungen der Hämodynamik.

Klinik. Die korrigierte Transposition der großen Gefäße ohne Begleitanomalien bietet nur wenige klinische Besonderheiten, die auch noch leicht übersehen werden, weil die Patienten im allgemeinen keine auf die Transposition selbst zu beziehenden Beschwerden haben. Meist sind es die Begleitanomalien, die den Patienten zum Arzt und dann im Rahmen der oft erforderlichen speziellen Untersuchungen auch zur Aufdeckung der Lage- und Verlaufsanomalien der Herzkammern und der großen Gefäße führen. Der Annahme, daß die korrigierte Transposition nur sehr selten ohne zusätzliche Anomalien vorkomme, sollte daher mit einer gewissen Reserve begegnet werden.

Im Verdachtsfall können einige physikalische, elektrokardiographische und röntgenologische Befunde wichtige, z.T. charakteristische diagnostische Hinweise geben.

Die Verlagerung des Aortenostiums nach links und des Pulmonalostiums nach hinten erklärt die von vielen Autoren gemachte Feststellung, daß man im zweiten Intercostalraum links parasternal praktisch nur den Aortenklappenschlußton hört, der hier lauter als rechts parasternal ist (Anderson u. Mitarb. 1957; Kjellberg u. Mitarb. 1959; Loogen u. Karytsiotis 1962). Ist die korrigierte Transposition mit Begleitanomalien kombiniert, so erfahren die auf diese Fehler zu beziehenden Geräusche der Drehungsanomalie der Gefäße entsprechende Änderungen ihrer Lokalisation. Bei einer begleitenden Pulmonalstenose sind Schwirren und Geräusch tiefer links vom Sternum oder mesosternal lokalisiert als beim Situs solitus mit Pulmonalstenose. Eine Aortenstenose wäre vorwiegend links vom Sternum zu hören und eventuell auch zu tasten. Charakter und

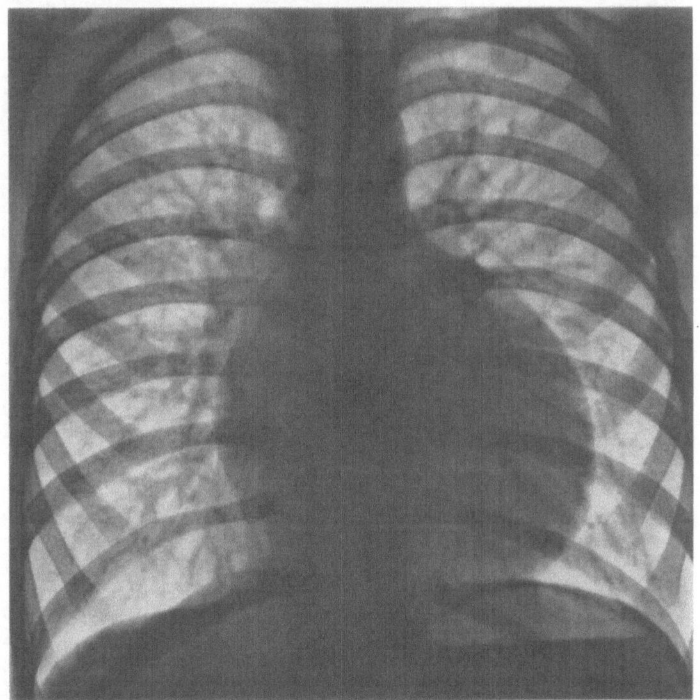

Abb. 242. Korrigierte Transposition der großen Gefäße mit „Mitralinsuffizienz" bei einem 6jährigen Jungen (R.Be.). Allseits vergrößertes Herz. Schmales Gefäßband. Normale Lungengefäßzeichnung

Lokalisation der Geräusche bei einem begleitenden Ventrikelseptumdefekt, einer Mitral- oder Tricuspidalinsuffizienz werden demgegenüber durch die Transposition der Gefäße und die Inversion der Kammern nicht nennenswert verändert.

Das *Elektrokardiogramm* kann wichtige Hinweise auf eine korrigierte Transposition geben. Sehr häufig werden AV-Überleitungsstörungen beobachtet. Sie reichen von einer geringen Verlängerung der Überleitungszeit (AV-Block I. Grades) bis zum totalen AV-Block. Nicht selten sind Rhythmusstörungen, wie z.B. gehäufte Extrasystolen, AV-Dissoziationen, paroxysmale Vorhof- und Kammertachykardien. Neben Veränderungen der P-Zacken (z.B. P-mitrale) sind auch die Kammergruppen nicht selten verbreitert (Preter 1965). Oft werden auch formale Änderungen der Kammergruppen in den Brustwandableitungen beobachtet. In den rechts-präcordialen Brustwandableitungen findet sich ein R-Verlust, während in den linkspräcordialen Ableitungen oft eine Q-Zacke vermißt wird (Anderson u. Mitarb). Das Fehlen der R-Zacken in den rechtspräcordialen, der Q-Zacken in den linkspräcordialen Ableitungen ist Folge der Inversion des atrioventrikulären Reizleitungssystems. Auch einer positiven T-Zacke in den rechtspräcordialen Ableitungen bei Kindern unter 10 Jahren, die sonst keine Zeichen einer Rechtshypertrophie erkennen lassen, wird eine gewisse diagnostische Bedeutung zuerkannt (Cumming 1962; Beuren u. Mitarb. 1963).

Bei Kombination einer korrigierten Transposition der großen Gefäße mit anderen Anomalien können diese so sehr das Bild beherrschen, daß die Gefäßtransposition leicht übersehen werden kann. Wie beim Situs solitus bedingen zusätzliche Anomalien die jeweils typischen Veränderungen der Hämodynamik und der klinischen Symptomatologie.

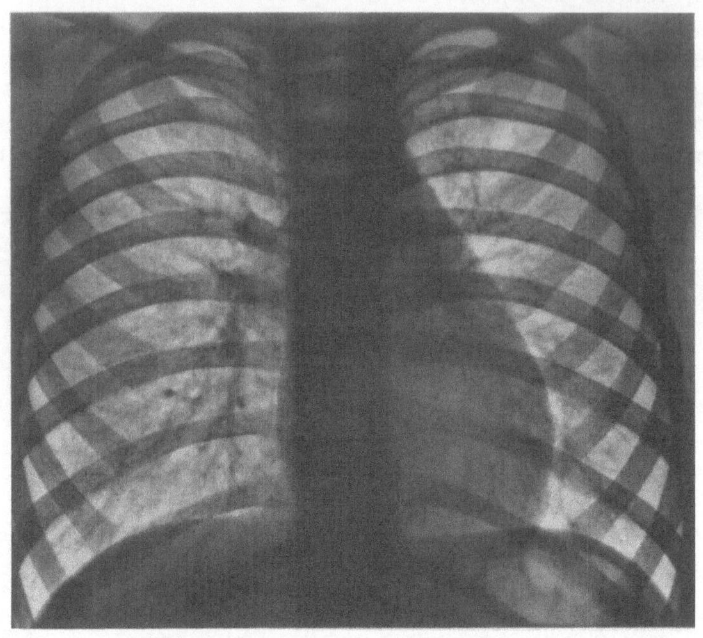

a

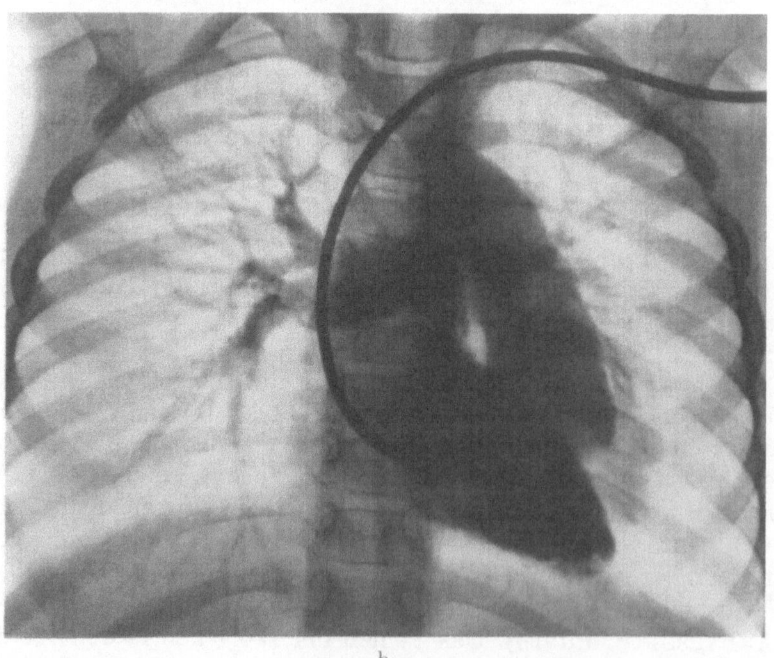

b

Abb. 243a u. b. Korrigierte Transposition der großen Gefäße mit Pulmonalstenose und Ventrikelseptumdefekt bei einem 5jährigen Jungen (M.Schl.). a Sagittalbild: normal großes Herz: Vorwölbung des oberen linken Herzbogens. Helle Lungenfelder. b Die Kontrastmitteldarstellung zeigt, daß die Vorwölbung des oberen linken Herzbogens durch die dort ascendierende Aorta bedingt ist

Röntgenbefunde. Im Zusammenhang mit den bisher besprochenen klinischen und elektrokardiographischen Befunden kommt der Röntgenuntersuchung für die Diagnose einer korrigierten Transposition besondere Bedeutung zu. Manchmal sind die röntgenologischen Veränderungen der Herzkonfiguration so kennzeichnend, daß sie eine Wahrscheinlichkeitsdiagnose erlauben. Etwaige Veränderungen betreffen sowohl das Herz als auch die großen Gefäße. Das Herz ist oft im ganzen vergrößert [„globuläre Herzkonfiguration" (SCHIEBLER u. Mitarb. 1961)] (Abb. 242). Eine stärkere Mitralinsuffizienz bedingt eine Dilatation des linken Vorhofs mit Vorwölbung in den Retrokardialraum.

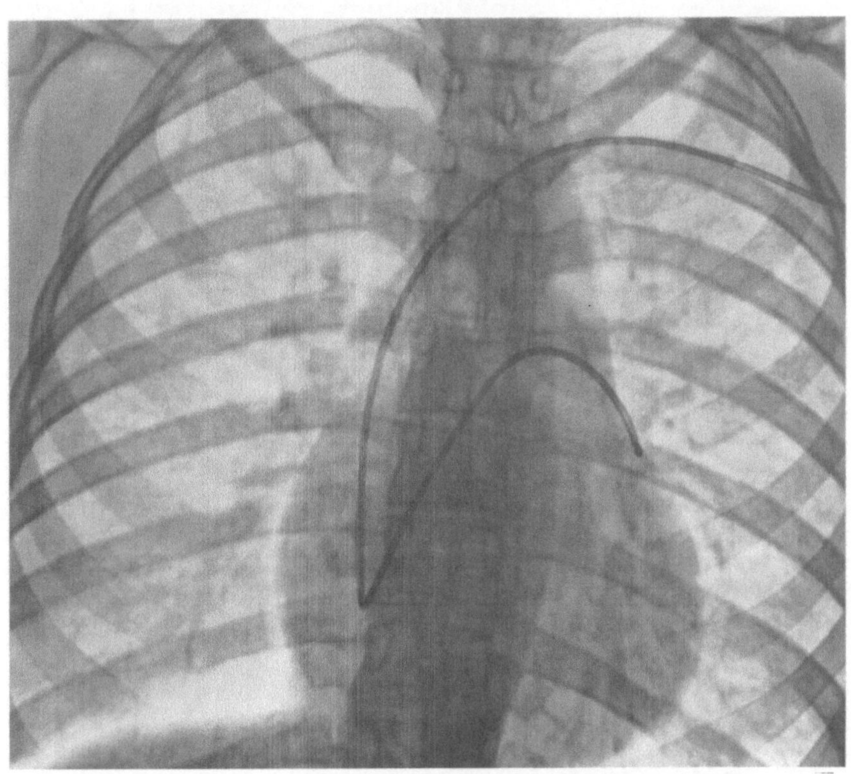

Abb. 244. Korrigierte Transposition der großen Gefäße bei einer 29jährigen Patientin (E.Schl.). Katheterverlauf: V. cava → rechter Vorhof → rechter Ventrikel → linke Pulmonalarterie. Scharfer Knick am Übergang vom rechten Ventrikel in die Pulmonalarterie. Der aufsteigende Teil des Katheters im Bereich des rechten Ventrikels zeigt die Verlagerung des Ventrikelseptums an

Unterschiedlich verhält sich das Gefäßband. Die Diagnose einer korrigierten Transposition wird dann wahrscheinlich, wenn das Gefäßband im Sagittalbild schmal ist, während das Herz insgesamt etwas vergrößert erscheint (vgl. Abb. 242). In solchen Fällen verläuft die aufsteigende Aorta in der Mittellinie und projiziert sich in die Pulmonalarterie. Aortenknopf und Pulmonalbogen sind nicht zu erkennen. In anderen Fällen ist die linke obere Herzkontur flach konvex vorgewölbt (Abb. 243). Dann bildet die aufsteigende Aorta den linken oberen Herzbogen (Abb. 243b).

Wenn zusätzliche Anomalien fehlen, ist die *Lungengefäßzeichnung* unauffällig (vgl. Abb. 242). Anderenfalls können Konfiguration des Herzens und Verhalten der Lungenstrombahn den jeweiligen Anomalien entsprechende Abweichungen zeigen (vgl. Abb. 243a).

Zur Sicherung der Diagnose und eventuell vorliegender Begleitanomalien sind im allgemeinen spezielle Herzuntersuchungen erforderlich.

Herzkatheteruntersuchung. Bei der Herzkatheteruntersuchung sind es vor allem zwei Befunde, die zur Erkennung einer korrigierten Transposition der großen Gefäße beitragen: einmal die Tatsache, daß es sehr schwierig ist, den Katheter vom rechten Ventrikel in die Pulmonalarterie vorzuschieben. Dieser Befund ist vor allem dann suspekt, wenn er

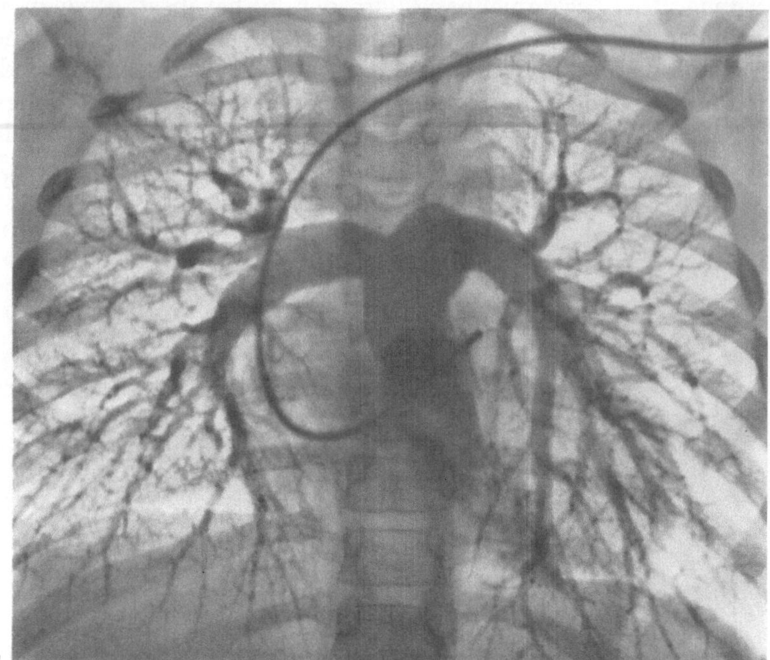
a

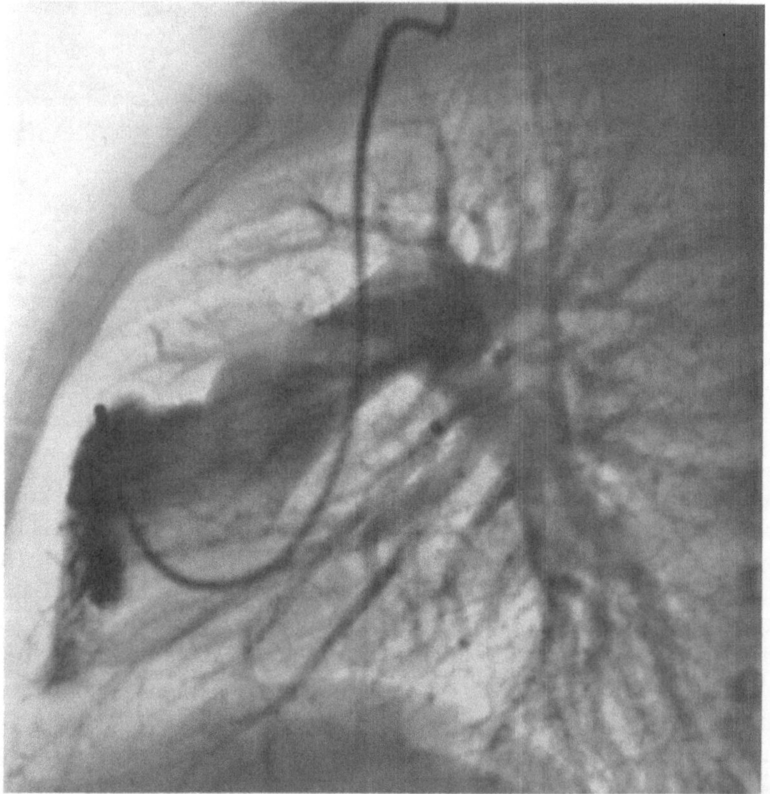
b

Abb. 245a—d. Korrigierte Transposition der großen Gefäße mit leichter „Mitralinsuffizienz" bei einem 7jährigen Jungen (P.Re.). a Sagittales Dextrogramm: Verlagerung des Pulmonalostiums nach rechts in Projektion auf die Wirbelsäule. Symmetrische Aufteilung des Pulmonalarterienstammes in die beiden Hauptarterien. b Seitenbild: Verlagerung der Pulmonalarterie nach dorsal. c Sagittales Lävogramm: Verlagerung des Aortenostiums nach links oben. Verlauf der ascendierenden Aorta von links unten nach rechts oben. Links descendierende Aorta. Vergrößerung des linken Vorhofs. d Seitenbild: Aorta nach vorne verlagert, allerdings weniger als bei der kompletten Transposition

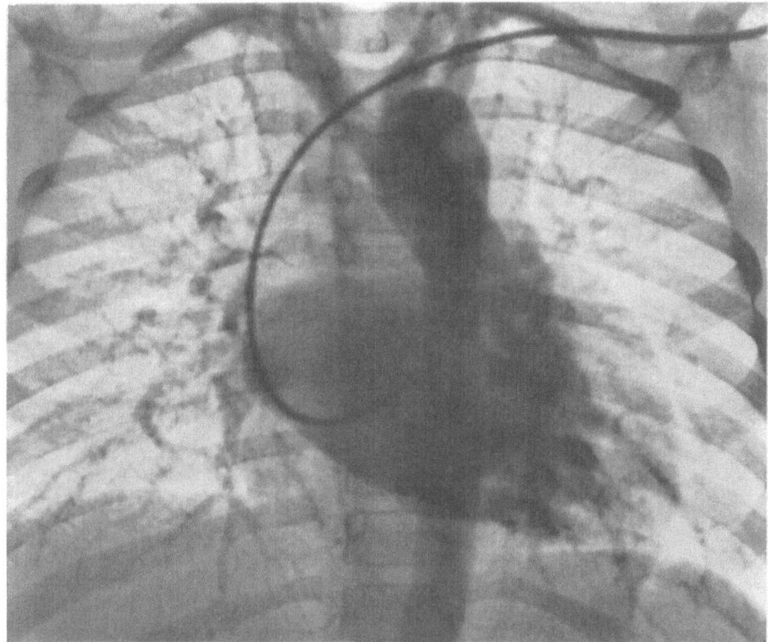

Abb, 245 c

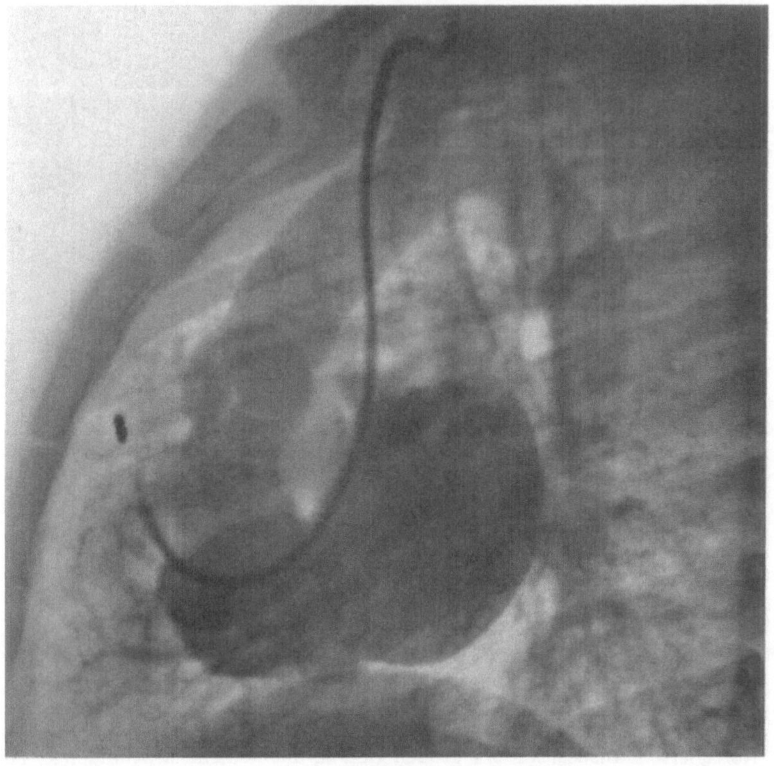

Abb. 245 d

bei einem Patienten mit Ventrikelseptumdefekt beobachtet wird — einer Anomalie, bei der die Pulmonalarterie sonst ohne Schwierigkeiten erreicht werden kann. Zum anderen ist es der charakteristische Verlauf, den der Katheter nimmt, wenn es gelingt, die Pulmonalarterie zu sondieren. Der Katheter bildet nämlich im rechten Ventrikel eine relativ scharfe Abknickung nach hinten und oben und verläuft dann in der Mitte des Herzschattens zur Pulmonalarterie. Dieser Katheterverlauf ist zum Teil auf die Verlagerung des Kammerseptums in die Sagittalebene zurückzuführen (Abb. 244).

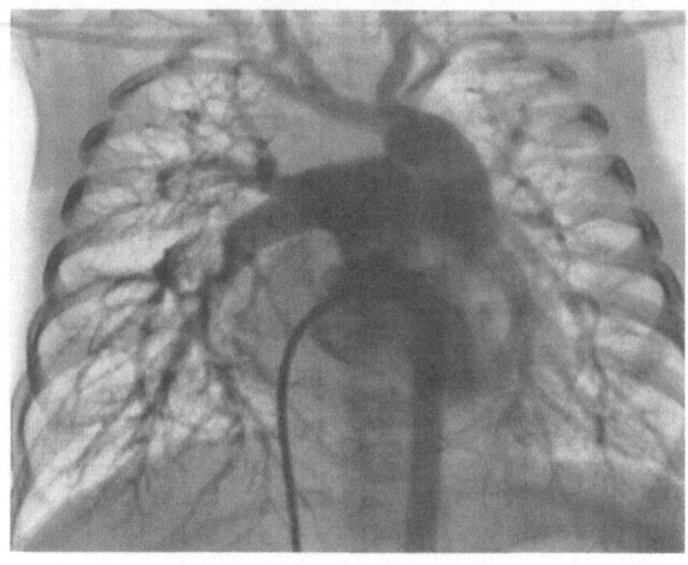

a

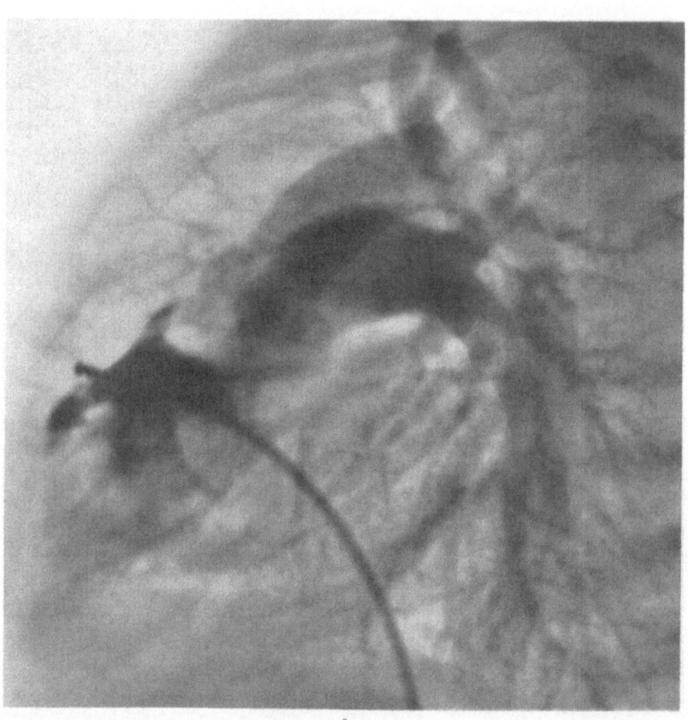

b

Abb. 246a u. b. Korrigierte Transposition der großen Gefäße mit Ventrikelseptumdefekt bei einem 11 Monate alten Mädchen (M.Bo.). a Sagittale Angiographie nach selektiver Injektion in den venösen Ventrikel: Aorten- und Pulmonalostium liegen nebeneinander. b Seitenbild: Aorten- und Pulmonalostium projizieren sich partiell übereinander

Zusätzliche Anomalien bedingen die für sie typischen Veränderungen der Hämodynamik, die in den jeweiligen Abschnitten besprochen sind. Ein Befund soll aber eigens erwähnt werden, weil er die häufigen differentialdiagnostischen Schwierigkeiten bei der

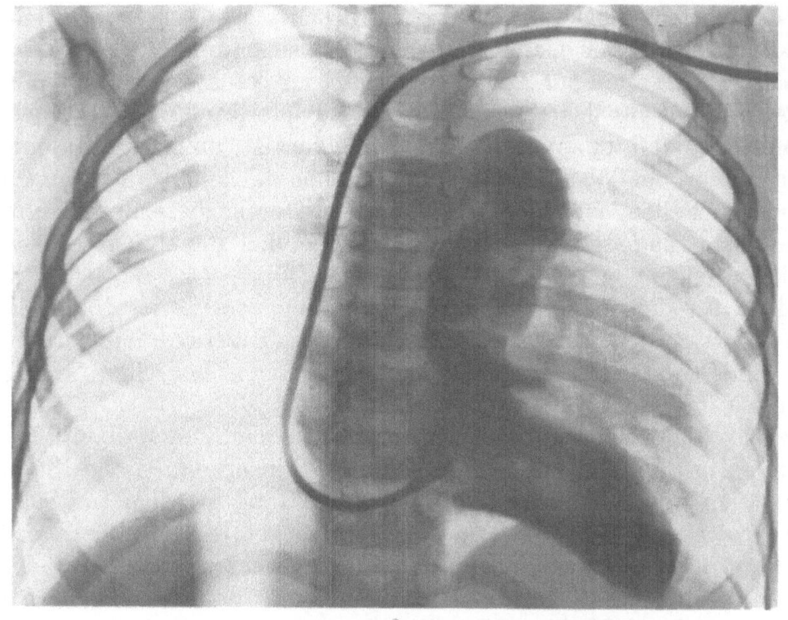

a

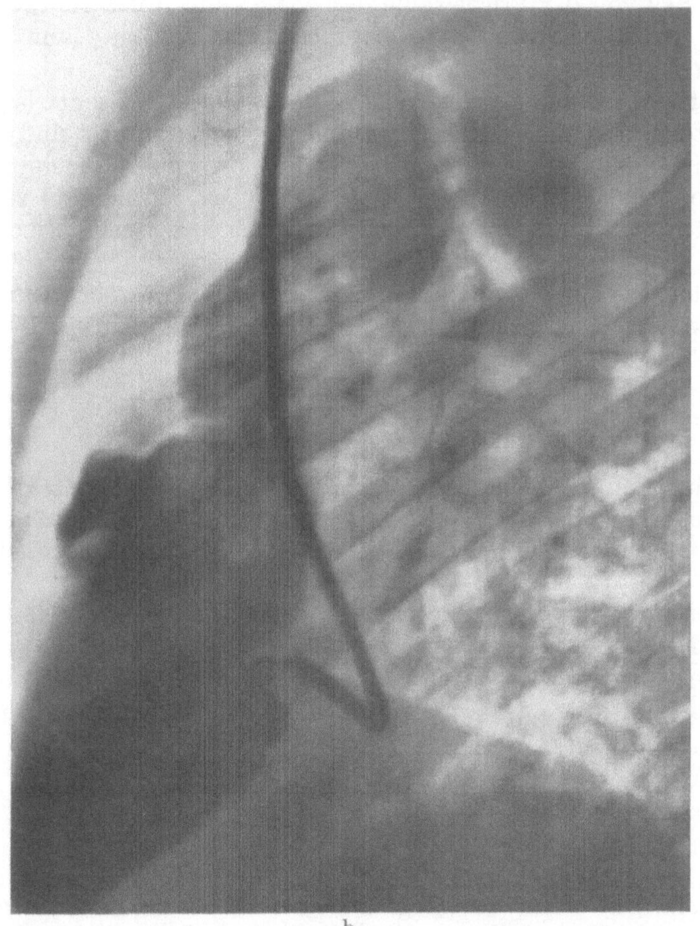

b

Abb. 247 a u. b. Korrigierte Transposition der großen Gefäße mit leichter Pulmonalstenose bei einem 6jährigen Jungen (B.Sta.). a Sagittales Dextrogramm: Ausziehung des rechten Ventrikels nach links unten zur Herzspitze. b Seitenbild: Nach vorne und cranial gelegener Recessus des rechten Ventrikels

Abgrenzung der verschiedenen Transpositionsformen zu erleichtern vermag. Gelingt bei der Transposition der großen Gefäße mit Ventrikelseptumdefekt die Sondierung sowohl der Pulmonalarterie als auch der Aorta, so spricht der Nachweis eines höheren Sauerstoffgehaltes im Aortenblut für das Vorliegen einer korrigierten Transposition.

Kontrastmitteldarstellung. Wenn es auch möglich ist, die Diagnose einer korrigierten Transposition mit großer Wahrscheinlichkeit manchmal allein auf Grund des klinischen Bildes, in anderen Fällen nach dem Ergebnis der Herzkatheteruntersuchung zu stellen, so bleibt die letzte diagnostische Sicherung schließlich doch der Kontrastmitteluntersuchung vorbehalten.

Entscheidend für die angiokardiographische Diagnose ist der Nachweis einer Transposition und Inversion der großen Gefäße sowie einer Inversion der Kammern. Am übersichtlichsten sind verständlicherweise die Bedingungen bei einer korrigierten Transposition ohne zusätzliche Mißbildung.

In Abb. 245 ist die Verlagerung des Aortenostiums nach links, oben und vorne, die des Pulmonalostiums nach rechts und hinten deutlich zu erkennen. Im Sagittalbild liegen somit beide Ostien nebeneinander (Abb. 246a), während sie sich im Seitenbild partiell übereinander projizieren (Abb. 246b), wobei die Aorta allerdings der vorderen Thoraxwand näher liegt. Im Gegensatz zur Pulmonalarterie zeigt die Aorta einen unterschiedlichen Verlauf. In einem Fall verläuft sie, den linken oberen Herzbogen bildend, senkrecht cranialwärts, um nach Erreichen des Aortenbogens nach medial und hinten abdrehend in die links von der Wirbelsäule descendierende Aorta thoracalis überzugehen; im anderen Fall verläuft sie von links nach rechts cranialwärts, dann bogenförmig nach links und hinten und weiter links der Wirbelsäule caudalwärts.

Da die Ventrikel bei der korrigierten Transposition seitenvertauscht sind, hat der venöse eine glatte Begrenzung, während der linke trabekelreich ist und ein Infundibulum besitzt. Im Sagittalbild zeigt der rechte Ventrikel oft eine Ausziehung zur Spitze hin (Abb. 247a) (Anderson u. Mitarb.). Im Seitenbild ist gelegentlich ein ventral und cranial gelegener, z.T. schwanzförmig ausgezogener Recessus festzustellen (Abb. 247b) (Preter 1965).

Diese weitgehend typischen angiokardiographischen Kriterien werden auch dann die Diagnose einer korrigierten Transposition ermöglichen, wenn zusätzliche Anomalien das angiokardiographische Bild komplizieren.

20. Anomalien der Pulmonalarterie

Anomalien der Pulmonalarterie können den Pulmonalarterienstamm, seine Hauptverzweigungen oder die peripheren Lungenarterienäste betreffen. Die Anomalien sind zum Teil funktionell unbedeutend, zum Teil haben sie ernste funktionelle Störungen zur Folge.

Soweit es sich um Veränderungen der peripheren Lungenstrombahn handelt, sind sie von Sielaff in Band X/3 bearbeitet worden.

Hier sollen die Formen besprochen werden, bei denen die Veränderungen am Hauptstamm der Pulmonalarterie oder am Pulmonalostium lokalisiert sind, und zwar:

a) Pulmonalatresie,
b) Pulmonalklappeninsuffizienz,
c) idiopathische Pulmonalektasie.

a) Pulmonalatresie

Die Pulmonalatresie kann als Gegenstück zur Atresie des Aortenostiums aufgefaßt werden. Wie bei dieser, ist das Ostium meist durch eine Membran verschlossen. Nur vereinzelt bleibt eine kleine Öffnung erhalten. Die Pulmonalarterie ist vom Ostium bis zur Einmündung des Ductus arteriosus, der meist offen ist, mehr oder weniger hypoplastisch. Das Kammerseptum ist normal ausgebildet (Abb. 248). Das Lumen des rechten

Ventrikels ist in der Mehrzahl der Fälle klein; seine Wand ist meist verdickt. Diese Verdickung ist vor allem durch die Muskelhypertrophie bedingt, oft kommt aber noch eine starke Verdickung des Endokards, eine sekundäre Fibroelastose, hinzu. Auch der rechte Vorhof ist hypertrophiert und meist vergrößert, gelegentlich aneurysmatisch. Stets ist eine offene Vorhofverbindung vorhanden, meist in Form eines offenen Foramen ovale, seltener besteht ein echter Vorhofseptumdefekt.

Die Tricuspidalklappen sind meist normal angelegt, aber hypoplastisch. Nicht selten liegt eine Klappeninsuffizienz vor. Bei diesen Fällen ist dann oft auch das Fassungsvermögen des rechten Ventrikels vergrößert.

Häufigkeit. Die Pulmonalatresie ist selten (weniger als 1% der angeborenen Kardiopathien). LEO berichtete 1886 über eine eigene Beobachtung und gab die Zahl der bereits früher veröffentlichten Fälle mit 14 an. Allein sechs dieser Fälle wurden von RAUCHFUSS (1878) veröffentlicht. ABBOTT u. Mitarb. (1923) fanden unter 83 obduzierten Fällen mit kongenitalen Veränderungen des Pulmonalostiums sechs Atresien. Klinische Beschreibungen sind erst in neuerer Zeit erfolgt (NOVELO u. Mitarb. 1951; ROSSI 1954; GREENWOLD u. Mitarb. 1956). KEITH u. Mitarb. (1958) berichteten über 23 eigene Beobachtungen.

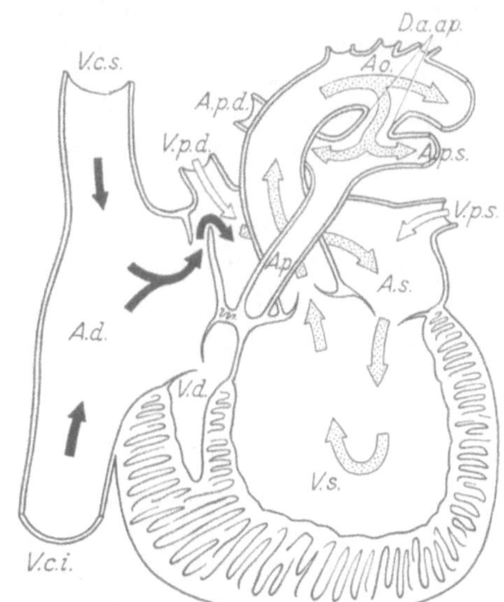

Abb. 248. Schematische Darstellung der Anomalie und des Blutkreislaufs bei der Pulmonalatresie. *V.c.s.* obere Hohlvene; *V.c.i.* untere Hohlvene; *A.d.* rechter Vorhof; *A.s.* linker Vorhof; *V.s.* linker Ventrikel; *V.d.* rechter Ventrikel; *A.p.* Pulmonalarterie; *A.o.* Aorta; *A.p.s.* linke Pulmonalarterie; *A.p.d.* rechte Pulmonalarterie; *V.p.s.* linke Lungenvene; *V.p.d.* rechte Lungenvene; *D.a.ap.* offener Ductus arteriosus. Die Pfeile zeigen die Richtung des Blutstromes und die arteriovenöse Durchmischung an (aus GROSSE-BROCKHOFF, LOOGEN, SCHAEDE, Hdb. inn. Med. 1960)

Pathophysiologie. Die Hämodynamik bei Pulmonalatresie wird dadurch bestimmt, daß der rechte Ventrikel sein Blut nicht in die Lungenstrombahn befördern kann. Bei intakten Tricuspidalklappen kontrahiert er sich um das inkompressible Blutvolumen, so daß schon beim Neugeborenen sehr hohe systolische Drucke (120 mm Hg bei einem 3 Tage alten Kind, Beobachtung von KEITH u. Mitarb.) gefunden werden. Wie bei der Tricuspidalatresie fließt das Blut durch einen Vorhofseptumdefekt in den linken Vorhof und die linke Kammer. Diese fördert das Mischblut in die Aorta, von der aus ein Teil durch den offenen Ductus arteriosus in den Lungenkreislauf gelangt. Das Blutmischungsverhältnis ist abhängig von der Relation der Zirkulationsvolumina im großen und kleinen Kreislauf. Bei engem Ductus ist das Mischungsverhältnis zur venösen, bei weitem Ductus zur arteriellen Seite hin verschoben. Nach KEITH u. Mitarb. ist der Ductus meist englumig und schließt sich — wie normalerweise — kurz nach der Geburt. Eine längere Lebenserwartung haben aber nur Kinder mit persistierendem weiten Ductus arteriosus.

Klinik. Da die Anomalie den fetalen Kreislauf nicht wesentlich beeinträchtigt, kommen die Kinder ausgereift zur Welt. Schon wenige Stunden nach der Geburt wird aber bei den meisten Kindern eine Blausucht erkennbar. Sie fehlt nur in Fällen mit weitem Ductus arteriosus und mit großem Lungenzirkulationsvolumen.

Der Auskultationsbefund kann einen wichtigen diagnostischen Hinweis geben, wenn bei Vorliegen einer Cyanose ein kontinuierliches, systolisch-diastolisches Geräusch zu hören ist. Oft ist aber das Geräusch atypisch, rein systolisch, oder es kann ganz fehlen.

Besondere diagnostische Bedeutung wird dem *Elektrokardiogramm* beigemessen. KEITH u. Mitarb. sind der Ansicht, daß es in der Mehrzahl der Fälle wenigstens die Verdachtsdiagnose erlaubt. Typisch ist bei Patienten mit kleinem rechtem Ventrikel (85% aller Fälle) ein Norm- bis Rechtstyp mit Zeichen der Linkshypertrophie und gelegentlich auch der Linksschädigung in den Brustwandableitungen. Bei großem rechtem Ventrikel können auch die Zeichen der Rechtshypertrophie überwiegen. Die Vorhofpotentiale sind kurz nach der Geburt normal oder nur wenig erhöht, erreichen aber schon nach wenigen Wochen eine beträchtliche Höhe.

Röntgenbefunde. Charakteristische Veränderungen der Herzkonfiguration gibt es nicht. In Fällen mit großem rechtem Ventrikel kann das Herz in den ersten Lebenstagen klein oder nur wenig vergrößert erscheinen und dann in wenigen Tagen zu enormer Größe „anwachsen".

In Fällen mit kleinem rechtem Ventrikel (85% aller Fälle) ist das Herz in den ersten Lebenstagen meist von normaler Größe. Die Herzspitze kann angehoben und der Pulmonalbogen leicht konkav sein. Später kann der rechte Vorhof stärker hervortreten. Auch der Pulmonalbogen kann sich dann leicht vorwölben. Nach KEITH u. Mitarb. hat das Herz in den ersten Lebenstagen Ähnlichkeit mit der Herzkonfiguration bei Tricuspidalatresie, während es später mehr der bei Pulmonalstenose ohne Ventrikelseptumdefekt gleichen kann.

Die hintere Herzgrenze ist bei beiden Formen in Schrägstellung prominent, während die vordere nur in Fällen mit großem rechten Ventrikel vorgewölbt ist.

Die *Lungengefäßzeichnung* ist unterschiedlich, je nach der Weite des Ductus arteriosus und damit je nach Größe des Lungenzirkulationsvolumens. Meist ist sie verringert, vereinzelt kann sie aber auch deutlich verstärkt sein.

Nach KJELLBERG u. Mitarb. (1959) kann das Röntgenbild bei der Pulmonalatresie auch dem einer Fallotschen Tetralogie ähnlich sein.

Herzkatheteruntersuchung. Bei der Herzkatheteruntersuchung gelangt der Katheter meist vom rechten Vorhof durch den Vorhofseptumdefekt in den linken Vorhof und die linke Kammer und zeigt damit einen Verlauf, wie er für die Tricuspidalatresie charakteristisch ist. Eine sichere Abgrenzung von dieser Anomalie ist nur durch die Sondierung des rechten Ventrikels möglich. Sie gelingt aber nur in einem Teil der Fälle, so daß man nach der Katheteruntersuchung allein eine sichere Differenzierung der Pulmonalatresie von der Tricuspidalatresie nicht immer erreichen kann.

Kontrastmitteldarstellung. Bei der venösen Angiokardiographie ist der Füllungsablauf ähnlich wie bei der Tricuspidalatresie. Das Kontrastmittel tritt vom rechten Vorhof in mehr oder weniger breiter Straße in den linken Vorhof und linken Ventrikel über. Bei schneller Bildfolge und richtiger Projektion (I. oder II. schräger Durchmesser) zeigt sich, daß die Füllung der Pulmonalarterie von der Aorta her über einen offenen Ductus arteriosus erfolgt. Für die Diagnose der Pulmonalatresie sind entscheidend die Kontrastmittelfüllung des rechten Ventrikels und dabei der Nachweis, daß von diesem kein Kontrastmittel in die Aorta oder Pulmonalarterie übertritt. Am zuverlässigsten ist naturgemäß die gezielte Kontrastmittelinjektion in den rechten Ventrikel. Sie ist aber wegen der Schwierigkeit der Sondierung des rechten Ventrikels nur selten möglich. Gelingt die Injektion in den rechten Ventrikel, so erlaubt sie eine Beurteilung der Kammergröße, des Verschlusses des Pulmonalostiums sowie der Intaktheit des Ventrikelseptums und läßt eine Tricuspidalregurgitation erkennen (KEITH u. Mitarb. 1958; KJELLBERG u. Mitarb. 1959).

Die *Lebenserwartung* der Patienten mit Pulmonalatresie ist schlecht. KEITH u. Mitarb. ermittelten das Alter von 46 Patienten. Von ihnen starben 26% in der ersten Lebenswoche, 67% im ersten Lebenshalbjahr. Ein längeres Lebensalter ist nur bei weit offenem Ductus arteriosus möglich. Ein von PECK und WILSON (1949) beobachteter Patient war $2^1/_2$ Jahre, ein von COSTA (1930) beobachteter Patient 20 Jahre alt.

Eine *operative Behandlung* ist in den Fällen möglich, in denen, was meist der Fall ist, die Pulmonalatresie durch eine Membran bedingt ist, keine hochgradige Schrumpfung der Klappenbasis besteht und der rechte Ventrikel funktionstüchtig ist. Fälle mit großem rechten Ventrikel dürften daher für eine Operation am besten geeignet sein. KEITH u. Mitarb. berichten von acht Operationen, von denen drei erfolgreich verliefen.

b) Pulmonalinsuffizienz

Eine Pulmonalinsuffizienz ist im Gefolge von primären oder sekundären Druckerhöhungen in der Lungenstrombahn durch Dehnung des Klappenringes nicht selten. Auch in Kombination mit anderen kongenitalen Herzfehlern ist sie gelegentlich beobachtet worden, so z.B. zusammen mit einer Fallotschen Tetralogie (MILLER u. Mitarb. 1962; SMITH u. Mitarb. 1959) oder mit einem Ventrikelseptumdefekt (CAMPEAU u. Mitarb. 1957; VENABLES 1962). Nach Operation einer valvulären Pulmonalstenose wird eine Pulmonalklappeninsuffizienz in 70—100% (TALBERT u. Mitarb. 1963; LOOGEN u. Mitarb. 1964) festgestellt, nicht selten auch nach kausaloperativer Behandlung einer Fallotschen Tetralogie.

Bei der isolierten, angeborenen Pulmonalinsuffizienz besteht oft eine fehlerhafte Anlage des Klappenapparates. Eine zweisegelige Klappe als Ursache bzw. in Verbindung mit der Klappeninsuffizienz fanden GRAWITZ (1887), STINTZING (1889), FORD u. Mitarb. (1956). Bei den von CAMPEAU u. Mitarb. (1957) sowie VENABLES (1962) beobachteten Fällen waren die Pulmonalklappen überhaupt nicht angelegt.

Häufigkeit. Die isolierte, angeborene Pulmonalklappeninsuffizienz ist äußerst selten. ABBOTT (1936) fand zwei Fälle unter 1000 autoptisch untersuchten angeborenen Herzfehlern. PRICE stellte 1961 aus dem englischen Schrifttum 15 Fälle zusammen. Wir diagnostizierten den Herzfehler unter 6000 angeborenen Kardiopathien 6mal. Der Fehler wird bei Frauen und Männern etwa gleich oft beobachtet.

Pathophysiologie. Folge der Pulmonalklappeninsuffizienz ist ein diastolischer Blutrückfluß aus der Pulmonalarterie in den rechten Ventrikel. Das Rückflußvolumen ist abhängig von der Größe der Insuffizienz und von der Dauer der Diastole. Der Rückstrom des Blutes führt zu einer gegenüber dem normalen Verhalten beschleunigten Verkleinerung des arteriellen Gefäßvolumens. Dadurch sinkt der diastolische Pulmonalarteriendruck in Abhängigkeit vom Rückflußvolumen steiler ab. Bei starken Klappeninsuffizienzen kann der diastolische Pulmonalarteriendruck schon bei normaler Diastolendauer auf den diastolischen Ventrikeldruck abfallen.

Für den rechten Ventrikel bedeutet die Schlußunfähigkeit der Pulmonalklappen eine vermehrte Volumenbelastung, weil sich das Rückflußvolumen zu dem aus dem rechten Vorhof einströmenden Blutvolumen addiert. Trotz der Vergrößerung des Schlagvolumens ist der systolische Druck des rechten Ventrikels nicht oder nur gering erhöht. Da der diastolische Pulmonalarteriendruck erniedrigt ist, wird die isovolumetrische Kontraktion des rechten Ventrikels verkürzt. Bei Angleich der diastolischen Drucke fehlt sie ganz.

Neben der Größe der Insuffizienzfläche und der Diastolendauer wird das Rückflußvolumen auch von der Druckdifferenz zwischen Pulmonalarterie und rechtem Ventrikel bestimmt. Bei gleichgroßen Insuffizienzflächen ist daher das regurgitierende Blutvolumen bei einer unkomplizierten Pulmonalklappeninsuffizienz geringer als bei einer Aortenklappeninsuffizienz. Ist die Pulmonalklappeninsuffizienz durch einen pulmonalen Hochdruck kompliziert, so führt dies der vergrößerten diastolischen Druckdifferenz entsprechend zu einer Vergrößerung des Blutrückflusses.

Klinik. Die körperliche Entwicklung der Patienten ist im allgemeinen ungestört. Die Beschwerden sind unterschiedlich und weitgehend vom Ausmaß der Klappeninsuffizienz, dem Alter der Patienten und dem Vorliegen komplizierender Faktoren abhängig. Patienten mit leichten Klappeninsuffizienzen bleiben ohne Beschwerden; sie sind praktisch normal belastungsfähig. Bei stärkeren Klappeninsuffizienzen werden meist kardiale Beschwerden, wie starkes Herzklopfen bei Belastung und rasche Ermüdbarkeit, angegeben. Zeichen einer manifesten Herzinsuffizienz sind in jungen Jahren meist an das Vorliegen komplizierender Faktoren, z.B. eines pulmonalen Hochdrucks, geknüpft.

Während der Herzspitzenstoß keine Besonderheiten zeigt, findet man meist verstärkte präcordiale Pulsationen. Von großem diagnostischem Wert ist der Auskultationsbefund. Mit dem Maximum im 2.—3. Intercostalraum links parasternal ist — sofern kein pulmonaler Hochdruck besteht — ein leises bis mittellautes, früh- bis mesodiastolisches

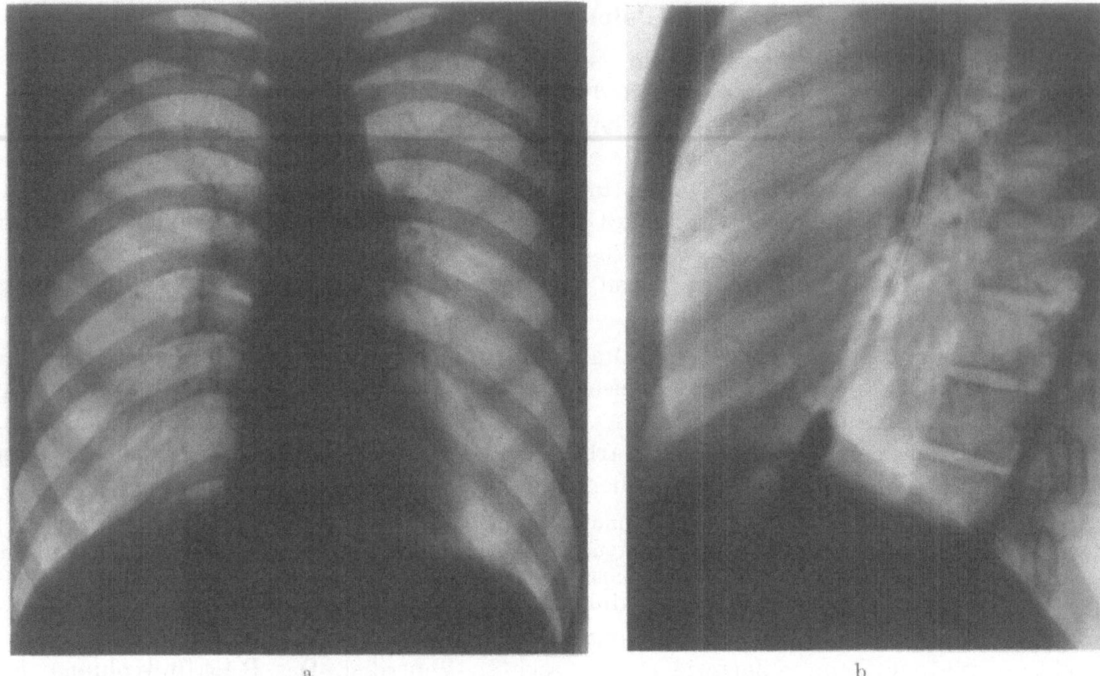

Abb. 249a u. b. Leichte Pulmonalinsuffizienz bei einem 15jährigen Patienten (K.Fr.). a Sagittalbild: verhältnismäßig kleines Herz. Deutliche Vorwölbung des Pulmonalbogens. Etwas dichte Hili. b Seitenbild: Hinterherzraum nicht eingeengt

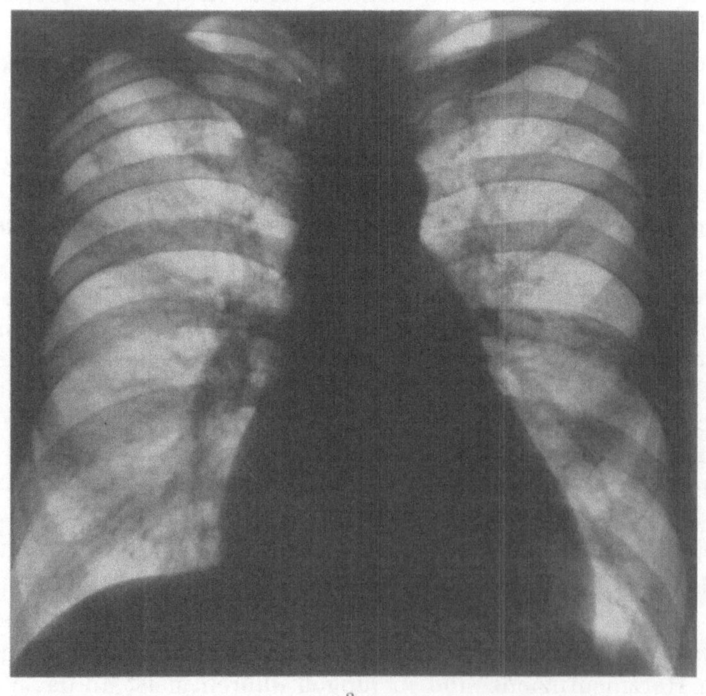

Abb. 250a—c. Schwere Pulmonalinsuffizienz bei einem 43jährigen Patienten (K.Be.). a Sagittalbild: deutliche Linksverbreiterung des Herzens. Geringe Vorwölbung der rechten unteren Herzkontur. Starke Vorwölbung des Pulmonalbogens. Dichte Hili beiderseits. b Seitenbild: Keine isolierte Vorwölbung in den Hinterherzraum. c Kymogramm: Deutlich verstärkte Pulsationen, vor allem im Bereich des Pulmonalbogens und der rechten Lungenunterlappenarterie

Geräusch zu hören. Gelegentlich ist hier auch ein diastolisches Schwirren zu tasten. Neben dem diastolischen Geräusch ist meist auch ein frühsystolisches Begleitgeräusch festzustellen. Der II. Herzton ist deutlich gespalten. Das pulmonale Segment ist normal oder abgeschwächt. Nur bei begleitendem pulmonalem Hochdruck und kleiner Insuffizienzfläche kann es betont sein. In solchen Fällen ist das diastolische Decrescendogeräusch von einem Aorteninsuffizienzgeräusch kaum zu trennen.

Im *Elektrokardiogramm* finden sich — von den ganz leichten Fehlern mit normalem Befund abgesehen — stets die Zeichen der Volumen- oder auch der Druckmehrbelastung des rechten Ventrikels. Bei vier eigenen Beobachtungen bestand ein unvollständiger

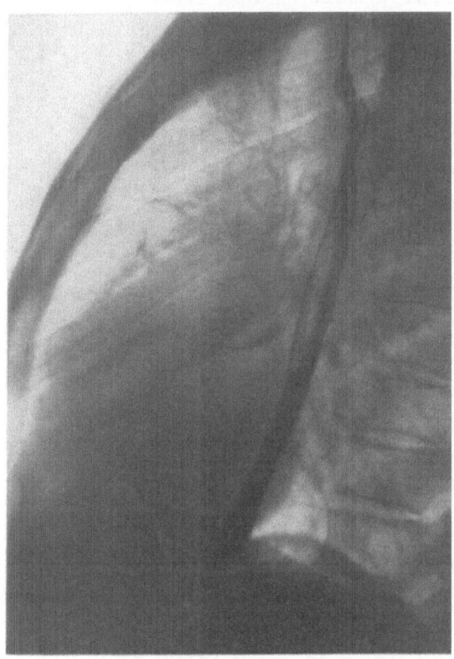

Abb. 250b

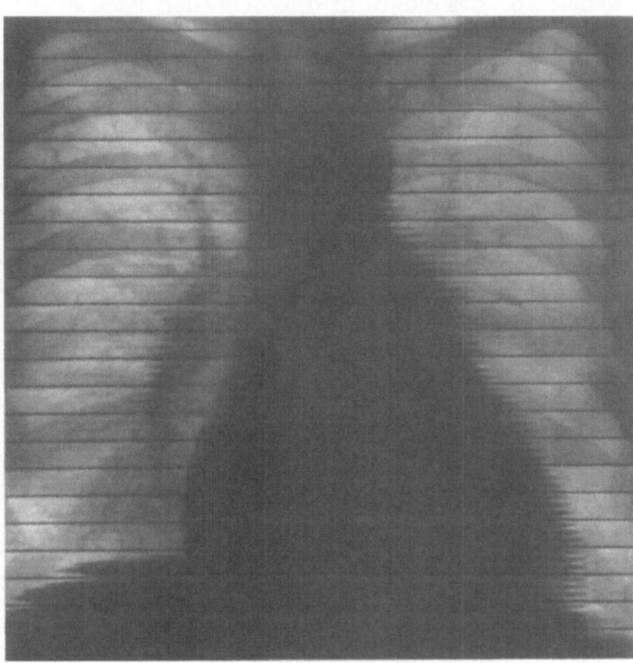

Abb. 250c

Rechtsschenkelblock, bei zwei weiteren Patienten mit starker Klappeninsuffizienz und starker bzw. geringer Druckerhöhung im Lungenkreislauf fanden wir zusätzlich Zeichen der Rechtsschädigung und Vorhofleitungsstörungen.

Röntgenbefunde. Die röntgenologischen Symptome sind weitgehend abhängig von der Schwere der Pulmonalinsuffizienz. Sie betreffen sowohl die rechte Herzkammer, als auch die Pulmonalarterie. Bei leichten Pulmonalinsuffizienzen ist das Herz im allgemeinen nicht vergrößert. Aber auch in diesen Fällen ist der Pulmonalbogen meist schon deutlich prominent (Abb. 249). Analog zu den Verhältnissen bei den leichten Aorteninsuffizienzen findet man auch hier praktisch immer verstärkte Pulsationen im Bereich des Pulmonalbogens. Bei starken Pulmonalinsuffizienzen kommt es zur Vergrößerung des Herzens als Folge der Füllungsdilatation der rechten Kammer und zur Erweiterung der Pulmonalarterie (Abb. 250).

Bei der Durchleuchtung oder im *Kymogramm* lassen sich verstärkte Pulsationen im Bereich der rechten Kammer, die oft links randbildend ist, und im Bereich des Pulmonalbogens nachweisen. Auch die Hauptverzweigungen der Pulmonalarterie können erweitert sein und verstärkte Pulsationen, z.T. sogar Eigenpulsationen, aufweisen (Abb. 250c). Die Vergrößerung des rechten Ventrikels zeigt sich im Seitenbild in einer breitflächigen Anlagerung des Herzens an die vordere Thoraxwand und in einer Verlängerung der Ausstrombahn der rechten Kammer. Röntgenologisch finden sich bei der Pulmonalklappeninsuffizienz somit ähnliche Veränderungen wie beim Vorhofseptumdefekt.

Kommt es zu einer Insuffizienz der rechten Kammer, so wird die Vergrößerung des Herzens durch Mitbeteiligung auch des rechten Vorhofs besonders deutlich (Abb. 251).

Herzkatheteruntersuchung. Die Veränderungen in der Pulmonalarteriendruckkurve sind hierbei am auffälligsten. In Abhängigkeit von der Größe des Rückflußvolumens sind der diastolische Druck erniedrigt und die Blutdruckamplitude entsprechend vergrößert. Der systolische Druck in der Pulmonalarterie ist normal oder leicht erhöht, von den Fällen mit sekundären Lungengefäßveränderungen abgesehen, bei denen stärkere Druckerhöhungen im Lungenkreislauf gefunden werden. Bei starken Pulmonalinsuffizienzen sinkt der diastolische Pulmonalarteriendruck auf den diastolischen Ventrikeldruck ab. Besonders in diesen Fällen ist die Druckkurve durch einen steilen Abfall des

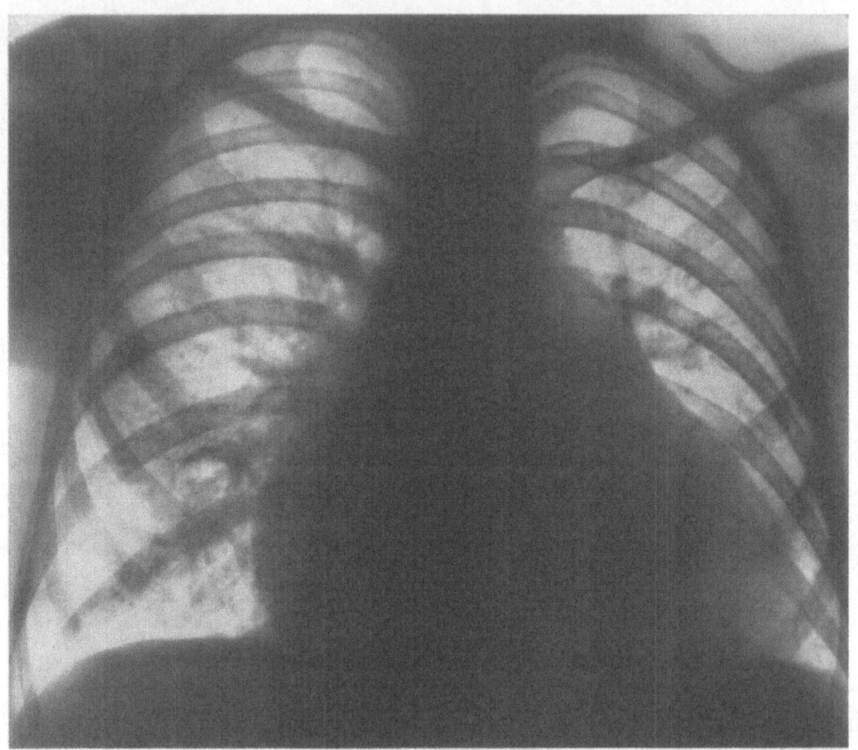

Abb. 251. Schwere Pulmonalinsuffizienz mit Insuffizienz der rechten Kammer bei einem 27jährigen Patienten (W. Bä.): Beiderseits stark verbreitertes Herz mit Vorwölbung des Pulmonalbogens. Rechtsverbreiterung infolge Mitbeteiligung des rechten Vorhofs

Zwischenstücks gekennzeichnet. Der Druckablauf in der Pulmonalarterie entspricht somit dem Pulsus celer et altus im großen Kreislauf bei der Aorteninsuffizienz. Folge des stärkeren diastolischen Druckabfalls ist eine Verkürzung der isovolumetrischen Kontraktion der rechten Kammer.

Bei suffizientem rechtem Ventrikel ist trotz der Vergrößerung des enddiastolischen Kammervolumens eine nennenswerte diastolische Druckerhöhung nicht vorhanden. Dementsprechend weist auch der rechtsseitige Vorhofdruck keine Besonderheiten auf.

Kontrastmitteldarstellung. Ebenso wie man durch Injektion eines Indikators in die Pulmonalarterie (z. B. Farbstoff oder Kälte) die Pulmonalklappeninsuffizienz dadurch sichern kann, daß man den Indikator in der Ausstrombahn des rechten Ventrikels nachweist (Loogen u. Kreuzer 1964), kann man auch durch Injektion von Kontrastmittel in die Pulmonalarterie aus der rückläufigen Kontrastmittelfüllung der rechten Kammer die Klappeninsuffizienz diagnostizieren. Die Diagnose des Fehlers ist aber nach den klinischen Symptomen und dem Herzkatheterbefund meist so eindeutig, daß auf diese Untersuchungsmethoden meist verzichtet werden kann.

Die *Prognose* der angeborenen Pulmonalinsuffizienz ist für die leichten und mittelschweren Formen nicht ungünstig. Der rechte Ventrikel ist in der Lage, die Volumenmehrarbeit über viele Jahre zu tolerieren. Bei hochgradigen Klappeninsuffizienzen ist die Belastung des rechten Ventrikels aber so erheblich, daß früher oder später mit einer Myokardinsuffizienz gerechnet werden muß. Dies ist besonders dann zu erwarten, wenn die Pulmonalinsuffizienz durch einen pulmonalen Hochdruck kompliziert wird.

c) Idiopathische Pulmonalektasie

Eine Erweiterung des Hauptstammes der Pulmonalarterie und/oder der Hauptäste wird dann als idiopathische Pulmonalektasie bezeichnet, wenn zusätzliche Herzfehler oder Erkrankungen der Lungenstrombahn als Ursache der Pulmonalerweiterung ausgeschlossen werden können.

Von der isolierten Erweiterung der Pulmonalarterie glauben vor allem französische Autoren eine besondere Form, die durch eine weite Pulmonalarterie und eine hypoplastische Aorta charakterisiert ist, abgrenzen zu können. Sie wird deshalb „syndrome grosse pulmonaire–petite aorte" genannt (LAUBRY u. Mitarb. 1940; ROUTIER u. HEIM DE BALSAC 1942).

Die *Entstehung* der isolierten Pulmonalerweiterung wird auf eine anlagebedingte Wandschwäche zurückgeführt (VAN BUCHEM u. Mitarb. 1955). Als Ursache für das Syndrom „grosse pulmonaire-petite aorte" wird eine ungleiche Septierung des Truncus angenommen (HEIM DE BALSAC 1954). Ob die zuletzt genannte Form isoliert aber überhaupt vorkommt, ist zweifelhaft (GREENE u. Mitarb. 1949).

Anatomische Untersuchungen bei Pulmonalektasie gibt es aus verständlichen Gründen nur vereinzelt. Bekannter sind die bei angeborenen Pulmonalarterienaneurysmen beschriebenen histologischen Veränderungen der Gefäßwand. Sie können zwar nicht ohne weiteres auf die idiopathische Pulmonalektasie übertragen werden, man darf aber annehmen, daß der Ektasie und dem Aneurysma bis zu einem gewissen Grade gemeinsame geweblich-strukturelle Alterationen der Gefäßwand zugrunde liegen. Die Arterien zeigen eine ausgeprägte Verarmung an elastischen Fasern; die Gefäßwand kann von zahlreichen, aus kollagenem Bindegewebe bestehenden, elastinfreien Stellen durchsetzt sein (COSTA 1929; ESSER 1932; DETERLING u. CLAGETT 1947; u.a.).

Der *erste Bericht* über eine angeborene Erweiterung der Pulmonalarterie wird ZUBER (1904) zugeschrieben: Bei der Obduktion eines 5 Monate alten Jungen fand er eine starke Dilatation der Pulmonalarterie und einen weit offenen Ductus arteriosus mit Hypertrophie des rechten Ventrikels. Es ist offensichtlich, daß dieser Fall nicht die Kriterien erfüllt, die nach der oben gegebenen Definition an die Diagnose einer idiopathischen Pulmonalektasie gebunden sind. Dieselbe Einschränkung trifft auf zahlreiche anatomische Publikationen früherer Jahrzehnte zu, solange vergleichende hämodynamische Untersuchungen nicht berücksichtigt werden konnten. So ist die geringe Zahl der als ausreichend gesichert anzusprechenden Fälle von idiopathischer Pulmonalektasie, die 1949 von GREENE u. Mitarb. mit acht angegeben wurde, zu erklären. In den letzten $1^1/_2$ Jahrzehnten finden sich zahlreiche Mitteilungen über Erweiterungen der Pulmonalarterie als isolierte Anomalie mit durch Herzkatheter und Kontrastmitteluntersuchung gesicherter Diagnose (COURNAND u. Mitarb. 1949; CHAPMAN u. Mitarb. 1949; KAPLAN u. Mitarb. 1953; GOETZ u. NELLEN 1953; MANFREDI u. MATTEO 1955; VAN BUCHEM u. Mitarb. 1955; BAYER u. Mitarb. 1957; KJELLBERG u. Mitarb. 1959).

ABBOTT (1936) gab die *Häufigkeit* der idiopathischen Pulmonalektasie mit neun Fällen unter 1000 kongenitalen Anomalien an. GROSSE-BROCKHOFF u. Mitarb. (1960) diagnostizierten diesen Gefäßfehler 14mal unter 1500 Fällen von angeborenen Angiokardiopathien. Stärkere Abweichungen bei Angaben über die Häufigkeit der idiopathischen Pulmonalektasie sind darauf zurückzuführen, daß es keine zuverlässigen Kriterien gibt, ob man, bzw. von welcher Größe an man eine röntgenologisch faßbare Erweiterung der Pulmonalarterie als Pulmonalektasie bezeichnen soll.

Die *Hämodynamik* ist durch die Gefäßanomalie nur geringgradig verändert. In dem erweiterten Anfangsteil der Pulmonalarterie treten stärkere Wirbelbildungen auf. Da die Elastizität der Gefäßwand in dem erweiterten Gefäßabschnitt herabgesetzt ist, kann auch mit einer geringen Einschränkung der Windkesselwirkung der Pulmonalarterie gerechnet werden.

Klinik. Die körperliche Entwicklung der Patienten wird durch eine idiopathische Pulmonalektasie nicht gestört. Nicht selten handelt es sich um Personen mit asthenischem Habitus.

Wenn von den Patienten Beschwerden geäußert werden, können sie im allgemeinen nicht in Verbindung mit der Gefäßdilatation gebracht werden; meist sind sie konstitutionell bedingt oder auf eine vegetative Labilität zu beziehen. Nur ausnahmsweise kann eine hochgradige Ektasie durch Druckwirkung auf benachbarte Organe retrosternale Schmerzen verursachen (BRAUN u. Mitarb. 1953).

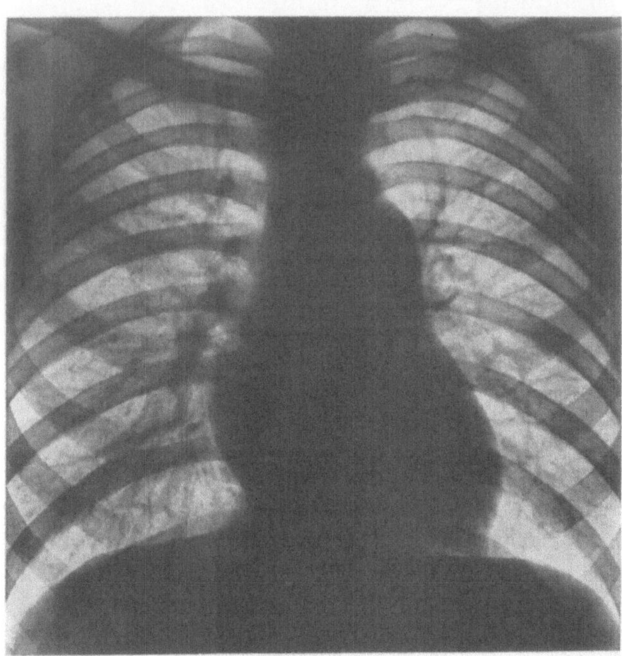

a

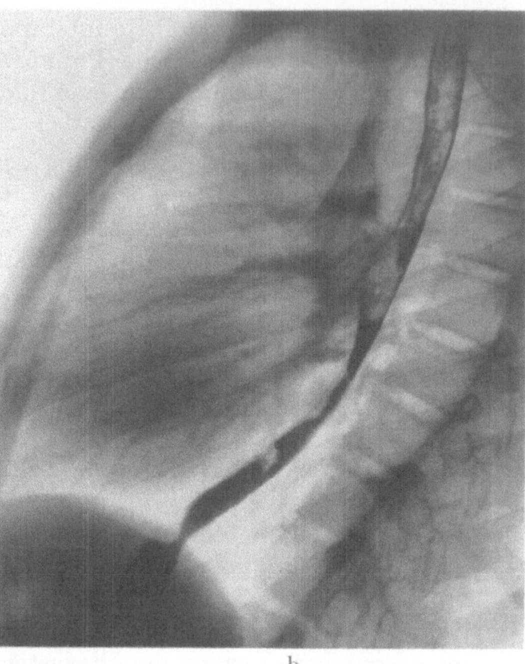

b

Abb. 252a—c. Idiopathische Pulmonalektasie bei einem 15jährigen Patienten (P.Me.). (Herzkatheteruntersuchung: kein Kurzschluß; normale Druckwerte im Lungenkreislauf und im rechten Herzen.) a Sagittalbild: Herz von normaler Größe. Deutliche Vorwölbung des Pulmonalbogens bei normal weiter Aorta. Normale Lungengefäßzeichnung. b Seitenbild. c Sagittales Kymogramm: Keine verstärkten Pulsationen im Bereich des Pulmonalbogens

Bei der Auskultation bzw. im Phonokardiogramm findet sich ein leises bis mittellautes frühsystolisches Geräusch über dem Auskultationspunkt des Pulmonalostiums, das mit Schwirren verbunden sein kann. Nicht selten ist ein frühsystolischer Extraton zum Zeitpunkt der Pulmonalklappenöffnung nachweisbar (LEATHAM u. VOGELPOEL 1954). Von einigen Autoren ist auch ein frühdiastolisches Geräusch beobachtet und auf eine relative Pulmonalinsuffizienz bezogen worden (GREENE u. Mitarb. 1949; KAPLAN u. Mitarb. 1953). In derartigen Fällen ist die Diagnose einer idiopathischen Pulmonalektasie aber nur dann als gesichert anzusehen, wenn das diastolische Geräusch nachweislich als Folge der Pulmonaldilatation entstanden ist. Ist das nicht der Fall, so ist nicht zu entscheiden, welches die primäre Veränderung ist.

Das *Elektrokardiogramm* ist im allgemeinen unauffällig. Nicht selten liegt, dem asthenischen Habitus der Träger dieser Anomalie entsprechend, ein Steiltyp vor. Gelegentlich wird ein unvollständiger Rechtsschenkelblock beobachtet, woraus sich dann differentialdiagnostische Schwierigkeiten, vor allem bei der Abgrenzung gegenüber einem Vorhofseptumdefekt ergeben (COURNAND u. Mitarb. 1949; GREENE u. Mitarb. 1949; GOETZ u. NELLEN 1949; eigene Beobachtungen).

Röntgenbefunde. Der kennzeichnende röntgenologische Befund ist die Vorwölbung des Pulmonalbogens ohne Zeichen einer Druck- oder Volumenmehrbelastung des rechten Herzens. Dieser Forderung entsprechend darf auch die Lungengefäßzeichnung nicht vermehrt sein (Abb. 252). Nach KJELLBERG u. Mitarb. (1959) sind die Pulsationsbewegungen der erweiterten Pulmonalarterie nicht verstärkt (Abb. 252c).

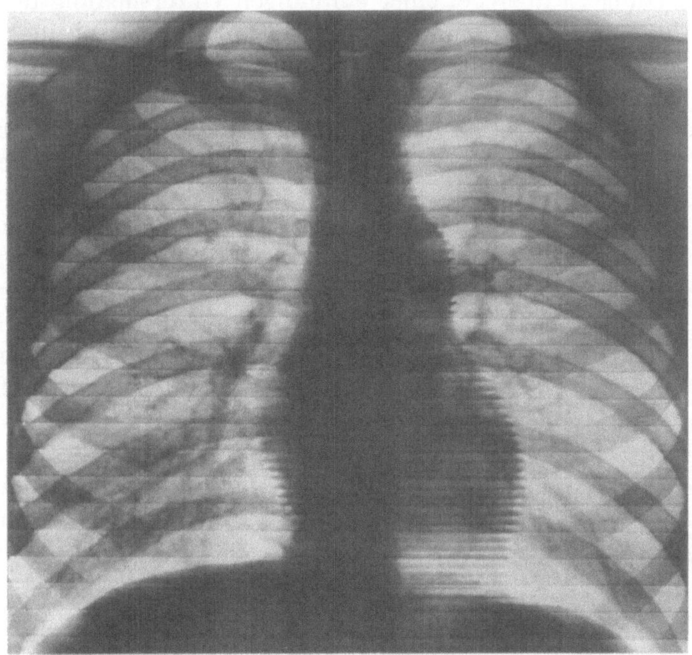

Abb. 252c

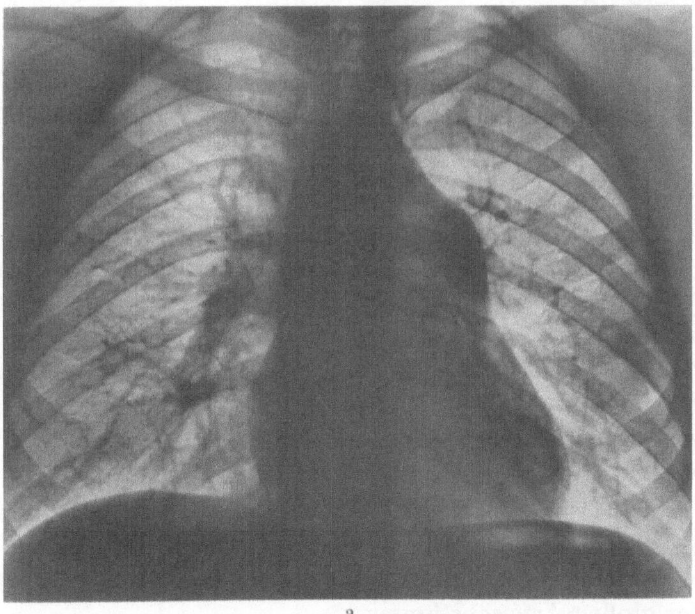

a

Abb. 253a—d. Starke Erweiterung des Pulmonalarterienstammes bei einem 31jährigen Patienten (B.Ba.). (Herzkatheteruntersuchung: kein Kurzschluß; normale Drucke im Lungenkreislauf und im rechten Herzen.) a Sagittalbild: Herz von normaler Größe. Starke Vorwölbung des Pulmonalbogens bei normal weiter Aorta und normaler Lungengefäßzeichnung. b Seitenbild. c Selektive Angiokardiographie: systolische Phase (endsystolisch): enorme Dilatation der Pulmonalarterie. d Diastolische Phase: deutliche Verkleinerung gegenüber der Systole

Eine Vorwölbung des Pulmonalbogens wird vor allem bei Kindern und Jugendlichen oft beobachtet. Nach Schulze (1955) ist diese Vorwölbung bei Kindern durch die Lage des Herzens im kindlichen Thorax bedingt. Sie soll sich von einer idiopathischen Pulmonalektasie dadurch unterscheiden lassen, daß sie durch Lageänderungen (Vornüberbeugen des Oberkörpers) im Gegensatz zur Pulmonalektasie ausgeglichen wird. Eine eindeutige Abgrenzung ist aber bei einer einmaligen Untersuchung in zahlreichen Fällen nicht möglich. Die endgültige Diagnose kann man hier erst nach mehreren, in größeren Zeitabschnitten durchgeführten Kontrolluntersuchungen stellen. Aber selbst dann ist gelegentlich die Frage, ob man eine Vorwölbung des Pulmonalbogens als idiopathische Pulmonalektasie ansprechen soll, nicht eindeutig zu beantworten. Da es keine meßbaren röntgenologischen Kriterien der Pulmonalektasie gibt, ist die Diagnose bis zu einem gewissen Grade willkürlich.

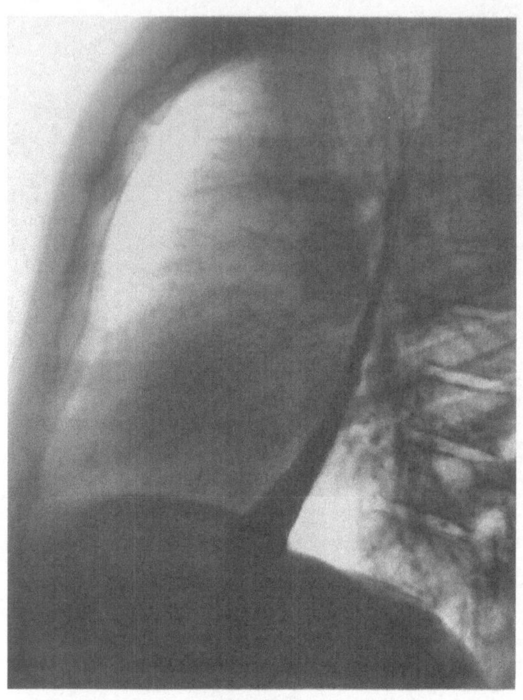

Abb. 253b

Aus dem gleichen Grunde ist es kaum möglich, die idiopathische Pulmonalektasie von einem Aneurysma des Pulmonalarterienstammes zu unterscheiden (Abb. 253) (vgl. auch Beitrag Sielaff in Band X/3). Die in Abb. 253c und d erkennbare starke Größendifferenz zwischen Systole und Diastole läßt allerdings auf eine wenig eingeschränkte Elastizität der Gefäßwand schließen und damit eher an eine Ektasie denken.

Bei der Beurteilung einer Vorwölbung des Pulmonalbogens im Röntgenbild müssen differentialdiagnostisch alle Faktoren berücksichtigt werden, die eine Erweiterung der Pulmonalarterie verursachen können. Im wesentlichen können sie in fünf Hauptgruppen zusammengefaßt werden:

1. Angeborene Herzfehler mit Vergrößerung des Lungenzirkulationsvolumens, z.B. Vorhofseptumdefekt, Ventrikelseptumdefekt, Ductus arteriosus apertus.

2. Stenose des Pulmonalostiums;

3. Herzfehler (z.B. Mitralstenose) oder Veränderungen der Lungenstrombahn, die eine Erhöhung des Strömungswiderstandes zur Folge haben, z.B. periphere Pulmonalstenosen, genuine Pulmonalsklerose;

4. Erkrankungen, die eine langdauernde Vergrößerung des Herzzeitvolumens bedingen (z.B. arteriovenöse Fisteln im großen oder kleinen Kreislauf, chronische Anämie, Thyreotoxikose);

5. Krankheitsformen unterschiedlicher Genese, die zwar keine Erweiterung der Pulmonalarterie hervorrufen, sie aber vortäuschen können,

a) Tumoren, z.B. vergrößerte Thymusdrüse, Dermoid- oder Perikardcysten,

b) Gefäßanomalien, z.B. eine linkspersistierende obere Hohlvene mit Einmündung von Lungenvenen, abnormer Verlauf der aufsteigenden Aorta in Verbindung mit einer Transposition der großen Arterienstämme.

Eine ausführliche Erörterung der differentialdiagnostischen Kriterien für alle Einzelformen würde an dieser Stelle zu weit führen. Es sei auf die zusammenfassenden Darstellungen des Schrifttums (Schaede u. Thurn 1953; Danneel u. Mitarb. 1954; Schulze 1955; Bayer u. Mitarb. 1957) sowie auf die entsprechenden Kapitel dieses Bandes verwiesen.

In der Mehrzahl der Fälle sind die klinischen Befunde so eindeutig, daß eine Abgrenzung der obengenannten Anomalien von einer idiopathischen Pulmonalektasie möglich ist. Manchmal ergeben sich aber Schwierigkeiten, vor allem bei der Abgrenzung von einem kleinen Vorhofseptumdefekt, einer leichten Pulmonalstenose oder einer Veränderung, die eine Dilatation der Pulmonalarterie vortäuschen kann. Eine sichere Beurteilung erfordert dann im allgemeinen spezielle Herzuntersuchungen.

Herzkatheteruntersuchung. Die Herzkatheteruntersuchung dient praktisch immer dem Ausschluß anderer Herzanomalien oder von Lungengefäßveränderungen, die eine Dilatation der Pulmonalarterie zur Folge haben können. Bei der idiopathischen Pulmonalektasie sind Druckwerte und blutgasanalytische Bestimmungen in der Lungenstrombahn und im rechten Ventrikel normal. Oft findet man zwischen der Pulmonalarterie und dem rechten Ventrikel eine systolische Druckdifferenz von einigen mm Hg. Soweit die Differenz 5—10 mm Hg nicht übersteigt, berechtigt sie nicht zur Annahme einer Pulmonalstenose, namentlich wenn die Differenz unter Belastungsbedingungen nicht wesentlich ansteigt. Trotz unverdächtiger Blutgasanalysen kann man gelegentlich durch Indikatorverdünnungsmethoden im Vorhofbereich einen Links-Rechts-Shunt nachweisen. Obgleich der Kurzschluß in derartigen blutgasanalytisch „negativen" Fällen sicher nicht erheblich ist, so ist es doch zweifelhaft, ob man in einem solchen Fall eine Dilatation der Pulmonalarterie noch als „idiopathisch" ansprechen kann.

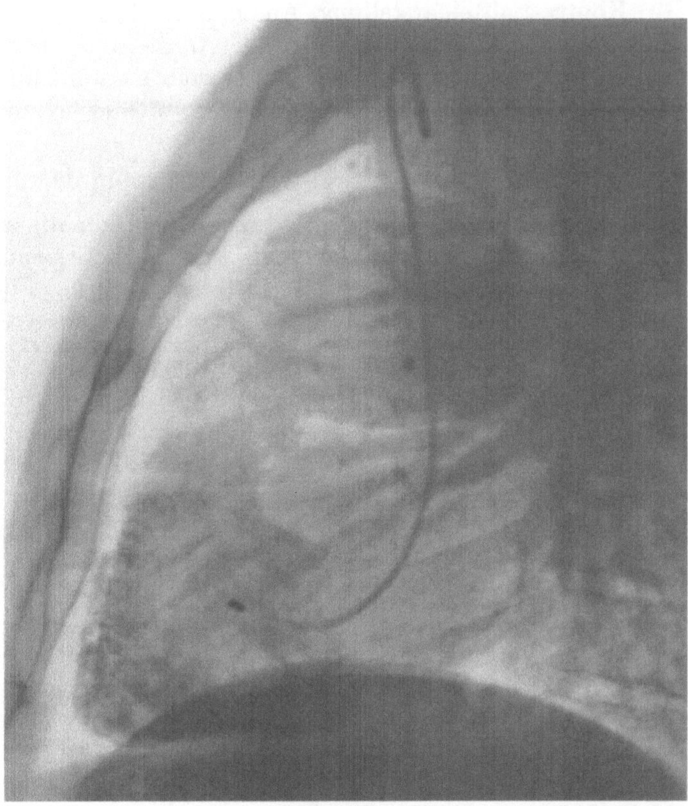

Abb. 253c

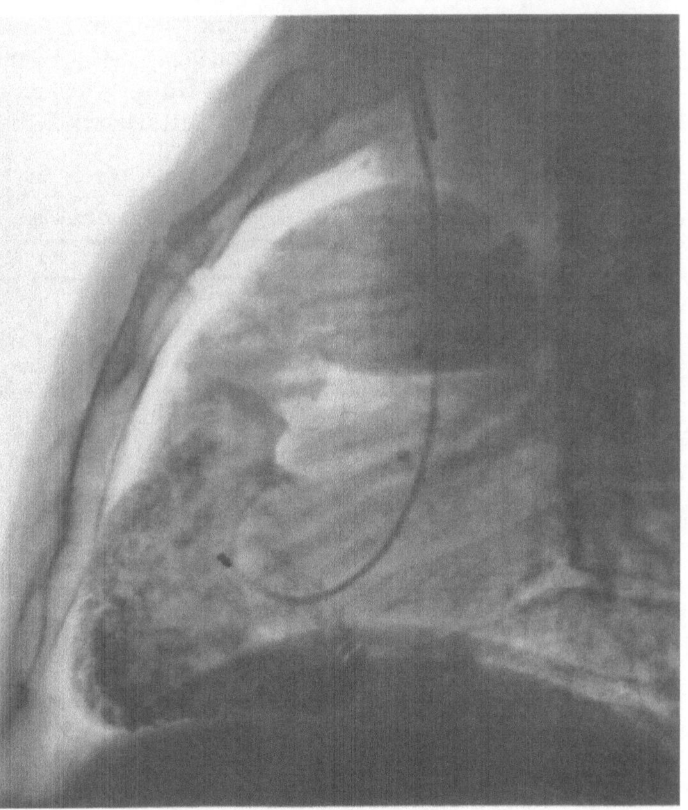

Abb. 253d

Kontrastmitteldarstellung. Aus diagnostischen Gründen ist eine Kontrastmitteluntersuchung, die eine Beurteilung der Ausdehnung der Pulmonalerweiterung erlaubt, im allgemeinen nur angezeigt, wenn es sich darum handelt, die Dilatation der Pulmonalarterie von anderen, eine Vorwölbung vortäuschenden Prozessen, abzugrenzen.

21. Tricuspidalatresie

Die wesentlichen Merkmale dieser Herzanomalie sind Atresie des Tricuspidalostiums, Hypoplasie des rechten Ventrikels und Vorhofseptumdefekt.

Für die *Entstehung* der Tricuspidalatresie sind mehrere Erklärungen gegeben worden:

1. Eine Störung in der Entwicklung des Canalis atrio-ventricularis, wobei entweder das Ostium atrio-ventriculare in seiner ursprünglichen Lage verharrt und die üblicherweise erfolgende Verschiebung nach rechts ausbleibt oder die Ausbildung des Vorhofseptums nicht in der Mitte des Kanals, sondern stark rechts verschoben erfolgt, wodurch ebenfalls das Ventrikelseptum nach rechts verlagert wird;
2. eine Störung während der Drehungsvorgänge des Herzens in den ersten intrauterinen Wochen (SPITZER 1923; MANHOFF u. HOWE 1945);
3. eine Störung in der Entwicklung der rechts gelegenen Endokardkissen (RAUCHFUSS 1878; WIELAND 1914; MÖNCKEBERG 1924; LAUBRY und PEZZI 1921);
4. Folge einer antimeralen Hypoplasie (BREDT 1935).

Das *anatomische Bild* der Tricuspidalatresie zeigt zahlreiche Variationen. Der stets vorhandene Vorhofseptumdefekt ist meist klein und entspricht dann dem offenen Foramen ovale (in 66% nach KEITH u. Mitarb. 1958); ein echter Vorhofseptumdefekt wird in 33% gefunden; vereinzelt fehlt das Vorhofseptum ganz. Der rechte Vorhof ist meist vergrößert und hypertrophiert; er ist es stets bei Vorliegen einer kleinen Vorhofverbindung.

Der linke Ventrikel ist vergrößert und hypertrophiert; die rechte Kammer ist stets kleiner als normal. Meist besteht ein Ventrikelseptumdefekt. Die großen Gefäße können aus den zugehörigen Kammern entspringen (in 70,5%) oder transponiert sein (in 29,5% nach KEITH u. Mitarb.). Auf der grundlegenden Klassifikation von KÜHNE (1906) fußend, unterscheiden EDWARDS und BURCHELL (1949) zwei Hauptgruppen mit je zwei Untergruppen, KEITH u. Mitarb. (1958) zwei Hauptgruppen mit je drei Untergruppen (Abb. 254). Die Typeneinteilung nach KEITH u. Mitarb. und die relative Häufigkeit der einzelnen Formen ist aus Tabelle 10 ersichtlich.

Tabelle 10. *Relative Häufigkeit der anatomischen Tricuspidalatresietypen* (115 obduzierte Fälle)

	Zahl der Fälle
1. Ohne Transposition der großen Gefäße	**81 (70,5%)**
a) mit Pulmonalatresie	10 (12%)
b) mit Hypoplasie der Pulmonalarterie und kleinem Ventrikelseptumdefekt	61 (76%)
c) ohne Hypoplasie der Pulmonalarterie, mit großem Ventrikelseptumdefekt	10 (12%)
2. Mit Transposition der großen Gefäße	**34 (29,5%)**
a) mit Pulmonalatresie	3 (11%)
b) mit Pulmonalstenose oder subpulmonaler Stenose	10 (29%)
c) ohne Pulmonalstenose	21 (60%)

Aus KEITH u. Mitarb. (1958).

Die *Häufigkeit* der Tricuspidalatresien beträgt unter den angeborenen Herzanomalien 1—3% (GIBSON u. CLIFTON 1938; MANNHEIMER 1949; FELL u. Mitarb. 1950; CHICHE 1952; DURAND u. MÉTIANU 1954; GROSSE-BROCKHOFF, LOOGEN u. SCHAEDE 1960). Ihr Anteil an den cyanotischen Vitien wird mit 4—6% angegeben (TAUSSIG, 1947).

Trotz der zahlreichen anatomischen Variationen zeigt die *Hämodynamik* in weiten Bereichen ein einheitliches Bild. Da sowohl das Blut des rechten als auch das des linken Vorhofs in den linken Ventrikel fließt, erhalten Körper- und Lungenkreislauf das gleiche Mischblut. Vom funktionellen Gesichtspunkt aus ist es daher belanglos, ob die großen Gefäße transponiert sind oder nicht. Die Größe der Herzzeitvolumina wird bestimmt

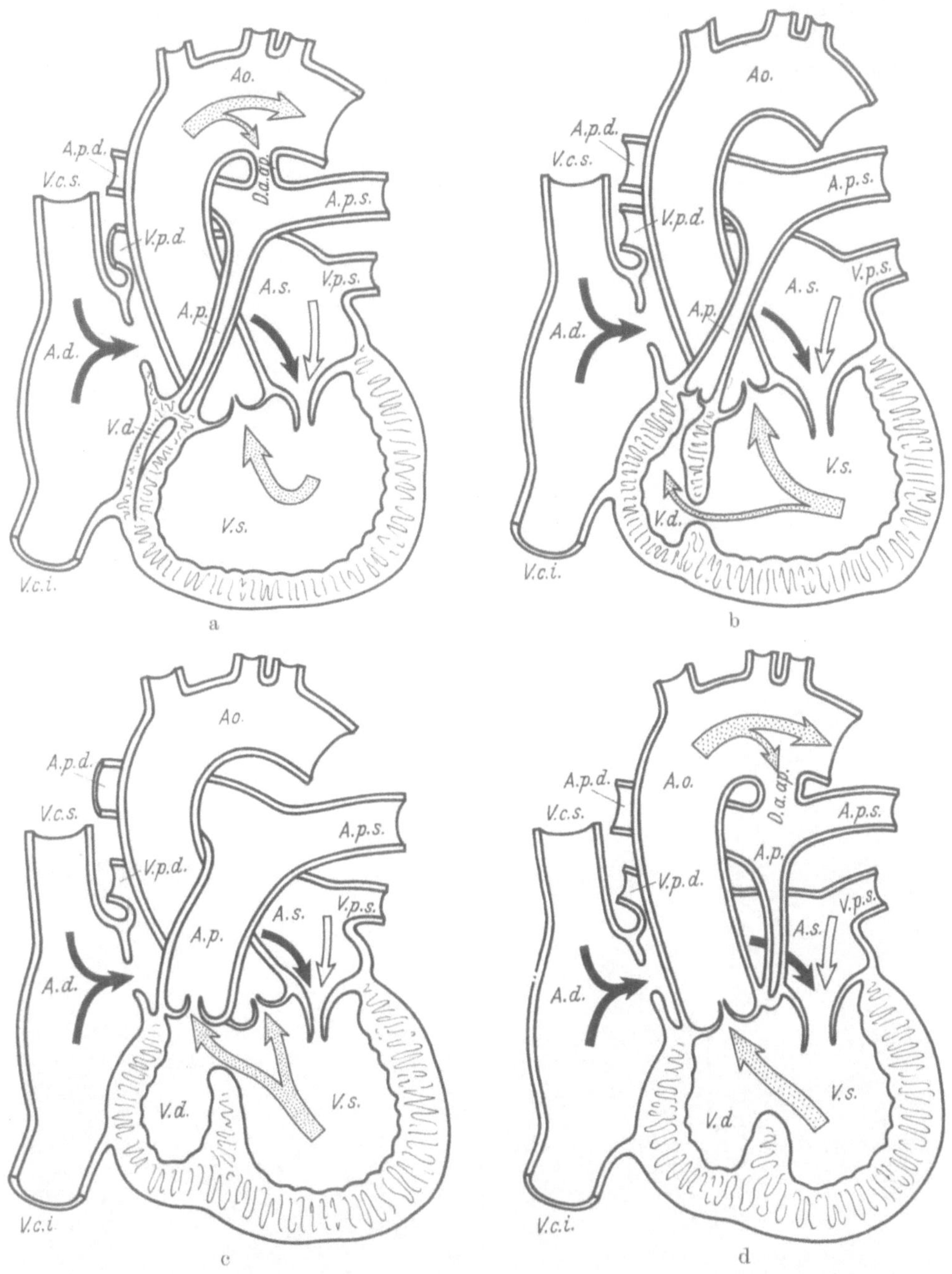

Abb. 254a—f. Schematische Darstellung der Tricuspidalatresie ohne (a—c) und mit (d—f) Transposition der großen Gefäße. a Tricuspidalatresie mit Pulmonalatresie, intaktem Ventrikelseptum und funktionslosem rechten Ventrikel (Typ 1a der Einteilung nach EDWARDS und BURCHELL, 1949). b Tricuspidalatresie mit subpulmonaler Stenose, pulmonaler Hypoplasie und kleinem Ventrikelseptumdefekt (Typ 1b der Einteilung nach EDWARDS und BURCHELL). c Tricuspidalatresie ohne Hypoplasie der Pulmonalarterie mit einem sich in die Ausflußbahn des rechten Ventrikels öffnenden Ventrikelseptumdefekt. d Tricuspidalatresie mit Atresie der Pulmonalarterie und Ursprung der Aorta aus dem rechten Ventrikel. e Tricuspidalatresie mit subpulmonaler Stenose (oder Pulmonalstenose) und Ursprung der Aorta aus dem rechten, der Pulmonalarterie aus dem linken Ventrikel (Typ 2a der Einteilung nach EDWARDS und BURCHELL). f Tricuspidalatresie mit Transposition der großen Gefäße, ohne Pulmonalstenose (Typ 2b der Einteilung nach EDWARDS und BURCHELL). *V.c.s.* Obere Hohlvene; *V.c.i.* untere Hohlvene; *A.d.* rechter Vorhof; *A.s.* linker Vorhof; *V.s.* linker Ventrikel; *V.d.* rechter Ventrikel; *A.p.* Pulmonalarterie; *Ao.* Aorta; *A.p.s.* linke Pulmonalarterie; *A.p.d.* rechte Pulmonalarterie; *V.p.s.* linke Lungenvene; *V.p.d.* rechte Lungenvene; *D.a.ap.* offener Ductus arteriosus. (Nach GROSSE-BROCKHOFF, LOOGEN, SCHAEDE: Hdb. inn. Med. 1960)

durch die Höhe des Strömungswiderstandes im Körper- und Lungenkreislauf. Oft ist bei Ursprung der Pulmonalarterie aus dem rudimentären rechten Ventrikel die Verbindung zwischen den Kammern so klein, daß sie eine druckreduzierende Wirkung hat. In der-

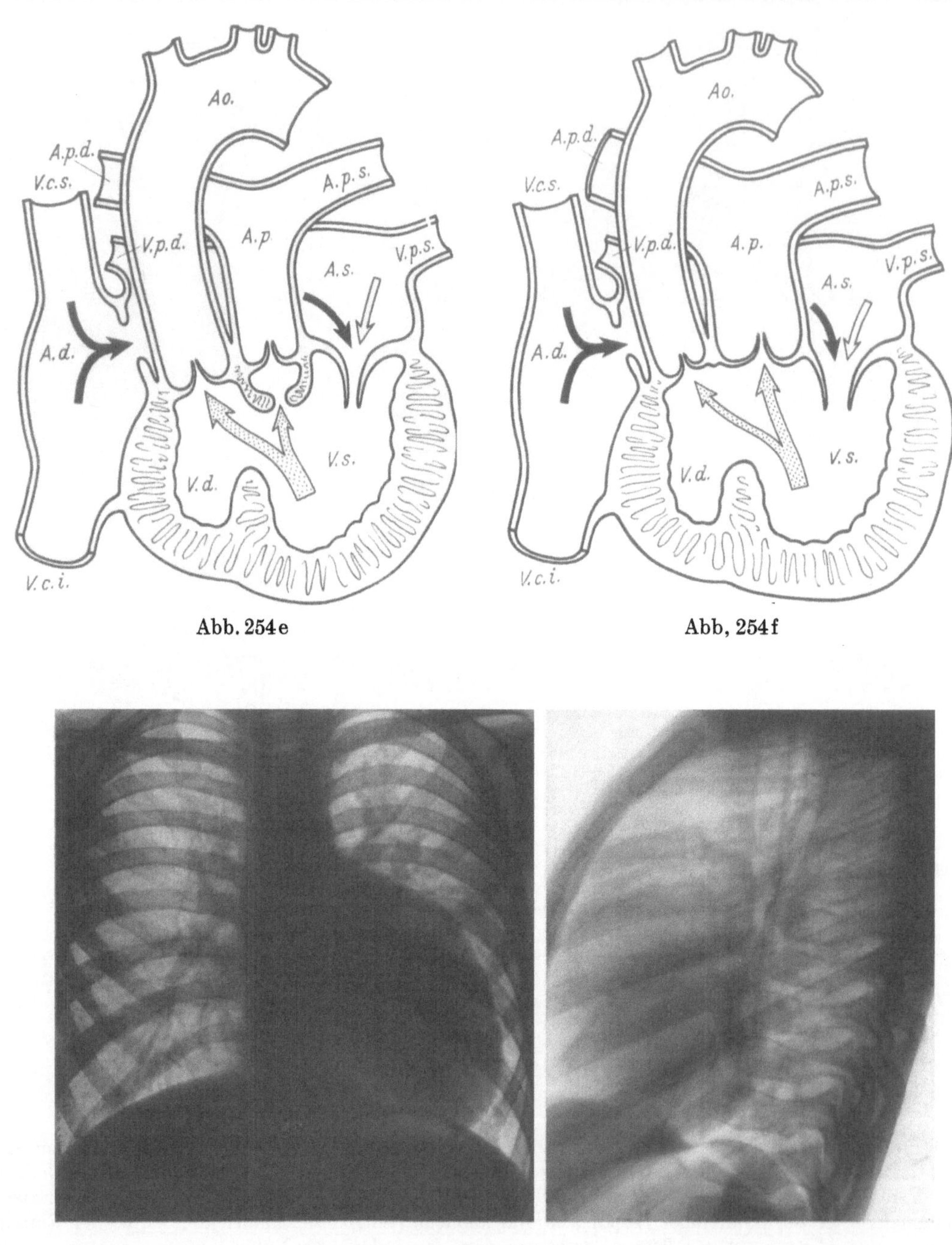

Abb. 254e Abb, 254f

a b

Abb. 255a u. b. Tricuspidalatresie bei einem 7jährigen Patienten (H.Pe.). a Sagittalbild: Steil abfallende, den Wirbelsäulenschatten nicht überschreitende rechte Herzgrenze. Linksverbreiterung mit fehlendem Pulmonalbogen. Lungenzeichnung nicht vermehrt. b Seitenbild: starke Ausladung des Herzens nach hinten

artigen Fällen ist das Lungenzirkulationsvolumen ebenso wie in den Fällen mit einer Pulmonalstenose gegenüber dem Zirkulationsvolumen des großen Kreislaufs vermindert. Besteht bei Ursprung der Pulmonalarterie aus der linken Kammer keine Stenose der pulmonalen Ausflußbahn, dann ist das Zirkulationsvolumen im Lungenkreislauf wegen des niedrigeren Strömungswiderstandes im kleinen Kreislauf größer als im großen Kreislauf.

Bei atretischer Pulmonalarterie wird der Lungenkreislauf über einen Ductus arteriosus apertus oder über andere Kollateralgefäße versorgt.

Das *klinische Bild* der Tricuspidalatresie wird von folgender Trias beherrscht: Der von frühester Kindheit an bestehenden Cyanose, dem linkstypischen Elektrokardiogramm und den charakteristischen Veränderungen der Herzkonfiguration (TAUSSIG). Die Cyanose ist in der Mehrzahl der Fälle stark. Sie ist geringer oder kann fehlen bei Transposition der Pulmonalarterie mit großem Lungenzirkulationsvolumen. Der Auskultationsbefund ist nicht charakteristisch. Bei Vorliegen einer Pulmonalstenose ist im 2.—3. Intercostalraum links parasternal ein systolisches Geräusch zu hören; oft ist dann auch Schwirren zu tasten.

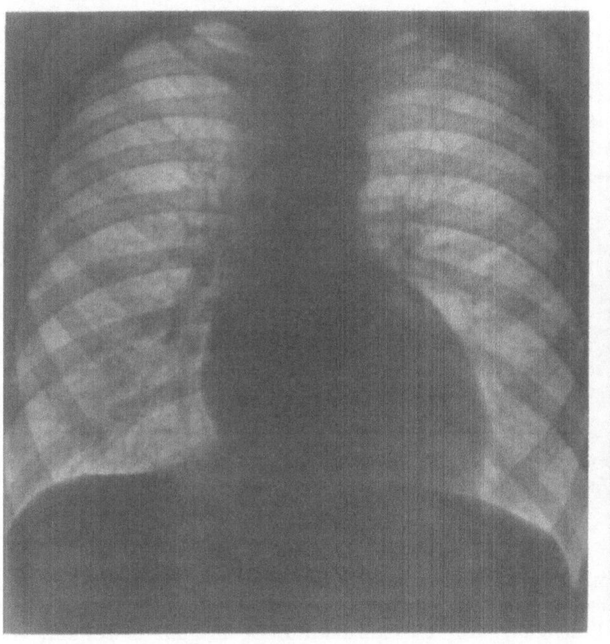

a

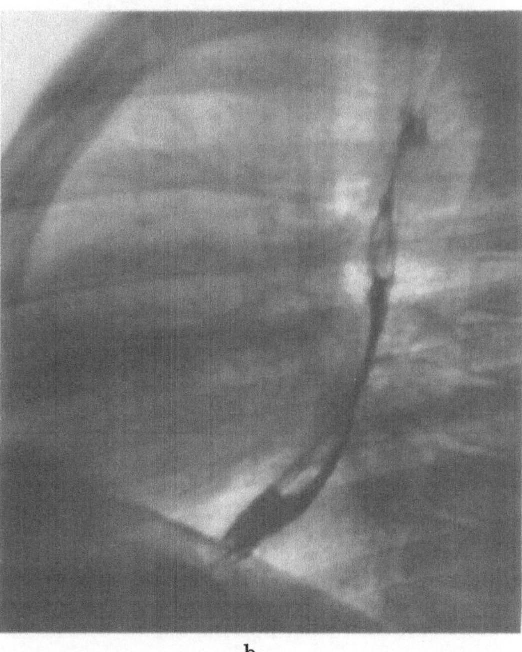

b

Abb. 256a u. b. Tricuspidalatresie bei einem 9jährigen Patienten (H.Gu.). a Sagittalbild: Herz von normaler Größe mit etwas verstärkter Rundung der Herzspitze. Konkavität des Pulmonalbogens. Geringe Lungengefäßzeichnung. Im Sagittalbild große Ähnlichkeit mit einem Herz bei Fallotscher Tetralogie. b Seitenbild: Zum Unterschied von einer Fallotschen Tetralogie lädt der Herzschatten stärker nach hinten aus, während Zeichen einer Vergrößerung des rechten Ventrikels nicht nachweisbar sind

Das linkstypische *Elektrokardiogramm* ist zwar für eine Tricuspidalatresie als sehr typisch, aber nicht als pathognomonisch anzusprechen. Gelegentlich findet sich ein Normtyp; auch ein Rechtstyp ist vereinzelt beobachtet worden.

Röntgenbefunde. Dem anatomischen und hämodynamischen Bild entsprechend zeigt das Röntgenbild ein breites Spektrum verschiedener Herzkonfigurationen und unterschiedlichen Verhaltens der Lungengefäßzeichnung.

Die *Herzgröße* liegt bei der Mehrzahl der Patienten im Normbereich. KEITH u. Mitarb. (1958) fanden unter 40 eigenen Beobachtungen 31mal (77,5%) ein normal großes Herz. Eine geringe bis mäßige Vergrößerung des Herzens war in 17,5%, eine starke Verbreiterung in 5% nachweisbar. Im allgemeinen handelte es sich bei diesen Fällen um eine Tricuspidalatresie mit Transposition der großen Gefäße. Derartige Beobachtungen sind auch von TAUSSIG (1947), DICKSON u. JONES (1948), ROBINSON u. HOWARD (1948) sowie von MARDER u. Mitarb. (1953) beschrieben worden.

Die *Konfiguration des Herzens* kann so charakteristisch sein, daß sie allein schon die dringende Verdachtsdiagnose einer Tricuspidalatresie erlaubt. Das „typische“ Röntgenbild der Tricuspidalatresie wurde von Taussig (1947) beschrieben. Bei sagittaler Projektion ist der rechte Herzrand abgeflacht und überschreitet oft den Wirbelsäulenschatten nicht. Der Pulmonalbogen ist konkav; die linke untere Herzkontur ist ausladend und verstärkt gerundet (Abb. 255). Dieser Verlauf der linken Herzkontur ist nach Zdansky (1962) im wesentlichen Folge der starken Ausweitung der Einflußbahn der linken Kammer durch den vermehrten diastolischen Blutzustrom. Da dieser Typ des Röntgenbildes meist

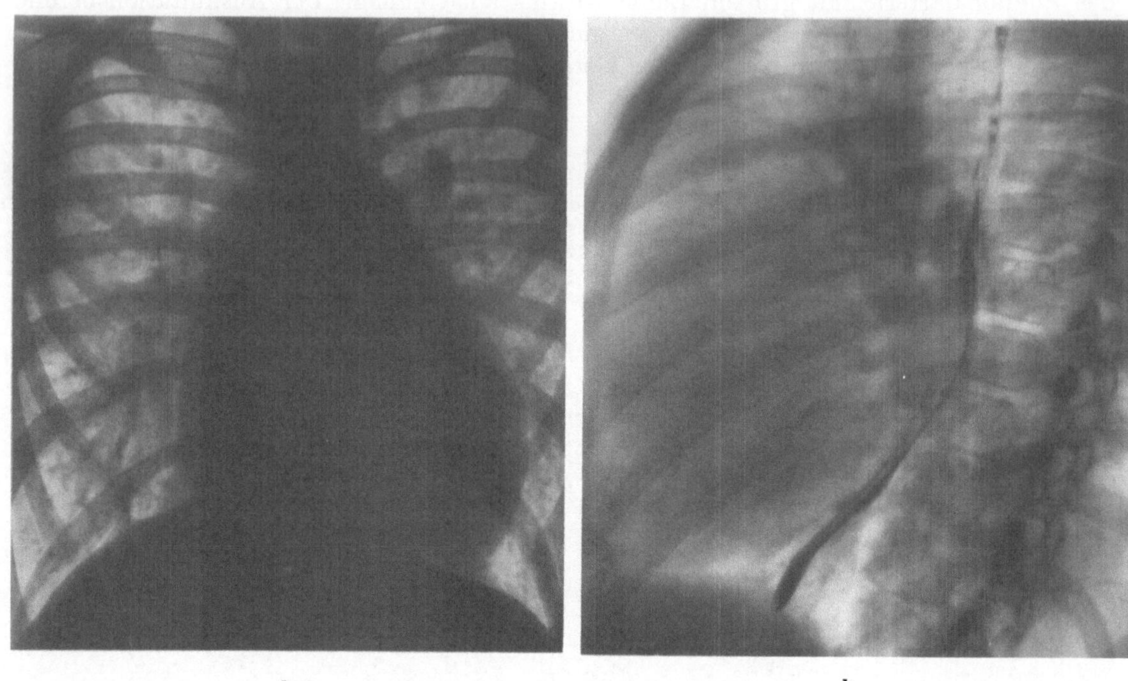

a b

Abb. 257 a u. b. Tricuspidalatresie mit Transposition der großen Gefäße bei einem 8jährigen Patienten (K.Ma.). a Sagittalbild: Vergrößerung des Herzens beiderseits. Vorwölbung im Bereich des Pulmonalbogens. Stark vermehrte Lungengefäßzeichnung. b Seitenbild: Einengung des Retrokardialraumes im ganzen Verlauf, vor allem im Bereich des linken Vorhofs

bei der Tricuspidalatresie mit gleichzeitiger Pulmonalstenose, aber ohne Transposition der großen Gefäße, angetroffen wird, ist dann das Gefäßband im allgemeinen schmal; die Lungenfelder sind hell.

In linker Schrägstellung überragt die vordere Herzkontur infolge der rudimentären rechten Kammer die Aortenlinie nicht und läßt einen deutlichen Abstand zur Thoraxwand. Demgegenüber überschreitet die hintere Herzkontur den vorderen Wirbelsäulenrand beträchtlich. Das „Aortenfenster“ ist hell.

Diese charakteristische Herzkonfiguration der Tricuspidalatresie wird aber nur in einem kleinen Teil der Fälle angetroffen. Meist fehlt die flache Begrenzung der rechten Herzkontur. Durch einen vergrößerten rechten Vorhof kann sie konvexbogig sein. Häufig zeigt das Röntgenbild ähnliche Formveränderungen wie bei der Fallotschen Tetralogie (Abb. 256) (Wittenborg u. Mitarb. 1951; Thurn 1958; Kjellberg u. Mitarb. 1959; Grosse-Brockhoff, Loogen u. Schaede 1960). Nicht selten sind aber trotz der großen Ähnlichkeit der Konfiguration einige Abweichungen zu erkennen. Die Herzspitze ist bei der Tricuspidalatresie im allgemeinen stärker gerundet und zeigt nicht die für die Fallotsche Tetralogie typische Anhebung. Auch der Nachweis eines verstärkten Vor-

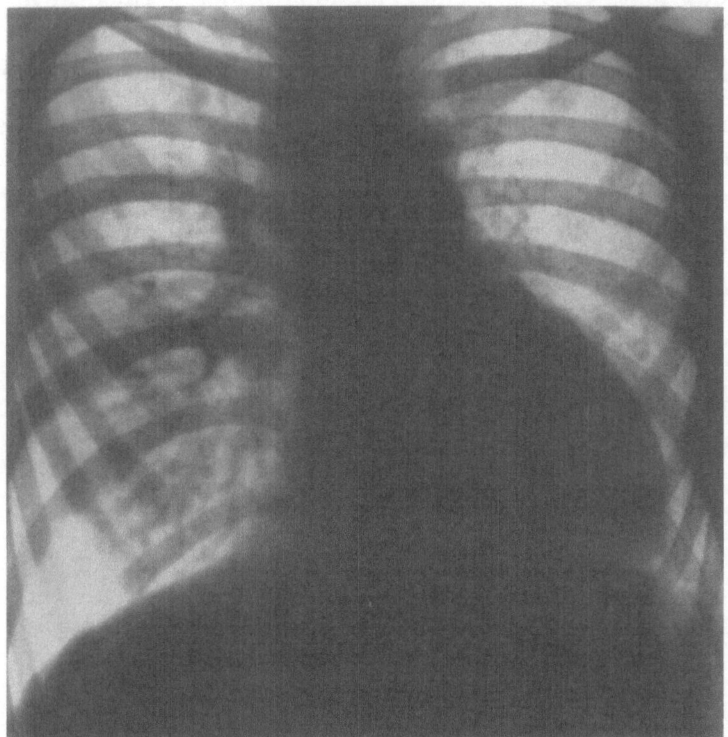

Abb. 258. Tricuspidalatresie mit Rechtslage des Aortenbogens bei einem 6jährigen Patienten (A. Fa.)

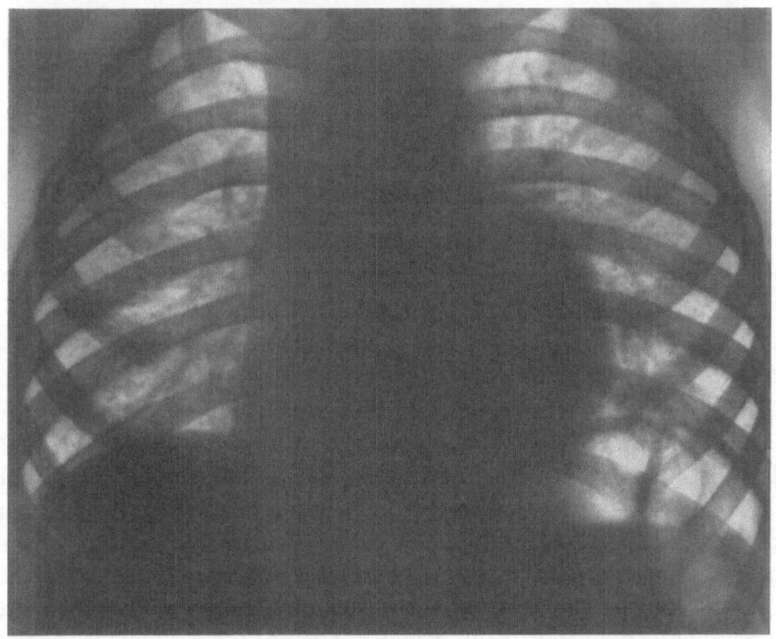

Abb. 259. Tricuspidalatresie bei einem 5jährigen Patienten (F.J.Zi.). Verbreiterung des Gefäßbandes und des Herzens nach rechts durch die erweiterte obere bzw. untere Hohlvene

springens des linken Vorhofs in den Retrokardialraum bei gleichzeitiger Gefäßarmut der Lungenfelder ist auf eine Tricuspidalatresie suspekt.

Bei Tricuspidalatresie mit Transposition der großen Gefäße und vergrößertem Lungenzirkulationsvolumen kann die Konfiguration des Herzens der bei Gefäßtransposition so sehr gleichen, daß röntgenologisch eine Trennung beider Formen nicht möglich ist. Die linke und rechte Herzkontur können konvexbogig verlaufen (Abb. 257).

Liegt die Aorta vor der Pulmonalarterie, so ist das Gefäßband im Sagittalbild schmal, wodurch das Herz dann die für die Gefäßtransposition als typisch beschriebene „Eiform" erhält. Der linke Vorhof ist bei Fällen ohne Pulmonalstenose vergrößert und springt unter Verdrängung des Oesophagus in den Herzhinterraum vor (vgl. Abb. 257b).

Neben den genannten Herzkonfigurations-Typen sind die Fälle nicht selten, bei denen die Herzform ganz uncharakteristisch ist. Dies trifft besonders dann zu, wenn die Tricuspidalatresie mit Lageanomalien des Herzens kombiniert ist. Schließlich kann sogar einmal das Herz völlig normale Form und Lage haben.

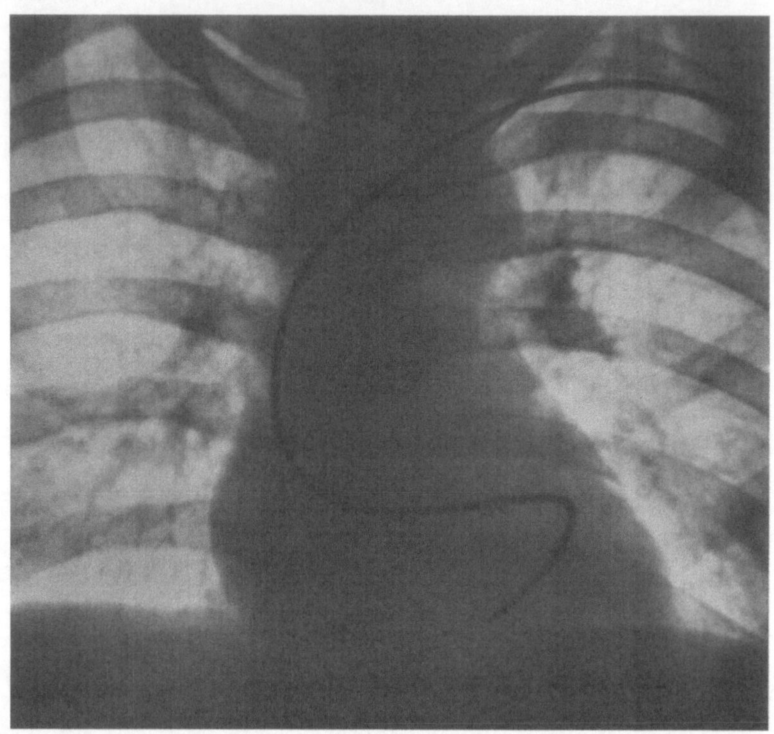

Abb. 260. Tricuspidalatresie bei einer 28jährigen Patientin (E.Schu.). Typischer Katheterverlauf (s. Text)

Eine Rechtslage des Aortenbogens (Abb. 258) fanden Keith u. Mitarb. (1958) in 8,8% ihrer Fälle. Meist wird dieser anomale Verlauf der Körperschlagader bei der Tricuspidalatresie mit kleinem rechten Ventrikel und Hypoplasie der Pulmonalarterie angetroffen, gelegentlich aber auch bei Patienten mit Transposition der großen Gefäße.

Nicht selten ist das Gefäßband durch die obere Hohlvene nach rechts verbreitert (Abb. 259). Der Nachweis einer verbreiterten oberen Hohlvene bei Tricuspidalatresie ist dann suspekt auf einen kleinen Vorhofseptumdefekt und Stauung im rechten Vorhof. In diesem Fall wird gelegentlich im Herzzwerchfellwinkel auch der breite Gefäßschatten der unteren Hohlvene sichtbar. Die Verbreiterung des Herzschattens nach rechts ist besonders stark, wenn gleichzeitig ein Rechts-Aortenbogen vorliegt. Eine Verbreiterung des Gefäßschattens nach links, der sich bis zum linken Schlüsselbein hinzieht, weist auf eine persistierende linke obere Hohlvene hin. Diese hämodynamisch meist belanglose Gefäßanomalie scheint bei der Tricuspidalatresie oft vorzukommen. Wir fanden sie in 3 von 22 Fällen.

Von Snow (1952) wurde auf die asynchrone Pulsation der vorderen und hinteren Herzkontur hingewiesen und dieser Befund als ein für die Tricuspidalatresie typisches röntgenologisches Zeichen gewertet. Der diagnostische Wert dieses Symptoms wird aber dadurch eingeschränkt, daß es nicht in allen Fällen vorhanden ist, besonders bei Kleinkindern schwer faßbar wird (KEITH u. Mitarb.) und daß es auch bei anderen angeborenen Herzfehlern mit einem vergrößerten und hypertrophierten rechten Vorhof vorkommen kann (KJELLBERG u. Mitarb.).

Zusammenfassend ist somit festzustellen, daß die Röntgenuntersuchung nur in einem kleinen Teil der Fälle entscheidend zur Diagnose einer Tricuspidalatresie beiträgt. Meist ist die röntgenologische Herzform der anderer angeborener Herzfehler so ähnlich, daß eine differentialdiagnostische Entscheidung über den vorliegenden Fehler nicht möglich ist. Zur Sicherung der Diagnose kann man daher im allgemeinen auf spezielle Herzuntersuchungen nicht verzichten.

Herzkatheteruntersuchung. Ein diagnostisch wichtiger Befund bei der Herzkatheteruntersuchung ist die Feststellung, daß die Katheterspitze vom rechten Vorhof nicht in

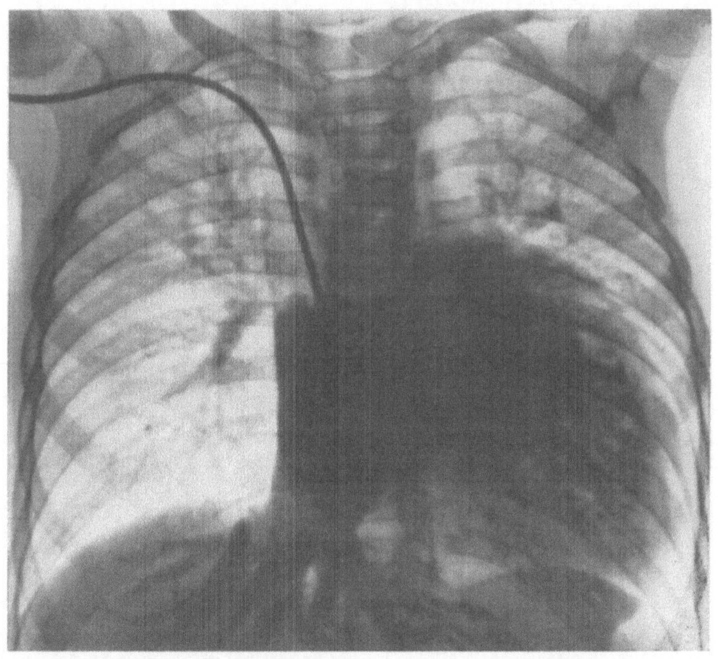

Abb. 261. Tricuspidalatresie bei einem 7jährigen Patienten (H.Pe.). Kontrastmittelinjektion in den rechten Vorhof. Kontrastmittelfüllung: rechter Vorhof → linker Vorhof → linker Ventrikel → Aorta. Dreieckige Kontrastmittelaussparung im Bereich der re. Kammer (z.T. durch Aortenfüllung überlagert). Starker Reflex in das Zuflußgebiet der unteren Hohlvene

den rechten Ventrikel vorgeführt werden kann. Praktisch immer gelangt der Katheter beim Versuch, das Tricuspidalostium zu passieren, durch einen Vorhofseptumdefekt in den linken Vorhof und von dort in die linke Kammer (Abb. 260). Nur selten ist es möglich, Aorta und Pulmonalarterie zu sondieren. Die dabei entnommenen Blutproben erlauben eine Berechnung der Herzzeitvolumina im großen und kleinen Kreislauf, die Druckmessungen den Nachweis einer Ausflußbahnstenose. Darüber hinaus kann man aus der Formanalyse der Druckkurven des linken und rechten Vorhofs Rückschlüsse auf die Größe des Vorhofseptumdefektes ziehen.

Die Unmöglichkeit, den Katheter vom rechten Vorhof in den rechten Ventrikel vorzuführen, ist allerdings nicht als pathognomonisch für die Tricuspidalatresie zu werten, da dies auch bei einer hochgradigen Tricuspidalstenose oder einer isolierten Pulmonalatresie vorkommen kann. Deshalb ist die diagnostisch wichtigste Untersuchung die Kontrastmitteldarstellung des Herzens und der großen Gefäße.

Kontrastmitteldarstellung. Bei der venösen Angiokardiographie ist der Kontrastmittelfüllungsablauf der Herzhöhlen stets der gleiche: Vom rechten Vorhof gelangt das Kontrastmittel in den linken Vorhof, von dort in die linke Kammer. Im Sagittalbild bleibt

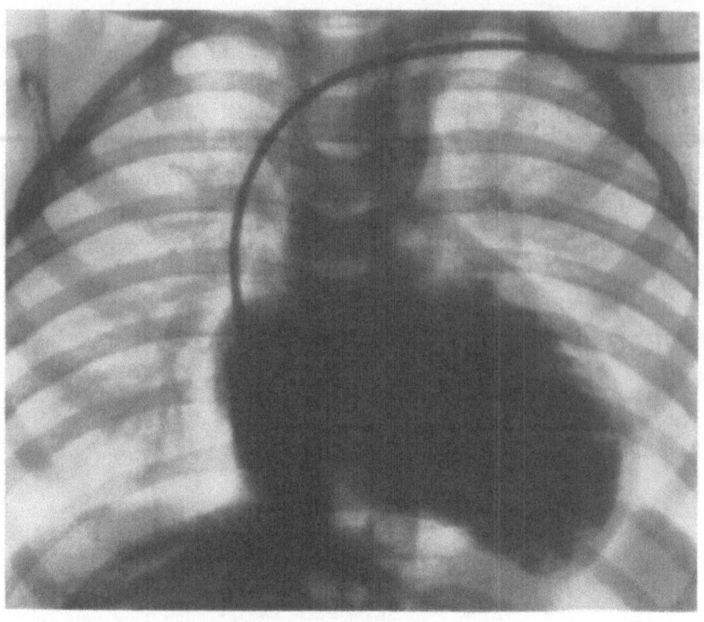

a

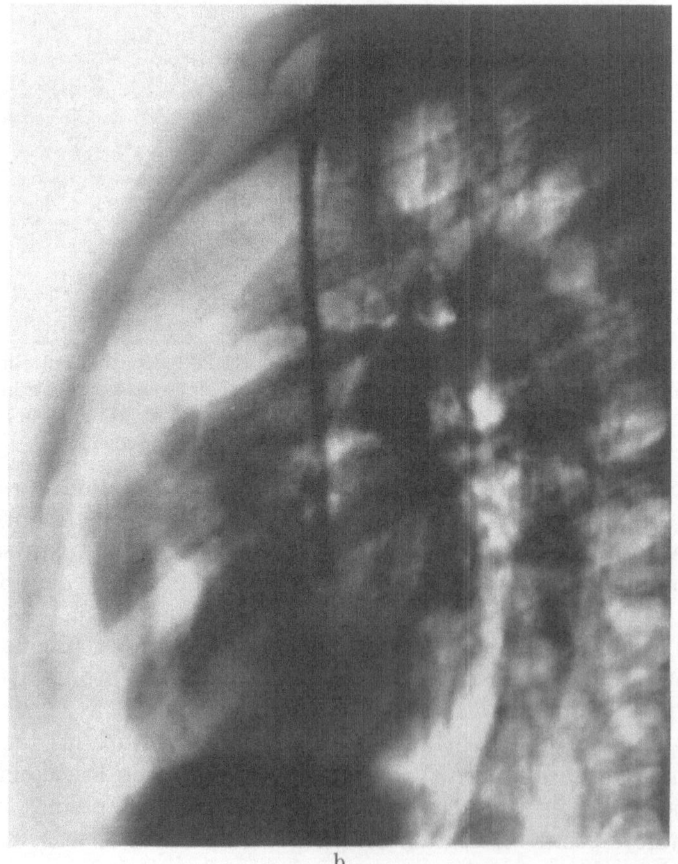

b

Abb. 262a u. b. Tricuspidalatresie bei einem 4jährigen Jungen (T.Ste.). Kontrastmittelinjektion in den rechten Vorhof. a Sagittalbild: Deutlicher Reflux in das Zuflußgebiet der unteren Hohlvene. Typische Kontrastmittelaussparung im Bereich der rechten Kammer. b Seitenbild: Kontrastmittelübertritt vom linken Ventrikel in die rudimentäre rechte Kammer durch einen kleinen Septumdefekt. Normale Lage der großen Gefäße

oft während der ersten Füllungsphase an der Herzbasis rechts eine dreieckige Aussparung, die dem rechten Ventrikel entspricht (Abb. 261) (COOLEY u. Mitarb. 1950). Die Basis dieser Aussparung wird vom Zwerchfell, die Seiten werden vom rechten Vorhof oder der unteren Hohlvene und dem linken Ventrikel gebildet [von CAMPBELL und HILLS (1950) „right ventricular window“ genannt]. Besteht ein größerer Ventrikelseptumdefekt, so füllt sich das Dreieck allmählich vom linken Ventrikel her. Bei sehr kleinen Defekten kann der Kontrastmittelübertritt aber so gering sein, daß er röntgenologisch nicht faßbar wird (KJELLBERG u. Mitarb.).

Der rechte Vorhof ist meist deutlich vergrößert; er ist es stets und ganz besonders, wenn die Vorhofverbindung klein ist. In diesen Fällen ist der Kontrastmittelübertritt in das linke Herz verzögert. Man beobachtet dann einen starken Reflux von Kontrastmittel

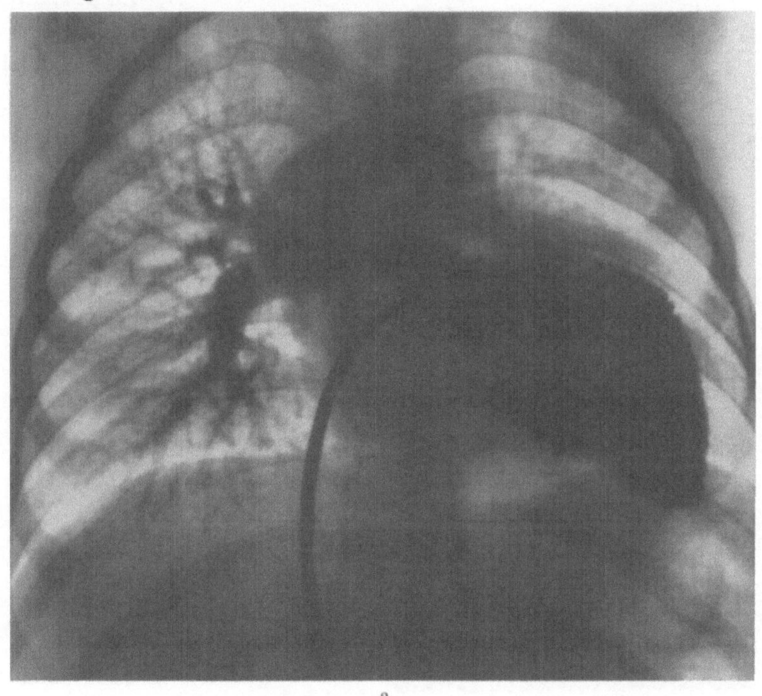

a

Abb. 263 a—c. Tricuspidalatresie mit Transposition der großen Gefäße und Pulmonalstenose bei einem 3jährigen Jungen (M.Schm.). Kontrastmittelinjektion in den linken Ventrikel. a Sagittalbild: Aortenursprung nach rechts verlagert. b und c Seitenbilder: Ursprung der Aorta nach vorne, der Pulmonalarterie hinter die Aorta verlagert. Pulmonalstenose

in die Jugular- und Lebervenen. Bei einem großen Vorhofseptumdefekt tritt die Vergrößerung des rechten Vorhofs weniger in Erscheinung; die Kontrastmittelentleerung erfolgt schnell.

KEITH u. Mitarb. (1958) haben darauf hingewiesen, daß der geschilderte Kontrastmittelverlauf zwar typisch für die Tricuspidalatresie, aber nicht pathognomonisch sei, da ein gleiches Bild auch bei der Pulmonalatresie ohne Ventrikelseptumdefekt, der hochgradigen Tricuspidalhypoplasie und sogar vereinzelt bei einer hochgradigen Pulmonalstenose mit Vorhofseptumdefekt zu beobachten sei.

Besser als durch die venöse Angiokardiographie lassen sich Ursprung, Verlauf und Weite der großen Arterien durch die gezielte Kontrastmittelinjektion in den linken Ventrikel darstellen. Auch zusätzliche Anomalien, z.B. eine Pulmonalstenose oder ein Ductus arteriosus apertus, sind dann eher nachweisbar (vgl. Abb. 263).

Die Intensität der Kontrastmittelfüllung in den Gefäßen und die Gefäßweiten sind unterschiedlich und vom jeweils vorliegenden Tricuspidalatresie-Typ abhängig. Besteht keine Transposition, so erfolgt meist gleichzeitig ein Kontrastmittelübertritt in Aorta und Pulmonalarterie. Die Aorta ist meist kontrastreicher und weiter als die Pulmonalarterie, besonders in den Fällen mit einem kleinen Ventrikelseptumdefekt und einer rudimentären rechten Kammer (Abb. 262). Dann kann die Kontrastmittelfüllung der Pulmonalarterie später als die der Aorta eintreten.

Eine Transposition der großen Gefäße ist gekennzeichnet durch eine Verlagerung des Aortenursprungs nach rechts und vorne (Abb. 263). Besser als in sagittaler Projektion kann der Verlauf der großen Gefäße im Seitenbild beurteilt werden (Abb. 263b). Intensität der Kontrastmittelfüllung und Gefäßweite sind auch hier je nach dem vorliegenden Typ verschieden. Besteht keine Pulmonalstenose (häufigste Form), so ist die Kontrastmittelanreicherung in der Pulmonalarterie und in den Pulmonalverzweigungen stärker als in

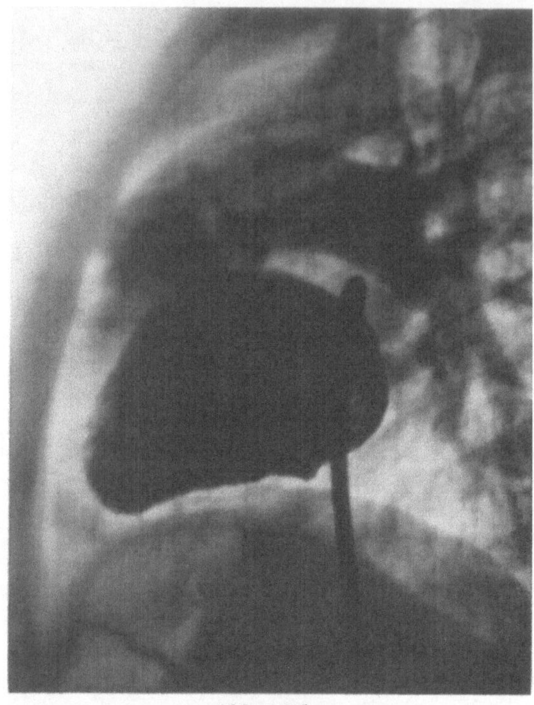

Abb. 263b

Abb. 263c

der Aorta, solange der Strömungswiderstand im Lungenkreislauf unter dem des großen Kreislaufs liegt. Bei Pulmonalstenose ist die Kontrastmittelfüllung der Pulmonalarterie dem Stenosegrad entsprechend geringer und verzögert.

Die detaillierte Darstellung der großen Gefäße und ihrer Verzweigungen gibt für das operative Vorgehen entscheidende Hinweise. Die *Operation* beschränkt sich im allgemeinen auf die Anlegung einer Anastomose zwischen Gefäßen des großen und kleinen Kreislaufs mit dem Ziel einer besseren Lungendurchblutung. Eine kausale Therapie ist bis heute noch nicht möglich.

22. Tricuspidalstenose

Die angeborene Verengung des Tricuspidalostiums ist selten und dürfte weniger als 1% der angeborenen Angiokardiopathien ausmachen.

Im allgemeinen ist die angeborene Tricuspidalstenose mit anderen Herzanomalien kombiniert. KJELLBERG u. Mitarb. (1955) fanden sie 3mal unter 342, HECK (1955) 2mal unter 240 angeborenen Angiokardiopathien. Isoliert kommt sie nur ausnahmsweise vor. Im eigenen Krankengut wurde eine Tricuspidalstenose unter 3000 angeborenen Herzfehlern 15mal diagnostiziert, davon einmal in Kombination mit einer funktionell leichten, einmal mit einer funktionell hochgradigen Pulmonalstenose ohne Ventrikelseptumdefekt, 4mal in Kombination mit einer Pulmonalstenose mit Ventrikelseptumdefekt, 7mal mit einem Vorhofseptumdefekt, einmal mit einem Ventrikelseptumdefekt und einmal mit einem Ebstein-Syndrom (LOOGEN u. SCHAUB, 1954). Die Kombination einer Tricuspidalstenose mit einer Pulmonalatresie oder mit einer Transposition der großen Gefäße wurde von SCOTT (1955) beschrieben.

Für die *Entstehung* der angeborenen Tricuspidalstenose werden gleiche oder ähnliche Faktoren wie bei der Tricuspidalatresie diskutiert: eine antimerale Hypoplasie (BREDT 1936) oder eine fetale Entzündung.

Anatomisch werden bei der Tricuspidalstenose nicht selten Anomalien des Klappenapparates angetroffen, z.B. die Ausbildung von nur zwei Klappensegeln oder die Hypoplasie des Ostiums. Die Klappen können kurz und dünn oder verdickt sein. Gelegentlich sind sie verschmolzen und ragen trichterförmig in das Lumen des rechten Ventrikels

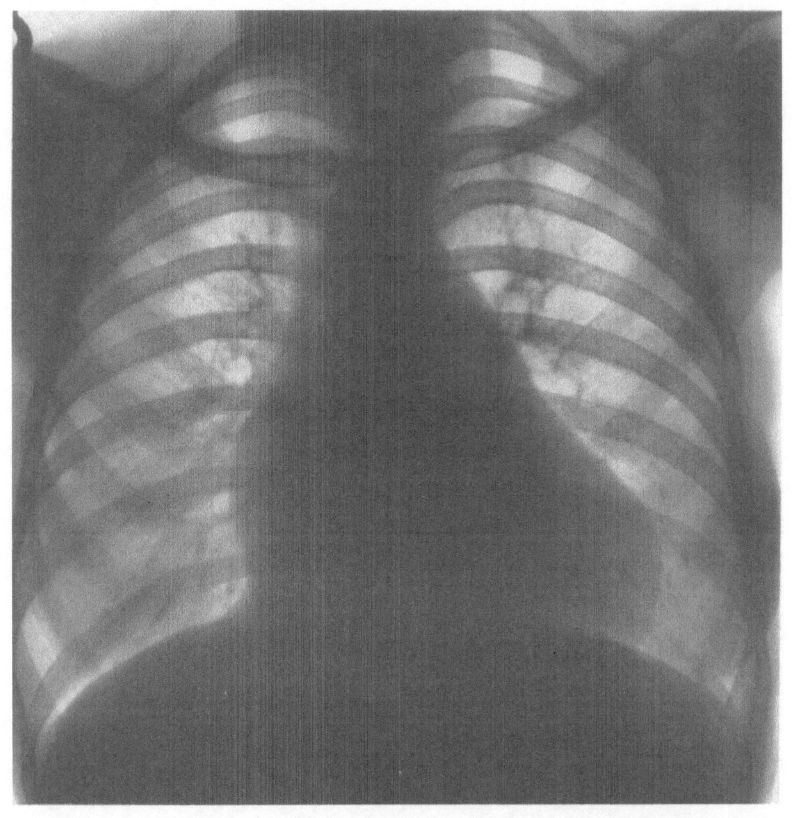

a

Abb. 264a u. b. Hochgradige Tricuspidalstenose und funktionell leichte Pulmonalstenose bei einer 28jährigen Patientin (Ch.Ec.). a Sagittalbild: Verbreiterung des Herzens nach rechts und links. Verstärkte Rundung der rechten Herzkontur und der Herzspitze. Flache Vorwölbung des Pulmonalbogens. Helle Lungenfelder. b Seitenbild: Deutliche Vorwölbung des vergrößerten rechten Vorhofs ventralwärts bis an die Thoraxwand. Unterhalb der stärksten Vorwölbung bleibt ein Raum ausgespart. Retrokardialraum nicht eingeengt

hinein. Der Vorhof ist in den Fällen ohne oder mit kleinem Vorhofseptumdefekt meist dilatiert, seine Wanddicke ist stärker als normal. Das anatomische Bild des rechten Ventrikels ist unterschiedlich und abhängig von den zusätzlichen Anomalien. Bei isolierter Tricuspidalstenose kann die Vorderfläche des Herzens fast ganz vom vergrößerten rechten Vorhof eingenommen werden (Beobachtung von DERRA, GROSSE-BROCKHOFF und LOOGEN 1958).

Pathophysiologisch ist die Folge der Strombahneinengung am Ende des großen Kreislaufs eine Druckerhöhung im rechten Vorhof. Beweisend für die Stenose ist eine ventrikeldiastolische Druckdifferenz zwischen rechtem Ventrikel und Vorhof. Außerdem ist die

Vorhofkontraktionswelle erhöht, der Druckabfall nach der Tricuspidalklappenöffnung verzögert. Bei hochgradigen Stenosen ist der systolische Druck im rechten Ventrikel niedrig, das Herzzeitvolumen kann verringert sein. Bei Kombination der Tricuspidalstenose mit einem funktionell großen Vorhofseptumdefekt kommt es zu einem weitgehenden Druckangleich zwischen linkem und rechtem Vorhof mit einer vom Druckgefälle abhängigen Kurzschlußrichtung.

Die *klinische Symptomatologie* zeigt bei den funktionell stärkeren Tricuspidalstenosen charakteristische Befunde. Schon der Nachweis einer Halsvenenstauung mit einer hohen a-Welle in der Venenpulskurve, sowie einer Lebervergrößerung und eventuell eines Ascites ohne Anhalt für eine Stauung im kleinen Kreislauf ist suspekt auf eine Tricus-

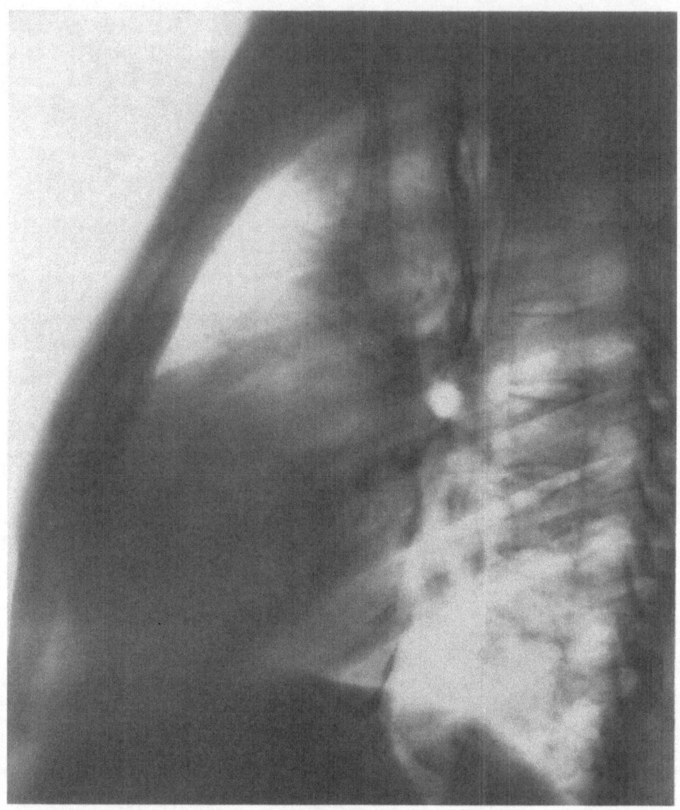

Abb. 264b

pidalstenose. Die Diagnose kann als weitgehend sicher gelten, wenn im 4.—5. ICR links parasternal ein diastolisches Geräusch mit präsystolischem Crescendoanteil zu hören ist, das bei tiefer Einatmung an Lautstärke zunimmt und bei Ausatmung leiser wird.

Die *elektrokardiographischen* Veränderungen betreffen vor allem die Vorhofpotentiale. *P* ist in den Ableitungen I und II sowie in den rechtspräcordialen Brustwand-Ableitungen verbreitert und überhöht. Die Kammerteile sind bei den isolierten Tricuspidalstenosen nicht verändert. Diese Diskrepanz zwischen den elektrokardiographischen Veränderungen der Potentiale des rechten Vorhofs und den normalen Kammerteilen gilt als ein charakteristisches Merkmal.

Bei Kombination der Tricuspidalstenose mit zusätzlichen Herzanomalien können die beschriebenen Befunde erhebliche Veränderungen erfahren und durch die Symptome des zusätzlichen Herzfehlers so überlagert werden, daß die Erkennung der Tricuspidalstenose klinisch wesentlich erschwert wird.

Röntgenbefunde. Die Röntgenuntersuchung ergibt bei der isolierten angeborenen Tricuspidalstenose folgende Kriterien:

1. Vergrößerung des rechten Vorhofs,
2. kleiner rechter Ventrikel,
3. schmale Pulmonalarterie,
4. helle Lungenfelder.

Die Vergrößerung des rechten Vorhofs zeigt sich in einer verstärkten Rundung der rechten Herzkontur mit Verbreiterung des Herzens nach rechts (Abb. 264a). Am besten wird die Vorhofvergrößerung aber in rechter Schrägstellung oder im Seitenbild sichtbar. Der Vorhof dehnt sich so weit nach vorne aus, daß er sich der Thoraxwand „anlehnt" (Abb. 264b). Daß es sich dabei um den Vorhof handelt, erhellt aus der Feststellung, daß unterhalb der Vorwölbung eine Aussparung des Vorderherzraumes bleibt. Diese fehlt,

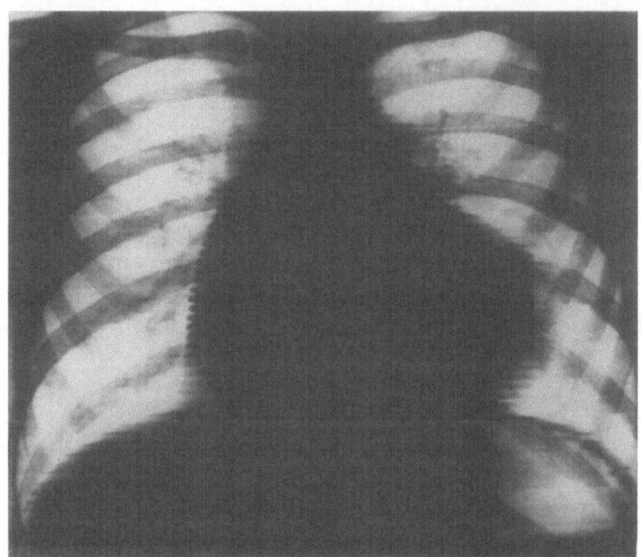

Abb. 265. Kymogramm einer 7jährigen Patientin (B.Ka.) mit hochgradiger Tricuspidal- und Pulmonalstenose. Im Bereich der rechten Herzkontur keine Kammerbewegungen. Lungenfelder auffallend gefäßarm

wenn die Vorwölbung durch eine Vergrößerung des rechten Ventrikels bedingt ist. Bei dem in Abb. 264 dargestellten Fall zeigte sich bei der Operation, daß die Vorderfläche des Herzens bis auf einen schmalen durch den linken Ventrikel gebildeten Saum am linken Herzrand vom rechten Vorhof eingenommen wurde (Derra, Grosse-Brockhoff und Loogen 1958). Das *Kymogramm* gibt in derartigen Fällen einen wichtigen diagnostischen Hinweis dadurch, daß an der rechten Herzkontur Kammeramplituden nicht zu erkennen sind (Abb. 265). Der zurücktretende rechte Ventrikel, die schmale Pulmonalarterie und die hellen Lungenfelder sind Ausdruck des verminderten Lungenzirkulationsvolumens.

Durch zusätzliche Herzfehler oder Anomalien können die durch die Tricuspidalstenose bedingten Änderungen der Herzkonfiguration „verwischt" werden. In anderen Fällen werden sie völlig vermißt, und die auf die jeweilige zusätzliche Anomalie zu beziehenden Veränderungen stehen ganz im Vordergrund. Ist die Tricuspidalstenose mit einem funktionell größeren Vorhofseptumdefekt kombiniert, so tritt die Vergrößerung des rechten Vorhofs infolge des „Ausweichventils" im Vorhofbereich zurück (Abb. 266) oder fehlt überhaupt. Nachweisbar sind aber in diesen Fällen die schmale Pulmonalarterie durch Fehlen des Pulmonalbogens und die geringe Lungengefäßzeichnung. Bei funktionell leichter Tricuspidalstenose mit Vorhofseptumdefekt und Links-Rechts-Kurzschluß kann das Röntgenbild dem eines Vorhofseptumdefektes entsprechen.

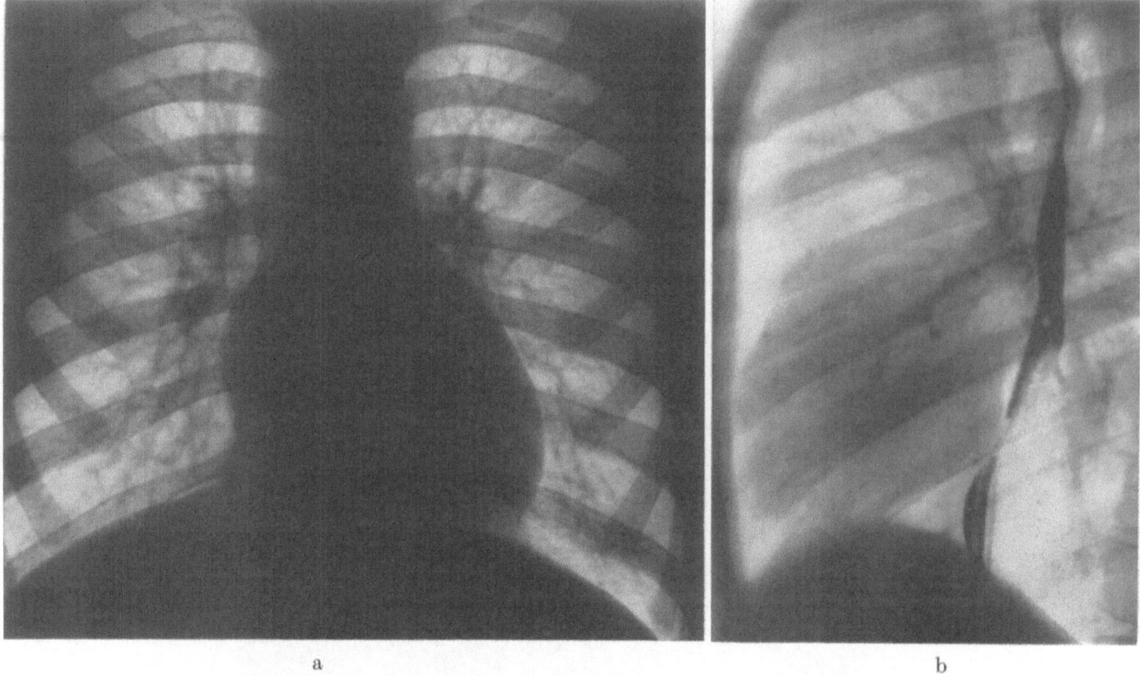

Abb. 266 a u. b. Tricuspidalstenose und Vorhofseptumdefekt bei einer 8jährigen Patientin. a Sagittalbild: Herz von normaler Größe. Gering verstärkte Rundung der rechten Herzkontur. Breites Gefäßband (obere Hohlvene ?), Lungengefäßzeichnung vermindert. b Seitenbild: Keine isolierte Einengung des Retrosternal- und Retrokardialraumes

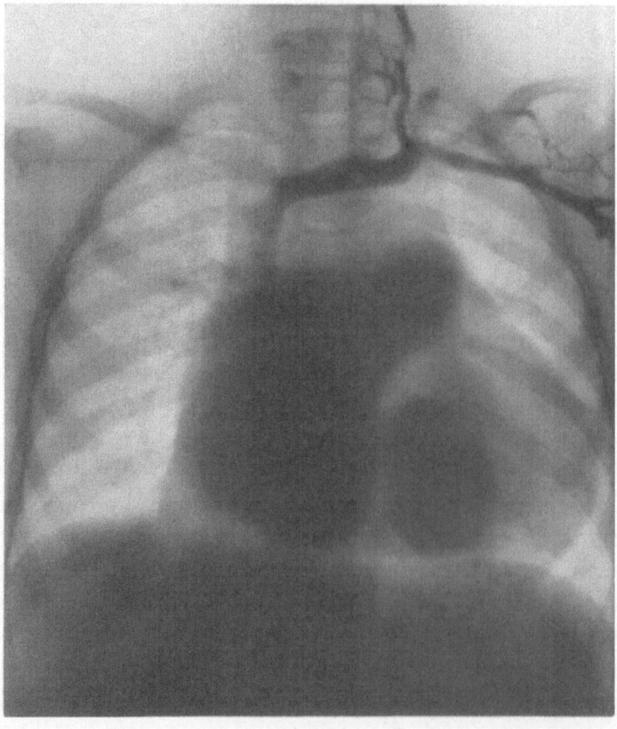

Abb. 267. Angiokardiogramm einer 7jährigen Patientin (B.Ka.) mit hochgradiger Tricuspidal- und Pulmonalstenose (vgl. Abb. 265). Starke Vergrößerung des rechten Vorhofs (und Herzohres), der sich bis auf eine schmale Kontrastmittelstraße von dem relativ kleinen rechten Ventrikel scharf abgrenzt

Herzkatheteruntersuchung. Wichtigster und beweisender Befund für eine Tricuspidalstenose ist die ventrikeldiastolische Druckdifferenz zwischen rechtem Ventrikel und rechtem Vorhof. Sowohl die Vorhofkontraktionswelle als auch der Mitteldruck sind erhöht, der Druckabfall nach der Tricuspidalklappenöffnung ist abgeflacht und verzögert. In dem weitlumigen rechten Vorhof bildet der Katheter leicht eine große Schlinge, wodurch die Vorhofvergrößerung offensichtlich wird. Die Einführung der Katheterspitze in den rechten Ventrikel ist oft schwer und gelingt meist erst nach mehreren Versuchen. Der systolische Druck im rechten Ventrikel ist bei hochgradigen Tricuspidalstenosen ohne Begleitfehler niedrig. Durch zusätzliche Fehler und Anomalien können die hämodynamischen Befunde erheblich abgeändert werden.

Kontrastmitteldarstellung. Die Kontrastmitteluntersuchung des Herzens (intravenöse Angiokardiographie) hat für die Diagnose einer Tricuspidalstenose besondere diagnostische Bedeutung. Das gilt namentlich für jene Fälle, bei denen der Herzkatheter nicht über den Vorhofbereich hinaus weitergeführt werden konnte.

Charakteristisch für die Tricuspidalstenose ist die scharfe Absetzung des vergrößerten rechten Vorhofs von einem meist kleinen rechten Ventrikel (Abb.267). Besteht kein Vorhofseptumdefekt, so fällt die auffallend lange Persistenz der Kontrastmittelfüllung im rechten Vorhof mit langsamer Entleerung auf. Bei einem gleichzeitigen Vorhofseptumdefekt mit Rechts-Links-Kurzschluß fließt das Kontrastmittel in breiter Straße vom rechten in den linken Vorhof. Gelegentlich ist es dann schwer zu entscheiden, ob eine Kontrastmittelfüllung des rechten Ventrikels vom rechten Vorhof oder über einen Ventrikelseptumdefekt vom linken Ventrikel aus erfolgte.

Anhang

Die „unterentwickelte" rechte Kammer

Obwohl ein kleiner rechter Ventrikel zum Krankheitsbild der Tricuspidalstenose gehört, kann er nicht als pathognomonisch gewertet werden. In einigen Fällen ist eine Hypoplasie des rechten Ventrikels bei Patienten ohne Tricuspidalstenose und „ohne ersichtlichen Grund" beobachtet worden (Cooley u. Mitarb. 1950). Kjellberg u. Mitarb. (1955) beschrieben einen rudimentären rechten Ventrikel ohne Tricuspidalklappenanomalie bei einem 1 Jahr alten Mädchen, das außerdem einen großen Ventrikelseptumdefekt, eine infundibuläre und valvuläre Pulmonalstenose, ein offenes Foramen ovale und einen Ductus arteriosus apertus hatte.

Das Röntgenbild des Herzens soll bei dieser Anomalie ähnliche Konfigurationsänderungen wie bei der Tricuspidalstenose zeigen. Eine Abgrenzung von dieser oder von anderen Anomalien mit ähnlichen hämodynamischen Bedingungen, z.B. isolierte Pulmonalatresie, ist nach den genannten Autoren ohne spezielle Herzuntersuchungen nicht möglich.

23. Ebstein-Syndrom

Im Mittelpunkt des nach Ebstein benannten Krankheitsbildes steht eine Anomalie der Tricuspidalklappe. Sie ist so in den rechten Ventrikel hineinverlagert, daß eine Zweiteilung der rechten Kammer in eine supra- und infravalvuläre Hälfte erfolgt. Der supravalvuläre Anteil bildet mit dem rechten Vorhof eine große gemeinsame Höhle. In der überwiegenden Mehrzahl der Fälle ist ein Vorhofseptumdefekt vorhanden. Die Kombination mit anderen Anomalien ist darüber hinaus gelegentlich möglich.

Das Krankheitsbild wurde von Ebstein 1866 beschrieben. Einer Anregung von Arnstein (1927) folgend wurde die Anomalie als „Ebstein-Syndrom" bezeichnet. Die Diagnose des Krankheitsbildes stützte sich in den folgenden Jahren auf Obduktionsbefunde (Marxsen 1886; McCallum 1900; Schönenberger 1903; Geipel 1903; Malan 1908; Heigel 1913; Gutzeit 1922; Abbott 1928; Götz 1939; Klein 1938). Klinisch wurde die Diagnose erstmals von Tourniaire (1949) sowie von Reynolds (1950) gestellt. Mit zunehmender Kenntnis der häufig recht charakteristischen Krankheitszeichen mehrte sich die Zahl der Fälle, bei denen das Krankheitsbild zu Lebzeiten der Patienten diagnostiziert wurde. Bis zum Jahre 1959 geben Schiebler u. Mitarb. (1959) diese Zahl mit über 140 an.

Die *entwicklungsgeschichtliche* Deutung der Anomalie ist nicht einheitlich. Marxsen (1886) nimmt eine fetale Endokarditis an, die zu einer Verklebung der Klappenblätter mit dem Ventrikel und bei weiterem Wachstum zu deren Deformierung führen soll. Diese Ansicht wird von anderen Autoren nicht geteilt. So vermutet Zink (1937) einen Wachstumsexzeß, der zu einem bestimmten Zeitpunkt der Entwicklung einsetzt. Obiditsch (1939) denkt an eine primäre Aplasie des medialen Segels und erklärt die übrigen Veränderungen hämomechanisch. Er nähert sich dabei der Vorstellung von Heigel (1913), der die Mißbildung auf eine primäre Defektbildung des hinteren Segels und funktionelle Exzeßbildung der vorderen Segel zurückführt. Nach Pechstein (1957) liegt in Anlehnung an Untersuchungen von Goerttler (1955/56) der Entstehung des Ebstein-Syndroms eine „partielle Schädigung stark wachsender rechtskammeriger Herzabschnitte zum Zeitpunkt einer stark vulnerablen Wachstumsperiode zugrunde“. Im einzelnen muß auf die ausführliche Erörterung des Krankheitsbildes durch Pechstein unter Berücksichtigung der gesamten Literatur bis 1957 verwiesen werden.

Auch die *anatomischen Veränderungen* weisen eine gewisse Variationsbreite auf. Die Segel der Tricuspidalklappe setzen nur teilweise oder gar nicht, wie üblich, am Anulus fibrosus, der Grenze zwischen rechtem Vorhof und rechter Kammer, an. Mediales und hinteres Segel können mangelhaft ausgebildet sein und unterhalb des Anulus fibrosus entspringen (Brekke 1945; Engle u. Taussig 1950; Grob u. Mitarb. 1952). Bei einem Fall von Nöcker u. Uibe (1953) war der Ansatz aller drei Segel nach vorne und unten verschoben. Bei einer letzten Gruppe entspringt ein membranartiger Sack unter dem Anulus fibrosus und zeigt vor dem Conus pulmonalis eine dreieckige Öffnung, die einen ventrikeldiastolischen Durchfluß erlaubt (Ebstein 1866; Geipel 1903; Zink 1937). Bei einem Teil der Fälle ist eine Trennung in die einzelnen Segel möglich, bei anderen ist eine große, am ehesten dem vorderen Segel entsprechende Membran beschrieben, die in den rechten Ventrikel hineinzieht und mit der Ventrikelwand durch die Chordae tendineae verbunden ist. Fälle mit zwei Segeln (Walton u. Spencer 1948; Hueck 1950) oder auch nur mit einem Segel (Götz 1933; Barger u. Mitarb. 1954; Kirchmair 1954) sind bekannt.

Der rechte Vorhof ist hypertrophiert und dilatiert. In zwei Drittel der Beobachtungen besteht ein Vorhofseptumdefekt, meist in Form eines offenen Foramen ovale, dessen Persistenz von einigen Autoren als Folge einer Drucksteigerung im rechten Vorhof aufgefaßt wird.

Histologische Untersuchungen des beim Ebstein-Syndrom besonders interessierenden Reizleitungssystems unternahmen Yater und Shapiro (1937) sowie Lenègre u. Mitarb. (1955). Letztere gaben in einem Fall eine weitgehende Zerstörung des Reizleitungssystems, im zweiten Fall eine Anomalie des Hisschen Bündels an. Yater u. Shapiro fanden bei überdrehtem Linkstyp und Linksschenkelblock im EKG nur einen abnormen Verlauf des rechten Tawaraschenkels.

Pathophysiologisch wichtig ist die Zweiteilung der rechten Kammer, deren supravalvulärer Abschnitt mit dem rechten Vorhof kommuniziert. Der Kammeranteil des Vorhofs kontrahiert sich synchron mit dem Ventrikel. Der infravalvuläre Anteil stellt funktionell gesehen die eigentliche rechte Kammer dar. Sie entspricht manchmal nur der Ausflußbahn. Die Zweiteilung des rechten Ventrikels hat eine Verminderung der Auswurfleistung zur Folge. Diese kann weiter herabgesetzt werden durch eine Schlußunfähigkeit der Tricuspidalklappe oder durch eine Behinderung des Einstromes in den als Ventrikel wirksamen Kammeranteil. Zu einer Verminderung der Auswurfleistung der rechten Kammer kann schließlich noch ein Rechts-Links-Shunt durch einen Vorhofseptumdefekt führen, der Ursache einer Mischungscyanose ist. Eine Herzinsuffizienz kann frühzeitig eintreten.

Selten wurde das Ebstein-Syndrom in Kombination mit anderen Herzfehlern gesehen. Nach Gürtler u. Mitarb. (1959) wurde die Mißbildung zusammen mit einem Ventrikelseptumdefekt, einer Stenose oder Hypoplasie der Pulmonalarterie, einer Aortenisthmusstenose, einem Ductus arteriosus apertus und einer gedoppelten Mitralklappe beobachtet.

Das *klinische Bild* ist zunächst abhängig vom Vorhandensein oder Fehlen eines Vorhofseptumdefektes. Im ersten Fall resultiert das mehr oder minder stark ausgeprägte Bild des Morbus coeruleus infolge eines Zustromes venösen Blutes durch den Vorhofseptumdefekt zum arteriellen Blut. Im zweiten Fall ist das Krankheitsbild acyanotisch.

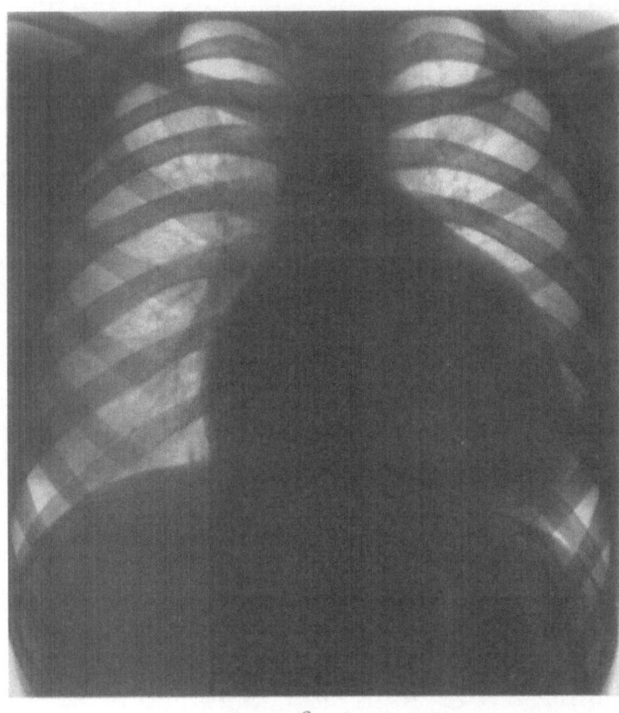

a

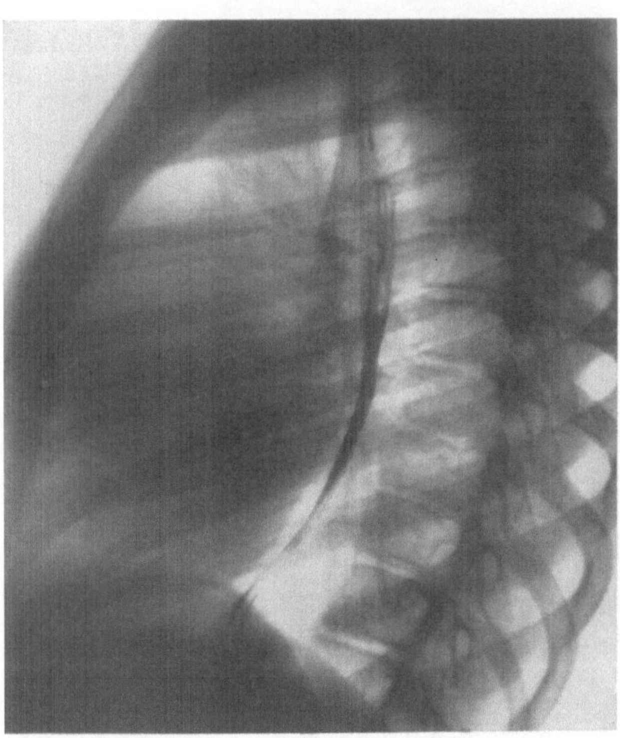

b

Abb. 268 a u. b. Ebstein-Syndrom bei einer 13jährigen Patientin (R.Klu.). a Sagittalbild: nach links verbreitertes kugeliges Herz. Schmales Gefäßband. Lungengefäßzeichnung spärlich. b Retrokardialraum frei. Breitflächige Anlehnung des Herzens an die vordere Brustwand

Die Leistungsfähigkeit dieser Patienten ohne Vorhofseptumdefekt ist ebenso wie die Prognose des Leidens in Einzelfällen erstaunlich gut. So wurden z.B. Lebensalter von 79 (ADAMS u. HUDSON 1956) oder 72 Jahren (GRAUX u. MERLEN 1951) erreicht. In der Mehrzahl der Fälle ist die Lebenserwartung jedoch erheblich herabgesetzt. Das mittlere Lebensalter beim Ebstein-Syndrom wurde von JEDLICKA u. SCHWARTZ (1958) mit 18,3 Jahren (72 Fälle) errechnet. Plötzliche Todesfälle von Ebstein-Patienten wurden auch bei Kindern aus relativem Wohlbefinden heraus beobachtet. TOURNIAIRE u. Mitarb. (1949) nehmen an, daß etwa 25% der Patienten so sterben. Die Ursache dürften Rhythmusstörungen sein, die beim Ebstein-Syndrom in Form paroxysmaler Tachykardien, ventrikulärer Extrasystolen, Vorhofflattern und WPM-Syndromen gehäuft auftreten.

Der Auskultationsbefund weist sowohl systolische als auch etwas seltener systolisch-diastolische Geräusche auf mit Punctum maximum im 3.—4. ICR links parasternal. Diese Geräusche sollen an der Tricuspidalklappe und im Bereich des Vorhofseptumdefektes entstehen. Dabei können 1. und 2. Herzton gedoppelt sein. Vorhoftöne sind häufig. Ein Dreierrhythmus wurde mehrfach beobachtet (ENGLE u. Mitarb. 1950; GROB u. Mitarb. 1952; BAYER u. Mitarb. 1954). Das Fehlen eines Herzgeräusches beim Ebstein-Syndrom ist die Ausnahme (GØTZSCHE u. FALHOLT 1954).

Das *elektrokardiographische* Bild ist gekennzeichnet durch eine rechtsventrikuläre Leitungsstörung, die im typischen Fall das Bild eines Wilsonblockes oder eines klassischen Rechtsschenkelblockes zeigt. Alle Übergänge von der verzögerten Erregungsleitung im rechten Tawaraschenkel bis zum extremen Blockbild sind möglich. Die Kombination, Rechts-Schenkelblock, kleine R-Zacke in den Brustwand-

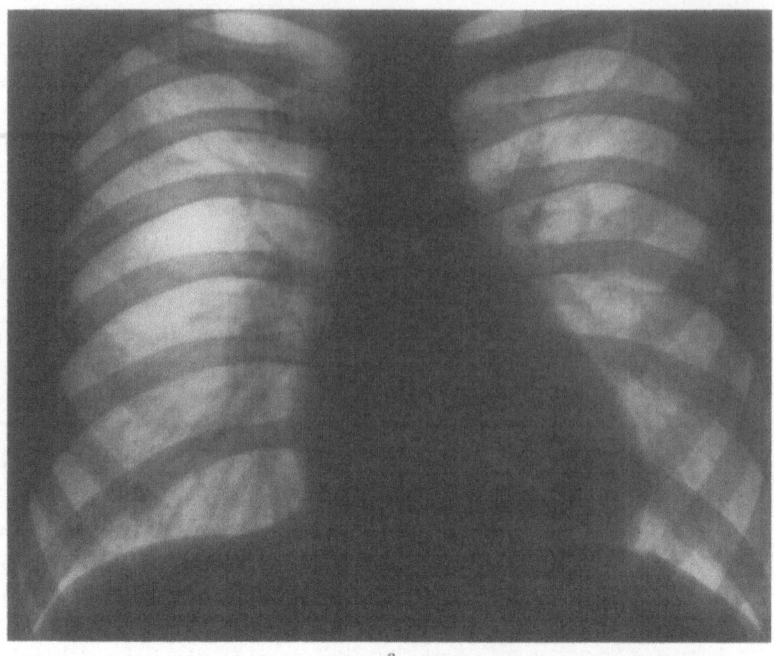

a

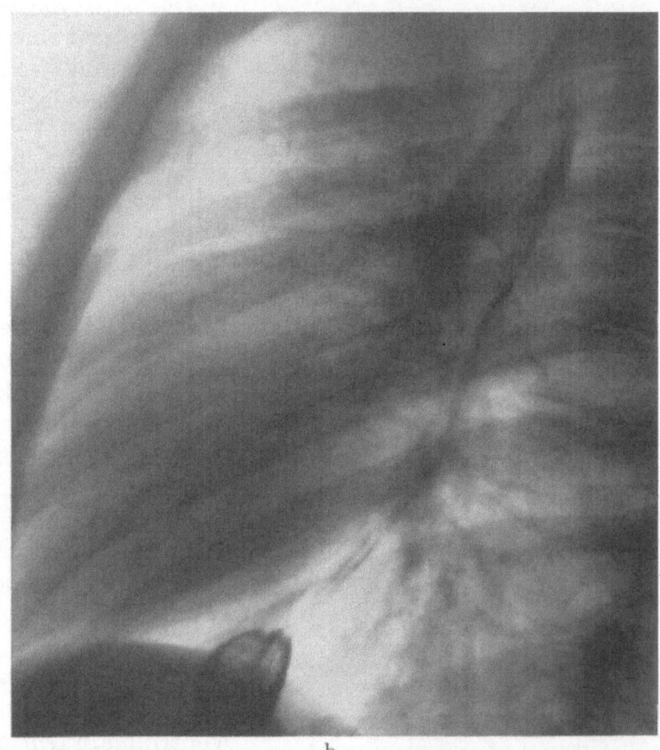

b

Abb. 269a u. b. Ebstein-Syndrom ohne Vorhofseptumdefekt (Herzkatheterbefund) bei einem 19jährigen Patienten (G.Ste.). Klinisch keine Cyanose. Gute Leistungsfähigkeit. Praktisch keine Beschwerden. a Sagittalbild: linksbetontes Herz. b Seitenbild: insgesamt etwas enger Herzhinterraum. Sonst keine Besonderheiten

Ableitungen des rechten Herzens, spitzhohes verbreitertes P sowie verlängerte AV-Überleitungszeit, wird von VAN LINGEN u. BAUERSFELD (1955) als besonders charakteristisch für die Anomalie angesehen. Eine Einzelbeobachtung ist ein überdrehter Linkstyp beim Ebstein-Syndrom durch YATER u. SHAPIRO (1937).

Röntgenbefunde. Die Herzkonfiguration im Röntgenbild wird weitgehend bestimmt durch die Vergrößerung des rechten Vorhofs einschließlich des supravalvulären Ventrikelanteiles. Das Herz ist in der Mehrzahl der Fälle sowohl deutlich nach rechts als auch nach links verbreitert. Insgesamt kann eine kugelige Herzform zustande kommen (Abb. 268a und b). Auf dem Sagittalbild nimmt das Herz dabei eine rundliche Form an; auf dem Seitenbild und in den schrägen Durchmessern erkennt man eine Vorwölbung des Herzens nach vorne und hinten. Die Ausdehnung des Herzens in den Retrokardialraum ist dabei stets auf den vergrößerten rechten und nie auf eine Vergrößerung des linken Vorhofs

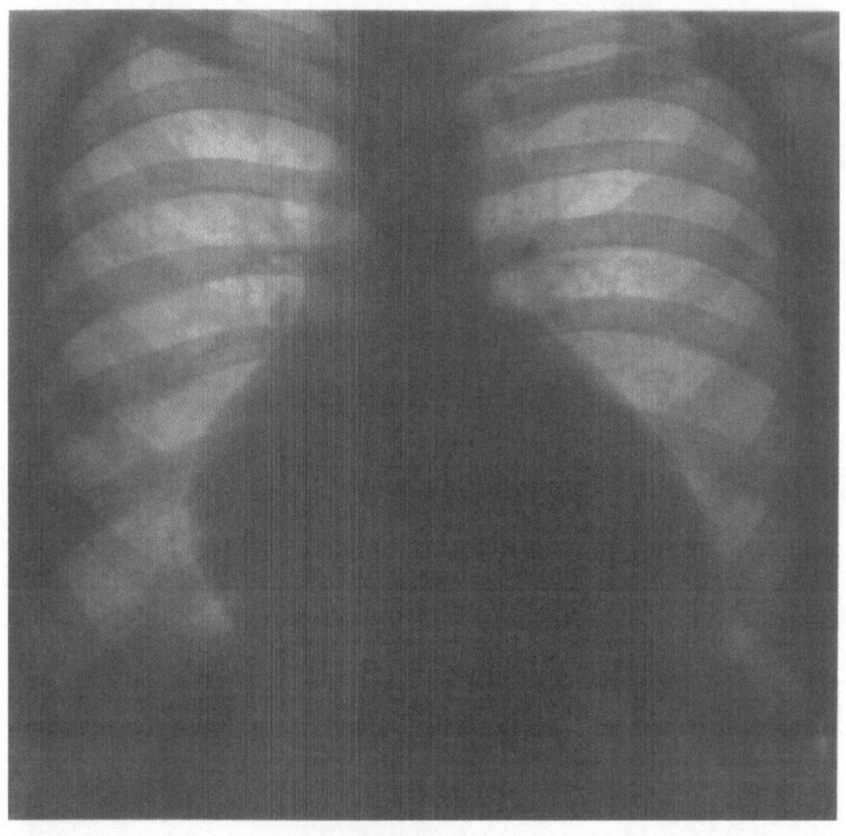

a

Abb. 270a—c. Ebstein-Syndrom bei einer 15jährigen Patientin (I.Gr.). a Sagittalbild: Nach beiden Seiten deutlich verbreitertes Herz mit schmalem Gefäßband. Hilus- und Lungenzeichnung unauffällig. b Seitenbild: Herz vorwiegend nach vorne ausgedehnt. Insgesamt mäßig eingeengter Herzhinterraum. c Kymogramm: Die rechte Herzkontur läßt Vorhofbewegungen erkennen, die im unteren Anteil z.T. von Kammerbewegungen überlagert sind. Im Bereich der linken unteren Herzkontur systolische Lateralbewegungen und oberhalb der Mitte Kammerbewegungen (s. Text)

zurückzuführen. Eine Ausladung der linken oberen Herzkontur bei dorsoventraler Projektion (Abb. 268a) entspricht dem Infundibulum der rechten Kammer, das erweitert und durch den großen rechten Vorhof nach links und oben verlagert sein kann. Die Pulmonalarterie ist nicht erweitert.

Differentialdiagnostische Abgrenzungen bei rundlicher Herzkonfiguration können gegenüber der valvulären Pulmonalstenose, der isolierten Tricuspidalinsuffizienz und bei Berücksichtigung rein röntgenologischer Gesichtspunkte gegenüber der Perikarditis exsudativa notwendig werden.

Die Kugelform des Herzens, oft als typisch für das Ebstein-Syndrom bezeichnet (Bauer 1945; Soloff u. Mitarb. 1951; Goodwynn u. Mitarb. 1953; Bayer u. Mitarb. 1954), ist aber nur *eine* Erscheinungsform der hier besprochenen Anomalie im Röntgen-

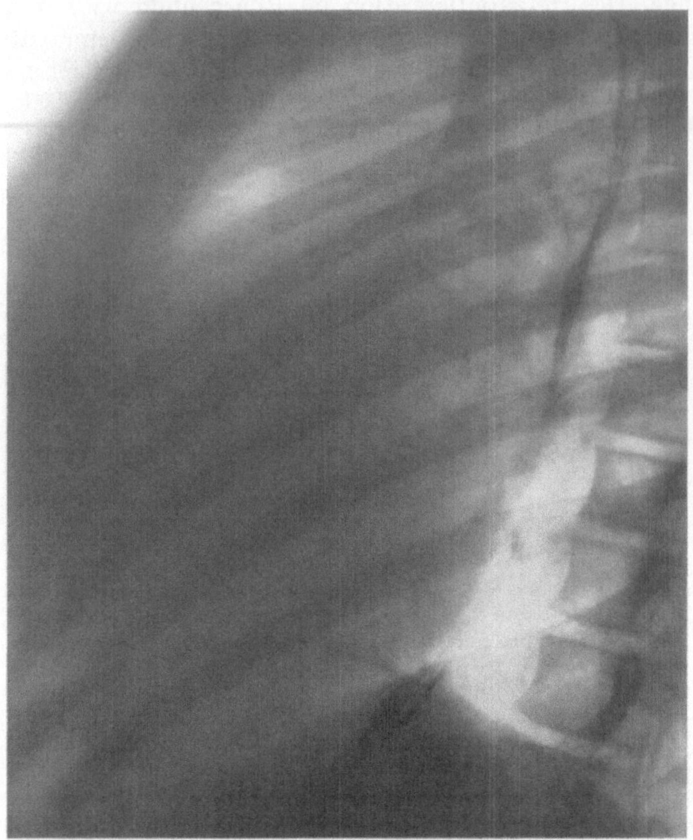

Abb. 270b

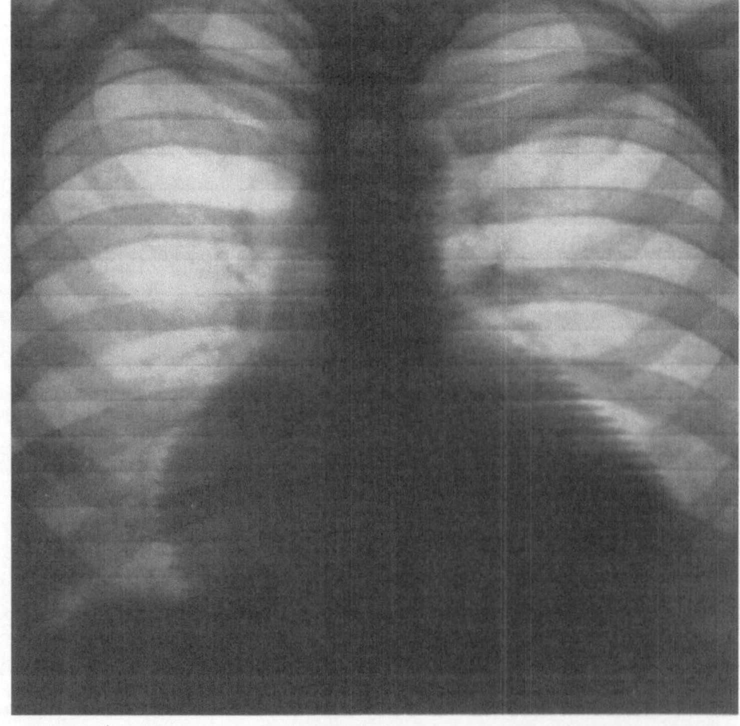

Abb. 270c

bild. SCHIEBLER u. Mitarb. (1959) wiesen besonders auf die Variationsbreite der Herzkonfiguration beim Ebstein-Syndrom hin. Das Herz kann Beutelform annehmen (YATER u. SHAPIRO 1937; NÖCKER u. UIBE 1953 oder LENÈGRE u. Mitarb. 1955). Eine Rechtsverbreiterung kann fehlen, wie bei der Beobachtung von TOURNIAIRE u. Mitarb. (1949). Diese Autoren fanden außerdem Kalkablagerungen in der Gegend der Tricuspidalklappe. Bei Patienten von TAUSSIG (1949) sowie GÜRTLER u. Mitarb. (1959) war eine Herzverbreiterung auf dem Sagittalbild nur geringfügig oder gar nicht vorhanden (Abb. 269).

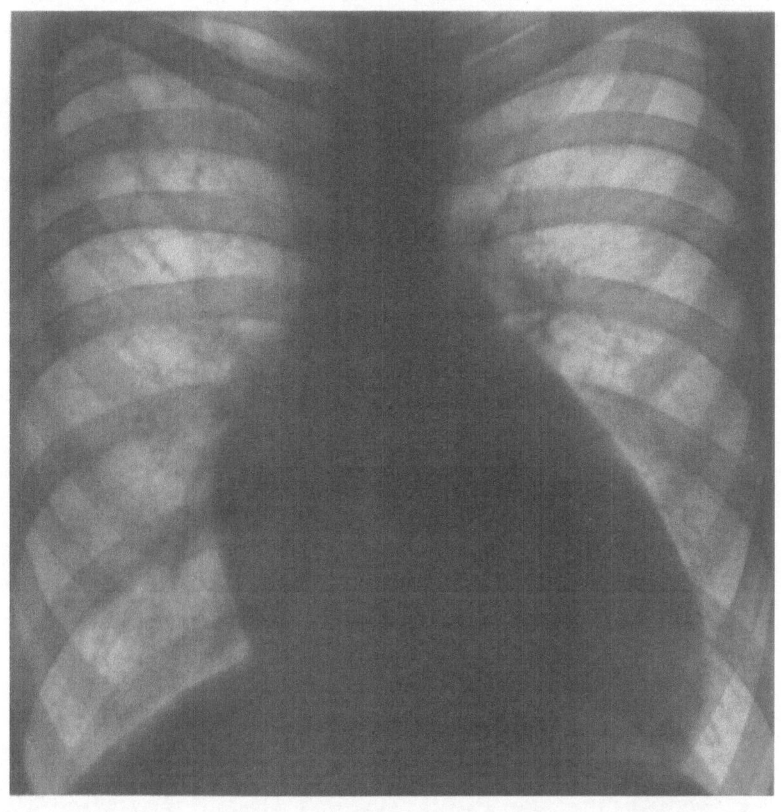

a

Abb. 271a u. b. Ebstein-Syndrom bei einem 18jährigen Patienten (St.Ge.). a Sagittalbild: Nach beiden Seiten, besonders nach links verbreitertes Herz mit schmalem Gefäßband. Ältere spezifische Einlagerungen infraclaviculär rechts. b Herzkatheterbild: Herzkatheter im rechten Vorhof unterhalb der Tricuspidalklappen. Der rechte Vorhof nimmt nahezu die gesamte Vorderfläche des Herzens ein

Die Lungenzeichnung ist normal oder vermindert; die Hili sind unauffällig. Die bei der Durchleuchtung sichtbaren Pulsationen des Herzens sind wenig ausgeprägt (BAUER 1945; ENGLE u. Mitarb. 1950; SCHAEDE 1951; KJELLBERG u. Mitarb. 1955). Demgegenüber beobachteten BLACKET u. Mitarb. (1952) sowie WRIGHT u. Mitarb. (1954) präsystolisch verstärkte Pulsationen.

Mit dem meist vergrößerten Herzen kontrastiert ein schmales Gefäßband; insbesondere ist die Aorta nicht verbreitert.

Das *Kymogramm* spiegelt die anatomischen Verhältnisse beim Ebstein-Syndrom wider. Dies kommt besonders gut in Abb. 270 zum Ausdruck. Die rechte Herzkontur läßt Vorhofbewegungen erkennen, die im Bereich des rechten unteren Herzrandes z.T. von Kammerbewegungen überlagert sind. Die linke untere Herzkontur zeigt das typische Bild der systolischen Lateralbewegungen, und nur im Bereich des oberen Anteils des mittleren linken Herzrandes sind regelrechte Kammerbewegungen vorhanden. Obgleich anatomische Vergleichsuntersuchungen fehlen, ist es doch wahrscheinlich, daß die rechte

Herzkontur dem Vorhof entspricht, die linke Herzkontur bis zur Mitte dem supravalvulären Ventrikelanteil zugehört und der linke obere Herzrand dem infravalvulären Kammerabschnitt, dem funktionell eigentlichen Ventrikel zuzuordnen ist.

Herzkatheteruntersuchung. Eine absolute Indikation zur Herzkatheteruntersuchung gibt es beim Ebstein-Syndrom eigentlich nicht, zumindest muß sie mit großer Vorsicht erfolgen, da Todesfälle bei Herzkatheteruntersuchungen beobachtet wurden (ENGLE u. Mitarb. 1950; SCHAEDE 1951).

Der Katheterverlauf läßt den großen rechten Vorhof erkennen, wie Abb. 271 zeigt. Die Tricuspidalklappen werden erst im linken oberen und äußeren Bereich des Herzschattens passiert. Der Durchtritt durch sie ist oft nur schwer zu erreichen, und die

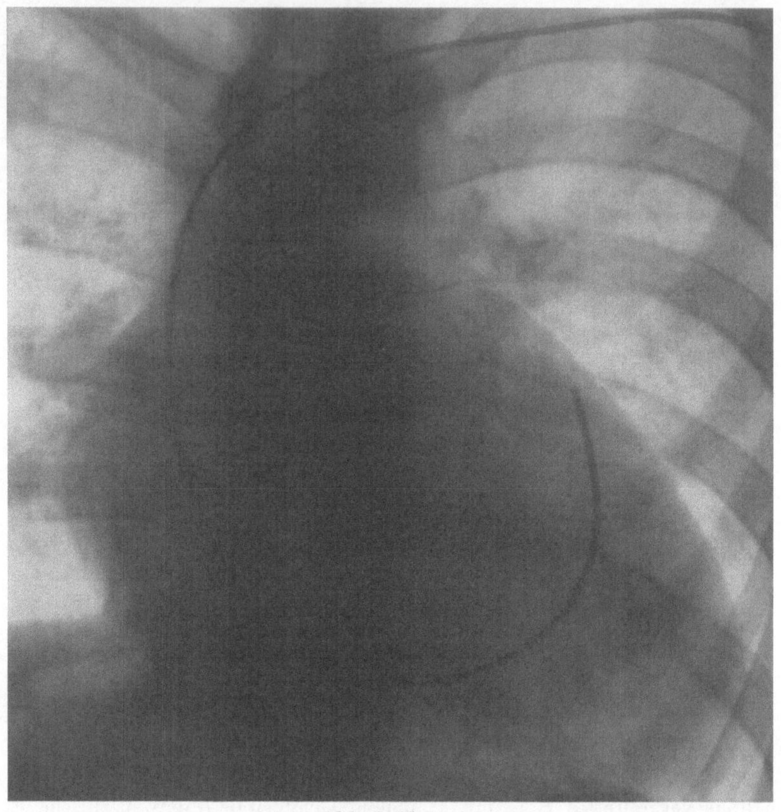

Abb. 271 b

Katheterspitze schlägt aus dem distalen Kammerabschnitt leicht wieder in den Vorhof zurück. Bei bestehendem Vorhofseptumdefekt gelingt es, den Katheter bis in den linken Vorhof vorzuschieben. Die beim Zurückziehen der Herzsonde aus dem distalen Ventrikelanteil registrierte Druckkurve hat in typischen Fällen eine Dreistufung, wobei die systolischen Drucke dem distalen und proximalen Ventrikelanteil sowie dem Vorhof entsprechen.

Zur Sicherung der Diagnose kann das intrakardiale EKG beitragen. Beim Zurückziehen des Katheters aus dem distalen in den proximalen Kammerabschnitt zeigt das EKG unverändert Kammerpotentiale, während die Druckregistrierung den für den supravalvulären, d.h. dem Vorhof zugeordneten Kammeranteil typischen Kurvenverlauf erkennen läßt.

Kontrastmitteldarstellung. Das über die Indikation zur Herzkatheteruntersuchung Gesagte gilt auch für die Angiokardiographie. Nach der Kontrastmittelinjektion füllt sich der rechte Vorhof, der nahezu die gesamte Vorderfläche des Herzens einnimmt. Das Kontrastmittel wird durch die große Blutmenge im rechten Vorhof so stark verdünnt, daß ein „schlierig-wolkiges" Bild zustande kommt (SCHAEDE 1951). Besteht ein Tricuspidalrückfluß, so wird das Kontrastmittel noch weiter verdünnt. Eine Kontrastmittelinjektion in die Spitze des proximalen Kammerabschnittes empfehlen MAHAIM u. RIVIER (1956). Niedrige Injektionsdrucke und schnelle Bildfolge in den ersten Sekunden werden empfohlen. Dabei kommt es zur Darstellung des proximalen Kammeranteils; retrograd füllt sich der rechte Vorhof. Die Tricuspidalklappenebene ist durch eine Kerbe gekennzeichnet. Eine langsame Füllung des distalen Kammerabschnittes und ein verzögerter Kontrastmitteleintritt verminderter Intensität in die Lungenarterie vervollständigen das Bild (KÜNZLER u. SCHAD 1961). Die synchrone Kontraktion des supra- und infravalvulären Ventrikelanteils kann sichtbar werden (HALONEN u. HEIKEL 1956).

Besteht ein Vorhofseptumdefekt, so kommt ein Früh-Lävogramm zur Darstellung. Manchmal kann allerdings die Diagnose des Ebstein-Syndroms trotz Anwendung aller erwähnten Methoden so schwierig sein, daß man in Einzelfällen nur eine Verdachtsdiagnose stellen kann.

24. Tricuspidalinsuffizienz

Über die isolierte angeborene Tricuspidalinsuffizienz liegen nur einzelne Mitteilungen vor. Die Abgrenzung der Anomalie vom Ebstein-Syndrom erfolgte durch ABBOTT (1908). Der erste klinische Bericht über das Krankheitsbild stammt von HOTZ (1923).

Ausführliche *entwicklungsgeschichtliche* Untersuchungen fehlen. Nach BARRIT u. URICH (1956) sowie DUBIN u. HOLLINSHEAD (1944) werden Störungen bei der Ausbildung der Klappenblätter aus dem Endokardkissen angenommen.

Das *anatomische Bild* ist gekennzeichnet durch Aplasie oder Hypoplasie einzelner Klappensegel. So fanden sich in den Fällen von HOTZ (1923), DUBIN u. HOLLINSHEAD (1944) sowie BARRITT u. URICH (1956) nur zwei ausgebildete Klappensegel; in einer anderen Beobachtung von HOTZ war nur eine Klappe ausreichend entwickelt. Ein von GROSSE-BROCKHOFF, LOOGEN u. SCHAEDE (1960) untersuchter Patient hatte sechs Segel im Bereich der Tricuspidalklappe, die mit einer medialen Klappenbrücke so angeordnet war, daß eine 8-Form entstand (autoptisch gesichert). Klappenauflagerungen wurden von ARIEL (1930) auf Wucherungen des embryonalen Endokards zurückgeführt. Hypoplastische bzw. aplastische Chordae tendineae und Papillarmuskeln ergänzen das Bild. Rechter Vorhof und rechter Ventrikel sind hypertrophiert und dilatiert bei normalem oder kleinem linken Herzen.

Pathophysiologisch ergeben sich Unterschiede gegenüber der erworbenen Tricuspidalinsuffizienz nur für die fetalen Kreislaufverhältnisse und die erste postnatale Phase. Die zu diesem Zeitpunkt bestehende Drucksteigerung in der rechten Kammer bei erhöhtem Strömungswiderstand im Lungenkreislauf hat einen gesteigerten Rückfluß durch die insuffiziente Tricuspidalklappe zur Folge. Die kurze Lebensdauer der von ARIEL (1930) sowie DUBIN u. HOLLINSHEAD (1944) beobachteten Patienten mag hierin ihre Ursache haben. In anderen Fällen war die Lebenserwartung besser. Sie lag zwischen 26 und 53 Jahren bei den Patienten von BARRIT u. URICH (1956), PALLADINO u. KINNEY (1948) sowie BELOBRADEK u. Mitarb. (1959).

Zur Erläuterung des *klinischen Bildes* sei kurz auf zwei eigene Beobachtungen eingegangen:

Im ersten Fall (GROSSE-BROCKHOFF, LOOGEN, SCHAEDE 1960) handelte es sich um einen 36jährigen Mann (N.De.), bei dem seit früher Jugend ein Herzfehler bekannt war. Schwere körperliche Arbeit wurde lange Zeit gut ertragen. Die Einweisung erfolgte mit den Zeichen der Herzinsuffizienz bei Ruhedyspnoe, Cyanose, Trommelschlegelfinger und -zehen, vergrößerter Leber und positivem Venenpuls. Im 4. ICR links parasternal hörte man ein systolisches Geräusch. Elektrokardiographisch wurde ein Wilsonblock mit P-cardiale und verzögerter AV-Überleitung registriert. Der Patient kam 2 Jahre später ad exitum. Auf den Obduktionsbefund wurde bereits bei Erörterung der anatomischen Verhältnisse eingegangen.

Die zweite Beobachtung betrifft eine 46jährige Frau (M.Br.), bei der ein Herzfehler seit früher Kindheit bekannt war. Körperliche Belastungen, wie Turnen und Schwimmen, waren deswegen schon immer verboten. Mit 33 Jahren traten Beschwerden in Form von Atemnot, Schwindel und Kollapsneigung

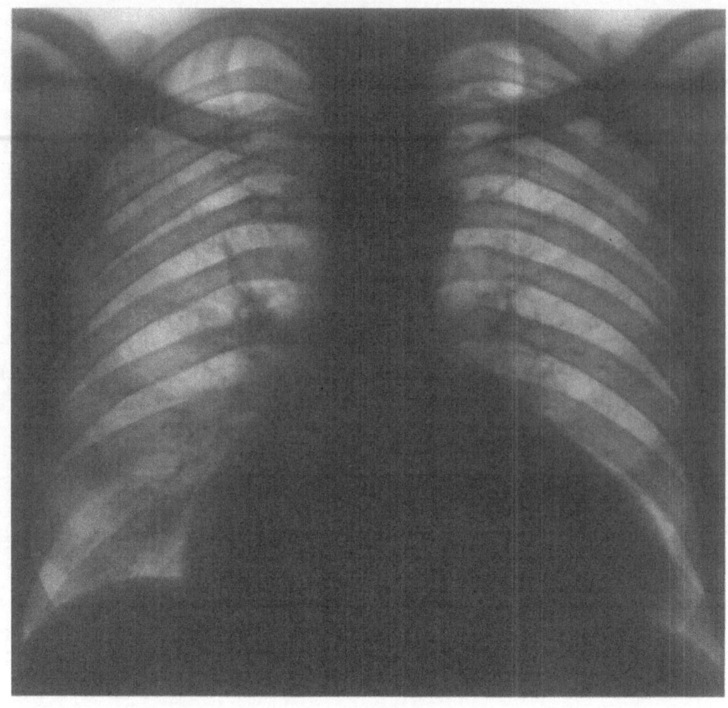

a

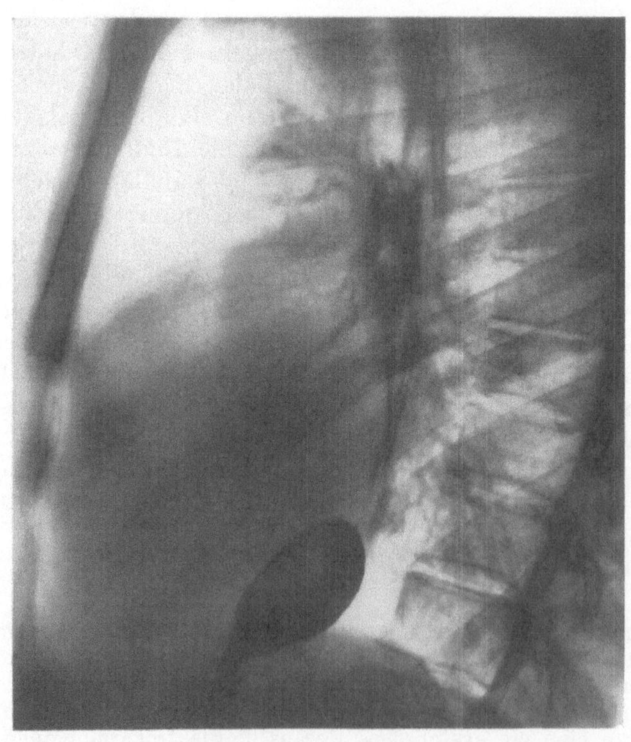

b

Abb. 272 a u. b. Isolierte Tricuspidalinsuffizienz bei einem 36jährigen Mann (N.De.). a Sagittalbild: Starke Verbreiterung des Herzens nach rechts und links. Fehlender Pulmonalbogen. Geringe Lungengefäßzeichnung. b Seitenbild: Breitflächige Anlehnung des Herzens an die vordere Brustwand. Ausflußbahn des rechten Ventrikels nicht vorgewölbt

auf. Zum Zeitpunkt der Krankenhausaufnahme waren Zeichen der Herzinsuffizienz nicht vorhanden. Mit Punctum maximum im 5. ICR rechts parasternal hörte man ein systolisches Geräusch. Das normtypische Elektrokardiogramm ließ die Zeichen einer Rechtsverspätung erkennen. Die Sicherung der Diagnose erfolgte durch Herzkatheteruntersuchung.

Röntgenbefunde. Infolge gleicher hämodynamischer Verhältnisse entspricht das Röntgenbild dem der erworbenen Tricuspidalinsuffizienz. Übersieht man die mit Röntgenbildern ausgestatteten Mitteilungen in der Literatur (Hotz 1923; Barritt u. Urich 1956; Belobradek u. Mitarb. 1959), so sind nur wenige einheitliche Gesichtspunkte für das Röntgenbild der angeborenen Tricuspidalinsuffizienz festzustellen. Meist findet

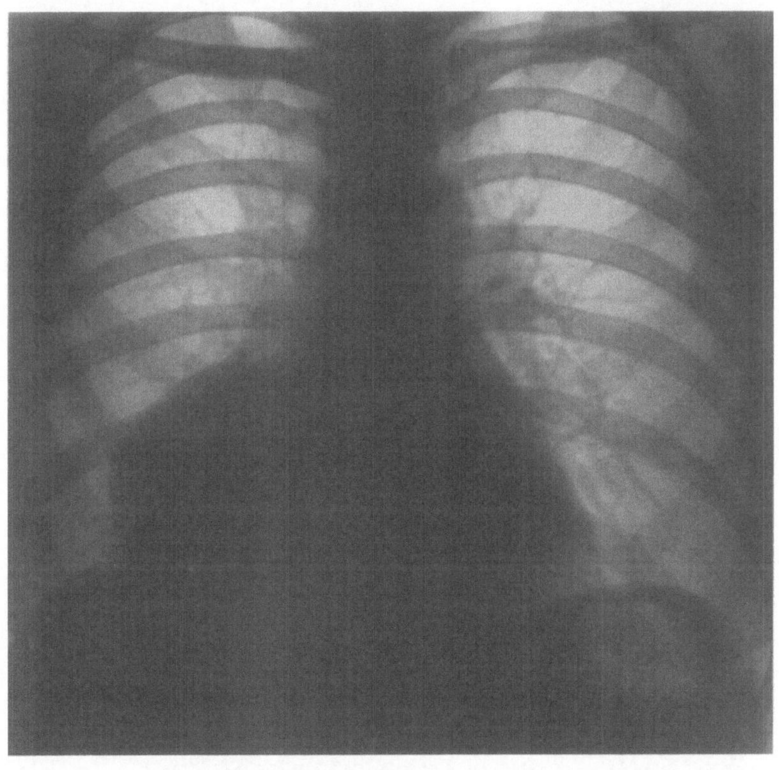

a

Abb. 273a—c. Tricuspidalinsuffizienz bei einer 46jährigen Patientin (M.Br.). a Auf der d.v. Übersichtsaufnahme ist das Herz infolge aneurysmatischer Erweiterung des rechten Vorhofs vor allem nach rechts verbreitert und hier rundlich konfiguriert. Die Lungenzeichnung ist vermindert. b Auf dem Seitenbild dehnt sich das Herz nach vorne aus. Der Herzhinterraum erscheint insgesamt eng. c Kymogramm: Große Amplituden, die an der rechten Herzkontur dem Vorhof und an der linken Herzkontur der Kammer entsprechen. Rechts läßt das Gefäßband Bewegungen großer Amplitude bis in die Gegend der Clavicula erkennen. Gefäßzacken am Aortenbogen klein

man eine deutliche Verbreiterung des Herzens nach rechts und links infolge einer Vergrößerung des rechten Vorhofs und Ventrikels. Das Herz kann ähnlich dem des Ebstein-Syndroms dem Zwerchfell breit aufsitzen und Beutelform haben (Abb. 272a und b) oder rundlich konfiguriert sein. Eine Vorwölbung des Pulmonalbogens fand sich in den Fällen von Hotz. Der Autor diskutiert als Ursache für diesen bei einer Tricuspidalinsuffizienz ungewöhnlichen Befund eine zusätzliche Anomalie. Im zweiten eigenen Fall (Abb. 273a und b) war der rechte Vorhof aneurysmatisch erweitert. In der Mehrzahl der Fälle ist das Gefäßband schmal.

Im Seitenbild ist im Gegensatz zur Tricuspidalstenose der Retrosternalraum völlig ausgefüllt; es fehlt also die Aussparung, die bei der Tricuspidalstenose vor dem kleinen rechten Ventrikel zu erkennen ist.

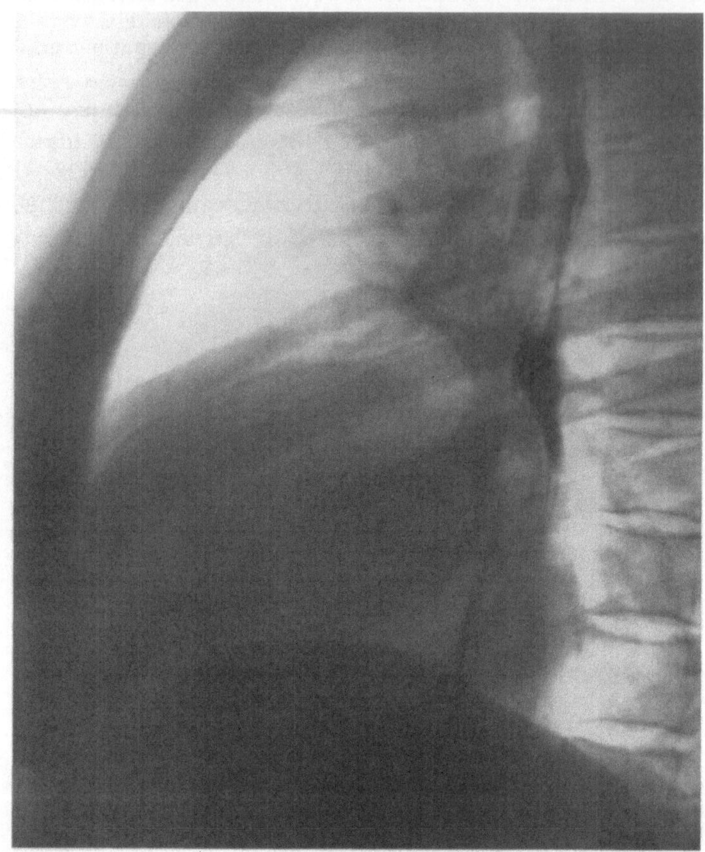

Abb. 273 b

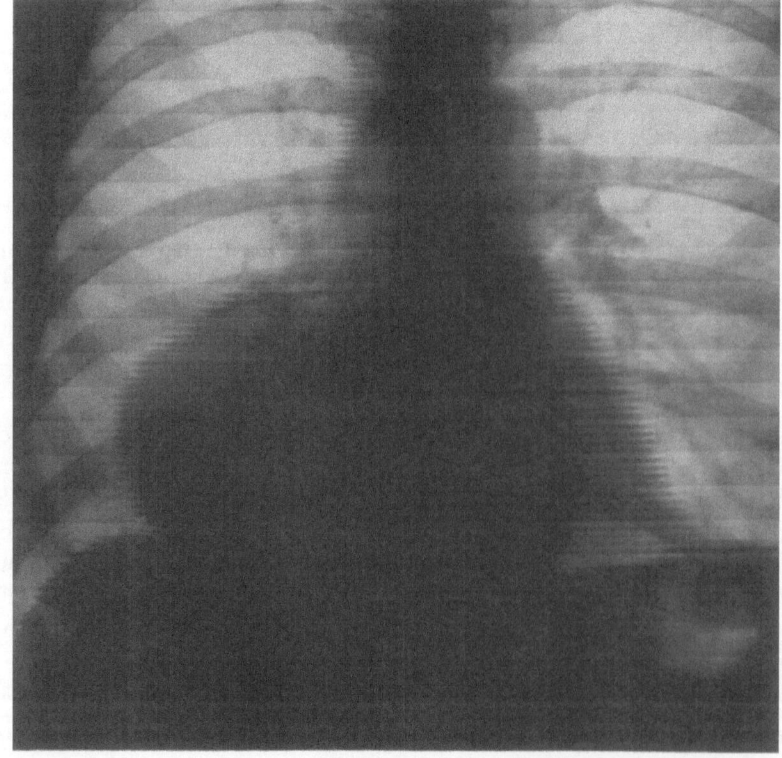

Abb. 273 c

Das *Kymogramm* (Abb. 273c) läßt Bewegungen großer Amplitude infolge des die Tricuspidalklappe passierenden Pendelblutes und der damit verbundenen großen Volumenverschiebung erkennen. Man sieht, daß der Vorhof rechts randständig wird. Die dem venösen Gefäßband zugehörigen Gefäßzacken sind mit großer Amplitude bis in die Gegend der Clavicula zu erkennen. Kammerbewegungen an der linken Herzbegrenzung und Gefäßzacken kleiner Amplituden, die der Aorta zugehören, vervollständigen das Bild.

Auf eine **Herzkatheteruntersuchung** ist nicht immer zu verzichten, besonders wenn nach dem klinischen Befund eine Diagnose mit ausreichender Sicherheit nicht zu stellen ist. Der Nachweis einer vergrößerten rechten Kammer sowie der Lage der Tricuspidalklappenebene ergeben Anhaltspunkte zur Abgrenzung der angeborenen Tricuspidalinsuffizienz vom Ebstein-Syndrom.

25. Anomalien der großen Körpervenen

Anomalien der in das Herz einmündenden großen Körpervenen kommen isoliert oder in Verbindung mit anderen kongenitalen Angiokardiopathien vor. Sie können funktionell belanglos sein oder Hämodynamik und Klinik entscheidend beeinflussen.

a) Anomalien der oberen Hohlvene

Entwicklungsgeschichte. Zu einem bestimmten Zeitpunkt der Entwicklung teilt sich die gemeinsame Sinus-Vorhof-Anlage in den Sinus venosus und in die Vorhöfe. Das Septum, das rechten und linken Vorhof trennt, entwickelt sich so, daß der Sinus venosus in den rechten Vorhof führt. In den lateralen Anteil des Sinus venosus mündet beiderseits der Ductus Cuvieri, der aus dem Zusammenfluß der paarig angelegten posterioren und anterioren Kardinalvenen entsteht (Abb. 274a). Letztere führen Blut aus dem Bereich des Kopfes, erstere aus der unteren Körperhälfte des Embryo. Die nach Campbell u. Deuchar (1954) modifizierte Abbildung erläutert diese Verhältnisse. In der weiteren Entwicklung wird der rechte Anteil des Sinus venosus größer als der linke, und es entsteht eine Querverbindung zwischen den Vv. cardinales anteriores. Sie entspricht der V. innominata sinistra (Abb. 274b). Während sich der linke Ductus Cuvieri zum Sinus coronarius und zur V. obliqua sinistra entwickelt, entsteht aus dem rechten Ductus Cuvieri und der V. cardinalis dextra anterior die V. cava superior dextra (Abb. 274c). Kommt es nicht zur Obliteration der V. cardinalis sinistra, so resultiert eine V. cava superior sinistra persistens.

α) *Fehlen der V. brachiocephalica*

Die V. brachiocephalica kann ein- oder beidseitig fehlen. Die Venen aus Kopf- und Schulterbereich münden dann getrennt in die rechte obere Hohlvene oder aber bei linkspersistierender V. cava in diese bzw. in beide oberen Hohlvenen. Die einmündenden Venen können mannigfache Anastomosen miteinander bilden (Heim de Balsac 1954).

β) *Persistierende linke obere Hohlvene*

Die persistierende linke obere Hohlvene, V. cava superior sinistra persistens, mündet meist durch den Sinus coronarius in den rechten Vorhof ein. Dieser Verlauf wird aus den entwicklungsgeschichtlichen Ausführungen verständlich. Vereinzelt sind auch Einmündungen in den linken Vorhof (s. später), in die rechte obere Hohlvene (Doerr 1954), in eine Lungenvene (Gardner u. Oram 1953) sowie in die Pfortader (Chlyvitsch 1932) beschrieben worden.

In der überwiegenden Mehrzahl der Fälle ist bei einer persistierenden linken oberen Hohlvene auch die rechte vorhanden. Die Verbindung zwischen beiden Gefäßen ist unterschiedlich weit; sie besteht in 40% der Fälle in einer V. innominata sinistra (Winter 1954) (vgl. Abb. 280). In anderen Fällen erfolgt die Verbindung durch mehrere Kollateralgefäße (vgl. Abb. 281). Beide oberen Hohlvenen können in ihrer Weite erheblich voneinander abweichen, wie aus einer von Castellanos u. Pereiras (1947) entnommenen Übersicht hervorgeht (Abb. 275). Die rechte obere Hohlvene kann gelegentlich fehlen (Greenfield 1876; Halpert u. Coman 1930; Beattie 1931; Atwell u. Zoltowski 1938; Grosse-Brockhoff, Loogen u. Schaede 1960).

Häufigkeit. ABBOTT (1936) fand die V. cava superior sinistra persistens unter 1000 autoptisch untersuchten Fällen mit angeborenen Angiokardiopathien 36mal. CAMPBELL u. DEUCHAR (1954) diagnostizierten sie unter 1500 Fällen in 3%, LOOGEN u. RIPPERT (1958) unter 1000 mit dem Herzkatheter untersuchten Fällen 28mal (= 2,8%).

Sehr viel seltener als die oben beschriebene Verlaufsform der V. cava superior sinistra persistens ist ihre Einmündung in den linken Vorhof. Nur ausnahmsweise kommt diese Form der Venenanomalie isoliert vor (TUCHMAN u. Mitarb. 1956); fast immer ist sie mit anderen Mißbildungen kombiniert (CASTELLANOS u. PEREIRAS 1947; DIAZ u. Mitarb. 1949; FRIEDLICH u. Mitarb. 1950; FEINDT u. HAUCH 1953; PEEL u. Mitarb. 1956; KEITH u. Mitarb. 1958). Nach TAUSSIG (1960) findet sie sich besonders bei Dextro- und Lävokardien.

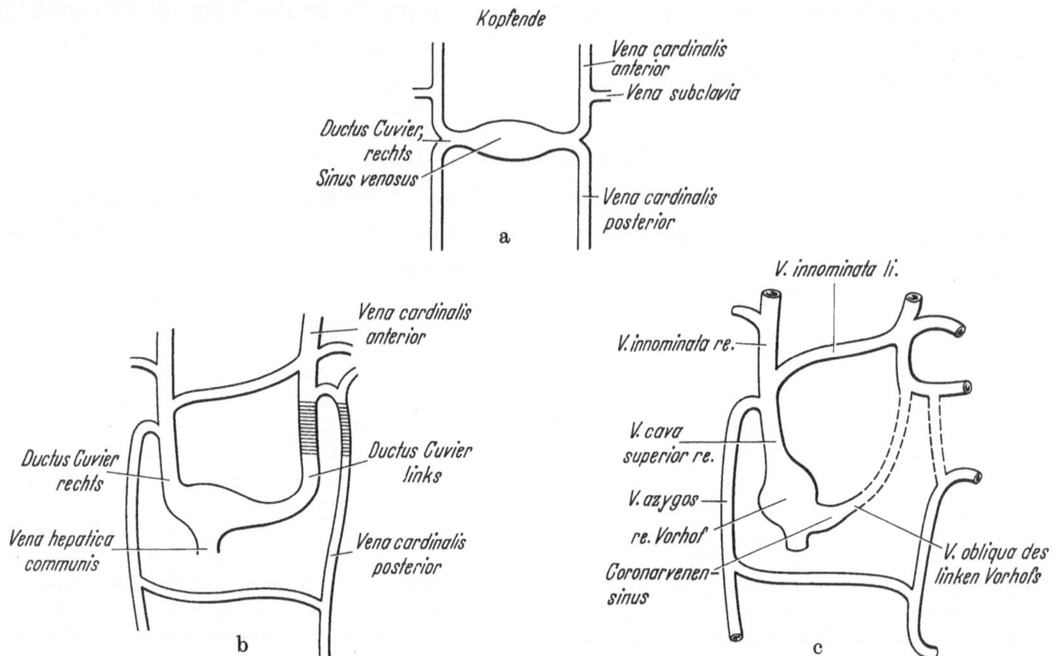

Abb. 274. Entwicklung der großen Körpervenen aus der Sinus-Vorhof-Anlage (Skizze modifiziert nach CAMPBELL und DEUCHAR 1954; aus GROSSE-BROCKHOFF, LOOGEN u. SCHAEDE 1960)

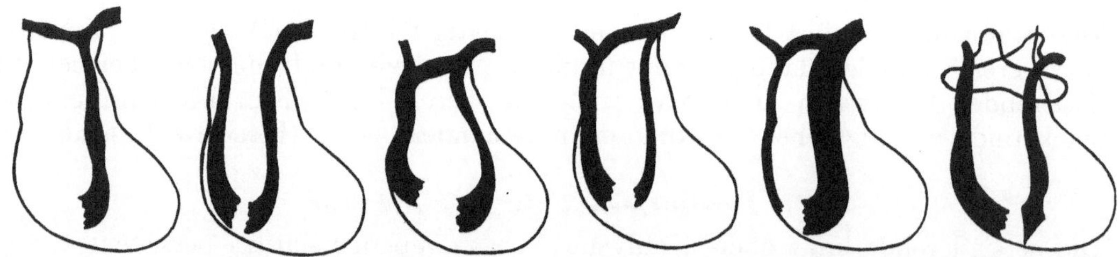

Abb. 275. Verschiedene Formen der links persistierenden oberen Hohlvene (nach CASTELLANOS aus DONZELOT-D'ALLAINES „traité des cardiopathies congénitales" 1954)

In funktioneller Hinsicht müssen in diese Gruppe auch jene Fälle eingereiht werden, bei denen die V. cava superior sinistra persistens zwar in den Sinus coronarius einmündet, ihr Blut aber infolge einer Stenose oder Atresie des Ostiums des Coronarvenensinus durch eine offene Kommunikation in den linken Vorhof abgibt (MANKIN u. BURCHELL 1953).

Fehlt eine Verbindung der linken oberen Hohlvene mit dem linken Vorhof und besteht eine Atresie des Coronarsinusostiums, dann erfolgt der Blutabfluß über eine V. innominata in die rechte obere Hohlvene und über diese in den rechten Vorhof (HARRIS u. Mitarb. 1927). Dieser Gefäßverlauf hat besondere Bedeutung für die Form der totalen Lungenvenentransposition, bei der alle Lungenvenen in die V. cava superior sinistra persistens einmünden und das Blut über eine V. innominata und die rechte obere Hohlvene dem rechten Vorhof zufließt (vgl. totale Lungenvenentransposition).

Pathophysiologie. Die persistierende linke obere Hohlvene, die über den Sinus coronarius in den rechten Vorhof einmündet, bedingt keine pathologischen Veränderungen der Hämodynamik. Das gilt auch für die Fälle mit Atresie der Coronarsinusöffnung und Abfluß des Blutes über eine V. innominata in die rechte obere Hohlvene.

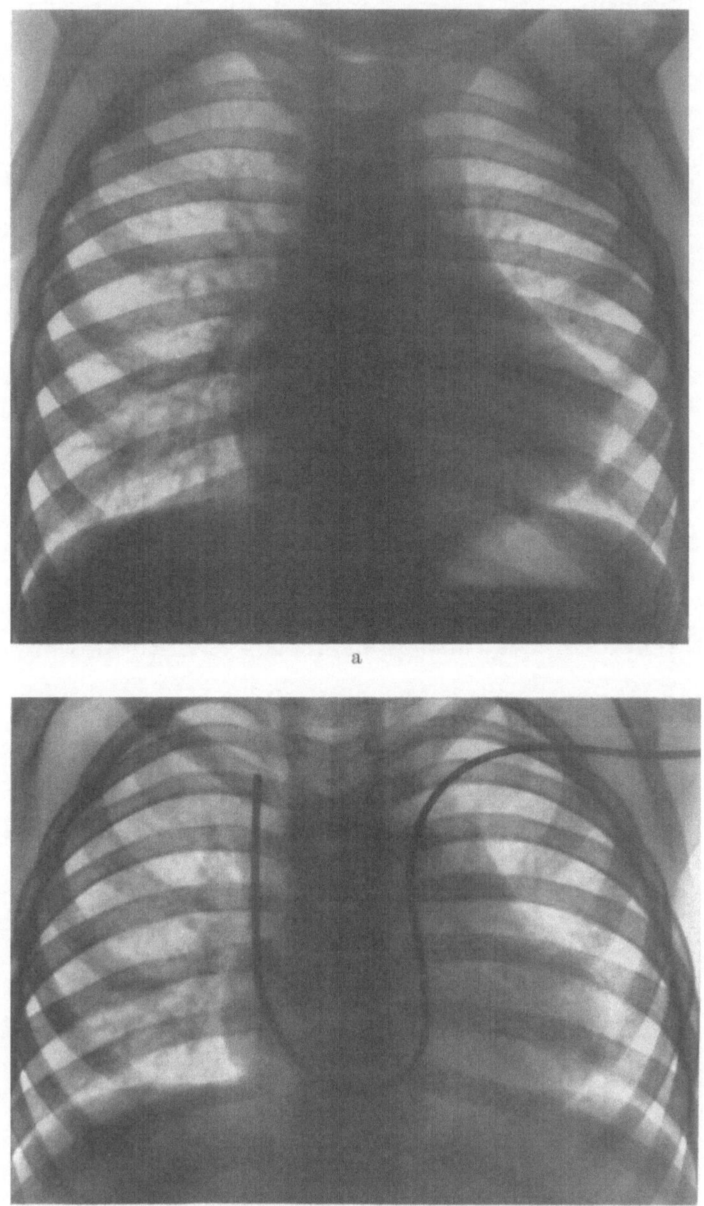

Abb. 276 a u. b. Links persistierende obere Hohlvene bei Fallotscher Tetralogie bei einem $4^{1}/_{2}$jährigen Jungen (A.Da.). a Sagittalbild: Links infraclaviculär bandartig nach lateral scharf begrenzte Verschattung, die einer links persistierenden oberen Hohlvene entspricht. b Herzkatheterverlauf: linke obere Hohlvene → Sinus coronarius → re. Vorhof → re. obere Hohlvene

Im Gegensatz hierzu bedeutet eine in den linken Vorhof (direkt oder mittels einer Fistel zwischen dem linken Vorhof und dem Sinus coronarius) einmündende V. cava superior sinistra persistens, daß eine größere venöse Blutmenge unter Umgehung des Lungenkreislaufs dem arterialisierten Blut des linken Vorhofs beigemischt wird und zu einer Volumenmehrbelastung des linken Herzens führt.

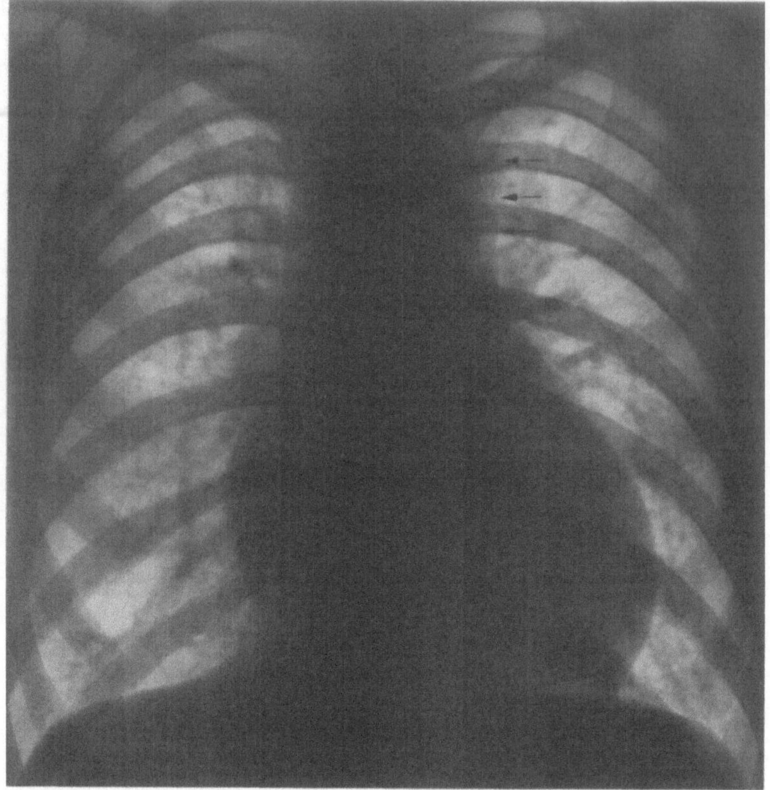

a

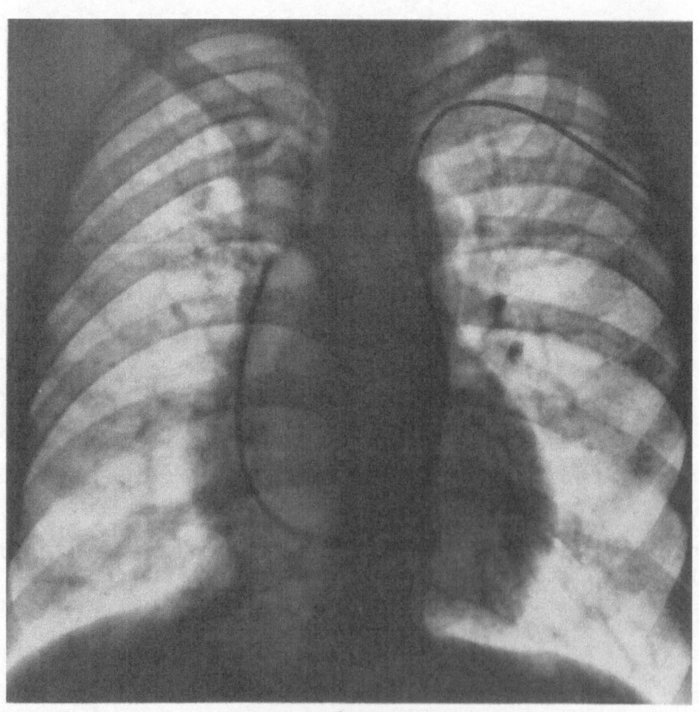

b

Abb. 277 a u. b. Aortenisthmusstenose und links persistierende obere Hohlvene bei einem 21jährigen Patienten (R.Schm.). a Sagittalbild: Verbreiterung des Gefäßbandes mit bandartigem Halbschatten links. b Katheterverlauf: Linke obere Hohlvene → Sinus coronarius → rechter Vorhof → rechte obere Hohlvene

Klinik. Abgesehen von den Fällen einer in den linken Vorhof einmündenden V. cava superior sinistra persistens ist die klinische Symptomatologie der Gefäßanomalie uncharakteristisch, wie aus den in Tabelle 11 enthaltenen Beobachtungen zu ersehen ist. Diagnostisch verwertbare physikalische oder klinische Befunde gibt es nicht. Die Einmündung der linken oberen Hohlvene in den linken Vorhof als isolierte Anomalie hat eine Cyanose zur Folge, die aber wohl kaum sehr ausgeprägt sein dürfte. In einem von uns beobachteten Fall einer 54jährigen Patientin mit Vorhofseptumdefekt und autoptisch

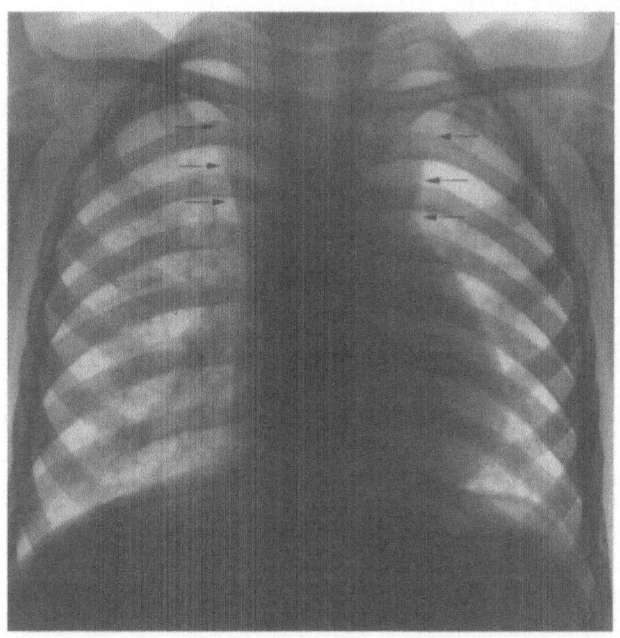

Abb. 278. Tricuspidalatresie und linkspersistierende obere Hohlvene bei einem 5jährigen Mädchen (W.St.). V-förmige Verbreiterung des Gefäßbandes

Tabelle 11. *Klinische Symptome bei sechs Patienten mit links persistierender oberer Hohlvene als alleiniger Anomalie.* (Aus LOOGEN und RIPPERT 1958)

Nr.	Name	Geschl.	Alter Jahre	Auskult.	EKG	Röntgenbild	Leistungsfähigkeit
1	D., D.	♀	4	syst. Ger.	Steiltyp o.B.	Verbreiterung des Gefäßbandes nach li.	nicht eingeschränkt
2	M., H.	♀	26	syst. Ger.	Normtyp o.B.	Gefäßband nicht verbreitert	bei Anstrengung Atemnot, Herzklopfen
3	R., W.	♂	19	syst. Ger.	Steiltyp, Erregungsausbreitung atypisch	Verbreiterung des Gefäßbandes nach li.	reduziert bei starker Anstrengung
4	G., J.	♂	14	präsyst. Ger., syst. Ger.	normtypisch, späte Vektoren überdreht linkstypisch, atypische Erregungsausbreitung	Gefäßband nicht verbreitert	nicht eingeschränkt
5	B., B.	♀	6	syst. Ger.	Normtyp o.B.	Gefäßband nach li. verbreitert	reduziert bei starker Anstrengung
6	St., W.	♂	35	syst. Ger.	Normtyp o.B.	Gefäßband nicht verbreitert	Anfälle von Herzjagen, Beklemmung bei Anstrengung

nachgewiesener, in den linken Vorhof einmündender V. cava superior sinistra persistens waren weder klinisch eine Cyanose noch blutgasanalytisch ein verwertbares arterielles Sauerstoffdefizit vorhanden.

Röntgenbefunde. Die V. cava superior sinistra persistens führt in einem Teil der Fälle zu röntgenologisch faßbaren Veränderungen, die zumindest die Verdachtsdiagnose

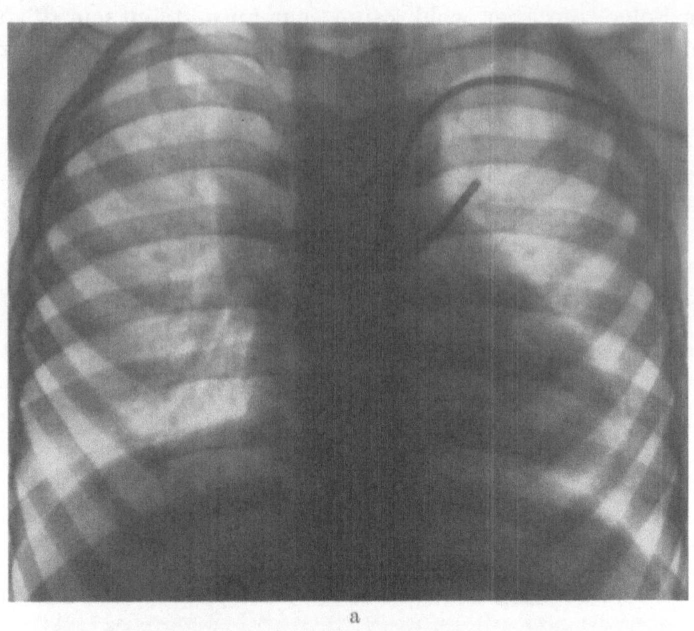

a

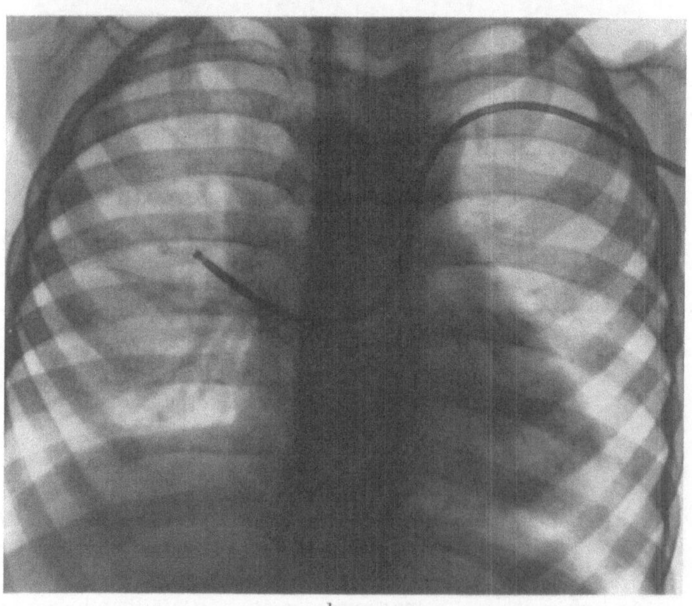

b

Abb. 279 a—d. Pseudotruncus und Einmündung einer linkspersistierenden oberen Hohlvene in den linken Vorhof bei einem 3jährigen Jungen (M.Sa.). a Herzkatheterverlauf: linke obere Hohlvene → linker Vorhof → normal mündende Lungenvene. b Herzkatheterverlauf: linkspersistierende obere Hohlvene → linker Vorhof → Vorhofseptumdefekt → rechter Vorhof → transponierte Lungenvene. Auf Grund des Herzkatheterverlaufes allein ist nicht sicher zu entscheiden, ob der Katheter über den linken Vorhof eine normal mündende Lungenvene oder durch einen Vorhofseptumdefekt und über den rechten Vorhof eine transponierte Lungenvene erreicht hat. c Herzkatheterverlauf: rechte obere Hohlvene → V. innominata → linke obere Hohlvene → linker Vorhof → Schlingenbildung wahrscheinlich im linken Ventrikel → Lungenvene. d Herzkatheterverlauf: rechte obere Hohlvene → rechter Vorhof → rechte Kammer → Aorta → linke A. subclavia

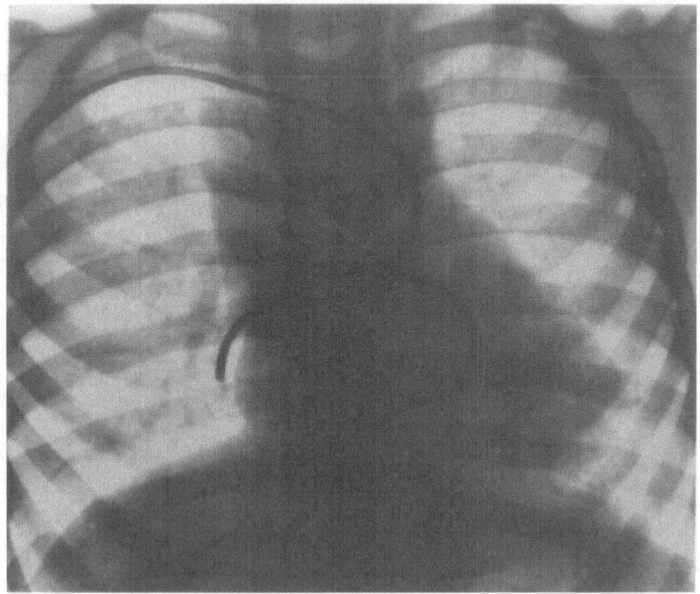

Abb. 279c

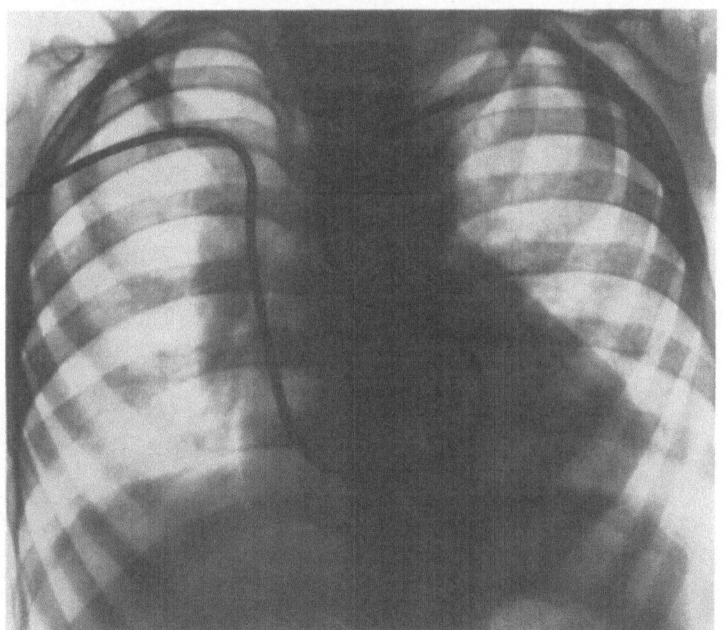

Abb. 279d

der Venenanomalie ermöglichen. Sie bestehen in einer Verbreiterung des Gefäßbandes mit bandartiger, im Vergleich zum übrigen Mittelschatten vermehrt strahlendurchlässiger und linear begrenzter Verschattung links (Abb. 276 und 277), die bei Drehung des Patienten besonders gut sichtbar wird. Gelegentlich kann auch eine V-förmige Verbreiterung des Gefäßbandes resultieren (Abb. 278).

Die Sicherung der Venenanomalie bleibt im allgemeinen den speziellen Herzuntersuchungen vorbehalten.

Herzkatheteruntersuchung. Beim Vorgehen von einer linken Armvene aus nimmt der Herzkatheter einen für die V. cava superior sinistra persistens charakteristischen Verlauf. Er überschreitet nicht die Wirbelsäule, sondern verläuft links neben ihr caudalwärts, um in einem flachen Bogen durch den Sinus coronarius den rechten Vorhof und eventuell die rechte obere Hohlvene zu erreichen (Abb. 276b und 277b). Im weiteren Verlauf der Untersuchung kann es schwierig sein, von dieser Lage aus den rechten Ventrikel und die Pulmonalarterie zu sondieren, so daß gelegentlich ein erneutes Vorgehen vom rechten

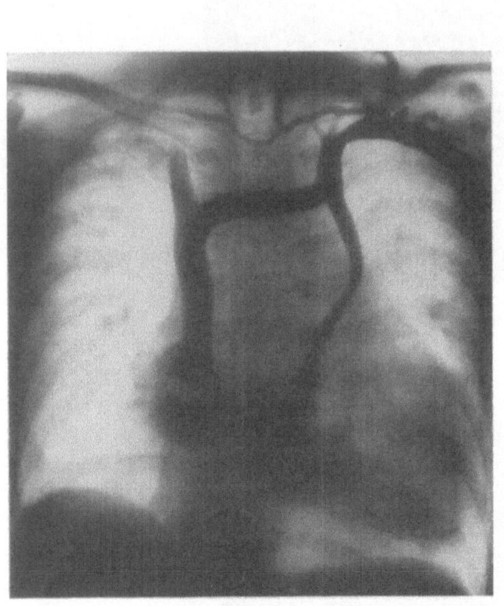

Abb. 280

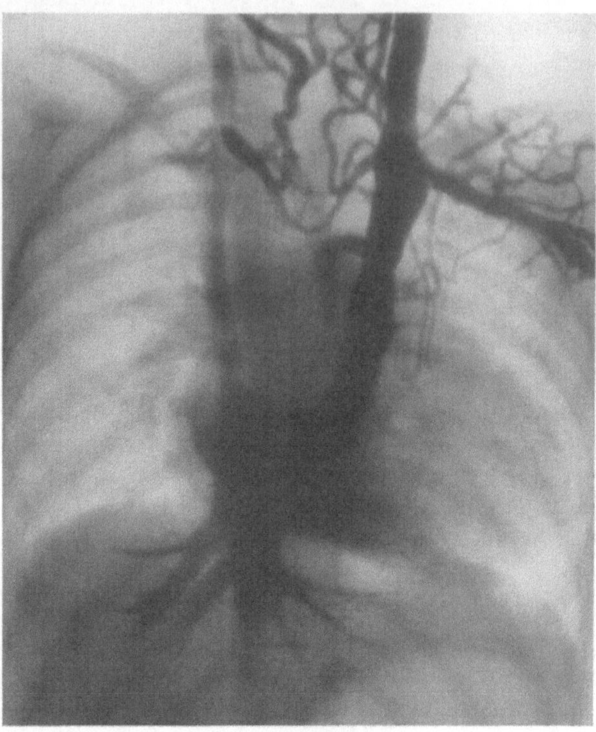

Abb. 281

Abb. 280. Angiokardiogramm eines 43jährigen Patienten mit persistierender linker oberer Hohlvene und breiter Gefäßverbindung zwischen den Venae cavae dextra und sinistra

Abb. 281. Fallotsche Tetralogie und linkspersistierende obere Hohlvene bei einem 5jährigen Mädchen (G.V.). Angiokardiogramm: Darstellung der linkspersistierenden oberen Hohlvene. Die rechte obere Hohlvene füllt sich über Kollateralgefäße

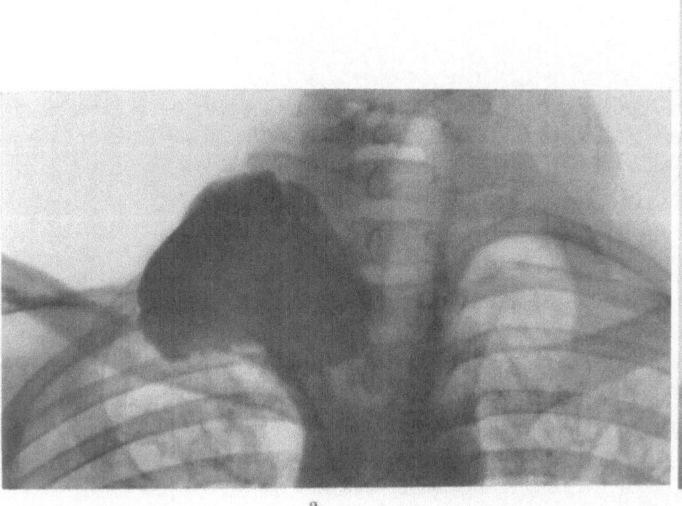

a

b

Abb. 282. Venöses Aneurysma im Bereich der V. jugularis externa dextra bei einem 23jährigen Patienten (H.A.Er.)

Arm aus notwendig wird (Abb. 279). Auch beim Vorgehen von einer Beinvene oder von der rechten Armvene aus kann der Katheter in eine linkspersistierende obere Hohlvene gelangen.

Die direkte Einmündung der V. cava superior sinistra persistens in den linken Vorhof ist nach dem Katheterverlauf nur dann als gesichert anzusehen, wenn es gelingt, den Katheter unter Umgehung des rechten Vorhofs in den linken Ventrikel vorzuführen.

Kontrastmitteldarstellung. Die beste Beurteilung der hier erörterten Venenanomalien ermöglicht die Angiokardiographie (Abb. 280 und 281). Besonders vorteilhaft ist dabei die Kontrastmittelinjektion in eine Vene des linken Armes.

Neben den Verlaufsanomalien im Bereich der oberen Hohlvenen gibt es vereinzelt auch andersartige Veränderungen.

So wurde von ABBOTT (1950) ein *Aneurysma* der V. cava superior beobachtet und als angeborene Anomalie aufgefaßt. Röntgenologisch fand sich eine beträchtliche Erweiterung des Gefäßbandes nach rechts, besonders in Exspiration.

Wir fanden ein angeborenes apfelgroßes venöses Aneurysma im Bereich der V. jugularis externa bei einem 23jährigen Patienten ohne sonstige Anomalien des Herzens und der großen Gefäße. Bei Injektion des Kontrastmittels in die rechte V. subclavia stellte sich dieses Aneurysma nicht dar. Erst nach Injektion in das Aneurysma selbst durch einen von der Beinvene hochgeführten Katheter kam es zur Darstellung (Abb. 282).

In der überwiegenden Mehrzahl der Fälle ist der Nachweis einer V. cava superior sinistra persistens mit Einmündung in den rechten Vorhof ohne *therapeutische* Konsequenzen. Sie kann allerdings das Vorgehen bei thorax- bzw. kardiochirurgischen Eingriffen erschweren und erfordert dann gelegentlich eine Unterbindung. Dies gilt auch für die in den linken Vorhof einmündende V. cava superior sinistra persistens, vorausgesetzt daß der venöse Abfluß zum rechten Vorhof postoperativ gewährleistet ist.

Das in Abb. 282 dargestellte venöse Aneurysma wurde operativ beseitigt.

b) Anomalien der unteren Hohlvene

Anomalien der unteren Hohlvene betreffen im wesentlichen den Verlauf und die Einmündung ins Herz. Selten sind jedoch — im Gegensatz zur oberen Hohlvene — das Persistieren von zwei unteren Hohlvenen (CASTELLANOS u. GARCIA 1944) oder ihr völliges Fehlen (ROSSI 1954).

Die große Variabilität der Verlaufsanomalien der unteren Hohlvene wird nur aus der komplizierten *embryologischen* Entwicklung des Venensystems verständlich, die normalerweise zu Beginn des 3. Fetalmonats zum Abschluß kommt. Es sei hier auf die diesbezüglichen Abhandlungen von McLURE u. BUTLER (1925), EDWARDS (1951) und GOERTTLER (1958) verwiesen.

Anatomie. Die Verlaufsanomalien der unteren Hohlvene sind nicht einheitlich. Meist besteht eine Verbindung der rechten infrarenalen V. cava inferior mit der V. azygos, wodurch das der unteren Hohlvene zufließende venöse Blut über diese der oberen Hohlvene zugeführt wird. Die Lebervenen münden meist isoliert in den rechten Vorhof ein. Selten findet sich eine Verbindung der linken infrarenalen V. cava mit der V. hemiazygos oder der V. azygos (Abb. 283). Oft sind die Anomalien der unteren Hohlvene mit anderen kongenitalen Angiokardiopathien sowie mit Lageanomalien kombiniert (Tabelle 12). Vereinzelt kommt die Einmündung der unteren Hohlvene in den linken Vorhof als isolierte Anomalie oder in Kombination mit anderen Herzfehlern vor.

Wie schon bei der Besprechung der postoperativen röntgenologischen Befundänderungen des Vorhofseptumdefektes gesagt (vgl. S. 160 und Abb. 138), kann die untere Hohlvene ausnahmsweise auch operativ bei der Beseitigung eines Vorhofseptumdefektes teilweise oder ganz in den linken Vorhof transponiert werden (BLOUNT u. Mitarb. 1959; GROSSE-BROCKHOFF, LOOGEN, SCHAEDE 1960) (Abb. 284).

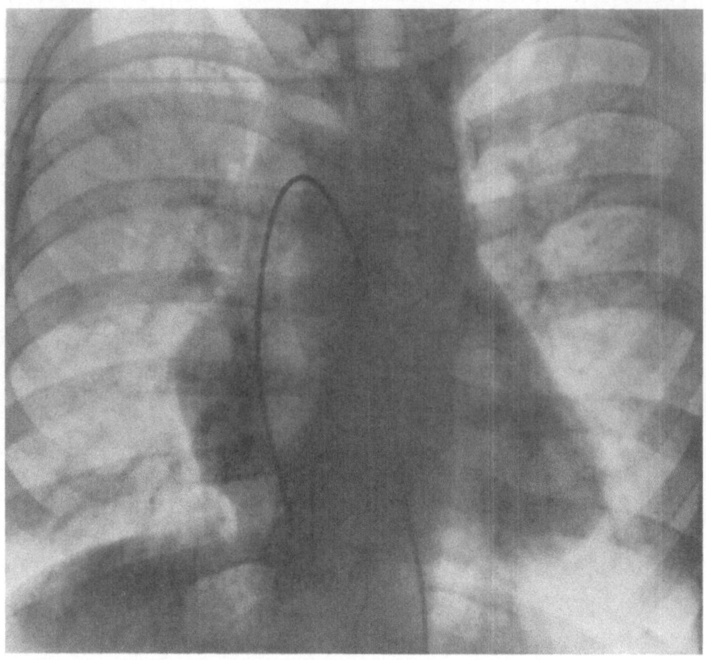

Abb. 283. Einmündung der unteren Hohlvene in die V. azygos bei einem 20jährigen Patienten (E.Pr.). Herzkatheterverlauf: V. saphena dextra → V. infrarenalis sinistra → V. azygos → obere Hohlvene → rechter Vorhof

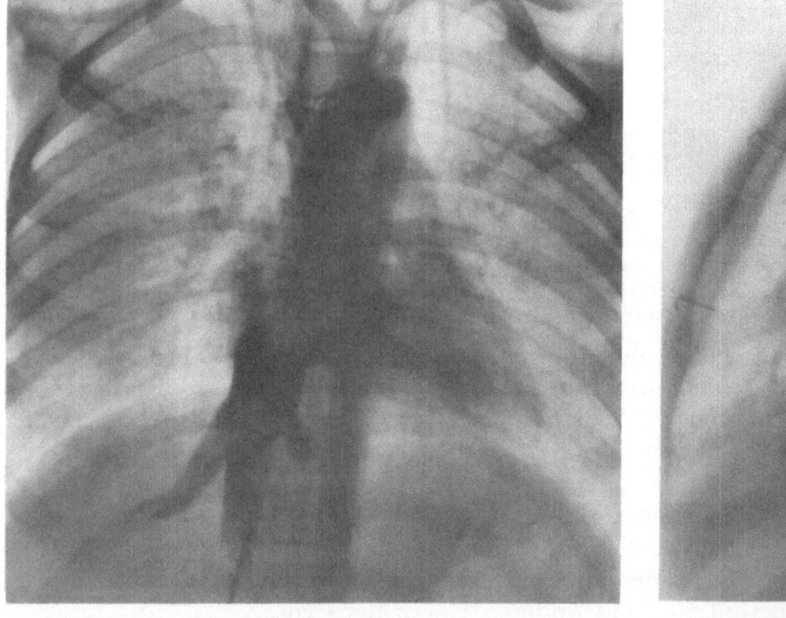

a

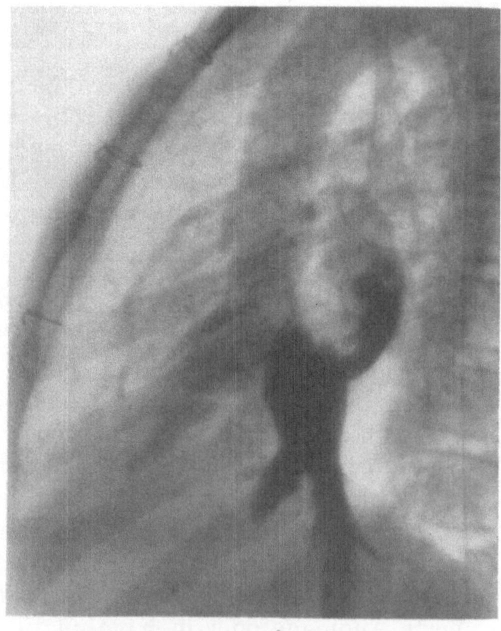

b

Abb. 284a u. b. Subtotale Einmündung der unteren Hohlvene in den linken Vorhof nach Operation eines Vorhofseptumdefektes bei einem 10jährigen Mädchen (R.Ra.). a Sagittales Angiokardiogramm mit Kontrastmittelinjektion in die untere Hohlvene: Rückstauung in die Lebervenen. Nur geringer Kontrastmittelübertritt in den rechten Vorhof. Fast ausschließlicher Kontrastmittelübertritt in den linken Vorhof. b Seitenbild: Kontrastmittelübertritt in den linken Vorhof eindeutig zu erkennen

Tabelle 12. *Einmündungen der unteren Hohlvene in das obere Cavasystem* (nach DERRA, LOOGEN u. SATTER 1965)

Nr.	Name	Alter, Geschlecht	Situs der Organe	Verlauf der unteren Hohlvene	Weitere Venenanomalien	Vena-cava Knopf	Herzfehler
1	R. Spa.	19 Jahre, ♀	normal	Vena cava inferior dextra (V.c.i.d.) → V. azygos → Vena cava superior dextra (V.c.s.d.)	Lungenvenen-transposition	+	Vorhofseptumdefekt (Secundum-Typ)
2	G. Ka.	18 Jahre, ♀	normal	V.c.i.d. → V. azygos → V.c.s.d.		+	Vorhofseptumdefekt (Secundum-Typ) ohne untere Septumleiste
3	G. Le.	39 Jahre, ♂	normal	V.c.i.d. → V. azygos → V.c.s.d.	Transposition von Venen der rechten Lunge in rechte obere Hohlvene	(+)	Sinus venosus-Defekt
4	T. Kö.	26 Jahre, ♂	normal	V.c.i.d. → V. azygos → V.c.s.d.	Einmündung der Lebervene in linken Vorhof	—	Vorhofseptumdefekt (Secundum-Typ) ohne untere Septumleiste
5	J. Ac.	15 Jahre, ♀	normal	V.c.i.d. → V. azygos → V.c.s.d.		+	Vorhofseptumdefekt (Primum-Typ)
6	C. St.	9 Jahre, ♀	Spiegelbild-dextrokardie	V.c.i.d. → V. azygos(?) → V.c.s.d.	Transposition von Venen der linken Lunge in linke obere Hohlvene, Einmündung der Lebervene in linken Vorhof	—	Sinus venosus-Defekt
7	M. Ka.	25 Jahre, ♂	Situs inversus der Bauchorgane	V.c.i.sin. → V. hemiazygos (?) → V.c.s.d.	Lungenvenen-transposition	—	Vorhofseptumdefekt (Secundum-Typ)
8	E. Pr.	20 Jahre, ♂	normal	V.c.i.sin. → V. hemiazygos → V.c.s.d.		—	Canalis atrio-ventricularis totalis, valvuläre und infundibuläre Pulmonalstenose
9	B. Ju.	$1^{7}/_{12}$ Jahre, ♀	normal	V.c.i.d. → V. azygos → V.c.s.d.		(+)	Transposition der großen Gefäße mit Vorhof- und Ventrikelseptumdefekt
10	K.H. Za.	$4^{1}/_{2}$ Jahre, ♂	normal	V.c.i.d. → V. azygos → V.c.s.d.		(+)	Transposition der großen Gefäße mit Vorhof- und Ventrikelseptumdefekt
11	J. Vo.	9 Jahre, ♂	Situs inversus der Bauchorgane	V.c.i.sin. → V. hemiazygos (?) → V.c.s.d.		—	Transposition der großen Gefäße mit Vorhof- und Ventrikelseptumdefekt
12	N. Sch.	6 Jahre, ♂	normal	V.c.i.d. → V. azygos → V.c.s.d.		+	korrigierte Transposition der großen Gefäße mit Pulmonalstenose und Ventrikelseptumdefekt

Tabelle 12. Fortsetzung

Nr.	Name	Alter, Geschlecht	Situs der Organe	Verlauf der unteren Hohlvene	Weitere Venenanomalien	Vena cava-Knopf	Herzfehler
13	W. Se.	23 Jahre, ♂	normal	V.c.i.d. $\to$ V.azygos $\to$ V.c.s.d.		+	genuine Pulmonalsklerose ?
14	S. Ko.	3 Jahre, ♀	normal	V.c.i.d. $\to$ V.azygos $\to$ V.c.s.d.	persistierende linke obere Hohlvene	—	genuine Pulmonalsklerose ?
15	H. Se.	30 Jahre, ♀	Spiegelbild-dextrokardie	V.c.i.d. $\to$ V.azygos $\to$ V.c.s.d.		(+)	Pulmonalstenose mi Ventrikelseptumdefekt
16	G. Br.	24 Jahre, ♀	normal	V.c.i.d. $\to$ V.hemiazygos (?) $\to$ V.c.s.d.		—	wahrscheinlich Tran position der groß Gefäße mit Ventrikelseptumdefekt
17	Ch. Fi.	18 Jahre, ♀	normal	V.c.i.d. $\to$ V.azygos $\to$ V.c.s.d.	komplette Lungenvenentransposition	+	komplette Lungenvenentransposition Vorhofseptumdefek (Secundum-Typ)
18	R. He.	23 Jahre, ♀	normal	V.c.i.d. $\to$ V.azygos $\to$ V.c.s.d.		(+)	Tricuspidalatresie, Vorhofseptumdefel (Secundum-Typ), Transposition der großen Gefäße
19	H. Kn.	8 Jahre, ♀	normal	a) V.c.i.d. $\to$ re. Vorhof b) li. Abdominalvene $\to$ Sinus coronarius	persistierende linke obere Hohlvene	—	Ventrikelseptumdefekt und Ductus arteriosus

Die *Häufigkeit* von Anomalien der unteren Hohlvene wird von ADACHI (1937) sowie EDWARDS (1951) aufgrund anatomischer Untersuchungen auf 1,5—4% aller Menschen beziffert. Nach Untersuchungen von ANSON u. Mitarb. (1947) darf angenommen werden, daß Anomalien der in die unteren Hohlvenen einmündenden Venenäste noch zahlreicher sind.

In unserem Untersuchungsgut fanden wir eine Verlaufsanomalie der unteren Hohlvene bei etwa 1% aller Patienten, bei denen eine Herzkatheteruntersuchung von der V. saphena aus durchgeführt wurde. Bei Patienten mit Vorhofseptumdefekt betrug die Häufigkeit 1,3%. Ähnlich lauten die Angaben von MUELHEIMS u. MUDD (1962). Häufiger scheint die Venenanomalie bei Lageanomalien der Brust- und Bauchorgane vorzukommen, so daß ein embryologisch kausaler Zusammenhang zu vermuten ist (TAUSSIG 1947; CAMPBELL u. Mitarb. 1952; ANDERSON u. Mitarb. 1955; KEITH u. Mitarb. 1958; LOOGEN u. RIPPERT 1958).

Pathophysiologie. Die Einmündung der unteren Hohlvene in die V. azygos oder hemiazygos bedingt so lange keine funktionellen Störungen, als das venöse Blut über eine obere Vene in den rechten Vorhof fließt. Demgegenüber hat die Einmündung (direkt oder indirekt) der unteren Hohlvene in den linken Vorhof eine Volumenmehrbelastung des linken Herzens zur Folge.

Klinik. Die Verlaufsanomalie der unteren Hohlvene mit Anschluß des venösen Blutstromes an den rechten Vorhof ist klinisch symptomlos. Ihre Einmündung in den linken Vorhof als isolierte Anomalie bedingt eine von Kindheit an bestehende Cyanose und eine mehr oder weniger starke Einschränkung der körperlichen Leistung. Außer Trommelschlegelfingern und -zehen werden gelegentlich trophische Hautveränderungen in Form von Ulcera oder pigmentierten Ulcusnarben beobachtet.

Wichtig für die Diagnose sind der normale Auskultationsbefund und im *Elektrokardiogramm* ein Linkstyp mit oder ohne Zeichen der Linkshypertrophie und Linksschädigung (SCHÖLMERICH u. Mitarb. 1962). Die direkte Einmündung der unteren Hohlvene in den linken Vorhof kann zu einer „paradoxen Embolie" mit entsprechenden neurologischen Ausfallserscheinungen führen, wie es bei einem von uns beobachteten Patienten im Anschluß an eine Appendektomie der Fall war (LOOGEN u. KREUZER 1962).

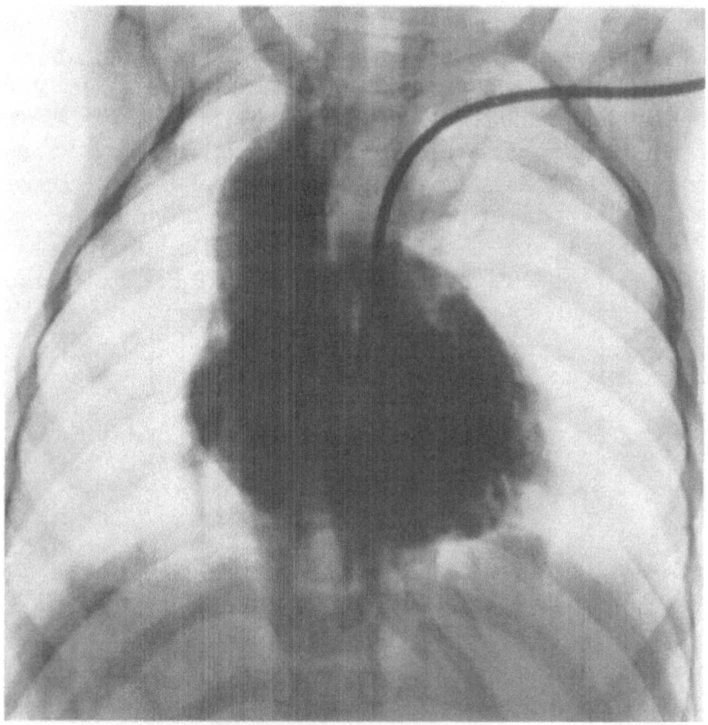

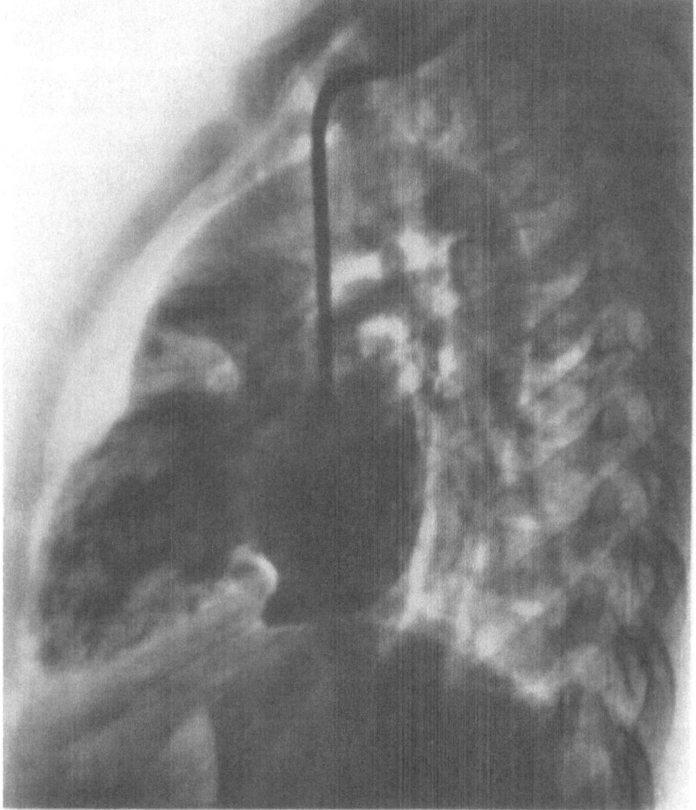

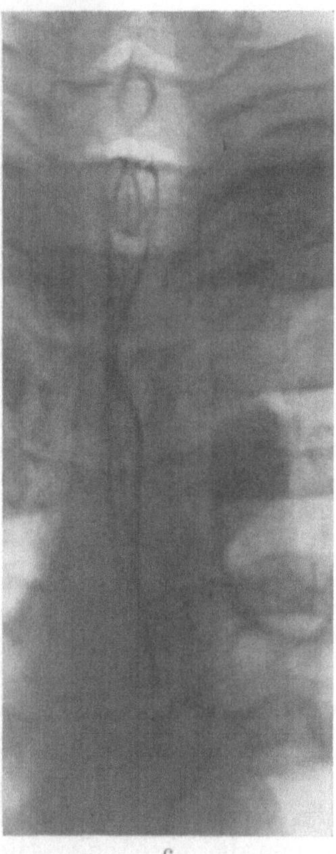

Abb. 285 a—c. Einmündung der unteren Hohlvene in die V. azygos bei einem 23jährigen Patienten (W.Se.). a Sagittales Nativbild: Weitbogige Vorwölbung des Gefäßbandes rechts, eine Rechtslage des Aortenbogens vortäuschend. b Herzkatheterverlauf: untere Hohlvene → V. azygos → obere Hohlvene → rechter Vorhof → rechter Ventrikel. c Oesophagogramm: Impression von links durch den normal verlaufenden Aortenbogen

Röntgenbefunde. Röntgenologisch ergeben sich nicht selten Hinweise auf eine Verlaufsanomalie der unteren Hohlvene. Das Übersichtsbild zeigt dann eine mehr oder weniger starke Vorwölbung nach rechts an der Grenze zwischen V. cava und Vorhof (Downing 1953), einen sog. *Vena cava-Knopf* (vgl. Abb. 287a). Dieser entspricht der Stelle, an der die durch den Zufluß aus der unteren Hohlvene erweiterte V. azygos in die rechte obere Hohlvene einmündet. Bei Lageanomalien der Bauch- oder Brustorgane kann der Vena cava-Knopf an der linken Begrenzung des Gefäßbandes sichtbar werden (vgl. Abb. 288). Eine Vorwölbung des Gefäßbandes an der Einmündungsstelle der V. azygos in die obere Hohlvene beobachteten wir bei 11 von 19 Patienten mit dieser Verlaufsanomalie der unteren Hohlvene (vgl. Tabelle 12). Sie war in sechs Fällen so deutlich,

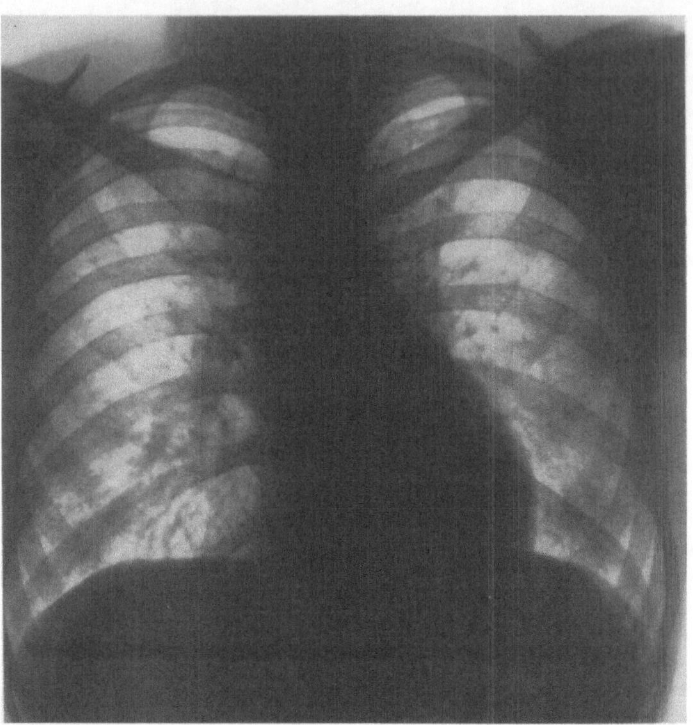

Abb. 286. Einmündung der unteren Hohlvene in den linken Vorhof ohne sonstige Anomalie bei einem 30jährigen Patienten (W.No.). Linksbetontes Herz. Steil abfallende rechte Herzkontur

daß aufgrund des Röntgenbildes bereits vor der Herzkatheteruntersuchung die Verdachtsdiagnose gestellt wurde. Bei einem dieser Patienten täuschte die Vorwölbung geradezu eine Rechtslage des Aortenbogens vor (Abb. 285). Bei fünf Patienten war die Vorwölbung weniger deutlich, so daß sie erst nach ihrem Nachweis durch den Herzkatheterverlauf als Vena cava-Knopf auffiel. Bei vier Patienten mit Lageanomalien der Bauch- oder Brustorgane war nur einmal, und zwar retrospektiv (vgl. Abb. 288) ein Vena cava-Knopf links vom Sternum zu bemerken. — So charakteristisch dieser Vena cava-Knopf auch sein mag, er ist nicht pathognomonisch für den anomalen Verlauf der unteren Hohlvene. Wir beobachteten den gleichen Befund bei einer Patientin mit Transposition aller Venen der rechten Lunge in die V. azygos.

Auch bei Einmündung der unteren Hohlvene in den linken Vorhof kann die Röntgenuntersuchung diagnostische Hinweise geben, vorausgesetzt daß überhaupt an das Vorliegen dieser seltenen Anomalie gedacht wird, was aber bei der Diskrepanz zwischen der Cyanose und den klinischen kardialen Befunden möglich sein sollte. In den bisher veröffentlichten Fällen fanden sich übereinstimmend ein linksbetontes Herz mit kleinem rechten Vorhof und Ventrikel (steil abfallende rechte Herzkontur in unserem Fall) (Abb. 286).

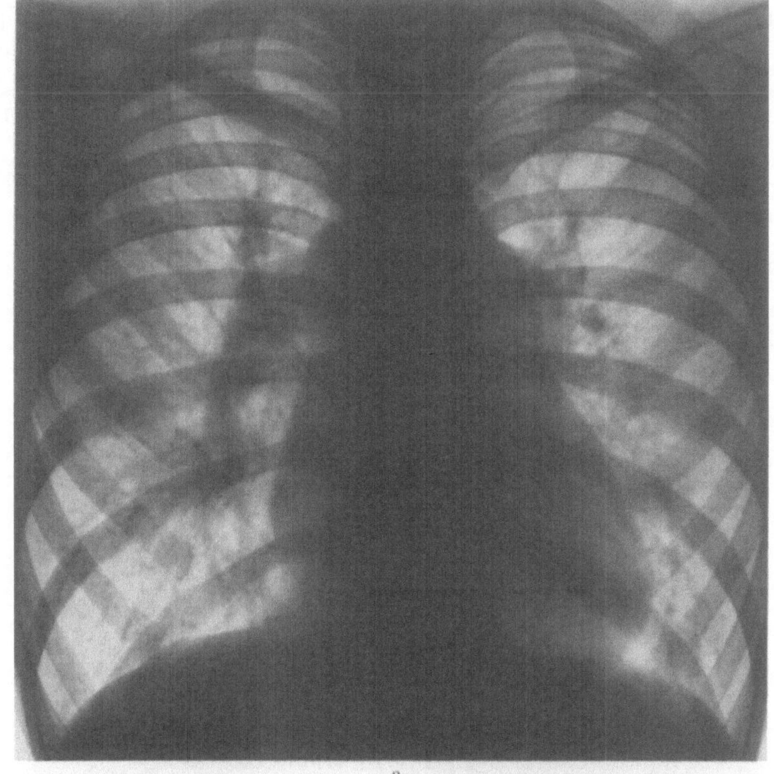

a

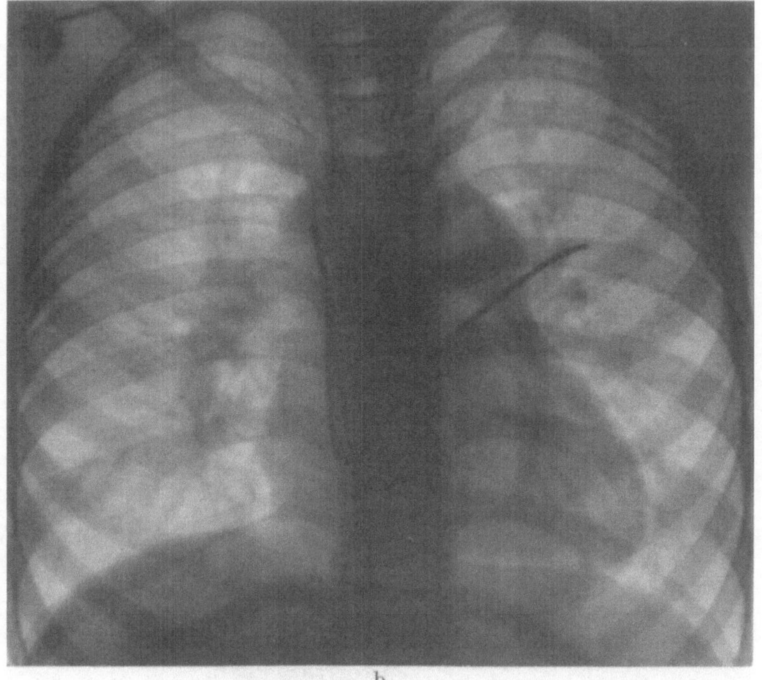

b

Abb. 287 a—d. Einmündung der unteren Hohlvene in die obere bei einem 15jährigen Jungen (J.Br.). a An der Einmündungsstelle halbkugelige Vorwölbung des Gefäßbandes nach rechts. Die weiter lateral sichtbaren Verschattungen sind z.T. auf transponierte Lungenvenen zurückzuführen. b Herzkatheterverlauf: untere Hohlvene → V. azygos → obere Hohlvene → rechter Vorhof → linker Vorhof → Lungenvene. c Seitenbild: Katheterverlauf zunächst hinter dem Herzen nach cranial, dann Abknickung nach caudal in das Herz. d Katheterverlauf: rechte obere Hohlvene → rechter Vorhof → transponierte Lungenvene

Herzkatheteruntersuchung. Die Einmündung der unteren Hohlvene in die V. azygos bedingt beim Vorgehen von einer Beinvene aus einen typischen Katheterverlauf. Beim Vorschieben des Herzkatheters über das Zwerchfell fällt auf, daß die Bewegungsausschläge in Höhe des Vorhofs eingeschränkt sind und eine Weiterführung des Katheters

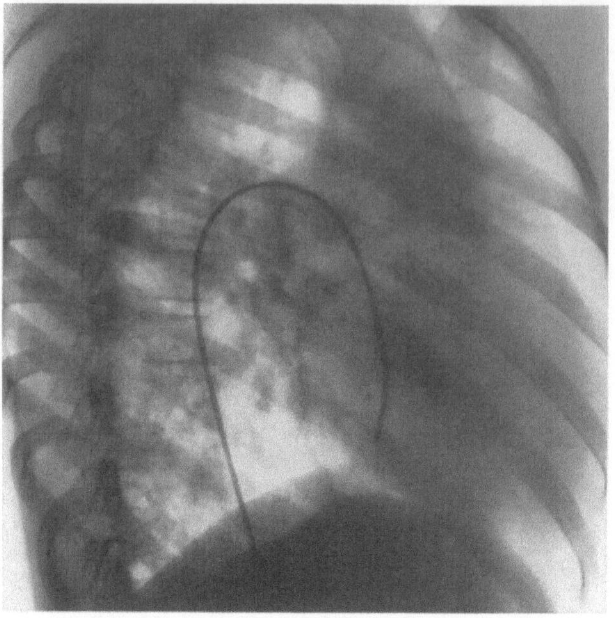

Abb. 287c

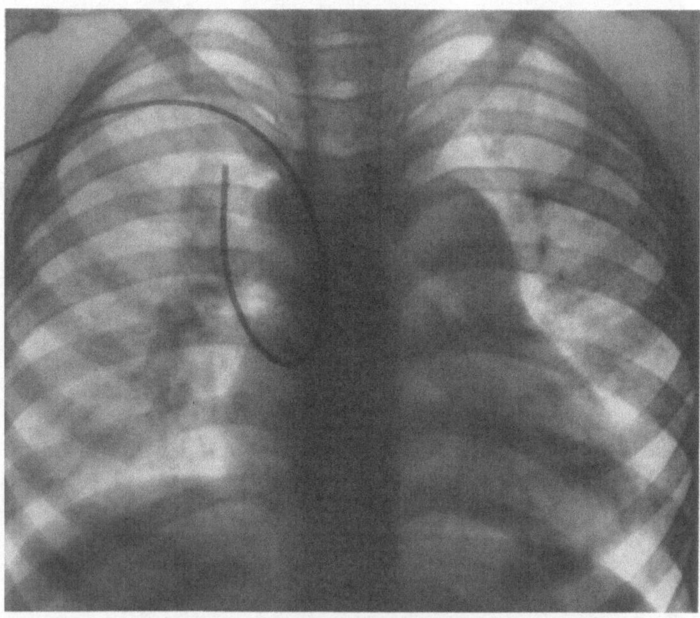

Abb. 287d

in den rechten Ventrikel nicht gelingt. Die zunächst irritierende Situation wird beim weiteren Vorschieben des Katheters dadurch geklärt, daß dieser nach Eintritt in die obere Hohlvene entgegen der Einführungsrichtung caudalwärts verläuft und wieder in den Herzschatten „eintaucht“ (Abb. 287). In seitlicher Projektion ist zu erkennen, daß der Katheter retrokardial aufsteigt und erst nach dem „Umschlagspunkt“ in das Herz eintritt

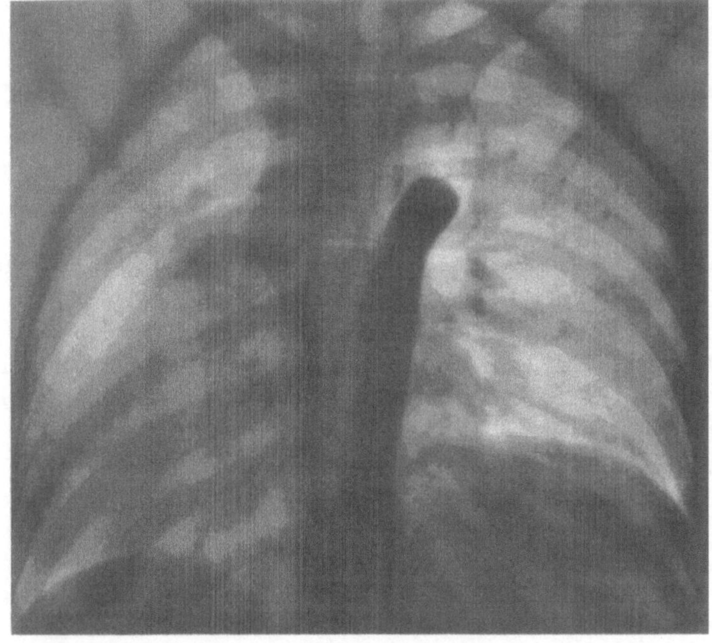

a

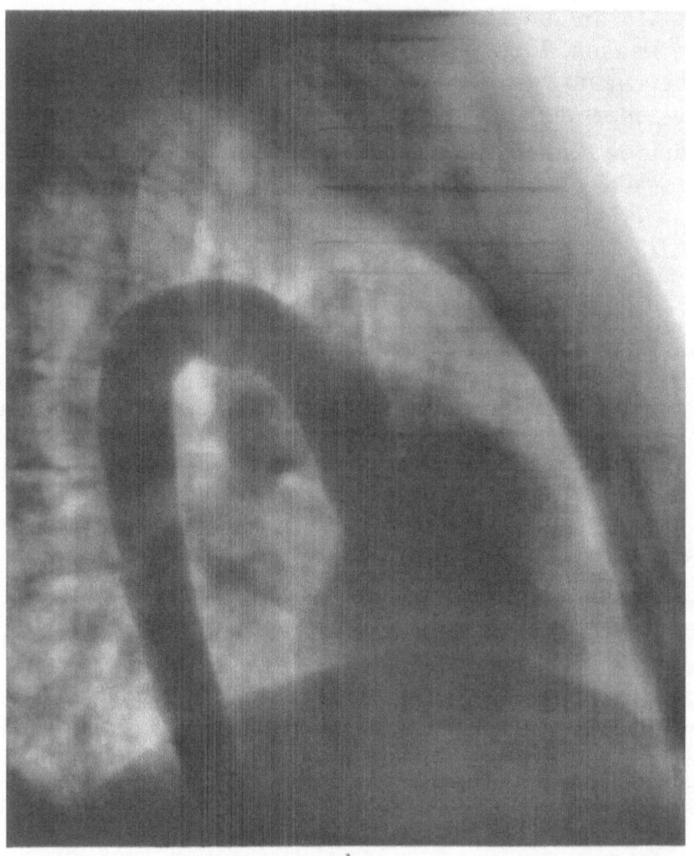

b

Abb. 288a u. b. Angiokardiogramm einer 30jährigen Patientin mit Fallotscher Tetralogie und Situs inversus partialis. a Sagittalbild: Einmündung der unteren Hohlvene in die obere. b Seitenbild: Die untere Hohlvene verläuft hinter dem Herzschatten nach cranial, um nach einem Bogen in die obere Hohlvene einzumünden

(Abb. 287c). Trotz der ungünstigen Katheterführung gelingt meist auch die Sondierung des rechten Ventrikels und der Pulmonalarterie, wenn keine komplizierenden Herzanomalien und keine Lageanomalien vorliegen.

Ebenso typisch ist der Katheterverlauf bei einer in den linken Vorhof einmündenden unteren Hohlvene. Von der Beinvene aus kann der Katheter dann ohne Schwierigkeiten in den linken Vorhof und in den linken Ventrikel eingeführt werden; die Sondierung des rechten Vorhofs und rechten Ventrikels ist dagegen nicht möglich. Durch Wiederholung der Herzkatheteruntersuchung von einer Armvene aus und durch zusätzliche Methoden (Indicatorverdünnungsmethode, Angiokardiographie) können letzte diagnostische Zweifel beseitigt werden.

Kontrastmitteldarstellung. Die Injektion von Kontrastmittel in die untere Hohlvene gibt den zuverlässigsten Aufschluß über die Art und den Verlauf der Venenanomalie (Abb. 288) — ähnlich wie bei der Anomalie der oberen Hohlvene die Injektion in eine Vene des linken Armes.

Die Einmündung der unteren Hohlvene über die V. azygos in die obere Hohlvene erfordert keine *therapeutischen Maßnahmen*, weil sie keine funktionellen Störungen hervorruft. Sie verursacht im allgemeinen auch keine operativen Schwierigkeiten bei Herzoperationen in Hypothermie oder mittels der Herz-Lungen-Maschine. Manchmal kann sie allerdings eine den jeweiligen Anomaliebedingungen angepaßte Technik erfordern. Die Kenntnis der Venenanomalie ist auch für andersartige thoraxchirurgische Eingriffe von Bedeutung. Ergibt sich während einer solchen Operation die Notwendigkeit einer Durchtrennung oder Ligierung der V. azygos, sollte man bei auffallender Weite dieses Gefäßes an die Möglichkeit einer mit der V. azygos kommunizierenden unteren Hohlvene denken. Von EFFLER u. Mitarb. (1951) stammt eine Mitteilung über einen Todesfall bei einer Pneumonektomie, weil die aus dem erwähnten Grunde erweiterte V. azygos unterbunden wurde.

Bei Einmündung der linken unteren Hohlvene in den linken Vorhof ist eine operative Korrektur der transponierten Hohlvene angezeigt (SCHÖLMERICH u. Mitarb., LOOGEN u. KREUZER).

c) Sonstige Venenanomalien

Als „levoatriocardinal vein" bezeichnen EDWARDS u. DUSHANE (1950) die Verbindung anderer als der bisher erwähnten Venen mit dem linken Vorhof und/oder einer Systemvene. Ursächlich liegt dabei eine Persistenz bzw. eine nicht genügende Rückbildung des embryonalen Gefäßsystems zugrunde. Im Fall von MCINTOSH (1926) bestand eine Verbindung der genannten Vene zur rechten oberen Hohlvene, im Falle von HARRIS u. Mitarb. (1927) zur rechten V. jugularis und bei der Beobachtung von EDWARDS u. DUSHANE zur linken V. innominata.

26. Mitralatresie

Die Mitralatresie ist durch folgende anatomische Besonderheiten charakterisiert:

1. Atresie (oder hochgradige Hypoplasie) des Mitralostiums,
2. Atresie oder Hypoplasie des linken Ventrikels,
3. Vorhofseptumdefekt.

Entwicklungsgeschichte. Die Entstehung der Mitralatresie ist ungeklärt. BREDT (1936) und DOERR (1943) sehen in der Mitralatresie „ein Teilbild eines allgemeinen teratogenetischen Vorganges, der darin besteht, daß die Entwicklungskraft, besonders aber die Wachstumspotenz der einen Herzantimere unabhängig von der anderen ist". FARBER und HUBBARD (1933) haben als Ursache auf Grund histologischer Untersuchungen eine fetale Endomyokarditis diskutiert. Ihre Beobachtungen konnten aber von anderen Arbeitsgruppen nicht bestätigt werden.

Das *anatomische Bild* der Mitralatresie ist nicht einheitlich. Der linke Vorhof ist meist kleiner als normal; nur ausnahmsweise ist er vergrößert. Die offene Vorhofverbindung besteht meist in einem Foramen ovale und etwa in einem Drittel der Fälle in einem Vorhofseptumdefekt. In einigen Fällen ist das Vorhofseptum intakt. Hier gelangt das arterialisierte Blut über abnorme Venenverbindungen in den rechten Vorhof (Abb. 289), z.B. durch transponierte Lungenvenen oder durch eine Verbindung zwischen linkem Vorhof und Coronarvenensinus (EDWARDS u. DUSHANE 1950; KJELLBERG u. Mitarb. 1955). Rechter Vorhof und Ventrikel sind meist vergrößert und hypertrophiert. Fast immer besteht ein Ventrikelseptumdefekt, der die offene Verbindung zu einem meist kleinen linken Ventrikel herstellt. Nicht selten findet sich eine Kombination mit einem singulären Ventrikel (EDWARDS 1953) und/oder einer Transposition der großen Gefäße. Bemerkenswert ist auch das häufige Zusammentreffen von Mitralatresie, Lungenvenentransposition und Milzagenesie (WATSON u. Mitarb. 1960).

Häufigkeit. Die Mitralatresie ist selten. ABBOTT (1936) fand diese Anomalie unter 1000 Autopsien kongenitaler Herzfehler fünfmal, EDWARDS fünfmal unter 212 Fällen mit schweren angeborenen Herzmißbildungen. Klinische Statistiken liegen bis heute nicht vor.

Pathophysiologie. Die Hämodynamik der Mitralatresie stellt gewissermaßen das Gegenstück zur Tricuspidalatresie dar. Wie bei dieser entspricht die hämodynamische Situation praktisch der eines „Cor biloculare". Das gesamte arterialisierte Blut gelangt in den rechten Vorhof, wo es sich mit dem venösen Blut mischt. Die Durchmischung ist allerdings in einzelnen Fällen erst im Kammerbereich vollkommen. Der Sauerstoffgehalt des Aorten- und Pulmonalarterienblutes ist praktisch gleich und entspricht dem des Kammerblutes. Das Durchmischungsverhältnis wird von der Relation der Zirkulationsvolumina im großen und kleinen Kreislauf bestimmt. Solange der Strömungswiderstand im Lungenkreislauf deutlich unter dem des großen Kreislaufs liegt, kann das Durchmischungsverhältnis so sehr zur arteriellen Seite verschoben sein, daß keine sichtbare oder eine nur geringe Cyanose vorliegt. Der Druck im rechten Ventrikel ist stets erhöht, weil er den Systemkreislauf versorgen muß.

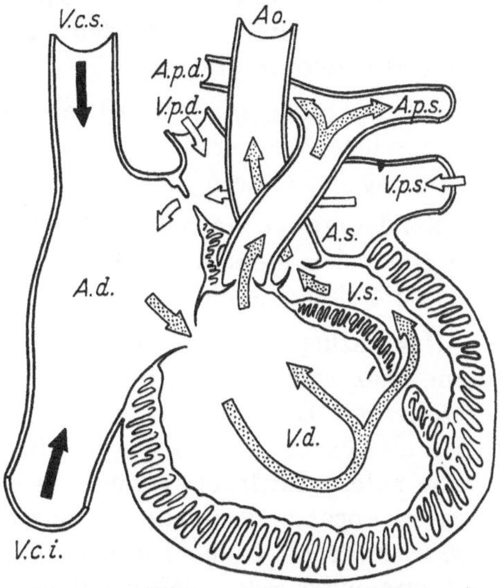

Abb. 289. Schematische Darstellung der Kreislaufverhältnisse bei Mitralatresie. *V.c.s.* obere Hohlvene; *V.c.i.* untereHohlvene; *A.d.* rechter Vorhof; *A.s.* linker Vorhof; *V.s.* linker Ventrikel; *V.d.* rechter Ventrikel; *Ao.* Aorta; *A.p.s.* linke Pulmonalarterie; *A.p.d.* rechte Pulmonalarterie; *V.p.s.* linke Lungenvene; *V.p.d.* rechte Lungenvene. (Aus GROSSE-BROCKHOFF-LOOGEN-SCHAEDE, Handbuch der inneren Medizin, Bd. IX/3, 1960)

Klinik. Fast immer handelt es sich um ein schweres Krankheitsbild. Herzinsuffizienzsymptome, wie Tachypnoe, Lungenstauung, Lebervergrößerung u.a., bestehen meist schon in den ersten Lebenstagen. Die Herzfrequenz ist dann erhöht; die Pulse sind oft nur schwach tastbar. Nach dem oben Gesagten kann die Cyanose vom ersten Tag an deutlich ausgeprägt, sie kann aber auch nur sehr gering sein.

Der Auskultationsbefund ergibt keine charakteristischen Merkmale. Meist findet sich mit dem Maximum im 3.—4. ICR links vom Sternum oder über dem ganzen Präcordium ein mittellautes systolisches Geräusch. Der II. Herzton ist akzentuiert, gelegentlich auch gespalten (WATSON u. Mitarb. 1960). Ein pathologischer Geräuschbefund kann aber auch ganz fehlen (KJELLBERG u. Mitarb. 1955).

Im *Elektrokardiogramm* finden sich entsprechend der „Unterentwicklung" des linken Ventrikels und der Mehrbelastung des rechten Herzens Zeichen der Rechtshypertrophie. Oft ist die P-Zacke rechtspräcordial überhöht. In der überwiegenden Mehrzahl der Fälle liegt ein Rechtstyp vor. Vereinzelt wurden aber auch ein Norm- oder Linkstyp beschrieben (KÜNZLER).

Röntgenbefunde. Ein einheitliches Bild ist bei den zahlreichen anatomischen Formvarianten nicht zu erwarten. Trotzdem gibt es einige Kriterien, die im Zusammenhang mit den übrigen klinischen Befunden von diagnostischer Bedeutung sind. Bestimmend für die Herzkonfiguration sind die Vergrößerung des rechten Vorhofs und des rechten Ventrikels sowie die Erweiterung der Pulmonalarterie. Hinzu kommt, daß der hypoplastische linke Ventrikel durch eine Rotation des Herzens nach links dorsalwärts verlagert wird. Die Vorderfläche des Herzens wird dadurch weitgehend vom rechten Herzen gebildet.

Im Sagittalbild ist das Herz meist beiderseits verbreitert. Die Herztaille ist durch die Verlängerung der Ausstrombahn der rechten Kammer und die erweiterte Pulmonalarterie verstrichen; der Pulmonalbogen ist oft vorgewölbt. Die Vergrößerung des rechten Vorhofs führt zu einer Verlängerung des rechten Vorhofsegments. Bei Vergrößerung des linken Vorhofs kann es an der linken Herzkontur durch das linke Herzohr zu einer geringen Vorwölbung kommen. In diesen Fällen beobachtet man eine Einengung des Retrokardialraumes durch den vergrößerten linken Vorhof. Insgesamt zeigt das Herz somit Mitralkonfiguration.

Die *Lungengefäßzeichnung* ist mit Ausnahme der Fälle einer gleichzeitigen stärkeren Pulmonalstenose verstärkt. Das Gefäßband ist oft infolge einer stauungsbedingten Erweiterung der oberen Hohlvene auffallend breit.

Bei Kombination der Mitralatresie mit einer Transposition der großen Gefäße kann das Herz eine mehr kugel- oder eiförmige Konfiguration haben. Eine links aufsteigende Aorta führt in diesen Fällen zu einer Verbreiterung des Gefäßbandes nach links.

Herzkatheteruntersuchung. Aus dem Katheterverlauf ergeben sich im allgemeinen keine charakteristischen diagnostischen Hinweise. Auch der Nachweis des stets erhöhten systolischen Druckes im rechten Ventrikel und in der Pulmonalarterie (ausgenommen bei Pulmonalstenose) besagt nicht viel. Wichtiger ist die Feststellung eines erhöhten Pulmonalcapillardruckes, besonders wenn gleichzeitig der Sauerstoffgehalt im Blut des rechten Vorhofs, des rechten Ventrikels und der Pulmonalarterie erhöht ist, und wenn der Sauerstoffgehalt in der Pulmonalarterie mit dem der Aorta übereinstimmt. Da ein übereinstimmender Sauerstoffgehalt in Aorta und Pulmonalarterie auch bei einer kompletten Lungenvenentransposition beobachtet wird, ist differentialdiagnostisch die Sondierung des linken Vorhofs entscheidend: Während bei der Mitralatresie das Blut des linken Vorhofs voll arterialisiert ist — abgesehen von Fällen mit Lungendiffusionsstörungen —, entspricht es bei der kompletten Lungenvenentransposition dem Mischblut des rechten Vorhofs.

Kontrastmitteldarstellung. Die ungezielte venöse Angiokardiographie erlaubt im allgemeinen keine zuverlässige Beurteilung, weil das Lävogramm nicht isoliert zur Darstellung kommt. Entscheidend für die Diagnose sind die Kontrastmittelfüllung des linken Vorhofs und der weitere Kontrastmittelverlauf. Beweisend ist der Nachweis einer fehlenden Verbindung zwischen dem linken Vorhof und dem linken Ventrikel. Im Verdachtsfall sollte daher versucht werden, das Kontrastmittel in den linken Vorhof zu injizieren. Dann ist auch die Kontrastmitteldarstellung des rechten Ventrikels noch ausreichend für die Beurteilung weiterer anatomischer Besonderheiten, z.B. eines Ventrikelseptumdefektes, der Größe des linken (hypoplastischen) Ventrikels sowie der Lage und Weite der großen Arterien. Ist die Injektion in den linken Vorhof nicht möglich, so bietet die Kontrastmittelinjektion in die Pulmonalarterie noch die beste Aussicht einer Darstellung des linken Vorhofs.

Die *Lebenserwartung* der Patienten mit Mitralatresie ist gering. Meist sterben die Kinder bereits in den ersten Lebenstagen oder -wochen. Ein von KJELLBERG u. Mitarb. (1955) beobachteter Patient war zum Zeitpunkt der Untersuchung $3^1/_2$ Jahre alt.

Eine kausale *Behandlung* gibt es nicht. Bei einer Mitralatresie mit einer nur kleinen Vorhofverbindung ist eine Vergrößerung des Septumdefektes zu erörtern (EDWARDS 1948). Zum Schutz der Lungengefäße kann außerdem die Verengung der Pulmonalarterie in Erwägung gezogen werden.

27. Mitral- und Aortenatresie

Die Mitralatresie ist oft mit einer Atresie des Aortenostiums kombiniert.

FONTANA und EDWARDS (1962) fanden in ihrem Sektionsgut kongenitaler Vitien 3,6 % isolierte Aortenatresien, 2,5 % isolierte Mitralatresien und eine Kombination beider Anomalien in 1,4 % der Fälle.

Hinsichtlich der *Entstehung* gelten die gleichen Gesichtspunkte wie bei der Mitralatresie.

Anatomie. Der linke Ventrikel ist im Gegensatz zur isolierten Aortenatresie meist so klein, daß er nur mikroskopisch nachweisbar ist. EDWARDS (1953) vermutet, daß es sich in einigen als „Aorten- und Mitralatresie mit singulärem Ventrikel" beschriebenen Fällen in Wirklichkeit um die hier besprochene Anomalie gehandelt haben dürfte. Da der linke Ventrikel keine Funktion hat, ist die Anomalie von MÖNCKEBERG (1907) und später von DOLGOPOL (1934) als „Cor pseudotriloculare" bezeichnet worden. Der linke Vorhof kann normal groß, bei kleinem Vorhofseptumdefekt vergrößert, in anderen Fällen verkleinert sein. Rechter Vorhof und rechter Ventrikel sind meist vergrößert. Vom rechten Ventrikel entspringt eine anomal weite Pulmonalarterie, die durch einen offenen Ductus arteriosus mit der Aorta in Verbindung steht. Die Aorta ascendens ist hypoplastisch (Abb. 290).

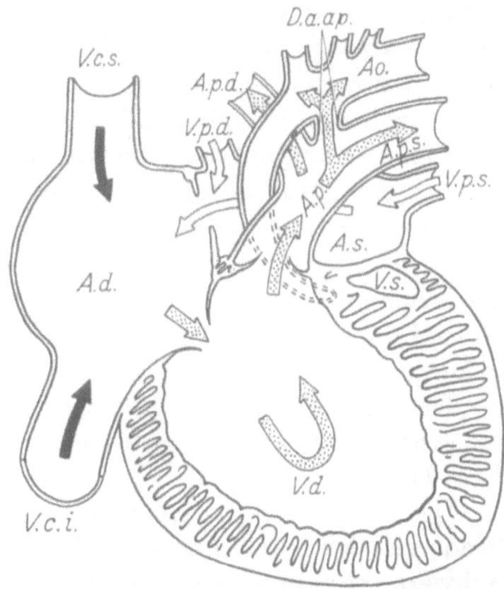

Abb. 290. Schematische Darstellung der Kreislaufverhältnisse bei Aorten- und Mitralatresie. *V.c.s.* obere Hohlvene; *V.c.i.* untere Hohlvene; *A.d.* rechter Vorhof; *A.s.* linker Vorhof; *V.s.* linker Ventrikel; *V.d.* rechter Ventrikel; *Ao.* Aorta; *A.p.* Pulmonalarterie; *A.p.s.* linke Pulmonalarterie; *A.p.d.* rechte Pulmonalarterie; *V.p.s.* linke Lungenvene; *V.p.d.* rechte Lungenvene; *D.a.ap.* offener Ductus arteriosus. (Aus GROSSE-BROCKHOFF-LOOGEN-SCHAEDE, Handbuch der inneren Medizin, Bd. IX/3, 1960)

Pathophysiologie. Die Hämodynamik zeigt weitgehende Parallelen mit der isolierten Mitralatresie. Die Versorgung des Systemkreislaufs erfolgt jedoch bei geschlossenem Ventrikelseptum durch den offenen Ductus arteriosus. Aorta ascendens und Coronarkreislauf werden also retrograd durchblutet.

Klinisches Bild, Elektrokardiogramm und **Röntgenbefunde** lassen keine diagnostisch zuverlässigen Unterschiede gegenüber der isolierten Mitralatresie erkennen.

Bei der **Herzkatheteruntersuchung** finden sich stark erhöhte Drucke im rechten Ventrikel und in der Pulmonalarterie. Die Aorta kann über den offenen Ductus arteriosus erreicht werden. Die Sauerstoffsättigungen in Aorta, Pulmonalarterie und im rechten Ventrikel stimmen weitgehend überein.

Diagnostische Sicherheit gibt im allgemeinen erst die **Kontrastmitteldarstellung.** Sie zeigt, daß die Aorta durch den Ductus arteriosus versorgt wird. Der ascendierende Aortenanteil wird retrograd durchblutet. Er stellt sich als dünnes, hypoplastisches Gefäß dar, von dem die Coronararterien an normaler Stelle entspringen (KEITH u. Mitarb. 1958).

Die *Prognose* der Aorten- und Mitralatresie ist schlecht. Die meisten Kinder sterben bereits in der ersten Lebenswoche. Der Anteil aller Linksatresien (Aorten-, Mitral-, sowie Aorten- und Mitralatresie) an den Todesfällen im 1. Lebensmonat wird mit 25 % angenommen (KÜNZLER 1966).

28. Mitralstenose

Die isolierte angeborene Mitralstenose ist selten. In der Mehrzahl der Fälle ist sie mit anderen Anomalien des Herzens kombiniert (JACOBSON u. Mitarb. 1953; HILBISH u. COOLEY 1956).

Nach KEITH u. Mitarb. (1958) kommt die angeborene Mitralstenose in 40% der Fälle zusammen mit einem Ductus arteriosus apertus vor, in 28% mit einer Aortenstenose, in 18% mit einem offenen Foramen ovale und in 16% mit einer Aortenisthmusstenose.

FERENCZ u. Mitarb. (1954) fanden in der Literatur zwischen 1846 und 1954 Berichte über 34 Fälle von angeborener Mitralstenose; unter diesen war der Fehler nur in acht Fällen isoliert. Im letzten Jahrzehnt sind Mitteilungen über die isolierte Mitralstenose häufiger geworden (BRAUDO u. Mitarb. 1957; KJELLBERG u. Mitarb. 1959; GROSSE-BROCKHOFF u. Mitarb. 1960; DAOUD u. Mitarb. 1963; BEUREN 1966).

Ätiologisch werden sowohl eine kongenitale Endokarditis (AYROLLES 1885; MERKLEN 1925; PEZZI 1926) als auch Entwicklungsstörungen der Mitralklappen diskutiert (SANSOM 1890; SCAGLIA 1929; DAY 1932; EIGEN 1938).

Pathologisch-anatomisch finden sich Verschmelzungen der Klappen zu einer derben fibrösen Membran mit zentraler schlitz- oder trichterförmiger Öffnung. Die Chordae tendineae sind meist kurz, verdickt und oft miteinander verwachsen. Der Klappenring kann normal weit oder verengt sein. Der linke Vorhof ist meist dilatiert und mehr oder weniger hypertrophiert. Das Endokard des linken Vorhofs ist verdickt. Praktisch immer findet sich eine Endokardfibrose, wobei nicht zu entscheiden ist, ob sie primär vorhanden war oder sekundäre Folge des Klappenfehlers ist. Gelegentlich erstreckt sich die Fibroelastose auch auf den linken Ventrikel. Die Veränderungen an den Lungengefäßen und am Lungenstützgewebe sind ähnlich wie bei der erworbenen Mitralstenose.

Pathophysiologie. Die hämodynamischen Störungen sind die gleichen wie bei der erworbenen Mitralstenose. Als Folge der Abflußbehinderung des Blutes aus dem linken Vorhof kommt es in Abhängigkeit vom Stenosegrad zur Druckerhöhung im linken Vorhof, in den Lungenvenen, der Lungenarterie und im rechten Herzen. Bei schweren Stenosen ist das Herzzeitvolumen verringert. Die starke Druckbelastung des rechten Herzens führt oft schon in den ersten Lebensmonaten zur Myokardinsuffizienz mit Stauung im großen Kreislauf.

Die *klinische Symptomatologie* wird von der Schwere des Herzfehlers bestimmt. Bei leichteren Stenosen kann die Entwicklung in den ersten Lebensjahren ungestört sein. Schwere Stenosen zeigen sich in einer von Geburt an bestehenden Dyspnoe, die oft schon in Ruhe vorhanden ist und sich besonders beim Füttern bemerkbar macht. Die Kinder nehmen nur langsam an Gewicht zu. Häufig sind Infekte der Luftwege, Schweißausbrüche und eine leichte Cyanose der Lippen und Wangen bei insgesamt deutlicher Hautblässe. Das Herz ist meist verbreitert. Auffallend sind verstärkte präcordiale Pulsationen. In einzelnen Fällen, besonders bei älteren Kindern, bildet sich eine Vorwölbung des Brustkorbs im Bereich des Herzens. Als Ausdruck der Lungenstauung finden sich bei der Auskultation der Lungen meist Rasselgeräusche. Zeichen der Rechtsinsuffizienz sind ein früher Befund. Der Auskultationsbefund wird nicht einheitlich angegeben. Man darf als sicher annehmen, daß das charakteristische Mitralstenosegeräusch in einem Teil der Fälle fehlt. KEITH u. Mitarb. (1958) berichten, daß in ihrer Untersuchungsreihe in 15% der Fälle kein pathologisches Geräusch festzustellen war. Andere Autoren betonen dagegen, daß ein präsystolisches Geräusch über der Herzspitze selten vermißt wird (YOUNG u. ROBINSON 1964). Von sechs Fällen im eigenen Untersuchungsgut (3 im 1. Lebensjahr, 3 zwischen 2 und 6 Jahren) hatten 5 ein Mitralstenosegeräusch, während bei dem sechsten Patienten (einem 6jährigen Jungen) nur vorübergehend ein leises diastolisches Geräusch über der Spitze zu hören war. Übereinstimmend wird der Pulmonalklappenschlußton als verstärkt angegeben. Bei Kombination der Mitralstenose mit zusätzlichen Fehlern kann das Mitralstenosegeräusch durch die Geräuschphänomene dieser Fehler ganz oder teilweise überlagert bzw. „ausgelöscht“ (z.B. bei Kombination mit einem Vorhofseptumdefekt) werden.

Das *Elektrokardiogramm* zeigt im allgemeinen einen Rechtstyp mit Zeichen der Hypertrophie der rechten Kammer und des rechten Vorhofs. Differentialdiagnostisch ist der Nachweis eines P-mitrale von besonderer Bedeutung zur Abgrenzung von einem Cor triatriatum.

Röntgenbefunde. Das Röntgenbild der angeborenen isolierten Mitralstenose zeigt in einem Teil der Fälle weitgehende Übereinstimmung mit dem des erworbenen Klappenfehlers (Abb. 291). Der vergrößerte linke Vorhof kann im Sagittalbild beiderseits randständig werden. Auf der seitlichen Aufnahme wölbt er sich isoliert in den Herzhinterraum vor, während der linke Ventrikel zurücktritt. Der mit Kontrastmittel gefüllte Oesophagus erscheint dabei nach hinten verdrängt. Der rechte Ventrikel ist meist vergrößert. Eine Vorwölbung des Pulmonalbogens kann bei Säuglingen noch fehlen, wird aber bei größeren Kindern selten vermißt. Die Hilus- und Lungengefäßzeichnung ist verstärkt. Von dieser

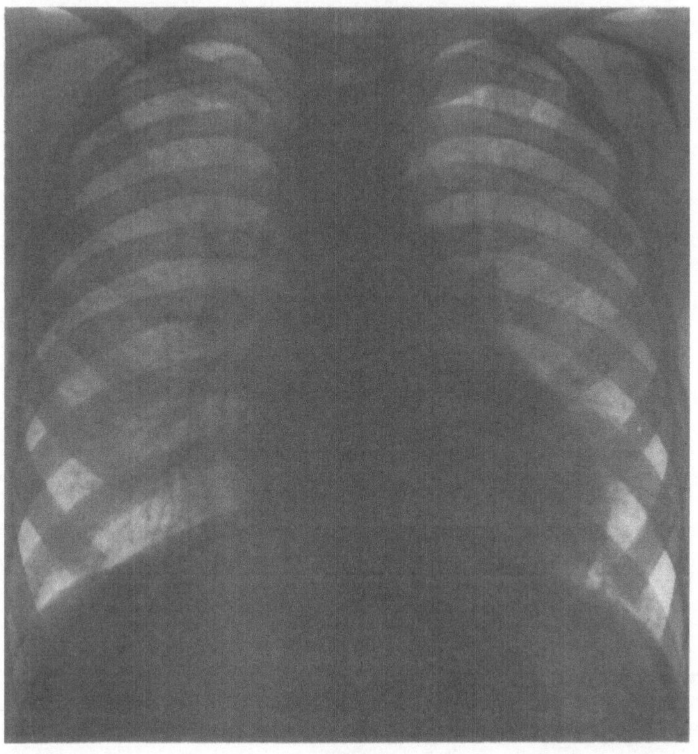

a

Abb. 291 a u. b. Angeborene isolierte Mitralstenose bei einem 7jährigen Jungen (P.Si.) (operativ bestätigt). a Sagittalbild: Beiderseits gering verbreitertes Herz: Verstrichene Herztaille. Angedeutete Vorwölbung des Pulmonalbogens. Dichte Hili. Vermehrte Lungenzeichnung. b Seitenbild: Mäßige Vorwölbung des linken Vorhofs in den Retrokardialraum. Verstärkte Vorwölbung des rechten Ventrikels nach vorne und Verlängerung der Ausstrombahn. Großer Tiefendurchmesser des Herzens

für eine Mitralstenose charakteristischen Konfiguration des Herzens findet man Übergänge zu einem beiderseits stark verbreiterten Herzen (Kardiomegalie). Gelegentlich kann man bei wiederholter Röntgenkontrolle eine starke Größenzunahme des Herzens innerhalb weniger Wochen feststellen (Kjellberg u. Mitarb. 1959).

Begleitende Herzanomalien ändern die Konfiguration des Herzens der hämodynamischen Eigenart der jeweiligen Fehler entsprechend ab. Wichtig ist, daß in bestimmten Fällen eine Vergrößerung des linken Vorhofs fehlen kann (Ferencz u. Mitarb. 1954).

Herzkatheteruntersuchung. Da die klinischen Befunde nur in einem Teil der Fälle die Diagnose einer Mitralstenose ermöglichen, wird man oft, besonders bei Kombination mit anderen Anomalien, auf spezielle Herzuntersuchungen nicht verzichten können.

Bei der Herzkatheteruntersuchung ist der Nachweis eines erhöhten Pulmonalcapillardrucks von größter Bedeutung. Wenn ausgeschlossen werden kann, daß die Erhöhung Folge einer Linksinsuffizienz des Herzens ist, so ergeben sich differentialdiagnostische

Schwierigkeiten nur noch gegenüber einem Cor triatriatum. In Zweifelsfällen kann es daher erforderlich werden, den Druck im linken Vorhof mittels transseptaler Katheteruntersuchung direkt zu messen.

Aus den bei der Herzkatheteruntersuchung entnommenen Blutproben und durch Indicatorverdünnungskurven können Lokalisation und Größe eines Kurzschlusses infolge begleitender Anomalien bestimmt werden.

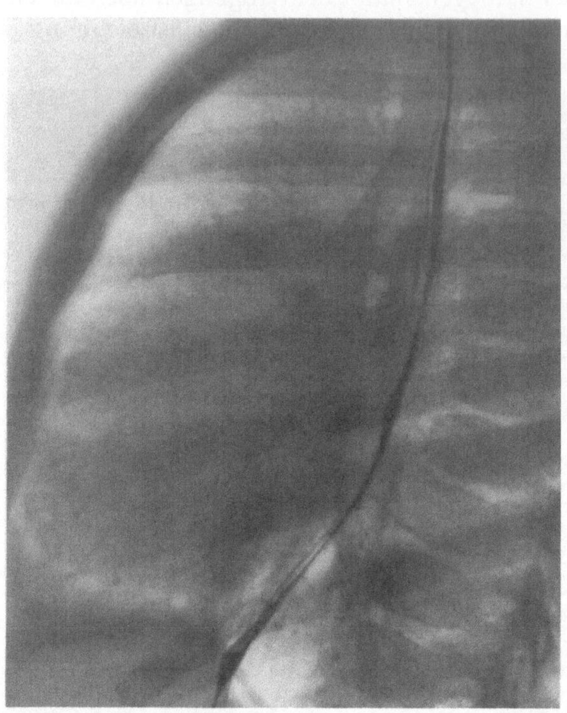

Abb. 291 b

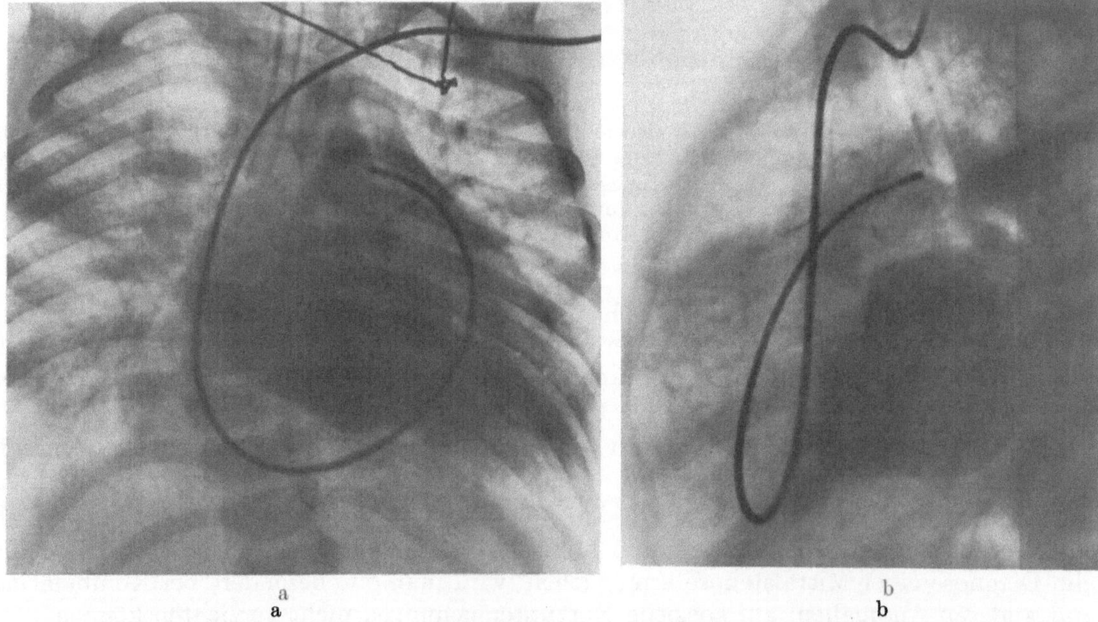

a b

Abb. 292a u. b. Selektives Angiokardiogramm mit Kontrastmittelinjektion in die Pulmonalarterie bei einer angeborenen isolierten Mitralstenose (6jähriger Junge, F.Ost.). a Sagittales Lävogramm: Vergrößerter kontrastreicher linker Vorhof. Geringe Kontrastmittelfüllung des linken Ventrikels und der Aorta. Scheinbar anomaler Verlauf der Aorta durch Skoliose bedingt. b Seitenbild: Vergrößerung des linken Vorhofs

Kontrastmitteldarstellung. Am zweckmäßigsten ist die Injektion des Kontrastmittels in den rechten Ventrikel oder in die Pulmonalarterie. Charakteristische Befunde der isolierten Mitralstenose sind die lange Verweildauer des Kontrastmittels in dem meist vergrößerten linken Vorhof und die verzögerte, spärliche Kontrastmittelfüllung des linken Ventrikels (Abb. 292). Bemerkenswert ist auch, daß sich der linke Vorhof während der Diastole (einschließlich der Vorhofkontraktionsphase) nur unvollständig entleert (MANNHEIMER u. Mitarb. 1952).

Die *Lebenserwartung* der Patienten mit angeborener Mitralstenose (isoliert oder in Kombination mit anderen Herzfehlern) ist erheblich eingeschränkt. Nach KEITH u. Mitarb. (1958) starben von 43 Patienten 44% in den ersten 6 Lebensmonaten. 56% starben im ersten, 28% im zweiten und 14% im dritten Lebensjahr; nur ein Patient wurde 18 Jahre alt.

Differentialdiagnostisch ist die angeborene Mitralstenose besonders gegenüber einem Cor triatriatum und einer Endokardfibrose abzugrenzen.

Behandlung. Konservative Maßnahmen sind nur bei leichteren Formen erfolgversprechend. Bei den schweren Mitralstenosen verspricht nur die operative Behandlung länger dauernde Besserung. Bei der Indikationsstellung zur Operation muß aber berücksichtigt werden, daß die Klappenveränderungen meist erheblich und eine Valvulotomie bzw. eine Eröffnung der Commissuren (wie bei der erworbenen Form) praktisch nie durchführbar sind (DAOUD u. Mitarb. 1963). Fast immer ist daher bei der Operation ein Klappenersatz erforderlich, der eventuell später (im Laufe des Wachstums des Kindes) ausgewechselt werden muß (YOUNG u. ROBINSON 1964). Daraus ergibt sich, daß man mit der Operationsindikation sehr zurückhaltend sein muß.

29. Cor triatriatum

a) Cor triatriatum sinistrum

Bei dieser Anomalie wird der linke Vorhof durch eine Membran ganz oder partiell in zwei Abschnitte, einen hinteren oberen und einen vorderen unteren, unterteilt. In den oberen Anteil münden die Lungenvenen, während der andere das linke Herzohr und das Mitralostium enthält (Abb. 293).

Die *erste* ausführliche *Beschreibung* des Cor triatriatum stammt von CHURCH (1868). Grundlegende pathologisch-anatomische Arbeiten verdanken wir BORST (1905), PALMER (1930), HAGENAUER (1931), PFENNIG (1941) und LOEFFLER (1949).

Entwicklungsgeschichte. Die Entstehung der Vorhofseptierung ist nicht geklärt. Während BORST (1905) die anomale Septierung auf eine Entwicklungsstörung des Vorhofseptums zurückführt, sind die meisten Autoren der Ansicht, daß die Anomalie auf einer Störung während der „Verschmelzung" der gemeinsamen Pulmonalvene mit dem linken Vorhof beruht (PALMER 1930; HAGENAUER 1931; LOEFFLER 1949; EDWARDS u. Mitarb. 1951).

Anatomie. Die Anatomie des Cor triatriatum ist nicht einheitlich. Verschiedene Varianten ergeben sich aus dem Vorliegen oder Fehlen einer Öffnung zwischen den beiden Vorhofanteilen, aus zusätzlichen Fehlern, z.B. einem Vorhofseptumdefekt, sowie aus der unterschiedlichen Ansatzlinie und dem Verlauf des anomalen Septums, weiterhin aus Verlauf und Einmündung der Pulmonalvenen.

Das „Ostium" zwischen den beiden Vorhofteilen beträgt meist nur wenige Millimeter; nur selten ist es fingerdurchgängig (mehr als 10 mm). Gelegentlich finden sich Kalkablagerungen im Bereich des „Ostiums". Vereinzelt kann eine Öffnung überhaupt fehlen (STOEBER 1908; TANNENBERG 1930).

Das Vorhofseptum ist in etwa der Hälfte aller Fälle geschlossen. Ein offenes Foramen ovale verbindet etwa je zur Hälfte den rechten Vorhof entweder mit dem hinteren oberen oder mit dem vorderen unteren linken Vorhofanteil (KEITH u. Mitarb. 1958). Entscheidend hierfür ist, ob die Ansatzlinie des anomalen Septums oberhalb oder unterhalb der Fossa ovalis liegt.

Die Lungenvenen münden im allgemeinen getrennt oder paarig, nur selten als gemeinsamer Stamm in den hinteren oberen linken Vorhofanteil ein.

Das Cor triatriatum ist nicht selten mit anderen Anomalien kombiniert: Anomalien der Lungenvenen (Stoeber 1908; Keith u. Mitarb. 1958), Mitralvitien (Belcher u. Somerville 1959; Vineberg u. Gialloreto 1956), offener Ductus arteriosus (Lewis u. Mitarb. 1956), Fallotsche Tetralogie (Preisz 1890).

Häufigkeit. Das Cor triatriatum ist selten. Bisher wurden etwa 70 Fälle veröffentlicht (Buchs 1966). Beide Geschlechter sind gleichermaßen betroffen.

Pathophysiologie. Die Hämodynamik des Cor triatriatum ist je nach der vorliegenden anatomischen Variante unterschiedlich. Besteht kein Vorhofseptumdefekt und ist die Verbindung zwischen den beiden Vorhofanteilen eng, so finden sich ähnliche hämodynamische Bedingungen wie bei entsprechend schweren Mitralstenosen, d.h. eine Erhöhung der Druckwerte von den Lungenvenen bzw. dem oberen Vorhofanteil bis zum rechten Ventrikel. Der Druck im vorderen unteren Vorhofanteil ist dagegen normal. Infolge der chronischen Lungenstauung kann es auch an den Lungengefäßen und am Lungenstützgewebe zu ähnlichen strukturellen Veränderungen wie bei der Mitralstenose kommen. In Abhängigkeit von der Weite der Verbindung ist das Herzzeitvolumen mehr oder weniger erniedrigt. Der periphere Puls ist daher oft bemerkenswert flach und weich.

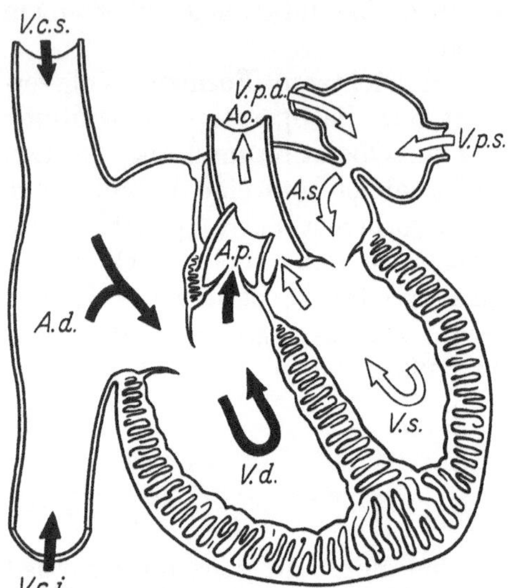

Abb. 293. Schematische Darstellung der Kreislaufverhältnisse bei Cor triatriatum sinister. *V.c.s.* obere Hohlvene; *V.c.i.* untere Hohlvene; *A.d.* rechter Vorhof; *A.s.* linker Vorhof; *V.s.* linker Ventrikel; *V.d.* rechter Ventrikel; *Ao.* Aorta; *A.p.* Pulmonalarterie; *V.p.d.* rechte Lungenvene; *V.p.s.* linke Lungenvene. (Aus Grosse-Brockhoff-Loogen-Schaede, Handbuch der inneren Medizin, Bd. IX/3, 1960)

Ist das Cor triatriatum mit einem Vorhofseptumdefekt, der eine Verbindung zwischen dem oberen linken Vorhofanteil und dem rechten Vorhof herstellt, kombiniert, so sind die pathophysiologischen Bedingungen ähnlich wie beim Lutembacher-Syndrom. Bei einem weiten Septumdefekt braucht der Druck im Lungenkreislauf nicht wesentlich erhöht zu sein.

Klinik. Die Symptomatologie wird weitgehend durch den „Stenose"-Grad bestimmt. Weite Verbindungen zwischen beiden Vorhofanteilen können symptomlos bleiben. Solche Patienten können ein normales Lebensalter erreichen (Griffith 1903; Loeffler 1949). Bei mittelweiten Verbindungen treten Krankheitssymptome meist erst nach dem Kleinkindesalter in Form von Herzklopfen, Dyspnoe, Lungenödem oder Hämoptysen auf (Vineberg u. Gialloreto 1956; Barrett u. Hickie 1957; Grädel u. Mitarb. 1963). Enge Verbindungen rufen meist schon in den ersten Lebensmonaten ernstere Krankheitssymptome hervor. Im Vordergrund steht die Dyspnoe, die sich oft schon in Ruhe bemerkbar macht. Das Wachstum sistiert; es kommt zur kardialen Dystrophie, oft gepaart mit einer deutlichen Akrocyanose. Nicht selten sind entzündliche Erkrankungen der Respirationsorgane. Schließlich treten Zeichen des Herzversagens mit Stauung im kleinen und großen Kreislauf auf.

Der Auskultationsbefund ist nicht sehr ergiebig. Am konstantesten ist eine Betonung des Pulmonalklappenschlußtons. In etwa 50% der Fälle ist mesosternal oder im 3. bis 5. Intercostalraum links parasternal ein systolisches Geräusch zu hören. In Fällen mit einem Vorhofseptumdefekt und großem Links-Rechts-Kurzschluß ist, ähnlich wie bei isoliertem Vorhofseptumdefekt, ein früh- bis mesosystolisches Geräusch über der Pulmonalis zu erwarten. Ein diastolisches Geräusch über der Spitze ist nur vereinzelt beschrieben worden (BORST 1905; VINEBERG u. GIALLORETO; BARRETT u. HICKIE; GOUSIOS u. COTTON 1960).

Das *Elektrokardiogramm* ist abhängig von der Druckmehrbelastung des rechten Herzens. Bei weiten „Ostien“, die keine wesentliche Druckerhöhung bewirken, kann das EKG weitgehend normal sein. Bei schweren Formen findet man Zeichen der Rechtshypertrophie, eventuell auch Schädigungszeichen. Die P-Zacke ist dabei oft überhöht, während ein P-mitrale vermißt wird. Bei einem gleichzeitigen Vorhofseptumdefekt mit stärkerer Volumenbelastung des rechten Herzens sind die hierfür charakteristischen elektrokardiographischen Veränderungen eines unvollständigen Rechtsschenkelblocks — wie beim Lutembacher-Syndrom — zu erwarten.

Röntgenbefunde. Die jeweilige Hämodynamik bei den verschiedenen anatomischen Formvarianten des Cor triatriatum läßt unterschiedliche röntgenologische Veränderungen der Herzkonfiguration und der Lungenstrombahn erwarten. Besteht kein Vorhofseptumdefekt, so ist das Röntgenbild abhängig vom Ausmaß der Lungenstauung und von der Druckbelastung des rechten Herzens. Bei weiten Verbindungen zwischen den beiden Anteilen des linken Vorhofs können diagnostisch verwertbare röntgenologische Befunde fehlen. Bei mittleren und schweren „Stenosen“ ist das Herz meist mehr oder weniger durch Größenzunahme des rechten Ventrikels verbreitert. Der Pulmonalbogen ist vorgewölbt. Die Lungengefäßzeichnung ist verstärkt. Der linke Ventrikel ist klein bzw. normal groß. Vom typischen Mitralstenose-Herz unterscheidet sich die Konfiguration des Cor triatriatum durch das Fehlen eines vergrößerten, den Retrokardialraum einengenden linken Vorhofs. Eine Vergrößerung des oberen Anteils des linken Vorhofs ist allerdings von LATOUR u. Mitarb. (1958) sowie von BELCHER u. SOMERVILLE (1959) beschrieben worden. Bei Kombination mit einem Vorhofseptumdefekt (offene Verbindung zwischen dem oberen Anteil des linken Vorhofs und dem rechten Vorhof) kommt zu der Druckbelastung des rechten Herzens und der Lungenstrombahn noch eine Volumenmehrbelastung hinzu. Folge dieser Volumenmehrbelastung sind verstärkte Pulsationen des rechten Ventrikels und der meist weiten zentralen Lungengefäße. In solchen Fällen sind die röntgenologischen Befunde ähnlich wie beim isolierten Vorhofseptumdefekt bzw. beim Lutembacher-Syndrom.

Herzkatheteruntersuchung. Die klinischen und röntgenologischen Befunde reichen im allgemeinen für die Erkennung eines Cor triatriatum nicht aus. Immerhin können sie die Verdachtsdiagnose erlauben und dadurch gezielt zu speziellen Untersuchungen führen.

Bei der Herzkatheteruntersuchung findet man — von den Fällen mit weiten Vorhofverbindungen abgesehen — stets eine Druckerhöhung im Lungenkreislauf und im rechten Ventrikel. Wichtiger als dieser Befund ist aber der Nachweis eines erhöhten Pulmonalcapillardrucks. Er beweist jedoch nur dann das Vorliegen eines Cor triatriatum, wenn im unteren Anteil des linken Vorhofs (transseptal oder nach Passage eines Vorhofseptumdefekts) ein normaler Druck gemessen wird. Da das Foramen ovale aber in rund 25% aller Fälle den oberen Anteil des linken Vorhofs mit dem rechten Vorhof verbindet,spricht ein erhöhter Druck im linken Vorhof nur dann gegen ein Cor triatriatum, wenn die Katheterspitze vom Vorhof in den linken Ventrikel vorgeführt werden kann und die Rückzugskurve ohne Zwischenschaltung eines normal hohen Vorhofdrucks eine ventrikeldiastolische Druckdifferenz erkennen läßt. In diesem Falle würde es sich nämlich um eine Mitralstenose handeln.

Aus den blutgasanalytischen Bestimmungen kann auf das Vorliegen eines Vorhofseptumdefektes oder von Lungenvenentranspositionen geschlossen und der Nachweis dieser zusätzlichen Anomalien bei daraufhin erfolgter gezielter Untersuchung direkt geführt werden.

Kontrastmitteldarstellung. Nach den bisher vorliegenden Literaturberichten dürfen an die Kontrastmitteluntersuchung keine zu hohen Erwartungen geknüpft werden. Beim Vorliegen eines großen Vorhofseptumdefektes kann das Lävogramm infolge des starken

Links-Rechts-Kurzschlusses so kontrastarm sein, daß es diagnostisch nicht verwertbar ist (GOUSIOS u. COTTON 1960). Die Injektion des Kontrastmittels in die Pulmonalarterie scheint gefährlich zu sein; so berichtet NIWAYAMA (1960) über einen Patienten, der nach Injektion des Kontrastmittels in die Pulmonalarterie gestorben ist.

Differentialdiagnose. Das Cor triatriatum muß vor allem von einer angeborenen Mitralstenose und von einer Lungenvenentransposition abgegrenzt werden. Von einer Mitralstenose unterscheidet es sich durch den Auskultationsbefund, das fehlende P-mitrale im EKG und durch die fehlende Vergrößerung des linken Vorhofs. Besonders schwierig ist die Abgrenzung des Cor triatriatum mit Vorhofseptumdefekt und Links-Rechts-Shunt von Angiokardiopathien, die ebenfalls mit einer Beimischung arterialisierten Blutes zum venösen Blut des rechten Vorhofs einhergehen. Hier kommen ein Lutembacher-Syndrom sowie partielle oder komplette Lungenvenentranspositionen in Betracht. Auch der Nachweis eines erhöhten Pulmonalcapillardrucks ist dabei nicht beweisend für das Cor triatriatum.

So berichten KEITH u. Mitarb. (1958) über einen Patienten, bei dem wegen eines erhöhten Pulmonalcapillardrucks und gleichzeitig bestehendem Links-Rechts-Shunt die Diagnose eines Cor triatriatum mit partieller Lungenvenentransposition gestellt wurde. Die Operation ergab jedoch keinen geteilten linken Vorhof. Sie zeigte vielmehr, daß die Lungenvenen in einen gemeinsamen retrokardial liegenden Gefäßstamm einmündeten, der durch je ein enges Ostium von 3 mm Durchmesser mit beiden Vorhöfen verbunden war.

Die *Lebenserwartung* der Patienten mit einem Cor triatriatum ist abhängig von der Weite der Verbindung zwischen den beiden Vorhofanteilen. Patienten mit einem weiten „Ostium" (mehr als 7 mm Durchmesser) können das Erwachsenenalter erreichen. Meist ist das „Ostium" aber klein. KEITH u. Mitarb. (1958) fanden in 60% der Fälle eine Ostiumweite von nur 3 mm. Diese Patienten starben fast alle bereits in den ersten Lebenswochen.

Die kausale *chirurgische Behandlung* ist angezeigt, sobald die Diagnose oder die dringende Verdachtsdiagnose gestellt ist. Die meisten der bisher operierten Fälle wurden unter der Verdachtsdiagnose einer angeborenen Mitralstenose operiert. Im letzten Jahrzehnt sind mehrere Berichte über erfolgreiche operative Behandlungen durch Resektion der Trennwand oder Erweiterung des „Ostiums" veröffentlicht worden (VINEBERG u. GIALLORETO 1954; LEWIS u. Mitarb. 1956; BARRETT u. HICKIE 1957; BELCHER u. SOMERVILLE 1959; SOULIE u. Mitarb. 1966).

b) Cor triatriatum dextrum

In Analogie zum Cor triatriatum sinistrum, kann auch der rechte Vorhof durch eine Membran in zwei Teile, einen oberen mit Einmündung der oberen Hohlvene und einen unteren mit Einmündung der unteren Hohlvene unterteilt sein. Mitunter teilt eine Längsmembran den rechten Vorhof in einen hinteren lateralen und einen vorderen medialen Anteil (STERNBERG 1913; ZIMMERMANN 1933; GOMBERT 1933; DUBIN u. Mitarb. 1944; KJELLBERG u. Mitarb. 1955). In beiden Fällen handelt es sich um ein Cor triatriatum dextrum. In den hinteren Anteil münden dann beide Hohlvenen, während der vordere Teil den Coronarvenensinus und das Tricuspidalostium enthält.

Die *Entstehung* des zusätzlichen Längsseptums wird von GOMBERT (1933) auf eine Überschußbildung der rechten unteren Sinusklappe und ihre Verschmelzung mit dem rudimentären Septum secundum zurückgeführt.

Die Öffnung zwischen beiden Vorhofanteilen ist im allgemeinen relativ weit, so daß die hämodynamischen Rückwirkungen nur gering sind und klinische Symptome fehlen. Bei kleinen Öffnungen sind Druckerhöhungen im hinteren Vorhofanteil mit Stauung in den Hohlvenen und deren Zuflußgebiet zu erwarten. Im Gegensatz zu den Symptomen der „Rechtsinsuffizienz" zeigt das Herz keine Fehlerkonfiguration. Besteht ein Vorhofseptumdefekt zwischen dem hinteren Vorhofanteil und dem linken Vorhof, so kommt es bei einem kleinen „Ostium" zu einem Rechts-Links-Shunt mit Cyanose. Die Abb. 294a und b

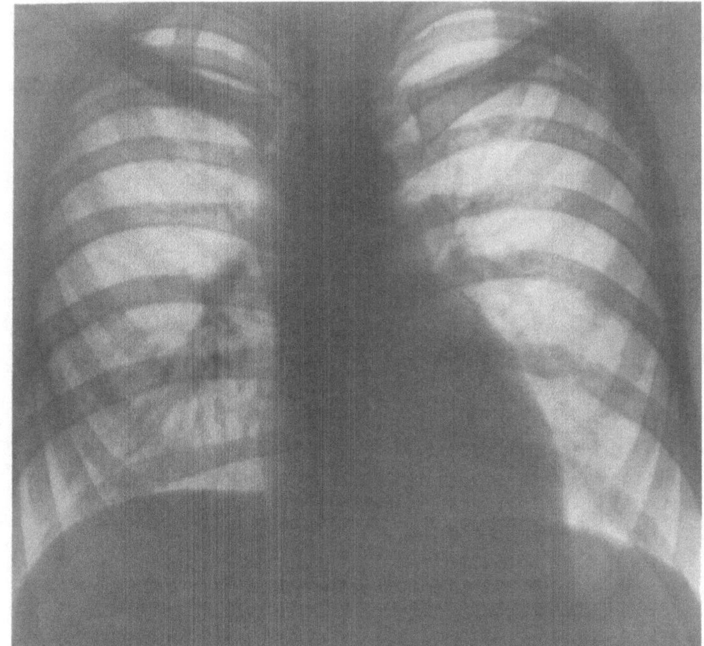

a

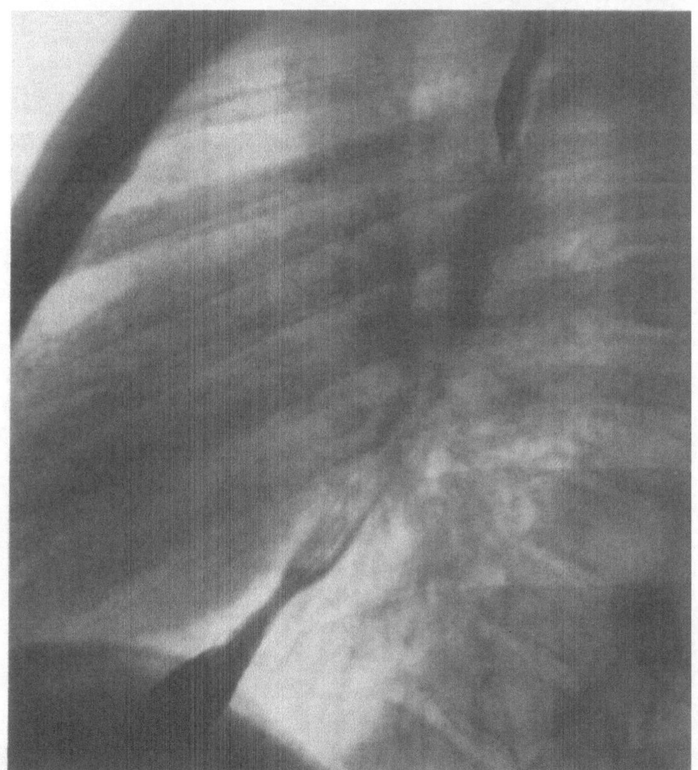

b

Abb. 294a—d. Cor triatriatum dextrum mit Vorhofseptumdefekt und Rechts-Links-Shunt bei einem 16jährigen Patienten (H.D.Rü.). a Sagittales Nativbild: verhältnismäßig kleines Herz. Verbreiterung des Gefäßbandes nach rechts. Relativ geringe Lungengefäßzeichnung. b Seitenbild: geringe Tiefenausdehnung des Herzens. Herzhinterraum nicht eingeengt. c Schema des Operationssitus. *Fo.* Foramen ovale; *a* oberer Anteil des Septums mit kleiner schlitzförmiger Öffnung; *b* unterer Anteil des Septums. Das eigentliche Ostium liegt zwischen den beiden Septumanteilen; *Tr* Tricuspidalostium. d Seitliches Kardiogramm nach Kontrastmittelinjektion in den hinteren Anteil des rechten Vorhofs. Man erkennt drei Vorhöfe, und zwar: *x* hinterer Anteil des rechten Vorhofs; *xx* vorderer Anteil des rechten Vorhofs; *xxx* linker Vorhof.

zeigen Röntgenbilder eines 16jährigen Patienten mit einem Cor triatriatum dextrum, engem „Ostium" und Rechts-Links-Shunt zwischen dem hinteren Vorhofanteil, in den die beiden Hohlvenen einmünden, und dem linken Vorhof (Abb. 294c). Der Patient war

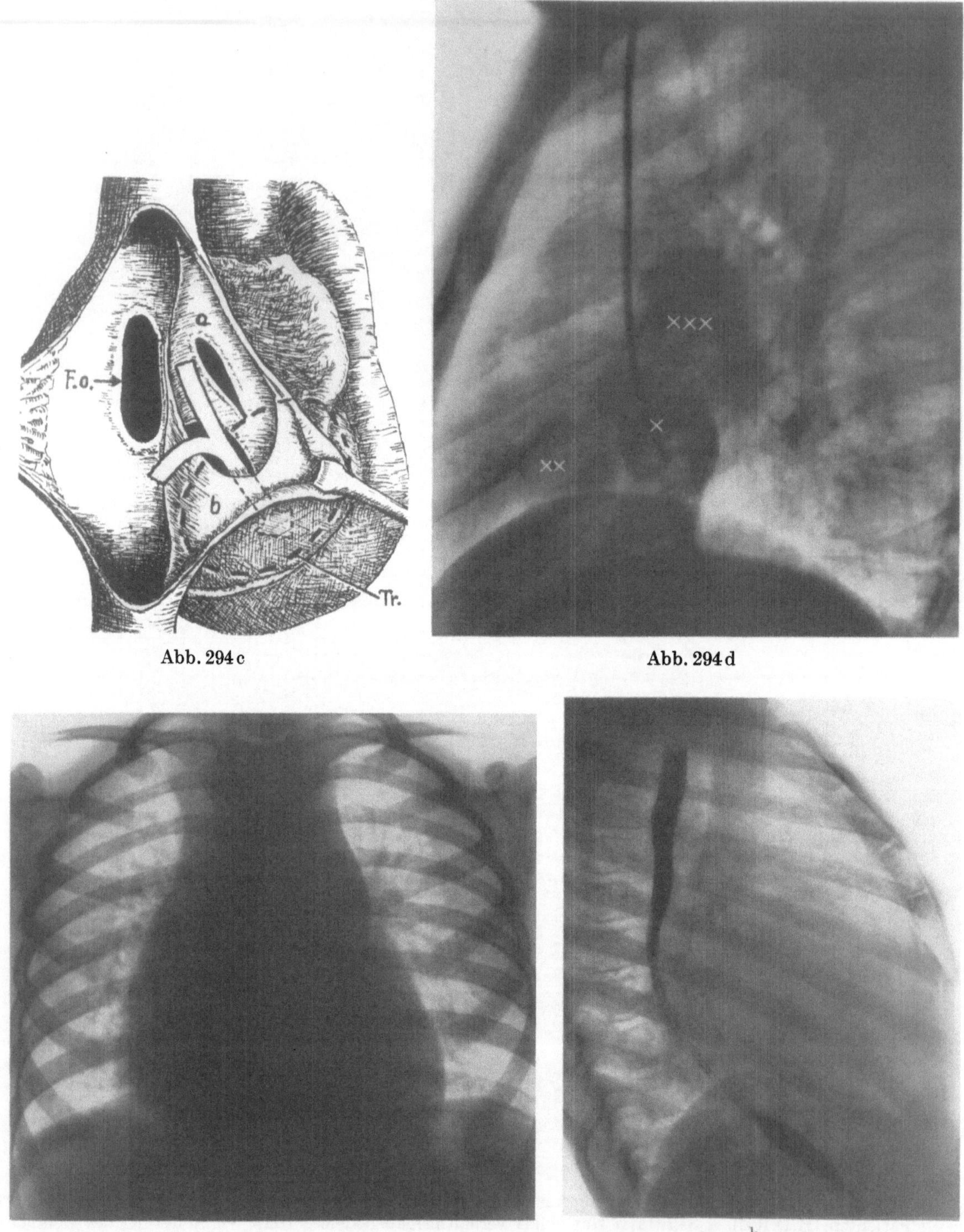

Abb. 294c

Abb. 294d

a

b

Abb. 295a u. b. Angeborene Mitralinsuffizienz bei einem 6jährigen Jungen (S.Wa.). Klinisch: Zeichen der Herzinsuffizienz. a Sagittalbild: beiderseits verbreitertes Herz; breites Gefäßband. Vermehrte Hilus- und Lungenzeichnung. b Seitenbild: das Herz ragt bis in den Wirbelsäulenschatten. Kontrastmittelgefüllter Oesophagus in Höhe des linken Vorhofs und der linken Kammer nach hinten verdrängt

von Geburt an cyanotisch. Ein pathologischer Auskultationsbefund bestand nicht. Im Elektrokardiogramm fand sich ein Linkstyp.

Die Diagnose wurde erst bei der Operation gestellt, die unter der Annahme einer Tricuspidalstenose mit Vorhofseptumdefekt durchgeführt wurde.

Retrospektiv läßt sich die Septierung des rechten Vorhofs im Angiokardiogramm erkennen (Abb. 294d).

30. Mitralinsuffizienz

Mitteilungen über eine angeborene Mitralinsuffizienz sind spärlich. Meist tritt dieser Herzfehler zusammen mit anderen angeborenen Anomalien des Herzens auf; nur vereinzelt kommt er isoliert vor.

Kombiniert mit anderen angeborenen Herzfehlern tritt eine Mitralinsuffizienz beim Vorhofseptumdefekt vom Foramen primum-Typ (Canalis atrioventricularis communis partialis) relativ häufig auf (s. dort). Von HELMHOLZ u. Mitarb. (1956) sowie ANDERSON u. Mitarb. (1957) wurde eine angeborene Mitralinsuffizienz zusammen mit einer korrigierten Transposition der großen Gefäße (vgl. S. 211f.) beobachtet. Ein zusätzlicher Ventrikelseptumdefekt ist ebenfalls möglich.

Die Schlußunfähigkeit der Mitralklappe kann erheblich sein. Ferner kann die Klappe eine komplexe Mißbildung aufweisen, vergleichbar den Veränderungen der Tricuspidalklappe beim Ebstein-Syndrom. Schließlich können kurze gedrungene Chordeae tendineae des hinteren bzw. septalen Segels die Funktionsstörung der Klappe bedingen (BECU u. Mitarb., 1955). Kombiniert mit einem Ductus arteriosus apertus wurde von LINDE und ADAMS (1959) eine Mitralklappeninsuffizienz bei drei Patienten festgestellt. Als Ursache nahmen die Autoren das Übergreifen einer Endokardfibrose auf die Klappe an. Außer mit einem Ductus arteriosus und einer korrigierten Transposition fanden TALNER, STERN und SLOAN (1961) dreimal gleichzeitig eine Aortenisthmusstenose, wobei aber die Mitralinsuffizienz jeweils im Vordergrund des klinischen Bildes stand.

Eine isolierte Klappeninsuffizienz der Mitralis als angeborene Anomalie beobachteten SEMANS und TAUSSIG (1938), PRIOR (1953), KJELLBERG u. Mitarb. (1954) sowie TALNER u. Mitarb. (1961).

Pathologisch-anatomisch wurden als Ursache der Klappenanomalie von EDWARDS und BURCHELL (1958) Strukturveränderungen der Klappenblätter und Veränderungen der Chordae tendineae festgestellt. Eine gedoppelte Mitralklappenöffnung ist in der Regel ein funktionell unbedeutender Befund (PRIOR 1953). Bei einem 45jährigen Patienten von EDWARDS und BURCHELL (1958) war jedoch gleichzeitig eine Schlußunfähigkeit der Klappe vorhanden.

Die *klinische Diagnose* der angeborenen Klappenanomalie stützt sich auf die Feststellung des typischen Auskultationsbefundes in den ersten Lebensjahren bei Fehlen einer rheumatischen Anamnese. Darüber hinaus wurden Wachstumsstörungen und Leistungsunfähigkeit beobachtet.

Das *Elektrokardiogramm* zeigt bei der isolierten angeborenen Mitralinsuffizienz die Zeichen der Linkshypertrophie sowie ein P-mitrale.

Röntgenbefunde. Die röntgenologischen Kriterien entsprechen denen, die man auch bei der Mitralinsuffizienz rheumatischer Ätiologie findet. Das Herz ist nach beiden Seiten verbreitert (Abb. 295a). Der linke Vorhof kann rechts randständig werden und hier eine Doppelkontur bilden. Auf dem Seitenbild wölben sich der vergrößerte linke Vorhof und linke Ventrikel in den Retrokardialraum vor. Im Oesophagogramm erscheint der Oesophagus nach hinten verdrängt (Abb. 295b). Hilus- und Lungenzeichnung sind vermehrt.

Herzkatheteruntersuchungen des rechten und linken Herzens (TALNER u. Mitarb. 1961) zeigen die für den Klappenfehler charakteristischen Veränderungen der registrierten Druckkurven.

Kontrastmitteldarstellung. Das venöse Angiokardiogramm (Talner u. Mitarb. 1961) läßt manchmal eine monströse Vergrößerung des linken Vorhofs erkennen, der die linke Pulmonalarterie nach cranial verlagert.

Erfolgt die Kontrastmittelinjektion in die linke Kammer, so wird die Regurgitation des Kontrastmittels in den linken Vorhof sichtbar. Dann sind aus der Dichte des Kontrastes im linken Vorhof gewisse Rückschlüsse auf den Schweregrad des Klappenfehlers möglich.

31. Fehlabgang einer Coronararterie

Die angeborenen Anomalien der Coronararterien werden von Edwards (1958) in drei Gruppen unterteilt. Bei der ersten Gruppe handelt es sich um ungewöhnliche Abgänge der Coronararterien von der Aorta (z.B. nur eine Coronararterie) oder um anomale Verlaufsformen; funktionell und klinisch hat diese Gruppe nur geringe Bedeutung. Zur zweiten Gruppe gehören die seltenen Formen, bei denen es infolge gleichzeitiger Herz- und Gefäßmißbildungen zu ungewöhnlichen Coronargefäßverläufen oder abnormer Blutversorgung des Herzmuskels kommt. Die dritte Gruppe umfaßt Coronargefäßanomalien mit besonderer klinischer Bedeutung. Hierzu zählen die Verbindungen einer Coronararterie mit Coronarvenen oder den verschiedenen Herzkammern, die bereits besprochen wurden (vgl. S. 137ff.). Eine besondere Form ist der Ursprung einer Coronararterie aus der Pulmonalarterie.

Von anatomischer Seite wurde die Gefäßanomalie erstmals von Abrikosoff (1911) beschrieben. Die erste klinische Mitteilung erfolgte durch Bland-White und Garland (1933), daher auch „Bland-White-Garland-Syndrom" genannt.

Häufigkeit. Meist ist die linke Coronararterie betroffen. Keith (1959) nimmt an, daß dies einmal unter 300000 Geburten vorkommt. Der Fehlabgang der rechten Coronararterie aus der Pulmonalarterie ist noch viel [nach Edwards (1960) 10mal] seltener. Ausnahmsweise können auch beide Coronararterien aus der Pulmonalarterie entspringen. Nach einer Zusammenstellung von Nadas u. Mitarb. (1964) wurde bis 1964 über 75 Fälle eines Fehlabgangs der linken Coronararterie aus der Pulmonalarterie berichtet.

Anatomie. Die linke Coronararterie entspringt aus einem Klappensinus der Pulmonalarterie, während die rechte Coronararterie normal von der Aorta abgeht. Weiterer Verlauf und Aufteilung der linken Coronararterie unterscheiden sich nicht von dem bei normalem Ursprung. Die rechte Coronararterie ist meist erheblich erweitert und steht über oft weite Anastomosen mit der linken Coronararterie in Verbindung. Das Myokard des linken Ventrikels kann dünnwandig und dilatiert sein. Alte Infarktbezirke und frische Nekrosen werden angetroffen. Vereinzelt kann der linke Ventrikel im Infarktbezirk rupturieren (McKinley u. Mitarb. 1951).

Pathophysiologie. Die Hämodynamik ist bei Fehlabgang einer Coronararterie von der Pulmonalarterie weitgehend davon abhängig, ob beide Coronararterien durch weite Anastomosen miteinander verbunden sind. In einem solchen Fall wird die aus der Pulmonalarterie entspringende Coronararterie „retrograd" durchblutet; das aus der Aorta in die normal entspringende Coronararterie einströmende Blut erreicht über die Anastomosen die andere Coronararterie und mit ihr die Pulmonalarterie. Funktionell besteht also ein „arterio-venöser" Kurzschluß. Seine Folgen sind eine von der Größe des Shunts abhängige Volumenmehrbelastung des linken Ventrikels und eine Beimischung arterialisierten Blutes zum venösen Blut der Pulmonalarterie. Das im Versorgungsgebiet der anomal entspringenden Coronararterie liegende Myokard wird, besonders wenn die linke Coronararterie aus der Pulmonalarterie entspringt, unzureichend durchblutet, so daß es zu Myokardhypotrophie, zu Endo- und Myokardfibrose sowie zu anderen Ischämiefolgen kommen kann. Die schlechte Versorgung des Myokards (trotz reichlicher Anastomosen zwischen den Coronararterien) wird mit dem verstärkten Druckgefälle zur Pulmonalarterie hin und dem niedrigen Perfusionsdruck in der „anomalen" Coronararterie erklärt.

Bestehen zwischen den Coronararterien keine ausreichend weiten Anastomosen, so wird die falsch entspringende Coronararterie von der Pulmonalarterie, d.h. mit venösem Blut versorgt. Das ist besonders in den ersten Lebenstagen der Fall, solange der Druck im Lungenkreislauf noch nicht auf „normale“ Werte abgesunken ist. Zu dieser Zeit ist das von der „anomalen“ Coronararterie versorgte Myokard besonders gefährdet. Das Schicksal solcher Kinder hängt offenbar sehr von der Schnelligkeit der Anastomosenbildung ab.

Klinik. Die fetalen Zirkulationsbedingungen machen verständlich, daß die Kinder „gesund“ geboren werden und in den ersten Lebenstagen meist unauffällig sind. Die weitere Symptomatologie ist dann abhängig von dem im pathophysiologischen Teil besprochenen Ausmaß der Anastomosenbildung und der Versorgung des Myokards durch die „anomale“ Coronararterie.

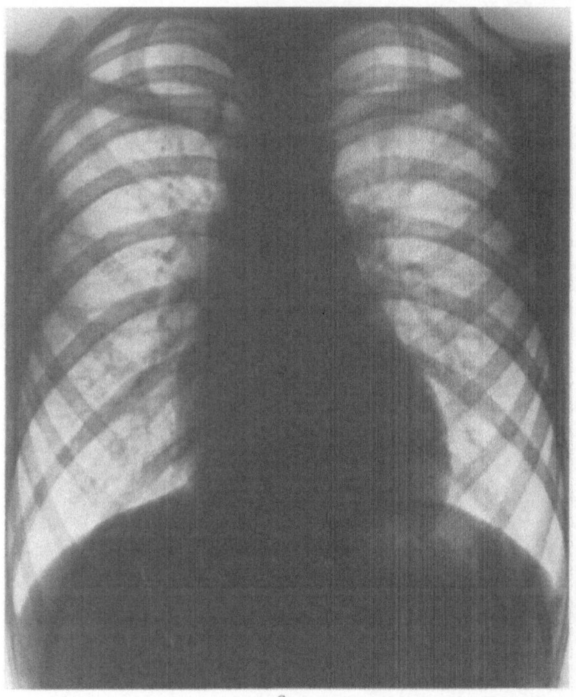

a

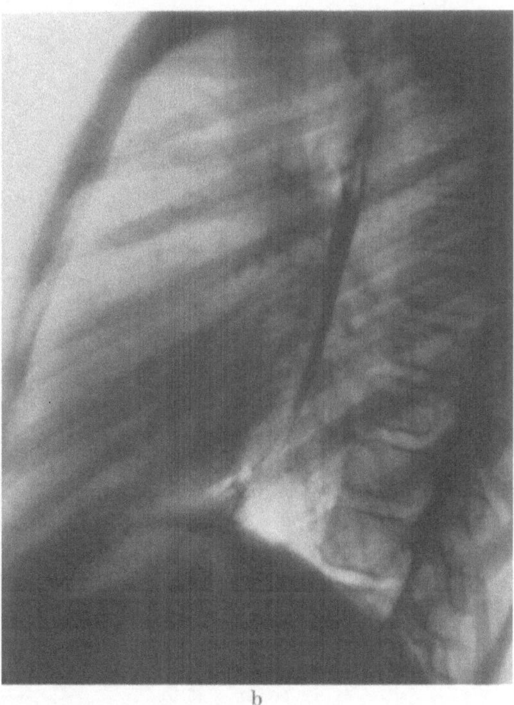

b

Abb. 296a u. b. Fehlabgang der linken Coronararterie von der Pulmonalarterie bei einer 9jährigen Patientin (U.Le.). a Sagittalbild: normale Herzgröße. Geringe Vorwölbung des Pulmonalbogens. Mäßig verstärkte Hilus- und Lungengefäßzeichnung. b Retrokardialraum nicht eingeengt

In ungünstigen Fällen — d.h. in der Mehrzahl der Beobachtungen — ist die Entwicklung der Kinder schlecht. Neben rascher Ermüdbarkeit kann man oft Symptome beobachten, die auf pectanginöse Schmerzen schließen lassen. Der Auskultationsbefund hilft diagnostisch selten weiter. Oft fehlt ein pathologisches Geräusch, in anderen Fällen hört man links vom Sternum ein leises systolisches Geräusch.

Größte Bedeutung hat das *Elektrokardiogramm*, das in vielen Fällen die Diagnose der Gefäßanomalie erlaubt. Typisch sind eine deutliche Q-Zacke und negative T-Zacken in den Ableitungen I, AVL und linksthorakal. Oft findet sich ein hoher Abgang von ST in den linksthorakalen Ableitungen (KEITH 1949; MURRAY 1963; BEUREN und HOFFMEISTER 1963 u.a.).

Im Gegensatz zu diesen ungünstigen Verlaufsformen gibt es eine Reihe von Fällen mit ungestörter Entwicklung. Bei der Auskultation findet sich dann oft ein mehr oder weniger kontinuierliches systolisch-diastolisches Geräusch, das einen offenen Ductus arteriosus vortäuschen kann.

Im *Elektrokardiogramm* dieser Patienten werden die oben beschriebenen charakteristischen Veränderungen vermißt (zwei eigene Beobachtungen) oder sie sind nur gering ausgeprägt (KAUNITZ 1947; ALEXANDER und GRIFFITH 1956; HAUCH, NITSCHKE und BIRCKS 1965).

Röntgenbefunde. Größe und Konfiguration des Herzens sind beim Fehlabgang der linken Coronararterie von der Pulmonalarterie nicht einheitlich. Es gibt alle Übergänge von praktisch normaler Größe und Form bis zum allseits stark vergrößerten Herzen. Das große Herz findet sich vorwiegend bei Kindern, die schon in den ersten Lebenswochen ernste Allgemeinsymptome aufweisen. Die Vergrößerung betrifft in erster Linie den linken Ventrikel. Bei Untersuchung im linken vorderen (II.) schrägen Durchmesser lädt das Herz weit nach hinten aus, so daß der hintere Herzrand den Wirbelsäulenschatten deutlich überragen kann. Findet man bei der Durchleuchtung in dieser Pro-

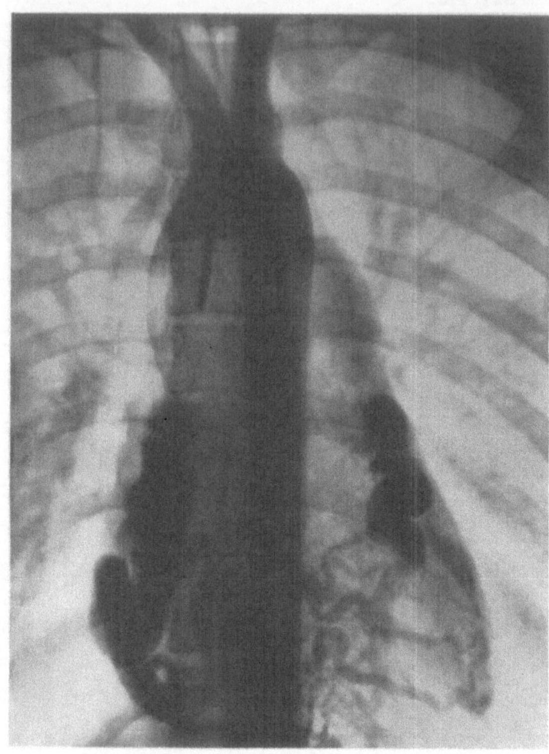

Abb. 297. Thorakale Aortographie. Injektion des Kontrastmittels in die Aortenwurzel. Fehlabgang der linken Coronararterie von der linken Pulmonalarterie bei einer 23jährigen Patientin (H.Hü.). Sagittales Coronarogramm: Stark erweiterte und geschlängelte rechte und linke Coronararterie mit deutlichen Anastomosen zwischen beiden Gefäßen. Kontrastmittelübertritt in die Pulmonalarterie

jektion eine auffallende Diskrepanz zwischen geringen Pulsationen im Bereich des linken und deutlichen Pulsationen des rechten Ventrikels, so kann dieser Befund als diagnostischer Hinweis auf die Gefäßanomalie gewertet werden.

Bei Patienten mit ausreichenden Anastomosen zwischen beiden Coronararterien und guter Durchblutung des linken Ventrikels kann das Herz normale Form und Größe haben. Meist läßt sich aber auch bei diesen Patienten — entsprechend der Größe des „arterio-venösen" Kurzschlusses — eine geringe bis mäßige Vergrößerung des linken Ventrikels und Vorhofs feststellen. Infolge Vergrößerung des Lungenzirkulationsvolumens ist der Pulmonalbogen im allgemeinen prominent, und die Lungengefäßzeichnung ist verstärkt (Abb. 296).

Herzkatheteruntersuchung. Direkte Hinweise auf das Vorliegen einer aus der Pulmonalarterie entspringenden Coronararterie sind nicht zu erwarten. Bei weiten Anastomosen zwischen der linken und rechten Coronararterie und einem größeren Kurzschluß lassen die Blutgasanalysen eine Beimischung arterialisierten Blutes zum venösen Blut der Pulmonalarterie erkennen. Gelingt es in derartigen Fällen nicht, einen Ductus direkt zu sondieren, so sind weitere Untersuchungen zur Klärung und Lokalisation des arteriellen Kurzschlusses erforderlich.

Sind weite Anastomosen nicht ausgebildet und ist eine Beimischung arteriellen Blutes zur Pulmonalarterie nicht faßbar, so sind durch die Herzkatheteruntersuchung keine diagnostisch verwertbaren Befunde zu erwarten.

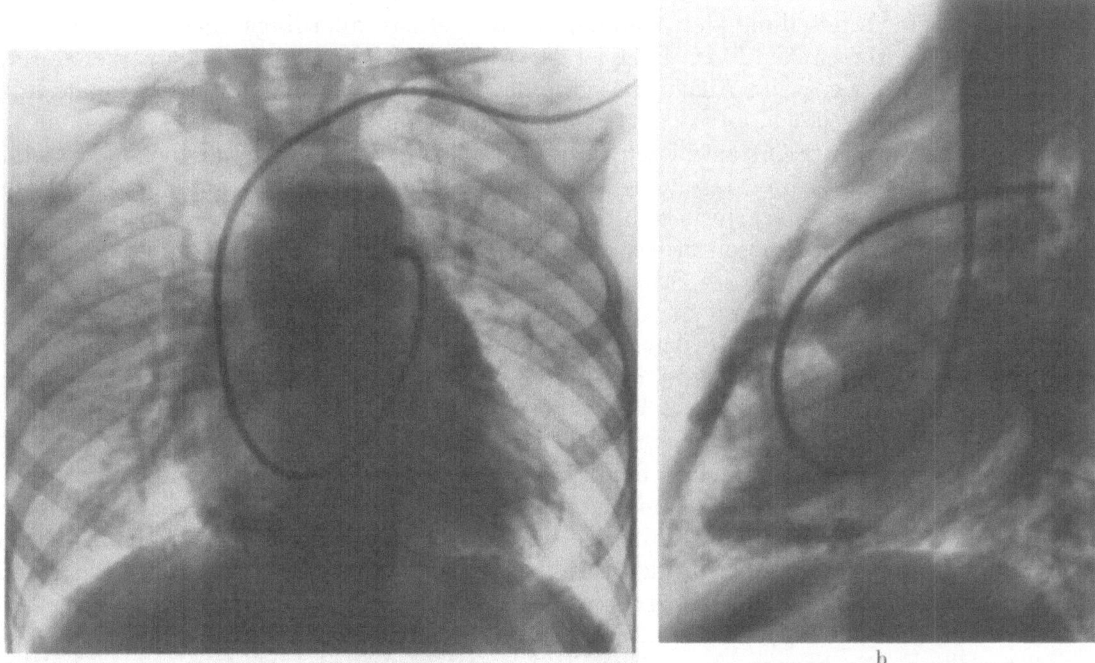

Abb. 298a u. b. Intravenöse gezielte Kontrastmittelinjektion in die Pulmonalarterie bei Fehlabgang der linken Coronararterie aus der Pulmonalarterie (gleiche Patientin wie Abb. 296). a Sagittales Lävogramm: weite rechte Coronararterie. Deutliche Anastomosen. Weite linke Coronararterie. Kontrastmittelfüllung der Pulmonalarterie. b Seitenbild

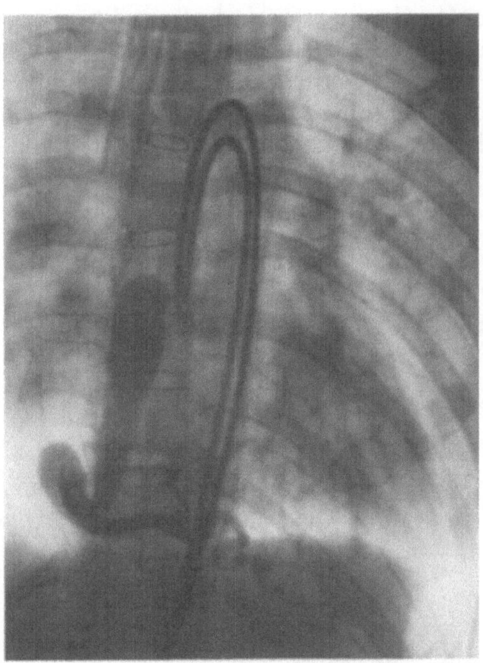

Abb. 299. Postoperative Coronarographie bei der Patientin der Abb. 297: Lumen der rechten Coronararterie und der Anastomosen gegenüber präoperativ verringert

Kontrastmitteldarstellung. Die Kontrastmitteldarstellung ist die meist entscheidende Untersuchungsmethode. Bei weiten Anastomosen zwischen beiden Coronararterien und großem Kurzschluß kann die Gefäßanomalie durch gezielte Kontrastmittelinjektion sowohl in die Pulmonalarterie als auch in die Aortenwurzel dargestellt werden. Die kontrastreichere Darstellung der Gefäßanomalie gelingt allerdings im allgemeinen bei Injektion in die Aortenwurzel. Im Beispiel der Abb. 297 erkennt man eine stark erweiterte rechte Coronararterie, weite Anastomosen, eine weite und geschlängelt verlaufende linke Coronararterie und eine Kontrastmittelfüllung der Pulmonalarterie. Daß aber auch die gezielte Injektion von Kontrastmittel in die Pulmonalarterie für die Diagnose der Gefäßanomalie ausreichen kann, zeigen die Abb. 298 bei einem 9jährigen Mädchen mit Fehlabgang der linken Coronararterie von der Pulmonalarterie.

Bei fehlenden Anastomosen zwischen der rechten und linken Coronararterie kann die Kontrastmitteluntersuchung im Stich lassen.

Vereinzelt ist eine Füllung der linken Coronararterie aus der A. pulmonalis angiokardiographisch beobachtet worden (Taussig 1958). Bei einem großen Herzen erlaubt der Nachweis der Dünnwandigkeit des linken Ventrikels eine Abgrenzung von anderen Anomalien, die ebenfalls mit einer Vergrößerung des linken Ventrikels einhergehen, wie z. B. Endokardfibrose und Glykogenspeicherkrankheit.

Prognose. Die Lebensaussichten der Kinder, die bereits in den ersten Lebensmonaten auf die Gefäßanomalie hinweisende Symptome erkennen lassen, sind außerordentlich schlecht; sie sterben fast alle im Laufe des ersten Lebensjahres. Die relativ kleine Gruppe von Patienten ohne Symptome in den ersten Lebensmonaten (etwa 10% aller Patienten) hat eine wesentlich günstigere Prognose. Die durchschnittliche Lebensdauer von 14 Patienten dieser Gruppe lag bei 35 Jahren (George und Knowlan 1959).

Behandlung. Die konservative Behandlung ist letztlich ohne Erfolg. In zahlreichen Fällen ist eine operative Behandlung angezeigt und möglich. Ziel der operativen Behandlung ist, durch die Unterbindung der fehlabgehenden Coronararterie nahe der Pulmonalarterie vermehrt sauerstoffreiches Blut dem Myokard zuzuführen. Das Ergebnis der Operation ist in weitem Maße von funktionstüchtigen Anastomosen abhängig. Fehlen ausreichende Anastomosen zwischen den beiden Coronararterien oder wird intraoperativ venöses Blut in der anomalen Coronararterie festgestellt, so ist deren Unterbindung nicht angezeigt (Nadas u. Mitarb. 1934).

Als *postoperative Änderung des Befundes* zeigt Abb. 299 eine deutliche Kaliberabnahme der rechten Coronararterie und der Anastomosen mit der linken Coronararterie. Ein Kontrastmittelübertritt in die Pulmonalarterie erfolgt natürlich postoperativ nicht mehr.

32. Lageanomalien des Herzens

Eine angeborene Lageanomalie des Herzens liegt vor, wenn seine normalerweise von rechts oben nach links unten verlaufende Längsachse verändert ist oder wenn das Herz an der Inversion der übrigen Organe nicht teilnimmt und eine normale Lage beibehält. Man unterscheidet daher:

a) Dextrokardie,
b) Mesokardie,
c) Lävokardie.

Lageänderungen des Herzens als Folge äußerer Ursachen durch Zugwirkung oder Verdrängung gehören nicht in diese Gruppen. Sie werden daher nur so weit erwähnt, als sie differentialdiagnostisch von Bedeutung sind.

a) Dextrokardie

Zur Dextrokardie werden die Lageanomalien gezählt, bei denen der größte Teil des Herzens in der rechten Thoraxhälfte liegt. Die Längsachse verläuft von links oben nach rechts unten. Die Herzspitze ist nach rechts gerichtet.

Die Dextrokardie ist die weitaus häufigste Form der angeborenen Lageanomalien des Herzens.

Einzelberichte über einen Situs inversus totalis liegen bereits aus dem 17. Jahrhundert vor (Petrus Servius 1643; Riolan 1649). Nach der Entdeckung der Perkussion und Auskultation im 19. Jahrhundert wurde die klinische Diagnose eines Situs inversus häufiger gestellt. Das *erste Röntgenbild* einer Dextrokardie veröffentlichte Vehsemeyer (1897), während der röntgenologische Nachweis eines Situs inversus totalis Burghardt (1897) gelang.

Die ersten elektrokardiographischen Aufzeichnungen bei einer Dextrokardie wurden von Waller (1889) und Nicolai (1911) veröffentlicht. Angiokardiographische Untersuchungen zur Klärung von Lageanomalien wurden 1942 erstmals von Steinberg, Grishman und Sussman durchgeführt.

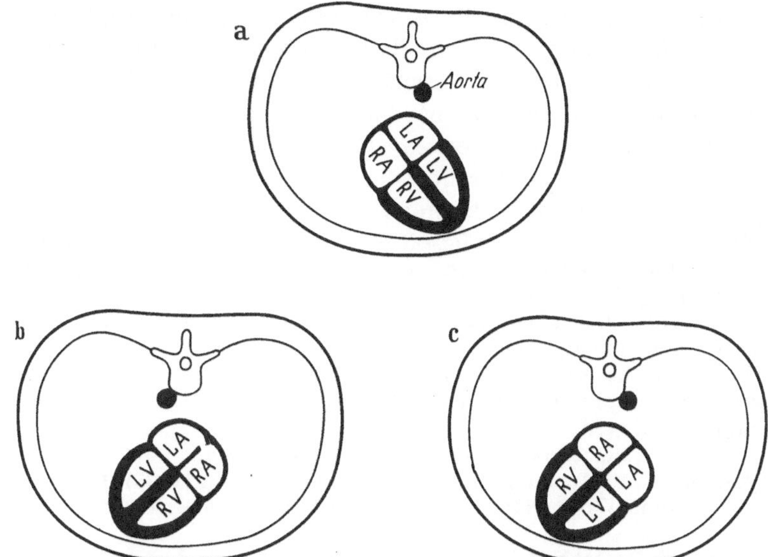

Abb. 300a—c. Schematische Darstellung der Lage der Herzkammern bei Dextrokardie. a Normales Herz. b Spiegelbilddextrokardie. c Dextroversion. (Aus Grosse-Brockhoff, Loogen, Schaede 1960)

Eine zusammenfassende Darstellung der totalen Inversion erfolgte 1883 durch Küchenmeister, während die Beiträge von Paltauf (1901), Nagel (1909), Mandelstamm und Reinberg (1928), Rösler (1930) sowie Lichtman (1931) sich besonders um eine Klärung und Vereinheitlichung der zum Teil unterschiedlichen Nomenklaturen und Einteilungen der Dextrokardieformen bemühten.

Eine ausführliche historische Darstellung der Dextrokardieforschung erfolgte vor wenigen Jahren durch Schmidt und Korth (1954), auf die an dieser Stelle besonders verwiesen sein soll.

Nach Mandelstamm und Reinberg (1928) werden die angeborenen Dextrokardien, unabhängig davon, ob sie isoliert oder in Verbindung mit zusätzlichen Anomalien vorkommen, in zwei Hauptformen unterteilt (Abb. 300):

a) Spiegelbilddextrokardie,

b) Dextroversion (Dextrotorsion, Dextrorotation).

Die Spiegelbilddextrokardie kann zusammen mit einem Situs inversus totalis bzw. partialis oder isoliert, d.h. ohne Inversion anderer Organe, auftreten.

Bei der Dextroversion unterscheiden Schmidt und Korth (1954) die echte, die „larvierte“ und die unvollständige Form.

α) Spiegelbilddextrokardie

Bei der Spiegelbilddextrokardie erscheint das Herz so, wie man es beim Situs solitus im Spiegel sieht. Demnach münden die Hohlvenen in den links gelegenen venösen Vorhof, während der arterielle Vorhof auf der rechten Seite liegt (vgl. Abb. 300b). Die venöse Kammer liegt vorne, die arterielle rechts und hinten. Die Pulmonalarterie liegt vor der Aorta und zieht vor dieser nach rechts. Der Aortenbogen verläuft über den rechten Bronchus, die Aorta descendens rechts von der Wirbelsäule.

αα) Spiegelbilddextrokardie mit Situs inversus

In der großen Mehrzahl der Fälle ist die Spiegelbilddextrokardie kombiniert mit einem Situs inversus totalis, d.h. alle thorakalen und abdominellen Organe sind invertiert, so daß z.B. die rechte Lunge zweilappig ist und die Leber auf der linken Seite liegt. Der Nachweis eines vollständigen Situs inversus macht allerdings große Schwierigkeiten, weil die Abgrenzung von einem Situs inversus partialis klinisch nicht streng durchführbar ist. So fand TAUSSIG (1926) in zwei Fällen mit spiegelbildlicher Anlage der Eingeweide, daß die oberflächlichen Herzmuskelfasern nicht spiegelbildlich zur Norm angelegt waren.

Für klinische Belange erweist sich aber die Bezugnahme auf die Lage der Baucheingeweide als ausreichend. Wenn auch die viscerale Inversion im allgemeinen eine totale ist, so muß doch berücksichtigt werden, daß von der spiegelbildlichen Lage einzelner Organe bis zum vollständigen Situs inversus alle Übergänge vorkommen und daß selbst ein einzelnes Organ spiegelbildlich angeordnet sein kann. So sind wiederholt isolierte Inversionen der Leber beschrieben worden (RISEL 1909; PERNKOPF 1926). Unter Berücksichtigung dieser nicht streng durchführbaren Trennung ist der totale Situs inversus nach KEGEL (1925) etwa viermal so häufig wie der partielle.

Häufigkeit. Die Angaben über die Häufigkeit des Situs inversus totalis schwanken beträchtlich. SCHMIDT und KORTH (1954) fanden bei Auswertung größerer Statistiken von mehreren Autoren (ADAMS und CHURCHILL 1937; GUENTHER 1923; PAVLITZEK 1952 u.a.) eine Häufigkeit des Situs inversus totalis von 0,015%. In einer eigenen Untersuchungsserie stellten die Autoren unter 48000 Schirmbildern eine Häufigkeit von 1:8000 (0,0125%) fest. Sie vermerken aber, daß diese Zahl nicht dem wirklichen Durchschnittswert entspreche und wahrscheinlich zu niedrig liege, weil die Schirmbilduntersuchungen Werktätige umfaßten und Menschen mit „Herzfehlern" in einem Arbeitsbetrieb natürlich keine Aufnahme finden.

Einheitlicher als die Zahlenangaben klinischer Statistiken sind die von Obduktionsstatistiken. Bei Berücksichtigung der Untersuchungsergebnisse von GUENTHER (1923), LE WALD (1925), CLEVELAND (1926) sowie GALL und WOOLF (1934) errechneten SCHMIDT und KORTH eine Durchschnittszahl von 0,016%.

Das männliche Geschlecht scheint häufiger betroffen zu sein als das weibliche. GUTTMANN (1876) gibt das Verhältnis mit 2,5:1 an, GRUBER (1865) mit 2,6:1, KÜCHENMEISTER (1883) mit 2,0:1.

Familienuntersuchungen haben ein gehäuftes familiäres Auftreten von Situs inversus totalis ergeben. COCKAYNE (1938) vermutet einen recessiven Erbgang. Bei Untersuchungen der Familien mit Situs inversus fand dieser Autor in 11% eine Verwandtenehe (Verwandte 1. Grades). Nach LEININGER und GIBSON (1950) tritt der Situs inversus totalis in etwa 10% aller Fälle familiär auf.

Pathophysiologie. Bei der Spiegelbilddextrokardie mit Situs inversus totalis oder partialis (ohne zusätzliche Herzanomalie) liegt eine Störung der Hämodynamik nicht vor.

Klinik. Die Dextrokardie kann im allgemeinen durch die physikalischen Untersuchungen erkannt werden. Wichtige Zeichen sind der Nachweis des Herzspitzenstoßes und der Herztöne rechts vom Sternum. Findet man dazu noch die Leber links und die Magenblase rechts im Oberbauch, so kann die Diagnose eines Situs inversus totalis schon als weitgehend gesichert gelten.

Dem *Elektrokardiogramm* kommt für die Erkennung und die Differenzierung der verschiedenen Dextrokardieformen große Bedeutung zu. Bei der unkomplizierten Spiegelbilddextrokardie sind die P- und T-Zacken in Ableitung I und in AVL negativ, in AVR positiv. Die Umkehr der P-Zacke in Ableitung I bei der Spiegelbilddextrokardie ist aus der Inversion der Vorhöfe und damit aus der Verlagerung des Sinusknotens auf die linke Seite zu erklären. Aus der spiegelbildlichen Anlage der Kammern erklärt sich in analoger Weise die Umkehr der R- und T-Zacken in Ableitung I. So wichtig der Nachweis der negativen P-Zacke in Ableitung I für die Erkennung der Spiegelbilddextrokardie auch ist, so kann er doch nach Mitteilungen in den letzten Jahren von ZUCKERMANN und RINGLEBEN (1956), BURGEMEISTER (1956), EFFERT (1958) und von KEITH u. Mitarb. (1958) nicht als pathognomonisch betrachtet werden, da bei sicher nachgewiesener Inversion der Vorhöfe gelegentlich auch ein positives P in Ableitung I registriert wurde. Auch die charakteristischen Veränderungen im Brustwand-Elektrokardiogramm lassen sich ohne weiteres aus der Lageanomalie des Herzens mit entsprechenden Veränderungen der Vektoren erklären.

Röntgenbefunde. Das Röntgenbild der unkomplizierten Spiegelbilddextrokardie bietet keine Schwierigkeiten (Abb. 301). Es entspricht einem von der Rückseite her betrachteten Röntgenfilm bei Situs solitus. Das Zwerchfell steht rechts tiefer als links. Dieser Befund ist nicht darauf zurückzuführen, daß die Leber links liegt. Auch im Falle einer Dextrokardie mit Rechtslage der Leber steht das rechte Zwerchfell tiefer oder es befindet sich mit dem linken auf gleicher Höhe. Grundsätzlich gilt, daß das Zwerchfell dort tiefer steht, wo die Hauptmasse des Herzens liegt — unabhängig von der Lage der Leber — (ZDANSKY 1949). BURGEMEISTER (1956) fand allerdings in Abweichung von dieser Regel bei drei von acht Patienten mit Dextrokardie das Zwerchfell rechts höher stehend als links. Bei der Dextroposition steht naturgemäß das Zwerchfell wie beim Situs solitus auf der rechten Seite höher, sofern es nicht durch sekundäre Einflüsse verlagert ist.

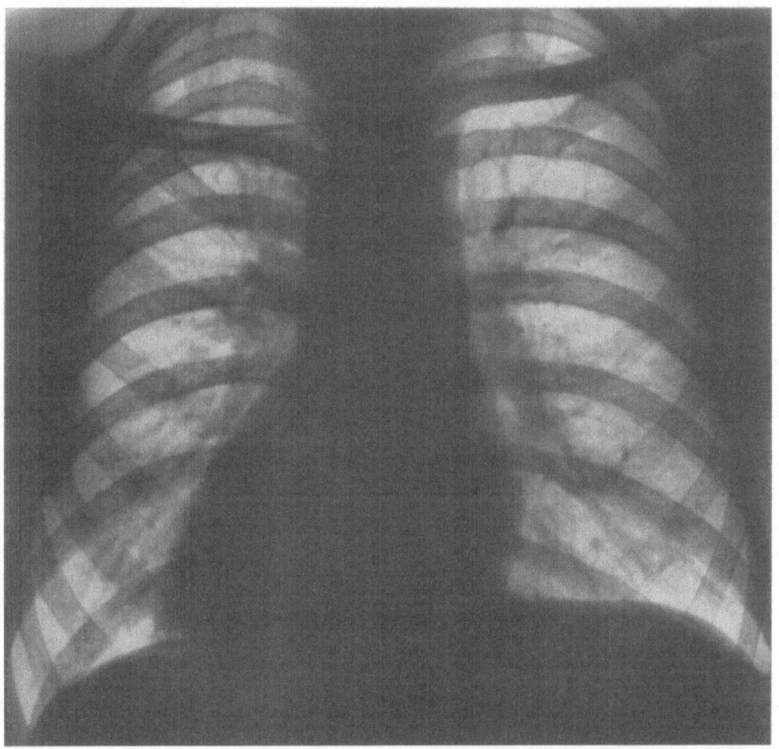

Abb. 301. Spiegelbilddextrokardie mit Situs inversus totalis (ohne sonstige Herzanomalien) bei einem 41 jährigen Patienten (J.Ba.). Leber links, Magenblase rechts

Dem Radiologen ist verständlicherweise die Rechtslage der Magenblase das zunächst wichtigste Symptom für die Beurteilung der Lage der Abdominalorgane. Durch eine Kontrastmitteldarstellung des Magen-Darmtraktes können dieser Befund erhärtet und weitere Aufschlüsse über die Lage der Abdominalorgane gewonnen werden.

Der Aortenbogen liegt in der Regel rechts, ebenso die descendierende thorakale Aorta. Nur vereinzelt ist ein linksgelegener Aortenbogen bei einem Situs inversus beschrieben worden (TAUSSIG 1947).

Die Diagnose einer unkomplizierten Spiegelbilddextrokardie im Rahmen eines Situs inversus totalis oder partialis ist im allgemeinen durch die üblichen klinischen Untersuchungen so eindeutig, daß spezielle Herzuntersuchungen nicht erforderlich sind.

ββ) Spiegelbilddextrokardie, kompliziert durch zusätzliche Anomalien

Zusätzliche Anomalien bei Spiegelbilddextrokardie können kardialer und nichtkardialer Natur sein. Von den nichtkardialen Anomalien ist am häufigsten und bekanntesten die einen Situs inversus begleitende Bronchiektasie mit Alterationen der Nase und ihrer Nebenhöhlen. Diese als Kartagener-Syndrom bekannte Trias wird in 15—25% der Spiegelbilddextrokardien angetroffen (KARTAGENER 1933; ADAMS und CHURCHILL 1937; OLSEN 1943; BURCHELL und PUGH 1952; LOWE und MCKEOWN 1954). Nach KEITH u. Mitarb. (1958) ist diese zusätzliche Anomalie im Kindesalter seltener. Auch andere angeborene Anomalien scheinen bei einem Situs inversus häufiger als sonst vorzukommen. Zu nennen sind besonders Störungen im Darmtrakt, wie z.B. eine Atresie des Duodenums (LOWE und MCKEOWN 1954), multiple intestinale Atresien (KEITH u. Mitarb. 1958), sowie Anomalien der Wirbelsäule (TORGERSEN 1949).

Zusätzliche kardiale Anomalien sind bei der Spiegelbilddextrokardie seltener als bei den übrigen Dextrokardieformen. TORGERSEN (1949) gibt die Häufigkeit begleitender kardialer Fehler mit 3%, COCKAYNE (1938) mit 9%, LOWE und MCKEOWN (1954) mit 5% an.

Nach KEITH u. Mitarb. (1958) handelt es sich bei den komplizierten Spiegelbilddextrokardien in 20% um acyanotische Vitien. In der Gruppe mit cyanotischen Vitien scheinen die komplexen Mißbildungen zu überwiegen, worauf bereits TAUSSIG (1947) hingewiesen hat. Bei mehr als der Hälfte der Patienten liegt ein singulärer Ventrikel vor.

Häufigkeit und Art der begleitenden kardialen Anomalien ist aus der nachstehenden Übersicht von KEITH u. Mitarb. (1958) zu ersehen (Tabelle 13). Die Aufstellung berücksichtigt 20 autoptisch gesicherte Fälle der Literatur, einschließlich neun eigener Beobachtungen der Autoren.

Tabelle 13. *Zusätzliche kardiale Anomalien bei Spiegelbilddextrokardien.*
(Aus GROSSE-BROCKHOFF, LOOGEN, SCHAEDE 1960)

I. Nichtcyanotische Anomalien.

1. Ventrikelseptumdefekt (LOWE u. MCKEOWN, Fall 7, 1954).
2. Transposition von zwei linksseitigen Lungenvenen in den venösen Vorhof (HICKMAN 1869).
3. Vorhofseptumdefekt mit doppeltem Vorhofseptum (KEITH u. Mitarb. 1958).
4. Ventrikel- und Vorhofseptumdefekt mit Transposition von zwei Venen der linken Lunge in den venösen Vorhof (TANNER-CAIN u. CRUMP 1951).

II. Cyanotische Anomalien.

1. Transposition aller Lungenvenen in den Sinus coronarius (KEITH u. MACDONNELL 1921);
2. gemeinsamer Vorhof, offener Ductus arteriosus (SMITH 1930);
3. Truncus arteriosus, atrio-ventricularis communis, Lungenvenentransposition (Lungenveneneinmündung in den „rechten" Vorhof, Einmündung der rechten Vena cava superior in den „linken" Vorhof) (GOLTMAN u. STERN 1939);
4. Tricuspidal- und Pulmonalatresie, (zwei Fälle) (WAITE 1950; KEITH u. Mitarb. 1958);
5. komplette (unkorrigiert), unkomplizierte Transposition der großen Gefäße (KEITH u. Mitarb. 1958);
6. Transposition der großen Gefäße mit Pulmonalstenose und Einmündung der Lungenvenen in den „rechten" Vorhof (KEITH u. Mitarb. 1958);
7. singulärer Ventrikel (neun Fälle);
   - a) mit Transposition der großen Gefäße (sechs Fälle),
     - α) mit Pulmonalstenose oder Atresie (KUGEL 1932; TAUSSIG 1947; SOULIÉ u. Mitarb. 1952; KEITH u. Mitarb. 1958),
     - β) ohne Pulmonalstenose (LINEBACH 1920; KEITH u. Mitarb. 1958);
   - b) ohne Transposition der großen Gefäße (drei Fälle) (KEITH u. Mitarb. 1958),
     - α) mit Pulmonalstenose (ein Fall),
     - β) ohne Pulmonalstenose (zwei Fälle);
   - c) Canalis atrio-ventricularis communis (sechs Fälle), (KUGEL 1932; TAUSSIG 1947; KEITH u. Mitarb. 1958) (vier Fälle);
   - d) Links-Aortenbogen (vier Fälle) (TAUSSIG 1947; SOULIÉ u. Mitarb. 1952; KEITH u. Mitarb. 1958) (zwei Fälle);
   - e) gemeinsamer Vorhof (drei Fälle) (LINEBACH 1920; TAUSSIG 1947; SOULIÉ u. Mitarb. 1952);
   - f) Lungenvenentransposition (fünf Fälle),
     - α) Einmündung der Lungenvenen in die Vena portae (zwei Fälle) (KEITH u. Mitarb. 1958),
     - β) Einmündung der Lungenvenen in die linke Vena cava und mit dieser in den „rechten" Vorhof (SOULIÉ u. Mitarb. 1952),
     - γ) Einmündung der Lebervene in den „linken" Vorhof (KEITH u. Mitarb. 1958),
     - δ) Einmündung der Lungenvenen in den „rechten" Vorhof (KEITH u. Mitarb. 1958);
8. Fallotsche Tetralogie (kein Fall).

Das *klinische Bild* ist in dieser Krankheitsgruppe nicht einheitlich; es wird in erster Linie von der begleitenden Herzanomalie bestimmt.

Das *Elektrokardiogramm* erlaubt mit der oben gemachten Einschränkung eine weitgehend sichere Zuordnung zu den beiden genannten Hauptformen der Dextrokardie. Wie bereits gesagt, ist die negative P-Zacke in Ableitung I für eine Spiegelbilddextrokardie sehr charakteristisch, allerdings nicht pathognomonisch. Um eine zuverlässige Beurteilung von Hypertrophiezeichen der beiden Ventrikel zu erhalten, ist es notwendig, neben den üblichen Ableitungen auch die rechts-thorakalen Ableitungen bis VA 6 zu registrieren (STOERMER 1966). In diesem Zusammenhang kann auch die Vektorkardiographie wichtige Hinweise geben (BILGER u. Mitarb. 1962).

Röntgenbefunde. Die Verlagerung der Hauptmasse des Herzens in die rechte Thoraxhälfte ist auch bei diesen Patienten leicht zu erkennen. Im Gegensatz zur Dextrokardie ohne zusätzliche Herzfehler sind aber Größe und Konfiguration des Herzens verändert; sie werden in erster Linie durch die zusätzlichen Herzanomalien bestimmt.

Aus der Lage der großen Gefäße, der Konfiguration des Gefäßbandes und aus der Lungengefäßzeichnung lassen sich wichtige Hinweise auf die Art des vorliegenden zusätzlichen Herzfehlers gewinnen.

Im allgemeinen kann man aber erst durch **Herzkatheteruntersuchung** und **Angiokardiographie** eine diagnostische Klärung erreichen.

Die *Prognose* der unkomplizierten Dextrokardie ist günstig, die Lebenserwartung ist normal. Bei den komplizierten Formen ist die Prognose abhängig von den begleitenden Herzanomalien und den heute gegebenen Behandlungsmöglichkeiten.

$\gamma\gamma$) *Isolierte Spiegelbilddextrokardie*

Ob es eine isolierte Spiegelbilddextrokardie gibt, ist nicht sicher. Während RÖSLER (1930) ihre Existenz bestreitet, KEITH u. Mitarb. (1958) sie nicht ganz ablehnen, wird sie von SCHMIDT und KORTH (1954) bejaht. Bei strenger Definition ist sie wahrscheinlich auch tatsächlich zu verneinen, in Beziehung zum Situs der Bauchorgane dagegen zu bejahen, denn die zuletzt genannten Autoren fanden in der Literatur zwölf Fälle, die unter der genannten Einschränkung als isolierte unkomplizierte Spiegelbilddextrokardien angesprochen werden können.

In der *klinischen, röntgenologischen* und *elektrokardiographischen* Symptomatologie ergeben sich für die isolierte Spiegelbilddextrokardie keine nennenswerten Abweichungen vom Bild der Spiegelbilddextrokardie mit Situs inversus totalis. Auch hier ist die negative P-Zacke in Ableitung I der Extremitätenableitungen für die Zuordnung zur Gruppe der Spiegelbilddextrokardien ausschlaggebend.

Als Komplikationen kommen die gleichen zusätzlichen Mißbildungen wie beim Situs inversus totalis und partialis in Betracht.

β) *Dextroversion*

Bei dieser Dextrokardieform ist nach KORTH und SCHMIDT (1953) das Herz bei fehlender Vorhofinversion nach rechts gewendet, so daß die arterielle Kammer vorne, die venöse rechts hinten liegt (Abb. 300c). In der französischen und englischen Literatur bezeichnet man diese Lageanomalie des Herzens als „Dextrorotation".

$\alpha\alpha$) *Unkomplizierte Dextroversion*

Die Dextroversion gehört zur Gruppe der isolierten Dextrokardien, d.h. die übrigen Organe liegen im allgemeinen an normaler Stelle.

Bei der Dextroversion werden nach KORTH und SCHMIDT drei Formen unterschieden: die echte, die „larvierte" und die unvollständige Form.

Eine *echte Dextroversion* liegt dann vor, wenn keine Inversion der Kammern und keine Vertauschung der AV-Klappen bestehen. Sind die Kammern invertiert und die AV-Klappen vertauscht, d.h. wenn die Mitralis im venösen und die Tricuspidalis im arteriellen Ventrikel liegen, sprechen KORTH und SCHMIDT von einer *larvierten* Form. Solche Patienten sind (ohne zusätzliche Anomalien des Herzens) nur lebensfähig, wenn gleichzeitig eine Transposition der großen Gefäße vorliegt. Die Autoren sprechen dann von einer „korrigierenden Gefäßtransposition“ (Abb. 302).

Da aber auch die echte Dextroversion mit einer Transposition der großen Gefäße kombiniert sein kann, ist aus der Gefäßtransposition allein noch kein zuverlässiger Rückschluß auf die Lage der anatomisch linken und rechten Kammer möglich.

Ist die Wendung der Kammern weniger stark und behalten Aorta und Pulmonalarterie ihre Verbindung zu den zugehörigen Kammern, so handelt es sich um eine *unvollständige Dextroversion.*

Der Aortenbogen liegt bei der unkomplizierten Dextroversion im allgemeinen links. Nach KEITH u. Mitarb. (1958) scheint die Rechtslage des Aortenbogens vorwiegend in Verbindung mit zusätzlichen Herzanomalien der cyanotischen Krankheitsgruppen vorzukommen.

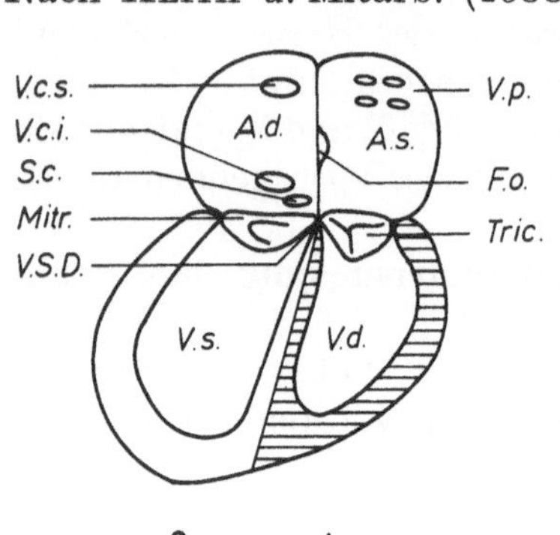

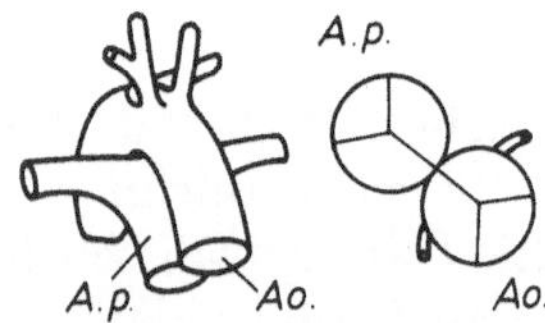

Abb. 302. Schema nach VAN PRAAGH u. a.: Korrigierte Transposition bei Dextrokardie und Situs solitus. Beachte die Stellung der Gefäße. *V.c.s.* Obere Hohlvene; *V.c.i.* untere Hohlvene; *S.c.* Sinus coronarius; *A.d.* rechter Vorhof; *A.s.* linker Vorhof; *V.s.* linker Ventrikel; *V.d.* rechter Ventrikel; *A.p.* Pulmonalarterie; *V.p.* Pulmonalvenen; *Ao.* Aorta; *Mitr.* Mitralostium; *Tric.* Tricuspidalostium; *V.S.D.* Ventrikelseptumdefekt (aus BEUREN 1966)

Die Hohlvenen liegen im allgemeinen an üblicher Stelle rechts der Wirbelsäule. Häufiger als sonst scheint neben der rechten oberen Hohlvene eine Persistenz der linken oberen Hohlvene mit Einmündung in den Sinus coronarius zu sein.

Häufigkeit. Aus den diagnostischen Schwierigkeiten und der unterschiedlichen Terminologie ist es zu erklären, daß in der Literatur keine zuverlässigen Angaben über die Häufigkeit der Dextroversion vorliegen. HEINTZEN (1963) nimmt an, daß die Dextroversion fünfmal so häufig ist, wie die Spiegelbilddextrokardie. Auch SCHMIDT und KORTH (1954) glauben, daß unter den isolierten Dextrokardien die Dextroversionen deutlich überwiegen.

Sie scheinen auch bei Männern häufiger vorzukommen als bei Frauen. Das Verhältnis beträgt nach WHYTE (1910) und nach CULZER-PETRESCO, (1912) 3:1, nach SCHMIDT und KORTH (1954) 2:1.

Ein familiäres Vorkommen der Dextroversion ist selten. Über eine Dextroversion bei Vater und Sohn berichtete DOOLITTLE (1907).

Dextroversionen mit normaler Kreislauffunktion wurden unter anderem von POPE (1882), LOCHTE (1894), HELLMER (1935), BREDT (1936), DAVIS (1938), HOLLDACK (1949), ZDANSKY (1949), BURCHELL und PUGH (1952) sowie von GROSSE-BROCKHOFF, LOOGEN und SCHAEDE (1960) beschrieben.

Pathophysiologie. Bei den isolierten Dextroversio-Formen liegen keine Funktionsstörungen des Herzens vor.

Klinik. Die Rechtslage des Herzens läßt sich im allgemeinen bereits durch Inspektion, Palpation, Perkussion und Auskultation zuverlässig nachweisen. Ergeben weitere Untersuchungen eine normale Lage der Abdominalorgane, so ist die Verdachtsdiagnose einer Dextroversion gegeben.

Besondere Bedeutung hat auch für diese Dextrokardieform das *Elektrokardiogramm.* Da die Vorhöfe nicht invertiert sind, bleibt die P-Zacke in Ableitung I im allgemeinen positiv. Auch die Kammerteile unterscheiden sich wesentlich vom Bild der Spiegelbilddextrokardie. Der Hauptvektor von QRS verhält sich norm- oder steiltypisch. Charakteristisch ist fernerhin, daß die QRS-Potentiale in den links-thorakalen Ableitungen nach links zunehmend kleiner werden.

Röntgenbefunde. Die röntgenologischen Herzbefunde der Dextroversion ohne zusätzliche Herzanomalien sind leicht zu analysieren, wenn man die Lageänderungen der Herzkammern berücksichtigt. Wie bei der Spiegelbilddextrokardie liegt auch hier das Herz mit seiner Hauptmasse in der rechten Thoraxhälfte (Abb. 303). Das Zwerchfell steht rechts meist tiefer als links. Eine eigentliche Herzspitze ist im Sagittalbild im allgemeinen

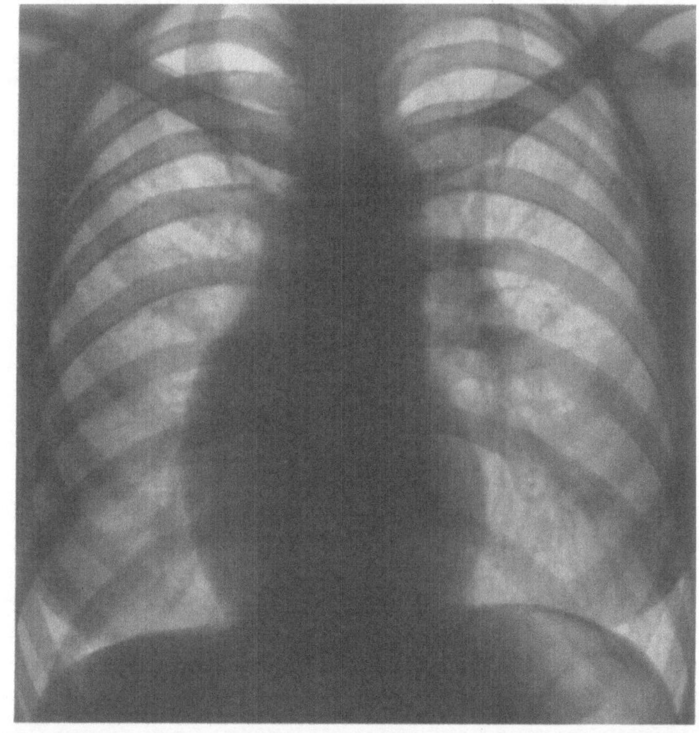

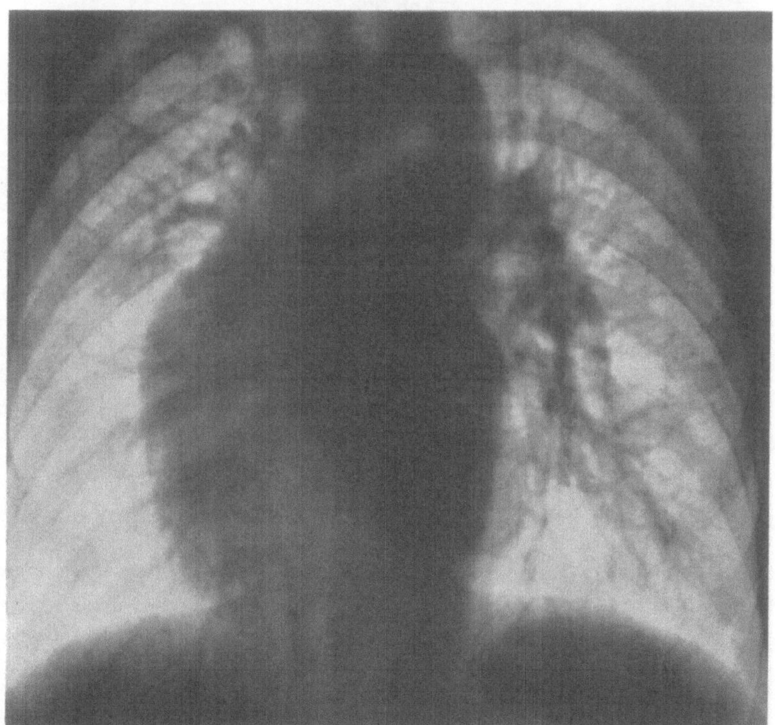

Abb. 303a—d. Dextroversion (unvollständig?) ohne begleitende Herzanomalie bei einer 31jährigen Patientin (H.Th.). a Herzfernaufnahme: Rechtslage der Hauptmasse des Herzens. Linkslage des Aortenbogens. Keine eigentliche Herzspitze zu erkennen. Zwerchfell rechts tiefer als links. Vorhofkammergrenze am linken Herzrand weit caudal. b Sagittales Dextrogramm: Rechter Vorhof und Hauptanteil des rechten Ventrikels rechts vom Wirbelsäulenschatten, wobei der Ventrikel den Vorhof „verdeckt". c Seitliches Dextrogramm: Rechter Ventrikel gegenüber der Norm cranialwärts verlagert. d Sagittales Lävogramm: weitbogiger Verlauf der Aorta. Kontrastmittel-Restfüllung der Pulmonalarterie

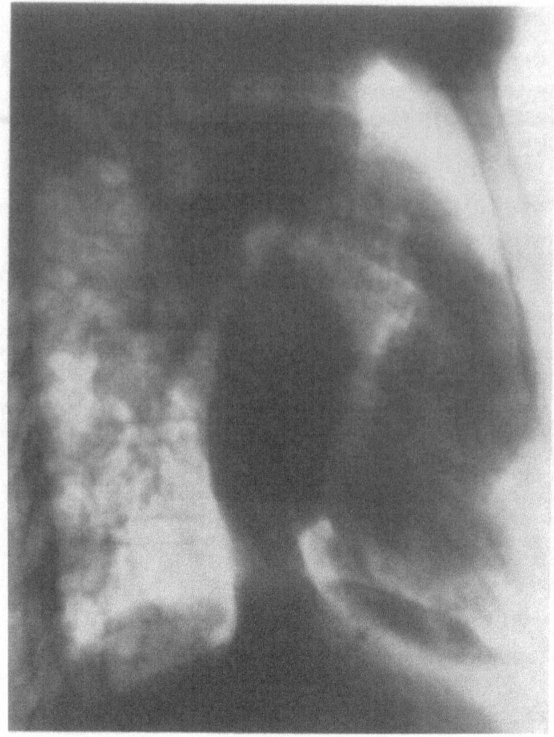

Abb. 303c

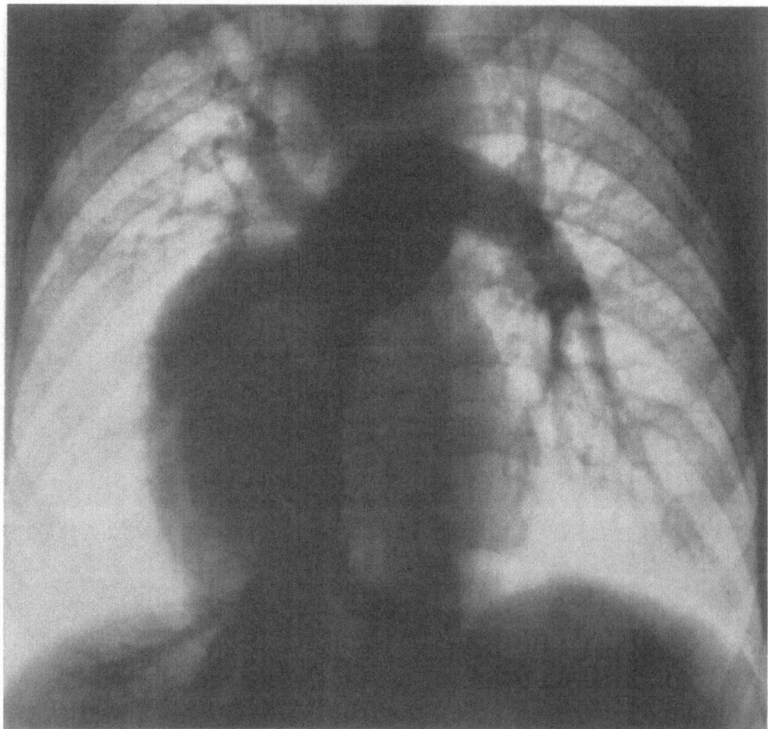

Abb. 303d

nicht zu erkennen. Erst bei Drehung des Patienten in den II. schrägen Durchmesser wird die Herzspitze rechts randbildend. Das Sagittalbild zeigt weiterhin eine relativ hochgelegene Vorhofkammergrenze an der rechten Herzkontur. Unterhalb dieser Grenze

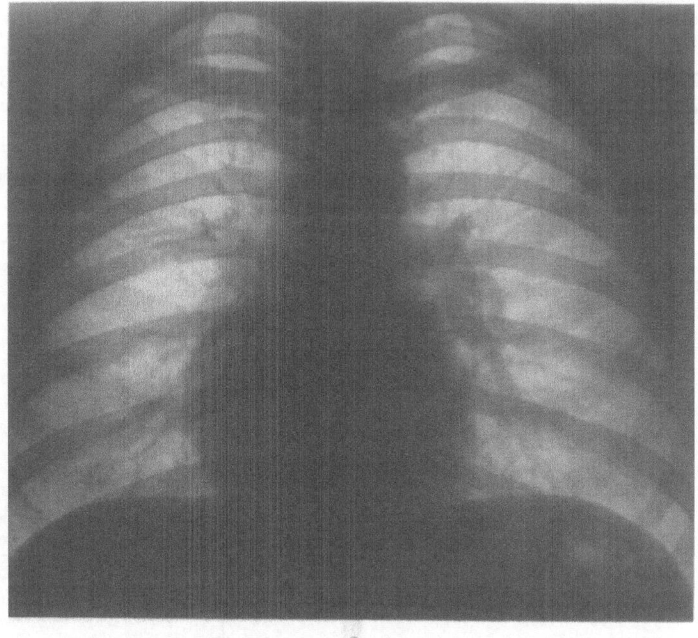

a

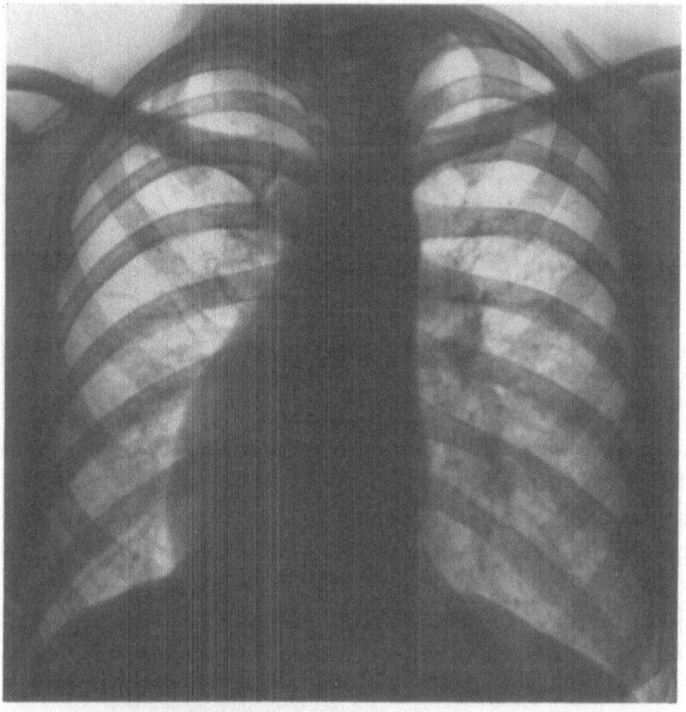

b

Abb. 304a—c. Unterschiede in Größe des Herzens, Lage des Aortenbogens und Lungengefäßzeichnung bei Dextroversion ohne und mit zusätzlichen Anomalien. a Dextroversion ohne zusätzlichen Herzfehler bei einem 20jährigen Patienten (B.KA.): normale Herzgröße. Aortenbogen links. Magenblase links. Normale Lungengefäßzeichnung. b Dextroversion und Pulmonalstenose mit Ventrikelseptumdefekt bei einer 25jährigen Patientin (H.Be.): normale Herzgröße. Linkslage des Aortenbogens. Magenblase links. Reduzierte Lungengefäßzeichnung. c Dextroversion mit großem Ventrikelseptumdefekt bei einem 5jährigen Jungen (V.We.): Stark vergrößertes Herz mit der Hauptmasse rechts im Thorax. Aortenbogen links. Magenblase links. Stark vermehrte Lungengefäßzeichnung

erkennt man im *Kymogramm* Kammerpulsationen, die höher hinaufreichen als gewöhnlich. Am linken Herzrand tritt die Vorhofkammergrenze tiefer. Im Kymogramm reichen die Vorhofpulsationen am linken Herzrand dementsprechend tiefer herab als gewöhnlich, und nur in einem relativ kleinen Abschnitt des unteren linken Herzrandbogens erkennt man Kammerpulsationen.

Der Aortenbogen liegt im allgemeinen links. Die durch ihn bedingte Impression des kontrastmittelgefüllten *Oesophagus* ist auffallend langgestreckt.

Besteht eine Transposition der großen Gefäße, also eine larvierte Form der Dextroversion, so kann das Gefäßband auffällig schmal erscheinen, wenn die Aorta in Deckung

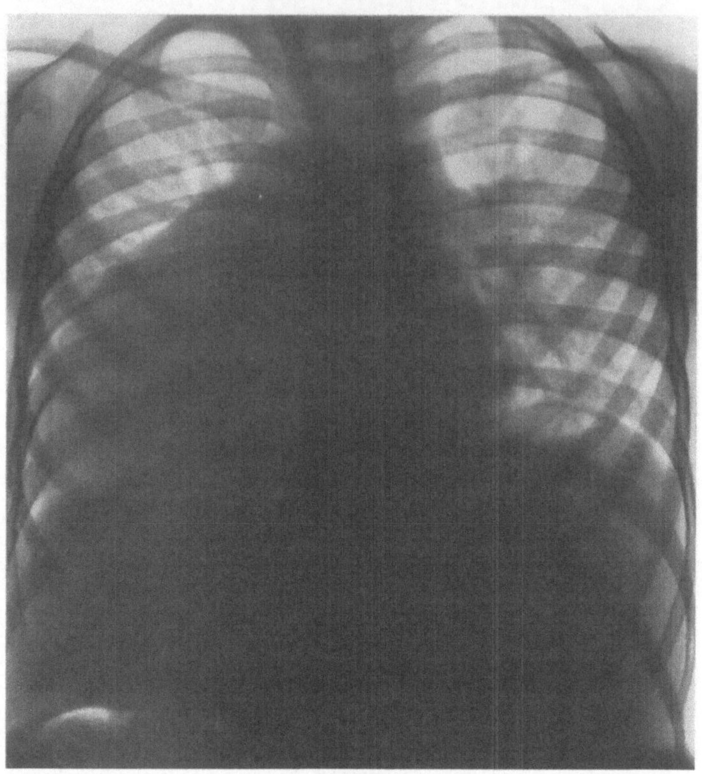

Abb. 304c

mit der Pulmonalarterie liegt. Die vorne liegende Aorta kann am besten bei der Durchleuchtung im I. schrägen Durchmesser erkannt werden.

Bei der unvollständigen Dextroversion sind im Röntgenbild die Zeichen der Rechtswendung des Herzens weniger stark ausgeprägt als bei den übrigen Formen. Hier gibt es fließende Übergänge, so daß es oft eine Ermessensfrage ist, ob man von einer echten oder unvollständigen Dextroversion sprechen soll.

Besser als im Röntgennativbild und bei der Durchleuchtung ist die Lage der Herzkammern und der großen Arterien im **Angiokardiogramm** zu erkennen (Abb. 303b—d).

ββ) Dextroversion, kompliziert durch zusätzliche Anomalien

Wie bei der Spiegelbilddextrokardie werden zusätzliche extrakardiale und kardiale Anomalien angetroffen. An zusätzlichen angeborenen, nicht kardialen Anomalien wurden Milzagenesie, Spina bifida, Tracheostenose, Oesophagusatresie, Hydrocephalus, Knochenanomalien u.a. beschrieben (LICHTMAN 1931; IVEMARK 1955; KEITH u. Mitarb. 1958).

Häufigkeit. Begleitende kardiale Anomalien werden bei Dextroversion häufiger angetroffen als bei der Spiegelbilddextrokardie. LICHTMAN (1931) fand sie in 158 von 161 Fällen, CAMPBELL und

Reynolds (1952) in allen 15 eigenen Beobachtungen von Dextroversionen, Burchell und Pugh (1952) bei 7 von 12, Keith u. Mitarb. (1958) bei 18 von 20 Patienten mit isolierter Dextrokardie. Unter den begleitenden Herzanomalien überwiegen die mit einer Cyanose einhergehenden Formen. Ihre Häufigkeit wird von Keith u. Mitarb. mit 85% angegeben. Nach Grant haben nur 10% der Patienten mit Dextroversion keinen zusätzlichen Herzfehler.

Das *klinische Bild* der mit zusätzlichen Herzanomalien kombinierten Dextroversio-Fälle wird weniger durch die Lageanomalie des Herzens als durch den zusätzlichen Herzfehler bestimmt.

Aus dem *Elektrokardiogramm* lassen sich Hinweise auf eine Hypertrophie der venösen oder arteriellen Kammer gewinnen.

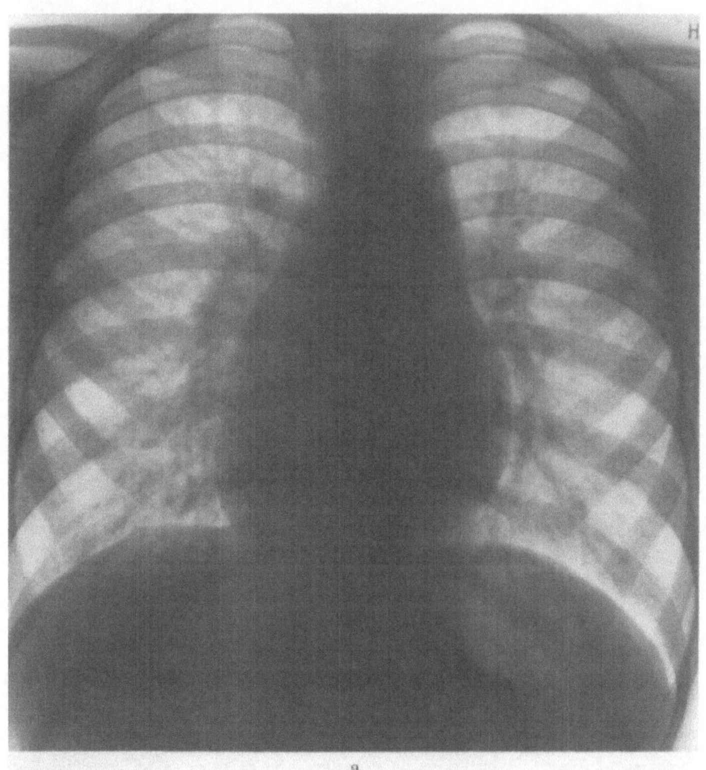

a

Abb. 305a—g. Dextroversion mit Pulmonalstenose, Ventrikelseptumdefekt und Transposition der großen Gefäße bei einem 8jährigen Jungen (E.Ke.). a Herzfernaufnahme: Etwas großes Herz mit der Hauptmasse rechts im Thorax. Verstrichene Herztaille. Aortenbogen links. Magenblase links. Vermehrte Lungengefäßzeichnung. Zwerchfell links etwas tiefer als rechts. b Seitenbild: Retrokardialraum im Bereich des linken Vorhofs etwas eingeengt. c Sagittales Herzkatheterbild. Katheterverlauf: obere Hohlvene → rechter Vorhof → rechte Kammer. Demnach Hohlvenen und rechter Vorhof nicht invertiert. d Sagittales Dextrogramm nach gezielter Angiokardiographie: Rechtslage des rechten Ventrikels. Medianverlagerung des Pulmonalostiums und des Pulmonalarterienstammes. Infundibuläre Pulmonalstenose. Kein Frühlävogramm. e Sagittales Lävogramm: auf- und absteigende Aorta links. Deutliche Kontrastmittelpersistenz in den Lungenarterien. f Seitenbild zu Abb. 305d: Ostium der Pulmonalarterie und Pulmonalarterienstamm hinter der Aorta (vgl. Abb. 305g). Infundibulumstenose. g Seitenbild zu Abb. 305e: Aortenostium und aufsteigende Aorta vor der Pulmonalarterie (vgl. Abb. 305f). Aortenostium höher als normal

Auch die **Röntgenuntersuchung** gibt über den Nachweis der Rechtslage des Herzens bei normalem Situs der Abdominalorgane hinaus gewisse Aufschlüsse über die Art der gleichzeitig bestehenden Herzanomalie durch die Feststellung der Massenverteilung der Herzkammern und durch das Verhalten der Lungengefäßzeichnung (Abb. 304).

Für die Differenzierung der zusätzlichen kardiovasculären Mißbildungen sind aber **Herzkatheteruntersuchung** und **Angiokardiographie** unerläßlich.

Ein Beispiel einer Dextroversion mit zusätzlichen Herzanomalien gibt Abb. 305.

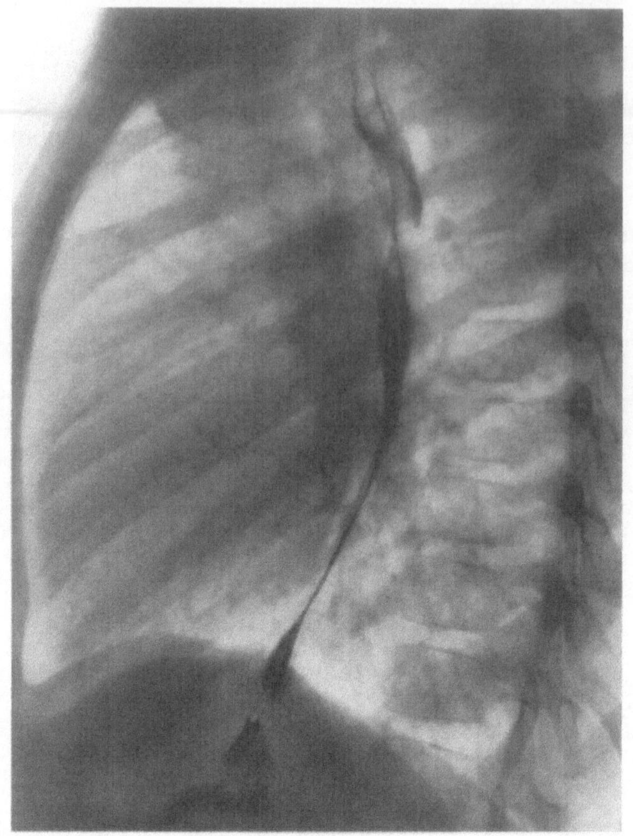

Abb. 305b

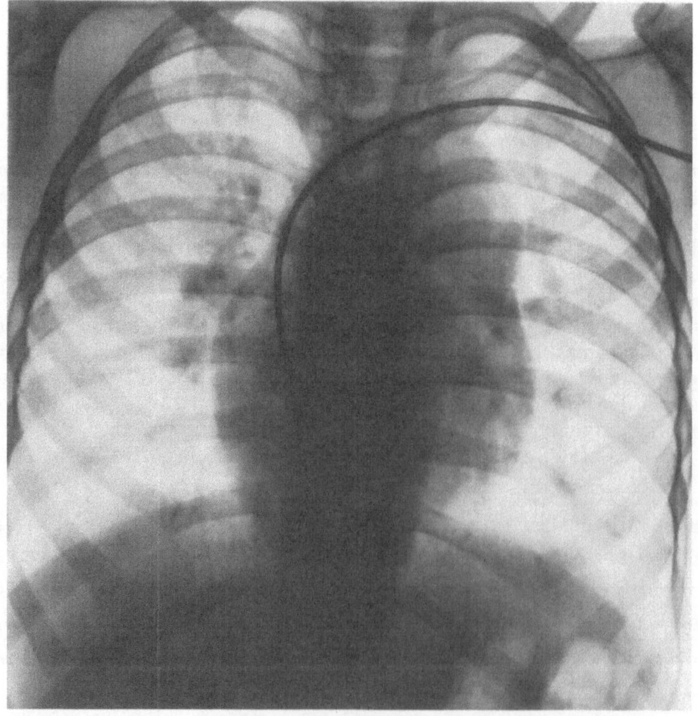

Abb. 305c

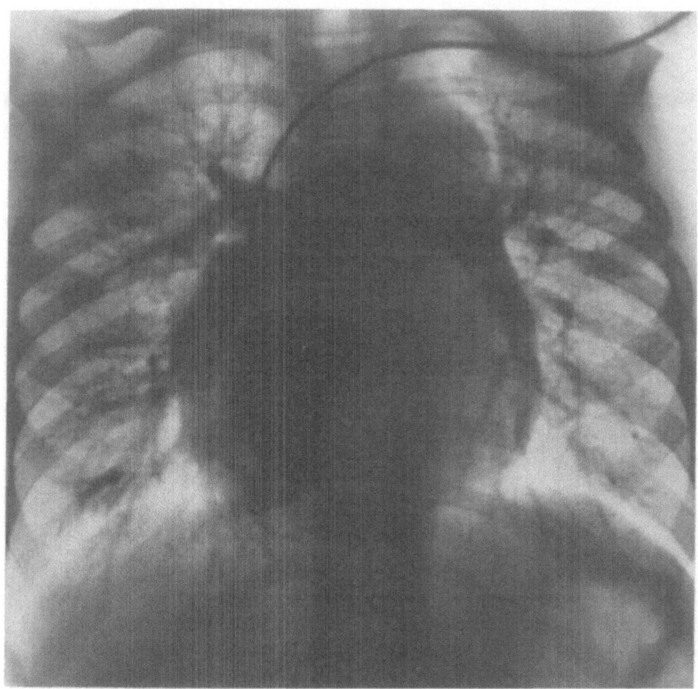

Abb. 305 d

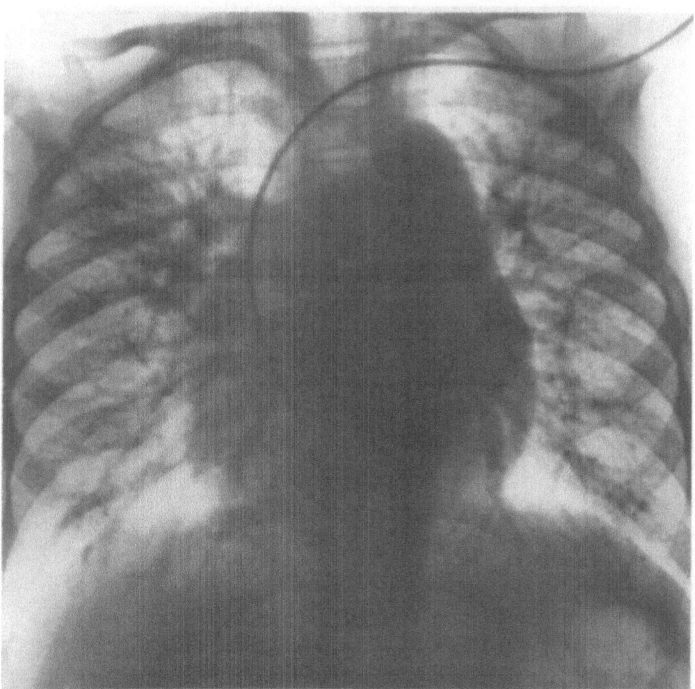

Abb. 305 e

Wie bei der Spiegelbilddextrokardie haben auch die Patienten mit einer unkomplizierten Dextroversion eine normale *Lebenserwartung*. In Kombination mit zusätzlichen Angiokardiopathien ist die Lebenserwartung zum Teil erheblich eingeschränkt, wobei nicht die Lageanomalie an sich, sondern die jeweils bestehende komplizierende Herzanomalie das Schicksal der Patienten bestimmt.

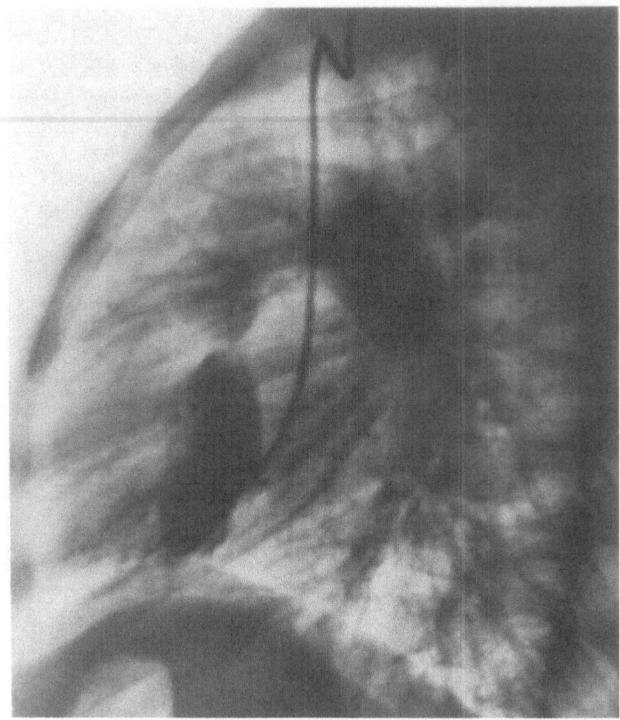

Abb. 305f

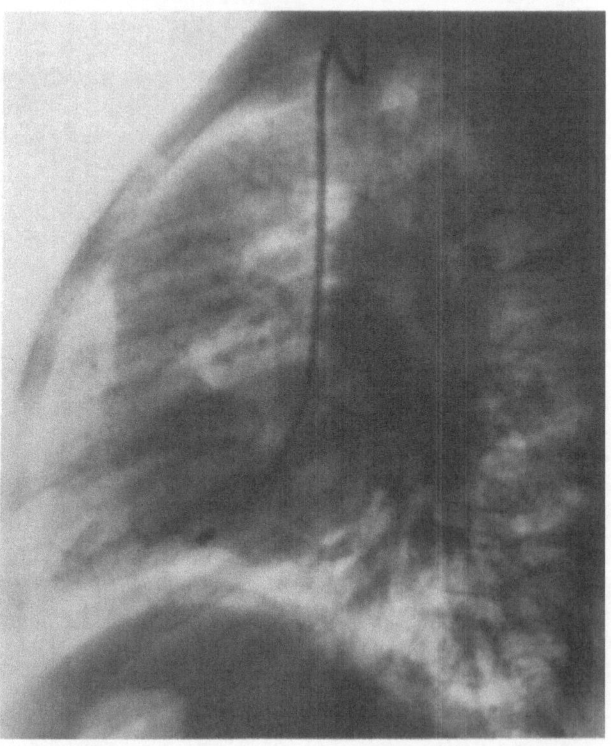

Abb. 305g

b) Mesokardie

Unter Mesokardie versteht man eine Lageanomalie des Herzens, bei der das Herz gewissermaßen eine Mittelstellung zwischen der normalen Lage und der Dextrokardie einnimmt. Einige Autoren sind der Ansicht, daß die Mesokardie die gleichen Merkmale wie die isolierte Dextrokardie habe und daß die Unterschiede zwischen beiden Formen rein quantitativ seien (ROSSI, GROB u. BETTEX 1950; HEIM DE BALSAC, MÉTIANU u. EMAM-ZADE 1954).

Die Herzspitze ist nach vorne oder etwas nach rechts gerichtet. Die arterielle Kammer liegt links bzw. links vorne, die venöse rechts bzw. rechts hinten. Der Aortenbogen liegt im allgemeinen bei den nicht komplizierten Formen links; bei komplizierenden Herzanomalien kommt auch ein Rechtsaortenbogen vor.

Die Mesokardie kann mit einem totalen oder partiellen Situs inversus kombiniert sein. Meist findet sich aber keine Inversion der Abdominalorgane. Bei normaler Lage der Abdominalorgane sind zusätzliche Herzfehlbildungen selten (KEITH u. Mitarb. 1958).

Bei Kombinationen einer Mesokardie mit zusätzlichen angeborenen Kardiopathien ist eine diagnostische Klärung ohne **Herzkatheteruntersuchung** und **Angiokardiographie** im allgemeinen nicht zu erreichen.

c) Lävokardie (mit Situs inversus)

Unter Lävokardie versteht man eine Linkslage des Herzens in Verbindung mit einem totalen oder partiellen Situs inversus der übrigen Organe.

Bei den Lävokardien gibt es in Analogie zur Dextrokardie zwei Hauptgruppen (Abb. 306):

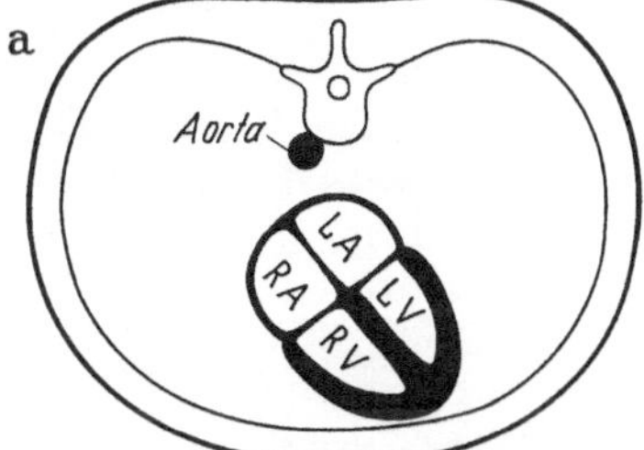

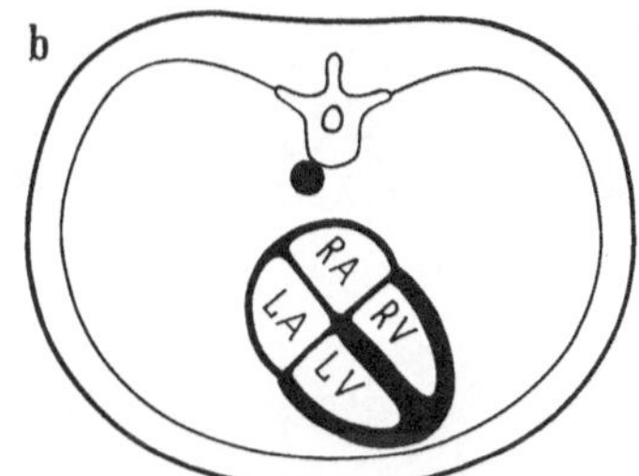

Abb. 306a u. b. Lage der Herzkammern bei Situs inversus mit Lävokardie (aus GROSSE-BROCKHOFF, LOOGEN, SCHAEDE 1960). a Ohne Inversion der Kammern. b Mit Inversion der Kammern

a) Lävokardie ohne Inversion der Vorhöfe und Kammern (Analogon zur Dextroversion, daher auch Lävoversion genannt).

b) Lävokardie mit Inversion der Vorhöfe und Kammern (Analogon zur Spiegelbilddextrokardie), auch Solitus-Lävokardie genannt (KORTH u. SCHMIDT, 1955).

In etwa zwei Drittel aller Fälle ist die Lävokardie mit einem partiellen Situs inversus der übrigen Organe kombiniert, in einem Drittel liegt ein Situs inversus totalis vor. Nach KEITH u. Mitarb. (1958) fehlt eine Vorhofinversion in 67% der Fälle, während in 6% eine sichere Entscheidung über die Lage der Vorhöfe wegen zusätzlicher Anomalien der Einmündung der Venen und des Sinus coronarius sowie wegen der nicht erkennbaren Fossa ovalis nicht möglich ist.

Bei Vorhofinversion bildet die venöse Kammer den linken Herzrand; bei fehlender Inversion liegt sie, wie normalerweise, rechts.

Funktionell normale Herzen sind bei Lävokardie selten. Entsprechende Mitteilungen stammen von HOFFMANN (1887), TOLDT (1889), TANNER-CAINE und CRUMP (1951), MILLAR und GARROW (1953) sowie IVEMARK (1955). Nach KEITH u. Mitarb. (1958) ist anzunehmen, daß in diesen Fällen eine Kammerinversion gefehlt hat.

Der Situs inversus abdominalis hat zur Folge, daß die untere Hohlvene links der Wirbelsäule verläuft und im Falle einer Inversion der Vorhöfe in den links gelegenen venösen Vorhof einmündet. Bei fehlender Inversion muß die untere Hohlvene die Wirbelsäule kreuzen, um den an normaler Stelle liegenden rechten Vorhof zu erreichen. Anomale Venenverläufe werden bei dieser Lageanomalie des Herzens häufig beobachtet (Einmündung der unteren Hohlvene in die obere Hohlvene etc.).

In den meisten Fällen sind die Lävokardien mit zusätzlichen Herzanomalien kombiniert. Zu den häufigsten zählen Ventrikelseptumdefekt (mehr als 90%), Transposition der großen Gefäße (rund 80%), Pulmonalstenose oder -atresie und Canalis atrioventricularis communis (70—80%). Der Aortenbogen liegt bei beiden Lävokardieformen

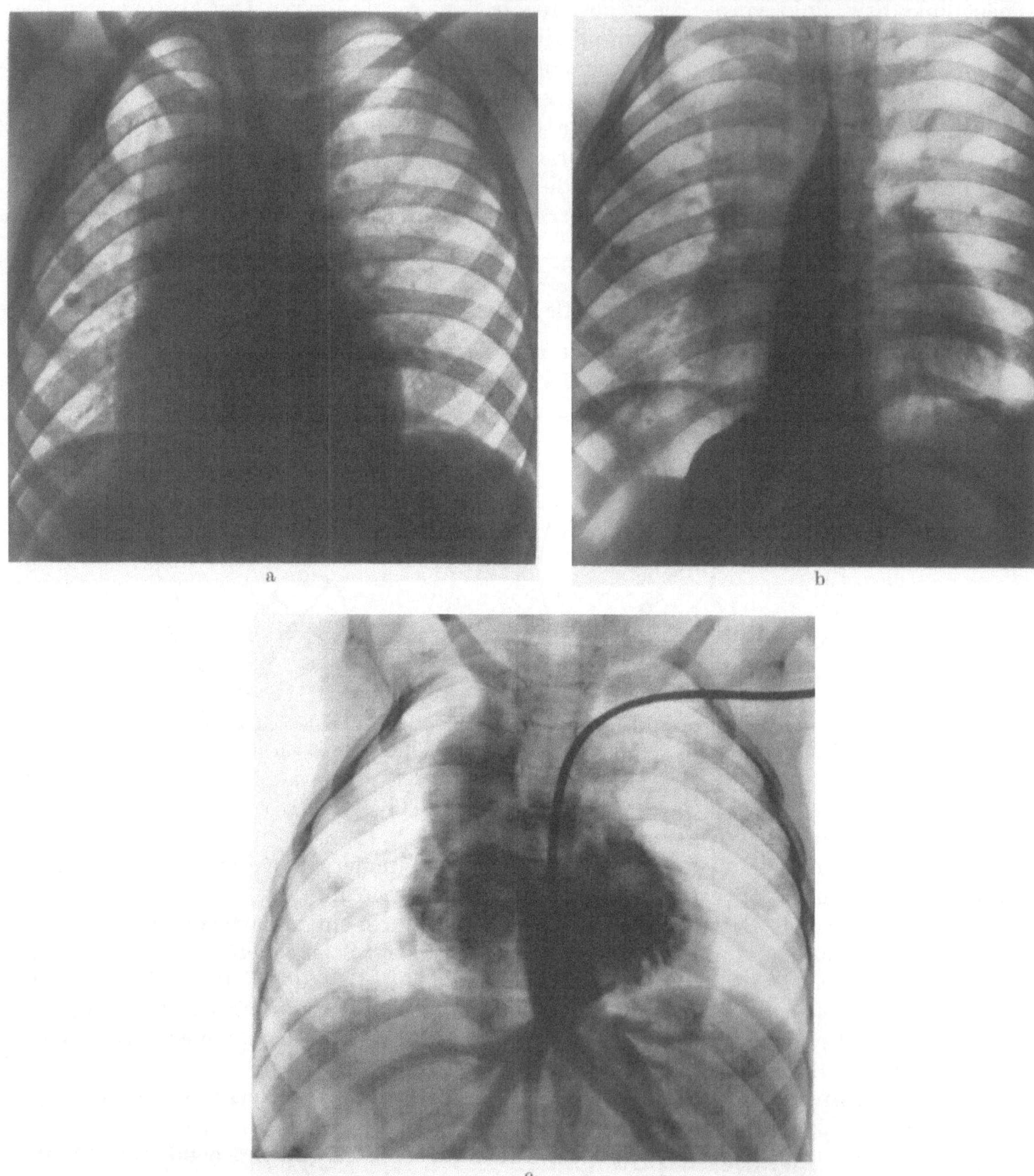

Abb. 307a—e. Lävokardie mit Pulmonalstenose und Ventrikelseptumdefekt sowie Transposition der großen Gefäße bei einem 5jährigen Mädchen (R.Schu.). a Herzfernaufnahme: „Normallage" des Herzens. Rechtslage des Aortenbogens bei breitem Gefäßband. Magenblase rechts. Reduzierte Lungengefäßzeichnung. b Oesophagogramm: Oesophagus nach rechts verlaufend. Magenblase rechts. c Gezielte Angiokardiographie mit Kontrastmittelinjektion in den „rechten" Vorhof. Sagittalbild (Frühphase): venöser Vorhof links, d.h. Inversion der Vorhöfe. Leber links im Abdomen (erkennbar am Rückstau des Kontrastmittels in die Lebervenen). d Spätere Phase des sagittalen Angiokardiogramms: gleichmäßige Kontrastmittelfüllung aller Herzhöhlen (vgl. Abb. 307e). Gleichzeitige Darstellung von Pulmonalarterie und Aorta. Auf- und absteigende Aorta rechts. e Seitenbild zu Abb. 307d: Aorta vorne, Pulmonalarterie hinten (Transposition). Hypoplastische Pulmonalarterie; weite Aorta

meist rechts. Häufig sind Anomalien der Lungenveneneinmündung bei der Lävokardie ohne Kammerinversion (etwa 50 %), selten bei der Lävokardie mit Inversion der Kammern (KEITH u. Mitarb. 1958).

Häufigkeit. KEITH u. Mitarb. (1958) nehmen an, daß die Lävokardie etwa 10mal seltener ist als der Situs inversus mit Spiegelbilddextrokardie. CAMPBELL (1963) ermittelte dagegen folgende Zahlen: Totaler Situs inversus mit Herzanomalien 1:42000, isolierte Dextrokardie 1:17500, Lävokardie 1:22000. Bei den zusätzlichen Herzanomalien handelt es sich in rund 80 % der Fälle um Herzfehler mit Cyanose (CAMPBELL u. FORGÁCS 1953).

Das männliche Geschlecht ist häufiger betroffen als das weibliche (etwa 2:1 nach FONTANA u. EDWARDS 1962).

Klinik. Die physikalischen Untersuchungen sind wenig aufschlußreich. Nur wenn man an die Anomalie denkt, kann man durch den Nachweis des Magens im rechten und der Leberdämpfung im linken Oberbauch Hinweise auf die Lävokardie des Herzens erhalten.

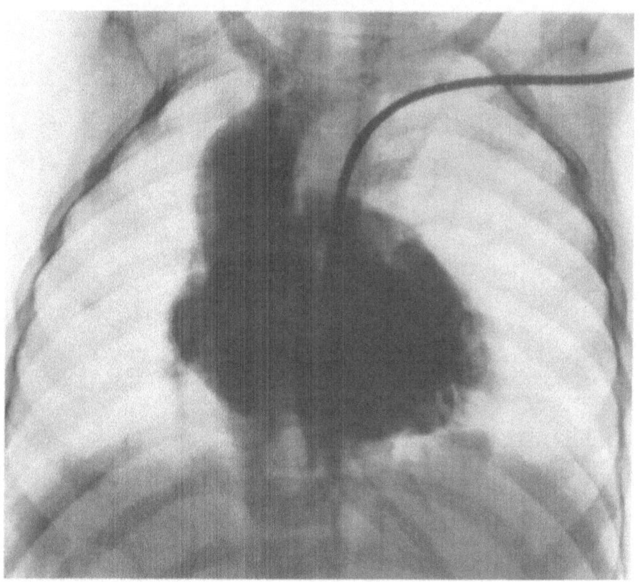

Abb. 307d

Das *Elektrokardiogramm* ist für die Differenzierung der beiden Lävokardieformen nicht so zuverlässig, wie bei den Dextrokardien. Ein negatives P in Ableitung I spricht zwar mit großer Wahrscheinlichkeit für eine Inversion der Vorhöfe; von diesem Verhalten der P-Zacke sind aber zahlreiche Ausnahmen beschrieben worden (CONN u. Mitarb. 1950; MOSCOWITZ u. Mitarb. 1952; CAMPBELL u. FORGÁCS 1953; KEITH u. Mitarb. 1958; BEUREN u. Mitarb. 1963).

Röntgenbefunde. Die Röntgenuntersuchung gibt über die Feststellung einer Lävokardie durch Nachweis der Magenblase im Oberbauch rechts hinaus bis zu einem gewissen Grade Aufschluß über Größenverhältnisse der Kammern, Lage der großen Gefäße und Lungengefäßzeichnung. Ist die Lävokardie mit einem partiellen Situs inversus der Bauchorgane kombiniert, so kann ihre Erkennung äußerst schwierig sein, weil die Lageverhältnisse der Bauchorgane (vor allem der nicht zum Digestionstrakt gehörenden) nur durch spezielle Untersuchungen erfaßt werden können. In solchen Fällen ergibt sich möglicherweise der Verdacht auf das Vorliegen einer Lävokardie überhaupt erst, wenn der von einer Beinvene vorgeschobene Herzkatheter eine links von der Wirbelsäule verlaufende untere Hohlvene anzeigt.

Die durch zusätzliche Herzanomalien bedingten Veränderungen der Größe und Konfiguration des Herzens sind so vielgestaltig, daß sie hier im einzelnen nicht besprochen werden können, zumal dies eine Wiederholung der in den jeweiligen Kapiteln erfolgten

Ausführungen bedeuten würde. Die Diagnostik der mit zusätzlichen Herzanomalien einhergehenden Lävokardien erfordert praktisch immer eine **Herzkatheter- und Kontrastmitteluntersuchung** (Abb. 307).

Die *Prognose* für Patienten mit einer Lävokardie ist in der Mehrzahl der Fälle schlecht. Nach Untersuchungen von KEITH u. Mitarb. (1958) starben von den Patienten mit zusätzlichen Herzanomalien innerhalb des 1. Lebensmonats 30%. Nur 25% wurden älter als 1 Jahr, 6% älter als 5 Jahre. In wenigen Fällen war die Lebensdauer fast normal. Der Patient von TOLDT (1889) wurde 40 Jahre, der von GROSSMANN und MELLER (1928), 50 Jahre alt.

Eine Besserung der Lebenserwartung ist heute für die Fälle mit operablen zusätzlichen Herzanomalien zweifellos möglich. Erfolgsstatistiken darüber fehlen aber noch.

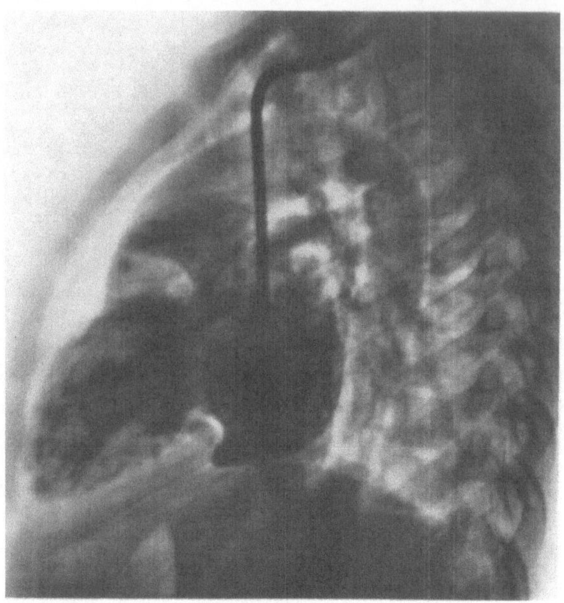

Abb. 307e

33. Herzwanddivertikel

Angeborene Herzwanddivertikel gehören zu den seltenen Mißbildungen des Herzens. ARNOLD gab 1894 eine Übersicht über sechs bis dahin beobachtete Fälle. SKAPINKER fand 1951 in der Literatur, einschließlich einer eigenen Beobachtung, 13, BAILEY (1955) 16 Fälle. Wir konnten 1960 Berichte über 38 Patienten zusammenstellen, darunter einen eigenen Fall (Tabelle 14 und 15).

Hinsichtlich Lage, Form und Entwicklungsgeschichte ist eine Einteilung in vier Gruppen möglich.

1. Zur ersten Gruppe gehören Divertikel, die *unterhalb des Zwerchfells im Epigastrium als pulsierende Vorwölbung* sichtbar werden (Abb. 308). Bis 1960 wurden 23 Berichte über diese Form zusammengestellt (LOOGEN u. RIPPERT 1961).

Die Divertikel gehen im allgemeinen von der linken Kammer aus; selten stehen sie mit beiden Ventrikeln in Verbindung. Meist sind sie wie die Herzwand aufgebaut und enthalten Endo-, Myo- und Epikard. Das Perikard kann im Divertikelbereich vorhanden sein oder fehlen. Anomalien des Zwerchfells oder des Sternums sind dabei möglich. So können der Proc. ensiformis des Brustbeins nicht angelegt sein und das Zwerchfell Defekte aufweisen, durch die das Divertikel hindurchtritt. In der Oberbauchmuskulatur besteht oft eine Dehiscenz, in der das Divertikel pulsiert.

Tabelle 14. *Divertikel mit Durchtritt durch das Zwerchfell*

Nr.	Name des Autors (Jahr)	Alter des Patienten	Geschlecht	Zusätzliche Anomalien	Bemerkungen
1	O'BRYAN (1837)	3 Monate		Proc. ensiformis des Sternum fehlt	
2	THADEN (1868)	5 Monate	♂	Pars sternalis des Sternum fehlt	5,3 cm langes fingerförmiges Divertikel
3	GIBERT (1883)	2 Monate	♀	keine	3,8 cm lang
4	ASCHOFF (1896)			keine	in Verbindung mit beiden Kammern
5	KOLLER-AEBY (1907)	Frühgeborenes 7 Monate	♀	keine	nach 3 Std. gestorben
6	WIETING (1912)	3 Jahre	♂	Verdacht auf weitere Anomalien	operiert mit Reposition des Divertikels
7	ABBOTT (1915)	Foetus	♀	keine Angaben	
8	MAHRBURG (1930)	3 Tage	♂	Ventrikelseptumdefekt, weitere Anomalien	
9	IFFERT (1937)	Neugeborenes	♀	Tricuspidalatresie, Vorhofseptumdefekt, weitere Anomalien	4,5 × 3,5 cm langes Divertikel aus beiden Kammern
10	EINHAUSER (1940)	34 Jahre	♂	keine	systolisches Geräusch. Aufsplitterung von QRS im EKG
11	ROESSLER (1944)	Neugeborenes	♀	andere Anomalien	operiert
12	TAUSSIG (1949)			keine Angaben	Fall Dr. Poradros zit. nach SNELLEN
13	FORMIJNE (1950)	30 Jahre	♀	Tricuspidalatresie, Atrium commune	
14	SKAPINKER (1951)	2 Monate	♀	keine	operiert
15	SNELLEN u. Mitarb. (1952)	2 Monate	♀	großer Ventrikelseptumdefekt	Lageanomalien des Herzens
16	POTTS u. Mitarb. (1953)	9 Jahre	♂	keine	
17	BAILEY (1955)	12 Jahre	♀	keine	2,0 × 1,5 cm langes Divertikel; operiert
18	GROSS (1955)			keine Angaben	zit. nach BAILEY, persönliche Mitteilung
19	PARSONS (1957)	$1^1/_2$ Jahre	♀	Tricuspidalatresie Vorhofseptumdefekt	Lageanomalie des Herzens
20	POWELL (1957)	17 Jahre	♂	keine	
21	GROB (1957)	1 Jahr	♀	Vorhofseptumdefekt	Lageanomalie des Herzens „Mesokardie"
22	GROB (1957)	10 Jahre	♂	keine Angaben	operiert
23	LOOGEN u. RIPPERT (1961)	40 Jahre	♀	keine	Lageanomalie; unvollständige Dextroversion

Berichte über die *klinische* Symptomatik liegen nur vereinzelt vor, weil die Patienten meist früh an einer Ruptur des Divertikels sterben, wenn nicht eine operative Behandlung erfolgt. Ein Patient von POWELL (1957) erreichte das 17. Lebensjahr. Eine unserer Patientinnen ist heute 46 Jahre alt. In beiden Fällen waren Beschwerden nicht oder nur in Form einer mäßigen Belastungsdyspnoe vorhanden. Wesentliche hämodynamische Konsequenzen scheinen sich somit nicht aus der Anomalie zu ergeben. In erster Linie sind sie abhängig von der Weite der Verbindung zur linken Kammer. Bei allen beobachteten Fällen bestanden keine Zeichen einer Herzinsuffizienz.

Bei der Inspektion der Patienten ist die pulsierende Vorwölbung im Oberbauch nicht zu übersehen (Abb. 309). Auskultatorisch findet man meist ein systolisches und gelegentlich auch ein protodiastolisches Geräusch mit p.m. am unteren Sternumende.

Bezüglich des *elektrokardiographischen* Befundes ist eine Beobachtung von POWELL (1957) erwähnenswert, der im Divertikelbereich ein ektopisches Reizbildungszentrum mit

Tabelle 15. *Divertikel ohne Durchtritt durch das Zwerchfell*

Nr.	Name des Autors (Jahr)	Alter des Patienten	Geschlecht	Zusätzliche Anomalien	Bemerkungen
1	QUAIN (1851)	14 Jahre	♂	„Entartung" der Aortenklappen	unterhalb des Aortenbogens; Ruptur
2	SYDOW (1866)	8 Jahre	♀	keine	Stundenglasform des Herzens; Ruptur
3	ARNOLD (1894)	Frühgeburt	♀	Lues connata	von der Herzspitze hakenförmig aufwärts gebogenes Divertikel
4	ABBOTT (1915)	$2^1/_2$ Monate	♀	Lues connata	von der Herzspitze aufwärts gekrümmtes Divertikel
5	DRENNAN und V. D. VIJVER (1928)	6 Jahre	♂	keine	schmales gestieltes Divertikel; Ruptur
6	SWEYER u. Mitarb. (1950)	Neugeborenes	♂	Ductus Botalli	verzweigtes Divertikel mit bulbusförmigem Ende
7	MUSTARD u. Mitarb. (1958)			keine	Divertikel aus dem linken Ventrikel
8	KUSNETZOWSKY (1922)	14 Jahre	♂	keine	rundliches Divertikel an der Spitze
9	VIVAS-SALAS (1948)	7 Jahre	♂	keine	paradoxe Pulsationen. An der Spitze gelegenes rundliches Divertikel
10	HEINTZEN und ROHWEDDER (1957)	6 Jahre	♂	keine	rundliches Divertikel an der Spitze, Thoraxpuls; operiert (Prof. DERRA)
11	ABRIKOSSOFF (1911)	$5^1/_2$ Monate		li. Coronararterie aus der A. pulmonalis	
12	HEITZMANN (1916)	$3^1/_2$ Monate	♀	li. Coronararterie aus der A. pulmonalis	
13	BAYER (1940)	57 Jahre	♀	keine	aus Endokard bestehendes Divertikel des rechten Ventrikels
14	KLEIN (1953)	$11^1/_2$ Monate		keine	aus Endokard bestehendes Divertikel des linken Ventrikels
15	NORMAN und TAYLOR (1940)	12 Jahre	♂	keine	dystopisches Aortengewebe in der Divertikelwand

einer zweiten QRS-Gruppe feststellte. Sonst sind die elektrokardiographischen Befunde uncharakteristisch.

Die *entwicklungsgeschichtliche* Deutung der Anomalie ist unterschiedlich: BREMER (1942) sowie POTTS u. Mitarb. (1953) nehmen eine Entwicklungsstörung im Bereich des Septum transversum an, aus dem normalerweise das basale Perikard, ventrales Diaphragma und vordere Bauchwand entstehen. Durch Zusammenwachsen der primitiven Herzanlage mit dem Septum transversum kommt es bei dessen Tiefertreten zu einer Zugwirkung auf die Herzanlage und so möglicherweise zur Bildung eines Divertikels (Abb. 310). DRENNAN und VAN DER VIJVER (1928) erklären die Divertikelbildung durch eine Ausweitung des Recessus an der Herzspitze, der normalerweise vorhanden ist und durch eine intrakardiale Drucksteigerung während der Embryonalzeit eine Umwandlung zu einem Divertikel erfahren soll (Abb. 311). KUSNETZOWSKY (1922) sowie SWEYER u. Mitarb. (1950) erörtern Sackbildungen, die von den herznahen Venenabschnitten ausgehen.

Relativ häufig findet man gleichzeitig mit der Divertikelbildung Lageanomalien des Herzens (FORMIJNE 1950, SNELLEN u. Mitarb. 1952, GROB 1957, PARSONS 1957 sowie LOOGEN u. RIPPERT 1961). Das gehäufte gemeinsame Auftreten von Divertikel und Lageanomalie des Herzens (Abb. 312a) läßt an eine gemeinsame entwicklungsgeschichtliche Entstehung denken.

Dem **Röntgenbild** kommt bei dieser Divertikelform besondere diagnostische Bedeutung nicht zu, da die pulsierende Vorwölbung im Oberbauch bei der Inspektion bereits sichtbar wird.

Eine **Herzkatheteruntersuchung** ist zum Ausschluß zusätzlicher Herzanomalien angezeigt.

Kontrastmitteldarstellung. Mit Hilfe der Angiokardiographie ist eine Divertikeldarstellung meist möglich. Nach Kontrastmittelpassage des Lungenkreislaufs und des linken Vorhofs erkennt man eine von der linken Kammer nach caudal abgehende

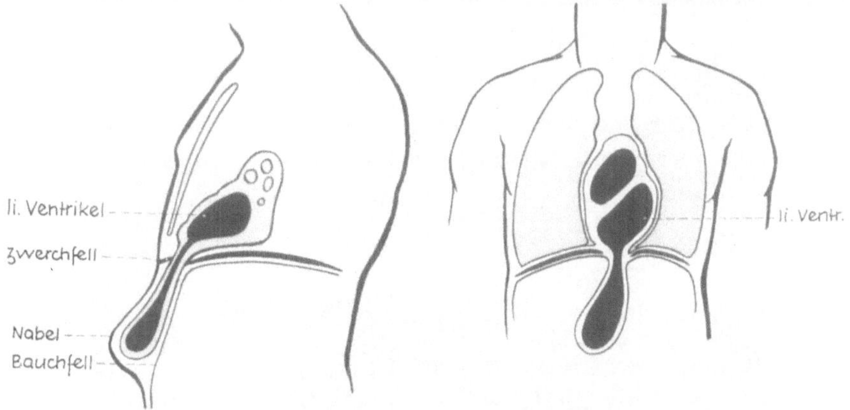

Abb. 308. Anatomische Verhältnisse bei in den Bauchraum verlagertem und mit der linken Kammer in Verbindung stehendem Divertikel (nach SKAPINKER 1951)

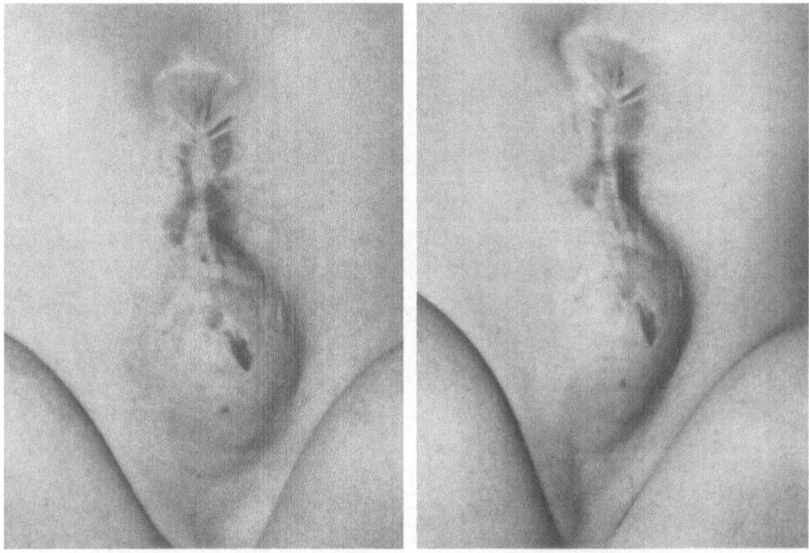

Abb. 309. Herzwanddivertikel in Form einer faustgroßen Vorwölbung im Bereich des Epigastriums sichtbar [40jährige Patientin (A.Si.)]

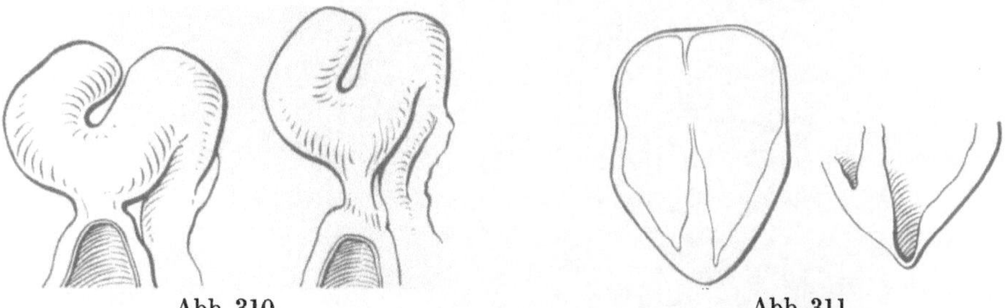

Abb. 310 Abb. 311

Abb. 310. Nach BREMER (1942) sowie POTTS u. Mitarb. (1953) wird die Entstehung des Divertikels durch Zusammenwachsen des primitiven Herzohrs mit dem Septum transversum in einer frühembryonalen Periode erklärt. Bei Tiefertreten des Septum transversum kommt es zu einer Zugwirkung auf die Herzanlage, die die Divertikelbildung im Gefolge hat (Skizze nach BAILEY 1959)

Abb. 311. DRENNAN und VAN DER VIJVER (1928) erklären die Divertikelbildung durch eine Ausweitung des Recessus apicis (Skizze nach BAILEY 1959)

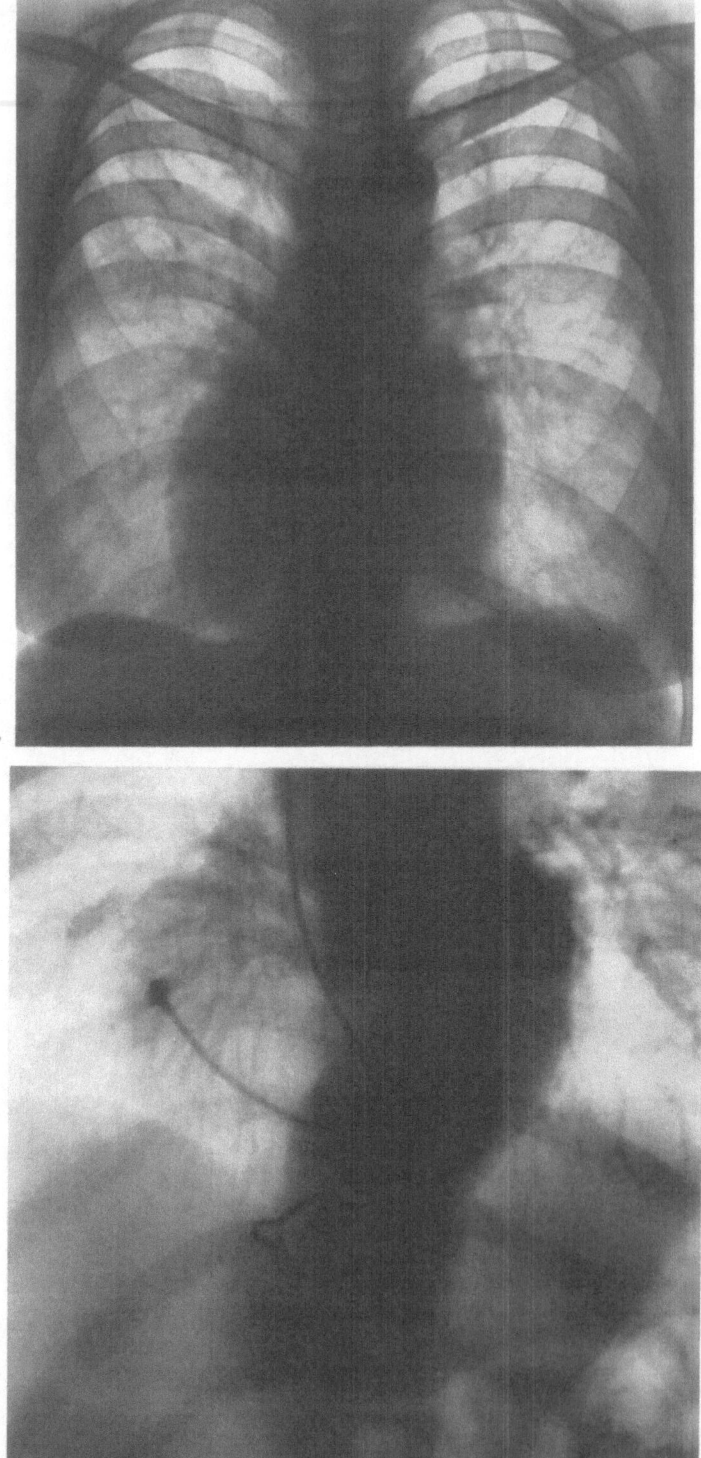

Abb. 312a u. b. Herzwanddivertikel bei Dextroversio cordis [40jährige Patientin (A.Si.), gleiche Patientin wie Abb. 309]. a Herzfernaufnahme: Hauptmasse des Herzens rechts im Thorax. Aortenbogen links. Zwerchfell rechts etwas tiefer als links. b Lävogramm nach gezielter Kontrastmittelinjektion in den rechten Ventrikel: vom linken Ventrikel breite Kontrastmittelstraße bis unterhalb des Zwerchfells. Kontrastmittelfüllung des im Epigastrium liegenden Divertikels. Der obere Anteil des Divertikels ist durch einen Bleidrahtring markiert

Kontrastmittelstraße sowie eine flächenhafte Verschattung an ihrem Ende, die dem Divertikel entspricht (Abb. 312b und 313).

Skapinker (1951) sowie Potts u. Mitarb. (1953) erreichten eine besonders gute Darstellung durch Kontrastmittelinjektion in das Divertikel nach seiner Punktion.

Wird durch eine intravenöse Angiokardiographie eine für therapeutische Konsequenzen ausreichende Darstellung nicht erzielt, so erscheint eine gezielte Kontrastmittelinjektion in den linken Ventrikel nach transseptaler Punktion angezeigt. Allerdings kann das transseptale Vorgehen wegen der oft vorhandenen Lageanomalie des Herzens sehr schwierig sein.

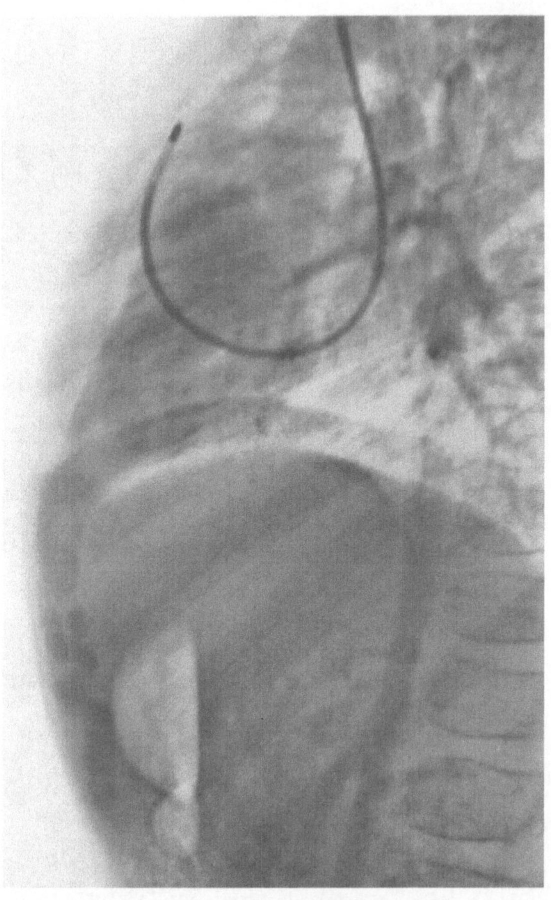

Abb. 313. Herzwanddivertikel mit Dextroversio bei einem 6jährigen Jungen (R.Pa.). Lävogramm nach gezielter Kontrastmittelinjektion in die Pulmonalarterie (diastolische Phase): Daumenbreite Kontrastmittelstraße von der Herzspitze nach Durchtritt durch das Zwerchfell unmittelbar an der Innenseite der Bauchwand etwa bis zur Nabelhöhe. (In der systolischen Phase Entleerung des Divertikels)

2. Zur zweiten Gruppe gehören Divertikel, die *oberhalb des Zwerchfells* verbleiben. Sie gehen von der Herzspitze oder Herzbasis unterhalb der Aorta ab, sind meist haken- oder fingerförmig gekrümmt und z.T. nach oben abgebogen (Arnold 1894, Drennan und van der Vijver 1928, Abbott 1915). Im Fall von Sweyer u. Mitarb. (1950) fand sich ein verzweigtes Divertikel. Alle derartigen Divertikel lassen auf Grund ihrer Form keinen Zweifel, daß sie ihre Entstehung einer entwicklungsgeschichtlichen Fehlbildung verdanken.

Diese Voraussetzung ist bei anderen Fällen nicht ohne weiteres gegeben. Hierbei handelt es sich um kugelförmige Divertikel mit Lokalisation an der Herzspitze und Verbindung zur linken Kammer (Kusnetzowsky 1922, Vivas-Salas 1948, Heintzen u. Rohwedder 1957).

Hinsichtlich der *Entwicklungsgeschichte* werden neben den bereits für die erste Gruppe angeführten Gesichtspunkten nach KUSNETZOWSKY (1922) frühzeitig durchgemachte infektiös-toxische Prozesse mit Thrombose oder Embolie für die Entstehung dieser Divertikelform verantwortlich gemacht.

Bei den zur zweiten Gruppe gehörenden Divertikeln besteht ebenfalls erhebliche Gefahr einer Ruptur.

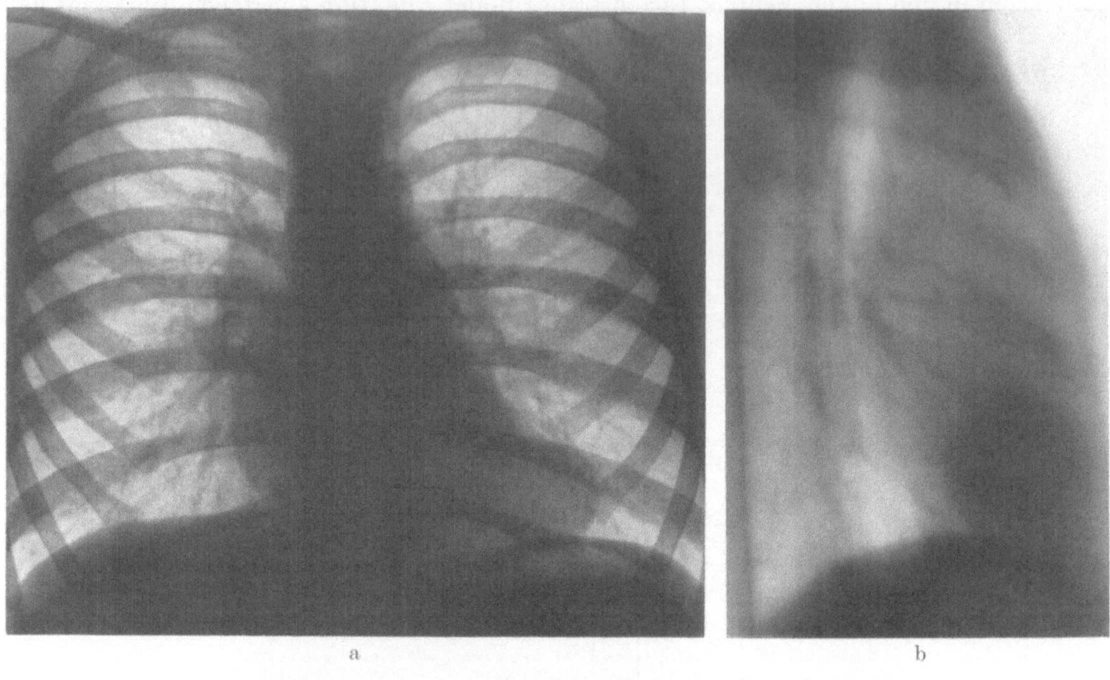

a b

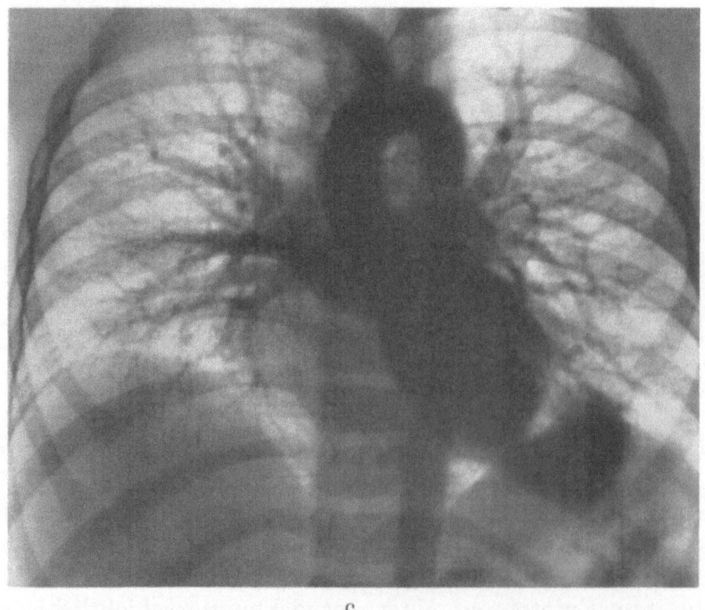

c

Abb. 314a—c. Herzwanddivertikel bei einem 6jährigen Jungen (W.Bu.) (Beobachtung von HEINTZEN und ROHWEDDER, 1957). a Herzfernaufnahme: Divertikel als kleinapfelgroße rundliche Verschattung der Herzspitze aufgelagert. b Seitliches Schichtbild: Divertikel als rundliche Verschattung vorne im Herzzwerchfellwinkel. c Angiokardiogramm: Im Lävogramm Kontrastmitteldarstellung des linken Vorhofs, der linken Kammer, der Aorta und des neben der Herzspitze gelegenen Divertikels

Klinik. Die Patienten sind beschwerdefrei sowie körperlich und geistig normal entwickelt. Im Bereich der vorderen Thoraxwand können deutliche Pulsationen sichtbar werden (HEINTZEN u. ROHWEDDER 1957). Auskultatorisch hört man ein systolisches Geräusch an der Herzspitze.

Das *Elektrokardiogramm* ist uncharakteristisch. Störungen der Erregungsrückbildung werden beobachtet (VIVAS-SALAS 1948, HEINTZEN u. ROHWEDDER 1957).

Im Gegensatz zur ersten Gruppe ist für die Diagnose der oberhalb des Zwerchfells verbleibenden Herzdivertikel die **Röntgenuntersuchung** entscheidend. Die Divertikel erscheinen als umschriebene, rundliche Vorwölbungen an der Herzkontur, meist im Bereich der Herzspitze (Abb. 314). Bei der Durchleuchtung oder im *Kymogramm* können systolische Lateralbewegungen sichtbar werden. Die Abgrenzung der Divertikel von Perikardcysten oder Herztumoren ist dabei u.U. nur mit Hilfe einer Kontrastmitteldarstellung möglich.

Die **Kontrastmitteldarstellung** erfolgt zweckmäßigerweise zunächst gezielt, wobei der Herzkatheter in die Ausflußbahn der rechten Kammer oder bis in die Pulmonalarterie vorgeschoben wird, falls die Divertikel mit der linken Kammer in Verbindung stehen, was für die überwiegende Mehrzahl der Fälle zutrifft. Zum Zeitpunkt des Lävogramms kommt es dann zu einer Kontrastmitteldarstellung des Divertikels. Aber auch eine ungezielte Angiokardiographie kann — namentlich bei Kindern — eine gute Darstellung des Divertikels ergeben (Abb. 314c).

Auf die ungünstige *Prognose* der Anomalie wurde bereits hingewiesen. Ein großer Teil der bisher beobachteten Patienten starb an einer Ruptur des Divertikels.

Die *operative* Abtragung des Divertikels ist daher die Therapie der Wahl. Berichte über erfolgreich durchgeführte Operationen dieser Art liegen vor (ROESSLER 1944, SKAPINKER 1951, POTTS u. Mitarb. 1953, MUSTARD u. Mitarb. 1958 sowie DERRA u. LOOGEN 1959).

3. ABRIKOSSOFF beschrieb 1911 einen Fall, bei dem ein Divertikel im Bereich der Herzspitze zusammen mit einer aus der A. pulmonalis entspringenden linken Coronararterie bestand. BLAND u. Mitarb. sahen 1933 zwei weitere Fälle dieser Art. Die Autoren nehmen an, daß solche Divertikel auf einer Ernährungsstörung des Herzmuskels infolge des Ursprungs der linken Coronararterie aus der A. pulmonalis beruhen.

4. Als letzte Gruppe seien noch einige Fälle erwähnt, die bezüglich des Aufbaues der Divertikelwand Besonderheiten aufweisen. Hierher gehören die Beobachtung von NORMAN u. TAYLOR (1940), die dystopisches Aortengewebe im Divertikelbereich feststellten, und ferner z.B. ein Fall von BAYER (1940), bei dem das Divertikel nur aus Endokard bestand. Seine Entstehung wird als Cystenbildung erklärt.

Literatur

1. Anomalien des Aortenbogens

ABALLI, A. J., et R. PEREIRAS: Compréssion traqueo-esophagica par arco aortico doble. Arch. Med. infant. **21**, 169—186 (1953).

ABBOTT, F. C.: (a) Specimen of right aortic arch. (b) Specimen of left aortic arch with abnormal arrangement of the branches. (c) Specimen of pulmonary valve with 4 segments. J. Anat. Physiol. (Proc. Anat. Soc. Great Britain and Ireland, Febr. 1892) **26**, 13—15 (1892).

ABBOTT, M. E.: Right aortic arch. In: Osler and McCrae, Modern medicine, ed. 3, vol. **4**, p. 790. Philadelphia: Léa & Febiger 1927.

— Congenital heart disease. Nelson's Loose-Leaf Medicine, vol. 4, p. 155. New York: Thomas Nelson & Sons 1932.

— Atlas of congenital cardiac disease. Amer. Heart Ass. N. Y. **1936**, 12, 16 u. 17.

D'ABREU, A. L., R. ASTLEY, and A. PARKES: Double aortic arch treated surgically. Brit. J. Surg. **40**, 70—72 (1952).

ADACHI, B.: Das Arteriensystem der Japaner, S. 29—41. Kyoto 1928.

ALBRACHT: Zit. bei H. ASSMANN, Klinische Röntgendiagnostik der inneren Erkrankungen, S. 103. Leipzig: F. C. W. Vogel 1924.

ANNAN, I. L.: Case of an abnormal sinuous aorta. J. Anat. Physiol. **44**, 241—243 (1910).

ANSON, J. A.: The anomalous right subclavian artery. Surg. Gynec. Obstet. **62**, 708—711 (1936).

ARENDT, I., and A. WOLF: The vallecular sign. Its diagnosis and clinical significance. Amer. J. Roentgenol. **57**, 435—445 (1947).

ARKIN, A.: Totale Persistenz des rechten Aortenbogens im Röntgenbild. Wien. Arch. inn. Med. **12**, 385—416 (1926).

ARKIN, A.: Double aortic arch with total persistence of the right and isthmus stenosis of the left arch: a new clinical and x-ray picture. Amer. Heart. J. **11**, 444—474 (1936).

ASSMANN, H.: Klinische Röntgendiagnostik der inneren Erkrankungen, S. 103—107. Leipzig: F. C. W. Vogel 1924.

AUTENRIETH, H.F., u. J.F. PFLEIDERER: Diss. inaug. De Dysphagia lusoria. Tübingen 1806 u. Reils Arch. Physiol. **7**, 145.

— — In: ZENKER u. v. ZIEMSSEN, Die Krankheiten des Oesophagus. Handbuch der speziellen Pathologie und Therapie, Bd. VII, 1. Hälfte, S. 22—25. Leipzig: Vogel 1877.

BAER, K. E. v.: Entwicklungsgeschichte der Tiere. Teil I. Königsberg 1828.

BAHNSON, H. T., and A. BLALOCK: Aortic vascular rings encountered in the surgical treatment of congenital pulmonic stenosis. Ann. Surg. **131**, 356—362 (1950).

BALSAC, R. H.: In: DONZELOT, D'ALLAINES, Traites des cardiopathies congenitales, p. 249—275. Paris: Masson & Cie. 1954.

BARGER, J. D., E. H. BREGMAN, and J. E. EDWARDS: Bilateral ductus arteriosus with right aortic arch and right sided descending aorta. Amer. J. Roentgenol. **76**, 758—761 (1956).

— R.W. CREASMAN, and J. E. EDWARDS: Bilateral ductus arteriosus associated with interruption of aortic arch. Amer. J. clin. Path. **24**, 441—444 (1954).

BAUMANN, J.: Un cas de duplicité de l'aorte. Ann. Anat. path. **7**, 738—740 (1930).

BAYER, O., u. F. LOOGEN: Das Röntgenbild der angeborenen Mißbildungen des Herzens und der großen Gefäße. Arch. Kreisl.-Forsch. **17**, 350—373 (1951).

BAYFORD, D.: Singular case of obstructed deglutition. Mem. Med. Soc. Lond. **2**, 275—286 (1794).

BEAU, A.: Les anomalies de la crosse aortique. Étude critique à propos d'une observation personnelle. Rev. méd. Nancy **1943**, 107—117.

BEDFORD, D. E., and J. PARKINSON: Right sided aortic arch (situs inversus arcus aortae). Brit. J. Radiol. **9**, 776—798 (1936).

BELOU, P., y A. BOTTINI: Presentacion de una disposicion anomala de arteria subclavia. Rev. Asoc. med. argent. **51**, 113—114 (1937).

BIEDERMANN, F.: Der rechtsseitige Aortenbogen im Röntgenbild. Fortschr. Röntgenstr. **43**, 168—187 (1931).

BIGO, A., et R. DALL ACQUA: L'arteria lusoria. Radiol. med. (Milano) **45**, 234—249 (1959).

BISHOFF, H. W., F. R. LEYVA, and E. C. RICE: Anomalous origins of right common carotid and right and left subclavian arteries associated with Eisenmenger's complex. J. Pediat. **34**, 478—481 (1949).

BLACKFORD, L. M., T. F. DAVENPORT, and R. H. BAYLEY: Right aortic arch. Amer. J. Dis. Child. **44**, 823—844 (1932).

BLAKE, A. I.: Obstruction of the oesophagus. ancet **1926 I**, 542—544.

BLALOCK, A.: Surgical procedures employed and anatomical variations encountered in the treatment of congenital pulmonic stenosis. Surg. Gynec. Obstet. **87**, 385—409 (1948).

BLINCOE, H., M. I. LOWANCE, and I. VENABLE: A double aortic arch in man. Anat. Rec. **66**, 505—517 (1936).

BONTE, G., H. CHEVAT, L. FOURNIER et J. CARON: Anomalie des vaisseaux de la crosse aortique. Demonstration pour aortographie rétrograde à partir de la fémorale. J. Radiol. Électrol. **39**, 453—458 (1958).

BREAN, H. P., and E. B. D. NEUHAUSER: Syndrome of aberrant right subclavian artery with patent ductus arteriosus. Amer. J. Roentgenol. **58**, 708—716 (1947).

BRENNER, A.: Über das Verhältnis des N. laryng. inf. vagi zu einigen Aortenvarietäten und zu dem Aortensystem der durch Lungen atmenden Wirbeltiere überhaupt. Arch. Anat. Entwickl.-Gesch. (Lpz.) **1883**, 373—396.

BRIGHAM, R. O.: A right aortic arch. Ohio St. med. J. **18**, 484—486 (1922).

BROMBART, M., M. SEGERS et E. CHAIDRON: La crosse aortique double. J. belge Radiol. **35**, 457—474 (1952).

BRUNETTI, L.: Aorta alta destra e disfagia lusoria. Riv. Radiol. Fis. Med. **5**, 76 (1931).

BRUWER, A. J.: Kinking of the aortic arch simulating mediastinal tumour. Brit. J. Radiol. **30**, 387—390 (1957).

BUGDEN, W. F.: Surgical correction of a double aortic arch. J. thorac. Surg. **20**, 928—932 (1950).

BULL, J. W. D., R. S. C. COUCH, D. JOYCE, J. MARSHALL, D. G. POTTS, and D. A. SHAW: Observer variation in cerebral angiography: an assessment of the value of minor angiographic changes in the radiological diagnosis of cerebrovascular disease. Brit. J. Radiol. **33**, 165—170 (1960).

CAIRNEY, I.: The anomalous right subclavian artery considered in the light of recent findings in arterial development; with a note on two cases of an unusual relation of the innominate artery to the trachea. J. Anat. Physiol. **59**, 265—296 (1925).

CARSON, M. J., and I. GOODFRIEND: Constricting vascular rings; report of two cases with recurrent respiratory infections. J. Pediat. **34**, 155—165 (1949).

CHIARIOTTI, F., e C. PICCHIO: Anomalie congenite dei grandi vasi del mediastino (studio radiologico di sette casi personali). Radiol. med. (Torino) **42**, 321—344 (1956).

COBEY, I. F.: An anomalous right subclavian artery. Anat. Rec. **8**, 15—19 (1914).

CONGDON, E. D.: Transformation of the aortic-arch system during the development of the human embryo. Contr. Embryol. No 68 (Carnegie Inst. Wash., Publ. No. 277) 47—110 (1922).

CONRADS, B.: Über die durch gesunde oder krankhaft veränderte Nachbarorgane bedingten Eindellungen der Speiseröhre und ihr Nachweis im Röntgenbild. Röntgenpraxis **9**, 750—763 (1937).

COPLEMAN, M. B.: Anomalous right subclavian artery. Amer. J. Roentgenol. **54**, 270—275 (1945).

CORONE, P., J. NOUAILLE, O. SCHWEISGUTH, I. MATHEY et I. P. BINET: Les anomalies des arcs aortiques chez le nourrisson (2 cas opérés). Arch. franç. Pédiatr. **12**, 830—842 (1955).

COULSON, W.: Zit. nach BEDFORD u. PARKINSON 1939, Trans. path. Soc. Lond. **3**, 302 (1857).

COWIE, TH., MC KELLAR, MC LEAN, and G. SMITH: Unilateral congenital absence of the external iliac and femoral arteries. Brit. J. Radiol. **33**, 520—522 (1960).

CRYSTAL, D. K., H. W. EDMONDS, and P. F. BETZOLD: Symmetrical double aortic arch; report of a case. West J. Surg. **55**, 389—392 (1947).

CURNOW, J.: Double aortic arch enclosing trachea and esophagus. Fr. path. Soc. Lond. **26**, 33—37 (1875).

DAHM, M.: Zur Eindellung der Speiseröhre bei links entspringender A. subclavia dextra. Fortschr. Röntgenstr. **62**, 108—114 (1940).

—, u. W. REUTHER: Die Bewegungserscheinungen im Bereich der veränderten Lagebeziehungen von Aorta und Speiseröhre bei der hohen Rechtslage. Fortschr. Röntgenstr. **58**, 214—223 (1938).

DALTON, A., and W. F. ALEXANDER: Anomalous right subclavian artery originating from the descending aorta. Anat. Rec. **97**, 328—329 (1947).

DESAI, M. G.: Widened and kinked descending part of the thoracic aorta simulating intrathoracic tumour. Brit. J. Radiol. **30**, 391—392 (1957).

DETERLING jr., R. A.: Tortuous right common carotid artery simulating aneurysm. Angiology **3**, 483 (1952).

DODRILL, F. D.: Double aortic arch. Surgery **31**, 204—211 (1952).

DOERR, W.: Pathologische Anatomie des congenitalen Herzfehlers. Fortschr. Röntgenstr. **71**, 754—768 (1949).

— Morphogenese und Korrelation chirurgisch wichtiger angeborener Herzfehler. Ergebn. Chir. Orthop. **36**, 68—73 (1950).

— In: E. KAUFMANN, Lehrbuch der speziellen pathologischen Anatomie. Berlin: W. de Gruyter & Co. 1955.

DOLGOPOL, V. B.: Anomalous origin of right subclavian artery from the descending arch of aorta. J. techn. Meth. **13**, 112—118 (1934).

— Note on incidence and symptomatology of retro-oesophageal right subclavian artery. J. techn. Meth. **17**, 106—107 (1937).

DOLTON, E. G., and I. N. EVERLY: Congenital anomalies of the aortic arch. Lancet **1952 I**, 537—539.

DORAISWAMI, K. R.: Double aortic arch. Indian J. Radiol. **9**, 226—232 (1955).

DOTTER, C. T., and I. STEINBERG: Angiocardiography. 1951, p. 181—184.

DRY, T. I., O. T. CLAGETT, R. F. SAXON, D. G. PUGH, and J. E. EDWARDS: Double aortic arch. Dis. Chest **23**, 36—42 (1953).

EDWARDS, J. E.: Anomalies of derivatives of aortic arch. Med. Clin. N. Amer. **32**, 925—949 (1948).

— Retro-esophageal segment of the left aortic arch, right ligamentum arteriosum and right descending aorta causing a congenital vascular ring about the trachea and esophagus. Proc. Mayo Clin. **23**, 108—116 (1948).

— Malformation of the aortic arch system. In: S. E. GOULD, Pathology of the heart, p. 469—481. Springfield (Ill.): Ch. C. Thomas 1953.

EIBACH, E.: Beitrag zu den Lageanomalien der Aorta. Fortschr. Röntgenstr. **71**, 736—742 (1949).

EISEN, D.: Right aortic arch with report of eight cases. Radiology **42**, 570—578 (1944).

EKSTRÖM, G., and P. SANDBLOM: Double aortic arch. Acta chir. scand. **102**, 183 (1951).

EPSTEIN, A.: Defekt des Kammerseptums, partieller Defekt des Vorhofseptums, Einmündung der beiderseitigen Lungenvenen in die obere Hohlvene und das rechte Herz, Einmündung eines Lebervenenstammes in das linke Herz, rechtläufige Aorta, Mangel der Milz und des großen Netzes, gemeinschaftliches Dünn- und Dickdarmgekröse, nebst anderen Abnormitäten. Z. Heilk. **7**, 308—322 (1886).

ERDÉLYI, J.: Eine seltene Entwicklungsanomalie der Aorta und Speiseröhre. Fortschr. Röntgenstr. **47**, 264—270 (1933).

EVANS, W.: The course of the esophagus in health and in disease of the heart and great vessels. Special report ser. No. 208, Medical Research Council, London 1936.

EWALD, W.: Einige Fälle von arcus aortae dexter. Frankfurt. Z. Path. **34**, 87—97 (1926).

EXALTO, I., W. K. DIEKE, and W. C. AALSMEER: Congenital stricture of trachea and oesophagus by double aortic arch. Arch. chir. neerl. **2**, 170—187 (1950).

FABER, H. K., I. W. HOPE, and F. L. ROBINSON: Chronic stridor in early life due to persistent right aortic arch; report of two cases. J. Pediat. **26**, 128—137 (1945).

FELL, E. H., B. M. GASUL, and C. B. DAVIS: Problems associated with surgery of the heart and great vessels. Arch. Surg. **61**, 244—259 (1951).

FELSON, B., S. COHENS, S. R. COURTER, and I. MC GUIRE: Anomalous right subclavian artery. Radiology **54**, 340—349 (1950).

FINK, A.: Anomalies de développement des arcs aortiques eléments de diagnostic. Rev. méd. Liège **8**, 183—186 (1953).

FRANKE, H.: Über Entwicklungs- und Lageanomalien der Aorta. Fortschr. Röntgenstr. **73**, 267—280 (1950).

— Doppelter Aortenbogen beim Menschen. Fortschr. Röntgenstr. **73**, 280—284 (1950).

FRAY, W. W.: Right aortic arch. Radiology **26**, 27—36 (1936).

FRIEDMANN, M.: Right sided aorta. Radiology **25**, 106—108 (1935).

FUNCK-BRENTANO, C.: La sous-clavière droite retro-oesophagienne. Ann. Anat. path. **11**, 627—629 (1934).

GARIS, C. F. DE: Aortic axillary collaterals and the pattern of arm arteries in anomalous right subclavian artery. Amer. J. Anat. **51**, 189—213 (1932).

GARLAND, L. H.: Persistent right aortic arch. Amer. J. Roentgenol. **39**, 713—719 (1938).

GEFFERTH, K.: Über Dextropositio aortae im Kindesalter. Röntgenpraxis **14**, 86—93 (1942).

GHON, A.: Über eine seltene Entwicklungsstörung des Gefäßsystems. Verh. dtsch. path. Ges. **12**, 242—247 (1908).

GIRARD, CH.: Dysphagia und Dyspnoea lusoria. Langenbecks Arch. klin. Chir. **101**, 997—1008 (1913).

— Versammlung der Dtsch. Ges. f. Chir., Berlin. Dtsch. med. Wschr. **39**, 726 (1913).

GÖTZ, A.: Über den abnormen Ursprung und Verlauf der A. subclavia dextra (Dysphagia lusoria). Inaug.-Diss. Königsberg 1896.

GOLDBLOOM, M.: The anomalous right subclavian artery and its possible clinical significance. Surg. Gynec. Obstet. **34**, 378—384 (1922).

GOLUB, D. M.: Ein Fall eines anomalen Ursprungs der A. subclavia dextra unterhalb der A. subclavia sinistra kombiniert mit Truncus bicaroticus und einem rechtsseitigen Münden des Ductus thoracicus. Anat. Anz. **67**, 387—392 (1929).

GORDON, S.: Double aortic arch. J. Pediat. **30**, 428—437 (1947).

GORDON, L. S., H. L. GILDENHORN, and L. H. RUBENSTEIN: Dextroposition of the descending aorta. Radiology **67**, 333—338 (1956).

GREINEDER, K.: Die umklammernde hohe Rechtslage des Aortenbogens und ihre differentialdiagnostische Bedeutung. Fortschr. Röntgenstr. **57**, 535—539 (1938).

GRISHMAN, A., M. L. SUSSMAN, and M. F. STEINBERG: Atypical coarctation of the aorta with absence of the left radial pulse. Amer. Heart J. **27**, 217—224 (1944).

GRISWOLD jr., H. E., and M. D. YOUNG: Double aortic arch; report of two cases and review of the literature. Pediatrics **4**, 751—768 (1949).

GROB, M.: Über Anomalien des Aortenbogens und ihre entwicklungsgeschichtliche Genese. Helv. paediat. Acta **4**, 274—293 (1949).

— Lehrbuch der Kinderchirurgie: Anomalien des Aortenbogens mit Kompression von Oesophagus und Trachea, S. 203—210. Stuttgart: Georg Thieme 1957.

GROSS, R. E.: Surgical relief for tracheal obstruction from a vascular ring. New Engl. J. Med. **233**, 586—590 (1945).

— Surgical treatment for dysphagia lusoria. Ann. Surg. **124**, 532—534 (1946).

— Surgical treatment for abnormalities of the heart and great vessels, p. 39—47. Springfield (Ill.): Ch. C. Thomas 1947.

GROSS, R. E.: The surgery of infancy and childhood. Philadelphia: W. B. Saunders & Co. 1953.

— Arterial malformations, which cause compression of the trachea and oesophagus. Circulation **11**, 124—134 (1955).

—, and E. B. D. NEUHAUSER: Compression of the trachea or esophagus by vascular anomalies. Pediatrics **7**, 69—83 (1951).

—, and P. F. WARE: The surgical significance of aortic arch anomalies. Surg. Gynec. Obstet. **83**, 435—448 (1946).

GROSSE-BROCKHOFF, F., F. LOOGEN u. A. SCHAEDE: Angeborene Herz- und Gefäßmißbildungen. In: Handbuch der inneren Medizin, 4. Aufl., Bd. IX/3, S. 477—489. Berlin-Göttingen-Heidelberg: Springer 1960.

— H. LOTZKES, A. SCHAEDE u. P. THURN: Verlaufsanomalien des Aortenbogens und der Kranzgefäße. Fortschr. Röntgenstr. **80**, 314—329 (1954).

GROSSMANN, J., u. O. MELLER: Hohe Rechtslage der Aorta bei normal gelagertem Herzen in einem Fall von Situs viscerum inversus subdiaphragmaticus. Fortschr. Röntgenstr. **38**, 1120—1122 (1928).

GRUBER, G. B.: Zwei Fälle von Dextropositio des Aortenbogens. Frankfurt. Z. Path. **10**, 375—382 (1912).

GRUNMACH, E.: Über angeborene Dextrocardie, verbunden mit Pulmonalstenose und Septumdefekt des Herzens ohne Situs viscerum inversus. Berl. klin. Wschr. **27**, 22—25 (1890).

DI GUGLIELMO, L., and M. GUTTADAURO: Kinking of the aorta. Acta radial. (Stockh.) **44**, 121—128 (1955).

GÜNZEL, E.: Dysphagia lusoria bei Arcus aortae dexter und sinister. Röntgenpraxis **12**, 346—348 (1940).

GUILLAMET, L.: Aorte en situation droite et coexistence probable d'une petite aorte gauche. J. Radiol. Électrol. **23**, 269—272 (1939).

HALPERT, B., W. T. SNODDY, K. E. BOHAN, and CH. L. FREEDE: Right aortic arch with vascular ring constricting esophagus and trachea report of two cases. Arch. Path. **47**, 429—434 (1949).

HAMDI: Eine seltene Aortenanomalie. Dtsch. med. Wschr. **32**, 1410—1411 (1906).

HAMMER, G.: Situs inversus arcus aortae (hohe Rechtslage der Aorta). Fortschr. Röntgenstr. **34**, 517—523 (1926).

HARDERS, H., and M. MEIER-SIEM: Simultaneous occurrence of a dextroposition of the descending aorta in a pair of univitelline twins. Radiol. clin. (Basel) **26**, 187—198 (1957).

HARRIS, H. A., and C. E. WHITNEY: The heart of a child, aged 19 months, presenting right and left aortic arches with multiple anomalies of the heart and great vessels. Anat. Rec. **34**, 221—232 (1927).

HARVEY, W.: Notes on two cases anomalous right subclavian artery. Anat. Rec. **12**, 329—330 (1917).

HASTINGS, W. S.: Case of right aortic arch with persistent left root. Tech. Meth. **14**, 69—72 (1935).

HEEK, W., H. FINKE u. I. KONCZ: Zur Klinik des doppelten Aortenbogens. Medizinische 18, 672—674 (1957).
HEIM DE BALSAC, R.: Anomalies de l'arc aortique et ses branches. In: E. DONZELOT et F. D'ALLAINES, Traité des cardiopathies congenitales, p. 249—275. Paris: Masson & Cie. 1954.
HERBUT, P. A.: Anomalies of the aortic arch. Arch. Path. 35, 717—729 (1943).
—, and T. T. SMITH: Constricting double aortic arch, report of a case. Arch. Otolaryng. 37, 558—562 (1943).
HERRINGHAM, W. P.: Right aorta with persistent left aortic root giving origin to the left subclavian. J. Anat. Physiol. (Proc. Anat. Soc. Great Britain and Ireland) 25, 6—7 (1891).
HERRMANN, W. W.: Double aortic arch. Arch. Path. 6, 418—425 (1928).
HERRNHEISER, G.: Pulmonalstenose mit hoher Rechtslage der Aorta. Fortschr. Röntgenstr. 29, 519—520 (1922).
HERZOG, F., u. E. FIRNBACHER: Beitrag zu den Anomalien der Aorta und des Oesophagus. Fortschr. Röntgenstr. 35, 1236—1243 (1927).
HERZOG, W.: Über eine seltene Herzgefäßmißbildung, Fehlen des Aortenbogens. Frankfurt. Z. Path. 59, 454—460 (1948).
HEYFELDER: Zit. nach KRAUSE 1868, Studien. Heilwissensch. 1, 224 (1838).
HOEPKE, H.: Über eine Varietät des Aortenbogens. Anat. Anz. 54, 60—63 (1921).
HOLMAN, E.: The surgery of congenital malformations of the heart and great vessels. Stanf. med. Bull. 6, 227—245 (1948).
HOLZAPFEL, G.: Ungewöhnlicher Ursprung und Verlauf der A. subclavia dextra. Anat. H., I. Abt., 12. Teil, S. 369—523 (1899).
HOLZMANN, M.: In: H. R. SCHINZ, W. E. BAENSCH, L. FRIEDL u. E. UEHLINGER, Lehrbuch der Röntgendiagnostik, 5. Aufl., Bd. III, S. 2795—2808. Stuttgart: Georg. Thieme 1952.
HOMMEL: Commerc. litter norimb. 1737, S. 16. Zit. nach C. W. M. POANTER. Univ. Nebr. Studies 4, 229—345 (1916).
HONIG, E. I., W. DUBILIER, and I. STEINBERG: Significance of the buckled innominate artery. Ann. intern. Med. 39, 74—80 (1953).
HSU, L., and A. D. KISTIN: Buckling of the great vessels. Arch. intern. Med. 98, 712—719 (1956).
HUARD, P., D. HOP et HACH: Un cas sousclaviere droit retrooesophagienne. Ann. Anat. path. 11, 859—860 (1934).
HUBER: Zit. nach HOLZAPFEL 1899. Acta Helv. 8, 74 (1777).
HULKE: Zit. nach BEDFORD u. PARKINSON 1939, Lancet 1893I, 1385.
HUMPHREYS, G. H.: The surgery of congenital heart disease. Surg. Clin. N. Amer. 28, 353—365 (1948).
HUNAULD: Hist. acad. roy. sci. 1735 ed. Paris 1738, S. 20. Zit. nach HOLZAPFEL 1899.
HYRTL, I.: Lehrbuch der Anatomie des Menschen, S. 1029. Wien 1889.
ISSAJEW, P. O.: Der doppelte Aortenbogen. Anat. Anz. 73, 153—158 (1931).
JAFFE, K.: Ein Fall von Mißbildung des Herzens und der Gefäße. Inaug.-Diss. Leipzig 1921.
JEW jr., E. W., and P. GROSS: Aortic origin of right pulmonary artery and absence of transverse aortic arch; associated with patency of interventricular septum and ductus arteriosus. Arch. Path. 55, 154—161 (1953).
KAISER, E.: Drei Fälle von doppeltem Aortenbogen. Klin. Med. 3, 903—909 (1948).
KEITH, J. D., R. D. ROWE, and P. VLAD: Vascular rings and allied anomalies of the aortic arch. In: Heart disease in infancy and childhood, p. 281—295. New York: MacMillan Comp. 1958.
KEJLSON, S., and A. ARONSON: Dextroposition of thoracic aorta. Polska gaz. lek. 12, 651—654 (1953).
KELLY, A. B.: Tortuosity of internal carotid in relation to pharynx. J. Laryng. 40, 15—23 (1925).
KELSEY jr., I. R., C. E. GILMORE, and J. E. EDWARDS: Bilateral ductus arteriosus representing of each sixth aortic arch; report of case in which these were associated isolated dextrocardia and ventricular septal defects. Arch. Path. 55, 154—161 (1953).
KIKUTH, R.: Der doppelte Aortenbogen. Inaug.-Diss. Düsseldorf 1958.
KIOES, C., et R. EICHER: Crosse aortique double. Aspect radiologique et clinique. A propos de deux cas diagnostiqués sur le vivant. J. Radiol. Électrol. 36, 186—188 (1955).
KIRBY: Zit. nach HOLZAPFEL 1899, Dublin Hosp. Rep. 2, 224—226 (1818).
KIRCH, E.: Zur Kenntnis des linksseitigen Ursprung der A. subclavia dextra und seiner Folgen. Z. Kreisl.-Forsch. 19, 473—480 (1927).
KIRKLIN, I. W., and O. T. CLAGETT: Vascular "rings" producing respiratory obstruction in infants. Proc. Mayo Clin. 25, 360—367 (1950).
KÖRNER, G.: Kurze Mitteilung einer Aortenmißbildung. (Hohe Rechtslage mit Verlagerung des Oesophagus und der Trachea). Fortschr. Röntgenstr. 52, 400—402 (1935).
KOMMERELL, B.: Verlagerung des Oesophagus durch eine abnorm verlaufende A. subclavia dextra (Arteria lusoria). Fortschr. Röntgenstr. 54, 590—595 (1936).
— Die Rechtslage des Aortenbogens. Ergebn. med. Strahlenforsch. 7, 1—42 (1936).
KOPSCH, F.: Raubers Lehrbuch der Anatomie des Menschen, Bd. 3, S. 277. Leipzig: Georg Thieme 1914.
KRAUSE, W.: Über den Ursprung einer accessorischen A. coronaria cordis aus der A. pulmonalis. Z. rat. Med. 24, 225—227 (1865).
— Gefäßvarietäten. In HENLE, Handbuch der systematischen Anatomie des Menschen, Bd. 3. Braunschweig 1868.
KRAUSS, H.: Einengung von Trachea und Oesophagus durch congenitale Mißbildung der Mediastinalgefäße und ihre Behandlung. Thoraxchirurgie 1, 25—33 (1953/54).
KREMER, K.: Aortenringanomalien in: Chirurgie der Arterien, S. 90—98. Stuttgart: Georg Thieme 1959.

KREPLER, P.: Zur Klinik des angeborenen Stridors bei doppeltem Aortenbogen. Öst. Z. Kinderheilk. 8, 225—234 (1954).

KUHLMANN, F.: Tiefe Rechtslage der Aorta. Röntgenpraxis 6, 728—730 (1934).

LAUTH, E. A.: Anomalies dans la distribution des artères. Mémoires de la société d'histoire naturelle de Strassbourg. Tenne I, Livraison sec., p. 44. Paris 1830.

LIAN, C., et M. MARCHAL: L'inversion de l'aorte. Arch. Mal. Cœur 30, 649—662 (1937).

LOCKHART, R. D.: Complete double aortic arch. J. Anat. (Lond.) 64, 189—193 (1930).

LOCKWOOD, C. B.: Right aortic arch. Trans. path. Soc. Lond. 35, 132 (1884).

LÖWENECK, M.: Einige seltene Beobachtungen aus der Oesophagus-Pathologie. Fortschr. Röntgenstr. 35, 1230—1233 (1931).

LOHMANN, C. W.: Zur Röntgensymptomatologie des Morbus coeruleus. Fortschr. Röntgenstr. 52, 43—52 (1935).

LUBERT, M., H. C. EBSTEIN, H. MENDELSSOHN, and S. O. FREEDLANDER: An unusual variant of double aortic arch. Amer. J. Roentgenol. 67, 763—776 (1952).

MALACARNE, V.: Zit. nach KRAUSE 1868, Trattato della Osservazione di Chirurgia, Torino 2, 119 (1784).

MARDERSTEIG, K.: Persistenz des rechtsseitigen Aortenbogens im Röntgenbild. Fortschr. Röntgenstr. 44, 163—169 (1931).

— Persistenz des rechtsseitigen Aortenbogens im Röntgenbild. Fortschr. Röntgenstr. 47, 262—264 (1933).

MATHEY, I., J. FACQUET, P. ALHOMME et I. COMBAT: La crosse aortique double incomplète. Presse méd. 60, 1583—1585 (1952).

MAYER, C. P., L. LEPERA, F. A. PATARO, et H. QUERHEILHAC: Anomalies congénitales de la crosse aortique. Crosse double et crosse située à droite. Radiologia (B. Aires) 3, 6, 151 (1945). Zit. in J. Radiol. Électrol. 29, 87 (1948).

MCCALLEN, A. M., and B. SCHAFF: Aneurysm of an anomalous right subclavian artery. Radiology 66, 561—563 (1956).

MCGORKLE, R. G.: Esophageal obstruction caused by vascular anomaly. Dis. Chest 36, 332 (1959).

METZ, H., R. M. MURRAY-LESLIE, R. G. BANNISTER, J. W. D. BULL, and I. MARSHALL: Kinking of the internal carotid artery. Lancet 1961 I, 424—426.

METZGER, H. N., and H. OSTRUM: Right sided aortic arch. Amer. J. dig. Dis. Nutr. 6, 32—36 (1939).

MOHR, R.: Zur Diagnostik der congenitalen Herzfehler. Dtsch. Z. Nervenheilk. 47/48, 371—387 (1913).

MORSE, H. R., and S. GLADDING: Bronchial obstruction due to misplaced left pulmonary. Amer. J. Dis. Child. 89, 351—353 (1955).

MOUTON, C.: Über Anomalien der A. subclavia und ihre Folgezustände (Dysphagia lusoria). Bruns' Beitr. klin. Chir. 115, 365—407 (1919).

MURRAY, A.: Zit. nach HOLZAPFEL (1899), Abh. Schwe. Akad. Wiss. 30, 92 (Stockholm 1768, deutsch Leipzig 1771).

NEUHAUSER, E. B. D.: The roentgen diagnosis of double aortic arch and other anomalies of the great vessels. Amer. J. Roentgenol. 56, 1—12 (1946).

— Tracheao-esophageal constriction produced by right aortic arch and left ligamentum arteriosum. Amer. J. Roentgenol. 62, 493—499 (1949)

NUBOER, I. F.: Double aortic arch. J. thorac. Surg. 22, 208—215 (1951).

OBERDAHLHOFF, H., H. VIETEN u. H. KARCHER: Klinische Röntgendiagnostik chirurgischer Erkrankungen, Bd. 1. Berlin-Göttingen-Heidelberg: Springer 1959.

PAPE, R.: Über einen abnormen Verlauf („tiefe Rechtslage") der mesaortitischen Aorta descendens. Fortschr. Röntgenstr. 46, 257—269 (1932).

PARKINSON, I., D. E. BEDFORD, and S. ALMOND: The kinked carotid artery that simulates aneurysm. Brit. Heart J. 1, 345—361 (1939).

PATRUBAN: Zit. nach HOLZAPFEL, Med. Jb. des K.-K.öst. Staates, 1844, Juli, Bd. 48, 16 s.q. mit Taf. 1, Fig. 1.

PATTINSON, J. M., and R. G. GRAINGER: Congenital kinking of the aortic arch. Brit. Heart J. 21, 555—561 (1959).

PAUL, R. N.: A new anomaly of the aorta: left aortic arch with right descending aorta. J. Pediat. 32, 19—29 (1948).

PENSE, G.: Ein Fall von rechtsseitigem Aortenbogen und seine entwicklungsgeschichtliche Deutung. Anat. Anz. 70, 257—274 (1930).

PONTES, A.: Supraaortische Varietäten in Brasilien. Anat. Anz. 87, 316—318 (1938).

PORSTMANN, W., u. W. GEISSLER: Über die arteriovenösen Fisteln der Coronararterien. Fortschr. Röntgenstr. 93, 143—150 (1960).

POTTS, I., P. H. HOLINGER, and A. H. ROSENBLUM: Anomalous left pulmonary artery causing obstruction to right main bronchus, report of a case. J. Amer. med. Ass. 155, 1409—1412 (1954).

POTTS, W. I., S. GIBSON, and R. ROTHWELL: Double aortic arch. Arch. Surg. 57, 227—233 (1948).

POWELL, R. D.: Tortuosity of the common carotid artery (with high division of the innominate) simulating aneurysm. Middlesex Hosp. J. 13, 1—5 (1909).

POYNTER, C. W. M.: Arterial anomalies pertaining to the aortic arches and the branches arising from them. Univ. Nebr. Studies 4, 229—345 (1916).

PRIMAN, I.: Notes on the anomalies of the aortic arch and its large branches. Anat. Rec. 42, 335—353 (1929).

QUAIN, R.: The anatomy of the arteries of the human body with its application to pathology and aperative surgery with a series of litographic drawings, p. 152—156. London: Taylor & Walton 1844.

QUATTELBAUM, I. K., E. T. UPSON, and R. L. NEVILLE: Stroke associated with elongation and kinking of the internal carotid artery. Report of a cases by segmental resection of the carotid artery. Ann. Surg. **150**, 824—832 (1959).

RAVELLI, A.: Zum Röntgenbild der angeborenen Rechtslage des Aortenbogens und der links entspringenden A. subclavia dextra. Radiol. clin. (Basel) **18**, 218—224 (1949).

— Die Arteria lusoria im Röntgenbild. Fortschr. Röntgenstr. **73**, 285—288 (1950).

REICH, N. E.: Diseases of the aorta: diagnosis and treatment. New York: MacMillan Comp. 1949.

REID, D. G.: Three examples of a right aortic arch. J. Anat. Physiol. **48**, 174—181 (1914).

RENANDER, A.: Röntgen-diagnosed anomaly of oesophagus and arcus aortae: Dysphagia lusoria. Acta radiol. (Stockh.) **7**, 298—308 (1926).

RICHARDS, W. C. D., and C. E. ELLIOTT: Aneurysm of an anomalous right subclavian artery. Brit. Heart J. **19**, 141—143 (1957).

RIKER, W. L.: Symposium on cardiovascular diseases; anomalies of aortic arch and their treatment. Pediat. Clin. N. Amer. **1**, 181—195 (1954).

ROBB, G. P.: An Atlas of Angiocardiography prepared for the American Registry of Pathology. Armed Forces Institute of Pathology, Washington 1951, p. 84—87.

ROCHE, U. I., I. STEINBERG, and G. P. ROBB: Right-sided aorta with descending aorta simulating aneurysm. Arch. intern. Med. **67**, 995—1007 (1941).

RÖSLER, H., and P. D. WHITE: Unusual variation of roentgen shadow of elongated thoracic aorta. Amer. Heart J. **6**, 768—777 (1931).

RÖSSLE, R.: Naturw. med. Ges. zu Jena (28. Nov. 1912). Münch. med. Wschr. **60**, 1, 159 (1913).

— u. K. APITZ: Atlas Path. Anat. 22ff. Stuttgart 1951.

RONCORONI, L.: Pure dextro-position of the aortic arch. Ann. Radiol. diagn. (Bologna) **29**, 315—332 (1956).

ROSCHDESTWENSKY, K. G.: Der doppelte Aortenbogen. Anat. Anz. **68**, 145—151 (1929).

ROTTHOFF, G., u. E. FERBERS: Über Aortenringanomalien und ihre operative Behandlung. Zbl. Chir. **85**, 1750—1760 (1960).

ROUTIER, D., et R. HEIM DE BALSAC: Au sujet de deux cas d'aorte in situation droite. Soc. Radiol. Med. France **24**, 528 (1936).

— F. JOLY et H. HEIM DE BALSAC: Les anomalies congénitales de la crosse aortique (trois cas cliniques personnels). Ann. Méd. **41**, 210—234 (1937).

SAMET, P., and D. I. STONE: Right sided aortic arch. Amer. Heart J. **40**, 951—954 (1950).

SANDERUD, A.: Anomalies of aortic arch. T. norske Laegeforen. **76**, 860—862 (1956).

SANDIFORT, E.: Zit. nach HOLZAPFEL 1899. Mus. anat. acad. Lugduno-Batavae **1**, 242—243 (1793).

SAUPE, E.: Über Dysphagia lusoria. Fortschr. Röntgenstr. **33**, 740—743 (1925).

SCHALL, L. A., and L. G. JOHNSON: Dyspnea due to congenital anomaly of aorta. Ann. Otol. (St. Louis) **49**, 1055—1060 (1940).

SCHINZ, H. R., W. E. BAENSCH, E. FRIEDL u. E. UEHLINGER: Lehrbuch der Röntgendiagnostik, 5. Aufl., Bd. III, S. 2795—2801. Stuttgart: Georg Thieme 1952.

SCHMIDT, J.: Die Arteria lusoria. Arch. Kreisl.-Forsch. **19**, 1—37 (1953).

— Röntgendiagnostische Besonderheiten der A. lusoria. Fortschr. Röntgenstr. **86**, 188—192 (1957).

— Besonderheiten der Herzgefäße im sagittalen Röntgenbild beim Rechtsaortenbogen. Fortschr. Röntgenstr. **87**, 597—604 (1957).

SCHWARTZ, E., and H. KAETER: Right aortic arch versus mediastinal tumors and densities: diagnostic problems. Dis. Chest **28**, 1955, 91—97.

SEGERS, M.: L'insertion gauche de l'artère sous-clavière droite. Acta cardiol. **5**, 182—187 (1950).

—, et M. BROMBART: La crosse aortique à droite. Acta cardiol. (Brux.) **5**, 431—437 (1950).

— — La double crosse aortique. Acta cardiol. (Brux.) **5**, 623—632 (1950).

— — La pathologie cardio-aortique et l'oesophage; les conséquences du déroulement aortique. Acta cardiol. (Brux.), Suppl, V, 120—128 (1952).

— — L'oesophage in cardiologie. Paris 1953.

SEWART, M.: Congenital interruption of the aortic arch. Arch. Dis. Child. **23**, 63—64 (1948).

SHAW, D. L.: An aorta with a double arch. J. Amer. med. Ass. **28**, 538—540 (1897).

SHELLSHEAR, I. L., and I. ANDERSON: Oesophageal atresia associated with an abnormal right subclavian artery. Clin. med. J. **41**, 103—106 (1927).

SIEKERT, R. G.: An anomalous human heart, the left subclavia artery arising from a patent ductus arteriosus together with other defects. Anat. Rec. **103**, 701—709 (1949).

SILVESTRINI, M.: Right aortic arch with dysphagic symptoms. Cruore e Circol. **17**, 188—208 (1933).

SNELLING, C. E., and J. H. ERB: Double aortic arch. Arch. Dis. Childh. **8**, 401—408 (1933).

SNIDER, G. L., H. L. GILDENHORN, and L. H. RUBENSTEIN: Dextroposition of the descending thoracic aorta. Radiology **7**, 333—338 (1956).

SONES jr., F. M., and D. B. EFFLER: Diagnosis and treatment of aortic rings. Cleveland Clin. Quart. **18**, 310—320 (1951).

SOUDERS, C. R., C. M. PEARSON, and H. D. ADAMS: An aortic deformity simulating mediastinal tumor: A subclinical form of coarctation. Dis. Chest. **20**, 35—45 (1951).

SPENCER, I., and R. DRESSER: Right sided aorta. Amer. J. Roentgenol. **36**, 183—187 (1936).

SPESCHILOW, P. W.: Über die Varietäten der Aortenbogenzweige (anomalen Ursprung der Aa. subclaviae dextrae). Z. Kreisl.-Forsch. **22**, 41—69 (1930).

SPRAGUE, H. B., C. H. ERNLUND, and F. ALBRIGHT: Clinical aspects of persistent right aortic root. New Engl. J.Me d. **209**, 686—697 (1933).

Sprong jr., D. H., and N. L. Cutler: A case of human right aorta. Anat. Rec. **45**, 365—375 (1930).

Stachelroth, L.: Beschreibung eines seltenen Verlaufes der großen Gefäße und des Brustganges. Diss. Würzburg 1850.

Stauffer, H. M., and H. H. Pote: Anomalous right subclavian artery originating on the left as the last branch of the aortic arch. Amer. J. Roentgenol. **56**, 13—17 (1946).

Stebbins, R. A.: A report of a case of an anomalous right subclavian artery in man with a rare arrangement of the associated arteries. Anat. Rec. **103**, 139—147 (1949).

Stecken, A., A. Beyer u. O. Eribo: „Kinking" des Aortenbogens (Arcus aortae bicurvatus) und „forme fruste" der Aortenisthmusstenose. Fortschr. Röntgenstr. **94**, 333—345 (1961).

Steen, R. E., and S. I. Douglas: Double aortic arch. Thorax **10**, 37—41 (1955).

Steinberg, I.: Aneurysm of aortic sinuses with pseudocoarctation of aorta. Brit. Heart J. **18**, 85—89 (1956).

Sterz, H.: Dysphagie durch eine seltene Anomalie der Aorta thoracalis: Arcus aortae sinister circumflexus und Dextroposition der Aorta descendens. Wien. Z. inn. Med. **42**, 420—424 (1961).

Stevens, M. G.: Buckling of the aortic arch (pseudocoarctation, Kinking), a roentgenographic entity. Radiology **70**, 67—73 (1958).

Stibbe, E. P.: True congenital diverticulum of the trachea in a subject showing also right aortic arch. J. Anat. (Lond.) **64**, 62—66 (1929).

Stieda: Zit. nach A. Götz (1896). Über den abnormen Ursprung der A. subclavia dextra (Dysphagia lusoria). Inaug.-Diss. Königsberg 1896.

Storey, C. F., and I. W. Crittenden: Double aortic arch. Dis. Chest **20**, 611—629 (1951).

Stutz, E.: Dysphagia lusoria. Klin. Wschr. **24/25**, 846—848 (1947).

Sweet, R. H., C. W. Findlay jr., and G. C. Reyersback: The diagnosis and treatment of tracheal and esophageal obstruction due to congenital vascular ring. J. Pediat. **30**, 1—17 (1947).

Tabakin, B. S., and I. S. Hanson: Congenital absence of the aortic arch associated with patent ductus arteriosus and ventricular septal defect. Amer. J. Cardiol. **6**, 689—693 (1960).

Taussig, H.: Congenital malformations of the heart, p. 456. New York: The Commonwealth Fund 1947.

Teschendorf, W.: Lehrbuch der röntgenologischen Differentialdiagnostik, 4. Aufl. Stuttgart: Georg Thieme 1958.

Thomson, A.: Question III. Variation in the arrangement of the branches arising from the arch of the aorta. J. Anat. Physiol. **27**, 189—192 (1893).

Thurn, P.: In: W. Teschendorf, Lehrbuch der röntgenologischen Differentialdiagnostik, 4. Aufl., Bd. I, S. 926—943. Stuttgart: Georg Thieme 1958.

Thurnher, B.: Über Anomalien des linken Aortenbogens. Wien. Z. inn. Med. **31**, 434—442 (1950).

— Die angeborenen Anomalien der A. thoracica im Röntgenbild. Wien. Z. inn. Med. **32**, 289—320 (1951).

—, u. W. Weissel: Links randbildende Aorta ascendens bei Morbus coeruleus. Cardiologia (Basel) **18**, 45—58 (1951).

Tiedemann, F.: Zit. nach Holzapfel, Tabulae arter. corp. human. Karlsruhe 1822, S. 22.

Treutler, H.: Aneurysma der linken Subclavia unter dem Bild eines doppelten Aortenbogens. Fortschr. Röntgenstr. **83**, 725—727 (1955).

Turner, W.: On irregularities of the pulmonary artery arch of the aorta, and the primary branches of the arch, with an attempt to illustrate their mode of origin by a reference to development. Brit. For. M. Rev. **30**, 173—189, 461—482 (1862).

Ursini, M., and A. Gondieri: Radiological and therapeutic considerations on the syndrome of corvisart: Presentation of five personal cases. Minerva cardioangiol. **5**, 255—264 (1957).

Vaugham, B. F.: Kinking of the aortic arch. Proc. Coll. Radiol. Aust. **2**, 46—50 (1958).

Ward, D. H., and R. P. Tamayo: Left aortic arch and right descending aorta. Amer. J. Roentgenol. **76**, 762—766 (1956).

Warkany, I., C. B. Roth, and I. G. Wilson: Multiple congenital malformations; consideration of etiologic factors. Advanc. Pediat. **1**, 462—471 (1948).

Watson, M.: Notes of a case of double aortic arch. J. Anat. Physiol. **11**, 229—234 (1877).

Weiss-Eder: Sitzungsber. Ges. für Inn. Med. u. Kinderheilk. zu Wien, Sitzg vom 14.1.1909. Berl. klin. Wschr. **5**, 233 (1909).

Welch, W. H.: Duplicature of arch of aorta with aneurysm. Bull. Johns Hopk. Hosp. **2**, 142 (1891).

Welsh, T. M., and I. B. Munro: Congenital stridor caused by an aberrant pulmonary artery. Arch. Dis. Childh. **29**, 101—103 (1954).

Wheeler, D., and M. E. Abbott: Double aortic arch and pulmonary atresia with pulmonic circulation maintained through a persistent left aortic root. Comod M.A.J. **19**, 297—303 (1928).

Windle, W. F., F. R. Zeiss, and M. S. Adamski: Note on a case of anomalous right vertebral and subclavian arteries. J. Anat. Physiol. **62**, 512—514 (1928).

Wittenborg, M. H., T. Tautiwongse, and B. F. Rosenberg: Anomalous course of left pulmonary artery with respiratory obstruction. Radiology **7**, 339—345 (1956).

Wolman, I. I.: Syndrome of constricting double aortic arch in infancy, report of case. J. Pediat. **14**, 527—533 (1939).

Wood, J.: Two specimens of abnormal origin of the right subclavian artery. Trans. path. Soc. Lond. **10**, 119—128 (1859).

ZAGORSKY, P.: Observationum anatomicarum quadrigae de singulari arteriarum aberratione. Mém. Acad. imp. St. Petersbourg 1, 385—386 (1809).
ZDANSKY, E.: Röntgendiagnostik des Herzens und der großen Gefäße, S. 368—378. Wien: Springer 1949.

2. Marfan-Syndrom

ACHARD, M. C.: Arachnodactylie. Bull. Soc. méd. Hôp. Paris 19, 834 (1902).
AMUNDSEN, P., and I. HOLTER: Cardiovascular changes in dystrophia mesodermalis congenita Marfan. Acta radiol. (Stockh.) 45, 365—370 (1956).
ANDERSON, A., H. SPENCER, and I. S. STAFFURTH: Dissecting aneurysm and medial degeneration of aorta in Marfan's syndrome. St Thom. Hosp. Rep. 7, 146 (1951).
ANDERSON, M., and H. R. PRATT-THOMAS: Marfan's syndrome. Amer. Heart J. 46, 911—917 (1953).
AUSTIN, M. G., and R. F. SCHAEFER: Marfan's syndrome with unusual blood vessel manifestation. Arch. Path. 64, 205—209 (1957).
BAER, R. W., H. B. TAUSSIG, and E. H. OPPENHEIMER: Congenital aneurysmal dilatation of aorta associated with arachnodactyly. Bull. Johns Hopk. Hosp. 72, 309—323 (1943).
BAHNSON, A. T., and A. R. NELSON: Cystic medial necrosis as a cause of localized aortic aneurysms amenable to surgical treatment. Ann. Surg. 144, 519—529 (1956).
BAKKEN, C.: Die Linse bei Arachnodactylie. Arch. Augenheilk. 109, 353—362 (1936).
BAUER, K. H., u. W. BODE: Erbpathologie der Stützgewebe beim Menschen. Arachnodactylie. In: Handbuch der Erbbiologie des Menschen von G. JUST, Bd. 3, S. 160. Berlin: Springer 1940.
BAYER, O., J. BRIX u. R. D. MEYER: Zur Fibroelastosis endocardica unter besonderer Berücksichtigung der Diagnose intra vitam. Arch. Kreisl.-Forsch. 28, 217—241 (1958).
BEAN, W. B., and I. V. PONSETI: Dissecting aneurysm produced by diet. Circulation 12, 185—192 (1955).
BERTRAND, I., J. WEILL et P. BURTIN: Histopathologie du cerveau et des globes oculaires dans un cas d'arachnodactylie du nourrisson (Maladie de Marfan). Rev. neurol. 92, 137—139 (1955).
BINGLE, J.: Marfan's syndrome. Brit. med. J. 1957 I, 629—630.
BLACK, H. H., and L. H. LANDAY: Marfan's syndrome. Report of five cases in one family. Amer. J. Dis. Child. 89, 414—420 (1955).
BÖRGER, F.: Über 2 Fälle von Arachnodactylie. Z. Kinderheilk. 12, 161—184 (1915).
BOYD, L. J.: A study of four thousand reported cases of aneurysm of the thoracic aorta. Amer. J. med. Sci. 168, 654—668 (1924).
BRETON, A., C. DUPUIS et R. DU BOIS: Un cas d'aneurysme du sinus de Valsalva: manifestation d'une maladie de Marfan. Pédiatrie 14, 409—414 (1959).
— P. FRANCOIS, M. LEKIEFRE, C. DUPUIS et J. LEKIEFRE: Cardiopathies et syndrome de Marfan. Arch. Mal. Cœur 8, 900—923 (1961).
BROCK, J.: Weiterer Beitrag von der Lehre zur Arachnodactylie. Z. Kinderheilk. 47, 702—714 (1929).
BUCHEM, F. S. VAN: Arachnodactyly heart. Circulation 20, 80—95 (1957).
— Cardiovascular disease in arachnodactyly. Acta med scand. 161, 197—205 (1958).
— Cardiovasculaire afwyking by arachnodactylie (cardiovascular disorders with arachnodactyly). Ned. T. Gneesk. 102, 893—898 (1958).
— Le cœur dans l'arachnodactylie. IIIe Congr. mondial de Cardiologie 1958 (Vortrag No 294).
— Arachnodactyly heart. Circulation 20, 88—95 (1959).
BURCH, F. E.: Association of Ectopia lentis with Arachnodactyly. Arch. Ophthal. 15, 645—679 (1936).
CARPENT, G., J. ENDERLE et R. DURET: Syndrome de Marfan et aneurysme dissequant de l'aorte thoracique. Acta cardiol. (Brux.) 11, 384—395 (1956).
CHAVEZ, J., N. DORBECKER, and A. CELIS: Direct intracardiac angiography. Amer. Heart J. 33, 560—593 (1947).
COCKAYNE, E.: Arachnodactyly with congenital heart disease. Brit. J. Child. Dis. 35, 281 (1938).
COFFEY, J. H., D. E. BARKER, and J. H. FRIEDLANDER: Dissecting aneurysm with Marfan's syndrome. Texas St. J. Med. 51, 79—81 (1955).
CUSTODIS, E.: Linsenektopie und Arachnodactylie. Klin. Mbl. Augenheilk. 89, 827—828 (1932).
DELAAGE, M., J. TORRESANI et A. JONVE: Aneurysme dissequant chez un homme de 23 ans, Syndrome de Marfan. Soc. franç. cardiologie, seance du 20. Oct. 1957.
DELORD, E., et H. VIALLEFONT: Luxation héréditaire du cristallin et le syndrome de Marfan. Bull. Soc. Ophtal. Fr. 44 (1936).
DELTHIL, P., MINGASSON et MARTIN-BOUVIER: Dolichosténomélie avec maladie de Crouzon. Evolution rapidement mortelle. Arch. franç. Pédiat. 16, 1361—1363 (1959).
DIMOND, E. G., W. E. LARSEN, W. B. JOHNSON, and C. F. KITTLE: Post-traumatic aortic insufficiency occurring in Marfan's syndrome with attempted repair with a plastic valve. New Engl. J. Med. 256, 8—11 (1957).
DOLLFUS, M. A., et H. TETREAU: Un cas de dolichosténomélie (syndrome de Marfan). Bull. Soc. belge Ophthal. 77, 33—40 (1938).
DORRANCE, T. O.: Arachnodactylia. J. Pediat. 31, 679—682 (1947).
DOTTER, C. T., and I. STEINBERG: Angiocardiography. New York 1951.
DUBOIS, M.: Zur Dolichosténomelie. Z. angew. Anat. 1, 226—232 (1914).
DÜX, A., H. H. HILGER, A. SCHAEDE u. P. THURN: Zum Marfan-Syndrom. Z. Kreisl.-Forsch. 50, 492—503 (1961).

ERDHEIM, J.: Medionecrosis aortae idiopathica cystica. Virchows Arch. path. Anat. **276**, 187—229 (1930).

ETTER, L. E., and L. P. GLOVER: Arachnodactyly complicated by dislocated lens and death from rupture of dissecting aneurysma of aorta. J. Amer. med. Ass. **123**, 88—89 (1943).

FABRE, J., R. VEYRAT et O. JEANNERET: Syndrome de Marfan avec aneurysme et coarctation de l'aorte. Schweiz. med. Wschr. **87**, 49—53 (1957).

FAHEY, J. J.: Muscular and skeletal changes in arachnodactyly. Arch. Surg. **39**, 741—760 (1939).

FISCHL, A. A., and J. RUTHBERG: Clinical implications of Marfan's syndrome. J. Amer. med. Ass. **146**, 704—707 (1951).

FRANCESCHETTI, A.: Marfanscher Symptomenkomplex und Coloboma lentis. Klin. Mbl. Augenheilk. 88, 686—687 (1932).

—, u. D. KLEIN: Vererbung und Auge. In: Lehrbuch für Augenheilkunde, S. 107. Basel: Karger 1954.

FUTCHER, P. H., and H. SOUTHWORTH: Arachnodactyly and its medical complications. Arch. intern. Med. **61**, 693—703 (1938).

GONIN, A., L. LAGADON et R. FROMENT: Rupture incomplète de l'aorte dans le syndrome de Marfan. Arch. Mal. Cœur **51**, 1105—1121 (1958).

GORE, I.: Dissecting aneurysms of the aorta in persons under forty years of age. Arch. Path. **55**, 1—13 (1953).

GOYETTE, E. M., and P. W. PALMER: Cardiovascular lesions in arachnodactyly. Circulation **7**, 373—379 (1953).

GREEN, H., and P. W. EMERSON: Arachnodactylia: Clinical report of 6 cases. Arch. Pediat. **60**, 299—312 (1943).

GREINER, K., u. T. VARGA: Zur Ätiologie und Pathogenese der Arachnodactylie. Ann. paediat. (Basel) **164**, 259—272 (1945).

GREMMEL, H., F. LOOGEN u. H. VIETEN: Kardiovaskuläre Befunde beim Marfan-Syndrom. Fortschr. Röntgenstr. **100**, 612—621 (1964).

GRIFFIN, J. F., and G. M. KOMAN: Severe aortic insufficiency in Marfan's syndrome. Ann. intern. Med. **48**, 174—187 (1958).

HEDINGER, CHR. v.: Herz- und Gefäßveränderungen bei Marfanschem Syndrom (Arachnodactylie). Schweiz. Z. allg. Path. **16**, 977—982 (1953).

HERRMANN, G. R., and N. D. SCHOFIELD: The syndrome of rupture of aortic root or sinus of Valsalva aneurysm into the right atrium. Amer. Heart J. **34**, 87—99 (1947).

HUSEBYE, K. O., H. J. WOLFF, and L. L. FREIDMANN: Aortic dissection in pregnancy: A case of Marfan's syndrome. Amer. Heart J. **55**, 662—676 (1958).

JEQUIER, M.: Le syndrome de Marfan (dolichosténomélie on arachnodactylie). Étude clinique radiologique et génétique de 18 cas nouveaux. Radiol. clin. (Basel), Suppl. **13**, 3—66 (1944).

KEITH, J. D., R. D. ROWE, and P. VLAD: Heart disease in infancy and childhood, p. 814—823. New York: MacMillan Comp. 1958.

KERN, L.: Über familiäres Vorkommen der Arachnodaktylie. Erbarzt **4**, 93—95 (1937).

KING, E. F.: Three cases of Arachnodactylie with ocular signs. Proc. roy. Soc. Med. **27**, 298—299 (1934).

KOHN, I. L., and L. STRASS: Marfan's syndrome (arachnodactyly); observation of a patient from birth until death at 18 years. Pediatrics **25**, 872—877 (1960).

LANGERON, L., P. GIARD, J. LIEFOOGHE et CH. MASSON: Maladie de Marfan et aneurysme abdominal. Bull. Soc. méd. Hôp. Paris **70**, 374—376 (1957).

LAST, U.: Klinische und genetische Untersuchungen des Marfan-Syndroms an Hand eigener Fälle. Diss. Freie Univ. Berlin 1955.

LAVAL, J.: Bilateral congenital ectopia lentis with arachnodactyly (Marfan's syndrome). Arch. Ophth. **20**, 371—374 (1938).

LILLIAN, M.: Multiple pulmonary artery aneurysms. Am. J. Med. **7**, 280—287 (1949).

LINDEBOOM, G. A., and W. F. BOUWER: Dissecting aneurysm (and renal aortical necrosis) associated with arachnodactyly (Marfan's disease). Cardiologia (Basel) **15**, 12—20 (1949).

—, and E. R. WESTERVELD-BRANDON: Dilatation of the aorta in arachnodactyly. Cardiologia (Basel) **17**, 217—222 (1950).

LLOYD, R. I.: Arachnodactylie. Arch. Ophthal. **13**, 744—750 (1935).

LUTMAN, F. C., and J. V. NEEL: Inheritance of arachnodactyly, ectopia lentis and other congenital anomalies (Marfan's syndrome) in the E. family. Arch. Ophthal. **41**, 276—305 (1949).

MACLEOD, M., and A. W. WILLIAMS: The cardiovascular lesions in Marfan's syndrome. Arch. Path. **61**, 143—148 (1956).

MAIER, C., I. M. RURLI, F. SCHAUB u. F. HEDINGER: Cardiale Störungen beim Marfanschen Syndrom. Cardiologia (Basel) **24**, 106—110 (1954).

MANECKE, H.: Verkalkung des linken Vorhofs bei Marfan-Syndrom. Fortschr. Röntgenstr. **93**, 378—380 (1960).

MARFAN, A. B.: Un cas de deformation congénital des quatre membres, plus prononcée aux extrémités, caractérisée par l'allongement des os avec un certain degré d'amincissement (dolichosténomélie). Bull. Soc. méd. Hôp. Paris **13**, 220—226 (1896).

— La dolichosténomélie. Arch. Ophthal. (Paris) N.S. **2**, 881—896 (1938).

— La dolichosténomélie (dolichomélie, arachnodactylie). Ann. Méd. **44**, 5—29 (1938).

MARVEL, R. J., and P. D. GENOVESE: Cardiovascular disease in Marfan's syndrome. Amer. Heart J. **42**, 814—825 (1951).

MCKUSICK, V. A.: Heritable disorders on connective tissue. 3 — The Marfan syndrome. J. chron. Dis. **2**, 609—644 (1955).

— Geneties factors in diseases of connective tissue. Amer. J. Med. **26**, 287—302 (1959).

MÉRY, H., et L. BABONNEIX: Un cas de formation congénitale des quatres membres: Hyper-

chondroplasie. Bull. Soc. méd. Hôp. Paris **19**, 671 (1902).
MONIZ, E.: Acromecrie. Rev. neurol. **2**, 1014—1027 (1925).
MOSES, M. F.: Aortic lesions associated with arachnodactyly. Brit. med. J. **1951 II**, 81—84.
MOUQUIN, M., C. METIANU, Y. HATT, F. LIOZON, et J. LEPOIX: Aneurysme disséecant mortel chez une malade âgée de 25 ans atteinte d'un syndrome de Marfan. Soc. Franc. Card. **16**, 10 (1960).
MOUREN, P., R. SIMONIN, J. L. CODACCIONI et C. RASMUSSEN: Un cas de maladie de Marfan. Sem. Hôp. Paris **29**, 2683—2687 (1953).
MÜLLER, W.: Über Arachnodactylie und arachnodactylieähnliche Degenerationsformen. Dtsch. Z. Chir. **218**, 256—276 (1929).
MULLER, W. H., J. F. DAMMANN, and W. D. WARREN: Surgical correction of cardiovascular déformities in Marfan's syndrome. Ann. Surg. **152**, 506—516 (1960).
NORCROSS, J. R.: Arachnodactylia (a report of 8 cases). J. Bone Jt Surg. **20**, 757—763 (1938).
OLCOTT, C. T.: Arachnodactyly (Marfan's syndrome) with severe anaemia. Amer. J. Dis. Child. **60**, 660—668 (1940).
ORMOND, A. W.: The etiology of arachnodactyly, with special reference to ocular symptoms. Guy's Hosp. Rep. **80**, 68—81 (1930).
—, and R. G. WILLIAMS: Case of arachnodactylie with special reference to ocular symptoms. Guy's Hosp. Rep. **74**, 385—401 (1924).
PAPAIOANNOU, A. C., M. H. AGUSTSSON, and B. M. GASUL: Early manifestations of the cardiovascular disorders in Marfan syndrome. Pediatrics **27**, 2, 255—268 (1961).
PAPPAS, E. G., D. MASON, and C. DENTON: Marfan's syndrome. A report of three patients with aneurysms of the heart. Amer. J. Med. **23**, 426—433 (1957).
PARKER, A. S., and H. F. HARE: Arachnodactyly. Radiology **45**, 220—226 (1945).
PASACHOFF, H. D., M. J. MADONICK, and C. DRAYER: Arachnodactylie in 4 Siblings with pneumencephalographic observations of 2. Amer. J. Dis. Child. **67**, 201—204 (1944).
PASSOW, A.: Analogie und Koordination von Syndromen der Arachnodactylie und des Status dysraphicus. Klin. Mbl. Augenheilk. **94**, 102—103 (1935).
PATTERSON, W. J.: Case of arachnodactyly. Canad. med. Ass. **28**, 652—657 (1933).
PERITZ, G.: Partieller Riesenwuchs und Infantilismus. Ergebn. inn. Med. Kinderheilk. **7**, 430—486 (1916).
PFAUNDLER, M. v.: Demonstration eines einjährigen Kindes mit vielen kongenitalen Mißbildungen (Akromakrie). Münch. med. Wschr. **1914 I**, 280.
PHILIPSON, J., and G. SALTZMAN: Communication between the anterior aortic sinus and the right ventricle diagnosed by thoracic aortography. Acta radiol. (Stockh.) **51**, 283—288 (1959).
PIPER, R. K., and E. IRVINE-JONES: Arachnodactylia and its association with congenital heart disease. Amer. J. Dis. Child. **31**, 832—839 (1926).
POLEVSKI, J.: The heart visible, p. 158—159. Philadelphia: F. A. Davis Co. 1934.
PYGOTT, F.: Arachnodactyly (Marfan's syndrome) with a report of two cases. Brit. J. Radiol. **28**, 26—29 (1955).
RADOS, A.: Marfan's syndrome. Arch. Ophthal. **27**, 477—538 (1942).
RAMBAR, A. C., and E. J. DENENHOLZ: Arachnodactylie: Report of a case with autopsy, including histologic examination of eye. J. Pediat. **15**, 844—852 (1939).
RAUBITSCHEK, H. V.: Marfan's syndrome. Wien. klin. Wschr. **65**, 577—578 (1953).
REEH, M. J., and W. L. LEHMAN: Marfan's syndrome (arachnodactyly) with ectopia lentis. Fr. Amer. Acad. Ophthal. **58**, 212—216 (1954).
REYNOLDS, G.: The heart in arachnodactyly. Guy's Hosp. Rep. **99**, 178—208 (1950).
ROCH, M.: Arachnodactylie, cyphoscoliose, inocclusion de la cloison interventriculaire, ectopie du cristallin. Presse méd. **81**, 1429—1430 (1937).
ROESLER, H.: Interatrial septal defect. Arch. intern. Med. **54**, 339—380 (1934).
ROSS, L. J.: Arachnodactyly. Review of recent literature and report of case with cleft palate. Amer. J. Dis. Child. **78**, 417—436 (1949).
SALLE, V.: Über einen Fall von angeborener abnormer Größe der Extremitäten mit einem an Akromegalie erinnernden Symptomenkomplex. Zbl. Kinderheilk. **75**, 540—550 (1912).
SCHILLING, V.: Striae distensae als hypophysäres Symptom bei basophilem Vorderlappenadenom und bei Arachnodactylie mit Hypophysentumor. Med. Welt **10**, 183—186 (1936).
SCHMID, A. E.: Dysmorpho-dystrophia mesodermalis congenita. Ophthalmologica (Basel) **3**, 28—60 (1946).
SCHORR, S., K. BRAUN, and J. WILDMAN: Congenital aneurysmal dilatation of the ascending aorta associated with arachnodactyly. Amer. Heart. J. **42**, 610—616 (1951).
SCHWARZWELLER, F.: Die konstitutionelle Bedingtheit der sog. Arachnodactylie. Erbarzt **4**, 96—101 (1937).
SIEGENTHALER, W.: Die cardio-vasculären Veränderungen beim Marfan-Syndrom (Arachnodactylie). Cardiologia (Basel) **28**, 135—150 (1956).
SINCLAIR, R. I. G., A. H. KITCHIN, and R. W. D. TURNER: The Marfan syndrome. Quart. J. Med. **24**, 19—46 (1960).
SINHA, K. P., and H. GOLDBERG: Marfan's syndrome: A case with complete dissection of the aorta. Amer. Heart J. **56**, 890—897 (1958).
SJOERDSMA, A., J. D. DAVIDSON, S. UDENFRIEND, and C. MITOMA: Increased excretion of hydroxyproline in Marfan's syndrome. Lancet **1958 II**, 994.
SLOPER, J. C., and G. J. STOREY: Aneurysms of the ascending aorta due to medial degeneration associated with arachnodactyly (Marfan's disease). Clin. Path. **6**, 299—303 (1953).
STEINBERG, I.: Aneurysms of the thoracic aorta. Amer. J. Cardiol. **1**, 736—747 (1958).

STEINBERG, I.: Dilatation of the aortic sinuses in the Marfan syndrome: Roentgen findings in 5 new cases. Amer. J. Roentgenol. **83**, 302—319 (1960).

—, and W. GELLER: Aneurysmal dilatation of aortic sinuses in arachnodactyly: diagnosis during life in three cases. Ann. intern. Med. **43**, 120—132 (1955).

— J. L. MANGIARDI and W. J. NOBLE: Aneurysmal dilatation of the aortic sinuses in Marfan's syndrome. (Angiocardiographic and cardia catheterization studies in identical twins. Circulation **16**, 368—373 (1957).

STEWART, R. M.: A case of arachnodactyly. Arch. Dis. Childh. **14**, 64—69 (1939).

TASCHEN, B.: Herzanomalien bei der Arachnodactylie. Dtsch. med. Wschr. **79**, 243—244 (1954).

THADEN, F.: Ein Fall von Arachnodactylie mit besonderer Berücksichtigung der Augensymptome. Arch. Augenheilk. **100**, 278—287 (1929).

THOMAS, E.: Ein Fall von Arachnodactylie mit Schwimmhautbildung und einer eigenartigen Ohrmuscheldeformität. Z. Kinderheilk. **10**, 109 (1914).

THOMAS, J., G. B. BROTHERS, R. S. ANDERSON, and J. R. CUFF: Marfan's syndrome; a report of three cases with aneurysm of the aorta. Amer. J. Med. **12**, 613—618 (1952).

THURSFIELD, H.: Arachnodactyly. St. Barth Hosp. Rep. **53**, 35 (1917).

TOBIN, J. R., E. B. BAY, and E. M. HUMPHREYS: Marfan's syndrome in the adult. Arch. intern. Med. **80**, 475—490 (1947).

TRAISMAN, H. S., and F. R. JOHNSON: Arachnodactyly associated with aneurysm of the aorta. Amer. J. Dis. Child. **87**, 156—166 (1954).

TUNG, H. L., and A. A. LIEBOW: Marfan's syndrome. Observations at necropsy with special reference to medionecrosis of the great vessels. Lab. Invest. **1**, 382—406 (1952).

TUPINAMBA, J. and J. DE SOUZA DIAS: Syndrome of Marfan. Rev. Ophthal. S. Paulo **6**, 61—66 (1938).

UYEYAMA, H., B. KENDO, and M. KAMINS: Arachnodactylia and cardiavascular disease report of an autopsied case with a summary of previously autopsied cases. Amer. Heart J. **34**, 580—591 (1947).

VENNING, G. R.: Aneurysms of the sinuses Valsalva. Amer. Heart J. **42**, 57—69 (1951).

VERSÉ, H.: Das Marfan-Syndrom. In: Ergebnisse der inneren Medizin und Kinderheilkunde, Bd. 11. Berlin-Göttingen-Heidelberg: Springer 1959.

VIALLEFONT, H., et J. TEMPLE: L'arachnodactylie on syndrome de Marfan. Arch. Ophthal. (Paris) **51**, 536—549 (1934).

VIVA-SALAS, E., y R. E. SANSON: Sindrome de Marfan, en cardio-pathica congenita y con endocarditis lenta conformada par la autopsia. Arch. Inst. Cardiol. Méx. **18**, 217—230 (1948).

WAHL, M., et M. SCHACHTER: Un cas de dolichosténomélie chez une arriérée. Arch. Med. Enf. **43**, 37—41 (1940).

WEAVER, W. F., J. E. EDWARDS, and R. O. BRANDENBURG: Cardiac clinics. 150. Idiopathic dilatation of the aorta with aortic valvular insufficiency: a possible forme fruste of Marfan's syndrome. Proc. Mayo Clin. **34**, 518—522 (1959).

WEILL, G.: Ectopie des cristallins et malformations générales. Ann. Oculist (Paris) **169**, 21—44 (1932).

WEITZ, W.: Die Vererbung innerer Krankheiten, S. 270. Hamburg: Nölke 1949.

WEVE, H. J. M.: Über Arachnodactylie (Dystrophia mesodermalis congenita Typus Marfan). Arch. Augenheilk. **104**, 1—46 (1931).

WEYERS, H.: Zur Kenntnis der Arachnodactylie und ihrer Beziehungen zu anderen mesodermalen Konstitutionsanomalien. Z. Kinderheilk. **67**, 308—342 (1949).

WHITFIELD, A. G. W., W. M. ARNOTT, and J. L. STAFFORD: "Myocarditis" and aortic hypoplasia in arachnodactylia. Lancet **1951 I**, 1387—1391.

WHITTACKER, S. R. F., and J. D. SHEEHAN: Dissecting aortic aneurysm in Marfan's syndrome. Lancet **1954 II**, 791—792.

WILLIAMS 1876: Zit. nach V. A. MCKUSICK 1955.

WILSON, R.: Marfans syndrome: description of a family. Amer. J. Med. **23**, 434—444 (1957).

WOOD, F. C., E. P. PENDERGRASS, and H. W. OSTRUM: Dissecting aneurysm of the aorta. Amer. J. Roentgenol. **28**, 442—444 (1932).

WYCKOFF, H. J.: Arachnodactylia. Northw. Med. (Seattle) **38**, 134—135 (1939).

YOUNG, M. L.: Arachnodactylie. Arch. Dis. Childh. **4**, 190—214 (1929).

3. *Aortenstenose*

ABBOTT, M. E.: Atlas of congenital cardiac disease. New York: Amer. Heart Ass. 1936.

BIRCKS, W., E. DERRA, K. KREMER, B. LÖHR, u. F. LOOGEN: Klinische und operative Erfahrungen bei der Aortenstenose. Münch. med. Wschr. **103**, 32—41 (1961).

BROCK, R., B. B. MILSTEIN, and D. N. ROSS: Percutaneous left ventricular puncture in the assessment of aortic stenosis. Thorax **11**, 163—171 (1956).

CAMPBELL, M., and R. KAUNTZE: Congenital aortic valvular stenosis. Brit. Heart J. **15**, 179—194 (1953).

CHEU, S., M. J. FIESE u. Y. HATAYAMA: Supraaortic stenosis. Amer. J. clin. Path. **28**, 293—300 (1957).

DENIE, J. J., and A. P. VERHEUGHT: Supravalvular aortic stenosis. Circulation **18**, 902—908 (1958).

DILG, J.: Ein Beitrag zur Kenntnis seltener Herzanomalien im Anschluß an einen Fall von angeborener linksseitiger Conusstenose. Virchows Arch. path. Anat. **91**, 193—259 (1883).

DOERR, W.: Über die Ringleistenstenose des Aortenconus. Virchows Arch. path. Anat. **332**, 101 (1959).

DORMANNS, E.: Zur sogenannten linksseitigen Conusstenose. Beitr. path. Anat. **103**, 235—244 (1939).

FLEMING, P., and R. GIBSON: Percutaneous left ventricular puncture in the assessment of aortic stenosis. Thorax 12, 37—49 (1957).

GILLMANN, H., u. F. LOOGEN: Beziehungen zwischen Schweregrad und klinischen Befunden bei Aortenstenose. Arch. Kreisl.-Forsch. 32, 244—263 (1960).

GOODWIN, J. F., A. HOLLMAN, W. P. CLELAND, and D. TEARE: Obstructive cardiomyopathy simulating aortic stenosis. Brit. Heart J. 22, 403—414 (1960).

GROSSE-BROCKHOFF, F., H. H. LÖHR, F. LOOGEN, u. H. VIETEN: Die Punktion des linken Ventrikels zur Kontrastmitteldarstellung seiner Ausflußbahn. Fortschr. Röntgenstr. 90, 300—308 (1959).

—, u. F. LOOGEN: Angeborene Aortenstenose. Dtsch. med. Wschr. 86, 417—425 (1961).

HERBST, M., K. BOCK, O. HARTLEB u. H. FIEHRING: Die supravalvuläre Aortenstenose mit Hypoplasie der Aorta. Fortschr. Röntgenstr. 92, 533—542 (1960).

KEITH, J. D., R. D. ROWE, and P. VLAD: Heart disease in infancy and childhood. New York: MacMillan Comp. 1958.

KJELLBERG, S. R., E. MANNHEIMER, U. RUDHE, and B. JONSSON: Diagnosis of congenital heart disease. 2. edit. Chicago: The Year Book Publ. INC. 1959.

KREEL, J., R. REISS, L. STRAUSS, S. BLUMENTHAL, and J. D. BARONOFSKY: Supra-valvular stenosis of the aorta. Ann. Surg. 149, 519—524 (1959).

KÜNZLER, R., u. N. SCHAD: Atlas der Angiokardiographie angeborener Herzfehler. Stuttgart: Georg Thieme 1960.

LOOGEN, F.: Die Bewertung spezieller diagnostischer Untersuchungsmethoden bei der Operationsindikation erworbener Herzfehler. Z. Kreisl.-Forsch. 48, 878—893 (1959).

— Die Röntgendiagnostik der Aortenfehler. Radiologe 1, 19—26 (1961).

—, u. H. VIETEN: Die Diagnose der supravalvulären Aortenstenose. Z. Kreisl.-Forsch. 49, 439—445 (1960).

MORROW, A. G., J. A. WALDHAUSEN, R. L. PETERS, R. D. BLOODWELL, and E. BRAUNWALD: Supravalvular aortic stenosis. Circulation 20, 1003—1010 (1959).

ÖDMAN, P., and J. PHILIPSON: Aortic valvular diseases studied by percutaneous thoracie aortography. Acta radiol. (Stockh.), Suppl. 172, 1—59 (1958).

PORSTMANN, W., W. GEISSLER u. W. WOLF: Die retrograde Lävokardiographie in Verbindung mit der intrakardialen Druckmessung. Fortschr. Röntgenstr. 89, 397—408 (1958).

REINHOLD, J., U. RUDHE, and R. E. BONHAM-CARTER: The heart sounds and the arterial pulse in congenital aortic stenosis. Brit. Heart J. 17, 327—336 (1955).

RICHTER, G. W.: Coexisting congenital stenoses of aortic and pulmonic ostia: report of a case. Arch. Path. 56, 392—396 (1953).

ROSSI, E.: Herzkrankheiten im Säuglingsalter. Stuttgart: Georg Thieme 1954.

SMITH, D. E., and M. B. MATTHEWS: Aortic valvular stenosis with coarctation of aorta with special reference to the development of aortic stenosis upon congenital bicuspid valves. Brit. Heart J. 17, 198 (1955).

STEINHART, L., u. J. ENDRYS: Die transseptale Lävographie. Fortschr. Röntgenstr. 93, 753—757 (1960).

STUMPF, P.: Kymographische Röntgendiagnostik. Stuttgart: Georg Thieme 1951.

THURN, P., A. SCHAEDE, H. H. HILGER u. A. DÜX: Zur perkutanen, retrograden, thorakalen Aorta- und Laevokardiographie. Fortschr. Röntgenstr. 93, 393—418 (1960).

a) Idiopathische hypertrophische subaortale Stenose

BERCU, B. A., G. A. DIETTERT, W. H. DANFORTH, E. E. PUND jr., R. C. AHLVIN, and R. R. BELLIVEAU: Pseudoaortic stenosis produced by ventricular hypertrophy. Ann. intern. Med. 25, 814 (1958).

BRAUNWALD, E., A. G. MORROW, W. P. CORNELL, M. M. AYGEN, and T. F. HILBISH: Idiopathic hypertrophic subaortic stenosis. Clinical, hemodynamic and angiographie manifestations. Ann. intern. Med. 29, 924—945 (1960).

BROCK, R. C.: Functional obstruction of the left ventricle. Guy's Hosp. Rep. 108, 126 (1959).

BROCKENBROUGH, E. C., E. BRAUNWALD, and A. G. MORROW: A hemodynamic technique for the detection of idiopathic hypertrophic subaortic stenosis. Circulation 23, 189 (1961).

CALVIN, J. L., J. K. PERLOFF, P. W. CONRAD, and CH. A. HUFNAGEL: Idiopathic hypertrophic subaortic stenosis. Amer. Heart J. 63, 477—484 (1962).

MORROW, A. G., and E. BRAUNWALD: Functional aortic stenosis. Circulation 20, 181 (1959).

SOULIÉ, P., M. DEGEORGES, F. JOLY, M. CARAMANIAN, and J. CARLOTTI: A source of error in the hemodynamic diagnosis of aortic stenosis. Arch. Mal. Cœur 9, 1002 (1959).

b) Aortenatresie

BELLET, S., and B. A. GOULEY: Congenital heart disease with multiple cardiac anomalies. Report of a case showing aortic atresia, fibrous scar in myocardium and embryonal sinusoidal remains. Amer. J. med. Sci. 183, 458 (1932).

DUSHANE, J. W.: Clinico-pathologic correlation of some less common cyanotic congenital cardiac defects in infants. Med. Clin. N. Amer. 32, 879 (1948).

EDWARDS, J. E.: Congenital malformation of the heart and great vessels. In: S. E. GOULD, Pathology of the heart. Springfield (Ill.): Ch. C. Thomas 1953.

KEITH, J. D., R. D. ROWE, and P. VLAD: Heart disease in infancy and childhood. New York: MacMillan Comp. 1958.

MARTENS, G.: Zwei Fälle von Aortenatresie. Virchows Arch. path. Anat. 121, 322 (1890).

MONIE, J. W., and A. D. J. DE PAPE: Congenital aortic atresia. Report of one case with an analysis of 26 similar reported cases. Amer. Heart J. **40**, 595 (1950).

4. Aortenisthmusstenose

ABBOTT, M. E.: Coarctation of aorta of adult type, statistical study of 200 recorded cases with autopsy of stenosis or obliteration of descending arch in subjects above age of 2 years. Amer. Heart J. **3**, 574—618 (1928).
— Atlas of congenital cardiac disease, p. 50. New York: Amer. Heart Ass. 1936.
D'ABREU, A. L., C. G. ROB u. J. F. VOLLMAR: Die Coarctatio aortae abdominalis. Langenbecks Arch. klin. Chir. **290**, 521—546 (1959).
BAHNSON, H. T., R. N. COOLEY, and R. D. SLOAN: Coarctation of the aorta at unusual sites. Amer. Heart J. **38**, 905—913 (1949).
BATCHELDER, P. and R. J. WILLIAMS: Notching of ribs without coarctation. Radiology **51**, 826—830 (1948).
BAYER, O., u. F. LOOGEN: Zur Diagnostik angeborener Herz- und Gefäßmißbildungen. V. Mitt. Das Röntgenbild der angeborenen Mißbildungen des Herzens und der großen Gefäße. Arch. Kreisl.-Forsch. **17**, 350—373 (1951).
BLACKFORD, L. M.: Coarctation of aorta: preliminary report. J. med. Ass. Ga **17**, 462—464 (1928). Proc. Mayo Clin. **2**, 281—284 (1928).
BONNET, L. M.: Sur la lésion dite sténose congénitale de l'aorte dans la région de l'isthme. Rev. Méd. **23**, 108—126, 335—353, 418—440, 481—502 (1903).
BRUWER, A., and D. G. PUGH: A neglected roentgenologic sign of coarctation of the aorta. Proc. Mayo Clin. **27**, 377—382 (1952).
BUCHS, S.: Das klinische Bild der Isthmusstenose der Aorta in den ersten Lebensmonaten. Ann. paediat. (Basel) **175**, 102--120 (1950).
CASTELLANOS, A., and R. PEREIRAS: Retrograde or counter-current aortography. Amer. J. Roentgenol. **63**, 559—565 (1950).
DERRA, E., O. BAYER u. F. LOOGEN: Klinik und chirurgische Behandlung der Aortenisthmusstenose. Dtsch. med. Wschr. **81**, 1—4 (1956).
DOERR, W.: Pathologische Anatomie der kongenitalen Herzfehler. Fortschr. Röntgenstr. **71**, 754—768 (1949).
— Morphogenese und Korrelation chirurgisch wichtiger, angeborener Herzfehler. Ergebn. Chir. Orthop. **36**, 1 (1950).
EDWARDS, J. E.: Congenital malformations of the heart and great vessels. In: S. E. Gould (edit.), Pathology of the heart. Springfield (Ill.): Ch. C. Thomas 1953.
ELLIS jr., F. H., and O. TH. CLAGETT: Coarctation of the aorta proximal to the left subclavian artery: Experience with six surgical cases. Ann. Surg. **146**, 145—151 (1957).
EVANS, W.: Cardiovascular disorders. Practioneer **137**, 441—452 (1936).
FIGLEY, M. M.: Accessory roentgen signs of coarctation of the aorta. Radiology **62**, 671—687 (1954).
FLEISCHNER, F.: Occurence and diagnosis of dilatation of the aorta distal to the area of coarctation. Amer. J. Roentgenol. **61**, 199—201 (1949).
GLADNIKOFF, H.: The roentgenologic picture of the coarctation of aorta and its anatomical basis. Acta radiol. (Stockh.) **27**, 8—19 (1946).
GROB, M.: Über Anomalien des Aortenbogens und ihre entwicklungsgeschichtliche Genese. Helv. paediat. Acta **4**, 274—293 (1949).
GROSSE-BROCKHOFF, F., u. F. LOOGEN: Fortschritte in der Diagnostik und Therapie der Herzkrankheiten in den letzten 10 Jahren. Medizinische **1956**, Nr 12, 403—416.
— — u. A. SCHAEDE: Handbuch der inneren Medizin, 4. Aufl., Bd. IX/3. Berlin-Göttingen-Heidelberg: Springer 1960.
HAGEN, R.: Isthmusstenose der Aorta. Röntgenpraxis **14**, 309—321 (1941).
HOLT, J. F., and E. M. WRIGHT: The radiologic features of neurofibromatosis. Radiology **51**, 647—664 (1948).
JANKER, R.: Zur röntgenologischen Darstellung der Aortenisthmusstenose. Langenbecks Arch. klin. Chir. **274**, 548—561 (1953).
JÖNSSON, G. B., B. BRODÉN, and J. KARNELL: Thoracic aortography with special reference to its value in patent ductus arteriosus and coarctation of the aorta. Acta radiol. (Stockh.), Suppl. **89** (1951).
KARNELL, J., C. CRAFOORD, and B. BRODÉN: Coarctation of the aorta. In: Handbuch der Thoraxchirurgie, Bd. II, S. 365. Berlin-Göttingen-Heidelberg: Springer 1959.
KEITH, J. D., R. D. ROWE, and P. VLAD: Heart disease in infancy and childhood. New York: MacMillan Comp. 1958.
KJELLBERG, S. R., E. MANNHEIMER, U. RUDHE, and B. JONSSON: Diagnosis of congenital heart disease. Chikago: Year Book Publ. 1955.
—, and U. RUDHE: Elektrokymographic studies of coarctation of the aorta. Acta radiol. (Stockh.) **34**, 145—153 (1950).
LAUBRY, C., et R. HEIM DE BALSAC: Mise en évidence par la radiokymographie de la sténose de l'isthme aortique. Arch. Mal. Cœur **30**, 394—397 (1937).
— — Valeur des érosions costales dans de diagnostic des sténoses isthmiques. Arch. Mal. Cœur **30**, 963—970 (1937).
LEWIS, T.: Material relating to coarctation of the aorta of the adult type. Heart **16**, 205—243 (1933).
LONGIN, F.: Zur Erkennung der Aortenisthmusstenose im Röntgennativbild. Fortschr. Röntgenstr. **94**, 324—332 (1961).
LOOGEN, F., J. KARYTSIOTIS u. H. GREMMEL: Zur Röntgensymptomatik der Aortenisthmusstenose. Radiologe **2**, 38—45 (1962).
—, u. H. VIETEN: Atypische Symptomatologie einer Aortenbogenatresie infolge zusätzlicher Gefäßanomalie. Fortschr. Röntgenstr. **93**, 730—735 (1960).
LOVE jr., W. S., and J. H. HOLMES: Coarctation of the aorta with associated stenosis of the

right subclavian artery. Amer. Heart J. **17**, 628—631 (1939).

McCord, M. C., and F. A. Bavendam: Unusual causes of rib notching. Amer. J. Roentgenol. **67**, 405—409 (1952).

Meessen, H.: Zur Pathogenese, Progredienz und Adaption der angeborenen Herz- und Gefäßfehler. Verh. dtsch. Ges. Kreisl.-Forsch. **23**, 188—201 (1957).

Niedner, F.: Bemerkungen zur Entstehung und Auswirkung der Aortenisthmusstenose. Thoraxchirurgie **5**, 213—225 (1957).

Ödman, P.: The appearance of the internal mammary arteries in coarctation of the aorta. Acta radiol. (Stockh.) **39**, 47—56 (1953).

Perlman, L.: Coarctation of the aorta: clinical and roentgenological analysis of 13 cases. Amer. Heart J. **28**, 24—38 (1944).

Railsback, O. C., and W. Dock: Erosion of the ribs due to stenosis of the isthmus (coarctation) of the aorta. Radiology **12**, 58—61 (1929).

Roesler, H.: Beiträge zur Lehre von den angeborenen Herzfehlern. IV. Untersuchungen an zwei Fällen von Isthmusstenose der Aorta. Wien. Arch. inn. Med. **15**, 521—538 (1928).

Schatzki, R., u. W. Hallermann: Über die Isthmusstenose der Aorta. Fortschr. Röntgenstr. **42**, 324—333 (1930).

Schleckat, O.: Angeborene ringförmige Stenose der Aorta descendens in Zwerchfellhöhe. Z. Kreisl.-Forsch. **25**, 417—419 (1933).

Segers, M., and M. Brombart: Multiple notches in the esophagus in coarctation of the aorta. Acta cardiol. **7**, 356—359 (1952).

Skoda, J.: Obliteration der Aorta thoracica. Wbl. Z. K. u. K. Ges. Ärzte Wien **1**, 720—725 (1855).

Steinhart, L., u. J. Endrys: Die transseptale Lävographie. Fortschr. Röntgenstr. **93**, 753—757 (1960).

Sturm, A., u. F. Loogen: Rippenusuren ohne Aortenisthmusstenose. Fortschr. Röntgenstr. **97**, 464—475 (1962).

Taussig, H. B.: Congenital malformations of the heart. New York: Commonwealth Fund 1947.

Trench, N. F., L. Lengyel e W. E. Maffei: Coarctaçoes e estenoses segmentares da aorta toracica e abdominal, de localização atipica. Arch. Hosp. S. Casa S. Paulo **3**, 70—76 (1957).

Wolke, K.: Two cases of coarctation (stenosis of the isthmus) of the aorta. Acta radiol. (Stockh.) **18**, 319—329 (1937).

Zdansky, E.: Röntgendiagnostik des Herzens und der großen Gefäße. Wien: Springer 1949.

5. Ductus arteriosus apertus

Abbott, M. E.: Atlas of congenital heart disease. New York: Amer. Heart Ass. 1936.

Adams, F. H., A. Diehl, J. Jorgens, and G. Veasy: Right heart catheterization in patent ductus arteriosus and aortic pulmonary septal defect. J. Pediat. **40**, 49—59 (1952).

—, and W. B. Forsyth: The effect of surgery on the growth of patients with patent ductus arteriosus. J. Pediat. **39**, 330—336 (1951).

Adams, F. H., J. Jorgens, and G. Veasy: Right heart catheterization in patent ductus arteriosus and aortic pulmonary septal defect. J. Pediat. **40**, 49—59 (1952).

— J. Labrée, and H. M. Stauffer: Right heart catheterization of the aorta through a patent ductus arteriosus; report of 2 cases. Pediatrics **5**, 390 (1950).

Adams, P., F. H. Adams, R. L. Varco, J. F. Dammann, and W. H. Muller: Diagnosis and treatment of P.D.A. in infancy. Pediatrics **12**, 664 (1953).

Allen, R. P.: Angiocardiography in congenital heart disease. Read before the 13 th Midsummer Radiological Conference, Rocky Mountain. Radiological Society, Denver, Colorado, August 9, 1951.

Altschule, M. D.: Aneurysm of the arch of the aorta due to persistence of a portion of the ductus arteriosus in an adult. Amer. Heart J. **14**, 113—115 (1937).

Alzamora-Freundt, R., A. Peralta, A. Mispireta, R. Delgado, P. Moyano, M. Roitman, R. Reyna y R. Chavez: El valor de la cateterizacion intracardiaca en el diagnostico de los defectos septales y de la persistencia del conducto arterioso. Ier Congr. Mond. de Cardiologie, Paris 1950, comm. Nr. 325.

Apert, E., et P. Baillet: Atherome généralisé de l'artère pulmonaire et de ses branches in coincidence avec une béance du trou de botal chez une fille de treize ans. Arch. Méd. Enf. **35**, 147 (1932).

Aranzio, G. O.: De hum. foetu opusc. Rom 1564. Handbuch Geschichte Medizin (Herausg. M. Neuburger u. J. Pagel), S. 235. Wien u. Berlin 1903.

Araujo, J., I. Steinberg, and D. S. Lukas: The syndrome of patent ductus arteriosus with reversal of flow. Clin. Res. Proc. **1**, 15 (1953).

Araya, E., and P. D. White: The relationship of congenital heart disease to premature birth. Amer. Heart J. **25**, 449—453 (1943).

Babey, A.: Displacement of the esophagus by cardiac lesions other than mitral stenosis. Amer. Heart J. **13**, 228—237 (1937).

Barclay, A. E. J., D. A. Barcroft, and K. J. Franklin: A radiographic demonstration of the circulation through the heart in the adult and in the foetus and the identification of the ductus arteriosus. Brit. J. Radiol. **12**, 505—517 (1939).

— J. Barcroft, D. H. Barron, and K. J. Franklin: Radiographic demonstration of the circulation through the heart in the adult and in the foetus, and the identification of the ductus arteriosus. Amer. J. Roentgenol. **47**, 678—690 (1942).

— K. J. Franklin, and M. M. L. Prichard: The foetal circulation and cardiovascular system and the changes that they undergo at birth. Oxford: Blackwell Sci. 1944.

Barcroft, J.: Researches on prenatal life. Closure of the ductus arteriosus and foramen ovale, p. 239—250. Oxford: Basil Blackwell & Mott, Ltd. 1944.

BARCROFT, J.: Zit. nach R. L. HOLMES, Some features of the ductus arteriosus. J. Anat. (Lond.) **92**, 304—309 (1958).
BARNARD: Zit. nach R. HEIM DE BALSAC: In: E. DONZELOT et F. D'ALLAINES, Traité des cardiopathies congénitales. Paris: Masson & Cie. 1954.
BAYER, O., F. LOOGEN u. H. H. WOLTER: Der Herzkatheterismus bei angeborenen und erworbenen Herzfehlern, S. 64—69. Stuttgart: Georg Thieme 1954.
BAYLIS, J. H., and M. CAMPBELL: Unusual cause for continuous murmur. Guy's Hosp. Rep. **101**, 174 (1952).
BLALOCK, A.: Operative closure of the P.D.A. Surg. Gynec. Obstet. **82**, 113—114 (1948).
BENN, J.: The prognosis of patent ductus arteriosus. Brit. Heart J. **9**, 283—291 (1947).
BING, R. J.: The physiology of congenital heart disease. Nelson new-loose-leaf medicine, Vol. V. New York: 1949.
BLUMENTHAL, L. S.: Pathologic significance of the Ductus arteriosus. Arch. Path. **44**, 372—379 (1947).
BLUMER, G., and P. MCALENNEY: The relationship of patent ductus arteriosus to infectious processes in the duct itself, in the pulmonary artery, the aorta and the heart valves. Yale J. Biol. Med. **3**, 483—493 (1930).
BOHN, H.: Ein wichtiges diagnostisches Phänomen zur Erkennung des offenen Ductus arteriosus Botalli. Klin. Wschr. **17**, 907—908 (1938).
BOLDERS et BEDFORD: Zit. nach HEIM DE BALSAC: In: E. DONZELOT et F. D'ALLAINES, Traité des cardiopathies congénitales. Paris: Masson & Cie. 1954.
BORGES, S., et S. NOVELO: La persistance du canal artériel au point de vue hémodynamique, électrocardiographique et clinique. Le diagnostic clinique des cas atypiques. Ier Congr. Mond. de Cardiologie, Paris 1950, comm. Nr. 314.
BOTHWELL, TH., B. VAN LINGEN, J. WHIDBORNE, J. KAYE, M. MCGREGOR, and G. A. ELLIOT: Patent Ductus arteriosus with partial reversal of the shunt. Amer. Heart J. **44**, 360—371 (1952).
BOUCHARD, F., R. LIMON LASON et V. RUBIO: Huit cas de persistance du canal artériel avec grande hypertension pulmonaire dont quatre présentaient de la cyanose. Ier Congr. Mond. de Cardiologie, Paris 1950, comm. Nr 329.
— V. RUBIO et F. LIMON: Cathétérisme du canal artériel; diagnostic par passage de la sonde de l'artère pulmonaire à l'aorte au travers de celui-ci. Arch. Mal. Cœur **44**, 551 et 555 (1951).
BOURNE, G.: Ligation of the patent ductus arteriosus. Brit. Heart J. **7**, 91—94 (1945).
BOYD, J. D.: Nerve supply of ductus arteriosus in the rabbit. J. Anat. (Lond.) **72**, 1460 (1937).
— The nerve supply of the mammilian ductus arteriosus. J. Anat. (Lond.) **75**, 457—468 (1941).
BOYD, L. J., and T. H. MCGAVACK: Aneurysm of the pulmonary artery; a review of the literature and report of two cases. Amer. Heart J. **18**, 562—578 (1939).
BRODÉN, B., H. E. HANSON, and J. KARNELL: Thoracic aortography- Acta radiol. (Stockh.) **28**, 11 (1948).
— — — Thoracic aortography. Preliminary report. Acta radiol. (Stockh.) **29**, 181—188 (1948).
— G. JÖNSSON, and J. KARNELL: Thoracic aortography. Observations on technical problems connected with the method and various risks in its use. Acta radiol. (Stockh.) **32**, 498—508 (1949).
— — — Thoracic aortography in the diagnosis of patent ductus arteriosus Botalli. Acta radiol. (Stockh.) **34**, 65—81 (1950).
BROUSTET, P., R. CASTAING, H. BRICAUD et J. MARTY: Un cas de canal artériel avec shunt croisé. Arch. Mal. Cœur **45**, 252—258 (1952).
BROWN, J. W.: Congenital Heart disease, p. 111—127. London: Staples Press 1951.
BROWN, W. J.: Patent ductus arteriosus with infective endocarditis. Lancet **1933 I**, 82.
BULLOCK, L. T., J. C. JONES, and F. S. DOLLEY: The diagnosis and the effect of ligation of patent ductus arteriosus. J. Pediat. **15**, 786—801 (1939).
BURCHELL, H. B.: Variations in the clinical and pathological picture of patent ductus arteriosus. Med. Clin. N. Amer. **32**, 911—923 (1948).
— H. J. C. SWAN, and E. H. WOOD: Demonstration of differential effects on pulmonary and systemic arterial pressure by variation on oxygen content of inspired air in patients with patent ductus arteriosus and pulmonary hypertension. Circulation **8**, 681—694 (1953).
BURFORD, T. H., and M. J. CASSON: Visualization of the aorta and its branches by retro-arterial diodrast injection. J. Pediatr. **33**, 675—687 (1948).
BURWELL, C. S., E. C. EPPINGER, and R. E. GROSS: The signs of patent ductus arteriosus considered in relation to measurements of the circulation. Trans. Ass. Amer. Physiol. **55**, 71—79 (1940).
— — — The effects of patency of the ductus arteriosus on the circulation. J. clin. Invest. **19**, 774 (1940).
BURWELL, S. L.: Patent ductus arteriosus and vascular rings. J. Amer. med. Ass. **154**, 136—138 (1954).
CABRERA, E., S. BORGES et S. NOVELO: Estudio electrocardiographico de la persistencia del conducto arterioso. Ier Congr. Mondial de Cardiol., Paris 1950.
CAHEN, P.: Angiocardiographie et cathétérisme cardiaque; Étude critique de leur apport au diagnostic des cardiopathies congénitales. Thèse, Lyon, 1950.
CAMPBELL, J. A., and E. C. KLATTE: Radiology of patent ductus arteriosus. Wis. med. J. **59**, 129—134 (1960).
CAMPBELL, M.: Patent ductus arteriosus: some notes on prognosis and on pulmonary hypertension. Brit. Heart J. **17**, 511—533 (1955).
—, and R. HUDSON: Patent ductus arteriosus with reversed shunt due to pulmonary hypertension. Guy's Hosp. Rep. **100**, 26 (1951).

CAMPBELL, M., and R. HUDSON: The disappearance of the continuous murmur of patent ductus arteriosus. Guy's Hosp. Rep. **101**, 32 (1952).
CARLOTTI, J., J. R. SICOT et F. JOLY: Cardiopathies congénitales. Étude de la dynamique des grosses artères pulmonaires. Arch. Mal. Cœur **43**, 705—713 (1950).
CASSELS, D. E., M. MORSE, and W. E. ADAMS: Effect of the patent ductus arteriosus on the pulmonary blood flow, blood volume, heart rate, blood pressure, arterial blood gases and pH. Pediatrics **6**, 667 (1950).
CASTELLANOS, A., R. PEREIRAS y O. GARCIA: La angiocardiografia, un método nuevo para el diagnostico de las cardiopatias congénitas de la infancia. Arch. Soc. clin. Habana 1937.
— — and D. CAZANAS: On value of retrograde aortography for the diagnosis of coarctation of aorta. Arch. Mal. inf. **11**, 9—22 (1942).
CEBALLOS LABAT, J. y D. CANEPA: Diagnostica radiologico de la persistencia del conducto arterioso. Arch. Inst. Cardiol. Méx. **19**, 475 (1949).
CHAPMAN, C. B., and S. L. ROBBINS: Patent ductus arteriosus with pulmonary vascular sclerosis and cyanosis. Ann. intern. Med. **21**, 312—323 (1944).
CHAVEZ, I., et S. BORGES: Étude sur la persistance du canal artériel. Sem- Hôp. Paris **27**, 3164—3173 (1951).
— E. CABRERA u. R. LIMON: La persistancia del conducte arterial complicada de hipertension pulmonar. Arch. Inst. Cardiol. Méx. **23**, 131—159 (1953).
— N. DORBECKER, and A. CELIS: Direct intracardiac angiocardiography its diagnostic value. Amer. Heart J. **33**, 560—593 (1947).
— J. VELA, R. LIMON, and N. DORBECKER: Patent ductus arteriosus. Study of 200 cases. Presented at the Seventh Intern. Congr. of Pediatr., Havana 1953.
CHILDE, E. A., and E. R. MACKENZIE: Calcifications in the ductus arteriosus. Amer. J. Roentgenol. **54**, 370—374 (1945).
CHIU, G. H.: Offener Ductus arteriosus mit pulmonaler Hypertonie. Inaug.-Diss. Düsseldorf 1959.
CHRISTIE, A.: Normal closing time of the foramen ovale and of the ductus arteriosus (an anatomical and statistical study). Amer. J. Dis. Child. **40**, 323 (1930).
CIVIN, H. W., and J. E. EDWARDS: The postnatal structural changes in the intrapulmonary arteries and arterioles. Arch. Path. **51**, 192—200 (1951).
CONKLIN, W. S., and E. J. WATKINS: Use of the Potts-Smith-Gibson clamp for division of patent ductus arteriosus. J. thorac. Surg. **19**, 361—370 (1950).
COSH, J. A.: Patent ductus arteriosus: A follow up study of 73 cases. Brit. Heart J. **19**, 13—22 (1957).
COURNAND, A.: Recent observations on the dynamics of the pulmonary circulation. Bull. N. Y. Acad. Med. **23**, 27—50 (1947).
CRAFOORD, C.: Surgery of the heart and the great vessels. Brit. med. J. **1951 I**, 946.
— E. MANNHEIMER et TH. WIKLUND: Diagnostic et traitement de la P.C.A., 20 cas opérés. Acta chir. scand. **91**, 97—131 (1944).
DAMMANN jr., J. F., M. BERTHRONG, and R. J. BING: A presentation of the syndrome of patency of the ductus arteriosus with pulmonary hypertension and shunting of blood from pulmonary artery to aorta. Bull. Johns Hopk. Hosp. **92**, 128—150 (1953).
—, and CH. FERENCZ: The significance of pulmonary vascular bed in congenital heart disease. III. Defects between the ventricles or great vessels in which both increased pressure and blood flow may act upon the lungs and in which three is a common ejectile force. Amer. Heart J. **52**, 210—229 (1956).
—, and C. G. SELL: Patent ductus arteriosus in the absence of an continuous murmur. Circulation **6**, 110—124 (1952).
DEKKER, A., J. DANKMEIJER u. H. A. SNELLEN: Longvaatveranderingen bij arteriele en veneuze overvulling der longen. Ned. T. Geneesk. **100**, 2951—2952 (1956).
DENOLIN, H., I. LEQUIME et M. SEGERS: La dynamique circulatoire au cours de la persistance du canal artériel et le problème de l'hypertension pulmonaire. Cardiologia (Basel) **21**, 1—17 (1952).
DERRA, E.: Fernergebnisse nach Operation des offenen Ductus Botalli. Zbl. Chir. **78**, 770 (1953).
DETERLING jr., R. A., and O. T. CLAGETT: Aneurysm of the pulmonary artery; review of the literature and report of a case. Amer. Heart J. **34**, 471—499 (1947).
DEXTER, L., J. W. DOW, J. L. WHITTENBERGER, B. G. FERRIS, W. F. GOODALE, and H. K. HELLEMS: Studies of the pulmonary circulation in man at rest. Normal variations and the interrelations between increased pulmonary blood flow, elevated pulmonary arterial pressure and high pulmonary "capillary" pressures. J. clin. Invest. **29**, 602—613 (1950).
— F. W. HAYNES, C. S. BURWELL, E. C. EPPINGER, M. C. SOSMAN, and J. M. EVANS: Studies of congenital heart disease. III. Venous catheterization as a diagnostic aid in patent ductus arteriosus, tetralogy of Fallot, ventricular septal defect, and auricular septal defect. J. clin. Invest. **26**, 561—576 (1947).
DOERR, W.: Pathologische Anatomie typischer Grundformen angeborener Herzfehler. Mschr. Kinderheilk. **100**, 107—117 (1952).
— Die Mißbildungen des Herzens und der großen Gefäße. In: Lehrbuch der speziellen pathologischen Anatomie von E. KAUFMANN (Herausg. von M. STAEMMLER, S. 386. Berlin: W. de Gruyter & Co. 1954.
DONAVAN, N. S., E. B. D. NEUHAUSER, and M. C. SOSMAN: Roentgen signs of patent ductus arteriosus. Summary of 50 surgically verified cases. Amer. J. Roentgenol. **50**, 293—305 (1943).

DONZELOT, E., et F. D'ALLAINES: Traité des cardiopathies congénitales. Paris: Masson & Cie. 1954.
— A. M. EMAN ZADE, R. HEIM DE BALSAC et S. COLLADE MADERA: Étude de 25 cas de peristance du canal artériel (isolée et compliquée). Acta cardiol. (Brux.) **5**, 255—269 (1950).
—, et R. HEIM DE BALSAC: Essai de détermination radiologique de la longueur du ligament et du canal artériel. Acta cardiol. (Brux) **3**, 212—218 (1948).
— H. KAUFMANN et M. MONTOUCHET: Sur un cas d'endocardite infectieuse maintenue apyrétique pendant un an par l'auréomycine et guéri par une thérapeutique antibiotique complexe. Bull. Soc. méd. Hôp. Paris **27/28**, 1185 (1951).
— E. STROHL, M. DURAND, C. METIANU et R. HEIM DE BALSAC: Déviations de la colonne vertébrale dans les cardiopathies congénitales. Sem. Hôp. Paris **27**, 2216—2223 (1951).
DORBECKER, N., M. V. DE LA CRUZ, S. BORGES y J. CEBALLOS: Communication interauricular y persistencia del ductus. Estudio radiologico y de anatomia comparada. III_e Congr. Interamer. de Radiol., Santiago du Chili 1949.
—, y S. ARANDA: Rayos X y cardiopatias congénitas. I. Persistencia del canal arterial, Roentgen rays and congenital cardiopathy. I. Persistent ductus arteriosus. Princ. cardiol. (Méx.) **1955**, 2/4, 378—401.
DOTTER, C. T., and I. STEINBERG: Angiocardiographic study of the pulmonary artery. J. Amer. med. Ass. **139**, 566—572 (1949).
— — Angiocardiography in congenital heart disease. Amer. J. Med. **12**, 219—237 (1952).
DOUGLAS, J.M., H.B. BURCHELL, J.E. EDWARDS, TH. DRY, and R. L. PARKER: Systemic right ventricle in patent ductus arteriosus; report of case with obstructive pulmonary vascular lesions. Proc. Mayo Clin. **22**, 413—423 (1947).
DOYEN, E.: Chirurgie des malformations congénitales on acquises du cœur. Presse méd. **21**, 860 (1913).
DRY, T. J., S. W. HARRINGTON, and J. E. EDWARDS: Irreversible cardiac disease in adult life caused by delayed surgical closure of the patent ductus arteriosus. Proc. Mayo Clin. **23**, 267—274 (1948).
DUSHANE, J. W., and C. E. MONTGOMERY: Patent ductus arteriosus with pulmonary hypertension and atypical clinical findlings. Proc. Mayo Clin. **23**, 505—506 (1948).
EDWARDS, J. E., J. M. DOUGLAS, H. B. BURCHELL, and N. A. CHRISTENSEN: Pathology of the interpulmonary arteries and arterioles in coarctation of the aorta associated with patent ductus arteriosus. Amer. Heart J. **38**, 205—233 (1949).
ELDRIDGE, F., A. SELZER, and H. HULTGREN: Stenosis of a branch of the pulmonary artery. An additional cause of continuous murmurs over the chest. Circulation **15**, 865—874 (1957).
ELLIOT, W. J., and H. E. CHILDE: Calcification in obliterated ductus arteriosus of infant. Verified examples diagnosed before death. Amer. J. Roentgenol. **60**, 411—413 (1948).
ELLIS, F. H., J. W. KIRKLIN, J. A. CALLAHAN, and E. H. WOOD: Patent ductus arteriosus with pulmonary hypertension. An analysis of cases treated surgically. J. thorac. Surg. **31**, 268—285 (1956).
EPPINGER, E. C., and S. BURWELL: The mechanical effects of patent ductus arteriosus on the heart and their relation to X-Ray signs. J. Amer. med. Ass. **115**, 1262—1266 (1940).
— — and R. GROSS: The effects of the patent ductus arteriosus on the circulation. J. clin. Invest. **20**, 127—143 (1941).
ERNST, F.: Ruptur des Ductus arteriosus Botalli. Dtsch. Z. ges. gerichtl. Med. **21**, 365 (1933).
ESSER, J.: Rupture of the Ductus Botalli. Arch. Kinderheilk. **33**, 398 (1902).
FAIRLEY, G. H., and I. F- GOODWIN: Patent ductus arteriosus in adult life. Brit. J. Dis. Chest **53**, 263—277 (1959).
FACQUET, J., et J. J. WELTI: Le traitement chirurgical de la persistance du canal artériel. Presse méd. **54**, 272—273 (1946).
FISHMAN, L., and C. SILVERTHORNE: Persistent patent ductus arteriosus in the aged. Amer. Heart J. **41**, 762—769 (1951).
FLETCHER, G.: Aortic-pulmonary septal defect: report of a case with surgical division along with successful resuscitation from ventricular fibrillation. Proc. Mayo Clin. **29**, 285—293 (1954).
FORREST, H., and F. H. ADAMS: Pulmonary hypertension in children due to congenital heart disease. J. Pediat. **40**, 42—48 (1952).
— A. DIEHL, J. JÖRGENS, and G. L. VEASY: Right heart catheterization in patent ductus arteriosus and aortic pulmonary septal defect. J. Pediat. **40**, 49—59 (1959).
FOSSEL, M.: Mors subita neonatorum durch Ruptur des Ductus Botalli. Verh. Dtsch. Ges. Path. 43. Tagg 1959, S. 195.
FOULIS, J.: On a case of patent ductus arteriosus with aneurysm of the pulmonary artery. Edinb. med. J. **29**, 1117, 30, 17 (1884).
FRÖLICHER: Zit. nach ERNST. Diss. Zürich 1917.
FREEMAN, N. E., F. H. LEEDS, and R. E. GARDNER: A technique for division and suture of the patent ductus acteriosus. In the older age group. Surgery **26**, 103—108 (1949).
FURMAN, R. A.: Angiocardiography. Its use in the diagnosis of patent ductus arteriosus. New Engl. J. Med. **238**, 116—120 (1948).
GEBAUER, P. W., and A. D. NICHOL: Ligation of the patent ductus arteriosus. Ohio St. med. J. **37**, 538—543 (1941).
GERHARDT, C.: Persistenz des Ductus arteriosus Botalli. Jena Z. Med. Naturw. **3**, 105 (1867).
GIBSON, G. A.: Persistence of the arterial duct and its diagnosis. Edinb. med. J. **8**, 1 (1900).
GILCHRIST, A. R.: Patent ductus arteriosus and its surgical treatment. Brit. Heart J. **7**, 1—36 (1945)-
— Patent ductus arteriosus. Brit. Heart J. **10**, 75—78 (1948).

GOETZ, R. H.: A new angiocardiographic sign of patent ductus arteriosus. Brit. Heart J. **13**, 242—246 (1951).

GOVEA, J., y E. AGUIRRE: Sobre et diagnostico clinico y radiologico tomografico de la persistencia del conducto arterio venoso. Rev. cuba. Cardiol. **10**, 26 (1949).

GRÄPER, L.: Die anatomischen Veränderungen kurz nach der Geburt. III. Ductus Botalli. Z. Anat. Entwickl.-Gesch. **61**, 312—329 (1921).

GRAF, W., T. MOLLER, and E. MANNHEIMER: The continous murmur. Acta med. scand., Suppl. **196**, 167—191 (1947).

GRAHAM, E. A.: Aneurysm of the ductus arteriosus, with a consideration of its importance of the thoracic surgeon, report of two cases. Arch. Surg. **41**, 324—333 (1940).

GRAYBIEL, A., J. N. STRIEDER, and N. BOYER: An attempt to obliterate the patent ductus arteriosus in a patient with subacute bacterial endarteritis. Amer. Heart J. **15**, 621—624 (1938).

GREMMEL, H.: Die Transversalschichtuntersuchung des Herzens und der großen Gefäße. Fortschr. Röntgenstr. **96**, 3—36 (1962).

GROSS, G. W.: Ein Fall von Aneurysma des Ductus arteriosus. Arbeits- und Problember. **2**, 67—68 (1948).

— Das Krankheitsbild des persistenten Ductus arteriosus. Dtsch. med. Wschr. **75**, 1039—1042 (1950).

GROSS, R. E.: Surgical management of the ductus arteriosus, with summary of 4 surgically treated cases. Ann. Surg. **110**, 321—356 (1939).

— Surgical closure of patent ductus arteriosus. J. Pediat. **17**, 716—733 (1940).

— The patent ductus arteriosus. Observations on diagnosis and therapy in 525 surgically treated cases. Amer. J. Med. **12**, 472—482 (1952).

—, and J. P. HUBBARD: Surgical ligation of a patent ductus arteriosus; report of first successful case. J. Amer. med. Ass. **112**, 729—731 (1939).

—, and L. A. LONGINO: The patent ductus arteriosus. Observations from 412 surgically treated cases. Circulation **3**, 125—137 (1951).

GROSSE-BROCKHOFF, F.: Hämodynamik der Lungenkreislaufstörungen. Verh. dtsch. Ges. Kreisl.-Forsch. **17**, 35 (1951).

— Der Phasenwandel im Erscheinungsbild der angeborenen Herzfehler mit hohem pulmonalen Stromvolumen. Verh. dtsch. Ges. Kreisl.-Forsch. **23**, 201—215 (1957).

— R. JANKER, G. NEUHAUS u. A. SCHAEDE: Zur Diagnostik der angeborenen Herzfehler. Ärztl. Wschr. **6**, 872—880 (1951).

— F. LOOGEN u. A. SCHAEDE: Angeborene Herz- und Gefäßmißbildungen. Handbuch der inneren Medizin, 4. Aufl., Bd. IX/3, S. 157—195. Berlin-Göttingen-Heidelberg: Springer 1960.

— G. NEUHAUS u. A. SCHAEDE: Herzbelastung bei arterio-venösen Fisteln und veno-venösen Anastomosen im großen bzw. kleinen Kreislauf. Z. Kreisl.-Forsch. **43**, 388—402 (1954).

GROVER, R. F., H. SWAN, and C. A. MAASKE: Pressure changes in the pulmonary artery and aorta before and after ligation of patent ductus arteriosus. Fed. Proc. **8**, 63 (1949).

GUGGENHEIM, A.: Aneurysma des Ductus arteriosus Botalli mit Ruptur. Frankfurt. Z. Path. **40**, 436—443 (1930).

HAMMERSCHLAG, F.: True aneurysm of the ductus arteriosus. Virchows Arch. path. Anat. **258**, 1—8 (1925).

HARVEY: Zit. nach R. HEIM DE BALSAC. In: E. DONZELOT et F. D'ALLAINES, Traité des cardiopathies congénitales. Paris: Masson & Cie. 1954.

HAYEK, H. v.: Zum funktionellen Bau der Herzmuskulatur. Anat. Anz. **88**, 166—172 (1939).

HEATH, D., and W. WHITAKER: The pulmonary vessels in patent ductus arteriosus. J. Path. Bact. **70**, 285—290 (1955).

HEBB, R. G.: Aneurysm of the ductus arteriosus and atheroma of the pulmonary artery. Trans. path. Soc. Lond. **44**, 45 (1893).

HECKMANN, K.: Die pulsatorischen Bewegungen im Pulmonalisgebiet und ihr Ausdruck im Flächenkymogramm. Klin. Wschr. **16**, 733—736 (1937).

HEIM DE BALSAC, R.: In: E. DONZELOT et F. D'ALLAINES, Les communications aorto-pulmonaires. I. Les persistances du canal artériel. In: Traité des cardiopathies congénitales, p. 496—550. Paris: Masson & Cie. 1954.

HELLSTROEM, B., and B. JONSSON: Late prognosis in asphyxia neonatorum. Acta paediat. (Uppsala) **42**, 398—406 (1953).

HO-A-SJOE, J. E.: Vaatvandveranderingen in tet longslagadersysteem by arteriale overvulling. Leiden 1954.

HOLMAN, E.: Certain types of congenital heart disease interpreted as intracardiac arteriovenous and veno-arterial fistulae. 1) Patent ductus; arteriosus. Bull. Johns Hopk. Hosp. **36**, 61 (1925).

— F. GERBODE, and A. PURDY: The patent ductus; a review of seventy-five cases with surgical treatment including an aneurysm of the ductus and one of the pulmonary artery. J. thorac. Surg. **25**, 111—142 (1953).

HOWARD, S., et H. B. BURCHELL: Variations du tableau clinique de la persistance du canal artériel. Med. Clin. N. Amer. **32**, 911—923 (1948).

HUBBARD, J.: The diagnosis and evaluation of compensated and incompensated patent ductus arteriosus. J. Pediat. **22**, 50—59 (1943).

HUBENY, M. J.: Roentgen diagnosis of patent ductus arteriosus; with report of a case complicated by presence of saccular aneurysm. Amer. J. Roentgenol. **7**, 23—26 (1920).

HULTGREN, H., A. SELZER, A. PURDY, E. HOHMANN, and F. GERBODE: The syndrom of patent ductus arteriosus with pulmonary hypertension. Circulation **8**, 15—35 (1953).

HUSEBYE, O. W.: Calcified ductus Botalli persistens. Acta radiol. (Stockh.) **32**, 173—176 (1949).

Jacobi, J., u. M. Loeweneck: Operative Herzleiden, S. 50—56. Stuttgart: Georg Thieme 1958.

Jager, B. V., and O. J. Wollenman jr.: Anatomical study of closure of ductus arteriosus. Amer. J. Path. **18**, 595—613 (1942).

Janker, R.: Der offene Ductus Botalli im Röntgen-Kinofilm. Fortschr. Röntgenstr. **75**, 79—92 (1951).

Jönsson, G., B. Brodén, H. E. Hanson, and J. Karnell: Visualisation of patent ductus arteriosus Botalli by means of thoracic aortography. Acta radiol. (Stockh.) **30**, 81 (1948).

— — and J. Karnell: Thoracic aortography. Acta radiol. (Stockh.), Suppl. 89 (1957).

—, and G. F. Saltzman: Infundibulum of the patent ductus arteriosus studied by thoracic aortography. Acta radiol. (Stockh.) **37**, 445—451 (1952).

Johnson, R. E., P. Wermer, M. Kuschner, and A. Cournand: Intermittend reversal of flows in a case of patent ductus arteriosus. Circulation **1**, 1293—1301 (1950).

Jones, J. C.: Complications of the surgery of patent ductus arteriosus. J. thorac. Surgery **16**, 305—313 (1947).

— The surgery of patent ductus arteriosus. Ann. Surg. **130**, 174—185 (1949).

Josefson, A.: Offenstehender Ductus Botalli nebst Atherom in den Ästen der A. pulmonalis. Nord. med. Ark. Nr 10, 1 (1897).

Karnell, J., G. Jönsson, and B. Brodén: Patent ductus arteriosus. Diagnosis by introduction of catheter through ductus from pulmonary artery into aorta. Acta radiol. (Stockh.) **33**, 405—411 (1950).

Keele, K. D.: Angiocardiography in the diagnosis of congenital heart disease. Brit. J. Radiol. **21**, 380—392 (1948).

— Angiocardiograms after ligation of the ductus arteriosus. Brit. Heart J. **12**, 372—376 (1950).

Keith, J. D., and M. J. Shapiro: Aortography in infants. Circulation **2**, 907—914 (1950).

Kennedy, J. A.: A new concept of the cause of patent ductus arteriosus. Amer. J. med. Sci. **204**, 570—573 (1942).

—, and S. L. Clark: Observation on the physiological reactions of the ductus arteriosus. Amer. J. Physiol. **136**, 140 (1942).

Keys, A., and M. J. Shapiro: Patency of the ductus arteriosus in adults. Amer. Heart J. **25**, 158—186 (1943).

Kjaergaard, H.: Patent ductus Botalli in 3 sisters. Acta med. scand. **125**, 339—344 (1946).

Kjellberg, S. R., E. Mannheimer, U. Rudhe, and B. Jonsson: Diagnosis of congenital heart disease, p. 330—337. Chicago: The Year Book publ. Inc. 1955 und 1959.

Kneidel, J. H.: A case of aneurysm of the ductus arteriosus with postmortem roentgenologic study after installation of barium paste. Amer. J. Roentgenol. **62**, 223—228 (1949).

Könn, G.: Pulmonale Hypertonie. In: Forum cardiologicum **1**, 4—51 (1960). Herausg. C. F. Boehringer & Söhne, Mannheim.

Krauss, H., F. Kümmerle, W. Overbeck, H. Steim u. H. Reindell: Erfahrungen und Ergebnisse beim Verschluß des offenen Ductus Botalli. Dtsch. med. Wschr. **86**, 633—637 (1961).

— K. Musshoff, P. Frisch, H. Reindell u. H. Klepzig: Größen- und Formänderungen des Herzens und der Lungengefäße nach Unterbindung eines offenen Ductus arteriosus Botalli. Dtsch. med. Wschr. **83**, 530—535 (1958).

Kucsko, L.: Über die formale und causale Genese der sog. „idiopathischen" Aneurysmen der Sinus valsalvae aortae. Wien. klin. Wschr. **65**, 826—831 (1958).

Künzler, R., u. N. Schad: Der angiokardiographische Nachweis des Ductus Botalli. Fortschr. Röntgenstr. **90**, 14—21 (1959).

Langer: Zit. nach R. Heim de Balsac, In: E. Donzelot et F. d'Allaines, Traité des cardiopathies congénitales. Paris: Masson & Cie. 1954.

Laurens: Zit. nach R. Heim de Balsac, In: E. Donzelot et F. d'Allaines, Traité des cardiopathies congénitales. Paris: Masson & Cie. 1954.

Le Bozec, J. M.: Prognostic de l'endocardite infectieuse subaigue, traitée par les antibiotiques d'après 202 cas. Thèse, Paris 1952.

Levine, S. A.: The diagnosis of patent ductus arteriosus and the indications for operation. Acta med. scand., Suppl. **196**, 145—159 (1947).

Levine, S. R., and A. E. Geremia: Clinical features of patent ductus arteriosus with special references to cardiac murmurs. Amer. J. med. Sci. **213**, 385—394 (1947).

Levinson, D. C., R. S. Cosby, G. C. Griffith, J. P. Meehan, W. J. Zahn, and S. P. Dimitroff: A diagnostic pulmonary artery pulse pressure contour in patent ductus arteriosus found during cardiac catheterization. Amer. J. med. Sci. **222**, 46—49 (1951).

Lewicki, E.: Zur Diagnostik des offenen Ductus arteriosus Botalli. Wien. klin. Wschr. **50**, 1029—1031 (1940).

Lian, C., et J. J. Welti: La persistance du canal artériel et son traitement chirurgical. (A propos de 85 observations personnels et de 13 interventions.) Presse méd. **58**, 389 (1950).

Liavaag, K.: Surgical treatment of patent ductus arteriosus. Acta chir. scand. **98**, 108—117 (1949).

Limon, L. R., F. Bouchard, R. Alvarez, P. Cahen y S. Novelo: El cateterismo intracardiaco. III. Persistencia del conducto arterioso con hallazgos clinicos atipicos; presentacion de 8 cases, 5 de los cuales, tenian cyanosis. Pruebas de la existencia de "shunt" invertido y cruzado. Arch. Inst. Cardiol. Méx. **20**, 147 (1950).

Lindert, M. C. F., and H. L. Correll: Rupture of pulmonary aneurysm accompanying patent ductus arteriosus. Occurrence in a 67 years old woman. J. Amer. med. Ass. **143**, 888—891 (1950).

LIND, J., and C. WEGELIUS: Human fetal circulation changes in the cardiovascular system at birth and disturbances in the postnatal closure of the foramen ovale and ductus arteriosus. Cold Spr. Harb. Symp. quant. Biol. **19**, 109—125 (1954).

LOOGEN, F.: Der pulmonale Hochdruck bei angeborenen Herzfehlern mit hohem pulmonalen Stromvolumen. Arch. Kreisl.-Forsch. **28**, 1—55 (1958).

LORBACHER, P.: Pulmonale Hypertonie bei Ductus arteriosus persistens (Botalli). Inaug.-Diss. Düsseldorf 1960.

LUKAS, D. S., J. ARAUJO, and I. STEINBERG: Syndrom of patent ductus arteriosus with reversal of the flow. Amer. med. J. **17**, 298—312 (1954).

LYNXWEILER, C. P., and C. R. E. WELLS: Patent ductus arteriosus. A report of 180 operations. Sth med. J. (Bgham, Ala.) **43**, 61—71 (1950).

LYON, R. A., and S. KAPLAN: Patent ductus arteriosus in infancy. Pediatrics **13**, 357—361 (1954).

MACKLER, S.: Aneurysm of the ductus Botalli as a surgical problem, with review of the literature and report of an additional case diagnosed before operation. J. thorac. Surg. **12**, 719—727 (1943).

MAILLET, J.: Les formes atypiques de la persistance du canal artériel. Thèse. Montpellier, 1952.

MANNHEIMER, E.: Experiences from operated cases of patent ductus arteriosus. Acta paediat. (Uppsala) **35**, 217 (1947).

— Nouveaux points de vue sur l'établissement du diagnostic de la persistance du canal artériel. Arch. Mal. Cœur **43**, 324—333 (1950).

— De la persistance du canal artériel dans le cas ou celui-ci est très large. I_{er} Congr. Mondial de Cardiol., Paris 1950, Comm. No 334.

— Traitement chirurgical des malformations du cœur. Nord. Med. **47**, 383—396 (1952).

MECKEL: Zit. nach R. HEIM DE BALSAC, In: E. DONZELOT et F. D'ALLAINES, Traité des cardiopathies congénitales. Paris: Masson & Cie. 1954.

MEESSEN, H.: Zur Pathogenese, Progredienz und Adaptation der angeborenen Herz- und Gefäßfehler. Verh. dtsch. Ges. Kreisl.-Forsch. **23**, 188—201 (1957).

MEYER, V.: Zur chirurgischen Behandlung des Ductus Botalli persistens. Inaug.-Diss. Berlin 1959.

MEYER, W. W., u. E. SIMON: Die präparatorische Angiomalacie des Ductus arteriosus Botalli als Voraussetzung seiner Engstellung und als Vorbild krankhafter Arterienveränderungen. Virchows Arch. path. Anat. **333**, 119—136 (1960).

MITCHELL, S. C.: The ductus arteriosus in the neonatal period. J. Pediat. **51**, 12 (1957).

MOLZ, G.: Ruptur des Ductus arteriosus Botalli bei einem Neugeborenen. Zbl. allg. Path. path. Anat. **102**, 566—570 (1961).

MONTOUCHET, M.: La persistance du canal artériel et son traitement. (A propos de 65 cas, dont 37 operés.) Thèse, Paris 1952.

MONTY, J.: Persistent truncus arteriosus: report of a case with atypical radiological features. Amer. Heart J. **55**, 360—365 (1958).

MOURA CAMPOS, C. DE., N. DORBECKER, P. CAHEN et J. J- PUIGBO: L'angiocardiographie dans le diagnostic de la persistance du canal artériel. Valeur de la méthode par sonde intracardiaque. I_{er} Congr. Mondial de Cardiol., Paris, 1950, Comm. Nr 191.

MUNROE, J. C.: Ligation of ductus arteriosus. Ann. Surg. **46**, 335—338 (1907).

MUSSHOFF, K., u. H. REINDELL: Röntgenuntersuchung des Herzens in horizontaler und vertikaler Körperstellung. Dtsch. med. Wschr. **81**, 1001—1008 (1956).

— — Zur Röntgenuntersuchung des Herzens. Dtsch. med. Wschr. **82**, 1075—1083 (1957).

MUSTARD, W. T.: Suture-ligation of the patent ductus arteriosus. Can. med. Ass. J. **64**, 243—244 (1951).

MYERS, G- S., J. G. SCANELL, S. M. WYMAN, G. E. DJMOND, and J. W. HURST: Atypical patent ductus arteriosus with absence of the usual aortico-pulmonary pressure gradient and of the characteristic murmur. Amer. Heart J. **41**, 819—833 (1951).

NEILL, C., and P. MONSEY: Auscultation in patent ductus arteriosus. Brit. Heart J. **20**, 61—75 (1958).

NICKS, R., and P. J. MOLLOY: Surgery of persistent ductus arteriosus. Brit. med. J. **1956II**, 578—582.

NOVELO, S., R. LIMON LASON, and F. BOUCHARD: Un nouveau syndrome avec cyanose congénitale: la persistance du canal artériel avec hypertension pulmonaire. I_{er} Congr. Mondial de Cardiol., Paris 1950, Comm. No 321.

NICHOL, A. D., and D. D. BRANNAN: Differentiation of patent ductus arteriosus and atrial septal defect. Amer. J. Roentgenol. **58**, 697—707 (1947).

NYLIN, G., and G. BIÖRCK: Circulatory corpuscle and blood volume in a case of patent ductus arteriosus before and after ligation. Acta med. scand. **127**, 434—438 (1947).

—, and H. CELANDER: Determination of blood volume in the heart and lungs and cardiac output through the injection of radiophosphorus. Circulation **1**, 76—83 (1950).

OECONOMOS, N.: Traitement chirurgical de la persistance du canal artériel. Sem. Hôp. Paris **28**, 1959—1972 (1952).

PEACOCK, T. B.: On malformations of the human heart, II. ed. London 1866.

PERLOFF, I. K., W. P. HARVEY, and D. C. WASHINGTON: Unusual left atrial enlargement with patent ductus arteriosus. Amer. Heart J. **60**, 804—810 (1960).

PERRY, B.: Patent ductus arteriosus. Lancet **1933I**, 82—83.

PHILIPSON, J., and G. F. SALTZMAN: Combined ventricular septal defect and aortic insufficiency. Acta radiol. (Stockh.) **44**, 269—280 (1955).

PINNINGER, J. L.: Aneurysm of the ductus arteriosus. J. Path. Bact. **41**, 458—460 (1949).

PORTER, W. J.: The effect of patent ductus arteriosus of body growth. Amer. J. med. Sci. **213**, 178—180 (1947).
POTTS, W. J.: Diagnosis and surgical treatment of patent ductus arteriosus. J. Iowa med. Soc. **38**, 361 (1948).
— Surgical division of the patent ductus arteriosus by means of a new clamp. III_e Interam. cardiol. Congr. Chicago, 1948. Amer. Heart J. **37**, 664 (1949).
— S. GIBSON, S. SMITH, and W. L. RIKER: Diagnosis and surgical treatment of patent ductus arteriosus. Arch. Surg. **58**, 612—622 (1949).
PRITCHARD, W. H., B. L. BROFMAN, and W. K. HELLERSTEIN: Clinical study in reversal of flow in patent ductus arteriosus. J. Lab. clin. Med. **36**, 974 (1950).
QUAIN, R.: The anatomy of the arteries of the human body and its application to pathology and operative surgery; with a series of lithographic drawings, p. 550. London: Taylor & Walton 1844.
RAVIN, A., and W. DARLEY: Atypical diastolic murmur in patent ductus arteriosus. Ann. intern. Med. **33**, 903—914 (1950).
RIGLER, L. G.: The visualized esophagus in the diagnosis of diseases of the heart and aorta. Amer. J. Roentgenol. **21**, 563—571 (1929).
RILEY, R. L., A. HIMMELSTEIN, H. L. MOTLEY, H. M. WEINER, and A. COURNAND: Studies of pulmonary circulation at rest and during exercise in normal individuals and in patients with cronic pulmonary disease. Amer. J. Physiol- **152**, 372 (1948).
ROBLES, C., and P. BENAVIDES: Final results in 25 cases of patent ductus arteriosus, treated with ligature. Arch. Inst. Cardiol. Méx. **19**, 259 (1949).
ROEDER, H.: Thrombosis and aneurysmal dilatation of the ductus Botalli. Virchows Arch. path. Anat. **166**, 513—526 (1901).
ROES, C. E.: A cause for reestablishment of communication following ligation of patent ductus arteriosus. Calif. Med. **68**, 35 (1948).
ROESLER, H.: Roentgenology of the congenital cardiovascular disease. Amer. J. Roentgenol. **42**, 72—74 (1939).
— Clinical roentgenography of the cardiovascular system. Springfield (Ill.): Ch. C. Thomas 1946.
ROKITANSKY, K. F. v.: Über einige der wichtigsten Krankheiten der Arterien, S. 72. Wien 1852.
ROSS, D. N.: Surgery of septal defects. Brit. med. Bull. **11**, 193—196 (1955).
ROSSI, E.: Herzkrankheiten im Säuglingsalter. Stuttgart: Georg Thieme 1954.
ROUTIER, D.: Remarques sur les signes d'auscultation dans la persistance du canal artériel. Arch. Mal. Cœur **30**, 388—393 (1937).
RUBIO, V., R. LIMON, S. BORGES, F. BOUCHARD, A. CANEPA y A. AGUILLAR: El cateterismo intracardiaco. II. Diagnostico de la persistencia del conducto arterioso par medio de la cateterizacion de la aorta a traves del conducto. Arch. Inst. Cardiol. Méx. **19**, 583 (1949).
RUSKIN, H., and E. SAMUEL: Calcification in the patent ductus arteriosus. Brit. J. Radiol. **23**, 710—717 (1950).
RUTSTEIN, D., R. J. NICKERSON, and F. P. HEALD: Seasonal incidence of patent ductus arteriosus and maternal rubella. Amer. J. Dis. Child. **84**, 199—213 (1952).
SALZER, G.: Über einen Fall von doppelseitigem Ductus Botalli. Beitr. path. Anat. **81**, 671—676 (1929).
— Bilateral ductus arteriosus. Amer. J. Dis. Child. **40**, 156 (1930).
SCHAEDE, A., u. J. SCHOENMACKERS: Zur Differentialdiagnose des offenen Ductus arteriosus Botalli. Cardiologia (Basel) **17**, 234—244 (1950).
SCHEEF, S.: Rupture of myotic aneurysm of the ductus Botalli and roentgen demonstration of the enlarged ductus in infant. Arch. Kinderheilk. **117**, 234—243 (1939).
SCOTT jr., H. W.: Closure of patent ductus arteriosus by suture ligation technique. Surg. Gynec. Obstet. **90**, 91—95 (1950).
SEGERS, M.: Empreinte oesophagienne déterminée par le canal artériel. Arch. Mal. Cœur **44**, 1027—1028 (1951).
SHAPIRO, M. J.: Preoperative diagnosis of patent ductus arteriosus. J. Amer. med. Ass. **126**, 934—937 (1944).
— The results of surgery in patent ductus arteriosus. Proc. Centr. Soc. Clin. Res. **19**, 19 (1946).
—, and A. KEYS: The prognosis of untreated patent ductus arteriosus and the results of surgical intervention: a clinical series of 50 cases and an analysis of 139 operations. Amer. J. med. Sci. **206**, 174—183 (1943).
—, and E. JOHNSON: Results of surgery in patent ductus arteriosus. Amer. Heart J. **33**, 725 (1947).
— — and A. VIOLANTE: Clinical and physiological analysis of twenty three patients with persistent patent ductus arteriosus. Int. Clin. **4**, 148 (1941).
SILVER, A. W., J. W. KIRKLIN, F. H. ELLIS, and E. H. WOOD: Regression of pulmonary hypertension after closure of patent ductus arteriosus. Proc. Mayo Clin. **29**, 293—300 (1954).
SMITH, G.: P.D.A. with pulmonary hypertension and reversed shunt. Brit. Heart J. **16**, 233—240 (1954).
SMITH, K. S., and F. G- WOOD: Radiokymography in patent ductus arteriosus. Brit. Heart J. **11**, 257—263 (1949).
SOULIÉ, P., D. ROUTIER et P. BERNAL: Communication interventriculaire avec insuffisance aortique (diagnostic différentiel de la P.C.A.). Arch. Mal. Cœur **42**, 765—780 (1949).
— M. SERVELLE et A. BARREAU: Persistance du C.A. Intervention, guérison. Arch. Mal. Cœur **41**, 557—559 (1948).
STAUFFER, H. M.: The conventional roentgen examination in operable congenital heart disease. Radiology **53**, 488—499 (1949).

STEINBERG, M. F., A. GRISHMAN, and M. L. SUSMAN: Angiocardiography in congenital heart diseases: patent ductus arteriosus. Amer. J. Roentgenol. **50**, 306—315 (1943).

STORCH, E.: Über 2 Fälle von Lungenarterienaneurysma. Breslau 1899.

STORSTEIN, O., S. HUNERFELD, O. MILLER, and H. RASMUSSEN: Patent ductus arteriosus in a woman aged 72 years. Brit. Heart J. **14**, 276—278 (1952).

SUSMAN, M. L., and S. A. BRAHMS: Interpretation of normal cardiovascular angiograms with discussion of common errors. Amer. J. Roentgenol. **66**, 29—36 (1951).

TAUSSIG, H.: Congenital malformations of the heart. New York: Commonwealth Fund 1947.

TAYLOR, B. E., and J. W. DUSHANE: Patent ductus arteriosus associated with pulmonary stenosis. Proc. Clin. **25**, 60—62 (1950).

— J. R. B. KNUTSON, H. B. BURCHELL, G- W. DAUGHERTY, and E. H. WOOD: Patent ductus arteriosus associated with coarctation of the aorta; report of two cases studied before and after surgical treatment. Proc. Mayo Clin. **25**, 62—68 (1950)-

— A. A. POLLACK, H. B. BURCHELL, O. T. CLAGETT, and E. H. WOOD: Studies of the pulmonary and systemic arterial pressure in cases of patent ductus arteriosus with special reference to effects of surgical closure. J. clin. Invest. **29**, 745—753 (1950).

THOMA, R.: Über das Tractionsaneurysma der kindlichen Aorta. Virchows Arch. path. Anat. **122**, 535—551 (1890).

TOUROFF, A. S. W.: The results of surgical treatment of patent ductus arteriosus complicated with subacute bacterial endarteritis. Amer. Heart J. **25**, 187—210 (1943).

— Indications for operations in patent ductus arteriosus (with special reference to adults). N. Y. St. J. Med. **49**, 1722—1726 (1949).

TUBBS, O. S.: Surgical closure of patent ductus arteriosus. Postgrad. med. J. **21**, 158 (1945).

VERNAUT, P., I. NOUAILLE, O. SCHWEISGUTH, I. LATESSE, F. BOUCHARD, I. MATHEY, I. BURET et G. AUSTRIERES: Les canaux artériels avec hypertension pulmonaire sans universion du shunt. Arch. Mal. Cœur **48**, 277—311 (1955).

VERNEJOUL, DE R., A. JOUVE, J. PIERRON et H. MÉTRAS: Evolution d'un cas du persistance du canal artériel opéré depuis 6 mois. Arch. Mal. Cœur **41**, 52—54 (1948).

VESSEL, H., and I. KROSS: Patent ductus arteriosus with subacute bacterial endarteriitis. Arch. intern. Med. **77**, 659—677 (1946).

VIDELA, J. G., y A. R. ALBANESE: Conducto arterioso permeable y aneurisma de la rama izquierda de la arteria pulmonar. Ligadura del ductus. Prensa méd. argent. **38**, 302—304 (1951).

VOCI, G., M. TOUCHE et F. JOLY: Étude hémodynamique de 10 observations de persistance isolée du canal artériel. Arch. Mal. Cœur **44**, 1103—1112 (1951).

WANGENSTEIN, O. H., R. L. VARCO, and I. D. BARONOFSKY: The technique of surgical division of patent ductus arteriosus. Surg. Gynec. Obstet. **88**, 62—68 (1949).

WASASTJERNA, S. O.: Tvenne fall av öppen Ductus Botalli. [Swedish.] Finska Läk.-Sällsk. Handl. **16**, 235 (1874).

WATERMAN, D. H., P. C. SAMSON, and C. P. BAILEY: The surgery of patent ductus arteriosus. Dis. Chest **29**, 102—108 (1956).

WEINBREN, M.: Tomography. London: H. K. Lewis & Co. 1946.

WEISCHER, P.: Über die Aneurysmen der A. pulmonalis. Würzburg: F. Scheiner 1909.

WEISS, E.: Calcified plaque of aorta at entrance of patent ductus arteriosus: a point in diagnosis. Amer. Heart J- **7**, 114—115 (1931).

WELCH, K. J., and T. D. KINNEY: The effect of patent ductus arteriosus and of interauricular and interventricular septal defects on the development of pulmonary vascular lesions. Amer. J. Path. **24**, 729—761 (1948).

WELLER, C. V.: Congenital aneurysmal dilatation of ductus arteriosus. Internat. A. M. Museums Bull. **5**, 121 (1915).

WELTI, J. J., et G. KEERPERICH: Remarques sur le prognostic de la persistance ringole du canal artériel à propos de 54 cas non opérés. Arch. Mal. Cœur **41**, 428—435 (1948).

WHITAKER, W., D. HEATH, and J. W. BROWN: Patent ductus arteriosus with pulmonary hypertension. Brit. Heart J. **17**, 121—137 (1955).

WHITE, P. D.: Patent ductus arteriosus in a woman in her sixty-sixth year. J. Amer. med. Ass. **91**, 16 (1928).

WOOD, P.: Review of clinical aspects of congenital heart disease in light of experience gained by means of modern techniques. Brit. med. J. **1950II**, 639—645.

— Diseases of the heart and circulation, p. 380—392. London: Eyre & Spottiswoode Ltd. 1950.

YU, P. N., F. W. LOVEJOY, H. A. JOOS, R. E. NYE, and D. C. BEATHY: Studies of pulmonary hypertension: The syndrom of patent ductus arteriosus with marked pulmonary hypertension. Amer. Heart J. **48**, 544—561 (1954).

ZIEGLER, R. F.: The importance of patent ductus arteriosus in infants. Amer. Heart J. **43**, 553—572 (1952).

ZINN, W.: Zur Diagnose der Persistenz des Ductus arteriosus Botalli. Berl. klin. Wschr. **35**, 433—435 (1898).

6. Aorto-pulmonaler Septumdefekt

ABBOTT, M. E.: Atlas of congenital cardiac disease. New York: Amer. Heart Ass. 1936.

ADAMS, F. H., A. DIEHL, J. JORGENS, and L. G. VEASY: Right heart catheterization in patent ductus arteriosus and aortic-pulmonary septal defect. J. Pediat. **40**, 49—59 (1952).

AUBRY, J.: Trois observations anatomo-cliniques de communication aorto-pulmonaire basse congénitale. Arch. Mal. Cœur **48**, 685—696 (1955).

AZEVEDO, A., R. ROUBACH, A. N. TOLEDO, and A. DE CARVALHO: Diagnosis and surgical treatment of congenital aortic septal defects. Acta cardiol. (Brux.) **9**, 1—16 (1954).

BAGINSKY, B.: Verhandlungen der Berliner medizinischen Gesellschaft. Berl. klin. Wschr. **16**, 439 (1879).

BAILEY, C. P., M. M. LACY, and J. S. G. HARRIS: The surgical treatment of aquired heart disease. Surg. Clin. N. Amer. **31**, 1821—1863 (1951).

BAIN, C. W., and J. PARKINSON: Common aortopulmonary trunc: a rare congenital defect. Brit. Heart J. **5**, 97—100 (1943).

BARONOFSKY, I. D., A. J. GORDON, A. GRISHMAN, L. STEINFELD, and J. KREEL: Aortico-pulmonary septal defect. Amer. J. Cardiol. **5**, 273—276 (1960).

BERRETA, J. A., J. PERIANES, A. BUZZI, and F. F. MADRID: Congenital aortic septal defect. Clinical and surgical considerations of three cases. Amer. Heart J. **54**, 548—555 (1957).

CAESAR, J.: Case of malformation of the heart. Lancet **1880II**, 768.

CAZIN, L.: Communication congénitale entre l'aorte et l'A.P. sans persistance du canal artérial. Thèse de Paris, 1897.

COHEN, M., H. E. WARDEN, and C. W. LILLEHEI: A technique for the experimental creation of aorticopulmonary fistula. J. thorac. Surg. **30**, 66—75 (1955).

COLLETT, R. W., and J. E. EDWARDS: Persistent truncus arteriosus: A classification according to anatomic types. J. Surg. Clin. N. Amer. **29**, 1245 (1949).

COOLEY, D. A., D. G. MCNAMARA, and J. R. LATSON: Aorticopulmonary septal defect. Surgery **42**, 101—120 (1957).

COUVES, C. M., D. A. COOLEY, J. R. LATSON, and D. G. MCNAMARA: Congenital aorticopulmonary window: Physiologic and surgical considerations. Circulation **14**, 923 (1956).

DADDS, J. H., and C. HOYLE: Congenital aortic septal defect. Brit. Heart J. **11**, 390—397 (1949).

DAMMANN jr., J. F., and C. G. SELL: Patent ductus arteriosus in the absence of continuous murmur. Circulation **6**, 110—124 (1952).

DEXTER, L.: Right heart catheterization in congenital heart disease. Mod. Med. (Minneap.) **17**, 96 (1949).

— Cardiac catheterization. Mod. Med. (Minneap.) **15**, 96 (1949).

D'HEER, H. A. H., and C. L. C. VAN NIEUWENHUIZEN: Diagnosis of congenital aortic septal defects. Description of two cases and special emphasis on a new method which allows an accurate diagnosis by means of cardiac catheterization. Circulation **13**, 58—62 (1956).

DOWNING, D. F.: Congenital aortic septal defect. Amer. Heart J. **40**, 285—292 (1950).

— C. P. BAILEY, R. MANIGLIA, and H. GOLDBERG: Defect of the aortic septum. Amer. Heart J. **45**, 305—314 (1953).

ELLIOTSON, J.: Case of malformation of the pulmonary artery and aorta. Lancet **1830I**, 247—248.

ERF, L. A., J. FOLDES, F. V. PICCIONE, and F. B. WAGNER: Pulmonary hemangioma with pulmonary artery-aortic septal defect. Amer. Heart J. **38**, 766—774 (1949).

ESPINO VELA, J., J. MUSCHINIK, M. Y. COMAS LEAL y E. SAAIBI: Fistula aortopulmonar distal. Presentacion de cuatro casos. Arch. Inst. Cardiol. Méx. **23**, 461 (1953).

FISHER, T.: Two cases of congenital disease of left side of the heart. Brit. med. J. **1902I**, 639—641.

FLEMING, H. A.: Aorto-pulmonary septal defect with patent ductus arteriosus and death due to rupture of dissecting aneurysm of the pulmonary artery into the pericardium. Thorax **11**, 71—76 (1956).

FLETCHER, G., J. W. DUSHANE, J. W. KIRKLIN, and E. H. WOOD: Symposium on physiological, clinical and surgical interdependence in study and treatment of congenital heart disease; aortic-pulmonary septal defect. Proc. Mayo Clin. **29**, 285—293 (1954).

FRAENTZEL, O.: Ein Fall von abnormer Communication der Aorta mit der Arteria pulmonalis. Virchows Arch. path. Anat. **43**, 420—426 (1858).

GASUL, B. M., E. H. FELL, and R. CASAS: The diagnosis of aortic septal defects by retrograde aortography. Circulation **4**, 251—254 (1951).

GERHARDT, C.: Lehrbuch der Kinderkrankheiten, Bd. I, S. 244. Tübingen: Laupp 1874.

GIBSON, S., W. J. POTTS, and W. H. LANGEWICH: Aortic pulmonary communication due to localized congenital defect of the aortic septum. Pediatrics **6**, 357—360 (1950).

GIRARD, E.: Über einen Fall von congenitaler Communication zwischen Aorta und Arteria pulmonalis. Inaug.-Diss. Zürich 1895.

GIRARD, J., M. J. A. et G. CASTELAIN: Les communications intersigmoido-infundibulaires, formes rares des communications bulbaires congénitales. Presse méd. **49**, 1364—1366 (1941).

GIRAUD, G., S. CHAPTAL, H. LATOUR, P. PUECH et R. JEAN: Communication aorto-pulmonaire tronculaire congénitale. Son diagnostic par le cathétérisme de l'aorte à travers la communication. Arch. Mal. Cœur **48**, 567—581 (1955).

GROSS, R. E.: Surgical closure of an aortic septal defect. Circulation **5**, 858—863 (1952).

GROSSE-BROCKHOFF, F., F. LOOGEN u. A. SCHAEDE: Aorto-pulmonaler Septumdefekt. In: Handbuch der inneren Medizin, 4. Aufl., Bd. IX/3, S. 199—203. Berlin-Göttingen-Heidelberg: Springer 1960.

HEKTOEN, L.: Congenital aortico-pulmonary communication; communication between the aorta and the left ventricle under a semilunar valve. Trans. path. Soc. Chic. **4**, 97—113 (1900).

HIMMELSTEIN, A., and A. COURNAND: Cardiac catheterization in the study of congenital cardiovascular anomaly. Amer. J. Med. **12**, 349—356 (1952).

KING, F. H., A. GORDON, S. BRAHMS, R. LASSER and R. BORNN: Aortic septal defect simulating patent ductus arteriosus. J. Mt Sinai Hosp. **17**, 310—316 (1951).

KUDASZ, J., G. SZUTRELY u. A. SZUTRELY: Die diagnostische und chirurgische Bedeutung des aortico-pulmonalen Septumdefektes. Zbl. Chir. **79**, 1393—1398 (1954).

LANZA, G.: Sulle communicazioni congenite extrabotalline fra l'aorte e l'arteria pulmonare. Arch. ital. anat. Istol. pat. **25**, 331.

LUTEMBACHER, R.: Communication entre l'aorte et l'artère pulmonaire. Presse méd. **53**, 577—578 (1945).

MIGLIORINI, G., A. ACTIS-DATO et P. F. ANGLINO: Fistule aorto-pulmonaire congénitale. Acta cardiol. (Brux.) **9**, 17—42 (1954).

MOORHEAD, T. G., and E. C. SMITH: Congenital cardiac anomaly: abnormal opening between aorta and pulmonary artery. Irish. J. med. Sci. 545—549 (1923).

OBERWINTER: Ein Fall von angeborener Kommunikation zwischen Aorta und Arteria pulmonalis und gleichzeitiger Aneurysmabildung des gemeinschaftlichen Septums. Münch. med. Wschr. **51**, 1610—1613 (1904).

PANSCH, J.: Aorto-pulmonaler Septumdefekt mit pulmonaler Hypertension. Z. Kreisl.-Forsch. **44**, 729—738 (1955).

PERELMAN, H., and W. G. L. PUTSCHAR: Congenital communication between aorta and pulmonary artery. Bull. int. Ass. med. Mus. **30**, 1—13 (1949).

RAUCHFUSS, C. F.: In: GERHARDTs Handbuch der Kinderkrankheiten, Bd. IV, S. 61—62. Tübingen: Laupp 1878.

RICHARDS, E.: Six cardiac and vascular cases; with remarks and engravings. Brit. med. J. **1881 II**, 71—72.

ROBERTSON, R.: Aorticopulmonary fistula (Diskussionsbemerkung). J. thorac. Surg. **25**, 38 (1953).

ROSS, D. N.: Surgery of septal defects. Present position. Brit. med. Bull. **11**, 193—196 (1955).

SCOTT jr., H. W., and D. C. SABISTON: Surgical treatment for congenital aorticopulmonary fistula: Experimental and clinical aspects. J. thorac. Surg. **25**, 26—39 (1953).

SHAW, R.: Aorticopulmonary fistula (Diskussionsbemerkung). J. thorac. Surg. **25**, 38 (1953).

SHEPHERD, S. G., F. R. PARK, and J. R. KITCHELL: A case of aortopulmonic communication incident to a congenital aortic septal defect; discussion of embryologic changes involved. Amer. Heart J. **27**, 733—738 (1944).

SKALL-JENSEN, J.: Congenital aorticopulmonary fistula. A review of the literature and report of two cases. Acta med. scand. **160**, 221—230 (1958).

SOULIÉ, P.: Communication orale à la société française de cardiologie. Séance du 19 décembre 1954.

SPENCER, H., and H. J. DWORKEN: Congenital aortic septal defect with communication between the aorta and the pulmonary artery. Circulation **2**, 880—885 (1950).

SPRENGEL, R. A., and A. F. BROWN: Aortic septum defect. Amer. Heart J. **48**, 796—798 (1954).

URRUTIA, D.: Communication interarterial. Bol. de la Soc. Med. Santiago Session del 13 abril 1934 [Résumé in Arch. Mal. Cœur **20**, 758—759 (1936)].

VARCO: Zit. nach SCOTT, W. H.: Surgical treatment for congenital aorticopulmonary fistula. J. thorac. Surg. **25**, 26—39 (1953).

VAYSSE, J., F. D'ALLAINES, C. L. PÉBRIER et G. RICORDEAU: Fermeture sous-réfrigération d'une communication aorto-pulmonaire congénitale. Arch. Mal. Cœur **49**, 42—49 (1956).

WENGER, R., u. H. MÖSSLACHER: Zur Diagnostik des sog. „aorto-pulmonalen Fensters". Z. Kreisl.-Forsch. **50**, 504—512 (1961).

WILKES, S.: Communication between the pulmonary artery and the aorta. Trans. path. Soc. Lond. **11**, 57—58 (1860).

ZITTEL, R. X., H. STEIM u. W. OVERBECK: Zur Klinik congenitaler aorto-pulmonaler Fehlbildungen. Z. Kreisl.-Forsch. **49**, 842—852 (1960).

7. Aneurysma des Semilunarklappensinus (Sinus Valsalvae) der Aorta

ALBRECHT, H. U.: Zur Röntgendiagnostik der Aneurysmen des Sinus Valsalvae der Aorta. Fortschr. Röntgenstr. **53**, 218 (1936).

BROFMAN, B. L., and J. C. ELDER: Cardioaortic fistula. Temporary circulatory occlusion as an aid in diagnosis. Circulation **16**, 77 (1957).

FALHOLT, W., and G. THOMSEN: Congenital aneurysm of the right sinus of valsalvae. Diagnosed by aortography. Circulation **8**, 549 (1943).

FELDMAN, L., J. FRIEDLANDER, R. DILLON, and R. WALLYN: Aneurysm of right sinus of valsalva with rupture into right atrium and into the right ventricle. Amer. Heart J. **51**, 314 (1956).

GOEHRING, C.: Congenital aneurysm of the aortic sinus of valsalva. J. med. Res. **42**, 49 (1920).

GRESSNER, E.: Aneurysma verum sinus valsalvae aortae dextri. Z. Kreisl.-Forsch. **25**, 74 (1933).

GROSSE-BROCKHOFF, F., F. LOOGEN u. A. SCHAEDE: Angeborenes Aneurysma des Semilunarlappensinus (Sinus Valsalvae) der Aorta mit Perforation in die angrenzenden Herz- oder Gefäßabschnitte. In: Handbuch der inneren Medizin, 4. Aufl., Bd. IX/3, S. 204—212. Berlin-Göttingen-Heidelberg: Springer 1960.

HAUSER, H. v.: Aneurysma des Sinus Valsalvae mit Durchbruch in den rechten Vorhof. Dtsch. Z. ges. gerichtl. Med. **32**, 490 (1940).

HECKLER, A.: Ein seltener Fall von 2 intraperikardial gelegenen Aortenaneurysmen (Aneurysmen des Sinus Valsalvae). Röntgenpraxis **8**, 676 (1946).

HIGGINS, A. R.: Aneurysm of sinus valsalva with rupture into right auricle and death. U.S. nav. med. Bull. **32**, 47 (1934).

JACOBI, J., u. M. LOEWENECK: Operative Herzleiden. Stuttgart: Georg Thieme 1958.

JONES, A. M., and F. A. LANGLEY: Aortic sinus aneurysm. Brit. Heart J. **11**, 325—341 (1949).

KJELLBERG, S. R., E. MANNHEIMER, U. RUDHE, and B. JONSSON: Diagnosis of congenital heart disease. Chicago: Year Book Publ. Inc. 1955.

LILLEHEI, C. W., P. STANLEY, and R. L. VARCO: Surgical treatment of ruptured aneurysms of the sinus of valsalva. Ann. Surg. **146**, 459 (1957).

ORAM, S., and T. EAST: Rupture of aneurysm of aortic sinus (of valsalva) into the right heart. Brit. Heart J. **17**, 541 (1955).

PELTZER, F., u. M. PIROTH: Zur Klinik und Pathologie der idopathischen Aneurysmen des Sinus Valsalvae. Z. Kreisl.-Forsch. **48**, 475 (1959).

PORTER, W. B.: The syndrome of rupture of an aortic aneurysm into the pulmonary artery. Amer. Heart J. **23**, 468 (1942).

SCOTT, R. W.: Aortic aneurysm rupturing into the pulmonary artery. J. Amer. med. Ass. **82**, 1417 (1924).

SNYDER, G. A. C., and W. C. HUNTER: Syphilitic aneurysm of left coronary artery with concurrent aneurysm of a sinus of valsalva and a additional case of valsalva aneurysm alone. Amer. J. Path. **10**, 757 (1934).

SPRENKEL, V., and H. L. STEWART: Congenital thinning of the wall of the right anterior sinus of valsalva; anterior interventricular septal defect (probably bulbar septal), slight dextroposition of aorta and bacterial endocarditis. J. Lab. clin. Med. **21**, 128 (1935).

STEINBERG, I., and N. FINBY: Clinical manifestations of the unperforated coronary sinus aneurysm. Circulation **14**, 115 (1956).

—, and B. P. SAMMONS: Aneurysmal dilatation of the aortic sinuses in coarctation of the aorta: report of two new cases and review of the literature. Ann. intern. Med. **49**, 922 (1958).

THURN, P., A. SCHAEDE, H. H. HILGER u. A. DÜX: Zur perkutanen, retrograden, thorakalen Aorto- und Laevokardiographie. Fortschr. Röntgenstr. **93**, 393—418 (1960).

VENNING, G. R.: Aneurysms of the sinus of valsalva. Amer. Heart J. **42**, 57 (1951).

WARTHEN, R. O.: Congenital aneurysm of the right anterior sinus of valsalva. Amer. Heart J. **37**, 975 (1949).

WRIGHT, R. B.: Aneurysm of a sinus of valsalva with rupture into the right auricle. Arch. Path. **23**, 679 (1937).

8. Arteriovenöse Fistel des Coronarkreislaufs

BJÖRCK, G., and C. CRAFOORD: Arteriovenous aneurysm of the pulmonary artery simulating patent ductus arteriosus Botalli. Thorax **2**, 65 (1947).

BOSHER jr., L. B., S. VASLI, C. M. MCCUE, and L. V. BELTER: Congenital coronary arteriovenous fistula associated with large patent ductus. Circulation **20**, 254 (1959).

BROWN, R. C., and J. D. BURNETT: Anomalous channel between aorta and right ventricle: report of a case. Pediatrics **3**, 597 (1949).

COLBECK, J. C., and J. M. SHAW: Coronary aneurysm with arteriovenous fistula. Amer. Heart J. **48**, 270 (1954).

COOLEY, R. M., and R. B. SLOAN: Radiology of the heart and great blood vessels, p. 226. Baltimore: Williams & Wilkins Co. 1956.

DAVIS jr., C., R. F. DILLON, E. H. FELL, and B. M. GASUL: Anomalous coronary artery simulating patent ductus arteriosus. J. Amer. med. Ass. **160**, 1047 (1956).

DAVISON, P. H., R. H. MCCRACKEN, and D. J. S. MCILVEEN: Congenital coronary arteriovenous aneurysm. Brit. Heart J. **17**, 569 (1955).

FELL, E. H., J. WEINBERG jr., A. S. GORDON, B. M. GASUL, and F. R. JOHNSTON: Surgery for congenital coronary arteriovenous fistulae. Arch. Surg. **77**, 331 (1958).

GREMMEL, H., HH. LÖHR, F. LOOGEN u. H. VIETEN: Die Methoden der Kontrastmitteldarstellung des Herzens und der großen herznahen Gefäße. Radiologe **3**, 429—442 (1963).

HALPERT, B.: Arteriovenous communication between the right coronary artery and the coronary sinus. Heart **15**, 129 (1930).

MUNKNER, T., O. PETERSEN, and J. VESTERDAI: Congenital aneurysm of the coronary artery with an arteriovenous fistula. Acta radiol. (Stockh.) **50**, 333—340 (1958).

PORSTMANN, W., u. W. GEISSLER: Über die arteriovenösen Fisteln der Koronararterien. Fortschr. Röntgenstr. **93**, 143—150 (1960).

STEINBERG, I., J. S. BALDWIN, and C. T. DOTTER: Coronary arteriovenous fistula. Circulation **17**, 372 (1958).

UPSHAW, CH. B.: Congenital coronary arteriovenous fistula. Report of a case with an analysis of seventy-three reported cases. Amer. Heart J. **63**, 399—404 (1962).

VALDIVIA, E., G. G. ROWE, and D. M. ANGEVINE: Large congenital aneurysm of the right coronary artery. Arch. Path. **63**, 168 (1957).

WALTHER, R. J., G. W. B. STARKEY, E. ZERVOPOLUS, and G. A. GIBBONS: Coronary arteriovenous fistula. Clinical and physiologic report on two patients, with review of the literature. Amer. J. Med. **22**, 213—212 (1957).

9. Vorhofseptumdefekt

ASSMANN, H.: Klinische Röntgendiagnostik der inneren Organe. Angeborene Herzfehler, S. 82—107. Leipzig: F. C. W. Vogel 1924.

BABEY, A.: Displacement of the esophagus by cardiac lesions other than mitral stenosis. Amer. Heart J. **13**, 228—237 (1937).

BAILEY, C. P., D. F. DOWNING, O. D. GECKELER, W. LIKOFF, H. GOLDBERG, I. O. SCOTT, O. JANTON, and H. P. REDONDO-RAMIREZ: Congenital interatrial communications: clinical and surgical considerations with a description of a new surgical technic: Atrio-septo-pexy. Ann. intern. Med. **37**, 888—920 (1952).

BARKER, I. M., O. MAGIDSON, and P. WOOD: Atrial septal defect. Brit. Heart J. **12**, 277—292 (1950).

BARNES, C. G.: L'acune de la parois chez la mère et le fils. Proc. roy. Soc. Med. **37**, 497 (1944).

BATTRO, A., y A. DE LA SERENA: Communicaciòn interauricular. Rev. argent. Cardiol. **3**, 427—444 (1937).

BAUGHART, A. W., and I. A. LEWIS: Intracardiac catheterization in interauricular septal defects. Canad. med. Ass. J. **58**, 605—606 (1948).

BAYER, O.: Rechtsbelastung des Herzens bei angeborenen und erworbenen Herzfehlern. Regensburg. Jb. ärztl. Fortbild. **2**, 150 (1953).

— F. LOOGEN, R. RIPPERT u. H. H. WOLTER: Klinische und physiologische Untersuchungsergebnisse beim Vorhofseptumdefekt. Z. Kreisl.-Forsch. **42**, 335—352 (1953).

BEDFORD, D. E.: A propos du traitement chirurgical des communications interauriculaire. Rev. lyon. Méd. **8**, 783 (1959).

— C. PAPP, and J. PARKINSON: Atrial septal defect. Brit. Heart J. **3**, 37—68 (1941).

BING, R. J., J. HANDELSMAN, J. CAMPBELL, and H. GRISWOLD: Physiological studies in congenital heart disease. V. Circulation in patients with isolated septal defects. Bull. Johns Hopk. Hosp. **82**, 615—632 (1948).

BJÖRK, V. O., C. CRAFOORD, B. JONSSON, S. R. KJELLBERG, and U. RUDHE: Atrial septal defects: a new surgical approach and diagnostical aspects. Acta chir. scand. **107**, 499—515 (1954).

BLOUNT, S. G., O. J. BALCHUM, and G. GENSINI: The persistent ostium primum atrial septal defect. Circulation **13**, 499—509 (1956).

— G. GENSINI, and M. C. MCCORD: The pulmonary hemodynamic pattern in patients with atrial septal defects before and after closure. J. Lab. clin. Med. **42**, 785—786 (1953).

BOTALLO, L.: Vena arteriarium nutrix, a nulla antea notata. In: M. NEUBURGER u. J. PAGELS, Handbuch Geschichte der Medizin. Wien u. Berlin 1903.

BRANNON, E. S., H. S. WEENS, and J. V. WARREN: Atrial septal defect. Amer. J. med. Sci. **210**, 480—491 (1945).

BRAUDO, J. L., A. S. NADAS, A. M. RUDOLPH, and E. B. D. NEUHAUSER: Atrial septal defects in children; a clinical study with special emphasis on indication for operative repair. Pediatrics **14**, 618—631 (1954).

BRAUNWALD, E., A. G. MORROW, and TH. COOPER: Left ventricular angiography in the diagnosis of persistent atrioventricular canal and related anomalies. Amer. J. Cardiol. **4**, 802—808 (1959).

BRECHER, G. A., and D. F. OPDYKE: Effect of normal and abnomal respiration on hemodynamics of experimental interatrial septal defects. Amer. J. Physiol. **162**, 507—520 (1950).

— — The relief of acute right ventricular strain by the production of an atrial septal defect. Circulation **4**, 496—502 (1957).

BROWN, J. W.: Congenital heart disease, 2. edit. London: Staples Press 1950.

BRUWER, A. J.: Practical value of the posteroanterior roentgenogram and roentgenoscopy in certain types of heart disease. Amer. J. Roentgenol. **76**, 664—692 (1956).

BUCHEM, F. S. P. VAN, and J. L. VAN WERMESKERKEN: Defect of atrial septum. Ned. T. Geneesk. **94**, 2518—2523 (1950).

BURRETT, J. B., and P. D. WHITE: Interauricular septal defect with emphasis on diagnosis and longevity. Amer. J. med. Sci. **209**, 355—364 (1945).

CAMPBELL, M.: Visible pulsation in relation to blood flow and pressure in the pulmonary artery. Brit. Heart J. **13**, 438—456 (1951).

CARLOTTI, J., J. R. SICOT et FR. JOLY: Cardiopathies congénitales. III. Étude de la dynamique des grosses artères pulmonaires. Arch. Mal. Cœur **43**, 705—713 (1950).

CARRIERE, G.: Sur la persistance de la communication interauriculaire. Bull. Acad. Méd. (Paris) **1894**, 309.

CASTELLANOS, A., R. PEREIRAS, and J. GARCIA: On the diagnosis of solitary interauricular communication by means of postmortem angiocardiography. Bel. Soc. Cub. Ped. **10**, 227 (1938).

CHARRAGUE, P.: Un cas de dilatation congénitale de l'artère pulmonaire avec petite aorte et communication interauriculaire. Arch. Mal. Cœur **38**, 72—75 (1945).

COSBY, R. S.: Cardiac catheterization in interatrial septal defect. Amer. J. Med. **14**, 4—13 (1953).

—, and G. C. GRIFFITH: Interatrial septal defect. Amer. Heart J. **38**, 80—89 (1949).

— — W. J. ZINN, S. P. DIMITROFF, R. W. OBLATH, and G. JACOBSON: Cardiac catheterization in interatrial septal defect. Amer. J. Med. **14**, 4—13 (1953).

COSSIO, P., et R. S. ARANA: Communication interauriculaire. Bull. Acad. Méd. Paris **117**, 212—226 (1937).

COSTA, A.: Studio sulla morfogenesi e la fisiopatologia des difetti congeniti del setto interatriale del cuose. Cuore e Circol. **15**, 263—306 (1931).

COULSHED, N., and T. R. LITTLER: Atrial septal defect in the aged. Brit. med. J. **1957 I**, 76—80.

DAVIDSEN, H. G.: Closed surgery in atrial septal defect. Report on 70 cases. Acta chir. scand. **115**, 343—361 (1958).

DENOLIN, H., J. HANSON, and J. LEQUIME: Hemodynamic study of interatrial communication. Acta cardiol. (Brux.) **11**, 12—28 (1956).

DERRA, E.: Die offene Operation des Vorhofseptumdefektes und der valvulären Pulmonalstenose mittels Hypothermie. Langenbecks Arch. klin. Chir. **289**, 203—232 (1958).

— O. BAYER u. F. GROSSE-BROCKHOFF: Der Vorhofseptumdefekt und sein operativer Verschluß unter Sicht des Auges in Unterkühlungsanaesthesie. Dtsch. med. Wschr. **80**, 1277—1281 (1955).

— F. GROSSE-BROCKHOFF u. F. LOOGEN: Der Vorhofseptumdefekt. Ergebn. inn. Med. **22**, 211—267 (1965).

Derra, E., u. F. Loogen: Klinik und operative Behandlung der Vorhofseptumdefekte vom Typ des Foramen primum. Dtsch. med. Wschr. **85**, 1669—1676 (1960).

Dexter, L.: Venous catheterization of the heart. II. Results interpretation and value. Radiology **48**, 451—462 (1947).

— Atrial septal defect. Brit. Heart J. **18**, 209—225 (1956).

— F. W. Haynes, C. S. Burwell, E. C. Eppinger, M. C. Sosman, and J. M. Evans: Studies of congenital heart disease. III Venous catheterization as a diagnostic aid in patent ductus arteriosus, tetralogy of Fallot, ventricular septal defect and auricular septal defect. J. clin. Invest. **26**, 561—576 (1947).

— — — — R. P. Sagerson, and J. M. Evans: The pressure and oxygen content of blood in the right auricle, right ventricle and pulmonary artery in control patients with observation on the oxygen saturation and source of pulmonary "Capillary" blood. J. clin. Invest. **26**, 554—560 (1947).

— — — — R. E. Seibel, and J. M. Evans: I. Technic of venous catheterization as a diagnostic procedure. J. clin. Invest. **26**, 547—553 (1947).

Disenhouse, R. B., R. C. Anderson, P. Adams, R. Novick, J. Jorgens, and B. Levin: Atrial septal defects in infants and childrens. J. Pediat. **44**, 269—289 (1954).

Doerr, W.: Pathologische Anatomie angeborener Herzfehler. Fortschr. Röntgenstr. **71**, 754—768 (1949).

— Morphogenese und Korrelation chirurgisch wichtiger angeborener Herzfehler. Ergebn. Chir. Orthop. **36**, 68—73 (1950).

Dotter, C. T., and I. Steinberg: Angiocardiography. Ann. Roentgen., vol. XX. New York: Paul B. Hoeber 1951.

Dow, J. W., and L. Dexter: Circulatory dynamics in atrial septal defects. J. clin. Invest. **29**, 809 (1950).

Downing, D. F., and H. Goldberg: Cardiac septal defects. II. Atrial septal defect, analysis of one hundred cases, studied during life. Dis. Chest **29**, 492—507 (1956).

Doyle, A. E., J. F. Goodwin, C. V. Harrison, and R. E. Steiner: Pulmonary vascular patterns in pulmonary hypertension. Brit. Heart J. **19**, 353—365 (1957).

Dry, T. Y.: Atrial septal defects. Med. Clin. N. Amer. **32**, 895—910 (1948).

Dufour, H., et M. Huber: Présentation d'un cœur montrant une persistance du trou de Botal de dimensions considérables, ayant évolué sans cyanose. Bull Soc. méd. Hôp. Paris **25**, 4 (1911).

Edwards, J. E.: Congenital malformations of the heart and great vessels. A Malformations of the atrial complex. In: S. E. Gould (ed.), Pathology of the heart, p. 266—287. Springfield (Ill.) 1953.

Ellis, F. H.: Defect of the atrial septum in the elderly. New Engl. J. Med. **262**, 219—224 (1960).

Erickson, C. W., and F. A. Willius: Cardiac clinics. XII. Cardiopathy of undetermined origin: enormous cardiac enlargement, recurrent congestive failure heart block and cerebral embolism; clinical and postmortem findings. Proc. Mayo Clin. **11**, 248—253 (1936).

Erlanger, H., and S. A. Levine: Atrial septal defect. Amer. Heart J. **26**, 520—527 (1943).

Espino-Vela, J.: Rheumatic heart disease associated with atrial septal defect: clinical and pathologic study of 12 cases of Lutembacher's Syndrome. Amer. Heart J. **57**, 185—202 (1959).

Evans, E.: Congenital pulmonary hypertension. Proc. roy. Soc. Med. **44**, 600 (1951).

Everett, N. B., and R. J. Johnson: Use of radioactive phosphorus in studies of fetal circulation. Amer. J. Physiol. **162**, 147—152 (1950).

Fellmann, H., F. Schaub, A. Bühlmann u. A. O. Fleischer: Zur Klinik und Pathophysiologie des Vorhofseptumdefektes. Schweiz. med. Wschr. **87**, 775—781 (1957).

Fulton, H.: Sixty years of cardiovascular roentgenology. Amer. J. Roentgenol. **76**, 657—692 (1956).

Gellert, P.: Der Defekt im Septum primum atriorum des Herzens. Frankfurt. Z. Path. **23**, 297—312 (1920).

Giraud, G., H. Latour, A. Levy et P. Puech: Le diagnostic de la communication interauriculaire par cathéterisme des cavités gauches dans le syndrome grosse pulmonaire — petite aorte. Soc. Sc. Med. Biol. Montpellier (Séance 16. mars 1951) Montpellier Médicale, Novembre-décembre 1951.

Grier, G. W.: The diagnosis of congenital heart lesions in children. Amer. J. Roentgenol. **49**, 366—392 (1943).

Grosse-Brockhoff, F.: Der Phasenwandel im Krankheitsbild der angeborenen Herzfehler mit hohem pulmonalem Stromvolumen. Verh. dtsch. Ges. Kreisl.-Forsch. **23**, 202—215 (1957).

— F. Loogen u. H. H. Wolter: Analyse von Vorhofdruckkurven zur Größenbeurteilung von Vorhofseptumdefekten. Z. Kreisl.-Forsch. **46**, 854—859 (1957).

— G. Neuhaus u. A. Schaede: Diagnostik und Differentialdiagnostik der angeborenen Herzfehler. Dtsch. Arch. klin. Med. **197**, 621—679 (1950).

Handelsman, J. C., R. J. Bing, J. A. Campbell, and H. E. Griswold: Physiological studies in congenital heart disease. V. Circulation in patients with isolated septal defects. Bull. Johns Hopk. Hosp. **82**, 615—632 (1948).

Healey, R. F., J. W. Dow, M. C. Sosman and L. Dexter: The relationship of the roentgenolographic appearance of the pulmonary artery to pulmonary haemodynamics. Amer. J. Roentgenol. **62**, 777—787 (1949).

— — — — Roentgenographic appearance of interatrial septal defect. Amer. J. Roentgenol. **63**, 646—656 (1950).

HEATH, D., and W. WHITAKER: The small pulmonary blood vessels in atrial septal defect. Brit. Heart J. **19**, 327—332 (1957).

HEIM DE BALSAC, R.: Kongreßbericht der Societé française de cardiologie; Sitzung vom 15. Januar 1939. Arch. Mal. Cœur **32**, 199—209 (1939).

HENRY, E., R. CAUTIER et P. ROEHN: Les cavités cardiaques. Paris: Masson & Cie. 1959.

HICKHAM, J. B.: Atrial septal defect. A study of intracardiac shunts, ventricular outputs and pulmonary pressure gradient. Amer. Heart J. **38**, 801—812 (1949).

HORNYKIEWITSCH, TH., u. H. ST. STENDER: Das Verhalten der Lungengefäße bei angeborenen und erworbenen Herzfehlern. Fortschr. Röntgenstr. **83**, 26—40 (1955).

HOWATH, S., J. MCMICHAEL, and E. P. SHARPEY-SCHAFER: Cardiac catheterization in cases of patent interauricular septum primary pulmonary hypertension, Fallot tetralogy and pulmonary stenosis. Brit. Heart J. **9**, 292—303 (1947).

HULL, E.: The cause and effects of flow through defects of the atrial septum. Amer. Heart J. **38**, 350—360 (1949).

INGHAM, D. W.: Congenital heart disease. Incidence at Mayo Clinic. J. techn. Meth. 1939, **18**, 131—132 (1938).

JACKSON, A., and P. E. GARBER: Ostium primum. Amer. Heart J. **55**, 637—641 (1958).

JOLY, M. F.: Les différents aspects des malformations congénitales du type dit "communications interauriculaire". Paris méd. **1**, 441—450 (1939).

— Trois observations clinique de malformation congénitale du type dit "communication interauriculaire". Arch. Mal. Cœur **32**, 611—617 (1939).

KEITH, J. D., and C. C. FORSYTH: Auricular septal defects in children. J. Pediat. **38**, 172—183 (1951).

— R. D. ROWE, and P. VLAD: Heart disease in infancy and childhood. New York: MacMillan Comp. 1958.

KELLY, J. J., and H. A. LYONS-BROOKLYN: Atrial septal defect in the aged. Ann. intern. Med. **48**, 267—283 (1958).

KIRKLIN, J. W., W. H. WEIDMAN, J. T. BURROUGHS, H. B. BURCHELL, and E. H. WOOD: The hemodynamic results of surgical correction of atrial septal defects: a report of 32 cases. Circulation **13**, 825—833 (1956).

KJELLBERG, S. R., E. MANNHEIMER, U. RUDHE, and B. JONSSON: Diagnosis of congenital heart disease. Chicago: Year Book Publ. Inc. 1955.

KLINKE, K.: Diagnose und Klinik der angeborenen Herzfehler. Leipzig: G. Thieme 1950.

KRAEMER, W. F., G. GENSINI, S. G. BLOUNT jr., and R. R. LANIER: Roentgen aspects of atrial septal defect ostium secundum. Acta radiol. (Stockh.) **44**, 441—450 (1955).

KROOP, I. G., E. R. BORUM, R. P. LASSER, A. J. GORDON, S. A. BRAHMS, and F. H. KING: Isolated interauricular septal defect with dilatation of the pulmonary artery. J. Mt Sinai Hosp. **17**, 317—322 (1951).

KUNSTMANN-MANNS, G.: Vergleichende Untersuchungen zwischen dem Röntgenbild und den hämodynamischen Werten bei Patienten mit Vorhofseptumdefekt. Inaug.-Diss. Düsseldorf 1961.

LANGERON, M.: Sur 12 observations anatomocliniques de persistance du trou de Botal. Arch. Mal. Cœur **32**, 642—649 (1939).

LAUBRY, C., P. COTTENOT, D. ROUTIER et R. HEIM DE BALSAC: Radiologie clinique du cœur et des gros vaisseaux. Paris 1939.

— et J. LENEGRE: Découverte anatomique d'une communication interauriculaire cliniquement insoupconnée. Arch. Mal. Cœur **32**, 197—199 (1939).

— et C. PEZZI: Traite des maladies congénitales du cœur. Paris 1921.

— D. ROUTIER, P. SOULIÉ et Y. BOUVRAIN: Les dilatations d'origine congénitale de l'artère pulmonaire. Sem. Hôp. Paris **21**, 189—208 (1945).

LEECH, C. B.: Congenital Heart disease. J. Pediat. **7**, 802—839 (1935).

LEQUIME, J., H. DENOLIN, F. GOSPEL, L. JONNART et M. WYBAUM: La communication interauriculaire; étude clinique et physiopathologique de quatre cas. Acta cardiol. (Brux.) **5**, 312—318 (1950).

— — — — — La circulation au cours de la communication interauriculaire. Arch. Mal. Cœur **44**, 539—549 (1951).

LEVESQUE, J., R. HEIM DE BALSAC u. H. GUICHARD: Considération diagnostiques et radiologiques sur un cas de dilatation globale de l'artère pulmonaire. Ann. Méd. **42**, 229—248 (1937).

LIMON LASON, R., M. ESCLAVISSAT, P. PUECH, M. V. DE LA CRUZ, V. RUBIO, F. BOUCHARD y J. SOUI: El cateterismo intracardiaco. V. La communicacion interauricular. Correlacion de las hallazgos hemodinamicos con low datos embriologicos, clinicos radiologicos y electrocardiograficos su 50 casos. Sobretiro Arch. Inst. Cardiol. Méx. **23**, 279—344 (1953).

— and A. J. RUBIO: Diagnosis of interauricular septal defects by catheterization. Arch. Inst. Cardiol. Méx. **19**, 545—582 (1949).

LIND, J., and C. WEGELIUS: Atrial septal defects in children. Circulation **7**, 819—829 (1953).

LINZBACH, J.: Umbauvorgänge des Herzens bei Belastung durch Herzfehler. Vortrag auf der 67. Tagg. Dtsch. Ges. f. innere Medizin 1961.

LOOGEN, F.: Der pulmonale Hochdruck bei angeborenen Herzfehlern und hohem pulmonalem Stromvolumen. Arch. Kreisl.-Forsch. **28**, 1—55 (1958).

— F. SCHAUB u. J. TOKER: Spätergebnisse nach operativem Verschluß eines Vorhofseptumdefektes (Foramen secundum-Typ). Z. Kreisl.-Forsch. **50**, 1062—1083, 1138—1144 (1962).

LUDWIG, H.: Die röntgenologische Beurteilung der Herzgröße. Fortschr. Röntgenstr. **59**, 1—52 (1939).

Marchal, G., J. Ortholan, et P. Breton: Un cas de communication interauriculaire. Arch. Mal. Cœur 32, 189—196 (1939).

Massee, J. C.: Atrial septal defect; correlation of necropsy with data obtained by right heart catheterization. Amer. J. med. Sci. 214, 248—251 (1947).

Métianu, C., et M. Durand: Les communications interauriculaires. In: E. Donzelot et D. D'Allaines, Traité des cardiopathies congénitales, p. 442—472. Paris: Masson & Cie 1954.

Mignault, J., et P. David: Communication interauriculaire chez l'adulte. Rev. lyon. Méd. 8, 803 (1959).

Nelly, J. M.: Paradoxical embolus. Neb. St. med. J. 21, 61—62 (1936).

Nerard, M. A.: Contribution à l'étude de la communication interauriculaire. Thèse, Lyon 1948.

Nichol, A. D., and D. D. Brannan: Differentiation of patent ductus arteriosus and atrial septal defect. Amer. J. Roentgenol. 58, 697—707 (1947).

Nikoludis, M.: Prä- und postoperative Befunde des Vorhofseptumdefektes. Untersuchungen bei 51 Patienten. Inaug.-Diss. Düsseldorf 1958.

Odgers, P. B. N.: The formation of the venous valves, the foramen secundum and the septum secundum in the human heart. J. Anat. (Lond.) 69, 412—422 (1934/35).

Pannier, R., R. v. Loo, Cj. van Beylen, K. Vuilsteck et M. Lardinoit: Un cas de communication interauriculaire avec tuberculose pulmonaire chez l'adulte. Acta cardiol. (Brux.) 6, 1050—1059 (1951).

Parkinson, J., and D. E. Bedford: The pulmonary artery impression on the oesophagus. Lancet 1931 II, 337—340.

Pezzi, C.: Sur le diagnostic de la communication interauriculaire. Prof. Libensky's Jubilee Book, Prag 1937, S. 52.

Puigbo, J., F. C. Maira Campos, N. Dorbecker et P. Cahen: La angiocardiografia en el diagnostica de la communication interauricular. Valor del metodo con sonda intercardiaca Resumé I_{er} Congr. Int. Cardiol., p. 146. Paris: J. B. Baillière 1950.

Reindell, H., E. Doll, H. Steim, R. Bilger, K. König, W. Gebhardt u. J. Emmrich: Das prä- und postoperative Röntgenbild angeborener Herzfehler, seine Bedeutung für Diagnose, Prognose und Pathophysiologie. Mitteilung II. Der Vorhofseptumdefekt. Arch. Kreisl.-Forsch. 38, 71—174 (1962).

Robb, G. P., and J. A. Steinberg: A practical method of visualization of the chambres of the heart, the pulmonary circulation, and the great blood vessels in man. Amer. J. Roentgenol. 41, 1—17 (1939).

Rokitansky, C. F. v.: Die Defekte der Scheidewände des Herzens. Pathologisch-anatomische Abhandlung. Wien: W. Braunmüller 1875.

Roesler, H.: Clinical roentgenology of the cardiovascular system. London 1937.

Roesler. H.: Interatrial septal defect. Arch. intern. Med. 54, 339—380 (1954).

— Atlas of cardioroentgenology. Springfield (Ill.) 1937.

Rossi, E.: Herzkrankheiten im Säuglingsalter. Stuttgart: G. Thieme 1954.

—, et J. Probst: Acquisitions anciennes et récentes concernant le diagnostic des communications interauriculaires cardiaque. Cardiologia (Basel) 30, 161—172 (1957).

Routier, D., and R. Heim de Balsac: Six clinical observations on congenital cardiac malformation of the type called "communication interauriculaire". Bull. Soc. belge de cardiologie, Jan. 1938. Ref. Amer. Heart J. 17, 254—255 (1939).

— — Diagnostic des "grosses pulmonaires-petites aortes". Rev. méd. franç. 23, 129 (1942).

Sailer, S.: Mitral stenosis with interauricular insufficiency. Amer. J. Path. 12, 259—268 (1936).

Saltzman, G. F.: The conventional roentgenogram in the communest congenital malformations of the heart and great vessels in adults and juveniles. Acta radiol. (Stockh.), Suppl. 114, 28—29 (1954).

Schaede, A.: Zur Differentialdiagnose der angeborenen Herzfehler, die mit einer Erweiterung der Pulmonalgefäße einhergehen. Mschr. Kinderheilk. 100, 140—142 (1952).

— Die kongenitalen Mißbildungen am venösen Anteil des Herzens. Ergebn. inn. Med. Kinderheilk., N. F. 4, 519—564 (1953).

—, u. P. Thurn: Zur röntgenologischen Diagnose der angeborenen Herzfehler mit vorspringendem Pulmonalbogen. Fortschr. Röntgenstr. 76, 306—316 (1952).

— — Größenbestimmung der Herzhöhlen mit dem Herzkatheter. Fortschr. Röntgenstr. 79, 21—32 (1953).

Schwedel, J. B., and B. S. Epstein: A radiological study of the pulmonary artery with special reference to the main branches. Amer. Heart J. 11, 292—302 (1936).

Selzer, A.: Pulmonary hypertension and its relation to congenital heart disease. Dis. Chest 25, 253—261 (1954).

—, and A. E. Lewis: Occurrence of chronic cyanosis in cases of atrial septal defect. Amer. J. med. Sci. 218, 516—524 (1949).

Shaner, R. F.: The "high" defect in the atrial septum. Canad. med. Ass. J. 78, 688—690 (1958).

Smull, W., and L. E. Lamb: Interauricular septal defect. Amer. Heart J. 43, 481—493 (1953).

Soulié, P.: Cardiopathies congénitales. L'expansion scientifique française. Paris 1952.

— Y. Bouvrain, F. Joly, J. Carlotti et J. R. Sicot: Les communications interauriculaires. Paris: Doin 1951.

Steinberg, M. F., A. Grishman, and H. L. Susman: Angiocardiography in congenital heart disease. II. Intracardiac shunts. Amer. J. Roentgenol. 49, 766—776 (1943).

SWAN, H. J. C., A. B. BURCHELL, and E. H. WOOD: Differential diagnosis at cardiac catheterization of anomalous pulmonary venous drainage related to atrial septal defects of abnormal venous connections. Proc. Mayo Clin. 28, 452—462 (1953).

— J. W. KIRKLIN, L. M. BECU, and E. H. WOOD: Anomalous connection of right pulmonary veins to superior vena cava with interatrial communications: hemodynamic data in eight cases. Circulation 16, 54—66 (1957).

TAUSSIG, H. B., A. M. HARVEY, and R. H. FOLLIS jr.: The clinical and pathological findings in interauricular septal defects. A report of four cases. Bull. Johns Hopk. Hosp. 62, 2, 61—89 (1938).

TAYLOR, B. E., J. E. GERACI, A. A. POLLACK, H. B. BURCHELL, and E. H. WOOD: Interatrial mixing of blood and pulmonary circulatory dynamics in atrial septal defect. Proc. Mayo Clin. 23, 500—505 (1948).

THURN, P.: Röntgenkymographische Befunde bei congenitalen Herzfehlern. Fortschr. Röntgenstr. 74, 151—159 (1951).

— Die röntgenkymographische Differentialdiagnose der Lungenstauung und Lungenhyperämie. Fortschr. Röntgenstr. 75, 406—415 (1951).

—, u. A. SCHAEDE: Zur röntgenologischen Diagnose der angeborenen Herzfehler mit vorspringendem Pulmonalbogen (Pseudoform). Fortschr. Röntgenstr. 79, 476—487 (1953).

— — H. H. HILGER u. A. DÜX: Der Ventrikelseptumdefekt im selektiven Laevokardiogramm. Fortschr. Röntgenstr. 94, 305—323 (1961).

TINNEY jr., W. S.: Interauricular septal defect. Arch. intern. Med. 66, 807—815 (1940).

TINNEY, W. S., and A. R. BARNES: Interauricular septal defect. Minn. Med. 25, 637—643 (1942).

TOURNIAIRE, A., F. DEYRIEUX et M. TARTULIER: Reflexions sur la communication interauriculaire. A propos d'une obsérvation anatomoclinique. Lyon. méd. 180, 145 (1949).

TYLECOTE, F. E.: Defects in the auricular septum. Lancet 1903II, 821—822.

UNGERLEIDER, A. E., and C. P. CLARK: Study of transverse diameter of heart silhouette with prediction table based on teleroentgenogram. Amer. Heart J. 17, 92—102 (1939).

VARNAUSKAS, E., and L. WERKÖ: Temporary occlusion of interatrial septal defect in man. Scand. J. clin. Lab. Invest. 6, 51—53 (1954).

VIZCAINO, M., M. VAQUERO et R. PELLON: Communication interauricular (éstudio de 20 casos). Arch. Inst. Cardiol. Méx. 18, 694 (1948).

WAGNER, J., and G. R. GRAHAM: Atrial septal defect in children. Brit. Heart J. 19, 318—326 (1957).

WAKAI, C. S., H. J. C. SWAN, and E. H. WOOD: Hemodynamic data and findings of diagnostic value in nine proved cases of persistent common atrioventricular canal. Proc. Mayo Clin. 31, 500—508 (1956).

WELCH, K. J., and T. D. KINNEY: Effect of patent ductus arteriosus and interatrial and interventricular septal defect on the development of pulmonary vascular lesions. Amer. J. Path. 24, 729—756 (1948).

WITHAM, A. C., and R. G. ELLISON: Diagnosis of ostium primum defects of the atrial septum. Amer. J. Med. 22, 593—604 (1957).

WOOD, P.: Pulmonary hypertension. Brit. med. Bull. 8, 348—353 (1952).

10. Lutembacher-Syndrom

ABBOTT, M. E.: Two cases of widely patent foramen ovale. Bull. int. Ass. med. Mus. 5, 129—138 (1915).

ASKEY, M. J., and J. E. KAHLER: Longevity in extensive heart lesions. A case of Lutembachers syndrome in a man aged 72. Ann. intern. Med. 33, 1031—1036 (1950).

BAYER, O., R. RIPPERT, H. H. WOLTER u. F. LOOGEN: Klinische und physiologische Befunde bei 5 Fällen von Lutembacher Syndrom. Arch. Kreisl.-Forsch. 20, 2—24 (1953).

BAYLIN, G.: Patent interauricular septum associated with mitral stenosis: Lutembachers syndrome. Radiology 38, 1—6 (1942).

BEDFORD, D. E., C. PAPP, and J. PARKINSON: Atrial septal defect. Brit. Heart J. 3, 37—68 (1941).

BING, R. J.: Catheterization of the heart. Advanc. intern. Med. N. Y. 1952, 81, 82.

BONNABEL, J.: Contribution à l'étude de quelque afféction congénitales du cœur. Diss. Paris 1906.

BUCHMAN, J., A. KAHN jr., and M. HARA: Lutembacher syndrome successfully treated by mitral commissurotomy. Ann. Surg. 139, 497—500 (1954).

BURRETT, J. B., and P. D. WHITE: Large interauricular septal defect with particular reference to diagnosis and longevity report of two cases. Amer. J. med. Sci. 209, 355—364 (1945).

BUTTIN, J. L.: Étude sur la communication accidentelle des deux oreillettes du cœur. Thèse, de Paris 4, 412, 3 (1892).

CALAZEL, P., R. GERARD, R. DOLEY, A. DRAPER, J. FOSTER, and J. BING: Physiological studies in congenital heart disease. XI. A comparison of the right and left auricular capillary and pulmonary artery pressures in nine patients with auricular septal defect. Bull. Johns Hopk. Hosp. 88, 20—37 (1951).

CHENIEUX, F.: Hypertrophie du cœur avec dilatation de toutes les cavités et agrandissement du trou de Botal. Bull. Soc. anat. Paris 1870, 45.

CHOUPPE, H.: Insuffisance et rétrécissement de l'orifice mitral; rétrécissement sous aortique persistance du trou de Botal. Bull. Soc. Anat. Paris 47, 295 (1872).

CORVISART, J. M.: Essai sur maladies et les lésions organiques du cœur et des gros vaisseaux. 3. Édit. Paris 1818.

COSBY, R. S., and G. C. GRIFFITH: Interatrial septal defect. Amer. Heart J. 38, 80—89 (1949).

COURTER, S. R., B. FELSON, and J. McGUTIRE: Familial interauricular septal defect with mitral stenosis. Amer. J. med. Sci. **216**, 501—508 (1948).

CRAMER, A., et E. FROMMEL: Contribution à l'étude du rétrécissement mitral congénital associé à l'insuffisance interauriculaire. Arch. Mal. Cœur **16**, 561 (1923).

DOERR, W.: Pathologische Anatomie der angeborenen Herzfehler. In: Handbuch der Inneren Medizin, Bd. IX/3, S. 1—104. Berlin-Göttingen-Heidelberg: Springer 1960.

DONNALLY, H. H.: Congenital mitral stenosis. Report of a case of developmental mitral stenosis combined with hypoplasia of the left ventricle and auricle, rudimentary aorta and other developmental defects. J. Amer. med. Ass. **82**, 1318—1321 (1924).

DOTTER, C. T., and I. STEINBERG: Angiocardiographic study of the pulmonary artery. J. Amer. med. Ass. **139**, 566—572 (1949).

DRESSLER, W., u. H. ROESLER: Vorhofseptumdefekt kombiniert mit Mitralstenose und auriculärem Leberpuls. Z. klin. Med. **112**, 421—436 (1930).

DUFOUR, H., et M. HUBER: Présentation d'un cœur montrant une persistance du trou de Botal de dimensions considérable ayant evolué sans cyanose. Bull. Soc. méd. Hôp. Paris **25**, 510 (1911).

DURAND, M., et C. MÉTIANU: Syndrome de Lutembacher. In: E. DONZELOT et F. D'ALLATINES, Traité des cardiopathies congénitales, p. 473—478. Paris: Masson & Cie. 1954.

ELLIS, F. R., M. GREAVER, and H. H. HECHT: Congenital heart disease in old age. Interauricular septal defect with mitral and tricupid valvulitis. Amer. Heart J. **40**, 154—161 (1950).

ESPINO-VELA, J.: Rheumatic heart disease associated with atrial septal defect: clinical and pathologie study of 12 cases of Lutembachers Syndrome. Amer. Heart J. **57**, 185—202 (1959).

FIRKET, C.: Examen anatomique d'un cas de persistance du trou ovale de Botal avec lésions valvulaires considérables du cœur gauche chez une femme de 74 ans. Ann. Soc. med. chir. Liège S. 188—197 (1880).

GEIGER, A. J., and H. C. ANDERSON: Lutembachers Syndrome complications by acute bacterial endocarditis. Amer. Heart J. **33**, 240—249 (1947).

GELFMAN, R., and S. A. LEVINE: Bacterial endocarditis in congenital heart disease. Amer. J. med. Sci. **204**, 324—333 (1942).

GIBSON, S., and A. ROOS: Open foramen ovale associated with mitral stenosis. Amer. J. Dis. Child. **50**, 1465—1475 (1935).

GRIFFITH, T. W.: A case of almost complete absence of the auricular septum and other cardiac malformations complicated by acquired mitral disease. Manch. Med. Chr. **4**, 385—399 (1902).

GROSSE-BROCKHOFF, F., G. NEUHAUS u. A. SCHAEDE: Diagnostik und Differentialdiagnostik der angeborenen Herzfehler. Dtsch. Arch. klin. Med. **197**, 621—679 (1950).

HALIPRE, M.: Insuffisance ou rétrécissement mitral coincidant avec une communication interauriculaire et réalisant un syndrome de maladie de Roger. Bull. Acad. Méd. (Paris) **101**, 478 (1929).

HEITZ, J.: Une cas de rétrécissement mitral avec persistance du trou de Botal. Bull. Soc. Sci. Med. de Clermont Ferrand 1912.

HUCHARD, H., et P. BERGOUIGNAN: Communication interauriculaire rétrécissement mitral et aplasie artérielle d'origine congénitale. Bull. Soc. méd. Hôp. Paris **18**, 757 (1901).

INNERFIELD, J.: Lutembachers syndrome associated with dextrocardia. Arch. intern. Med. **85**, 490—495 (1950).

JEROFEJEFF, J.: Offenes Foramen ovale bei Mitralstenose. Frankfurt. Z. Path. **46**, 92—96 (1934).

KIRSCHBAUM, J. D., and L. PERLMAN: Interauricular septal defect (primitive ostium primum) associated with mitral stenosis (Lutembachers syndrome) and syphilitic aortitis. Illinois med. J. **76**, 380—383 (1939).

KURTZ, E. R. H., and J. FISCHER: Lutembachers syndrome associated with subacute bacterial endocarditis. New Engl. J. Med. **240**, 178—179 (1949).

LANGERHAN, L., et P. LOHEAC: Sur un cas de rétrécissement mitral avec persistance du trou de Botal. Paris méd. **51**, 545 (1928).

LUTEMBACHER, R.: De la sténose mitrale avec communication interauriculaire. Arch. Mal. Cœur **9**, 237—260 (1916).

— Sténose mitrale et communication interauriculaire. Arch. Mal. Cœur **29**, 229—236 (1936).

MARTINEAU, J.: Lésions cardiaques multiples; persistance du trou de Botal. Bull. Soc. anat. Paris **40**, 310—314 (1865).

McGINN, S., and P. D. WHITE: Interauricular septal defect. Amer. Heart J. **9**, 1—13 (1933).

— — Progress in recognition of congenital heart disease. New Engl. J. Med. **214**, 763—768 (1936).

MITCHELL, W. G., and J. T. BAUER: Interauricular septal defect associated with mitral stenosis: report of case. Bull. clin. Lab. Penn. Hosp. **3**, 29—34 (1934).

MOUREYRE: Un cas de rétrécissement mitral avec persistance du trou de Botal. Bull. Soc. Sci. Med. de Clermont. Ferrand 1944.

NADAS, A. S., and M. M. ALIMURUNG: Apical diastolic murmurs in congenital heart disease. Amer. Heart J. **43**, 691—706 (1952).

PEACOCK, T. B.: On malformations of the human heart. 2. edit., p. 116. London: John Churchill & Sons 1866.

PIERRON, J.: Le syndrome de Lutembacher. Présentation de 6 cas. Marseille-méd. **87**, 234—241 (1950).

PURKS, W. K.: Lutembacher's Syndrome. Arch. intern. Med. **82**, 588—597 (1948).

RIPPERT, R.: Klinische und physiologische Befunde beim Lutembacher Syndrom. Inaug.-Diss. Düsseldorf 1953.

ROKITANSKY, C. F. v.: Die Defekte der Scheidewände des Herzens. Pathologisch-anatomische Abhandlung. Wien: W. Braumüller 1875.

ROQUES, E., J. DE BRUX et R. BOLLINELLI: Sténose mitrale et persistance du trou de Botal. Arch. Mal. Cœur **38**, 71—72 (1945).

SAILER, S.: Mitral stenose with interauricular insufficiency. Amer. J. Path. **12**, 259—268 (1936).

SCHAEDE, A.: Zur Differentialdiagnose der angeborenen Herzfehler, die mit einer Erweiterung der Pulmonalgefäße einhergehen. Mschr. Kinderheilk. **100**, 140—142 (1952).

—, u. P. THURN: Zur röntgenologischen Diagnose der angeborenen Herzfehler mit vorspringendem Pulmonalbogen. Fortschr. Röntgenstr. **76**, 306—316 (1952).

SCHMINCKE, A., u. W. DOERR: Zur Lehre der korrigierten Transposition der großen Gefäße mit einem eigenen neuen Fall. Beitr. path. Anat. **103**, 416—430 (1939).

SÖLDNER, F.: Mißbildungen der Vorhofscheidewand des Herzens (Ostium primum peristens). Inaug.-Diss. München 1904.

SOULIÉ, P., Y. BOUVRAIN et A. SIBILLE: A propos de cinq observations de syndrome de Lutembacher. Arch. Mal. Cœur **47**, 97—107 (1954).

SOUZA GULARTE, J. G.: La sténose mitrale avec communication interauriculaire. Thésis Paris 1924.

TAUSSIG, H. B., A. M. HARVEY, and R. H. FOLLIS jr.: The clinical and pathological findig in interauricular septal defects. A report of four cases. Bull. Johns Hopk. Hosp. **61**, 61—89 (1938).

TINNEY jr., W. S., and A. R. BARNES: Interauricular septal defect. Minn. Med. **25**, 637—634 (1942).

TYLECOTE, F. E.: Defects in the auricular septum. Lancet **1903 I**, 821.

UHLEY, M. H.: Lutembachers syndrome and new concept of dynamics of interatrial septal defect. Amer. Heart J. **24**, 315—328 (1942).

WAGSTAFFE, W. W.: Case of free communication between auricles by deficiency of the upper part of the septum auriculorum. Trans. path. Soc. Lond. **19**, 96 (1868).

11. Canalis atrioventricularis communis

ABBOTT, M. E., and K. GORDON: Persistent ostium primum with cleavage mitral and tricuspid segments. Mongolian idiocy, no cyanosis. Bull. int. Ass. med. Mus. **10**, 115 (1924).

—, and J. KAUFMANN: Report of an unusual case of congenital cardiac disease. Defect of the upper part of interauricular septum (persistent ostium secundum) with, for comparison, a report of a case of persistent ostium primum. J. Path. Bact. **14**, 525—535 (1960).

ASH, R., I. J. WELMAN, and R. S. BREMER: Diagnosis of congenital cardiac defects in infancy; a study of thirty-two cases with necropsies. Amer. J. Dis. Child. **58**, 8—28 (1939).

BAUER, D. DE F., and E. C. ASTBURY: Congenital cardiac disease, bibliography of the loco cases analysed in Maude Abbott's atlas. Amer. Heart J. **27**, 688—729 (1944).

BEATTIE, W. W.: Cardiac anomaly (bicameral heart) in situs inversus. Bull. int. Ass. med. Mus. **8**, 219 (1922).

BENDA, C. E.: Mongolism and cretinism: a study of the clinical manifestations and the general pathology of pituitary and thyreoid deficiency. New York: Grune & Stratton 1946.

BENJAMIN, J. E., H. LANDT, and P. ZEEK: Persistent ostium atrioventriculare commune in a heart which functioned as a biloculate organ. Amer. Heart J. **19**, 606—612 (1940).

BLOUNT, S. G., O. J. BALCHUM, and G. GENSINI: The persistent ostium primum atrial defect. Circulation **13**, 499—509 (1956).

BRANDENBURG, R. O., and J. W. DUSHANE: Clinical features of persistent common atrioventricular canal. Proc. Mayo Clin. **31**, 509—513 (1956).

BRAUNWALD, E., A. G. MORROW, and T. COOPER: Left ventricular angiocardiography in the diagnosis of persistent atrioventricular canal and related anomalies. Amer. J. Cardiol. **4**, 802—808 (1959).

CACHEN, P., F. FROMENT, X. GONIN et J. TRAEGER: Faux syndrome de Lutembacher par persistance d'ostium primum avec scission de la valve mitrale interne (Complex de Rokitanski-Maud-Abbott). Arch. Mal. Cœur **45**, 203—219 (1952).

CAMPBELL, M., and A. K. MISSEN: Endocardial cushion defects: Common atrial-ventricular canal and ostium primum. Brit. Heart J. **19**, 403—418 (1957).

CASSEL: Über Mißbildungen am Herzen und an den Lungen beim Mongolismus der Kinder. Berl. klin. Wschr. **1**, 159—162 (1917).

COOLEY, D. A., B. A. BELMONTE, E. M. DE BAKEY and J. R. LATSON: Temporary extracorporeal circulation in the surgical treatment of cardiac and aortic disease report of 98 cases. Ann. Surg. **145**, 898—912 (1957).

— J. W. COLLINS, G. C. GIACOBINE, L. R. MORRIS jr., F. J. SOLTERO-HAWINGTON, and F. J. HARBERG: The pump oxygena or in cardiovascular surgery: observation based upon 450 cases. Amer. Surg. **24**, 870—888 (1958).

COOLEY, J. C., and J. W. KIRKLIN: The surgical treatment of persistent common atrio-ventricular canal: report of 12 cases. Proc. Mayo Clin. **31**, 523—530 (1956).

— — and H. G. HARSHBARGER: The surgical treatment of persistent common atrio-ventricular canal. Surgery **41**, 147—152 (1957).

DERRA, E., u. F. LOOGEN: Klinik und operative Behandlung der Vorhofseptumdefekte vom Typ des Foramen primum. Dtsch. med. Wschr. **85**, 1669—1676 (1960).

DUBLIS KAJA, D.: Zur Kasuistik der Defekte der Scheidewand des Herzens. Thèse Zürich, 1906 (Fusten et Zeisberg, ed.).

EDWARDS, J. E.: Persistant interatrial foramen primum with common atrioventricular canal. In: S. E. GOULD, Pathology of the heart, p. 369. Springfield (Ill.): Ch. C. Thomas 1953.

ELLIS jr., F. H., and J. W. KIRKLIN: The use of extracorporal circulation in cardiac surgery. Dis. Chest **36**, 173—178 (1959).

GOETSCH, C.: Persistent ostium atrio-ventriculare commune with bacterial endocarditis in a mongolian idiot. J. techn. Meth. **18**, 117 (1938).

GUNN, F. D., and J. M. DIECKMANN: Malformations of the heart including two cases with common atrioventricular canal and septum defects and one with defect of the atrial septum (cor triloculare biventriculorum). Amer. J. Path. **3**, 595—615 (1927).

HAGGENMILLER, W., J. ENDERS u. O. ELL: Eigene Beobachtungen über 5 Fälle von intrakardialer Defektbildung in einer Familie. Z. Kreisl.-Forsch. **48**, 658—665 (1959).

HART, K.: Über die Defekte der oberen Teile der Kammerscheidewand des Herzens mit Berücksichtigung der Perforation des häutigen Septums. Virchows Arch. path. Anat. **181**, 51—100 (1905).

HEIM DE BALSAC, R., F. BOUCHARD, O. ZALIS, J. PASSELECA, J. GUERI, PH. BLONDEAU et CH. DUBOST: Les canaux atrioventriculaires communs (Ostium commune). Brux-méd. **38**, 325, 379, 415 (1958).

JAFFE, K.: Fall von Mißbildung des Herzens und der Gefäße. Z. Anat. Entwickl.-Gesch. **60**, 411—437 (1921).

KEITH, A.: Malformations of the heart. Lancet **1909 II**, 433—435.

KIRKLIN, J. W.: Operationen am offenen Herzen. Langenbecks Arch. klin. Chir. **289**, 237—250 (1958).

LAMBERT, E. C., J. E. MCMANUS, and R. J. PAINE: Indications for the results of cardiac surgery in infants. N. Y. J. Med. **55**, 2471—2472 (1955).

— W. S. WEBSTER, and K. TERPLAN: Persistent ostium atrioventriculare commune; hemodynamic findings and differential diagnosis. Circulation **14**, 965 (1956).

LEECH, C. B.: Congenital heart disease: clinical analysis of seventy-five cases from the Johns Hopkins-Hospital. J. Pediat. **7**, 802—839 (1935).

LIGHTNER, C. MC. G.: An unusual congenital malformation of the heart: cor biloculare with ostium atrioventriculare commune. Pulmonary atresia. Displacement of right pulmonary veins and associated somatic defects. J. techn. Meth. **19**, 148—155 (1939).

LILLEHEI, C. W., M. COHEN, H. E. WARDEN, and R. L. VARCO: The direct vision intracardiac correction of congenital anomalies by controlled cross circulation: results in 32 patients with ventricular septal defects, tetralogy of Fallot and atrioventricularis communis defects. Surgery **38**, 11—29 (1955).

LOOGEN, F.: Diagnostik und Operationsindikation intrakardialer Defekte. Ärztl. Prax. **12**, 497, 521, 575 (1960).

MALL, F. P.: On the development of the human heart. Amer. J. Anat. **13**, 249—298 (1902).

MEEKER, L. H.: Congenital defect of heart in a mongolian idiot: persistent ostium atrioventriculare commune without other grave anomalies. J. techn. Meth. **14**, 72—77 (1935).

MÉTINAU, C., C. DURAND et R. HEIM DE BALSAC: Persistance de l'orifice auriculo-ventriculaire commun (ostium commune). In: DONZELOT et D'ALLAINES, Traités des cardiopathies congénitales, p. 488—495. Paris: Masson & Cie. 1954.

MÖNCKEBERG, J. G.: Das Verhalten des Atrioventricularsystems bei persistierendem Ostium atrioventriculare commune. Zbl. allg. Path. path. Anat. **34**, 139 (1923).

MORAGUES, V.: Persistent common atrioventricular ostium; report of a case. Amer. Heart J. **25**, 123—127 (1943).

MORGAN, O. R., and V. SPRENKEL: Cor biventriculorum pseudotriloculare rudimentary interatrial septum with persistent ostium primum and patent foramen ovale. Absent membranous and defective basal portion of the interventricular septum. Anomalous and stenotic mitral valve with cleft aortic leaflet. J. techn. Meth. **16**, 68 (1936).

PATTEN, B. M.: Human embriology. Chap. 19, 5, p. 680. Toronto: Blakistan Comp., Inc. 1946.

PEACOCK, T. B.: Malformation of the heart consisting in an imperfection of the auricular and ventricular septa. Trans. path. Soc. Lond. **1**, 61 (1946).

PREISZ, H.: Beiträge zur Lehre von den angeborenen Herzanomalien. Beitr. path. Anat. **7**, 245—296 (1890).

ROBINSON, D. W.: Persistent common atrioventricular ostium in a child with mongolism. Arch. Path. **32**, 117—121 (1941).

ROBSON, G. M.: Congenital heart disease; a persistent ostium atrioventriculare commune with septal defects in mongolian idiot. Amer. J. Path. **7**, 229—236 (1931).

ROESLER, H.: Interatrial septal defect. Arch. intern. Med. **54**, 338—380 (1934).

ROGERS, A. M., u. J. E. EDWARDS: Incomplete division of the atrioventricular canal with patent interatrial foramen primum (persistent common atrioventricular ostium). Amer. Heart J. **36**, 28—54 (1948).

ROKITANSKY, K. F. v.: Die Defekte der Scheidewände des Herzens. Pathologisch-anatomische Abhandlung, S. 156. Wien: W. Braumüller 1875.

SCHLEUSING, H.: Beiträge zu den Mißbildungen des Herzens. Virchows Arch. path. Anat. **254**, 579—599 (1925).

SCHMALTZ, R.: Zur Kasuistik und Pathogenese der angeborenen Herzfehler. Dtsch. med. Wschr. **14**, 921—925 (1888).

SELDINGER, S. I.: Catheter replacement of the needle. Acta radiol. (Stockh.) **39**, 368—376 (1953).

SELZER, A.: Defects of the cardiac septum. J. Amer. med. Ass. **154**, 129—135 (1954).
—, and A. E. LEWIS: The occurence of chronic cyanosis in cases of atrial septal defect. Amer. J. med. Sci. **218**, 516—524 (1949).
SENNING, A.: Erfahrungen in der Herzchirurgie mit der Herz-Lungenmaschine. Thoraxchirurgie **6**, 483—505 (1959).
SHATTOCK, S. C.: Malformation of the heart in a child at full term. Trans. path. Soc. Lond. **35**, 124—131 (1884).
SÖLDNER, F.: Mißbildungen der Vorhofscheidewand des Herzens. Ostium primum persistens. Inaug.-Diss. S. 84, München, Wolf & Sohn 1904.
STERNBERG, K.: Beiträge zur Herzpathologie: (a) Umfangreicher Defekt im septum atriorum mit Spaltung des Aortenzipfels der Mitralklappe. (b) Cor triatriatum biventriculare. Verh. dtsch. path. Ges. **16**, 253—262 (1913).
SYMINGTON: On a specimen of a heart with incomplete interauricular and interventricular septa, one auriculo-ventricular opening (left) and a single arterial orifice (aortic). J. Anat. Physiol. **34**, XIV (1900).
THURN, P., A. SCHAEDE, H. H. HILGER u. A. DÜX: Der Ventrikelseptumdefekt im selektiven Laevokardiogramm. Fortschr. Röntgenstr. **94**, 305—323 (1961).
TURNER, F. C.: Malformed heart with individed auriculoventricular aperture and a left superior vena cava. Trans. path. Soc. Lond. **43**, 30 (1892).
WAKAI, C. S., and I. E. EDWARDS: Developmental and pathological considerations in persistent common atrioventricular canal. Proc. Mayo Clin. **31**, 487—500 (1956).
WRIGHT, J. H., and A. K. DRAKE: A case of extreme malformation of the heart. Trans. Ass. Amer. Physcns. **18**, 272 (1903).

12. Anomalien der Lungenvenen

ABBOTT, M. E.: Atlas of congenital cardiac disease. New York: Amer. Heart Assoc. 1936.
ADACHI, B.: Anatomie der Japaner. I. Das Venensystem der Japaner. Kyoto 1939.
ARTHURRON, M. W., R. V. GIBSON, and G. M. WOODWARK: Anomalous pulmonary vein drainage into the coronary sinus. Brit. Heart J. **16**, 460—462 (1954).
ARVIDSSON, H.: Anomalous pulmonary vein entering the inferior vena cava examined by selective angiocardiography. Acta radiol. (Stockh.) **41**, 156—162 (1954).
BENDER, F.: Die Pulmonalvenentransposition und ihre Beziehung zum Vorhofseptumdefekt. Arch. Kreisl.-Forsch. **33**, 310—363 (1960).
— F. HILGENBERG u. G. JUNGERHÜLSING: Dextrokardie mit Pulmonalvenentransposition bei partieller Lungenagenesie. Z. Kreisl.-Forsch. **46**, 172—179 (1957).
BJÖRK, V. O., C. CRAFOORD, B. JONSSON, S. R. KJELLBERG, and U. RUDHE: Atrial septal defects, a new surgical appyoach and diagnostical aspects. Acta chir. scand. **107**, 499—515 (1954).
BRANTIGAN, O. C.: Anomalies of pulmonary veins, their surgical significance. Surg. Gynec. Obstet. **84**, 653—658 (1947).
BRODY, H.: Drainage of pulmonary veins into the right side of the heart. Arch. Path. **33**, 221—240 (1942).
BRUCE, R. A., and I. M. V. HAGEN: Anomaly of total pulmonary venous connection (report of a case with survival for 31 years). Amer. Heart J. **47**, 785—792 (1954).
— F. W. LOVEJOY, E. B. MAHONEZ, G. B. BROTHERS, P. E. G. YU, and P. PEARSON: Tetralogy of Fallot, anomalous pulmonary drainage, auricular septal defect, right ventricular hypertrophy and patent ductus arteriosus. J. clin. Invest. **28**, 772 (1949).
BRUWER, A.: Roentgenologic findings in total anomalous pulmonary venous connection. Proc. Mayo Clin. **31**, 171—176 (1956).
BURCHELL, A. B.: Total anomalous pulmonary venous drainage: Clinical and physiological patterns. Proc. Mayo Clin. **31**, 161—167 (1956).
BURROUGHS, J. J., and J. W. KIRKLIN: Complete surgical correction of fetal anomalous pulmonary venous connection; report of three cases. Proc. Mayo Clin. **31**, 182—188 (1956).
CASTELLANOS, A.: Anomalias de las venas pulmonares, sus diferentes variedades. Importancia de la angiocardiografica en su diagnostico. Arch. Méd. inf. **20**, 4 (1951).
CONANT, J. S., and L. T. KURLAND: Pulmonary tuberculosis associated with common anomalous left pulmonary vein entering the left innominate vein. J. thorac. Surg. **16**, 422—426 (1947).
COOKE, F. N., I. M. EVANS, A. D. KISTIN, and B. J. BLADES: An anomaly of the pulmonary veins. J. thorac. Surg. **21**, 452—459 (1951).
COOLEY, D. A., and H. A. COLLINS: Anomalous drainage of entire pulmonary venous system into left innominate vein. Circulation **19**, 486—495 (1959).
—, and D. A. MAHAFFEY: Anomalous pulmonary venous drainage of entire left lung: report of case with surgical correction. Ann. Surg. **142**, 986—991 (1955).
COOPER, G.: Zit. nach F. LONGIN and G. PEPPMEIER 1958. Lond. med. Gaz. **18**, 600 (1836).
DALITH, F., and H. NEUFELD: Anomalous pulmonary venous connection; radiological diagnosis by tomographie. 3. Weltkongr. für Cardiologie, Brüssel 1958.
DARLING, R. C., W. B. ROTHNEY, and J. M. CRAIG: Total pulmonary drainage into the right side of the heart; report of 17 autopsied cases not associated with other major cardiovascular anomalies. Lab. Invest. **6**/1, 44—64 (1957). Ref. Excerpta med. (Amst.), Sect. XVIII, **1**, No 10 (1957).
DATO, A. G., e G. GUGLIESLINI: Su di un segno angiocardiografico di anomalo 5 bocco di vene polmonari nell'atrio dextro. Minerva cardioangiol. **3**, 588—592 (1955).
DERRA, E.: Aktensammlung über die 10. Ärztetagg in Triest 6. 8. 1957.

DERRA, E., F. GROSSE-BROCKHOFF u. F. LOOGEN: Der Vorhofseptumdefekt. Ergebn. inn. Med. Kinderheilk. **22**, 211—267 (1964).

—, u. F. LOOGEN: Operationsindikation bei Vitien im Rückblick der Operationsergebnisse. Verh. Dtsch. Ges. inn. Med. **67**, 55—68 (1961).

— — u. G. ROTTHOFF: Der Vorhofseptumdefekt mit Lungenvenentransposition und seine operative Beseitigung. Wien. med. Wschr. **109**, 11—15 (1959).

— — — Der Vorhofseptumdefekt mit Lungenvenentransposition und seine operative Beseitigung. Wien. med. Wschr. **1**, 11—15 (1959).

DOERR, W.: Anatomische Pathologie „chirurgischer Herzfehler". Dtsch. med. J. **5**, 553—560 (1954).

DOTTER, C. T., N. M. HARDISTY, and I. STEINBERG: Anomalous right pulmonary vein entering the inferior veina cava: two cases diagnosed during life by angiocardiography and cardiac catheterization. Amer. J. med. Sci. **218**, 31—36 (1949).

DRAKE, E. H., and J. P. LYNCH: Bronchiectasis associated with anomaly of the right pulmonary vein and right diaphragm. J. thorac. Surg. **19**, 433—437 (1950).

DRUEPPLE, L. G.: Complete pulmonary venous drainage into the vein with multiple congenital anomalies. Amer. Heart J. **53**, 790—794 (1957).

DUSHANE, J. W.: Total anomalous pulmonary venous connection clinical aspects. Proc. Mayo Clin. **31**, 167—170 (1956).

EDWARDS, J. E.: Pathologic and developmental considerations in anomalous pulmonary venous connection. Proc. Mayo Clin. **28**, 441—452 (1953).

—, and J. W. DUSHANE: Thoracic venous anomalies. I. Vascular connection between the left atrium and the innominate vein (levoatriocardinal vein) associated with mitral atresia and premature closure of the foramen wall (case 1). II. Pulmonary veins draining wholly into the ductus venosus (case 2). Arch. Path. **49**, 517—537 (1950).

—, and H. F. HELMHOLTZ jr.: A classification of total anomalous pulmonary venous connection based on developmental considerations. Proc. Mayo Clin. **31**, 151—160 (1956).

ELLIS, F. H., J. A. CALLAHAN, J. W. DUSHANE, J. E. EDWARDS, and E. H. WOOD: Partial anomalous pulmonary venous connection involving both lungs with atrial communication. A. report of two cases treated surgically. Proc. Mayo Clin. **33**, 65—74 (1958).

EMSLIE-SHMITH, D., J. G. W. HILL, and U. G. LOWE: Unilateral membranous pulmonary venous occlusion, pulmonary hypertension and patent ductus arteriosus. Brit. Heart J. **17**, 79—84 (1955).

ENGELS, H.: Herzmißbildung mit Einmündung der Vena pulmonalis in den rechten Vorhof. Frankfurt. Z. Path. **49**, 206—213 (1936).

FASANO, E., e M. FRANCO: Ernia mediastinalis anterior totale e vena anomala polmonare (vollständige vordere Mediastinalhernie und Pulmonalvenenanomalie). Minerva med. **1956 I**, 1161—1164.

FERRARIO, J.: Falsche Einmündung aller Lungenvenen in die V. anonyma sinistra mit interatrialer Kommunikation (Syndrom Taussig-Snellen-Albens). Schweiz. med. Wschr. **11**, 256—261 (1958).

FINDLAY jr., C. W., and H. C. MAIER: Anomalies of the pulmonary vessels and their surgical significance. Surgery **29**, 604—641 (1951).

FITZGERALD A. A. PEEL, K. BLUM, J. C. C. KELLY, and T. SEMPLE: Anomalous pulmonary and systemic venous drainage. Thorax **11**, 119—143 (1956).

FOGAL, M., Z. SOMOGYI u. I. GACS: Transposition der Pulmonalvenen. Fortschr. Röntgenstr. **90**, 32—37 (1959).

FONO, R., u. J. LITTMANN: Die congenitalen Fehler des Herzens und der großen Gefäße. Leipzig: Johann Ambrosius Barth 1957.

FOX, I. J., and E. H. WOOD: Applications of dilution curves recorded from the right side of the heart or venous circulation with the and of a new indication dye. Proc. Mayo Clin. **32**, 541—550 (1957).

GALLE, P.: Über eine den Unterlappen durchsetzende Oberlappenvene und andere atypische Lungenvenen. Thoraxchirurgie **1**, 430—433 (1954).

GARDNER, F., and S. ORAM: Persistent left superior vena cava draining the pulmonary veins. Brit. Heart J. **15**, 305—318 (1953).

GERACI, J. E., and J. W. KIRKLIN: Transplantation of left anomalous pulmonary veins to left atrium report of case. Proc. Mayo Clin. **28**, 472—475 (1953).

GERARD, L.: Les anomalies de retour des veines pulmonaires revelées par le cathéterisme cardiaque (critères de diagnostic). Arch. Mal. Cœur **46**, 526—532 (1953).

GERBODE, F., and H. HULTGREN: Observations on experimental atriovenous anastomoses, with particular reference to congenital anomalies of the venous return to the heart and to cyanosis. Surgery **28**, 235—244 (1950).

GEROK, W., H. H. MARX, B. SCHLEGEL, P. SCHÖLMERICH, E. STEIN u. J. G. SCHLITTER: Venenanomalien bei der Differentialdiagnose congenitaler Herzfehler. Ärztl. Wschr. **14**, 687—694 (1959).

GOTT, V. L., R. G. LESTER, C. W. LILLEHEI, and R. L. VARCO: Total anomalous pulmonary return, an analysis of thirty cases. Circulation **13**, 543—552 (1956).

GRISHMAN, A., S. A. BRAHMS, A. GORDON, and F. H. KING: Aberrant insertion of pulmonary veins. J. Mt. Sinai Hosp. **17**, 336—343 (1951).

— M. W. POPPEL, R. S. SIMPSON, and M. L. SUSSMAN: The roentgenographic et angiographic aspect of aberrant insertion of pulmonary veins associated with interauricular septal defect and congenital arterio-venous aneurysm of the lung. Amer. J. Roentgenol. **62**, 500—508 (1949).

GROSSE-BROCKHOFF, F., G. NEUHAUS u. A. SCHAEDE: Herzbelastung bei arterio-venösen Fisteln und veno-venösen Anastomosen im großen bzw. kleinen Kreislauf. Z. Kreisl.-Forsch. **43**, 388—402 (1954).

GROVER, R. F., R. R. LANIER, J. K. LOWRY, and S. G. BLOUNT: Congenital absence of the hepatic portion of the inferior vena cava. Amer. Heart J. **54**, 794—798 (1954).

GUNTEROTH, W. G., A. S. NADUS, and R. E. GROSS: Transposition of the pulmonary veins. Circulation **18**, 117—137 (1958).

HALASZ, N. A., K. H. HALLORAN, and A. A. LIEBOW: Bronchial and arterial anomalies with drainage of the right lung into the inferior vena cava. Circulation **16**, 826—846 (1956).

HALLERBACH, H., u. A. SCHAEDE: Die Diagnostik der kompletten Lungenvenentransposition. Fortschr. Röntgenstr. **89**, 152—171 (1958).

HASCHE, E., u. G. GRÜNES: Die partielle Lungenvenentransposition. Thoraxchirurgie 8, 595—602 (1961).

HEALEY, J. E.: An anatomic survey of anomalous pulmonary veins: their clinical significance. J. thorac. Surg. **23**, 433—444 (1952).

HÖTTER, G. J.: Kongenitale Hohlräume der Lungen in der Differentialdiagnostik der Lungentuberkulose. Fortschr. Röntgenstr. **94**, 422—425 (1961).

HOWALD, E.: Kongenitales Herzvitium mit falscher Mündung der Pulmonalvenen. Helvet. paediat. Acta 4, 322—326 (1949).

HUGHES, C. W., and P. C. RUMERE: Anomalous pulmonary veins. Arch. Path. **37**, 364—366 (1944).

HWANG, W. P. O., K. KURAMOTO, S. SEGALL, and L. N. KATZ: Hemodynamic study of a case of anomalous pulmonary venous drainage. Circulation **2**, 553—557 (1950).

JANKER, R.: Die Angiokardiographie der congenitalen Anomalien des Herzens und der großen Gefäße mit Rechts-Links-Shunt. Röntgendiagnostik, Ergebnisse 1952—1956, S. 132—160. Stuttgart: Georg Thieme 1957.

JOHNSON, H. L., F. W. WIGLESWORTH u. I. S. BUMBAR: Infradiaphragmatic total anomalous pulmonary venous connection. Circulation **17**, 340—347 (1958).

JOHNSON, R. P.: Anomalous pulmonary veins: report of nine cases. Arch. intern. Med. **42**, 11—25 (1955).

KEITH, J. D., R. D. ROWE, P. VLAD, and J. H. O'HANLEY: Complete anomalous pulmonary venous drainage. Amer. J. Med. **16**, 23—38 (1954).

KIRKLIN, J. W.: Surgical treatment of anomalous pulmonary venous connection. Proc. Mayo Clin. **28**, 476—479 (1953).

— F. H. ELLIS jr., and E. H. WOOD: Treatment of anomalous pulmonary venous connections in association with interatrial communication. Surgery **39**, 389—398 (1956).

KJELLBERG, S. R., E. MANNHEIMER, U. RUDHE, and B. JONSSON: Diagnosis of congenital heart disease. 2. ed. Chicago: Year Book Publ. 1959.

KNUTSON, I. R. B., B. E. TAYLOR, R. D. PRUITT, and T. J. DRY: Anomalous pulmonary venous drainage diagnosed by catheterization of the right side of the heart. Reports of 3 cases. Proc. Mayo Clin. **25**, 52—59 (1950).

KUGEL, E., u. M. PÖSCHL: Über Mißbildungen der Pulmonalvenen. Fortschr. Röntgenstr. **80**, 4, 467—471 (1954).

LEVINSON, D. C., G. C. GRIFFITH, R. S. COSBY, J. ZINN, G. JAKOBSON, S. P. DIMITROFF, and W. OBLATH: Transposed pulmonary veins. Amer. J. Med. **15**, 143—157 (1953).

LONGIN, F., u. G. PEPPMEIER: Beitrag zur anomalen Lungenveneneinmündung in die Vena cava inferior. Fortschr. Röntgenstr. 88, 4, 386—393 (1958).

LOOGEN, F., O. BAYER, R. RIPPERT u. H. H. WOLTER: Einmündung der Lungenvenen in den rechten Herzvorhof. Z. klin. Med. **151**, 340—354 (1954).

— R. RIPPERT, E. SANTA-MARIA u. H. H. WOLTER: Anomalien der großen Körper- und Lungenvenen (II. Mitteilung). Z. Kreisl.-Forsch. **48**, 136—153 (1959).

MANKIN, H. T., and H. B. BURCHELL: Clinical considerations in partial anomalous pulmonary venous connection; report of 2 unusual cases. Proc. Mayo Clin. **28**, 463—472 (1953).

MCKUSICK, V. A., and R. N. COOLEY: Drainage of right pulmonary vein into inferior vena cava. New Engl. J. Med. **252**, 291—301 (1955).

MCLEAN, S., and H. R. CRAIG: Congenital absence of the spleen. Amer. J. med. Sci. **164**, 703—712 (1922).

MCMANUS, J. F. A.: A case in which both pulmonary veins emplied into a persistent left superior vena cava. Canad. med. Ass. J. **45**, 261—264 (1941).

MILLER, G., and B. E. POLLOCK: Total anomalous pulmonary venous drainage. Amer. Heart J. **49**, 127—134 (1955).

MUIR, A. R.: Anomalous pulmonary venous drainage. Thorax 8, 65—68 (1953).

MULLER, W. H.: The surgical treatment of transposition of the pulmonary veins. Ann. Surg. **134**, 683—693 (1951).

MUSTARD, W. T., and F. G. DOLAN: The surgical treatment of total anomalous pulmonary venous drainage. Ann. Surg. **145**, 379—387 (1957).

MYHRE, J. R.: Anomalous pulmonary venous connection. Acta med. scand. **159**, 27—33 (1957).

NAGEL, A.: Eine Transposition aller Lungenvenen in den rechten Vorhof. Virchows Arch. path. Anat. **297**, 343—350 (1936).

NASH, F. W., and D. MACKINNON: Cor triatriatum: congenital stenosis of the common pulmonary vein. Arch. Dis. Child. **31**, 157, 222—224 (1956).

NICK, J.: Zur Einmündungsweise der Lungenvenen in den linken Vorhof. Thoraxchirurgie **1**, 387—402 (1954).

NIEDNER, F. F., u. H. G. KAATZ: Über anomale Veneneinmündung in das Herz. Cardiologia (Basel) **30**, 173—181 (1957).

NIVEEN, J., B. HOMANN, W. MARRING et F. S. P. BUCHEM: Pénétration dans l'oreillette droite des veins pulmonaires. Arch. Mal. Cœur **45**, 636—648 (1952).

NORTHOFF, F.: Zur Differentialdiagnose angeborener Herzfehler. Ärztl. Wschr. **31**, 881—886 (1956).

PARK, E. A.: Autoptischer Bericht über eine in die untere Hohlvene einmündende Lungenvene. Proc. N. Y. path. Soc. **12**, 88 (1912). Nach F. LONGIN u. G. PEPPMEIER. Fortschr. Röntgenstr. **88**, 386—400 (1958).

PARSONS, H. G., A. PURDY, and B. JESSUP: Anomalies of the pulmonary veins and their surgical significance; report of ten cases of total anomalous pulmonary venous return. Pediatrics **9**, 151—166 (1952).

PEEL, A. A., K. BLUM, J. C. C. KELLY, and T. SEMPLE: Anomalous pulmonary and systemic venous drainage. Thorax **11**, 119—134 (1956).

REDLICH, F. H.: Ein weiterer Fall von partieller Lungenvenentransposition. Fortschr. Röntgenstr. **91**, 143—145 (1959).

RIPPERT, R., E. KRIEHUBER u. F. LOOGEN: Anomalien der großen Körper- und Lungenvenen (III. Mitteilung). Z. Kreisl.-Forsch. **48**, 819—835 (1959).

ROBERTS, I. I.: Zit. nach P. A. DUFF, J. techn. Meth. **18**, 106—116 (1938). Pulmonary veins from both lungs draining into right auricle with persistent foramen ovale: report of case.

ROSENFELD, I., M. L. SILVERBLATT, and L. STRAUSS: Total anomalous pulmonary venous drainage into the portal vein. Amer. Heart J. **53**, 616—623 (1957).

RUNSTRÖM, G.: Two cases of vascular anomalies in the lung. Acta med. scand., Supp. **246**, 176—186 (1950).

SANES, S.: Anomalous drainage of pulmonary veins into coronary sinus. Amer. J. Dis. Child. **58**, 354—361 (1939).

SCHAEDE, A.: Die congenitalen Mißbildungen am venösen Anteil des Herzens. Ergebn. inn. Med. Kinderheilk. **4**, 519—564 (1953).

SCHWEIZER, W., H. HERZOG u. W. HAEFELY: Pathologische Lungenvene mit veno-venösem Shunt. Cardiologia (Basel) **31**, 301—306 (1957).

SEPULVEDA, G., D. S. LUKAS, and I. STEINBERG: Anomalous drainage of pulmonary veins. Clinical, physiologic and angiocardiographic features. Amer. J. Med. **18**, 883—899 (1955).

SMITH, I. C.: Anomalous pulmonary veins. Amer. Heart J. **41**, 561—568 (1951).

SNELLEN, H. A., and F. H. ALBERS: The clinical diagnosis of anomalous pulmonary venous drainage. Circulation **6**, 801—816 (1952).

SÖMMERING, S. T.: Über die Bahnen der Lungen. Berlin: Vossische Buchhandlung 3808. Zit. nach Arch. Path. **37**, 364—366 (1944).

SOSSAI, M.: Sulla diagnosi radiologia in bianco del drenaggio anomalo delle vene polmonari (diagnosis of anomalous drainage of pulmonary vein by regular radiology). Radiol. med. (Torino) **44**, 327—337 (1958).

SPECHT, H. D., and A. F. BROWN: Drainage of pulmonary veins into ductus venosus with other anomalies. Arch. intern. Med. **92**, 148—151 (1953).

STECKEN, A.: Beitrag zur partiellen Lungenvenentransposition. Fortschr. Röntgenstr. **86**, 710—720 (1957).

— Lungenkrankheiten im Röntgenbild, herausgeg. von W. HIRSCH, S. 238—246. Leipzig: VEB Thieme 1958.

STEINBERG, I.: Anomalous pulmonary venous drainage of right lung into inferior vena cava with malrotation of the heart: report of three cases. Ann. intern. Med. **47**, 227—240 (1957).

—, u. N. FINBY: Clinical and angiocardiographic features of congenital anomalies of the pulmonary circulation: a classification and review. Angiology **7**, 378—395 (1956).

— W. DUBILIER jr., and D. S. LUKAS: Persistence od left superior vena cava. Dis. Chest **24**, 479—488 (1953).

STOEBER, H.: Ein weiterer Fall von Cor triatriatum und eigenartig gekeuzter Mündung der Lungenvenen. Virchows Arch. path. Anat. **193**, 252—257 (1908).

STORSTEIN, O., and H. TVETEN: Anomalous drainage of pulmonary veins from the right lung to the superior vena cava with patent foramen ovale as the cause of congestive heart failure in a 68-year old man. Acta med. scand. **148**, 77—82 (1954).

SWAN, H. J. C., W. KIRKLIN, L. M. BECU, and E. H. WOOD: Anomalous connection of right pulmonary veins to superior vena cava with interatrial communications. — hemodynamic data in eight cases. Circulation **16**, 54—66 (1957).

— E. TOSCANO-BARBOZA u. E. H. WOOD: Hemodynamic findings in total anomalous pulmonary venous drainage. Proc. Mayo Clin. **31** (6), 177—182 (1956).

—, and E. H. WOOD: Anomalous connection of the pulmonary and systemic veins. Proc. Mayo Clin. **21**, 496—499 (1957).

TESTINI, A., M. FERSINI, N. ILICETO e C. STRADA: Le anomalie del riterno venoso polmonare. Rass. ital. Chir. Med. **5/6**, 431—473 (1956).

TORI, G.: Radiological demonstration of right pulmonary vein opening in the superior vena cava. Radiol. clin. (Basel) **21**, 336—343 (1952).

UCHIDA, S.: Nach C. T. DOTTER, N. M. HARDISTY u. I. STEINBERG: Amer. J. med. Sci. **218**, 31—36 (1949). Bericht über eine in die untere Hohlvene einmündende transponierte Lungenvene (autoptisch).

UYTTENHOVE, PH., R. PANNIER, A. VAN LOO, K. VUY ISTEECK et A. BLANCQUAERT: Les veines pulmonaires abérrantes. Acta cardiol. (Brux.) 8, 594—602 (1953).

VASS, A., and J. KELLER MACK: Anomalous drainage of the pulmonary veins into the coronary sinus. Report of a case. Amer. J. Dis. Child. **78**, 906—913 (1949).

VOLFBERG, E. D.: Pulmonary vein opening into the portal vein. Arch. Path. **18**, 103—104

(1956). Ref. Excerpta med. (Amst.), Sect. XVIII, 1, No 8 (1957).

WELTI, J. J., et R. NEDEY: Un cas d'anomalie veineuse pulmonaire droite diagnostique sur un cliché thoracique standard. Drainage dans la veins cave inferiore. Arch. Mal. Cœur **43**, 464—467 (1950).

WESSELS, F., G. BENY, J. A. CAPRILE et R. KREUKER: Anomalies du retour veineux. Rev. argent. Cardiol. **19**, 130—140 (1952).

WHITAKER, W.: Total pulmonary venous drainage through a persistent left superior vena cava. Brit. Heart J. **16**, 177—188 (1954).

WINSLOW: Ein Beitrag zur normalen und pathologischen Entwicklungsgeschichte des Herzens. Zit. nach ARNOLD, Virchows Arch. path. Anat. **51**, 220—275 (1870). (Winslow Mém. de Paris 1717—1725).

WOOD, D. C., M. E. CONRAD, and A. G. MORROW: Partial anomalous venous connection. Amer. Heart J. **54**, 3, 422—428 (1957).

ZION, M. M.: Mitral stenosis associated with anomalous pulmonary venous drainage into a left superior vena. Brit. med. J. **1956**, No 4974, 1010—1021.

13. Ventrikelseptumdefekt

ABBOTT, M. E.: Congenital heart disease. In: Nelson new loose-leaf medicine, vol. 4, p.207—321. New York: Thos. Nelson & Sons 1932.

— Atlas of congenital heart disease. New York: Amer. Heart Ass. 1936.

ADAMS, P., R. V. LUCAS, D. K. FERGUSON, and C. W. LILLEHEI: Significance of pulmonary vascular pathology in ventricular septal defect as determinated by lung biopsy. Circulation **14**, 905 (1956).

BAILEY, C. P., M. H. LACY, W. B. NEPTUNE, R. WELLER, C. S. ARVANITIS, and J. KARASIC: Experimental and clinical attempts at correction of interventricular septal defects. Ann. Surg. **136**, 919—936 (1952).

—, and W. M. LEMMON: Current research in the surgery of ventricular septal defects. Amer. J. Cardiol. **50**, 242—257 (1960).

BALDWIN, E. D., L. V. MOORE, and R. P. NOBLE: The demonstration of ventricular septal defect by means of right catheterization. Amer. Heart J. **32**, 152—162 (1946).

BARD, L.: Des caractères des souffles cardiaques dans la maladie bleue. Arch. Mal. Cœur **2**, 97—106 (1917).

BAUER, D. F., and E. C. ASTBURY: Congenital cardiac disease: Bibliography of the one thousand cases analysed in Maude Abbott's Atlas. Amer. Heart J. **27**, 688—732 (1944).

BAUMGARTNER, E. A., and M. E. ABBOTT: Interventricular septal defect with dextroposition of aorta and dilatation of pulmonary artery (Eisenmenger complex) terminating by cerebral abscess: report of case observed during life, presenting impaired conduction and paralysis of recurrent laryngeal nerve from pressure of hypertrophied pulmonary artery. Amer. J. med. Sci. **177**, 639—647 (1929).

BAYER, O., F. LOOGEN u. H. H. WOLTER: Der Katheterismus bei angeborenen und erworbenen Herzfehlern. Stuttgart: Georg Thieme 1954.

BEATO NUNEZ, V., and E. R. PONSDOMENECH: Heart puncture cardiography: clinical and electrocardiographic results. Amer. Heart J. **41**, 855—863 (1951).

BECU, L. M., R. S. FONTANA, J. W. DUSHANE, J. W. KIRKLIN, H. B. BURCHELL, and J. E. EDWARDS: Anatomic and pathologic studies in ventricular septal defect. Circulation **14**, 349—364 (1956).

BING, R. J., L. D. VANDAM, and F. D. GRAY: Physiological studies in congenital heart disease. Results obtained in five cases of Eisenmenger's complex. Bull. Johns Hopk. Hosp. **80**, 323—347 (1947).

BLEIFER, S., E. DONOSO, and A. GRISHMAN: The auscultatory and phonoradiographic signs of ventricular septal defects. Amer. J. Cardiol. **5**, 191—198 (1960).

BLOUNT, S. G., H. MUELLER, and M. C. MCCORD: Ventricular septal defect. Amer. J. Med. **18**, 871—882 (1955).

BLOUNT jr., S. G., and M. G. WOODWARK: Considerations involved in the selection for surgery of patients with ventricular septal defects. Amer. J. Cardiol. **5**, 223—233 (1960).

BRAUNWALD, E., and A. G. MORROW: Left ventriculo-right atrial communication. Amer. J. Med. **28**, 913—920 (1960).

BRETMACHER, L., and M. CAMPBELL: Ventricular septal defect with pulmonary stenosis. Brit. Heart J. **20**, 379—388 (1958).

— — The natural history of ventricular septal defect. Brit. Heart J. **20**, 97—116 (1958).

BROWN, J. W.: Congenital heart disease, p. 113—119. London: Staples Press Ltd. 1939.

BURCHELL, H. B., B. E. TAYLOR, A. A. POLLACK, J. W. DUéHANE, and E. H. WOOD: Ventricular septal defect and pulmonary hypertension without hypoxemia. Proc. Mayo Clin. **23**, 507—510 (1948).

CAMPBELL, M., and H. HILLS: Angiocardiography in cyanotic congenital heart disease. Brit. Heart J. **12**, 65—95 (1950).

CASTELLANOS, A.: Sobre el diagnostico angiocardiographico de la communication interventricular. Arch. lat.-amer. Cardiol. Hemat. **8**, 1 (1938).

CIVIN, W. B., and J. E. EDWARDS: Pathology of the pulmonary vascular tree: A comparison of the intrapulmonary arteries in the Eisenmenger's complex and in the stenosis of the ostium infundibuli associated with biventricular origin of the aorta. Circulation **2**, 545—552 (1950).

CLAYPOOL, J. G., W. RUTH, and T. K. LIN: Ventricular septal defect with aortic incompetence simulating patent ductus arteriosus. Amer. Heart J. **54**, 788 (1957).

CLELAND, W. P., A. J. BEARD, H. H. BENTALL, H. B. BISHOP, M. v. BAIMBRIDGE, L. L. BROMLEY, J. F. GOODWIN, A. HOLLMAN, W. F. KERR, E. B. LLOYD-JONES, D. G. MELROSE, and L. J. TELIVUO: The treatment of ventricular septal defect. Brit. med. J. **1958 II**, 1369—1377.

COLLINS, D. M., T. EAST, M. P. GODFREY, P. HARRIS, and S. ORAM: Ventricular septal defect with pulmonary stenosis and aortic regurgitation. Brit. Heart J. **20**, 363—369 (1958).

CONTRO, S., and P. BROSTOFF: Pulmonic stenosis with left-to-right ventricular shunt. Amer. Heart J. **50**, 543—550 (1955).

COOLEY, D. A., J. R. LATSON, and A. S. KEATS: Surgical considerations in repair of ventricular and atrial septal defects utilizing cardiopulmonary bypase. Surgery **43**, 214—225 (1958).

COURNAND, A., J. S. BALDWIN, and A. HIMMELSTEIN: Cardiac catheterization in congenital heart disease, p. 83—98. New York: The Commonwealth Fund 1949.

DACK, S.: The electrocardiogram and vectorcardiogram in ventricular septal defect. Amer. J. Cardiol. **5**, 199—207 (1960).

DALRYMPLE, J.: Diseased heart in which the root of the aorta had an opening common to 2 ventricles. Trans. path. Soc. Lond. **1**, 58 (1848).

DAMMANN jr., J. F., and CH. FERENCZ: The significance of the pulmonary vascular bed in congenital heart disease. III. Defects between the ventricles or great vessels in wich both increased pressure and blood flow may act upon the lungs and in wich there is a common ejectile force. Amer. Heart J. **52**, 210—231 (1956).

— W. M. THOMPSON jr., O. SOSA, and I. CHRISTLIEB: Anatomy, Physiology and Natural History of simple ventricular septal defects. Amer. J. Cardiol. **5**, 136—166 (1960).

DEBRÉ, R., F. CORDEY et J. OLIVIER: Une mère et son enfant atteints de Maladie de Roger: hérédité similaire d'une cardiopathie congénitale. Bull. Soc. méd. Hôp. Paris **47**, 1742 (1923).

DENTON, C., and E. G. PAPPAS: Ventricular septal defect and aortic insufficiency (report of three cases). Amer. J. Cardiol. **2**, 554—562 (1958).

DERRA, E., E. FERBERS, H. GRÖLKINGER, B. LÖHR, F. LOOGEN u. I. SYKOSCH: Zur Klinik und operativen Behandlung des Ventrikelseptumdefektes. Dtsch. med. Wschr. **85**, 634—637 (1960).

DEXTER, L.: Venous catheterization of the heart. II. Results interpretation and value. Radiology **48**, 451—462 (1947).

— Cardiac catheterization in congenital heart disease. Bull. N. Y. Acad. Med. **26**, 93—102 (1950).

— F. W. HAYNES, C. S. BURWELL, E. C. EPPINGER, M. C. SOSMAN, and J. M. EVANS: Studies of congenital heart disease. II. Venous catheterization as a diagnostic aid in patent ductus arteriosus, tetralogy of Fallot, ventricular septal defect and auricular septal defect. J. clin. Invest. **26**, 561—576 (1947).

DONZELOT, E., A. M. EMAN-ZADE, R. HEIM DE BALSAC et M. KOLOSY: Le complexe d'Eisenmenger; étude de 29 cas. Arch. Mal. Cœur **42**, 138—166 (1949).

— — — M. DURAND, C. METIANU, J. E. ESCALLE et M. KOLOSY: Valeur de l'épreuve à l'éther pour le diagnostic du shunt veino-artériel. Résultats dans 500 cas de cardiopathies congénitales. Arch. Mal. Cœur **42**, 601—606 (1949).

— — — J. E. ESCALLE et M. ANTOINE: Angiocardiographie in congenital heart disease (technique and results in 74 cases). Arch. Mal. Cœur **42**, 35—49 (1949).

— E. STROHL, M. DURAND, C. METIANU et R. HEIM DE BALSAC: Déformations de la colonne vertébrale dans les cardiopathies congénitales. Sem. Hôp. Paris **27**, 2216—2223 (1951).

— P. VLAD, M. DURAND et C. METIANU: Un nouveau moyen diagnostique dans les cardiopathies congénitales: l'épreuve à l'éther sélective au cours du cathéterisme cardiaque. Arch. Mal. Cœur **44**, 638—649 (1951).

DOWNING, D. F.: Cardiac catheterization and contrast — study of the heart and great vessels in congenital cardiovascular defects. Med. Clin. N. Amer. **36**, 1673—1682 (1952).

—, and H. GOLDBERG: Cardiac septal defects. I. Ventricular septal defect. Analysis of one hundred cases studied during life. Dis. Chest **29**, 475—491 (1956).

—, and R. W. WELLER: Necrotizing arteritis confined to the pulmonary artery system. J. Dis. Child. **91**, 45—51 (1956).

DUCKWORTH, J. W., J. D. KEITH, R. D. RAVE, and P. VLAD: Heart disease in infancy and childhood. New York: MacMillan Comp. 1958.

DUPRÉ, E.: Communication congénitale des deux cœurs par inocclusion du septum interventriculaire. Première observation de la lésion reconnue pendant la vie et vérifiée après la mort. Bull. Soc. anat. Paris **5**, 404 (1891).

DURAND, M., et C. METIANU: Les communications interventriculaires. In: E. DONZELOT et F. D'ALLAINES, Traité des cardiopathies congénitales. Paris: Masson & Cie. 1954.

EDWARDS, J. E.: Structural changes of pulmonary vascular bed and their functional significance in congenital heart disease. Proc. Inst. Med. Chic. **18**, 134 (1950).

— Zit. nach F. KOOTZ, Eindrücke von einem Besuch einiger Herzchirurgiezentren Nordamerikas. Medizinische **51**, 1826—1830 (1956).

EFFERT, S., R. RIPPERT u. W. SCHAUB: Der diagnostische Wert des Elektrokardiogramms und Phonokardiogramms bei den Kammerscheidewanddefekten des Herzens. Z. Kreisl.-Forsch. **47**, 420—428 (1958).

EISENMENGER, V.: Die angeborenen Defekte der Kammerscheidewand des Herzens. Z. klin. Med., Suppl.-H. **32**, 1—28 (1897).
— Ursprung der Aorta aus beiden Ventrikeln beim Defekt des Septum ventriculorum. Wien. klin. Wschr. **11**, 26—27 (1898).
ENGLE, M. A.: Ventricular septal defect in infancy. Pediatrics **14**, 16—27 (1954).
ESKELUND, V., and FR. THERKELSEN: Pulmonary vascular lesions in cases of pulmonary pathology in patients with congenital cardiac diseases. Dan. med. Bull. **3**, 197—200 (1956).
FACQUET, J.: Cardiopathie congénitale complexe (communication interventriculaire associée à une persistance du canal artériel). Discussion rétrospective des possibilités chirurgicales. Arch. Mal. Cœur **37**, 77—78 (1944).
FERENCZ, C.: Atrio-ventricular defect of membranous septum. Left ventricular right atrial communication with malformed mitral valve simulating aortic stenosis. Report of a case. Bull. Johns Hopk. Hosp. **100**, 209—222 (1957).
FYLER, D. C., A. M. RUDOLPH, M. H. WITTENBORG, and A. S. NADAS: Ventricular septal defect in infants and children: a correlation of clinical, physiologic and autopsy data. Circulation **18**, 833—851 (1958).
GALLAVARDIN, L.: Maladie de Roger avec cyanose par communication interventriculaire et phthisie fibreuse. Lyon méd. **118**, 1004 (1912).
GARAMELLA, J. J., A. B. CRUZ jr., W. H. HEUPEL, C. J. DAHL, K. N. JENSEN, and R. BERMAN: Ventricular septal defect with aortic insufficiency. Amer. J. Cardiol. **5**, 266—277 (1960).
GARCIA, O., H. MERCADO, H. A. CANERO, A. CASTELLANOS, F. BARRERA, with the technical assistance of E. ZERQUERA: Some physiologic and hemodynamic observations in ventricular septal defect. Amer. J. Cardiol. **5**, 167—175 (1960).
GASUL, B. M., R. F. DILLON, V. VRLA, and G. HART: Ventricular septal defects. Their natural transformation into those with infundibular stenosis or into the cyanotic or non-cyanotic type of tetralogy of Fallot. J. Amer. med. Ass. **164**, 847—853 (1957).
GELFMAN, R., and S. A. LEVINE: The incidence of acute and subacute bacterial endocarditis in congenital heart disease. Amer. J. med. Sci. **204**, 324—333 (1942).
GERBODE, F., H. HULTGREN, D. MELROSE, and J. OSBORN: Syndrome of left ventricular-right atrial shunt: Successful surgical repair of defect in five cases with observation of bradycardia on closure. Ann. Surg. **148**, 433 (1958).
GIBSON, S., and W. M. CLIFTON: Congenital heart disease: a clinical and post mortem study of one hundred and five cases. Amer. J. Dis. Child. **55**, 761—767 (1938).
GILCHRIST, A. R., and R. M. MARQUIS: Ventricular septal defect in early childhood. Brit. Heart J. **11**, 409 (1949).
GILLMANN, H., u. B. LÖHR: Vergleichsuntersuchungen zwischen Elektrokardiogramm und Operationsbefunden bei Kammerscheidewanddefekten. Cardiologia (Basel) **36**, 232—241 (1960).
GLAZEBROOK, A. J.: Eisenmenger's Complex. Brit. Heart J. **5**, 147—151 (1943).
GLENDY, M. M., R. E. GLENDY, and P. D. WHITE: Cor biatriatum triloculare: case report. Amer. Heart J. **28**, 395—401 (1944).
GOLDBERG, H., E. N. SILBER, A. GORDON, and L. N. KATZ: The dynamics of Eisenmenger complex. An integration of the pathologic, physiologic and clinical features. Circulation **4**, 343 (1951).
GONZALEZ-CERNA, J. L., and C. W. LILLEHEI: Patent ductus arteriosus with pulmonary hypertension simulating ventricular septal defect. Diagnostic criteria in ten surgically proved cases. Circulation **18**, 871—882 (1958).
GØTZSCHE, H.: Congenital heart disease. M. D. Thesis, Copenhagen 1952.
GOULD, S. E.: Malformation of the ventricular septal complex. In: Pathology of the heart, p. 288—307. Charles: Ch. C. Thomas 1953.
GRIFFIN, G. D. J., and H. G. ESSEX: Experimental production of interventricular septal defects. Certain physiologic and pathologic effects. Surg. Gynec. Obstet. **92**, 325—332 (1951).
GRISWOLD, H. E., R. J. BING, J. C. HANDELSMAN, J. A. CAMPBELL, and E. LE BRUN: Physiol. studies in congenital heart disease. VII. Pulmonary artery hypertension in congenital heart disease. Bull. Johns Hopk. Hosp. **84**, 76—88 (1949).
GROSSE-BROCKHOFF, F.: Der Phasenwandel im Erscheinungsbild der angeborenen Herzfehler mit hohem pulmonalen Stromvolumen. Verh. dtsch. Ges. Kreisl.-Forsch. **23**, 201—215 (1957).
— F. LOOGEN u. A. SCHAEDE: Ventrikelseptumdefekt. In: Handbuch der inneren Medizin, 4. Aufl., Bd. IX/3, S. 217—249. Berlin-Göttingen-Heidelberg: Springer 1960.
GUTZEIT, K.: Ein Beitrag zur Frage der Herzmißbildungen an Hand eines Falles von kongenitaler Defektbildung im häutigen Ventrikelseptumdefekt und von gleichzeitigem Defekt in dem diesem Septumdefekt anliegenden Klappenzipfel der valvula tricuspidalis. Virchows Arch. path. Anat. **237**, 355 (1922).
HANDELSMAN, J. C., R. J. BING, J. A. CAMPBELL, and H. E. GRISWOLD: Physiological studies in congenital heart disease. V. The circulation in patients with isolated septal defects. Bull. Johns Hopk. Hosp. **82**, 615—632 (1948).
HANNA, R.: Cerebral abscess and paradoxic embolism associated with congenital heart diesease: Report of seven cases with review of the literature. Amer. J. Dis. Child. **62**, 555—567 (1941).
HAWLEY, J., R. LITTLE, and H. FEIL: Further studies of the cardiodynamics of experimental interventricular communications. Circulation **1**, 321—328 (1950).
HEATH, D., J. W. BROWN, and W. WHITAKER: Muscular defects in the ventricular septum. Brit. Heart J. **18**, 1—7 (1956).

HEATH, D. and W. WHITAKER: Hypertensive pulmonary vascular disease. Circulation **14**, 323—343 (1956).

HEMSATH, F. A., M. GREENBERG, and J. H. SHAIN: Congenital cardiac anomalies in infants: report of five cases. Amer. J. Dis. Child. **51**, 1356 (1936).

HIGGINS, G. L.: Patent ductus arteriosus with ventricular septal defect. Brit. Heart J. **20**, 421—423 (1958).

HOCHSINGER, C.: Diagnostische Betrachtungen über drei seltene Formen infantiler Cardiopathien. Jb. Kinderheilk. **57**, 64—81 (1903).

HOLLING, H. E., and G. A. ZAK: Cardiac catheterization in the diagnosis of congenital heart disease. Brit. Heart J. **12**, 153—182 (1950).

HUBBARD, T. F., W. D. ANGLE, and B. J. KOSZEWSKI: Ventricular septal defect: a correlative clinical and physiologic study of fifty cases. Amer. Heart J. **54**, 210—218 (1957).

HURST, W. D., and F. R. SCHEMM: High ventricular septal defect with slight dextroposition of the aorta (Eisenmenger-Typ) which presented the clinical features of patent ductus arteriosus. Amer. Heart J. **36**, 144—149 (1948).

IMPERIAL, E. S., C. NOGUEIRA, E. B. KAY, and H. A. ZIMMERMANN: Isolated ventricular septal defect Amer. J. Cardiol. **5**, 176—184 (1960).

INGHAM, D. W.: Congenital heart disease: Incidence at the Mayo-Clinic. J. techn. Meth. **18**, 131 (1938).

JOLY, F. R., J. CARLOTTI, et J. R. SICOT: Les communications interventriculaires (diagnostic par cathétérisme). Étude clinique et physiologique. Arch. Mal. Cœur **44**, 602—633 (1951).

KAHN, M., E. J. HENRY, V. N. BRAZENAS, and L. STEINFELD: Atresia of the left atrioventricular valve associated with corrected transposition of the great vessels. (A case of the Eisenmenger syndrome.) Amer. J. Med. **28**, 1013—1920 (1960).

KAY, E. B., M. P. SAMBHI, C. NOGUEIRA, and H. A. ZIMMERMANN: Treatment of ventricular septal defects. J. Amer. med. Ass. **165**, 2168—2174 (1957).

KEATS, E. TH., V. A. KREIS, and E. SIMPSON: An evaluation of the roentgen manifestations of isolated ventricular septal defect. Radiology **68**, 9—14 (1957).

KEITH, A.: The hunterian lectures on malformation of the heart. Lancet **1909 II**, 359—363; 433—435; 519—523.

KEITH, J. D., R. D. ROWE, and P. VLAD: Heart disease in infancy and childhood. New York: MacMillan Comp. 1958.

KERR jr., A., and A. W. SODEMAN: Congenital heart disease in pregnancy. Amer. Heart J. **42**, 436—444 (1951).

KIRBY, C. K., J. JOHNSON, and H. F. ZINSSER: Successful closure of a left ventricular-right atrial shunt. Ann. Surg. **145**, 392 (1957).

KIRKLIN, J. W.: Operationen am offenen Herzen (Herz-Lungen-Maschine). Langenbecks Arch. klin. Chir. **289**, 237—250 (1958).

KIRKLIN, J. W.: Surgical treatment of ventricular septal defects. Amer. J. Cardiol. **25**, 234—238 (1960).

KJELLBERG, S. R., E. MANNHEIMER, U. RUDHE, and B. JONSSON: Diagnosis of congenital heart disease, p. 254—310. Chicago: Year Book Publ. 1954.

KONAR, N. R., and A. N. SENGUPTA: Ventricular septal defect at an unusual site with other congenital anomalies. Brit. Heart J. **16**, 224 (1954).

KROOP, I. G., and A. GRISHMAN: Isolated interventricular septal defect with dilatation of the pulmonary artery (including discussion of the mechanism of the pulmonary vascular sclerosis in congenital heart disease). Amer. Heart J. **40**, 125—139 (1950).

KÜNZLER, R., u. N. SCHAD: Atlas der Angiokardiographie angeborener Herzfehler. Stuttgart: G. Thieme 1960.

LAM, C. R., T. GAHAGAN, C. K. SERGEANT, and E. GREEN: Experiences in use of cardioplegia (induced cardiac arrest) in the repair of intraventricular septal defects. J. thorac. Surg. **34**, 509—520 (1957).

LANGE, J., u. E. MUNDT: Die Sepsis lenta der congenital mißbildeten Herzen. Z. Kreisl.-Forsch. **43**, 448—456 (1954).

LAURENS, P., F. BOUCHARD, E. BRIAL, C. CORNU, P. BACULARD et P. SOULIÉ: Bruits et pressions cardio-vasculaires enregistrés in situ à l'aide d'un micromanomètre. Arch. Mal. Cœur **52** (2), 121—132 (1959).

LEDBETTER, M. K., and G. W. DAUGHERTY: Ventricular septal defect with aortic regurgitation. Proc. Mayo Clin. **33**, 600—608 (1958).

LÉQUIME, J.: Contribution à l'étude des communications interventriculaires isolées. Bull. Acad. roy. Méd. Belg. **20**, 355—376 (1955).

LEV, M., and O. SAPHIR: A theory of transposition of the arterial trunks based on the phylogenetic and ontogenetic development of the heart. Arch. Path. **39**, 171—183 (1945).

LILLEHEI, C. W., M. COHEN, H. E. WARDEN, and R. L. VARCO: The direct vision intercardiac correction of congenital anomalies by controlled cross circulation; results in 32 patients with ventricular septal defects, tetralogy of Fallot and atrioventricularis communis defects. Surgery **38**, 11—29 (1955).

LINDEBOOM, G. A.: Morbus coeruleus big open septum ventriculorum. Ned. T. Geneesk. **83**, 5555—5558 (1939).

LIPSON, M.: Interatrial septal defect associated with syphilitic aortic insufficiency. Amer. Heart J. **35**, 497—505 (1948).

LOOGEN, F.: Nachweis des Ventrikelseptumdefektes mit Hilfe eines vasopressorisch wirksamen Stoffes. Acta tertii europaei de cordis scientia conventus 721—726.

— Diagnostik und Operationsindikation intrakardialer Defekte. Ärztl. Prax. **12**, 497, 521—524, 575—577 (1960).

— Der pulmonale Hochdruck bei angeborenen Herzfehlern mit hohem pulmonalem Stromvolumen (Ductus arteriosus apertus, Ventrikelseptumdefekt, Vorhofseptumdefekt). Arch. Kreisl.-Forsch. **28**, 1—55 (1958).

LUND, C. J.: Maternal congenital heart disease as an obstetric problem. Amer. J. Obstet. Gynec. **55**, 244—261 (1948).

LYNCH, D. L., J. K. ALEXANDER, R. L. HERSHBERGER, J. MISE, E. W. DENNIS, and D. A. COOLEY: Congenital ventriculo-atrial communication with anomalous tricuspid valve. Amer. J. Cardiol. **1**, 404 (1958).

MANN, J. D.: Cor triloculare biatriatum. Brit. med. J. **1907 I**, 615—616.

MANNHEIMER, E., D. IKKOS, and B. JONSSON: Prognosis of isolated ventricular septal defect. Brit. Heart J. **19**, 333—344 (1957).

MARQUIS, R. M.: Ventricular septal defect in early childhood. Brit. Heart J. **12**, 265—276 (1950).

MASON, D. G., and W. C. HUNTER: Localized congenital defects of the cardiac interventricular septum; a study of three cases. Amer. J. Path. **13**, 835—843 (1937).

MCGINN, G., and P. D. WHITE: Progress in the recognition of congenital heart disease. New Engl. J. Med. **214**, 763—768 (1936).

MEESSEN, H.: Zur Pathogenese, Progredienz und Adaptation der angeborenen Herz- und Gefäßfehler. Verh. dtsch. Ges. Kreisl.-Forsch. **23**, 188—201 (1957).

MENDELSON, C. L., and H. E. B. PARDEE: Congenital heart disease during pregnancy. Amer. J. med. Sci. **203**, 392—402 (1941).

MILLMAN, S., and D. KORNBLUM: Interventricular septal defect with dextroposition of aorta without stenosis of pulmonary artery (Eisenmenger's Complex) complicated by subacute bacterial endocarditis. J. techn. Meth. **15**, 147 (1936).

MORGAN, E. H., and H. B. BURCHELL: Ventricular septal defect simulating patent ductus arteriosus. Proc. Mayo Clin. **25**, 69—73 (1950).

MÜLLER jr., H.: Zur Klinik und pathologischen Anatomie des unkomplizierten offenen Septum ventriculorum. Dtsch. Arch. klin. Med. **133**, 316—331 (1920).

MUIR, D. C., and J. W. BROWN: Patent interventricular septum (maladie de Roger). Arch. Dis. Child. **9**, 27—38 (1934).

MULLER jr., W. J., and J. F. DAMMANN jr.: The treatment of certain congenital malformations of the heart by the creation of pulmonic stenosis to reduce pulmonary hypertension and excessive pulmonary blood flow. Surg. Gynec. Obstet. **95**, 213—219 (1952).

NOGUEIRA, C., H. A. ZIMMERMAN, and E. B. KAY: Results of surgery for ventricular septal defects. Amer. J. Cardiol. **5**, 239—241 (1960).

ORDWAY, K. N.: Left-to-right shunts. Yale J. Biol. Med. **24**, 292—308 (1952).

PERRY, C. B.: Discussion on the course and management of congenital heart disease. Proc. roy. Soc. Med. **30**, 693—696 (1937).

PERRY, E. L., H. B. BURCHELL, and J. E. EDWARDS: Congenital communication between the left ventricle and the right atrium. Coexisting ventricular septal defect and double tricuspid orifice. Proc. Mayo Clin. **24**, 198 (1949).

PHILIPSON, J., and G. F. SALZMAN: Combined ventricular septal defect and aortic insufficiency. Acta radiol. (Stockh.) **44**, 269—280 (1955).

PHILPOTT, N. W.: Relative incidence of congenital cardial abnormalities in Montréal Hospitals. J. techn. Meth. **15**, 96 (1937).

REINHOLD, J. D. L., and A. S. NADAS: The role of auscultation in the diagnosis of congenital heart disease. Amer. Heart J. **47**, 405—423 (1954).

RICHERAND, A.: Nouveaux éléments de physiologie: Tome I, p. 308. Observation relatée par E. GINTRAC. In: Observations et recherches sur la cyanose. Vol. 1, Obs. 19, p. 295—296. Paris 1824.

ROGER, H.: Communication congénitale du cœur par l'inocclusion du septum interventriculaire. Bull. Acad. Méd. (Paris) ed. 2, 8, 1074—1094 (1879).

— Recherches cliniques sur la communication congénitale des deux cœurs, par inocclusion du septum interventriculaire. Bull. Acad. Méd. (Paris) 8, 1074—1094 (1879).

ROGERS, H. M.: Disturbances of cardiac rythm and conduction in congenital cardiac disease. Ann. intern. Med. **35**, 1276—1290 (1951).

—, and C. C. RUDOLPH: Congenital ventricular septal defect with aquired complete heart block. Amer. Heart J. **41**, 770—776 (1951).

ROKITANSKY, C. F. v.: Die Defekte der Scheidewände des Herzens. Wien: W. Braunmüller 1875.

ROSEDALE, K. S.: Interventricular septal defect, dextroposition of aorta and dilatation of pulmonary artery; case with structural pathogenesis. J. Path. Bact. **11**, 333—342 (1935).

ROSSI, E.: Herzkrankheiten im Säuglingsalter, S. 177—181. Stuttgart: Georg Thieme 1954.

ROUTIER, D.: Il Morbo di Roger. Cardiologica Pratica **3**, 103 (1952).

SAPHIR, O., and M. LEV: The tetralogy of Eisenmenger. Amer. Heart J. **21**, 31—46 (1941).

SCHAD, N., u. R. KÜNZLER: Angiokardiographische Betrachtungen beim Ventrikelseptumdefekt als isolierter oder kombinierter Mißbildung. Fortschr. Röntgenstr. **90**, 22—31 (1959).

SCHOENMACKERS, J., u. G. ADEBAHR: Die Morphologie der Herzklappen bei angeborenen Herz- und Gefäßfehlern und die Bedeutung einer serösen Endokarditis für Form und Entstehung spezieller Herz- und Gefäßfehler. Arch. Kreisl.-Forsch. **23**, 193—227 (1955).

SCOTT, R. C., J. MCGUIRE, S. KAPLAN, O. N. FOWLER, R. C. GREEN, Z. L. GORDON, R. SHABETAI, and D. D. DAVOLOS: The syndrome of ventricular septal defect with aortic insufficiency. Amer. J. Cardiol. **2**, 530—553 (1958).

SCOTT, R. C., J. MCGUIRE, S. KAPLAN, and R. S. GREEN: Syndrome of high interventricular septal defect with unsupported aortic valve sucp. Circulation **14**, 998—999 (1956).

SEGONDI, A., et A. SCATURRO: Le phonocardiogramme dans la maladie de Roger. Cuore e Circul. **33**, 65 (1949).

SEILER, S.: Über einen Fall von Vitium cordis congenitum (Ventrikelseptumdefekt plus Pulmonalinsuffizienz). Helv. med. Acta **6**, 357—368 (1939).

SELZER, A.: Defect of the ventricular septum. Arch. intern. Med. **84**, 798—823 (1949).

— Defects of the cardiac septums. J. Amer. med. Ass. **154**, 129—135 (1954).

— Pulmonary hypertension and its relation to congenital heart disease. Dis. Chest **25**, 253—261 (1954).

—, and G. LAQUEUR: The Eisenmenger complex and its relation to the uncomplicated defect of the ventricular septum. Arch. intern. Med. **87**, 218—241 (1951).

SOULIÉ, P.: Cardiopathies congénitales. L'expansion scientis, franç., p. 145—175. Paris 1952.

— D. ROUTIER et P. BERNAL: Communication interventriculaire avec insuffisance aortique (diagnostic différentiel de la persistance du canal artériel). Arch. Mal. Cœur **42**, 765—780 (1949).

SPITZER, A.: Über den Bauplan des normalen und mißbildeten Herzens: Versuch einer phylogenetischen Theorie. Virchows Arch. path. Anat. **243**, 81—272 (1923).

STAHLMANN, M., S. KAPLAN, J. A. HELMSWORTH, L. C. CLARK, and H. W. SCOTT jr.: Syndrome of left ventricular right atrial shunt resulting from high interventricular septal defect associated with defective septal leaflet of the tricuspid valve. Circulation **12**, 813 (1955).

STEWART, H. L., and B. L. CRAWFORD: Congenital heart disease with pulmonary arteritis interventricular septal defect, dextroposition of aorta and dilatation of pulmonary artery. Amer. J. Path. **9**, 637—648 (1933).

TAUSSIG, H. B.: Congenital malformations of the heart, p. 390—399, 408. New York: The Commonwealth Fund 1947.

—, and J. H. SEMANS: Severe aortic insufficiency in association with a congenital malformation of the heart of the Eisenmenger type. Bull. Johns Hopk. Hosp. **66**, 156—166 (1940).

TESSERAUX, H.: Zur Kenntnis der Defekte der Herzkammerscheidewand. Virchows Arch. path. Anat. **289**, 412—419 (1933).

THURN, P., A. SCHAEDE, H. H. HILGER u. A. DÜX: Der Ventrikelseptumdefekt im selektiven Laevokardiogramm. Fortschr. Röntgenstr. **94**, 305—323 (1961).

TROULLER, J.: Les formes cyanotiques de la maladie de Roger. Thèse, Lyon, 1943.

TUCKER, A. W., and T. D. KINNEY: Interventricular septal defect (Roger's disease) occuring in a mother and her five month fetus. Amer. Heart J. **30**, 54—69 (1945).

VEASY, G. L.: Clinical findings in ventricular septal defects. Amer. J. Cardiol. **5**, 185—190 (1960).

WARDEN, H. E., D. J. FERGUSON, R. A. DE WALL, P. ADAMS, R. C. ANDERSON, R. L. VARCO, and C. W. LILLEHEI: Results of the direct vision repair of ventricular septal defects: report of the first one 100 patients. Circulation **14**, 1013—1014 (1956).

WEISS, E.: Congenital ventricular septal defect in man, aged 79. Arch. intern. Med. **39**, 705—709 (1927).

WELCH, K. J., and T. D. KINNEY: The effect of patent ductus arteriosus and of interauricular and interventricular septal defects on the development of pulmonary vascular lesions. Amer. J. Path. **24**, 729—761 (1948).

WIGGERS, C. J.: Dynamics of ventricular contraction under abnormal conditions. Circulation **5**, 321—348 (1952).

WOOD, P.: The Eisenmenger-Syndrome. Brit. med. J. **1958 II**, 755—762.

— O. MAGIDSON, and P. A. O. WILSON: Ventricular septal defect, with note on acyanotic Fallot's tetralogy. Brit. Heart J. **16**, 387 (1954).

YOUNG, D., B. RUBINSTEIN, and J. B. SCHWEDEL: The roentgenographic spectrum in interventricular septal defect. Amer. J. Cardiol. **5**, 208—222 (1960).

ZACHARIOUDAKIS, ST., K. TERPLAN, and E. C. LAMBERT: Ventricular septal defects in the infant age group. Circulation **14**, 1022—1023 (1956).

ZENKER, R., G. HEBERER, H. G. BORST, H. GEHL, W. KLINNER, R. BEER u. M. SCHMIDT-MENDE: Eingriffe am Herzen unter Sicht. Dtsch. med. Wschr. **84**, 577—580, 649—653 (1959).

14. Pulmonalstenose ohne Ventrikelseptumdefekt

ARCINIEGA, J., B. BOSTROEM, F. GROSSE-BROCKHOFF, H. KREUZER u. F. LOOGEN: Der Druckablauf im rechten Ventrikel bei Pulmonalstenose ohne Ventrikelseptumdefekt. Z. Kreisl.-Forsch. **50**, 128—135 (1961).

BAYER, O., F. LOOGEN u. H. H. WOLTER: Der Herzkatheterismus bei angeborenen und erworbenen Herzfehlern. Stuttgart: Georg Thieme 1954.

BIZZA, P.: In: R. FONO u. J. LITTMANN, Die kongenitalen Fehler des Herzens und der großen Gefäße. Leipzig 1957.

BLOUNT jr., S. G., M. C. MCCORD, A. MUELLER, and H. SWAN: Isolated valvular pulmonic stenosis. Clinical and physiologic response to open valvuloplasty. Circulation **10**, 161—172 (1954).

— PH. S. VIGODA, and H. SWAN: Isolated infundibular stenosis. Amer. Heart J. **57**, 684—700 (1959).

BOUCHARD, F., et C. CORNU: Étude des courbes de pression ventriculaire droite et artérielle pulmonaire dans les rétrécissements pulmonaires. Arch. Mal. Cœur **47**, 417—425 (1954).

BUCHEM, F. S. P. VAN: Dilatation of the pulmonary artery in pure pulmonary stenosis. Proc. VIIth Internat. Congr. Radiol. Copenhagen 1953, p. 54.

CAMPBELL, M., and R. C. BROCK: Results of valvotomy for simple pulmonary stenosis. Brit. Heart J. **17**, 229—246 (1955).

DERRA, E., u. F. LOOGEN: Die operative Behandlung der kongenitalen valvulären Pulmonalstenose unter Sicht des Auges mittels Hypothermie. Dtsch. med. Wschr. **82**, 535—538/555 (1957).

DOW, J. W., H. D. LEVINE, M. ELKIN, F. W. HAYNES, H. K. HELLEMS, J. W. WHITTENBERGER, B. G. FERRIS, W. T. GOODALE, W. P. HARVEY, E. C. EPPINGER, and L. DEXTER: Studies of congenital heart disease. IV. Uncomplicated pulmonic stenosis. Circulation **1**, 267—287 (1950).

EDWARDS, J. E.: Congenital malformations of the heart and great vessels. In: S. E. GOULD (ed.), Pathology of the heart. Springfield (Ill.): Ch. C. Thomas 1953.

GØTZSCHE, H., A. P. PEDERSEN, A. T. HANSEN, and P. ESKILDSEN: Right ventricular pressure in pulmonary stenosis. Acta med. scand., Suppl. **266**, 445—455 (1952).

GROB, M., E. ROSSI u. M. BETTEX: Zur Diagnose der angeborenen Pulmonalstenose mit Vorhofseptumdefekt. Helv. paediat. Acta **5**, 345—363 (1950).

GROSSE-BROCKHOFF, F., u. F. LOOGEN: Klinik und Hämodynamik der Pulmonalstenose ohne Ventrikelseptumdefekt. Dtsch. med. Wschr. **84**, 133—137, 149—152 (1959).

— — „Infundibuläre Pulmonalstenose" bei chronischer Myokardiopathie des linken Ventrikels. Dtsch. med. Wschr. **87**, 525—530 (1962).

— — u. A. SCHAEDE: Pulmonalstenose ohne Ventrikelseptumdefekt. In: Handbuch der inneren Medizin, 4. Aufl., Bd. IX/3, S. 298—329. Berlin-Göttingen-Heidelberg: Springer 1960.

—, u. H. H. WOLTER: Der enddiastolische Füllungsdruck bei chronischen Druck- und Volumenbelastungen des rechten Ventrikels. Z. Kreisl.- Forsch. **47**, 481—486 (1958).

HANSON, J. S., D. IKKOS, C. CRAFOORD, and C. O. OVENFORS: Results of surgery for congenital pulmonary stenosis. Comparison of the transventricular and transarterial approaches. Circulation **18**, 588—602 (1958).

HOSIER, D. M., J. C. PITTS, and H. B. TAUSSIG: Results of valvulotomy for valvular pulmonary stenosis with intact ventricular septum. Analysis of 69 patients. Circulation **14**, 9—16 (1956).

JÖNSSON, G., B. BRODÉN, and J. KARNELL: Selective angiocardiography. Acta radiol. (Stockh.) **32**, 486—497 (1949).

— — — Angiocardiographic demonstration of pulmonary stenosis. Acta radiol. (Stockh.) **40**, 547—553 (1953).

KJELLBERG, S. R., E. MANNHEIMER, U. RUDHE, and B. JONSSON: Diagnosis of congenital heart disease, second edit. Chicago: Year Book Publ. 1959.

KREUZER, H., B. BOSTROEM u. F. LOOGEN: Die Anwendung der Thermoinjektionsmethode in der Diagnostik der Herzfehler. Dtsch. med. Wschr. **86**, 1761—1766 (1961).

LARSSON, Y., E. MANNHEIMER, T. MÖLLER, and H. LAGERLÖF: Congenital pulmonary stenosis without overriding aorta. Amer. Heart J. **42**, 70—80 (1951).

LEATHAM, A., and D. WEITZMAN: Auscultatory and phonocardiographic signs of pulmonary stenosis. Brit. Heart J. **19**, 303—317 (1957).

LOOGEN, F.: Diagnostik der angeborenen Pulmonalstenose. Thoraxchirurgie **7**, 212—228 (1959).

— Symptomatische Pulmonalstenose. Verh. Dtsch. Ges. Kreisl.-Forsch. **28**, 326—330 (1962).

— B. BOSTROEM, J. KARYTSIOTIS, H. KREUZER u. TH. VARVITSIOTIS: Spätergebnisse nach Operation von Pulmonalstenosen ohne Ventrikelseptumdefekt. Z. Kreisl.-Forsch. **53**, 164—177 (1964).

—, u. TH. VARVITSIOTIS: Zur Klinik und Hämodynamik der infundibulären Pulmonalstenose ohne Ventrikelseptumdefekt. Z. Kreisl.-Forsch. **52**, 504—520 (1963).

REINDELL, H., E. DOLL, H. STEIM, R. BILGER, J. EMMERICH u. K. KÖNIG: Das prä- und postoperative Röntgenbild angeborener Herzfehler, seine diagnostische, pathophysiologische und prognostische Bedeutung. I. Mitt. Die valvuläre Pulmonalstenose ohne Ventrikelseptumdefekt. Arch. Kreisl.-Forsch. **32**, 174—220 (1960).

ROBICSEK, F.: Post-stenotic dilatation of the great vessels. Acta med. scand. **151**, 481—485 (1955).

SCHAD, N., R. KÜNZLER u. T. ONAT: Differentialdiagnose kongenitaler Herzfehler. Stuttgart: Georg Thieme 1963.

SMITH, W. G.: Pulmonary hypertension and a continuous murmur due to multiple peripheral stenoses of the pulmonary artery. Thorax **13**, 194—200 (1958).

TAUSSIG, H. B.: Congenital malformations of the heart. New York: Commonwealth Fund 1947.

TEMESVARI, A.: In: R. FONÓ u. J. LITTMANN, Die kongenitalen Fehler des Herzens und der großen Gefäße. Leipzig 1957.

THURN, P.: Hämodynamik des Herzens im Röntgenbild. Stuttgart: Georg Thieme 1956.

15. Pulmonalstenose mit Ventrikelseptumdefekt (Fallotsche Tetralogie)

ABBOTT, M. E.: Atlas of congenital cardiac disease. New York: Amer. Heart Ass. 1936.

BAHNSON, H. T., and A. BLALOCK: Aortic valvular rings encountered in the surgical treatment of congenital pulmonic stenosis. Ann. Surg. **131**, 356—362 (1950).

BAYER, O., u. F. LOOGEN: Zur Diagnostik angeborener Herz- und Gefäßmißbildungen. V. Mitt. Das Röntgenbild der angeborenen Mißbildungen des Herzens und der großen Gefäße. Arch. Kreisl.-Forsch. **17**, 350—373 (1951).

BING, R. J., L. D. VANDAM, and F. D. GRAY: Physiological studies in congenital heart disease. II. Results of preoperative studies in patients with tetralogy of Fallot. Bull. Johns Hopk. Hosp. **80**, 121—141 (1947).

DOTTER, C. T., and I. STEINBERG: Clinical angiocardiography: critical analysis of indications and findings. Ann. intern. Med. 30, 1104—1125 (1949).
EEK, S.: Roentgenological examination of morbus caeruleus. In: E. MANNHEIMER, Morbus caeruleus. Basel u. New York: Karger 1949.
FALLOT, A.: Contribution à l'anatomie pathologique de la maladie blue (cyanose cardiaque). Marseille-méd. 25, 77, 138, 207, 270, 341, 403 (1888).
GROSSE-BROCKHOFF, F., F. LOOGEN u. A. SCHAEDE: Angeborene Herz- und Gefäßmißbildungen. In: Handbuch der inneren Medizin, 4. Aufl., Bd. IX/3, S. 329—364. Berlin-Göttingen-Heidelberg: Springer 1960.
HILARIO, J., J. LIND, and C. WEGELIUS: Rapid biplane angiocardiography in the tetralogy of Fallot. Amer. Heart J. 16, 109—119 (1954).
JANKER, R.: Zur röntgenologischen Darstellung der Fallotschen Tetralogie. Ärztl. Wschr. 8, 323—333 (1953).
KJELLBERG, S.R., E. MANNHEIMER, U. RUDHE, and B. JONSSON: Diagnosis of congenital heart disease. Chicago: Year Book Publ. 1955; 2. Aufl. 1959.
KÜNZLER, R., u. N. SCHAD: Atlas der Angiokardiographie angeborener Herzfehler. Stuttgart: Georg Thieme 1960.
LEVIN, B., and L. G. RIGLER: Rib notching following subclavian artery obstruction. Radiology 62, 660—670 (1954).
LÖHR, H., F. LOOGEN u. H. VIETEN: Die periphere Pulmonalstenose. Fortschr. Röntgenstr. 94, 285—304 (1961).
LOOGEN, F.: Fallotsche Tetralogie (Pathophysiologie, Diagnostik und Indikation). Thoraxchirurgie 9, 249—263 (1961).
— Diagnostik der angeborenen Pulmonalstenose. Thoraxchirurgie 7, 212—228 (1959).
— R. RIPPERT, E. SANTA-MARIA u. H. H. WOLTER: Anomalien der großen Körper- und Lungenvenen. II. Mitt. Z. Kreisl.-Forsch. 48, 136—149 (1959).
MANNHEIMER, E.: Morbus caeruleus. Basel u. New York: S. Karger 1949.
MCKIM, J. S., and F. W. WIGLESWORTH: Absence of the left pulmonary artery. A report of six cases with autopsy findings in three. Amer. Heart J. 47, 845—859 (1954).
MÉTIANU, C., et M. DURAND: Tetralogie de Fallot. In: E. DONZELOT et F. D'ALLAINES, Traité des cardiopathies congénitales. Paris: Masson & Cie. 1954.
MUSSHOFF, K.: Über ein ungewöhnliches Zeichen bei Fallotscher Tetralogie. Fortschr. Röntgenstr. 82, 328—331 (1955).
PATTINSON, J. N., and R. W. EMANUEL: The aorta and pulmonary arteries in Fallot's tetralogy. Brit. Heart J. 19, 201—250 (1957).
PETERSEN, O.: Rib notching following Blalock-Taussig operation. Acta radiol. (Stockh.) 45, 308—312 (1956).
ROESLER, H.: Beitrag zur Lehre von den angeborenen Herzfehlern. Wien. Arch. inn. Med. 15, 487—494 (1928).
SCHOENMACKERS, J., u. G. ADEBAHR: Die Morphologie der Herzklappen bei angeborenen Herz- und Gefäßfehlern und die Bedeutung einer serösen Endokarditis für Form und Entstehung spezieller Herz- und Gefäßfehler. Arch. Kreisl.-Forsch. 23, 193—227 (1955).
STURM jr., A., u. F. LOOGEN: Rippenusuren ohne Aortenisthmusstenose. Fortschr. Röntgenstr. 97, 464—475 (1962).
TAUSSIG, H. B.: Congénital malformation of the heart. New York: Commonwealth Found 1947.
THURN, P.: Hämodynamik des Herzens im Röntgenbild. Stuttgart: Georg Thieme 1956.
— Fallotsche Tetralogie. In: W. TESCHENDORF, Lehrbuch der röntgenologischen Differentialdiagnostik, S. 875—889. Stuttgart: Georg Thieme 1958.
VAQUEZ, H., et E. BORDET: Radiologie du cœur et des vaisseaux de la base. Paris: Baillière 1928.
WEGELIUS, C., and J. LIND: The dynamics of the heart: observations by angiocardiography. J. Fac. Radiol. (Lond.) 3, 193—198 (1952).
ZDANSKY, E.: Röntgendiagnostik des Herzens und der großen Gefäße. Wien: Springer 1949.

16. Truncus arteriosus communis persistens

BEUREN, A. J.: Die selektive Angiokardiographie. Forum cardiologicum (C. F. Boehringer) 7, 48—53 (1964).
BREDT, H.: Formdeutung und Entstehung des mißgebildeten menschlichen Herzens. Virchows Arch. path. Anat. 296, 114—157 (1935).
BUCHANAN, G.: Malformation of the heart; undivided truncus arteriosus; heart otherwise double. Path. Soc. London 15, 89 (1864).
COLLETT, R. W., and J. E. EDWARDS: Persistent truncus arteriosus: a classification according to anatomic types. Surg. Clin. N. Amer. 29, 1245—1270 (1949).
DOERR, W.: Über Mißbildungen des menschlichen Herzens mit besonderer Berücksichtigung von Bulbus und Truncus. Virchows Arch. path. Anat. 310, 304—343 (1943).
GØTZSCHE, H.: Congenital heart disease. M. D. Thesis Univ. Copenhagen 1952.
KEITH, J. D., R. D. ROWE, and P. VLAD: Heart disease in infancy and childhood. New York: MacMillan Comp. 1958.
KETTLER, L. H.: Zur Frage der Persistenz des Truncus arteriosus communis. Virchows Arch. path. Anat. 303, 513—525 (1939).
KÜNZLER, R., u. N. SCHAD: Atlas der Angiokardiographie angeborener Herzfehler. Stuttgart: Georg Thieme 1960.
MORAGUES, V.: Persistent truncus arteriosus. Amer. J. clin. Path. 20, 842—853 (1950).
PIETZSCH, J.: Über 2 Fälle von Atresia ostii aortae congenita. Zugleich ein Beitrag zur Frage der Persistenz des Truncus arteriosus communis und ihrer Unterscheidung von der Atresie der Ostia arteriosa. Inaug.-Diss. Erlangen 1910.
PREISZ, H.: Beiträge zur Lehre von den angeborenen Herzanomalien. Beitr. path. Anat. 7, 245—296 (1890).

SHANER, R. F.: Malformations of the truncus arteriosus in pig embryos. Anat. Rec. **118**, 539—547 (1954).

SOULIÉ, P., J. NOUVAILLE, O. SCHWEISGUTH et M. TOUCHE: Le truncus arteriosus. Diagnostic clinique et radiologique. Bull. Soc. méd. Hôp. Paris **66**, 919—944 (1950).

TAUSSIG, H. B.: Clinical and pathologic findings in cases of truncus arteriosus in infancy. Amer. J. Med. **2**, 26—34 (1947).

WILSON, J.: A description of a very unusual formation of the human heart. Phil. Trans. B **18**, 332 (1798).

17. Singulärer Ventrikel (Cor triloculare biatriatum)

ABBOTT, M. E.: Atlas of congenital cardiac disease. New York: American Heart Association 1936.

BARRY, D. R., and D. H. ISAAC: Case of cor triloculare biatriatum and survival to adult life. Brit. med. J. **1953II**, 921—922.

CAMPBELL, M., G. REYNOLDS, and J. R. TROUNCE: Six cases of single ventricle with pulmonary stenosis. Guy's Hosp. Rep. **102**, 99—139 (1953).

CARNES, M. L., G. RITCHIE, and M. J. MUSSER: An unusual case of congenital heart disease in a woman who lived for forty-four years and six months. Amer. Heart J. **21**, 522—529 (1941).

EDWARDS, J. E.: In: S. E. GOULD (ed.). Pathology of the heart. Springfield (Ill.): Ch. C. Thomas 1953.

FAVORITE, G. O.: Cor biatriatum triloculare with rudimentary right ventricle, hypoplasia of transposed aorta, and patent ductus arteriosus, terminating by rupture of dilated pulmonary artery. Amer. J. med. Sci. **187**, 663—671 (1934).

GOULD, S. E.: Pathology of the heart (second ed.). Springfield (Ill.): Ch. C. Thomas 1960.

HEDINGER, E.: Transposition der großen Gefäße bei rudimentärer linker Herzkammer bei einer 56jährigen Frau. Zbl. allg. Path. path. Anat. **26**, 529—535 (1915).

KEITH, J. D., R. D. ROWE, and P. VLAD: Heart disease in infancy and childhood. New York: MacMillan Comp. 1958.

KRAUSSE, O.: Ein Beitrag zur Lehre von den kongenitalen Herzfehlern und ihrer Koinzidenz mit anderen Mißbildungen. Jb. Kinderheilk. **62**, 35—49 (1905).

LENÈGRE, J., J. ROUDINESCO et G. MARQUIS: Dilatation segmentaire congénitale de l'artère pulmonaire (résultats de l'autopsie). Arch. Mal. Cœur **37**, 12—14 (1944).

MEHTA, J. B., and F. F. L. HEWLETT: Cor triloculare biauriculare. Brit. Heart J. **7**, 41—44 (1945).

PEACOCK, T. B.: On malformation of human heart. London 1866.

POTTS, R.: Ein Beitrag zu den Bildungsfehlern und foetalen Erkrankungen des Herzens. Jb. Kinderheilk. **13**, 11—34 (1879).

RICHMAN, B.: Cor biatriatum triloculare. Amer. Heart J. **39**, 887—893 (1950).

STERZ, H.: Cor triloculare biatriatum — ein diagnostisches Problem. Z. Kreisl.-Forsch. **49**, 1125—1138 (1960).

VERNOW, H. H.: Angeborene Herzfehler. Schmidts Jb. ges. Med. **96**, 298 (1857).

WENNER, O.: Beiträge zur Lehre der Herzmißbildungen. Virchows Arch. path. Anat. **196**, 127—168 (1909).

18. Cor biloculare

BAUER, D. DE F., and E. C. ASTBURY: Congenital cardiac disease. Bibliography of 1000 cases analysed in Maud Abbott's atlas. Amer. Heart J. **27**, 688—732 (1944).

BENJAMIN, J. E., H. LANDT, and P. ZEEK: Persistent ostium atrioventriculare commune in heart which functioned as biloculate organ. Amer. Heart J. **19**, 606—612 (1940).

CONN, J. J., T. E. CLARK, and R. W. KISSANE: Cor biloculare. Report of four cases. Amer. J. Med. **8**, 180—186 (1950).

GROSSMAN, J. J.: Cor biloculare with transposition of the great cardiac vessels and atresia of the pulmonary artery. Phylogenetic and ontogenetic interpretation. Amer. J. clin. Path. **12**, 534—542 (1942).

19. Transposition der großen Gefäße

ABRAMS, H. L., H. S. KAPLAN, and A. PURDY: Diagnosis of complete transposition of the great vessels. Radiology **57**, 500—513 (1951).

ANDERSON, R. C., C. W. LILLEHEI, and R. G. LESTER: Corrected transposition of the heart. Pediatrics **20**, 626—631 (1957).

ASTLEY, R. N., and C. PARSONS: Complete transposition of the great vessels. Brit. Heart J. **14**, 13—24 (1952).

BAILLIE, M.: Morbid anatomy of some of the most important parts of the human body. Johnson Nicol., 2nd edit. 1797.

BARBER, E.: Über eine seltene Form der Transposition von Aorta und Pulmonalis mit Ursprung der transponierten Gefäße aus dem rechten Ventrikel. Inaug.-Diss. Heidelberg 1952.

BEUREN, A.: Differential diagnosis of the Taussig-Bing heart from complete transposition of the great vessels with a posteriorly overriding pulmonary artery. Circulation **21**, 1071—1087 (1960).

BEUREN, A. J., J. STOERMER u. J. APITZ: Die korrigierte Transposition der großen Gefäße bei Situs solitus. Bericht über 10 Patienten. Arch. Kreisl.-Forsch. **41**, 228—252 (1963).

BLALOCK, A., and C. R. HANLON: The surgical treatment of complete transposition of the aorta and the pulmonary artery. Surg. Gynec. Obstet. **90**, 1—15 (1950).

BUCHEM, F. S. P. VAN, J. L. VAN WERMESKERKEN, and N. G. M. ORIE: Transposition of the aorta (Taussig's syndrome). Acta med. scand. **137**, 66—77 (1950).

CAMPBELL, M., and S. SUZMAN: Transposition of the aorta and pulmonary artery. Circulation **4**, 329—342 (1951).

Castellanos, A., R. Pereiras et A. Garcia: L'angiocardiographie chez l'enfant. Presse méd. **46**, 1474—1477 (1938).

Chiechi, M. A.: Incomplete transposition of the great vessels with biventricular origin of the pulmonary artery (Taussig-Bing complex). Amer. J. Med. **22**, 234—251 (1957).

Cumming, G. R.: Congenital corrected transposition of the great vessels without associated intracardiac anomalies. A clinical, hemodynamic and angiocardiographic study. Amer. J. Cardiol. **10**, 605—614 (1962).

De La Cruz, M. V., G. Anselmi, F. Cisneros, M. Reinhold, B. Portillo, and J. Espino-Vela: An embryologic explanation for the corrected transposition of the great vessels. Additional description of the main anatomic features of this malformation and its varieties. Amer. Heart J. **57**, 104—117 (1959).

Demy, N. G., and A. P. Gewanter: Correlation of upper lobe vascularization with certain congenital intracardiac shunts. Radiology **62**, 329—336 (1954).

Doerr, W.: Zur Transposition der Herzschlagadern. Ein kritischer Beitrag zur Lehre der Transpositionen. Virchows Arch. path. Anat. **303**, 168—205 (1938).

— Pathologische Anatomie der angeborenen Herzfehler. In: Handbuch der inn. Medizin, 4. Aufl., Bd. IX/3, S. 1—104. Berlin-Göttingen-Heidelberg: Springer 1960.

Elliott, L. P., H. N. Neufeld, R. C. Anderson, P. Adams, and J. E. Edwards: Complete transposition of the great vessels. I. An anatomic study of sixty cases. Circulation **27**, 1105—1117 (1963).

Fanconi, G.: Die Transposition der großen Gefäße (das charakteristische Röntgenbild). Arch. Kinderheilk. **95**, 202—210 (1932).

Grant, R .P.: The morphogenesis of transposition of the great vessels Circulation. **26**, 819—840 (1962).

— The morphogenesis of corrected transposition and other anomalies of cardiac polarity. Circulation **29**, 71—83 (1964).

Grosse-Brockhoff, F., A. Schaede u. H. Lotzkes: Die Transposition der großen Gefäße. Dtsch. Arch. klin. Med. **201**, 305—343 (1954).

— — — Mitteilung über zwei seltene Formen der Transposition der großen Gefäße. Z. Kreisl.-Forsch. **43**, 376—384 (1954).

Harris, H. A., S. H. Gray, and C. Whitney: Heart of child aged 22 months presenting anomalous vein from pulmonary auricle to right internal jugular vein, transposition of great vessels and left superior vena cava. Anat. Rec. **36**, 31—49 (1927).

Helmholtz, H. F., G. W. Daugherty, and J. E. Edwards: Congenital "mitral insufficiency" in association with corrected transposition of the great vessels. Report of probable clinical case and review of six cases studied pathologically. Proc. Mayo Clin. **31**, 82—91 (1956).

Herxheimer, G.: In: E. Schwabe, Morphologie der Mißbildungen des Menschen und der Tiere, Bd. III/2, S. 339. Jena: Gustav Fischer 1909.

Honey, M.: The diagnosis of corrected transposition of the great vessels. Brit. Heart J. **25**, 313—333 (1963).

Keith, J. D., R. D. Rowe, and P. Vlad: Heart disease in infancy and childhood. New York: MacMillan Comp. 1958.

Kjellberg, S. R., E. Mannheimer, U. Rudhe, and B. Jonsson: Diagnosis of congenital heart diseases, 2nd ed. Chicago: Year Book Publ., 1959.

Kurschmer, T.: Commentatio de corde cuius ventriculi sanguineum inter se communicant. Marburg 1837.

Lev, M., and O. Saphir: Transposition of the large vessels. J. techn. Meth. **17**, 126—162 (1937).

Loogen, F., U. Gleichmann u. H. Gremmel: Komplette Transpositionen der großen Gefäße mit Vorhofseptumdefekt. Fortschr. Röntgenstr. **101**, 352—360 (1964).

—, u. J. Karytsiotis: Die korrigierte Transposition der großen Gefäße. Z. Kreisl.-Forsch. **51**, 987—1000 (1962).

Martin, J. A., and B. M. Lewis: Transposition of the aorta and levoposition of the pulmonary artery. Amer. Heart J. **43**, 621—625 (1952).

Maxwell, G. M., and C. W. Crumpton: The Taussig-Bing syndrome. A report of two further cases, one complicated by aortic coarctation. Amer. J. Med. **17**, 578—581 (1954).

Meckel, J. F.: Handbuch der menschlichen Anatomie, Bd. III, S. 59. Berlin: Buchhdlg. des Hallischen Waisenhauses 1817.

Messeloff, C. R., and J. C. Weaver: A case of transposition of the large vessels in an adult who lived to the age of 38 years. Amer. Heart J. **42**, 467—471 (1951).

Meyer, H.: Über die Transposition der aus dem Herzen hervortretenden großen Arterienstämme. Virchows Arch. path. Anat. **12**, 364 (1857).

Mönckeberg, J. G.: In: F. Henke u. O. Lubarsch, Handbuch der speziellen pathologischen Anatomie und Histologie, Bd. II. Berlin: Springer 1924.

Mustard, W. T., A. L. Chute, J. D. Keith, A. Sirek, R. D. Rowe, and P. Vlad: A surgical approach to transposition of the great vessels with extracorporal circuit. Surgery **36**, 39—51 (1954).

Noonan, J. A., A. S. Nadas, A. M. Rudolph, and G. B. C. Harris: Transposition of the great arteries, a correlation of clinical, physiologic and autopsy data. New England J. Med. **263**, 592—596, 637—642, 684—692, 739—744 (1960).

Peacock, T.: On malformations of the human heart, 2nd ed. London: J. Churchill & Sons 1866.

Pernkopf, E., u. W. Wirtinger: Die Transposition der Herzostien. Ein Versuch der Erklärung dieser Erscheinung. Z. Anat. **10**, 563—711 (1933).

PRETER, B.: Zur korrigierten Transposition der großen Gefäße. Arch. Kreisl.-Forsch. **48**, 1—37 (1965).

ROKITANSKY, C. F. v.: Die Defekte der Scheidewände des Herzens. Wien: Wilhelm Braumüller 1875.

SCHIEBLER, G. L., J. E. EDWARDS, H. B. BURCHELL, J. W. DUSHANE, P. A. ONGLEY, and E. H. WOOD: Congenital corrected transposition of the great vessels. A study of 33 cases. Pediatrics **27**, 849—888 (1961).

SCHMUTZLER, H., H. PAEPRER u. D. BACHMANN: Zur Diagnostik der korrigierten Transposition der großen Gefäße. Arch. Kreisl.-Forsch. **39**, 208—235 (1962).

SENNING, A.: Erkennung und Behandlung intra- und postoperativer Komplikationen. Thoraxchirurgie **7**, 178—182 (1959).

SHANER, R. F.: Complete and corrected transposition of the aorta, pulmonary artery and ventricles in pig embryos, and a case of corrected transposition in a child. Amer. J. Anat. **88**, 35—62 (1951).

SPITZER, A.: Über die Ursachen und den Mechanismus der Zweiteilung des Wirbeltierherzens. Arch. Entwickl.-Mech. Org. **45**, 686—725 (1919); **47**, 510—570 (1921).

TAUSSIG, H. B.: Complete transposition of the great vessels. Amer. Heart J. **16**, 728—733 (1938).

— Congenital malformations of the heart. New York: Commenwealth Fund 1947.

—, and R. J. BING: Complete transposition of the aorta and a levoposition of the pulmonary artery. Amer. Heart J. **37**, 551—559 (1949).

20. Anomalien der Pulmonalarterie

a) Pulmonalatresie

ABBOTT, M. E., D. S. LEWIS, and J. BEATTIE: Differential study of a case of pulmonary stenosis of inflammatory origin (ventricular septum closed) and two cases of (a) pulmonary stenosis and (b) pulmonary atresia of development origin with associated ventricular septal defect and death from paradoxical cerebral embolism. Amer. J. med. Sci. **165**, 636—644 (1923).

COSTA, A.: Atresia congenita dell' ostio della pulmonare, con setto interventriculare chiuso e dotto di Botallo persistente in uomo di 20 anni. Clin. med. ital. **61**, 567—574 (1930).

GREENWOLD, W. E., J. W. DUSHANE, H. B. BURCHELL, A. BRUWER, and J. E. EDWARDS: Congenital pulmonary atresia with intact ventricular septum. Two anatomic types. Proc. 29th Sc. Sessions, Amer. Heart A. (Oct.) 1956, p. 51 (Abstract).

KEITH, J. D., R. D. ROWE, and P. VLAD: Heart disease in infancy and childhood. New York: MacMillan Comp. 1958.

KJELLBERG, S. R., E. MANNHEIMER, U. RUDHE, and B. JONSSON: Diagnosis of congenital heart disease, 2nd. ed. Chicago: Year Book Publ. 1959.

LEO, H.: Über einen Fall von Entwicklungshemmung des Herzens. Virchows Arch. path. Anat. **103**, 503—515 (1886).

NOVELO, S., L. O. CHAIT, J. ZAPATA-DIAZ y T. VELASQUEZ: Atresia pulmonary estenosis tricuspidea sin communicación interventricular. Arch. Inst. Cardiol. Méx. **21**, 325—331 (1951).

PECK, D. R., and H. M. WILSON: Conventional roentgenography in the diagnosis of cardiovascular anomalies. Radiology **53**, 479—487 (1949).

RAUCHFUSS, C.: Die angeborenen Entwicklungsfehler und die Fötalkrankheiten des Herzens und der großen Gefäße. In: A. S. GERHARDT, Handbuch der Kinderkrankheiten, Bd. IV, S. 66. 1878.

ROSSI, E.: Herzkrankheiten im Säuglingsalter. Stuttgart: Georg Thieme 1954.

b) Pulmonalinsuffizienz

ABBOTT, M. E.: Congenital heart disease. Nelson's loose — leaf medicine, vol. IV, p. 346. New York: Thomas Nelson & Sons 1931.

CAMPEAU, L. A., P. E. RUBLE, and W. B. COOKSEY: Congenital absence of the pulmonary valve. Circulation **15**, 397—404 (1957).

FORD, A. B., H. K. HELLERSTEIN, C. WOOD, and H. B. KELLY: Isolated congenital bicuspid pulmonary valve. Amer. J. Med. **20**, 474—486 (1956).

GRAWITZ, E.: Zwei seltene Fälle von Incontinenz des Ostium pulmonale, bedingt durch Fehler eines Klappensegels. Virchows Arch. path. Anat. **110**, 426—433 (1887).

LOOGEN, F., B. BOSTROEM, J. KARYTSIOTIS, H. KREUZER u. TH. VARVITSIOTIS: Spätergebnisse nach Operation von Pulmonalstenosen ohne Ventrikelseptumdefekt. Z. Kreisl.-Forsch. **53**, 164—177 (1964).

—, u. H. KREUZER: Isolierte Pulmonalklappeninsuffizienz. Z. Kreisl.-Forsch. **53**, 1102—1113 (1964).

MILLER, R. A., M. LEV, and M. H. PAUL: Congenital absence of the pulmonary valve. The clinical syndrome of tetralogy of Fallot with pulmonary regurgitation. Circulation **26**, 266—278 (1962).

PRICE, B. O.: Isolated incompetence of the pulmonic valve. Circulation **23**, 596—602 (1961) (dort englische Literatur bis 1961).

SMITH, R. D., J. W. DUSHANE, and J. E. EDWARDS: Congenital insufficiency of the pulmonary valve. Circulation **20**, 554—560 (1959).

STINTZING, R.: Über eine seltene Anomalie der Pulmonalklappen. Dtsch. Arch. klin. Med. **44**, 149—158 (1889).

TALBERT, J. C., A. G. MORROW, N. P. COLLINS, and J. W. GILBERT: The incidence and significance of pulmonic regurgitation after pulmonary valvulotomy. Amer. Heart J. **65**, 590—596 (1963).

VENABLES, A. W.: Absence of the pulmonary valve with ventricular septal defect. Brit. Heart J. **24**, 293—296 (1962).

c) Idiopathische Pulmonalektasie

ABBOTT, M. E.: Atlas of congenital cardiac disease. Amer. Heart Ass. New York 1936.

BAYER, O., J. BRIX u. A. ATHMANN: Zur Frage der idiopathischen Pulmonalektasie. Arch. Kreisl.-Forsch. **27**, 1—19 (1957).

BRAUN, K., A. DE VRIES, E. N. EHRENFELD, and S. SCHORR: Clinical and physiological observations in 3 cases of congenital heart disease with dilatation of pulmonary artery and chest pain. Cardiologia (Basel) **23**, 289—299 (1953).

BUCHEM, F. S. P. VAN, J. NIEVEEN, W. E. MARRING, and L. B. VAN DER SLIKKE: Idiopathic dilatation of the pulmonary artery. Dis. Chest **28**, 326—336 (1955).

CHAPMAN, D. W., D. M. EARLE, L. J. GUGLE, R. A. HUGGINS, and W. ZIMDAHL: Intravenous catheterization of the heart in suspected congenital heart disease. Report of 72 cases. Arch. intern. Med. **84**, 640—659 (1949).

COSTA, A.: Morfologia e patogenesi degli aneurismi dell' arteria pulmonare. Arch. Pat. Clin. med. **8**, 257—292 (1929).

COURNAND, A., J. S. BALDWIN, and A. HIMMELSTEIN: Cardiac catheterization in congenital heart disease. New York: Commonwealth Fund 1949.

DANNEEL, K. T., H. R. FEINDT u. H. J. HAUCH: Die Differentialdiagnose des vergrößerten Pulmonalisbogens, unter besonderer Berücksichtigung der kongenitalen Herz- und Gefäßanomalien. Ärztl. Forsch. **8**, I, 175—184 (1954).

DETERLING jr., R. A., and O. T. CLAGETT: Aneurysm of the pulmonary artery: review of the literature and report of a case. Amer. Heart J. **34**, 471—499 (1947).

ESSER, A.: Seltene Formen von Aneurysmen. Z. Kreisl.-Forsch. **24**, 737—752 (1932).

GOETZ, R. H., and M. NELLEN: Idiopathic dilatation of pulmonary artery. S. Afr. med. J. **27**, 360—367 (1953).

GREENE, D. G., E. DE FOREST BALDWIN, J. S. BALDWIN, A. HIMMELSTEIN, C. E. ROH, and A. COURNAND: Pure congenital pulmonary stenosis and idiopathic dilatation of the pulmonary artery. Amer. J. Med. **6**, 24—40 (1949).

GROSSE-BROCKHOFF, F., F. LOOGEN u. A. SCHAEDE: Angeborene Herz- und Gefäßmißbildungen, Idiopathische Pulmonalektasie. In: Handbuch der inneren Medizin, 4. Aufl., Bd. IX/3, S. 368—373. Berlin-Göttingen-Heidelberg: Springer 1960.

HEIM DE BALSAC, R.: Anomalies de l'arbre artériel pulmonaire. In: E. DONZELOT et F. D'ALLAINES, Traité des cardiopathies congénitales, p. 387. Paris: Masson & Cie. 1954.

KAPLAN, B. M., J. G. SCHLICHTER, G. GRAHAM, and G. MILLER: Idiopathic congenital dilatation of pulmonary artery. J. Lab. clin. Med. **41**, 697—707 (1953).

KJELLBERG, S. R., E. MANNHEIMER, U. RUDHE, and B. JONSSON: Diagnosis of congenital heart disease. Chicago: Year Book Publ. 1959.

LAUBRY, CH., D. ROUTIER et R. HEIM DE BALSAC: Grosse pulmonaire — petite aorte, affection congénitale. Bull. Soc. méd. Hôp. Paris **56**, 847—850 (1940).

LEATHAM, A., and L. VOGELPOEL: Early systolic sound in dilatation of pulmonary artery. Brit. Heart J. **16**, 21—37 (1954).

MANFREDI, D., e G. DI MATTEO: La dilatazione congenita isolata dell' arteria polmonare. Gazz. int. Med. Chir. **60**, 757—770 (1955).

ROUTIER, D., et R. HEIM DE BALSAC: Diagnostic des „grosses pulmonaires — petites aortes". Rev. méd. franç. **23**, 4, 129 (1942).

SCHAEDE, A., u. P. THURN: Zur röntgenologischen Diagnose der angeborenen Herzfehler mit vorspringendem Pulmonalisbogen. Fortschr. Röntgenstr. **76**, 306—316 (1952); **78**, 253—262 (1953).

SCHULZE, W.: Die idiopathische Pulmonalektasie und ihre differentialdiagnostische Abgrenzung. Münch. med. Wschr. **97**, 1522—1527 (1955).

ZUBER, B.: Über einen noch nie beschriebenen Fall von hochgradiger angeborener Erweiterung der Arteria pulmonalis in toto. Jb. Kinderheilk. **59**, 30—53 (1904).

21. Tricuspidalatresie

BREDT, H.: Formdeutung und Entstehung des mißgebildeten menschlichen Herzens. Virchows Arch. path. Anat. **296**, 114—157 (1935).

— Die Mißbildungen des menschlichen Herzens. Ergebn. allg. Path. path. Anat. **30**, 77—182 (1936).

CAMPBELL, M., and T. H. HILLS: Angiocardiography in cyanotic congenital heart disease. Brit. Heart J. **12**, 65—95 (1950).

CHICHE, P.: Étude anatomique et clinique des atrésies tricuspidiennes. Arch. Mal. Cœur **44**, 981—1015 (1952).

DICKSON, R. W., and J. P. JONES: Congenital heart block in an infant with associated multiple congenital cardiac malformations. Amer. J. Dis. Child. **75**, 81—84 (1948).

DURAND, M., et C. METIANU: Atrésie ou hypoplasie tricuspidienne. In: E. DONZELOT et F. D'ALLAINES, Traité des cardiopathies congénitales. Paris: Masson & Cie. 1954.

EDWARDS, J. E., and H. B. BURCHELL: Congenital tricuspid atresia: a classification. Med. Clin. N. Amer. **33**, 1177—1196 (1949).

FELL, E. H., B. M. GASUL, C. B. DAVIS, and R. CASAS: Diagnosis of tricuspid atresia or stenosis in infants: based upon a study of 10 cases. Pediatrics **6**, 862—871 (1950).

FINKE, H.: Das Röntgenbild der Trikuspidalatresie. Fortschr. Röntgenstr. **83**, 858—861 (1955).

GIBSON, S., and W. M. CLIFTON: Congenital heart disease; a clinical and postmortem study of one hundred and five cases. Amer. J. Dis. Child. **55**, 761—767 (1938).

GROSSE-BROCKHOFF, F., F. LOOGEN u. A. SCHAEDE: Angeborene Herz- und Gefäßmißbildungen. In: Handbuch der inneren Medizin, 4. Aufl., Bd. IX/3, S. 105—652. Berlin: Göttingen-Heidelberg: Springer 1960.

JANKER, R., u. H. HALLERBACH: Die röntgenkinematographische Darstellung der Tricuspidalatresie. Fortschr. Röntgenstr. **75**, 393—406 (1951).

KEITH, J. D., D. R. ROWE, and P. VLAD: Heart disease in infancy and childhood. New York: MacMillan Comp. 1958.

KJELLBERG, S. R., E. MANNHEIMER, U. RUDHE, and B. JONSSON: Diagnosis of congenital heart disease. Chicago: Year Book Publ. 1955/1959.

KÜHNE, M.: Über zwei Fälle kongenitaler Atresie des ostium venosum dextrum. Jb. Kinderheilk. **63**, 235—238 (1906).

LAUBRY, C., et C. PEZZI: Traité des maladies congénitales du cœur. Paris: Baillière & Fils 1921.

MANHOFF jr., L. J., and J. S. HOWE: Congenital heart disease; tricuspid atresia and mitral atresia associated with transposition of great vessels; report of two cases. Amer. Heart J. **29**, 90—98 (1945).

MANNHEIMER, E.: Morbus caeruleus. Basel: S. Karger 1949.

MARDER, S. H., W. B. SEAMAN, and W. G. SCOTT: Roentgenologic considerations in the diagnosis of congenital tricuspid atresia. Radiology **61**, 174—182 (1953).

MÖNCKEBERG, J. G.: Die Mißbildungen des Herzens. In: F. HENKE u. O. LUBARSCH: Handbuch der speziellen pathologischen Anatomie und Histologie. Berlin: Springer 1924.

RAUCHFUSS, C.: Die angeborenen Entwicklungsfehler und die Fötalkrankheiten des Herzens und der großen Gefäße. In: A. S. GERHARDT: Handbuch für Kinderkrankheiten, Bd. VI, 1. Abtlg. 1878.

ROBINSON, A., and J. E. HOWARD: Atresia of the tricuspid valve with transposition of the great vessels. Amer. J. Dis. Child. **75**, 575—581 (1948).

SCHAD, N., u. R. KÜNZLER: Angiokardiographische Beobachtungen beim Ventrikelseptumdefekt als isolierter oder kombinierter Mißbildung. Fortschr. Röntgenstr. **90**, 22—31 (1959).

SNOW, P. J. D.: Tricuspid atresia: a new radioscopic sign. Brit. Heart J. **14**, 387—390 (1952).

SPITZER, A.: Über den Bauplan des normalen und mißgebildeten Herzens. Versuch einer phylogenetischen Theorie. Virchows Arch. path. Anat. **243**, 81—131 (1923).

TAUSSIG, H. B.: Congenital malformations of the heart. New York: Commonwealth Fund 1947.

THURN, P.: Tricuspidalatresie. In: W. TESCHENDORF: Lehrbuch der röntgenologischen Differentialdiagnostik, 4. Aufl., Bd. I, S. 892—897. Stuttgart: Georg Thieme 1958.

WIELAND, E.: Zur Klinik und Morphologie der angeborenen Tricuspidalatresie. Jb. Kinderheilk. **79**, 320—343 (1914).

WITTENBORG, M. H., E. B. D. NEUHAUSER, and W. H. SPRUNT: Roentgenographic findings on congenital tricuspid atresia with hypoplasia of the right ventricle. Amer. J. Roentgenol. **66**, 712—727 (1951).

ZDANSKY, E.: Röntgendiagnostik des Herzens und der großen Gefäße. Wien: Springer 1962.

22. Tricuspidalstenose

BREDT, H.: Die Mißbildungen des menschlichen Herzens. Ergebn. allg. Path. path. Anat. **30**, 77—182 (1936).

COOLEY, R. N., R. D. SLOAN, C. R. HANLON, and H. T. BAHNSON: Angiocardiography in congenital heart disease of cyanotic type. II. Observations on tricuspid stenosis or atresia with hypoplasia of the right ventricle. Radiology **54**, 848—868 (1950).

DERRA, E., F. GROSSE-BROCKHOFF u. F. LOOGEN: Beobachtungen bei 2 operierten Kranken mit Tricuspidalstenose. Langenbecks Arch. klin. Chir. **288**, 104—116 (1958).

HECK, W.: Die Klinik der congenitalen Angiokardiopathien im Säuglings- und Kleinkindesalter. Stuttgart: Gustav Fischer 1955.

KJELLBERG, S. R., E. MANNHEIMER, U. RUDHE, and B. JONSSON: Diagnosis of congenital heart disease. Chicago: Year Book Publ. 1955.

LOOGEN, F., u. W. SCHAUB: Zur Klinik und Hämodynamik der Tricuspidalstenose. Dtsch. med. Wschr. **84**, 409—414 (1959).

SCOTT, G. W.: Congenital tricuspid atresia: description of the heart in 2 cases. Guy's Hosp. Rep. **104**, 67—78 (1955).

23. Ebstein-Syndrom

ABBOTT, M. E.: In: BLUMERs bedside diagnosis, vol. 2, p. 482—485. Philadelphia: W.B. Saunders, Co. 1928.

ADAMS, I. L. C., and R. HUDSON: A case of Ebstein's anomaly surviving to the age of 79. Brit. Heart J. **18**, 129—132 (1956).

AMPLATZ, K., R. G. LESTER, G. L. SCHIEBLER, P. ADAMS jr., and R. C. ANDERSON: Roentgen features of Ebstein's anomaly of the tricuspid valve. Amer. J. Roentgenol. **81**, 788—794 (1959)

ARNSTEIN, A.: Eine seltene Mißbildung der Tricuspidalklappe. Virchows Arch. path. Anat. **226**, 247—254 (1927).

BAKER, CH., W. D. BRINTON, and G. D. CHANNEL: Ebstein's disease. Guy's Hosp. Rep. **99**, 247—275 (1950).

BARGER, J. D., CH. E. HENDERSON, and J. E. EDWARDS: Abscess of the brain in an adult with Ebstein's malformation, of the tricuspid valve. Report of a case. Amer. J. clin. Path. **24**, 576—585 (1954).

BAUER, D.: Ebstein type of tricuspid insufficiency. Röntgen studies in a case with sudden death at the age of twenty seven. Amer. J. Roentgenol. **54**, 136—144 (1945).

Bayer, O., R. Rippert, F. Loogen u. H. H. Wolter: Klinische und physiologische Befunde beim Ebstein-Syndrom. Z. Kreisl.-Forsch. **43**, 97—110 (1954).

Becu, L. M., H. J. C. Swan, J. W. DuShane, and J. E. Edwards: Ebstein-malformation of the left atrioventricular valve in corrected transposition of the great vessels with ventricular septal defect. Proc. Mayo Clin. **30**, 438—490 (1955).

Bénard, H., H. Pequignot, M. Pestel et Nataf: Maladie d'Ebstein et sténose tricuspidienne bien tolérée pendant cinquante-cinq ans chez une mère de 5 enfants. Complication cérébrale terminale. Bull. Soc. méd. Hôp. Paris, Sér. IV, **70**, 858—862 (1954).

Berber, S.: Report of case of tricuspid insufficiency of Ebstein type with probable fetal endocarditis and exceptional electrocardiographic characteristics. Amer. Heart J. **33**, 726 (1947).

Bing, R. J.: The physiology of congenital heart disease. Nelson new loose-leaf med., vol. V. New York 1949.

Blacket, R. B., B. C. Sinclair-Smith, A. J. Palmer, J. H. Halliday, and J. K. Maddox: Ebstein's disease: a report of five cases. Aust. Ann. Med. **1**, 26—41 (1952).

Blackhall-Morison, A.: Malformed heart with redundant and displaced tricuspid segments and abnormal local alternation of the right ventricular wall. J. Anat. (Lond.) **57**, 262—266 (1922/23).

—, and E. H. Shaw: Cardiac and congenital anomalies in the same subject. J. Anat. (Lond.) **54**, 163—165 (1920).

Blount, S. G., M. C. McCord, and J. Gelb: Ebstein's anomaly. Circulation **14**, 913 (1956).

Brekke, V. G.: Congenital tricuspid insufficiency. Amer. Heart J. **29**, 647—649 (1945).

Broadbent, J. C., E. H. Wood, H. B. Burchell, and R. Parker: Symposium on cardiac catheterization: Ebstein's malformation of tricuspid valve; report of 3 cases. Proc. Mayo Clin. **28**, 79—88 (1953).

Brown, J. W., D. Heath, and W. Whitaker: Ebstein's disease. Amer. J. Med. **20**, 322—333 (1956).

Bulgarelli, R., e C. Romano: Contributo alla diagnostica della malattia di Ebstein. Minerva pediat. **9**, 1249—1257 (1957).

Doerr, W.: Morphogenese und Korrelation chirurgisch wichtiger angeborener Herzfehler. Ergebn. Chir. Orthop. **36**, 1—92 (1950)'

Ebstein, W.: Über einen sehr seltenen Fall von Insuffizienz der Valvula tricuspidalis bedingt durch eine angeborene hochgradige Mißbildung derselben. Arch. Anat. Physiol. **1866**, 238—254.

Edwards, J. E.: Pathologic features of Ebstein's malformation of the tricuspid valve. Proc. Mayo Clin. **28**, 89—94 (1953).

Engle, M. A., T. P. B. Payne, C. Bruins, and H. B. Taussig: Ebstein's anomaly of the tricuspid valve. Report of three cases and analysis of clinical syndrome. Circulation **1**, 1246—1260 (1950).

Engle, M. A., and H. Taussig: Valvular pulmonic stenosis with intact ventricular septum and patent foramen ovale. Circulation **2**, 481—493 (1950).

Espino Vela, I., O. Chavez Fraga, F. Garcia Ordonez, and Mora Calvo: Ebstein's dis-. ease; 5 new cases one successfully operated. Arch. Inst. Cardiol. Méx. **26**, 67—107 (1956).

Franke, M.: Klinischer Beitrag zur Pathophysiologie des Ebstein-Syndromes. Ärztl. Wschr. **13**, 705—707 (1958).

Gasul, B. M., H. Weiss, E. H. Fell, R. F. Dillon, D. L. Fisher, and C. I. Marienfeld: Angiocardiography in congenital heart disease correlated with clinical and autopsy findings. Amer. J. Dis. Child. **85**, 404—443 (1953).

Geipel, P.: Mißbildungen der Tricuspidalis. Virchows Arch. path. Anat. **171**, 298—334 (1903).

Goerttler, K. L.: S.-B. der Berl. Pathologen-ver.igg. Zbl. allg. Path. path. Anat. **94**, 534 (1955/56).

— Hämodynamische Untersuchungen über die Entstehung der Mißbildungen des arteriellen Herzendes. Virchows Arch. path. Anat. **328**, 391—420 (1956).

Götz, H.: Tricuspidalinsuffizienz infolge Verlagerung der Segel und Ausbleiben der endothelialen Differenzierung. Virchows Arch. path. Anat. **291**, 835—853 (1933).

Goodwin, J. F., A. Wynn, and R. E. Steiner: Ebstein's anomaly of the tricuspid valve. Amer. Heart J. **45**, 144—158 (1953).

Gotshalk, H. C., H. Civin, and G. Mills: Electrocardiographic changes and brain abscess with malformed tricuspid valve. J. Amer. med. Ass. **155**, 1411—1413 (1954).

Gøtzsche, H., and W. Falholt: Ebstein's anomaly of the tricuspid valve: A review of the literature and report of 6 new cases. Amer. Heart J. **47**, 587—603 (1954).

Gouffault, J., et L. Le Damany de Rennes: Maladie d'Ebstein dans une même fratrie. Arch. Mal. Cœur **49**, 664—670 (1956).

Graux, F., et J. F. Merlen: A propos d'un cas de maladie d'Ebstein. Arch. Mal. Cœur **44**, 263—267 (1951).

Grob, M., M. Bettex u. E. Rossi: Zur Diagnose des Morbus Ebstein. Helv. paediat. Acta **7**, 85—97 (1952).

Gürtler, R., J. W. Weber, P. Müller, H. R. Sahli u. H. Cottier: Besonderheiten beim Ebstein-Syndrom. Z. Kreisl.-Forsch. **48**, 30—47 (1959).

Gutzeit, K.: Ein Beitrag zur Frage der Herzmißbildungen an Hand eines Falles von congenitaler Defektbildung im häutigen Ventrikelseptum und von gleichzeitigem Defekt in dem diesem Septumdefekt anliegenden Klappenzipfel der valvula tricuspidalis. Virchows Arch. path. Anat. **237**, 355—372 (1922).

HALONEN, P. I., and P. E. HEIKEL: Ebstein's anomaly of the tricuspid valve with an analysis of the functioning of the right ventricle. Acta cardiol. (Brux.) **10**, 504—513 (1955).

HEIGEL, A.: Über eine besondere Form von Entwicklungsstörung der Tricuspidalklappe. Virchows Arch. path. Anat. **214**, 301—319 (1913).

HEIM DE BALSAC, R., et G. MÉTIANU: Maladie d'Ebstein. In: E. DONZELOT et F. D'ALLAINES, Traité des cardiopathies congénitales. Paris: Masson & Cie. 1954.

HENDERSON, C. B., F. JACKSON, and W. G. A. SWAN: Ebstein's anomaly diagnosed during life. Brit. Heart J. **15**, 360—363 (1953).

HUECK, O.: Eine seltene Tricuspidalmißbildung. Virchows Arch. path. Anat. **319**, 247—264 (1950).

HUNTER, S. W., and C. W. LILLEHEI: Ebstein's malformation of the tricuspid valve. Study of a case together with suggestion of a new form of surgical therapy. Dis. Chest **33**, 297—304 (1958).

JEDLICKA, J., u. A. SCHWARTZ: Ebsteinsche Anomalie. Klinisch-anatomische Erörterungen von 72 bekannten autoptischen Fällen (davon 7 eigene Beobachtungen) mit besonderer Rücksicht auf die Prognose. Acta med. scand. **158**, 117—129 (1957). Ref. Z. Kreisl.-Forsch. **47**, 89 (1958).

KEITH, J. D., D. R. ROWE, and P. VLAD: Ebstein's disease. In: Heart disease in infancy and childhood, p. 314—322. New York: MacMillan Comp. 1958.

KERWIN, A. J.: Ebstein's anomaly. Report of a case diagnosed during life. Brit. Heart J. **17**, 109—112 (1955).

KEZDI, P., and I. WENNEMARK: Ebstein's malformation. Clinical findings and hemodynamic alterations. Amer. J. Cardiol. **2**, 200—209 (1958).

KILBY, R., J. W. DUSHANE, E. H. WOOD, and H. B. BURCHELL: Ebstein's malformation: A clinical and laboratory study. Medicine (Baltimore) **35**, 161—185 (1956).

KIRCHMAIR, H.: Die Ebsteinsche Mißbildung der Valvula tricuspidalis. Frankfurt. Z. Path. **65**, 22—32 (1954).

KJELLBERG, S. R., E. MANNHEIMER, U. RUDHE, and B. JONSSON: Ebstein's malformation of tricuspid valve. In: Diagnosis of congenital heart disease, p. 518—534. Chicago: year Book Publ. 1955.

KLEIN, H.: Über einen seltenen Fall von Herzmißbildung mit rudimentärer Entwicklung des rechten Ventrikels und Defekt der Tricuspidalklappe. Virchows Arch. path. Anat. **301**, 1—16 (1938).

KÜNZLER, R., u. N. SCHAD: Atlas der Angiokardiographie angeborener Herzfehler. Stuttgart: Georg Thieme 1961.

LENÈGRE, J., E. CATTOIR et A. GEBRAUX: Contribution à l'étude de la maladie d'Ebstein (à propos de quatre observations, dont deux avec autopsie). Arch. Mal. Cœur **48**, 632—647 (1955).

LEV, M., S. GIBSON, and R. A. MILLER: Ebstein's disease with Wolff, Parkinson, White syndrome: Report of a case with histopathologic study of possible conduction pathways. Amer. Heart J. **49**, 724—741 (1955).

LINGEN, B. VAN, and S. R. BAUERSFELD: The electrocardiogram in Ebstein's anomaly of the tricuspid valve. Amer. Heart J. **50**, 13—23 (1955).

LINGEN, M. VAN, M. MCGREGOR, J. KAYE, M. J. MEYER, H. D. JACOBS, J. L. BRAUDO, T. H. BOOTWELL, and G. A. ELLIOT: Clinical and cardiac catheterization findings compatible with Ebstein's anomaly of the tricuspid valve. A report of two cases. Amer. Heart J. **43**, 77—88 (1952).

LIVESAY, W. R.: Clinical and physiologic studies in Ebstein's malformation. Amer. Heart J. **57**, 701—711 (1959).

MAHAIM, CH., et C. L. C. NIEUWENHUIZEN: Le diagnostic de la maladie d'Ebstein: cinq nouvelles observations. Arch. Mal. Cœur **50**, 465—483 (1957).

—, et J. L. RIVIER: Possibilités actuelles de diagnostic dans la maladie d'Ebstein. Cardiologia (Basel) **29**, 81—113 (1956).

MALAN, G.: Über die Entstehung eines Herzgeräusches. Zbl. allg. Path. path. Anat. **19**, 452—455 (1908).

MARXSEN, T.: Ein seltener Fall von Anomalie der Tricuspidalklappe. Inaug.-Diss. 1886.

MAYER, F. E., A. S. NADAS, and P. A. ONGLEY: Ebstein's anomaly: Presentation of ten cases. Circulation **16**, 1057—1069 (1957).

MCCALLUM, W. G.: Congenital malformations of the heart as illustrated by the specimens in the pathological Museum of the Johns Hopkuns Hosp. Bull. Johns Hopk. Hosp. **11**, 69—71 (1900).

MEDD, W. E., M. B. MATTHEWS, and W. R. THURSFIELD: Ebstein's disease. Thorax **9**, 14—21 (1954).

MICHEL, D., G. GRUNER u. M. HERBST: Zum elektrokardiographischen Bild des Ebstein-Syndroms. Z. Kreisl.-Forsch. **44**, 522—529 (1955).

NÖCKER, J., u. P. UIBE: Ungewöhnliche Semiotik bei angeborener Tricuspidalanomalie. Münch. med. Wschr. **95**, 650—653 (1953).

OBIDITSCH, A.: Über eine Mißbildung der Tricuspidalklappen. Virchows Arch. path. Anat. **304**, 97—105 (1939).

PECHSTEIN, J.: Beitrag zur Ebsteinschen Anomalie der Valvula tricuspidalis. Arch. Kreisl.-Forsch. **26**, 282—337 (1957).

PORTO, J., et A. AGUIAR: La maladie d'Ebstein. Arch. Mal. Cœur **53**, 644—653 (1960).

QUINTIN, P., et J. DULUC: Épreuves fonctionnelles cliniques dans un cas de maladie d'Ebstein. Arch. Mal. Cœur **49**, 346—350 (1956).

— — Undetected cardiac defect: Ebstein's disease. Rev. Méd. nav. **11**, 171—176 (1956).

RAEKALLIO, J.: Ebstein's anomaly of the tricuspid valve. Postmortem study of a case. Acta path. microbiol. scand. **44**, 54—58 (1958).

REYNOLDS, G.: Ebstein's disease. Case diagnosed clinically. Guy's Hosp. Rep. **99**, 276—283 (1950).
SCHAEDE, A.: Zur Diagnostik des Ebstein-Syndromes. Dtsch. Arch. klin. Med. **198**, 619—634 (1951).
SCHIEBLER, G. L., P. ADAMS jr., R. C. ANDERSON, K. AMPLATZ, and R. G. LESTER: Clinical study of twenty-three cases of Ebstein's anomaly of the tricuspid valve. Circulation **19**, 165—187 (1959).
SCHINZ, H. R., W. E. BAENSCH, E. FRIEDL u. E. UEHLINGER: Ebstein-Syndrom. In: Lehrbuch der Röntgendiagnostik, Bd. III, S. 2778—2779. Stuttgart: Georg Thieme 1952.
SCHÖNENBERGER, F.: Über einen Fall von hochgradiger Mißbildung der Tricuspidalklappe mit Insuffizienz derselben. Inaug.-Diss. Zürich 1903.
SEPULVEDA, G.: Ebstein's disease. Rev. méd. Chile **84**, 378—380 (1956).
SINHA, K. P., J. F. URICCHIO, and H. GOLDBERG: Ebstein's syndrom. Brit. Heart J. **22**, 94—100 (1960).
SOLOFF, L. A., H. M. STAUFFER, and J. ZATUCHNI: Ebstein's disease. Report. of the first case diagnosed during life. Amer. J. med. Sci. **222**, 554—561 (1951).
STERZ, H., B. SCHREINER, W. HÜBL, R. HINRICHS u. K. ROSANELLI: Diagnostische Schwierigkeiten bei der Ebsteinschen Anomalie. Z. Kreisl.-Forsch. **49**, 67—81 (1960).
TAUSSIG, H.: Ebstein's disease. In: Congenital malformations of the heart, p. 514—522. New York: Commonwealth Fund. 1947.
TOURNIAIRE, A., F. DEYRIEUX et M. TARTULIER: Maladie d'Ebstein. Arch. Mal. Cœur **42**, 1211—1216 (1949).
VACCA, J. B., D. W. BUSSMANN, and J. G. MUDD: Ebstein's anomaly: Complete review of 108 cases. Amer. J. Cardiol. **2**, 210—226 (1958).
VOGT, A.: Maladie d'Ebstein avec syndrome de Wolff-Parkinson-White. Ann. Paediat. **187**, 286—294 (1956).
VOILL, F., u. H. STERZ: Zum phonokardiographischen Bild des Ebstein-Syndrom. Z. Kreisl.-Forsch. **45**, 526—529 (1956).
WALTON, K., and A. G. SPENCER: Ebstein's anomaly of the tricuspid valve. J. Path. Bact. **60**, 387—393 (1948).
WRIGHT, J. L., H. B. BURCHELL, J. W. KIRKLIN, and E. H. WOOD: Congenital displacement of the tricuspid valve (Ebstein's malformation): Report of case with closure of an associated foramen ovale for correction of the right-to left shunt. Proc. Mayo Clin. **29**, 278—284 (1954).
YATER, W. M., and M. J. SHAPIRO: Congenital displacement of the tricuspid valve (Ebstein's disease). Review and report of a case with electrocardiographic study of the conduction system. Ann. intern. Med. **11**, 1043—1062 (1937).
ZAK, F. G., P. LUM, and G. A. LAROSA: Ebstein's disease: Case report. N. Y. St. J. Med. **55**, 2519—2523 (1955).
ZINK, A.: Über einen Fall von trichterförmiger Tricuspidalklappe (Ebsteinsche Krankheit) mit offenem Foramen ovale. Virchows Arch. path. Anat. **299**, 235—252 (1937).

24. Tricuspidalinsuffizienz

ABBOTT, M. E.: In: W. OSLER, and T. MCCRAE, Modern medicine, vol. IV, chap. 9, p. 323. Philadelphia: Lea & Febiger 1908.
— Atlas of congenital cardiac disease. New York: Amer. Heart Ass. 1936.
ARIEL, M. B.: Ein seltener Fall von angeborenem Herzfehler bei einem Neugeborenen. Virchows Arch. path. Anat. **277**, 501—506 (1930).
BARRITT, D. W., and H. URICH: Congenital tricuspid incompetence. Brit. Heart J. **18**, 133—136 (1956).
BELOBRADEK, Z., V. HEROUT, and V. JURKOVIC: Isolated tricuspid insufficiency combined with Adams-Stokes syndrome. Acta cardiol. (Brux) **14**, 486—493 (1959).
BOROS, J. v.: Die Diagnose der Tricuspidalklappenfehler. Z. Kreisl.-Forsch. **35**, 277—301 (1943).
DUBIN, J. N., and W. H. HOLLINSHEAD: Congenitally insufficient tricuspid valve accompanied by an anomalous septum in the right atrium. Arch. Path. **38**, 225—232 (1944).
GROSSE-BROCKHOFF, F., F. LOOGEN u. A. SCHAEDE: Angeborene Tricuspidalinsuffizienz. In: Handbuch der inneren Medizin, 4. Aufl., Bd. IX/3, S. 429—433. Berlin-Göttingen-Heidelberg: Springer 1960.
HERXHEIMER, G.: In: E. SCHWALBE, Die Morphologie der Mißbildungen des Menschen und der Tiere, Kap. 4, S. 474. Jena: Gustav Fischer 1910.
HOTZ, A.: Über angeborene Tricuspidalinsuffizienz. Jb. Kinderheilk. **102**, 1—12 (1923).
KJELLBERG, S. R., E. MANNHEIMER, U. RUDHE, and B. JONSSON: Diagnosis of congenital heart disease. Chicago: Year Book Publ. 1955.
MÜLLER, O., and J. SHILLINGFORD: Tricuspid incompetence. Brit. Heart J. **16**, 195—207 (1954).
PALLADINO, Y. S., and T. D. KINNEY: Cardiac hypertrophy and congenital tricuspid insufficiency; report of 2 cases. Bull. int. Ass. med. Mus. **28**, 23—33 (1948).
ZEH, E.: Die Diagnose der Tricuspidalinsuffizienz. Arch. Kreisl.-Forsch. **30**, 127—212 (1959).

25. Anomalien der großen Körpervenen

ABBOTT, M. E.: Atlas of congenital cardiac disease. New York: American Heart Association 1936.
— Congenital aneurysm of superior vena cava. Ann. Surg. **131**, 259—263 (1950).
ADACHI, B.: Statistik der Varietäten der V. cava caudalis bei den Japanern. Anat. Anz. **85**, 215—223 (1937).
ANDERSON, R. C., W. HEILIG, R. W. NOVICK, and C. JARVIS: Anomalous inferior vena cava with azygos drainage, socalled absence of the inferior vena cava. Amer. Heart J. **49**, 318—322 (1955).

Anson, B. J., and L. E. Kurth: Common variations in the renal blood supply. Surg. Gynec. Obstet. **100**, 157—162 (1956).

Atwell, W. J., and P. Zoltowski: A case of left superior vena cava without a corresponding vessel on the rigth side. Anat. Rec. **70**, 525—532 (1938)

Beattie, J.: The importance of anomalies of the superior vena cava in man. Canad. med. Ass. J. **25**, 281—284 (1931).

Blount, S. G., D. H. Davies, and H. J. Swan: Atrial septal defect-results of surgical correction in one hundred patients. J. Amer. med. Ass. **169**, 210—213 (1959).

Campbell, M., and D. C. Deuchar: The left sided superior vena cava. Brit. Heart J. **16**, 432—439 (1954).

Castellanos, A.: Les anomalias de las venas cavas, sus tipos anatomicos, su diagnostico radiologico. Arch. med. Inf. **20**, 191 (1951).

—, et A. Garcia: Un caso de cuatro venas cavas embrionarias dos superiores y dos inferiores. Bol. Soc. cub. ped. **16**, 463—478 (1944).

—, and R. Pereiras: The anomalies of the vena cava in congenital heart disease. Arch. med. Inf. **16**, 249—265 (1947).

— —, and A. Garcia: The deformities of the vena cava in congenital heart disease. First congr. of inter-american cardiological soc., Mexico, Mai 1944.

Chlyvitsch, B.: Zit. nach M. Campbell u. D. C. Deuchar, 1954.

Dean, J.: Persistent left cardiac vein. Proc.roy. Soc. med. **43**, 327—238 (1950).

Derra, E., F. Loogen u. P. Satter: Anomalien der unteren Hohlvene. Dtsch. med. Wschr. **90**, 689—695 (1965).

Diaz, A. R., A. Castellanos, y A. Garcia: Espectacular mejoria de un caso de "pentalogia" solamente con slecien de la vena cava superior izquenda persistente. Arch. Inst. Cardiol. Mex. **19**, 314 (1949).

Doerr, W.: Fortschritte auf dem Gebiete der pathologischen Anatomie der operativ korrigierten Herzfehler. Dtsch. med. Wschr. **79**, 349—354 (1954).

— Anatomische Pathologie „chirurgischer Herzfehler". Dtsch. med. J. **5**, 553—560 (1954).

Downing, D. F.: Absence of the inferior vena cava. Pediatrics **12**, 675—680 (1953).

Edwards, E. A.: Clinical anatomy of lesser variations of the inferior vena cava; and a proposal for classifying the anomalies of this vessel. Angiology **2**, 85—99 (1951).

Edwards, J. E., and J. W. Dushane: Thoracic venous anomalies. I. Vascular connection between the left atrium and the innominate vein (levoatriocardinal vein) associated with mitral atresia and premature clasure of the foramen wall (case 1). II. Pulmonary veins draining wholly into the ductus venosus (case 2). Arch. Path. **49**, 517—537 (1950).

Effler, D. B., A. E. Greer, and E. C. Sifers: Anomaly of vena cava inferior; report of fatality after ligation. J. Amer. med. Ass. **146**, 1321—1322 (1951).

Feindt, H. R. u. H. J. Hauch: Über drei Fälle von doppelter Hohlvene. Z. Kreisl.-Forsch. **42**, 53—63 (1953).

Friedlich, A. L., R. J. Bing, and S. G. Blount jr.: Physiological studies in congenital heart disease; circulatory dynamics in the anomalies of the venous return to the heart including pulmonary arteriovenous fistula. Bull. Johns Hopk. Hosp. **86**, 20—57 (1950).

Gardner, D. L., and L. Cole: Long survival with inferior vena cava draining into left atrium. Brit. Heart J. **17**, 93—97 (1955).

Gardner, F., and S. Oram: Persistent left superior vena cava draining the pulmonary veins. Brit. Heart J. **15**, 305—318 (1953).

Gerok, W., H. H. Marx, B. Schlegel, P. Schölmerich, E. Stein u. J. G. Schlitter: Venenanomalien bei der Differentialdiagnose congenitaler Herzfehler. Ärztl. Wschr. **14**, 687—694 (1959).

Goerttler, Kl.: Normale und pathologische Entwicklung des menschlichen Herzens. Stuttgart: Georg Thieme 1958.

Greenfield, W. S.: Persistence of left vena cava superior with absence of right. Trans. path. Soc. Lond. **27**, 120 (1876).

Grosse-Brockhoff, F., F. Loogen u. A. Schaede: Angeborene Herz- und Gefäßmißbildungen. In: Handbuch der inneren Medizin, 4. Aufl., Bd. IX/3, S. 513—522. Berlin-Göttingen-Heidelberg: Springer 1960.

Grover, R. F., R. R. Lanier, J. K. Lowry, and S. G. Blount: Congenital absence of the hepatic portion of the inferior vena cava. Amer. Heart J. **54**, 794—798 (1954).

Halpert, B., and F. D. Coman: Complete situs inversus of the vena cava superior. Amer. J. Path. **6**, 191—197 (1830).

Harris, H. A., S. H. Gray and C. Whitney: The heart of a child aged 22 months presenting an anomalous vein from the pulmonary auricle to the right internal jugular vein, transposition of the great vessels and left superior vena cava. Anat. Rec. **36**, 31 (1927).

Heim De Balsac, R.: Anomalies veineuses. In: E. Donzelot et F. D'Allaines, Traité des cardiopathies congénitales. Paris: Masson & Cie. 1954.

Keith, J. D., R. D. Rowe and P. Vlad: Heart disease in infancy and childhood. New York: Mac Millan Comp. 1958.

Loogen, F., u. H. Kreuzer: Einmündung der unteren Hohlvene in den linken Vorhof als isolierte Anomalie. Z. Kreisl.-Forsch. **51**, 1033—1040 (1962).

—, u. R. Rippert: Anomalien der großen Körper- und Lungenvenen. I. Mitt. Z. Kreisl.-Forsch. **47**, 677—690 (1958).

Mankin, H. T., and H. B. Burchell: Clinical considerations in partial anomalous pulmonary venous connection report of 2 unusual case. Proc. Mayo Clin. **28**, 463—472 (1953).

McINTOSH, C. H.: Cor biatriatum triloculare. Amer. Heart J. **1**, 735—744 (1926).

McLURE, C. F. W., and E. G. BUTLER: The development of the vena cava inferior in man. Amer. J. Anat. **35**, 331—383 (1925).

MICHEL, D., M. HERBST u. G. GRUNER: Persistierende Vena cardinalis cranialis sinistra. Fortschr. Röntgenstr. **83**, 621—637 (1955).

MUELHEIMS, G. H., and J. G. MUDD: Anomalous inferior vena cava. Amer. J. Cardiol. **9**, 945—952 (1962).

NIEDNER, F. F., u. H. G. KAATZ: Über anormale Veneneinmündung in das Herz. Cardiologia (Basel) **30**, 173—181 (1957).

ÖDMANN, P.: A. persistant left superior vena cava communicating with the left atrium and pulmonary vein. Acta radiol. (Stockh.) **40**, 554—560 (1953).

PASTOR, H. B., and I. B. BLUMBERG: Persistent left superior vena cava demonstrated by angiocardiography. Amer. Heart J. **55**, 120—125 (1958).

PEEL, A. A., K. BLUM, I. C. C. KELLY, and T. SEMPLE: Anomalous pulmonary and systemic venous drainage. Thorax **11**, 119—134 (1956).

RIPPERT, R., E. KRIEHUBER u. F. LOOGEN: Anomalien der großen Körper- und Lungenvenen. III. Mitt. Z. Kreisl.-Forsch. **48**, 819—835 (1959).

ROSSI, E.: Herzkrankheiten im Säuglingsalter. Stuttgart: Georg Thieme 1954.

SCHÖLMERICH, P., E. STEIN, W. KLINNER u. R. ZENKER: Transposition der unteren Hohlvene mit Cyanose und Linkshypertrophie. Verh. dtsch. Ges. Kreisl.-Forsch. **28**, 321—326 (1962).

SIPILÄ, W., J. HAKKILA, P. E. HEIKEL, and K. E. I. KYLLÖNEN: Persistent left vena cava. Ann. intern. Med. Fenn. **44**, 251—261 1956).

STACKELBERG, B., J. LIND, and C. WEGELIUS: Absence of inferior vena cava diagnosed by angiocardiography. Cardiologia (Basel) **21**, 583—589 (1952).

STEINBERG, I., W. DUBILIER jr., and D. S. LUKAS: Persistence of left superior vena cava. Dis. Chest **24**, 479—488 (1953).

TAUSSIG, H. B.: Congenital malformations of the heart. New York: Commonwealth Fund 1947; 2nd ed. Cambridge: Commonwealth Fund. Harvard University Press 1960.

TUCHMAN, H., J. F. BROWN, J. H. HUSTON, A. B. WEINSTEIN, G. G. ROWE, and C. W. CRUMPTON: Superior vena cava draining into left atrium. An other cause for left ventricular hypertrophy with cyanotic congenital heart disease. Amer. J. Med. **21**, 481—484 (1956).

WINTER, F. S.: Persistent left superior vena cava: Survey of world literature and report of 30 additional. Angiology **5**, 90—132 (1954).

26. Mitralatresie

ABBOTT, M.: Atlas of congenital cardiac disease. New York: Amer. Heart Assoc. 1936.

BREDT, H.: Die Mißbildungen des menschlichen Herzens. Ergeb. allg. Path. path. Anat. **30**, 77—182 (1936).

DOERR, W.: Über Mißbildungen des menschlichen Herzens mit besonderer Berücksichtigung von Bulbus und Truncus. Virchows Arch. path. Anat. **310**, 304—368 (1943).

EDWARDS, J. E.: Congenital cardiac disease; a pathological review. Postgrad. Med. **3**, 327—341 (1948).

— Congenital malformations of the heart and great vessels. In S. E. GOULD (ed.), Pathology of the heart. Springfield (Ill.): Ch. C. Thomas 1953.

—, and J. W. DUSHANE: Thoracic venous anomalies: I. Vascular connection of the left atrium and the left innominate vein (levoatrial — cardinal vein) associated with mitral atresia and premature closure of the foramen ovale (case 1). II. Pulmonary veins draining into ductus venosus (case 2). Arch. Path. **49**, 517—537 (1950).

FARBER, S., and J. HUBBARD: Fetal endomyocarditis; intra uterine infection as cause of congenital anomalies. Amer. J. med. Sci. **186**, 705—713 (1933).

KJELLBERG, S. R., E. MANNHEIMER, U. RUDHE, and B. JONSSON: Diagnosis of congenital heart disease. Chicago: Year Book Publ. 1955.

KÜNZLER, R.: Aortenatresie und Mitralatresie. In: Handbuch der Kinderheilkunde, Bd. VII, S. 626—633. Berlin-Göttingen-New York: Springer 1966.

WATSON, D. G., R. D. ROWE, P. E. CONEN, and W. A. DUCKWORTH: Mitral atresia with normal aortic valve. Report of 11 cases and review of the literature. Pediatrics **25**, 450—467 (1960).

27. Aorten- und Mitralatresie

DOLGOPOL, V. B.: Cor pseudotriloculare with atresia of mitral and aortic ostia. J. techn. Meth. **13**, 100—106 (1934).

EDWARDS, J. E.: Congenital malformations of the heart and great vessels. In: S. E. GOULD (ed.), Pathology of the heart. Springfield (Ill.): Ch. C. Thomas 1953.

FONTANA, R. S., and J. E. EDWARDS: Congenital cardiac disease. A review of 357 cases studied pathologically. Philadelphia and London: W. B. Saunders Co. 1962.

KEITH, J. D., R. D. ROWE, and P. VLAD: Heart disease in infancy and childhood. New York: MacMillan Comp. 1958.

KÜNZLER, R.: Aortenatresie und Mitralatresie. In: Handbuch der Kinderheilkunde, Bd. VII, S. 626—633. Berlin-Göttingen-New York: Springer 1966.

MÖNCKEBERG, J. G.: Demonstration eines Falles von angeborener Stenose des Aortenostiums. Verh. dtsch. path. Ges. **11**, 224—229 (1907).

28. Mitralstenose

AYROLLES, P. M.: Endocardite congénitale généralisée obliteration de l'orifice mitral; cloisonnement de l'orifice tricuspide. Rev. Mens. Mal Enf. **3**, 222—227 (1885).

AZEVEDO, A. DE, M. B. NETO, A. GARCIA, and A. DE CARVALHO: Patent ductus arteriosus and congenital mitral stenosis. Amer. Heart J. **45**, 295—304 (1953).

Beuren, A. J.: Kongenitale Mitralstenose. In Handbuch der Kinderheilkunde, Bd. VII.: Berlin-Heidelberg-New York: Springer 1966.

Bower, B. D., J. W. Gerrard, A. L. D'Abreu, and C. G. Parsons: Two cases of congenital mitral stenosis: Report of two cases with mitral valvotomy in one. Circulation **15**, 358—365 (1957).

Braudo, J. L., S. N. Javett, D. I. Adler, and J. Kessel: Isolated congenital mitral stenosis: Report of 2 cases with mitral valvotomy in one. Circulation **15**, 358—365 (1957).

Daoud, G., S. Kaplan, E. V. Perrin, J. P. Dorst, and F. K. Edwards: Congenital mitral stenosis. Circulation **27**, 185—196 (1963).

Day, H. B.: A case of mitral stenosis fatal at 2 years of age. Lancet **1932I**, 1144.

Donnally, H. H.: Congenital mitral stenosis. J. Amer. med. Ass. **82**, 1318—1321 (1924).

Eigen, L. A.: Juvenile rheumatic fever; report of case in infant 2 years of age. Amer. Heart J. **16**, 363—366 (1938).

Emery, J. L., and R. S. Illingworth: Congenital mitral stenosis. Arch. Dis. Childh. **26**, 304—307 (1951).

Ferencz, C., A. L. Johnson, and F. W. Wiglesworth: Congenital mitral stenosis. Circulation **9**, 161—179 (1954).

Grosse-Brockhoff, F., F. Loogen u. A. Schaede: Angeborene Herz- und Gefäßmißbildungen. In: Handbuch der inneren Medizin, 4. Aufl., Bd. IX/3, S. 549—551. Berlin-Göttingen-Heidelberg: Springer 1960.

Hilbish, T. F., and R. N. Cooley: Congenital mitral stenosis. Amer. J. Roentgenol. **76**, 743—757 (1956).

Jacobson, G., G. C. Cosby, G. C. Griffith, and B. W. Meyer: Valvular stenosis as a cause of death in surgically treated coarctation of the aorta. Amer. Heart J. **45**, 889—895 (1953)

Keith, J. D., R. D. Rowe, and P. Vlad: Heart disease in infancy and childhood Mitral stenosis. New York: MacMillan Comp. 1958.

Kjellberg, S. R., E. Mannheimer, U. Rudhe, and B. Jonsson: Diagnosis of congenital heart diesease, Chicago: Year Book Publishers, 2nd edit. 1959.

Mannheimer, E., E. Bengtsson, and J. Winberg: Pure congenital mitral stenosis due to fibro-elastosis. Cardiologia (Basel) **21**, 574—582 (1952).

Maxwell, G. M., and W. P. Young: Isolated mitral stenosis in an infant of three months: Report of a case treated surgically. Amer. Heart J. **48**, 787—791 (1954).

Merklen, P.: Discussion sur l'origine congénitale du retrécissement mitral. Medicine (Baltimore) **6**, 423—427 (1925).

Pezzi, C.: Le rétrécissement mitral chez l'enfant: son diagnostic radioscopique. Arch. Mal. Coeur **19**, 446—452 (1926).

Sansom, A. E.: Pathological anatomy and mode of development of mitral stenosis in children. Trans. med. Soc. Lond. **13**, 143 (1890).

Scaglia, G.: Sulla morfologia e patogenesi de morbo di Duroziez (stenosi mitralica congenita). Min. med. **9**, 185—201 (1929).

Young, D., and G. Robinson: Successful valve replacement in an infant with congenital mitral stenosis. New Engl. J. Med. **270**, 660—664 (1964).

29. Cor triatriatum

Anderson, R. C., and R. L. Varco: Cor triatriatum. Successfull diagnosis and surgical correction in a three year old girl. Amer. J. Cardiol. **7**, 436—440 (1961).

Barrett, N. R., and J. B. Hickie: Cor triatriatum. Thorax **12**, 24—27 (1957).

Belcher, J. R., and W. Somerville: Cor triatriatum (stenosis of the common pulmonary vein). Brit. med. J. **1959I**, 1280—1282.

Borst, M.: Ein Cor triatriatum. Zbl. allg. Path. path. Anat. **16**, 812 (1905).

Buchs, S.: Das cor triatriatum. In: Handbuch der Kinderheilkunde, Bd. VII, S. 708—712. Berlin-Heidelberg-New York: Springer 1966.

Church, W. S.: Congenital malformation of heart; abnormal septum in the left auricle. Trans. path. Soc. Lond. **19**, 188 (1868).

Dubin, J. N., W. H. Hollinshead, and N. C. Durham: Congenitally insufficient triuspid valve accompanied by an anomalous septum in the right atrium. Arch. Path. **38**, 225—228 (1944).

Edwards, J. E., J. W. Dushane, D. Alcott, and H. B. Burchell: Thoracic venous anomalies. III. Atresia of the common pulmonary vein, the pulmonary draining wholly into the superior vena cava (case 3). IV. Stenosis of the common pulmonary vein (cor triatriatum) (case 4). Arch. Path. **51**, 446—460 (1951).

Gombert, H.: Beiträge zur Pathologie der Vorhofscheidewand des Herzens (1. Cor triatriatum mit Verdoppelung des rechten Vorhofes. 2. Endarteriopathia pulmonalis bei offenem Foramen ovale). Beitr. path. Anat. **91**, 483—502 (1933).

Gousios, A., and E. K. Cotton: Cor triatriatum associated with coarctation of the aorta. Amer. J. Dis. Child. **99**, 451—456 (1960).

Grädel, E., S. Buchs u. S. Scheidegger: Cor triatriatum sinistrum biventriculare. Thoraxchirurgie **10**, 341—352 (1963).

Griffith, T. W.: Note on a second exemple of division of the cavity of the left auricle into two compartments by a fibrous band. J. Anat. Physiol. **37**, 225 (1903).

Hagenauer, J.: Die Pathogenese einer seltenen Herzmißbildung (Cor triatriatum). Frankfurt. Z. Path. **41**, 332—355 (1931).

Jegier, W., J. E. Gibbons, and F. W. Wiglesworth: Cor triatriatum. Clinical, hemodynamic and pathological studies. Surgical correction in early life. Pediatrics **31**, 255—367 (1963).

KEITH, J. D., R. D. ROWE, and P. VLAD: Heart disease in infancy and childhood. New York: MacMillan Comp. 1958.

KJELLBERG, S. R., E. MANNHEIMER, U. RUDHE, and B. JONSSON: Diagnosis of congenital heart disease. Chicago: Year Book Publ. 1955.

LATOUR, H., P. PUECH et J. ROUJON: Coeur triatrial biauriculaire gauche. Arch. Mal. Cœur **51**, 132—155 (1958).

LEWIS, F. J., R. L. VARCO, M. TAUFIC, and S. A. NIAZI: Direct vision repair of triatrial heart and total anomalous pulmonary venous drainage. Surg. Gynec. Obstetr. **102**, 713—720 (1956).

LOEFFLER, E.: Unusual malformation of the left atrium pulmonary sinus. Arch. Path. **48**, 371—376 (1949).

NIWAYAMA, G.: Cor triatriatum. Amer. Heart J. **59**, 291—317 (1960).

PALMER, R. G.: Cardiac anomaly (so-called double left auricle). Amer. Heart J. **6**, 230—236 (1931).

PFENNIG, E.: Anomale Septumbildung im linken Vorhof des menschlichen Herzens. Virchows Arch. path. Anat. **307**, 579—596 (1941).

PREISZ, H.: Beiträge zur Lehre von den angeborenen Herzanomalien. Beitr. path. Anat. **7**, 245—297 (1890).

SLADE, P. R., O. S. TUBBS, and B. G. WELLS: Cor triatriatum. A case successfully corrected by surgery. Brit. Heart J. **24**, 233—236 (1962)

SOULIÉ, P., P. VERNANT, P. CORONE, J. J. GALEY, F. BOUCHARD, M. POISSON et F. GUÉRIN: Le coeur triatrial. (A propos d'un cas opéré avec succès.) Arch. Mal. Cœur **58**, 1825—1837 (1965).

STERNBERG, C.: Beiträge zur Herzpathologie. Verh. dtsch. path. Ges. **16**, 253—262 (1913).

STOEBER, H.: Ein weiterer Fall von Cor tria-. triatum mit eigenartig gekreuzter Mündung der Lungenvenen. Virchows Arch. path. Anat. **193**, 252—257 (1908).

TANNENBERG, J.: Pathogenese einer seltenen Herzmißbildung. Klin. Wschr. **9**, 1473—1474 (1930).

THERKELSEN, F., and J. FABRICIUS: Cor triatriatum. Acta chir. scand. **119**, 376—377 (1960).

VINEBERG, A., and O. GIALLORETO: Report of a successful operation for stenosis of common pulmonary vein (cor triatriatum). Canad. med. Ass. J. **74**, 719—723 (1956).

ZIMMERMANN, A. A.: A rare cardiac anomaly of a humau fetus. Anat. Rec. **58**, 245—248 (1933).

30. Mitralinsuffizienz

ABBOTT, M. E.: Atlas of congenital heart disease. New York 1936. Amer. Heart Ass. **8**, 24 (1960).

ANDERSON, R. C., C. W. LILLEHEI, and R. G. LESTER: Corrected transposition of the great vessels of the heart. Pediatrics. **20**, 626—646 (1957).

BECU, L. M., H. J. C. LEVAN, J. W. DUSHANE, and J. E. EDWARDS: Cardiac clinics. CXLIV. Ebstein malformation of the left atrioventricular valve in corrected transposition of the great vessels with ventricular septal defect. Proc. Mayo Clin. **30**, 483—490 (1955).

BRIDGEN, W., and A. LEATHAM: Mitral incompetence. Brit. Heart J. **15**, 55—73 (1953).

EDWARDS, J. E.: The problem of mitral insufficiency cause by accessory chordae tendineae in persistent common atrioventricular canal. Proc. Mayo Clin. **35**, 299—305 (1960).

—, and H. B. BURCHELL: Pathologic anatomy of mitral insufficiency. Proc. Clin. **33**, 497—509 (1958).

GOULD, S. E.: Pathology of the heart, p. 391—392. Springfield (Ill.): Ch. C. Thomas Publ. 1953.

HARTMANN, B.: Zur Lehre der Verdoppelung des linken Atrio-ventricular-Ostium. Arch. Kreisl.-Forsch. **1**, 286—304 (1937).

HELMHOLTZ, H. F., G. W. DAUGHERTY, and J. E. EDWARDS: Congenital "mitral" insufficiency in association with corrected transposition of great vessels. Proc. Mayo Clin. **31**, 82—91 (1956).

KJELLBERG, S. R., E. MANNHEIMER, U. RUDHE, and B. JONSSON: Diagnosis of congenital heart disease, p. 586—595. Chicago: Year Book Publ. 1955.

LINDE, L. M., and F. H. ADAMS: Mitral insufficiency and pulmonary hypertension accompanying patent ductus arteriosus: Report of 3 cases. Amer. J. Cardiol. **3**, 740—745 (1959).

PRIOR, J. T.: Congenital anomalies of the mitral valve: Two cases associated with long survival. Amer. Heart J. **46**, 649—656 (1953).

SCHRAFT, W. C., and J. R. LISA: Duplication of the mitral valve. Amer. Heart J. **39**, 136—140 (1950).

SEMANS, J. H., and H. B. TAUSSIG: Congenital "aneurysmal" dilatation of the left auricle. Bull. Johns Hopk. Hosp. **63**, 404—414 (1938).

STARKEY, G. W. B.: Surgical experiences in the treatment of congenital mitral stenosis and mitral insufficiency. J. thorac. Surg. **38**, 336—352 (1959).

TALNER, N. S., A. M. STERN, and H. E. SLOAN: Congenital mitral insufficiency. Circulation **23**, 339—349 (1961).

WIMSATT, W. A., and F. T. LEWIS: Duplication of the mitral valve and a rare apical interventricular foramen in the heart of a young calf. Amer. J. Anat. **83**, 67—108 (1948).

31. Fehlabgang einer Coronararterie

ABRIKOSOFF, A.: Aneurysma des linken Herzventrikels mit abnormer Abgangsstelle der linken Koronararterie von der Pulmonalis bei einem fünfmonatigen Kinde. Virchows Arch. path. Anat. **203**, 413—434 (1911).

ALEXANDER, R. W., and G. L. GRIFFITH: Anomalies of coronary arteries and their clinical significance. Circulation **14**, 800—805 (1956).

BEUREN, A. J., u. H. E. HOFFMEISTER: Diagnose, Hämodynamik und chirurgische Therapie des

Fehlabgangs der linken Koronararterie von der Arteria pulmonalis. Z. Kreisl.-Forschg. **52**, 1088—1101 (1963).

Bland, E. F., P. D. White, and J. Garland: Congenital anomalis of the coronary arteries; report of an unusual case associated with cardiac hypertrophy. Amer. Heart J. **8**, 787—801 (1933).

Edwards, J. E.: Anomalous coronary arteries with special reference to arteriovenouslike communications. Circulation **17**, 1001—1006 (1958).

— Congenital malformations of the heart and great vessels. In: S. E. Gould, Pathology of the heart (second ed.). Springfield (Ill.): Ch. C. Thomas 1960.

George, J. M., and D. M. Knowlan: Anomalous origin of the left coronary artery from the pulmonary artery in an adult. New Engl. J. Med. **261**, 993—998 (1959).

Hauch, H. J., M. Nitschke u. W. Bircks: Der Fehlabgang der linken Koronararterie aus der Arteria pulmonalis. Zbl. Chirurg. **90**, 558—569 (1965).

Kaunitz, P. E.: Origin of left coronary artery from pulmonary artery; review of the literature and report of two cases. Amer. Heart J. **33**, 182—206 (1947).

Keith, J. D.: The anomalous origin of the left coronary artery from the pulmonary artery. Brit. Heart J. **21**, 149—161 (1959).

Kresbach, E., M. Fossel, u. R. Bauer: Abgang der linken Koronararterie aus der Arteria pulmonalis. Bericht über einen klinisch diagnostizierten und anatomisch gesicherten Fall. Z. Kreisl.-Forsch. **50**, 162—169 (1961).

McKinley, H. J. Andrews, and C. A. Neill: Left coronary artery from the pulmonary artery. Three cases, one with cardiac tamponade. Pediatrics 8, 828—831 (1951).

Murray, R. H.: Single coronary artery with fistulous communications. Report of two cases Circulation **28**, 437—443 (1963).

Nadas, A. S., R. Gamboa, and P. G. Hugenholtz: Anomalous left coronary artery originating from the pulmonary artery. Report of two surgically treated cases with a proposal of hemodynamic and therapeutic classification. Circulation **29**, 167—175 (1964).

Sauerbrei, H. N., u. D. Veelken: Atypischer Abgang der linken Kranzarterie aus dem ventralen Sinus valsalvae der Arteria pulmonalis. Arch. Kinderheilk. **160**, 236—238 (1959).

Taussig, H. B.: Zit. nach A. J. Beuren u. H. E. Hoffmeister: Z. Kreisl.-Forsch. **52**, 1088—1101 (1963).

32. Lageanomalien des Herzens

Adams, R., and E. D. Churchill: Situs inversus, sinusitis, bronchiectasis. Report of 5 cases, including frequency statistics. J. thorac. Surg. **7**, 206—217 (1937).

Beuren, A. J.: Die korrigierte Transposition der großen Gefäße. In: H. Opitz u. F. Schmid, Handbuch der Kinderheilkunde, Bd. VII, S. 778—787. Berlin-Heidelberg-New York: Springer 1966.

— J. Stoermer u. J. Apitz: Die korrigierte Transposition der großen Gefäße bei Situs solitus. Arch. Kreisl.-Forsch. **41**, 228—252 (1963).

Bilger, R., C. S. So u. H. Reindell: Untersuchungen des Elektrokardiogramms und Vectorkardiogramms beim Situs inversus und bei der Dextroversio cordis sowie bei Herzfehlern mit Lageanomalien. Verh. dtsch. Ges. Kreisl.-Forsch. **28**, 347—352 (1962).

Bredt, H.: Die Mißbildungen des menschlichen Herzens. Ergebn. allg. Path. path. Anat. **30**, 77—182 (1936).

Burchell, H. B., and D. P. Pugh: Uncomplicated isolated dextrocardia („dextroversio cordis" type). Amer. Heart J. **44**, 196—206 (1952).

Burgemeister, G.: Ein Beitrag zur Differentialdiagnose der Dextrokardie. Z. Kreisl.-Forsch. **45**, 790—793 (1956).

Burghardt: Ein Fall von Situs viscerum transversus, klinisch diagnostiziert und durch Skiagramm erwiesen. Dtsch. med. Wschr. **1897**, 606.

Campbell, M., and P. Forgács: Levocardia with transposition of the abdominal viscera. Brit. Heart J. **15**, 401—422 (1953).

—, and G. Reynolds: The significance of direction of the P wave in dextrocardia and isolated levocardia. Brit. Heart J. **14**, 481—488 (1952).

Cleveland, M.: Situs inversus viscerum. Anatomic study. Arch. Surg. **13**, 343—368 (1926).

Cockayne, E. A.: The genetics of transposition of the viscera. Quart. J. Med N. S., **7**, 479—493 (1938).

Conn, J. J., T. E. Clark, and R. W. Kissane: Cor biloculare. Report of four cases. Amer. J. Med. **8**, 180—186 (1950).

Culzer-Petresko, M.: Thèse Paris 1912. Zit. nach J. Schmidt u. C. Korth 1954.

Davis, H.: Congenital isolated dextrocardia developing auricular flutter. Lancet **1938 I**, 1331—1333.

Doolittle, W. F.: Congenital dextrocardia. Boston med. surg. J. **157**, 662 (1907).

Effert, S.: Zur Differenzierung der Lageanomalien des Herzens mit Hilfe des Elektrokardiogramms. Z. Kreisl.-Forsch. **47**, 486—490 (1958).

Fontana, R. S., and J. E. Edwards: Congenital cardiac disease: a review of 357 cases studied pathologically. Philadelphia: W. B. Saunders Comp. 1962.

Gall, E. A., and V. F. Woolf: Situs inversus viscerum totalis in siblings, case reports. Ann. intern. Med. **7**, 1370—1375 (1934).

Goltman, D. W., and N. S. Stern: Congenital heart disease. Report of a case of dextroposition, persistence of an early stage of embryonic veins and subdiaphragmatic situs inversus. Amer. Heart J. **18**, 176 (1939).

GRANT, R. P.: The syndrome of dextroversion of the heart. Circulation 18, 25—36 (1958).

GROSSE - BROCKHOFF, F., F. LOOGEN u. A. SCHAEDE: Angeborene Herz- und Gefäßmißbildungen. In: Handbuch der Inneren Medizin, 4. Aufl., Bd. IX/3, S. 572—592. Berlin-Göttingen-Heidelberg: Springer 1960.

GROSSMANN, J., u. O. MELLER: Hohe Rechtslage der Aorta bei normal gelagertem Herzen in einem Fall von Situs viscerum inversus subdiaphragmaticus. Fortschr. Röntgenstr. 38, 1120—1122 (1928).

GRUBER, W.: Über das Vorkommen eines Mesenterium commune für das Jejuno-Ileum und die größere Anfangshälfte des Dickdarmes. Transposition der Viscera aller Rumpfhöhlen. Arch. Anat. u. Physiol. 1, 558 (1865).

GUENTHER, H.: Die biologische Bedeutung der Inversionen. Biol. Zbl. 43, 175—211 (1923).

GUTTMANN: Demonstration eines Falles von Situs viscerum inversus. Berl. klin. Wschr. 1876, 150.

HEIM DE BALSAC, R., C. MÉTIANU et A. M. EMAM-ZADE: Anomalies congénitals de position intra-thoraciques du coeur. In: E. DONZELOT et F. D'ALLAINES, Traité des cardiopathies congénitales. Paris: Masson & Cie. 1954.

HELLMER, H.: Fall von „primärer Dextroversion" des Herzens (sog. korrigierte Transposition nach ROKITANSKY). Fortschr. Röntgenstr. 51, 591—602 (1935).

HICKMAN, W.: Transposition of viscera malformation of heart; pulmonary veins from right lung entering left auricle and from left lung entering right auricle. Trans. path. Soc. Lond. 20, 98 (1869).

HOFFMANN, E. R. v.: Lehrbuch der gerichtlichen Medizin. Wien u. Leipzig: Urban u. Schwarzenberg 1887.

HOLLDACK, K.: Über Dextrokardie. Dtsch. med. Wschr. 71, 228—229 (1946).

IVEMARK, B. I.: Implications of agenesis of spleen on the pathogenesis of cono-truncus anomalies in childhood. An analysis of the heart malformations in the splenic agenesis syndrome, with fourteen new cases. Acta paediat. (Uppsala) Suppl. 104, 1—110 (1955).

KARTAGENER, M.: Zur Pathogenese der Bronchiektasien: Bronchiektasien bei Situs viscerum inversus. Beitr. Klin. Tuberk. 83, 489—501 (1933).

KEGEL, G.: Über Situs inversus totalis. Mitteilung von 3 neuen Fällen. Z. ges. Anat., 2. Abt., 686—720 (1924).

KEITH, A., and J. J. MAC DONNELL: Case of transposition of viscera showing a potentially bicameral heart. Proc. roy. Soc. Med. 14, 1 (1921).

KEITH, J. D., R. D. ROWE, and P. VLAD: Heart disease in infancy and childhood. New York: MacMillan Comp. 1958.

KORTH, C., u. J. SCHMIDT: Die Lageanomalien des Herzens. Dtsch. med. Wschr. 80, 6—11 (1955).

KÜCHENMEISTER, F. R.: Die angeborene, vollständige seitliche Verlagerung der Eingeweide des Menschen. Leipzig: Johann Ambrosius Barth 1883.

KUGEL, M. A.: Congenital heart disease. Cor biloculare. Amer. Heart J. 8, 280 (1932).

LEININGER, C. R., and ST. GIBSON: Transposition of viscera in siblings. J. Pediat. 37, 195—200 (1950).

LICHTMAN, S. S.: Isolated congenital dextrocardia: report of two cases with unusual electrocardiographic findings; anatomic, clinical, roentgenologic and electrocardiographic studies of the cases reported in the literature. Arch. intern. Med. 48, 683—717, 866—903 (1931).

LINEBACH, P. E.: An extraordinary case of situs inversus viscerum totalis. J. Amer. med. Ass. 75, 1775 (1920).

LOCHTE, E. H. T.: Beitrag zur Kenntnis des Situs transversus partialis und der angeborenen Dextrokardie. Beitr. path. Anat. 16, 184—211 (1894).

LOWE, C. R., and T. MCKEOWN: An investigation of dextrokardia with and without transposition of abdominal viscera with a report of a case in one monozygotic twin. Ann. Eugen. (Lond.) 18, 267—277 (1954).

MANDELSTAMM, M., u. S. REINBERG: Die Dextrokardie. Klinische, röntgenologische und elektrokardiographische Untersuchungen über ihre verschiedenen Typen. Ergebn. inn. Med. Kinderheilk. 34, 154—200 (1928).

MILLAR, J., and D. G. GARROW: Abnormal position of the aortic arch and absent spleen. Canad. med. Ass. J. 68, 488—489 (1953).

MOSCOWITZ, H., A. J. GORDON, and L. SCHERLIS: Levocardia. Amer. Heart J. 44, 184—195 (1952).

NAGEL, M.: Beiträge zur Kasuistik und Lehre von der angeborenen reinen Dextrokardie. Dtsch. Arch. klin. Med. 96, 552—586 (1909).

NICOLAI, G. F.: Das Elektrokardiogramm bei Dextrokardie und anderen Lageveränderungen des Herzens. Berl. klin. Wschr. 48, 51—55 (1911).

OLSEN, A. M.: Bronchiectasis in dextrokardia: observations on etiology of bronchiectasis. Amer. Rev. Tuberc. 47, 435—439 (1943).

PALTAUF, R.: Dextrocardie und Dextroversio cordis. Wien. klin. Wschr. 14, 1032—1036 (1901).

PAVLITZEK, R.: Die Häufigkeit des Situs inversus im Röntgenbild. Münch. med. Wschr. 94, 881—882 (1952).

PERNKOPF, E. Z.: Der partielle Situs inversus der Eingeweide beim Menschen. Gedanken zum Problem der Asymmetrie und zum Phänomen der Inversion. Z. Anat. Entwickl.-Gesch. 79, 577—752 (1926).

POPE, C.: A case of transposition of heart. Lancet 1882 II, 9.

PRAAGH, R. VAN, ST. VAN PRAAGH, P. VLAD, and J. D. KEITH: Anatomic types of congenital dextrocardia. Diagnostic and embryologic implications. Exhibit Broschure IV. World Congr. Cardiology, Mexico-City Oct. 1962. Amer. J. cardiol. **13**, 510—531 (1964).

RISEL, W.: Die Literatur des partiellen Situs inversus der Bauchorgane. Zbl. allg. Path. path. Anat. **20**, 673—734 (1909).

RÖSLER, H.: Beiträge zur Lehre von den angeborenen Herzfehlern, VI. Über die angeborene isolierte Rechtslage des Herzens. Wien. Arch. inn. Med. **19**, 505—610 (1930).

ROSSI, E., M. GROB, et M. BETTEX: La dextrocardie à la lumière des nouvelles méthodes de recherche. I. Congr. Mondial de Cardiologie. Paris: Baillière 1950.

SCHMIDT, J., u. C. KORTH: Die Klinik der Dextrokardien. Arch. Kreisl.-Forsch. **21**, 188—244 (1954).

SMITH, J.: An unusual cardiac malformation: cor triloculare, biventriculare with mirror picture dextrocardia. Brit. J. Child. Dis. **27**, 26 (1930).

SOULIÉ, P., J. DIMATTEO, A. PITON et A. SIBILLE: Contribution à l'étude des malformations cardiaques congénitales associées aux dextrocardies. Sem. Hôp. Paris **28**, 1 (1952).

STEINBERG, M. F., A. GRISHMAN, and M. L. SUSSMAN: Angiocardiography in congenital heart disease. I. Dextrocardia. Amer. J. Roentgenol. **48**, 141—146 (1942).

STOERMER, J., u. A. J. BEUREN: Elektrokardiographische und vectorkardiographische Untersuchungen zur Differentialdiagnose des überdrehten Li-Types bei angeborenen Herzfehlern. Arch. Kinderheilk. **170**, 125—141 (1964).

TANNER-CAIN, N., and E. P. CRUMP: Situs inversus. Report of three cases and a review of the literature. J. Pediat. **38**, 199—207 (1951).

TAUSSIG, H. B.: The anatomy of the heart in two cases of situs inversus. Bull. Johns Hopk. Hosp. **39**, 199—202 (1926).

— Congenital malformations of the heart. Cambridge: Commonwealth Fund. 1947.

TOLDT, C.: Die Darmnekrose und Netze im gesetzmäßigen und gesetzwidrigen Zustand. Denkschr. Kais. Akad. Wissenschaften, Wien, **1889 I**, 56.

TORGERSEN, J.: Genetic factors in asymetry and in the development and pathological changes of lungs, heart and abdominal organs. Arch. Path. **47**, 566—593 (1949).

VEHSEMEYER: Ein Fall von congenitaler Dextrokardie, zugleich ein Beitrag zur Verwertung der Röntgenstrahlen im Gebiet der inneren Medizin. Dtsch. med. Wschr. **1897**, 180—181.

WAITE, C. L.: A case of dextrocardia with tricuspid atresia. Clin. Proc. Child. Hosp. (Wash.) **6**, 195 (1950).

WALD, L. T. LE: Complete transposition of the viscera. Report of 29 cases with remarks on etiology. J. Amer. med. Ass. **84**, 261—268 (1925).

WALLER, A. D.: On the electromotive changes connected with the beat of the mammalian heart and of the human heart in particular. Phil. Trans. B **189**, 169—184 (1889).

WHYTE, G. D.: Dextrocardia. Brit. med. J. **1910 II**, 198.

ZDANSKY, E.: Röntgendiagnostik des Herzens und der großen Gefäße. Wien: Springer 1949.

ZUCKERMANN, R., u. W. RINGLEBEN: Elekrokardiographische Fehldiagnosen. Z. Kreisl.-Forsch. **45**, 623-627 (1956).

33. Herzwanddivertikel

ABBOTT, M. E.: In: W. OSLER and T. MCCHARE, Modern medicine, vol. 4. Philadelphia: Lea & Febiger, ed. 2, 1915.

ABRIKOSOFF, A.: Aneurysma des linken Herzventrikels mit abnormer Abgangsstelle der linken Coronararterie von der Pulmonalis bei einem 5monatigen Kind. Virchows Arch. path. Anat. **203**, 413—420 (1911).

ARNOLD, I.: Über angeborene Divertikel des Herzens. Virchows Arch. path. Anat. **137**, 318—329 (1894).

ASCHOFF, L.: Über das Verhältnis der Leber und des Zwerchfells zu den Nabelschnur- und Bauchbrüchen. Virchows Arch. path. Anat. **144**, 511—547 (Fall 17, S. 520) 1896.

BAILEY, C. P.: Surgery of the heart, p. 403—413. Philadelphia: Lea & Febiger 1955.

—, and R. A. GILMAN: Cardiac aneurysm (and diverticuli). In: E. DERRA, Handbuch Thoraxchirurg, Bd. II, S. 1018—1042. Berlin-Göttingen-Heidelberg: Springer 1959.

BAYER, I.: Cysten und Divertikel des Herzens. Virch. Arch. path. Anat. **306**, 43—52(1940).

BLAND, E. F., P. D. WHITE, and J. GARLAND: Congenital anomalies of the coronary arteries: report of an unusual case associated with cardiac hypertrophy. Amer. Heart J. **8**, 787—801 (1933).

BREMER, I. L.: Transposition of the aorta and the pulmonary artery. Arch. Path. **34**, 1016—1030 (1942).

DERRA, E.: Moderne Verfahren der Herzchirurgie. Dtsch. med. J. **3**, 517—527 (1952).

—, u. F. LOOGEN: Über Herzkammeraneurysmen bzw. Herzkammerdivertikel und ihre operative Behandlung. Dtsch. med. Wschr. **84**, 1585—1590 (1959).

DRENNAN, M. R., and G. T. VAN DER VIJVER: Diverticulum of the human heart. J. med. Ass. S. Afr. **2**, 58—60 (1928).

EINHAUSER, K.: Ärztlicher Verein, München, Sitz. vom 26. 6. 1940. Münch. med. Wschr. **32**, 871 (1940).

FORMIJNE, P.: Sitzungsbericht. Ned. T. Geneesk. **94**, 2711—2713 (1950).

GIBERT: Obsérvation d'un cas de malformation du coeur; prolongement en doigt de gant du ventricule gauche à travers le diaphragme. Progr. méd. (Paris) 1883. Zit. nach IFFERT.

GROB, M.: Lehrbuch der Kinderchirurgie. S. 247—250. Stuttgart: Georg Thieme 1957.

GROSS, R. E.: Zit. nach BAILEY.

HEINTZEN, P.:, u. H. J. ROHWEDDER: Ein Beitrag zum Krankheitsbild des angeborenen Herzwanddivertikels. Z. Kreisl.-Forsch. **46**, 817—824 (1957).

HEITZMANN, O.: Drei seltene Fälle von Herzmißbildungen. Virchows Arch. path. Anat. **223**, 57—72 (1916).

IFFERT, C. W.: Zur Kenntnis der abdominalen Ektopie des Herzens. Inaug.-Diss. Göttingen 1937.

KLEIN, G.: Zur Kasuistik der angeborenen Herzdivertikel. Zbl. allg. Path. path. Anat. **90**, 14 (1953).

KOLLER-AEBY, H.: Ein angeborenes Herzwanddivertikel in einer Nabelschnurhernie. Arch. Gynäk. **82**, 184—187 (1907).

KUSNETZOWSKY, N.: Ein seltener Fall von Herzaneurysma im Kindesalter. Zbl. allg. Path. path. Anat. **33**, 621—624 (1922/23).

LOOGEN, F., u. R. RIPPERT: Zur Klinik des angeborenen Herzwanddivertikels. Z. Kreisl.-Forsch. **50**, 580—590 (1961).

MAHRBURG, ST.: Über einen Fall von angeborenem Divertikel des Herzens. Virchows Arch. path. Anat. **277**, 498—500 (1930).

MUSTARD, W. T., W. A. DUCKWORTH, R. D. ROWE, and F. G. DOLAN: Congenital diverticulum of the left ventricle of the heart. (Case report.) — Canad. J. Surg. **1**, 149—153 (1958).

NORMAN, R. M., and A. W. TAYLOR: Congenital diverticulum of the left ventricle of the heart in a case of epilois. J. Path. Bact. **50**, 61—68 (1940).

O'BRYAN: Zit. nach IFFERT.

PARSONS, C.: Ventricular extension into the abdominal wall. Brit. Heart J. **19**, 34—18 (1957).

POTTS, W. J., A. DE BOES, and F. R. JOHNSON: Congenital diverticulum of the left ventricle. Surgery **33**, 301—307 (1953).

POWELL, S. J.: Diverticulum of the left ventricle: Case report with special reference to electrocardiographic findings. Amer. Heart J. **55**, 518—522 (1957).

QUAIN, J.: S.-B. path. Ges. in London. Kinderkrankh. **17**, 425—426 (1851).

ROESSLER, W.: Erfolgreiche operative Entfernung eines ektopischen Herzdivertikels an einem Neugeborenen. Dtsch. Z. Chir. **258**, 561 (1944).

SKAPINKER, S.: Diverticulum of the left ventricle of the heart. Arch. Surg. **63**, 629—634 (1951).

SNELLEN, H. A., J. DANKMEIJER, C. BRUINS, and R. M. COLLISTER: Saccular elongation of the left ventricle into the abdominal wall with persistence of the anterior mesocardium and ventricular septal defect. Cardiologia (Basel) **21**, 562—573 (1952).

STERZ, H.: Cor triloculare biatriatum — ein diagnostisches Problem (Fall II). Z. Kreisl.-Forsch. **49**, 1125—1138 (1960).

SWEYER, A. J., J. H. MAUSS, and P. ROSENBLATT: Congenital diverticulosis of left ventricle. Amer. J. Dis. Child. **79**, 111—114 (1950).

SYDOW, I. v.: Aus den Verhandlungen der medizinisch-chirurgischen Gesellschaft in London. Kinderhrankh. **47**, 437 (1866).

TAUSSIG, H.: Zit. nach SNELLEN u. Mitarb. (1952).

THADEN, V.: Mißbildungen der linken Herzkammer. Z. rationelle Med. **33**, 58 (1868).

UNGERLEIDER, H. E., and R. GUBNER: In: W. D. STROUD, The diagnosis and treatment of cardiovascular disease, 3. ed., Philadelphia: F. A. Davis Comp. 1945.

VIVAS-SALAS, E.: Cardiac aneurysm in a child, seven years of age. Amer. J. Dis. Child. **75**, 92—99 (1948).

WIETING: Eine operativ behandelte Herzmißbildung. Z. Chir. **114**, 293—295 (1912).

Namenverzeichnis — Author Index

Die *kursiv* gesetzten Seitenzahlen beziehen sich auf die Literatur

Page numbers in *italics* refer to the bibliography

Sachverzeichnis

(Deutsch-Englisch)

Bei gleicher Schreibweise in beiden Sprachen sind die Stichwörter nur einmal aufgeführt

Subject Index

(English-German)

Where English and German spelling of a word is identical the German version is omitted